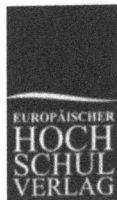

EUROPÄISCHER
HOCH
SCHUL
VERLAG

HANDWÖRTERBUCH DER PHARMAKOGNOSIE

des

PFLANZENREICHS

BAND 1: A - K

VON

PROF. DR. G. C. WITTSTEIN

NACHDRUCK DER ORIGINALAUSGABE VON 1883
(E. TREWENDT, BRESLAU)

ISBN: 978-3-86741-164-6
©EUROPÄISCHER HOCHSCHULVERLAG GMBH & CO
KG (WWW.EH-VERLAG.DE)

REIHE: HISTORICAL SCIENCE, BAND 3

ENCYKLOPÆDIE

DER

NATURWISSENSCHAFTEN

HERAUSGEGEBEN

VON

Prof. Dr. W. FÖRSTER, Prof. Dr. A. KENNGOTT,
Prof. Dr. LADENBURG, Dr. ANT. REICHENOW,
Prof. Dr. SCHENK, Geh. Schulrath Dr. SCHLÖMILCH,
Prof. Dr. G. C. WITTSTEIN, Prof. Dr. von ZECH.

ZWEITE ABTHEILUNG, 14. BAND

ENTHALT

ANDWÖRTERBUCH DER PHARMAKOGNOSIE
DES PFLANZENREICHS.

BRESLAU,
VERLAG VON EDUARD TREWENDT.
1883.

ENCYKLOPÆDIE

DER

NATURWISSENSCHAFTEN

HERAUSGEGEBEN

VON

Prof. Dr. G. Jäger, Prof. Dr. A. Kenngott,
Prof. Dr. Ladenburg, Prof. Dr. von Oppolzer,
Prof. Dr. Schenk, Geh. Schulrath Dr. Schlömilch,
Prof. Dr. G. C. Wittstein, Prof. Dr. von Zech.

II. ABTHEILUNG.

II. THEIL:

HANDWÖRTERBUCH DER PHARMAKOGNOSIE DES PFLANZENREICHS

HERAUSGEGEBEN

VON

Prof. Dr. G. C. Wittstein.

BRESLAU,
VERLAG VON EDUARD TREWENDT.
1882.

HANDWÖRTERBUCH

DER

PHARMAKOGNOSIE

DES

PFLANZENREICHS

HERAUSGEGEBEN

VON

PROF. DR. G. C. WITTSTEIN.

BRESLAU,
VERLAG VON EDUARD TREWENDT.
1882.

Add-Add.

Folia Celastri.

Celastrus obscurus.

Pentandria Monogynia. — Celastreae.

Baum mit eiförmigen, oben abgerundeten oder ausgekerbten, etwas in den Blattstiel verschmälerten Blättern; der Blattstiel ist holzig, 7—8 Millim. lang, die Lamina lederartig, 3—6 Centim. lang, 2—3½ Centim. breit, bei jüngeren Exemplaren flach ausgebreitet, bei älteren etwas zum Mittelnerv gefaltet und durch Rückwärtsbiegung des Mittelnervs wenig gekrümmt, durchaus unbehaart. Der Blattrand gekerbt, das Blatt selbst netzaderig, der weissliche Mittelnerv auf der Unterseite ziemlich stark hervortretend. — In allen Hochländern Abessiniens einheimisch.

Gebräuchlicher Teil. Die Blätter; sie sind trocken hellgrün bis bräunlich-grün, riechen ähnlich dem schwarzen Thee, und schmecken adstringierend bitter.

Wesentliche Bestandteile. Nach Dragendorff in 100: 3 ätherisches Oel, 8 Schleim, 11 eisenbläuender Gerbstoff, 5 Bitterstoff, 2,4 Weinsteinsäure.

Anwendung. In Abessinien gegen die dort vorkommende Kollakrankheit, d. h. Krankheit in den Kollas (Niederungen), wo sich miasmatische Dünste entwickeln.

Ad-Ad ist der abessinische Name des Gewächses.

Celastrus ist abgeleitet von κηλας (die spätere Jahreszeit, Spätherbst); die Früchte werden sehr spät reif. Κηλαστρος des Theophrast ist aber nicht unsere Gattung, sondern *Philyrea latifolia*.

Adlerfarn.

(Farnkrautweiblein, Flügelfarn, Jesus Christuswurzel.)

Radix (Rhizoma) Pteridis aquilinae, Filicis foeminae.

Pteris aquilina L.

Cryptogamia Filices. — Polypodieae.

Eine der grössten deutschen Farne, mit tief gehendem Wurzelstocke, 60 Centim. bis 1 Meter 50 Centim. hohem, aufrechtem, eckigem, ganz glattem, steifem Stengel, der sich oben in 3 grosse, zum Teil 60 Centim. lange, flach ausgebreitete, zusammengesetzte, hochgrüne, glatte Wedel teilt, mit doppelt gefiederten Zweigen, die Fiederchen schmal lanzettlich, ganzrandig, die untersten gefiedert-geteilt mit länglichen stumpfen Einschnitten, ihr Rand etwas umgebogen, und längs desselben sind auf der untern Seite schmale, linienförmige Häufchen von sehr kleinen gestielten Kapseln, mit dem vom Rande entspringenden

Schleierchen bedeckt, das nach innen aufreisst. — Häufig in Wäldern, besonders am Rande derselben, in Gebüschen wachsend.

Gebräuchlicher Teil. Der Wurzelstock; er ist cylindrisch, etwas über Federkiel- bis Finger-dick, zum Teil 80 Centim. bis 1 Meter lang, hin und her, fast wurmförmig gekrümmt, etwas ästig, knotig, hier und da Stengelreste zeigend; aussen mit braunem Filze bedeckt, und hier und da mit dünnen Fasern besetzt; gegen den Stengel zu sich etwas spindelförmig verdickend, glatt und schwarz. Besteht aus einer dicken Rinde und dem holzigen Kerne, ist frisch im Innern, besonders in der Nähe des Stengels (sowie die Basis des Stengels selbst) weisslich oder grünlich, mit braunen Flecken gezeichnet, welche bei einem schiefen Messerschnitte nicht selten ziemlich deutlich die Figur eines doppelten Adlers bilden. Einige wollen die Buchstaben C. J. (Christus Jesus) darin erkennen. Der Wurzelstock ist geruchlos, beim Zerstossen und Infundieren riecht er aber widerlich ölig, er schmeckt widerlich, bitterlich herbe.

Wesentliche Bestandteile. Nach WACKENRODER in 100: 6,2 Bitterstoff mit eisengrünendem Gerbstoff, 0,48 fettes Oel, 5,0 Schleim, 33,5 Stärkemehl etc.

Anwendung. Früher gegen Würmer, besonders Bandwürmer. — Die jungen Schösslinge werden in Japan als Gemüse genossen; auch die Wurzel ist essbar, wenn man sie vorher durch Kochen mit Wasser von ihrer Bitterkeit befreit hat. Aber die ausgewachsenen Wedel besitzen giftige Eigenschaften; Pferde, denen davon zufällig (nur zu $\frac{1}{4}$) unter das Futter geraten war, erkrankten heftig, und mehrere derselben verendeten.

Geschichtliches. Den Alten war diese Pflanze wohl bekannt; sie ist die Θηλυπτερις des THEOPHRAST und DIOSKORIDES, die *Thelypteris* des PLINIUS.

Der Name *Pteris* (von πτερυξ Flügel) deutet auf die flügelartig ausgebreiteten Blätter.

Filix kommt entweder von *filum* (Faden), wegen der Fasern am Wurzelstocke, oder von πτιλον (Flügel), wegen der Form der Blätter, oder vom hebräischen פלג *(phileg* teilen) wegen der vielteiligen Blätter. PLUMIER meint, das Wort sei das veränderte *felix* (glücklich), und solle auf die heilsamen Eigenschaften dieser Pflanze deuten.

Adoniswurzel.

(Frühlings-Adonis, falsche, böhmische Nies- oder Christwurzel.)

Radix Adonidis.

Adonis vernalis L.

Polyandria Polygynia. — *Ranunculeae.*

Perennierende Pflanze mit mehrköpfiger Wurzel, welche mehrere 15—30 Centim. hohe, aufrechte, meist einfache, zart gestreifte, glatte oder kurz behaarte Stengel treibt; Blätter abwechselnd, vielteilig, die Blättchen in zahlreiche, fein borstenartige Segmente gespalten; am Ende des Stengels eine grosse ausgebreitete, bis 35 Millim. weite, überhängende, gelbe Blume, mit meist 12 länglichen, an der Spitze ausgebissen gezähnelten Blättchen, welche viel länger sind als die des weichbehaarten Kelchs. Die kleinen zottigen, hakenförmig stachelspitzigen Früchtchen bilden eine oval-cylindrische dichte Aehre. — Auf sonnigen Hügeln und Bergen hie und da in Deutschland und dem übrigen Europa, auch im mittleren Asien und Sibirien.

Gebräuchlicher Teil. Die Wurzel; sie besteht aus einem länglich-runden, 25—75 Millim. langen, 12—24 Millim. dicken knolligen Stock, oben mit den 2—6 Millim. dicken und zum Teil ebenso langen, zuweilen hohlen Stengelresten besetzt, und ringsum mit strohhalmdicken und dickern, 75—220 Millim. langen, meist einfachen Fasern besetzt. Er ist rauh, von den Resten der gestreiften Fasern höckerig, aber nicht geringelt. Aussen ist die Wurzel dunkelbraun, fast schwarz, matt und etwas bestäubt, innen weisslich, dicht, fleischig, die getrockneten Fasern in der Mitte hell punktiert und zerbrechlich. Geruch eigentümlich widerlich; Geschmack bitterlich scharf, hinterher beissend, kratzend und lange anhaltend.

Wesentliche Bestandteile. Bitterstoff, scharfer Stoff (bedarf näherer Untersuchung).

Anwendung. Früher ebenso wie die schwarze Nieswurzel, deren Eigenschaften sie nach SCHKUHR auch besitzen soll.

Geschichtliches. HIERONYMUS TRAGUS († 1553) glaubte in dieser Wurzel den wahren *Helleborus* des HIPPOKRATES erkannt zu haben, allein man sah den Irrtum bald ein, wie denn schon MATTHIOLUS (eigentlich MATTIOLI, † 1577) die Frühlings-Adonis unter dem Namen *Pseudoelleborus* anführt. — Das *Adonium* des PLINIUS, Ἀργεμωνή des DIOSKORIDES, ist *Adonis autumnalis.*

Der Name Adonis greift in die Mythe zurück. OVID lässt die Pflanze aus dem Blute des sagenhaften Jünglings Adonis entstehen; mehrere Arten dieser Gattung haben nämlich rote Blumen.

Affenbrotbaum.
(Baobab.)
Cortex und *Fructus Adansoniae.*
Adansonia digitata L.
Monadelphia Polyandria. — *Malvaceae.*

Einer der dicksten, ein Alter von 1000 und mehr Jahren erreichenden Bäume, der bei nur 3—4 Meter Höhe, oft 8 Meter im Durchmesser hat und oft hohl ist. Die zahlreichen Aeste breiten sich sehr weit aus. Das Holz ist weiss und weich; die Blätter gefingert; die Blumen haben einen 5 teiligen, federartigen, abfallenden Kelch; die Krone ist malvenartig, und ihre Blätter sind fast bis zur Hälfte verwachsen. Die Frucht ist eine holzige 10 fächerige Kapsel von der Grösse und Gestalt einer Melone, mit weissem mehligem Marke, das die öligen Samen umschliesst, erfüllt. — Im tropischen Afrika und in Ost-Indien einheimisch, in West-Indien angebaut.

Gebräuchliche Teile. Die Stammrinde und die Frucht.

Die Stammrinde bildet so, wie sie im Handel vorkommt, unregelmässig gebogene, 10—20 Centim. lange, 5—10 Centim. breite und 1½ Centim. dicke Stücke. Die Borke ist mit grossen und kleinen, stark hervorstehenden Warzen bedeckt, welche eine aschgraue Farbe besitzen; nach dem Abreiben des grauen Anflugs erscheint dieselbe mehr graubraun und ist mitunter 5—6 Millim. dick. Sie ist kurzbrüchig und besitzt nur geringen faden bittern Geschmack. Der zweite Teil, die eigentliche Rinde, ist schichtenweise gelagert und in der grössten Stärke 1,3 Centim. dick; die einzelnen Schichten lassen sich leicht trennen und erscheinen auf der Trennungsfläche sehr schön weiss und rot marmoriert; an der Luft nehmen nach einiger Zeit diese Flächen eine mehr rote Farbe an. Sowohl Längs- als Querbruch sind kurzfaserig, und zeigen beide deutliche Schichten von einigen Millim., die bei scharfem Schnitte noch schöner hervortreten. Unter der Lupe bemerkt man viele Kristallchen von oxalsaurem Kalk. Die Farbe der innern Rinde ist aussen lebhaft rot, ihre innere Fläche gewöhnlich weiss, rot marmoriert und ziemlich glatt. Geruch etwas weidenartig, Geschmack anfangs kühlend salzig, dann herb und anhaltend stark, nicht unangenehm bitter, den Speichel schwach rot färbend.

Die Frucht (s. oben), resp. ihr Mark, besitzt einen angenehm säuerlichen Geschmack.

Wesentliche Bestandteile. In der Rinde nach WALZ: eigentümlicher kristallinischer stickstofffreier Bitterstoff (Adansonin, $1,5 \frac{0}{0}$), roter kinoähnlicher Gerbstoff ($5 \frac{0}{0}$), oxalsaurer Kalk ($8 \frac{0}{0}$). Nach WITTSTEIN enthält die Rinde auch Stärkmehl und eine flüchtige Materie von aromatischem, zugleich etwas moschusartigem Geruche; der eisengrünende Gerbstoff wird durch Brechweinstein nicht gefällt, und der rote Farbstoff schliesst sich an das Chinarot oder Phlobaphen.

In dem schwammigen Fruchtfleisch nach VAUQUELIN: viel Stärkemehl, Gummi, Zucker, Aepfelsäure. Nach SLOCUM auch Pektin und wahrscheinlich eine eigentümliche kristallinische Materie.

Anwendung. Die Rinde wurde vor mehreren Jahren als China-Surrogat empfohlen. Das Fruchtmark, eine Hauptnahrung der Affen, wird in Wasser verteilt Schwindsüchtigen als *Linctus* verordnet; die Fruchtschale gebraucht man in Aegypten gegen hartnäckige Ruhren. Die Blätter pulverisieren die Neger und mengen sie als Arznei unter die Speisen, sie dienen, wie alle Emollientia dieser Familie, gegen Diarrhöen.

Baobab ist das veränderte boui der Bewohner am Senegal.

Adansonia ist benannt nach M. ADANSON, geb. 1727 zu Aix, Naturforscher und Botaniker, bereiste 1748—53 Afrika, starb 1806 zu Paris; schrieb: Histoire naturelle du Senegal, Familles des plantes.

Affodill, ästiger.
Radix (Bulbus), Asphodeli ramosi.
Asphodelus ramosus L.
Hexandria Monogynia, — *Asphodeleae.*

Perennierende Pflanze mit zahlreichen, 6—12 Millim. breiten, ziemlich langen, zugespitzten, auf einer Seite etwas verschmälerten Wurzelblättern, 45—90 Centim. hohem, oben ästigem Schafte, und in langen Trauben stehenden, sternförmig ausgebreiteten, rötlich gestreiften Blüten. — Im südlichen Europa, auch hie und da in Deutschland (Schwaben, Bayern, Oesterreich) auf gebirgigen Grasplätzen.

Gebräuchlicher Teil. Die Zwiebel; sie besteht aus mehreren länglichen, nach unten keulenförmig sich verdickenden Knollen mit fortlaufenden dünnen Fasern, zum Teil von der Grösse einer mässigen Kartoffel, aussen mit einem bräunlichen Häutchen umkleidet, innen schmutzig gelb, etwas schwammig, fleischig. Schmeckt frisch unangenehm scharf und bitter, nach dem Trocknen, wobei sie sehr zusammenschrumpft, milder.

Wesentliche Bestandteile. Schleim, scharfer, flüchtiger und bitterer Stoff (bedarf näherer Untersuchung).

Anwendung. Ehemals innerlich und äusserlich gegen allerlei Uebel.

Geschichtliches. Im Altertum berühmte Arzneipflanze; Ἀσφόδελος der

Griechen. Der Name ist zus. aus ἀ (ohne) und σφαλλειν (fehlen); die Alten säeten nämlich das Gewächs auf die Gräber, damit die Verstorbenen keinen Mangel leiden sollten.

Agave.
(Sogenannte hundertjährige Aloë.)
Radix (Rhizoma) Agaves.
Agave americana L.
Hexandria Monogynia. — *Bromeliaceae.*

Perennierende Pflanze mit dickem kurzem Wurzelstock, der lange starke ästige Fasern, und nach oben einen Büschel sehr grosser, oft 1,8 Meter langer, dicker, fleischiger, graugrüner Blätter treibt, die am Rande mit starken gebogenen Dornen gezähnt sind und sich in eine lange steife Spitze endigen. Der Schaft ist baumartig, 6—8 Meter hoch und bildet oben eine Krone mit armförmig ausgebreiteten Zweigen, welche viele röhrig-glockige, gelbe, widerlich, faulen Eiern ähnlich riechende Blüten tragen, die viel Honigsaft enthalten. Sie blüht in ihrem Vaterlande binnen wenigen Jahren; bei uns in Töpfen gezogen, dauert es viele, oft 50 und mehr Jahre damit. Nach dem Blühen stirbt die Pflanze ab. — In Mittel- und Süd-Amerika einheimisch, im südlichen Europa kultiviert.

Gebräuchlicher Teil. Die Fasern des Wurzelstocks; sie sind federkieldick, auch dicker, holzig, knotig, werden nach unten dünner und verästeln sich stark, sind aussen mit einer dünnen grauen Oberhaut bedeckt, unter welcher eine violette farbige Rinde sitzt. Der holzige Kern ist weiss und zähe, und lässt sich wie Sassaparille spalten. Ohne Geruch und fast ohne Geschmack.

Wesentliche Bestandteile. Der Wurzelstock ist noch nicht untersucht. In dem Safte der Blätter fand KITTEL 92⅔ Wasser, 1,2 Zucker, 2,4 Schleim und verschiedene Kalksalze. Nach LENOBLE enthalten die Blätter ein scharfes blasenziehendes ätherisches Oel, ein Gummiharz und Salze. Im Nektar der Blüten fand BUCHNER Rohrzucker und ein übelriechendes ätherisches Oel.

Anwendung. Wie die Sassaparrille; soll auch zuweilen statt derselben in den Handel gelangen, lässt sich aber leicht an den angegebenen Merkmalen erkennen. — Die Blätter schmecken süsssäuerlich, wirken diuretisch: ihr Mark wird roh und zubereitet gegessen; ihre Fasern dienen zu Stricken, auch zu Papier.

Die Pflanze hat den Namen von ἀγαμαι oder ἀγανομαι (bewundern) wegen ihres stattlichen Ansehens bekommen. Für Mexiko (dort Maguey genannt) hat sie eine besondere Wichtigkeit, wird daher auch massenweise angebaut. Wenn sie im Begriff ist, den Blütenschaft zu entwickeln, was in sehr raschem Wachstum geschieht, so schneidet man den Büschel der Centralblätter heraus; es sammelt sich dann in der Vertiefung all der Saft, welcher zur Bildung des Schaftes und seiner Teile bestimmt war, an und zwar in solcher Menge, dass man 4 bis 5 Monate hindurch täglich gegen 3 bis 4 Liter desselben gewinnen kann, der durch Gährung die sogen. Pulque, ein weinartiges Getränk, liefert. Auch wird eine Art Branntwein daraus bereitet.

Ahornrinde.
(Feldahornrinde, Massholderrinde.)
Cortex Aceris minoris.
Acer campestre L.
Octandria Monogynia — Acereae.

Mehr strauch- als baumartiges Gewächs mit gelappten Blättern, deren Lappen stumpf ausgebreitet, am Rande ganz oder wieder buchtig ausgeschnitten sind: die Blumen bilden gestielte aufrechte Trauben oder Doldentrauben, sind gelbgrünlich und hinterlassen horizontal ausgebreitete Flügelfrüchte. — Häufig in Wäldern und Gebüschen fast durch ganz Europa, sowie im mittleren Asien.

Gebräuchlicher Teil. Die Rinde; die des Stammes ist sehr runzelig und unregelmässig rissig, die der älteren Aeste ebenso, nur nicht in so hohem Grade und mehr korkartig, die der jungen Aeste mehr glatt und mit kleinen Warzen besetzt. Ihre Farbe erscheint mehr oder weniger dunkel aschgrau, ins grünliche oder bräunliche übergehend; zuweilen findet sich auch ein weissfleckiger Ueberzug von schorfigen Flechten. Die obere Schicht ist dünn, im frischen Zustande grünlich-weiss, im getrockneten bräunlich. Die Innenfläche hat eine gelblich-weisse Farbe, welche aber durch Trocknen ebenfalls verändert wird, und dann mehr gelblich oder bräunlich erscheint. Sie riecht nicht, schmeckt aber etwas adstringirend und bitterlich.

Wesentliche Bestandteile. Eisengrünender Gerbstoff und Bitterstoff. Nicht näher untersucht.

Anwendung. Obsolet. Wurde früher in der Medizin fast der Ulmenrinde gleich geachtet.

Acer — Ζυγια THEOPHR. *Acer vile* der Römer — von *acer* (scharf, stark, in bezug auf Holz: fest), das Holz wurde nämlich wegen seiner Festigkeit und Zähigkeit zu Jochen, Lanzen u. s. w. benutzt; auch dürfte in gleicher Beziehung die Ableitung von ἀ (als Intensiv: sehr) und κερας (Horn) erlaubt sein, womit dann der deutsche Name »Ahorn« vollkommen übereinstimmen würde.

Akaroïdharz.
(Botanybayharz, Gelbharz.)
Resina Acaroidis, Resina lutea Novi Belgii.
Xanthorrhoea arborea.
X. hastilis und andere Arten dieser Gattung.
Hexandria Monogynia. — Lilieae.

Perennierende Pflanzen mit 0,9—1,2 Meter hohem und höherem, dicht mit steifen grasartigen Blättern besetztem holzigem Stock, welcher jährlich einen 3,5—5,5 Meter hohen, runden, nackten Schaft treibt, der an der Spitze mit einer dichtgedrängten Aehre (einer Art Kolben) von Blumen besetzt ist, und so (im grossen) das Ansehn unserer Rohrkolben *(Typha)* hat. — In Australien einheimisch.

Gebräuchlicher Teil. Das aus dem Stocke fliessende Harz; es kommt in den Handel in Stücken von verschiedener Grösse und Form, ist gelbbraun, zum Teil dem Gummigutt ähnlich und zum Teil dunkler, aussen bestaubt, matt, auf dem frischen Bruche goldgelb oder braun, mit dunkleren, fast schwarzen Flecken, stark harzglänzend, undurchsichtig oder nur an den Kanten und in

Blättchen durchscheinend. Leicht zerreiblich zum hochgelben Pulver, leicht schmelzbar und entzündlich. Riecht stark benzoëartig, schmeckt wenig aromatisch, löst sich in Weingeist, Aether, Alkalien, nicht in Oelen.

Wesentliche Bestandteile. Nach TROMMSDORFF: eigentümliches Harz, wenig ätherisches Oel, Benzoësäure.

Anwendung. Bei hartnäckigen Durchfällen, Ruhren etc. — In der Technik zur Darstellung von Pikrinsäure.

Geschichtliches. Mutterpflanze und Harz sind seit etwa 100 Jahren bei uns bekannt.

Xanthorrhoea ist zus. aus ξανθος (gelb) und ρεειν (fliessen).

Akazie, wohlriechende.

Flores Farnesianae.

Acacia Farnesiana WILLD.

Monadelphia Polyandria. — Mimosaceae.

5—6 Meter hoher Baum, deren Aeste schwielige Punkte haben, und in deren Zweigwinkeln gepaarte, scharfe, $2\frac{1}{2}$ Centim. lange, anfangs rothe, später blassere Dornen stehen. Die Blätter enthalten meist 8 Paare Fiedern, deren jedes wieder aus sehr zahlreichen länglichen Blättchen zusammengesetzt ist. Die hellgelben, zahlreichen, wohlriechenden Blumenköpfchen haben lange weisse Staubfäden mit gelben Antheren. Die Hülsen sind braun, cylindrisch, knotig, etwa 15 Centim. lang, riechen wie die Wurzelrinde, beim Zerreiben knoblauchartig und schmecken scharf. — Im ganzen wärmeren Amerika, dann in Kreta, Griechenland, Kleinasien wild und angebaut.

Gebräuchlicher Teil. Die Blüten.

Wesentliche Bestandteile. Aetherisches Oel. Nicht näher untersucht.

Die Hülsen enthalten nach RICORD-MADIANNA: ätherisches Oel, Fett, Gerbsäure, Gallussäure, Stärkmehl, Gummi, Schleim, einen dem Sarkokollin ähnlichen Stoff, Wachs etc.

Anwendung. Als sehr beliebtes Parfüm; ferner als Thee.

Geschichtliches. Das Gewächs kommt schon bei den Alten vor, bei THEOPHRAST als Αχανθολευχη, bei DIOSKORIDES als 'Αχαχια έτερα.

Acacia von άχαχια, άγαγια (Stachel, Dorn), wegen der vielen Dornen an Stamm und Aesten.

Farnesiana deutet auf die besonders in den Farnesischen Gärten zu Rom betriebene Kultur dieses Gewächses.

Akelei.

(Gemeine Akelei oder Aglei, Adlersblume, Glockenblume, Jupitersblume.)

Radix, Herba, Flores und *Semen Aquilegiae.*

Aquilegia vulgaris L.

Polyandria Pentagynia. — Ranunculeae.

Perennierende Pflanze mit etwa fingerdicker Wurzel, welche einen 30—90 Centim. hohen, geraden, steifen, oben ästigen, zart und kurz behaarten Stengel treibt, und nur mit wenigen abwechselnden Blättern besetzt ist. Die Wurzelblätter sind lang gestielt, doppelt dreizählig; die Blättchen breit, keilförmig-rundlich, stumpf eingeschnitten, zum Teil gelappt und grob gezähnt; die untersten Stengelblätter ähnlich, nur kürzer gestielt, die obersten sitzend mit meist ungeteilten ganzrandigen oval-länglichen Blättchen; alle ganz glatt, oben dunkelgrün, bläulich angelaufen, unten weisslich, etwas steif. Die Blumen einzeln an der Spitze der Stengel und Zweige, hängend, gross, gewöhnlich violettblau, zuweilen auch dunkel- und hellblau, hochrot, fleischfarben, weiss, mehr oder weniger gefüllt und nicht selten monströs. — In schattigen Wäldern, Grasgärten, auf Bergwiesen fast durch ganz Deutschland und das übrige Europa wild wachsend, und häufig in Gärten als Zierpflanze gezogen.

Gebräuchlicher Teil. Die Wurzel, das Kraut, die Blumen und der Same.

Die Wurzel ist cylindrisch-spindelförmig, mehr oder weniger ästig, aussen dunkelbraun, fast schwarz oder hellgelbbraun, oben geringelt, innen weiss, fleischig. Sie riecht etwas widrig, und schmeckt frisch schwach bitterlich süss, schleimig, hinterher etwas scharf.

Das Kraut verbreitet beim Zerreiben einen widerlichen Geruch und schmeckt schwach bitterlich, später scharf, gleichsam tabakähnlich.

Die Blumen werden von der blauen Varietät gewählt; sie riechen und schmecken wie das Kraut, zugleich süsslich.

Die Samen sind klein, dreikantig, gewölbt, schwarzglänzend, mit vorstehenden Rändern eingefasst, geruchlos, von schwach bitterlichem, nicht schleimigem, sondern etwas scharf öligem Geschmacke; auch zeigen sich Oelflecke, wenn man sie auf Papier zerdrückt.

Wesentliche Bestandteile. Scharfer, bitterer, narkotischer (?) Stoff, in den Blumen blauer Farbstoff, in dem Samen auch fettes Oel. (Näher zu untersuchen.)

Anwendung. Die Teile dieser Pflanze dienten früher gegen Gelbsucht, Skorbut, als Wundmittel. Der Saft oder Auszug der blauen Blumen kann als Reagenz auf Säuren und Alkalien gebraucht werden.

Geschichtliches. Die *Aquilegia* oder *Aquilina* erhielt ihren Namen von der Form der Blumenblätter oder Nektarien, welche einigermassen den Adlerkrallen gleichen; die Pflanze selbst wurde, wie es scheint, von den römischen Aerzten nicht benutzt, und die älteren deutschen Botaniker bemühten sich vergebens in den Schriften der Vorzeit etwas über dieselbe zu finden; übrigens erwähnt sie schon die Aebtissin HILDEGARD († 1180) unter dem Namen *Acoleja*.

Akmelle.
(Fleckblume, Indisches Harnkraut, Abc-Pflanze.)
Herba und *Semen Acmellae.*
Spilanthes Acmella L.
Syngenesia Aequalis. — *Compositae.*

Einjährige Pflanze mit aufrechtem, ästigem, vielblättrigem Stengel, gegenüber stehenden gestielten, eiförmigen, tiefgezähnten, glatten Blättern, kleinen gelben Blumen mit gewölbter Scheibe und kleinem 5 blütigem Strahl. — In Ost-Indien, Ceylon, Süd-Amerika.

Gebräuchliche Teile. Das Kraut und der Same; beide schmecken bitter balsamisch, dann anhaltend scharf brennend, speichelerregend.

Wesentliche Bestandteile. Aetherisches Oel und scharfes Harz. Bedarf näherer Untersuchung.

Anwendung. In Substanz und als Thee, besonders gegen Steinbeschwer-

den. Der unmässig hohe Preis (12 Holl. Gulden für 30 Grm.) beschränkte jedoch die Anwendung sehr. In Ostindien gibt man den Kindern die Pflanze
mit in die Schule, um daran zu kauen, weil man glaubt, dass infolge der reichlichen Speichel-Sekretion das Aussprechen schwerer Worte erleichtert werde.

Geschichtliches. Die Pflanze kam zuerst 1690 durch Schiffe aus Ost-
Indien nach Europa, wurde aber erst 1701 durch HOTTONIUS als Arzneimittel
näher bekannt.

Spilanthes ist zus. aus σπιλος (Fleck) und ἀνθη (Blume); die hellfarbigen
Blumen haben schwärzliche Flecke, welche durch den schwarzen Pollen der Antheren verursacht werden.

Acmella von ἀκμη (Spitze, Schärfe); in bezug auf den Geschmack des Gewächses.

Alant.
(Helenenkraut, Glockenwurzel, Grosser Heinrich, Ottwurzel.)
Radix Enulae, Helenii.
Inula Helenium L.
Syngenesia Superflua. — Compositae.

Perennierende Pflanze mit dicker ästiger Wurzel, 0,9—1,8 Meter hohem und
höherem, steifem, unten fingerdickem und dickerem, rundem, mit abwärts stehenden rauhen Haaren besetztem, oft dunkelbraun geflecktem Stengel; die Wurzelblätter stehen aufrecht im Kreise, sind sehr gross, z. T. 45—60 Centim. lang,
und 15—30 Centim. breit, verlaufen in einen langen, steifen, oben rinnenförmigen
Stiel. Die abwechselnden Stengelblätter sind sitzend, stengelumfassend, nach
oben immer kleiner werdend, alle eiförmig-länglich, spitz, ungleich gekerbt gezähnt, mit z. T. etwas wellenförmigem Rande, runzelig, oben hochgrün, unbehaart, unten, besonders an den vorspringenden netzartigen Adern kurz und
weisslich behaart; ziemlich steif, fast lederartig. Die Blumen stehen am Ende
der Stengel und Zweige einzeln auf langen aufrechten Stielen, sind gross, z. T.
50 Millim. und darüber breit, hochgelb, die Strahlenblumen sehr zahlreich, lang,
die Scheibenblumen kurz, röhrig, die Achenien mit haarigem Pappus. — Hier
und da in Deutschland, Holland, Frankreich und England in gebirgigen Waldungen, Hecken, auf Aeckern, Schutthaufen (z. T. verwildert), und wird in
Gärten gezogen.

Gebräuchlicher Teil. Die Wurzel, im Herbste oder Frühjahr von mehrjährigen Pflanzen einzusammeln. Sie ist oben finger- bis daumendick und darüber,
cylindrisch ästig, bildet oft einen faustdicken, vielköpfigen, knolligen Wurzelstock, aus dem viele federkiel- bis fingerdicke, z. T. fusslange und längere, verschieden gekrümmte Aeste in die Erde dringen. Aussen hellbräunlich, innen
weiss, fleischig; trocken ist sie aussen hellgraubraun, zartrunzelig, innen grauweiss
und bräunlich punktiert, mit bräunlichem Ringe unter der Rinde, dichtmarkig,
ziemlich gewichtig, im Wasser schnell untersinkend, hart, doch leicht zu brechen,
hat unebenen matten Bruch, beim scharfen Messerschnitt Harzglanz zeigend; riecht
stark, eigentümlich aromatisch, nach Kalmus und Violenwurzel, schmeckt reizend
aromatisch, etwas widerlich bitterlich.

Wesentliche Bestandteile. Inulin (in dieser Pflanze zuerst und zwar 1804
von V. ROSE entdeckt), ein kristallisierbares flüchtiges Oel (Alantcampher,
Helenin, schon 1660 von LEFEBURE beobachtet und für Benzoësäure gehalten),

ein anderes, flüssiges ätherisches Oel von pfefferminzartigem Geruch (Alantol nach KALLEN), eine kristallinische Säure (Alantsäure nach KALLEN), etc.

Anwendung. In Substanz, Latwergen, Extrakt. Zur Bereitung des Inulins, wovon die trockene Wurzel 36 % enthält.

Geschichtliches. Schon die hyppokratischen Aerzte benutzten den A. Die Art und Weise, die Wurzel mit Honig einzumachen, lehrte bereits DIOSKORIDES. Im Altertum setzte man den A. häufig als Gewürz den Speisen zu; er war in dieser Hinsicht um so beliebter, da die Aerzte ihn der Gesundheit für zuträglich erklärten, wie dies auch das bekannte Distichon der salernitanischen Schule beweist: *Enula campana, reddit praecordia sana.*

Der Gattungsname *Inula* ist von ἰναειν (ausleeren, reinigen) abgeleitet, in bezug auf die Wirkung der Wurzel. — Der Artname *Helenium* deutet auf ἤλιος (Sonne), wegen der Form der Blüte, deren Scheibe die Sonne, deren Randblüten die Strahlen vorstellen. PLINIUS sagt, die Pflanze sei aus den Thränen der HELENA entstanden und deshalb sei die, welche auf der Insel Helena (im ägäischen Meere, wo PARIS und HELENA bei ihrer Flucht aus Sparta landeten) am wirksamsten. Weiterhin rühmt er die Wirkung des *Helenium* zur Erhaltung der Schönheit der Frauen, und bekanntlich war Helena die griechische Schönheit par excellence. DIOSKORIDES beschreibt die Pflanze sehr gut, sagt aber kein Wort von allen diesen Wundern. Auch hat man wohl bei dem Namen an den tapferen und weissagenden HELENUS, den Sohn des PRIAMUS gedacht. Uebrigens muss hier bemerkt werden, dass die von PLINIUS dort erwähnte Pflanze nicht *Inula Helenium*, sondern *Thymus incanus* SIBTH. (das ἑλενιον des HIPPOKRATES und THEOPHRAST, das ἑλενιον ἀλλο des DIOSK.) ist; doch kennt er auch *Inula Helenium* und spricht davon an anderen Stellen unter dem Namen *Inula*.

Algarobillo.

(Allgarobito, Algarrobo de Coquimbo.)

Fructus Algarrobo.

Balsamocarpum brevifolium PHIL.

Monadelphia Polyandria. — *Caesalpiniaceae.*

Hoher strauchiger Baum mit schwach behaarten vielhöckerigen Zweigen, an den Höckern mit kleinen Dornen, Blätter büschelig, einfach gefiedert, dreijochig, Blättchen elliptisch, Blüten rispig an den höchsten Zweigen aus Höckern hervorgehend, 7—10 blumig, Frucht mittelmässig gross, rund, Schale dick harzig, Samen rundlich flach, glatt. — In der chilenischen Provinz Coquimbo.

Gebräuchlicher Teil. Die Frucht; sie ist der *Siliqua dulcis* (welche im Spanischen ebenfalls Algarrobo heisst) nicht ähnlich, sondern walzenförmig, 3—5 Centim. lang, 1—2½ Centim. dick, gelb, gelbbraun, dunkelbraun, rosenrot (je nach dem Zustande der Reife), und besteht aus einem gitterartigen Geflechte, durchdrungen von einer harzzähnlichen, glänzenden, gelblichen, sehr herbe schmeckenden Masse. Enthält bis zu 6 linsenförmige nicht adstringierende Samen.

Wesentliche Bestandteile. Nach GODEFFROY: eisenbläuender Gerbstoff (67—68 %), Ellagsäure, Gallussäure. Auch ist ein gelber Farbstoff darin. C. HARTWICH bekam sogar 81,82 % Gerbstoff.

Anwendung. Zum Gerben. Zur Darstellung officineller Gerbsäure eignet sich die Frucht nicht, denn das Präparat fällt zu dunkelfarbig aus.

Schon vor 25 Jahren kam die Frucht im europäischen Handel vor, aber erst jetzt hat sie Beachtung gefunden.

Algarobo, Dim. Algarobillo ist ursprünglich arabisch und zus. aus dem Artikel al und garub (Schote).

Alkassuzwurzel.

Radix Alkassuz.

Periandra dulcis MART.

Diadelphia Decandria. — Papilionaceae.

Perennierende Pflanze mit strauchartigem, aufrechtem, rundlichem, fein behaartem Stengel; Blätter 1jochig mit Unpaarem, lederartig, länglich-eiförmig oder fast lanzettlich, oben glatt glänzend, unten netzartig geadert, sehr kurz gestielt; Blüten in kurzen gipfelständigen Trauben; Hülsen feinhaarig, linear, zusammengedrückt, vielsamig. — In den brasilianischen Provinzen St. Paul und Minas Geraes.

Gebräuchlicher Teil. Die Wurzel; sie ist verästelt, $\frac{1}{2}$—3 Centim. dick, holzig, aussen gelbbraun, kleinwarzig, von einer dünnen, innen fast schwarzbraunen Rinde bedeckt und mit einem starken, grobsplittrigen, gelbbräunlichen Holze versehen, welches auf dem Querschnitte durch zahlreiche, blassbraune Markstrahlen und durch concentrische, mit jenen sich kreuzende Linien von Holzparenchym gefeldert und durch die Gefässmündungen porös erscheint. Schmeckt zuerst etwas scharf, dann süss, aber weniger als Süssholz.

Wesentliche Bestandteile. Wohl dieselben, wie das Süssholz. Eine nähere Untersuchung fehlt.

Anwendung. In Brasilien wie das Süssholz.

Alkassuz ist ein brasilischer Name.

Periandra ist benannt nach PERIANDER, einem der sieben Weisen Griechenlands, 627—584 v. Chr.

Alkornokorinde.

(Chabarro.)

Cortex Alcornoco oder Chabarro.

Bowdichia virgilioides KUNTH*).

Decandria Monogynia. — Caesalpiniaceae.

Baum mit gefiederten Blättern, länglichen, stumpfen, unten rostfarbig filzigen Blättchen und in dichten Trauben stehenden violetten Blumen. — In Venezuela einheimisch.

Gebräuchlicher Teil. Die Rinde; sie kommt in flachen, wenig rinnenförmigen Stücken von 10—45 Centim. Länge, 24—75 Millim. Breite und 2 bis 12 Millim. Dicke vor. Die äussere Fläche ist meist von der Oberhaut und einem Teile Rinde befreit; wo diese noch vollständig darauf sitzt, erscheint sie als eine dunkelbraune und graue, höckerigrissige Borke, hier und da mit kleinen grünen oder schwärzlichen Krustenflächten besetzt, der Eichenrinde von alten Stämmen

---

*) Nach VIREY ist obige Art die Mutterpflanze der Alkornokorinde. Früher gab POIRET dafür die Euphorbiacea Alchornea latifolia Sw., an, und später meinte man, fussend auf eine Aeusserung HUMBOLDTS, dass in Süd-Amerika alle Malpighien (und Byrsonimen) Alkornoque oder Korkbäume heissen, die Rinde komme von Byrsonima crassifolia D. C. Aber SCHLEIDEN, sowie BERG bestätigten VIREYS Annahme.

ähnlich. Die abgeschabte Fläche ist uneben, rauh, dunkelzimtfarben, ins Violette, mit schmutzig braungelben Flecken untermengt; der Parenchymteil macht ungefähr die Hälfte der zum Teil abgeschabten Rinde aus. Die untere Fläche ist ziemlich eben, oder durch etwas vorspringende Fasern der Länge nach runzelig und besteht aus gleichlaufenden, ziemlich groben, schmutzig blass-gelbbräunlichen Längsfasern. Die Rinde ist ziemlich locker und leicht, doch fest und fühlt sich rauh an; sie lässt sich etwas schwierig brechen und reisst ungleich der Länge nach auf. Bei scharfem Messerschnitte bemerkt man 3 Schichten; die äussere braunrote Korkschicht lässt sich quer brechen und ist auf dem Bruche matt, uneben; die zweite oder Parenchymschicht ist dünn, blassgelbbräunlich, oft nur undeutlich ausgebildet, zäher, schon mehr faserig, und ihre Lagen gehen in den dritten Rindenteil oder Bast über, der sich durch seine Biegsamkeit und hellere graugelbe Farbe auszeichnet. Die Rinde riecht nur unbedeutend, etwas dumpf, der Korkteil schmeckt etwas herbe, wenig bitterlich, wogegen die übrigen Schichten bei längerem Kauen einen ziemlich bitteren Geschmack entwickeln und den Speichel gelblich färben.

Wesentliche Bestandteile. Nach Biltz: eigentümlicher weisser kristallischer sublimierbarer Bitterstoff (Alkornin), eisengrünender Gerbstoff, Stärkmehl.

Verfälschungen. Dass ihr, wie angegeben, die eine oder andere Chinarinde untergeschoben werde, ist kaum anzunehmen. Eher wäre solches von der Eichenrinde zu vermuten: diese ist aber, neben den abweichenden äusseren Merkmalen, daran zu erkennen, dass ihr wässeriger Auszug durch Eisenchlorid blauschwarz getrübt wird.

Anwendung. Man rühmte die Rinde in England als Hauptmittel gegen Lungenschwindsucht; zu demselben Zwecke gelangte sie dann auch nach Deutschland, doch ist sie gegenwärtig ganz vergessen.

Geschichtliches. Die Rinde soll im Jahre 1804 durch Don Joachim Jove nach Europa gebracht worden sein. 1814 wurde ihrer zuerst in deutschen Schriften gedacht, und besonders waren es die Erfahrungen des Dr. Albers, welche zu ihrer Verbreitung beitrugen.

Bowdichia ist benannt nach Edw. Bowdich, geb. 1793 zu Bristol, Sekretär der afrikanischen Gesellschaft in Coast-Castle, führte eine Gesandschaft nach Ashantee in Afrika, trat später eine neue Reise in das Innere von Afrika an und starb auf derselben 1824 am Ufer des Gambia. Schrieb eine Geschichte jener Gesandschaft.

Der Artname *virgilioides* soll andeuten, dass das Gewächs der Papilionacee *Virgilia* (die nach dem römischen Dichter Virgil benannt ist) ähnelt.

Alkornoko vom spanischen *alcornoque* (Korkbaum) in bezug auf die Beschaffenheit der Rinde.

Chabarro ist ein südamerikanischer Name.

Allamandenblätter.
Folia Allamandae.
Allamanda cathartica L.
(*A. grandiflora*, Lam., *A. Linnaei* Pohl.)
Pentandria Monogynia. — *Apocyneae.*

Milchender Strauch mit vierständigen, sitzenden, 7—12 Centim. langen, 20—32 Millim. breiten, verkehrt eiförmig-länglichen, stumpfen, kurz gespitzten, oben grünen und kahlen, am Rande schwach welligen, unten bräunlich-weich-haarigen, am Mittelnerv auch einige weissere längere Haare tragenden Blättern. — In West-Indien und Süd-Amerika einheimisch.

Gebräuchlicher Teil. Die Blätter: sie schmecken bitter und kratzend.

Wesentliche Bestandteile? Nicht näher untersucht.

Anwendung. In der Heimat als starkes Purgans.

Allamanda ist benannt nach FR. ALLAMAND, in der zweiten Hälfte des 18. Jahrh. Prof. der Naturgeschichte in Leyden, reiste in Amerika, gab auch BUFFONS Naturgeschichte heraus.

Allermannsharnisch, langer.

(Siegwurzel-Männlein, Schlangenknoblauch.)

Radix (Bulbus) Victorialis longae.

Allium Victorialis L.

Hexandria Monogynia. — Asphodeleae.

Perennierende Pflanze, welche mehrere horizontal oder schief gehende, länglich-runde, z. T. cylindrische Zwiebeln treibt, die zu einer zusammengesetzten fast verbunden, unten starke Wurzelfasern und einen geringelten Wurzelstock aus-senden, und mit netzartigen Häuten umgeben sind. Der Stengel ist 30—45 Centim. hoch, unten beblättert, rund, mit Blattscheiden bedeckt, z. T. braun gefleckt, oben etwas eckig. Die Blätter sind 75—150 Millim. lang, 12—36 Millim. breit, nervig, denen des spitzen Wegerichs etwas ähnlich, aber glatt. Die Blumen bilden eine kugelige Dolde mit breiter, kurzer, dünnhäutiger Scheide, und sind weiss ins Grünliche. — Auf den Alpenwiesen des südlichen Deutschlands und der Schweiz einheimisch.

Gebräuchlicher Teil. Die Zwiebel; sie hat frisch ein dichtes Fleisch mit einigen netzartigen Lamellen bedeckt, schliesst einen etwas porösen Kern ein, riecht und schmeckt stark knoblauchartig; getrocknet, wie sie im Handel vorkommt, sind es etwa fingerdicke, auch dickere, gegen beide Enden dünner werdende, 10—15 Centim. lange, runde wurzelähnliche Gebilde, welche fast ganz aus lockeren zarten, hell oder dunkel grauen, netzförmigen Häuten bestehen, die einen holzigen Kern einschliessen, geruch- und geschmacklos sind.

Wesentliche Bestandteile. Schwefelhaltiges scharfes ätherisches Oel, wovon aber die trockene Droge nichts mehr enthält, die vielmehr alsdann nur eine holzig faserige Masse darstellt. (Nicht näher untersucht.)

Anwendung. Frisch wird die Zwiebel von den Alpenbewohnern gegen Würmer, Krämpfe etc. gebraucht. Die trockene wird noch (unnützerweise) in der Thierheilkunde verordnet. Gegen Zaubereien, Verwundungen wird sie als Amulet angehängt (daher ihr Name), auch das behexte Vieh damit beräuchert. Herum-ziehende Tyroler verkaufen dieselben als Alraunwurzel.

Geschichtliches. Schon in alten Zeiten stand diese Pflanze als Haus-mittel, gegen vermeintliche Zauberei im Gebrauche. Wer sie bei sich trüge, sollte gegen Hieb und Stich sicher sein.

Allium von ἀγλις (die Kerne im Kopfe oder auch die kopfförmigen Bollen des Knoblauches) und dies von ἀλειc (Aor. p. von εἴλειν: sammeln, also soviel als in einen Haufen vereinigt). Man leitet auch wohl ab von *halium* (was stark riecht, von *halare*). Ferner heisst *all* im Keltischen: brennend, was dann auf den Geschmack der Zwiebel zu beziehen ist.

Allermannsharnisch, runder.

(Siegwurzel, Rote Schwertlilie.)

Radix (Bulbus) Victorialis rotundae.

Gladiolus communis L.

Triandria Monogynia. — Irideae.

Perennierende Pflanze mit 60—90 Centim. hohem Stengel, abwechselnden, schwertförmigen Blättern, grossen, lilienartigen, ungleich 6'teiligen, fast rachenförmigen, schön purpurroten, eine einseitige Traube bildenden Blumen, mit Blumenscheiden versehen, die länger als die Blumenröhre sind. — Auf Wiesen im südlichen Europa, auch hier und da in Deutschland, Oesterreich, Schlesien, Böhmen, Elsass etc.

Gebräuchlicher Teil: Die Zwiebel; sie ist rundlich, etwas flach, von der Grösse einer Wallnuss, oft gepaart, so dass eine die andere deckt, frisch blassgelb, mit einer netzförmigen Haut umgeben, ein dichtes weissliches Fleisch einschliessend. Ohne besondern Geruch, von bitterlichem, dann kratzendem Geschmack. Schrumpft durch Trocknen sehr zusammen, bei schnellem Trocknen erhärtet das innere Fleisch fast hornartig, bleibt weiss und behält etwas Geschmack. Geschieht das Trocknen wie gewöhnlich langsam, dann besteht sie nur aus grauen netzförmigen lockeren Lamellen, die ganz geschmacklos sind.

Wesentliche Bestandteile. Scharfer flüchtiger Stoff, Stärkmehl. (Nicht näher untersucht).

Anwendung. Wie vorige veraltet und nur noch von abergläubischen Leuten gegen Zauberei etc. gebraucht.

Geschichtliches. War wie vorige als Arznei und Zaubermittel hoch im Rufe. Auch Theophrast und Dioskorides erwähnen sie schon als ξιφιον oder φατγανον, Plinius und Apulejus als *Xiphium.*

Gladiolus. Dim. von *gladius* (Schwert), wegen der Form der Blätter.

Aloë.

Aloë arborescens Dc.

A. perfoliata L.

A. purpurascens Haw.

A. socotrina Lam.

A. spicata Thul.

A. vulgaris Lam. und andere Arten.

Hexandria Monogynia. — Asphodeleae.

Die Aloëarten sind perennierende, dicke, saftige, fleischige Gewächse, teils stiellos, teils stengeltreibend, mit sitzenden, oft zweireihigen, stengelumfassenden dornigen oder dornlosen, dicken, saftigen 30—45 Centim. langen Blättern. Die Blüten stehen auf 30—45 Centim., ja bei einigen 3½ Meter hohem Schaft oder Stengel in Aehren oder Trauben, sind ansehnlich, z. T. schön gefärbt. — Das Vaterland sämmtlicher Aloëarten ist Afrika und besonders der südliche Teil desselben; von da sind mehrere derselben nach Ost- und West-Indien verpflanzt worden.

Gebräuchlicher Teil. Der durch Auspressen, sowie auch durch Auskochen mit Wasser und Eindicken gewonnene Saft der Blätter. Im Handel kommen davon folgende Sorten vor:

1. Glänzende Aloë, Cap-Aloë (*Aloë lucida, A. capensis*).

Die allgemeinste Sorte, wird durch Eintauchen der zerschnittenen Blätter in kochendes Wasser und Verdampfen des Auszuges erhalten. Bildet unregelmässig scharfkantige, zum Teil sehr grosse Stücke von dunkelbrauner Farbe, z. T. mit dunkelolivenbraunem und grünlichgelbem Hauch, stark glänzend, an den Kanten braunrot durchscheinend, sehr spröde, auf dem Bruche glasglänzend, leicht pulverisierbar, gibt ein hochgelbes Pulver. Erweicht in der Wärme zum Extrakt, bläht sich in stärkerer Hitze stark auf, verkohlt und verbrennt vollständig. Riecht eigentümlich widrig, etwas myrrhenartig, schmeckt höchst bitter, unangenehm. Löst sich vollständig in Weingeist, aber nur zum Teil in Wasser, letzteres löst etwa drei Viertel und hinterlässt den Rest als eine mehr harzig sich verhaltende Substanz.

Hierher gehört auch die Natal-Aloë aus der südostafrikanischen Kolonie gleichen Namens, welche im Bruche matt und graubraun ist.

2. Sokotrinische Aloë (*Aloë socotrina*).

Soll bloss von der ostafrikanischen Insel Sokotora kommen und ihre Mutterpflanze nach I. G. Baker nicht *A. socotrina*, sondern *A. Perryi* sein, wird aber meist aus Ost-Indien in Kürbisschalen zugeführt, hat ganz die Beschaffenheit einer *Aloë lucida*, welche man auch häufig unter dem Namen *A. socotrina* im Handel trifft. Nach Pereira wird diese Aloë auch im halbflüssigen Zustande versendet.

An die sokotrinische A. schliesst sich als ostafrikanisch noch die von Zanguebar, welche aber, nach einer Mitteilung von Finckh, als eine schlechtere Sorte Leberaloë zu betrachten ist, und nur 12 % Extrakt liefert.

3. Leber-Aloë (*Aloë hepatica*).

Wird durch gelindes Pressen der eingeschnittenen Blätter und freiwilliges Verdunsten des Saftes erhalten. Sie kommt aus Arabien zu uns, die beste Sorte ebenfalls in Kürbisschalen, wie die sokotrinische, ausserdem, wie die glänzende, in Kisten. Sie charakterisiert sich durch mehr leberbraune Farbe und geringeren Glanz, ist aussen gewöhnlich dunkelbraungelb, matt oder wenig glänzend, zeigt oft viele kleine unregelmässige Risse. Auf dem frischen Bruche ist sie ziemlich hell gelbbraun, wenig wachsglänzend, mit der Zeit wird die Oberfläche immer dunkler; an den Kanten etwas durchscheinend; etwas weniger spröde als *A. lucida*, gibt ein etwas mattes röthlichgelbes Pulver. Verhält sich in der Wärme wie jene; riecht mehr safranartig, schmeckt ebenso bitter. Nach Pereira verdankt diese Aloë ihr trübes Ansehen den in der Masse verteilten Aloïnkristallen.

An sie schliesst sich als wesentlich übereinstimmend eine sogen. ägyptische Aloë, die in ledernen Beuteln versendet wird.

4. Barbados-Aloë (Aloë de Barbados).

Kommt von der westindischen Insel Barbados, aber auch von Jamaika, in Kürbisschalen, und ist von sehr verschiedener Güte. Die beste, aber sehr seltene, ist dunkel rötlichbraun, und riecht angenehmer aromatisch als alle anderen Sorten. Im allgemeinen steht diese A. gleichsam in der Mitte zwischen den beiden vorhergehenden Sorten, hat die Farbe, aber nicht den Glanz der ersten Sorte, und ist viel spröder.

5. Curaçao-Aloë (Aloë de Curaçao).

Von der westindischen Insel Curaçao, ist aussen glänzend schwarz, undurchsichtig, im Bruche dunkelbraun, muschelig, in dünnen Splittern dunkelbraun durchscheinend und besitzt einen starken widerlichen Geruch. Nach Haaxmann gibt es nicht weniger als acht Sorten dieser Aloë, deren einzelne Besprechung uns aber hier zu weit führen würde.

6. Ross-Aloë *(Aloë caballina)*.

Die ordinärste, kaum noch in der Thierheilkunde Anwendung findende Sorte, welche allem Anschein nach aus dem Bodensatze der *A. lucida* und nochmaliges Auskochen der Ueberbleibsel (Blätter) gewonnen wird. Bildet schwarze, schwere, undurchsichtige mit Sand und anderen Unreinigkeiten vermengte Stücke.

Wesentliche Bestandteile. Eigentümlicher kristallinischer Bitterstoff (Aloïn), amorpher Bitterstoff, bitteres Harz und ätherisches Oel. Das Aloïn, von T. u. H. Smith zuerst 1851 rein erhalten, ist dann auch von Stenhouse, Pereira, Fluckiger, Tilden untersucht. Nach Tilden unterscheidet es sich in den verschiedenen Sorten nur durch Wasseranteile, wie nachstehende Uebersicht zeigt.

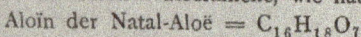

$$\text{Aloïn der Natal-Aloë} = C_{16}H_{18}O_7$$
$$\text{— — Barbados- —} = C_{16}H_{18}O_7 + H_2O.$$
$$\text{— — Sokotrin- —} = C_{16}H_{18}O_7 + 3\,H_2O.$$

Das ätherische Oel, der Träger des Geruchs der Aloë, wurde von denselben Herren T. u. H. Smith ebenfalls zuerst (1873) dargestellt; es ist eine blassgelbe bewegliche Flüssigkeit, deren Geruch und Geschmack einige Aehnlichkeit mit dem Pfefferminzöle zeigt, hat ein spez. Gew. von 0,863 und siedet bei 266—271° C. Der Gehalt der Aloë daran ist aber ein äusserst geringer; die Barbadossorte lieferte nur 0,008 %.

Verfälschungen. Die angeführten Merkmale lassen über die richtige Beschaffenheit der Aloë kaum einen Zweifel übrig. Zunächst ist zu beachten, dass Weingeist von 80 % die Aloë vollständig lösen muss, und nur von der Leberaloë dabei etwas Eiweissstoff zurückbleibt. Verfälscht hat man die Aloë schon gefunden mit: Kolophonium, gelbem Pech, schwarzem Pech, Ockerarten, Sand, weissgebrannten Knochen, Gummi, Lakritzen. Die meisten dieser Stoffe kommen gewiss nur selten darin vor, aber man muss doch wissen, wie ihre Gegenwart sicher zu ermitteln ist. N. Gille empfiehlt dazu folgendes Verfahren.

Man erhitzt die verdächtige Waare mit ihrem 10fachen Gewichte Wasser, welches 2—3 % kohlensaures Natron enthält, unter beständigem Umrühren, damit sich nichts an den Boden des Gefässes hängt. Die Lösung erfolgt leicht, und beim Erkalten und Stehen setzt sich nichts ab, wenn die Aloë rein ist; ist sie hingegen unrein, so setzen sich nicht nur die fremden Harze, sondern auch die meisten andern absichtlich zugesetzten Substanzen und selbst die zufälligen Verunreinigungen ab. Zuweilen kann man schon während des Erhitzens an dem auftretenden Geruche die Gegenwart der Fichtenharze erkennen, aber ganz sicher findet man sie nach dem Erkalten und Abgiessen der Flüssigkeit am Boden des Gefässes mit allen ihren charakteristischen Eigenschaften. Selbstverständlich bleiben dabei auch Sand, Ocker, Knochenasche etc. zurück. — Was das Gummi und den Lakritzen betrifft, so dürften sie nur in den teuren Sorten zu vermuten sein. Um sie nachzuweisen, hat man nur nötig, die Aloë mit sehr starkem Weingeist zu behandeln, der sowohl das Gummi als auch den grössten Teil des Lakritzen ungelöst zurücklässt.

Anwendung. In Substanz als Pulver, Pillen, Tinktur etc. Als drastisches Purgans erfordert ihr Gebrauch einige Vorsicht.

Geschichtliches. Als Arzneimittel spielt die Aloë — welche unter diesem Namen auch in den alten griechischen und römischen Schriften vorkommt — schon von jeher eine wichtige Rolle.

Aloëholz.

(Adlerholz, Paradiesholz.)

Lignum Aloës, Agallochi veri, Calambac.

Aloëxylon Agallochum LOUR.

Decandria Monogynia. — *Caesalpiniaceae.*

Ansehnlicher Baum mit brauner, glatter, dünner Rinde, lanzettlichen 20 Centim. langen, glatten, etwas lederartigen, abwechselnden, gestielten Blättern. Die Blumen stehen an den Enden der Zweige, haben einen 4blättrigen behaarten Kelch, 5 ungleiche, aus dem Kelche hervorragende Kronblätter; die Frucht ist eine sichelförmige, glatte, harte Hülse mit einem länglichen, von einem Arillus umgebenen Samen. — In Cochinchina einheimisch.

Gebräuchlicher Teil. Das von Harz durchdrungene Holz. Nach dem Berichte LOUREIROS ist das Holz des Baumes weiss und geruchlos, und erhält sein besonderes Aroma durch einen eigenen krankhaften Prozess, indem die Holzsubstanz sich allmählich in eine harzige Masse verwandelt, und der Baum zuletzt selbst abstirbt. Aus dem Innern solcher Bäume wird das beste Aloëholz herausgenommen, und es stellt in diesem Zustande einen mit Holzsubstanz vermengten Harzklumpen dar, dunkelbraun, z. T. fast schwarz, gestreift und geadert, harzglänzend, sinkt im Wasser unter, riecht äusserst angenehm balsamisch.

Wesentliche Bestandteile. Aetherisches Oel und Harz.

Unter dem Namen Aloëholz sind übrigens wohlriechende harzreiche Hölzer verschiedener Bäume in den Handel gelangt, von denen besonders noch zwei hier eine Stelle finden mögen.

1. Von *Aquilaria malaccensis (Thymeleae)*, auch Aspalatholz *(Lignum Aspalati* oder *Aquilae)* genannt; es sind hellbraune, matte, leichte, weniger harzreiche Stücke, riechen schwächer, aber ebenfalls sehr angenehm.

2. Von *Excoecaria Agallocha (Euphorbiaceae)* von den Molukken; es ist knotig, dicht, sehr schwer und harzreich, aussen gleichförmig rotbraun, innen mit Höhlen, angefüllt mit rötlichem myrrhenähnlichem Harz, riecht wie Myrrhe und Anime, schmeckt bitter. Zwischen den Zähnen zerfällt das Holz.

Anwendung. Früher in Pulverform bei verschiedenen Krankheiten. Im Oriente steht es aber noch in hohem Ansehn, besonders als Räucherwerk. Auch werden Rosenkränze daraus gefertigt.

Geschichtliches. Das Aloëholz ist ein sehr altes Arzneimittel, von dem schon DIOSKORIDES unter dem Namen Ἀγαλλοχον spricht, und das er auch ziemlich kenntlich beschreibt. Es wurde gekaut oder zu Mundwasser benutzt, um den Atem wohlriechend zu machen, auch statt Weihrauch damit geräuchert, und innerlich bei Magenschwäche, Kolik etc. verordnet.

Agallochum, arabisch *aghaludiy*. Man leitet auch ab von ἀγαλλειν (schmücken, verschönern), in bezug auf das Aroma des Holzes.

Excoecaria von *excoecare* (blindmachen), in bezug auf die Wirkung des Milchsaftes dieses Baumes, wenn er in die Augen kommt.

Alpenrose, gemeine.
(Rostfarbiger Alpenbalsam.)
Folia Rhododendri ferruginei.
Rhododendron ferrugineum L.
Decandria Monogynia. — *Ericaceae.*

Kleiner Strauch mit niederliegenden, weit ausgebreiteten, krummen Zweigen, die graubraun, gefurcht und von abgebrochenen Blattstielen höckrig sind, an den aufsteigenden Spitzen dicht belaubt. Die Blätter stehen zerstreut auf kurzen Stielen, sind gegen beide Enden verschmälert, lanzettlich, oben glatt, grün, nicht netzartig geadert, unten rostfarbig punktiert oder überzogen; die ganz jungen Blätter auf beiden Seiten grün, und z. T. an der Basis etwas gewimpert. Die Blumen stehen am Ende der Zweige in doldenartigen Trauben, sind hängend, der Kelch sehr klein, wimperig-gezähnt, die Krone trichterförmig, 5spaltig, anfangs purpurn, dann rosenrot mit runden angedrückten Schuppen. — Auf den Alpen der Schweiz, Salzburg, Bayern, Frankreich, Spanien, Sibirien.

Gebräuchlicher Teil. Die Blätter; sie riechen stärker widerlich rhabarberartig als die des *Rh. Chrysanthum*, schmecken aber weniger herbe, nicht merklich bitter, hinterher mehr stechend beissend.

Wesentliche Bestandteile. Nach R. Schwarz: etwas ätherisches Oel von eigentümlichem, nicht unangenehmem Geruch und der Zusammensetzung nach ein Kohlenwasserstoff-Hydrat, eigentümliches bitteres Glykosid (Erikolin), eigentümliche, eisengrünende Gerbsäure (Rhodotannsäure), verschiedene andere organische Säuren, Fett, Harz, Wachs.

Verwechslung. Mit den Blättern des *Rh. hirsutum*, welches mit *Rh. ferrug.* häufig zusammen vorkommt; sie sind aber am Rande mit Haaren besetzt und unten weiss punktiert.

Anwendung. Die Blätter sollen ähnliche Wirkung haben, wie die der sibirischen Schneerose, was aber ihr abweichender Geruch und Geschmack bezweifeln lässt.

Rhododendron ist zusammengesetzt aus ρόδον (Rose) und δενδρον (Baum).

Alraun.
(Hundsapfel, Schlafapfel.)
Radix, Folia und *Fructus Mandragorae.*
Mandragora officinalis Mill.
(*M. acaulis* Gartn., *M. vernalis* Bertol., *Atropa Mandragora* L.)
Pentandria Monogynia. — *Solaneae.*

Perennierende Pflanze mit sehr grosser dicker, spindel- oder rübenförmiger, meist einfacher oder in mehrere Arme geteilter, aussen bräunlich-grauer, innen weisser fleischiger Wurzel. Stengellos. Die Wurzelblätter sind 15—30 Centim. lang, 10—12 Centim. breit, gestielt, breit eiförmig, ganzrandig, wellenförmig, sonst glatt. Die Blumenstiele sind nackt, einfach, einblumig, kürzer als die Blätter, die Blumen weiss, ins Violette, aussen behaart, die Beeren gelblich. — In Salzburg, Tyrol, Schweiz, Süd-Europa.

Gebräuchliche Teile. Die Wurzel oder vielmehr deren Rinde, die Blätter und die Frucht. Die Wurzelrinde ist grau, rostbraun, aussen rauh anzufühlen, innen weiss, riecht betäubend, schmeckt bitter. Die Blätter riechen ebenfalls widerlich.

Wesentliche Bestandteile. Jedenfalls ein narkotisches Alkaloid; chemisch untersucht ist noch kein Teil der Pflanze.

Anwendung. Die ganze Pflanze ist narkotisch giftig und wirkt der *Belladonna* ähnlich. Mit der Wurzel trieb man allerlei Quacksalbereien, hielt sie für ein Zaubermittel, trug sie als Amulet u. s. w.

Geschichtliches. Der A. — Μανδραγορας μελας DIOSKORIDES, PLINIUS — gehört zu den ältesten und berühmtesten Mitteln, welche die Medizin aufzuweisen hat. Man bediente sich teils des Saftes der frischen Pflanze, teils der getrockneten Wurzelrinde, teils der Blätter, welche letztere eingesalzen aufbewahrt wurden. Man hatte einen Mandragora-Wein und zwei Extrakte, eins aus dem Safte der Wurzel, und ein milderes aus den Früchten bereitet; alljährlich brachte man dieses, wie GALEN berichtet, aus Kreta nach Rom. Um die Schmerzen chirurgischer Operationen zu mildern, liess man vorher Mandragora nehmen, sie war, um kurz zu sagen, den alten Aerzten das, was Opium oder Morphin und Aether oder Chloroform den heutigen ist. Nach dem Vorgange der Araber schrieb man der Mandragora allerlei Zauberkräfte zu, und listige Betrüger verkauften um hohen Preis die Wurzeln, denen man eine menschenähnliche Gestalt gab; in ganz alten deutschen Kräuterbüchern findet man dergleichen mit köstlichen Holzschnitten abgebildet. In Deutschland soll man solche betrügerische Wurzeln aus Bryonia nachgemacht haben; in Italien aber benutzte man eine Canna dazu, wie AMATUS LUSITANUS und ANTON MUSA BRASAVOLI (s. Examen omn. Simplic. Venet. 1545 pag. 411) bezeugen.

Die Bedeutung des Namens *Mandragora* entspricht keineswegs der grossen Wichtigkeit und dem Nimbus, womit man die Pflanze umgab, denn er heisst sehr prosaisch — zus. aus μανδρα Viehstall, und ἀγορα Sammelplatz — eine Pflanze, welche in der Nähe der Viehställe wächst.

Atropa ist abgeleitet von *Atropos* (eine der 3 Parzen, zus. aus ἀ nicht und τρεπειν wenden, weil, nach Vorstellung der Alten, in ihrer Hand das unabwendbare Geschick der Menschen liegt), wegen der tötlichen Wirkung der Pflanze.

Alstonie, australische.
(Australischer Fieberbaum.)
Cortex Alstoniae constrictae.
Alstonia constricta FERD. MÜLL.
Pentandria Monogynia. — Apocyneae.

Bis 12 Meter hoher schlanker Strauch oder Baum mit langgestielten, glatten, oval-lanzettlichen, spitzen oder zugespitzten Blättern, zahlreich in Doldentrauben vereinigten Blumen, 75—100 Millim. langen oder längern Balgkapseln mit flachen oder concaven, linearen, behaarten Samen. — In Neu-Südwales und Queensland Australiens.

Gebräuchlicher Teil. Die Rinde; sie besteht aus 30—60 Centim. langen, 36—48 Millim. breiten, 2—3 Millim. dicken, ganz oder fast ganz flachen, aus Borke und Bast bestehenden ziemlich spröden Stücken. Der Bast besitzt eine citronengelbe, auf der innern Fläche z. T. etwas graue Farbe und schmeckt mässig bitter; die Borke, in der Dicke dem Baste ziemlich gleich, ist mit häufigen tiefen Querrissen, welche bis fast auf den Bast reichen, versehen, hat aussen eine grau-bräunliche, innen eine bräunlich-gelbe Farbe, und schmeckt weit bitterer als der Bast. Die ganze Rinde roch in Masse anfangs kampherartig, welcher Geruch aber beim Liegen sich verlor, so dass er nach einigen Monaten nicht mehr wahrgenommen werden konnte.

Wesentliche Bestandteile. Nach PALM: ein indifferenter harzähnlicher Bitterstoff (Alstonin), der sich an das Cailcedrin und Tulucunin schliesst, ätherisches kampherartig riechendes Oel, eisengrünender Gerbstoff, Gummi, Harz, Wachs, Proteinsubstanz, Oxalsäure, Citronensäure. Nach F. v. MÜLLER enthält die Rinde auch ein Alkaloïd, nach OBERLIN und SCHLAGDENHAUFEN zwei Alkaloïde, ein kristallinisches (Alstonin) und ein amorphes (Alstonicin). O. HESSE fand das PALM'sche Alstonin stickstofhaltig, sich wie ein Alkaloïd verhaltend, und übertrug diesen Namen nun auf dasjenige Alkaloïd, welches er früher Chlorogenin nannte; es ist braun, amorph. Ein zweites von ihm in der Rinde gefundenes und Porphyrin genanntes Alkaloïd ist weiss, amorph; ein drittes, Porphyrosin; ein viertes, Alstonidin. Es sollen aber noch mehrere in der Rinde vorkommen.

Anwendung. In Australien gegen Fieber. Die Wirkung wird als tonisch, antiseptisch und antifebrilisch bezeichnet, und nach Dr. A. BICHY soll die Rinde die combinierte Wirkung der China und Nux vomica zeigen.

Alstonia ist benannt nach CHR. ALSTON, geb. 1683, Prof. der Medizin in Edinburg, † 1760; schrieb über schottische Pflanzen, und war ein Gegner des Sexualsystems.

Alstonie, javanische.

Cortex Alstoniae spectabilis.
Alstonia spectabilis R. BROWN.
Pentandria Monogynia. — Apocyneae.

Strauch mit zu 4 in Wirteln stehenden, elliptisch-länglichen, etwas zugespitzten Blättern, deren Seitennerven sich bis fast an den Rand hinziehen, Blüten in Afterdolden, weiss mit bartigem Saume, sehr langen Balgkapseln und bärtigen Samen. — Auf Java und den Molukken.

Gebräuchlicher Teil. Die Rinde; wie sie im Handel vorkommt, bildet sie 0,3—0,5 Meter lange, 2—4 Millim. dicke, gerade oder nur wenig gebogene, geschlossene oder nur wenig mit dem einen Rande über dem andern fassende oder, wie meistens, an beiden Rändern wenig eingerollte und mit dem Rücken zusammenstossende und daher durchgängig hohle Röhrenstücke. Ausgezeichnet durch ihre spezifische Leichtigkeit, so dass man sie federleicht nennen kann. Man unterscheidet davon zwei sehr leicht zu trennende Schichten; die äussere, ein relativ dünnes, korkartiges, nach innen ockergelbes, nach aussen graubraunes Periderm, welches auf der Oberfläche stark längsrunzelig und durch Flechtenbildungen graubräunlich und weissscheckig ist, an einigen Rinden auch einzelne wulstige und hervortretende Querringe hat, und im übrigen reichlich mit kurzen, sehr hervortretenden, durch das Abreiben der äussersten Bedeckung schmutzig weiss erscheinenden, weichen Querwarzen in unregelmässiger Art besetzt ist; und die innere, ein schwammiges, auf der Oberfläche der *Canella alba* ähnlich erscheinendes, glattes und schmutzig gelbes, im Innern strohgelbes, und auf der Unterseite ockergelbes und glattes, aber unregelmässige, in einander fliessende Längen- und Quer-Erhabenheiten zeigendes Derma. Besitzt keinen bemerkenswerten Geruch, aber einen starken, dem Chinin und Salicin ähnlichen bittern Geschmack.

Wesentliche Bestandteile. SCHARLEE schied aus der Rinde 1862 ein Alkaloïd, welches er Alstonin nannte, das nun, zur Vermeidung von Verwechslungen mit dem Bitterstoff der *A. constricta*, von HESSE Alstonamin genannt wird. Er glaubt, dieses stände zu dem Ditamin (der *A. scholaris)* in derselben Beziehung, wie z. B. Conchinin zum Chinin. Vom Ditamin, wie auch vom Echitenin unterscheidet es sich durch seine Fähigkeit, leicht zu kristallisieren. Uebrigens enthält diese Rinde, gleich wie die der *A. scholaris*, auch Ditamin, Echitenin und Echitammoniumhydroxyd.

Anwendung. In der Heimat gegen Fieber.

Alstonie, indische.

(Indischer Schulholzbaum, Ditarindenbaum.)

Cortex Alstoniae scholaris, Tabernaemontani.

Alstonia scholaris R. Br.

(Echites scholaris R. Br.)

Pentandria Monogynia. — Apocyneae.

Baum mit dickem Stamm, grauer Rinde, Blättern in Quirlen, verkehrt eiförmig, stumpf, Blumen in Afterdolden, grünlich weiss, zumal abends sehr stark riechend, Frucht eine Balgkapsel mit schopfartig behaarten Samen. — In Ostindien, Java, auf den Philippinen.

Gebräuchlicher Teil. Die Rinde; sie hat eine dicke runzelige, sehr hinfällige Oberhaut, auf welche eine schmutzig gelbe oder weissliche Schicht folgt; die innere Fläche ist schwärzlich. Geschmack bitter, etwas aromatisch.

Wesentliche Bestandteile. SCHARLÉE stellte daraus ein bitteres Extrakt dar, welchem er den Namen Ditaïn gab, und das nach HARTNACK ähnlich wie das Pfeilgift Curare wirken soll. Nach O. HESSE enthält dieses extraktive Ditaïn ein in Aether lösliches amorphes Alkaloïd, von ihm als Ditamin bezeichnet; ausserdem sind nach HESSE in dieser Rinde noch zwei Alkaloïde und zwar in grösserer Menge enthalten, von denen das eine anfangs Echitamin, dann Echitammoniumhydroxyd, das andere Echitenin genannt wurde. Letzteres ist, wie das Ditamin, amorph und in Aether löslich; das Echitamin (Echitammoniumhydroxyd) ebenfalls in Aether löslich, auch in Wasser löslich, aber kristallinisch, wird durch konzentrierte Schwefelsäure tief purpurrot.

Anwendung. In Java gegen Wechselfieber.

Echites von ἔχις (Natter), in bezug auf den schlangenartig gewundenen Stengel einer von PLINIUS (XYIV 89) erwähnten Pflanze, welche eine Art *Clematis* oder *Convolvulus*, mithin irrig auf obigen Baum übertragen worden ist.

Ueber die Bedeutung des Artnamens *scholaris* vermag ich keine bestimmte Auskunft zu geben. Etwa Holz zu Schulbänken?

Aluchibalsam und -Harz.

Balsamum und *Resina Aluchi.*

Icica Aracuchini AUBL.

(I. heterophylla Dc.)

Octandria Monogynia. — Burseraceae.

Baum mit dreizähligen und gefiederten Blättern, deren Blättchen oval-länglich, zugespitzt, geadert, lederartig, und die seitenständigen sehr klein sind. Die Blumen stehen in ganz kurzen Trauben in den Blattwinkeln. — In Guiana und Guadeloupe einheimisch.

Gebräuchlicher Teil. Der aus dem Stamme quellende Balsam, welcher allmählich zu einem Harze eintrocknet. Der Balsam ist honigdick, rötlich, durchsichtig und riecht ähnlich wie Perubalsam. Das Harz ist aussen schmutzig-weiss, innen schwärzlich marmoriert, undurchsichtig, spröde, riecht stark aromatisch pfefferartig und schmeckt bitter.

Wesentliche Bestandteile. Nach BONASTRE: Aetherisches Oel und mehrere Harze.

Anwendung. In der Heimat der Balsam innerlich und äusserlich als Wundmittel, gegen übelriechenden Atem.

Icica und die übrigen fremden Namen sind guianisch. *Icica* bedeutet dort »Harz.«

Alyxienrinde.
Cortex Alyxiae.
Alyxia aromatica REINW.
(*Alyxia Reinwardti* B.)
Pentandria Monogynia. — *Apocyneae.*

Immergrüner glatter Schlingstrauch mit aschgrauer Rinde, zu 3—4 zusammenstehenden, länglich-lanzettlichen, stumpfen, von feinen parallelen Adern durchzogenen Blättern, in den Blattwinkeln stehenden kurzgestielten Afterdolden, weissen Blüten. — Auf Java und andern Sunda-Inseln.

Gebräuchlicher Teil. Die Rinde; es sind mehr oder weniger stark zusammengerollte Stücke von 75—150 Millim. Länge, von der Stärke eines kleinen Fingers bis zu der eines Daumes, 2—3 Millim. dick, grauweiss, von der Oberhaut entblösst, leicht zerbrechlich, innen dunkler, ganz glatt, aromatisch riechend, ähnlich dem Steinklee oder der Tonkabohne, bitterlich schmeckend. Aeusserlich auffallend ähnlich der *Canella alba.*

Wesentliche Bestandteile. Nach NEES: Bitterstoff, balsamisches Harz, Stärkmehl, weisse kristallinische aromatische Substanz (Alyxiakampher: ist vielleicht Cumarin).

Anwendung. Nach WAITZ spielt diese Rinde eine grosse Rolle in der javanischen Heilkunde als magenstärkend und krampfstillend.

Der Name *Alyxia* ist indischen Ursprungs.

Amberkraut
(Katzen-Gamander, Mastixkraut.)
Herba Mari veri, Cortusi, Cyriaci.
Teucrium Marum L.
Didynamia Gymnospermia — *Labiatae.*

Kleiner zierlicher Strauch mit sehr ästigen, aufrechten, steifen, weissfilzigen Stengeln, kleinen, 4—8 Millim. langen, gestielten, graugrünen, unten weissfilzigen, am Rande etwas umgeschlagenen, etwas steifen Blättern. Die Blumen bilden einseitige, grosse, mit Blättern untermengte Trauben von zierlichen blass purpurroten Blumen. — In Spanien und dem übrigen südlichen Europa einheimisch, bei uns in Gärten und Töpfen.

Gebräuchlicher Teil. Das Kraut, die oberen blühenden Stengel. Es riecht stark, eigentümlich aromatisch, mastix-kampherartig, auch trocken, schmeckt

beissend aromatisch, dann kühlend und stark bitter. (Muss vor den Katzen geschützt werden, da sie ihm sehr nachstellen).

Wesentliche Bestandteile. Nach BLEY: ätherisches Oel, kampherartige
Substanz, eisengrünender Gerbstoff, Bitterstoff, mehrere Harze, Stärkmehl etc.

Anwendung. In Substanz und Aufguss, jedoch mehr als Schnupfmittel.
War früher ein Bestandteil des Theriaks.

Geschichtliches. MATTHIOLUS erklärte diese ihm von I. A. CORTUSUS
(† 1593 als Prof. der Botanik in Padua) gesandte Pflanze für das Μαρον des
DIOSKORIDES, und gab dadurch Veranlassung zur Einführung derselben in die
Offizinen. FRAAS hat aber ermittelt, dass *Origanum Sipyleum* L. das dioskoridische
Marum ist.

Teucrium führt PLINIUS (XXV. 20. XXVII. 17) auf den trojanischen Prinzen
TEUCER zurück, der den Gebrauch dieser Pflanze zuerst empfohlen habe. PL.
meint aber an diesen Stellen das *Hemionium* oder *Asplenium (Asplenium Ceterach* L.),
während XXIV. 80 von einem wirklichen *Teucrium* die Rede ist.

Marum vom hebräischen מיר (mor, bitter).

Ammei, grosser.

Semen *(Fructus). Ammeos majoris* oder *vulgaris.*
Ammi majus L.
Pentandria Digynia. — Umbelliferae.

Zweijährige Pflanze mit 30—60 Centim. hohem, eckigem, gestreiftem, oben
ästigem Stengel; die unteren Blätter sind einfach gefiedert, mit lanzettförmigen,
fein gesägten, stumpfen Blättchen, die oberen schmäler, z. T. linienförmig, alle
am Rande knorpelig. Die Dolden endständig, etwas schlaff, ziemlich gross, flach,
die allgemeine Hülle vielblättrig, aus lanzettlich pfriemenartigen Blättchen bestehend. Die weissen Blumen hinterlassen kleine länglichrunde, stumpf gerippte,
rostbraune Früchte. — Im südlichen Europa.

Gebräuchlicher Teil. Die Früchte; sie riechen schwach aromatisch und
schmecken bitter scharf.

Wesentlicher Bestandteil. Aetherisches Oel; es ist nach RAYBAUD
leichter als Wasser und riecht ähnlich dem Dostenöl.

Anwendung. Veraltet.

Geschichtliches. Der grosse Ammei ist die dritte Art Δαυκος des DIOS-
KORIDES (seine erste Art ist *Athamanta cretensis*, und seine zweite *Peucedanum
Cervaria).* Der Same hatte ohne Zweifel dieselbe Verwendung wie der des
kretischen Ammei.

Ammi ist abgeleitet von άμμος (Sand) in bezug auf den Standort mehrerer
Arten.

Ammei, kretischer.

(Wahrer Ammei, ostindische Ajowanpflanze, koptische oder ägyptische Haardolde,
äthiopischer oder Herrenkümmel.)

Semen (Fructus) Ammeos veri oder *cretici*, *Semen Adjowan*,
Ammi copticum L.

(*Athamanta Ajowan* WACL., *Bunium aromaticum* L., *B. copticum* SPR., *Daucus
copticus* PERS., *Ligusticum Ajowan* ROXB., *Ptychotis Ajowan* DC., *Pt. coptica* DC.,
Trachyspermum copticum LK.)

Pentandria Digynia. — *Umbelliferae.*

Einjährige Pflanze mit federkieldicker Wurzel, 60 Centim. hohem, ästigem,
glattem, rundem Stengel, fein fadenförmigen, von einer Furche durchzogenen
Blättern, 7—14 strahligen Dolden mit aus 4—7 Blättchen bestehender allgemeinen
und aus 5—8 Blättchen bestehender besonderer Hülle, weissen unten borstigen
Blumenblättern, schwarzroten Staubbeuteln, braunen, hier und da mit Erhabenheiten besetzten Früchten. — In Kreta, Aegypten und Ost-Indien einheimisch und
kultiviert.

Gebräuchlicher Teil. Die Früchte; sie sind von der Grösse, Gestalt
und Farbe der Petersilienfrucht, unterscheiden sich aber leicht von dieser durch
die mit vielen kleinen Wärzchen besetzten Rippen und Thälchen. Sie riechen stark
und angenehm, wie Thymian und Saturei, schmecken brennend scharf aromatisch.

Wesentliche Bestandteile. Aetherisches Oel, von HAINES und STENHOUSE
untersucht; der daraus in der Ruhe sich absetzende kristallinische Anteil ist
identisch mit dem Thymol.

Anwendung. In neuerer Zeit sind die Samen (Früchte) wieder gegen
Krämpfe, Magenbeschwerden empfohlen worden. Die sogen. *Semina quatuor
calida minora* enthielten auch den A. In Bengalen dient er häufig als Gewürz.

Geschichtliches. Der kretische A. war im Altertum allgemein bekannt
und beliebt, und selbst in der Küche gebraucht, weshalb ihn auch APICIUS anführt. Man benutzte ihn bei Kolik, Harnleiden, Magenleiden, äusserlich als
zerteilendes Mittel, räucherte auch damit. Wenn die alten Aerzte die nachteiligen
Wirkungen der Kantharidenpflaster auf die Harnwerkzeuge hindern wollten,
setzten sie A. zu, an dessen Stelle jetzt der Kampher im Gebrauche ist.

Ajowan ist orientalisch.

Wegen *Athamanta* s. den Artikel Bärenwurzel.

Bunium von βουνος (Hügel), in bezug auf den Standort; bei einigen Arten
auch von βουνον (Anschwellung), wegen der knolligen Form der Wurzel.

Wegen *Daucus* s. den Artikel Möhre, gelbe.

Wegen *Ligusticum* s. den Artikel Liebstöckel.

Ptychotis ist zus. aus πτυχη (Falte, Winkel) und ους (Ohr); die Frucht ist gerippt.

Trachyspermum ist zus. aus τραχυς (rauh) und σπερμα (Same).

Ammoniakum.

Gummi-Resina Ammoniacum.

Dorema Ammoniacum DON.

(*Diserneston gummiferum* JAUB. u. SPACH.)

Pentandria Digynia. — *Umbelliferae.*

Perennierende Pflanze von etwa 2 Meter Höhe; der Stengel ist braun oder
grün, mit rötlicher Färbung an den Gliedern, mit weichen drüsigen Haaren be-

setzt; er trägt nur an den untern Gliedern grosse Blätter Letztere sind gegen 60 Centim. lang, gestielt, fast doppelt gefiedert, die obern zusammenfliessend; die Segmente 25—125 Millim. lang, 12—50 Millim. breit, länglich, stachelspitzig, ganzrandig, selten etwas gelappt, lederartig. Die Dolden sprossend, ästig, die Döldchen kugelförmig, kurz gestielt, oft traubenartig geordnet, von kurzen weichen Haaren umgeben, gleich den weissen Blümchen. Die allgemeine wie die besondern Hüllen fehlen. — Im nördlichen Persien und in Armenien einheimisch.

Gebräuchlicher Teil. Das aus der Pflanze fliessende und an der Luft erhärtete Gummiharz. Schon im Mai, wenn die Pflanze noch weich ist, beginnt ein Käfer den Stiel an mehreren Stellen anzubohren, und sobald dieser verwelkt und abstirbt, dringt aus den Oeffnungen ein Milchsaft, der nach dem Erhärten gesammelt wird. Aber auch schon von selbst entlässt die von Milch saft strotzende Pflanze diesen an verschiedenen Stellen, und wird diese Sekretion durch die Mitwirkung von Insekten nur noch befördert. Man unterscheidet im Handel zwei Sorten.

1. Ammoniakum in Körnern *(Ammoniacum* in *granis)*, die beste Sorte; sie besteht aus Hirsekorn-, erbsengrossen und grösseren, rundlichen oder auch unregelmässig gestalteten, doch immer mehr oder weniger rundlichen Körnern, teils lose, teils in grösseren oder kleineren Klumpen zusammengebacken, von aussen blassgelber, oder mehr oder weniger rötlich- oder bräunlichgelber Farbe. matt oder schwach wachsglänzend, innen weisslich, wie gemeiner Opal, undurchsichtig, oder nur an den Kanten schwach durchscheinend, von flach muscheligem, glänzendem Bruche. Bei gewöhnlicher Temperatur ist es ziemlich hart und brüchig; in warmen Händen klebt es an und erweicht wie Wachs.

2. Ammoniakum in Kuchen *(Ammoniacum* in *placentis* oder *massis)*. Es sind z. T. pfundschwere oder schwerere Stücke von dunklerer brauner Farbe, weicher als die vorige Sorte, oft schmierig und stark klebend, mehr oder weniger mit hellen Körnern, aber auch häufig mit vielen Unreinigkeiten, Stengeln, Sand, Samen etc. untermengt.

Das A. riecht eigentümlich, stark, fast wie Galbanum, doch nicht so widerlich, ungefähr wie ein Gemisch von Bibergeil und Knoblauch, schmeckt weniger scharf als Galbanum, aber stark und widerlich bitter. Mit Wasser abgerieben gibt es eine ziemlich weisse Emulsion. Weingeist löst das Harz und lässt das Gummi zurück.

Wesentliche Bestandteile. Nach BRACONNOT, HAGEN, BUCHHOLZ in 100: ungefähr 70 Harz, 2 äther. Oel, 18 Gummi, 4 Bassorin.

Verfälschungen. Etwaige künstliche Gemische von echter Waare mit weissem Harze, Sägespähnen, Sand, unter Zusatz von Branntwein zu einer festen Masse zusammengepresst, welche schon vorgekommen sein sollten, gibt der Augenschein leicht zu erkennen.

Anwendung. In Pillen oder als Emulsion etc. innerlich, auch zu Pflaster, Seife.

Geschichtliches. Das A. ist ein sehr altes Medikament, und wird schon in den hippokratischen Schriften gegen hysterische Beschwerden angerühmt. Nach DIOSKORIDES kam es damals aus Cyrene in Afrika und von einer als Ἀγασυλλίς bezeichneten *Ferula*; er spricht ausführlich von dem innern und äussern Gebrauch des Mittels, und zwar grösstenteils bei Krankheiten, gegen welche noch jetzt oft dieses Gummiharz von den Aerzten verordnet wird. ASKLEPIADES benutzte es gegen Wassersucht, ANDREAS zum Zerteilen der Kröpfe u. s. w.

Anhang. Afrikanisches Ammoniakum. Man leitet den Namen A. gewöhnlich von dem Tempel des Jupiter Ammon in einer Oase der libyschen Wüste ab, in dessen Nähe die Mutterpflanze wachse; da es aber jetzt nur aus Persien kommt, so meint Don, es müsste eigentlich Armeniacum heissen; weshalb er auch die Pflanze *Dorema armeniacum* nannte, wovon der erste Name (von δόρυ: Lanze) den langen schlanken Stengel andeuten soll. Indessen gibt doch Jackson in seiner Beschreibung Marokkós Nachricht von einer afrikanischen, an 3 Meter hohen, dem Fenchel ähnlichen Dolde, aus welcher nach gemachtem Einschnitt ein dem A. ähnlicher Saft fliesst. Da indessen, wie er hinzusetzt, der Ausfluss in den roten Sand fällt, in welchem die Pflanze wächst, und dadurch sich verunreinigt, so wird es im europäischen Handel nicht (oder vielmehr nicht mehr, denn Dioskorides kannte es ja, s. oben: Geschichtliches) angenommen und deshalb im Lande verbraucht. Jackson gibt eine Abbildung der Pflanze, welche die Araber Fashook nennen, und erwähnt auch eines Insekts, das den Ausfluss des Gummiharzes befördere. Auch Shaw und andere beobachteten diese afrikanische Ammoniakumdolde. Nach Pereira besteht dieses afrikanische A. aus hellbräunlichem, rötlichen, stellenweise selbst bläulichen, aus Thränen zusammengeflossenen, weichen, klebenden Massen, die schwächer riechen und schmecken als das persische.

Diserneston ist zus. aus δίς (doppelt) und Ernst, nämlich nach Ernst Germain und Ernst Cosson, Verfassern einer Introduction à une flore analytique et descriptive des environs de Paris, benannt.

Amomum-Sison.
(Bibernellblättriges Sison, Falsches Amomum.)
Semen (Fructus) Ammeos vulgaris; Amomum spurium.
Sison Amomum L.
Pentandria Digynia. — Umbelliferae.

Zweijährige Pflanze mit sehr ästigem, rispenartigem, 30—60 Centim. hohem, rundem gestreiftem Stengel und gefiederten Blättern, wovon die untern rundlich, gelappt, den Pimpinellblättern ähnlich, die oberen z. T. doppelt gefiedert sind mit linien-lanzettlichen, stachelspitzigen Blättchen und Segmenten. Die Dolden bestehen nur aus 4—6 ungleichen Strahlen, die Döldchen enthalten 4—8 ungleich gestielte weisse Blümchen, beide mit wenigen (2—5) kleinen, linien-pfriemförmigen Hüllblättchen umgeben. Die Früchte sind etwa 2 Millim. lang, oval, zusammengedrückt, stark gerippt, dunkelbraun, mit braunen breiten Oelstreifen. — Im südlichen Europa und in England einheimisch.

Gebräuchlicher Teil. Die Früchte; sie riechen aromatisch und schmecken angenehm aromatisch stechend.

Wesentliche Bestandteile. Aetherisches Oel. Noch nicht chemisch untersucht.

Anwendung. Die Benennung und die Einführung dieser Droge in die Offizinen geschah aus der irrigen Meinung, sie sei das wahre A. der Alten.

Geschichtliches. Unsere Pflanze ist das Σισων Diosk., Sison Plin., Apulej. Was Dioskorides Ἄμωμον nennt und schon vor ihm Theophrast als ein indisches Gewächs bezeichnet, hält Sprengel für *Cissus vitiginea* L. (Wegen A. s. übrigens den Artikel Ingber).

Ampfer, stumpfblättriger.

(Grindwurzel, Mengelwurzel, Streifwurzel.)

Radix Lapathi acuti (vielmehr *obtusifolii*), *Oxylapathi.*

Rumex obtusifolius L.

Hexandria Trigynia — Polygoneae.

Perennierende Pflanze mit 30—45 Centim. hohem und höherem Stengel, aufrecht stehenden Aesten, flachen, ebenen Blättern, die untersten herzförmig, sonst oval-länglich, die obersten am schmalsten, variieren mit roten Nerven und Adern, und sind z. T. wie der Stengel braunrot. Die Blumen bilden Rispen, an deren Aesten die Blümchen in Quirlen stehen. — Ueberall an feuchten Orten, auf Aeckern, Wiesen, in Gärten, an Wegen, in Hecken, Gräben.

Gebräuchlicher Teil. Die Wurzel; von starken kräftigen Pflanzen, die nicht an zu nassen Orten stehen, im Frühjahr gesammelt, hat sie viel Aehnlichkeit mit der Wurzel des krausen Ampfers, ist aber meist dicker, oft über daumendick, ziemlich ästig, aussen häufig dunkler braun, doch variiert die Farbe, ebenso auch bei jener Art, nach dem Alter und Standorte; jüngere Wurzeln sind heller. Innen ist sie gelb, mit meist hellerem holzigem Kerne, der ebenfalls durch einen dunkleren Ring von dem äussern fleischigen Teile getrennt ist; oft zeigen sich an der trocknen Wurzel 4 ringförmige, durch Farben unterschiedene Lagen: ein etwas dunkler Kern, darauf ein blassgelber Ring, auf welchen eine dunkelbraune und dann eine gelbe Lage folgt. Durch Trocknen wird die Rinde aussen runzelig. Innen erscheint sie oft etwas porös. Frisch riecht sie widerlich scharf, schmeckt herbe, stark bitter und zugleich scharf und stechend, trocken nur noch herbe und bitter, herber als die Wurzel des krausen Ampfers.

Wesentliche Bestandteile. Nach BUCHNER und HERBERGER, GEIGER, RIEGEL: eigentümlicher gelber Bitterstoff (Lapathin, Rumicin), eisengrünender Gerbstoff, Harze, Fett, Wachs, Stärkmehl, Gummi, Schleim, Zucker etc. Das Lapathin oder Rumicin ist unreine Chrysophansäure.

Verwechslungen. 1. Mit der Wurzel des krausen Ampfers; diese erkennt man an dem mehr geringelten Aeussern, an der intensiven gelben Farbe des Innern, und dem weniger herben Geschmack. 2. Mit der Wurzel des Waldampfers; dieser ist dünner, blasser, innen weisslichgelb, mit fast weissem holzigem Marke, und weniger bitter. Die Wurzeln anderer Ampferarten weichen noch mehr ab, sind durchweg schmächtiger.

Anwendung. Im Absud als Trank, auch äusserlich zu Waschungen. Frisch geschabt und mit Rahm zur Salbe gemacht gegen Hautausschläge, Krätze u. s. w.

Geschichtliches. Eine schon von den Alten als Arzeimittel benutzte Pflanze. Sie gehört zu den zahlreichen, von ihnen λαπαθον, *Lapathum* genannten Arten, aber die spezielle Deutung auf eine bestimmte Art ist schwierig.

Rumex ist abgeleitet von *rumex* (eine Art Geschoss, Lanze) in bezug auf die pfeil- oder spiessförmigen Blätter mehrerer Arten.

Lapathum von λαπαζειν (abführen), in bezug auf die Wirkung der Wurzel.

Ampfer wasserliebender.

Radix, Herba und *Semen (Fructus) Hydrolapathi, Britannicae.*

Rumex aquaticus L.

Hexandria Trigynia. — Polygoneae.

Perennierende Pflanze mit dicker, ästiger, aussen brauner, innen safrangelber Wurzel mit dickem sternförmig gestreiftem Kern, der mit einem dunkeln Ringe umgeben ist (wie bei den meisten Ampferarten). Der Stengel ist 0,90—1,5 Meter hoch, oben ästig, die Wurzel- und unteren Stengelblätter sind lang gestielt, fast 60 Centim. lang und handbreit, herz-eiförmig zugespitzt, gegen die Basis sehr erweitert, oft kappenförmig. Die Blumenquirle sehr genähert, die häutigen, fein-aderigen inneren Kelchklappen fast durchscheinend, ganzrandig, ohne Körn-chen. — An Bächen, in Sümpfen und Gräben.

Gebräuchliche Teile. Die Wurzel, das Kraut und der Same. Die Wurzel schmeckt herbe und bitter. Das Kraut schmeckt herbsauer; der Same ähnlich.

Wesentliche Bestandteile. Die Wurzel enthält wohl dieselben, wie die des stumpfblättrigen Ampfers; Kraut und Same wahrscheinlich saures Kalioxalat. Keiner dieser Pflanzenteile ist bis jetzt chemisch untersucht.

Verwechselung. Mit der Wurzel der nahe verwandten Art Spitzampfer (*R. acutus* L.), letztere ist aber blässer. Auch ist die Wurzel des Spitzampfers die eigentliche *Radix Lapathi acuti* des LINNÉ; doch wird bei uns unter dieser Benennung die Wurzel des *R. obtusifolius* verstanden.

Anwendung. Die Wurzel dient seit langer Zeit in England und Schweden gegen Skorbut, Wundgeschwüre; ebenso das Kraut. Den Samen hat Dr. TRA-FUENFELD mit Erfolg gegen Diarrhoe und Ruhr angewandt.

Geschichtliches. Der Annahme, dass *R. aquaticus* die Βρετανικη des DIOSKORIDES sei, steht entgegen, dass D. unter diesem Namen eine Pflanze mit nicht grossem Stengel und kurzer dünner Wurzel versteht. Was jene Βρετανικη war, lässt sich übrigens schwer entscheiden, und die Ansichten darüber gehen sehr auseinander, denn z. B. LOBELIUS deutet auf ein Polygonum (*P. lapathi-folium* oder *P. tomentosum*), und FRAAS auf *Inula odora* L. — Unsere Pflanze ist das Ἱππο– λαπαθον des DIOSK., *Hippolapathum*, *Rumex* des PLINIUS, PLAUTUS etc.

Anakahuite-Holz.
Lignum Anakahuite.
Cordia Boissieri Dc.
Pentandria Monogynia. — *Cordiaceae.*

Baumartiger Strauch mit an der Spitze braunfilzigen Aesten, Blätter ab-wechselnd, gestielt, eiförmig-elliptisch, ganzrandig, oben rauh-runzelig, unten filzig, Blüten in endständigen Afterdolden, weiss, Kelch bräunlich-filzig, Steinfrucht oval oder kugelig, markig, vom bleibenden Kelche umgeben. — In Mexiko.

Gebräuchlicher Teil. Das Holz; es sind Stücke von der Stärke eines Armes und darüber, aber sämtlich Aeste eines dickern Baumes. Das excentrische Holz hat auf der Sägeschnittfläche eine weissliche Farbe, ist von einem braunen, 2 Millim. dicken Bastringe umgeben, und ausserhalb desselben von einer bis 4 Millim. dicken Borke bedeckt. Die Borke ist an der dickeren Holzseite etwa 4 Millim., an der entgegengesetzten nur 1½ Millim. dick, weich, braun, tief ein-gerissen-schuppig, stellenweise mit einem weissen, lockern, stark stäubenden Pulver (oxalsaurer Kalk) bedeckt; die Borkenschuppen sind in die Länge ge-streckt, bald sehr schmal, bald breiter, netzartig auseinander gerissen, innen blassbraun, markig, gegen den Bast faserig. Der Bast bildet einen scharf be-grenzten Ring, erscheint auf dem Querschnitt dicht und klein gefeldert, von rötlich-weissen radialen (Markstrahlen) und tangentialen (Bastparenchym) sich kreuzenden Streifen durchschnitten, während die Maschen von einer dunkleren, hornartig durchscheinenden Masse (Bastbündel) ausgefüllt sind. Das Holz selbst erscheint auf dem Querschnitte bräunlich, durch excentrische hellere, falsche Jahresringe gezont, von zahlreichen, deutlichen, helleren, gekrümmten Markstrahlen durchschnitten, porös durch gehäufte oder vereinzelte, in Querreihen geordnete Spiroïden, welche durch Holzparenchym seitlich verbunden eben die falschen Jahresringe vorstellen. Die Bündel der Holzzellen sind von den Spiroïdengruppen gesondert, hornartig, kürzer oder länger radial gestreckt, daher quadratisch oder rechteckig, breiter als die Markstrahlen. Das Mark ist aus der Mitte gegen die Peripherie gedrängt, dünn und im Querschnitte rechteckig.

Wesentliche Bestandteile. Nach Ludw. Müller: oxalsaurer Kalk, Zucker, Stärkmehl, eisengrünende Gerbsäure, Citronensäure, Humussäure, Harz und Wachs. Der Gehalt an oxalsaurem Kalk ist bedeutend, und beträgt nach den übereinstimmenden Untersuchungen von L. Buchner und Müller in der Rinde 24⅔, während das Holz 3⅓ enthält.

Anwendung. Wurde vor etwa 25 Jahren von Mexiko aus als ein Spezifikum gegen Auszehrung angepriesen, bewährte sich aber nicht, und ist längst wieder vergessen.

Anakahuite ist der mexikanische Name des Gewächses.

Cordia benannt nach E. und V. Cordus, Vater und Sohn, berühmten deutschen Aerzten und Naturforschern des 16. Jahrhunderts.

Ananas.
Fructus Ananassae.
Bromelia Ananas L.
(Ananassa sativa Schult.)
Hexandria Monogynia. — Bromeliaceae.

Perennirende Pflanze mit ausgebreiteten, im Kreise stehenden, rinnenförmig-pfriemenförmigen, am Rande stacheligen, 45—90 Centim. langen, dicken, steifen, grau- und immergrünen Blättern, kurzem dickem Schafte, welcher eine dichte ovale Aehre von behaarten bläulichen Blumen trägt und am Ende mit einem Schopfe von Blättern versehen ist. Die Früchte sind unterhalb der Blume entstehende, dreifächerige vielsamige Beeren, welche zusammen eine dicht gedrängte ovale Figur bilden, beim Reifen gelb werden, sehr angenehm, den Erdbeeren ähnlich riechen, und einen lieblich-, gewürzhaft-weinigen, säuerlich-süssen, kühlenden Geschmack besitzen. Variiert sehr in der Grösse, Gestalt, Farbe und Geschmack der Früchte, ebenso die Blätter. — Im tropischen Amerika einheimisch, daselbst, wie auch bei uns in Gewächshäusern, kultiviert. Nach Meyen kommt eine ähnliche Art auch in Ost-Indien vor.

Gebräuchlicher Teil. Die Frucht.

Wesentliche Bestandteile. Adet (1800) gibt als solche Aepfelsäure und Citronensäure an. Selbstverständlich enthält die Frucht auch viel Zucker, eine nähere chemische Untersuchung ist aber nicht damit angestellt.

Anwendung. Als diätetisches Mittel. Bekanntlich eine sehr beliebte feine Speise. In Amerika bereitet man daraus durch Gährung Wein. — Die unreife Frucht, welche herbe schmeckt, hat sich als vorzügliches Diuretikum bewährt.

Der Name *Ananas* ist von ἀναναζειν (verjüngen, erneuern) abgeleitet, in bezug auf das immergrüne Ansehn der Pflanze.

Bromelia ist benannt nach CLAUS BROMEL, geb. 1639, Arzt und Botaniker in Gothenburg, gest. 1705; schrieb »Chloris gothica.«

Andasame.
Semen Andae.
Anda brasiliensis Raddi.
(A. Gomesii Juss).
Monoecia Monadelphia. — Euphorbiaceae.

Stark milchender Baum mit fünfzähligen, ganzrandigen, glänzenden Blättern, drüsigen Blattstielen, Blumen in Rispen mit glockenförmigem Kelche, genagelten drüsigen Kronblättern, Frucht von der Grösse einer kleinen Citrone, bestehend aus einer grünen Decke, ähnlich der der Wallnuss, in welcher die nussartige Kapsel mit ihren beiden Samen eingeschlossen ist. —

In Brasilien einheimisch.

Gebräuchlicher Teil. Die Samenkerne. Sie schmecken süss-mandelartig.

Wesentliche Bestandteile. Fettes Oel und ein purgierender Stoff. Nicht näher untersucht.

Anwendung. Zum Abführen an Stelle des Ricinusöls, vor welchem es den Vorzug hat, dünnflüssiger zu sein, nicht so unangenehm zu schmecken und schon in kleinerer Dosis zu wirken. — Die Rinde dient in Brasilien als Betäubungsmittel beim Fischfange.

Der Name *Anda* ist nicht dem Andengebirge, sondern der Sprache der Eingeborenen in Brasilien entnommen.

Andorn, schwarzer.
(Schwarze Ballote.)
Herba Ballotae, Marrubii nigri.
Ballota nigra L.
(B. foetida LAM.)
Didynamia Gymnospermia. — Labiatae.

Perennierende Pflanze mit langer kriechender weisser Wurzel, 60—90 Centim. hohem und höherem, ästigem, gefurchtem, mit abwärts stehenden, etwas rauhen Haaren besetztem, grünem, häufig dunkel purpurviolett angelaufenem Stengel und Zweigen; lang gestielten, 25—50 Millim. langen, auch längern und 18—36 Millim. breiten, herzförmigen oder herzförmig-eiförmigen, grob gesägten, etwas runzeligen, adrigen, auf beiden Seiten kurz und weich behaarten, wenig rauhen, oben dunkelgrünen, unten nur wenig helleren, den Nesselblättern ähnlichen Blättern. (An trocknen sonnigen Orten ist die Pflanze stärker behaart und die Blätter sind mehr grau, doch innen dunkelgrün). Die Blumen stehen achselig gegenüber in dichten gestielten quirlartigen vielblütigen, gegen eine Seite gekehrten Afterdolden mit vielen linienförmig borstigen Nebenblättern, so lang als der Kelch, umgeben. Der Kelch ist zart behaart, 5 kantig, 10 streifig, 5 zähnig, mit stehenden ausgebreiteten Zähnen, so lang als die Röhre der Krone: diese ist blass purpurn, mit weissen und roten Adern gezeichnet (zuweilen ganz weiss, *B. alba* L.) — Häufig in Hecken, an Wegen, auf Schutthaufen.

Gebräuchlicher Teil. Das Kraut; es hat einen starken durchdringenden widerlichen Geruch und schmeckt sehr bitter, etwas herbe aromatisch.

Wesentliche Bestandteile. Aetherisches Oel, Bitterstoff, eisengrünender Gerbstoff. Ist noch nicht näher untersucht.

Verwechselung. Mit dem weissen Andorn (s. d.).

Anwendung. Obsolet, verdient jedoch noch immer die Aufmerksamkeit der Aerzte.

Geschichtliches. Eine schon in alter Zeit benutzte Arzneipflanze, die Βαλλωτη des Dioskorides. Der Name ist abgeleitet von βαλλειν *(rejicere*, zurückwerfen) wegen des widrigen Geruchs der Pflanze. Krause leitet ab von βαλλειν (werfen, stecken) und ους (Gen. ωτος, Ohr), weil eine *Ballota* gegen Augenkrankheiten gebraucht worden sei.

Andorn, weisser.
(Lungenkraut.)
Herba Marrubii albi, Prasii.
Marrubium vulgare L.
Didynamia Gymnospermia. — Labiatae.

Perennierende Pflanze mit ästiger faseriger schwarzer Wurzel. 30—45 Centim. hohem, auch höherem, aufrechtem, einfachem oder ästigem, weissfilzigem steifem Stengel, ähnlichen Zweigen; sich in einen Blattstiel verschmälernden, 24—36 Millim. langen, 24 Millim. und darüber breiten, z. T. auch kleinen, rundlichen oder ovalen, stumpfen, grob gekerbten, an der Basis ganzrandigen, runzeligen, adrigen, auf beiden Seiten weich behaarten, oben meist dunkelgrünen, unten weisslichen, z. T. dicht mit weissem wolligem Filz überzogenen dicklichen Blättern. Die Blüten achselständig in sehr dichten vielblütigen, sitzenden, grossen kugeligen Quirlen mit kleinen weissen zottigen Kronen. — Fast durch ganz Deutschland, das übrige Europa, das mittlere Asien und Nord-Amerika auf trocknen, unfruchtbaren, sandigen Feldern, an Wegen und Schutthaufen.

Gebräuchlicher Teil. Das blühende Kraut; trocken hat es ein mehr oder weniger graues, ins Weissliche gehendes Ansehn, und ist mit den weisslichfilzigen dünnen Stengeln untermengt. Es riecht stark eigentümlich balsamisch, der Geruch wird beim Trocknen schwächer, aber angenehmer; der Geschmack ist etwas scharf balsamisch aromatisch, stark bitter.

Wesentliche Bestandteile. Aetherisches Oel, eisengrünender Gerbstoff, Bitterstoff. Letzterer (Marrubiin) wurde von Mein, Harms, und zuletzt, rein und kristallisiert, von Kromayer dargestellt.

Verwechselungen sollen vorkommen mit *Nepeta Cataria, Ballota nigra* und *Stachys germanica.* Ausser den a. a. O. angegebenen Merkmalen unterscheiden sich die beiden ersten leicht durch ihren weit stärkern widrigen Geruch, die dritte durch ihre Geruchlosigkeit und Geschmacklosigkeit im trockenen Zustande.

Anwendung. Im Aufguss, Absud; auch als frischer Saft.

Geschichtliches. Der weisse Andorn gehört zu den ältesten Arzneipflanzen, deren die Geschichte gedenkt; ausser der gemeinen Art (πρασιον ετερον des Theophrast, πρασιον des Dioskorides) benutzte man noch, wie schon Theophr. sagt, eine zweite Art (πρασιον γνωδες), die für *M. catariaefolium* Desr., oder *M. creticum* L., gehalten wird. Der Andorn war damals das Hauptmittel gegen geschwürige Lungenschwindsucht, und wird deshalb sehr oft genannt. Den Saft mit Honig benutzte zu diesem Zwecke der Arzt CASTOR ANTONIUS; CELSUS liess den Saft mit Honig eindicken und als *Linctus* nehmen; ANTONIUS MUSA verband das *Marrubium* mit Myrrhe bei inneren Abscessen, wie dies noch jetzt gebräuchlich ist. FLAVIANUS aus Kreta verband den Andornsaft mit Opium, *Hyoscyamus* u. s. w. Aber auch *Marrubium Pseud-Dictamnus* (ψευδοδίκταμνον THEOPHR., DIOSK.), besonders *Marrubium Alyssum* diente als Arzneimittel, und zumal war das letztere zu GALENS Zeiten ein geschätztes Mittel gegen die Wasserscheu, jedoch ist, wie FRAAS geltend macht, das Ἄλυσσον des DIOSKORIDES keineswegs eine *Labiate*, sondern die *Crucifere Farsetia clypeata*, BR., und GALENS ἄλυσσος eher eine *Boraginee*.

Den Namen *Marrubium* leitete LINNÉ ab von Maria-Urbs (Sumpfstadt), einer Stadt im ehemaligen Latium am See Fucinus, wo die Pflanze häufig vorkommen soll. Letzteres mag richtig sein, allein der Name ist hebräischen Ursprungs, und zusammengesetzt aus מר *(mar* bitter) und רב *(rob* viel), in bezug auf den Geschmack.

Angusturarinde.
(Caronyrinde.)
Cortex Angusturae.
Bonplandia trifoliata WILLD.
(*Galipea Cusparia* ST. HIL., *G. officinalis* HANC., *G. trifoliata* ENGL.)
Pentandria Monogynia. — *Diosmaceae.*

Baum von mässiger Höhe, etwa 6 Meter, bei 75—125 Millim. Durchmesser. Die Rinde ist äusserlich glatt und grau. Die gewöhnlich 3zähligen Blätter sind länglich, meist 150—250 Millim. lang, 50—100 Millim. breit, glatt, glänzend und riechen frisch stark tabakähnlich. Die zahlreichen Blumen stehen in Aehren oder Trauben, sind weiss, und riechen nicht angenehm. — Am Orinoko (bei Angustura) und in Columbien besonders bei Carony einheimisch.

Gebräuchlicher Teil. Die Rinde; sie kommt in den Handel in ungefähr 5—20 Centim. langen und längern, 12—36 Millim. breiten und 1—2 Millim. dicken Stücken, welche selten vollständig gerollt, sondern meist etwas flachrinnenförmig sind. Die äussere Fläche ist mit der Oberhaut bedeckt, teils ziemlich eben, häufig aber etwas rauh, uneben, mit kleinen unordentlichen, z. T. netzartig verbreiteten Längsrunzeln, und besonders bei Stücken von dickeren Aesten mit kleinen Querrissen bezeichnet, die jedoch bei vielen ganz fehlen, wogegen sich auf manchen Rinden z. T. viele kleine unordentliche netzartige Erhabenheiten zeigen. Die Farbe der Oberhaut ist blass graugelblich; diese fühlt sich etwas weich und schwammig an und lässt sich mit dem Nägel ablösen; häufiger ist sie, zumal bei rauheren Stücken mehr oder weniger hell oder dunkel schmutzig graugelblich, und nicht selten mit sehr kleinen Krustenflechten besetzt, wodurch sie teils hellere, teils dunklere, mitunter ins Grünliche gehende Flecken erhält. Die Unterfläche ist uneben, kurzsplitterig, schmutzig ockergelb, mehr oder weniger zum Braunen neigend, matt, gleichsam bestäubt. Auf dem Querbruche ist die Rinde dunkel braungelb und harzig, uneben und heller als der Längenbruch. Sie riecht eigentümlich stark, etwas widrig aromatisch, schmeckt beissend gewürzhaft bitter.

Wesentliche Bestandteile. Die Rinde ist nach und nach von mehreren Chemikern untersucht worden, nämlich von PFAFF, HUMMEL, HEINE, FISCHER,

SALADIN, HUSBAND und TREVEDT, LINDBERGSON, HERZOG. Sie fanden ätherisches Oel von dem Liebstöckel ähnlichem Geruche, eine bittere kristallinische, stickstoff-freie Substanz (Angusturin, Cusparin, Galipeïn genannt), und noch einige un-wesentliche Materien, wie Harz, Gummi etc.

Einer ganz neuen Untersuchung der Rinde von OBERLIN und SCHLAGDENHAUFEN zufolge bekamen sie 1,9% eines farblosen ätherischen Oeles von ähnlichem Geruche der Aurantiaceenöle, das 0,934 spez. Gew. besass, bei 267° C. siedete, nicht mit Jod fulminierte und damit in der Wärme eine grüne Masse gab. Ferner wollen sie aus der Rinde ein Alkaloid, dem sie den Namen Cusparin gegeben, in weissen Nadeln bekommen haben und der Bitterstoff sei harziger Natur. Ueber diese beiden letzten Punkte sind aber die Verfasser noch weitere Aufklärung schuldig.

Verwechselung oder Verfälschung. Es ist nur eine solche zu kon-statieren, die aber um so gravierender, als die untergeschobene Rinde sehr giftige Eigenschaften besitzt; sie stammt nämlich von demselben Baume, welcher die unter dem Namen Krähenaugen oder Brechnüsse bekannten Samen der *Strychnos Nux vomica* liefert. Diese falsche Angusturarinde kommt vor in 24—100 Millim. langen, 12—36 Millim. breiten und 1—3 Millim. dicken Bruchstücken, ist meist stark gerollt, doch auch mitunter ziemlich flach, selbst zurückgebogen, aussen entweder mit einem rostfarbigen, schwammigen Ueberzuge bedeckt, oder hell bis dunkelgrau ins gelbliche, auch blassrötlich, mit erhabenen blasseren Wärzchen meist dicht besetzt. Die innere Seite glatt, der Länge nach fein gestreift, dunkel-grau, schwärzlich, auch hellgrau. Auf dem Bruche ist sie meist hell gefärbt, der Querbruch ziemlich eben, holzig, etwas porös, nicht harzig. Geruch un-bedeutend, Geschmack äusserst bitter, nicht aromatisch. Giftig.

Unter dem Namen Hoang-Nan wird seit einiger Zeit von den Missionären in Tong-King (Ost-Asien) eine Rinde als vorzügliches Heilmittel der Wutkrankheit und des Aussatzes angerühmt. PLANCHON erkannte dieselbe als die (oben be-schriebene) falsche Angustura. Seltsam klingt nun die weitere Angabe der Missionäre, dass der die Rinde bedeckende rostfarbige Staub angewendet werde; derselbe enthalte nämlich ein zartes Gift, und dieses repräsentiere den wirksamen Bestandteil, denn der holzige Teil der Rinde sei wirkungslos. Aus der älteren Untersuchung der falschen Angustura von PELLETIER wissen wir aber, dass ihr Gift (Strychnin und Brucin) sich nicht in dem oberen korkartigen Gewebe, sondern in dem darunter liegenden festen Teile befindet.

Anwendung. In Substanz, als Abkochung, Extrakt; aber wegen der, wenigstens früher, häufig vorgekommenen Beimengung der falschen Rinde hat ihr Gebrauch fast aufgehört.

Geschichtliches. Schon 1759 soll MUTIS die Angustura als Heilmittel an-gewendet haben, allein in Deutschland wurde sie nicht eher bekannt, bis 1788 die englischen Aerzte EWER und WILLIAMS, die sich auf der Insel Trinidad auf-hielten, ihre Erfahrungen von den medizinischen Kräften dieses neuen Mittels mitteilten. In deutschen Schriften wurde die Rinde zuerst 1790 im hannoverschen Magazin erwähnt, und bald erschienen einige Dissertationen über dieselbe, 1790 eine von MEYER in Göttingen und 1791 eine zweite von FILTER in Jena.

Die falsche Rinde gelangte im Anfange dieses Jahrh. aus Indien nach Eng-land, wo man sie nicht anbringen konnte und deshalb nach Holland schickte; hier wurde sie unter die amerikanische Rinde gemengt und dann weiter verbreitet. Die erste Nachricht über ihre giftige Wirkung gab 1804 der Stadtphysikus

RAMBACH in Hamburg; ähnliche Beobachtungen machte man auch an anderen Orten, so dass die Regierungen mehrerer Länder den Gebrauch der Angustura ganz verboten, so u. a. Baden im J. 1815.

Der Gattungsname *Bonplandia* ist benannt nach AIMÉ BONPLAND, geb. zu Rochelle, Reisegefährten HUMBOLDT's in Amerika, kehrte mit ihm nach Europa zurück, ging 1818 als Prof. der Naturgeschichte nach Buenos-Ayres, würde 1820 auf einer Reise in das Innere von Paraguay von Dr. FRANCIA gefangen genommen, endlich 1829 freigegeben und siedelte dann erst wieder nach Buenos-Ayres über, liess sich aber später zu St. Borgia in Brasilien nieder. Starb am 4. Mai 1858 auf seinem Gute S. Anna bei Corrientes.

Galipea ist benannt nach den Galipons, einem Indianerstamme, welcher da, wo die Angustura vorkommt, wohnt.

Anime.

Resina Anime.

Ueber Herkunft und Charakteristik derjenigen Harze, welche im Handel den Namen Anime führen, herrscht (wie beim Takamahak und z. T. auch beim Kopal) noch viel Unsicherheit und selbst Verwirrung. Die Mutterpflanzen gehören wahrscheinlich meist zur Familie der *Burseraceae*, aber sie sind noch nicht ermittelt. Dazu kommt dann als erschwerender Umstand, dass manche Arten von Kopal, und Takamahak ebenfalls mit Anime bezeichnet werden.

PAOLI nimmt 7 Anime-Sorten an; er fand als Bestandteile einer Sorte: 54,30 ‰ in Alkohol lösliches Harz, 42,80 glutinöses, blassgelbes, in Alkohol unlösliches Unterharz von Terpentindicke, und 2,40 ätherisches Oel.

BERG, resp. GARCKE führt nur 2 Sorten auf, nämlich:

1. **Westindisches Anime.** Es sind unförmliche, weisslich bestäubte, leicht zerbrechliche und zerreibliche Stücke, die im Innern aus gelblich-weissen, trüben und bräunlichen, durchscheinenden, schwach harzglänzenden Schichten bestehen, einen schwachen Weihrauchgeruch zeigen und beim Kauen wie Mastix erweichen. In kochendem Weingeist löst es sich vollständig, in kaltem nur teilweise. Eine braune Varietät ist dunkler, wenig durchsichtig und im Innern mit Höhlungen versehen.

2. **Ostindisches Anime.** Kommt in kleineren, abgerundeten oder grösseren, unregelmässigen, aus kleineren Körnern zusammengesetzten Massen vor, ist rötlich gelb, im Bruche bröcklig, unregelmässig wachsglänzend und ungleichfarbig. Zwischen den Fingern lässt es sich zerreiben und riecht dabei wie Dill und Fenchel. Beim Kauen erweicht es etwas, aber schwieriger als das westindische, schmilzt in der Hitze und verflüchtigt sich fast gänzlich in weissen Dämpfen. — Diese Sorte stimmt also nicht überein mit demjenigen Harze, welches man ebenfalls orientalisches Anime nennt, und das von *Vateria indica* kommt (s. Pineybaum).

Ueber Anime spricht sich der erfahrene Pharmakognost I. B. BATKA folgendermassen aus. Es gibt deutsches, französisches und italienisches Anime, und ein englisches. Letzteres ist von ersteren als Kopal (der Kopal heisst in England durchweg Anime) völlig unterschieden und kann daher auch hier nicht abgehandelt werden.

Nach dem, was wir darüber wissen, gibt es kein selbständiges Animeharz ausser dem englischen, welches unter dem Namen Gummi Anime als feinstes Kopalharz bekannt ist. Unstreitig ist auch das ursprüngliche Anime nichts anderes als das Kurbaril-Harz (der westindische Kopal) gewesen. Sowohl in der GRAY'schen Sammlung, als in jener der Universität in London (zwei sehr alten Sammlungen), fand B. unter der Bezeichnung Westindia Gummi Animi nichts anderes, und offenbar ist die Benennung des ostindischen, eigentlich aber afrikanischen Kopals als East India Animi nur durch die grosse Analogie beider Harze in England entstanden und geblieben, ohne historisch gerechtfertigt zu sein. Nach den älteren Autoren (MONARDES, besonders aber POMET) war Anime honiggelb, dem Agtstein (Bernstein) ähnlich (wird auch heute noch von Nicht-kennern verwechselt), war mithin auch hart und hatte als Gummi Cancanum einen Geruch nach Schellack. Dieser Beschreibung entsprechend ist auch das Kurbarilharz oder der brasilianische Kopal von Hymenaea Curbaril. Die Holländer, welche sich nach den Venetianern des Monopols gewisser Drogen durch ihren Spekulationsgeist zu bemächtigen wussten (und sich schon vieler ähnlicher Substitutionen schuldig machten), hatten gewiss auch hier die Hand im Spiele, als sie es bequemer fanden, die Harze von *Icica heptaphylla* und *Bursera gummifera* aus Surinam den Deutschen und andern Droguisten anzuhängen, und ebenso auch das Takamahakharz aus dieser Reihe willkürlich als echt zu substituieren.

Den Namen Anime betreffend, so meint DIERBACH, dass derselbe von *Myrrha minea* oder *animea* abzustammen scheine, womit die griechischen Pharmakologen eine harzartige Materie belegten, die aus Arabien aus dem Gebiete der Minaeer (südlich von Mekka) gebracht wurde. Später wurde eine aus Aethiopien kommende Droge mit diesem Namen bezeichnet. — Meiner Ansicht nach ist der Name aus Hymenaea durch Versetzung der Buchstaben gebildet.

Anis, gemeiner.
Semen (Fructus) Anisi vulgaris.
Pimpinella Anisum L.
Pentandria Digynia. — *Umbelliferae.*

Einjährige Pflanze mit weisser, faseriger Wurzel und aufrechtem, etwa 30 Centim. hohem, gestreiftem, ästigem, hohlem Stengel. Die Wurzelblätter sind rundlich herzförmig, gelappt und eingeschnitten gesägt, die unteren Stengelblätter dreizählig oder fiederspaltig, die einzelnen Blättchen oder Segmente an der Basis keilförmig verschmälert, an der Spitze gelappt, sägeartig mehr oder weniger tief eingeschnitten; die obersten werden immer einfacher, dreispaltig oder selbst ganz ungeteilt und linienförmig. Die weissgrünlichen Blümchen stehen in 9—15 strahligen Dolden, an deren Basis die Hülle ganz fehlt, oder nur ein einzelnes schmales Blättchen vorhanden ist, während die kleinen Döldchen meistens mit einigen Hüllblättchen versehen sind. — Im Oriente, Aegypten und Griechenland wild wachsend, in Deutschland, Russland und anderen Ländern viel kultiviert.

Gebräuchlicher Teil. Die Früchte; sie sind gewöhnlich mit einem 4—8 Millim. langen, dünnen Stielchen versehen, ihre beiden Hälften hängen zusammen und bilden rundlich-eiförmige, 2—3 Millim. lange und 1½ Millim. dicke Körnchen von graugrünlicher Farbe, mit 10 vorstehenden, weisslichen Rippen, sind mit kurzen, anliegenden, weichen Härchen besetzt, innen braun, ölig, mit einer weisslichen Furche in der Mitte. Sie riechen stark eigentümlich angenehm gewürzhaft und schmecken süsslich aromatisch. Man unterscheidet mehrere

Sorten, die sich namentlich nur durch den grösseren oder geringeren Gehalt an ätherischem Oele von einander unterscheiden.

Wesentliche Bestandteile. Ätherisches Oel, fettes Oel, Harz, Gummi etc. Der Gehalt an ätherischem Oel beträgt durchschnittlich 3⅔. Dasselbe ist leichter als Wasser, blassgelb, vom Geruch und Geschmack der Früchte und erstarrt schon bei + 10° C. zu einer kristallinischen Masse.

Verfälschungen. Untergemengte graue Erdklümpchen geben sich schon durch den Augenschein und noch dadurch zu erkennen, dass sie im Wasser leicht zerfallen und sich als Pulver absetzen. Eine höchst gefährliche Beimengung ist die mit Schierlingssamen, die vor einigen Jahren vorgekommen ist, und zwar enthielt der Anis davon ein Drittel seines Gewichts! Diese Beimengung soll dadurch entstanden sein, dass in der Romagna viel Schierling zwischen dem Anis wächst, und das Einsammeln des letzteren höchst sorglos geschieht. Man hat daher beim Einkaufe den Anis genau zu prüfen. Der Schierlingssamen resp. die Frucht lässt sich übrigens leicht erkennen; er ist grösser als der Anis und hat hervorragende, runzelige Rippen.

Das Anisöl ist schon wiederholt mit Weingeist verfälscht angetroffen worden; die Prüfung darauf geschieht am einfachsten in einer graduierten Röhre, worin man das Oel mit seinem gleichen Volum Wasser kurze Zeit schüttelt und dann ruhig stehen lässt. Um wieviel Raumteile das Oel sich dadurch vermindert hat, soviel Weingeist enthielt es.

Anwendung. In Substanz, als Aufguss, u. s. w. Der Anis gehört zu den *Semina quatuor calida majora.* Sein Hauptverbrauch ist als Gewürz und der des ätherischen Oels zu Likören.

Geschichtliches. Der Anis — Ἄνισον, arabisch: Anysum — gehört zu den ältesten Medikamenten, dessen Heilkräfte schon PYTHAGORAS rühmt, auch wird er häufig in den hippokratischen Schriften genannt. Vorzüglich schätzte man den kretischen und dann den ägyptischen, auch wurde er von den Römern als Küchengewürz benutzt und auf Backwerke gestreut, wie dies noch jetzt bei uns geschieht. Nach PEREIRA kam der Anis erst 1551 nach England.

Bezüglich der Bedeutung des Namens *Pimpinelle* sehe man den Artikel *Bibernelle.*

Apfelbaum.
Poma oder *Fructus Mali.*
Pyrus Malus L.
Icosandria Pentagynia. — *Pomeae.*

Baum mit meist etwas krummem Stamm, graubrauner, lamellenartig sich abschuppender Rinde; sparrig ausgebreiteten gekrümmten Zweigen; abwechselnden gestielten oder büschelig stehenden Blättern, welche noch jung, ebenso wie die Blattstiele, unten mit weissem Filze bedeckt, aber dunkler grün als die Birnblätter, nicht so glänzend, und zumal an der Mittelrippe z. T. filzig, stärker und ungleich gekerbt oder gesägt, mehr oder weniger runzelig sind. Die Blüten stehen am Ende der Zweige von einem Blattbüschel umgeben in stiellosen Dolden; die Blumenknospen sind schön rot, die entfalteten Blumenblätter dagegen, welche wohlriechend und meist etwas grösser sind als die der Birnen, gewöhnlich mehr oder weniger blassrötlich. Die fleischige Frucht ist rundlich abgestutzt, an beiden Enden, besonders um den Stiel herum, vertieft, 2—5fächrig, die Fächer, je mit 2 Samen, durch papier- oder pergamentartige Scheidewände getrennt. — Der

Apfelbaum ist ursprünglich im Oriente einheimisch, in den meisten europäischen Ländern verwildert, und wird vielfältig in zahlreichen Spielarten kultiviert.

Gebräuchlicher Teil. Die Frucht, resp. dessen Saft; man wählt dazu die mehr säuerlichen Sorten aus, und würden deshalb die wilden oder Holz-äpfel den Vorzug vor allen anderen verdienen. Da diese jedoch nicht immer leicht zu haben sind, so wendet man die ihnen an Säurereichtum am nächsten stehenden Sorten (roten Rambour, roten Rostocker oder Stettiner, Calvillen oder Schlotter-Aepfel) an.

Wesentliche Bestandteile. Äpfelsäure, Zucker, Gummi, Pektin. — In der Wurzelrinde des Apfelbaumes, sowie in der des Birn-, Kirsch-, Pflaumbaumes entdeckte (1834) DE KONINK ein bitteres kristallinisches Glykosid (Phlorrhizin), welches nachher auch in den Stammrinden dieser Bäume, in den Blättern des Apfelbaumes und noch in verschiedenen andern Rinden gefunden, überhaupt als ein sehr verbreiteter Bitterstoff erkannt wurde.

Anwendung. Der Saft dient, indem man ihn auf fein zerteiltes Eisen ein-wirken lässt, zur Bereitung eines Extraktes und einer Tinktur. Die ganze Frucht bildet roh und verschieden zugerichtet ein allgemeines Nahrungsmittel. Durch geistige Gährung gewinnt man aus dem Safte ein weinartiges Getränk, und durch Uebergang in die saure Gährung einen Essig. — Die Zweigrinde, welche herb und stark bitter schmeckt, wurde früher gegen Wechselfieber, und die Blüte als Thee verwendet.

Geschichtliches. Schon die hippokratischen Ärzte führen die Äpfel vielfach als Arznéimittel an; nach THEOPHRAST, der sie μηλεα nennt, wuchsen am Pontus um Pantikapaeum Äpfel von allen Sorten, und nach ATHENAEUS erhielt man die besten aus Sidunt bei Korinth. Die Äpfel sind das älteste Kulturobst der Deutschen.

Pyrus, celtisch *peren;* vielleicht zunächst von πυρος (Kern) in bezug auf die zahlreichen Fruchtkerne, ähnlich wie *Granatum* von *granum.*

Apiosknollen.
Tubera Apiotis.
Apios tuberosa.
Diadelphia Decandria. — Papilionaceae.

Perennierende kletternde glatte Pflanze, Blätter unpaar gefiedert, Blumen in achselständigen Trauben, braun-purpurn, wohlriechend. Hülse zweifächerig, viel-samig. — An Zäunen, Hecken in Nord-Amerika (von Pennsylvanien bis Karolina.)

Gebräuchlicher Teil. Die Wurzelknollen.

Wesentliche Bestandteile. Nach PAYEN in 100 : 33,55 Stärkmehl, nebst Zucker und Pektin, 4,5 Proteïnsubstanz, 0,8 Fett, 1,3 Cellulose und Oberhaut, 2,25 Mineralstoffe, 57,6 Wasser.

Anwendung. Als Surrogat der Kartoffel empfohlen.

Apios von απιος (Birne); die Wurzelknollen ähneln den Birnen und sind, wie diese, essbar.

Aprikose.

Fructus Armeniacae.

Armeniaca vulgaris LAM.

(Prunus armeniaca L.)

Icosandria Monogynia. — Amygdaleae.

Baum von der Grösse und dem Ansehn eines Pflaumenbaums. Die Blätter sind ziemlich gross und breit, fast herzförmig, lang zugespitzt, drüsig, fein gesägt, glatt und glänzend, unten sehr fein netzartig geadert. Die schönen weissen oder sehr blass rosaroten Blumen sitzen gepaart oder einzeln ohne Stiel auf den Zweigen zerstreut, oft den Baum ganz überdeckend. Die Früchte sind fast kugelrund oder etwas platt gedrückt, mit einer tiefen Rinne auf einer Seite, zart und kurz behaart, riechen angenehm und enthalten ein sehr saftiges, angenehm schmeckendes Fleisch. Es gibt eine Menge. Varietäten; die Kerne sind bei einigen süss, bei anderen bitter. — Aus dem nördlichen Persien resp. Armenien stammend, und jetzt überall im gemässigten Europa kultiviert.

Gebräuchlicher Theil. Die Frucht.

Wesentliche Bestandteile. Nach BLEY enthält das reife Fruchtfleisch: Spuren ätherischen Oeles, Zucker, Gummi, Zitronensäure, gelben Farbstoff etc.; die Kernschale: Harz, Gummi, Gerbstoff etc.; die Oberhaut des Kerns: Fettes Oel, Zucker, Gummi etc.; der innere Kern: Fettes Oel, Zucker, Gummi etc.

Anwendung. Fast nur als diätetische Speise. Die Kerne liefern ein mildes, dem der Mandeln ähnliches fettes Oel.

Geschichtliches. Ein schon bei den Alten kultiviertes Gewächs, Μηλεα ἀρμενιακη, *Malus armeniaca*, die Frucht Μηλα ἀρμενιακα, *Praecocia minora* (aus ersterem Worte ist »Aprikose« entstanden).

Prunus von Προυνος, Προυνη; die weitere Ableitung ist unbekannt. Wahrscheinlich ist das Wort asiatischen Ursprungs.

Aralie, dornige.

(Falsche dornige Esche.)

Radix, Cortex und *Baccae Araliae spinosae.*

Aralia spinosa L.

Pentandria Pentagynia. — Araliaceae.

Bäumchen mit 2—3 Meter hohem, armdickem, aufrechtem, grünem, mit Dornen und halbmondförmigen Narben bedecktem Stamme, fast 1 Meter langen, doppelt- und dreifach-gefiederten Blättern, die Blättchen eiförmig, spitz, gesägt, die Blattstiele stachelig. Die Blumen bilden eine aus sehr vielen halbkugeligen Dolden zusammengesetzte Rispe mit rötlichen Nebenblättchen, deren weisse mit 5 Petalis versehene Blümchen dreikantige dreifächerige Beeren hinterlassen. — In Nord-Amerika einheimisch.

Gebräuchliche Teile. Die Wurzel, die Rinde und die Beeren.

Wesentliche Bestandteile. Nur die Rinde (Stammrinde) ist untersucht. L. H. HOLDEN fand darin eisengrünenden Gerbstoff und ein eigentümliches bitteres Glykosid (Araliin); C. W. ELKINS: Stärkmehl, Zucker, Gummi, Pektin, 2 scharfe Harze, ätherisches Oel und ein Alkaloid, aber keinen Gerbstoff.

Anwendung. In der Heimat der Pflanze namentlich die Rinde gegen Schlangenbiss.

Aralia ist der kanadische Name dieses Gewächses.

Araroba.

(Goapulver.)

Pulvis Ararobae, Goae.

Andira Araroba AGUIAR.

Diadelphia Decandria. — *Caesalpiniaceae.*

Stattlicher, schlanker Baum, der 24—30 Meter erreicht; er ist 30—48 Centim. dick, von etwas über ein Drittel seiner Höhe an verzweigt und belaubt, die Rinde nicht sehr dick und fast ganz frei von dem wirksamen Stoffe des Gewächses. Das Holz gelb, sehr porös, mit zahlreichen Längskanälen versehen, die schon mit blossem Auge erkennbar sind; auf dem Querschnitte sieht man zahlreiche, je nach dem Alter des Baumes engere oder weitere Spalten, angefüllt mit einer pulverigen Substanz (Araroba), welche an dem frisch angeschnittenen Stamm blass, nach dem Trocknen aber mehr gelb ist. Im Mittelpunkt des Stammes befindet sich ausserdem noch ein besonderer Kanal, und die jungen Zweige sind ganz hohl. Die Blätter stehen abwechselnd, sind zusammengesetzt und paarig gefiedert. Der allgemeine Blattstiel variiert in der Länge von 32—44 Centim., die Zahl der gestielten Blattpaare beträgt 20—24, die Blättchen wechseln ab, sind gegliedert, oblong, stumpf, ganzrandig, an der Spitze ausgerandet, $2\frac{1}{2}$—$4\frac{1}{2}$ Centim. lang und 1—$1\frac{1}{2}$ Centim. breit. Die Distanz zwischen den Befestigungspunkten von einem Blättchen zum andern beträgt etwa 2 Centim., so dass dieselben nur wenig einander decken. Die Blättchen sind fiederig geadert, oben grün, unten aschgrau. Die Blumen stehen in Rispen, sind purpurrot, schmetterlingsartig. Die Frucht ist hart, steinfruchtartig, einsamig. — In Brasilien, südlich von Bahia; der Baum heisst dort *Angelim amargoso* (bitterer Angelim) in bezug auf den Geschmack des Holzes.

Gebräuchlicher Teil. Das in den Spalten und Höhlungen des Stammes abgelagerte gelbe Pulver; es ist wahrscheinlich Produkt der Oxydation eines Harzes, welches der Baum in grosser Menge enthält, und dieser Prozess dürfte durch das Zirkulieren der Luft in den von Insekten erzeugten Kanälen des Holzes befördert werden. Zum Einsammeln der A. sucht man ältere Bäume aus, denn diese liefern am meisten. Man schneidet den Stamm in Querstücke, spaltet dieselben der Länge nach und kratzt das Pulver aus den Kanälen heraus. Anfangs sieht dasselbe blassgelb aus, aber mit der offenen Luft in Berührung wird es bald dunkler und endlich tiefpurpurrot.

Wesentliche Bestandteile. Anfangs hielt man dieses Pulver für reine Chrysophansäure ($C_{14}H_{10}O_4$), aber nach LIEBERMANN ist es eine Verbindung genannter Säure mit einem Körper = $C_2H_8O_4$, den er Chrysarobin nennt, und die Verbindung selbst = $C_{16}H_{18}O_8$·erhielt den Namen Chrysophan.

Anwendung. Gegen Hautkrankheiten.

Der Name Goapulver für dieses Mittel erklärt sich dadurch, dass es zuerst von Brasilien nach der portugiesischen Niederlassung Goa im westlichen Ostindien, und von da aus in regelmässigen Gebrauch gekommen ist.

Gattungs- und Artname des Gewächses sind brasilianischen Ursprungs.

Arekanuss.
(Betelnuss.)
Nux (Semen) Arecae.
Areca Guvaca M.
(*A. Catechu* L.)
Monoecia Hexandria. — Palmae.

Schöner, 9—12 Meter hoher Baum mit schlankem, glattem, geringeltem Stamm, der an der Spitze eine Krone von sehr grossen, bis 4½ Meter langen Blättern, und gefalet gerippten, gegen das Ende z. T. ausgebissenen Fiedern trägt. Die Blumen entspringen aus den Blattwinkeln, anfangs in grosse, grünliche, einlappige Scheiden gehüllt, beim Abfallen der Scheide und der Blätter sich entwickelnd und nackte Rispen unterhalb der Blätter bildend. Die Blumen sind klein, an der Spitze der Aeste sitzen die männlichen, an der Basis die weiblichen. Die Früchte haben die Gestalt und Grösse einer Pflaume oder grossen Eichel, erst gelb ins Rote, zuletzt grau werdend, an der Basis von dem vergrösserten Kelche umgeben. Der Same ist eiförmig, an der Basis abgeplattet; unter der dünnen Schale liegt ein sehr harter, weisser, braun marmorierter Eiweisskörper von sehr herbem Geschmack. — Auf den Sunda-Inseln einheimisch, und durch ganz Ost-Indien häufig kultiviert.

Gebräuchlicher Teil. Der Same.

Wesentlicher Bestandteil. Eisengrünender Gerbstoff. Morin fand ausserdem noch Legumin, rote Materie, ätherisches Oel, Fett u. s. w.

Anwendung. Diese Palme hat für die Bewohner Indiens und Chinas, wo der Genuss des Betels verbreitet ist, die höchste Wichtigkeit. Man benutzt nämlich den harten marmorierten Eiweisskörper, unter dem Namen Betelnuss bekannt, in der Weise, dass man ein Stückchen davon in ein Blatt des *Piper Betle* (welche Pflanze zu diesem Zwecke ebenfalls häufig kultiviert wird), nachdem man dasselbe mit gebranntem Kalk bestrichen hat, einwickelt, den dadurch gebildeten Bissen in den Mund steckt und kaut, wie man bei uns den Tabak kauet. Dies geschieht so ununterbrochen, dass Zähne und Zahnfleisch dadurch allmählich rotbraun werden, und eine andere Folge davon ist ein beständiger Speichelfluss.

Früher glaubte man, dass aus diesen Nüssen eine Art Katechu (Palmen-Katechu) bereitet werde, was sich aber als irrig erwiesen hat.

Gattungs- und Artname der Palme sind ostindischen Ursprungs.

Argemone.
Herba und *Semen Argemones, Cardui flavi.*
Argemone mexicana L.
Polyandria Monogynia. — Papavereae.

Einjährige Pflanze, von gelbem Milchsaft durchdrungen, weissgrauem Ansehn, mit etwa 60 Centim. hohem, stacheligem Stengel, buchtigen, fiederig gespaltenen, stacheligen, weissgeaderten Blättern, in den Blattwinkeln oder am Ende der Zweige stehenden grossen gelben Blumen, und ein- oder mehrfächeriger Kapsel mit vielen kleinen rundlichen Samen. — In West-Indien, Mexiko und Karolina einheimisch.

Gebräuchliche Teile. Das Kraut und der Same, resp. dessen ausgepresstes Oel.

Wesentliche Bestandteile. Das Kraut ist noch nicht untersucht.

Der Same enthält nach CHARBONNIER in 100: 36 fettes an der Luft trock-nendes Oel, 18 Stärkmehl, 18 Proteïnsubstanz, 4 Zucker, 2½ Gummi. Das fette Oel enthält nach O. FRÖHLICH als flüchtige Säuren: Baldriansäure, Benzoësäure und Essigsäure, nach A BURGEMEISTER als fixe Säuren: Palmitinsäure, Myristin-säure und Leinölsäure.

Anwendung. Das Kraut dient in West-Indien als Diaphoretikum. Das Samenöl empfahl W. HAMILTON als ein vorzügliches Hülfsmittel bei der Cholera; nach CHARBONNIER soll es purgierend und emetisch, fast wie das Crotonöl wirken, was aber FLÜCKIGER nicht bestätigt fand; höchstens schliesst es sich an das Ri-cinusöl. Der eingetrocknete Milchsaft wird in West-Indien gegen Wassersucht gebraucht.

Argemone ist abgeleitet von ἀργημα (das weisse Fell auf den Augen, von ἀργος weiss); der Saft der Pflanze diente zur Heilung desselben. Bezieht sich aber nicht auf diese *Papaveracea*, sondern auf die Ἀργεμωνη des DIOSKORIDES, welche *Adonis autumnalis* ist.

Wegen *Carduus* s. den Artikel Kardobenedikt.

Arghelblätter.
(Aegyptischer Purgierstrauch.)
Folia Cynanchi Arghel.
Cynanchum Arghel DELILE.
(Solenostemma Arghel HAYNE.)
Pentandria Digynia. — *Asclepiadeae.*

60—90 Centim. hoher, aufrechter, ästiger Strauch mit lederartigen, oval-lanzettlichen, spitzen, kurzgestielten, 25 Millim. langen, graugrünen, unten weiss-lichen Blättern. Die Blüten stehen in kleinen, dichten Doldentrauben in den Blattwinkeln; die Krone ist weisslich. — In Oberägypten und Nubien.

Gebräuchlicher Teil. Offizinell ist diese Pflanze eigentlich nicht, allein ihre Blätter sind dennoch in allen deutschen Apotheken anzutreffen, indem sie in Aegypten unter die Senna des Handels gemengt werden. Sie sind von ver-schiedener Grösse und Form: zu uns kommen unter der Senna nur die kleineren und jüngeren, sie sind meist oval-lanzettlich, dicker und steifer als die der Senna, runzelig, weisslich grün, nur sparsam geadert, viel bitterer als die Senna, mit einem süsslichen Nachgeschmacke, riechen eigentümlich, ziemlich stark und widerlich. Bisweilen finden sich darunter ganze Dolden von den weissen Blüten und auch die Stengel, welche hohl, schwach, sehr zerbrechlich und mit Ringen (Internodien) versehen sind; ferner die Balgkapseln der Pflanze, diese sind oval, weisslich, endigen in eine lange konische Spitze, und enthalten viele mit einer Art von Pappus gekrönte Samen.

Wesentliche Bestandteile. Nach DUBLANC: ätherisches Oel und ein Bitterstoff, von dem die purgierende Wirkung abhängt. (Bedarf näherer Unter-suchung.)

Anwendung. Siehe oben.

Der Name *Arghel* ist ägyptisch.

Cynanchum ist zus. aus κυων (Hund) und ἀγχειν (würgen), soll auf Hunde tötlich wirken. Dies bezieht sich aber auf *Cynanchum erectum* (Ἀποκυνον des DIOSKORIDES), von dem geschrieben steht, dass es *canes et omnes quadrupedes necat.*

Solenostemma ist zus. aus σωλην (Röhre) und στεμμα (Kranz, Krone); die Abschnitte der *Corona staminea* haben eine rinnenartige Gestalt.

Aronwurzel.

Radix (Rhizoma) Ari, Aronis, Alami.

Arum maculatum L.

Monoecia Monandria. — Aroideae.

Perennierende Pflanze mit rundlichem, knolligem, unten befasertem Wurzelstock, der mehrere langgestielte, aufrechte, 10—20 Centim. lange und 5—10 Centim. breite, spiessig-pfeilförmige, ganzrandige, glatte, glänzende, hochgrüne, zuweilen braun gefleckte, saftige Blätter, und einen hand- bis fusshohen und höheren, dicken, glatten Schaft treibt, der an der Spitze eine grosse weissliche, kappenförmig zugespitzte, auf einer Seite klaffende Blumenscheide trägt, welche den keulenförmigen, oben purpurroten, unten mit gelben und weisslichen Blümchen und in 2—3 Reihen dazwischen stehenden, fadenförmig spitzen Drüsen besetzten Kolben umhüllt. Die Früchte bilden eine dicht gedrängte Aehre und sind schön scharlachrote, fast erbsengrosse Beeren mit 1—3 Samen. Alle Teile der Pflanze sind sehr scharf, ätzend, giftig, besonders die Beeren. — An Hecken und in Wäldern des mittleren Europa einheimisch.

Gebräuchlicher Teil. Der unterirdische Stock; er wird im Herbste nach der Reife der Frucht eingesammelt, von der Rinde befreit, und erscheint dann als ein weisser Knollen von der Grösse einer Haselnuss. Frisch ist er ausserordentlich scharf, nach dem Trocknen fast ganz milde und mehlig; doch muss er dann beim Kauen noch immer eine gewisse Schärfe entwickeln, während wurmstichige, eingeschrumpfte und geschmacklose Waare zu verwerfen ist.

Wesentliche Bestandteile. Nach Bucholz in 100 trockener Wurzel: 71,4 Stärkmehl, 18,0 Bassorin, 5,6 Gummi, Zucker. Der in der frischen Wurzel enthaltene scharfe flüchtige Stoff ist leicht zersetzbar, denn Braconnot bekam durch Destillation derselben mit Wasser ein fade schmeckendes Destillat. Enz erhielt aus der frischen Wurzel 25$\frac{0}{0}$ Stärkmehl.

Anwendung. Als Pulver hie und da noch in der Kinderpraxis, dann in der Tierheilkunde, doch hat ihr Gebrauch fast ganz aufgehört. In einigen Ländern dient sie als Nahrungsmittel, nachdem durch Kochen alle Schärfe beseitigt ist.

Geschichtliches. Schon die alten Griechen und Römer benutzten diese Pflanze, die auch bei ihnen Ἄρον, *Arum* hiess. Man könnte diesen Namen auf ἄρος (Nutzen) deuten, wegen der Anwendung; die Wurzel von *Arum Colocasia*, welche die Aegypter aron nennen, ist bei ihnen ein gewöhnliches Nahrungsmittel, und vielleicht stammt der Name ursprünglich aus Aegypten, und ging erst von da auf die Griechen über. Lobel meint sogar, die Pflanze führe ihren Namen von Aaron, dem Bruder Moses.

Artischoke.

Folia Cynarae.

Cynara Scolymus L.

Syngenesia Aequalis. — Compositae.

Perennierende Pflanze mit dicker ästiger fleischiger Wurzel, 60—100 Centim. hohem und höherem, dickem, ästigem, gestreiftem, filzigem Stengel, sehr grossen, oben blassgrünen, unten weisslichen, doppelt oder einfach fiederteiligen, und in zahlreiche mehr oder weniger tiefe, unregelmässige, bisweilen in eine Dornspitze sich endigende Segmente, die eine fleischige Konsistenz haben, zerschnittenen

Blättern. Die Blumenköpfe stehen am Ende der Stengel und Zweige, sind sehr gross, z. T. 1—2 Fäuste im Umfange haltend, mit ausgezeichnet dickmarkigem Blumenboden, der mit einfachen Borsten besetzt ist. Die Schuppen der Hülle sind breit, dick, eiförmig, an der Spitze stumpf, etwas ausgerandet, seltener in einen Dorn endigend. Die Blümchen hellviolett, die Krone sehr lang, die violette Staubbeutelröhre, steht weit über die Krone hervor. Variiert sehr in der Farbe der Hüllschuppen. — Im südlichen Europa einheimisch, bei uns in Gärten gezogen.

Gebräuchlicher Teil. Die Blätter; sie zeichnen sich durch einen hohen Grad von Bitterkeit aus; weniger bitter sind Stengel und Wurzel.

.Wesentliche Bestandteile. Bitterstoff, Schleim. Ist noch nicht näher chemisch untersucht.

Anwendung. Der ausgepresste Saft bei Wassersucht als harntreibendes Mittel. — Der fleischige Fruchtboden nebst den Kelchschuppen bildet ein beliebtes Gemüse; ebenso die zarten Stengel und Blattrippen.

Geschichtliches. Den alten Griechen und Römern war die Artischoke wohl bekannt; DIOSKORIDES nennt sie Σκολυμος, COLUMELLA: *Cinara*, APICIUS: *Carduus*. Schon zu den Zeiten des PLINIUS war sie, wie noch jetzt, nur eine Speise der Reichen. Die Pflanze scheint früher nur im südlichen Italien gezogen worden zu sein, denn HERMOLAUS BARBARUS († 1494) meldet, 1473 sei sie nur in einem einzigen Garten zu Venedig vorhanden gewesen, und um 1466 soll man sie zuerst von Neapel nach Florenz gebracht haben.

Cynara von κυων (Hund); die Schuppen des *Anthodium* haben harte, wie die Zähne des Hundes stechende Spitzen.

Scolymus von σκωλος (Stachel).

Der deutsche Name Artischoke ist arabischen Ursprungs, und entspricht dem syrischen *ardi-schauki* (Erddorn).

Asant, stinkender.

(Stinkasant, Teufelsdreck.)
Asa foetida, Gummi-Resina Asa foetida.
Ferula alliacea BOISS.
(F. Asa foetida BOISS u. BUHSE.)
F. Narthex, BOISS.
(Narthex Asa foetida FALC.
Scorodosma foetidum BUNGE.
Pentandria Digynia. — Umbelliferae.

Die Stammpflanze des stinkenden Asants, jedenfalls eine *Ferula*-ähnliche *Umbellifere*, ist noch immer nicht sicher ausgemittelt. Gegenwärtig werden obige drei Arten dafür aufgeführt, welche Persien und den angrenzenden Gebieten angehören; möglich dass man sie alle drei zur Gewinnung der zu uns kommenden Droge benutzt. So lange dies aber nicht festgestellt ist, lassen wir die nähere Charakteristik hier weg.

Gebräuchlicher Teil. Der aus der Wurzel gewonnene und an der Luft erhärtete Milchsaft. Wie KÄMPFER als Augenzeuge berichtet, legt man zu diesem Zwecke die starke mehrjährige Wurzel an der Basis frei, reinigt sie von den Blattscheiden, macht einen Querschnitt hinein, deckt sie mit Laub zu, kratzt nach drei Tagen die ausgeflossene und verdickte Masse zusammen, und wiederholt dieselbe Operation noch mehrere Male.

Die Droge gelangt aus Südpersien und Afghanistan über Bombay nach Europa, und zwar in folgenden drei Sorten.

1. Asafoetida in Körnern. Es sind weisse durchscheinende Körner, die aber bald an der Luft hellbraun oder auch rötlich oder violett anlaufen, schwach wachsglänzend oder matt sind, bei gewöhnlicher Temperatur etwas klebend, zähe. Sehr selten.

2. Asafoetida in Massen. Die gewöhnliche Sorte. Unregelmässige Stücke, rötlich-braun, auf frischem Bruche unregelmässig kleinmuschelig, weisslich, opalartig, wachsglänzend, an der Luft bald eine dunkel phirsichblütrote Farbe annehmend, die nach einigen Tagen ins gelblich- oder rötlichbraune übergeht.

3. Steinige Asafoetida. Unförmliche, mehr oder weniger kantige weisslich-gelbe Stücke, die später dunkler und selbst braun werden. Die schlechteste Sorte u. a. reich an Gips.

Der Geruch der Droge ist äusserst durchdringend, widerlich knoblauchartig, der Geschmack scharf und widerlich. Mit Wasser gibt sie eine weissliche Milch. Weingeist löst daraus das Harz und hinterlässt das Gummi nebst anderm Materien zurück.

Wesentliche Bestandteile. Nach den Analysen von ANGELINI, BUCHOLZ, TROMMSDORFF, NEUMANN, PELLETIER, URE, HLASIWETZ: Ätherisches Oel (3 bis 4 $\frac{9}{0}$), Harz (24—65 $\frac{9}{0}$), Gummi (12—50 $\frac{0}{0}$), Bassorin (6—11 $\frac{9}{0}$); dann noch Gips und andere Kalksalze etc. Das ätherische Oel besteht nach HLASIWETZ aus 2 schwefelhaltigen Kohlenwasserstoffen.

Anwendung: Innerlich meist in Pillen, auch als Tinktur u. s. w.; äusserlich unter Pflaster.

Geschichtliches. Es unterliegt keinem Zweifel, dass die alten Griechen und Römer den Stinkasant kannten und benutzten. DIOSKORIDES nennt ihn μηδικος και συριακος οπος σιλφιου, also den medischen und syrischen Saft des *Silphium*; bei den Römern hiess er *laser syriacum, medicum, persicum*. Die Mutterpflanze blieb ihnen jedoch wahrscheinlich unbekannt. Der Name *Asa foetida* soll von den Mönchen der salernitanischen Schule eingeführt sein: da *Asa* (von ἀση Ekel) schon etwas Widriges bedeutet, so liegt in *A. foetida* ein Pleonasmus oder eine Verstärkung des Widrigen.

Die Alten erwähnen aber noch eines anderen *Silphium*, welches zum Unterschiede von jenem Σιλφιον κυρεναικον hiess und schon bei HIPPOKRATES und THEOPHRAST vorkommt; von diesem kannten sie auch die Mutterpflanze, THEOPHRAST nennt den Stengel μαγυδαρις, das Blatt μασπετος, und den Samen φυλλον, dies wohl in bezug auf die Flügel desselben. Die Römer (PLINIUS, COLUMELLA) nannten dieses *Silphium* der Griechen *Laserpitium* und den Saft daraus *laser cyrenaicum*. Dieser Saft, offenbar ebenfalls ein Gummiharz, kam also (nebst der Mutterpflanze) aus Cyrene in Nord-Afrika (im Tripolitanischen). Er war so kostbar, dass man ihn mit Gold aufwog; hatte eine rotbraune, durchscheinende Farbe, roch und schmeckte scharf, ist aber vollständig aus dem Verkehre verschwunden. Die Mutterpflanze glaubt indessen VIVIANI aufgefunden zu haben, sie gehört ebenfalls zu den Umbelliferen, er nennt sie *Thapsia Silphium*, und SPRENGEL, FRAAS stimmen ihm bei.

Die Θαψια des THEOPHR., DIOSK., und die *Thapsia* des PLINIUS, CELSUS, sind eine Pflanze und zwar *Thapsia garganica* L. Diese Spezies sowie *Th. villosa* enthalten nach EYMARD und RENARD in den Blättern und Wurzeln einen haut-reizenden Stoff, dessen Anwendung sie in Form einer Tinktur empfehlen.

Der Gattungsname *Ferula* ist das lateinische *ferula* (Ruthe, Gerte, von *ferire* schlagen); man bediente sich nämlich in älteren Zeiten des trockenen Stengels zum Züchtigen der Schüler, weil er viel Lärm, aber wenig Schaden anrichtet. »*Ferulae minaces, tristes, sceptra paedagogorum*«, wie COLUMELLA sagt.

Narthex = ναρθηξ (Stab) d. h. stabartiger Stengel.

Scorodosma ist zus. aus σκοροδον (Knoblauch) und οσμη (Geruch).

Atherospermarinde.

(Australischer Sassafras).

Cortex Atherospermatis.

Atherosperma moschatum LAB.

Pentandria Monogynia. — Monimiaceae.

Strauch oder Baum mit braunfilzigen Aesten und grau-samtartigen Aestchen, Blätter lederartig, länglich-lanzettlich, ganzrandig oder gezähnt, oben haarig und glänzend, unten graufeinhaarig, Blüten achselig, einzeln, gross, filzig, ein- bis zweigeschlechtig; Frucht aus dem erweiterten becherförmigen Perigon bestehend, Früchtchen federig. In Australien.

Gebräuchlicher Teil. Die Rinde; sie bildet harte, schwere, ein wenig rinnenförmige oder gerollte, 3—6 Millim. dicke Stücke von verschiedener Länge und Breite. Auf der Aussenfläche erscheint sie schmutzig graubraun, teilweise mit weisslichem Flechtenanfluge bestreut und mit vorwaltenden derben, geschlängelten, in der Mittellinie gespaltenen Längsleisten versehen. Die Bruchfläche ist uneben körnig, von blassbrauner Farbe. Die Unterfläche zeigt sich dem unbewaffneten Auge eben, dunkler braun, zart gestreift. Geruch und Geschmack muskatartig, aber auch an Sassafras erinnernd.

Wesentliche Bestandteile. Nach ZEYER: ätherisches Oel, fettes Oel, weisses bitteres kristallinisches Alkaloïd (Atherospermin), Farbstoff, Wachs, Albumin, Gummi, Zucker, Stärkmehl, aromatisches Harz, eisengrünende Gerbsäure, Buttersäure, Oxalsäure.

Anwendung. Bis jetzt nur in Australien und zwar die Rinde als Theesurrogat, das ätherische Oel als Beruhigungsmittel des Herzens; auch soll es schweiss- und harntreibend wirken. Die Rinde ist erst seit etwa 20 Jahren bei uns bekannt.

Atherosperma ist zus. aus αθηρ (Spitze) und σπερμα (Same); der Same trägt einen Federbart.

Augentrost.

Herba Euphrasiae.

Euphrasia officinalis L.

Didynamia Angiospermia. — Scrophulariaceae.

Einjährige Pflanze mit finger- bis handhohem, selten fusshohem, an der Basis ästigem, selten einfachem Stengel, gegenüberstehenden und abwechselnden, sitzenden, fast stengelumfassenden kleinen, 8—12 Millim. langen, eiförmigen oder rundlichen, scharf gesägten dunkelgrünen, nervig-rippigen, etwas steifen Blättern. Die kleinen zierlichen Blumen sind achselständig, weiss mit purpurroten Streifen oder blassviolett, im Schlunde gelb gefleckt. — Häufig auf Wiesen, trockenen Weiden, grasigen Hügeln und Wäldern.

Gebräuchlicher Teil. Das Kraut oder vielmehr die blühende Pflanze ohne Wurzel; hat keinen Geruch, schmeckt anfangs süsslich reizend, dann salzig bitterlich.

Wesentliche Bestandteile. Nach ENZ: eisengrünender Gerbstoff, Bitterstoff, scharfer Stoff, ätherisches Oel, mehrere organische Säuren, Wachs, Harz etc.

Anwendung. Früher besonders als ausgepresster Saft oder im Aufguss mit Milch gegen Augenkrankheiten aller Art, Gelbsucht etc.

Geschichtliches. In alten Zeiten spielte diese Pflanze als Medikament eine grosse Rolle. Darauf deutet der Name εὐφρασια: Freude.

Augenwurzel, kretische.

(Alpenaugenwurzel, kretische Hirschwurzel, Möhrenkümmel, kretisches Vogelnest.)

Semen (Fructus) Dauci cretici oder *Myrrhidis creticae.*

Athamanta cretensis L.

(*Libanotis cretica* SCOP.)

Pentandria Digynia. — Umbelliferae.

Perennierende Pflanze mit sehr langer, ziemlich dünner, schwärzlicher, geringelter, mehrköpfiger Wurzel, aus der ein 8—24 Centim. hoher, runder, steifer, zart gestreifter, einfacher oder wenig ästiger, etwas zottiger Stengel kommt. Die Blätter, auf breiten purpurroten Scheiden sitzend, sind dreiteilig zusammengesetzt, etwas rauh behaart, die einzelnen Blättchen linienförmig, dreispaltig, mit einem Stachelspitzchen. Die Dolden stehen am Ende des Stengels und der Aeste mit einer einblättrigen Hülle, während die Döldchen eine aus fünf lanzettlichen am Rande trockenen Blättchen bestehende Hülle haben. Die Kronblätter sind gleichförmig, weiss, aussen behaart. Auf hohen Alpen ist die Pflanze dicht mit Haaren überzogen, während sie auf niedrigen Gebirgen fast ganz glatt ist. — Im mittleren und südlichen Europa auf höheren Gebirgen.

Gebräuchlicher Teil. Die Früchte; sie sind länglich, gegen die Spitze dünner werdend, etwa 6 Millim. lang, 1 Millim. dick, grau, mit kurzen weisslichen Haaren dicht besetzt und mit den Kelchresten, sowie mit den zurückgeschlagenen Griffeln gekrönt; sie riechen stark und angenehm gewürzhaft, dostenähnlich und schmecken angenehm aromatisch, der gelben Möhre sich nähernd.

Wesentliche Bestandteile. Aetherisches Oel. Nicht näher untersucht.

Anwendung. Ziemlich obsolet geworden, jedoch mit Unrecht.

Geschichtliches. Diese schöne gewürzreiche Gebirgsdolde ist der wahre Δαυχος der alten Aerzte, den sie vorzugsweise auf den hohen Bergen der Insel Kreta einsammeln liessen. DIOSKORIDES nennt sie auch die erste Art des Daucus, während seine zweite Art *Peucedanum Cervaria* L. und seine dritte Art *Ammi majus* L. ist. Sie diente bei innern Abscessen, Blutspeien, als Diuretikum, u. s. w.; war auch ein Bestandteil des Theriaks.

Wegen *Athamanta* s. den Artikel Bärenwurzel.

Wegen *Daucus* s. den Artikel Möhre, gelbe.

Libanotis ist zus. aus λιβανος (Weihrauch) und ὁζειν (riechen) in bezug auf das Aroma des Gewächses.

Myrrhis von μυρρινη (Myrte) oder *Myrrhe* in bezug auf den balsamischen Geruch der Früchte.

Augenwurzel, macedonische.

(Macedonische Petersilie.)

Semen (Fructus) Petroselini macedonici, Apii petraei.

Athamanta macedonica SPR.

(Bubon macedonicum L.)

Pentandria Digynia. — *Umbelliferae.*

Perennierende Pflanze mit möhrenartiger Wurzel, 45—6o Centim. hohem, rispenförmig-ästigem, weiss behaartem Stengel, zusammengesetzten, fast glatten, denen der gemeinen Petersilie ähnlichen Blättern, behaarten Blattstielen, 8—12 strahligen Dolden mit weissen Blümchen. — Auf Gebirgen in Macedonien und anderwärts, in Griechenland, nördlichem Afrika.

Gebräuchlicher Teil. Die Früchte; sie sind etwa 2 Millim, lang, dünn, oval-länglich, gleichsam geschwänzt, dunkel olivenfarbig, rauhhaarig; riechen stark balsamisch und schmecken brennend gewürzhaft, bitterlich.

Wesentliche Bestandteile. Aetherisches Oel. Nicht näher untersucht.

Anwendung. Als Medikament obsolet. — In Frankreich und Italien wird die Wurzel als Salat gegessen.

Geschichtliches. In alten Zeiten spielte sie als Arzneimittel eine Rolle, kam auch mit zum Theriak und Mithridat.

Bubon ist von *Bubonium* (einer Pflanze gegen die Bubonen oder Weichen-Geschwülste) abgeleitet; das B. des PLINIUS ist aber eine Composita: *Aster Amellus.*

Aurikel.

(Bärenohr-Primel, Gemswurzel, Schwindelblume.)

Radix und *Herba Auriculae Ursi.*

Primula Auricula L.

Pentandria Monogynia. — *Primulaceae.*

Perennierende Pflanze mit verkehrt-eiförmigen, am Rande fein gezähnten und gewimperten, auf beiden Seiten graugrünen, oder wie mit einem weissen Staube bepuderten Blättern. Aehnlich bestaubt ist auch der Schaft, der an der Spitze die Blumendolde trägt, deren Kelch viel kürzer als die Krone ist. Letztere bei der wilden Stammform zitronengelb, am Schlunde bepudert, in den Gärten hat sie zahlreiche Nüancen von Farben, meist rot, stets aber ist der Saum flach mit verkehrt herzförmigen Segmenten. — Auf den Alpen im südlichen Deutschland und der Schweiz wild, in Gärten mit zahlreichen Varietäten kultiviert.

Gebräuchliche Teile. Die Wurzel und das Kraut.

Wesentliche Bestandteile. Nur die Wurzel ist untersucht; sie enthält nach HÜNEFELD ein besonderes, stark riechendes Stearopten (Aurikel-Kampher), Bitterstoff, Gummi etc.

Anwendung. Früher beide als Wundmittel, der ausgepresste Saft auf Geschwüre und Frostbeulen; innerlich ein Absud der Blätter gegen Husten, Lungensucht.

Primula von *primus*, weil sie eine der Erstlinge des Frühlings ist.

Auricula, Dimin. von *auris* (Ohr), in bezug auf die Form der Blätter.

Avokatbaumfrucht.

Fructus Perseae.

Persea gratissima SPR.

(Laurus Persea oder *persica* L.)*

Enneandria Monogynia. — Laureae.

8—9 Meter hoher Baum mit immergrünen, lederartigen, elliptisch läng-lichen, etwas stumpfen, unten flaumhaarigen, graugrünen Blättern, achselständigen Doldentrauben mit kleinen gelben sehr wohlriechenden Blumen, und birnförmigen, anfangs grünen, dann gelben, bis zu 1 Kilogr. schweren quittenähnlichen Früchten mit einem grossem Kerne. — In West-Indien und Süd-Amerika ein-heimisch.

Gebräuchlicher Teil. Die Frucht; das Fleisch derselben ist grün, nach innen gelblich weiss, von angenehmem Geschmack und führt deshalb und wegen seines Oelgehalts den Namen vegetabilische Butter. Der Kern hat im allge-meinen die Grösse einer Wallnuss, 15—20 Grm. Schwere und gleicht in seinem äussern Umriss einigermaassen einer noch in ihrem Becher steckenden und damit fest verbundenen Eichel. Wie er zu uns gelangt, ist er aussen graubraun bis grauschwärzlich, im Innern hellbraun, spaltet sich durch Aufklopfen mit einem Hammer oder durch Ansetzen eines Messers, bricht der Länge nach in zwei fast gleiche Hälften und zeigt auf diesen Spaltungsflächen meist eine schwärzliche Farbe, die hier und da von Schimmel überdeckt ist. Die Kon-sistenz der Masse des Kerns ist durchschnittlich eine feste, z. T. fast hornartige. Er riecht schwach aromatisch, zugleich etwas ranzig und moderig, und schmeckt entschieden bitter.

Wesentliche Bestandteile. In dem Fruchtfleische nach RICORD-MADIANNA in 100: 4,3 grünes Oel mit Chlorophyll und Laurin, 5,6 süsses Oel, 5,6 stick-stoffhaltige Materie, 5,6 Gummi, 1,2 Fasern, Zucker, Essigsäure. Das Laurin ist ein kristallinischer Bitterstoff, derselbe, welcher auch von BONASTRE in den Lor-beeren gefunden wurde.

In dem Kern wurde von demselben Chemiker gefunden: Stärkmehl, Gallus-säure und vegetabilische Seife. Mit letzterm Namen bezeichnet der Verf. eine rötliche Substanz von Wachsconsistenz, bitterlich-süssem Geschmacke, löslich im Wasser und beim Schütteln der Lösung wie Seife schäumend. Bei einer neueren Analyse dieser Kerne erhielt PRIBRAM: ein stearoptenartiges ätherisches Oel von scharf aromatischem, fast kampherartigem Geruch und Geschmack, gelbes butterartiges leicht verseifbares Fett (7 $\frac{0}{0}$), Bitterstoff, gelbes Harz, braunrötliches Harz (5,4 $\frac{0}{0}$), eisengrünende Gerbsäure, Stärkmehl (10,4 $\frac{0}{0}$), Proteinsubstanz (11 $\frac{0}{0}$)

Anwendung. In der Heimat das Fruchtfleisch als nahrhafte Speise.

Avokatbaum ist abgeleitet von *Avocate* oder *Avagate*, dem karaibischen Namen des Gewächses.

Persea. Περσεα, περσεια, περσιον der alten griechischen Schriftsteller, höchst wahrscheinlich abgeleitet von Περσευς (eine in der Mythe der alten Griechen, Aegypter etc. vorkommende, besonders von letztern göttlich verehrte Person), d. h. ein dem Perseus geweihter Baum. An einen Zusammenhang mit Persien darf man bei *Persea* nicht denken, denn *Persea* war ursprünglich ein ägyptischer Baum, der sehr heilig gehalten und von den Priestern nach Aegypten verpflanzt wurde; nach SCHREBER und andern ist er *Cordia Myxa*, nach andern findet er sich nicht mehr in Aegypten. Was man gegenwärtig *Persea* nennt, hat mit dem altägyptischen Baume nichts gemein, sondern schliesst sich an die Gattung *Laurus*.

Laurus vom celtischen *blawr* oder *lauer* (grün), in Bezug auf das immergrüne Ansehn der Bäume dieser Gattung.

Bachbunge.
Herba Beccabungae.
Veronica Beccabunga L.
Diandria Monogynia. — Scrophulariaceae.

Perennierende Pflanze, etwa 30 Centim. hoch, mit aufsteigendem, rundem, saftigem Stengel, gegenüberstehenden fleischigen, glänzenden, länglichen, fast stiellosen, stumpfen, fein gesägten Blättern und kleinen blauen Blumen in Trauben, welche in den Blattwinkeln stehen. — Häufig an Quellen, kleinen Bächen, Teichen etc.

Gebräuchlicher Teil. Das Kraut; es ist geruchlos, schmeckt schwach salzig, bitterlich.

Wesentliche Bestandteile? Ist noch nicht näher untersucht.

Verwechslung. Mit *Veronica Anagallis* (ehemals als *Herba Anagallidis aquaticae* officinell), die denselben Standort hat; deren Stengel ist aufrecht, die Blätter sind lanzettlich, zugespitzt, die Blumen blassrot oder hellblau.

Anwendung. Frisch mit andern Kräutern ausgepresst und der Saft als Frühjahrskur getrunken. Wirkt auch antiskorbutisch. Aeusserlich als Wundkraut. Kann auch als Salat genossen werden.

Geschichtliches. Ursprünglich deutsche, im Mittelalter in den Arzneischatz gezogene Pflanze. O. BRUNFELS und andere alte deutsche Botaniker glaubten in ihr das Σιον des DIOSKORIDES gefunden zu haben; doch passt dies weder auf *V. Beccabunga*, noch auf *V. Anagallis*, sondern eher auf *Sium latifolium* L.

Das Wort *Beccabunga* ist latinisiert aus dem deutschen Bachbunge (ähnlich wie *Berula* vom deutschen Berle, *Prunella* von Bräune u. a.).

Veronica ist angeblich das veränderte *Betonica*, beide Pflanzen werden nämlich von den alten Schriftstellern vereinigt. Wahrscheinlich zus. aus *verus* und *unicus*, weil man sich übertriebene Vorstellungen von ihren Heilkräften machte.

Bärenfusswurzel.
(Flachdornwurzel.)
Radix Arctopi echinati.
Arctopus echinatus L.
Pentandria Digynia. — Umbelliferae.

Niedrige perennierende Pflanze mit dickem Stengel, länglichen, wellenförmig geschlitzten, dornig gewimperten, oben mit gelben sternförmig gestellten Dornen bedeckten Blättern und kopfförmigen Dolden, deren Blümchen polygamisch oder diklinisch sind. Die Früchte sind von der nach dem Verblühen vergrösserten Hülle umgeben. — Am Kap einheimisch.

Gebräuchlicher Teil. Die Wurzel; sie ist gross, fleischig, rübenförmig, der Kolumbo ähnlich in Scheiben geschnitten, diese 6—8 Millim. dick, mit einer schwärzlichen und runzeligen Epidermis versehen, hart, schwer, innen weisslich, auf den Schnittflächen etwas graubräunlich geworden, die Rinde verhältnissmässig sehr dick, der Kern damit nur so zusammenhängend, dass er sich nach dem Trocknen aus manchen Stücken leicht herausdrücken lässt, sternförmig-feinstrahlig, und die Strahlen setzen sich auch durch die Rinde fort.

Wesentliche Bestandteile. Nach KRETZSCHMAR ein eigentümliches Alkaloïd (Arktopin).

Anwendung?

Arctopus ist zus. aus ἀρκτος (Bär) und πούς (Fuss), in Bezug auf die grossen dornigen Blätter.

Bärenklaue, ächte.

Radix und *Herba Acanthi, Brancae ursinae verae.*

Acanthus mollis L.

Didynamia Angiospermia. — Scrophulariaceae.

Perennierende Pflanze mit aussen schwärzlicher, innen weisser Wurzel, einfachem, aufrechtem, 0,9—1,2 Meter hohem Stengel, sehr grossen, buchtig gefiedertgeteilten, spitzeckigen, waffenlosen, glänzenden Wurzelblättern. Die schönen, ansehnlichen Blumen sitzen von der Mitte des Stengels bis ans Ende in einer langen, mit breiten, dornig gezähnten, blattartigen Nebenblättern besetzten Aehre, sind weiss mit blassrotem Rande, einlippig. — In Italien, Griechenland, überhaupt im südlichen Europa.

Gebräuchlicher Teil. Die Wurzel und das Kraut; beide sind fast geschmacklos, aber sehr schleimig.

Wesentliche Bestandteile. Viel Schleim. Nicht näher untersucht.

Anwendung. Früher innerlich bei Durchfällen, gegen Blutspeien u. s. w. Aeusserlich zu erweichenden Umschlägen.

Geschichtliches. FRAAS vermutet in unserer Pflanze die Ἄκανθα ἡμερακανθα des DIOSKORIDES.

Acanthus von ἄκανθα (Stachel).

Bärenklaue, gemeine.

(Gemeines Heilkraut, Kuh-Pastinak.)

Radix und *Herba Brancae ursinae germanicae.*

Heracleum Sphondylium L.

(Sphondylium Branca ursina ALL.)

Pentandria Digynia. — Umbelliferae.

Zwei- oder mehrjährige Pflanze mit dicker cylindrischer, ästiger, aussen gelblichbrauner, innen weisslicher Wurzel, 0,6 bis 1,2 Meter hohem, aufrechtem, oben ästigem, gefurchtem, rauhhaarigem, hohlem Stengel. Die grossen Blätter sind mehrfach zusammengesetzt, behaart, scharf anzufühlen, gezähnt, die Seitenblättchen buchtig, das äussere dreilappig, handförmig; die allgemeinen Blattstiele erweitern sich zu bauchigen, gestreiften, rauhen Scheiden. Die ziemlich grossen Dolden stehen am Ende des Stengels und der Zweige. Die allgemeine Hülle fehlt oder besteht aus 1—2 kleinen lanzettlichen spitzen Blättchen, ebenso die zahlreichen Blättchen der besondern Hülle. Die Blümchen sind weiss oder rötlich, die des Strahls weit grösser als die innern; diese hinterlassen ovale, ziemlich grosse, anfangs kurz behaarte, später fast glatte, braune Früchte. Die Pflanze variiert sehr nach dem Standorte. — Häufig auf Wiesen und Weiden, in waldigen Grasplätzen durch ganz Europa.

Gebräuchliche Teile. Die Wurzel und das Kraut. Die Wurzel schmeckt schleimig und scharf bitter. Die Blätter riechen schwach, schmecken süsslich-schleimig, etwas scharf.

Wesentliche Bestandteile. Die Wurzel enthält frisch einen gelblichen Milchsaft, ist aber nicht näher untersucht. Auch von dem Kraute fehlt noch eine Untersuchung. In der jungen Pflanze fand C. Sprengel viel Schleim, keinen Zucker, Wachs, Harz etc. — Die Früchte liefern durch Destillation mit Wasser $3\frac{6}{8}$ ätherisches Oel, welches nach Zincke leichter als Wasser, durchdringend scharf riecht und schmeckt, und ein Gemisch verschiedener Verbindungen ist, worunter auch Capronsäure und Essigsäure. Gutzeit wies in den unreifen Früchten dieser Pflanze, sowie in denen des *Heracleum giganteum* noch Aethyl-alkohol, Methylalkohol, Aethylbutyrat, Paraffine und einen krystallinischen in-differenten geruch- und geschmacklosen Körper, von ihm als Heraclin bezeichnet, nach. Die beiden Alkohole waren von G. schon früher auch aus einer andern Umbellifere, *Anthriscus Cerefolium* Hoffm. (Körbel), erhalten worden.

Anwendung. Ehedem dienten Wurzel und Kraut, sowie der ausgepresste Saft innerlich und äusserlich zu Bähungen, Bädern, gegen Geschwülste, den Weichselzopf. In nordischen Ländern isst man die jungen Triebe und Blätter und selbst die Wurzel.

Geschichtliches. Die gemeine Bärenklaue ist das Παναχες ηραχλειον des Theophrast und das Σφονδυλιον des Dioskorides. Die alten griechischen und römischen Aerzte benutzten die Wurzel und die ölreichen Früchte (Samen), letztere bei Leberkrankheiten, Gelbsucht etc. Der Saft der Blumen war ein Mittel gegen Ohrengeschwüre.

Heracleum ist nach Ἡραχλης (Herkules), dem Entdecker seiner Heilkräfte benannt.

Sphondylium kommt von σφονδυλος (Wirbel); die aufgetriebenen Knoten des Stengels verglich man mit den Wirbeln des Rückgrats.

Bärenlauch.
Radix (Bulbus) und *Herba Alli ursini.*
Allium ursinum L.
Hexandria Monogynia. — Asphodeleae.

Perennierende Pflanze mit kleiner länglich-weisser Zwiebel, meist lang ge-stielten, lanzettlichen, hellgrünen, denen der Maiblumen ähnlichen, aber schmäleren Blättern, halbcylindrischem, dünnem, weisslichem, 20—30 Centim. hohem Schafte, fast gleich hoher ebener Dolde mit zwei kurzen, hinfälligen Blumenscheiden und schneeweissen Blumen. — In schattigen Buchenwäldern, Hecken, fast durch ganz Deutschland.

Gebräuchliche Teile. Die Zwiebel und das Kraut; beide riechen stark nach Knoblauch, welcher Geruch sich auch der Milch und dem Fleische der Tiere, die davon fressen, mitteilt. Die Leipziger Lerchen verdanken ihren Geschmack dieser dort massenhaft vorkommenden Pflanze.

Wesentliche Bestandteile. Wohl dieselben wie im Knoblauch. Eine nähere Untersuchung fehlt.

Anwendung. Früher als Antiskorbutikum und Diuretikum. Mehrere nörd-liche Völker verspeisen sie als Gemüse und Würze.

Wegen Allium s. den Artikel Allermannsharnisch, länger.

Bärentraubenblätter.
(Bärenbeere, Steinbeere.)
Folia Uvae ursi.

Arctostaphylos Uva ursi SPR.

(Arbutus Uva ursi L.)

Decandria Monogynia. — Ericaceae.

Kleiner zierlicher Strauch mit 30—90 Centim. langen niederliegenden Zweigen, die jüngeren weisslich behaart, und mit immergrünen, zerstreut und dicht stehenden, kurz gestielten Blättern. Die Blüten stehen am Ende der Zweige in kleinen, etwas gebogenen Trauben, die Blumenstielchen rot, von ebenso langen lanzettlichen Nebenblättern gestützt, die Kronen von der Grösse der Maiblumen, weissrötlich, an der Basis gitterartig durchscheinend. Beeren rund, erbsengross, rot, innen weiss, von fade süsslichem Geschmack. — Fast durch ganz Deutschland und das übrige Europa, auch Nord-Amerika, auf Gebirgen, in mehr nördlichen Gegenden auf der Ebene; an trockenen steinigen Orten auf Heideboden, in Nadelhölzern.

Gebräuchlicher Teil. Die Blätter; sie sind 12—24 Millim. lang, 4—6 Millim. breit, verkehrt eiförmig, gegen die Basis keilförmig verschmälert, am Ende etwas rückwärts gekrümmt, ganzrandig, der Rand nicht umgeschlagen, glatt, mit vorstehendem Mittelnerv auf der unteren Seite und netzartig geadert, welche Adern mit gleichlaufenden Furchen auf der oberen Seite korrespondieren (nicht punktiert); oben gesättigt grün, unten etwas blasser; steif, von etwas dicklicher lederartiger Beschaffenheit. Ohne Geruch: Geschmack herbe, adstringierend, bitterlich.

Wesentliche Bestandteile. MEISSNER fand in 100: 33 eisenbläuenden Gerbstoff, etwas Gallussäure, Harz u. s. w. KAWALIER stellt den Gerbstoff in Abrede, an dessen Stelle die Gallussäure, erhielt ausserdem einen besondern krystallinischen Bitterstoff (Arbutin), eine andere besondere Substanz (Ericolin), Fett, Wachs, Zucker, Harz und Spuren ätherischen Oels. Endlich wies TROMMSDORFF noch einen eigentümlichen, geruch- und geschmacklosen krystallinischen Körper in den Blättern nach, welcher den Namen Urson erhielt, und von HLASIWETZ näher untersucht wurde. (Dieses Urson hat TONNER auch in den Blättern einer *Epacris* angetroffen.)

Verwechselungen. 1. Mit den Blättern der Rauschbeere oder Sumpfheidelbeere *(Vaccinium uliginosum)*; sie sind ebenfalls verkehrt eiförmig, ganzrandig, netzadrig und, im Sommer gesammelt, auch ziemlich lederartig, aber auf der Unterfläche matt und blaugrün. 2. Mit den Blättern der Preuselbeere *(Vaccin. Vitis idaea)*, sie sind etwas grösser und breiter, auch verkehrt-eiförmig, aber gegen die Basis hin nicht keilförmig verschmälert, der Rand zurückgerollt, die untere Seite punktiert, nicht so dicklich, schmecken wenig adstringierend und weniger bitter; der Auszug wird von Eisenoxydsalzen nur grün gefärbt, der der Bärentraubenblätter dadurch schwarzblau gefällt 3. Mit den Blättern des Buchsbaums; diese sind eiförmig, gegen die Spitze verschmälert, am Rande nicht zurückgeschlagen, etwas dunkler grün, glänzend, nicht punktiert, riechen widerlich und schmecken unangenehm süsslich-bitter. Eisenoxydsalze verändern den Auszug nicht merklich.

Anwendung. In Substanz, Aufguss und Absud. — Die ganze Pflanze dient zum Gerben und Schwarzfärben.

Geschichtliches. Schon GALEN spricht von einer *Uva ursi*, die aber von der obigen wesentlich verschieden ist, von TOURNEFORT zuerst bei Tarabalus (Tireboli) an der Südküste des schwarzen Meeres gefunden wurde und im System den Namen *Vaccinium Arctostaphylos* bekam. Unsere Bärentraube beschrieb zuerst H. TRAGUS. Bereits in der ersten Hälfte des vorigen Jahrhunderts benutzten sie spanische, italienische und französische Aerzte, ihnen folgte DE HAAN in Wien, dann empfahl sie auch MURRAY, und nunmehr fand sie allgemeinen Eingang in die Materia medica. Ihre Benutzung hat aber in neuerer Zeit sehr abgenommen.

Arctostaphylos ist zus. aus ἄρκτος (Bär) und σταφυλος (Traube).

Arbutus ist zus. aus dem celtischen *ar* (rauh, herbe) und *butus* (Busch), in Bezug auf den rauhen, herben Geschmack der Blätter und Früchte.

Bärenwurzel.

(Bärendill, Bärenfenchel, wilder Dill, Mutterwurzel, Schweinefenchel.)
Radix Mei, Mei athamantici, Meu, Anethi ursini, Foeniculi ursini.
Meum athamanticum JACQ.
(Athamanta Meum L., *Aethusa Meum* MURR., *Ligusticum Meum* CRTZ.,
L. *capillaceum* LAM., *Seseli Meum* SCOP.)
Pentandria Digynia. — Umbelliferae.

Perennierende Pflanze mit 15—30 Centim. hohem, oben mit einem oder zwei Aesten versehenem Stengel, doppelt gefiederten Blättern, deren Blättchen 4—6 Millim. lang, vielfach in zarte, haarförmige, hellgelblichgrüne, glatte Segmente zerschnitten sind. Die gestielten, mittelmässig grossen, dichten, vielstrahligen Dolden stehen an den Seiten und an der Spitze des Stengels, ihre allgemeine Hülle fehlt oder besteht aus 5—8 kleinen Blättchen, an den einzelnen Döldchen befinden sich, nur die eine Seite umgebend, 3—8 kleine Blättchen. Die Kronblätter sind gelblichweiss, länglich-lanzettlich, nicht ausgerandet, in der Mitte wie am Rande der Dolde von gleicher Grösse. — Auf höheren Bergen des mittleren Europa.

Gebräuchlicher Teil. Die Wurzel; sie ist spindelförmig, federkiel- bis fingerdick, 20—30 Centim. lang oder länger, die älteren häufig vielköpfig, aussen dunkelbraun, z. T. etwas rötlich, auf der ganzen Fläche, zumal oben, stark geringelt, innen weisslich, markig, harzig. Aus dem Wurzelhalse kommt ein Schopf von dichten, zarten, haarförmigen, dunkelbraunen, pinselartigen Fasern.[*) Die Wurzel hat einen starken aromatischen, der Angelika und dem Liebstöckel ähnlichen Geruch und anfangs süsslichen, dann gleichsam salzigen, stark aromatischen Geschmack.

Wesentliche Bestandteile. Nach REINSCH: ätherisches Oel, ein eigentümliches brennend schmeckendes Oel (Meïn), Stärkmehl, Zucker, Mannit, Harz etc.

Verwechselungen. 1. Mit der Wurzel von *Peucedanum Cervaria;* diese ist in der Regel weit dicker, mehr grau, weniger oder nicht geringelt, der Schopf besteht aus viel steiferen helleren Borsten, auch ist sie innen gelber. 2. Mit der Wurzel von *Silaus pratensis;* ist ihr sehr ähnlich, aber viel heller, und hat weit weniger und viel stärkere, weissliche, gestielte Borsten am Wurzelhalse. 3. Mit

---

*) Nach MARTIUS sind es diese Fasern, aus welchen die sogen. Gemskugeln *(Aegagropilae, Bezoar germanicum)* bestehen, die man oft im Magen der Gemse findet.

der Wurzel von *Eryngium campestre*; ist meist dicker und länger, und riecht unangenehm.

Anwendung. Früher häufig gegen Hysterie, jetzt fast nur mehr in der Tierheilkunde, wird aber noch viel zu aromatischen Branntweinen benutzt.

Geschichtliches. Der Bärenfenchel ist das Μῆον ἀθαμαντικον des Dioskorides; der erste Name soll eine verhältnismässig kleinere (μεῖον) Art, und der zweite den Berg Athamas in Thessalien, den Hauptstandort der Pflanze, andeuten. Plinius berichtet, dass dieses Gewächs nur von wenigen Aerzten gezogen werde, woraus zugleich zu entnehmen ist, dass damals sich auch die Aerzte mit der Kultur von Arzneigewächsen befassten. Nach Dodonaeus wurde die Pflanze in den belgischen Officinen unter dem Namen *Foeniculum porcinum* aufbewahrt. Im 16. Jahrhundert benutzte man in Deutschland auch als *Radix Meu* die Wurzel von *Athamanta Matthioli* Wulf., indem Matthiolus sie in seinen Werken unter dem Namen *Meum* beschrieb und abbildete.

Anethum lässt sich zurückführen auf ἀνα (hindurch, durchdringend) und αἴθειν (brennen) in Bezug auf den Geschmack.

Aethusa von αἴθων (schimmernd) in Bezug auf die Glätte der Blätter, oder von αἴθειν (brennen) wegen des scharfen Geschmacks.

Wegen Ligusticum s. den Artikel Liebstöckel.

Wegen Seseli s. den Artikel Sesel.

Bärlapp, gemeiner.

(Bärlappkraut; Bärlappsamen, Blitzpulver, Hexenmehl, Streupulver, Wurmmehl.)

Herba Musci clavati, terrestris.

Lycopodium, Pulvis Lycopodii, Semen Lycopodii.

Lycopodium clavatum L.

Cryptogamia Filices. — Lycopodieae.

Perennierende immergrüne moosartige Pflanze mit dünner, fadenförmiger Wurzel; kriechendem, rundem, zweiteilig ästigem, o,6 bis 1,8 Meter langem Stengel; die unfruchtbaren Aeste sind gekrümmt, die fruchttragenden richten sich auf, die Blätter sind linien-lanzettförmig, ganzrandig, in eine lange weisse haarförmige Spitze auslaufend und bekleiden dicht den Stengel. Die Fruchtähren stehen zu zwei auf schuppigen Stielen; die Deckblättchen blassgelblich, eiförmig, lang zugespitzt, am Rande gezähnelt. Die zwischen diesen sitzenden Früchte sind klein, häutig, nierenförmig und enthalten zahlreiche Keimkörner. — Ziemlich verbreitet in trocknen Wäldern durch die ganze nördliche Erde.

Gebräuchliche Teile. Das Kraut und die Keimkörner (Sporen). Das Kraut ist geruchlos und schmeckt bitterlich.

Die Keimkörner bilden ein sehr zartes, leichtes, leicht rollendes, blassgelbes Pulver. Unter starker Vergrösserung stellen sie sich dar als durchscheinende tetraëdrische Zellen mit ziemlich flachen dreiseitigen Seitenflächen und stark gewölbter Grundfläche, welche sämmtlich durch eine oberflächliche, netzförmige Ablagerung scheinbar eine rundlich-zellige Oberfläche erhalten. An jeder der drei oben zusammentreffenden Kanten sind sie mit einer Furche versehen. Das Pulver schwimmt auf dem Wasser, mischt sich nur schwer damit (leicht jedoch, wenn es vorher kurze Zeit trocken in einem Mörser gerieben wird), verbrennt, in eine Flamme geworfen, blitzähnlich, besitzt weder Geruch noch Geschmack.

Wesentliche Bestandteile. Das Kraut enthält nach John essigsaure Thonerde*) in bedeutender Menge; eine nähere Untersuchung fehlt.

Die Keimkörner enthalten nach Bucholz: 6% fettes ricinusähnliches Oel, 3% Zucker, 1,5 Schleim und 89% Skelett. Cadet gibt noch Wachs und Thonerde an. Riegel fand Stärkmehl (beim Zusammenreiben der Sporen mit Jodtinktur entsteht nur eine braune Farbe); prüft man aber den mit kochendem Wasser bereiteten Auszug der zerquetschten Sporen mit Jodtinktur, so erhält man eine blaue Färbung), Citronensäure, Apfelsäure, Gummi, nicht unbedeutend Zucker, Harz, fettes Oel, Pflanzenleim, Salze.

Verfälschungen. Die Keimkörner kommen nicht selten verfälscht vor, und zwar mit dem Blütenstaube der Coniferen, dem Pulver der runden Osterluzei und anderer Wurzeln, mit Stärkmehl, Schwefel, Talk, Gyps Kreide. Alle diese fremden Zusätze bilden aber leichter benetzbare Pulver, welche mehr oder weniger leicht zu Boden fallen, wenn man das verdächtige Pulver in ein mit Wasser gefülltes Glas schüttet und dann mit einem Stabe ein paar mal umrührt. Ferner bleiben die fremden Zusätze wegen ihrer mindern Feinheit zurück, wenn man das Pulver durch ein feines Florsieb laufen lässt, und lassen sich dann leicht an der Unfähigkeit, in einer Flamme blitzähnlich zu verbrennen, und selbst annähernd ihrer Menge nach bestimmen. Was die Zusätze im einzelnen betrifft, so werden Stärkmehl und die Wurzelmehle durch Jod blau, der Coniferenstaub verbrennt unter Verbreitung eines terpenthinartigen Geruches, der Schwefel verbrennt mit blauer Flamme und schwefligem Geruche, Talk, Gyps, Kreide bleiben in der Hitze unverändert.

Anwendung. Das Kraut früher in der Abkochung äusserlich und innerlich gegen Weichselzopf und andere Krankheiten; es soll brechenerregend wirken.

Die Keimkörner in Substanz oder mit Wasser abgerieben; äusserlich mit Fett zu Salben etc. Jetzt beschränkt sich ihr Gebrauch grösstenteils auf das Bestreuen wunder Teile der Haut bei Kindern, und Bestreuen der Pillen. Auf den Theatern dienen sie als Blitzpulver.

Lycopodium ist zus. aus λυκος (Wolf) und ποδιον, πους (Fuss, Klaue), entweder in Bezug auf die Wurzel, welche den Wolfsklauen (entfernt) ähnlich sieht, oder wegen der weichhaarigen Zweigspitzen.

Im *Lycopodium complanatum*, dem zweizeiligen Bärlapp, einem in gebirgigen Waldungen vorkommenden, der vorigen Art ähnlichen Pflänzchen, welches durch seinen stark bittern Geschmack zur Untersuchung aufforderte, fand Bödeker ein krystallisierbares, in Wasser, Weingeist, Aether und Benzol lösliches Alkaloïd (Lycopodin).

Baldrian, grosser.
(Grosser weisser Gartenbaldrian, welscher oder römischer Baldrian, Maria-Magdalenenkraut, St. Klarenkraut, St. Georgenkraut, Speerkraut, Theriakskraut, Zahnkraut).

Radix Valerianae majoris, hortensis, ponticae, Phu.

Valeriana, Phu L.

Triandria Monogynia. — Valerianaceae.

Perennierende 0,6—1.2 Meter hohe Pflanze mit teils über die Erde schief oder horizontal laufendem, länglichem Wurzelstocke, der unten mit langen Fasern besetzt ist; glattem, graugrünem, ästigem hohlem Stengel, meist ungeteilten, ganz-

*) Auch die andern Arten der Gattung *Lycopodium* sind reich an Thonerde.

randigen, ovalen, glatten Wurzelblättern, z. T. auch 2—3 lappig, die äusseren
Lappen weit grösser als die andern; die Stengelblätter 3 spaltig oder auch gefingert und selbst gefiedert, ihre Abschnitte grösstenteils von einerlei Form und
Grösse, linienlanzettlich, ganzrandig. Die Blumen bilden eine doldentraubige
Rispe, sind weiss, wohlriechend und haben, wie überhaupt die ganze Pflanze,
viel Aehnlichkeit mit dem officinellen Baldrian. — Auf den Gebirgen des südlichen Europa, bei uns in Gärten, auch wohl verwildert.

Gebräuchlicher Teil. Die Wurzel; sie besteht aus einem 10—15 Centim.
langen und längeren Stock, frisch fingerdick und darüber, oft von ungleicher
Dicke, geringelt, graubraun, nur noch unten mit langen, meist strohhalmdicken
oder dickern, weisslichen Fasern besetzt; trocken dunkelgraubraun mit ungleich
erhabenen Querringen, etwas runzelig, die Fasern etwas heller mit Längsfurchen. Geruch baldrianartig, doch etwas angenehm aromatisch, Geschmack gewürzhaft bitter.

Wesentliche Bestandteile. Wohl dieselben wie die der officinellen
Wurzel; eine nähere chemische Untersuchung fehlt.

Anwendung. Bei uns fast gar nicht mehr als Arzneimittel.

Geschichtliches. Das wahre Φōυ der Alten ist nicht die vorstehende
Pflanze, sondern *Valeriana Dioscoridis* Sibth., welche in Kleinasien wächst, und
deren Wurzel aus mehreren spindelförmigen Knollen besteht, die stark aromatisch
pfefferartig riechen.

Der Name *Phu* wird wohl mit der Pflanze aus ihrer Heimat gekommen sein;
die Araber nennen dieselbe ebenso *(fu)*.

Baldrian, kleiner.
(Kleiner Sumpfbaldrian, kleiner Wiesenbaldrian).
Radix Valerianae palustris, Phu minoris.
Valeriana dioica L.
Triandria Monogynia. — *Valerianaceae.*

Perennierende Pflanze mit 30—60 Centim. hohem, gefurcht-gestreiftem, etwas
haarigem, oben ästigem Stengel; die Wurzel- und unteren Stengelblätter sind gestielt, fast ganzrandig, eiförmig, die oberen Stengelblätter sitzend, leierförmig und
fiederteilig, mit schmalen länglichen oder linienförmigen Segmenten. Die Blüten
sind getrennten Geschlechtes, bilden Doldentrauben, die männlichen rötlich, etwas
ausgebreitet, die weiblichen kleiner, blasser, fast weiss und stehen dichter gedrängt. — Durch ganz Deutschland auf feuchten Wiesen und an Gräben.

Gebräuchlicher Teil. Die Wurzel; sie ist federkieldick, cylindrisch,
gekniet, mit senkrecht abwärts stehenden, fadenförmigen Fasern, riecht schwach
baldrianartig, ist frisch weiss, getrocknet grau.

Wesentliche Bestandteile. Gleichfalls wohl wie die der officinellen
Wurzel; ist auch nicht näher untersucht.

Anwendung. Veraltet.

Baldrian, officineller.
(Augenwurzel, Denmark, Katzenkraut, Wiesenbaldrian.)
Radix Valerianae minoris oder *sylvestris.*
Valeriana officinalis L.
Triandria Monogynia. — *Valerianaceae.*

Perennierende, 0,9 bis 1,8 Meter hohe und höhere Pflanze mit faseriger
Wurzel und unter der Erde fortlaufenden Sprossen, die neue Pflanzen treiben;

der Stengel ist glatt oder mehr oder minder haarig; die Blätter stehen einander gegenüber (sehr selten abwechselnd), Wurzel- und Stengelblätter gefiedert, mit lanzettlichen gezähnten Blättchen, die unteren verlaufen in einen Blattstiel, die oberen sind sitzend. Die Blüten stehen an der Spitze der Stengel und Zweige doldentraubenartig, die Kronen weiss oder blassrötlich, riechen hollunderartig, sind fast regelmässig trichterförmig, die Achenien tragen einen weissen gefiederten Pappus. Variirt sehr nach dem Standorte. — In Deutschland und dem übrigen Europa häufig an feuchten Orten, Gräben, Bächen, in der Ebene, ferner auf Gebirgen an mehr trockenen Orten, waldigen Gegenden.

Gebräuchlicher Teil. Die Wurzel; sie muss von kräftigen, nicht zu jungen, wenigstens 2—3jährigen Pflanzen im Frühjahre vor dem Treiben des Stengels gesammelt werden, und zwar von solchen, die an trockenen, gebirgigen Orten wachsen, nicht in sumpfigen, ebenen Gegenden. Sie besteht aus einem kleinen rundlichen Wurzelstocke oder Halse, aus welchem zahlreiche 7—14 Centim. lange, auch längere und strohhalmdicke Fasern von schmutzig weisser Farbe hervorkommen. Durch Trocknen schrumpft sie stark ein und wird hellbräunlich, mit der Zeit immer dunkler graubraun. Riecht stark, eigentümlich widerlich, dem Katzenurin ähnlich, der durch Trocknen nicht vergeht, sondern im Gegenteil mehr hervorzutreten scheint, schmeckt bitter, scharf gewürzhaft.

Wesentliche Bestandteile. Aetherisches Oel ($1,2\frac{0}{0}$), eine eigentümliche Säure (Baldriansäure, von GROTE entdeckt), eisengrünende Gerbsäure, Stärkmehl, Harze u. s. w. Das ätherische Oel ist leichter als Wasser, enthält Baldriansäure, Essigsäure, Ameisensäure und ist ausserdem ein Gemisch von mehreren ätherischöligen Verbindungen (Valerol, Borneen, Borneol) u. s. w.

Verwechselungen und Verfälschungen. 1. Mit *Valeriana dioica*; deren Wurzel ist einfacher, cylindrisch, höchstens federkieldick, wenig faserig, die Fasern laufen auf einer Seite herab, der Geruch schwach baldrianartig. 2. Mit *Ranunculus acris, polyanthemos, repens*; der Wurzelstock ist dicker, die Fasern kleiner und der Geruch fehlt. 3. Mit *Sium angustifolium* und *latifolium*; hier gilt dasselbe. Ferner ist der Wurzelstock des *Sium* viel leichter, die einzelnen Fasern weniger markig und von mehr runzeligem, nicht hornartigem Ansehn. 4. Mit *Geum urbanum*; ist mehr steif, brüchig und riecht nelkenartig. 5. Mit *Scabiosa arvensis* und *succisa*; sie ist kürzer, der Stock an der Basis abgestutzt, mit weissen und braunen Schuppen bedeckt, die Fasern etwas dicker, an ihrer Oberfläche weniger runzelig, wenig oder gar nicht gestreift, sehr zerbrechlich, auf dem Querschnitt weiss amylumartig, geruchlos, schmeckt stark und rein bitter. Von REVEIL bis zu $22\frac{0}{0}$ in der Droge beobachtet. 6. Mit *Cynanchum Vincetoxicum*; der Wurzelstock ist länglich, meist dicker, es entspringen viele Stengel aus ihm, die Fasern sind viel länger, steifer, der Geruch schwächer, mehr an *Asarum* erinnernd und vergeht fast ganz beim Trocknen, der Geschmack bitterlich scharf. CHARBONNIER fand in der Droge $36\frac{0}{0}$ von dieser Wurzel. 7. Mit *Veratrum album*, in England zu $25\frac{0}{0}$ in der Droge angetroffen, in welche sie aber wohl mehr zufällig als absichtlich gelangt ist, denn die beiden Wurzeln sind sich doch zu unähnlich. BENTLEY spricht sich über diese höchst gefährliche Vermengung ausführlich aus, und wir lassen seine Worte hier folgen.

Unterscheidungsmerkmale: a) die Rhizome des *Veratrum album* sind entweder von einer kegelförmigen Blattknospe oder von den faserigen Resten alter Blätter gekrönt. Diese Blätter haben auf den ersten Blick einige Aehnlichkeit mit denjenigen, welche man am Ende der kriechenden Schösslinge findet, die von dem

Wurzelstocke der echten Baldrianpflanze ausgehen und wodurch sich diese fortpflanzt, aber die Blätter an letzterer Pflanze stehen einander gegenüber und hängen
an ihrer Basis zusammen, während die Blätter des *Veratr.* concentrische, in einander steckende Scheiden bilden. Ueberdies enthält die käufliche Baldrianwurzel selten oder nie solche Schösslinge. Die Anwesenheit und Stellung der
Blätter kann daher sofort zur Entdeckung der weissen Nieswurzel unter der
Baldrianwurzel führen.

b) sind die Rhizome des *Veratr.* viel grösser als die der Baldrianwurzel, und
auch ganz, während der Baldrian gewöhnlich mehr oder weniger zerschnitten vorkommt. Die Nieswurzel hat auch eine dunklere Farbe.

c) zeigt der Querschnitt des *Veratr.* einen grossen centralen holzigen oder
schwammigen Teil von weisslicher oder blass rötlichgelber Farbe, und dieser ist
durch einen dünnen wellenförmig gekerbten Ring von dem äusseren breiten,
weissen Teile getrennt, den eine dünne dunkelbraune oder schwärzliche rinden-
ähnliche Schicht einschliesst. Das Ansehn dieses Querschnittes und besonders
das des wellenförmigen Ringes ist sehr verschieden von dem eines Querschnittes
des Baldrian-Rhizoms, denn dieser, obgleich anfangs weisslich, zeigt an der
Handelswaare einen dunkelbraunen, festen, hornartigen Centralteil, welcher durch
eine dunkle unterbrochene Cambialzone von dem ebenfalls dunkeln Rindenteile
getrennt ist. Auch ein senkrechter Schnitt des Nieswurz-Rhizoms ist sehr
charakteristisch, denn man bemerkt an ihm eine dünne, dunkle, wellige, kegelförmige, sonst der ganzen Länge nach verlaufende Linie, wodurch die äussere
Schicht von der innern geschieden wird. Eine solche wellenförmige Linie bemerkt
man an dem Baldrian nicht.

d) sind die Wurzeln des *Veratrum*, welche von dem oberen Teile des
Rhizoms ausgehen, aussen blasser als die des Baldrian-Rhizoms, ferner länger
und runzeliger als diese.

e) schmecken Rhizom und Wurzeln des *Veratr.* anfangs süss, dann bitter,
scharf und gewissermaassen betäubend; beim Baldrian hingegen bemerkt man
keine Schärfe, sondern ein deutliches Aroma und nur wenig Bitterkeit.

f) besitzt das *Veratr.* keinen deutlichen Geruch; auch reizt es beim Schneiden
und Reiben zum Niesen.

Obgleich alles dieses völlig ausreicht, gibt es auch ein chemisches Mittel,
das zugleich so charakteristisch ist, dass es hier noch angeführt zu werden verdient. Betupft man nämlich einen Quer- oder Längsschnitt des *Veratr.* mit concentrirter Schwefelsäure, so entsteht eine tief orangengelbe Färbung, welche bald
in eine dunkelblutrote übergeht; beim Baldrian hingegen tritt nur eine Erhöhung
der ursprünglichen Farbe ein.

Anwendung. Im Aufguss, als Pulver, als Tinktur u. s. w. Ferner zur
Gewinnung des ätherischen Oels, sowie der Baldriansäure.

Geschichtliches. Schon die Römer kannten diesen Baldrian, PLINIUS
nennt ihn *Nardus gallica*, und im Mittelalter wird seiner u. a. von MATTHAEUS
SYLVATICUS und der Aebtissin HILDEGARD Erwähnung gethan. Den Namen
Valeriana erhielt die Pflanze wegen ihrer bedeutenden Heilkräfte.

Banane.

(Pisangfeige.)

Fructus Musae.

Musa paradisiaca L.

Musa sapientum L.

Hexandria Monogynia. — Musaceae.

Musa paradisiaca hat einen starken, gegen 2 Meter hohen krautartigen Stamm; er bedarf 5—6 Jahre zu seiner völligen Entwicklung aus dem Samen, aber es treten aus der dauernden Basis junge Sprossen hervor, welche, wie MEYEN berichtet, oft schon nach 3 Monaten wieder Früchte bringen. Die Blätter sind sehr gross, bis 2 Meter lang, lang gestielt, länglich elliptisch, etwas überhängend, blass, blaugrün. Der Blütenschaft ist nickend, die Blumenscheiden rot und spitz, die unfruchtbaren Blüten bleiben stehen. Die Früchte sind länglich, dreiseitig, etwas gekrümmt und gegen 20 Centim. lang; bei der kultivierten Pflanze fast stets ohne Samen. — Ursprünglich in Ost-Indien einheimisch, hier und in der tropischen Zone um die ganze Erde kultiviert.

Musa sapientum unterscheidet sich von der vorigen Art durch folgende Merkmale. Der Stamm ist schwarz gefleckt, die Blätter sind schön grün, die Blattscheiden aussen violett, innen grün; die unfruchtbaren Blüten fallen ab, die Früchte sind kürzer, elliptisch, undeutlich dreiseitig. — Ebenso.

Von beiden Arten kennt man zahlreiche Varietäten.

Gebräuchlicher Teil. Die Früchte beider Arten; sie werden im Jahre viermal geerntet, schmecken süsssäuerlich und sind sehr nahrhaft.

Wesentliche Bestandteile. BOUSSINGAULT fand: Zucker, Gummi, Pektin Albumin, in der unreifen Frucht auch Stärkmehl, Aus reifen brasilianischen Bananen erhielt B. CORENWINDER 21,8% Zucker (wovon 15,9 krystallinisch und 5,9 amorph) 2,13 stickstoffhaltige Stoffe, 1,25 Pektin, 0,96 Fett. Nach BUIGNET ist während der ganzen Wachstumsperiode der Banane der darin enthaltene Zucker nur Rohrzucker. — Im Safte des Stammes fanden BOUSSINGAULT, sowie MARQUART Gerbstoff, Gallussäure, Eiweiss, Wachs, Salze.

Anwendung. Die Frucht ist eins der wichtigsten Nahrungsmittel der Bewohner der Tropen. — Die Blätter dienen dort als Tischtuch, Teller, zum Dachdecken u. s. w. Die Faser des Stammes wird zu Tauwerk und Geweben verarbeitet.

Geschichtliches. Den alten Griechen und Römern scheint diese Pflanze nicht selbst, sondern nur aus schriftlichen oder mündlichen Ueberlieferungen bekannt gewesen zu sein; PLINIUS (XII, 12) nennt sie *Pala* und die Frucht *Ariena,* der erste Name (oder *Phala)* heisst aber im Sanskrit Frucht im Allgemeinen, wurde also von PL. nur aus Missverständnis für den Namen der Pflanze gebraucht, und wiederum aus Missverständnis gab er der Frucht denjenigen Namen, welchen im Sanskrit (eigentlich *Varana)* die Pflanze führt. Im Arabischen heisst sie *mauz*; aber den Namen *Musa* gab ihr LINNÉ nach ANTONIUS MUSA (Bruder des EUPHOREUS, der Leibarzt des Königs JUBA war), Leibarzt des Kaisers AUGUSTUS und Verfassers einer Schrift über die *Betonica.*

Banane ist das Wort zur Bezeichnung der Frucht bei den Chacos in Süd-Amerika.

Barbarakraut.

(Winterkresse, Winterbrunnenkresse.)

Herba Barbareae.

Barbarea vulgaris R. Br.

(*Barbarea arcuata* STURM, *B. iberica* DC., *Erysimum Barbarea* L.)

Tetradynamia Siliquosa. — Cruciferae.

Perennierende Pflanze mit spindelförmig-cylindrischer, weisser besaserter Wurzel, 30—60 Centim. hohem, aufrechtem, oben ästigem, glattem, gefurcht-kantigem Stengel, und abwechselnden rutenförmigen Zweigen. Die Blätter umfassen den Stengel, sind gross, leierförmig, gekerbt, an der Basis geöhrt, ihre Endlappen rundlich, die übrigen verkehrt eiförmig, glatt, etwas glänzend grün, steif. Die kleinen gelben Blumen bilden endständige, dichte, eiförmige Trauben, die sich später früchtetragend sehr erweitern. Die jüngeren Schoten stehen schief aufrecht, sind 24—36 Millim. lang, etwas zusammengedrückt, stumpf, 4kantig und enthalten oval-rundliche, flache, gelblichbraune Samen. — Häufig am Ufer der Flüsse, an Wassergräben, auf nassen Wiesen.

Gebräuchlicher Teil. Das Kraut; es schmeckt und riecht kressen-artig, doch etwas milder, und der Geschmack ist zugleich bitter.

Wesentliche Bestandteile. Scharfes ätherisches Oel, Bitterstoff. Nicht näher untersucht.

Anwendung: Frisch wie Brunnenkresse, Löffelkraut. Die jungen zarten Blätter isst man im Winter (wo sie fast immer grün bleiben) und Frühjahr als Salat oder wie Spinat als Gemüse.

Geschichtliches. Die Pflanze scheint erst im Mittelalter näher gewürdigt zu sein. CAMERARIUS († 1598) nennt sie *Bunium adulterinum*, und sagt, sie heisse auch *Carpentaria, Herba Sancta, Fistularia* und *Nasturtium hiemale;* sie wurde schon frühzeitig in deutschen Gärten gezogen und besonders als ein Mittel zur Heilung von Fisteln und Geschwüren gerühmt.

Die Benennung Barbarea wird zu Ehren der heil. Barbara (aus Nicomedien in Klein-Asien um 300 n. Chr.) gewählt sein.

Erysimum von ἐρύειν (retten, helfen), in Bezug auf die Heilkräfte.

Basilienkraut.

(*Basilicum.*)

Herba Basilici, Ocimi citrati.

Ocimum Basilicum L.

Didynamia Gymnospermia. — Labiatae.

Einjährige Pflanze mit etwa 30 Centim. hohem und höherem, aufrechtem, ästigem Stengel, kreuzförmig gestellten aufrechten Zweigen, gestielten, glatten, oval-länglichen, etwas gesägten Blättern, am Ende des Stengels und der Zweige in Quirlen stehenden Blütenähren; der Kelch sehr kurz, braunrot gewimpert, die Krone weiss oder purpurn, gestreift. Variiert mit roten Blättern und Blüten; grössern Blüten und Blättern, wovon die letztern grosse Vertiefungen und Erhöhungen haben; Blättern die am Ende kraus und statt einzelner Zähne tiefere Abschnitte haben. — In Ost-Indien und Persien einheimisch, bei uns in Gärten gezogen.

Gebräuchlicher Teil. Das Kraut; es riecht angenehm, stark eigentümlich aromatisch, was durch vorsichtiges Trocknen noch feiner wird und lange haftet. Der Geschmack ist aromatisch, etwas kühlend und salzig.

Wesentliche Bestandteile. Aetherisches Oel, eisengrünender Gerbstoff. Das durch Destillation mit Wasser erhaltene Oel setzt nach BONASTRE ein krystallinisches Stearopten ab, welches nach DUMAS und PELIGOT das Hydrat eines Kohlenwasserstoffs ist.

Anwendung. Im Aufguss; jetzt mehr zu aromatischen Bädern. In Haushaltungen als Würze zu Speisen, besonders in südlichen Ländern.

Geschichtliches. Altes Arzneimittel. Ωχιμον des THEOPHRAST, DIOSKORIDES (von ὄζειν: riechen), *Basilicum* des PLINIUS. — Nicht damit zu verwechseln ist das Ωχυμον oder *Ocymum* (von ὠχυς: schnell, d. i. schnell wachsend), nach PLINIUS ein Gemenge schnell wachsender Futterkräuter. Doch bemerkt PL. auch vom *Ocymum*, es wachse sehr schnell.

Bastardhanf.
(Hanfartiges Strickkraut.)
Herba Datiscae cannabinae.
Datisca cannabina L.
Dioecia Decandria. — Halorageae.

Perennierende Pflanze vom Habitus des Hanfes und gelblicher Farbe, mit glattem Stengel, glatten gefiederten Blättern, aus 5—10 Paar ungleichen, lanzettlichen, zugespitzten, gesägten, glatten Blättchen bestehend. — In Kreta, Klein-Asien einheimisch.

Gebräuchlicher Teil. Das Kraut, welches sehr bitter schmeckt.

Wesentliche Bestandteile. Nach BRACONNOT ein gelber Farbstoff (Datiscagelb) und ein anderer eigentümlicher Stoff (Datiscin), der für eine Art von Stärkmehl gehalten wurde, aber nach STENHOUSE ein krystallinischer glykosidartiger Bitterstoff ist.

Anwendung. In Italien als Arzneimittel. — Technisch wichtig ist die Benutzung der äusserst zähen Stengelfasern zu Stricken.

Datisca ist zus. aus ὀατεσσθαι (verteilen) und ἰσχειν (für gleich halten, meinen) in Bezug auf die medicinischen Kräfte.

Batate.
Radix Batatae.
Ipomoea Batatas LAM.
(Convolvulus Batatas L.)
Pentandria Monogynia. — Convolvuleae.

Perennierende Pflanze mit dicker, kriechender, knolliger Wurzel, etwa 90 Centim. hohem windendem Stengel, herzförmigen, vielnervigen, z. T. fünflappigen, oben flaumhaarigen, unten glatten Blättern, achselständigen mehrblütigen Stielen, kürzer als die Blätter, und grossen, glockenförmigen, roten Blüten. — In Amerika einheimisch, in beiden Indien und im südlichen Europa kultiviert.

Gebräuchlicher Teil. Die Wurzel; sie ist aussen rot, innen gelb, schmeckt sehr angenehm süss.

Wesentliche Bestandteile. HENRY fand in einer bei Paris kultivierten Wurzel 13,3 % Stärkmehl, 3,3 % Zucker, 0,05 % giftige flüchtige Materie (?) etc.

Anwendung. Teils roh, teils zubereitet von den Eingeborenen und Europäern genossen. Ist sehr nahrhaft, wirkt nicht purgierend.

Ipomoea ist zus. aus ἰψ (ein Wurm) und ὁμοιος (ähnlich), d. h. eine (einem Wurm ähnlich) sich windende Pflanze; also dieselbe Bedeutung wie *Convolvulus.*

Batatas vom spanischen *batata* oder *patata* (Kartoffel), in Bezug auf den ähnlichen Geschmack und die Bestandteile der Wurzel.

Bauchhülse.

Folia Gastrolobii.

Gastrolobium bilobum R. Br.

Diadelphia Decandria. — Caesalpiniaceae.

Kleiner Strauch, der einige entfernte Aehnlichkeit mit *Ononis spinosa* hat. Die Blätter sind lederartig, verkehrt herzförmig, ausgerandet-zweilappig, zu 4 in Wirteln stehend, Blumen in endständigen Trauben, gelb, Hülse kurz, bauchig, Samen bekränzt. — In Westaustralien.

Gebräuchlicher Teil. Die Blätter; trocken sind sie ohne besondern Geruch und Geschmack.

Wesentliche Bestandteile. Nach H. Fraas: Albumin, Bitterstoff, Fett, eisengrünender Gerbstoff, Gummi, Harz, Oxalsäure, Wachs, Zucker.

Anwendung. Vorläufig keine. Die chemische Untersuchung wurde angestellt, um Aufklärung darüber zu bekommen, weshalb der Genuss dieser Blätter den weidenden Schafen schädlich, ja selbst tötlich ist; das Ergebnis war aber ein durchaus negatives, d. h. es konnten in demselben nur harmlose Materien ermittelt werden.

Bei Wiederholung der Analyse durch F. v. Müller und L. Rummel in Melbourne (Südaustralien) erhielt man auch ein eigentümliches Glykosid von sassafrasähnlichem Geruch und Geschmack; ob dieses aber giftige Wirkung besitzt, ist noch nicht ermittelt.

Gastrolobium ist zus. aus γαστηρ (Bauch) und λοβιον, Dim. von λοβος (Hülse). Die Hülse ist bauchig aufgetrieben.

Baumwolle.

Semen und *Lana Gossypii, Bombacis.*

Gossypium herbaceum L.

(*G. candidum* Hamilt.)

Monadelphia Polyandria. — Malvaceae.

Eine je nach dem Klima und der Kulturart ein- oder mehrjährige Pflanze mit etwa 45 Centim. hohem, ästigem, rötlich und weichbehaartem, schwarz punktiertem Stengel und Blattstielen. Die Blätter sind teils ganz, teils in 3—5 Lappen gespalten, zugespitzt, die hervorstehenden Gefässbündel mit einer Drüse besetzt. Die Blumen gross, blassgelb und haben eine eingeschnittene gesägte Kelchhülle. Die Kapseln eiförmig, von der Grösse einer Wallnuss; beim Aufspringen tritt die zarte, weisse Samenhülle hervor, welche die länglichrunden, schwarzen, weissen, grauen oder grünlichen, fast erbsengrossen, öligen Samen kreisförmig umschliesst. — Wächst in Ostindien wild, und wird dort, sowie überhaupt in heissen oder wärmeren Ländern häufig kultiviert.

Gebräuchliche Teile. Der Same und die ihn einschliessende Wolle von dieser Art, ihren Spielarten und einigen nahe verwandten Arten. Der Same ist geruchlos, schmeckt süsslich, schleimig und ölig.

Wesentliche Bestandteile. Der Same enthält ein mildes, fettes Oel, welches im Grossen durch Pressen gewonnen wird. Die Samenwolle ist fast chemisch reine Pflanzenfaser.

Anwendung. Den Samen gebrauchte man früher bei Brustkrankheiten, jetzt nur noch zur Gewinnung des Oeles. Aus der Baumwolle stellt man Moxa in Form hohler fester Cylinder dar. Ihre technische Anwendung ist bekannt.

Geschichtliches. Obschon die alten Griechen und Römer die Baumwollenpflanze kannten,*) so benutzten sie doch dieselbe kaum zu medicinischen Zwecken, was erst später bei den Arabern vorkommt, die den Saft der Blätter Kindern bei Bauchflüssen und Kolik gaben, und den Samen bei Husten und andern Lungenkrankheiten verordneten. Das Oel diente gegen Sommerflecken und andere leichte Exantheme. Auch der Gebrauch der Baumwolle als Moxa stammt aus dem Oriente.

Gossypium von *gossum* (Wulst, Kropf), in Bezug auf die von Wolle strotzenden Fruchtkapseln. Der Name liegt wahrscheinlich in dem arabischen *goz* (eine seidenartige Substanz).

Bayblätter.

Folia Myrciae acris.
Myrcia acris DC.
Icosandria Monogynia. — Myrteae.

Baum mit entgegengesetzten, ganzrandigen, elliptischen, lederartigen, sehr glatten, immergrünen, oben erhaben netzartig geaderten, durchscheinend punktierten Blättern, weissen Blumen in achselständigen und fast gipfelständigen Rispen, 1—2fächerigen Beeren mit 1—3 fast kugeligen, glatten Samen. — In West-Indien.

Gebräuchlicher Teil. Die Blätter, oder vielmehr das daraus durch Destillation mit Wasser erhaltene ätherische Oel von höchst angenehmem Geruche nach Nelken und Piment.

Wesentliche Bestandteile. Besteht nach G. F. H. Markoe in Boston aus einem leichten und schweren Anteile; der leichte Teil von 0,834 spec. Gew. scheint ein Kohlenwasserstoff zu sein; der schwere Teil von 1,054 zeigt alle Eigenschaften des Nelkenöls.

Anwendung. In Nord-Amerika als Parfüm, und zur Bereitung einer Komposition, welche Bayrum heisst, und aus 1 Teil obigen Oels, 16 T. Rum, 64 T. Alkohol und 48 T. Wasser besteht.

Myrcia ist das veränderte μυρτινη (Myrte).

Bdellium.

Gummi-Resina Bdellium.
Balsamodendron africanum Arn.

Dorniger Strauch oder Baum mit gestielten 3—5zähligen, verkehrt eirunden, etwas runzeligen, stumpf gesägten, feinhaarigen Blättern, Blüten meist diklinisch,

---

*) Wie Dierbach annimmt, während Fraas dem widerspricht, obwohl den Alten die Samenwolle nicht unbekannt war; sie nannten dieselbe βυσσος, *lana bombycina*.

in fast sitzenden Büscheln; Beere oder Steinfrucht eiförmig spitz, 1—2 fächerig, jedes Fach mit 1 Samen. — Am Senegal.

Balsamodendron Mukul Hook.
Octandria Monogynia. — Burseraceae.

Dorniger Strauch oder Baum mit einfachen oder 3 zähligen Blättern; sonst wie oben. — In Persien, Ost-Indien.

Gebräuchlicher Teil. Das aus dem Stamme geflossene und an der Luft erhärtete Gummiharz. Es gibt zwei Sorten.

1. Afrikanisches Bdellium.

Wird von der erst genannten Pflanze gesammelt; bildet rundliche oder ovale, unregelmässige, etwa 2 Centim. dicke, gelbliche, rötliche oder braunrote, durchscheinende, aussen etwas fettglänzende, im Bruche wachsglänzende und unebene Stücke, wird in der Wärme weich, riecht und schmeckt myrrhenähnlich.

2. Ostindisches Bdellium.

Stammt von der zweitgenannten Pflanze. Es sind unförmliche, 4—5 Centim. dicke, äusserlich schlechter Myrrhe ähnliche, meist zusammengeklebte Massen, durch Erde, Rindenstücke u. s. w. meist sehr verunreinigt; aussen uneben, rauh, matt, schwarzbraun, im Bruche wachsglänzend, gross- und flachmuschelig, reinbraun, durchscheinend, von eigentümlichem starkem, kaum der Myrrhe ähnlichem Geruche und bitterem, scharfem Geschmacke.

Wesentliche Bestandteile. PELLETIER fand in einer nicht näher bezeichneten Sorte B.: 59,0 Harz, 9,2 lösliches Gummi, 36,6 Bassorin, 1,2 ätherisches Oel. FLÜCKIGER erhielt aus einem echt afrikanischen: 70,3 Harz, 29 Gummi und 0,7 ätherisches Oel. HIRSCHSOHN fand die beiden Sorten dadurch von einander verschieden, dass

No. 1 an Petroleumäther weit mehr abgab als No. 2, und dass der Verdunstungsrückstand von No. 1. durch Chloral schwach rosa, der von No. 2. durch Chloral grün wurde; ferner dass

der Alkoholauszug von No. 1. durch Bleiacetat gleich oder bald sich trübte, und diese Trübung in der Wärme wieder verschwand; der Alkoholauszug von No. 2. durch Bleiacetat gar keine Trübung erlitt.

Verfälschungen. 1. Mit Stücken schlechter Myrrhe; man zieht eins der verdächtigen Stücke mit Weingeist aus, tränkt mit der Tinktur einen Streifen Papier, trocknet ihn und benetzt ihn dann mit Salpetersäure. War das Stück Myrrhe, so nimmt das Papier eine schöne blaurote Farbe an. 2. Mit Gummi arabicum; Weingeist ist auf dasselbe ohne Wirkung.

Anwendung. Früher innerlich in Substanz, äusserlich zu Räucherungen, zu Pflastern, Salben.

Geschichtliches. DIOSKORIDES lässt das Bdellium von einem arabischen Baume abstammen; er beschreibt es als bitter, undurchsichtig, dem Leim ähnlich, fettig anzufühlen, leicht erweichend, mit angenehmem Geruche verbrennend, dem Styrax und Weihrauch verwandt. Eine geringere, mehr trockene und harzige Sorte kam von Petra, ein noch schlechteres, schwärzliches aus Indien. Auch PLINIUS spricht, und zwar ziemlich umständlich, vom Bdellium, das nach ihm ein schwarzer Baum in Baktrien liefert, das selbst schwärzlich aussieht, in mehreren Sorten vorkommt und häufig den Verfälschungen unterliegt.

Bebeerurinde.

(Sipeeri.)

Cortex Bebeeru.

Nectandra Rodiei SCHOMB.

Enneandria Monogynia. — Laureae (?)*)

Baum, dessen junge Aeste schmutzig filzig sind. Blätter mit dickem Stiel, entgegengesetzt, steif lederartig, glatt, länglich, netzartig geadert. Blüten in kurzen, fast sitzenden, dicht gelbfilzigen Rispen, weiss, jasminartig riechend. — In Guiana.

Gebräuchlicher Teil. Die Rinde; sie kommt in den Handel in 30—60 Centim. langen, 5—15 Centim. breiten und bis 8 Millim. starken, flachen Stücken, ist sehr schwer, auf der Oberfläche durch scharfe Leisten und rinnenförmige Borkengruben uneben, mit kleinen Warzen bedeckt und mit einem zarten schmutzig-weissen Periderm versehen. Innen ist sie fest, hart, rotbraun; auf dem Bruche körnig und rauh; auf der Unterfläche bräunlich, der Länge nach gestreift. Sie ist geruchlos, schmeckt herbe und bitter.

Wesentliche Bestandteile. Nach DOUGLAS MACLAGAN: besonderes bitteres Alkaloid (Bebeerin), eigentümliche krystallinische Säure (Bebeerinsäure), eisengrünender Gerbstoff, Harz, Gummi, wenig Stärkmehl etc. Im Samen fanden sich dieselben Stoffe, aber über 50 % Stärkmehl. Was man eine Zeit lang als zweites Alkaloid und mit Sipeerin bezeichnete, hat sich identisch mit dem Bebeerin erwiesen. S. auch Buchsbaum.

Anwendung. In Guiana als Fiebermittel.

Geschichtliches. Der Baum wurde von RODIE vor etwa 50 Jahren entdeckt.

Bebeeru und *Sipeeri* sind guianische Namen.

Nectandra ist zus. aus νεκταρ und ἀνηρ; von den 9 fruchtbaren Staubfäden sind die 3 innersten am Rücken bis zur Basis hin mit 2 kugeligen Honigdrüsen versehen, auch haben die 3 unfruchtbaren Staubfäden zuweilen solche Drüsen.

Becherblume, gemeine.

(Gartenbibernelle, Italienische schwarze Bibernelle, Megelkraut, Nagelkraut.)

Radix und *Herba Pimpinellae hortensis, italicae minoris.*

Poterium Sanguisorba L.

Monoecia Polyandria. — Rosaceae.

Perennierende Pflanze mit spindelförmig vielköpfiger Wurzel, die gewöhnlich mehrere 20—45 Centim. hohe und höhere, aufrechte, ästige, weich behaarte oder fast glatte Stengel treibt; die Wurzelblätter sind lang gestielt, unpaarig gefiedert, rundlich, z. T. fast nierenförmig, grob gesägt, den Bibernellblättern sehr ähnlich, aber meist zottig behaart. Die Stengelblätter abwechselnd, sitzend, den Wurzelblättern ähnlich, die oberen aber mehr länglich. Die Blumen stehen am Ende der Stengel und Zweige in länglich-runden, z. T. fast kugeligen, 8—18 Millim. grossen dichten grünen Aehren oder Köpfchen, und zeichnen sich durch die oberhalb stehenden weiblichen, mit ihren vorstehenden, schönen, roten, pinselförmigen Narben aus, die untenstehenden männlichen haben lange Staubgefässe mit gelben Antheren. Ausserdem enthalten die Köpfchen auch Zwitterblumen mit kleinen Narben. Die Früchte sind geflügelte, 4seitige, grünliche, höckerige

---

*) Dürfte eher zu den Euphorbiaceen gehören.

Kapseln. — Z. T. häufig auf trockenen, sonnigen, grasigen Hügeln, Bergwiesen, an Wegen wild, und in Gärten gezogen.

Gebräuchliche Teile. Die Wurzel und das Kraut.

Die Wurzel; sie ist federkieldick bis kleinfingerdick, cylindrisch, spindelförmig, vielköpfig; frisch aussen braun, z. T. in's Rote und Gelbe, trocken graugelblichbraun, der Länge nach gerunzelt, innen weiss, z. T. holzig, riecht frisch angenehm aromatisch und schmeckt aromatisch bitterlich und herbe, trocken geruchlos, schwach bitter, herbe und schleimig.

Das Kraut zeigt frisch und trocken den Geruch und Geschmack der Wurzel.

Wesentliche Bestandteile beider. Eisenbläuende Gerbsäure, Bitterstoff, Schleim, ätherisches Oel.

Anwendung beider. Ehedem gegen Ruhr, Blutfluss, als Gurgelwasser etc. — Das Kraut ist auch ein beliebtes Suppenkraut, und wird nebst der Wurzel als Salat genossen.

Geschichtliches. Die Becherblume ist ein altes Arzneimittel. Die von Dioskorides und Plinius als Ποτηριον, *Poterium* bezeichnete Pflanze ist aber ein Astragalus, nach Sprengel: *Astragalus Poterium* Pall.

Eine unserm P. verwandte Art, *Poterium spinosum*, dorniger Strauch mit ästig ausgebreiteten Dornen, kleinen gefiederten Blättern und in länglichen Aehren stehenden Blumen, in Sicilien, Griechenland und Kreta einheimisch, ist die Στοιβη des Dioskorides, Στοιβη (auch Φλεως) des Theophrast, Plutarch, *Stoebe* des Plinius, deren Blätter und Früchte in denselben Krankheiten benutzt wurden.

Poterium von ποτηριον (Becher), d. h. eine Pflanze, welche zur Bereitung eines Getränks gegen verschiedene Krankheiten dient.

Wegen Sanguisorba s. den Artikel Blutkraut.

Wegen Pimpinella s. d. Artikel Bibernelle.

Becherflechte.

Lichen pyxidatus. Muscus pyxidatus.

Cladonia pyxidata Fr.

Cryptogamia Lichenes. — Parmeliaceae.

Das Lager (thallus) besteht aus kleinen Schuppen, die oft ganz fehlen. Die Fruchtstiele (podetia) bilden einen regelmässigen oder sehr unregelmässigen, am Rande sprossenden Becher von aschgrauer oder grünlicher Farbe; sie sind aussen bestäubt oder warzig und tragen braune Apothecien, am Rande des Bechers sitzend oder gestielt. Schmeckt schleimig bitter. — Findet sich mit ihren zahlreichen Spielarten überall in Wäldern auf der Erde.

Bestandteile? Ist noch nicht chemisch untersucht.

Anwendung. Die ganze Pflanze früher gegen Brustkrankheiten, bei Keuchhusten.

Cladonia von χλαδος (Zweig), d. h. eine nur aus Zweigen (ohne blattartige Organe) bestehende Flechte.

Lichen ven λειχην (Flechte) und dieses von λειχειν (lecken, streifen) weil die Flechten überall auf der Oberhaut hinkriechen; ein ähnliches kriechendes Wachstum auf der Erdoberfläche zeigen die pflanzlichen Flechten.

Muscus von μοσχος (Sprössling).

Becherschwamm, essbarer.

(Essbarer Pfefferling, Eierschwamm, gelber Champignon.)

Cantharellus cibarius FR.

(Agaricus Cantharellus L., *Merulius Cantharellus* LENZ.)

Cryptogamia Fungi. — *Hymenomycetes.*

Eigelber Pilz mit 6—12 Millim. dickem, vollem Strunk, fleischigem, am Rande etwas ausgeschweiftem, fast trichterförmigem, gewöhnlich 7 Centim. im Durchmesser haltendem Hute, an dessen innerer Seite die Falten der Schlauchschicht hervorstehen. — In Waldungen und auf Heideplätzen.

Gebräuchlich. Der ganze Pilz; er riecht zugleich nach Leder und Kardamom, schmeckt gewürzhaft pfefferartig.

Wesentliche Bestandteile. Nach BRACONNOT: scharfe flüchtige Materie, fettes Oel, festes Fett, Zucker, Leim, Fungin, Essigsäure etc.

Anwendung. Als Speise.

Cantharellus kommt von χανθαρος (Gefäss, Schale), in Bezug auf die Form des Hutes.

Wegen Agaricus s. den Artikel Lärchenschwamm.

Merulius von *merula* (Amsel), in Bezug auf die ursprüngliche oder mit der Zeit eintretende schwärzliche Farbe mehrerer Arten dieser Gattung.

Behen, weisser.

(Weisses Gliedweich, Weisser Widerstoss.)

Radix Behen albi.

Silene inflata SM.

(Cucubalus Behen L.)

Decandria Trigynia. — *Caryophylleae.*

Perennierende Pflanze mit kriechender, ästiger, faseriger, weisslicher Wurzel, 30—60 Centim. hohem, am Grunde liegendem, dann aufrechtem, unten flaumhaarigem, oben etwas gabelig-ästigem, glattem, graugrünem Stengel; gegenüberstehenden, sitzenden, an der Basis verwachsenen, oval-lanzettlichen, graugrünen, glatten, z. T. zart bewimperten Blättern, und am Ende des Stengels in einer lockeren Rispe etwas geneigt stehenden ansehnlichen Blumen mit aufgeblasenem, oval-rundlichem, rötlichem, netzartig geadertem, glattem Kelche, weisser, zuweilen rötlicher Krone, deren Blätter gekerbt, tief zweispaltig, am Schlunde mit sehr kleinen Zähnen besetzt sind. Die Frucht ist eine rundliche dreifächerige Kapsel. — Ueberall an Wegen, auf Wiesen, in Obstgärten, am Saum der Wälder.

Gebräuchlicher Teil. Die Wurzel; sie ist etwa 15 Millim. dick, zeigt auf dem Querschnitte eine dünne weissliche Rinde und ein citronengelbes, im Umfange lappiges, strahliges, feinporiges Holz, schmeckt ähnlich wie die Seifenkrautwurzel.

Wesentliche Bestandteile. Wahrscheinlich dieselben, wie die der Seifenkrautwurzel. (Bedarf näherer Untersuchung.)

Anwendung. Man hielt sie für das Behen album der Araber *(Centaurea Behen* LAM., *C. cerinthaefolia* SIBTH.), und gebrauchte sie wie diese als magenstärkendes Mittel. — Das Kraut wird in Gothland äusserlich gegen Rotlauf gebraucht.

Geschichtliches. Den Alten war diese Pflanze wohl bekannt, und hiess Μηχων τραχλεα.

Silene nach dem fabelhaften Silen, Begleiter des Bacchus, der stets betrunken und mit Geifer (σιαλον) bedeckt dargestellt wird; mehrere Arten dieser Gattung schwitzen nämlich ihrem Stengel entlang eine klebrige Materie aus, an welcher kleine Insekten hängen bleiben.

Das Wort Behen ist indischen Ursprungs und bezeichnet ursprünglich die Behennuss (s. d. folg. Artikel), ging dann wegen der Aehnlichkeit der Wirkung auf Centaurea Behen über, und endlich auch auf Cucubalus Behen (Silene inflata) über, dessen Wurzel für die der eben genannten Centaurea gebraucht wurde und dessen Kelch eine nussähnliche Form hat.

Cucubalus, das veränderte *Cacobolus*, zus. aus χαχος (schlecht) und βολος (Wurf), d. h. eine am Boden liegende, schlechte, den Feldern nachteilige Pflanze.

Behennuss.
Nuces Behen, Glandes unguentariae, Balani myrepsicae oder *myristicae*.
Moringa pterygosperma Gärtn.
M. *oleifera* Lam., *Guilandina Moringa* L., *Hyperanthera Moringa* Vahl.)
Decandria Monogynia. — Rutaceae.

Baum von mittlerer Höhe mit brauner oder schwärzlicher Rinde, die Blätter sind zwei- bis dreimal gefiedert, und jeder Blattstiel, trägt 5—9 eiförmige, ungleiche glatte, gestielte Blättchen. Die Blumen sind weisslich, z. T. getrennten Geschlechtes, stehen in Rispen an der Spitze der Aeste auf haarigen, mit Nebenblättern versehenen Stielen. Die Frucht ist fusslang und darüber, stumpf dreieckig, fingerdick. — In Ost-Indien einheimisch, dort auch, sowie im tropischen Amerika kultiviert.

Gebräuchlicher Teil. Die Samen; sie sind stumpf dreikantig, rundlich, eiförmig, nussartig, von der Grösse einer Haselnuss oder kleiner, mit einer weisslichen oder hellgrauen, glanzlosen, holzigen, zerbrechlichen Schale umgeben, die einen blassgelblichen öligen Kern einschliesst, welcher mit einer weissen etwas dicken schwammigen Haut bekleidet ist; dieser Kern ist geruchlos und hat einen ölig-bitteren, scharfen, widrigen Geschmack.

Wesentliche Bestandteile. Fettes Oel, Bitterstoff, scharfer Stoff. Das fette Oel, wovon die Samen durch Pressen 25 % liefern, ist blassgelblich, geruchlos, von sehr mildem Geschmack, noch bei + 15° dicklich, trocknet nicht und wird nicht leicht ranzig. Walther wollte darin eine eigentümliche Fettsäure, Behensäure, gefunden haben, die aber nach Heintz mit der Cetinsäure des Walraths übereinstimmt.

Anwendung. Die Behennüsse wurden ehedem als Brech- und Purgiermittel gebraucht. Das Oel dient in südlichen Ländern häufig zu Einreibungen, zum Aufguss auf wohlriechende Blumen, zur Verfertigung des Jasminöls und anderer wohlriechender Oele und Salben. Die dicke knollige Wurzel ist scharf und wird in Indien wie bei uns der Meerrettig benutzt, ebenso die scharfen Blumen. Die halb reifen Früchte, welche nicht scharf sind, sowie die Blätter werden als Gemüse genossen.

Geschichtliches. Die Behennüsse findet man schon bei den Alten erwähnt, bei Theophrast als Βαλανος; bei Dioskorides als βαλανος μυρεψιχη (die Frucht!), bei Plinius, Cato als *Myrobalanus* (Μυροβαλανοι der späteren Griechen sind dagegen die Früchte von *Emblica officinalis* Gärtn.). Die äussere Schale der Nüsse ist sehr scharf, wurde deshalb nach Scribonius Largus den Senfteigen beigemischt, und Celsus bediente sich ihrer, um Sommerflecken damit zu entfernen; aber auch gegen andere, schlimmere Exantheme war dieses Mittel im Gebrauch. Häufig dienten die Behennüsse äusserlich als zerteilendes Mittel, nach Andromachus bei Krankheiten der Milz, nach Damokrates bei Krankheiten der Leber. Sehr berühmt war im Altertum eine Art Balsam unter dem Namen *Mendesium*, der aus Behenöl, Myrrhe, Kassia etc. bereitet wurde.

Moringa ist ein malabarischer Name.

Guilandina ist benannt nach Melchior Guilandinus (Wieland), einem Preussen, der 1559—1560 die Levante bereiste, und, nachdem er dort von See-räubern gefangen und wieder befreit war, Professor in Padua wurde. Starb 1590; schrieb mehreres botanischen Inhaltes.

Hyperanthera ist zus. aus ὑπερ (über) und ἀνθηρα (Staubbeutel); die Blume hat nämlich 10 Staubgefässe, von denen 5 (die fruchtbaren) länger sind als die unfruchtbaren.

Von obigem Baume hat man auch das jetzt ganz obsolete Griesholz (blaues Sandelholz, *Lignum nephriticum)* abgeleitet, doch ohne Grund, und seine Abstammung ist noch immer nicht ermittelt. Es kommt aus Mexiko in grossen Stücken, die einen gelbbräunlichen Splint haben, weiter nach innen aber dunkel violettbraun sind, und im Wasser schnell untersinken. Das Holz besteht aus ziemlich gleichlaufenden sehr feinen Längsfasern, ist hart, nicht zähe, ziemlich brüchig und klingend, bricht splittrig faserig, zeigt auf dem Schnitte Wachsglanz. Ist an sich geruchlos, riecht aber beim Erwärmen aromatisch und schwitzt Harz aus, schmeckt schwach bitterlich und wenig scharf.

Es ist nicht näher chemisch untersucht. Früher gebrauchte man es im Absud gegen Nierensteine.

Beifuss, abessinischer.

Abessinisch: Tschuking oder Zerechtit
Herba und *Flores (Summitates) Artemisiae abessinicae.*
Artemisia abessinica Oliver*).
Syngenesia Superflua. — Compositae.

Einjährige Pflanze mit aufrechtem, ½ Meter hohem, fast einfachem, rundem, streifig behaartem Stengel; Blätter doppelt zusammengesetzt bis dreifiederspaltig, haarig-filzig; Blütenköpfe klein, fast kugelig, eine verlängerte beblätterte Traube bildend, Fruchtboden nackt, Achenien länglich, zusammengedrückt, glatt. — In Abessinien.

Gebräuchlicher Teil. Der Blütenstand; er ist ähnlich dem unserer Schafgarbe, die kleinen Blütenköpfchen fast kugelrund, armblütig, etwa 2 Millim. im Durchmesser, mit mehrreihigem, stark wolligem Hüllkelch umgeben. Blüten-boden halbkuglig, nackt, sterile weisse Randblüten, fertile weisse Scheibenblüten. Geruch wie Schafgarbe, mit Beigeruch von *Cina* oder *Tanacetum;* Geschmack wenig bitterlich aromatisch.

Wesentliche Bestandteile. Nach Dragendorff in 100: 1,72 ätherisches Oel, 2,82 Gerbstoff, 2,05 Harz, 3,61 Citronensäure, Oxalsäure, Weinsteinsäure etc.

Anwendung. In der Heimat zunächst bei der Kollokrankheit (s. d. Artikel Add-Add), wo das Pulver mit Wasser zum Brei gekocht und dieser gegen Krämpfe

---

*) Als Stammpflanze war *Ubyaea Schimperi* angegeben worden; nach D. Oliver, Direktor des botanischen Gartens in Kew, ist es aber die obige *Artemisia.*

aufgelegt wird. Auch innerlich als Antispasmodikum, bei Syphilis als Vertreter der Sassaparrille. — Auch zu technischen Zwecken, als Zusatz zur Seife, um deren Wirkung zu erhöhen.

Wegen Artemisia s. den folgenden Artikel.

Beifuss, gemeiner.

(Gänsekraut, Himmelskehr, Johannesgürtel, Jungfernkraut, Weiberkraut).

Radix und *Herba cumfloribus (Summitates) Artemisiae.*

Artemisia vulgaris L.

Syngenesia Superflua. — *Compositae.*

Perennierende Pflanze mit ästig-faseriger sprossender Wurzel, 0,9—1,8 Meter hohem, aufrechtem, sehr ästigem, gestreiftem, glattem oder etwas filzigem, häufig purpurviolett angelaufenem, steifem Stengel, zerstreuten abwechselnden ähnlichen Zweigen, abwechselnden sitzenden, etwas stengelumfassenden Blättern, deren untersten doppelt gefiedert geteilt, die oberen nur gefiedert geteilt, mit oft eingeschnitten gezähnten, lanzettlichen oder keilförmig lanzettlichen spitzen Lappen, die obersten z. T. nicht selten ungeteilt, linien-lanzettlich, alle oben hochgrün oder dunkelgrün, glatt gefurcht, unten kurz- und weissfilzig. Die Blumen am Ende der Stengel und Zweige bilden beblätterte, in Rispen stehende, fast ährenartige Trauben, z. T. aus 3—8blütigen, sehr kurz gestielten Knäueln bestehend, sind länglich-eiförmig, z. T. auch rundlich, 2—3 Millim. lang und 1—2½ Millim. breit. Der allgemeine Kelch grauweisslich filzig, die Krönchen rötlich oder gelb, der Fruchtboden nackt. Variirt mit rotem und weisslichem Stengel. — Häufig auf Schutthaufen, an Wegen, in Hecken, an Flussufern.

Gebräuchliche Teile. Die Wurzel und das blühende Kraut.

Die Wurzel, im Spätherbste oder im ersten Frühjahre zu sammeln, besteht aus einem federkieldicken bis fingerdicken, etwa 50 Millim. langen Wurzelstock, der ringsum mit starken ästigen Fasern besetzt ist, frisch hellgrau ins Braune, trocken aussen mehr oder weniger dunkel graubraun, runzelig, gestreift, innen weiss, markig mit holzigem Kern; riecht eigentümlich widrig scharf, bleibend, schmeckt süsslich und etwas widerlich scharf reizend.

Das blühende Kraut, besonders die Blumen riechen beim Zerreiben angenehm aromatisch und schmecken nicht unangenehm, aromatisch, schwach bitterlich und herbe.

Wesentliche Bestandteile. In der Wurzel nach HUMMEL und JÄNIKE ätherisches Oel, fettes Oel, scharfes Weichharz, eisengrünender Gerbstoff, eine süsse Materie etc. Das ätherische Oel ist nach LECANU leichter als Wasser, und riecht ähnlich dem Lavendelöl. Kraut und Blumen sind noch nicht untersucht.

Anwendung. Die Wurzel stand eine Zeit lang (und steht wohl noch) im Rufe als Heilmittel der Epilepsie; man verordnet sie in Pulverform. Kraut und Blumen gibt man zu gleichem Zwecke im Theeaufguss. Auch dient das blühende Kraut als Küchengewürz.

Geschichtliches. Die Gattung *Artemisia* ist nach ARTEMIS (DIANA), der Patronin der Jungfrauen, benannt, um damit anzudeuten, dass die eine oder andere der dahin gehörenden Arten die Menstruation befördert. PLINIUS bezieht den Namen auf die Geburtshülfe leistende *Artemis (Artemis Ilithyia)*, oder auf die Königin ARTEMIS (Frau des MAUSOLUS), vielleicht weil letztere durch eine solche

Pflanze geheilt wurde. Auf *Artemisia vulgaris* bezieht sich aber alles dieses nicht (sie ist z. B. der griechischen Flora ganz fremd), sondern auf südlichere Arten, z. B. auf *A. Abrotanum.*

Der Name Beifuss verdankt seine Entstehung der vermeintlichen Eigenschaft der Blätter dieser Pflanze, unter die Fusssohlen gelegt, das Gehen zu erleichtern.

Beinbrech-Aehrenlilie.

Herba Graminis ossifragae.

Nartecium ossifragum L.

Hexandria Monogynia. — Asphodeleae.

Perennierende Pflanze mit kriechendem lang befasertem Wurzelstock, linienlanzettlichen oder schwertförmigen, nervigen Wurzelblättern, mit Nebenblättern bedecktem, 10—30 Centim. hohem Schafte, in Trauben stehenden, aussen grünen, am Rande gelben, innen gelben, sechsblätterigen ausgebreiteten, stehen bleibenden Blumen. — Im nördlichen Deutschland und dem übrigen nördlichen Europa auf Torfmooren.

Gebräuchlicher Teil. Das Kraut.

Wesentliche Bestandteile. Nach Walz: eine eigentümliche krystallinische Säure (Nartheciumsäure), ein eigentümlicher kratzender Stoff (Narthecin), Harz, Farbstoffe.

Anwendung. Ehemals als Wundmittel. — Man glaubte (oder glaubt noch), vom Rindvieh genossen erweiche es dessen Knochen. In England sollen sich die Mädchen mit den Blüten das Haar gelb färben.

Wegen Narthecium s. den Artikel Asant.

Beinwell, officineller.

(Gemeine Schwarzwurzel, Wallwurzel.)

Radix Symphyti, Consolidae majoris.

Symphytum officinale L.

Pentandria Monogynia. — Boragineae.

Perennierende Pflanze mit 30—90 Centim. hohem, ästigem, rauhhaarigem, eckigem und geflügeltem Stengel; die Wurzelblätter sind gestielt, die oberen Stengelblätter sitzend, laufen am Stengel herab, haben einen dicken, unten stark vorstehenden, weissen Mittelnerv, sind ganzrandig. Die Blüten stehen am Ende des Stengels in einseitigen zweigeteilten, hängenden Trauben. Die Krone ist ansehnlich, purpurn oder weiss, die kurze Röhre erweitert sich bauchig und endigt in einen aufrecht stehenden, fünfzähnigen Rand. — Häufig an feuchten Orten, Gräben, Bächen, auf Wiesen.

Gebräuchlicher Teil. Die Wurzel, im Herbste zu sammeln; ist oft über 25 Millim. dick, spindelförmig, ästig, oft fusslang und darüber, aussen schwarz, glatt, innen im frischen Zustande weiss, fleischig, saftig, leicht zerbrechlich, getrocknet aussen runzelig, schwarz, innen ebenfalls etwas dunkel, fast hornartig. Fast geruchlos, sehr schleimig, schwach zusammenziehend schmeckend.

Wesentliche Bestandteile. Viel Schleim, etwas eisengrünender Gerbstoff, und nach Henry und Plisson auch Asparagin.

Anwendung. Frisch und getrocknet im Absud. Der dicke Schleim äusserlich bei Wunden.

Geschichtliches. Sie soll das Συμφυτον ἀλλο des DIOSKORIDES sein, welches seiner Angabe nach von den Römern *Consolida* oder *Solidago* genannt wird; nach FRAAS ist sie jedoch davon ganz verschieden, und er vermutet in der alten Pflanze das *Symphytum Brochum* BORY. Die Wurzel wurde innerlich bei Blutspeien verordnet, und äusserlich vielfältig angewendet. PLINIUS erzählt, die Pflanze besitze eine solche wundenheilende Kraft, dass, wenn man sie zu kochendem Fleische setze, dasselbe zusammenbacke. Darauf bezieht sich auch das Wort *Symphytum* (von συμφυτος zusammengewachsen).

Belahérinde.

Cortex Belahé oder *Bela-Aye.*

Mussaenda Landia SM.

(M. Stadmanni MICH., *Oxyanthus cymosus* RICHB., *Cinchona afro-indica* WILL.)

C. mauritiana STADM., *C. Stadmanni.)*

Pentandria Monogynia. — Rubiaceae.

Baum mit eiförmigen, zugespitzten, fast unbehaarten Blättern, trockenen, länglichen, etwas zugespitzten Beeren. — Auf Mauritius, Madagaskar.

Gebräuchlicher Teil. Die Rinde; sie hat nach VIREY das Ansehn einer dicken, gelblichen aufgerollten Chinarinde, ist 4 Millim. dick, ihre Textur dicht, nicht harzig, blassgelb, wenig faserig, hell bräunlichgelb im Innern; sonst hat sie eine gelblichgrüne Farbe und schmutzige, auf der Oberfläche mit kleinen weisslichen Stellen besetzte Epidermis; ihre äussere Oberfläche ist mit Längen- und einigen Querstrichen gefurcht, wie dicke, graue und Huanoko-China. Geruch dem der China ähnlich, Geschmack erfrischend bitter, nicht unangenehm und im Schlunde nicht lange anhaltend. Beim Kauen fühlt man ein Zusammenziehen und eine tonische Wirkung im Munde.

GUIBOURT, über die Abstammung der B. noch im Zweifel, beschreibt sie unter dem Namen »*Costus amarus*« auf nachstehende Weise. Sie besteht aus grossen, gerollten dünnen Röhren von einem mehr körnigen als faserigen Bruche. Die Epidermis ist oft dünn, graulich, mit grossen Flecken gezeichnet, oft auch weiss und schwammig. Die Innenfläche mit einer dünnen, anscheinend faserigen Haut bedeckt, dunkler als die hellgelbe Rindensubstanz. Geschmack anfangs kaum merklich, dann stark bitter und widerlich. Das wässerige Macerat ist bitter und verhält sich wie das der bittern Kostuswurzel.

Wesentliche Bestandteile? Ist noch nicht chemisch untersucht.

Anwendung. In der Heimat als Fiebermittel statt der Chinarinde. —

Eine ganz nahe verwandte, ebenfalls dort vorkommende Art — *Mussaenda Landia* LAM., deren Zweige, Blattstiele, Blätter, Blütenstiele und Blüten weiche Behaarung haben — heisst daher auch einheimische China.

Mussaenda ist ein malayisches Wort.

Beninkase.

Fructus Benincasae.

Benincasa cerifera SAVI.

Monoecia Syngenesia. — Cucurbitaceae.

Einjährige Pflanze mit herzförmigen, fast 5lappigen Blättern, einfachen Ranken, Blüten einhäusig, polygamisch, selten zwittrig, gelb, einzeln stehend. Frucht eiförmig-cylindrisch, grün. — In Ost-Indien.

Gebräuchlicher Teil. Die Frucht, resp. der dicke weisse reifartige Ueberzug derselben.

Wesentliche Bestandteile. Nach NEES v. ESENBECK und MARQUART in 100: 66 eigentümliches, durch seinen hohen Schmelzpunkt (125—130°) ausgezeichnetes Wachs, 29 bitteres Harz und 5 Extraktivstoff.

Anwendung?

Benincasa ist benannt nach BENINCASA, einem italienischen Edelmann, der sich mit Botanik beschäftigte.

Benzoë.

(Süsser Asant.)

Resina Benzoë. Asa dulcis.

Styrax Benzoin DRYAND.

(Benzoin officinale HAYNE, *Lithocarpus Benzoïn* BLUM).

Decandria Monogynia. — Styraceae.

Mittelgrosser Baum mit mannsdickem Stamm, graubrauner, an den Zweigen filziger Rinde, Blättern auf behaarten Stielen, länglich zugespitzt, oben dunkelgrün, glatt, unten weissfilzig. Blumen in Trauben mit graulich-weissen filzigen Stielen, Krone aussen weiss, kurzfilzig, innen rötlichbraun, glatt. Frucht eine runde, an beiden Enden eingedrückte, runzelige, graubräunliche, feste holzige Steinfrucht oder Nuss von Steinhärte mit einem Samen. — Auf den grossen Sunda-Inseln und in Hinter-Indien.

Gebräuchlicher Teil. Das nach gemachten Einschnitten in Rinde und Holz ausfliessende und an der Luft erhärtete Harz. Man hat davon zwei Sorten zu unterscheiden.

1. Benzoë von Siam.

Diese hinterindische Sorte erscheint entweder in unregelmässigen, mehr oder weniger glatten, aussen blass rötlichgelben, innen opalartigen oder milchweissen, wachsglänzenden, höchstens 3 Centim. grossen, sehr wohlriechenden Mandeln; oder vorwaltend in Thränen, welche nur locker durch eine rotbraune harzige glänzende Masse verbunden sind, und sonst entweder wie jene aussehen oder innen farblos und durchscheinend sind.

Hieran schliesst sich eine Kalkutta- oder Block-Benzoë in grossen Blöcken, welche noch die Eindrücke der Matten tragen, in welche sie verpackt waren, und besteht fast ganz aus einer sehr spröden, schmutzig rotbraunen harzglänzenden, im Bruche porösen Masse mit eingesprengten mehr oder weniger zahlreichen, kleinen und helleren Thränen.

2. Benzoë von Sumatra (Insel Penang bei Sumatra.)

Sie bildet blass chokoladebraune, fast matte Massen mit zahlreichen eingesprengten grossen opalartigen Mandeln von Styraxgeruch.

Wesentliche Bestandteile. Die B. ist analysiert worden von JOHN, BUCHOLZ, STOLZE, BRANDES, UNVERDORBEN, KOPP, VAN DER VLIET, MULDER, SCHRÖTER, ASCHOFF. Ihre Bestandteile sind: Harz bis zu 80 %, Benzoësäure (oder Cimmtsäure) bis zu 20 %, nebst Spuren ätherischen Oels und fremden Beimengungen. CHR. RUMP. fand in der Siam-B. noch Vanillin. UNVERDORBEN hat das Benzoëharz in 3, KOPP sogar in 4 andere Harze geschieden.

Verwechselung. Da die Siam-B. (nebst der Kalkutta-Sorte) Benzoësäure, die Sumatra-B. aber keine Benzoësäure sondern Cimmtsäure enthält, so müssen die beiden Sorten, wenn es sich um die Darstellung der ersten Säure handelt,

genau von einander unterschieden werden können*), was, wenn die äusseren
Merkmale nicht ausreichen, auf folgende Weise zu erreichen ist. Man löst etwa
10 Grm. der fraglichen Sorte in Weingeist, schlägt daraus das Harz mit viel
Wasser nieder, filtriert nach geschehener Klärung, verdunstet das Filtrat bis
aller Alkohol ausgetrieben ist, setzt übermangansaures Kali hinzu und fährt mit
dem Erwärmen fort. Bei Gegenwart von Cimmtsäure tritt nun ein Geruch nach
Bittermandelöl auf, aber nicht wenn Benzoësäure zugegen ist.

Nach HIRSCHSOHN tritt die Siam-B. an Petroleumäther gegen 26 ⅔ ab; sie
löst sich in konc. Schwefelsäure mit kirschroter Farbe, und diese Lösung gibt
mit Alkohol eine klare violette Mischung. Die Sumatra-B. dagegen gibt an
Petroleumäther höchstens 4⅓ ⅔ ab; sie löst sich in konc. Schwefelsäure mit
braunroter Farbe, und diese Lösung gibt mit Alkohol eine klare, mehr rotviolette
Mischung.

Anwendung. Meist als Räucherwerk, Kosmeticum, die Siam-Sorte auch
zur Darstellung der Benzoësäure.

Geschichtliches. Griechen, Römer und Araber scheinen die B. nicht
gekannt zu haben; sie kam erst zu Anfang des 16. Jahrhunderts nach Europa,
nachdem VASCO DE GAMA den Seeweg nach Ost-Indien gefunden hatte. Natürlich fand sie zuerst in den portugiesischen Apotheken Eingang; man hielt sie
damals für eine Art Myrrhe und gab ihr den Namen *Myrrha troglodytica.*
GARCIAS AB HORTO, Leibarzt des Vicekönigs von Goa, beschrieb 1563 nicht nur
mehrere Sorten B., sondern auch den Baum; doch wurde dieser erst 1787 von
DRYANDER systematisch genau bezeichnet.

Styrax, arabisch: *assthirak; Stiria* (Tropfen), d. h. ein Gewächs, aus dem
ein harziger Saft tropft.

Benzoë vom arabischen *ben* (Parfüm) oder zus. aus dem hebräischen כ
(ben Sohn, Zweig) und צא *(zoa:* Schmutz, Auswurf), d. h. Saft der Zweige.

Lithocarpus ist zus. aus λιθος (Stein) und καρπος (Frucht); die Frucht ist eine
steinharte Steinfrucht.

Bergamotte.
Oleum Bergamottae.
Citrus Bergamium RISSO.
Polyadelphia Polyandria. — Aurantieae.

Dorniger Stamm mit grossen, ovalrunden, auf langen, geflügelten Stielen
stehenden Blättern, eigentümlich riechenden Blumen mit 5 länglichen Blättern
und 25 Staubfäden, dicken, runden oder birnförmigen, an der Spitze genabelten
Früchten, mit dünner goldgelber Schale, welche ein sauer und bitter schmeckendes Fleisch einschliesst. — Ist allem Anschein nach ein Bastard von *Citrus
medica* und *Aurantium,* der nicht nur häufig im südlichen Europa, sondern auch
in West-Indien gezogen wird.

Gebräuchlicher Teil. Die Frucht, resp. das aus der Schale derselben
durch Pressen erhaltene ätherische Oel. Es hat ein spec. Gewicht von 0,880,
besitzt eine blassgelbliche, etwas ins grünliche spielende Farbe und einen äusserst
lieblichen Geruch. Das meiste kommt aus Portugal, Florenz und der Provence
in den Handel.

*) Obige Unterscheidung nach den Säuren wird jedoch hinfällig, wenn es sich bestätigen
sollte, dass es, wie E. SAALFELD mitteilt, eine Palembang-, also von Sumatra selbst kommende
Benzoë gibt, welche keine Cimmtsäure sondern Benzoësäure (10 ⅔) enthält.

Wesentliche Bestandteile. Das Bergamottöl ist ein Gemisch mehrerer Oele, wovon wenigstens eins ein Kohlenwasserstoff, und eins eine Sauerstoffverbindung.

Verfälschungen. Billigere Aurantiaceen-Oele, mit denen es wohl versetzt vorkommt, sind nur schwer zu erkennen; nach ZELLER löst sich das reine Oel in Kalilauge, während Citronen- und Orangenöl darin unlöslich sein sollen. Terpenthinöl gibt den Geruch beim Verdunsten kund. Um einen etwaigen Zusatz von Weingeist nachzuweisen, destilliert man von dem Oele bei einer 100° C. nicht übersteigenden Temperatur eine Portion ab, versetzt diese in einer Proberöhre mit einigen Körnchen essigsaurem Natron und einigen Tropfen koncentrierter Schwefelsäure, erwärmt einige Sekunden, bedeckt das Glas und riecht nach dem Erkalten hinein. Bei Anwesenheit von Weingeist bemerkt man nun deutlich einen Geruch nach Essigäther.

Anwendung. Das Bergamottöl wird nur selten innerlich gegeben, um so häufiger dient es äusserlich als wohlriechender Zusatz zu Pommaden, Linimenten, Cosmeticis, Räucherspezies etc.

Geschichtliches. Nach MERAT und LENS hat der Bergamottenbaum seinen Namen davon, dass er zuerst in der Umgebung der lombardischen Stadt Bergamo kultiviert worden sei. In den pharmakologischen Werken des 16. Jahrhunderts kommt er noch kaum vor, und die erste genaue Beschreibung desselben lieferte I. G. VOLCKAMER († 1693).

Citrus von Κιτρεα, κιτρια, κιτριον (der Baum), κιτρον (die Frucht). ·S. auch den Artikel Citrone.

Bergmelisse.
(Bergkalaminthe, Bergminze.)
Herba Calaminthae, Calaminthae montanae.
Calamintha officinalis MÖNCH.
(*Calamintha menthaefolia* HOST., *C. montana* LAM., *Melissa Calamintha* L., *Thymus Calamintha* DC.)
Didynamia Gymnospermia. — Labiatae.

Perennierende Pflanze mit aufrechtem oder an der Basis gekrümmtem, ästigem, 40—60 Centim. hohem und höherem, behaartem Stengel, gestielten, eiförmigen, z. T. fast herzförmig-eiförmigen, meist schwach gesägten, 25—50 Millim. langen, 12—18 Millim. breiten, hochgrünen, behaarten Blättern. Die achselständigen Blumen bilden gestielte Afterdolden, die Blumenstiele sind meist kürzer als die Blätter, z. T. ebensolang, die obersten etwas länger, fast gabelförmig-dreiteilig, die Blumen ansehnlich, violettrot. — In mehreren Gegenden Deutschlands, der Schweiz und dem übrigen südlichen Europa auf Gebirgen.

Gebräuchlicher Teil. Das Kraut; es riecht der Melisse ähnlich.

Wesentliche Bestandteile. Aetherisches Oel. Chemisch untersucht ist es noch nicht.

Anwendung. Ehemals wie Melisse und Quendel. Dient als Würze der Speisen.

Geschichtliches. Sie ist die τριτη καλαμινθη des DIOSKORIDES. *Calamintha* ist zus. aus καλος (schön) und μινθη (Minze).

Bernstein.

(Agtstein.)

Ambra flava, Electrum, Succinum.

Pinites succinifer GÖPP.

(Pityoxylon succiniferum KRAUS.)

Monoecia Monadelphia. — Abietinae.

Der Bernstein ist, wie die darin häufig vorkommenden Einschlüsse von Pflanzenteilen und andern Fragmenten, selbst kleinen Tieren, unzweifelhaft dar- thun, der harzige Ausfluss von vorweltlichen Bäumen; und obgleich man schon im Altertum (z. B. PLINIUS) richtig vermutete, dass diese Bäume zu dem Ge- schlechte der Fichte gehören, so war es doch erst der neuesten Zeit vorbehalten, diess ganz sicher zu beweisen, und selbst die Stammpflanze als eine bestimmte Art zu bezeichnen. Doch ist es keineswegs unmöglich, ja eher wahrscheinlich, dass nicht eine, sondern mehrere solcher Arten zu jenem Ausflusse beigetragen haben. Man findet ihn vorzüglich an der preussischen Ostseeküste, besonders zwischen Danzig und Memel, wo er teils vom Meere ausgeworfen, teils berg- männisch gewonnen wird. Andere Fundorte sind: Kieslager bei London, Thon- lager bei Paris, Schieferthon und Kohlenlager im Hennegau, in Schweden, Polen, Italien, Sicilien, Spanien, Sibirien, Grönland, Nord-Amerika und Australien.

Eigenschaften. Der Bernstein ist gelb, gelbrot, bräunlich, durchsichtig, halbdurchsichtig, blassgelb, ins Milchblaue bis undurchsichtig, von flachmuscheligem Bruche, fettglänzend, hart, hat weder Geruch noch Geschmack, ein spec. Gewicht von 1,05—1,095, wird beim Reiben negativ elektrisch, erweicht bei 112—125°, schmilzt bei 280—300° unter Verbreitung eines eigentümlichen aromatischen Geruches, blähet sich auf, liefert durch trockne Destillation Bernsteinsäure, brenzliches Oel, ein saures Wasser, und hinterlässt eine braunschwarze harzige, in ätherischen und fetten Oelen lösliche Masse, welche Bernsteinkolophonium *(Colophonium Succini)* genannt wird. Weiter erhitzt, sublimiert ein gelber wachs- artiger Körper und es hinterbleibt Kohle, welche an der Luft mit Hinterlassung von sehr wenig Asche verbrennt.

Lösungsmittel greifen den Bernstein nur schwer und teilweise an. Wasser wirkt nur in so weit, dass es ihm etwas Bernsteinsäure entzieht. Nach O. HELM, dem wir hier im Wesentlichen folgen, lösen sich vom hellgelben bis goldgelben Bernstein in Äther 18—23 %, in Alkohol 20—25 %, in Terpenthinöl 25 %, in Chloroform 26,6 %, in Benzin Spuren. Der knochenfarbige B. gibt an Äther 16—20, an Alkohol 17—22 % ab.

Nähere Bestandteile. 4 Harze, Bernsteinsäure, Schwefel und Mineral- stoffe. Die Harze sind:

1. Ein in Alkohol lösliches, bei 105° schmelzend, 17—22 %.

2. Ein in Alkohol unlösliches, aber in Äther lösliches, bei 145° schmelzend, 5—6 %.

3. Ein in Alkohol und Äther unlösliches, in geistiger Kalilösung lösliches, bei 175° schmelzend, 7—9 %.

4. Ein in allen Mitteln unlösliches (JOHN's Succinin), 44—60 %.

Die Bernsteinsäure beträgt 3,2—8,2 %; sie ist an keine mineralische Base gebunden, aber bei der trocknen Destillation bekommt man höchstens 5 %, da hierbei stets etwas verloren geht.

Der Schwefel beträgt 0,26—0,42 %. Nach HELM wohnt er dem B. nicht ur- sprünglich inne, sondern ist ihm erst im Laufe der Zeit allmählich zugeführt.

Die Mineralstoffe (als Asche) betragen nur 0,08—0,12%, worin Kalk, Kieselerde, Eisenoxyd und Schwefelsäure.

Verwechselung und Verfälschung. In ganzen Stücken kann der Bernstein leicht mit dem Kopal verwechselt werden, auch ist letzterer schon wiederholt als Bernstein ausgegeben worden. Der Kopal ist aber weicher als B., wird also von diesem geritzt, schmilzt schon bei 100°, enthält keine Bernsteinsäure, gibt an geistige Kalilauge 25% ab. Ferner lässt sich B. in der Wärme biegen, Kopal nicht. Der zerkleinerte B., d. h. die bei seiner Verarbeitung abfallenden Teile, könnte Kolophonium beigemengt enthalten, das sich aber schon in Weingeist von 70% leicht löst und dann beim Verdunsten des Auszugs leicht zu erkennen ist.

Anwendung. Die grösseren und reineren Stücke zu Schmucksachen aller Art, der Abfall zur Darstellung der Bernsteinsäure, des Bernsteinöls und des Bernstein-Kolophoniums.

Bernstein kommt vom altdeutschen *börnen* (brennen), d. h. ein brennbarer Stein.

Bertram, deutscher.

(Deutsche Speichelwurzel.)

Radix Pyrethri germanici.

Anacyclus officinarum HEYNE.

Syngenesia Superflua. — Compositae.

Ein- bis zweijährige Pflanze, der folgenden sehr ähnlich, aber mit viel dünnerer Wurzel, aufrechtem Stengel, weniger zerteilten Blättern und noch einmal so grossen Blumenköpfen. — Das ursprüngliche Vaterland ist unbekannt; wird in Thüringen gebauet.

Gebräuchlicher Teil. Die Wurzel; sie ist höchstens federkieldick, meist viel dünner, 10—20 Centim. lang, endigt allmählich in eine feine Spitze, hat wenige feine Fasern, aber einen Schopf abgestutzter Blüten und Blätter und stimmt sonst ganz mit der folgenden Wurzel überein.

Bertram, römischer.

(Römische Speichelwurzel.)

Radix Pyrethri romani,

Anacyclus Pyrethrum LK., SCHR., DC.

(Anthemis Pyrethrum L.)

Perennierende Pflanze mit spindelförmiger fleischiger Wurzel, welche mehrere niederliegende, wenig ästige und mit kleinen weichen Haaren besetzte Stengel treibt. Die Wurzelblätter sind ausgebreitet, gestielt, fast glatt, in viele Fiederblättchen zerschnitten, deren Segmente abermals fiederartig in zahlreiche schmal linienförmige oder pfriemenförmige Einschnitte zerspalten. Die oberen Stengelblätter haben keine Stiele. Jeder Zweig endigt mit einem einzelnen Blumenköpfchen. Der convexe Fruchtboden ist spreuig. Die Blümchen der Scheibe sind gelb, die des Strahles weiss, unten purpurrot. — In Nord-Afrika, Syrien, Arabien, auch im südlichen Europa.

Gebräuchlicher Teil. Die Wurzel; sie ist federkieldick bis fingerdick, 7—14 Centim. lang, cylindrisch-spindelförmig, häufig gebogen, an beiden Enden abgestutzt und ohne Fasern; aussen graubraun, runzelig, innen grauweiss, mit gelblichen und bräunlichen schimmernden Punkten, ziemlich hart, aber kurzbrüchig, nicht zähe, von unebenem Bruche. bei scharfem Messerschnitt harzglänzend. Geruchlos, schmeckt äusserst scharf beissend, fast ätzend, sehr lange anhaltend und Speichelfluss erregend.

Wesentliche Bestandteile beider Arten. JOHN fand scharfes ätherisches Oel, Harz, Inulin. GAUTIER und PARISEL konnten kein ätherisches Oel bekommen, nach ihnen liegt die Wirksamkeit in einem scharfen Weichharz (Pyrethrin), das jedoch nach KOENE ein Gemenge von scharfem Harz, fettem und ätherischem Oel ist. Das ätherische Oel ist nach SCHÖNWALD butterartig und scharf.

Anwendung. In Substanz, Aufguss; zum Kauen bei Lähmung der Zunge, Zahnweh. Missbräuchlich zur Schärfung des Essigs.

Geschichtliches. Der römische Bertram ist das Πυρεθρον des DIOSKORIDES und die *Salivaria* des PLINIUS. Im 16. Jahrhundert zog man die Pflanze schon in deutschen Gärten, und zwar liess bereits TRAGUS die kleinblumige Form mit dicker Wurzel (wie gelbe Rüben) abbilden, die ohne Zweifel die Stammmutter des jetzt in Thüringen gebauten Bertrams ist.

Der Name Bertram ist das veränderte *Pyrethrum* und dieses zus. aus πυρ (Feuer) und αθροος (häufig) wegen des brennenden Geschmacks der Wurzel.

Anacyclus ist das verstümmelte *Ananthocyclus* zus. aus ανευ (ohne), ανθος (Blume) und κυκλος (Kreis), d. h. die den äussersten Kreis bildenden Blüten (welche zungenförmig, selten auch bloss röhrenförmig sind) haben wohl ein weibliches Organ, bringen aber keine Frucht.

Anthemis von ανθεμον (Blume), ist eine Pflanze mit (hübschen und vielen) Blumen. Fast noch besser scheint die Ableitung von ανθος und ημισυς (halb) weil im Strahle lauter sogen. Halbblümchen sind.

Bertramgarbe.

(Wiesenbertram, weisser Doran, wilder Dragun, Niesgarbe, weisser Rainfarn.)

Radix, Herba und *Flores Ptarmicae.*

Ptarmica vulgaris DC.

(Achillea Ptarmica L.)

Syngenesia Superflua. — Compositae.

Perennierende Pflanze mit kriechender, ästiger, befaserter Wurzel, die mehrere 30—60 Centim. hohe und höhere, aufrechte, an der Basis etwas gebogene, ästige, unten glatte, steife, fast holzige, oben mehr oder weniger kurz und zart behaarte Stengel und Zweige treibt; die abwechselnden, 25—75 Millim. langen 2–6 Millim. breiten, linien-lanzettlichen, scharf gesägten, sitzenden, halb stengelumfassenden Blätter sind hochgrün, glatt oder unten ganz zart behaart. Die Blumen bilden am Ende der Stengel und Zweige fast gleich hohe, aufrechte, etwas gedrängt stehende, wenigblütige Doldentrauben, deren Blumenköpfchen mit dem Strahle etwa 12 Millim. breit sind; der allgemeine Kelch halbkugelig, die Scheibe schmutzig blassgelb, der Strahl weiss, aus etwa 10,4 Millim. langen Zungen bestehend. — Häufig auf feuchten Wiesen, an Gräben, Bächen und Flüssen.

Gebräuchliche Teile. Die Wurzel, ehedem auch das Kraut und die Blumen.

Die Wurzel; sie besteht aus einem federkieldicken bis kleinfingerdicken, schief gehenden, stark mit z. T. strohhalmdicken Fasern besetzten Stock, der

sich horizontal kriechend verlängert in strohhalmdicke und dickere, hin und her
gewundene, knotige und gekniete, ziemlich lange Fortsätze mit nach unten gerichteten Fasern besetzt, auch mehrere Sprossen treibt, die neue Pflanzen bilden.
Frisch graulichweiss, trocken graubräunlich, geruchlos, schmeckt ebenso scharf
als die beiden Bertramwurzeln.

Kraut und Blumen schmecken ebenfalls sehr scharf beissend; die Blumen
riechen beim Zerreiben aromatisch scharf.

Wesentliche Bestandteile. Wohl dieselben, wie die der Bertramwurzeln.
Untersucht ist kein Pflanzenteil.

Anwendung. Wie die Bertramwurzeln. Auch als Niesmittel. Dr. LIND
rühmt die Wurzel gegen Epilepsie.

Geschichtliches. Man hält diese Pflanze für die wahre Πταρμικα des
DIOSKORIDES, von deren Blumen er sagt, sie seien ein sehr wirksames Niesmittel
(πταρμικος: Niesen erregend).

Achillea nach ACHILLES, einem Schüler des CHIRON, der ihre Anwendung in
der Medicin zuerst gelehrt haben soll.

Berufkraut, haariges.
(Haariges Gliedkraut.)
Herba Sideritidis.
Sideritis hirsuta L.
Didynamia Gymnospermia. — *Labiatae.*

Perennierende Pflanze mit niederliegenden, sehr ästigen Stengeln, aufrechten
Zweigen, alle mit abstehenden rauhen Haaren besetzt, an den Quirlen dichter
behaart, rauhhaarigen. runzelig gefalteten, und 3—4 spitzen Sägezähnen besetzten
Blättern; die sechsblumigen Quirle stehen entfernt von einander, die Nebenblätter
ziemlich gross, herzförmig, dornig gezähnt, die Kronen gelb mit weisslicher
Oberlippe. — Im südlichen Europa auf trockenen steinigen Anhöhen.

Gebräuchlicher Teil. Das Kraut; es riecht nicht unangenehm aromatisch
und schmeckt etwas süsslich herbe bitterlich.

Wesentliche Bestandteile. Aetherisches Oel, eisengrünender Gerbstoff,
Bitterstoff. Nicht näher untersucht.

Verwechselung. Mit *Stachys recta* (s. Ziest, aufrechter).

Anwendung. Früher im Aufguss, zu Bädern.

Geschichtliches. Von DIOSKORIDES werden 3 Arten Σιδηριτις beschrieben,
jedoch so kurz und undeutlich, dass sie schwierig zu deuten sind; keine scheint
aber eine Labiate zu sein. Seine Σ. αλλη deutet FRAAS auf Poterium polygamum
KIT. und seine τριτη auf Scrophularia chrysanthemifolia L.

Der Name Sideritis ist abgeleitet von σιδηρος (Eisen), d. h. Heilmittel für
Wunden, welche durch Eisen entstanden sind.

Berufkraut, kanadisches.

Herba Erigerontis canadensis.

Erigeron canadensis L.

Syngenesia Superflua. — Compositae.

Einjährige 60—90 Centim. hohe und höhere Pflanze mit ganz aufrechtem, einfachem oder oben ästigem, rutenförmigem, gefurchtem, mit abstehenden langen Haaren besetztem Stengel und Zweigen; die Blätter stehen ziemlich dicht, abwechselnd oder zerstreut, fast horizontal ausgebreitet, sind schmal, linien-lanzettlich, gegen die Basis verschmälert, zugespitzt, 50—75 Millim. lang, ganz-randig oder weitläufig gezähnelt, lang behaart und gewimpert, etwas gelblich-graugrün. Die Blumen stehen fast von der Mitte des Stengels an bis zur Spitze in traubenartigen Rispen auf abwechselnden, vielblumigen Stielen, ziemlich gehäuft, sind klein, weisslich, die Schuppen der Hülle (des allgemeinen Kelches) schmal, spitzig, etwas abstehend, die Blümchen kaum länger als die Hülle, die Pappushaare der kleinen, weisslichen, eckigen Achenien etwas rauh. — Ur-sprünglich in Nord-Amerika zuhause, seit Mitte des 17. Jahrhunderts nach Europa verpflanzt, jetzt eine gemeine Wucherpflanze an sandigen, unfruchtbaren Orten, Wegen, Mauern, Schutthaufen.

Gebräuchlicher Teil. Das Kraut sammt Blumen und Samen. Es riecht zerrieben eigentümlich angenehm aromatisch und schmeckt sehr scharf beissend brennend.

Wesentliche Bestandteile. Nach einer alten Analyse von CORNELIUS DE PUY: ätherisches Oel, ein narkotisches Prinzip, Gerbstoff, Gallussäure (verdient genauere Prüfung).

Anwendung. In Substanz und Aufguss gegen Diarrhoe und Ruhr.

Wurde 1812 besonders von Dr. SMITH als Medikament empfohlen, hat aber bei uns bis jetzt keinen Eingang gefunden.

Der Name Erigeron ist zus. aus ἔρι (früh) und γερων (Greis), weil gleich nach dem Abfallen der Blüten die grauen, haarigen Samenkronen erscheinen, die Pflanze also gleichsam schnell altert. Ἡριγερων der Alten ist eine nahe verwandte Pflanze, *Senecio vulgaris.*

Berufkraut, scharfes.

(Blaue Dürrwurzel.)

Herba Conyzae coeruleae.

Erigeron acris. L.

Syngenesia Superflua. — Compositae.

Einjährige Pflanze, kleiner als die vorhergehende, 30—45 Centim. hoch; der aufrechte, meist ästige Stengel ist etwas steifer, gestreift, rauhhaarig, meist braun-rot angelaufen, die Blätter sind breiter, die wurzelständigen im Kreise stehend, spatel-lanzettlich, in einen Blattstiel sich verschmälernd, die unteren Stengel-blätter lanzettlich, die oberen linien-lanzettlich, sitzend, aufrecht, alle rauhhaarig. Die Blumen einzeln am Ende der Stengel und Zweige auf abwechselnden, auf-recht ausgebreiteten Stielen, und bilden eine Art beblätterte, lockere Dolden-traube oder Rispe, sind grösser, noch einmal so gross als die vorhergehende, der allgemeine Kelch rauhhaarig, die Blümchen des Strahles ziemlich violettrot, die der Scheibe gelblich. — An trockenen, sandigen Orten, auf Mauern, sonnigen Hügeln, an Wegen.

Gebräuchlicher Teil. Das Kraut; es riecht dem vorigen ähnlich, ist scharf, doch weniger als dieses. Nach LINNÉ soll es in nördlichen Ländern, auf hohen Gebirgen wachsend, gar nicht scharf sein.

Wesentliche Bestandteile. Wohl dieselben, untersucht ist es nicht.

Anwendung. Ehemals gegen Brustkrankheiten, Sodbrennen etc.; es gehörte auch zu den berüchtigten Zaubertränken.

Wegen Conyza s. den Artikel Dürrwurzel, gemeine.

Besenginster.

(Pfriemen.)

Herba, Flores und *Semen Spartii scoparii, Genistae scopariae.*

Spartium scoparium L.

(Genista scoparia LAM.)

Diadelphia Decandria. — Papilionaceae.

0,9—1,8 Meter hoher und höherer, sehr ästiger Strauch mit aufrechten, rutenförmigen, 5 kantigen, grünen, biegsamen Zweigen, die jüngeren z. T. zottig behaart, abwechselnd unten mit gestielten dreizähligen, oben mit sitzenden einfachen Blättern; die kleinen, kaum 12 Millim. langen Blättchen sind länglich, umgekehrt eiförmig, ganzrandig, mehr oder weniger mit zarten, glänzenden Haaren besetzt. Die Blumen stehen einzeln achselig, gegen die Spitze der Zweige genähert, sind gestielt und bilden z. T. beblätterte Trauben von schönen, goldgelben Blumen, die noch einmal so gross und grösser, als von *Genista tinctoria* sind. Die Hülse länglich, zusammengedrückt, 3—5 Centim. lang, am Rande zottig behaart, mit mehreren oval-rundlichen, etwas platten, an der Basis abgestutzten, hellbraunen, glatten, glänzenden Samen, etwa halb so gross als Linsen. — Ueberall an trockenen, sandigen Orten, in Waldungen, Gebüschen, zwischen Heiden.

Gebräuchliche Teile. Das blühende Kraut und der Same.

Das Kraut riecht zerrieben widerlich, schmeckt widerlich bitter; die Blumen riechen frisch angenehm, honigartig, trocken nicht mehr, schmecken ebenfalls widerlich bitter, färben den Speichel gelb.

Der Same ist geruchlos, schmeckt gleichfalls widerlich bitter, wirkt emetisch und purgierend.

Wesentliche Bestandteile. In den Blumen nach CADET DE GASSICOURT: festes, ätherisches Oel, gelber Farbstoff, eine den Geruch und Geschmack der Antiskorbutika besitzende Materie, Zucker, Gerbstoff etc. In den Stengeln sammt Kraut nach REINSCH: ausser den gewöhnlichen näheren Bestandteilen, auch ein krystallinischer Bitterstoff. Nach STENHOUSE: gelber, krystallinischer, geruch- und geschmackloser Farbstoff (Scoparin) von harntreibender Wirkung, und ein öliges, flüssiges, bitteres Alkaloïd (Spartëin) von stark narkotischer Wirkung.

Die Wurzel enthält nach REINSCH einen süssholzartig und kratzend schmeckenden Stoff, Stärkmehl und eisengrünenden Gerbstoff.

Anwendung. Früher die ganze Pflanze gegen tollen Hundsbiss, der Same als Purgans. Die Blumen zum Gelbfärben, die Reiser zu Besen.

Spartium von σπάρτον (Seil, Strick) in Bezug auf die Anwendung des *Spartium junceum* bei den Alten (und noch jetzt).

Genista vom keltischen *gen* (Strauch); man leitet auch wohl ab von *genu* (Knie), weil die Stengel biegsam wie ein Knie sind.

Besenwinde.
(Rosenholz.)
Lignum Rhodii.
Convolvulus scoparius L.
Pentandria Monogynia. — Convolvuleae.

Strauch vom Ansehen eines Ginsters oder einer Winde, mit glattem Stamme, glatten, langen, rutenförmigen Zweigen, schmalen, linienförmigen, wenig behaarten, 25—50 Millim. langen, ganzrandigen Blättern, in den oberen Blattwinkeln stehenden Blütenstielen, wovon jeder in der Regel 3 Blüten trägt, die zusammen eine Art Traube bilden. Die Kronen sind klein, ragen aber weit aus dem Kelche hervor, sind weiss, aussen behaart. — Auf den kanarischen Inseln einheimisch.

Gebräuchlicher Teil. Das Holz, aus der Wurzel und dem unteren Teile des Stammes bestehend; es sind 5—12 Centim. dicke, knotige, gekrümmte Stücke, oft mit einer grauen, z. T. 2 Millim. dicken, runzeligen Rinde bedeckt, ist aussen weissgrau, schliesst einen rötlich-gelben Kern ein, ist dicht und sinkt im Wasser unter. Verbreitet, besonders beim Reiben, einen angenehmen und starken Rosengeruch, schmeckt aromatisch bitterlich.

Wesentliche Bestandteile. Ätherisches Oel ($3\frac{0}{0}$) und Harz.

Anwendung. Kaum mehr bei uns.

Ausser der obigen Pflanze soll auch von dem eben daselbst einheimischen *Convolvulus floridus* L. Rosenholz gesammelt werden; ferner sollen noch mehrere andere Windenarten sich durch wohlriechendes Holz auszeichnen.

Betelpfeffer.
Folia Betle.
Piper Betle. L.
Diandria Trigynia. — Pipereae.

Schlingstrauch mit grossen, herzförmigen, glatten, 5—7 nervigen, kurz zugespitzten, 10—15 Centim. langen und 5—10 Centim. breiten Blättern und gefurchten Blattstielen; zweihäusigen Blüten, die weiblichen Kolben sind walzenförmig und überhängend. — In Ostindien einheimisch und kultiviert.

Gebräuchlicher Teil. Die Blätter.

Wesentliche Bestandteile? Noch nicht untersucht.

Anwendung. Man sehe darüber den Artikel Arekanuss.

Betle ist ein malabarischer Name.

Piper, πεπερι, arabisch *babary.*

Betonie, officinelle.
(Braune Betonie, Wiesenbetonie.)
Radix und *Herba Betonicae.*
Betonica officinalis L.
Didynamia Gymnospermia. — Labiatae.

Perennierende Pflanze mit aufrechtem, 30—60 Centim. hohem, fast nacktem, behaartem, rauh anzufühlendem, gegliedertem Stengel; die Blätter sind runzelig, mit haarigen, gefurchten, 3 Centim. langen Stielen versehen, der Form nach oval herzförmig, stumpf, am Rande gekerbt, unten netzartig geadert, auf beiden Seiten mit rauhen Haaren besetzt, die untern 5—6 Centim. lang, 2—3 Centim. breit, die oberen werden kleiner, schmaler, die Stiele kürzer. Die Blumen bilden an der Spitze eine dichte Aehre aus Quirlen zusammengesetzt, wovon einer oder der andere der unteren von den übrigen entfernt steht. Kleine ovale behaarte zugespitzte Nebenblätter bei den einzelnen Quirlen. Kelch gestreift, behaart, grünrötlich, 5zähnig; Krone etwas gekrümmt, an der Basis weisslich, sonst purpurrötlich, fein behaart, Oberlippe eiförmig stumpf, aufrecht, ganz, die untere dreispaltig. — Durch fast ganz Deutschland sehr gemein an trocknen sonnigen Orten, auf Dämmen, sandigen Wiesen, in trocknen Wäldern.

Eine grössere, mehr rauhhaarige Form mit breiteren Blättern, auf Voralpen häufig, ist *Betonica stricta* AIT.; eine andere glatte, auf Torfboden wachsende ist *B. officinalis* SPR. *(B. legitima* LK.). Es gibt auch eine, doch seltener vorkommende Varietät mit weissen Blüten.

Gebräuchliche Teile. Die Wurzel und das Kraut.

Die Wurzel besteht aus einem schieflaufenden, gekrümmten, 7—10 Centim. langen, federkieldicken und dickern, dicht schuppig geringelten Stock, der zur Seite und unten mit zahlreichen, 5—10 Centim. langen, fadenförmigen, selten strohhalmdicken, meist viel dünneren, einfachen oder unten nur wenig ästigen Fasern besetzt ist. Frisch ist sie schmutzig grauweiss, trocken hellgraubräunlich, bald mehr oder weniger dunkel, innen weiss. Der Geruch der frischen Wurzel ist etwas widerlich, durch Trocknen vergeht er; Geschmack herbe, etwas kratzend widerlich.

Das Kraut riecht ebenfalls widerlich, gleichsam ranzig, und schmeckt der Wurzel ähnlich, doch mehr bitter.

Wesentliche Bestandteile. Bitterer kratzender Stoff, eisengrünender Gerbstoff. (Verdienen beide näher untersucht zu werden.)

Verwechslung mit *Stachys sylvatica* erkennt man leicht an deren höchst widerlichem Geruche und sonstigen Merkmalen (s. d. Artikel Ziest, waldliebender).

Anwendung. Ehedem die Wurzel als Brechmittel, die Blätter im Aufguss, das Pulver als Niesemittel.

Geschichtliches. Die Pflanze stand im Rufe gegen Brust- und Nervenleiden, und ist jedenfalls nicht ohne medicinische Kräfte. Was aber die alten Römer Betonica und die Griechen Κεστρον nannten, ist nicht obige Pflanze, sondern dürfte *Betonica Alopecurus* L. sein, welche im südlichen Europa ziemlich häufig wächst; an ihre Stelle trat diesseits der Alpen schon im Mittelalter unsere Betonica.

Das Κεστρον des DIOSK. hat man auch auf Sideritis syriaca L. gedeutet, doch mit weniger Grund.

Den Namen Betonica leitet PLINIUS von den Vetonen, einem Volke am Fuss der Pyrenäen, welche die Pflanze zuerst angewandt hätten, her. Allein der ursprüngliche Name ist *Bentonic*, zus. aus dem celtischen *ben* (Kopf) und *ton* (gut), also Mittel für den Kopf, in Form eines Schnupfmittels etc.

Bibernelle, gemeine.

(Bockspetersilie, Pfefferwurzel, weisse Pimpinelle, Steinpeterlein, Steinpimpinelle, weisse deutsche Theriakwurzel.)

Radix Pimpinellae albae, minoris, nostratis, hircinae, oder *Tragoselini.*

Pimpinella Saxifraga L.

Pentandria Digynia. — *Umbelliferae.*

Perennierende Pflanze mit dünnem, kahlem, 15—60 Centim. hohem, rundem fein gestreiftem, ästigem Stengel; die Wurzelblätter sind gewöhnlich einfach ge-

fiedert, ihre Blättchen eiförmig oder oval-herzförmig, stumpf, eingeschnitten gezähnt, etwa 12—24 Millim. lang; die Stengelblätter viel kleiner, z. T. doppelt
gefiedert, die Fiedern aber linienförmig, alle glatt oder auch mehr oder weniger
fein behaart. Die vielstrahligen, nicht grossen, ein wenig convexen Dolden stehen
ohne alle Hüllblättchen am Ende der Stengel und haben kleine weisse Blumen.

Die Früchte sind klein, rundlich eiförmig. Variirt sehr, z. B. mit starker
Behaarung und dunkelfarbiger Wurzel, welche einen blauen Milchsaft enthält,
und ein blaues ätherisches Oel liefert. — Häufig an trocknen Orten, auf Weiden
sonnigen Hügeln, an Wegen.

Gebräuchlicher Teil. Die Wurzel, im Frühjahre von nicht zu jungen
Pflanzen an trocknen Orten einzusammeln; ist meist spindelförmig, vielköpfig,
7—14 Centim. lang, getrocknet oben höchstens fingerdick, gegen den Wurzelhals
hin deutlich, wenn gleich fein geringelt, nach unten zu höckerig, der Länge nach
gerunzelt, schmutzig hellgraugelb, innen gelblichweiss, mit etwas dunkleren
Punkten untermengt. An etwas dickern Exemplaren ist die innere Substanz
weisser, lockerer, sternförmig von Lamellen und kleinen Höhlungen unterbrochen.
Sie riecht eigentümlich stark und widerlich aromatisch, gleichsam bockartig,
welcher Geruch auch in der trocknen Wurzel lange andauert; der Geschmack
ist süsslich aromatisch, scharf und beissend.

Wesentliche Bestandteile. Nach BLEY: ätherisches Oel, mehrere Harze
und Weichharze, Fett, Stärkmehl, Zucker, Gerbstoff etc.

Verwechslungen. 1. Mit der Wurzel der Pimpinella magna (s. den folgenden Artikel). 2. Mit der Wurzel von Athamanta Oreoselinum; sie ist grösser,
oft 30 Centim. lang und oben Daumendick, die Querringe sind jedoch teils nicht
so ausgezeichnet und gehen auch meist nicht so weit herab, wie an der wahren
Pimpinelle, der übrige dünnere Teil ist nicht so höckerig runzelig. Im Innern
ist sie entweder locker, porös oder dicht, holzig und zähe; sie riecht schwach
aromatisch und schmeckt bitter, später anhaltend gewürzhaft, nicht beissend.
3. Mit der Wurzel der Pastinaca sativa; sie ist gewöhnlich gerade, mit den
Rudimenten des Wurzelhalses besetzt, inwendig von fester holzartiger Struktur,
häufig einen etwas gelben Kern zeigend, aussen bräunlich gelblich, innen gelblich weiss, sonst geruchlos und von petersilienartigem Geschmacke. 4. Mit der
Wurzel von Heracleum Sphondylium (s. Bärenklaue, gemeine).

Anwendung. Als Pulver oder im Aufguss, äusserlich und innerlich; als
Tinktur.

Geschichtliches. Bei den alten Griechen hiess diese Pflanze Καυκαλις,
ebenso (Caucalis) bei den Römern. Die alten deutschen Aerzte gaben aber der
Pimpinella magna den Vorzug vor ihr, und erst LINNÉ führte letztere allgemein
als Medikament ein.

Der Name Pimpinella ist das veränderte bipinnula, und bezieht sich auf
die Fiederung der Blätter; doch wurde er nicht bloss auf Doldengewächse,
sondern auch auf Arten von Poterium und Sanguisorba mit ähnlichen Blättern
angewendet.

Saxifraga ist zus. aus saxum (Fels) und frangere (zerbrechen), d. h. eine
Pflanze, welche steinige Standorte liebt, zwischen die Steine in den Erdboden
dringt, und dieselben dabei gleichsam spaltet, woraus man dann den Schluss
zog, dass sie ein gutes Mittel gegen den Blasenstein sei.

Bibernelle, grosse.
Radix Pimpinellae albae majoris oder *Saxifragae magnae.*
Pimpinella magna POLLICH.
Pentandria Digynia. — Umbelliferae.

Perennierende Pflanze mit cylindrischer oder etwas spindelförmiger Wurzel, 40—90 Centim. hohem, aufrechtem, ästigem, gefurchtem Stengel; die Wurzelblätter sind alle gleichförmig gefiedert, die Segmente der Blättchen eiförmig oder oval-länglich, spitz, gesägt, mehr oder weniger tief eingeschnitten oder geschlitzt, glatt oder auch etwas behaart. Die Blumen stehen an der Spitze der Zweige in Dolden, deren jede 9—15 Döldchen mit je 10—20 meist weissen Blümchen, welche ovale, braune, glatte Früchte hinterlassen. Bildet mehrere Varietäten. — Fast durch ganz Europa und den Orient auf Wiesen, Weiden, an grasigen Stellen der Gebirge.

Gebräuchlicher Teil. Die Wurzel; sie hat ohngefähr die Form und Dicke einer kleinen gelben Rübe, ist 11—20 Centim. lang, geringelt, weisslich, im Alter dunkler oder bräunlich, bisweilen ästig, riecht eigentümlich balsamisch, schmeckt aromatisch beissend scharf.

Wesentliche Bestandteile. Ätherisches Oel und scharfes Harz. (Ist näher zu untersuchen.)

Anwendung. Früher besonders gegen Steinbeschwerden, der frischgepresste Saft gegen Sommerflecken, das destillierte Wasser gegen Augenkrankheiten. Auch stand die Wurzel im Rufe gegen ansteckende Krankheiten, Pest u. s. w.

Geschichtliches. MATTHIOLUS, sowie L. FUCHS führten diese Pflanze im 16. Jahrh. in den Arzneischatz ein. DODONAEUS nannte sie Saxifraga magna, TABERNAEMONTANUS Tragoselinum majus.

Bienenblatt, melissenblätteriges.
(Melissenblätteriges Honigblatt.)
Herba Melissophylli, Melissae Tragi.
Melittis Melissophyllum L.
Didynamia Gymnospermia. — Labiatae.

Schöne perennierende Pflanze mit 30—60 Centim. hohem und höherem, aufrechtem, meist einfachem, furchigem, etwas rauhhaarigem, starkem Stengel, gestielten, herzförmigen oder herzeiförmigen gekerbt-gezähnten, rauhhaarigen, hochgrünen, den Melissenblättern ähnlichen, aber weit grösseren Blättern, und achselig in 5—9 blütigen Quirlen stehenden grossen schönen purpurroten und weiss variegirten, selten weissen Kronen, ins Kreuz gestellten Antheren. — Hier und da in gebirgigen Gegenden Deutschlands und des übrigen Europa; in Gärten als Zierpflanze.

Gebräuchlicher Teil. Des Kraut; es riecht widerlich, nach dem Trocknen aber angenehm aromatisch, schmeckt bitterlich aromatisch.

Wesentliche Bestandteile. Ätherisches Oel, Bitterstoff. (Ist näher zu untersuchen).

Anwendung. Obsolet.

Geschichtliches. Das Μελισσοφυλλον des DIOSKORIDES oder die Καλαμινθη des THEOPHRAST ist *Melissa altissima* SIBTH.

Bignonienblätter.

Folia Bignoniae.

Bignonia leucantha VELLOS.

(Sparattosperma leucantha MART.)

Didynamia Angiospermia. — Bignoniaceae.

Schöner hoher Urwaldbaum mit gefingerten Blättern; Blättchen eiförmig zugespitzt, ganzrandig. Trauben endständig, Blumen zart, weiss, später matt violett. Schoten kaum fingerdick, 30—40 Centim. lang. — In Brasilien.

Gebräuchlicher Teil. Die Blätter.

Wesentliche Bestandteile. Nach PECKOLT ein besonderer krystallinischer Bitterstoff (Sparattospermin), der aber kein Glykosid ist.

Anwendung. In Brasilien als Diuretikum; beim Volke besonders gegen Milzkrankheiten, Steinschmerzen.

Bignonia ist benannt nach I. P. BIGNON, geb. 1662 in Paris, k. Bibliothekar, Freund und Schützling aller Gelehrten seiner Zeit, starb 1743.

Sparattosperma ist zus. aus σπαραττειν (zerreissen) und σπερμα (Same); der Same platzt bei der Reife?

Bilsenkraut, schwarzes.

(Hühnertod, Rasewurzel, Schlafkraut, Teufelsauge, Zigeunerkraut.)

Radix, Herba und *Semen Hyoscyami.*

Hyoscyamus niger L.

Pentandria Monogynia. — Solaneae.

Ein- bis zweijährige Pflanze mit fingerdicker bis daumendicker, 10—20 Centim. langer, weisslicher, spindelförmiger, wenigästiger, fleischiger, etwas schwammiger Wurzel; der ziemlich grosse, etwas gelbliche, poröse Kern derselben ist mit einem ganz dünnen, etwas dunklen, festen Ringe umgeben, und das äussere Fleisch weiss. Der Stengel ist rund, 45—60 Centim. hoch, aufrecht, ästig, mit langen, weichen, abstehenden, weissen, glänzenden, etwas klebrigen Haaren besetzt. Die Wurzelblätter und untersten Stengelblätter sind gestielt, die oberen sitzend, 10—30 Centim. lang, 5—10 Centim. breit, tief buchtig, z. T. halb gefiedert-gezähnt, dunkelgraugrün, mit weichen, etwas klebrigen Haaren, besonders an der weisslichen Mittelrippe. Die Blüten stehen am Ende der Stengel und Zweige in einseitigen Aehren, anfangs einwärts gebogen, dann gerade, mit kleinen, 1—2 zähnigen Blättern untermengt. Die Blumen sind sitzend, der Kelch stark behaart, klebrig, die Krone blassgelb, mit violetten Adern netzförmig durchzogen, im Grunde dunkler; hat ein düsteres Ansehn. Die zierliche krugförmige Kapsel ist von dem vergrösserten Kelche umgeben. Die ganze Pflanze riecht widerlich betäubend. — Durch ganz Deutschland und das übrige Europa an Wegen, Hecken, auf Schutthaufen, an Kohlenmeilern, z. T. häufig vorkommend, aber zum Arzneigebrauche auch angebaut.

Gebräuchliche Teile. Das Kraut und der Same, früher auch die Wurzel.

Die Wurzel hat trocken beinahe dasselbe Ansehn wie die frische, nur ist sie zusammengeschrumpft, z. T. holzig, aussen graugelblich, innen blassgelb, riecht stark widerlich und schmeckt fade.

Das Kraut muss gesammelt werden, wenn die Pflanze in der Blüte steht, nicht vorher, sonst ist es weniger wirksam. Auch wird es am besten von der wild wachsenden Pflanze genommen. Ist man genötigt, sie selbst zu ziehen, so muss sie auf rauhen Boden gepflanzt, nicht zu sehr gedüngt werden, und man lasst sie am besten verwildern, dass sie sich ohne weitere Kultur durch Auswerfen des Samens selbst fortpflanzt. Das Kraut schrumpft beim Trocknen stark zusammen, so dass die beiden oberen Flächenhälften gern aneinander liegen, und die starke Mittelrippe vorsteht. Es hat ein graugrünes Ansehn und wird leicht bräunlich; behält auch beim Trocknen den widerlichen Geruch bei, doch ist er dann schwächer. Schmeckt fade, etwas bitterlich.

Der Same ist sehr klein, kleiner als Hirse, platt gedrückt, fast nierenförmig, runzelig, grau oder gelblichbraun, riecht ähnlich dem Kraute und schmeckt ölig bitterlich.

Wesentliche Bestandteile. Von der Wurzel liegt keine chemische Untersuchung vor; vom Kraute eigentlich auch nicht, sondern nur vom Samen, in welchem Brandes 26 § fettes, trocknendes Oel, Hyoscyamin und ausserdem mehrere, jedoch für den arzneilichen Zweck ganz wertlose Materien (Gummi, Wachs, Harz etc.) fand. Selbst dieses Hyoscyamin war ein problematischer, jedenfalls noch sehr unreiner, extraktiver Körper, und erst Geiger gelang die Darstellung dieses Alkaloïds im reinen krystallisierten Zustande. Mit der näheren Untersuchung desselben beschäftigten sich dann auch Kletzinsky, Wandgymar, Thorey, Höhn und Reichardt. Höhn fand in dem Samen noch einen eigentümlichen wachsartigen Körper (Hyoscerin), ein bitteres Glykosid (Hyoscypikrin), ein stickstoffhaltiges Harz (Hyoscyresin) und flüchtige Basen, welch letztere wahrscheinlich zur Methylgruppe gehören. Nach Ladenburg enthält der Bilsen zwei nicht flüchtige Alkaloïde, ein krystallinisches und ein amorphes, und letzteres bezeichnet er mit Hyoscin.

Verwechselungen. Die angebliche mit den Blättern des Stechapfels ist fast undenkbar, denn diese sind langgestielt, ganz glatt, schmecken sehr bitter und scharf. Wegen Verwechselung mit den Blättern des weissen Bilsenkrauts sehe man den folgenden Artikel.

Anwendung. Das Kraut ist der gebräuchlichste Teil, innerlich und äusserlich, frisch, im Aufguss, zu Umschlägen, Pflastern etc.

Geschichtliches. Den alten Aerzten war der schwarze Bilsen wohlbekannt. — Dioskorides nennt ihn Ὑοςκυαμος μελας, bei Celsus, Plinius heisst er Apollinaris — aber sie fürchteten sich vor der gefährlichen Wirkung desselben, welche Furcht sich bis in das letzte Jahrhundert erhielt; nur ein Oleum seminis Hyoscyami war zu allen Zeiten gebräuchlich und kommt schon in dem Dispensatorium des Valerius Cordus († 1544) vor. Erst vom Jahre 1715 an scheint die Pflanze oft auch innerlich benutzt worden zu sein, denn in diesem Jahre erschienen zu Jena drei verschiedene Abhandlungen darüber; indessen erst als Storck im Jahre 1762 seine Erfahrungen über die Wirkungen mehrerer Giftpflanzen bekannt machte, wurden die Aerzte dreister in dem Gebrauche.

Der deutsche Name Bilsen soll von Belen, einer Gottheit der Kelten, welcher das Kraut geheiligt war, abgeleitet sein. — Was den griechischen Namen — wörtlich übersetzt Saubohne — betrifft, so erzählt Aelian, derselbe sei gewählt, weil die Schweine nach dem Genusse der Pflanze in Krämpfe verfallen und gelähmt werden.

Bilsenkraut, weisses.

Herba und *Semen Hyoscyami albi.*

Hyoscyamus albus L.

Pentandria Monogynia. — Solaneae.

Einjährige Pflanze, die im Habitus viel Ähnlichkeit mit der vorigen hat, sich aber leicht von ihr durch die meist kleineren stumpflappigen Blätter, welche sämmtlich gestielt sind, und durch die einfarbigen, blassgelben, im Schlunde violett punktierten Blumenkronen unterscheidet. — Im südlichen Europa einheimisch, und bei uns in Gärten gezogen.

Gebräuchliche Teile. Das Kraut und der Same.

Wesentliche Bestandteile. Wohl dieselben, wie im schwarzen Bilsen. Eine nähere Untersuchung fehlt noch.

Anwendung. Bei uns nicht, aber in Italien statt des schwarzen Bilsen.

Geschichtliches. So oft in den Schriften der alten griechischen und römischen Aerzte der Bilsen vorkommt, ist in der Regel nur der weisse — Υοσκυαμος λευκας des DIOSKORIDES — darunter zu verstehen; er galt, wie ALEX. TRALLIANUS sagt, für ein heiliges Kraut, und wurde alljährlich aus Kreta nach Rom gebracht. Gleich der Mandragora wurde zumal der Same innerlich und äusserlich viel angewendet. Dass diese Giftpflanze Wahnsinn veranlassen könne, wusste schon SOKRATES, und auch ARETAEUS spricht davon. Gegen die Schlaflosigkeit der Wahnsinnigen gebrauchte es CELSUS. Sehr gewöhnlich war das Beräuchern mit dem Samen gegen Zahnweh, was noch jetzt beim Volke geschieht, jedoch leicht nachteilig werden kann.

Bingelkraut, einjähriges.

(Hundskohl, Kuhkraut, Merkuriuskraut, Ruhrkraut, Schweisskraut, Speckmelde.)

Herba Mercurialis annuae.

Mercurialis annua L.

Dioecia Enneandria. — Euphorbiaceae.

Einjährige zarte Pflanze mit dünner, spindelförmiger, ästig-faseriger Wurzel, die gleich dem unteren Teile des Stengels an der Luft liegend in kurzer Zeit indigoblau wird. Der Stengel wird 30—45 Centim. hoch, ist von unten in alternierende, armförmig stehende Zweige geteilt, welche gleich dem Stengel kantig, gefurcht, gegliedert, glatt, grün, leicht zerbrechlich, an den Gliedern aufgetrieben sind. Die Blätter stehen einander gegenüber, sind gestielt, 36—48 Millim. lang, oval-länglich oder mehr lanzettlich, zugespitzt, am Rande gekerbt, ganz kurz gewimpert, sonst glatt, hochgrün, unten etwas blasser, zart, stark geadert. Die kleinen blass gelblich-grünen Blumen stehen achselig gegenüber, die männlichen mit 25—75 Millim. langen fadenförmigen, unterbrochen geknäuelten, nackten Ähren, die weiblichen einzeln, oder zu 2—3 auf kurzen Stielen. Die Früchte bestehen aus 2 oval-rundlichen, hirsekorngrossen, zusammengewachsenen, haarigen, an der Spitze zweireihig kammförmig gezähnten grünen Köpfchen mit rundlichen, kurz gespitzten, fein gekörnten braunen Samen. — In Gärten, Weinbergen, auf Ackern ziemlich häufig.

Gebräuchlicher Teil. Das Kraut oder vielmehr die ganze Pflanze. Sie hat, zumal welkend und zerrieben, einen eigenen widerlichen Geruch, und schmeckt unangenehm krautartig salzig, hinterher etwas scharf und kratzend.

Wesentliche Bestandteile. Nach FENEULLE ein Bitterstoff von gelinde purgierender Wirkung (Mercurialin), ätherisches Oel von dicklicher Konsistenz, Fett, Schleim. Ferner nach REICHARDT ein flüchtiges Alkaloïd, anfangs Mercurialin genannt, später von ihm, sowie von C. FAAS und E. SCHMIDT mit dem Monomethylamin identisch befunden. Verdient noch in Bezug auf die Materie, welche die Blaufärbung der Pflanze beim Trocknen veranlasst und ein indigoartiges Pigment zu sein scheint, nähere Untersuchung.

Anwendung. Jetzt obsolet; gehörte zu den Herbis 5 aperientibus.

Geschichtliches. Das jährige Bingelkraut gehört zu den ältesten Arzneimitteln, und heisst bei DIOSKORIDES Λινοζωστις, bei PLINIUS Mercurialis, letzteres weil, der Mythe zufolge, MERKUR dessen Heilkräfte entdeckt haben soll. Es diente als gelindes Purgans und wurde deshalb oft zur Speise gegeben.

Bingelkraut, perennierendes.
(Hundskohl, Rauhblattbingelkraut, Waldbingelkraut.)
Herba Mercurialis montanae, Cynocrambes.
Mercurialis perennis L.
Dioecia Enneandria. — Euphorbiaceae.

Unterscheidet sich von der vorigen Pflanze durch die perennierende Wurzel und die elliptischen oder oval lanzettlichen, gesägten, mit kurzen Haaren besetzten Blätter. — In schattigen Wäldern, an rauhen, steinigen Orten, besonders alten Burgen.

Gebräuchlicher Teil. Das Kraut resp. die ganze Pflanze; schliesst sich in seinen Eigenschaften an die vorige, schmeckt aber noch schärfer.

Wesentliche Bestandteile. Wie die vorige Pflanze, der purgierende Stoff ist aber wahrscheinlich nicht damit identisch, denn sie wirkt weit heftiger, selbst tötlich.

Anwendung. Veraltet.

Geschichtliches. Bei THEOPHRAST und DIOSKORIDES heisst diese Pflanze Φυλλον.

Birke.
Cortex, Folia und *Succus Betulae.*
Betula alba L.
Monoecia Polyandria. — Betulaceae.

Die weisse Birke oder der Maibaum ist ein hohes schlankes Gewächs, das sich schon von Weitem durch seine weisse Stammrinde bemerklich macht, hat aufrechte, ausgebreitete biegsame Zweige, deren Rinde (an den jungen) braun, glatt und z. T. warzig erscheint. Die Blätter stehen zu zwei, eine Knospe umgebend, sind lang gestielt, deltaförmig, zugespitzt, doppelt und scharf gesägt, hochgrün, glatt oder unten etwas rauh, und sehr fein netzartig geadert. Die männlichen Blüten bilden meist zu zwei stehende, gestielte, etwa 5 Centim. lange, hängende, gelbliche Kätzchen, die weiblichen stehen einzeln in Achseln, anfangs aufrecht, dann herabhängend, bilden eiförmig-cylindrische, etwa 2½ Centim. lange, grüne Kätzchen mit roten Narben. Die Samen (Nüsschen) sind klein, braun, zusammengedrückt, geflügelt. — Häufig in Wäldern bis in den Norden Europas und Asiens.

Gebräuchliche Teile. Die Rinde, Blätter und der Saft.

Die Rinde; sie besteht aus einer weissen, dünnen, zerschlitzten, zähen, leicht ablösbaren Oberhaut, gewöhnlich aus mehreren Lamellen bestehend, und der darunter liegenden, dicken, orangegelb und weisslich marmorierten eigentlichen Rinde. Diese ist hart, sehr brüchig, gleichsam körnig, geruchlos, schmeckt herbe und bitterlich; entwickelt, gleichwie die unteren Lamellen der äusseren Haut beim Erwärmen einen eigentümlichen Harzgeruch und eine zart wollig krystallinische Substanz (Betulin, Birkenkampher).

Die Blätter riechen eigentümlich, angenehm aromatisch und schmecken ziemlich bitter.

Der Saft, im Frühjahr vor der Entwicklung der Blätter durch Anbohren des Stammes gewonnen, schmeckt frisch, ziemlich süss.

Wesentliche Bestandteile. Die dünne weisse Oberhaut der Rinde enthält nach GAUTHIER Harz, eisengrünenden Gerbstoff, Gallussäure; die eigentliche Rinde nach JOHN: Harz (33 $\frac{0}{0}$), Bitterstoff, Gerbstoff, Gallussäure; nach STAHELEN und HOFSTETTER: eine eigentümliche wachsartige Substanz und einen eigentümlichen roten Farbstoff (Phlobaphen). Dazu kommt dann noch das von LOWITZ, JOHN, MASON, HÜNEFELD und HESS untersuchte Betulin.

Die Blätter enthalten nach GRASSMANN: ätherishes Oel ($\frac{1}{20}$ der frischen Blätter), Bitterstoff, Gerbstoff etc. Das ätherische Oel ist leichter als Wasser, riecht sehr angenehm balsamisch, dem Rosenöle ähnlich, setzt in der Kälte ein Steeropten ab.

Der Saft des Stammes enthält nach BRANDES, LAMPRECHT, neben Zucker und sonstigen Stoffen, auch zweifach-weinsteinsaures Kali, was auf eine gewisse Aehnlichkeit dieses Saftes mit dem Traubensafte deutet.

Anwendung. Die Rinde diente früher im Absud gegen Wechselfieber etc. Das mit der Rinde versehene Holz liefert in Russland durch absteigende Destillation einen Teer (Birkenteer, Dagget,*) schwarzer Degen; Oleum betulinum empyreumaticum, sogenanntes Oleum Rusci), der früher officinell war und noch jetzt bei der Fabrikation des Juftenleders eine Rolle spielt. — Die jungen, zähen Zweige dienen zu Reifen, Besen etc.

Die Blätter gebraucht man im Aufguss gegen Gicht, Rotlauf, auch äusserlich frisch aufgelegt. — Ihre Abkochung gibt mit Alaun und Potasche eine gelbe Farbe (Schüttgelb).

Der Saft liefert durch Gährung ein weinartiges Getränk (Birkenwein, Birkenchampagner).

Geschichtliches. Die Birke gehört zu den schon sehr lange in den Arzneischatz eingeführten Pflanzen. Als mehr nordisches Vegetabil blieb sie aber den alten Griechen unbekannt.

Das Wort Betula ist aus dem keltischen *betu* (Birke) entstanden.

Der Birkenschwamm, ein an alten Birken oft in beträchtlicher Grösse sich entwickelnder Pilz, ist von RIEGEL, dann von WOLFF und zuletzt von DRAGENDORFF untersucht. Als Bestandteile wurden gefunden: Phlobaphen, Fett, eisengrünender Gerbstoff, Zucker, Bitterstoff, mehrere organische Säuren, Gummi etc.

Die Rinde der in Nordamerika einheimischen zähen Birke, Betula lenta, liefert nach PROCTER durch Destillation mit Wasser ein ätherisches Oel, welches mit dem der *Gaultheria procumbens* (s. Wintergrün) identisch ist; sie enthält aber

---

*) Vom russischen *dogot* (Teer).

ursprünglich nur einen geruchlosen Körpert der erst durch Wasser, unter gleich-
zeitiger Anwesenheit eines andern (emulsinartigen) Stoffes der Rinde in das
ätherische Oel übergeht, und den der Verfasser Gaultherin nennt. Derselbe
ist gummiartig und von bitterlichem Geschmack.

Birnbaum.

Pyri oder *Fructus Pyri.*

Pyrus communis L.

Icosandria Pentagynia. — *Pomeae.*

Oft ansehnlich hoher Baum mit geradem Stamm, der Länge nach rissiger,
weissgrauer und schwärzlicher Rinde, abwechselnden, gestielten, ovalen, stumpfen,
am Rande gesägten, glänzenden Blättern, die äussersten büschelweise vereint,
in der Jugend am Rande und unten nebst den etwa halb so langen Stielen zart
behaart, im Alter glatt. Die mit dem Ausbruch der Blätter erscheinenden
Blumen stehen am Ende der Zweige in dichten Doldentrauben, haben ansehnliche schneeweisse Kronblätter und riechen schwach häringsartig. Die Früchte
sind fleischig, kreiselförmig, und verlaufen am Grunde in den Stiel. — Wächst
in den meisten europäischen Ländern wild, wird viel kultiviert und tritt in zahlreichen Spielarten auf.

Gebräuchlicher Teil. Die Frucht.

Wesentliche Bestandteile. Aepfelsäure, Zucker, Gummi, Pektin. Die
steinigen Konkremente in den Birnen bestehen nach BILTZ aus Holzfaser. In
den Früchten des wilden Birnbaums (in den Holzbirnen) fand LANDERER eine
nicht unbedeutende Menge eisenbläuende Gerbsäure. — Der häringsartige Geruch
der Birnblüte rührt nach WITTSTEIN von Trimethylamin her. — Die Wurzelrinde enthält Phlorrhizin.

Anwendung. Die unreifen Früchte verordnete man gegen Durchfall, Ruhr
etc.; die reifen dienen als kühlendes diätetisches Mittel, und werden teils roh,
teils auf verschiedene Weise zubereitet, auch als Mus verspeist. Die süssesten
Sorten verarbeitet man auch wohl auf Most, Wein, Branntwein, Essig.

Geschichtliches. Der Birnbaum hiess bei den Griechen Ἄπιος, bei den
Römern, wie noch heute, *Pyrus* (s. auch Apfelbaum). Schon die alten römischen
Aerzte empfahlen die Birnen als Krankenspeise.

Bisamkörner.

(Abelmoschuskörner.)

(Grana moschata. Semen Abelmoschi, Alceae aegyptiacae.)

Abelmoschus moschatus MÖNCH.

(Hibiscus Abelmochus L.)

Monadelphia Polyandria. — *Malvaceae.*

Gegen 1,2 Meter hoher Strauch, mit sehr rauhen sternförmig gestellten
Haaren, zumal an den Zweigen, besetzt. Die Blätter sind gross, fast schildförmig, an der Basis herzförmig, die untern in 7, die obern in 3 spitze Lappen
geteilt, am Rande gesägt, auf der untern Seite zottig behaart. Die grossen
Blumen stehen einzeln in den Blattwinkeln, die Krone ist schwefelgelb und an
der Basis purpurrot. Die Frucht ist eine bis 75 Millim. lange fünfkantige, länglich

pyramidale, schwärzliche, mit steifen Borsten besetzte Kapsel. — In Aegypten, Ost- und West-Indien einheimisch.

Gebräuchlicher Teil. Der Same; er ist linsengross, nierenförmig, graubraun, zierlich koncentrisch gestreift, in den Furchen grauschwarz, schliesst einen weissen öligen Kern ein, riecht, zumal erwärmt oder in der Hand gerieben, stark und angenehm moschusartig, und schmeckt gewürzhaft ölig. Der Riechstoff hat seinen Sitz in der Samenschale.

Wesentliche Bestandteile. Nach BONASTRE in 100: 36 Schleim, 6 Eiweis, 7 fettes Oel, Harz und Aroma.

Anwendung. Ehemals als stärkendes und reizendes Mittel. Die Araber setzen ihn dem Kaffee zu.

Geschichtliches. PROSPER ALPIN († 1617) und VESLING († 1649) scheinen die ältesten Schriftsteller zu sein, welche specielle Nachrichten über diese Droge und deren Mutterpflanze lieferten. Sie wurde in mehrere deutsche Pharmakopöen aufgenommen, und die württembergische bezeichnete sie als Aphrodisiacum.

Abelmoschus ist zus. aus dem arabischen *habb* (Same) und *el-mosk* (der Moschus).

Hibiscus ist zus. aus Ἶβις und ἴσκειν (ähnlich sein), d. h. eine Pflanze, deren Fruchtkapseln Ähnlichkeit haben mit dem Schnabel des Ibis.

Hibiscus elatus Sw., ein hoher, auf Kuba und andern westindischen Inseln vorkommender Baum, liefert den Bast, womit die Cigarren zusammmengebunden werden.

Bisamkraut.

(Moschuskraut.)

Radix und *Herba Moschatellinae*.

Adoxa moschatellina L.

Octandria Tetragynia. — *Saxifragaceae.*

Perennierendes Pflänzchen mit $2\frac{1}{2}$ Centim. dicker, knolliger, weisser, innen hohler Wurzel; 4kantigem, 15 Centim. hohem, einfachem Stengel; gestielten, dreizähligen, doppelt gefiederten Wurzelblättern mit stumpfen Segmenten, gleich den wenigen ungeteilten Stengelblättern glatt, lebhaft grün, unten glänzend. Die kleinen gelblichgrünen Blümchen sind am Ende des Stengels zu einem Köpfchen vereinigt. Das Endblümchen hat einen zweiteiligen Kelchsaum, eine Krone mit fünfteiligem Saum, 10 Staubgefässe und 5 Griffel. Die Früchte sind kleine, runde, grüngelbliche Beeren vom Geschmack der Erdbeeren. Die ganze Pflanze riecht nach Moschus. —

Gebräuchliche Teile. Wurzel und Kraut.

Wesentliche Bestandteile? Nicht näher untersucht.

Anwendung. Obsolet.

Adoxa von ἄδοξος (unberühmt, unscheinbar); LINNÉ spielte damit auf seine Gegner an, welche diese Pflanze als Beweis für die Unhaltbarkeit seines Systems anführten, weil sie keine Blüten habe; letztere sind aber in der That vorhanden, obwohl klein und von der Farbe der Blätter, daher nicht sogleich in die Augen fallend.

Bitterklee.

(Biberklee, Fieberklee, Monatsblume, Wasserklee, dreiblätterige Zottenblume.)

Herba Trifolii fibrini.

Menyanthes trifoliata L.

Pentandria Monogynia. — Gentianaceae.

Perennierende Pflanze mit cylindrischer, kriechender, etwa Federkiel- und darüber dicker, sehr langer, gegliederter, weisslicher, schwammiger Wurzel, die mit starken weissen Fasern besetzt ist. Die aus der Wurzel entspringenden Blätter sind langgestielt, stehen wie der Klee zu 3 beisammen, die einzelnen Blätter oval-länglich, stumpf, 36—48 Millim. lang, am Rande etwas ausgeschweift gekerbt, glatt, hellgrün, saftig. Die sehr schönen Blumen stehen auf einem Schafte, der etwas länger als die Blätter ist, in einer einfachen Traube, die ansehnliche Krone ist 5 spaltig, blass rosarot, innen mit einem Barte geziert. — Auf sumpfigen, torfigen Wiesen, in Gräben durch fast ganz Deutschland und das übrige Europa, sowie in Nord-Amerika.

Gebräuchlicher Teil. Das Kraut; es ist geruchlos, schmeckt stark und anhaltend bitter.

Wesentliche Bestandteile. Den Bitterstoff (Menyanthin), von KROMAIER im amorphen Zustande erhalten und als Glykosid (in Zucker und ein ätherisches Oel, Menyanthol, spaltbar) erkannt, gelang es NATIVELLE krystallinisch zu bekommen. Was früher TROMMSDORFF als Menyanthin bezeichnete, scheint eine Art Inulin zu sein.

Anwendung. Im Aufguss, Absud, auch als frisch gepresster Saft.

Geschichtliches. Den alten Griechen und Römern scheint diese mehr nordische Pflanze unbekannt geblieben zu sein. Als Arzneipflanze taucht sie erst im Mittelalter auf. VALERIUS CORDUS nannte sie Trifolium palustre, C. GESNER Biberklee, und TABERNAEMONTANUS Trifolium fibrinum.

Menyanthus ist zus. aus μηνύειν (anzeigen) und άνθος (Blüte), weil die Pflanze durch ihre leicht sichtbaren Blüten verborgene Sümpfe anzeigt. Man leitet auch ab von μην (Monat), in Bezug auf die Anwendung zur Beförderung der Menstruation; in diesem Falle müsste aber Menianthes geschrieben werden.

Bittersüss.

(Alpranken, Hirschkraut, Mäuseholz, kletternder Nachtschatten, Waldnachtschatten.)

Stipites Dulcamarae.

Solanum Dulcamara L.

Pentandria Monogynia. — Solaneae.

Ein 1 Meter und darüber langes Staudengewächs mit niederliegendem oder schlaffem, klimmendem und windendem Stengel, abwechselnden gestielten glatten herzförmigen Blättern, von denen die oberen spiessförmig oder geöhrt sind, sehr kurz oder wenig behaart; zur Seite der Blätter stehenden, hängenden, violetten Blumen und kleinen roten Beeren. — An feuchten Orten, Flüssen, Bächen, in Gräben, schattigen Hecken und auf Weiden.

Gebräuchlicher Teil. Die Stengel; es sind die jungen jährigen Stengel, im Frühjahr oder Herbst, vor Entwicklung der Blätter oder nach dem Abfallen derselben, zu sammeln. Durch Trocknen werden sie runzelig; sie sind mit einem gelbgrünen, z. T. grünlichen Oberhäutchen bedeckt, unter welchem eine dünne grüne Rinde liegt, auf die ein hellgrünes oder gelbes lockeres Holz folgt.

Das Innere ist hohl oder mit lockerem Marke erfüllt. Frisch haben sie einen starken widerlichen Geruch, der durch Trocknen vergeht. Der Geschmack ist anfangs bitter, dann eigentümlich anhaltend reizend, süss.

Wesentliche Bestandteile. Das Alkaloïd Solanin und ein eigentümlicher bittersüsser Stoff (Dulcarin, Pikroglycion, Dulcamarin), von GEISELER rein als gelblichweisses Pulver erhalten und als stickstofffreies Glykosid erkannt. Ausserdem enthalten die Stengel nach PFAFF noch balsamisches Harz, Stärkmehl etc. und nach WITTSTEIN viel milchsauren Kalk.

Anwendung. Im Aufguss und in der Abkochung.

Geschichtliches. Die alten griechischen und römischen Aerzte scheinen Solanum Dulcamara nicht gekannt zu haben; doch vermutet FRAAS in ihm den Στρύχνος ύπνωτικος des DIOSKORIDES. HIERON. TRAJUS nennt die Pflanze Amara dulcis und im Deutschen Hyndschkraut oder Jelängerjelieber. DODONAEUS führt sie zuerst als Dulcamara auf. In älteren Büchern findet man nicht die Stengel, sondern die Wurzel als Mittel gegen Wassersucht empfohlen.

Solanum ist abgeleitet von *solamen* (Trost, Beruhigung, von *solari*), in Bezug auf die schmerzstillende und einschläfernde Wirkung mehrerer Arten.

Blasenstrauch.

Folia Coluteae, Sennae germanicae.

Colutea arborescens L.

Diadelphia Decandria. — Papilionaceae.

Grosser, 2—4 Meter hoher und höherer schöner Strauch mit brauner glatter und warziger Rinde, abwechselnden, gestielten, ungleich gefiederten, 75—150 Millim. langen Blättern, aus 7—11, 12 Millim. langen und 5—8 Millim. breiten, verkehrt eiförmigen, mehr oder weniger ausgerandeten, ganzrandigen, oben glatten, hochgrünen, unten graugrünen, mit kurzen anliegenden glänzenden Härchen besetzten zarten Blättchen bestehend. Die Blüten stehen achselig gegen das Ende der Zweige in lockeren, 5—7 blütigen Trauben, die kürzer als die Blätter sind. Krone gelb, das Fähnchen an der Basis mit 2 Höckern. Hülse 40 Millim. lang und länger, 12—18 Millim. dick, aufgeblasen, mit dünner weisslicher durchscheinender Haut, vielsamig, die Samen fast nierenförmig, schwarzbraun, glatt. — Im südlichen Europa und selbst in einigen Gegenden Deutschlands auf Bergen, auf Felsen wachsend, bei uns häufig in Anlagen.

Gebräuchlicher Teil. Die Blätter; sie schmecken widerlich bitter und wirken abführend, doch weniger als die gewöhnlichen Sennesblätter des Handels.

Wesentliche Bestandteile. Bitterstoff; die Analysen von JOHN und von BUCHOLZ gaben aber über diesen (purgierenden) Stoff keinen nähern Aufschluss. Die Luft in den Hülsen wurde von ZIZ, TROMMSDORFF und ERDMANN untersucht, und in ihrer Zusammensetzung übereinstimmend mit der atmosphärischen Luft gefunden.

Anwendung. Ehemals als Purgans. Der bitterliche Samen wirkt emetisch.

Geschichtliches. Der Blasenstrauch ist die Κολουτεα des THEOPHRAST, während dessen Κολουτεα des PLINIUS *Spina appendix*, eine andere Pflanze, Berberis cretica L. ist.

Colutea von κολουειν (verstümmeln), weil die abgebrochenen, nicht abgeschnittenen Zweige zu Grunde gehen.

Blasentang.

(Seetang, Seeeiche, Meereiche, *Quercus marina.)*

Fucus vesiculosus L.

Cryptogamia Algae. — Fuceae.

Gabelig geteilte, flache, riemenartige, mit einer Mittelrippe versehene und mit paarweise ansitzenden rundlichen Blasen besetzte Stengel, oft von beträchtlicher Länge, mit elliptischen stumpfen Früchten; dunkel olivenbraun, selten blass rötlichbraun. Variiert sehr in der Grösse und bildet viele Spielarten. Riecht dumpfig, schmeckt schwach salzig. — Sehr verbreitet in allen Meeren.

Gebräuchlich das ganze Gewächs.

Wesentliche Bestandteile. Jodsalze.

Anwendung. Äusserlich zu Umschlägen gegen Skropheln. Innerlich in Extraktform und verkohlt (in diesem Zustande *Aethiops vegetabilis* genannt) zu demselben Zwecke. Das Extrakt auch innerlich gegen Fettleibigkeit. — Technisch zur Gewinnung des Jods.

Geschichtliches. War schon bei den Alten unter gleichem Namen im Gebrauche, und ist Φυχος von φυειν (wachsen, hier im kräftigsten Sinne zu verstehen) abgeleitet, weil diese Pflanzen durch ihr bedeutendes Längenwachstum ausgezeichnet sind.

Blauholz.

(Kampecheholz, westindisches Blutholz.)

Lignum campechianum.

Haematoxylon campechianum L.

Decandria Monogynia. —Caesalpiniaceae.

Ansehnlicher dorniger Baum mit gelblichem Splint und dunkelrotem Kernholz. Die Blätter stehen abwechselnd, sind ausgebreitet, 3—4 paarig gefiedert, die Blättchen klein, verkehrt herzförmig, ganzrandig, glatt, glänzend, fast lederartig, mit schief laufenden, fast parallelen Adern. Die kleinen Blumen stehen am Ende der Zweige in den Blattwinkeln, und bilden schöne einfache, 10—15 Centim. lange Trauben; die Kelche rot, die Kronen blassgelb, die Hülsen länglich zusammengedrückt, glatt, mit 3—4 Samen. — Ursprünglich einheimisch in den Wäldern der Bai von Campeche am mexikanischen Meerbusen, dann seit 1715) auch nach Jamaika und andern westindischen Inseln verpflanzt.

Gebräuchlicher Teil. Das Holz; es kommt in den Handel als grosse, vom Splinte befreite Scheite, welche aussen eine schwarze Farbe haben, wodurch man dasselbe sogleich von dem Brasilienholze unterscheiden kann. Geraspelt, wie es in den Apotheken vorrätig gehalten wird, sind es braunrote Späne, untermengt mit vielen Splittern, die einen schönen zeisiggrünen Schimmer zeigen. Riecht schwach, aber eigentümlich, gleichsam violenartig, schmeckt herbe, süsslich, dann bitterlich, färbt den Speichel stark violett.

Wesentliche Bestandteile. Nach CHEVREUL: Eisenbläuender Gerbstoff, roter Farbstoff (Haematin oder Haematoxylin), ätherisches Oel, Fett, Harz etc. Wie ERDMANN später nachgewiesen hat, ist das Haematoxylin im reinen Zustande nicht rot, und überhaupt an sich kein Farbstoff, sondern gleich dem Lecanorin, Orcin etc. eine farbstoffgebende Substanz; die damit entstehenden schönen Farben werden nur unter dem gleichzeitigen Einflusse stärkerer Basen, besonders der Alkalien, und des Sauerstoffs der Luft hervorgebracht. Das reine Hamatoxylin bildet blassgelbe durchsichtige, süssholzartig schmeckende Krystalle, u. s. w.

Anwendung. Als Medikament kaum mehr; fast ausschliesslich zum Färben.

Geschichtliches. Medicinisch benutzten das Blauholz zuerst die Engländer, und zwar gegen die Ruhr; in Deutschland fand es erst später, zumal durch die Empfehlung von WEINRICH in Erlangen 1780, allgemeinere Aufnahme.

Der Name Haematoxylon ist zus. aus αἷμα (Blut) und ξυλον (Holz).

Bleiwurzel.
(Zahnwurzel.)

Radix und *Herba Dentariae, Dentellariae, Plumbaginis; Herba Sancti Antonii.*
Plumbago europaea L.
Pentandria Monogynia. — Plumbagineae.

Perennierende Pflanze mit 0,60—1,2 Meter hohem, hin und her gebogenem, ästigem, gefurchtem Stengel; die Blätter umfassen den Stengel, sind lanzettlich, die unteren glatt, die oberen rauh, auf der unteren Seite mit weissen, erhabenen Punkten gezeichnet, ganzrandig oder schwach gezähnt. Die Blumen stehen in kleinen, oft ährenartig verlängerten Büscheln, mit Nebenblättern besetzt, der Kelch braun, drüsig behaart, klebrig, die Krone rosenrot oder weisslich, in der Knospe gedreht. — Im südlichen Europa und am Kaukasus

Gebräuchlicher Teil. Die Wurzel, sonst auch das Kraut. Sie ist lang, ästig, fleischig, oft fingerdick und dicker, frisch aussen gelblichbraun, glatt, innen gelblich oder rötlich; trocken dunkelbraun, runzelig, einen hellen sternförmig fächerigen Kern einschliessend; geruchlos, anfangs süss reizend, ähnlich dem Süssholz, dann anhaltend scharf schmeckend, speichelerregend. Ebenso das Kraut.

Wird die Wurzel in Papier eingewickelt aufbewahrt, so nimmt dieses eine bleigraue Farbe an. Zerreibt man die Wurzel zwischen den Fingern, so nehmen diese eine ähnliche Farbe an, woher der Name Plumbago, Molybdaena oder Bleiwurzel rührt. Die Ursache der Färbung ist ein in der Wurzel enthaltenes Fett.

Wesentliche Bestandteile. Nach DULONG ein eigentümlicher gelber, krystallisierender, anfangs süsslich, dann brennend scharf schmeckender Körper (Plumbagin).

Nach BRACONNOT bestehen die kleinen weissen Schuppen, welche auf den Plumbagineen oft so zahlreich vorkommen, dass sie der Pflanze ein graublaues Ansehen geben und rauh anzufühlen sind, aus kohlensaurem Kalk.

Anwendung. Ehemals gegen Zahnweh gekaut, das mit Wurzel und Kraut abgekochte Baumöl gegen Krätze, Kopfgrind, Krebs, äusserlich. Die Wurzel wirkt emetisch und hiess selbst Ipecacuanha nostras.

Geschichtliches. Die alten römischen und griechischen Aerzte scheinen diese Pflanze nicht gekannt zu haben; aber schon früh war sie ein Mittel gegen Zahnweh, denn bereits LOBEL und Andere nannten sie Dentellaria.

Plumbago ceilanica L. ist eine perennierende, in Ostindien verbreitete Pflanze, deren Wurzel dort als Abortivum, aber auch gegen Verdauungsstörungen und Rheumatismus dient. Diese Wurzel ist 6—12 Millim. dick, selten verästelt, im trockenen Zustande aussen dunkel rotbraun, längsstreifig, hie und da warzig, innen ebenfalls braun und gestreift, auf dem feuchten Schnitte grüngelb, und schmeckt brennend.

Blumenrohr, indisches.

Radix (Rhizoma) Cannae indicae L.

Caňna indica L.

Monandria Monogynia. — Cannaceae.

Perennirende, bis 1 Meter hohe Pflanze mit rohrartigem Stengel, grossen lanzettlichen und ei-lanzettlichen Blättern, Blumen am Ende des Stengels in Trauben, Kelch doppelt, jeder dreitheilig, Blumenkrone unregelmässig, zwei- bis dreitheilig, schön roth oder gelb, der Staubbeutel zur Seite an dem blumenblatt-artigen Staubfaden, Pistill keulenförmig, blumenblattartig; Kapsel dreifächerig, vielsamig, Samen rund. — In Ost- und West-Indien einheimisch.

Gebräuchlicher Theil. Der Wurzelstock; er ist gelblichweiss, dick, knollig.

Wesentliche Bestandtheile. Stärkmehl. Nicht näher untersucht. Ueber das Stärkmehl s. d. Artikel Pfeilwurzelmehl.

Anwendung. Obsolet.

Canna, Κχννα (Rohr, Schilf).

Bluthirse.

(Blutfingergras, Himmelthau, Mannagrütze.)

Semen (Fructus) Graminis sanguinarii, Ischaemi.

Digitaria sanguinalis PERS.

(Panicum sanguinale L., Syntherisma glabrum SCHRAD.)

Triandria Digynia. — Gramineae.

Perennirende Pflanze mit faseriger Wurzel, aufsteigendem, liegendem oder aufrechtem, 30 Centim. hohem, glattem Halme, behaarten Blattscheiden und breiten, kurzen Blättern. Die Aehren stehen zu 3—9 fingerförmig, sind fast glatt und röthlich-violett. — Häufig an Wegen, in Weinbergen etc. vorkommend.

Gebräuchlicher Theil. Die Früchte.

Wesentliche Bestandtheile. Nach SCHLESINGER in 100: 66 Stärkmehl, 2,5 Fett, 7 Zymom, 2,2 Gliadin, 2,5 Gummi.

Anwendung. Gleichwie Reis als Speise.

Digitaria von *digitus* (Finger), in Bezug auf die Stellung der Aehren.

Panicum entweder von πηνικη (falsches Haar, Perrücke), weil der Blüthenstand mit zahlreichen Haaren versehen ist; oder von *panis* (Brot), in Bezug auf die früheste Anwendung der Frucht zum Brotbacken; das Panicum des PLINIUS (XVIII. 10, 25) ist nämlich Holcus Sorghum, die Mohrenhirse. — Die Rispe *(panicula)* erhielt erst ihren Namen von Panicum, nicht umgekehrt.

Syntherisma von συνθεριζειν (mitabmähen), d. h. ein Viehfutter auf Wiesen.

Blutkraut.

(Officineller Wiesenknopf, falsche rothe Bibernelle.)

Radix Pimpinellae italicae.

Sanguisorba officinalis L.

Tetrandria Monogynia. — Rosaceae.

Perennirende Pflanze mit 0,90—1,20 Meter hohem, etwas ästigem, glattem, gestreiftem, oft braunroth gefärbtem Stengel, abwechselnden, aufrechten Zweigen, glatten, etwas steifen, unten weisslichen, oben dunkelgrünen, unterbrochen gefiederten Blättern, deren Blättchen oval herzförmig und scharf gezähnt sind. Die Blumen bilden eine kopfförmige, dicht gedrängte, 25—50 Millim. lange, braunrothe Aehre. — Häufig auf niedrigen, feuchten oder höheren waldigen Wiesen.

Gebräuchlicher Theil. Die Wurzel; sie ist oben oft fingerdick, fest, ästig, aussen schwarz- oder rothbraun, innen gelblich, geruchlos, schmeckt zusammenziehend.

Wesentliche Bestandtheile. Eisenbläuender Gerbstoff (nach FEHLING 6%). In der oberirdischen Pflanze fand C. SPRENGEL ebenfalls viel eisenbläuenden Gerbstoff, Bitterstoff, Zucker etc.

Verwechselungen. 1. Mit *Poterium Sanguisorba*; wächst an mehr sonnigen trockenen Hügeln, ist von ähnlichem Ansehen, aber kleiner, in allen Theilen zarter, die Blätter weichhaarig, die Blumenköpfe mehr rundlich, kleiner, die Blumen halbgetrennten Geschlechts, die Wurzel kleiner, grau. 2. Mit *Pimpinella Saxifraga*; ebenfalls an trocknen Orten, hat bloss in den Blättern Aehnlichkeit, denn die Blumen stehen in Dolden, sind weiss, die Wurzel kleiner, hellgrau, frisch fast weiss, scharf aromatisch.

Anwendung. Ehedem gegen Durchfälle. Wird noch in der Thierheilkunde benutzt. Sie ist übrigens eine schon lange im Arzneigebrauche stehende Pflanze. Der Name *Sanguisorba* bezieht sich auf die frühere Anwendung auch als blutstillendes Mittel.

Blutkraut, kanadisches.

Radix Sanguinariae.
Sanguinaria canadensis L.
Polyandria Monogynia. — *Papaveraceae.*

Perennirende Pflanze mit dicker fleischiger Wurzel, welche gleich den übrigen Theilen, von einem blutrothen Safte durchdrungen ist. Aus ihr kommen, unmittelbar ohne Stengel, Blätter und Blumen, und zwar die letzteren vor den ersteren. Die Blumenstiele sind nackt, finger- bis handhoch und tragen jeder eine weisse Blume von der Grösse der Garten-Anemone, ihre Blätter bilden zwei Reihen, von denen die der innern schmäler sind. Wenn die Blumen zu welken anfangen, erscheinen die Blätter; diese haben das Ansehen der Feigenblätter, sind in mehrere stumpfe Lappen getheilt, oben blass, unten weisslich grün, glatt, von vielen weissröthlichen Adern netzartig durchzogen, mit 7—10 Centim. langen röthlichen Stielen versehen. Die Frucht ist eine cylindrische, zugespitzte, einfächerige, zweiklappige, auf einer Seite sich öffnende Kapsel mit vielen kleinen braunrothen Samen. In trockenen Wäldern Nord-Amerika's von Kanada bis Florida einheimisch.

Gebräuchlicher Theil. Die Wurzel; man erhält sie durch den Handel in 25—75 Millim. langen, bis 12 Millim. dicken, gewundenen, fast cylindrischen Stücken; die Epidermis ist warzig, gerunzelt oder geringelt, rostbraun oder schwärzlich, während die innere Substanz einen weissen, roth punktirten Kern zeigt. Sie riecht kaum merklich, schmekt aber scharf, brennend, nur unbedeutend bitter und färbt den Speichel röthlich.

Wesentliche Bestandtheile. DANA fand darin ein Alkaloid (Sanguinarin), was aber nach SCHIEL identisch mit dem Chelerythrin ist. RIEGEL kündigte dann ein zweites Alkaloid an, dessen Eigenthümlichkeit aber noch in Frage steht. WAYNE's Puccin ist nach HOPP mit Harz und Farbstoff verunreinigtes Sanguinarin (Chelerythrin). Nach PEIRPOINT enthält die Wurzel auch eine eigenthümliche krystallisirbare Säure (Sanguinarsäure). Ferner ist darin Stärkmehl enthalten.

Anwendung. Meist als Tinktur. Die Pflanze erregt leicht Brechen; auch hat man ihre Wirkung bald mit der der Digitalis, bald mit der des Stramonium verglichen.

Bockshornklee.
(Griechisches Heu, Hornklee, Kuhhornklee.)
Semen Foeni graeci.
Trigonella Foenum graecum L.
(Foenum graecum officinale MÖNCH.)
Diadelphia Decandria. — Papilionaceae.

Einjährige Pflanze mit einfacher, dünner, befaserter Wurzel, 30—60 Centim. hohem, aufrechtem, rundem, gestreiftem, glattem, steifem Stengel, besetzt mit abwechselnden, z. Th. lang gestielten, 3 zähligen, glatten Blättern, deren einzelne Blättchen 12—24 Millim. lang; keilförmig, verkehrt eiförmig, stumpf oder mehr oder weniger ausgerandet, vorn fein gezähnt, glatt, gegen die Basis unten gleich den Blattstielen etwas behaart sind. Die Blumen stehen einzeln oder gepaart, achselig, ungestielt; die kleinen blassgelben Kronen bestehen aus den fast gleichen Flügeln und Fähnchen, während das angedrückte Schiffchen nur halb so gross ist. Die Hülsen sind 7—10 Centim. lang, 3 Centim. breit, linienförmig, lang zugespitzt, zusammengedrückt, etwas abwärts sichelförmig gebogen, glatt, netzartig geadert, höckerig, graugelblich, steif, dicht mit eckigen Samen versehen. — Im südlichen Frankreich, Italien, Griechenland, Aegypten, Klein-Asien wild auf Aeckern, auch in diesen Ländern und selbst in Deutschland kultivirt.

Gebräuchlicher Theil. Der Same; er ist 2—4 Millim. lang, 1 Millim. dick, rundlich, zusammengedrückt, an beiden Enden schief abgestutzt, mit einer schiefen, zur Hälfte einlaufenden Furche gezeichnet; heller oder dunkler gelbbraun oder rothbraun, matt, innen gelb, ziemlich hart, etwas schwer pulverisirbar, trocken und ungestossen schwach riechend, das Pulver aber verbreitet einen starken, dem Steinklee ähnlichen, doch weit widerlicheren Geruch, und hat einen unangenehmen bitteren mehligen Geschmack.

Wesentliche Bestandtheile. Aetherisches Oel von unangenehmem Geruche, viel Schleim, fettes Oel, Bitterstoff und eisengrünender Gerbstoff, kein Stärkmehl.

Verfälschung des gepulverten Samens mit Erbsenmehl ist durch Jodtinktur leicht zu erkennen, da lelzteres reich an Stärkmehl ist.

Anwendung. Zu erweichenden Breiumschlägen, Klystieren, ehedem auch zu mehreren Compositionen. Das Pulver in der Thierheilkunde.

Geschichtliches. Der Bockhornklee gehört zu den ältesten Arzneimitteln, heisst bei HIPPOKRATES, THEOPHRAST Βουχερας, bei DIOSKORIDES Τηλις, bei COLUMELLA, PLINIUS: *Siliqua* und *Silicula*. Die Alten benutzten die Pflanze auch als Gemüse, was im Oriente noch jetzt der Fall sein soll.

Trigonella ist zus. aus τρεις (drei) und γωνια (Ecke, Winkel); die Flügel und Fahnen der Krone sind, wie schon oben bemerkt, gleich gross, die Carina hingegen sehr klein, wodurch die Blume das Ansehen einer dreieckigen oder dreiblätterigen bekommt. — Foenum graecum weist auf die Verwendung der Pflanze in Griechenland als Viehfutter hin. LINNÉ meint zwar, das Foenum graecum der

Lateiner sei Medicago sativa (Luzerner Klee); sie hätten diese Pflanze aus Griechenland bekommen, und sowohl dieserhalb, als auch ihres Gebrauches wegen »griechisches Heu« genannt. Dies ist aber irrig, denn die lateinischen Schriftsteller bezeichnen die Medicago sativa stets nur mit »Medica.«

Bohnenbaum.
(Alpen-Ebenholz, goldener Regen.)
Folia Laburni.
Cytisus Laburnum L.
Diadelphia Decandria. — Papilionaceae.

Ansehnlicher Strauch von schlankem Wuchs, leicht baumartig und bis 8 Meter hoch werdend, mit grüner glatter Rinde an den Zweigen, die jüngsten Zweiglein mit kurzen, anliegenden, silberweissen Haaren bedeckt, langgestielten 3zähligen Blättern, die einzelnen Blättchen ziemlich gross, $3\frac{1}{2}$—7 Centim. lang, länglich-lanzettförmig, ganzrandig, oben hochgrün, unten graugrün, sehr fein netzartig geadert, glatt, etwas steif. Die Blumen am Ende der Zweige in grossen fusslangen und längeren, reichhaltigen, hängenden Trauben, mit ansehnlichen, goldgelben Kronen, die dem Gewächse zur Blüthezeit ein prächtiges Ansehen geben. Die Frucht ist eine 5—7 Centim. lange, einer kleinen Schminkbohne ähnliche, sehr kurz und anliegend seidenartig behaarte, beim Reifen weisslich werdende, 4—6samige Hülse. Die dunkelgrünen, reif fast schwarzen glänzenden Samen haben die Gestalt gemeiner Bohnen, sind aber kleiner, und der Nabeleindruck stärker. — Im südlichen Europa, der Schweiz auf Alpen vorkommend, bei uns häufig in Anlagen gezogen.

Gebräuchlicher Theil. Die Blätter; sie sind geruchlos, schmecken fade, krautartig, salzig, bitterlich, hinterher etwas scharf, und entwickeln beim Kauen viel Schleim. Die Samen schmecken ekelhaft bitter und scharf, wirken heftig emetisch und purgirend.

Wesentliche Bestandtheile. Chevallier und Lassaigne fanden in dem Samen einen eigenthümlichen Bitterstoff *(Cytisin)*, und Peschier und Jacquewin geben als Bestandtheile der Blätter und des Samens an: Cytisin, Fett, Harz, Stärkmehl, Schleim, eisengrünender Gerbstoff etc. Husemann und Marmé stellten das Cytisin im reinen krystallisirten Zustande dar, erkannten es als ein Alkaloid und konstatirten seine Anwesenheit nicht bloss in den Blättern und Samen, sondern auch in den Blüthen und unreifen Fruchthülsen. Es wirkt giftig. Ein von ihnen anfangs aufgestelltes Laburnin hat sich später als nicht existirend erwiesen.

Anwendung. Früher die Blätter als zertheilendes, Schleim lösendes Mittel. Das ganze Gewächs ist übrigens verdächtig, ja giftig, denn auch schon auf den Genuss der Blumen, Rinde sind sehr bedenkliche Zufälle erfolgt.

Geschichtliches. Der Κυτισος der Alten ist nicht unser C., sondern Medicago arborea, und führten den Namen von der Insel Cythnus, einer der Cycladen.

Laburnum ist das veränderte *alburnum* (Splint), und dieses von *albus* (weiss), weil der Splint der am wenigsten gefärbte Theil des Holzes und meist weiss ist. Plinius rühmt (XVI. 31) die Weisse und Härte des Holzes vom Laburnum.

Bohnenkraut.

(Wilder Isop, Gartensaturei, Sommersaturei, Wurstkraut.)

Herba Saturejae.

Satureja Hortensis L.

Didynamia Gymnospermia. — Labiatae.

Einjähriges, etwa 30 Centim. hohes sparrig ästiges Pflänzchen, dessen Stengel und Zweige mit kurzen abwärts stehenden gekrümmten Haaren und gegliederten Borsten besetzt ist; gegenüberstehenden, in einen Stiel sich verschmälernden, 25—35 Millim. langen, schmalen, linien-lanzettlichen, ganzrandigen, mit ähnlich gekrümmten Härchen besetzten und etwas gewimperten, unten vertieft punktirten, etwas dicklichen steifen Blättern. Blumen achselständig, einzeln oder in 3—8blüthigen Afterdolden. Blümchen klein, blassblau oder röthlich. — Im südlichen Europa und im Oriente wild, bei uns in Gärten gezogen.

Gebräuchlicher Theil. Das blühende Kraut; es hat einen angenehmen und starken eigenthümlich gewürzhaften Geruch, der auch beim Trocknen bleibt, und beissend aromatischen Geschmack.

Wesentliche Bestandtheile. Aetherisches Oel, eisengrünender Gerbstoff. Untersucht ist es noch nicht näher.

Verwechselung. Mit *Satureja montana* (Micromeria montana RCHB.), dem Wintersaturei, einer perennirenden Pflanze, deren Blätter lederartig, steif, glänzend, stachelspitzig, deren Blumen viel grösser und weiss sind. Sie ist auch weniger aromatisch; wächst ebenfalls im südlichen Europa wild, wird aber bei uns selten kultivirt.

Anwendung. Ehedem innerlich bei Brustkrankheiten, jetzt noch mitunter zu Bädern. In der Küche als Gewürz an Speisen, Bohnen, Würste etc.

Geschichtliches. Unsere Pflanze dürfte die Cunila sativa des PLINIUS sein, welche ebenfalls Satureja hiess, wie dies SCRIBONIUS LARGUS ausdrücklich sagt, obgleich COLUMELLA Cunila und Satureja als 2 Pflanzen beschreibt. Die S. der Alten war immerhin ein scharfes aromatisches Kraut, das sie vielfältig als Gewürz und Arznei benutzten. DIOKLES rühmt die S. als Mittel gegen Wassersucht.

Satureja ist das arabische *ss'ater.* LINNÉ leitet den Namen ab von σατυρος (Satyr), wegen der aphrodisischen Wirkung der Pflanze; PLINIUS wohl mit mehr Recht von *saturare* (sättigen), weil sie den Speisen als Gewürz zugesetzt wurde.

Boldoblätter.

Folia Boldo.

Boldoa fragrans GAY.

(*Peumus fragrans* MOL., *Ruizia fragrans* PAV.)

Pentandria Monogynia. — Nyctagineae.

Immergrünes sehr gewürzhaftes Bäumchen, dessen lederartige, länglich-ovale und getüpfelte Blätter, gleichwie die Rinde und die Blumen angenehm riechen. Die Früchte gleichen kleinen Oliven oder Eicheln und enthalten einen ziemlich harten Samen. — An der chilesischen Küste.

Gebräuchlicher Theil. Die Blätter; sie schmecken stechend kampherartig.

Wesentliche Bestandtheile. Aetherisches Oel, nach E. BOURGOIN und

CL, VERNE ein eigenthümliches bitteres Alkaloid (Boldin), nach HANAUSEK auch viel Gerbstoff.

Anwendung. Ist erst seit einigen Jahren in Europa bekannt nnd als Medikament empfohlen.

Bolda ist nach BOLDO, einem spanischen Botaniker, benannt worden.

Peumus stammt aus der chilesischen Sprache.

Ruizia nach HIPPOL. RUIZ, der mit PAVON und DOMBEY 1779—1788 Süd-Amerika im naturhistorischen Interesse bereiste, und mit ersterem eine Flora peruviana et chilensis, sowie eine Quinologie herausgab.

Boretsch.
(Borasch.)
Herba und *Flores Boraginis.*
Borago officinalis L.
Pentandria Monogynia. — *Boragineae.*

Einjährige, etwa 30 Centim. hohe, oft aber auch weit höhere Pflanze mit aufrechtem, hohlem, gefurchtem, rauhhaarigem und ästigem Stengel; die unteren Blätter sind z. Th. lang gestielt, die oberen sitzend, rauhhaarig, oben dunkelgrün, unten heller, am Rande etwas wollig, kraus, wimperig, ganzrandig. Die Blumen stehen in Trauben, anfangs gehäuft, dann aufrecht, auf eine Seite in 2 Reihen geneigt, der Kelch rauhhaarig, die Krone radförmig, schön hellblau, selten roth oder weiss, die Staubbeutel gegeneinander geneigt schwarz. — Stammt aus Klein-Asien, und findet sich jetzt bei uns häufig in Gemüsegärten, an Wegen auf Schutthaufen.

Gebräuchliche Theile. Das Kraut und die Blumen; ersteres hat frisch einen eigenen, schwach gurkenartigen Geruch und Geschmack, letztere riechen schwach honigartig und schmecken fade.

Wesentliche Bestandtheile. Nach LAMPADIUS: Spuren eines Riechstoffs, sehr viel Schleim, Harz, Eiweiss, und unter den Salzen besonders Salpeter.

Anwendung. Bei uns selten als Arzneimittel. In Frankreich giebt man noch Kraut und Blumen im Theeaufguss. Die Blumen gehörten früher zu den floribus quatuor cordialibus. Sonst benützt man die Blätter als Salat.

Geschichtliches. Die alten griechischen und römischen Aerzte scheinen den Boretsch nicht gekannt zu haben, wohl aber die Araber, und SPRENGEL ist der Meinung, AVICENNA habe das, was DIOSKORIDES von dem Βουγλωσσον (Anchusa italica RETZ.) sagt, aus Irrthum auf Borago übergetragen; es habe ferner MARCELLUS BURDIGALENSIS den Boretsch Burdunculus genannt, und daraus sei im Mittelalter das Wort Borago entstanden. Es ist aber vielmehr das veränderte *Corago*, zus. aus *cor* (Herz) und *agere* (führen, bringen), d. h. herzstärkendes Kraut. Man leitet auch wohl ab von βορα (Futter, Speise), also: ein geniessbares Kraut. In keinem Falle darf also »Borrago« geschrieben werden, obgleich die Ableitung dieses Wortes vom italienischen *borra* (Scheerwolle), in Bezug auf die Rauhheit der Blätter, zulässig erscheinen könnte.

Bovist.

Fungus chirurgorum.

Lycoperdon Bovista L.

(L. caelatum FR.)

Cryptogamia Fungi. — *Gasteromycetes.*

Strunk sehr kurz, dicht und gefaltet. Sporenbehälter verkehrt eiförmig, vom Umfange einer Wallnuss und grösser, die Hülle bildet flache Schuppen auf dem Scheitel des Pilzes. Farbe erst weiss, zuletzt braun. Consistenz erst fleischig, nach und nach trocken werdend, die Hülle zerreisst und der braune staubige Inhalt wird zerstreut. Riecht schwach widerlich, schmeckt fade salzig und etwas herbe. — An trocknen sandigen Orten zu Anfang des Herbstes.

Gebräuchlich. Das ganze Gewächs.

Wesentliche Bestandtheile. Wahrscheinlich dieselben, wie die des Hirschpilzes; näher untersucht ist der Bovist bis jetzt nur auf seine mineralischen Stoffe (von JOHN).

Anwendung. Im bis zur Trockne resp. Reife der Sporen enwickelten Zustande früher als blutstillendes Mittel. Die staubfeinen Sporen verursachen, wenn sie in Nase, Augen gelangen, Entzündungen.

Lycoperdon ist zus. aus λυχος (Wolf) und χερδειν (furzen), also wörtlich: Wolfsfurz oder vielmehr Wolfsdreck, um das Unansehnliche, Untaugliche, Schädliche, und somit die Verachtung dieses Gewächses zu bezeichnen. Die Alten glaubten sogar, aus den Excrementen des Wolfes enstände dieser Pilz.

Bovista von *bos* (Ochs), in Bezug auf seine Anwendung bei Krankheiten des Rindviehes. Angeblich latinisirt aus dem deutschen bofist (Ochsenfurz), in ähnlichem Sinne wie Lycoperdon.

Hieran schliessen wir das *Lycoperdon solidum*, einen merkwürdigen Pilz welcher rundliche Knollen mit schwärzlich-braunem, rauhem, rindenartigem Aeussern und festem braunem bis weissem Innern bildet, und im Gewichte von 100 bis über 1000 Grm. variirt. — In Süd-Carolina, Virginien, Alabama, im nördlichen und westlichen China und Japan auf den Wurzeln von Fichten oder an Plätzen, wo früher Fichten standen.

Gebräuchlich. Der ganze Pilz.

Wesentliche Bestandtheile. R. T. BROWN untersuchte ein virginisches und I. L. KELLER ein chinesisches Exemplar, die Resultate weichen aber bedeutend von einander ab, wie nachstehende Uebersicht zeigt.

	BROWN	KELLER
Holzfaser	64,45	3,76
Pektose	17,34	77,27
Gummi	2,60	2,98
Zucker	0,93	0,87
Proteïnsubstanz . . .	0,36	0,78
Mineralstoffe	0,16	3,64
Wasser	14,16	10,70
	100,00	100,00

Aus diesen Differenzen folgern HANBURY und CURREY, und zwar mit Recht, der Pilz sei nichts weiter als durch Eindringen eines Pilz-Myceliums veränderte Holzfaser. Das virginische Gewächs enthielt noch den grössten Theil der Holzfaser als solche, während im chinesischen dieselbe bereits grösstentheils verschwunden war.

Anwendung. In China, wo der Pilz *Fü-ling* heisst, verarbeitet man ihn zu essbaren Kuchen, welche in den Strassen verkauft werden. In Amerika diente er ebenfalls früher als Nahrungsmittel, und führt davon noch den Namen Indianisches Brot.

Brayera, wurmwidrige.

(Kosso, Kusso.)

Flores Brayerae, Kusso.

Brayera anthelminthica KUTH.

(*Hagenia abessinica* WILLD.)

Dodecandria Digynia. — *Rosaceae.*

Bis 20 Meter hoher Baum mit breit lanzettlichen, spitzen, ganzrandigen, filzig pulverigen, mit starker Mittelrippe versehenen Blättern, zweitheilig-gabeligen auseinander gesperrten, kantig abgerundeten, haarigen Blumenstielen mit 3—4, von zwei rundlichen Deckblättchen unterstützten Blumen, deren äussere 5 Kelchabschnitte röthlich, gewimpert, runzelig, aderig, etwa 4 Millim. lang und $1\frac{1}{2}$ Millim. breit, deren 5 innere kleinere spitz sind, und 5 schuppenartige gelbliche Kronblätter haben. — In Abessinien einheimisch.

Gebräuchlicher Theil. Die Blumen; sie kommen gewöhnlich nicht für sich, sondern mit Stielen und Blättern untermengt in den Handel, und müssen vor dem Gebrauch wenigstens von den Stielen befreit werden. Sie riechen eigenthümlich und schmecken anfangs kaum, hinterher aber scharf und kratzend.

Wesentliche Bestandtheile. Nach WITTSTEIN: bitter kratzendes Harz, geschmackloses Harz, fettes Oel, Wachs, eisengrünender Gerbstoff, Zucker, Gummi etc. BEDALL giebt noch ätherisches Oel, Stärkemehl, Essigsäure, Baldriansäure, Oxalsäure, Borsäure, ST. MARTIN einen krystallinischen zusammenziehend schmeckenden Körper (Koseïn) und VIALE und LATINI eine besondere Säure (Hagensäure) als Bestandtheile der Blüthen an. Das bitterkratzende Harz, welches der eigentlich wirksame Bestandtheil ist, wurde noch von PAVESI, der es Taeniin, und von BEDALL, der es Kussin nannte, näher untersucht, und bis dahin nur pulverig erhalten; während MERCK einen krystallinischen Körper aus den Blüthen erhielt, der aber geschmacklos ist, also nicht jenes Kussin sein kann.

Anwendung. In Substanz und im Aufguss gegen den Bandwurm, welcher dadurch in der Regel sicher abgetrieben wird.

Geschichtliches. Die Blüthen dieses Baumes benutzt man in Abessinien schon seit Jahrhunderten als wurmtreibendes Mittel. In Europa wurde das Gewächs erst 1790 durch BRUCE als Banksia abessinica bekannt; LAMARCK nannte es (nach dem berühmten Königsberger Apotheker K. G. HAGEN, geb. 1749, † 1829) Hagenia[*]) und WILLDENON 1799 Hagenia abessinica. KUNTH, der 1823 von Dr. BRAYER in Konstantinopel Blüthen empfing, hielt sie für neu und benannte nach ihm die Pflanze Brayera anthelminthica. Hofrath SCHUBERT brachte von seiner orientalischen Reise 1837 eine grössere Quantität der Drogue mit, wovon WITTSTEIN einen Theil zur Untersuchung erhielt, und von dieser Zeit an bildet sie einen Theil unserer Materia medica.

---

[*]) Der von BRUCE gewählte Name war nämlich bereits vergeben, und zwar nicht weniger als viermal (!), an eine Lythree, Proteacee, Scitaminee und Thymelee.

Brechhülse.
Folia Apallachines, Peraguae.
Ilex vomitoria AIT.
(I. ligustrina JACQ., *Cassine Peragua* MILL.)
Tetrandria Tetragynia. — *Iliceae.*

3—4½ Meter hoher Strauch mit braunem Stamme und schwarzröthlichen Aesten, kurz gestielten, lanzettförmigen, stumpfen, am Rande gekerbten oder gesägten, stark glänzend grünen, unten blassen Blättern. Die kleinen weissen Blumen sitzen doldenartig gehäuft in den Blattwinkeln, und hinterlassen rothe beerenartige Früchte. — In Carolina, Florida einheimisch.

Gebräuchlicher Theil. Die Blätter.

Wesentliche Bestandtheile? Nicht näher untersucht.

Anwendung. Als Thee, namentlich bei den Eingeborenen zur Bereitung ihres sogen. schwarzen Tranks *(blak drink)*, zu welchem Zwecke die Blätter vorher geröstet werden. Er wirkt diaphoretisch und diuretisch, in grössern Gaben berauschend und selbst emetisch. Auch die Beeren wirken emetisch.

Ilex vom celtischen *ec* oder *ac* (Spitze), in Bezug auf die stacheligen Blätter einiger Arten. Angeblich vom hebräischen אלן *(elon* Eiche).

Apallachine bezieht sich auf das gleichnamige Gebirge in der Heimath des Gewächses.

Peragua ist das veränderte *Paraguay,* wo ebenfalls Ilex-Arten vorkommen.

Cassine heisst das Gewächs bei den Indianern in Florida.

Brechnuss, schwarze.
(Purgirnussbaum).
Semen Ricini majoris, Ficus infernalis, Nuces catharticae americanae oder *barbadenses.*
Jatropha Curcas L.
Monaecia Monadelphia. — *Euphorbiaceae.*

4—5 Meter hoher milchender Strauch oder Baum, besonders an den Spitzen der Zweige mit lang gestielten, herzförmigen, 5 lappigen oder eckigen, ganzrandigen, glatten Blättern besetzt, und zur Zeit der jungen Triebe in vielblüthigen Doldentrauben stehenden kleinen gelbgrünen Blumen. Die Springfrucht ist oval, dreiknöpfig, schwärzlich, von der Grösse einer Wallnuss. — In Kolumbien und Kuba einheimisch.

Gebräuchlicher Theil. Der Same; er ist 14—20 Millim. lang und etwa 7—8 Millim. breit, 6 Millim. dick, aussen dunkelbraun, fast schwarz, und besonders gegen beide Enden hin mit feinen hellen vertieften Streifen und Punkten, welche eigentlich von dem aufgerissenen Oberhäutchen herrühren, gesprenkelt. Mit dem Samen des Ricinus kommt er im äussern Ansehn und der innern Structur fast ganz überein, ist aber grösser. Ohne Geruch, Geschmack anfangs milde ölig, dann anhaltend kratzend, wirkt heftig purgirend und emetisch. Nach HUMBOLDT ist der Same nach Entfernung des Embryo essbar.

Wesentliche Bestandtheile. Nach SOUBERAN: fettes Oel (37⅔), scharfe nicht flüchtige Substanz. Das Oel hat BOUIS näher untersucht. Die heftige Wirkung liegt wohl, wie beim Krotonöle, in einer weichharzigen Materie, über welche jedoch nichts Genaues bekannt geworden ist. Was die von PELLETIER und CAVENTON in diesem Samen gefundene flüchtige scharfe Säure (Jatrophasäure) betrifft, so haben, wie Soubeiran angiebt, jene beiden Chemiker nicht diesen, sondern den Samen von Croton Tiglium unter Händen gehabt.

Anwendung. Bei uns nicht mehr. In Amerika als Drastikum.

Geschichtliches. Die ersten Nachrichten über diesen Namen und besonders dessen Oel gab Monardes († 1577); man benutzte es damals bei Anasarka, wie bei allen anderen Arten von Hydrops, äusserlich und innerlich; auch bei Ileus, chronischer Gicht etc. wurde es sehr gerühmt. Gegen Würmer liess man es auf den Unterleib einreiben. Clusius gab eine Abbildung des Samens nebst der Benennung Curcas.

Jatropha ist zus. aus ἰατρον (Heilmittel) und φαγειν (essen); die Wurzel von I. Manihot liefert nach Entfernung ihres giftigen Saftes, ein sehr gesundes Nahrungsmittel (Cassava, Tapioka). und der Same von I. Curcas und I. multifida wird als Purgans benutzt.

Curcas ist ein amerikanischer Name.

Brechwurzel.
(Brechen erregende Kopfbeere.)
Radix Ipecacuanhae fuscae, griseae oder *annulatae.*
Cephaëlis Ipecacuanha Willd.
Pentandria Monogynia. — Rubiaceae.

Kleine, etwa 30 Centim. hohe Staude mit horizontal kriechender Wurzel, aufsteigendem, knotigem, stumpf vierkantigem, oben etwas behaartem Stengel. Die Blätter stehen fast am Ende des Stengels gegeneinander über, sind kurz gestielt, 5—10 Centim. lang, verkehrt eiförmig, länglich, etwas spitz, an der Basis verschmälert, in der Jugend fein behaart, und am Grunde mit borstenartig vielgetheilten, mit dem Stiele verwachsenen Afterblättchen versehen. Aus den Blattwinkeln entwickeln sich kurz gestielt die Blumenköpfchen, von herzförmigen stumpfen Brakteen umgeben, welche die Stelle einer Hülle vertreten. Jedes Köpfchen enthält 10—12 kleine weisse Blumen. Die Frucht anfangs purpurroth, wird später violett und schwärzlich, und hat die Grösse einer Erbse. — In feuchten, schattigen Wäldern Brasiliens, auch in Neu-Granada.

Gebräuchlicher Theil. Die Wurzel; sie kommt in den Handel in 5 bis 15 Centim. langen, auch längeren, strohhalm- bis federkieldicken Stücken; sie sind von ungleicher Dicke, gegen den Stiel zu dünner, und oft noch mit Resten des dünnen holzigen Stieles versehen. Meist hin und her gekrümmt und stark höckerig geringelt; die Ringe sitzen sehr nahe, kaum 2 Millim. entfernt, oft dicht aneinander, greifen tief ein und bestehen fast stets aus etwas über die Hälfte umlaufenden, gegen die Enden schmäler werdenden Erhöhungen, von denen häufig zwei fast gegenüber stehen und ihre schmalen Enden übereinander legen. Die Wurzel ist hart und fühlt sich rauh an; die Farbe der dünnen Oberhaut ist dunkel graubraun, und dies die braune Sorte; ist die Farbe der Oberhaut hellgrau, z. Th. mehr oder weniger ins Röthliche gehend, so nennt man dies die graue Sorte. Beide sind nicht wesentlich verschieden, sondern nur durch Alter, die Lage, den Boden, das Trocknen u. s. w. abweichend gefärbt. Im Innern ist sie weiss oder graulich, z. Th. ein wenig harzartig glänzend, hornartig durchscheinend, und schliesst einen blassgelblichen, dünnen holzigen Kern ein. Der grösste Theil der Wurzel besteht aus dem oft 2 Millim. dicken, festen, brüchigen, markigen, rindenartigen Theile, der nicht selten in einzelnen Stücken abgelöst, den holzigen Kern frei erkennen lässt. Geruch schwach dumpfig; beim Stossen entwickelt er sich weit stärker ekelhaft widrig und erregt mitunter Neigung zum Brechen. Geschmack stark bitter, ekelhaft.

Wesentliche Bestandtheile. Nach PELLETIER: eigenthümliches Alkaloid (Emetin), Stärkmehl, Harz, Wachs, Gummi, Gallussäure. Letztere Säure ist nach WILLICK nicht vorhanden, sondern statt ihrer eine eigenthümliche eisengrünende Gerbsäure (Ipecacuanhasäure). Das Emetin wurde dann noch von LEFORT untersucht.

Verwechselungen. Als Ipecacuanha sind noch verschiedene andere südamerikanische Wurzeln, welche emetische, doch schwächere Wirkung äussern, in den Handel gelangt, aber allmählich von der echten wieder verdrängt worden. Es sind hauptsächlich folgende.

1. Die Wurzel der *Richardsonia scabra*, derselben Familie angehörend, auch weisse, mehlige, wellenförmige I. genannt. Sie ist der echten ziemlich ähnlich, hat etwa gleiche Länge und Dicke wie diese, ist auch meist ungleich dick und gegen den holzigen Stiel zu, von dem noch oft 2—5 Centim. lange Reste vorhanden sind, dünner. Ferner ebenfalls und meist in noch mehrere ungleiche grosse und kleine Windungen gekrümmt, hat aber keine hervorstehenden rauhen Ringe, sondern ist meist mehr flach und besonders an den Windungen eingezogen. Die Eindrücke sind meist mehr entfernt als die Furchen bei der echten, 2—6 Millim. abstehend, laufen nur zur Hälfte und in die Quere, auch bemerkt man an ihr sehr zarte Längsrunzeln. Fühlt sich weniger rauh an, ist weicher, weniger spröde, Farbe der Oberhaut grau, meist aschgrau. Im Innern ähnelt sie ebenfalls der echten, doch ist die dicke äussere Rinde weisser und mehr mehlig, z. Th. leicht zerreiblich, der holzige Kern etwas zäher. Geruch schwach, aber eigenthümlich, Geschmack anfangs nur mehlig, dann reizend, nicht bitter.

2. Die Wurzel der *Psychotria emetica*, derselben Familie angehörend, auch schwarze oder gestreifte I. genannt. Sie unterscheidet sich leicht von den beiden vorhergehenden. Kommt in 7—12 Centim. langen Stücken vor, ist federkieldick und dicker (oft 6 Millim. und darüber), weniger gebogen, oft ganz gerade; wie die vorige durch Einschnitte in unregelmässige Glieder getheilt, hart, schwer zerbrechlich, dunkelgraubraun, fast schwarz, im Innern hellgrau oder weiss, mit blassbräunlichem, hartem, holzigem Kern; riecht nicht merklich, schmeckt anfangs gar nicht, später schwach ekelhaft reizend.

3. Die Wurzel der *Viola Ipecacuanha*, auch weisse holzige I. genannt; ist 10—15 Centim. lang, federkiel- bis kleinfingerdick, etwas gebogen, nach unten etwas astig und z. Th. mit dünnen Fasern besetzt; ebenfalls durch Querfurchen abgetheilt, die dicken Wurzeln haben Längsrunzeln und Furchen, die jüngeren und ziemlich glatt. Farbe graugelblich ins Bräunliche. Die Wurzel hat im Aussehen Aehnlichkeit mit der Seifenwurzel, das Innere ist aber heller; die Rinde viel dünner als bei der vorigen, weich und mehlig, der starke holzige Kern häufig gedreht, blassgelb. Geruchlos, Geschmack etwas scharf, nicht bitter.

Anwendung. Als Brechmittel, meist in Pulverform, dann als Tinktur, Sirup etc.

Geschichtliches. Graf MORITZ VON NASSAU - SIEGEN nahm bei seiner Expedition nach Brasilien in den Jahren 1636—1641 zwei Naturforscher mit, den holländischen Arzt WILHELM PISO und GEORG MARKGRAF von Liebstadt bei Meissen, welche nebst zahlreichen anderen Gewächsen auch die wahre Ipeca-

cuanha entdeckten, beschrieben, abbilden liessen und von ihren Heilkräften Nachricht gaben, aber, wie es scheint, keinen Vorrath von Wurzeln nach Europa
sendeten.   Ueber die richtige botanische Bestimmung war man lange ungewiss,
RAJUS meinte, es sei eine Art Paris, MORISON rieth auf eine Lonicera, LINNÉ
schrieb die Wurzel seiner Viola Ipecacuanha zu, und erst GOMEZ gab die nöthige
Berichtigung.   Im Jahre 1672 brachte ein Arzt Namens LE GRAS eine Quantität
Wurzeln nach Frankreich, und sie scheint auch bald nachher öfter gebraucht
worden zu sein, indem sie bereits 1684 in den Preislisten mehrerer europäischer
Droguisten aufgeführt wird; auch besassen sie zu jener Zeit schon die Pariser
Apotheker CLAQUENELLE und POULAIN in ihren Officinen.   Indessen blieb das
Mittel doch noch den meisten Aerzten unbekannt, bis Dr. AFFORTI einen kranken
Kaufmann Namens GRENIER behandelte und heilte.   Dieser bot zum Zeichen
seiner Dankbarkeit dem Arzte eine Portion der Ipecacuanha unter dem Namen
der brasilianischen Ruhrwurzel.   AFFORTI beachtete aber dieses Geschenk nicht
sehr und überliess es einem Studenten Namens JOH. ADRIAN HELVETIUS, der ihn
zu seinem Kranken zu begleiten pflegte.   HELVETIUS behandelte das Mittel als
ein Geheimniss, und durch glückliche Verhältnisse unterstützt, gelang es ihm,
grosses Aufsehen mit seinem angeblichen Arkanum zu machen, so dass LUDWIG XIV.
sich veranlasst sah, es ihm um 1000 Louisdor abzukaufen und ihm noch ein
Privilegium des Alleinverkaufes zu ertheilen.   Dies zog ihm einen Process von
Seiten des Kaufmanns GRENIER zu, den er zwar gewann, allein alle Umstände
der ganzen Sache lauten nicht sehr rühmlich für HELVETIUS, der 1688 das Nähere
in einer kleinen Schrift unter dem Titel Remédé contre le cours de ventre bekannt machte.   In Deutschland lenkte besonders LEIBNITZ die Aufmerksamkeit
auf das neue Mittel, und zwar in den Verhandlungen der Leopoldinischen Socie-
tät der Naturforscher vom Jahre 1696 unter der Aufschrift: De novo antidysen-
terico americano.   Noch in der ersten Hälfte des 18. Jahrh. war die Ipecacuanha
eine seltene und so theure Drogue, dass man für eine Dosis 1 Louisdor bezahlen
musste.

Der Name Ipecacuanha ist portugisisch und zus. aus *i* (klein), *pe* (am Wege)
caa (Kraut) und *goene* (Brechen erregend).

Cephaëlis ist zus. aus κεφαλη (Kopf) und εἰλειν (zusammendrängen), d. h. eine
Pflanze mit in einem Kopf vereinigten Blumen.

Richardsonia ist benannt nach dem englischen Botaniker RICHARDSON, der
1699 über Gartenkultur schrieb.

Psychotria ist zus. aus Ψυχη (Seele, Leben) und τρεφειν (ernähren, erhalten);
aus dem Samen der Ps. herbacca bereitet man nach P. BROWNE auf Jamaika
ein angenehmes kaffeeähnliches Getränk.   LINNÉ zog den ursprünglich von BROWNE
gebildeten Namen Psychotrophum zusammen.

Wegen Viola s. den Artikel Veilchen, blaues.

Breiapfelbaumrinde.

Cortex Sapotae.

Achras Sapota L.

Hexandria Monogynia. — *Sapotaceae.*

Gegen 9 Meter hoher Baum mit elliptisch-länglichen, etwas stumpfen
glänzenden Blättern, einzelnen Blumen mit sechstheiligem Kelche und sechs-
spaltiger Krone, rauher, brauner, elliptischer, zwölfsamiger Apfelfrucht mittlerer

Grösse mit sehr weichem, angenehm süssem Fleische. — In Süd-Amerika und Australien einheimisch.

Gebräuchlicher Theil. Die Rinde; sie schmeckt bitter.

Wesentliche Bestandtheile. ? Ist noch nicht untersucht. Der Stamm liefert durch Einschnitte einen Milchsaft, der zu einer harten brüchigen Masse, die sich nach Scott ähnlich dem Kautschuk verhält, eintrocknet.

Anwendung. Die Rinde in Amerika gegen Fieber. Früher gebrauchte man auch die schwarzen glänzenden, sehr bitter schmeckenden Kerne wegen ihrer harntreibenden Wirkung.

Geschichtliches. Unter Ἄχρας verstanden die Alten (Aristoteles, Theophrast, Dioskorides) den wilden Birnbaum, Pyrus salicifolia und P. communis, mithin keine Sapotacee, sondern eine Pomacee

Sapota ist das mexikanische zapotl.

Brennnessel.

Radix, Herba und *Semen Urticae.*

Urtica dioica L.

Urtica urens L.

Monoecia Tetrandria. — *Urticaceae.*

Urtica dioica, die zweihäusige, grosse Brennnessel, ist eine perennirende Pflanze von 0,90—1,20 Meter und mehr Höhe mit aufrechtem oder aufsteigendem, stumpf 4kantig gefurchtem, z. Th. ästigem Stengel, gegenüberstehenden Aesten und, sowie die gegenüberstehenden herzförmig-länglichen Blätter, mit etwas steifen, kurzen, hohlen Haaren oder Borsten besetzt, die einen sehr scharfen Saft enthalten, welcher sich beim Verletzen der Haut durch die Borsten in die Wunde ergiesst und das heftigste Brennen nebst Röthen und Anschwellen derselben veranlasst (Salmiakgeist auf die Haut gebracht, lindert bald den Schmerz). Die Blumen sind klein, unansehnlich, grünlich, bilden dünne lange, hängende, ästige, ährenförmige, aus kleinen Knäueln bestehende Trauben, männliche und weibliche ganz getrennt auf verschiedenen Pflanzen. — Ueberall an Wegen, in Hecken, Gärten etc.

Urtica urens, die kleine oder Eiternessel, ist einjährig, wird nur 30—45 Centim. hoch, die Blätter sind fast rautenförmig, die Blumen stehen achselig in aufrechten, sehr ästigen, kurzen, büschelförmigen Trauben, männliche und weibliche auf ein und derselben Pflanze. — Standort derselbe.

Gebräuchliche Theile. Die Wurzel, Blätter und der Same.

Die Wurzel der ersten Art (Radix Urticae majoris); sie ist cylindrisch, federkieldick bis fingerdick, ringsum stark befasert, aussen gelblich, innen weiss, riecht schwach widerlich, schmeckt widerlich süsslich rübenartig.

Die Blätter (das Kraut), beider Arten; fast geruchlos, krautartig schmeckend, von der ersten Art etwas bitterlich, von der zweiten mehr salzig.

Der Same beider Arten; ist sehr klein, eiförmig, plattgedrückt, hellbraun oder grau, vom bleibenden Kelche umhüllt, geruchlos, fade schleimig schmeckend.

Wesentliche Bestandtheile. In der Wurzel nach Schömaker: ätherisches Oel, Stärkmehl, Gummi, Zucker, Albumin und zwei Harze. — In den Blättern beider Arten nach Saladin: Gerbsäure, Gallussäure, Gummi, Wachs etc.; die weitere Angabe, dass auch doppelt kohlensaures Ammoniak zugegen, beruht jedenfalls auf Täuschung, ebenso dass die Ursache des Schmerzes beim Stechen der Nessel dieses Ammoniaksalz sei. Vielmehr enthalten diese Pflanzen, wie GORUP-BESANEZ gefunden hat, freie Ameisensäure; diese ist im concentrirtesten Zustande in dem Kanale der Haare enthalten und verursacht in der Wunde den Schmerz. — Der Same ist reich an Schleim.

Anwendung. Ehemals brauchte man alle Theile der beiden Pflanzen als harntreibend anthelminthisch, selbst gegen Schwindsucht. Mit den frischen Pflanzen wurden rheumatisch und paralytisch gelähmte Glieder gepeitscht, welches Verfahren man Urticatio nannte. Die jungen Blätter werden in unseren Gegenden als Gemüse genossen. Aus den Stengeln der grösseren Art bereitet man auch ein feines Gewebe (Nesseltuch). Die schleimige Abkochung des Samens ist sehr wirksam gegen Diarrhoe bei Kindern.

Geschichtliches. Schon die Alten machten medicinischen Gebrauch von mehreren Nesselarten. Urtica dioica ist Urtica sylvestris des PLINIUS und anderer Römer, Urtica urens ist ἑτέρα ἀκαλύφη des DIOSKORIDES.

Brennnessel, pillentragende.
Semen Urticae piluliferae.
Urtica pilulifera L.
Monoecia Tetrandria. — Urticaceae.

Einjährige Pflanze mit fast herzförmig-eiförmigen Blättern und in kleinen, kugeligen Köpfchen stehenden Blumen, von denen die weiblichen gestielt sind. Der durch die Haare und Borsten dieser Pflanze verursachte Stich ist noch schmerzhafter als von unseren einheimischen Arten und kann selbst lebensgefährliche Folgen haben. — Im südlichen Europa, mittleren Asien und Ost-Indien.

Gebräuchlicher Theil. Der Same.

Wesentliche Bestandtheile. ? Nicht untersucht.

Anwendung. Nach LANDERER spielt der Same im Oriente eine grosse Rolle; derselbe gilt nämlich für ein ausgezeichnetes Galaktopoeum, wird daher fast von jeder säugenden Mutter gebraucht (als Thee?).

Geschichtliches. HIPPOKRATES führt diese Pflanze als Ἀκαλύφη und κνίδη, THEOPHRAST als Ἀκαλήφη und DIOSKORIDES als Ἀκαλύφη ἀγριωτέρα an.

Brombeere, blaue.
(Bocksbeere.)
Folia Rubi bati.
Rubus caesius L.
Icosandria Polygynia. — Rosaceae.

Stengel meist dünner als bei R. fruticosus, mehr rundlich, z. Th. weisslich bereift, niederliegend oder kriechend, mehr kraut- als strauchartig. Die Stacheln sind kleiner, die Blätter nur 3zählig, oft nur gepaart oder einzeln, die Blättchen eiförmig, zuweilen zweilappig, ungleich gesägt, oben glatt, unten zart behaart. Die Blumen stehen in kleinen sparsamen Trauben, sind kleiner, weiss; die Beeren bei der Reife blauschwarz, mit weisslichem Reife überzogen, in der Regel unvollkommen ausgebildet und nur aus wenigen Beerchen von ungleicher Grösse zusammengesetzt. — Ueberall auf Aeckern, in Hecken, an alten Mauern, Steinhaufen.

Gebräuchlicher Theil. Die Blätter; sie schmecken herbe.

Wesentliche Bestandtheile. Eisengrünender Gerbstoff. Nicht näher untersucht.

Anwendung. Ehedem als Thee, zu Gurgelwasser.

Rubus ist abgeleitet von *ruber* (roth), in Bezug auf die Farbe der Früchte mehrerer Arten.

Das Wort Brombeere soll von Bronnen (Stachel) kommen; man könnte auch von brennen ableiten, in Bezug auf die Wirkung der Stacheln!

Brombeere, norwegische.

(Multbeere, zwergartige Maulbeere, Sumpfhimbeere.)

Folia und *Baccae Chamaemori.*

Rubus Chamaemorus L.

Icosandria Polygynia. — Rosaceae.

Perennirende Pflanze mit krautartigem, einfachem, etwa 20 Centim. hohem, stachellosem Stengel, der mit 2—3 einfachen, rundlich-nierenförmigen, gelappten Blättern besetzt ist, und am Ende eine ansehnliche, blass purpurrothe Blume trägt. Letztere ist getrennten Geschlechts, die Beere anfangs granatroth, wird aber später vollständig bernstein- bis orangengelb. — In sumpfigen, sowie in ganz trockenen Gegenden des nördlichen Europa, Asien und Amerika.

Gebräuchliche Theile. Die Blätter und Früchte; jene schmecken anfangs widerlich süsslich, dann anhaltend bitter; diese etwas süsslich fade und säuerlich.

Wesentliche Bestandtheile. In den Blättern nach WOLFGANG: Bitterstoff, eisengrünender Gerbstoff, Zucker, Stärkmehl (?), Harz, Fett. In den Früchten wies SCHEELE Aepfelsäure und Citronensäure, CECH Zucker und gelben Farbstoff nach.

Anwendung. Die Blätter rühmte 1815 Dr. FRANK gegen Harnkrankheiten, und die Beeren sollen als antiskorbutisch, sowie gegen Blutspeien sich bewährt haben. Mit ihrem gelben Safte kann man, wie CECH beobachtet hat, Baumwolle, Wolle und Seide intensiv und dauerhaft orangegelb färben.

Brombeere, schwarze.

(Braunbeere, Kratzbeere.)

Baccae Rubi fruticosi. Mora Rubi.

Rubus fruticosus L.

Icosandria Polygynia — Rosaceae.

Stacheliger Strauch, grösser und stärker als der Himbeerstrauch, mit dickeren und längeren gefurchten, mit starken Stacheln versehenen aufrechten, gewöhnlich aber liegend ausgebreiteten, glatten oder mehr oder weniger behaarten, häufig braun gefärbten Stengeln. Die Blätter sind theils eiförmig zugespitzt, theils rundlich oder oval-herzförmig, stark gesägt oder selbst mehr oder weniger tief eingeschnitten, gewöhnlich oben dunkelgrün, unten weiss filzig behaart oder auch auf beiden Seiten grün und mit feinen Härchen besetzt. Die Blumen sind weiss oder schön rosenroth, grösser als die des Himbeerstrauches, sitzen am Ende der Zweige in meist ansehnlichen ästigen, rispenförmigen, z. Th. etwas nickenden Trauben oder Doldentrauben. Auch die Früchte sind grösser; sie bleiben sehr lange roth und werden erst bei völliger Reife glänzend schwarz. Variirt sehr in der Form, Behaarung der Blätter, im Blüthenstande etc. — Durch ganz Deutschland, sowie im südlichen Europa häufig in Hainen, Wäldern und Gebüschen.

Gebräuchlicher Theil. Die Früchte; sie sind geruchlos, saftig, der Saft dunkel violettroth, schmecken angenehm säuerlich süss.

Wesentliche Bestandtheile. Zucker, Gummi, Schleim, Pektin, Farbstoff, Pflanzensäuren (nach SCHEELE Aepfel- und Citronensäure.)

Anwendung. Die unreifen, getrockneten Früchte früher gegen Durchfall, die reifen als kühlendes diätetisches Mittel, dann als Sirup. Oft hat man sie den Maulbeeren substituirt.

Geschichtliches. Der Brombeerstrauch gehört zu den ältesten Arznei- gewächsen; er heisst bei THEOPHRAST χαμαίβατος, bei DIOSKORIDES βατος, bei PLINIUS und anderen Römern *Rubus*. Nach DIOSKORIDES benutzte man die Beeren auch zum Färben der Haare.

Brotfruchtbaum.

Fructus Artocarpi.

Artocarpus incisa FORST.

Monoecia Monandria. — Artocarpeae.

Baum von 12 und mehr Meter Höhe mit sehr schöner dichter Krone aus grossen fingerförmig gelappten Blättern. Die Blüthen sind einhäusig; die männ- lichen stehen in cylindrischen Kätzchen, an denen die zweitheiligen Blüthen- hüllen ein Staubgefäss tragen. Die weiblichen Blüthen bestehen aus nackten Fruchtknoten, welche mit dem kolbenförmigen Fruchtboden verwachsen sind und eine grosse kugelige, zusammengesetzte Frucht bilden. Diese erreicht einen Durchmesser von 15—20 Centim. und die sechseckigen Felder der Oberfläche deuten die einzelnen Früchte an, aus denen sie besteht. Sie hat eine harte Rinde und ein gelbliches, saftiges Mark. — Auf allen Inseln der Südsee und des indischen Meeres, sowie in Südamerika wild und angebaut.

Gebräuchlicher Theil. Die Frucht.

Wesentliche Bestandtheile. Nach RICORD-MADIANNA: Stärkmehl (14), Albumin, Harz etc. (Verdient genauer geprüft zu werden.)

Anwendung. Eines der wichtigsten Nahrungsmittel der Tropen. Noch nicht ganz reif wird die Frucht gebacken und soll dann ähnlich unserem Weiss- brot schmecken.

Artocarpus ist zus. aus ἄρτος (Brot) und καρπος (Frucht.)

Bruchkraut.

Herba Herniariae.

Herniaria vulgaris SPR.

(Herniaria glabra und *hirsuta* L.)

Pentandria Digynia. — Paronychiaceae.

Kleine perennirende Pflanze mit ästigen, im Kreise um die perpendiculäre Pfahlwurzel auf der Erde ausgebreiteten Stengeln, abwechselnden, kleinen glatten, hellgelblich grünen (H. glabra) oder mehr kurz behaarten, dunkler grünen (H. hirsuta) Blättern. Die Blätter sind mit kleinen eiförmigen, häutigen Afterblättchen umgeben. Die Blüthen sitzen in flachen, gelbgrünen Knäueln, den Blättern gegenüber, nehmen, besonders bei der glatten Abart, fast die ganzen Stengel ein, sind sehr klein, glatt oder kurz behaart, mit 1 oder 2 weissen häutigen, eiförmigen Nebenblättchen gestützt. — Häufig an trockenen, sandigen, sonnigen Orten, auf Aeckern, Grasplätzen etc.

Gebräuchlicher Theil. Das blühende Kraut; es ist geruchlos, schmeckt etwas salzig, wenig adstringirend.

Wesentliche Bestandtheile. Gerbstoff? die Pflanze ist bis jetzt nur auf ihre mineralischen Bestandtheile untersucht worden.

Anwendung. Ehedem als Diuretikum gegen Steinbeschwerden, Brüche (herniae, daher der Name.)

Brunelle.

(Braunelle, Braunheil.)

Herba Prunellae, Brunellae, Consolidae minoris.

Prunella vulgaris L.

Didynamia Gymnospermia. — Labiatae.

Kleine perennirende Pflanze mit kriechender ästig-fasriger Wurzel, finger-bis fusslangen, am Grunde gewöhnlich niederliegenden, dann aufrechten, ein-fachen oder ästigen Stengeln, gestielten 25—75 Millim. langen, ganzrandigen oder etwas gesägten, an der Basis meist gezähnten, 3nervigen, rauhhaarigen Blättern. Die Blumen bilden am Ende der Stengel dichte, eiförmig-längliche, 35—50 Millim. lange, aus Quirlen bestehende Aehren, die Quirle mit rundlichen, zugespitzten, aderigen, behaarten, meist violett-braunen Nebenblättern gestützt. Kelch meist violettbraun, Krone blauroth. Variirt mit mehr oder weniger ge-theilten oder geschlitzten Blättern, und blassrothen oder weisslichen Blumen. — Ueberall auf Wiesen, Weiden, Feldern, an Wegen.

Gebräuchlicher Theil. Das blühende Kraut; es ist geruchlos und schmeckt etwas herbe bitterlich.

Wesentliche Bestandtheile. Nach C. SPRENGEL: Eisenbläuender, (eisen-grünender?) Gerbstoff, Bitterstoff, Wachs, Harz etc.

Anwendung. Veraltet. Die jungen Blätter können als Salat und Gemüse genossen werden.

Geschichtliches. Die Brunelle ist eine zuerst von deutschen Aerzten im Mittelalter eingeführte Pflanze, indem selbst der Name, wie schon C. BAUHIN er-innert, deutschen Ursprungs ist, und von Bräune *(angina)* kommt, weil das Mittel vorzugsweise bei Halsentzündungen angewendet zu werden pflegte, wonach auch die Schreibart Brunella die richtigere ist. Die alten deutschen Botaniker nannten die Pflanze durchgängig Brunella, nur in den Schriften des MATTHIOLUS heisst sie Consolida minor, womit die alte pharmaceutische Nomenklatur über-einstimmt.

Brunnenkresse.

(Bachkresse, Wasserkresse.)

Herba Nasturtii aquatici.

Nasturtium officinale R. Br.

(Sisymbrium Nasturtium L.)

Tetradynamia Siliquosa. — Cruciferae.

Perennirende Pflanze mit kriechender faseriger Wurzel, 30 Centim. langem und längerem, an der Basis niederliegendem und wurzelndem, dann aufsteigen-dem, ästigem, rundem, gefurchtem, glattem, dickem, hohlem, saftigem Stengel; zugleich gefiederten Blättern, deren Blättchen gegenüberstehen, ungestielt, oval oder rundlich, stumpf sind, und von denen das am Ende stehende weit grösser, fast herzförmig rundlich oder eiförmig ist; alle mehr oder weniger stumpf ausgeschweift, hellgrün, saftig und ganz glatt. Die kleinen schneeweissen Blumen stehen am Ende der Stengel und Zweige in allmählich sich verlängernden Dolden-trauben. Die kurzen Schoten sind höckerig und glatt. — Eine überall ver-breitete Wasserpflanze.

Gebräuchlicher Theil. Das frische Kraut; .es hat, besonders beim Zerreiben, einen den übrigen Kressenarten und dem Löffelkraute ähnlichen Geruch, und scharf bitterlichen, doch etwas mildern Geschmack als letzteres. Beides geht durch Trocknen verloren.

Wesentliche Bestandtheile. Scharfes ätherisches Oel ($\frac{1}{3000}$), das reich an Stickstoff, aber frei von Schwefel und Sauerstoff ist, und eisengrünen-der Gerbstoff.

Verwechselungen. 1. Mit *Cardamine amara;* diese sehr ähnliche Pflanze unterscheidet sich durch den aufrechten, geraden, mit Ausläufen ver-sehenen, steiferen, nicht hohlen Stengel, durch die meist grösseren Wurzelblätter, und mehr länglichen, eckig gezähnten Stengelblätter, sowie durch die viel grösseren milchweissen, mit hellen Adern durchzogenen Kronblätter. 2. Mit *Cardamine pratensis;* diese wächst auf Wiesen, ihre Blättchen sind weit kleiner und mehr rundlich, und die Blumen hell violettröthlich.

Anwendung. Man benutzt den ausgepressten Saft, oder die ganze frische Pflanze wie Kresse und Löffelkraut, als Salat u. s. w.

Geschichtliches. Die Brunnenkresse ist das Σισυμβριον ἕτερον des Dios-KORIDES u. A., und das *Sisymbrium* des PLINIUS u. A.

Nasturtium ist zus. aus *nasus* (Nase) und *torquere* (drehen) in Bezug auf den Reiz, welchen das Kraut beim Zerquetschen oder Zerkauen auf die Nase ausübt.

Sisymbrium ist vielleicht zus. aus συς (Schwein) und ὀμβριος (Regen, Nässe), d. h. eine Pflanze, welche an nassen Orten (Pfützen, in welchen die Schweine gern herumwühlen) wächst; die erste Silbe σι scheint nur Verstärkungswort zu sein, um anzudeuten, dass die Pflanze einen recht nassen Standort liebt. Dies passt auch sehr gut auf die beiden Σισυμβριον-Arten des DIOSKORIDES, denn die eine Art (ἕτερον, das *Sisymbrium* des PLINIUS) ist unsere Brunnenkresse, und die andere Art (ἄγριον) ist (allerdings keine Crucifere) *Mentha aquatica.*

Brustbeere, rothe.
(Judendorn.)
Jujubae, Zizypha.
Zizyphus vulgaris LAM.
(Rhamnus Zizyphus L.)
Pentandria Monogynia. — Rhamneae.

Kleiner. bis 6 Meter hoch werdender Baum mit zahlreichen krummen und ziemlich dicken Aesten; an jedem Knoten befinden sich zwei Dornen ungleicher Grösse, von denen der grössere gerade, der kleinere etwas gebogen ist. Die Blätter stehen abwechselnd, sind oval-länglich, etwas hart, lederartig, glatt, kurz gestielt, am Rande wenig gezähnt. Die kleinen blassgelben Blumen stehen in den Blattwinkeln, hie und da einzeln, oft aber mehrere beisammen. Die hängen-den scharlachrothen etwa 25 Millim langen Steinfrüchte enthalten einen läng-lichen zugespitzten, höckerigen, harten Kern. — In Syrien einheimisch, im süd-lichen Europa kultivirt und verwildert.

Gebräuchlicher Theil. Die Früchte; sie kommen in den Handel als länglich runde, an beiden Enden etwas eingedrückte, runzelige, bräunlich-rothe Beeren; die grösseren meist saftigeren, französischen sind fast 25 Millim. lang und halb so dick, die kleineren italienischen*) sind etwa 14 Millim. lang, fast kugelig und so dick wie die vorigen. Beide sind roth, doch die kleineren dunkler, selbst bräunlich; ihre äussere Haut ist dünn, etwas zähe und schliesst ein weiches, saftiges. z. Th. etwas mehliges, weissliches oder bräunliches, süsses schleimiges Fleisch ein, in welchem ein grosser, rauher, an einem Ende in eine stechende Spitze auslaufender, harter, ovaler, steiniger Kern liegt, der meist nur einen platten, glatten, braunen, ölig-bittern Kern einschliesst, indem der andere nicht ausgebildet wurde.

Wesentliche Bestandtheile. Zucker, Schleim etc. Nicht näher untersucht.

Anwendung. Zu Brustspecies.

Geschichtliches. Nach PLINIUS brachte der Konsul SEXTUS PAPIRIUS gegen Ende der Regierung des Kaisers AUGUSTUS den Zizyphus (bei DIOSKORIDES Παλιουρος genannt) aus dem Oriente nach Italien. GALEN erwähnt die Früchte unter den Nahrungsmitteln und COLUMELLA empfiehlt die Kultur des Baumes hauptsächlich zur Beförderung der Bienenzucht.

Jujuba scheint ein arabisches Wort zu sein; LOBEL nennt die Früchte auch Jujubae Arabum.

Sicher ist aber Zizyphus arabischer Abkunft, denn das Gewächs heisst dort Zizuf.

Rhamnus, 'Ραμνος, celtisch ram (Strauch). Wie oben angegeben, hiess der Judendom bei den Alten nicht Rhamnus oder 'Ραμνος; wohl aber begriffen sie hierunter zwei andere Arten dieser Gattung, und ausserdem auch noch eine Solanee, nämlich 1. Rhamnus oleoides L. = 'Ραμνος μελας THEOPHR., Ραμνος DIOSK., Rhamnus PLIN., COLUMELLA. 2. Rhamnus saxatilis L. = 'Ραμνος λευχος THEOPHR., DIOSK., Rh. candidior PLIN., 3. Lycium europaeum L. = 'Ραμνος THEOPHR., 'Ραμνος μελας DIOSK.

Brustbeere, schwarze.
(Schwarze Kordie.)
Sebestenae. Myxae.
Cordia Myxa L.
Pentandria Monogynia. — Boragineae.

8—9 Meter hoher Baum mit dickem weisslichem Stamme, aschgrauer, höckeriger und punktirter Rinde an den Aesten und Zweigen. Die Blattstiele entspringen aus napfförmigen Höckerchen, die Blätter sind rundlich oder umge-kehrt eiförmig, am Rande ganz oder auch gezähnt und ausgeschweift, oben glatt, dunkelgrün, unten blasser, in der Jugend weich behaart, später rauh anzufühlen. Die Blumen lang gestielt, weiss und riechen angenehm. Die Früchte (Stein-früchte) dunkelgrün, von Gestalt und Grösse der Eicheln und Pflaumen, haben ein weissliches, angenehm süss und schleimig schmeckendes Fleisch und einen 4fächrigen Kern. — In Ost-Indien, Arabien, Aegyten.

*) Diese sollen auch von *Zizyphus Lotus* LAM. kommen, einem im nördlichen Afrika ein-heimischen Strauche, der bei den Alten Λωτος hiess. Die Alten unterscheiden noch einen baumartigen Λωτος (*Celtis australis*), dann zwei krautartige, nämlich Λωτος αιγυπτια (*Nymphaea Lotus* L.) und Λωτος ημερος (*Melilotus messanensis* L.) ein süsses Futterkraut.

Gebräuchlicher Theil. Die Früchte; im Handel kommen sie runzelig, schwarz und von der Grösse kleiner Pflaumen vor.

Wesentliche Bestandtheie. Zucker, Schleim. Näher untersucht sind sie nicht.

Anwendung. Früher gegen Brustleiden; in Aegypten noch jetzt als Nahrungs- und Arzneimittel.

Geschichtliches. Schreber und andere deuten Cordia Myxa auf Περσεα, Περσεια und Περσιον (s. den Artikel Avokatbaum), sowie auf Μοξα der alten Klassiker.

Wegen Cordia s. den Artikel Anakahuite-Holz.

Myxa von μυξος (Schleim); das Fruchtmark ist sehr klebrig und dient im Oriente als Leim.

Sebestena ist der Name der Frucht in Persien.

Buche.
(Bucheckern, Bücheln.)
Fructus (Nuces) Fagi.
Fagus sylvatica L.
Monoecia Polyandria, — Cupuliferae.

Die gemeine oder Rothbuche ist ein bis 30 und mehr Meter hoher Baum mit grauweisser Rinde, aufrechten Zweigen, abwechselnden kurz gestielten ei- förmigen, ausgeschweift-wellenförmigen, oben ganz glatten, hellgrünen glänzenden, unten blasseren, an den Nerven und, dem Rande zart behaarten Blättern, am Ende der Zweige büschelförmig-gestielten, in kleinen rundlichen braunen Kätzchen hängenden männlichen Blüthen. Die weiblichen Blüthen stehen meist einzeln auf einem kurzen zottigen Stiele. Die Frucht ist eine aus dem erhärteten äusseren Kelche gebildete unächte rundliche, kurz- und rauhstachelige braune Kapsel, welche 2—3 meist dreikantige braune glänzende Nüsse einschliesst. — Der schönste unserer Waldbäume.

Gebräuchlicher Theil. Die Fruchtkerne; es sind ölige Samen, die unter einer zähen dünnen braunen Schale einen weissen, braunhaarig über- zogenen Kern einschliessen. Sie schmecken angenehm süss, bewirken aber in grosser Menge genossen, leicht üble Zufälle, und zeigen selbst narkotische Eigen- schaften.

Wesentliche Bestandtheile. Fettes Oel und eine giftige Materie, von Buchner und Herberger Fagin genannt, auch von Zanon untersucht, aber immer nur als ein Extrakt von widerlichem Geruche und widerlich-bitterem Ge- schmacke erhalten. Nach einer später von Brandl und Rakowiecki ausgeführten vollständigen chemischen Analyse enthalten die Fruchtkerne: fettes Oel (45 %) ein flüchtiges Alkaloïd (Trimethylamin), Proteinsubstanz, Harz, Stärkmehl, Gummi, Zucker, Citronensäure, eisengrünende Gerbsäure, Oxalsäure. Die Giftigkeit der Samen liegt nach ihnen in dem flüchtigen Alkaloide. Das fette Oel ist milde, nicht trocknend, wird aber leicht ranzig.

In der Baumrinde fand Braconnot einen vanilleartig riechenden Stoff, eisen- bläuenden Gerbstoff, einen rothen Farbstoff etc. Dieser vanilleartig riechende Stoff, später auch von Lepage untersucht, steht vielleicht in Beziehung oder ist identisch mit der Kambialmaterie der Fichten und Tannen, aus welcher das Vanillin künstlich dargestellt wird.

Der Saft des Baumstammes enthält nach VANQUELIN Gerbsäure, Schleim, essigsaure Salze.

Anwendung. Das ausgepresste Oel dient zu Speisen und zum Brennen; die Presskuchen als Viehfutter, sind aber vorzüglich den Pferden schädlich.

Die Blätter wurden früher in der Abkochung als Gurgelwasser, und frisch zerquetscht bei chronischem Einschlafen der Glieder aufgelegt.

Geschichtliches. Ob der Φηγος des HOMER und die ὁξυη des THEOPHRAST unsere Rothbuche, dürfte zweifelhaft sein; eher lässt sich des PLINIUS *Glans fagea* darauf beziehen.

Fagus von φαγειν (essen) in Bezug auf die Geniessbarkeit der Samenkerne.

Buchsbaum.

Lignum und *Folia Buxi.*

Buxus sempervirens L.

Monoecia Tetrandria. — Euphorbiaceae.

Immergrüner Strauch, der meist niedrig gezogen wird, aber auch eine Höhe von 4—6 Meter erreichen kann. Das Holz ist schön gelb, die Rinde rauh und rissig, die jüngsten Zweige vierkantig, grün, dicht mit gegenüberstehenden, kurz gestielten, kleinen, oval-länglichen, stumpfen, z. Th ausgerandeten, ungezähnten, oben dunkelgrün glänzenden, unten blassern, steifen, lederartigen Blättern besetzt. Die Blüthen sitzen in den Blattwinkeln in kleinen rundlichen blassgelben Knäueln. — Im Oriente und südlichen Europa einheimisch, auch an mehreren Orten Deutschlands wild, und in Gärten gezogen.

Gebräuchliche Theile. Das Holz mit der Rinde und die Blätter. Holz und Rinde schmecken bitterlich. Die Blätter riechen besonders beim Reiben widerlich, etwas betäubend und schmecken unangenehm reizend, süsslich und ziemlich bitter.

Wesentliche Bestandtheile. In der Rinde nach FAURÉ: bitteres Alkaloid (Buxin), besondere rothgelbe Substanz, Wachs, Fett, Harz etc.; nach BUCHNER auch eisengrünender Gerbstoff.

In den Blättern nach BLEY: konkretes ätherisches Oel, eigenthümlicher Bitterstoff (Buxin) etc. und nach BUCHNER ebenfalls eisengrünender Gerbstoff. WALZ bestätigte die alkaloidische Natur des Buxins, wies aber auch zugleich nach, dass dasselbe identisch ist mit dem Bebeerin, und FLÜCKIGER zeigte dann, dass diese Identität auch das Pelosin (Cissampelin) und das Paricin theilen.

Anwendung. Ehedem bereitete man aus dem Holze ein empyreumatisches Oel, und gebrauchte es arzneilich. Die Blätter dienten gegen Fallsucht, Wechselfieber. Das Holz wandte man früher wie das Guajakholz gegen Syphilis an. Vielfach wird es technisch benutzt.

Geschichtliches. Der Buchsbaum war schon frühe bekannt und kommt als πυξος bei THEOPHRAST, als *Buxus* bei PLINIUS, VIRGIL vor. Die Stadt Buxentum in Italien hat ihren Namen von diesem Gewächse. In Korsika, wo es viel Buchs giebt, wird der Honig davon bitter, wie schon die Alten wussten. Aus dem Holze wurden vorzugsweise die Behälter für manche Arzneimittel gefertigt, und davon leitet man den Namen Büchse ab. Auf Tafeln des Holzes schrieben die Griechen zum Unterricht die Buchstaben des Alphabetes, und auch die Maler lehrten ihre Kunst auf ähnlichen Platten.

Ueber sog. westindisches Buchsbaumholz siehe den Artikel Quebrachorinde.

Buchweizen.
(Heidekorn.)
Semen (Fructus) Fagopyri.
Polygonum Fagopyrum L.
Octandria Trigynia. — Polygoneae.

Einjährige Pflanze mit 30—90 Centim. hohem, rundem, gegliedertem, unten gefurchtem, oben ästigem, auf einer Seite behaartem, oft rothem Stengel, abwechselnden, pfeilförmig-herzförmigen, unten gestielten, oben sitzenden, hellgrünen, glatten Blättern, kleinen weissen oder röthlichen, am Ende des Stengels und der Zweige und in den Blattwinkeln stehenden Blüthen in Rispen, 3—6 Millim. langen und fast ebenso breiten, dreikantigen, spitzigen Früchten mit scharfem, ungetheiltem, nicht häutigem Rande, aussen dunkelbraun, glänzend, innen weiss, mehlig. — In Japan und Sibirien einheimisch, bei uns als Getreide gebauet.

Gebräuchlicher Theil. Die Frucht, resp. das daraus erhaltene Mehl, von etwas grauer Farbe, mildem mehligem Geschmacke.

Wesentliche Bestandtheile. In dem enthülsten Samen nach Zenneck: Stärkmehl (fast 70 $\frac{0}{0}$), Kleber (13 $\frac{0}{0}$), etc. Die Hülse, welche 28 $\frac{0}{0}$ der ganzen Frucht beträgt, enthält ebenfalls noch Stärkmehl etc.

Im Stroh fand C. Sprengel u. A. viel Schleim, Gerbstoff, scharfen Stoff. Nach Nachtigal enthält das Stroh auch einen für die Baumwollenfärberei brauchbaren gelben Farbstoff.

Anwendung. Das Mehl früher äusserlich zu erweichenden Umschlägen. Es ist sehr nahrhaft, wird wie anderes Getreide benutzt, zu Brot verbacken etc. Die entschälten und geschroteten Samen (Buchweizengrütze) geben beliebte Suppen und Gemüse. Der Genuss der Blätter verursacht den Schafen eine eigenthümliche Hautkrankheit.

Polygonum ist zus. aus πολυς (viel) und γονυ (Knie), wegen der knieartigen Gelenke an dem Stengel. Bei Dioskorides kommen 2 Arten Πολυγονον vor, von denen die eine (ἀῤῥην) Polygonum aviculare L., die andere (θῆλυ) aber Equisetum pallidum Bory ist.

Fagopyrum zus. aus *Fagus* φηγος (Buche) und πυρος (Weizen, Getreidekorn) der Same ist dreikantig wie der Buchenkern und wird wie das Getreide benutzt.

Bukkoblätter.
Folia Bucco.
Barosma crenata Kze.
(Bucco crenata R. u. Sch. *Diosma crenata* L.)
Barosma serratifolia Wendt.
(Diosma serratifolia Knt.)
Empleurum serrulatum Sole.
(Diosma ensata Thnb. *D. unicapsularis* L. Fil.)
Pentandria Monogynia. — Diosmaceae.

Barosma crenata, Gekerbter Bukkostrauch oder Götterduft, ist ein 0,30 bis 1,5 Meter hoher Strauch mit gegenüber stehenden Aesten, während die jüngeren Zweige oft fast quirlförmig geordnet sind. Die Blätter stehen gegenüber, sind oval-länglich, etwas stumpf, glatt, am Rande gesägt und zwischen den Sägezähnen mit Drüsen besetzt. Die weissen Blümchen stehen einzeln auf kurzen Stielen in den oberen Blattwinkeln. — Am Vorgebirge der guten Hoffnung.

Barosma serratifolia. Gesägtblätteriger Bukkostrauch, dem vorigen sehr ähnlicher Strauch, die Blätter sind aber schmaler, länger, linien-lanzettlich, schärfer und feiner gesägt. — Ebendaselbst.

Empleurum serrulatum. Feingesägtes Empleurum, ein 90 Centim. hoher und höherer Strauch, ganz glatt, purpurröthlich mit zerstreuten, eckigen, knotigen, gelblichen, etwas schlaffen und langen Aesten, deren fadenförmige, ruthenartige Zweiglein gelblich sind und aufrecht stehen. Die Blätter stehen zerstreut, sind ganz kurz gestielt, schwerdtförmig, schmal zugespitzt, flach, glänzend, gekerbt, und die Kerbzähne mit durchsichtigen Drüsen besetzt. Die kleinen Blümchen stehen aufrecht an der Spitze der Zweige. — Ebendaselbst.

Gebräuchlicher Theil. Die Blätter; man unterscheidet breite und lange, die aber gewöhnlich durcheinander gemengt sind. Die breiten kommen von der erstgenannten Art; auch werden als Mutterflanzen noch *D. crenulata* und *D. betulina* genannt. Sie sind oval-lanzettlich, z. Th. verkehrt eiförmig, 14—63 Millim. lang, 4—10 Millim. breit, am Rande fein und stumpf gesägt, die Kerbzähne mit durchsichtigen Drüsen besetzt, blassgrün, glatt, etwas glänzend, z. Th. undeutlich von 3 oder 5 Streifen durchzogen, auf der unteren Seite mit erhabenen bräunlichen Drüsen punktirt. Gewöhnlich sind sie mit dünnen vierkantigen Stengeln vermengt, an denen man die Narben der abgebrochenen gegenüberstehenden Blattstiele bemerkt. Oberflächlich betrachtet sehen die Bukkoblätter der alexandrinischen Senna ähnlich; sie haben eine etwas lederartige Consistenz, schmecken stark aromatisch minzenartig, und besitzen einen durchdringend gewürzhaften, an Rosmarin erinnernden Geruch, den Einige mit dem Katzenurin, Andere mit dem Geruche des römischen Kümmels vergleichen wollen. — Die langen Blätter werden von der zweiten und dritten der oben beschriebenen Arten abgeleitet. Sie sind 36 Millim. lang, 6 Millim. breit, fein gesägt, punktirt, die Punkte sind kleiner und nicht so zahlreich als bei jenen, doch stimmen sie im Geruch und Geschmack damit überein.

Wesentliche Bestandtheile. Nach BRANDES ätherisches Oel (fast $1\frac{0}{0}$) und ein besonderer Bitterstoff ($4\frac{0}{0}$), Diosmin genannt, jedoch nur als zähe, klebrige, jedenfalls noch nicht reine Substanz erhalten. LANDERER bekam den Bitterstoff aus der alkoholischen Tinktur der Blätter in Nadeln krystallisirt. Das ätherische Oel setzt ein Stearopten ab, welches nach FLÜCKIGER zur Klasse der Phenole gehört, und von ihm Diosphenol genannt worden ist. WAYNE will auch Salicylsäure gefunden haben, was aber nach Versuchen von MAISCH noch zweifelhaft ist.

Anwendung. Als Thee gegen Magenkrämpfe, Rheumatismus, Krankheiten der Harnorgane.

Geschichtliches. Auf den medicinischen Gebrauch dieser Blätter wurde man durch die Hottentotten geleitet, welche dieselben schon lange als Arzneimittel benutzen. Dazu trug besonders der englische Arzt RICH. REECE bei, und um die Einführung in Deutschland 1825 machte sich FR. JOBST in Stuttgart verdient.

Das Wort Bukko ist südafrikanisch.
Barosma zus. aus βαρος (schwer, stark) und ὀσμη (Geruch).
Diosma zus. aus διος (göttlich) und ὀσμη (Geruch).
Empleurum ist zus. aus ἐν (in) und πλευρον (Rippenfell); das knorpelige Endocarpium der Kapsel löst sich ab und theilt sich elastisch in 2 Lappen, auch sind die Samen mit einer lederartigen Haut versehen.

Burrofrucht.

Fructus Burro.

Xylopia longifolia A. Dc.

Polyandria Polygynia. — Magnoliaceae.

Baum in Guiana, über dessen allgemeinen Habitus keine nähere Beschreibung vorliegt.

Gebräuchlicher Theil. Die Frucht; es sind Sammelfrüchte, welche 15 bis 20 zu Döldchen geordnete Einzelfrüchte enthalten. Die einzelne Frucht ist eine lang gestreckte hülsen- oder schotenartige, der Quere nach schief 2—6 fächerige Beere, in jedem Fache ein Same. Jede Frucht bildet einen schwachen Bogen und trägt an ihrem Vorderende häufig eine kurze schnabelartige Spitze, 1—2½ Centim. lang, 6 Millim. breit, auf dem Querschnitte fast kreisrund. Oberfläche schwarz braun bis pimentbraun, glanzlos, mit 2 Längsrunzeln; frische Schnittfläche gelb braun, Consistenz etwas holzig. Same eiförmig, einem kleinen Apfelkerne ähnlich, geruchlos, fast geschmacklos.

Wesentliche Bestandtheile. Nach Hanausek: viel Stärkmehl, reichlich Weichharz, ein ätherisches Oel, Gerbstoff, Fett, Farbstoff, Schleim.

Anwendung?

Burro ist ein guianischer Name.

Xylopia zus. aus ξυλον (Holz) und πικρος (bitter), das Holz schmeckt sehr bitter. Dieselbe Gattung erhielt daher auch von P. Br. den Namen *Xylopicron.*

Xylopia grandiflora St. Hil., ein schöner in Brasilien einheimischer Baum, trägt 1—2 samige gestielte Früchte, welche dort Pakova genannt und gleichwie der Piment als Gewürz, aber auch als Medikament gebraucht werden.

Butterbaum.

(Ilipebaum, ostindischer Oelbaum, Mahwahbaum.)

Butyrum Bassiae, Ilipe.

Bassia latifolia L.

Dodecandria Monogynia. — Sapotaceae.

Baum mittlerer Höhe mit gestielten, lanzettlichen, zugespitzten, oben dunkel grünen, unten blasseren Blättern, sehr langen, herabhängenden Blumenstielen, behaarten Kelchen, weissen Kronen mit dicker, fleischiger Röhre; Frucht eine ovale gelbliche Beere von der Grösse einer grossen Pflaume mit länglich-dreiseitigen Samen. — In Ost-Indien.

Gebräuchlicher Theil. Der Same, resp. das daraus durch Auskochen mit Wasser gewonnene Fett. Es ist grünlichgelb, riecht aromatisch, schmeckt anfangs milde, dann scharf, schmilzt bei + 26—28° C.

Wesentliche Bestandtheile. Die allgemeinen der Pflanzenfette: Glycerin verbunden mit festen und flüssigen Fettsäuren.

Anwendung. Wie unsere einheimischen Fette als Nahrungsmittel, zum Brennen etc.

Ausser der genannten liefern noch andere Arten der Gattung Bassia (butyracea, longifolia) dieses Fett. Davon etwas verschieden ist die Galam- oder Shea-Butter (s. d.).

Die fleischigen Blüthen der Bassien sind reich an Zucker; die der B. longifolia enthalten nach A. Riche und Remont im getrockneten Zustande nicht weniger als 60 %; derselbe ist gährungsfähig und z. Th. auch krystallinisch. In

Ost-Indien dienen diese Blüthen den ärmeren Eingeborenen häufig als Nahrungsmittel, ferner zur Gewinnung eines geistigen Getränkes, welches den Namen
attu führt.

Ilipe und Mahwah sind ostindische Namen.

Bassia ist nach FERD. BASSI, Arzt und Botaniker in Bologna († 1774) benannt.

Cedrele, fieberwidrige.*)

Cortex Cedrelae febrifugae.

Cedrela febrifuga BLUM.

Polyandria Monogynia. — Aurantieae.

Ein 30—60 Meter hoher, 4—4,3 Meter im Umfange messender Baum, dessen
Holz in der Farbe dem Mahagoniholze nahe kommt, aber weicher und leichter
ist. Die Blätter stehen abwechselnd, sind paarig gefiedert, der Blattstiel an der
Basis höckerig, glatt und mit rundlichen Linsenkörperchen bedeckt. Die 6—12 Blattpaare stehen abwechselnd oder gegenüber, die Blättchen sind oval-länglich oder
länglich-lanzettlich, lang zugespitzt, etwas wellenförmig, an der Basis schief, glatt.
Die Blumen bilden ausgebreitete hängende Rispen mit weissen, honigartig riechenden Kronen. — Auf Java einheimisch.

Gebräuchlicher Theil. Die Rinde; sie bildet halb oder ganz zusammengerollte Stücke von 12 Centim. Länge, der Durchmesser dieser halben oder
ganzen Röhren beträgt in einigen wenigen nur 12—16 Millim., bei dem grössten
Theile etwa 24 Millim. und darüber, die Dicke der Rindenstücke ändert von
3—4 Millim. E. FORSTER beschreibt jedoch viel grössere Exemplare; sie sind
nach ihm theils mit der Oberhaut bedeckt, theils nackt, erstere haben ein un-
gleiches äusseres Ansehn, mit vielen Rissen und sich ablösenden Lamellen, und
wegen des Flechtenthallus eine graulichweisse Farbe. Die Stücke ohne Oberhaut
sind gleichförmiger und cimmtfarbig. Auf der Innenseite ist die Rinde gelblich
und gleichförmig, auf dem Bruche sehr faserig Sie riecht schwach, ähnlich der
Eichenrinde, schmeckt bitter und adstringirend.

Wesentliche Bestandtheile. Bitterstoff und eisengrünender Gerbstoff
nach NEES 7⅛). Nach einer späteren Untersuchung von W. LINDAU kommen
hierzu noch: Stärkmehl, Wachs, Oxalsäure, Citronensäure und ein phlobaphen-
artiger Körper. Der Bitterstoff liess sich nur amorph erhalten.

Anwendung. Als Absud gegen Fieber und in ähnlichen Fällen, wie andere
gerbstoffhaltige Rinden.

Geschichtliches. Bei uns hat diese Rinde kaum Eingang gefunden, aber
in Indien steht sie in hohem Ansehn. Nach RUMPH wendet man dort auch die
Blätter an, und zwar ebenfalls gegen Fieber, sowie gegen Milzverhärtungen.
BEXTON und BLUME empfehlen die Rinde gegen intermittirende, remittirende und
selbst typhöse Fieber; KENNEDY und auch BEXTON innerlich und äusserlich bei
Geschwüren und Brand; WAITZ nennt sie eine göttliche Rinde, durch die er
mehreren Menschen das Leben gerettet habe, und die vom ihm angewandte
Form sind Dekokt, Tinktur und Extrakt.

Der Name Cedrela ist auf die *Ceder* zurückzuführen, und soll andeuten, dass
die dazu gehörenden Arten (häufig) wohlriechendes Holz haben.

---

*) Was man in C nicht findet, suche man in K.

Ceilonmoos.

(Agar Agar, Jafnamoos).

Alga amylacea, ceilanica, Fucus amylaceus, ceilanicus.

Fucus amylaceus O'SH.

(*Fucus gelatinosus* KÖN., *F. lichenoides* TURN., *Gigartina lichenoides* LAMOUR., *Gracilaria lichenoides* GREV., *Plocaria candida* NEES., *P. lichenoides* MONT., *Sphaerococcus lichenoides* AG.)

Cryptogamia Algae. — Florideae.

Diese Alge bildet fast weisse, verästelte, in unbeschädigtem Zustande 7 bis 10 Centim. lange, und einen starken Zwirnfaden dicke Fäden. Oberflächlich angesehen erscheint sie cylindrisch, aber unter der Lupe bemerkt man nervige oder netzförmige Ungleichheiten auf der Aussenseite. Die Stellung der Aeste ist bald gabelig, bald fussartig, meist aber einzeln abwechselnd, d. h. ein Hauptzweig theilt sich zuweilen in zwei gleiche und von der ursprünglichen Achse gleichweit entfernte Aeste, oder der Hauptzweig schickt 2—3 Aeste von der einen Seite aus, bevor er sich an der andern Seite theilt, oder endlich der Hauptzweig macht kleinere und einfach wechselnde Verästelungen. Die Endung der Zweige gleicht ihrer Theilung so, dass sie selten gabelig erscheint. Gewöhnlich verlaufen die Aeste in einen einzigen langen Faden, der weit dicker und entwickelter ist, als ihre letzte Verzweigung.

Gebräuchlich. Das ganze Gewächs; es schmeckt schwach salzig und knirscht zwischen den Zähnen, schwillt in kaltem Wasser sehr wenig auf und wird dadurch weder gallertartig, noch durchscheinend wie das Karragaheen, verwandelt sich aber durch Kochen mit Wasser grösstentheils in einen dicken Schleim, der beim Erkalten gallertartig erstarrt.

Wesentliche Bestandtheile. Nach O'SHAUGNESSY in 100 : 54,5 Pflanzengallerte, 15,0 Stärkmehl, 0,5 Wachs, 4,0 Gummi, 18,0 Faser, und mehrere Salze. Analysen dieser Alge sind auch angestellt von BLEY, RIEGEL, KREYSSIG und WONNEBERG, GUIBOURT, BARTELS, HERZOG, GREENISH, z. Th. mit abweichenden Ergebnissen. Auch Jod wurde darin gefunden.

Anwendung. Diätetisch und medicinisch bekannt ist die Droge in Europa erst seit etwa 40 Jahren.

Wegen Fucus s. d. Artikel Blasentang.

Gigartina von γιγαρτον (Weinbeerkern), in Bezug auf die körnigen Fruchtlager.

Gracilaria von *gracilis* (dünn, zart), das Fadenförmige andeutend.

Plocaria von πλοχος (Geflecht, Locke), das Verästelte andeutend.

Sphaerococcus zus. aus σφαιρα (Kugel) und κοχχος (Beere, Korn), in Bezug auf die Kugelform der Fruchtlager.

Ceradiaharz.

Resina Ceradiae.

Ceradia furcata NEUM.

Syngenesia Superflua. — Compositae.

Strauchiges Gewächs vom Ansehen einer Koralle; Aeste fleischig, hornartig gegabelt, an der Spitze beblättert; Blätter buschig gestellt, spatelförmig, stumpf, in den Stiel verlaufend, glatt, Blumenstiele einzeln, Köpfchen wenigblüthig, strahlig los, Fruchtboden flach, etwas grubig. — Auf der Insel Ichaboe, gegenüber dem westlichen Afrika (27° südl. Br.) einheimisch.

Gebräuchlicher Theil. Das Harz; es bildet unregelmässige Stücke, schmutzigbraun, auf der Bruchfläche glänzend, schwarzbraun mit braungelbem Schimmer, etwas durchscheinend, leicht zerreiblich, riecht nach Weihrauch, schmeckt fast gar nicht; ist von beigemengten und anhaftenden Holz- und Rindentheilen begleitet. In Weingeist und in Aether unvollständig löslich.

Wesentliche Bestandtheile. R. D. Thomson ermittelte die elementare Zusammensetzung desselben.

Champignon, essbarer.

Agaricus campestris L.

Cryptogamia Fungi. — Hymenomycetes.

Dieser Pilz bildet zwei wohl zu unterscheidende Varietäten.

A. *Agaricus edulis* Pers. Der Strunk ist 25—50 Millim. hoch und höher, stets etwas aufgetrieben, zuweilen selbst knollig, weisslich, meist hohl und mit einem Ringe versehen. Der Hut ist 5—7 Centim. breit, anfangs fast kugelrund, später mehr gewölbt und am Rande stets eingerollt, hat weisses dichtes saftiges Fleisch, und ist mit einer leicht abzulösenden Haut überzogen. Im Schatten ist er weisser, heller, an der Sonne dunkler und selbst graubraun. Seine anfangs blass fleischfarbigen Lamellen werden später grau, braun und zuletzt selbst kohlschwarz. — Auf Hügeln, Grasplätzen, Brachäckern, und überhaupt meist da, wo Pferdedünger zerstreut oder vergraben liegt.

B. *Agaricus edulis* Bull. Unterscheidet sich vom vorigen dadurch, dass er noch fleischiger und saftreicher, der Strunk kürzer und dicker, niemals knollig, der Hut stets sehr gewölbt, ohne Nabel, anfangs rein weiss, nachher bräunlich und seine Haut sich in schuppenförmige Schlitze zertheilt, und dass die Lamellen in der Jugend sehr schön rosenroth sind. — Standort derselbe.

Gebräuchlich. Das ganze Gewächs; es riecht schwach, aber angenehm wie der Duft von Weizenmehl und weissen Rosen, doch stets mit Beimischung des eigenthümlichen Pilzgeruchs. Der Geschmack ist süsslich, fast milchartig, verbunden mit einem fleischähnlichen Aroma.

Wesentliche Bestandtheile. Abgesehen von älteren Analysen (John, Braconnot, Vanquelin u. A.) theilen wir nur das Ergebniss zweier neuerer mit. Gobley fand, in 100 : 90,50 Wasser, 0,60 Albumin, 3,20 Cellulose, 0,25 Elain, Margarin und Agaricin, 0,35 Mannit, 3,80 extraktive Materien und 1,3 Salze. Das Braconnot'sche Fungin besteht, wie auch schon früher Payen fand, im reinsten Zustande aus nichts als Cellulose. Was der Verf. Agaricin nennt, ist ein festes, krystallisirbares, erst zwischen 148 und 150° schmelzbares, gegen ätzende Alkalien indifferentes Fett, welches Braconnot sowie Vanquelin mit Adipocire bezeichnet hatten. Lefort erhielt aus den Champignons noch folgende Materien: krystallisirbaren Zucker, Fumarsäure, Citronensäure, Aepfelsäure, Riechstoff und Farbenstoff. Den Stickstoffgehalt fand Lefort höchstens (im Hute) zu 3,5%, während Schlossberger und Döpping früher 7,26% angegeben hatten.

Wegen Agaricus s. den Artikel Lärchenschwamm.

Chaulmugrasame.
Semen Gynocardiae.
Gynocardia odorata R.
Polyandria Monogynia. — Capparideae.

Grosser Baum mit kurzgestielten, oval-lanzettlichen, ganzrandigen Blättern, Blüthen achselig oder aus dem Stamme und den Aesten, gestielt, büschelig, wohlriechend; Frucht gross, beerenartig, rund, enthält im Fleische zahlreiche Samen, welche 25—36 Millim. lang und halb so breit sind, eine sehr dünne, zerbrechliche, glatte, graue Schale haben. — In Ostindien.

Gebräuchlicher Theil. Der Same, resp. das daraus gewonnene fette Oel. Es ist bei gewöhnlicher Temperatur körnig, gelb, schmilzt bei 48°, riecht und schmeckt unangenehm.

Anwendung. Gegen viele Hautkrankheiten, Syphilis, Skropheln. Auch vom Samen selbst wird medicinischer Gebrauch gemacht.

Wesentliche Bestandtheile. Ueber sonstige Bestandtheile des Samens ist nichts bekannt.

Gynocardia ist zus. aus γυνη (Weib) und καρδια (Herz); die Frucht ist mit den verdickten herzförmigen Ueberbleibseln der Narbe gekrönt.

Das Wort Chaulmugra ist indisch.

Chekan.
Cortex und Folia Chekan.
Myrtus Chekan Spr.
(Eugenia Chekan Dc.)
Icosandria Monogynia. — Myrteae.

1,2—1,8 Meter hoher immergrüner Strauch vom Habitus unserer Myrte, stark verästelt, mit gegenständigen, ganzrandigen, glatten, oval-lanzettlichen, 12—18 Millim. langen, halb so breiten, nach beiden Enden sich verschmälernden Blättern, weissen, einzelnen achselständigen Blüthen. — In Chile längs der Flüsse.

Gebräuchliche Theile. Die Rinde und die Blätter. Erstere ist nicht näher beschrieben. Die Blätter sind, wie sie der Handel liefert, hellgrün, unten etwas blasser als oben, mit einem 2 Millim. langem Stiele, an der Mittelrippe etwas vertieft, an den Rändern etwas zurückgerollt, die Blattnerven an der oberen Fläche kaum, an der unteren nur schwach sichtbar, von zahlreichen Oeldrüsen durchdrungen. Geschmack scharf und zusammenziehend.

Wesentliche Bestandtheile. Nach Hutchinson: ätherisches Oel, Gerbsäure.

Anwendung. Die Rinde gegen Darmkatarrh. Die Blätter bei Bronchialkatarrh, Blasenkatarrh und analogen Affektionen der Schleimhäute. Der Saft der Blätter und Sprossen gegen Augenkrankheiten.

Myrtus, Μυρσινη, Μυρρινη Μυρτις, abgeleitet von μυρον (Balsam) oder Myrrhe; Blätter und Früchte riechen myrrheartig.

Wegen Eugenia s. den Artikel Nelkenbaum.

Chekan ist ein chilesischer Name.

Chicablätter.

Folia Chicae.

Bignonia Chica HUMB.

Didynamia Angiospermia. — *Bignoniaceae.*

Kletternder rankender Strauch mit abgebrochen doppelt gefiederten Blättern, zweipaarigen, oval-länglichen, zugespitzten, ganzrandigen, glatten Blättchen und achselständigen, hängenden Blumenrispen. — Am Orinoko.

Gebräuchlicher Theil. Die Blätter, resp. das daraus von den Indianern durch Kochen mit Wasser, Durchseihen und Sammeln des aus dem Absude sich niederschlagenden rothen Farbstoffs bereitete Präparat. Dasselbe bildet 12—15 Centim. dicke, dunkel cinnoberrothe, etwas ins Blaue stechende, schwere, geschmacklose, beim Reiben mit dem Nagel kupferroth glänzende Kuchen, löst sich nicht in Wasser, leicht in Weingeist, Aether, Oelen, Alkalien, nicht in Säuren.

Wesentliche Bestandtheile. Nach BOUSSINGAULT ein eigenthümlicher rother Farbstoff (Chikaroth.)

Anwendung. Bei den Indianern zum Bemalen des Körpers, aber auch als vorzüglich harntreibendes Mittel. In den Färbereien wie Krapp.

Chika ist ein indianisches Wort; ebenso *Karajuru* oder *Krajuru,* womit man in Brasilien einen ähnlichen oder mit jenem identischen rothen Farbstoff bezeichnet. Wegen Bignonia s. diesen Artikel.

Chinarinden.[*]

(Cinchonarinden.)

Cortices Chinae, Cinchonae.

Cinchonae Species nonnullae.

Pentandria Monogynia. — *Rubiaceae.*

Die Chinarinden stammen von verschiedenen Arten der Gattung *Cinchona* aus der Familie der Rubiaceen. In früherer Zeit wurde der Begriff weiter gefasst, indem man auch alle mit dieser verwandte und verwechselte Rinden, wenn sie auch von Arten und Gattungen aus anderen Familien herrührten, damit bezeichnete. Jetzt kommen solche Beimengungen nicht mehr vor, sogar die sogen. falschen Chinarinden, worunter man vorzugsweise die alkaloidfreien Rinden der Gattungen *Ladenbergia* und *Exostemma* versteht, finden sich nur noch sehr selten. Den Namen *Cinchona* hat LINNÉ der Gattung nach der Gräfin VON CHINCHON, Gemahlin des damaligen Vicekönigs von Peru, ertheilt, durch deren Bemühung sowie durch die der Jesuiten die Chinarinde etwa nach dem Jahre 1638 in Europa bekannt wurde. Einige Autoren haben deshalb vorgeschlagen den Gattungsnamen Chinchona zu schreiben, ohne darin Anklang zu finden. Bis 1776 kam nur aus Loxa, Guancabamba und Jaën Chinarinde in den Handel und wurde aus den Häfen der Südsee ausgeführt. Nach dieser Zeit wurde sie auch aus Lima und Huanoco und seit 1786 auch aus den Häfen von Payta, Guayaquil, Buenaventura und an der Nordküste Süd-Amerika's von Carthagena, St. Martha und Maracaibo nach Europa versendet. Gegenwärtig wird die Königschina aus Süd-Peru und Bolivia verschifft. Die ersten botanischen Nachrichten über die Chinabäume gab der französische Astronom LA CONDAMINE, der sie auf seiner Reise von Quito nach Lima um Loxa und weiter südlich bis Guancabamba und Jaën

[*] Verf. dieses Artikels ist Herr Prof. Dr. GARCKE in Berlin.

entdeckte und nach seiner Rückkehr 1738 in den Memoiren der Pariser Akade
mie, also ein Jahrhundert nach ihrem Bekanntwerden, eine Bescheibung und
Abbildung seiner Quinquina *(Cinchona Condaminea* HUMBOLDT) veröffentlichte.
Eine zweite Art *(Cinch. pubescens* VAHL) brachte JOSEPH DE JUSSIEU, welcher ein
Jahr später die Gegend um Loxa erforschte, mit nach Europa. MUTIS, der
1760 als Leibarzt des Vicekönigs nach St. Fé ging, entdeckte 1772 zwei echte
Cinchonen, die Stammpflanzen der gelben China, *Cinchona lancifolia* und *cordi-
folia* in Neu-Granada. Auch in Peru wurden nun Cinchonen aufgefunden, zuerst
durch RENQUIFO und ALCARRAZ, später durch ORTEGA, BROWN, HIPPOLITO RUIZ,
PAVON, TAFALLA. RUIZ publicirte 1792 in seiner Quinologie und später mit
PAVON in der Flora Peruviana zusammen 8 echte Cinchonen. Die peruanischen
Chinarinden fanden in Europa sehr bald Absatz, während die aus Neu-Granada
lange Zeit nicht nur unbeachtet blieben, sondern sogar in vielen Ländern
verboten wurden. Während seines Aufenthaltes im nordwestlichen Süd-Amerika
1801—2 entdeckte auch HUMBOLDT in Ecuador zwei neue Cinchonen und
publicirte nach seiner Rückkehr eine Arbeit über die Chinawälder von Süd-
Amerika, die auch noch dadurch wichtig ist, dass darin zwei Irrthümer aufge-
deckt wurden, durch welche die Kenntniss der Cinchonen schon zu Anfang in
eine heillose Verwirrung und Unsicherheit gerathen war. Er wies nämlich nach,
dass LINNÉ's *Cinchona officinalis**) gegründet sei nicht allein auf CONDAMINE's
Quinquina *(C. Condaminea* HUMB.), sondern auch auf JUSSIEU's Cinchone *(Cinch.
pubescens* VAHL), also auf zwei verschiedene Pflanzen; ferner dass irrig sowohl
RUIZ die Cinchonen von Neu-Granada mit den Peruanischen als auch umgekehrt
ZEA, ein Schüler von MUTIS, die Peruanischen mit denen von Neu-Granada für
identisch erklärt hätten, da die Arten beider Länder eigenthümlich seien. Die
von JACQUIN, ST. HILAIRE, MARTIUS, POHL entdeckten Chinaarten kommen hier
nicht in Betracht, da sie nicht der Gattung *Cinchona* angehören, dagegen brachte
PÖPPIG aus Peru zwei bereits von RUIZ gekannte echte Cinchonen mit. In
neuerer Zeit haben sich von den Naturforschern, welche die Cinchonen im
Vaterlande sahen, WEDDELL**) für die Cinchonen von Süd-Peru und Bolivia,
DELONDRE***) durch die Erforschung der Handelsverhältnisse und des Alkaloïd
gehaltes der Cinchonen und KARSTEN†) für die Cinchonen von Neu-Granada
Verdienste um die Kenntniss der Chinarinden und deren Abstammung erwor-
ben. Die genannten Arbeiten gehen von Naturforschern aus, welche die Cinchonen im Vaterlande sahen; bedeutend grösser ist die Anzahl derer, welche
in Europa an trockenen Pflanzenexemplaren oder an Handelsrinden oder an
beiden zugleich ihre Untersuchungen anstellten. Leider ist das Material, welches
unsere Sammlungen aufweisen, noch zu unvollständig, um schon jetzt den
Gegenstand abzuschliessen und selbst PAVON's Sammlung bietet so viel unsichere Objecte dar, dass die Bearbeiter derselben in direktem Widerspruch
stehen. Von den Botanikern sind zu erwähnen: LINNÉ, VAHL, LAMBERT, CAN-
DOLLE, HAYNE, SCHLECHTENDAL, KLOTZSCH; von den Pharmakognosten besonders

---

*) HOOKER stellt LINNÉ's *Cinchona officinalis* wieder her und zieht dazu nicht nur *C.
Condaminea*, sondern auch *C. Chahuarguera* und *C. Uritusinga;* KUNTZE betrachtet die LINNÉ sche
Art als einen regulären Bastard von *C. Pavoniana* und *C. Weddelliana* (der *C. micrantha* Ruiz
und *C. Calisaya* p. p.).

**) Histoire naturelle des Quinquinas. Paris 1849.

***) DELONDRE und BOUCHARDAT. Quinologie. Paris 1854.

†) Die medicinischen Chinarinden Neu-Granada's. 1858.

von BERGEN, der eine eingehende Monographie der Chinarinden 1826 veröffentlichte und nicht allein Alles zusammentrug, was bisher über die Cinchonen und ihre Rinden publicirt war, sondern auch, freilich ohne die noth-
wendige Kenntniss des anatomischen Baues, die erste Feststellung und genaue
äusserliche Beschreibung der Handelsrinden gab, die noch heute allen ähnlichen
Arbeiten zu Grunde gelegt werden; dasselbe gilt von MARTIUS, WIGGERS u. a. m.,
die trotz ihres Fleisses und ihrer allgemein anerkannten Drogenkenntniss doch
nur die Sache schwieriger machten. Grosse Verdienste um die Kenntniss der
Chinabäume und ihrer Rinden erwarb sich in neuerer Zeit HOWARD (Illustr. of
the Nueva Quinologia of Pavon, London 1862 und The Quinology of the East
Indian Plantations 1876). SCHLEIDEN war jedoch nach BERG der erste, welcher
sämmtliche Handelsrinden und auch Rinden der PAVON'schen Sammlung einer
genauen anatomischen Forschung unterwarf; BERG (Die Chinarinden der pharma-
kognostischen Sammlung zu Berlin. Berlin 1865) konnte die Cinchonaarten der
pharmakologischen Sammlung und des Königl. Herbarii in Berlin, die bedeutende
Rindensammlung von PAVON und die Handelsrinden zur Grundlage seiner Arbeit
nehmen.

Was den Standort der Chinabäume anbelangt, so bewohnen sie die be-
waldeten Abhänge der Cordilleren vom westlichen Venezuela bis zum nördlichen Bolivia, vom 10° nördl. Breite bis 19° oder wahrscheinlich bis 22° südl.
Breite, indem sie einen schmalen Gürtel von etwa 2130 Meter senkrechter Ausdehnung einnehmen. Dieser bildet entsprechend dem Gebirgszuge einen Bogen,
welcher seine Convexität nach Westen richtet und dessen mittlerer und westlichster
Punkt unter dem 4° südl. Breite und dem 64° westl. Länge gegen Loxa liegt,
das nördlichste Ende gegen den 49°. das südlichste gegen den 45°. westl. Länge.
Die Breite dieses Gürtels ist in der Mitte veränderlich, nach beiden Enden verschmälert, der östl. Abhang ist reich an Cinchonen, während der westliche nur
einige Grade nördl. vom Aequator Cinchonen hervorbringt. Die alkaloïdreichen
(Cascarillo's fino's), für den Handel allein in Betracht kommenden Arten finden
sich indessen nur, und zwar meist sehr zerstreut, vom 7°. nördl. Breite bis zum
15°. südl. Breite, und nehmen, da sie ein feuchtes, kühles Klima verlangen, die
Region von etwa 3400—2100 Meter über dem Meeresspiegel ein, während die
minder geschätzten (Cascarillos bobos) nicht zur Ausfuhr geeigneten Arten, welche
mehr Wärme und Trockenheit verlangen, von jener unteren Grenze bis etwa
1600 Meter über dem Meeresspiegel niedersteigen. Mit diesen kommen schon
die Ladenbergien (Cascarillen), welche unechte alkaloïdfreie Rinden liefern, in Gemeinschaft vor, deren Verbreitungsbezirk sich etwa noch 600 Meter niedriger,
innerhalb der Tropen durch das Festland erstreckt, wogegen die Exostemmen,
welche noch weniger geachtete falsche, ebenfalls alkaloïdfreie Chinarinde liefern,
nur die heisse Zone und nicht allein des Continents, sondern auch der Inseln
bewohnen.

Die Befürchtung, dass die Chinabäume, besonders die werthvollen mit alkaloïd-
reicher Rinde, durch das Schälen, sowie durch das Abhauen mit der Zeit ausgerottet werden würden, ist nach KARSTEN unbegründet, da sowohl aus der stehenbleibenden Stammbasis, sobald ihr die Rinde bleibt, eine Anzahl von Schösslingen
hervorsprossen, als auch aus dem reifen Samen auf dem durch das Abholzen ge-
lichteten und von der Sonne erwärmten Waldboden eine Menge junger Pflanzen
hervorkeimen, welche sonst in dem dichten Schatten nicht zur Entwicklung gelangt wären. Dessenungeachtet ist man in neuester Zeit bemüht gewesen, die

Chinabäume ausserhalb ihres Vaterlandes zu ziehen. Versuche, die geschätztesten
Arten in andern Ländern zu kultiviren, sind in Algerien, Queensland, Neuseeland,
Mauritius, St. Helena, Capverde-Inseln und selbst in Kalifornien, Mexico, Trinidad,
Martinique und Peru angestellt, ohne zu grossem Erfolge geführt zu haben; dagegen befinden sich die Culturen dieser Bäume auf Jamaica, Java, Ceilon und
in Ost-Indien im besten Zustande und geben reiche Ausbeute. In Ost-Indien wird
jetzt ungeachtet des geringen Chiningehalts der Rinde (gewöhnlich nur 1⅜) fast
nur *Cinchona succirubra* cultivirt, weil sie sich für das Klima am meisten eignet
und doppelt so schnell wächst als andere Arten. Zur Ausfuhr gelangte diese
Rinde anfangs aber nicht; man verarbeitete sie vielmehr an Ort und Stelle auf
Chinin, um den Bedarf für die indischen Hospitäler zu decken. In jüngster
Zeit hat sich das jedoch geändert, indem die Zufuhren von gehaltreichen ostindischen und Ceilon-Chinarinden immer bedeutendere Dimensionen annehmen.
Neuerdings hat auch Madras nicht unbedeutende Partien Chinarinden nach London
an den Markt gebracht, sowohl aus Privatplantagen, als auch aus den Regierungs-
culturen zu Ootacamund und Mungpo. Es gab dies sogar zu einer Interpellation
im englischen Parlament Anlass, welche der Staatssekretär für Indien dahin be-
antwortete, dass die Regierung bei Einführung der Chinabäume in Indien in
erster Linie die Versorgung dieses Landes mit einem billigen Fibermittel im Auge
gehabt habe, wie denn thatsächlich fast alle in den Bengalischen Regierungs-
pflanzungen gewonnene Rinde für den dortigen Verbrauch verarbeitet sei. Man
habe dies auch in Madras beabsichtigt, sei aber auf Schwierigkeiten gestossen,
doch würden bereits Versuche gemacht, die Rinde für Rechnung der Regierung
in England zu verarbeiten. Aus Java wird dagegen schon seit Jahren sehr viel
Chinarinde ausgeführt. Dort waren allerdings auch die ersten Anpflanzungen von
Cinchonen ins Werk gesetzt und die Culturen erfreuen sich jetzt, nachdem manche
unglückliche Versuche überwunden, des herrlichsten Gedeihens. Schon 1851
erhielt der Gärtner und Botaniker HASSKARL auf wiederholte Anregung des
Professor MIQUEL von dem damaligen Colonial-Minister PAHUD, dem zu Ehren
auch späterhin eine Art *(Cinchona Pahudiana)* benannt wurde, den Auftrag, China-
pflanzen von Süd-Amerika nach Java zu übersiedeln. HASSKARL führte auch den
Auftrag aus, aber man wählte für die neuen Pflanzungen in Java nicht die geeigneten Stellen, so dass später JUNGHUHN eine Umpflanzung anordnete. Man
glaubte nämlich zuerst, dass die Chinabäume dichten Schatten liebten und suchte
daher Stellen im Urwalde zu ihrer Anpflanzung auf. Es zeigte sich aber bald,
dass man hierin einen gewaltigen Fehlgriff gethan hatte, ganz abgesehen davon,
dass hierdurch die nöthige Pflege und Ueberwachung der Pflanzen unmöglich
wurde. Aber ebenso wenig wie dichten Schatten lieben die Cinchonen einen
ganz offenen, sonnigen Standort, da sie hier meist nur strauchartig bleiben. Daher hat man in neuerer Zeit zum Schutz der jungen Pflanzen vor Winden und
zur Herstellung einer leichten Beschattung eine Zwischenpflanzung rasch und
üppig wachsender Bäume hergestellt. Cultivirt werden dort namentlich *Cinchona
Calisaya, Pahudiana, officinalis* in grossen Beständen, weit weniger *C. Hasskarliana,
caloptera* und *lancifolia*, während man *C. succirubra* und *micrantha* jetzt aussterben
lässt, weil ihre Rinden arm an Chinin sind. Von allen die wichtigste in pharma-
kologischer Hinsicht ist *Cinchona Ledgeriana*, nach O. KUNTZE ein unregelmässiger,
steriler Bastard von *C. Pavoniana* O. KUNTZE *(C. micrantha* Auct. p. p.) und *C.
Weddelliana* O. KUNTZE. *(C. Calisaya* Auct. ex p.), deren Rinde 9—13½ ⁰/₀ Chinin
enthält. Während man nämlich bisher 50—60, wie man meinte, gut unterscheidbare

Arten der Gattung Cinchona annahm, glaubt O. KUNTZE nach seinen im Himalaya und auf Java an lebenden Pflanzen gemachten Studien die Zahl der Arten auf vier beschränken zu müssen. Zwei von diesen *C. Weddelliana* O. KUNTZE *(C. Calisaya* Auct.) und *C. Pahudiana* HOWARD haben dunkle, fast lederartige, kleine Blätter, gerippte, reguläre Kapseln und trichterförmige Fruchtkelche, die beiden anderen *C. Howardiana* O. KUNTZE *(C. succirubra* Auct.) und *C. Pavoniana* O. KUNTZE *(C. micrantha* Auct.) hellfarbige, dünne, grössere Blätter und bauchige, geschnäbelte, rippenlose Kapseln, welche — wenigstens halbreif und frisch — ohne Winkel oder Einschnürung in den kleinen cylindrischen, aufrechten Fruchtkelch übergehen Diese bilden regelmässige und unregelmässige Bastarde, von denen O. KUNTZE 11 an nimmt, welche im Vaterlande ebenso vorkommen sollen als in den Culturstätten.

Die drei von O. KUNTZE aufgestellten Arten werden in folgender Weise diagnosirt:

1. *Cinchona Weddelliana* O. KUNTZE. Blätter kahl, dunkelgrün, unterseits etwas heller und in der obern Hälfte Blattgrübchen tragend, 10—13 Centim. lang, lanzettlich, Länge zu Breite = 3 : 1, grösste Breite in der untern Hälfte; Blatt 6 bis 10 mal länger als der Blattstiel. Unfruchtbare Zweige tragen nicht auffallend abweichende Blätter. Corolle 14—16 Millim., röthlichweiss, Röhre cylindrisch, in der Mitte etwas weiter. Ziemlich reife Kapsel in frischem Zustande grün, kahl, 9—16 Millim. lang, grösster Umfang 16—20 Millim., der Profilschnitt elliptisch mit Durchmesserverhältniss 1 : 1¼ bis 1½. Kapsel im Ganzen fast kugelig, etwas gepresst, durch Zurückbleiben der einen Fruchthälfte bisweilen schief, jede der mit 4 bis 6 Rippen versehenen Fruchthälften in der Berührungsebene etwas eingezogen. Fruchtkelch scharf abgeschnürt, trichterförmig, im Durchschnitt kaum halb so lang als der Querschnitt der Frucht. Samen schmutzig lichtrothbraun; der häutige grüne Flügel lang, und in der Mitte sehr schmal.

2. *Cinchona Pavoniana* O. KUNTZE. Blätter kahl, heller als bei *C. Weddelliana*, unterseits alle Winkel der Hauptnerven mit Blattgrübchen, 10—13 Centim. lang, doch im Blüthenstande nur 1 Centim., an unfruchtbaren Zweigen aber 24 Centim, verkehrt eiförmig, an beiden Enden spitz, Länge zu Breite = 2 : 1. Blätter in den Blattstiel zulaufend, Stiele der kleinsten Blätter lang, mittelgrosse Blätter 2—3 mal so lang als der Blattstiel, die grössten Blätter an nicht blühenden Zweigen 8 mal länger als ihr Stiel oder letzterer fehlend, also je grösser die Blattscheibe desto kürzer der Stiel. Corolle 7—10 Millim., also kürzer, aber nicht dünner als bei andern Cinchonen, von gelblichweisser Farbe, bauchig, oben dünner. Kapsel grün, kahl, 25—30 Millim. lang, grösster Umfang 13 Millim., grösste Breite zur Länge = 1 : 4, Umriss gepresst bauchig, eigentlich flaschenförmig. Fruchthälften ohne Rippen und nicht eingezogen. Fruchtkelch klein, cylindrisch, aufrecht, nicht an der Kapsel abgeschnürt.

3. *Cinchona Howardiana* O. KUNTZE. Blätter kahl, auffallend hell gelblichgrün, später roth, ohne Blattgrübchen, 18—24 Centim. lang, elliptisch, an beiden Enden kurzzugespitzt, Länge zu Breite = 1 : 1⅔—2. Blatt 4—8 mal länger als der Blattstiel, nicht abweichend an unfruchtbaren Zweigen. Corolle ziemlich cylindrisch, sonst ganz wie bei C. Weddelliana. Frucht genau wie bei C. Pavoniana. Samen rostig gelbbraun, Flügelrand gross, weisslich.

Die vierte Art, *Cinchona Pahudiana* HOWARD, lässt er als solche bestehen, obgleich er auch diese genauer charakterisirt, als es bis dahin geschehen.

Vergleicht man nun diese drei von O. KUNTZE aufgestellten Arten mit den Diagnosen früherer Autoren, so findet man ohne Mühe heraus, dass *Cinchona Weddelliana* KUNTZE mit *C. Calisaya* WEDD., *Cinch. Pavoniana* KUNTZE mit *C. micrantha* RUIZ u. PAV. und *C. Howardiana* KUNTZE mit *C. succirubra* PAV. ausserordentlich nahe verwandt ist und nach unserer Ansicht wäre es vortheilhafter gewesen, diese alten, eingebürgerten Namen zu behalten, etwa mit dem Zusatz »erweitert« oder »verbessert«, wie dies bekanntlich mit Namen von Hunderten früher aufgestellten Arten geschehen ist und noch geschieht, wenn man dieselben besser und genauer kennen gelernt. Uebrigens hat HOWARD auf das Entschiedenste dagegen protestirt, dass der ihm zu Ehren gewählte Name *C. Howardiana* den älteren *C. succirubra* verdrängen solle und macht noch geltend, dass diese Art wegen des eigenthümlichen darin enthaltenen Saftes sehr wohl verdiene, durch die Benennung succirubra ausgezeichnet zu werden.

Ausser diesen 4 selbständigen Arten nimmt O. KUNTZE, wie schon bemerkt, noch 11 regelmässige und unregelmässige Bastarde an. Unter regelmässigen Bastarden versteht man solche, welche direkt aus zwei Arten hervorgehen, unter unregelmässigen dagegen solche, die durch Befruchtung einer Art mit Bastardpollen entstehen. Zu diesen 11 Bastarden gesellen sich nun noch verschiedene Varietäten.

Zählt man diese zusammen, so kommen noch 29 Formen heraus, man hat also im Ganzen ausser den 4 Arten mit 40 Bastarden und Varietäten zu thun, zu welchen die früher aufgestellten Arten als Synonyme gerechnet werden. Einfacher ist demnach die Behandlung der Cinchonen nicht geworden, ja durch die (allerdings gebotene) umständliche Schreibart der Bastardnamen wesentlich erschwert. Dessenungeachtet dürfte man vor dieser Auffassung nicht zurückschrecken, wenn man sich nur mit dem Resultate einverstanden erklären könnte. Dies ist aber vorläufig noch nicht der Fall. Zwar geben wir gern zu, dass in den in Java und Ost-Indien angelegten Plantagen, in denen die Bäume beisammen stehen, bei weitem leichter Bastarde entstehen können, als in der Heimat der Cinchonen, auch kann dagegen nicht geltend gemacht werden, dass diese Bastarde nicht durch das Experiment als solche nachgewiesen sind, denn dies ist bei den wenigsten für Bastarde angesprochenen Pflanzen geschehen. Man muss sich bei so vielen vermeintlichen Hybriden damit begnügen, dass sie die Merkmale der angeblichen Eltern tragen, unter welchen sie vorkommen. Auch darin stimmen wir KUNTZE bei, dass er die Bastarde nicht mit besonderen einfachen Namen belegt, sondern nach den Eltern benennt, denn schon an der Bezeichnung einer Pflanze muss man erkennen können, ob man es mit einer Art oder mit einem Bastarde zu thun hat. Grosse Bedenken tragen wir jedoch, dem Verfasser der neuesten Cinchonenmonographie darin beizupflichten, dass die in Java und Ost-Indien freiwillig entstandenen Bastarde mit den in Süd-Amerika nördlich vom Aequator vorkommenden Cinchonen vollkommen identisch sein sollen. KUNTZE sucht dies dadurch zu erklären, dass die niedrig gehenden, schwereren, kälteren Winde die kleinen, leichten, geflügelten Samen der Cinchonen ohne Schwierigkeit aus den südlichen Ländern nach den nördlichen tragen konnten. Zur Vergleichung dieser Arten oder Formen aus Süd-Amerika dient ihm aber ein immerhin nur ungenügendes Herbariummaterial und Abbildungen, ohne selbst an Ort und Stelle Studien gemacht zu haben, woselbst ein so genauer Beobachter, wie KUNTZE ist, der durch den Besuch der Cinchonenplantagen in Java und Ost-Indien an den lebenden Pflanzen eine Menge scharfer, bisher ganz übersehener Merk-

aufzufinden verstand, vielleicht zu ganz anderen Resultaten gekommen sein würde. Die Frage nach dem Artbegriff der vielen in Süd-Amerika aufgefundenen Cinchonen scheint daher noch keineswegs gelöst. Ja die vermeintliche Bastard-natur mehrerer Cinchonen wird in jüngster Zeit sogar von einigen Botanikern, welche in Java und auf Ceilon leben, mithin Gelegenheit haben, die Chinabäume lebend zu beobachten, entschieden bestritten. Dies gilt insbesonde von *Cinchona Ledgeriana*, nach WEDDELL und HOWARD eine Varietät von *C. Calisaya* nach KUNTZE, wie schon bemerkt, ein unregelmässiger, angeblich steriler Bastard. Nun weisen aber MOENS und TRIMEN *) nach, dass diese Cinchone so gut wie andere Früchte trägt und betrachten sie daher als eigene Art. Nach ihnen variirt sie zwar in der Blattform, welche bei ausgewachsenen Blättern lanzettlich bis oval oder linealisch-lanzettlich, selbst länglich-oval ist, aber die grösste Breite findet sich immer in der Mitte oder nahe der Mitte der Blattfläche, sodann sind die Blüthen sehr klein und weiss, aber besonders ist sie durch die länglich-eiförmigen, rothen Blüthenknospen, denen an der Spitze die charakteristische, plötzlich auf-geblasene, knopfartige Anschwellung fehlt, ausgezeichnet. Die Kapseln sind kurz, eiförmig-länglich, selten mehr als 1 Centim. und niemals mehr als 1½ Centim. lang. Auch wird ausdrücklich hervorgehoben, dass die Blüthen stark duften, was nach KUNTZE bei keiner echten Cinchone der Fall sein soll. Dieser sagt nämlich bei der Auseinandersetzung des Unterschiedes von Cinchona und Cascarilla, dass er sich »in den Anschauungen WEDDELL's und BENTHAM's und HOOKERS anschliesst, glaube, fährt er fort, »vermag ich vielleicht dadurch einen Beitrag zum Unter-schiede mit der nächst verwandten Gattung Cascarilla zu liefern, als ich letzterer Insectenbefruchtung in Folge der wohlriechenden, grellfarbigen, grossen Blumen zuschreiben muss,« während Cinchona, obwohl noch heterostyl, durch geruchlose, schmutzigfarbige, kleine Corollen, lose, winzige Pollen die verlorene Insectenbe-fruchtung documentirt. Die Berichte der Reisenden, dass Cinchonen wohlriechend seien, sind unzuverlässig, weil gemeinhin alle Cascarillen als Cinchonen bezeichnet und auch früher beschrieben wurden. Forscht man indess bei der einzelnen Art-beschreibung nach, so findet man, dass nie echte Cinchonen als wohlriechend bezeichnet werden, dass aber letzteres fast bei allen Cascarillen der Fall ist.« Hierin stimmen jedoch genaue Beobachter, wie WEDDELL, HOWARD, FLÜCKIGER nicht mit KUNTZE überein.

Die Einsammlung der Rinde geschieht in Neu-Granada zu jeder Jahres-zeit, in Peru und Bolivia mit Ausnahme der Regenzeit. Die Rindenschäler oder Cascarilleros, welche im Dienst eines Handlungshauses oder einer Com-pagnie stehen, erkennen die Bäume am eigenthümlichen Schimmer der Blätter, sowie an der Farbenänderung, welche die verwundete Rinde durch Oxydation der Gerbsäure sogleich an der Luft annimmt. Nachdem der Baum tief an der Wurzel gefällt ist, werden die Aeste abgehauen, dann entfernt man die Borke vom Stamm und löst den Bast; die Rinde der Aeste wird mit der Borke oder dem Periderm geschält. Damit nun die Borke beim Schälen sich nicht frei-lich vom Bast trennt, muss der gefällte Stamm vor dem Schälen einige Tage liegen, dadurch trocknet jedoch auch der Bast fester an und lässt sich nur schwierig von dem Holz trennen, so dass oft ein grosser Theil des Bastes am Holz zurückbleibt. Die dünnen Rinden werden zum Trocknen in die Sonne

---

*) Journal of botany. New series vol. X (November 1881), pag. 321 sq., ebenso Report on the progress and condition of the Royal Gardens at Kew, during the year 1880. pag. 32.

gelegt, wo sie sich dann zusammenrollen; die grösseren Rinden werden nur kurze Zeit der Sonne ausgesetzt, dann flach ausgebreitet, in Haufen kreuzweise über einander geschichtet und durch Steine beschwert, diese Haufen aber täglich umgelegt. Die trocknen Rinden werden nach dem Bestimmungsorte getragen, in den Städten sortirt, verpackt und nach der Küste geschafft. In Neu-Granada benutzt man nur die von der Borke grossentheils befreite Stammrinde und die der stärkeren Aeste, trocknet sie in eigenen Schuppen vorsichtig über Feuer innerhalb 3—4 Wochen und gewinnt $\frac{1}{3}$ vom frischen Material. Nach KARSTEN liefert ein Baum von 20 Meter Höhe und $1\frac{2}{3}$ Meter Stammdurchmesser etwa 10 Centner trockene Rinde. In der Regel ist die Ausbeute jedoch geringer, namentlich bei den geschätztesten alkaloidreichsten Sorten. In Ecuador und Nordperu sammelt man nach altem Herkommen vorzüglich nur die Astrinden, in Südperu und Bolivia Stamm- und Astrinden. Man hat die Beobachtung gemacht, dass durch helles Licht und Wärme das Chinin in den Rinden zersetzt, dunkler gefärbt, unkrystallisirbar wird und sich in einen gefärbten harzartigen Körper umwandelt, daher macht PASTEUR den Vorschlag, die frischen Rinden im Dunkeln ohne Hülfe von Wärme zu trocknen. Gewöhnlich sucht man die Rinden in schönen und wohl erhaltenen Exemplaren zu versenden, in Popayan jedoch werden sie zusammengestampft, um das Volumen zu vermindern. Die Rinden werden auf verschiedene Weise in Säcke, Wachstuch, Kisten, Trommeln oder Seronen von Büffelhaut verpackt, letztere mit der Haarseite nach innen. Die Händler von Popayan senden die Rinden nach Buenaventura oder schaffen sie nach dem Magdalenenthal, wo sie auf der Wasserstrasse wie die von St. Fé über Honda nach Carthagena, Savanilla oder St. Martha gehen; die Rinden von Ecuador werden über Guayaquil oder Payta, die Perurinden über Lima (Callao), Islay, Iquique und die Bolivianischen von Arica oder auch von Cobija ausgeführt.

Anatomie. Nur die jüngeren Rinden besitzen alle 3 Rindenschichten, die älteren bestehen aus dem von Borke oder Kork bedeckten Bast oder aus dem Bast allein. Der Kork entsteht schon im ersten Jahre unter der dann bald verschwindenden Epidermis und ist gewöhnlich ein tafelförmiges, inhaltsleeres oder mit Chinaroth erfülltes Periderm, selten ein wahrer Schwammkork aus schlaffen, ziemlich weiten, blassbräunlichen, inhaltsleeren Zellen. Die Mittelrinde ist ein Parenchym, dessen tangential gestreckte Zellen durch einen braunrothen Inhalt gefärbt sind, und Amylum, bei ganz dünnen Rinden auch Chlorophyll enthalten, zuweilen aber mit einem Krystallmehl von oxalsaurem Kalk völlig erfüllt sind. Sehr häufig verdickt sich die Wandung vereinzelter oder der Mehrzahl der Zellen mehr oder weniger vollständig, so dass wahre Steinzellen oder, wenn noch eine mit einem braunrothen Inhalt erfüllte Höhlung zurückbleibt, Saftzellen (irrig von SCHLEIDEN Harzzellen genannt) gebildet werden; diese sind gewöhnlich mehr tangential gestreckt als die benachbarten unverdickten Zellen, zuweilen ausserordentlich breit. An der Grenze der Mittelrinde gegen den Bast findet sich bei einigen im Handel vorkommenden Arten ein lockerer oder dichterer, einfacher oder doppelter Kreis weiterer oder engerer, von einer eigenen Membran umkleideter Saftröhren, welche auch Saftschläuche oder Saftbehälter genannt werden und die wegen ihres Baues und ihrer Stellung von einigen Autoren geradezu mit den Milchsaftgefässen anderer Pflanzen verglichen werden, obgleich sie keinen Milchsaft, sondern einen braunrothen, trüben, gummigharzigen Inhalt führen. Man bezeichnete sie auch wohl als Milchsaftzellen, Milchsaftschläuche, Milchsaftröhren oder als Milchsaftgefässe. Nach KARSTEN sollen sie übrigens in den jüngsten Zweigen aller oder fast aller Cinchonen und ihrer nächsten Verwandten vorkommen, bisweilen aber bald verkümmern. Die Mittelrinde verdickt sich weiter nicht, sondern verbreitert sich nur, indem sich einzelne Zellen durch radiale Scheidewände theilen und für sich tangential weiter vergrössern. Später stirbt die Mittelrinde durch Eindringen von Korkschichten ausserhalb derselben allmählich ab und wird endlich abgeworfen. Die Innenrinde oder der Bast entsteht aus dem Kambium, welches Holz und Rinde trennt, ist bei jüngeren Rinden sehr dünn, wächst allmählich nach und ist bei alten oft nur allein vorhanden. Sie besteht aus einem Parenchym, dessen in die Länge gestreckte Zellen gewöhnlich durch einen braunrothen amorphen Inhalt getärbt und und sehr kleine Stärkekörner, seltener und dann ausschliesslich ein Krystallmehl enthalten (Krystallzellen, SCHLEIDEN), und wird durch Markstrahlen in meist gleich breite Baststrahlen gesondert, in dessen meist kleinzelligem Parenchym die Bastzellen in mehr oder weniger deutlich radialen Reihen oder zerstreut, seltener in Gruppen vereinigt stehen. Auch hier verholzen nicht selten einzelne Zellen der Markstrahlen wie des Bastparenchyms. Nicht selten finden sich in den Baststrängen stabförmige. dünne, vertical gestreckte, an beiden Enden abgestutzte, verholzte Zellen, welche im Querschnitt bedeutend kleiner sind, und ein grösseres Lumen haben, als die Bastzellen, mit denen sie wohl verwechselt werden, SCHLEIDEN nennt sie Faserzellen; da man aber darunter auch Spiralzellen verstehen könnte, so ist der Name nicht glücklich gewählt. Von Markstrahlen finden sich grosse und kleine. Die grossen Markstrahlen treten doch mit 3 Zellreihen aus dem Holz in die Rinde und bestehen zuerst, zumal bei dicken Rinden, aus schmalen radial gestreckten Parenchymzellen, die sich gegen die Mittelrinde allmählich verbreitern, tangential ausdehnen und zuletzt ohne scharfe Grenze in die Mittelrinde übergehen, sie sind oft ziemlich genähert, zuweilen aber in einzelne Zellreihen aufgelöst. Die kleinen Markstrahlen finden sich zwischen den grossen in grösserer oder geringerer Anzahl und sind nicht oen so genähert, dass sie nur durch eine Reihe von Bastzellen geschieden sind; sie treten stets mit einer Reihe von Zellen in die Rinde und bleiben auf diese beschränkt oder theilen sich wohl in zwei Reihen oder häufiger verbreitern sie sich keilförmig gegen die Mittelrinde. Die Bastzellen sind bei allen echten Cinchonen mit Ausnahme der innersten, unmittelbar an dem Kambium gelegenen vollständig verholzt, so dass das Lumen nur als ein dunkler Punkt erscheint, oft in derselben Rinde dicker, oder dünner, meist verkürzt, immer gegen beide Enden verschmälert, von gelblicher, gelber oder orangerother Farbe, mit deutlichen Verdickungsschichten und Porenkanälen versehen, zerstreut stehend, reihenoder gruppenweise geordnet. Die Dicke der Bastzellen giebt kein untrügliches Kennzeichen für die Güte der Chinarinde, da auch alkaloïdarme Chinarinden mit dicken Bastzellen vorkommen. Die Borke entsteht dadurch, dass sich dünne, zungenförmige, mit dem konvexen Rücken nach innen gerichtete Korklagen in verschieden unter sich innerhalb der lebensthätigen Rinde bilden. Da durch den schnell absterbenden Kork kein Saftaustausch stattfindet, so müssen die ausserhalb der Korkschicht liegenden Rindetheile allmählich absterben, werden aus thätigen Organismus als Borkenschuppen abgegliedert und nach längerer oder kürzerer Zeit abgeworfen. Indem nun allmählich von aussen nach innen fortschreitend stets neue, von den älteren durch Rinde getrennte Korklagen entstehen und sehr bald auch in die Innenrinde dringen, so häuft sich ausserhalb der lebenden Rinde, die, wenn nicht vom Cambium stetig eine bedeutend schnellere und mehr massige Erneuerung derselben ausginge, zuletzt völlig verschwinden müsste, eine Anzahl abwechselnder Lagen von abgestorbenem Rindengewebe und Kork, die Borke, die sich daher durch Gegenwart von abgestorbenem Rindengewebe von dem reinen Kork unterscheidet und im Querschnitt immer geschichtet erscheint. Da allein in der Innenrinde Bastzellen vorkommen, so lässt sich für jede Rinde leicht bestimmen, ob sie noch mit einer Mittelrinde versehen ist oder nicht; reichen nämlich auf dem Querschnitt die Bastzellen bis zur äussersten Korkschicht, so war die Mittelrinde durch Bildung von Borke bereits abgeworfen. Ueber das Vorkommen der Chinabasen innerhalb der Elemente der Rinde sind vielerlei Hypothesen aufgestellt. Die bei mikrochemischer Untersuchung feiner Rindenpräparate hier und da in Gruppen ausgeschiedenen Krystalle finden sich gewiss nicht mehr auf ihrer ersten Lagerstätte; bei der Behandlung des Präparats mit Schwefelsäure färben sich die Bastzellen so schön roth wie in der Weidenrinde. WEDDELL nimmt an, dass die Mittelrinde Cinchonin, der Bast Chinin enthalte und dass die Rinden den grössten Alkaloïdgehalt besässen, bei welchen die Bastzellen nur durch schmale Parenchymstreifen gesondert seien und sich nur mit ihren Enden berührten. Auch REICHARDT schliesst aus seiner vergleichenden chemischen Untersuchung der Rindenschichten, dass Cinchonin mehr in den äusseren, Chinin mehr in den inneren vorkomme. HOWARD weist nach, dass die Chinabasen nicht in den Baströhren, sondern in dem parenchymatischen Theil der Rinde enthalten sind. Diese Beobachtung wurde von FLÜCKIGER, MÜLLER, KARSTEN bestätigt. HOWARD glaubt aus seinen Beobachtungen auch schliessen zu dürfen, dass die Parenchymzellen zugleich der Entstehungsort der Chinabasen sind.

Der Chiningehalt weicht in den Rinden der verschiedenen Arten sehr von einander ab. Am meisten enthält nach den früheren Analysen die Königschina, nämlich 2—2¾ %. Gross war daher das Erstaunen und die Freude, als in der Rinde von C. Ledgeriana zuerst 5—6, später 7—13¼ % Chinin gefunden wurden. Nach KUNTZE enthalten die Rinden der Hybriden das meiste Chinin, er behauptet insbesondere, dass sie um so reichlichere Mengen Chinin erzeugen, je unvermischter die Eigenart der Eltern in denselben erhalten bleibt und stellt geradezu den Satz auf: »je länger die Blätter am Blüthenstand gestielt sind, je schmäler und je mehr das Blatt zugleich roth ist, je mehr die grösste Breite des Blattes zugleich über der Mitte liegt, je kleiner und je mehr gelblich weiss die Blumen und je kleiner, kugeliger die Kapseln zugleich sind, desto chinareicher ist die Rinde.« Mit dieser Ansicht sind jedoch die bedeutendsten Pharmakologen nicht einverstanden.

Nach einer Beobachtung des früheren Leiters der Nilgiri-Chinaplantagen MAC IVOR, hat man übrigens gefunden, dass sich der Chiningehalt in der neugebildeten Rinde vermehrt, wenn man nach Abschälen der alten Rinden die entblössten Stellen mit Moos bedeckt. Man macht nämlich in die Stammrinde eines etwa 8 Jahre alten Baumes einen horizontalen Einschnitt von ungefähr 4 Centim. Breite und sodann von beiden Seiten desselben zwei bis zum Grunde des Stammes reichende Längsschnitte, worauf das in dieser Weise begrenzte Rindenstück in Form eines Streifens mit den Händen abgelöst und unten abgeschnitten wird. Zwischen diesen bandförmig abgelösten Rindenstreifen bleiben nun eben so viele und ebenso breite unversehrte Rindenpartien zurück. Hierauf wird der Stamm ringsum mit Moos eingehüllt. Nach sechs bis zwölf Monaten werden die unverletzten Rindenstreifen abgelöst und der Stamm abermals mit

Moos umhüllt. Nach 22 Monaten erfolgt die Ablösung der an den ersten abgeschälten Stellen erneuerten und nach abermaligen 6—12 Monaten jene der an den zweiten Schälflächen nachgewachsenen Rinde u. s. w. In dieser Weise hat man Rinden erhalten, die fünfmal unter Moosbedeckung an derselben Stelle sich erneuert hatten. Die genaue chemische Analyse ergab nun, dass in der ursprünglichen Rinde von einem und demselben Baum der Cinchona succirubra 9,28‰ Alkaloide, darunter 1,16‰ Chinin enthalten waren, während sich in der erneuerten Rinde 10,10‰ Alkaloide mit 4,60‰ Chinin fanden. Wenn sich hiernach der Gesammtalkaloidgehalt auch nicht bedeutend vermehrt hatte, so war doch die Zunahme des Chiningehaltes sehr auffallend. In Sikkim fällt man dagegen in den Plantagen die etwa achtjährigen Chinabäume ungefähr 1½ Decim. über dem Boden und schält die Rinde von ihnen ab, worauf die aus dem stehenbleibenden Stammende nachwachsenden Triebe nach abermaligen acht Jahren schon wieder eine gute Ausbeute an Rinde geben.

Anatomische Uebersicht für die bedeckten echten Chinarinden.

I. Saftröhren und Stein- oder Saftzellen zugleich vorhanden.

A Saftröhren weit; Stein- oder Saftzellen reichlich.

1 Borke ausgebildet; Saftzellen auch im äussern Bast.

a) Bastzellen stark, meist in Gruppen; stabförmige Steinzellen im Bast . . . . *Cort. Cinchonae Pelletierianae.*

2 Periderm farblos; Steinzellen nicht im Bast.

a) Zellen der Baststränge kleiner als der Markstrahlen; Bastzellen spärlich; in unterbrochenen Reihen . . . . . *Cort. C. umbelluliferae.*

b) Zellen der Baststränge und Markstrahlen ziemlich gleich; Bastzellen reichlich, reihig, vereinzelt oder gehäuft . . . *Cort. C. ovatae.*

B Saftröhren mittelmässig; Saftzellen auch im äussern Bast.

1 Periderm; Markstrahlen nach vorn verbreitert.

a) Periderm braunroth; Baststränge kleinzellig, Bastzellen dünn, in unregelmässigen Reihen . . . . *Cort. C. conglomeratae.*

b) Periderm farblos; äussere Bastzellen dick, gedrängt, innere dünner, in unregelmässigen Reihen ungleich; stabförmige und Krystallzellen ziemlich häufig . . . . *Cort. C. purpureae.*

2 Borke; Saftröhren mit der Borke früh abgeworfen.

a) Markstrahlen nach vorn verbreitert; Bastzellen stark, genähert und in Reihen . . . . *Cort. C. suberosae.*

C Saftröhren eng.

1 Borke; Baststrahlen engzellig; Bastzellen dünn.

a) Bastzellen meist in Doppelreihen, auch in Gruppen; stabförmige Steinzellen im Bast . . . . *Cort. C. amygdalifoliae.*

b) Bastzellen unregelmässig reihig oder in Gruppen . . . . *Cort. C. corymbosae.*

2 Kork farblos; Steinzellen auch im äusseren Bast.

a) Bastzellen dick, in Bündeln oder vereinzelt . . . . *Cort. C. Palton.*

II. Saftröhren vorhanden, Saft- oder Steinzellen fehlend.

A Saftröhren ziemlich weit.

1 Saftröhren genähert, einen ziemlich dichten Kranz bildend, mit der Borke abgeworfen.

a) stabförmige dünne Steinzellen im Bast; Bastzellen in 1—2 unterbrochenen Reihen

b) Bastzellen dick, gelb, in unterbrochenen Reihen . . . *Cort. C. rufinervis.*

2 Saftröhren entfernt, einen lockern Kranz bildend. . . . *Cort. C. Calisayae.*

a) Bastzellen sehr dick, oft sehr genähert und so unregelmässig concentrische Zonen bildend, gelb . . . . . . *Cort. C. luteae.*

b) Bastzellen dick, roth, in Reihen, Saftröhren zuletzt durch
   Zellen ausgefüllt . . . . *Cort. Chinae ruber durus.*
c) Bastzellen dünn, gelb, in Reihen; Saftröhren lange dauernd *Cort. C. scrobiculatae.*

B. Saftröhren eng.
  1. Bastzellen in Gruppen und vereinzelt; Periderm . . . . *Cort. C. heterophyllae.*
  2. Bastzellen in Reihen.
    a) Stabförmige Steinzellen im Bast, dick; Borke . . . . . *Cort. C. Obaldianae.*
    b) Saftröhren in mehreren Reihen. Bastzellen spärlich . . . *Cort. C. glanduliferae.*
    c) Bastzellen ziemlich dick, reihig; Borke . . . . *Cort. C. Uritusingae.*
    d) Bastzellen dünn, in deutlichen Reihen; Periderm . . . . *Cort. C. australis.*

III. Saftröhren und Stein- oder Saftzellen fehlend.

A. Kork dick; Bastzellen dick, roth, oft in Doppelreihen . . . *Cort. C. succirubrae.*
B. Periderm braunroth; Bastzellen in Gruppen, später reihig . . *Cort. C. nitidae.*
C. Borke; stabförmige Steinzellen im Bast.
  1. Bastzellen in Reihen, nicht selten mit einer benachbarten
    zu einer Gruppe vereinigt . . . . *Cort. C. Chahuarguerae.*
  2. Bastzellen in Reihen . . . . *Cort. C. lanceolatae.*
  3. Bastzellen dünn, sehr sparsam . . . . *Cort. C. hirsutae.*
D. Borke; stabförmige Steinzellen fehlend.
  1. Markstrahlen breit keilförmig; Bastzellen ziemlich dick, oft
    zu 2—4 vereinigt . . . . *Cort. C. micranthae.*

IV. Saftröhren fehlend; Saft- oder Steinzellen vorhanden.

A. Saft- oder Steinzellen häufig, ziemlich zu einer Schicht vereinigt, in den Bast sich fortsetzend.
  1. Bastzellen reihig; stabförmige Steinzellen im Bast . . . . *Cort. C. lancifoliae.*
  2. Bastzellen in Gruppen, tief orange.
    a) Periderm braunroth . . . . *Cort. C. stupeae.*
    b) Borke dick . . . . *Cort. C. Incumaefoliae.*
B. Saft- oder Steinzellen zerstreut, selten im Bast.
  1. Bastzellen in Gruppen.
    a) Borke; Steinzellen zuweilen im Bast; Markstrahlen er-
     weitert . . . . *Cort. C. microphyllae.*
    b) Kork; kleine Markstrahlen weitzellig . . . . *Cort. C. macrocalycis.*
    c) Periderm farblos, dick; Bastzellen dick, auch reihig . . . *Cort. C. subcordatae.*
  2. Bastzellen in entfernten einzelnen Reihen; stabförmige
    Steinzellen im Bast. . . . . *Cort. C. cordifoliae.*

I. Cortices Chinae genuini. Echte Chinarinden.
Cinchonae species.

Die echten Chinarinden finden sich in Röhren oder Halbröhren (bedeckte
China) oder in flachen, häufig vollständig oder theilweise von der Borke befreiten
Stücken (unbedeckte China), sind auf der Oberfläche mehr oder weniger mit
Längsrissen, Querrissen oder Runzeln versehen, besitzen eine mehr oder weniger
splitterig-faserige Textur, enthalten Chinasäure, Chinagerbsäure, Chinin, Chinidin,
Cinchonin, Cinchonidin oder Cuscocinchonin, geben, nach GRAHE, gröblich zer-
stossen und trocken in einem Reagenzglase erhitzt, einen rothen Theer und
zeichnen sich im anatomischen Bau dadurch aus, dass die dickwandigen, mit deutlichen Schichten versehenen, ganz geschlossenen, gelb oder orangeroth gefärbten
Bastzellen in der Regel vereinzelt in dem Parenchym der Innenrinde stehen, oder
wenn sie zu mehren zusammengestellt sind, doch nie regelmässige Kreise von
Bastbündeln bilden. Nur in der jüngsten Schicht der Innenrinde zeigen die Bast-

...en zuweilen ein offenes Lumen. — Sie zerfallen nach dem allgemeinen Farbeston in braune oder graue, gelbe oder orangerothe und in rothe Rinden.

Uebersicht für die echten Chinarinden.

Röhren oder Halbröhren, aussen weisslich, grau, graubraun, innen aussen zartrissig, innen rothbraun, im Bruch aussen eben, innen kurz, splitterig	China fusca s. grisea.
A. Rinden mit einem dunklen Harzring unter dem Periderm.	
1 Röhren meist mit weisslichem Ueberzuge, mit vorwaltenden Längsfurchen	China Huanoco.
2 Röhren aussen vorwaltend grau, mit entfernten, fast ringförmigen Querrissen	China Loxa.
B. Rinden ohne Harzring unter dem Periderm.	
1 Röhren schuppig-runzlig, vorwaltend schwarz	China Pseudoloxa.
2 Röhren rein leberbraun, mit vorwaltenden Längsfurchen und Korkwarzen	China Huamalies.
3 Röhren fast eben, aussen blass, im Bruch grobsplitterig .	China Jaën pallida.
B. Röhren oder Platten, innen gelb oder orangegelb, im Bruch langig oder splitterig	China flava v. aurantiaca.
A. Bruch kurz und glassplitterig.	
a. Röhren; Borke spröde, geschichtet, meist quadratisch gefeldert	China Calisaya convoluta.
b. Platten; Borkenschuppen gelb, geschichtet.	
a) Borkengruben regelmässig oder undeutlich	China Calisaya plana.
b) Borkengruben unregelmässig	China Calisaya morada.
B. Bruch kurz und dünnsplitterig.	
1. Borke geschichtet, schwammig	China Pitaya de Buenaventura.
2. Kork dick, weich	Chin. Pitaya de Savanilla.
3. Kork dünn, weich, gelblich weiss	China flava dura laevis.
C. Bruch grobsplitterig; Kork dünn, weich, gelblich weiss, mit Korkwarzen.	
1. Bast ockergelb	China flava dura suberosa.
2. Bast zimmtfarben	China Cusco.
D. Bruch langsplitterig.	
1. Borke dünn, spröde, hart, rissig; Bast braunroth . . .	China Calisaya fibrosa.
2. Kork weich, blass ockergelb bis silberweiss.	
a) Bast ockergelb	
b) Bast roth	China flava fibrosa.
III. Röhren, Halbröhren seltener Platten, von tief braunrother Farbe, im Bruch langsplitterig	China rubiginosa.
1. Kork weich, schwammig, rothbraun warzig	China rubra.
2. Borke hart, spröde, längsrissig, warzig	China rubra suberosa.
	China rubra dura.

Cortices Chinae fusci, grisei s. officinales, graue oder braune Chinarinden. Unter China fusca werden die meist cinchoninreichen Rinden jüngerer Zweige von verschiedenen Cinchonaarten verstanden. Sie bilden Röhren von der Stärke eines Federkiels bis zu der eines Fingers und zeigen eine graubraune Oberfläche, die hier und da weiss pulvrig oder kleienartig, runzelig und von vielen, nicht seltene Längs- und Querrissen durchzogen ist. Die Farbe der übrigen Schichten ist vorherrschend braun; im Bruch zeigen sie sich mehr eben als splitterig oder faserig, ihr Geschmack ist mehr herbe als bitter. Als Stammpflanzen dieser Sorte wird unter Cinchona micrantha Rz. und Pav., welche die deutsche Pharmakopöe namentlich anführt, auch C. officinalis L., C. peruviana Howard. C. nitida Rz.

und Pav. und mit Rücksicht auf die auf Java kultivirten Arten noch *C. Pahudiana* How., *C. succirubra* Pav. und sogar *C. Calisaya* Weddell. zu nennen. Nach der deutschen Pharmakopöe sind die mittelstarken Röhren der Huanoco- und Loxa-China vorzuziehen. Man unterscheidet im Handel folgende Sorten:

1. Huanoco- oder Guanoco-China. Meist spiralig, doch auch von beiden Rändern eingerollte Röhren von 4—20 Millim. Durchmesser und 1—4 Millim. Dicke, aussen blass röthlichbraun, mit weisslichem Ueberzuge, zart-querrissig, mit vorwaltenden Längsfurchen und Längsrunzeln versehen, innen hellcimmtbraun, mit dunklerem Harzringe unter dem dünnen Periderm. Es sind die jüngeren Rinden von *Cinchona micrantha* Rz. u. Pav., *subcordata* Pav., *suberosa* Pav. und *umbellulifera* Pav. Die häufig beigemengten Rinden der letzten Art sind gewöhnlich mit sehr breiten flachen Längsfurchen versehen, so dass sie fast kantig erscheinen. Eine geringere Sorte liefert *C. purpurea* Rz. u. Pav. — Sie kommt aus der peruanischen Provinz Huanoco über Lima in Kisten in den Handel, in der Originalverpackung findet man fast immer China Huamalies und Jaën pallida beigemengt.

2. Loxa-China. Spiralig oder von beiden Rändern eingerollte Röhren von 4—20 Millim. Durchmesser und $\frac{2}{3}$—4 Millim. Dicke, aussen grau oder graubraun, mit weisslichen, schwarzen oder graubraunen Stellen, vorwaltend mit zarten, mehr oder weniger ringförmigen und unter sich entfernten Querrissen und mit Längsrunzeln versehen, innen eimmtbraun, mit dunklerem Harzring unter dem dünnen Periderm. Dahin gehören die jüngeren Rinden von *Cinch. Uritusinga* Pav. *Condaminea* Humb., *Chahuarguera* Pav., *macrocalyx* Pav., *conglomerata* Pav., *glandulifera* Rz. u. Pav., *heterophylla* Pav., *hirsuta* Rz. u. Pav., *Palton* Pav., *microphylla* Pav. Am häufigsten findet man die Rinden von *C. macrocalyx* und *Condaminea* vor, *C. Uritusinga* ist selten beigemengt, kommt aber zuweilen unvermengt in den Handel. Die Loxa-China stammt aus Ecuador und wird in Kisten oder Seronen von Guayaquil oder auch von Payta oder Lima ausgeführt.

3. Pseudoloxa-China s. China Jaën nigricans. Röhren von 4 Millim. bis 2½ Centim. Durchmesser und 1—2 Millim. Dicke, aussen vorwaltend schwarz oder dunkelbraun, seltener stellenweise weisslich überflogen, mit regelmässigen, ziemlich tiefen, sehr genäherten, an den Rändern aufgeworfenen Querrissen und zahlreichen anastomosirenden Längsrunzeln versehen, so dass die Oberfläche schuppig-runzelig erscheint, innen dunkel-eimmtbraun, ohne Harzring. Es sind die jüngeren Rinden von *Cinch. nitida* Rz. u. Pav., *stuppea* Pav., *scrobiculata* Hb. u. Brl. Sie findet sich gewöhnlich als Beisorte der Loxa-China.

4. Huamalies- s. Yuamalies-China. Röhren oder Halbröhren von 6—14 Millim. Durchmesser und 1—8 Millim. Dicke, aussen rein leberbraun, selten und dann nur stellenweise blassgelblich oder schwarzbraun, mit vorherrschenden, etwas wellenförmigen Längsrunzeln und mit rundlichen oder ovalen, oft sehr gedrängt stehenden und schwammigen Warzen, die bis auf den Bast reichen; innen eimmtbraun, ohne Harzring, auf der Unterfläche eben. Auf dem Querschnitt sieht man einzelne Markstrahlen, die sich nach aussen, zumal gegen die Warzen, zu sehr breiten Keilen erweitern. — Es sind die stärkeren Röhren von *Cinch. micrantha*, *glandulifera*, *Palton* und *lanceolata* Pav. Hierher gehört auch ein grosser Theil der Carabaya-China. Sie ist eine gewöhnliche Beimengung der Huanoco-China, kommt aber auch für sich über Lima in den Handel.

Es fand sich im Handel auch eine der Huamalies-China sehr ähnliche mit China Jaën pallida vermengte Rinde, welche als falsche Loxa-China von Guayaquil für sich ausgeführt wurde. Sie bildet weitere oder engere Röhren, ist 1—2 Millim. dick, leberbraun, aussen mit vorwaltenden, nahe gerückten Längsfurchen und sehr zarten Querrissen versehen, ohne Warzen. Die Mittelrinde ist weiss punktirt, ohne Rindenkeile, der Bast kurz und grobsplittrig, auf der Unterfläche uneben, weiss punktirt. Von China Huamalies unterscheidet sie sich durch den Mangel der Warzen und der Rindenkeile, sowie durch die zarten Querrisse. Mit China-Loxa hat sie nicht die geringste Aehnlichkeit.

5. Blasse Jaën- oder Ten-China. Röhren von 4—26 Millim. Durchmesser und 1—4 Millim. Dicke, oft bogenförmig-gekrümmt, aussen schmutzig gelblich-grau, mit grauen oder braunen Stellen, ziemlich eben oder mit zarten Längsrunzeln und feinen Querrissen, innen rothbraun, ohne Harzring, aber mit glänzenden Punkten auf der Schnittfläche, im Bruch nach innen ungleich und grobsplittrig. Sie stammt von *Cinch. viridiflora* Pav., doch finden sich auch Rinden von *C.*

... und PAV, *C. purpurea* und einer Varietät der *lucumaefolia* PAV. Nach WEDDELL ist seine ... *pubcent* (jedoch nicht die VAHL'sche) die Stammpflanze. — Sie kommt aus Ecuador und ... in Kisten über Payta oder Lima ausgeführt, auch ist sie zuweilen der Huanoco-China bei-... ...

B. *Cortices Chinae flavi v. aurantiaci.* — Gelbe oder orangefarbene Chinarinden.

Hierzu gehören die Rinden des Stamms und der stärkeren Aeste verschiedener Cinchonaarten, welche vorherrschend eine ochergelbe oder cimmtbraune Farbe besitzen und aus Bast allein oder doch so überwiegend aus Bast bestehen, dass sie eine faserige oder splitterige Textur besitzen. Ihr Geschmack ist mehr bitter als herbe. Sie enthalten vorwaltend Chinin oder Chinidin. Dahin gehören:

1. Königs-China, China regia. Röhren mit spröder, dunkelfarbiger, tiefrissiger Borke ... von der Borke grossentheils befreite, mehr oder minder flache, oberseits mit flachen, von ... Borkeschuppen herrührenden Borkegruben versehene, feste, cimmtbraune Baststücke ... splitterigem Bruch. — Die Stammrinden der Cinchonen aus Ecuador und Peru, deren jüngere ... graue oder braune China liefern, haben in Deutschland wenigstens von früher Zeit an den ... Königschina geführt und finden sich heute noch im Kleinhandel, obgleich man jetzt die ...anische Calisayarinde allein darunter verstanden wissen will. Es lassen sich unterscheiden:

a) Echte Calisaya-China von *Cinchona Calisaya* WEDDELL, in Südperu und Bolivia ein-..., mit einem harten, dichten, schweren, cimmtbraunen, im Bruch kurz- und glassplitterigen ... Sie findet sich in 2 Formen im Handel: 1. Bedeckte oder gerollte Calisaya-China, China Calisaya tecta s. convoluta. Die Astrinde in Röhren von 1½—6 Millim. Dicke, ... milchweiss oder, wo der Ueberzug fehlt, dunkel kastanienbraun, mit starken Längsleisten ... tiefen Längs- und Querrissen versehen, welche viereckige Felder abgrenzen; die dicke, spröde ... ist heller und dunkler geschichtet. Eine unter der Bezeichnung »Kabinetstücke« von den ... geführte, vorzüglich schöne bedeckte Calisayarinde zeigt nicht die regelmässigen ...anischen Borkeschuppen, indem die welligen Längsleisten näher gerückt sind, ihre Borke ... überwiegend aus dunklem, auf der Schnittfläche harzig erscheinendem Periderm. In der ... Sammlung finden sich Rindenstücke einer der Cinch. lanceolata ähnlichen Art, ... zwar äusserlich einige Aehnlichkeit mit der Calisaya-China haben, aber in Consistenz, ... und Textur völlig verschieden sind und eine nicht in Schuppen abfallende, sondern sich ...ständig ablösende Borke haben. 2. Unbedeckte oder flache Calisaya-China, China ...ya nuda v. plana. Flache, bis 3½ Centim. dicke Bastplatten, oft noch stellenweise mit ge-...eter Borke bedeckt und, wo diese fehlt, mit flachen Borkegruben versehen. Sie ist die ...reichste Chinarinde und daher zu dispensiren, wenn China regia verlangt wird. Sie wird ... Seronen oder Trommeln von Arica, selten von Cobija ausgeführt. Im Grosshandel unter-... man die Bolivianische von der Peruanischen, die im Allgemeinen heller, im Bruch ... splitterig und grossentheils mit den Ueberresten einer blassen, ziemlich ebenen, hier und ... warzigen Borke bedeckt ist. Die Bolivianische kommt als sogenannte Monopol-Calisayarinde ... ...eren, ansehnlichen Platten vor und wird der frei im Handel erscheinenden, in dünneren ... kleineren Stücken versendeten vorgezogen. Bei der jetzt im Handel befindlichen flachen ... ist die Borke vor dem Schälen der Rinde auf eine rohe Weise entfernt, so dass die ...läche sehr uneben erscheint und nur selten Borkegruben zeigt, die der vor etwa 30 Jahren ... Handel befindlichen nie fehlten. Die Borke der flachen Calisayachina besteht aus abge-...em, schlaffem, braunem Rindenparenchym, welches von schwarzbraunen Peridermschichten ...en ist; die Bastzellen stehen in unterbrochenen, radialen Reihen, sind dick, kurz und gelb.

Nach PELLETIER giebt ½ Kilo Rinde der wahren Calisaya etwa 10,8 Grm. basisch schwefel-... Chinin. Ihr Gehalt an Alkaloid ist oft geprüft worden, und schwankt nach der Stärke ... Rinden zwischen 1—3,72 %, im Mittel beträgt er etwa 2,5 %. Die Pharm. Germ. verlangt ... Rinde, die wenigstens 2 % Alkaloïde enthält. Ein Cinchoningehalt von 0,08 % ist nur zuerst ... Thieme angegeben worden. Das Infusum wird durch Leimlösung nicht verändert, stark ge-... durch Brechweinstein und Galläpfeltinktur, wenig ins Grüne verändert durch Eisenchlorid,

Die unbedeckte Calisaya ist reicher an Chinin als die bedeckte, welches Verhältniss auch von REICHARDT bestätigt wird. Dieser fand in 100 Teilen der China Calisaya plana 2,701 Chinin, 0,264 Cinchonin, 0,137 Ammoniak, 6,944 Chinasäure, 0,684 Chinovasäure, 3,362 Chinagerbsäure, 0,138 Oxalsäure, 0,742 Zucker, 0,367 Wachs, 0,722 Chinaroth, 16,355 Huminsäure, 45,552 Cellulose. — In 100 Teilen China Calisaya convoluta: 0,659 Chinin, 0,327 Cinchonin, 0,123 Ammoniak, 7,245 Chinasäure, 0,679 Chinovasäure, 2,162 Chinagerbsäure, 0,144 Oxalsäure, 0,629 Zucker, 0,106 Wachs, 0,705 Chinaroth, 27,345 Huminsäure, 32,653 Cellulose.

b) China Calisaya morada von *Cinchona Boliviana* WEDD. Grosse, flache, leicht zerbrechliche, 4 Millim. dicke Bastplatten, aussen mit flacheren, mehr unregelmässigen Borkegruben versehen, sonst wie die vorige und ihr auch im Alkaloidgehalt nahe stehend. Die Bastzellen stehen in weniger unterbrochenen radialen Reihen.

c) China Calisaya fibrosa. China von Sta. Anna SCHLEIDEN, von *Cinchona scrobiculata* HB. u. BPL., mit dunkel cimmtbraunem im Bruche langsplitterigem, leicht zerfaserndem Bast. Sie findet sich in Röhren, rinnenförmigen oder flachen, oft noch mit Borke bedeckten oder mit Borkegruben versehenen, bis 6 Millim. dicken Stücken, von der echten Calisaya unterscheidet sie sich durch die dünne, mit minder tiefen Rissen versehene Borke und die Textur des Bastes. Die Ausfuhr findet über Arequipa, Islay, Arica statt; im Kleinhandel wird sie nebst einigen anderen Stammrinden nicht selten der Calisaya substituirt.

2. Cusco-China. Flache oder rinnenförmige Stücke, 3—14 Millim. dick, cimmtfarben, auf der Oberfläche stellenweise mit dünnem, gelblichweissem warzigem Kork bedeckt, bei älteren Rinden uneben, Bast grobsplitterig, auf der Unterfläche uneben. Sie wird von der bereits oben erwähnten *Cinch. pubescens* WEDD. abgeleitet, man sammelt sie in den Wäldern von Sta. Anna bei Cusco und führt sie über Arica oder Islay aus. Sie scheint nicht PELLETIER's Cuscochina zu sein.

In der Cuscochina, welche nach GUIBOURT mit der Ecorce d'Arica von PELLETIER und CORIOL identisch ist, entdeckten letztere ein eigenthümliches Alkaloïd, Aricin oder Cuscocinchonin, Chinovatin (MANZINI) — $C_{23}H_{26}N_2O_4$. Es krystallisirt in weissen, glänzenden durchsichtigen Nadeln, ist geruchlos, besitzt anfangs keinen Geschmack, später aber schmeckt es bitter und erregt ein brennendes zusammenziehendes Gefühl. Es ist unlöslich in Wasser, löslich in Weingeist und Aether, und löslicher als Cinchonin. Es ist nicht flüchtig und wird durch starke Salpetersäure grün gefärbt. Seine Salze sind in Wasser und Weingeist, aber nicht in Aether löslich, krystallisiren leicht und besitzen einen bittern Geschmack. PEREIRA erhielt von PELLETIER eine Cuscochina, die durch Salpetersäure nicht grün gefärbt wurde.

3. *China flava fibrosa*, Carthagena-, Bogota-China, von *Cinchona lancifolia* MUTIS, in flachen, rinnenförmigen, seltener gerollten Stücken von verschiedener Dicke, auf der Aussenfläche mit einem dünnen, fast silberweissen oder blass ochergelben, etwas schimmernden, sehr weichen, leicht abblätternden Kork bedeckt, unter welchem sich eine gleichfalls dünne, überwiegend aus Saftzellen bestehende Mittelrinde findet, der Bast ist ochergelb, orangegelb oder rothcimmtfarben, leicht zerfasernd, im Bruch lang- und dünnsplitterig. Diese Handelssorte wird sowohl von den West-, wie Nordhäfen von Neu-Granada ausgeführt; wie schon oben erwähnt, ist die Bogotarinde mehr zerbrochen.

4. China flava dura. Eine aussen ziemlich ebene, längsrunzelige, mit einem dünnen weichen, gelblichweissen, etwas schimmernden Kork und festen ochergelben, harzbrüchigen Bast versehene Rinde. Es kommen 2 Sorten derselben in den Handel:

a) China dura laevis s. Granatensis von *Cinchona cordifolia* MUTIS aus Neu-Granada. Rinnenförmige oder platte und dann ganz leicht schraubenförmig gebogene Stücke, auf der Oberfläche ziemlich eben, ohne Korkwucherungen, im Bruch kurz und dünnsplitterig.

b) China dura suberosa s. Peruviana von *Cinchona lutea* PAV. und *Cinch. pubescens* WEDD. aus Peru. Röhren oder rinnenförmige Stücke oft mit zahlreichen starken Korkhöckern besetzt, mit einem festen, grobfaserigen, im Bruch grobsplitterigen Bast.

5. China Pitaya aus Neu-Granada, über Buenaventura ausgeführt, von *Cinchona pitayensis* WEDD. und wahrscheinlich auch von *C. lancifolia* MUTIS. Bis 8 Millim. dicke, rinnenförmige Platten, mit einer schwammigen, ocherfarbenen, heller und dunkler braun geschichteten, matisch gefelderten, endlich in Borkeschuppen abblätternden Borke bedeckt und mit einem

lockeren, harten, dichten, auf der Unterfläche fein gestreiften, im Bruch dünn- und kurzsplitterigen Bast ansehen. Sie wird in neuerer Zeit vielfach zur Chininfabrikation gebraucht. Eine andere aus Venezuela in den Handel kommende Sorte, China de Maracaibo von *Cinchona tucujensis* Karst. stammend, findet sich theils in dünnen, zurückgekrümmten, theils in starken, flachen, bedeckten Stammstücken mit grobfaserigem Bruch. — Ausserordentliches Aufsehen erregt in jüngster Zeit die China cuprea aus Columbien, welche bei 2 ⅔ Chiningehalt keine anderen Chinaalkaloide (oder doch nur in sehr geringer Menge) enthalten soll.

C. Cortices Chinae rubri. — Rothe Chinarinden.

Hierzu gehören die Rinden des Stamms und der stärkeren Aeste verschiedener Cinchonaarten, welche vorherrschend eine rothbraune Farbe besitzen, neben dem faserigen oder splitterigen, starken Bast noch mit einer starken Borke versehen sind und einen sehr bittern und herben Geschmack besitzen. Sie enthalten in der Regel mehr Chinin als Cinchonin. Dahin gehören:

1. China rubra dura. Flache oder wenig gebogene, bis 1 Centim. dicke Rindenstücke, mit einer harten, derben, spröden, rothbraunen, stellenweise weiss überflogenen, vorherrschend längsfaserigen, mit Warzen besetzten Borke und einem braunrothen, faserigen, im Bruch fein- und kurzsplitterigen Bast. Diese Rinde stammt höchst wahrscheinlich von *Cinchona succirubra* PAV.

2. China rubra suberosa, nach BERG von *Cinchona coccinea* PAV. stammend, aber wahrscheinlich von einer anderen Art kommend. Flache, rinnen- oder röhrenförmige Stücke mit einem weichen, schwammigen, dunkel rothbraunen, mit weichen Korkwarzen oder Korkhöckern bedeckten Kork und einem dicken, bräunlichrothen, faserigen, im Bruch dünn- und kurzsplitterigen Bast. Sie wird von Guayaquil in Seronen oder Kisten ausgeführt.

Zu dieser Gruppe gehört auch die unter dem Namen China rubiginosa in rinnenförmigen, von der Borke befreiten, besonders nach aussen rostfarbigen, schönen, langen Stücken oder Röhren in den Handel kommende Rinde, welche von *Cinchona lucumifolia* PAV. stammt. —

Die echten Chinarinden verdanken ihren Ruf als wichtige Arzneimittel den in ihnen enthaltenen Alkaloïden, und unter diesen ist es das Chinin, das den Werth der Rinden im Allgemeinen hauptsächlich, den der sogenannten Fabrikrinden ausschliesslich bedingt. Die wichtigsten natürlichen Alkaloïde der Chinarinden sind folgende: Chinin und sein Isomeres Chinidin $= C_{20} H_{24} N_2 O_2$. Cinchonin und sein Isomeres Cinchonidin $= C_{20} H_{24} N_2 O$. Ausserdem kennt man eine ganze Reihe von Alkaloiden, die entweder bis jetzt nur in einzelnen Arten von Cinchonen erhalten, oder in den Mutterlaugen bei der Chininfabrikation gefunden, oder aber als künstliche Umwandlungsprodukte einzelner Basen erkannt sind. Es sind: Chinicin $(C_{20}H_{24}N_2O_2)$; Cinchonicin $(C_{20}H_{24}N_2O)$; Diconchinin $(C_{48}H_{54}N_4O_4)$; Dicinchonin $(C_{40}H_{48}N_4O_2)$; die drei Isomeren Homocinchonidin, Homocinchonicin, Homocinchonicin $(C_{19}H_{22}N_2O)$; Dihomocinchonin $(C_{19}H_{24}N_2O_2)$; die vier Isomeren Chinamin, Chinamidin, Chinamicin und Conchinamin $(C_{19}H_{24}N_2O_2)$; Apochinamin $(C_{19}H_{22}N_2O)$; Paytin $(C_{21}H_{26}N_2O)$; Paytamin; Paricin und Aricin $= C_{23}H_{26}N_2O_4$; Paricin $(C_{16}H_{18}N_2O)$ und Cusconidin.

Die zahlreichen Untersuchungen der Chinarinden haben gezeigt, dass Chinin und Cinchonin, die beiden wesentlichsten Alkaloide, immer zusammen in allen echten Chinarinden vorkommen, und dass dieselben meistens auch von Chinidin und Cinchonidin begleitet sind; dass das relative sowohl wie das summarische Verhältniss der Alkaloide indessen sehr variirt; dass dasselbe durch das Alter der Bäume, durch terrestrische und cosmische Verhältnisse hauptsächlich bedingt ist, und dass selbst der Alkaloidgehalt ein und desselben Baumes sehr verschieden sein kann. Ein richtiges Urtheil über den Werth einer Rinde erhält man demnach nur durch eine quantitative Bestimmung des Alkaloidgehaltes. Im Allgemeinen kann man jedoch annehmen, dass in den stärkeren und dickeren Stammrinden, also den gelben Chinarinden, das Chinin, in den dünneren Zweigrinden, den braunen Chinarinden, das Cinchonin der vorherrschende Bestandtheil ist.

Ausser den Alkaloiden enthalten die Chinarinden: Chinasäure, Chinovin und Chinovasäure, Chinagerbsäure, Chinaroth, Zucker, Wachs, Harz, fettige Materie, ätherisches Oel, Amylum, Ammoniak und oxalsauren Kalk. In den Aschen einer China Huanoco,

China Calisaya und China rubra de Quito fand CARLES: unlösliche und lösliche Kieselsäure, Thonerde, Eisen, Mangan, Kalkerde, Talkerde, Kali, Natron, Kohlensäure, Schwefelsäure, Phosphorsäure, Chlor und Spuren von Kupfer.

Das Chinin = $C_{20}H_{24}N_2O_2$, von PELLETIER und CAVENTOU entdeckt, lässt sich aus seiner Lösung in Petroleumäther, Benzol oder noch besser Chloroform in feinen Nadeln krystallisirt erhalten. Diese Krystalle enthalten 3 Mol. Wasser, welches sie an der Luft theilweise bei 130° vollständig verlieren. Das Chinin dreht die Polarisationsebene nach links, ist nicht flüchtig, schmeckt bitterer als Cinchonin und reagirt alkalisch. Beim Erhitzen mit Kalihydrat liefert es ein öliges Destillat, ein Gemenge verschiedener flüchtiger Basen, welche der Picolinreihe und Chinolinreihe angehören. Das Chinin ist in Wasser sehr schwer, in Aether ziemlich leicht, in Alkohol sehr leicht löslich. Es löst sich ferner in Benzol, Chloroform, Schwefelkohlenstoff, fetten und flüchtigen Oelen und ist eine starke, zweisäurige Base, welche mit Säuren primäre und secundäre Salze bildet; letztere sind in Wasser schwer löslich. Sämmtliche Salze besitzen einen sehr bitteren Geschmack und sind dadurch ausgezeichnet, dass sie, wenn man sie mit starkem Chlorwasser und dann mit Ammoniak versetzt, eine schön grüne Lösung resp. Fällung geben (Thalleiochin). Das wichtigste Salz ist

das neutrale schwefelsaure Chinin = $2(C_{20}H_{24}N_2O_2)SO_4H_2 + 8H_2O$. Es krystallisirt in zarten, biegsamen, seidenglänzenden Nadeln, die schon bei gewöhnlicher Temperatur an der Luft unter Verlust von $5H_2O$ verwittern und bei 120° sämmtliches Krystallwasser verlieren. Es ist löslich in 740 Th. Wasser von 15° und in 30 Th. siedendem Wasser; in 80 Th. Alkohol von 0,850; leicht in kochendem Alkohol und in angesäuertem Wasser. Die saure Lösung zeigt selbst bei starker Verdünnung die Erscheinung der Fluorescenz. Beim Erhitzen schmilzt es und verbrennt endlich vollständig.

Zur Prüfung des schwefels. Chinins auf Chinidin und Cinchonin löst man 0,6 Gr. mit 10 Tropfen verd. Schwefelsäure in 15 Tropfen Wasser, fügt 60 Tropfen Äther und 20 Tropfen Ammoniakflüssigkeit hinzu. Nach dem Umschütteln müssen zwei vollständig klare Schichten entstehen. Sind Cinchonin oder grössere Mengen Chinidin vorhanden, so scheiden sich diese an der Berührungsstelle der beiden Schichten ab. Will man auch geringe Mengen Chinidin auffinden, so wendet man Aether an, der zuvor mit Chinidin vollständig gesättigt ist.

Eine sehr genaue, wenn auch wegen der dabei innezuhaltenden constanten Temperatur nicht ganz leicht ausführbare Methode ist die von KERNER, welche auch von der Pharm. Germ. aufgenommen ist. Diese Methode beruht darauf, dass die Sulfate des Chinins und Cinchonidins in Wasser leichter löslich sind als das Chininsulfat, dass dagegen die ersten beiden Basen eine weit geringere Löslichkeit in Ammoniak besitzen als das Chinin. Zur Ausführung schüttelt man 2 Grm. des zu untersuchenden Chininsulfates mit 20 CC. destillirtem Wasser bei 15°. Nach halbstündigem Stehen filtrirt man. Auf 5 CC dieses Filtrates, welche sich in einem Probirröhrchen befinden, schichtet man vorsichtig 7 CC. 10%ige Ammoniakflüssigkeit, und mischt die beiden Flüssigkeiten durch ganz sanftes Umschwenken des Röhrchens. Die Flüssigkeit muss sogleich oder nach kurzer Zeit vollständig klar sein oder darf doch nur eine geringe Opalescenz zeigen.

Aus einer essigsauren Lösung des Chininsulfates, die man mit einer alkoholischen Jodlösung versetzt, krystallisirt ein prachtvoll metallisch grünglänzender Körper aus, das schwefelsaure Jodchinin (Herapathit) = $C_{20}H_{24}N_2O_2J_2SO_4H_2 + 5H_2O$, welcher das Licht weit stärker als Turmalin polarisirt.

Das Cinchonin (? Cinchonia SCHWABE; Huanokin ERDMANN) = $C_{20}H_{24}N_2O$, gleichzeitig mit dem Chinin von PELLETIER und CAVENTOU entdeckt, krystallisirt in wasserfreien Nadeln und Prismen. Es schmeckt anfangs wenig, hinterher ziemlich bitter. Von siedendem Wasser bedarf es 2500 Th. zur Lösung, Weingeist löst es ziemlich gut, Aether sehr wenig, in wässerigem Ammoniak und wässerigen Alkalien ist es fast unlöslich. Es dreht die Polarisationsebene nach rechts, zeigt in Schwefelsäure gelöst keine Fluorescenz, schmilzt bei 250° unter Bräunung und erstarrt wieder krystallinisch; es lässt sich theilweise sublimiren. Mit Kalihydrat erhitzt giebt es dieselben Produkte wie das Chinin. Die Salze des Cinchonins besitzen sämmtlich einen stark bittern Geschmack. Ihre Lösungen werden auf Zusatz von Chlorwasser und Ammoniak nicht grün gefärbt.

Das neutrale schwefelsaure Cinchonin = $2 (C_{20} H_{24} N_2 O) SO_4 H_2 + 2 H_2 O$ krystallisirt in Prismen, die 65 Thle. Wasser zu ihrer Lösung bedürfen. Es ist in 6 Thle. Alkohol von 0,850 löslich, in Aether unlöslich.

Das Chinidin (Conchinin HESSE; β Chinin VAN HEIJNINGEN; Chinotin LÖWIG; Cinchotin HLASIWETZ; Pitayin MURATORY) wurde von VAN HEIJNINGEN entdeckt, von PASTEUR als eigenthümliche und dem Chinin isomere Base erkannt. Es ist in fast allen, zur Chininfabrikation verwendeten Rinden, besonders reichlich in der Pitayorinde enthalten. Es krystallisirt in grossen Prismen mit $2\frac{1}{2}$ Mol. $H_2 O$, schmeckt sehr bitter, löst sich sehr schwer in Wasser, leichter in Weingeist (26 Thle.) und Aether (35 Thle.) Es ist r e c h t s drehend und giebt mit Chlorwasser und Ammoniak dieselbe Reaction wie das Chinin, unterscheidet sich von diesem aber dadurch, dass es in seinen Salzlösungen einen pulverigen Niederschlag $(C_{20} H_{24} N_2 O_2 HJ)$ hervorbringt.

Das Cinchonidin PASTEUR (Pseudochinin MENGARDUQUE; Chinidin WINCKLER, LEERS, HESSE; Carthagin; α Chinidin KERNER); nach PASTEUR der Hauptbestandtheil des käuflichen Chinidins, ist mit dem Cinchonin isomer und wie die drei vorhergehenden Alkaloide in allen echten Chinarinden enthalten. Es krystallisirt aus Weingeist in grossen harten, wasserfreien, glänzenden Prismen, schmeckt nicht so bitter wie Chinin, dreht die Polarisationsebene nach links, färbt sich bei der Reaktion mit Chlorwasser und Ammoniak n i c h t grün, fluorescirt in schwefelsaurer Lösung n i c h t und giebt wie das Cinchonin bei der Destillation mit Kali flüchtige Basen der Picolin- und Chinolinreihe.

Als amorphe Chinabasen bezeichnet man die beiden Alkaloide Chinicin und Cinchonicin. Das Chinicin entsteht aus dem isomeren Chinin, wenn man ein Salz des letzteren mit Wasser und Schwefelsäure längere Zeit auf $120-130°$ erhitzt; es unterscheidet sich von dem Chinin besonders dadurch, dass es die Polarisationsebene schwach nach r e c h t s dreht. Es ist in den Rinden nicht enthalten.

Das Cinchonicin $C_{20} H_{24} N_2 O$ entsteht aus den Cinchoninsalzen unter denselben Bedingungen wie das Chinicin aus denen des Chinins. Es ist amorph, rechts drehend und bildet schwer krystallisirbare Salze. In den Chinarinden ist es nicht enthalten. Nach Versuchen von HESSE verändert das Sonnenlicht die Salzlösungen der Chinabasen fast vollständig in Chinicin resp. Cinchonicin.

Dicouchinin ist wahrscheinlich in allen Chinarinden enthalten; es ist die sogenannte amorphe Base DE VRY's und bildet den wesentlichen Bestandtheil des Chinoidins. Wie die Base sind auch ihre Salze amorph. Sie ist rechts drehend, fluorescirt in schwefelsaurer Lösung und giebt mit Chlorwasser und Ammoniak eine grüne Färbung.

Dicinchonin ist in dem Chinoidin aus Rinden enthalten, welche reich an Cinchonin sind. Es ist ebenfalls amorph.

Homocinchonidin krystallisirt in Blättchen oder grossen Prismen; Es ist der Haupttheil des früher von WINCKLER aus *Cinchona ovata* dargestellten Cinchovatin.

Homocinchonin und Dihomocinchonin sind nach HESSE in der Rinde von *Cinchona* enthalten.

Homocinchonicin entsteht aus dem isomeren Homocinchonidin durch Schmelzen des wasserfreien Sulfates.

Chinamin $(C_{19} H_{24} N_2 O_2)$ nennt HESSE eine Base, die er in der Rinde von Cinchona succirubra aus engl. Indien und Java gefunden hat, die nach ihm aber auch in vielen südamerikanischen Rinden vorkommt. Dieselbe bildet zarte, asbestartige, wasserfreie Prismen, die bei 172° schmelzen und beim Erkalten strahlig krystallinisch erstarren. Das Chinamin lenkt den polarisirten Lichtstrahl nach r e c h t s ab, löst sich in Aether, Alkohol und Petroleumäther leicht, in Wasser gar nicht, schmeckt kaum bitter, dagegen besitzen seine Salze einen sehr bitteren Geschmack. Von diesen sind das salzsaure und schwefelsaure Salz sehr leicht in Wasser löslich, das letztere krystallisirt in 6seitigen Blättchen. Die Salze fluoresciren nicht, mit Chlorwasser und Ammoniak geben dieselben nur einen gelblichen Niederschlag.

Chinamidin und Chinamicin entstehen aus dem isomeren Chinamin unter gewissen Umständen beim Kochen mit verd. Schwefelsäure.

Conchinamin findet sich in den Rinden von *C. rosulenta* und *succirubra;* es ist krystallisirbar.

Apochinamin ist amorph und entsteht aus Chinamin und Conchinamin beim Kochen mit concentr. Salzsäure.

Paricin ist ein blassgelbes, amorphes Pulver, das neben Chinamin in der Rinde von *C. succirubra* von Darjeeling vorkommt.

Paytin, ein links drehendes, in Prismen krystallisirendes Alkaloid, wurde in der weissen Chinarinde von Payta gefunden. Mit Natronkalk erhitzt, giebt es **Payton**, welches in gelben Blättchen krystallisirt.

Paytamin ist nach HESSE ebenfalls in der weissen Chinarinde von Payta enthalten, scheint aber kein Payton beim Erhitzen mit Natronkalk zu liefern.

Aricin, Cusconin und **Cusconidin** sind in der sogen. Cuscochina gefunden; die beiden ersteren sind krystallisirbar und zeichnen sich durch die Schwerlöslichkeit ihrer Salze aus.

Die Chinasäure $= C_7H_{12}O_6$, von HOFFMANN entdeckt, von WOSKRESSENSKY und HLASIWETZ genauer studirt, findet sich in den Chinarinden mit den Chinabasen und Kalk verbunden. Sie krystallisirt in durchsichtigen, schiefen, rhombischen Prismen, besitzt einen stark sauren Geschmack ohne alle Bitterkeit, ist in $2\frac{1}{2}$ Thle. Wasser von $9°$ und in Weingeist löslich und verändert sich an der Luft nicht. Der trockenen Destillation unterworfen, giebt sie nach WÖHLER Benzoësäure, Phenol, Benzol, Brenzcatechin, Hydrochinon und eine theerartige Substanz. Durch Erwärmen von Chinasäure oder ihrer Salze mit Braunstein und verdünnter Schwefelsäure bildet sich Ameisensäure und Chinon ($C_6H_4O_2$), das leicht in goldgelben Nadeln krystallisirt. Alle chinasauren Salze, mit Ausnahme des basischen Bleisalzes, sind im Wasser löslich und krystallisiren meistens gut, werden aber durch Alkohol aus ihrer wässerigen Auflösung gefällt. Der chinasaure Kalk Ca. $(C_7H_{11}O_6)_2 + 10H_2O$ bildet grosse rhombische Krystalle, die an der Luft verwittern, bei $120°$ sämmtliches Krystallwasser verlieren. Er löst sich bei $16°$ in 6 Thln. Wasser.

Die Chinagerbsäure soll in den Chinarinden mit Chinin und Cinchonin verbunden vorkommen und kann durch Aether nicht daraus ausgezogen werden. Im reinen Zustande ist sie hellgelb, hart und an der Luft unveränderlich. Sie löst sich in Wasser vollkommen zu einer blassgelben, rein zusammenziehend und nicht bitter schmeckenden Flüssigkeit. Auch in Alkohol und Aether ist sie löslich. Gegen andere Körper verhält sie sich der Gallusgerbsäure sehr ähnlich, ihre Niederschläge mit Eisenoxydsalzen sind aber tief dunkelgrün, nicht violettschwarz. Sie fällt Thierleim, Eiweiss, Pflanzenleim, Pflanzeneiweiss, Stärke und Brechweinstein.

Die wässerige Auflösung der Chinagerbsäure absorbirt an der Luft leicht Sauerstoff, färbt sich dunkler, endlich rothbraun und setzt, namentlich beim Verdunsten in der Wärme, eine unlösliche, chokoladenbraune Substanz, das **Chinaroth** ab. Nach REMBOLD spaltet sich die Chinagerbsäure beim Kochen mit verdünnter Schwefelsäure in Zucker und Chinaroth.

Von diesem enthalten die Chinarinden 2,5 % und mehr. Es geht mit Kalk eine unlösliche Verbindung ein, davon befreit, löst es sich leicht in Alkohol, Aether und Alkalien zu einer tief dunkelrothen Flüssigkeit; Essigsäure löst es ebenfalls mit rother Farbe, in Wasser ist es unlöslich, geruch- und geschmacklos.

Chinovin oder **Chinovabitter** ist ein in den meisten Chinarinden vorkommendes Glycosid. Es ist eine amorphe, harzartige Substanz, die durch Salzsäuregas in Chinovasäure und einen Zucker gespalten wird.

Chinovasäure $= C_{24}H_{38}O_4$, welche zuerst von HLASIWETZ durch Spaltung des Chinovins erhalten wurde, kommt nach DE VRY in den Chinarinden bereits fertig gebildet vor. Sie stellt ein krystallinisches, weisses Pulver dar, ist geschmacklos, in Wasser unlöslich, in Aether und Alkohol schwer löslich. Von conc. Schwefelsäure wird sie gelöst und aus dieser Lösung durch Wasser wieder unverändert gefällt.

Die Chinovagerbsäure $= C_{14}H_{18}O_9$ ist von HLASIWETZ in der China nova gratensis gefunden, scheint aber in den echten Chinarinden nicht vorzukommen. Sie stellt eine gelbe, in Weingeist und Wasser lösliche Masse dar; ihre Lösungen färben sich mit Eisenchlorid dunkelgrün, fällen aber Brechweinstein- und Leimlösungen nicht. Nach REMBOLD wird sie beim Kochen in Zucker und Chinovaroth gespalten.

Die fettige Materie, welche BUCHOLZ aus der braunen Chinarinde erhielt, war von apfelgrüner Farbe, die aber nur von Chlorophyll herrührte, das sich in der fettigen Substanz

der Königschina nicht findet. Sie ist bei gewöhnlicher Temperatur ziemlich weich, geschmacklos und von besonders angenehmem Chinageruche, in heissem Alkohol und kaltem Aether leicht
löslich und bildet mit Kali und Ammoniak seifenartige Verbindungen. Der Geruch rührt wahrscheinlich von einem flüchtigen Oele her, welches zuerst von FABBRONI, später von TROMMS-
DORFF erhalten wurde, als sie die Chinarinde mit Wasser destillirten. Das Destillat besitzt
den Geruch der Rinde und einen bitterlich scharfen Geschmack; das auf dem Wasser
schwimmende Oel ist dick und butterartig, besitzt den Geruch der Rinde und einen scharfen
Geschmack.

Das Chinoïdin (SERTÜRNER) ist die braune oder schwarzbraune, amorphe, in der Kälte
spröde, beim Erwärmen erweichende, harzartige Masse, welche in Chininfabriken aus den Mutterlaugen durch Ammoniak oder kohlensaure Alkalien gefällt wird. Das Chinoïdin scheint die
sämmtlichen Chinabasen in variablen Mengen und in mehr oder weniger verändertem (amorphem)
Zustande, daneben aber noch gewisse harzartige Stoffe von unbekannter Zusammensetzung zu
enthalten. Es löst sich in Alkohol, Aether und verdünnten Säuren. Dieses Handelsprodukt
erfreute sich früher eines grossen Rufes als Arzneimittel, als die Chininfabrikanten fast nur die
China regia verarbeiteten und aus den Mutterlaugen einen grossen Theil des weniger wirksamen
Cinchonins entfernten. Jetzt, wo man in den Fabriken auch andere, zum Theil weniger gute
Rinden verarbeitet, kommt das Chinoïdin von weniger konstanter Zusammensetzung in den Handel.

Um den Werth einer Chinarinde zu beurtheilen, hat man früher wohl das Verhalten von
Eisenoxydsalzen, Galläpfelinfusion, Leimlösung und Brechweinstein zu den Auszügen der Rinden
für massgebend angesehen. Wenn auch der mehr oder weniger starke Niederschlag, den diese
Reagentien hervorbringen, bei vergleichenden Untersuchungen einen Anhalt bietet, so entscheidet
über den Gehalt der Rinden an Basen allein die quantitative Bestimmung derselben. Es
sind hierzu sehr viele Methoden angegeben, deren Aufführung hier jedoch zu weit führen würde;
es mögen deshalb hier nur einige Methoden für pharmaceutische Zwecke Platz finden. Zu
einer summarischen Bestimmung der Alkaloïde, wie sie von den meisten Pharmacopöen nur
verlangt wird, führt die HAGER'sche Methode rasch zum Ziele und giebt befriedigende Resultate.
Zur Ausführung kocht man 16 Grm. der fein gepulverten Rinde in einer genau tarirten Porzellan-
schale mit 280 CC. Wasser und 25 CC. 90% Weingeist einige Minuten, fügt dann 25 CC. reine
Schwefelsäure von 1,115 spec. Gewicht hinzu, kocht bis die Mischung auf die Hälfte eingeengt
ist und lässt erkalten. Es wird nun eine kalte Auflösung von 8 Grm. Bleizucker in 30 CC.
Wasser hinzugefügt und mit Wasser verdünnt, bis das Gewicht der ganzen Mischung genau
190 Grm. beträgt. Nach halbstündigem Stehen wird filtrirt, das anfangs trübe Filtrat so lange
zurückgegossen, bis es klar ist. 100 CC. dieses Filtrates, welches bleifrei ist, wiegen 104 bis
104,5 Grm. und entsprechen genau 10 Grm. der zu untersuchenden Rinde. Man versetzt
dasselben nun so lange mit einer kalt gesättigten Lösung von Pikrinsäure, bis dadurch kein
Niederschlag mehr hervorgebracht wird, filtrirt durch ein gewogenes Filter, und wäscht den
Niederschlag nur so lange aus, bis Baryumchlorid keine Schwefelsäure mehr anzeigt. Der Niederschlag wird anfangs bei etwa 50°, später bei höherer Temperatur, zweckmässig auf einem Uhr-
glase getrocknet. 100 Gewichtstheile desselben entsprechen 42,475 Th. wasserfreien Chinabasen.
C. SCHACHT, der verschiedene Methoden auf ihre Brauchbarkeit prüfte, giebt ein anderes
Verfahren zur summarischen Bestimmung der Chinabasen an, das allerdings genaue Resultate zu
geben scheint, aber auch weit zeitraubender ist. Nach demselben kocht man 10 Grm. des
feinen Rindenpulvers mit 100 Grm. Wasser, 50 Grm. Glycerin und 2 Grm. Salzsäure von
1,12 spec. Gew. etwa eine Stunde lang und lässt dann 12 Stunden unter häufigem Umschütteln
stehen. Nach dem Abfiltriren und Auswaschen des Rückstandes wird das Filtrat mit KHO versetzt, zur Trockne verdunstet, und aus dem Rückstande durch viermaliges Ausschütteln mit
Amylalkohol die freien Basen extrahirt. Man kann nun die Basen nach dem Abdestilliren und
Verdunsten des Amylalkohols direkt wiegen oder zweckmässiger dieselben in verdünnter Schwefelsäure lösen, mit Natronlauge von 1,3 fällen und nach dem Auswaschen und Trocknen wägen.
Eine gute Methode zur Trennung des Basengemisches ist von DE VRY angegeben, doch würde
die Specialisirung derselben hier zu weit führen.

Die Abkochung der Chinarinden enthält nach PELLETIER und CAVENTOU noch heiss: china-
saures Chinin oder Cinchonin, etwas von der fetten Materie, Chinaroth, gerbstoffhaltigen Farb-

stoff, Gummi, Stärke und chinasauren Kalk. Beim Erkalten fällt die Verbindung der Gerbsäure mit dem Amylum, welche nur in heissem Wasser löslich ist, nieder, und nimmt zugleich einen Theil der Pflanzenbasen mit Chinaroth und der fetten Substanz mit. Alkalien und Magnesia dürfen zu einem Chinadekokte nicht verordnet werden.

Nach dem Abkochen hält die Chinarinde immer noch eine bedeutende Menge ihrer Basen zurück, was nach HENRY und PLISSON davon herrührt, dass das Chinaroth selbst dem einfach schwefelsauren Chinin einen Theil Chinin entzieht, und diese unlösliche Verbindung kann durch Wasser nicht zerlegt werden. KROG JANSEN fand bei einer Rinde mit 2,6 § Alkaloidgehalt in dem wässerigen Dekokt derselben 41,5 § der Alkaloide im Auszuge, 58,5 § im Remanens, in einem mit verdünnter Schwefelsäure bereiteten Dekokt 74,3 § im Auszuge, 25,6 § im Remanens.

Sollen Chinarinden mit Wein ausgezogen werden, so darf dazu kein rother Wein angewendet werden, denn dieser wird dadurch entfärbt und setzt einen Niederschlag ab, welcher aus seinem Gehalt an Gerbsäure und den Chinabasen entstanden ist; selbst neutrales schwefelsaures Chinin entfärbt Rothwein unter Bildung eines Niederschlages, der einen grossen Theil des Chinins enthält (HENRY). Selbst bei Anwendung weisser Weine darf man nicht solche Sorten wählen, die viel Säuren enthalten (Mosel- und Rheinweine), denn nach PELLETIER und LAUBERT fällt der im Weine aufgelöste Weinstein das schwefelsaure Chinin.

II. *Cortices Chinae spurii.* Unechte Chinarinden.

Die unechten Chinarinden stammen vorzüglich von den Gattungen *Ladenbergia (Cascarilla)* und *Exostemma* aus der Familie der Rubiaceen, Abtheilung Cinchonaceen, finden sich meist in Röhren, seltener in rinnenförmigen oder platten Stücken, sind auf der Oberfläche meist eben, seltener rissig, besitzen eine überwiegend korkige Textur, enthalten weder Chinasäure noch Chinaalkaloide, geben nach GRAHE gröblich zerstossen und trocken in einem Reagensglase erhitzt nur einen schmutzig-gelben oder braunen Theer und zeichnen sich im anatomischen Bau dadurch aus, dass die mit einem deutlichen Lumen versehenen dünnen Bastzellen concentrische Ringe bilden, durch stabförmige Steinzellen ersetzt werden oder ganz fehlen. Saftgänge und Saft- oder Steinzellen sind meistentheils vorhanden.

In früherer Zeit kamen diese Rinden häufiger in den Handel, theils für sich allein, theils als Beimengungen und Verfälschungen der echten Rinden, jetzt sind sie äusserst selten oder finden sich nur in ganz geringen Mengen.

1. China de Para. Nach dem anatomischen Bau von einer *Ladenbergia* abstammend. Sie findet sich in Röhren von 8—14 Millim. Durchmesser von umbrabrauner Farbe, ist aussen mit tiefen Längsfurchen und etwas welligen, stumpfen Leisten versehen. Die Borke ist weich, korkig und enthält innen glänzende, fast schwarze Saftbehälter; der im Bruch fast haarartig-faserige Bast ist heller. Es ist sehr unwahrscheinlich, dass diese Rinde das in irgend einer unter dem Namen Parachina in den Handel gekommenen Rinde gefundene Paricin enthält.

2. China alba granatensis, Quina blanca MUTIS, von *Ladenbergia macrocarpa* KL. Ziemlich flache, 6 Millim. dicke und dickere Rindenstücke von der braunrothen Borke durch Abschälen grossentheils befreit, sonst bräunlich-weiss, auf der Unterfläche eben, im Bruch durch reichliche, blassere, hornartige Steinzellengruppen, die sich auch auf der blossgelegten Oberfläche erkennen lassen, sehr rauh. MILL will in dieser Rinde ein Alkaloid, das nicht weiter untersuchte Chininium, welches nach HESSE nur oxalsaurer Kalk gewesen ist, und O. HENRY Chinin und Cinchonin gefunden haben, welche letztere Angabe nur auf einem Irrthum beruhen kann, da derselbe wahrscheinlich eine echte Chinarinde in Händen gehabt hat.

3. China bicolorata, von einer noch nicht sicher bestimmten *Ladenbergia aus Guyana* ausgeführt. Sie kommt in einfachen oder mehrfach zusammengerollten Röhren von 8—14 Millim. Durchmesser und 1—2 Millim. Stärke vor, ist aussen eben, fein runzelig, ohne Längs- und Querrisse, rehbraun, mit scharf abgegrenzten grauen Stellen von abgewetzten Borkeschuppen, innen zimmtbraun, durch abwechselnd hell- und dunkelbraune

strahlig, gegen die Unterfläche schwarzbraun. Die Unterfläche selbst ist eben, sehr zart gestreift, schwarzbraun; im Bruch ist die ganze Rinde korkig. Borke und Mittelrinde fehlen. Die Innenrinde ist durch Markstrahlen, welche aus je 2 Reihen von radial gestreckten und Amylum enthaltenden Parenchymzellen bestehen, in Felder getheilt. Diese sind mit ziemlich dickwandigem Parenchym erfüllt, zwischen dem sich Reihen von verdickten, mit einem deutlichen Lumen versehenen Bastzellen finden. Gegen das Holz drängen sich die Markstrahlen mehr zusammen.

In der China bicolorata fanden FOLCHI und PERETTI eine Basis, welche sie mit China Pitayo vereinigten, und welche sie Pitayn nannten. Sie besitzt im reinen Zustande keine merkliche Bitterkeit, wohl aber in ihren Salzen, ist leicht löslich in Wasser, Alkohol und Aether, schmilzt erst über 100° und sublimirt z. Th. in feinen Prismen. Mit Schwefelsäure giebt sie ein farbloses, in kleinen fächerartig divergirenden Prismen krystallisirendes Salz von bitterem Geschmack. Das essigsaure Salz krystallisirt nicht. Nach WIGGERS ist die Existenz dieser Base zweifelhaft. Ausser diesem Alkaloid fand PERETTI noch zwei an Gallussäure gebundene Farbstoffe, gallussauren Kalk, Gummi, Harz etc.

4. China nova. Unter dieser jetzt ganz bedeutungslosen Bezeichnung kamen früher, namentlich im Anfange dieses Jahrhunderts, verschiedene Rinden in den Handel. Zu erwähnen ist: China nova granatensis, sive surinamensis, Quina roja MUTIS, von *Ladenbergia oblongifolia* KARST., *L. magnifolia* KL. (*Buena magnifolia* WEDD.). Sie fand sich in dünnen Röhren von 8 Millim. Durchmesser und 1—2 Millim. Stärke, oder in dickeren, rinnenförmigen Stücken von 3—6 Millim. Stärke. Die jüngeren Rinden sind aussen fast eben, mit wenigen zarten Längsfurchen und zarten Querrissen versehen, und mit einer dünnen, glänzenden, silbergrauen Aussenrinde bedeckt, die durch zarte Krustenflechten und schwarze geschlängelte Linien bunt erscheint; bei stärkeren Rinden ist sie theilweis oder ganz abgesprengt. Die Mittelrinde ist fast schwarzbraun, an den Stellen, wo sie abgerieben ist, kastanienbraun, bei stärkeren Rinden der Quere nach bis auf den Bast gespalten. Im Querschnitt zeigen sich abwechselnde schwarzbraune und blassröthliche Schichten, die parallel mit der Rinde verlaufen; im Bruch ist sie korkig. Die Innenrinde ist auf der Unterfläche ganz eben, glatt, dunkel cimmtbraun, im Querschnitt chokoladenbraun, radial schmutzigweiss gestreift und punktirt, im Bruch grobsplitterig. — Die Aussenrinde besteht aus mehren Lagen flach gedrückter Periderzellen, von denen die äusseren farblos, die inneren rothbraun gefärbt sind. Die Mittelrinde wird aus parallel mit der Peripherie verlaufenden, abwechselnd rothbraunen und farblosen Zellenschichten gebildet. Die rothbraune Zellenschicht besteht aus fast viereckigen ganz mit einer rothbraunen Substanz erfüllten Zellen, die nicht in den verschiedenen Reihen mit einander wechseln, sondern regelmässige Längs- und Querreihen bilden. Die darauf folgende farblose Zellenschicht ist ein mauerförmiges, tangential gestrecktes Parenchym, zwischen dessen dünnwandigen, mit Amylum erfüllten Zellen zahlreiche andere, sehr dickwandige liegen. Diese Schichten wiederholen sich öfter, werden allmählich schmaler, und verschwinden fast ganz in den farblosen Schichten der Steinzellen, so dass zuletzt nur einzelne rothbraune Zellenreihen zwischen breiteren, farblosen liegen. Die Innenrinde wird durch Markstrahlen, welche aus mauerförmigem, Amylum enthaltenden Parenchym bestehen, in breite Felder getheilt. Diese bestehen aus Bastzellen, die sämmtlich ein offenes Lumen haben, und aus einem braunen Parenchym, das sich zwischen die Bastzellen drängt und sie so ziemlich vereinzelt; nur nach der Mittelrinde zu treten die Bastzellen dichter zusammen.

Nach der Untersuchung von PELLETIER und CAVENTOU enthält die China nova: Chinovasäure, eine fettige Materie, eine rothe, harzige Substanz, Gummi, Stärke, gelben Farbstoff, eine geringe Menge einer alkalischen Substanz und Holzfaser.

5. China rubra de Rio de Janeiro s. Brasiliensis. Sie stammt nach WEDDELL von *Ladenbergia Riedeliana* KLOTZSCH, einer in Brasilien einheimischen Cinchonacee, und findet sich in rinnenförmigen Stücken. Die Borke ist 1—2 Millim. stark, korkig, rothbraun, aussen grau, mit vorwaltenden, breiten, nicht bis auf den Bast reichenden Längsfurchen, und trennt sich leicht von dem Bast. Dieser ist 2—4 Millim. stark, rothbraun, auf der von der Borke befreiten Oberfläche dunkel violett, im Querschnitt korkartig, mit helleren, deutlichen, in der Richtung der Markstrahlen verlaufenden Querstreifen, vor dem Bast mit einem Kranze von Saft-

röhren versehen, im Bruch kurzsplitterig. — Die Borke besteht aus tangential gestreckten Parenchymzellen, die Amylum enthalten; in den Intercellulargängen liegt ein rothbrauner Farbestoff. Der Bast ist gleichförmig durch breite, aus mauerförmigem Parenchym bestehende Markstrahlen in Felder getheilt, die dreimal breiter sind als die Markstrahlen und den ganzen Bast ununterbrochen durchschneiden. Die Felder selbst sind mit eigentümlichen Steinzellen ausgefüllt, die bei einem gewöhnlich gegen die Enden der Röhren erweiterten und abgeplatteten Lumen zugleich eine verdickte Wandung besitzen. Parenchymzellen, die in den Intercellulargängen einen rothen Farbestoff enthalten, trennen die Steinzellen von einander. Sie hat einen bitteren, etwas zusammenziehenden Geschmack; ihr mit kaltem Wasser bereitetes Infusum wird durch schwefelsaures Eisenoxydul grün, durch essigsaures Blei schmutzig bläulich-roth und durch Kalkwasser reichlich flockig gefällt. Nach WINCKLER enthält sie Chinovasäure und viel Gerbsäure-Absatz.

6. China Caribaea s. Jamaicensis. — Jamaikanische Fieberrinde von *Exostemma Caribaeum* WILLD., einer auf den karaibischen Inseln einheimischen Cinchonacee, und kommt in Röhren oder rinnenförnigen, 1—2 Millim. starken Stücken in den Handel. Die Aussenrinde ist dünn, schmutzig weiss, sehr zersprengt und trennt sich leicht von der Mittelrinde. Diese ist braunroth, von weissen, hornartigen Stellen (Steinzellengruppen) unterbrochen. Ebenso die im Querbruch kurz- und dicksplitterige Innenrinde, die auf der Unterfläche mit Fasern versehen ist, welche sich unter schiefen Winkeln kreuzen. — Die Aussenrinde ist eine ziemlich starke Schicht zusammengedrückter, ziemlich dickwandiger Zellen. Die Mittelrinde besteht grossentheils aus Steinzellengruppen, die durch ein braunes Parenchym von einander gesondert sind; die Steinzellen enthalten noch eine rothbraune Substanz. Die Innenrinde wird aus Schichten von Bastzellen- und Steinzellengruppen gebildet, welche durch Markstrahlen und ein braunes, mit der Rinde parallel laufendes Parenchym durchschnitten werden. Sie schmeckt sehr bitter und enthält nach WINCKLER Chinovasäure.

7. China St. Luciae, China Piton, China montana, China Martinicensis. St. Lucienrinde von *Exostemma floribundum* WILLD., einer auf den Antillen einheimischen Cinchonacee, und kommt in Röhren oder flachen Rindenstücken von 1—2 Millim. Stärke in den Handel. Die Aussenrinde ist längsrunzlig, graubraun, stellenweise mit einem korkigen, blassbräunlichen Ueberzuge bedeckt. Die Mittelrinde ist graubraun, parallel mit der Peripherie gestreift, im Bruch eben. Die Innenrinde ist dunkler, gefeldert, auf der Unterfläche glatt, gestreift, mit parallelen, etwas hervortretenden Fasern, im Bruch blätterig-splitterig. — Die Aussenrinde besteht aus mehreren Lagen flach zusammengedrückter Peridermzellen. Die Mittelrinde ist ein tangential gestrecktes, graues Parenchym, welches durch braune, mit der Peripherie parallel verlaufende Zellenstreifen in mehrere Schichten getheilt wird. Die Innenrinde ist in Felder getheilt durch die Markstrahlen, welche sich mit den parallel mit der Rinde verlaufenden Zellenschichten kreuzen. In jedem Felde liegt gegen das Holz ein gelbes Bastbündel, gegen die Mittelrinde eine Steinzellengruppe. Die jüngste und innerste Schicht der Innenrinde besteht aus wechselnden Lagen eines graubraunen, von rothbraunen Zellen unterbrochenen Parenchyms und gelber Bastbündel, welche durch die Markstrahlen gesondert sind.

Diese Rinde schmeckt widrig bitter, giebt ein rothbraunes Dekokt, welches Lackmus röthet, durch Gallustinktur und Leimlösung nicht verändert, aber durch essigsaures Bleioxyd stark gefällt wird. Sie enthält nach PELLETIER und CAVENTOU bitteren, in Wasser schwer löslichen Extractivstoff; eine dem Chinaroth ähnliche Materie; eine der Chinasäure ähnliche, aber Bleizucker fällende Säure. v. MONS fand später darin eine eigene Base, das Montanin; WINCKLER jedoch nur Chinovasäure.

Chinawurzel.
(Orientalische Pocken- oder Grindwurzel.)
Radix (Rhizoma) Chinae.
Smilax China L.
Dioecia Hexandria. — *Smilaceae.*

Kletterstrauch mit dickem knolligem, wenig befasertem Wurzelstocke, stark hin und her gebogenem gegliedertem, rundem, glattem, nur am unteren Theile mit zerstreuten Stacheln besetztem Stengel, an der Basis der Blattstiele stehenden langen, einfachen Ranken. Die unteren Blätter sind an 10 Centim. breit, nierenförmig, kurz zugespitzt, 5nervig, glatt, die oberen bedeutend kleiner und eirundlich. Die Blüthen stehen in einfachen Dolden in den Winkeln der Blätter, sind klein, grünlich weiss. Die Frucht ist eine rothe, runde, glatte Beere mit schwarzen, halbmondförmigen Samen. — In China, Cochinchina und Japan einheimisch.

Gebräuchlicher Theil. Der Wurzelstock; er kommt in den Handel in 8—20 Centim. langen, 3—6 Centim. dicken, auch dickeren, nicht selten etwas flach gedrückten, mehr oder weniger ungleich höckerigen, theils rauhen, runzeligen, theils mehr glatten, von den Fasern und stellenweise auch von der Rinde befreiten Knollen, die z. Th. entfernte Aehnlichkeit mit länglichen Kartoffeln haben, aussen braun, z. Th. ins Gelbliche und Graue, innen weisslich oder blass fleischfarbig und bräunlich. Die Rinde ist dünn und hängt sehr fest an. Das Innere ist dicht, markig holzig, theils sehr fest, fast hornartig, theils mehr locker und leichter zu zerschneiden, nicht zähe holzig-faserig, im Ganzen ziemlich gewichtig. Geruchlos, Geschmack fade, wenig bitterlich, hinterher etwas reizend, der Sarsaparille ähnlich und herbe.

Wesentliche Bestandtheile. Nach Reinsch: Smilacin, Gerbsäure, Harz, Farbstoff, Stärkmehl etc.

Verfälschungen. Kommt nicht selten missfarbig, sehr locker und wurmstichig vor und ist dann zu verwerfen. Die Löcher der wurmstichigen Stücke soll man mit Erde, sogar mit Bleiglätte ausfüllen, wodurch sie zugleich schwerer werden. Ein so gefährlicher Betrug giebt sich durch die Schwärzung beim Uebergiessen mit Schwefelwasserstoff zu erkennen. — Statt ihrer kommt bei uns häufiger ein sehr ähnlicher Wurzelstock vor, der in Virginien und Jamaika von *Smilax Pseudochina*, einer stachellosen Art gesammelt wird, und den Namen occidentalische Chinawurzel führt. Diese ist aussen dunkelbraun, innen weit blasser röthlichgrau oder weiss, sehr leicht, locker, nicht hornartig. Aehnlich würden die knolligen Wurzeln anderer *Smilax*-Arten, mit denen die echte verwechselt werden kann, sich von dieser unterscheiden.

Anwendung. Aehnlich wie die Sarsaparrille, ist aber von dieser jetzt fast ganz verdrängt worden.

Geschichtliches. Die Chinawurzel kennt man bei uns seit dem 16. Jahrhundert. Smilax ist abgeleitet von σμίλη (Kratzeisen, von σμαειν: kratzen, schaben), in Bezug auf den mit starken Stacheln besetzten Stengel. Die hierher gehörende Art der Alten hat bei Dioskorides den Beinamen τραχεια (die rauhe, *Smilax aspera*). Ausserdem unterschied man aber noch 4 ganz andere Arten σμιλαξ, nämlich 1. σμιλαξ κηπαια = *Phaseolus vulgaris* L. 2. σμιλαξ λεια = *Convolvulus sepium* L. 3. σμιλαξ των Άρκαδων = *Quercus Ballota* Desf. 4. σμιλαξ oder μιλος = *Taxus baccata* L.

Chininblume.

Herba Gentianae quinquefoliae.

Gentiana quinquefolia.

Pentandria Monogynia. — Gentianeae.

Einjährige Pflanze mit aus vielen zarten Fasern bestehender Wurzel, 30 bis 40 Centim. hohem aufrechtem Stengel, $1\frac{1}{2}$—3 Centim. langen einfachen Blättern und kleinen weissen Blumen. — In Florida, besonders in Nadelwäldern.

Gebräuchlicher Theil. Das Kraut; es schmeckt anfangs schwach, dann aber rein und auffallend bitter, ohne Adstringens.

Wesentliche Bestandtheile. Bitterstoff. Bis jetzt nicht näher untersucht.

Anwendung. Gegen Fieber ähnlich der Chinarinde wirkend, daher der Name. Wurde im letzten amerikanischen Kriege bei der Seltenheit des Chinins viel angewendet, besonders als Tinktur.

Wegen Gentiana s. den Artikel Enzian.

Christophskraut, gemeines.

(Christophswurzel, falsche schwarze Nieswurzel, Schwarzwurzel, Wolfswurzel.)

Radix Christophorianae, Aconiti racemosi, Hellebori nigri falsi.

Actaea spicata L.

Polyandria Monogynia. — Ranunculeae.

Perennirende Pflanze mit dicker, ästig-faseriger, geringelter, brauner Wurzel, aus welcher ein 60 Centim. hoher und höherer, starker, steifer, einfacher, oben zuweilen etwas ästiger und gekrümmter, glatter Stengel kommt, der nur nach oben mit wenigen abwechselnden Blättern besetzt ist. Die untersten Blätter sind gestielt, z. Th. handgross und grösser, doppelt oder mehrfach gefiedert; die lang gestielten Hauptabtheilungen bestehen aus fünf Nebenzweigen, deren jeder 3—5 Blättchen zählt, wovon das oberste dreizählig ist; alle sind 25—50 Millim. lang, oval lanzettlich, z. Th. herzförmig, zwei- bis dreilappig, hellgrün und glatt. Die kleinen weissen Blüthen stehen am Ende des Stengels in kleinen, 24—36 Millim. langen Trauben. Kelch- und Blumenblätter fallen leicht ab, und die Frucht ist eine erbsengrosse, schwarz glänzende, saftige Beere. — In Gebirgswaldungen Deutschlands und des übrigen Europa.

Gebräuchlicher Theil. Die Wurzel; sie besteht aus einem federkiel-dicken, bis 6 Millim. dicken, etwas flach gedrückten, geraden, absteigenden oder gekrümmten, z. Th. horizontal laufenden Stock, der in Entfernungen von 2—12 Millim. dem Galgant ähnlich geringelt und der Länge nach gestreift ist. Oben endigt die trockene Wurzel in meistens hohle Stengelreste und ist zur Seite und unten stark mit Fasern besetzt. In der Regel hängen mehrere Wurzelstöcke zusammen und bilden vielköpfige, knollige Gestalten von 12—72 Millim. Ausdehnung in die Quere und 12—24 Millim. Dicke. Die Fasern sind etwa 3 Millim. dick, 15—30 Centim. lang und theilen sich in mehrere kleine Aeste und Faserchen. Häufig werden sie beim Trocknen zopfartig geflochten. Der Wurzelstock ist dunkelbraun, z. Th. hellbraun, etwas glänzend, zart gestreift, im Innern weisslich, getrocknet mehr grau mit dunklerem Kern, von sternförmigen Strahlen umgeben. Die frische Wurzel ist dicht, markig, fleischig, beim Trocknen schrumpft sie nicht sehr ein, wird aber hart, fast holzig, wiewohl ohne Zähigkeit. Die Fasern haben im Innern einen vierkantig gefurchten, weisslichen, zähen, holzigen, etwa einen starken Zwirnfaden dicken Kern, der sich beim Querschnitt als ein kleines Kreuz zeigt. Beim Biegen brechen darum die Fasern nicht leicht, auch lässt sich der Centraltheil von der Rindensubstanz ablösen und durchziehen. Die trockene Wurzel hat einen kaum bemerkbaren, die frische einen schwach süsslichen, dem Süssholz ähnlichen Geruch, und schmeckt anfangs bitter, dann kratzend, beissend, süsslich reizend. Sie wirkt scharf, kathartisch und zugleich narkotisch.

Wesentliche Bestandtheile. Bitterstoff, scharfer Stoff, eisengrünender Gerbstoff. (Bedarf näherer Untersuchung.) — Nach THIELEBEIN enthalten die Beeren einen rothen Farbstoff, der sich dem der Cochenille nähert und ebenso echt färbt. Nach LINNÉ geben die Beeren mit Alaun gekocht eine schwarze Tinte.

Anwendung. Die Wurzel wird (oder wurde) häufig anstatt der echten schwarzen Nieswurzel unter denselben Formen und bei denselben Krankheiten gegeben. Nach LAFFON wird sie in der Schweiz häufig gegraben und als schwarze Nieswurzel in den Handel gebracht. Ob sie ähnliche Wirkung besitzt, ist noch nicht entschieden.

Geschichtliches. PLINIUS beschrieb zuerst unter dem Namen *Actaea* eine Pflanze, zwar kurz, doch so, dass man allenfalls unsere A. darin erkennen kann; auch spricht er von ihrer Anwendung bei Frauenkrankheiten. Unter dem Namen *Christophoriana* beschrieb sie C. GESNER; DALECHAMP nannte sie *Napellus racemosus* und C. BAUHIN *Aconitum racemosum*; Benennungen, die auf die Verwandtschaft mit dem Eisenhut hindeuten. Auch wurde sie allgemein für schädlich gehalten, und TABERNAEMONTANUS widerräth ausdrücklich ihren inneren Gebrauch.

Actaea ist abgeleitet von ἀκταία (Hollunder) in Bezug auf die Aehnlichkeit der Blätter mit denen des Hollunders; der griechische Name kommt von ἀκτή (Ufer), weil diese Pflanze nasse Standorte liebt. LINNÉ zieht die Fabel von dem in einen Hirsch verwandelten Actaeon hierher, indem er hinzufügt, die Beeren dieser Pflanzen seien für den sie Essenden ebenso gefährlich, wie für den verwandelten Actaeon seine eigenen Hunde, welche ihn bekanntlich zerrissen.

Christophskraut, traubiges.

(Nordamerikanische Schlangenwurzel, schwarze Schlangenwurzel, Schwindsuchtwurzel.)

Radix Actaeae oder *Christophorianae americanae, Cimicifugae Serpentariae.*

Actaea racemosa L.

(*Cimicifuga racemosa* BART., *C. Serpentaria* PURSH., *Macrotys actaeoides* RAF.)

Polyandria Monogynia. — Ranunculeae.

Eine der vorigen sehr ähnliche, jedoch in allen ihren Theilen grössere Pflanze. Die Wurzel treibt mehrere 1,2—1,5 Meter hohe Stengel. Die sehr grossen, z. Th. 0,6 Meter im Durchmesser haltenden Wurzelblätter sind doppelt gefiedert; die wenigen entfernt stehenden Stengelblätter doppelt dreizählig, die obersten einfach dreizählig mit Blättchen, denen der vorigen Art ähnlich. Die Blumen stehen am Ende des Stengels in mehreren 8—20 Centim. langen, anfangs nickenden, oft schlangenförmig gewundenen, zusammengesetzten Trauben, sind klein, grünlich weiss und riechen widerlich. Die Frucht ist eine einjährige, zweiklappige, auf einer Seite aufspringende Kapsel. — In Nordamerika einheimisch.

Gebräuchlicher Theil. Die Wurzel; sie gleicht im Aeussern und Innern ganz der vorhergehenden, nur sind die Fasern z. Th. etwas heller braun; auch Geruch und Geschmack ist fast derselbe, letzterer etwas bitterer.

Wesentliche Bestandtheile. J. TILGHMANN fand: Fett, Gummi, Stärkmehl, Harz, Gerbstoff, Wachs, Zucker, etc. T. E. CONARD schied aus der Wurzel einen Körper in blassgelben Krystallen von in weingeistiger Lösung beissend scharfem Geschmack.

Anwendung. Im Aufguss. Frisch zerquetscht in Amerika gegen den Biss der Klapperschlange aufgelegt. Dr. GARDEN gebrauchte sie mit Erfolg an sich selbst gegen Lungenschwindsucht.

Geschichtliches. Im 17. Jahrhundert beschrieb zuerst LEONH. PLUKNET diese Actäa; 1743 rühmte COLDEN die Wurzel als Cataplasma bei cirrhösen Geschwulsten. Nach BERGIUS wirken schon 0,12 Grm. brechenerregend.

Cimicifuga ist zus. aus *cimex* (Wanze) und *fugere* (fliehen) vertreibt durch den üblen Geruch das kleine Ungeziefer.

Macrotys von μακροτης (Länge); hat lange Blüthentrauben.

Cimmtblüthe.
(Cimmtfrüchte, Cimmtnägelein.)
Flores (Fructus) Cassiae, Cinnamomi.
Clavelli Cassiae, Cinnamomi.
Cinnamomum Loureiri NEES.
(Laurus Cinnamomum LOUR.)
Enneandria Monogynia. — *Laureae.*

Baum mit zusammengedrückten, vierseitigen glatten Zweigen, Blättern auf 12 Millim. langen Stielen, abwechselnd, oval, nach beiden Enden verschmälert und lang zugespitzt, oben glatt, unten mit sehr kleinen, punktförmigen Schüppchen besetzt, auf beiden Seiten, besonders aber unten, blaugrün. Die beiden Seitennerven entspringen oberhalb der Basis aus den Hauptnerven und verschwinden gegen die Spitze hin. Rinde und Blätter riechen cimmtartig. — Wild in Cochinchina und wahrscheinlich kultivirt in China.

Gebräuchlicher Theil. Die sog. Blüthen, richtiger die unreifen Früchte; sie sind klein, rundlich keilförmig oder kleinen Nägeln ähnlich, bestehen aus einem runzligen, dunkelbraunen Köpfchen von der Grösse eines Pfefferkorns, das in einen 4—8 Millim. langen, auch längeren, unten etwa 1 Millim. dicken, ebenso gefärbten, runzeligen Stiel ausläuft. Das Köpfchen ist oben etwas flach und besteht aus dem dicken undeutlichen 6theiligen, einwärts gerollten Kelchreste; in der Mitte zeigt sich eine, nach der Ausbildung der Frucht grössere oder kleinere runde Oeffnung, durch welche der hellbraune, plattgedrückte, linsenförmige, mit dem Reste des Pistills gekrönte, mehr oder weniger entwickelte Fruchtknoten sichtbar ist. Geruch stark cimmtartig, ebenso der Geschmack, aber nicht so fein wie bei der Cimmtrinde.

Wesentliche Bestandtheile. Aetherisches Oel und eisengrünender Gerbstoff.

Anwendung. Veraltet.

Cinnamomum. Κιναμωμον der Alten, eigentlich κιναμωμον, zus. aus κινα (aufrollen) und αμωμον (s. Ingber), wegen der rinnenartigen Form des Cimmts. — Andere leiten ab von China, also chinesisches Gewürz; China ist aber bekanntlich nicht das Vaterland des echten (ceilonischen) Cimmts, und der Irrthum wurde durch die Araber, welche den Cimmt zuerst den Griechen brachten und ihn für eine chinesische Waare hielten, veranlasst.

Cassia. Κασσια bei DIOSKORIDES (auch Μαλαβαθρον DIOSK., Geopon., THEOPHR.,) und *Cassia* (auch *Malabrathon)* bei PLINIUS, bezeichnet die Rinde von *Laurus Cassia* l., unsere sog. Cimmtcassia, und scheint nur aus Missverständniss, oder weil einige Arten (z. B. Cassia fistula), gewürzhafte Rinden führen, auf eine ganz andere Gruppe von Pflanzen übertragen worden zu sein.

Nach OLAUS CELSIUS soll der Name Cassia vom Hebräischen קְצִיעָה (Kezioth) kommen, womit wahrscheinlich die Cimmtcassie, nicht eine unserer Cassia-Arten, gemeint ist.

Wegen Laurus s. den Artikel Avokatbaum.

Cimmt, ceilonischer.

(Aechte Cimmtrinde).

Cortex Cinnamomi acuti oder *ceilonici.*

Cinnamomum ceilonicum NEES.

(Laurus Cinnamomum L., *Persea Cinnamomum* SPR.)

Enneandria Monogynia. — Laureae.

Der ächte Cimmtbaum wird 7—9 Meter hoch und höher, zur Benutzung auf die Rinde zieht man ihn aber nur strauchartig. Die Wurzel riecht und schmeckt stark kampherartig, die unteren Zweige sind sehr lang, ruthenartig, schlaff, mit grüner glatter Rinde; die Blätter perennirend, gestielt, kreuzförmig gestellt, 15—18 Centim. lang und gegen 5 Centim. breit, jung röthlich, später gelblich-grün, ganz glatt, ganzrandig, etwas lederartig, von 3 an der Basis sich vereinigenden Hauptnerven durchzogen, riechen und schmecken nach Gewürznelken. Die Blumen stehen rispenartig in den Blattwinkeln, sind klein, weiss, riechen eigen-thümlich, nicht cimmtartig. Die Frucht ist eine bei der Reife braunschwarze und weissgefleckte Beere von der Gestalt und Grösse einer Eichel. — Nur in Ceilon einheimisch, dort aber auch, sowie auf Java, Sumatra und in Süd-Amerika kultivirt.

Gebräuchlicher Theil. Die Rinde, oder vielmehr im Wesentlichen der Bast der dreijährigen Aeste. Man befreit nämlich die Rinde von der Oberhaut und der darunter befindlichen grünen Lage, so dass fast nur noch die innere Schicht übrig bleibt, trocknet diese und bringt sie in grossen 80 und mehr Pfund wiegenden Bündeln in den Handel. Es sind dünne Röhren, oft kaum von der Stärke des Royalpapiers, von denen mehrere in einandergeschoben und stark (ein-fach und doppelt) gerollt sind. Ihre Länge beträgt gegen 90 Centim., meist aber sind es weit kürzere Bruchstücke, der Querdurchmesser etwa 8—18 Millim. Die Farbe der äusseren Fläche ist hell gelbbräunlich, mehr oder weniger ins Rothe, z. Th. mit dunkleren Flecken und helleren, oft schief laufenden, etwas glänzenden sehr zarten Längsstreifen, übrigens matt. Die Oberfläche eben und glatt, dicht. Die untere Fläche ist meist dunkler braun, eben, aus dicht gedrängten feinen Längsfasern des zarten Bastes bestehend. Die Rinde ist etwas biegsam, doch leicht zerbrechlich, der Längenbruch uneben, der Querbruch eben, an der inneren Fläche mehr oder weniger faserig, giebt ein hell gelbbraunes Pulver. Geruch stark und sehr angenehm fein aromatisch, Geschmack angenehm, stark süsslich arom-atisch, etwas stechend und herbe.

Wesentliche Bestandtheile. Aetherisches Oel, eisengrünender Gerbstoff, Harz, etwas Stärkmehl, Schleim etc. Das ätherische Oel, in der Rinde zu fast 4⅘ enthalten, wird meistens auf Ceilon selbst und zwar aus den Rindenabfällen und Bruchstücken destillirt. Man erhält dabei ein leichtes und schweres Oel, die aber dann miteinander vermischt ein zwischen 1,006 und 1,044 variirendes spec. Gewicht haben. Es ist goldgelb, meist etwas ins Bräunliche, riecht äusserst angenehm, schmeckt erst süsslich, dann brennend aromatisch. — Auf Ceilon wird auch aus den Blättern des Baumes ein ätherisches Oel destillirt; dasselbe hat nach STENHOUSE ein spec. Gew. von 1,053 und kommt im Wesentlichen mit dem Nelkenöle überein, sowohl was seine äusseren Merkmale, als auch was seine chemische Konstitution betrifft. Ausser Nelkensäure und einem Kohlenwasserstoffe enthält es aber auch noch ein wenig Benzoësäure (keine Cimmtsäure).

Verwechselungen und Verfälschungen. Der javanische Cimmt steht dem ceilonischen kaum nach, und dasselbe wird auch von dem sumatraischen behauptet. Der brasilianische dagegen ist eine sehr gemischte Waare; er besteht nämlich theils aus Stücken, welche dem ceilonischen C. ähnlich sind, theils aus Röhren, die mit der *Cimmtcassia* übereinstimmen. Der grösste Theil aber bildet flache Rindenstücke von 25—50 Millim. Breite und sehr verschiedener Länge, die Dicke beträgt 2—3 Millim., die Oberfläche der äusseren Seite ist ziemlich glatt oder etwas warzig, von blass röthlichgelber Cimmtfarbe; der Bast liegt auf der innern Seite dicht an und seine Farbe ist nur etwas blasser als die der Aussenseite, nicht braun wie beim ächten C. Auch an Aroma steht er diesem nach.

Verwechselungen mit anderen ordinäreren Cimmtrinden können leicht bei Vergleichung mit den oben angegebenen Merkmalen erkannt werden.

Bereits ausgezogene Rinden sehen schmutzig dunkler aus, und haben fast gar keinen Geruch und Geschmack.

Als Cimmtöl wird häufig das damit in seinen wesentlichen Merkmalen übereinstimmende, aber billigere Cimmtkassienöl ausgeboten: letzteres riecht jedoch nicht so fein und lieblich, als das ächte (ceilonische) Oel. Verfälschung mit Nelkenöl (oder mit dem sehr ähnlichen Cimmtblätteröl) kann man entweder mittelst Salpetersäure oder mittelst Kalilauge erkennen; die Salpetersäure verwandelt nämlich das Cimmtöl in eine feste Masse, bildet aber mit dem Nelkenöle nur eine braune Flüssigkeit, und umgekehrt macht Kalilauge das Nelkenöl fest, nicht aber das Cimmtöl.

*Anwendung. Innerlich als Pulver, Aufguss, destillirtes Wasser, Wein, Tinktur etc. Bekanntlich sehr viel als Gewürz.

. Geschichtliches. Der ächte Cimmt war den alten Griechen und Römern wohl bekannt, sein allgemeiner Gebrauch fällt aber erst in spätere Zeiten.

Cimmt, chinesischer.
(Cimmtkassie.)
Cortex Cinnamomi chinensis, Cassiae cinnamomeae.
Cinnamomum aromaticum NEES.
(*Laurus Cassia* L., *Persea Cassia* SPR.)
Enneandria Monogynia. — *Laureae.*

Ansehnlicher Baum, dessen junge Zweige, Blattstiele und Nerven der unteren Blattseite seidenartig behaart sind, wodurch sich diese Art vorzüglich charakterisirt

Die Blätter stehen auf starken, 12 Millim. langen Stielen abwechselnd, selten fast gegenüber, sind länglich, stumpf, lederartig, oben grün, unten graugrün, 12–20 Centim. lang, 7–8 Centim. breit, die beiden Seitennerven entspringen deutlich aus dem Mittelnerv, so dass es ächte *folia triplinervia* sind und alle treten auf der untern Seite des Blattes stark hervor. Die Blumenrispen sind 7 Centim. lang und wenigblüthig, gelblich weiss. Die Früchte sind längliche Beeren, am Grunde von der becherförmigen 6zähnigen Hülle unterstützt, unseren Eicheln ähnlich, erst grünlich braun und weiss punktirt, reif blau-braun, und enthalten einen röthlichblauen Kern; sie schmecken scharf und etwas bitter. Rinde und Blattstiele riechen und schmecken stark cimmtartig; die Blätter selbst sind fast geschmacklos, etwas schleimig. — In China einheimisch, in Süd-Amerika kultivirt.

Gebräuchlicher Theil. Die Zweigrinde, deren Einsammlung wie bei der ceilonischen Rinde geschieht. Sie erscheint in 45—60 Centim. langen, 25–30 Millim. in der Quere messenden, $\frac{1}{2}$—$1\frac{1}{2}$ Millim. dicken, selten dickeren Stücken, stark, einfach übereinander, häufig doppelt gerollt (geschlossen), meist nicht zu mehreren ineinander geschoben. Mitunter sind die Stücke nur rinnenförmig und fast flach. Die Farbe dunkler als beim ceilonischen, mehr braunroth, mitunter mehr oder weniger ins Gelbliche und Schmutziggraue. Die äussere Fläche ist auch z. Th. von noch anhängender äusserer Rinde gefleckt und matt; die weisslichen Längsstreifen sind hier noch deutlicher und treten z. Th. etwas über die Oberfläche hervor; diese ist auch ziemlich eben, doch bei dickern Stücken z. Th. etwas runzelig und so glatt wie bei dem ceilonischen C. Die innere Fläche ist zart faserig wie beim ceilon. C., die Farbe bald heller bald dunkler als die Aussenfläche. Der Bruch wie beim ceilon. C., doch ist die innere Lage beim Querbruche selten merklich faserig, wegen dünnerem und spröderem, fest anhängendem Baste, dagegen, nach aussen gebrochen, die weisslichen zähen Streifen sich häufig wie Fäden ziehen lassen. Die Rinde ist hart, nicht zähe und etwas weniger zerbrechlich, wegen beträchtlicherer Dicke, als der ceilon. C. Das Pulver etwas dunkler, mehr ins Rothbraune. Geruch stark cimmtartig, doch weniger fein als beim ceilon. C., Geschmack ebenfalls stark cimmtartig, etwas weniger süsslich, mehr stechend herb als beim ceilonischen.

Wesentliche Bestandtheile. Aetherisches Oel, eisengrünender Gerbstoff, Harz, etwas Stärkmehl, Schleim, wie im ceilon. C. Das ätherische Oel, Cimmtkassienol, fast $2\frac{2}{3}$ der Rinde, unterscheidet sich von dem des ceilon. C. nur dadurch, dass es nicht den hohen Grad von Feinheit im Geruch und Geschmack besitzt. Spec. Gew. 1,03—1,09.

Verwechselungen und Verfälschungen. Eine aus Cayenne in Süd-Amerika kommende Rinde ist der oben beschriebenen ganz ähnlich, nur meist etwas heller, ins Gelbliche, der Geruch und Geschmack ebenso, letzterer jedoch mehr schleimig. Der sogen. englische Cimmt ist die Rinde vom Stamme und älteren Zweigen; er ist wenig gekrümmt, gegen 4 Millim. dick, aussen rauh, dunkel braungelb, innen blass gelbbräunlich. — Untergeschobener Muttercimmt ist nach der gegebenen Beschreibung leicht zu erkennen; ebenso Kulilabanrinde, welche auch schon darunter vorgekommen sein soll.

Die Prüfung des ätherischen Oeles auf Nelkenöl geschieht, wie im vorigen Artikel angegeben.

Anwendung. Wie der ceilonische, aber wegen seines billigeren Preises häufiger. Wegen Persea s. den Artikel Avokatbaum.

Cimmt, holziger.

(Holzkassie, Muttercimmt).

Cassia lignea, Xylocassia.

Cinnamomum ceilonicum, Var. Cassia NEES.

Enneandria Monogynia. — Laureae.

Eine durch Verwilderung kultivirter Bäume entstandene Form des ceilonischen Cimmtbaums. Die Rinde seiner jungen Zweige zeichnet sich durch eine dunkle, mehr röthlichbraune Farbe aus. Die Blätter sind länglich, in eine lange stumpfe Spitze ausgedehnt, die grössten 10 Centim. lang und 3 Centim. breit, die beiden Seitennerven laufen an der Basis dicht neben dem Mittelnerv, ohne ganz mit ihm zu verschmelzen. Die Blätter riechen schwach nelkenartig. Die Rinde schmeckt schwach cimmmtartig und zugleich entschieden schleimig. — Auf dem ostindischen Festlande, in Sillet und Penang.

Gebräuchlicher Theil. Die Rinde; sie ist der Cimmtkassie (d. i. der chinesischen Cimmtrinde) z. Th. sehr ähnlich. Man hat aber zweierlei Sorten im Handel, gerollte und flache, und während NEES und DIERBACH die ersteren als von der oben genannten Varietät abstammend annehmen, lassen sie es in Bezug auf die zweite noch unentschieden, meinen vielmehr, ob sie nicht, gleich wie die Cimmtkassie, aus deren Vaterlande (China) zu uns gelange. GEIGER sprach sogar die Vermuthung aus, die gerollte Sorte sei ausgezogene Cimmtkassie. Die gerollte Sorte hat ganz das Ansehen, die Dicke, Länge u. s. w. wie die Cimmtkassie, ist einfach und doppelt gerollt, oft 2 Röhren ineinander, aber dunkler rothbraun, die äussere Fläche etwas rauher. Man bemerkt keine weisslichen Längsstreifen, die innere Fläche ist ziemlich dunkelbraun, ebenfalls aus gleichlaufenden zarten Längsfasern bestehend. — Die flache Sorte besteht aus ziemlich flachen oder rinnenförmigen, sehr verschieden langen, 25—36 Millim. breiten und 1—2 Millim. dicken Stücken. Die äussere Fläche ist etwas uneben, rauh, z. Th. runzelig, grösstentheils von der Oberhaut befreit, rothbraun, man doch sitzen häufig noch an mehreren Stellen Reste des schmutzig grauen Oberhäutchens. Die untere Fläche ist uneben, splittrig, aus dem oft 1 Millim. dicken faserigen Bast bestehend; meistens heller von Farbe als die äussere, matt cimmtfarben. — Beide Sorten riechen schwach cimmtartig, schmecken anfangs schwach cimmtartig, dann herbe und ziemlich schleimig, namentlich bei den dickeren flacheren Stücken, die auch stärker riechen und schmecken als die dünneren gerollten, welche oft herbe, kaum cimmtartig schmecken und wenig Schleim entwickeln.

Wesentliche Bestandtheile. Aetherisches Oel, eisengrünender Gerbstoff, Schleim, letzterer oft in solcher Menge, dass der wässerige Absud beim Erkalten zu einer Gallerte erstarrt.

Anwendung. Wie der ächte Cimmt, doch in neuerer Zeit, bei der Wohlfeilheit jenes, wenig oder gar nicht mehr.

Cimmt, japanischer.

Kommt aus der Insel Sikok und wahrscheinlich von *Cinnamomum Loureirei.* G. MARTIN erhielt daraus durch Destillation mit Wasser ein ätherisches Oel, weingelb, leichter als Wasser, von ähnlichem Geruche wie Cimmtöl, doch feiner,

entfernt an Kampher und Cimmt zugleich erinnernd. Die Ausbeute betrug etwa
⅓. In seinem Verhalten weicht dieses Oel vom Cimmtöl und Cimmtkassienöl
ganz ab. Durch conc. Schwefelsäure wird es erst violett, dann indigoblau,
prächtig grün und endlich braun. Conc. Salpetersäure bildet keine Nadeln von
Nitrobenzoësäure, sondern die Masse erstarrt wachsartig, und wird bei geringer
Erwärmung wieder ölig. Durch Aetznatron verschwindet der Cimmtölgeruch und
nun tritt Kampherölgeruch auf.

Cimmt, weisser.
(Weisser Kanell, falsche Winterrinde).
Cortex Canellae albae; Canella alba, C. dulcis; Cortex Costi; Costus corticosus,
C. dulcis; Cortex Winteranus spurius.
Canella alba MURRAY.
(Canella Winterana GÄRTN., Winterana Canella L.)
Dodecandria Monogynia (oder richtiger Monadelphia Dodecandria). — Canellaceae.

Hoher Baum mit weisslicher Rinde und ästiger ausgebreiteter Krone. Die
Blätter sind kurzgestielt, lederartig, immergrün, gegen die Basis schmaler, am
Rande gerollt, oben glänzend dunkelgrün, unten blasser und glanzlos; die der
unfruchtbaren Aeste sind länglich stumpf, die der fruchtbaren umgekehrt oval-
länglich, abgerundet. Die nur aus wenigen wohlriechenden veilchenblauen Blümchen bestehenden, mit Deckblättchen versehenen Afterdolden stehen meist an
der Spitze der Aeste. Die Frucht ist eine kugelrunde, kurz stachelspitzige, fleischige
schwarze Beere von der Grösse der schwarzen Johannistrauben, schmeckt im
reifen Zustande süss und aromatisch, im unreifen dagegen schärfer als Pfeffer,
und enthält glatte schwarze Samen. — Auf den westindischen Inseln und in
Karolina einheimisch.

Gebräuchlicher Theil. Die Rinde; sie kommt in 10—15 Centim. langen,
8—30 Millim. im Querdurchmesser haltenden, 1—3 Millim. dicken Stücken vor;
diese sind theils einfach übereinander oder doppelt gerollt, auch zum Theil nur
rinnenförmig. Aussen ist sie gelbbräunlich, mehr oder weniger ins Blassrothe,
z. Th. mit erhabenen grauen schwammigen Stellen und schwärzlichen Flecken,
wo die Epidermis abgerieben ist; sonst hat sie mehr eine hell gelblichweisse
Farbe. Die dünneren jüngeren Rinden sind ziemlich glatt, fühlen sich sanft an,
und erscheinen unter der Lupe sehr kurz und zartfilzig, die gröberen älteren sind
mehr oder weniger runzelig. Die innere Seite ist hellgelblichweiss, eben, aus
sehr feinen zarten Längsfasern bestehend. Der Längen- und Querbruch der harten,
aber brüchigen Rinde ist uneben, nicht faserig, die Bruchstellen weisslich, mit
mehr oder weniger Gelb und bräunlich marmorirt, glanzlos. Das Pulver der
Rinde ist blassgelblich. Sie riecht zumal beim Zerreiben und Zerstossen angenehm und stark aromatisch, nelken- und cimmtähnlich, und schmeckt bitterlich,
dann brennend scharf, an Nelken und Pfeffer erinnernd.

Wesentliche Bestandtheile. Aetherisches Oel, Harz, Stärkmehl, eine bitterkratzende Substanz, eine krystallinische süsse Substanz. Nach HENRY soll das
Oel leichter als Wasser, nach SLOANE schwerer als Wasser sein; MEYER und VON
REICHE erhielten beide Arten, ein leichtes, wie Cajeputöl riechendes und ein
schweres, wie Nelkenöl riechendes. PETROZ und ROBINET hielten die süsse Substanz
für eigenthümlich und nannten sie Canellin, M. und REICHE erkannten sie aber
als Mannit; sie beträgt 8⅘, das Oel 1⅝ der Rinde.

Verwechselungen. Ein solche mit der ächten Winterschen Rinde ist schon oft vorgekommen, aber leicht daran zu erkennen, dass letztere eine dunklere und zumal ihre innere Fläche eine cimmtbraune Farbe besitzt. Ebenso häufig ist die Verwechselung mit *Costus*, und die Canella alba trifft man im Handel selbst als Costus dulcis, C. corticosus, was aber bei der Vergleichung mit dem ächten Costus ebenfalls leicht erkannt werden kann.

Anwendung. Veraltet, früher gebrauchte man sie ähnlich wie die Wintersche Rinde. In Amerika dient sie als Gewürz.

Geschichtliches. Nach SPRENGEL wird der weisse Cimmt zuerst von NANNEZ CABEÇA DE VACA in seiner Beschreibung von Florida erwähnt. MONARDES spricht davon unter dem Namen Lignum aromaticum; den Geruch und Geschmack der Rinde vergleicht er mit Muskatnuss und Blüthe. Eine deutlichere Beschreibung gab CLUSIUS unter dem Namen Canella alba quorundam. und führte dabei mehrere Sorten auf. S. DALE giebt an, der weisse Cimmt sei schon frühzeitig als Wintersche Rinde verkauft worden. BERGIUS beschrieb als letztere nur den weissen Cimmt. CARTHEUSER nannte die Rinde auch Cassia alba, Cassia lignea jamaicensis, Costus arabicus officinarum, Costus ventricosus, hielt sie aber für einerlei mit der wahren Winterschen Rinde.

Canella vom spanischen *canela* (Cimmt) und dieses von canalis (Rinne) wegen der Form der Rinde.

Wegen Costus s. den Artikel Kostus.

Citrone.

Poma oder *Fructus Citri medicae.*
Cortex, Oleum und *Succus Citri. Oleum de Cedro.*
Citrus medica RISSO, z. Th. auch L.
Polyadelphia Polyandria. — Aurantieae.

Baum mittlerer Höhe mit einer gelblichen, aussen schmutzig weissen Wurzel, geradem Stamme mit grauer Rinde, dornigen Aesten und violetten jungen Zweigen. Er bildet eine schöne, dichte, stark belaubte Krone, und hat abwechselnd stehende gestielte, 15—20 Centim. lange, 25—50 Millim. breite, etwas gesägte, glatte, hoch grüne, auch den Winter über stehen bleibende, steife, fast lederartige Blätter, deren Stiele in der Regel weder geflügelt, noch häufig gerandet sind, wie öfter bei den Orangen. Die innen weissen, aussen röthlichen Blumen stehen einzeln oder in kleinen Büscheln in den Blattwinkeln wie an den Spitzen der Zweige. Staubfäden sind oft bis 40 und mehr vorhanden. Die Frucht ist länglich, rundlig, mit dicker Schale und saurem Fleische; in der Jugend ist sie violettroth, bei der Reife schön gelb. — In Numidien, Mauritanien und Persien einheimisch, häufig in warmen Ländern, zumal in den Provinzen, welche das mittelländische Meer umgeben, seit 30—40 Jahren aber auch in den nordamerikanischen Süd staaten im Freien gezogen.

Gebräuchlicher Theil. Die Frucht, als Schale, Saft, und die Schale ausserdem noch zur Gewinnung des ätherischen Oeles; sie wird vor der völligen Reife, um den Transport besser ertragen zu können, abgenommen und in Kisten verpackt versendet. Die Citronen sind mehr oder weniger rund oder länglich genabelt, punktirt, von schön hellgelber Farbe, die Schale (Rinde) dick, leder artig, schwammig, mit zahlreichen drüsigen Punkten besetzt. Die innere Substanz ist weiss, in 10—12 Fächer getheilt, diese liegen um eine saftleere Achse, werden von zelligen, hautartigen Wänden gebildet, lassen sich von einander trennen, und enthalten ein saftreiches Fleisch von sehr saurem Geschmacke, das jedoch an manchen Spielarten fade und selbst süsslich ist. In jedem Fache liegen 2—3 umgekehrt eiförmige oder längliche, bisweilen etwas eckige Samen, an denen man an einer Seite die etwas hervorstehende Naht oder den Nabelstreifen deutlich unterscheiden kann. Die äussere Samenhaut ist pergamentartig, durchscheinend, die innere mehr oder weniger gelblich, selbst etwas bräunlich und am stumpfen Ende mit einem röthlichen Hagelflecke versehen. Der hellblassgelbe Embryo ist nicht selten mit zwei oder mehr Würzelchen versehen. Der Geschmack des Samens ist bitter schleimig, und ebenso schmeckt die unter der äusseren gelben aromatischen Schalen-Schicht befindliche weisse schwammige Schicht.

Wesentliche Bestandtheile. In der äusseren gelben Schalen-Schicht ätherisches Oel, in der darunter befindlichen weissen Schicht, sowie in den Kernen Bitterstoff, und in dem Safte des Fleisches Citronensäure.

Das ätherische Oel, welches man allgemein durch Pressen erhält und das im Handel gewöhnlich den Namen *Oleum de Cedro* führt, von dem bekannten angenehmen Geruche, ist wesentlich ein Kohlenwasserstoff. Das durch Destillation der Schalen mit Wasser erhaltene Oel riecht nach TILDEN noch angenehmer, ist auch etwas anders zusammengesetzt, denn es besteht aus zwei Kohlenwasserstoffen und einem sauerstoffhaltigen Antheile. Nach SCHAIK verpufft das gepresste Oel mit Jod, das destillirte aber nicht.

Der Bitterstoff gehört ohne Zweifel zu derjenigen Gruppe von Bitterstoffen, welche auch aus anderen Aurantiaceen geschieden, näher untersucht sind und die Namen Aurantiin, Hesperidin, Limonin, Murrayin, Naringin erhalten haben (s. den Artikel Orange).

Die Citronensäure beträgt in gutem Citronensafte etwa 2 %.

Anwendung. Sie ist eine sehr mannigfaltige, sowohl was die ganze Frucht, als auch was ihre einzelnen Theile und Bestandtheile betrifft. Das ätherische Oel dient als Arzneimittel, in der Feinbäckerei und in der Parfümerie; der Saft als Arzneimittel, in der Feinbäckerei, als Zusatz zu Getränken, und zur Gewinnung der Citronensäure; die dünn abgeschälte Rinde als Arzneimittel und als Küchengewürz. Aus den frischen Früchten der grösseren Sorte bereitet man in Italien den Citronat *(Confectio Citri)*, indem man sie der Länge nach in 4 Theile theilt, das fleischige Gehäuse mit den Kernen beseitigt, und die Theilstücke mit Zucker einkocht u. s. w.

Geschichtliches. Die Citrone wurde den Griechen schon früh bekannt, da bereits THEOPHRAST ihrer Erwähnung thut. In den ältesten Zeiten nannte man sie den medischen Apfel, später hiess sie der assyrische Apfel und zuletzt Kitrion, woraus das jetzt gebräuchliche Wort Citrone entstand (d. Wort Citrone soll afrikanischen Ursprungs sein). Zu den Zeiten des PLINIUS konnte man den Citronenbaum in Italien noch nicht im Freien ziehen, ja er gedieh damals kaum bei der sorgfältigsten Pflege in Kästen, in denen man ihn aus seinem Vaterlande Medien und Persien bringen liess. Hundert Jahre nach PLINIUS, zu den Zeiten des PALLADIUS wuchs er schon auf freiem Felde um Neapel und in Sardinien, allein die Frucht war noch nicht so veredelt, dass sie auch hätte können genossen werden. Erst abermals 100 Jahre später, zur Zeit des griechischen Schriftstellers ATHENAEUS war die Citrone essbar geworden, denn dieser sagt, zu den Lebzeiten seines Grossvaters habe man angefangen, die Citronen zu den essbaren oder

Obstfrüchten zu rechnen. DIOSKORIDES bemerkt von den Citronen, sie seien
überall bekannt, auch er, wie das ganze Alterthum rühmt die Frucht als eine
giftwidrige. GALEN spricht ausführlich von den einzelnen Theilen der Citronen-
frucht. CAELIUS AURELIANUS liess von der Gicht ergriffene Theile mit einem
Citronen-Kataplasma belegen, und ALEXANDER TRALLIANUS rühmt den Citronen-
saft als kühlendes Mittel bei hitzigen Fiebern. AVICENNA unterscheidet schon
zwei Sorten von Citronenölen, wovon das eine aus den Schalen der Frucht, das
andere aus den Blumen bereitet wurde; auch liess er die Citronenblätter als
Arzneimittel benutzen. Das Citronenmark mit Essig gekocht liess er trinken,
wenn ein Blutigel verschluckt worden war. MESUE giebt schon eine umständliche
Vorschrift zur Bereitung des Citronats, wozu man damals gern etwas Moschus
und Ambra that. Die Araber hatten bereits einen Sirupus cort. Citri. — Auch
in Deutschland kannte man schon früh die Citronen, im Mittelalter Judenäpfel
genannt, denn u. A. spricht die Aebtissin HILDEGARD davon.

Cymbelkraut.

(Eckiges Löwenmaul.)

Herba Cymbalariae; Umbilicus Veneris.

Linaria Cymbalaria W.

(Antirrhinum Cymbalaria L., *Cymbalaria muralis* PERS.)

Didynamia Angiospermia. — Scrophulariaceae.

Einjähriges zierliches Pflänzchen, das mit seinen fadenförmigen kriechenden
und wurzelnden, etwas verworrenen, ästigen, glatten Stengeln und langgestielten,
nierenförmig-herzförmigen, stumpf-fünflappigen, oben hochgrünen, unten blasseren,
ganz glatten, zarten Blättern die Mauern oft dicht wie Epheu überzieht. Die
maskirten Blumen stehen einzeln auf langen Stielen, sind klein, schön blass-
purpurviolett und weisslich, der Sporn kurz und gerade. — Hie und da in Deutschland und im übrigen Europa an Mauern.

Gebräuchlicher Theil. Das Kraut; es ist geruchlos, schmeckt fade krautartig, wenig bitterlich.

Wesentliche Bestandtheile. Nach WALZ: Bitterstoff (Cymbalarin),
scharfes Harz (Cymbalacrin), mildes Harz, riechender Stoff (Cymbalarosmin),
eisengrünende Gerbsäure, andere org. Säuren, Schleim etc.

Anwendung. Ehedem wie das Leinkraut. Nach HAMILTON benutzen es
die indischen Aerzte als Mittel gegen die Harnruhr.

Cymbalaria von κυμβαλον (Becken); das Blatt ist in der Mitte vertieft.

Antirrhinum ist zus. aus ἀντι (ähnlich) und ῥις (Nase) in Bezug auf die eigenthümliche Form der Blumenkrone.

Linaria von *Linum* (Lein), in Bezug auf die Aehnlichkeit in der Form der
Blätter mehrerer Arten mit denen des Leinkrauts.

Cyperwurzel, essbare.

(Erdmandel.)

Radix (Rhizoma) Cyperi esculenti; Bulbuli thrasi; Dulcinia.

Cyperus esculentus L.

Triandria Monogynia. — Cypereae.

Perennirende etwa 30 Centim. hohe Pflanze mit langen grassartigen Blättern,
gelblichen oder rostfarbigen Aehren. — Im südlichen Europa, Griechenland und

Aegypten, und wird in mehreren Ländern, auch in Deutschland (z. B. in Baden) gebaut.

Gebräuchlicher Theil. Der Wurzelstock; es sind eiförmige Knollen von der Grösse einer Haselnuss und darüber, geringelt und mit Fasern besetzt, aussen bräunlich-roth, innen weiss, fast geruchlos, von süssem, dem der Haselnuss ähnlichem Geschmack.

Wesentliche Bestandtheile. Nach Munoz y Luna in 100: 28 fettes Oel, 29 Stärkmehl, 14 Rohrzucker, 7 Gummi. Durch Pressen erhielt M. nur 17⅔ Oel; dasselbe ist gelb wie Olivenöl, geruchlos, milde, gesteht bei 0°, lässt sich leicht verseifen, erhärtet durch salpetrige Säure.

Anwendung. Früher gegen Brustkrankheiten. In Spanien zur Bereitung einer Orgeade. Sonst in mehreren Distrikten als angenehm nahrhafte Speise, theils roh, theils geröstet, theils zu Backwerk. Endlich als Kaffeesurrogat.

Geschichtliches. Obige Pflanze ist vermuthlich die Ὀλοχωνίτης des Hippokrates, bestimmt aber die Μαλιναθάλλη des Theophrast und das *Anthalium* des Plinius.

Cyperus, Κύπειρος oder Κύπειρον ist wahrscheinlich abgeleitet von Κύπρις (Venus), wegen der *qualitas aphrodisiaca*, zu welchem Zwecke die schmackhaften Wurzeln des C. esculentus im Oriente gebraucht werden. Bauhin leitet ab von Κύπρος (ein Gefäss) wegen der ovalen Form der Wurzel. — Dagegen ist Κύπερις (Κύπειρε) des Diosk. die Curcuma longa L., und dessen Κύπρος ist Lawsonia alba Lam.

Cyperwurzel, lange.
Radix (Rhizoma) Cyperi longi.
Cyperus longus L.
Triandria Monogynia. — Cypereae.

Perennirende Pflanze mit 0,60—1,2 Meter hohem, glattem, gänsekieldickem Halme, 0,30 Meter und darüber langen glänzenden, am Rande scharfen Blättern, braunen oder purpurrothen, gefleckten Scheiden. Von der 3—4 blättrigen Hülle sind 2 Blätter gegen 0,45 Meter lang. Doldenstrahlen etwa 11, z. Th. 0,30 Meter lang. Aehrchen rothbraun, glänzend. — Im südlichen Europa, der Schweiz, auch in Deutschland, England.

Gebräuchlicher Theil. Der Wurzelstock; getrocknet ist er 10—15 Centim. und darüber lang, cylindrisch, etwas dicker als ein Federkiel, gekrümmt, gegliedert, zottig mit Längsrunzeln, aussen graubraun, innen blassröthlich. Die dicke, etwas schwammige Rinde schliesst einen zähen holzigen Kern ein, riecht angenehm gewürzhaft und schmeckt gewürzhaft bitterlich. •

Wesentliche Bestandtheile. Aetherisches Oel, Stärkmehl, Bitterstoff etc. Nicht näher untersucht.

Anwendung. Veraltet. Κύπειρος, κύπειρον und Cyperus der Alten.

Cyperwurzel, runde.
Radix (Rhizoma) Cyperi rotundi.
Cyperus rotundus L.
Triandria Monogynia. — Cypereae.

Perennirende 0,45 Meter hohe Pflanze mit nacktem, nur zuweilen unten mit schlaffen, langen, grasartigen, graugrünen Blättern besetztem Halme; die Scheiden sind abgestutzt, blass, unten roth, die Dolden 3—4 strahlig, die Aehren roth. — In Italien, Griechenland, auch in Ostindien.

Gebräuchlicher Theil. Der Wurzelstock; im Handel als länglichrunde z. Th. eiförmige Knollen von der Grösse einer Haselnuss und darüber, am dicken Ende stumpf, am andern Ende in eine z. Th. etwas gebogene Spitze auslaufend, geringelt, mit sehr feinen Längsstreifen und Narben der Wurzelfasern besetzt, von hellbrauner, innen hellgrauer, ins Röthliche spielender Farbe. Geruch stark und angenehm aromatisch, Geschmack bitter und gewürzhaft kampherartig.

Wesentliche Bestandtheile. Aetherisches Oel, Stärkmehl, Bitterstoff Nicht näher untersucht.

Anwendung. Ehemals als Stomachicum. Ebenfalls Κυπειρος, κυπειρον und *Cyperus*, auch *Juncus* der Alten.

Cypresse.
Cortex, Lignum und *Nuces (Galbuli) Cupressi.*
Cupressus sempervirens L.
Monoecia Monadelphia. — Cupressinae.

Die immergrüne Cypresse ist ein 6—9 Meter hoher, schöner, schlanker Baum mit brauner Rinde, pyramidenartig aufgerichteten Zweigen, 4kantigen sparrigen Zweiglein, 4reihig mit sehr kleinen ziegeldachförmig anliegenden stumpfen, convexen, dunkelgrünen Blättchen bedeckt. Die Frucht ist ein etwa wallnussgrosser Kugelzapfen, vor der Reife geschlossen und fleischig, mit stumpfen Schuppen und eckigen Schüppchen. — Im südlichen Europa.

Gebräuchliche Theile. Rinde, Holz und Nüsse. Alle diese Theile riechen stark balsamisch, Rinde und Nüsse schmecken zugleich adstringirend und bitter.

Wesentliche Bestandtheile. Aetherisches Oel, Gerbstoff, Bitterstoff Nicht näher untersucht.

Anwendung. Ehedem gegen Wechselfieber, Diarrhoe. Das aus den Blättern und jungen Zweigen erhaltene ätherische Oel von etwas stark widerlichem Geruche gegen Würmer empfohlen.

Cypressus, Κυπαριττος ευωδης Od.; Κυπαρισσος (απο του κυειν παρισσους — *a paribus parilium ramorum* — weil sie immer gleiche Aeste treibt; nicht von Κυπρος (Cypern), obwohl sie dort und auf den benachbarten Inseln häufig vorkommt

---

Cypressenkraut.
(Gemeine Heiligenpflanze.)
Herba cum Floribus (Summitates) Santolinae, Abrotani foeminae.
Santolina Chamaecyparissus L.
Syngenesia Aequalis. — Compositae.

Kleiner, 45—60 Centim. hoher, buschiger, immergrüner Strauch mit auf rechten Zweigen, von denen die jüngsten mit weissem Filz bedeckt sind. Die Blätter stehen in der Jugend büschelförmig beisammen, sonst sind sie abwechselnd, gestielt, schmal linienförmig oder keulenförmig, etwas dicklich, stets 25—50 Millim. lang und 2 Millim. und darüber dick, 4seitig und 4reihig gezähnt, bald weissgrau und an der Spitze gewimpert, bald hochgrün und glatt. Die Blumen stehen am Ende der jüngeren seitenständigen Zweige einzeln auf langen, etwas beblätterten Stielen, sind fast kugelig, etwas blassgelb und haben 12—18 Millim. im Durchmesser. Die gedrängten Blümchen sind länger als der allgemeine Kelch, röhrig, mit etwas bauchiger Erweiterung, daselbst mit durchsichtigen Drüsen besetzt, und haben einen flach ausgebreiteten 5 spaltigen Rand. Die Achenien federlos. — Im südlichen Europa, bei uns in Gärten gezogen.

Gebräuchlicher Theil. Das blühende Kraut; riecht durchdringend, angenehm aromatisch und schmeckt gewürzhaft bitter.

Wesentliche Bestandtheile. Aetherisches Oel, Bitterstoff, eisengrünender Gerbstoff. Nicht näher untersucht.

Anwendung. In Substanz und Aufguss, ehedem gegen Würmer, Magenschwäche, Gelbsucht etc. Der Same kann die Stelle des Wurmsamens vertreten.

Geschichtliches. Man hält die Pflanze für die weibliche Art des Ἀβροτονον des DIOSKORIDES, die besonders aus Sicilien kam. Der Same diente den Alten gegen Engbrüstigkeit, Harnbeschwerden, Menostasie etc.

Santolina ist zus. aus *sanctus* (heilig) und *Linum;* d. h. eine Pflanze mit leinenförmigen (leinähnlichen) Blättern, welche wegen ihrer arzneilichen Kräfte sehr hoch geschätzt wurde.

Wegen Abrotanum s. den Artikel Eberraute.

Dammar.
(Gewöhnliches oder ostindisches Dammarharz, Dammar-Puti.)

Resina Dammarae.

Dammara orientalis RUMPH.

(*Pinus Dammara* LAMB., *Agathis loranthifolia* SALISB.)

Monoecia Monadelphia. — Dammaraceae.

Schöner, grosser Baum mit glatter, röthlicher Rinde, ausgebreiteten Aesten und runden Knospen. Die Blätter sind sitzend, sonst gegenständig, lanzettlich, lederartig, blaugrün. Die Fruchtzapfen haben die Grösse und vor der Reife auch die Form einer Pomeranze. — In Ostindien und auf den Molukkischen Inseln einheimisch.

Gebräuchlicher Theil. Das Harz, welches der Baum in grosser Menge enthält und das aus den in der Nähe der Wurzel befindlichen Auswüchsen des Stammes freiwillig quillt. An der Luft erhärtet, bildet es durchscheinende, farblose bis gelbliche, unregelmässige, im Bruche muschelige, erbsen- bis hühnereigrosse, auch grössere Stücke, ist ohne Geruch und Geschmack, hat ein spec. Gewicht von 1,04—1,09, schmilzt bei 73°, löst sich nur theilweise in kaltem absolutem Alkohol und Aether, vollständig in ihnen in der Hitze, auch nur theilweise in Alkalien, leicht in fetten und ätherischen Oelen, Chloroform, conc. Schwefelsäure.

Wesentliche Bestandtheile. Nach der neuesten Untersuchung von A. B. DULK besteht das Dammar aus einem Kohlenwasserstoff (Dammaryl), und mehreren daraus durch Oxydation etc. entstandenen Produkten. Durch Behandlung mit Weingeist von verschiedener Stärke gelang es, 5 verschiedene harzige Substanzen zu bekommen, α, β, γ, δ und ε Harz, von denen das γ Harz (44⅔) den Namen Dammarylsäure, und das δ Harz (14⅔) den Namen Dammaryl erhielt.

Verwechselungen und Verfälschungen. Das verschiedene Verhalten gegen Lösungsmittel setzt leicht in den Stand, das Dammarharz vom Bernstein und Kopal zu unterscheiden. Etwa untergeschobenes helles Kolophonium würde sich ebenfalls dadurch erkennen lassen, aber in umgekehrter Weise, indem es schon von 70%igem Weingeist vollständig aufgenommen wird.

Anwendung. Bisher nur zu Firnissen.

Ausser dem eben abgehandelten Dammar kommen unter diesem Namen noch mehrere andere, theils sehr ähnliche, theils sehr abweichende Harze in den Handel, die hier noch kurz Platz finden mögen.

1. Neuseeländisches Dammar, von der Kowrifichte, Dammara australis. Es erscheint in grossen unregelmässigen, frisch durchsichtigen, durch Anziehen von Feuchtigkeit opalescirend werdenden, gelblichen Stücken, schmilzt leicht unter Terpenthingeruch, löst sich nur zum Th. in gewöhnlichem Alkohol, vollständig in absolutem Alkohol und in Terpenthinöl. Es wurde von R. D. Thomson untersucht, der den in gewöhnlichem Alkohol löslichen Theil des Harzes mit Dammarsäure und den darin unlöslichen Theil mit Dammaran bezeichnet. E. H. Rennie erhielt daraus durch Destillation mit Wasserdämpfen ein dem Terpenthinöl sehr ähnliches Oel.

2. Röthliches Dammar, von Araucaria brasiliensis R.; riecht angenehm.

3. Weisses Dammar, von Shorea robusta (Dipterocarpeae) Roxb., äusserlich matt weiss, im Innern aber durchsichtig.

4. Gelbes Dammar, von Shorea rubrifolia, aus Cochinchina und dort Chai-Harz genannt, riecht schwach, aber eigenthümlich, ist etwas härter als No. 1.

Der Name Dammar ist malayisch. — Dammar-Puti bedeutet: Katzenaugenharz und bezieht sich auf seinen Glanz.

Agathis von ἀγαθις (Knäuel); die Blüthen stehen in einem Kopf beisammen.

Araucaria nach der chilesischen Provinz *Arauco*, welche die Araucaner bewohnen, benannt.

Shorea. Roxburgh sagt, er habe diese Gattung nach Lord Teignmouth, General-Gouverneur von Bengalen, benannt; wie passt diess aber zu dem Namen Shorea?

Wegen Pinus s. den Artikel Fichtenharz.

Datteln.
Dactyli. Palmulae. Tragemata.
Phoenix dactylifera L.
Dioecia Hexandria. — Palmae.

6—9 Meter hoher, kultivirt gegen 15 Meter erreichender Baum mit geraden, wild wachsend auf gekrümmtem Stamm, von den Resten der abgefallenen Blattstiele schuppig und an der Spitze eine schöne Krone von ausgebreiteten gefiederten Blättern tragend. Diese sind $2\frac{1}{2}$—3 Meter lang, die z. Th. schwerdtförmig, bogen gestaltenen, steifen, stehenden Fiedern etwa 30 Centim. lang, die unteren kleiner. Zwischen diesen Blättern entwickeln sich die Blüthen in grossen ästigen Kolben, anfangs in eine grosse, einfache, an der Seite sich öffnende, bräunlich wollige Scheide eingeschlossen. Die Blüthen sehr zahlreich, die Kolben der weiblichen Pflanze jedoch weniger ästig, als die der männlichen. Die Blumen sind klein, gelblichweiss. Die Frucht ist eine länglichrunde, rothe oder gelbe beerenartige Steinfrucht. Variirt sehr durch Kultur in der Grösse, Gestalt, Farbe etc. der Früchte. — Im mittleren und heissen Asien, und im nördlichen Afrika und wird daselbst auch häufig kultivirt. In Europa reifen ihre Früchte nur in Sicilien und im südlichen Spanien.

Gebräuchlicher Theil. Die Früchte; sie gelangen in den Handel als 3—5 Centim. lange, länglich-runde, stumpfe, an der Basis mit dem Kelche besetzte, braun- oder gelblich-rothe, glatte, fleischige Früchte, welche einen mit einem zarten weisslichen durchsichtigen Häutchen umhüllten, grossen, länglich-cylindrischen, an einer Seite eine starke Längsfurche zeigenden, hellgrauen, glatten, steinharten Kern einschliessen. Sie sind geruchlos, das Fleisch ist weich, klebrig und sehr süss.

Wesentliche Bestandttheile. Die Datteln sind von BONASTRE, REINSCH, GASTINEL BEY und KLETZINSKY untersucht. Nach Letzterem bestehen sie aus 85⅚ Fleisch, 10⅚ Kern und 5⅚ Schale. Das Fleisch enthält in 100: 36 Zucker (meist Schleimzucker), 23 Proteinstoff und Extraktivstoff, 8 Pektinate etc. Die Kerne enthalten nach REINSCH eisengrünenden Gerbstoff, etwas Fett, gummiähnliche Materien etc.; sie sind neuerdings auch von GEORGES untersucht worden.

Anwendung. Gegen Brustkrankheiten, kommen wie die Feigen unter die Brustspecies. Die Kerne wurden gegen Harnkrankheiten verordnet. — Bei den Arabern, Beduinen und andern orientalischen Völkern bilden sie ein Hauptnahrungsmittel. Mit Zucker eingemacht, heissen sie Caryoten. — Der Saft des Stammes wird nach HORSIN DION in Bengalen auf Zucker verarbeitet, und besteht der letztere grösstentheils aus Rohrzucker.

Geschichtliches. Die Dattel ist ein seit den ältesten Zeiten bekannter und benutzter Baum, die Φοῖνιξ in specie, welcher Name sich wohl zunächst auf das Land Phönicien (Syrien) bezieht, woher die Griechen die Dattelpalme zuerst kennen lernten. Dann deutet er auch auf die purpurrothe Farbe (φοῖνιξ: Purpur) mancher Palmen. Endlich verdient auch der fabelhafte Vogel Phoenix, der aus seiner Asche wieder lebendig hervorging, hier Berücksichtigung; die Palmen treiben nämlich fortwährend Blätter, verjüngen sich beständig.

Φοῖνιξ χαμαιρεφης nannte THEOPHRAST die niedrige Palme *Chamaerops humilis* L. Aber auch eine Grasart heisst bei DIOSKORIDES φοῖνιξ, nämlich unser *Lolium perenne* L., vielleicht weil es fortwährend neue Sprösslinge treibt.

Das Wort Datteln hat nichts mit den Fingern (δαχτυλοι) zu thun, sondern ist semitischen Ursprungs.

Dattelpflaume.

Lignum Guajacan, Guajaci patavini.

Diospyros Lotus L.

Polygamia Dioecia — Styraceae.

Ansehnlicher Baum mit länglich zugespitzten, unten weich behaarten Blättern, innen rauhhaarigen Knospen, achselständigen kleinen weisslichen Blüthen. — Im südlichen Europa und nördlichen Afrika einheimisch.

Gebräuchlicher Theil. Das Holz.

Wesentliche Bestandtheile. ? Nicht untersucht.

Anwendung. — Die Rinde ist sehr adstringirend und wurde gegen Durchfälle verordnet. Name. — Das Holz soll dem Guajak ähnlich wirken, daher der Die Früchte, welche unreif sehr herbe, reif aber süss sind, hatten früher ebenfalls medicinische Verwendung. Sie kommen bei PLINIUS, COLUMELLA als *Fabae graecae* vor.

Diospyros ist zus. aus διος (göttlich, schön) und πυρος (Korn, Frucht), in

Bezug auf den angenehmen Geschmack der Früchte der meisten Arten, z. B.
D. Kaki, D. Lotus, D. virginiana.

Lotus von λαο, λῶ (ich will, verlange), d. h. etwas, wonach man verlangt,
was angenehm schmeckt; kann daher auch sehr wohl auf die Λωτος-Arten der
Alten (s. den Artikel Brustbeeren, rothe) bezogen werden.

Dierville.
Stipites Diervillae.
Diervilla canadensis WILLD.
(*Lonicera Diervilla* L.)
Pentandria Monogynia. — Lonicereae.

60—90 Centim. hoher Strauch mit graubraunen, fast 4kantigen Zweigen,
gegenüberstehenden, gestielten, eiförmig zugespitzten, gesägten, 7—9 Centim.
langen, glatten Blättern, meist dreiblumigen Stielen und gelben Kronen. — In
Nord-Amerika (Canada), bei uns in Gärten gezogen.

Gebräuchlicher Theil. Die Stengel; sie sind braunröthlich, von der
Dicke der Bittersüssstengel, ziemlich zähe, holzig, riechen widerlich und schmecken
widerlich bitter.

Wesentliche Bestandtheile.? Nicht untersucht.

Anwendung. In Amerika gegen Syphilis.

Geschichtliches. Ein französischer Wundarzt Namens DIERVILLE entdeckte
diesen Strauch in der nordamerikanischen Provinz Akadien (Neu-Schottland) und
sandte Exemplare davon an TOURNEFORT, welcher in den Schriften der Pariser
Akademie vom Jahre 1706 eine Beschreibung davon gab und ihn *Diervilla aca-
diensis flore luteo* nannte. Von den Heilkräften gab besonders KALM Nachricht,
und LINNÉ räumte ihm eine Stelle in seiner *Materia medica* ein. Bei uns wird
gar kein Gebrauch davon gemacht; aber auch in der Heimat scheint die Pflanze
keine Beachtung mehr zu finden, denn das neueste National Dispensatory
(Philadelphia 1879) hat sie nicht aufgenommen.

Lonicera benannt nach A. LONICER, geb 1528 in Marburg, gest 1586 in
Frankfurt am Main, Arzt und Botaniker.

Dikamaleharz.
Resina Gardeniae.
Gardenia lucida RXB.
(*Gardenia resinifera* RTH.)
Pentandria Monogynia. — Rubiaceae.

Hoher Strauch ohne Dornen mit harzigen Knospen; Blätter länglich, oben
glänzend, mit parallelen Seitennerven; Blüthen einzeln, fast gipfelständig, kurz
gestielt, langröhrig; Beere steinfruchtartig, von der Grösse eines Taubeneies, glatt
vom Kelche gekrönt, mit zweiklappiger Nuss. — In Ost-Indien und auf der
Insel Luçon einheimisch.

Gebräuchlicher Theil. Das Harz, welches dem Stamme entquillt. Es
ist gelb, von krystallinischem Gefüge, riecht stark, an Raute und Aloë erinnernd.
Es löst sich in Weingeist von 0,830 unter Zurücklassung von Holz- und Rindentheilen, die Lösung ist schön gelb mit einem Stich in's Grünliche.

Wesentliche Bestandtheile. Ein krystallinisches und ein amorphes

Harz. STENHOUSE erhielt das erstere aus der heissen concentrirten geistigen Lösung beim Erkalten in goldgelben Krystallen und nannte es **Gardenin**. Nach FLÜCKIGER schmelzen diese Krystalle bei 155°. Das in der Mutterlauge verbliebene Harz ist nach F. bräunlich und schmilzt bei 100°. Nach einer neueren Untersuchung von STENHOUSE und GROVES riecht das Harz in frischerem Zustande unangenehm lauchartig, enthält etwa 0,2 % ätherisches Oel, welches der Hauptsache nach zu den Terpenen gehört, und sein Gehalt an Gardenin beträgt 1 bis 1,4 %.

Anwendung. In Indien innerlich und äusserlich.

Dikamale ist der indische Name des Harzes.

Gardenia ist benannt nach dem Engländer LAWR. GARDEN, der im vorigen Jahrh. lange in Indien reiste und besonders Pflanzen sammelte. Nach einer anderen Version soll diese Gattung nach dem Engländer ALEXANDER GARDEN, einem Arzte in Karolina, der über Naturgeschichte schrieb, benannt sein.

Dill.
(Gartendill, Gurkenkraut, Kümmerlings-Kraut.)
Herba und *Semen (Fructus) Anethi.*
Anethum graveolens L.
(Pastinaca Anethum SPR., *Selinum Anethum* ROTH.)
Pentandria Digynia. — Umbelliferae.

Einjährige Pflanze mit dünner ästiger weisslicher Wurzel, 60—90 Centim. hohem, zart gestreiftem, mit blaulichem Reif bedecktem, oben ästigem Stengel. Die Blätter sind gross, ausgebreitet, dreifach gefiedert, viertheilig, ihre Blättchen und Segmente graugrün, dünn, fadenförmig, oben von einer seichten Furche durchzogen, an der Spitze weisslich. Die grossen, flachen 30—50 strahligen Dolden, denen beide Hüllen fehlen, stehen am Ende der Zweige, und haben kleine gleichförmige gelbe Blümchen. Die Pflanze gleicht dem gemeinen Fenchel, ist aber kleiner und zarter, ihre Dolden mehr ausgebreitet. — Im südlichen Europa und Orient einheimisch, bei uns viel angebaut.

Gebräuchliche Theile. Das Kraut und die Früchte. Es müssen vom Kraute nur die feinen zarten Blättchen gesammelt werden; sie riechen und schmecken eigenthümlich aromatisch, doch minder stark gewürzhaft als die Früchte, die selbst etwas Erwärmendes, den Kopf Einnehmendes besitzen. Sie sind oval, z. Th. fast rundlich, 2—3 Millim. lang, 1—2 Millim. breit, sehr flach, graubraun, mit hellerem Rande.

Wesentliche Bestandtheile. Aetherisches Oel. Eine nähere Untersuchung des Krautes fehlt. Das ätherische Oel der Früchte ist leichter als Wasser, siedet bei 187—193°, löst sich leicht in Weingeist.

Anwendung. Die Frucht, selten das Kraut, in Substanz und Aufguss. In der Küche als Gewürz an Speisen, Gurken etc.

Geschichtliches. Der Dill, Ανηθον bei THEOPHRAST, DIOSKORIDES; *Anethum* bei PLINIUS, COLUMELLA u. a. Römern — gehört zu den ältesten Arzneimitteln. DIOSKORIDES erwähnt schon ein Oel, welches aus den Blumen bereitet und äusserlich bei Gelenkschmerzen benutzt wurde. Der Same diente zu einem Wein, ASKLEPIADES rühmt den frisch ausgepressten Saft bei Leberkrankheiten, und A. TRALLIANUS erwähnt eine Dillsalbe, die bei Kolikschmerzen eingerieben wurde. Wegen Anethum s. auch den Artikel Bärenwurzel.

Wegen Pastinaca s. den Artikel Opopanax.

Wegen Selinum s. d. Artikel Haarstrang, bergliebender.

Diptam, kretischer.

(Diptam-Dosten.)

Folia Dictamni cretici.

Origanum Dictamnus L.

Didynamia Gymnospermia. — Labiatae.

Etwa 30 Centim. hoher, ästiger, mit weissem Filz überzogener Strauch, mit armförmig ausgebreiteten Zweigen, gegenüberstehenden, meist ungestielten, fast kreisförmigen, ganzrandigen, auf beiden Seiten dicht mit weissem Filz bedeckten, dicklichen, lederartigen Blättern. Die Blumen am Ende der Zweige meist einzeln in ansehnlichen, überhängenden, rundlichen Aehren, mit grossen, stumpfen, schön röthlich gefärbten, etwas locker stehenden, glatten Nebenblättern, länger als die Kelche, und röthlichen Blumenkronen. — In Kreta, Cochinchina.

Gebräuchlicher Theil. Die Blätter; sie haben einen starken, angenehm gewürzhaften, muskatnuss- und dostenartigen Geruch, der sich sehr hält, und beissend pfefferartig gewürzhaften Geschmack.

Wesentliche Bestandtheile. Aetherisches Oel, leichter als Wasser. Nicht näher untersucht.

Anwendung. Veraltet.

Geschichtliches. Die Pflanze ist Δικταμνος κρητικος oder Δικταμνον der Alten. Origanum ist zus. aus ὁρος (Berg) und γανος (Schmuck), in Bezug auf Standort und Geruch.

Wegen Dictamnus s. den folgenden Artikel.

Diptam, weisser.

(Ascherwurzel, Escherwurzel, Spechtwurzel.)

Radix Dictamni albi, Fraxinellae, Fraxini pumilae.

Dictamnus albus L.

(Dictamnus Fraxinella PERS., *Fraxinella alba* GÄRTN.)

Decandria Monogynia. — Diosmaceae.

Perennirende Pflanze mit 30—90 Centim. hohem, einfachem, rundem, geradem, besonders oben mit klebrigen Drüsen besetztem Stengel; die Blätter abwechselnd, ausgebreitet, sind ungleich gefiedert, die einzelnen Blättchen stehen ungestielt einander gegenüber, sind eiförmig, etwas zugespitzt, am Rande gesägt, auf beiden Seiten glänzend, glatt, etwa 7 Centim. lang, und halb so breit. Die Blumen bilden am Ende des Stengels eine schöne handlange und längere Traube. An der Basis der Blumenstielchen oder an diesen selbst befinden sich kurze behaarte lanzettliche Nebenblättchen. Der Kelch ist röthlich-grün und gleich dem Fruchtknoten mit purpurfarbigen harzigen Haaren besetzt. Die Blumenblätter sind fast 24 Millim. lang, über 10 Millim. breit, gewöhnlich weissröthlich, von dunkeln rothen Adern durchzogen und zumal an den unteren Theilen mit röthlichen Haaren besetzt. Die ganze Pflanze hat einen eigenthümlichen durchdringenden balsamischen Geruch*). — Im südlichen Europa und auch an mehreren Orten Deutschlands auf sonnigen Kalkfelsen vorkommend.

---

*) Derselbe ist zur Zeit der Blüthe und an warmen Tagen so stark, dass die die Pflanze zunächst umgebende Atmosphäre derartig mit ätherischem Oelduft angeschwängert ist, um be

Gebräuchlicher Theil. Die Wurzel; sie kommt in den Handel als federkiel- bis fingerdicke, cylindrische, gerade, einfache oder ästige, gekrümmte Stücke; ihre Rindensubstanz ist 1—3 Millim. dick, weiss oder grünlich-weiss, in's Gelbliche gehend, leicht, etwas schwammig, und schliesst einen im Verhältniss der Stärke der Wurzel strohhalmdicken bis federkieldicken, blassgelben, zähen, holzigen Kern ein. Dieser ist nur lose von der Rinde umgeben, lässt sich z. Th. leicht durchziehen oder ausscheiden; er sollte immer entfernt und nur die hohle Rinde allein angewendet werden. Der Geruch ist schwach, aber angenehm aromatisch, der Geschmack gewürzhaft bitter.

Wesentliche Bestandtheile. Nach HERBERGER: Spuren ätherischen Oeles, Harze, Stärkmehl, Wachs etc.

Anwendung: Ehemals stand die Wurzel im Rufe als Heilmittel der Epilepsie.

Geschichtliches Dass die alten griechischen und römischen Aerzte, ausser dem kretischen Diptam (Origanum Dictamnus), auch den weissen Diptam näher kannten, ist sehr wahrscheinlich, da derselbe vorzüglich im Süden einheimisch ist. Zwar was speciell Griechenland betrifft, so berichtet FRAAS, er habe Dictamnus albus nur einmal am nördlichen Abhange des Oeta gegen Hypati zu in der regio sylvatica inferior — bei 1000 Meter gefunden, und setzt hinzu: »Diess möchte zugleich sein südlichstes Vorkommen sein.« Im Mittelalter wurde der Diptam aber bereits sehr hoch geschätzt, und die Aebtissin HILDEGARD scheint sogar schon von der Entzündlichkeit der Atmosphäre der lebenden Pflanze Kenntniss gehabt zu haben, wie aus einer Stelle ihres Buches ziemlich deutlich hervorgeht. Nach J. CAMERARIUS wurde der Same mit Nutzen gegen die Fallsucht gebraucht. Das destillirte Wasser rühmte man gegen die Pest, sowie als Kosmetikum. Ein aus den Blumen bereitetes Oel diente äusserlich bei Gliederschmerzen u. s. w.

Dictamnus ist zus. aus Δικτη (Berg im östl. Kreta) und θαμνος (Staude). DIOSKORIDES leitete ab von τικτειν (gebären, wachsen), wegen des raschen Wachsthums der Pflanze.

Fraxinella soll die Aehnlichkeit der Blätter mit denen der Fraxinus (Esche) andeuten.

Dividivi.
(Libidibi.)
Siliquae Dividivi oder *Libidibi.*
Caesalpinia coriaria WILLD.
(Poinciana coriaria JACQ.)
Decandria Monogynia. — *Caesalpiniaceae.*

Dornenloser Baum mit doppelt gefiederten Blättern, deren Hauptfiedern 10paarig, deren Nebenfiedern achtpaarig, die Blüthen linienförmig, stumpf, glatt, nicht punktirt sind. Die Blumen bilden grosse, schön gelbe, zusammengesetzte Trauben. — In Süd-Amerika einheimisch.

Gebräuchlicher Theil. Die Schoten (Hülsen); sie sind etwa 5 Centim. lang, flach, wie ein S gebogen, braun, etwas rauh, und enthalten eiförmige, glatte, olivengrüne, glänzende Samen. Geschmack sehr herbe.

Annäherung einer Flamme sekundenlang hell aufzuleuchten. Einem solchen gelungenen Experimente hat Schreiber dieses einst (1836) im botanischen Garten zu München beigewohnt.

Wesentliche Bestandtheile. Eisenbläuender Gerbstoff, der nach Stenhouse von dem der Galläpfel sehr verschieden ist, während F. Loewe gefunden hat, dass er mit diesem im Ansehn und Verhalten fast ganz übereinstimmt. Ausserdem fand L. in den Schoten auch Gallussäure.

Anwendung. Zum Gerben und Schwarzfärben.

Dividivi und Libidibi sind südamerikanische Namen.

Caesalpinia ist abgeleitet von A. Casalpini, geb. 1519 zu Arezzo, gest. 1603, Arzt und Botaniker.

Poinciana nach Poinci, Generalgouverneur der Isles du vent in der Mitte des 17. Jahrh.; schrieb über die Naturgeschichte der Antillen.

Bablah heisst eine andere adstringirende Frucht, welche von *Acacia Bambolah* Rxb., einer in Ost-Indien (angeblich auch am Senegal) einheimischen Mimosacee kommt. Es sind braune, feinfilzige, platte, in 3 oder mehr rundliche Glieder eingeschnürte, zweiklappig aufspringende Hülsen von stark zusammenziehendem Geschmacke, mit dunkelbraunem, gelb gerandetem Samen. Bevan fand darin neben Gerbsäure 4⅛ Gallussäure, Gummi, röthlichen Farbstoff etc.

Dorstenie.
(Bezoarwurzel, Giftwurzel, Widergift.)
Radix (Rhizoma) Contrajervae.
Dorstenia brasiliensis L.
Tetrandria Monogynia. — Moreae.

Perennirende Pflanze mit auf einem behaarten 6—8 Millim. langen Stiel stehenden, eiförmigen, stumpfen, am Grunde etwas herzförmigen, etwa 5 Centim. langen und halb so breiten, ganzrandigen, oben scharfen, unten an den Nerven weichhaarigen Wurzelblättern; die Blüthenstiele sind noch einmaal so lang als die Blattstiele, einfach, aufrecht, und erweitern sich am Ende in einen schildförmigen flachen, grünen, fleischigen, 10—14 Millim. im Durchmesser haltenden Fruchtboden mit aufgerichtetem Rande, der auf seiner Oberfläche die nackten Blumen und Samen trägt. — In Brasilien und West-Indien.

Gebräuchlicher Theil. Der Wurzelstock*); er besteht aus rundlichen oder eiförmigen und länglichen Knöllchen, z. Th. auch aus mehrköpfigen und länglichen Gebilden von 4—8 Millim. Dicke und bis 36 Millim. Länge, die sich in eine oder 2—3 dickere, 10—15 Centim. lange, gekrümmte Fasern verschmälern und ausserdem mit mehreren weit dünneren, z. Th. fadenförmigen, verworrenen Fasern besetzt sind, mit welchen sie leicht aneinanderhängen, so dass man sie oberflächlich betrachtet, als z. Th. wirklich zusammengewachsen ansehen kann. Die Knöllchen sind sehr runzelig und rauh; ihre Farbe graubraun oder gelbröthlich, innen weiss oder grau, die Fasern meist heller, ins Gelbliche, oft auch dunkelbraun. Ziemlich hart, aber brüchig. Geruch eigenthümlich, stark aromatisch, Geschmack stark aromatisch, beissend bitterlich.

Wesentliche Bestandtheile. Nach Geiger: Aetherisches Oel, Bitterstoff, Stärkmehl. Verdient nähere Untersuchung.

---

*) Früher wurden noch 3 Arten: D. Contrajerva, D. Drakenia und D. Houstoni als Mutterpflanzen der Droge angegeben; was aber jetzt noch im Handel vorkommt, stammt nur von obiger Art.

Anwendung. Ehemals als Pulver und im Aufguss. Man hielt sie für ein Hülfsmittel gegen alle Gifte, ausgenommen Sublimat.

Geschichtliches. Die Droge kennt man schon seit ein paar Jahrhunderten in Europa.

Dorstenia ist abgeleitet von Th. Dorsten, Prof. der Medicin in Marburg, † 1539; schrieb Botanisches, was aber, wie Linné sich scharf ausdrückt, so wenig Werth habe, wie die Blüthen der D. Ansehn.

Contrajerva, im Spanischen wörtlich: Gegenkraut, d. h. Pflanze gegen alle Uebel.

Dosten, gemeiner.

(Brauner Dosten, wilder Majoran, Wohlgemuth.)

Herba Origani vulgaris.

Origanum vulgare L.

Didynamia Gymnospermia. — Labiatae.

Perennirende Pflanze mit kriechender Wurzel, 30—60 Centim. hohem, aufrechtem, behaartem, häufig roth angelaufenem Stengel, ähnlichen Zweigen und gestielten, breit eiförmigen, 25—35 Millim. langen oder längern, ganzrandig oder schwach buchtig gezähnten, oben dunkelgrünen, unten weisslichen, zart behaarten, aderigen, durchsichtig-punktirten Blättern. Die Blüthen am Ende der Stengel und Zweige in doldentraubenartig gedrängten, kleinen, rundlich-länglichen Aehren. Die eiförmigen, violettrothen Nebenblätter unter jeder Blume sind meist grösser als der behaarte, an der Spitze gefärbte Kelch. Die Kronen sind klein, blass purpurn oder weisslich. — Häufig an trockenen, steinigen Orten, an Wegen u. s. w.

Gebräuchlicher Theil. Das blühende Kraut; es riecht eigenthümlich stark und angenehm aromatisch majoranartig, was auch durch Trocknen nicht vergeht. Geschmack gewürzhaft, etwas salzig bitterlich und herb.

Wesentliche Bestandtheile Aetherisches Oel, eisengrünender Gerbstoff, Das Oel ist nach Kane leichter als Wasser und siedet bei 161°.

Anwendung. Selten mehr, meist in ähnlichen Fällen wie Quendel, Lavendel und andere wohlriechende Kräuter zu Bädern, Bähungen, etc. Eignet sich auch als Würze an Speisen.

Geschichtliches. Die Pflanze ist ein altes Arzneimittel, Ὀρίγανον μελαν des Theophrast, ἀγρορίγανος des Dioskorides.

Wegen Origanum s. den Artikel Diptam, kretischer.

Dosten, kretischer.

(Spanischer Hopfen.)

Herba oder *Spicae Origani cretici.*

Origanum hirtum Lk.

Origanum smyrnaeum L.

Didynamia Gymnospermia. — Labiatae.

Origanum hirtum, der rauhhaarige Dosten, dem gemeinen Dosten nahe verwandt, unterscheidet sich von ihm durch dünneren Stengel, nur halb so grosse Blätter, die aber im Verhältniss zur Länge breiter, zwar stumpf, aber mit einer hervorragenden Stachelspitze und sowie die Nebenblättchen mit Drüsen versehen sind, welche an der trockenen Pflanze feuerfarben und hervorstehend erscheinen. Die Blumenähren sind länger, die Nebenblättchen bald von gleicher Länge, bald noch einmal so lang. — Im südlichen Europa.

Origanum smyrnaeum, der smyrnaische Dosten, ist eine perennirende Pflanze mit aufrechtem, 45—60 Centim. hohem, schon von unten an ästigem Stengel, der gleich den Zweigen mit kurzem Filze und vielen Haaren besetzt ist. Die Blätter sind kurz gestielt, eirund oder fast herzförmig stumpf, hie und da gezähnt, mit weichen Haaren und Drüsen besetzt. Die Aehren bilden zusammen eine dreitheilige, fast gleich hohe Doldentraube, sind vierseitig, oval, die Nebenblätter eirund, am Rande gewimpert und mit weichen Haaren besetzt, die Kelche abgerundet, die Krone weiss — In Griechenland, Kreta, Kleinasien, nördlichem Afrika.

Gebräuchlicher Theil. Das blühende Kraut, resp. die Blumenähren von beiden Arten. Im Handel mit den oberen Stielen vorkommend; die im Kleinen dem Hopfen ähnlichen Aehrchen sind schmutzig graugelblich, ins Grünliche und Bräunliche ziehend. Geruch durchdringend eigenthümlich angenehm aromatisch, dem gemeinen Dosten ähnlich, Geschmack beissend gewürzig, bitterlich.

Wesentliche Bestandtheile. Aetherisches Oel, eisengrünender Gerbstoff, Bitterstoff.

Das ätherische Oel der ersten Art (O. hirtum) hat jüngst E. Jahns untersucht. Die trockene Pflanze lieferte $2,8\frac{0}{0}$ Ausbeute. Das Oel war röthlich-gelb, nicht sehr dünnflüssig, reagirte neutral, hatte ein spec. Gewicht von 0,951 und zeigte sich im Wesentlichen zus. aus Carvacrol $= C_{10}H_{14}O$ $(50-60\frac{0}{0})$ und einem oder mehreren Terpenen. Es mischte sich mit $90\frac{0}{0}$ Weingeist in jedem Verhältniss, wurde durch Eisenchlorid grün. Käufliche derartige Oele, welche ärmer an Carvacrol waren, wurden durch Eisenchlorid violett, und solche, welche gar kein Carvacrol enthielten, färbten sich wenig oder gar nicht.

Anwendung. Als solches keine mehr. Das Oel ist ein altes Hausmittel gegen Zahnweh (Spanisch Hopfenöl.)

Geschichtliches. Gehört zu den ältesten Arzneimitteln und ist der Ὕσσωπος des Hippokrates und Dioskorides; während Origanum creticum L. auf Ὀρίγανον Hippokr., λευχον ὀρίγανον Theophr. und ὀνῆτις Diosk. passt.

Beiläufig noch die Bemerkung, dass unser Ysop (Hyssopus officinalis) nicht in Griechenland vorkommt.

Drachenblut.

I.
Afrikanisches Drachenblut.
Resina Sanguis Draconis africanus.
Dracaena Draco L.
Hexandria Monogynia. — Smilaceae.

Ansehnlicher Baum, dessen narbiger Stamm anfangs einfach ist, $2\frac{1}{2}$—3 Meter hoch wird und sich in eine schöne Blätterkrone von z. Th. 90 Centim. langen, graugrünen Blättern endigt. Im Alter treibt er gabelig vertheilte, gliederartige Aeste und grosse ästige Blumenrispen mit kleinen weisslichen, mit einem rothen Streifen gezierten Blumen, denen gelbrothe Beeren von der Grösse einer Kirsche folgen. (Blumen und Früchte denen des Spargels ähnlich.) Der Baum erreicht ein sehr hohes Alter und der Stamm zuweilen einen Umfang von 12 Meter. Auf den kanarischen Inseln, aber auch in Ostindien einheimisch.

Auch auf der ostafrikanischen Insel Sokotra wächst ein Drachenblutbaum, über welchen man aber erst in neuester Zeit genauere Nachricht erhalten hat und der als Dracaena Ombet bezeichnet wird. Er findet sich nur in einer

Höhe von 450 Meter und ist zweihäusig; die männlichen und weiblichen Pflanzen stehen in einiger Entfernung von einander, und die Verschiedenheit im Aussehen beider Geschlechter beruht auf der Gegenwart oder Abwesenheit von kurzen Zweigen, an deren Spitzen die Blattbüschel entspringen. Erst wenn die Bäume einige Jahre alt sind, wird der Unterschied bemerklich, indem bei den männlichen die Verzweigung bis ins Unbegrenzte zu gehen scheint, während die weiblichen gar nicht verzweigt sind und nur manchmal gegabelt. Die Bäume werden 6 Meter hoch und gleichen manchmal einem Hutpilze. Um das Drachenblut aus ihnen zu gewinnen, wird die Rinde abgekratzt, und nun tritt nach 15—20 Tagen das Harz hervor, welches im März eingesammelt wird. Von Aden wird dasselbe hauptsächlich nach Bombay exportirt, wo es von den Goldschmieden gebraucht wird.

Gebräuchlicher Theil. Das aus dem Stamme schwitzende rothe Harz, welches jedoch jetzt nur noch selten im Handel vorkommt, und grössere unregelmässige Stücke bildet.

II.
Amerikanisches Drachenblut.
Resina Sanguis Draconis americanus.
Pterocarpus Draco L.
(Pterocarpus officinalis Jacq.)
Diadelphia Decandria. — Papilionaceae.

Grosser Baum mit graubrauner, innen rostfarbiger, glatter Rinde und weissem lockerem Holze. Die Blätter stehen abwechselnd, sind unpaarig gefiedert, die Blättchen eiförmig, stumpf zugespitzt, ganzrandig, glatt. Die Blüthen achselständig in einfachen und zusammengesetzten Trauben, Kelch filzig weichhaarig, Krone gelb und purpurn geadert. Hülse fast sichelförmig, rundlich, ringsum geflügelt, aderig, einsamig. — In Westindien und Südamerika einheimisch.

Gebräuchlicher Theil. Das durch Einschnitte in die Rinde ausfliessende und an der Luft erhärtete Harz. Es ist auf dem Bruche braun, glasig, und seine weingeistige Lösung wird (gleichwie die Tinktur des rothen Sandelholzes) durch Ammoniak nicht getrübt, während das folgende (asiatische) Drachenblut in der Lösung durch Ammoniak einen Niederschlag giebt. Ferner löst nach Hirschsohn Chloroform diese Sorte nicht auf, nimmt wenigstens nichts Färbendes daraus auf, während die folgende Sorte sich darin roth löst.

Auch diese Sorte ist kein Handelsartikel mehr, überhaupt in Deutschland ganz unbekannt geblieben.

III.
Asiatisches Drachenblut.
Resina Sanguis Draconis asiaticus.
Calamus Rotang W.
C. *Draco* Willd.
C. *petraeus* Lour.
C. *rudentum* Lour.
C. *verus* Lour.
Hexandria Monogynia. — Palmae.

Die hierher gehörenden Calamus-Arten sind sehr schlanke, rohrartige, gegliederte Palmen, von denen die erst genannte am dicksten ist. Der Stamm hat ohngefähr Armdicke bei 30 Meter Höhe, und ist gegen die Spitze zu mit grossem gefiedertem Laube besetzt. Die lanzettlichen, dreinervigen Fiedern sind gegen 30 Centim. lang und 12 Millim. breit. Aus den Blattwinkeln entspringen die ästigen, rispenartigen Blumenkolben, welche später eiförmige, haselnussgrosse Früchte tragen, die mit rückwärts stehenden Schuppen bedeckt sind, zwischen denen beim Reifen ein rothes Harz hervortritt. — In Ostindien, Cochinchina, auf den Sundainseln und Molukken.

Gebräuchlicher Theil. Das Harz, welches von den Früchten durch Abreiben oder Schütteln derselben in einem Sacke, sowie durch Erhitzen über Wasserdämpfen oder Auskochen erhalten wird. Man unterscheidet mehrere Handelssorten.

1. In Thränen; ovale Klümpchen von der Grösse einer Wallnuss, welche aneinander gereihet in Palmblätter eingewickelt zu uns kommen.

2. In Körnern; ähnliche, aber kaum haselnussgrosse Stücke, ebenso verpackt.

3. In Stangen; dünne, kaum 6—8 Millim. dicke, und gegen 45 Centim. lange, sehr zerbrechliche Stengelchen, dicht in Palmblätter gewickelt und mit gespaltenem, dünnem Rohre umflochten.

Diese drei Arten sind dunkelroth, undurchsichtig, leicht zerbrechlich und geben, wenn echt, ein schönes, scharlachrothes Pulver. Die letztere Sorte kommt in ganz dünnen Stangen jetzt vorzüglich als die feinste im Handel vor.

4. In Kuchen; platte, 5—7 Centim. breite, 30—90 Grm. schwere Stücke. Angeblich durch Auskochen der Früchte erhalten, und besitzt, wenn echt, ebenfalls eine schöne rothe Farbe.

5. In Tafeln; grosse 15—30 Centim. breite, 25 Millim. dicke Scheiben mit vielen Unreinigkeiten (Schalen der Früchte, Stengel, Holzspäne) untermengt, schmutzig braunroth, gepulvert braunroth. Angeblich aus den schon ausgekochten Früchten durch Pressen erhalten — eine jedenfalls verwerfliche Sorte.

Wesentliche Bestandtheile. Nach HERBERGER in 100: 90 rothes amorphes Harz, 3 Benzoësäure, 2 Fett, 5 Kalksalze.

Die Güte und Echtheit ergeben sich schon aus den obigen Beschreibungen. Im Allgemeinen ist tadelloses Drachenblut geruch- und geschmacklos, leicht löslich in Weingeist und in Chloroform mit rother Farbe, auch mehr oder weniger vollständig in Aether, Oelen und Alkalien, giebt an Petroleumäther höchstens 7 $\frac{0}{0}$, aber nichts Farbiges ab, schmilzt bei 210° und verbrennt in höherer Temperatur mit heller Flamme unter Verbreitung eines styraxähnlichen Geruchs.

Verfälschungen. HILGER hat über 5 verschiedene gefälschte Drachenblut-Sorten berichtet, die aber sämmtlich so bedeutend von der echten Waare abweichen, dass ein Blick genügt, sie zu erkennen.

Anwendung. Ehedem zu mehreren innerlichen und äusserlichen Kompositionen: jetzt nur noch in der Technik zu rothen Lacken und sonstigen Anstrichen. — Die Stengel und Zweige der Calamus-Arten benutzt man zu Spazierstöcken, Stäben in Regenschirmen, (spanisch Rohr), Geflechten an Stühlen, etc.

Geschichtliches. Das Drachenblut ist ein sehr altes Arzneimittel und hiess bei den Alten *Cinnabaris*, Κινναβαρι, welches Wort aber ursprünglich ost indisch und mit der Droge nach Europa gekommen ist. Da nun dieses Wort in Ostindien soviel wie Drachenblut bedeutet, so erklärt es sich, dass man dasselbe später im Lateinischen mit Sanguis Draconis wiedergab.

Pterocarpus ist zus. aus πτερον (Flügel) und καρπος (Frucht); die Hülse hat einen lederartigen Flügel.

Calamus, von Καλαμος, arabisch *Kalem* (Rohr). Die Alten unterschieden mehrere Pflanzen dieses Namens, aber keine passt auf unsere Palme. Nämlich Καλαμος THEOPHR. Ἀχορος DIOSK. u. der Römer = Acorus Calamus L. Καλαμος αὐλητικος THEOPHR., καλαμος συριγγιας DIOSK., δοναξ ὑπολειριος ARISTOPH., *Arundo fistularis*, PLIN. = Saccharum Ravennaë L. 3. *Calamus fruticosissimus* PLIN., Δοναξ der Griechen = Arundo Donax L. 4. Καλαμος χαρακιας THEOPHR., (ὁ ἑτερος καλαμος) DIOSK., *Calamus circa sepes* PLIN. = Arundo Phragmites L. 5. Καλαμος (εἰλετιας) THEOPHR. = Arundo Epigeios L. 6. Καλαμος THEOPHR. = Sorghum aleppense L. 7. Καλαμος ἰνδικος THEOPHR., *unde* μελι σαγχαρον DIOSKK., μελι καλαμινον ARRIAN. = Bambusa arundinacea. L.

Drachenkopf, moldauischer.
(Türkische Melisse.)
Herba Moldavicae, Melissae turcicae, Cedronellae.
Dracocephalum Moldavica L.
Didynamia Gymnospermia. — Labiatae.

Einjährige Pflanze mit bis 60 Centim. hohem ästigem Stengel, gestielten 35—50 Millim. langen, schmal-eilanzettlichen, grob sägeartig gekerbten, glatten, unten braun getüpfelten Blättern. Die in lange Borsten sich endigenden Zähne der ziemlich grossen Nebenblätter zeichnen die Pflanze besonders aus; ebenso die meist in 6blüthigen Quirlen stehenden grossen violetten oder weissen Kronen mit stark bauchig erweitertem Schlunde. — In der Moldau, auch in Sibirien, bei uns in Gärten gezogen.

Gebräuchlicher Theil. Das Kraut: es hat einen der Melisse ähnlichen dauernden Geruch, und schmeckt aromatisch herbe und bitterlich.

Wesentliche Bestandtheile. Aetherisches Oel, eisengrünender Gerbstoff, Bitterstoff. Nicht näher untersucht.

Anwendung. Als Theeaufguss; ist mit Unrecht ausser Gebrauch gekommen.

Geschichtliches. Die Pflanze wurde durch die alten deutschen Botaniker eingeführt; sie nannten dieselbe Melissa moldavica, Cedronella oder Citrago turcica, Melissophyllum turcicum. Sie kam aber bald in Vergessenheit, und LINNÉ glaubte ihr das Dracocephalum canariense vorziehen zu müssen, welches aber ebenfalls wieder in Vergessenheit gerathen ist, obwohl es noch stärker aromatisch als jenes, gleichsam zwischen Citrone und Kampher inne stehend, riecht. Diese canarische Art ist ein 0,6—1,2 Meter hoher Strauch mit klebrigem Stengel, dreizähligen Blättern und in kurzen dicken Aehren stehenden grossen, dunkelblauen Blumen.

Der Name Dracocephalum bezieht sich auf die rachenförmige Krone. Wegen Melissa s. den Artikel Melisse.

Dürrwurzel, gemeine.

(Sparrige oder grosse Dürrwurzel, sparriges Flohkraut.)

Herba Conyzae majoris.

Conyza squarrosa L.

(*Conyza vulgaris* LAM., *Erigeron squarrosus* CLAIRV., *Inula Conyza* DC.,
Inula squarrosa BERNH.)

Syngenesia Superflua. — *Compositae.*

Zweijährige Pflanze mit 0,6—1,5 Meter hohem, aufrechtem, oben ästigem, etwas rauhhaarig wolligem, ziemlich dickem, steifem Stengel, der abwechselnd mit grossen, ei-lanzettlichen Blättern besetzt ist; die unteren verschmälern sich in einen Blattstiel, sind 15—25 Centim. lang, die oberen sind kleiner, schmäler, alle weitläufig gezähnt, fast ganzrandig, auf beiden Seiten kurzwollig, hochgrün. Die Blüthen stehen am Ende der Stengel und Zweige und bilden eine ziemlich gedrängte, zusammengesetzte Doldentraube, sind nicht gross und haben eine Scheibe von schmutzig gelben, am Rande oft röthlichen, röhrigen Krönchen. Der Fruchtboden ist nackt, die Achenien haben einen einfachen, haarigen Pappus. — Auf rauhen, sonnigen Hügeln, am Rande der Wälder in Gebüschen, an Wegen.

Gebräuchlicher Theil. Das Kraut; es hat einen eigenthümlichen, etwas widerlichen, aromatischen Geruch, der auch durch Trocknen nicht vergeht, schmeckt stark bitter, etwas aromatisch, herbe.

Wesentliche·Bestandtheile. Aetherisches Oel, Bitterstoff, eisengrünenden Gerbstoff. Ist nicht näher untersucht.

Anwendung. Früher gegen Blähungen, als Diureticum etc., auch äusserlich gegen Krätze. Man räuchert damit gegen das vermeintliche Beschreien der Kinder und des Viehes.

Geschichtliches. Conyza kommt von κωνωψ (Mücke, Fliege), weil sie wegen ihrer Klebrigkeit zum Fangen der Fliegen geeignet ist, was aber auf unsere C. nicht passt. DIOSKORIDES unterschied 3 Arten κονυζα: 1. κονυζα μειζων (jene klebrige), κονυζα αρρην THEOPHR., unser Erigeron viscosus; 2. κονυζα μικρα = Erigeron graveolens; 3. κονυζα τριτη = Inula britannica. Die klebrige Beschaffenheit eines Gegenstandes macht ihn zum Anhängen von Staub (κονια) geeignet, und in diesem Sinne wäre dann κονυζα zugleich eine bestaubte Pflanze. — AMBROSINUS giebt an, Conyza käme von κνυζα (Krätze), und bezöge sich auf die Anwendung der Pflanze gegen diesen Ausschlag.

Wegen Erigeron s. den Artikel Besufkraut, kanadisches.

Wegen Inula s. den Artikel Alant.

Dürrwurzel, mittlere.

(Falsches Fallkraut, Ruhralant)

Herba Conyzae mediae, Arnicae spuriae, suedensis.

Inula dysenterica L.

(*Pulicaria dysenterica* GÄRTN.)

Syngenesia Superflua. — *Compositae.*

Perennirende Pflanze mit 45—90 Centim. hohem, aufrechtem, z. Th. zerworren ästigem, rundem, wollig filzigem, steifem Stengel, aufrecht ausgebreiteten Zweigen, welche abwechselnd dicht mit 25—50 Millim. langen, sitzenden, stengelumfassenden, herzförmig länglichen, etwas spitzen, sonst wellenförmigen und fein gezähnelten, z. Th. ganzrandigen, oben zart behaarten, hochgrünen, unten weisslich filzigen, runzeligen Blättern besetzt sind. Die Blüthen stehen einzeln am Ende der Stengel und Zweige häufig zu 3 beisammen auf filzigen Stielen, sind schön hochgelb, bis 25 Millim. breit, die Strahlenblümchen fein zungenförmig, Achenien mit haarigem Pappus. — Häufig an Gräben, Bächen, feuchten Orten.

Gebräuchlicher Theil. Das Kraut; es riecht zerrieben eigenthümlich widerlich aromatisch, schmeckt beissend aromatisch, bitterlich, etwas herbe.

Wesentliche Bestandtheile. Aetherisches Oel, eisengrünender Gerbstoff, Bitterstoff. Nicht näher untersucht.

Anwendung. Früher gegen Ruhr.

Wegen Inula s. den Artikel Alant.

Pulicaria von *pulex* (Floh); soll die Flöhe vertreiben.

Dumerilie.

Radix Dumeriliae.

Dumerilia Humboldtii LESS.

(Perdicium senecioides WILLD., *Proustia mexicana* DAN.)

Syngenesia Aequalis. — Compositae.

Strauch mit runden, feinhaarigen Zweigen, Blätter fast dachziegelförmig gehäuft, drüsig, rauh, netzartig geadert, eiförmig, halb stengelumfassend; Blüthenköpfe büschelförmig, kurz gestielt; Blumenkronen weisslich, zweilippig; Achenien geschnäbelt, warzig; Pappus einreihig, spreuartig, lang. — In Mexiko einheimisch.

Gebräuchlicher Theil. Die Wurzel; bis jetzt nicht näher beschrieben.

Wesentliche Bestandtheile. Eine eigenthümliche gelbe krystallinische Säure, welche von RIO DE LA LOZA entdeckt, von RAMON DE LA SAGRA als Riolozinsäure, dann von WELD näher untersucht und als Pipitzahoïnsäure bezeichnet wurde. Die Wurzel heisst in Mexiko *Raiz del Pipitzahuac.*

Anwendung. In Mexiko als Purgans.

Dumerilia ist nach A. M. C. DUMERIL, Prof. der Medicin in Paris, benannt. Das περδίκιον, perdicium der Alten, welches nach PLINIUS (XXI. 62) seinen Namen von den Rebhühnern, (πέρδιξ, perdix), welche es gern fressen sollen, führt, ist Parietaria diffusa, hat also mit unserer Pflanze nichts gemein. Proustia ist benannt nach dem spanischen Chemiker PROUST, besonders bekannt in der analytischen Chemie organischer Körper durch mehrere Untersuchungen; gab mit CAVANILLES die Anales de ciencias nat. heraus, † 1826.

Durchwachs, rundblättriger.

(Durchbręch, Hasenohr.)

Herba und *Semen (Fructus) Perfoliatae.*

Bupleurum rotundifolium L.

(B. perfoliatum LAM.)

Pentandria Digynia. — Umbelliferae.

Einjährige Pflanze mit 15—60 Centim. hohem, schlankem, glattem, oben eckigem Stengel, deren Zweige gleich den Blättern abwechselnd stehen. Diese sind glatt, oval-rundlich, vom Stengel durchbohrt, vielnervig, blaugrün. Die allgemeine Dolde hat keine Hülle; sie hat 5—7 kurze Strahlen von verlängerten, oval-länglichen, gelblichen, weich-stacheligen Hüllblättchen umgeben; in jedem

Döldchen sind viele kleine gelbe Blümchen. — Im mittleren und südlichen Europa, sowie im Oriente zwischen dem Getreide, an Ackerrändern.

Gebräuchliche Theile. Das Kraut und die Frucht. Das Kraut ist geruch- und geschmacklos. Die Frucht ist etwa 3 Millim. lang und ⅓ Millim. dick, der Länge nach fein gerippt, auf der inneren Seite von einer tiefen Furche durchzogen, dunkelviolett-graubraun, geruchlos und von bitterlich herbem Geschmack.

Wesentliche Bestandtheile. Eisengrünender Gerbstoff, Bitterstoff. Nicht näher untersucht.

Anwendung. Das Kraut ist ganz obsolet geworden; fast ebenso der Same, welcher sonst bei Wunden, Brüchen, Kröpfen eine Rolle spielte.

Geschichtliches. Die Pflanze scheint im Mittelalter in den Arzneischatz eingeführt zu sein; sie war ein Lieblingsmittel der Wundärzte, welche dieselbe innerlich und äusserlich, zumal bei Nabelbrüchen anwandten.

Bupleurum ist zus. aus βοῦς (Ochse) und πλευρον (Seite, Rippe), in Bezug auf das feste Gewebe der Blätter und ihrer Rippen.

Ebenholz.

Lignum Ebenum.
Maba Ebenus Spr.
Diospyros Ebenum Retz.
Polygamia Dioecia. — Styraceae.

Maba Ebenus, der molukkische Ebenholzbaum, ist ein schöner hoher Baum mit rauher, braungrauer Rinde, dickem schwarzem und weissem Splint, tief schwarzem Kernholz, lanzettlichen ganzrandigen, glatten glänzenden, braungrünlichen, kleinen, harten, gestielten Blättern, Blumen büschelig in den Enden der Zweige, kleinen gelbrothen Beerenfrüchten. — Auf den Molukken, in Cochinchina und anderwärts im südlichen Asien.

Diospyros Ebenum, der ostindische Ebenholzbaum, 9—12 Meter hoch, mit schwarzer Rinde, oval-lanzettlichen, länglichen, zugespitzten, glatten, kurzgestielten, oben dunkelgrünen glänzenden, unten hellern und von zahlreichen Adern netzartig durchzogenen Blättern; rauhhaarigen Knospen, Blumen in den Blattwinkeln zu 4—12, die männlichen mit weichbehaarten gelblich-grünen Kelchen und dreimal längeren Kronen, die aussen weiss und filzig, innen rosenroth sind. Die Kronen der weiblichen Blüthen sind kleiner. Grüne oder braune Beerenfrüchte von der Form und Grösse der Oliven. — In Ost-Indien, Ceilon, Madagaskar, im westlichen Afrika und anderen afrikanischen Ländern.

Noch sind folgende D.-Arten zu erwähnen, welche Ebenholz liefern.

D. Ebenaster Retz u. D. Ebenum L. mit schwarzem Holz. In Brasilien.

D. leucomelas Poir. u. D. Melanida Poir. mit schwarz und weiss marmorirtem Holz. Auf den Maskarenen.

D. Melanoxylon Roxb., mit schwarzem Holz. Auf der ostindischen Halbinsel.
D. Tesselaria Poir., mit schwarzem Holz. Auf den Maskarenen.

Gebräuchlicher Theil. Das schwarze Kernholz; es ist äusserst dicht, hart, glänzend, schwerer als Wasser, riecht angezündet balsamisch, schmeckt beissend.

Wesentliche Bestandtheile.? Nicht näher untersucht.

Anwendung. Man schrieb diesem Holze dieselbe Wirkung zu, wie dem Guajakholze. Seine Benutzung zu eleganten Tischlerarbeiten ist bekannt.

Geschichtliches. Die Alten kannten es schon aus 2 Quellen, aus Indien und aus Aethiopien. Elfenbein und Ebenholz musste, wie HERODOT berichtet, den Persern von afrikanischen Völkerschaften als Tribut geliefert werden. Es diente aber auch als Arzneimittel, insbesondere bei Augenkrankheiten.

Maba ist ein indisches Wort.

Wegen Diospyros s. den Artikel Dattelpflaume.

Ebenus, Ἔβενος THEOPHRAST, arabisch: ebenus oder abnus, und dieses nach KRAUSE von abana (verachtet werden) in Bezug auf die schwarze Farbe des Holzes, was indessen mit dem hohen Werthe, in welchem von jeher dasselbe stand, nicht in Einklang zu bringen ist. Näher liegt das hebräische אבן (eben Stein), wegen der bedeutenden Härte des Holzes.

Wohl unterschieden muss davon werden Ἔβενος HIPPOKRATES, ἡ κυτισου ἔβενος, beim THEOPHR., Jovis barba PLINII, womit Anthyllis cretica W., ein Strauch aus der Familie der Papilionaceen, gemeint ist, dessen Holz zwar braunroth, aber, gleichwie das Ebenholz, sehr hart, und deshalb im Alterthume jenen Namen bekommen hat. Die LINNÉische Gattung Ebenus gehört ebenfalls zu den Papilionaceen.

Eberesche.
(Sperberbaum, Vogelbeerbaum.)

Baccae Sorbi aucupariae.

Sorbus aucuparia L.

(Pyrus aucuparia SM.)

Icosandria Trigynia. — Pomeae.

Grosser Strauch oder Baum mit filzigen Knospen, gefiederten, in der Jugend weich behaarten, später glatten Blättern mit länglich lanzettlichen, scharf gesägten Blättchen. Die weissen wohlriechenden Blumen bilden gedrängte Doldentrauben und hinterlassen erbsengrosse, kugelrunde, schön scharlachrothe Steinbeeren. — Häufig in Gebirgswaldungen; in mehreren Gegenden auch als Chausseebaum angepflanzt.

Gebräuchlicher Theil. Die Beeren; sie sind saftig, schmecken sehr herbe sauer, werden aber durch Frost weich und essbar.

Wesentliche Bestandtheile. Die Vogelbeeren sind nach einander von DONOVAN, BRACONNOT, VAUQUELIN, DÖBEREINER, HOUTON-LABILLARDIÈRE, TROMMSDORFF, DESSAIGNES, LIEBIG, MULDER, BOUSSINGAULT, PELOUZE auf den einen oder anderen, von BYSCHL dann auf sämmtliche Bestandtheile untersucht worden, und diese sind: Aepfelsäure (früher Vogelbeersäure genannt), gährungsfähiger Zucker, krystallinischer nicht gährungsfähiger Zucker, (PELOUZE's Sorbin), mannitartiger Stoff (BOUSSINGAULT's Sorbit), eisengrünender Gerbstoff, Bitterstoff, Farbstoff etc. Die scharfe flüchtige Materie, stearoptenartiges ätherisches Oel, Wachs, rother Farbstoff etc. Die scharfe flüchtige Materie, von G. MERCK in grösserer Menge dargestellt und hierauf von A. W. HOFMANN untersucht, erscheint in reinem Zustande als farbloses Oel von durchdringend aromatischem Geruche, 1,068 spec. Gew., bei 221° C. siedend, und hat, weil es die Eigenschaften einer Säure zeigt, den Namen Parasorbinsäure bekommen.

Die Blumen, die Stammrinde und Wurzelrinde geben nach GRASSMANN durch Destillation mit Wasser blausäurehaltige Destillate, am meisten die Wurzelrinde. Die beiden Rinden enthalten nach ihm auch eisenbläuenden Gerbstoff, und die Stammrinde noch Bitterstoff.

Anwendung. Früher zur Bereitung eines Roob Sorborum. Gegenwärtig dienen die Beeren zum Vogelfange, zur Bereitung der Aepfelsäure, von Brannt-wein etc.

Geschichtliches. Den Sorbus der alten römischen Autoren bezieht Fraas auf Sorbus domestica L., den Speyerling, nicht auf die Eberesche.

Sorbus von *sorbere* (essen); die Früchte mehrerer Arten werden noch jetzt im südlichen Europa gegessen.

Wegen Pyrus s. den Artikel Apfelbaum.

Eberraute.

(Citronenkraut, Stabwurzel.)

Herba cum Floribus Abrotani.

Artemisia Abrotanum L.

Syngenesia Superflua. — Compositae.

Staude oder Strauch, dessen holzige Hauptstengel rund, graugrün, glatt sind und 30—60 Centim. hohe, aufrechte, einfache oder gegen die Spitze zu ruthen-förmige, biegsame, unten ebenfalls holzige, oben mehr krautartige, purpurrothe Zweige treiben, die besonders nach oben stark mit abwechselnden und in Büscheln stehenden, fein doppeltgefiederten, fast fadenförmig zertheilten, jung weisslich seidenartig behaarten, alt dunkelgrünen, gleichsam etwas bestäubt aussehenden zarten Blättern besetzt sind; die blüthenständigen z. Th. einfach. Die Blüthen an der Spitze des Stengels und der Zweige in wenig blühenden, stark beblätterten einseitigen Aehren oder rispenartigen Trauben, kurz gestielt, herabgebogen, klein, kaum 2 Millim. lang, rundlich, eiförmig, die Kelche etwas weisslich, an der Spitze violettroth, die Blümchen gelb, der Fruchtboden nackt. — Im südlichen Europa, Kleinasien, China, bei uns in Gärten.

Gebräuchlicher Theil. Das blühende Kraut; es riecht durchdringend angenehm aromatisch, ähnlich der Melisse und Citrone, bleibend, schmeckt stark brennend aromatisch und etwas bitter.

Wesentliche Bestandtheile. Aetherisches Oel, eisengrünender Gerbstoff, Bitterstoff. Nicht näher untersucht.

Anwendung. Ehedem als Thee, äusserlich zu Umschlägen, Bädern etc. Hie und da als Würze an Speisen.

Geschichtliches. Schon von den Alten angewandte Pflanze; Ἀβρότανον DIOSKORIDES, ἄῤῤην THEOPHR. und bei den Römern. Man gebrauchte den Samen gegen Engbrüstigkeit, bei Harnbeschwerden, Menostasie.

Wegen Artemisia s. den Artikel Beifuss.

Abrotanum von ἁβρός (elegant, zart), in Bezug auf die Beschaffenheit der Blätter und ihren aromatischen Geruch; oder von ἀβρότος (göttlich) wegen der Heilkräfte.

Eberwurzel.

(Wilde Artischoke, englische Distel, Karlsdistel, Rosswurzel, weisse Wetterdistel.)

Radix Carlinae, Cardopatiae.

Carlina acaulis L.

Syngenesia Aequalis. — Compositae.

Perennirende Pflanze mit langer, senkrechter, dicker, cylindrisch-ästiger und mehrköpfiger Wurzel, die einen Kreis von vielen, z. Th. fusslangen,

rinnenförmigem Blattstiel versehenen, gefiedert gespaltenen, dornigen, steifen
Blättern treibt; in deren Mitte sitzt die grosse etwa 7 Centim. und darüber breite
Röthe unmittelbar auf dem Wurzelhalse, oder sie hat einen 1—18 Centim. langen
und längeren, ganz geraden, einfachen, selten etwas ästigen, beblätterten Stengel.
Der allgemeine Kelch besteht aus dachziegelig sich deckenden, buchtig gezähnten,
mit einfachen oder zusammengesetzten Dornen besetzten äusseren Schuppen, die
grünlich braun sind; die inneren sind weit länger, schmal linien-lanzettlich,
glänzend weiss, trocken und bilden einen ansehnlichen Strahl. Die Blümchen
sitzen gedrängt in einem flachen Kopfe, sind grünlich mit violetter Spitze, alle
Zwitter und von den Franzen des Fruchtbodens umgeben. Die Achenien sind
braun und mit kurzen Borsten besetzt. — Hie und da auf trockenen sonnigen
Gebirgen Deutschlands, der Schweiz und des übrigen mittleren Europa.

Gebräuchlicher Theil. Die Wurzel; sie ist frisch finger- bis daumendick, 30 Centim. und darüber lang, aussen braungelb, innen blassgelb, schrumpft
durch Trocknen zusammen, wird stark runzelig, z. Th. höckerig, schmutzig graubraun, heller oder dunkler, in's Gelbliche, innen weisslich, mehr oder weniger
porös, mit vielen braunen glänzenden Harztheilen untermengt. Im Handel trifft
man sie gewöhnlich in 10—20 Centim. langen, federkiel- bis finger- oder
daumendicken, meist mannigfaltig gekrümmten, auch wohl der Länge nach gespaltenen, sehr rauhen, runzeligen, vielköpfigen, oben mit schwärzlichen, schuppigen
Blattresten besetzten, am unteren Ende ästigen, nicht sonderlich schweren,
brüchigen Stücken. Sie riecht eigenthümlich, etwas widerlich aromatisch harzig,
schmeckt süsslich beissend aromatisch.

Wesentliche Bestandtheile. Aetherisches Oel, Harz, eisengrünender
Gerbstoff, Inulin.

Das ätherische Oel ist nach DULK bräunlich gelb, dicklich, schwerer als Wasser.
Anwendung. Im Aufguss, jedoch in der menschlichen Praxis fast ausser
Gebrauch (mit Unrecht), und nur noch in der Thierheilkunde.

Geschichtliches. Man hielt die Pflanze für das χαμαιλεων λευχος des
THEOPHRAST, was aber besonders durch TOURNEFORT als irrig widerlegt wurde.
Carlina acaulis kommt in Griechenland auch gar nicht vor. Die alten deutschen
Aerzte rühmten sie als Mittel in Form von Waschungen gegen hartnäckige Haut-
krankheiten. Uebrigens soll sie auf Schweine giftig wirken, und darauf sich der
alte Name Eberwurzel (Carduus suarius) beziehen.

Was den Gattungsnamen Carlina betrifft, so bezieht man ihn auf KARL d. Gr.,
welcher, in Folge einer Inspiration, seine von der Pest befallenen Soldaten mit
der Wurzel behandeln liess und dadurch rettete. — LINNÉ hingegen giebt an,
Kaiser KARL V., dessen von der Pest in der Berberei befallene Armee diese
Pflanze mit Nutzen gebraucht habe, sei die Veranlassung jenes Namens. Das
Motiv war also doch in beiden Fällen dasselbe.

Eberwurzel, gummiabsondernde.

(Mastixdistel.)

Radix Carlinae gummiferae.
Carlina gummifera LESSING.
(Atractylis gummifera L., Acarna gummifera WILLD., Carthamus gummiferus LAM.)
Syngenesia Aequalis. — *Compositae.*

Perennirende Pflanze ganz vom Ansehn der Carlina acaulis, aber es mangelt
der Hüllenstrahl, und die Blümchen der grossen Scheibe sind purpurn oder
violett. — In Griechenland und auf den griechischen Inseln.

Gebräuchlicher Theil. Die Wurzel; sie ist nirgends näher beschrieben.

Wesentliche Bestandtheile. Harz, Kautschuk und eine giftige Substanz, deren Natur noch unbekannt ist.

Anwendung. Veraltet.

Geschichtliches. Diese Pflanze ist das Χαμαιλεων λευχος Diosk., ὅση Theophr. Galen bezeichnet die Wurzel als Mittel gegen den Bandwurm, sowie gegen Wassersucht; der reichliche Genuss derselben wirkt aber auf Menschen und Thiere tödtlich, während der Blumenboden wie die gewöhnliche Artischoke ohne Nachtheil gegessen werden kann.

Ferner wussten die Alten schon, dass sich aus dem Wurzelhalse sowie aus den Hüllen der Blumenköpfe eine mastixähnliche Substanz in röthlichen Tropfen absondert. Die Araber bedienen sich derselben als Vogelleim, die Weiber kauen sie wie den Mastix, und in der That besteht sie nach der Untersuchung von Geiger aus einem dem Mastix ähnlichen, in Alkohol löslichen Harze und aus einem darin unlöslichen Antheile, der die Eigenschaften des Kautschuks oder Viscins hat.

Atractylis von ἀτραχτος (Spindel); der Stengel (wenn vorhanden) ist wollig wie eine Garnspindel, und wurde auch als solche benutzt.

Acarna von ἀχη, acus (Spitze), in Bezug auf die stachelige Bekleidung. Plinius bedient sich dieses Namens auch zur Bezeichnung eines stacheligen Fisches.

Wegen Carthamus s. den Artikel Saflor.

Ehrenpreis.
Herba Veronicae.
Veronica officinalis L.
Diandria Monogynia. — Scrophulariaceae.

Kleines perennirendes Pflänzchen mit theils niederliegendem, theils aufsteigendem, rundem, ringsum kurz weichhaarigem Stengel, gegenüberstehenden kurz gestielten, verkehrt eirunden, stumpfen, bisweilen rundlichen Blättern, nach dem Standorte grösser oder kleiner, mehr oder weniger behaart, ährenartigen Trauben mit hellblauen Blumen. — Häufig an trocknen Orten, in Gebüschen, am Rande der Wälder, besonders in gebirgigen Gegenden.

Gebräuchlicher Theil. Das Kraut; es riecht frisch schwach balsamisch, nach dem Trocknen nicht mehr, schmeckt balsamisch bitter, etwas zusammenziehend.

Wesentliche Bestandtheile. Nach Enz: Bitterstoff, ätherisches Oel, scharfer Stoff, eisengrünender Gerbstoff, mehrere vegetabilische Säuren, Wachs, Harz etc.

Verwechselungen. 1. Mit Veronica Chamaedrys; steht mehr aufrecht, der Stengel ist nur 2reihig behaart, die Blätter sind ei-herzförmig, spitzig, stärker eingeschnitten, sägenartig gezähnt, schmecken weniger bitter, die Blumentrauben mehr ausgebreitet, kleiner. 2. Mit V. Teucrium; der anfangs zuweilen niederliegende Stengel steigt ganz vertikal, ist höher, stärker, die Blätter herzförmig eiförmig, stärker ungleich sägeartig gekerbt, viel dunkler grün (V. offic. ist mehr hellgrün, z. Th. ins Gelbliche.) Die Blumenähre ist viel länger und dichter, die Blumen dunkler blau.

Anwendung. Als Thee.

Geschichtliches. Die Pflanze stand bei den Alten in hohem Anschen.

Der berühmte Arzt FRIEDR. HOFFMANN empfahl sie als Surrogat des grünen
chinesischen) Thees. CHAUBARD bemerkt dazu, dass diese Empfehlung nicht so
sehr auf V. offic., als vielmehr auf V. montana zu beziehen sei, denn diese
Pflanze rieche nach vorsichtigem Trocknen vollkommen wie chinesischer Thee,
und schmecke wie dieser, was beides von V. offic. nicht gesagt werden könne.
Wegen Veronica sehe man den Artikel Bachbunge.

Der deutsche Name Ehrenpreis stammt nach dem Berichte des HIERONYMUS
BRAUNSCHWEIG von einem fränkischen Könige, der 14 Jahre lang am Aussatze
litt, und von diesem Uebel auf den Rath eines Jägers durch den Gebrauch der
V. befreit wurde, weshalb er ihr den Namen Ehrenpreis gab. Vorher nannte
man sie Grindheil.

Eibe.

Cortex, Lignum, Folia (Summitates) und *Baccae Taxi.*

Taxus baccata L.

Dioecia Polyandria. — Taxeae.

Der Eiben- oder Ibenbaum ist ein immergrüner, meist niedriger, doch auch
5—10 Meter hoch werdender Stamm mit brauner abblätternder Rinde, ausgebreiteten
und abwärts geneigten, rostbraunen gestreiften Zweigen, die jüngeren grün und
braun gefleckt; die jüngsten grün; kammartig zweireihig gestellten, 12—18 Millim.
langen und fast 2 Millim. breiten, etwas stumpfen, stachelspitzigen, ganzrandigen,
oben dunkelgrünen glänzenden, unten gelblichgrünen, etwas steifen lederartigen
Nadelblättern; an den jüngern Zweigen blattachselständig, z. Th. ziemlich gedrängt stehenden kleinen kugeligen hell gelbgrünen Blümchen, und erbsengrossen
fast kugeligen, vorn vertieften, schön scharlachrothen beerenartigen Steinfrüchten. — Hie und da in Deutschland, dem übrigen Europa und Asien in gebirgigen Waldungen. Wird in Anlagen gezogen.

Gebräuchliche Theile. Die Rinde, das Holz, die Blätter (oder vielmehr
die jüngsten Zweige) und Beeren. Die Rinde schmeckt widerlich bitter und sehr
herbe. Das Holz ist fast geschmacklos. Die Blätter sind geruchlos, schmecken
anhaltend widerlich bitter und etwas herbe. Die Beeren sind fade süsslich.

Wesentliche Bestandtheile. Rinde und Holz enthalten Bitterstoff, eisengrünenden Gerbstoff, sind jedoch noch nicht näher untersucht. Aus den Blättern
schied H. LUCAS den Bitterstoff (Taxin) als ein weisses lockeres amorphes Pulver
von anscheinend neutralem Charakter. Nach AMATO und CAPPARELLI enthalten
die Blätter ein Alkaloid, welches flüchtig ist, nach Schimmel riecht und durch
austrocknende Einflüsse nur wenig beeinflusst wird. Ausserdem fanden sie in denselben eine stickstofffreie, farblose, in mikroskopischen Krystallen anschiessende
Substanz, welche bei 86—87° schmilzt, sich in Alkohol, nicht in Wasser löst und
den Namen Milossin erhielt. — Nach MARTIN enthält der Same ein ätherisches
Oel, von terpenthinartigem Geruche, fettes Oel, bitteres Harz etc.

Anwendung. Veraltet; wurde aber von KAMENSKY wieder als vorzügliches
Mittel gegen Hundswuth empfohlen, der Gebrauch erfordert indessen Vorsicht,
denn der Taxus gehört zu den giftigen Gewächsen und sind wiederholt Vergiftungen durch die Blätter bei Menschen und Thieren mit tödtlichem Ausgange
vorgekommen. Die Rinde dürfte den Blättern an Wirksamkeit (resp. Gefährlich-
keit) kaum nachstehen,*) während das Holz wohl ganz indifferent ist. Die

*) Auch die Blüthe scheint giftig zu sein; LUCRETIUS sagt nämlich, auf dem Helikon sei
ein Baum, dessen Blüthe den Menschen tödte, und FRAAS ist geneigt, diesen Baum als Taxus
anzusehen.

Beeren können zwar, wie SCHLOTTHAUBER an sich selbst erfahren, von Erwachsenen ohne Nachtheil gegessen werden; Kinder wären jedoch davor zu warnen, denn erst kürzlich ist in England ein neunjähriger Knabe daran gestorben.

Geschichtliches. Die Eibe, Μιλος THEOPHR., Σμιλαξ DIOSK., gehört zu den schon seit den ältesten Zeiten bekannten und z. Th. als Arzneimittel benutzten Gewächsen.

Taxus von *taxare* (strafen), d. h. ein Baum der Furien und der Unterwelt, seine giftigen Eigenschaften bezeichnend; oder von τοξον (Pfeil) in Bezug auf die Anwendung des harten Holzes; auch könnte die Bedeutung von τοξιxον (Gift) hier Platz greifen.

Eine andere Taxea, Podocarpus cupressinus (einheimisch in?), schwitzt ein Harz aus, welches sich von den ähnlichen Harzen Dammar, Kopal, Mastix und Sandarak durch seine ausgezeichnete krystallinische Structur unterscheidet. Nach HIRSCHSSOHN löst es sich völlig in Aether, Alkohol, wenig in Chloroform, nicht in Petroleumäther. Die alkoholische Lösung wird von Ammoniak, sowie von Bleizucker nicht getrübt. In Sodasolution löst es sich schon kalt vollständig. Salzsäure färbt das Harz rosenroth ohne es zu lösen.

Podocarpus ist zus. aus πους (Fuss) und xαρπος (Frucht); die Frucht besteht aus einer fleischig verdickten Scheibe, welche den nussförmigen Samen umgiebt.

Eibisch.
(Althäe, Heilwurzel, Sammetpappel, weisse Pappel.)
Radix, Herba, Flores, und Semen Althaeae, Bismolvae.
Althaea officinalis L.
Monadelphia Polyandria. — Malvaceae.

Perennirende Pflanze, deren dicke ästige Wurzel mehrere 0,60—1,20 Meter hohe und höhere, federkiel- bis kleinfingerdicke, aufrechte, oben ästige, steife, unten fast holzige, mehr oder weniger filzig behaarte, etwas rauhe Stengel mit abwechselnden kurzen aufrechten Zweigen treibt. Die Blätter sind gestielt, abwechselnd, 50—100 Millim. lang, 36—75 Millim. breit, mehr oder weniger zart filzig, oben z. Th. hochgrün oder graugrün, unten mehr oder weniger weisslich, etwas steif, zart anzufühlen, die untersten fast herzförmig, die oberen kleineren mehr eiförmig, undeutlich dreilappig, eckig, ungleich gezähnt. Die Blumen stehen am Ende des Stengels und der Zweige in den Blattwinkeln einzeln oder auch zu zwei, drei und mehr büschelweise, zumal nach oben, auf ein- bis dreiblüthigen Stielen, und bilden so zusammengesetzte, beblätterte Endtrauben; jede Blume hat 30 Millim. Durchmesser, die äussere Hülle ist neunspaltig, kleiner als der fünfspaltige Kelch, die Krone malvenartig, aufrecht ausgebreitet, blassröthlich oder fast weiss, die Staubbeutel schön violettroth. Die Frucht ebenfalls malvenartig, jede Carpelle mit einem dunkelbraunen, fast nierenförmigen zusammengedrückten Samen. — Im südlichen und mittleren Europa an etwas feuchten Stellen einheimisch, bei uns an mehreren Orten, namentlich Frankens, (Nürnberg, Schweinfurt) kultivirt.

Gebräuchliche Theile. Die Wurzel, das Kraut, die Blumen und Samen.

Die Wurzel muss wenigstens von zweijährigen oder älteren Pflanzen spät im Herbste oder im Frühjahre gesammelt werden. Sie ist oben finger- bis daumen-

ck und dicker, cylindrisch, gerade oder schief absteigend, und sich in einige
starke Aeste theilend, 30—45 Centim. lang und länger, frisch aussen blassgelb
mit dünner glatter Haut, getrocknet hellgrau, innen weiss, fleischig. Gewöhnlich
kommt sie geschält vor (das Schälen geschieht des leichtern Trocknens wegen)
in weissen runden fingerdicken oder dünneren, z. Th. gespaltenen, etwas lockeren,
markigen, leicht zerbrechlichen Stücken, mit kurzfaserigem Bruche und meistens
einzelnen längeren zäheren Fasern an der Oberfläche, mittelst denen die Bruchstücke noch aneinander hängen bleiben. Sie riecht auch im trocknen Zustande eigenthümlich fade süsslich, schmeckt fade süsslich und entwickelt beim
Kauen viel Schleim.

Das Kraut ist trocken hell graugrün, z. Th. ins Gelbliche, fühlt sich sehr
zart sammtartig an, ist leicht zerbrechlich und kommt daher häufig nur in Bruchstücken vor, es ist fast geruchlos und geschmacklos, und ziemlich schleimig.

Die Blumen riechen süsslich, schmecken süsslich, etwas herbe, und entwickeln viel Schleim.

Der Same ist ebenfalls sehr schleimig.

Wesentliche Bestandtheile. Sämmtliche officinellen Theile sind reich
an Schleim, derselbe beträgt in der trocknen Wurzel nach BUCHNER etwa 30 $\frac{0}{0}$,
sand darin ausserdem über 30 $\frac{0}{0}$ Stärkemehl, 8 $\frac{0}{0}$ Zucker nebst Asparagin,
11 $\frac{0}{0}$ Pektin. Vorher schon hatte BACON aus der Wurzel einen eigenthümlichen
krystallinischen stickstoffhaltigen Körper bekommen und Althaein genannt, von
dem aber PLISSON zeigte, dass er Asparagin sei.

Verwechselung. Statt der echten Althäwurzel soll die Wurzel der *Althaea
rosea* im Handel vorgekommen sein; diese ist aussen mehr grau, uneben,
zerfressen, weit grobfaseriger, die Fasern der geschälten Wurzel bilden deutlichere
Furchen und fadenartige Erhabenheiten, auch ist sie im Innern poröser, zäher,
häufig holzig, selten so weiss, sondern mehr gelblich. Frisch riecht sie widerlich
scharf, trocken ist sie ohne Geruch und Geschmack, und beim Kauen entwickelt
sie mehr körnigen Schleim.

Anwendung. In Substanz, als Aufguss und Absud, zu Theespecies. Kraut
und Blumen finden weit seltener Verwendung als die Wurzel; der Same wird
nicht mehr beachtet.

Geschichtliches. Die Pflanze war schon im Alterthum bekannt und im
Gebrauche. THEOPHRAST nannte sie auch Ἰβισκος, wovon unser »Eibisch« abgeleitet ist. DIOSKORIDES bezeichnete sie wegen ihrer Heilkräfte mit Althaea
(ἀλθειν), ebenso PLINIUS. A. TRALLIANUS empfahl den Samen bei Harnstrenge
und Steinbeschwerden.

Eiche.

Cortex, *Folia* und *Fructus (Glandes) Quercus.*

Quercus pedunculata WILLD.

Quercus Robur WILLD.

Monoecia. Polyandria. — Cupuliferae.

Quercus pedunculata. Die Stieleiche, hat am Stamme und den Aesten
eine sehr tiefrissige Rinde, an den jüngern Zweigen ist sie glatt, aschgrau, z. Th.
braune; die älteren Blätter fast sitzend, 10—20 Centim. lang, verkehrt eiförmig-länglich, buchtig, mit abgerundeten, ganzrandigen Lappen, oben hochgrün
glänzend, unten graugrün, glatt, aderrippig, steif, fast lederartig. Die Blüthen erscheinen zugleich mit den Blättern, die männlichen z. Th. mit einem Blattbüschel

und an den nackten Zweigen zu 2 und mehreren gehäuft, in 5—7 Centim. langen, dünnen, fadenförmigen, hängenden, lockeren, unterbrochenen, grünlich-gelben Kätzchen; die weiblichen oberhalb den männlichen an der Spitze der Zweige oder blattachselständig in kaum stecknadelkopfgrossen röthlichen Knospen, zu 2—4 an einem kurzen, gemeinschaftlichen Stielchen. Die Frucht ist eine längliche, stumpfe, 2½—4 Centim. lange Eichel, an der Basis von dem vergrösserten und erhärteten, napfförmigen, aussen rauh, warzig-schuppigen Kelche umgeben, auf einem langen gemeinschaftlichen Stiele zu 2—4 mehr oder weniger entfernt von einander sitzend. — Einer unserer grössten und stärksten, ein sehr hohes Alter erreichenden Waldbäume.

Quercus Robur, die Steineiche, unterscheidet sich von der vorigen durch folgende Merkmale. Die Rinde der jüngeren Zweige ist mehr gelblichgrau, die Blätter sind ziemlich lang gestielt, die röthlichen Knospen ohne Stiel, gehäuft, die Frucht zu 2—4 ohne Stiel in den Blattwinkeln oder an der Spitze der Zweiglein dicht aneinander, und die Eichel ist mehr bauchig. — Ebenfalls einer unserer grössten und stärksten Waldbäume, welcher aber nicht so dick und hoch wird als die Stieleiche.

Nach C. W. Geyer bietet auch der Aderlauf in den Blättern ein sicheres Mittel dar, diese beiden Eichenarten von einander zu unterscheiden. Nämlich von der Hauptader, welche in der Richtung des Blattstieles fortgeht und das Blatt in ziemlich gleiche Hälften theilt, laufen wechselständig die Hauptnebenadern nach den Blatträndern aus. Bei Q. pedunculata nun treten diese Hauptnebenadern sowohl in die abgerundeten Lappen, als auch in die buchtigen Einschnitte, während solche bei Q. Robur immer nur in den abgerundeten Lappen, niemals in den buchtigen Einschnitten verlaufen.

An den jüngeren Zweigen finden sich in Folge des Stiches eines Insektes oft rundliche lockere, schwammig durchlöcherte Auswüchse, welche den Namen Deutsche Galläpfel führen. — Aus dem Stamme quillt beim Anschneiden im Frühjahre ein süsser Saft; auch die Blätter schwitzen mitunter einen solchen Saft aus (Eichenhonig, Eichenmanna.)

Gebräuchliche Theile. Die Rinde, Blätter und Früchte.

Die Rinde, von den jüngeren Zweigen im Frühjahr gesammelt, ist mit einem grau glänzenden Oberhäutchen bedeckt, theils ziemlich glatt, theils mehr oder weniger runzelig und rissig, mehr oder weniger mit Wärzchen und z. Th. auch mit Flechten besetzt. Auf der Unterfläche frisch weisslich, trocken gelblich oder dunkelbraun, matt, ziemlich uneben, faserig oder splitterig. An sich geruchlos, entwickelt sich mit Wasser und thierischer Haut in Berührung gebracht, der bekannte Lohgeruch; Geschmack widerlich adstringirend.

Die Blätter riechen eigenthümlich schwach, nicht unangenehm, schmecken süsslich, adstringirend, schleimig.

Die Früchte (Eicheln) enthalten unter einer glatten, blass gelbbräunlichen, zähen, lederartigen Schale einen grünlich-gelbweissen, aussen braunen, leicht in 2 Hälften zerfallenden festen mehligen Kern von süsslichem, bitterem und sehr herbem Geschmack.

Wesentliche Bestandtheile. In der Rinde jüngerer Zweige nach Eckert: eisenbläuender Gerbstoff (12½ %), Harz, Zucker, Pektin, Phlobaphen. Einen früher von Gerber aus der Eichenrinde erhaltenen krystallinischen Bitterstoff (Quercin) konnte E. nicht bekommen. Der Gerbstoff stimmt mit dem der Galläpfel nicht überein, denn er ist kein Glykosid, liefert auch keine oder (nach

~~~ nur sehr wenig Gallussäure. Der Bast ist dreimal reicher an Gerbstoff als die Borke.

Die Blätter enthalten Gerbstoff, Zucker, Schleim.

Die Eicheln enthalten nach LÖWIG in 100: 38 Stärkmehl, 9 eisenbläuenden Gerbstoff, 4,3 fettes Oel, 5,2 Harz, 6,4 Gummi, 5,2 Bitterstoff. BRACONNOT bekam noch 7,0 Schleimzucker und eine krystallinische Zuckerart, von ihm mit dem Milchzucker identificirt, während DESSAIGNES zeigte, dass dieselbe (Eichel-Zucker, vielleicht) eigenthümlicher Art und nicht gährungsfähig ist. Nach BENNERSCHEID geben die Eicheln durch Destillation mit Wasser ein stark riechendes ätherisches Oel.

Anwendung. Die Rinde selten innerlich, meist äusserlich zu Bähungen, Bädern, das Extrakt zu einer Salbe. In der Technik dient sie vorzüglich zum Gerben der Häute (Rothgerberei).

Die Blätter werden nicht mehr gebraucht.

Die Eicheln dienen geschält, geröstet und gemahlen als Kaffee und Kaffee-Surrogat.

Geschichtliches. Die Eiche, ὀρῦς der Alten, ist ein seit den frühesten Zeiten bekannter Baum; er wurde von unseren deutschen Vorfahren für heilig gehalten und wird heute noch mit Recht vom Volke verehrt.

Quercus ist zus. aus dem celtischen quer (schön) und cuez (Baum), d. h. der schöne Baum par excellence. Ausserdem hiess die Eiche bei den Celten derw, woher der Name Druiden. Man leitet auch, aber minder wahrscheinlich, von πρ.υ (rauh sein) ab, in Bezug auf die Beschaffenheit der Stammrinde.

Einbeere.
(Pariskraut, Wolfsbeere.)
Radix (Rhizoma), Herba und Baccae Paridis, Solani quadrifolii, Ulvae versae
oder vulpinae.
Paris quadrifolia L.
Octandria Tetragynia. — Smilaceae.

Perennirende Pflanze mit einfachem, fadenförmigem, fein befasertem, horizontal kriechendem, aussen hellbräunlichem, innen weisslichem fleischigem Wurzelstock, ganz einfachem, gestrecktem, glattem, gestreiftem, oft röthlich gefleckten, ½ hand- bis fusshohem Stengel, der an der Spitze 4 ins Kreuz gestellte, ungemein grosse, eiförmige, ganzrandige, glatte, gesättigt grüne Blätter (seltener 3. 5. 6) trägt, und in der Mitte die gestielte einzelne gelbgrüne Blume steht, welche eine 4kantig kugelige blauschwarze erbsengrosse Beere hinterlässt. — In schattigen steinigen Wäldern.

Gebräuchliche Theile. Der Wurzelstock, das Kraut und die Beere. Die Blätter riechen widerlich, betäubend rauchähnlich und schmecken süsslich, ähnlich den rohen Erbsen. Die Beeren riechen ebenfalls widerlich, schmecken widerlich. Alle Theile dieser Pflanze sind narkotisch giftig und wirken auch widerlich, sowie purgirend.

Wesentliche Bestandtheile. Jm Wurzelstock nach WALZ: Asparagin, ein krystallinisches kratzend schmeckendes Glykosid (Paridin), ein amorphes und kratzend schmeckendes Glykosid (Paristyphnin), Fett, Harz, Stärkmehl, Zucker, Pektin etc. Blätter und Früchte gaben ähnliche Resultate, die Früchte auch einen violetten Farbstoff.

Anwendung. Ehemals die Wurzel als Brechmittel; die Blätter gegen Keuchhusten, äusserlich bei Entzündungen, Krebsgeschwüren; die Früchte bei Konvulsionen, Epilepsie.

Geschichtliches. Eine schon lange als giftig und auch als Arzneimittel gekannte Pflanze.

Paris von *par* (gleich), wegen der Gleichheit (Vierzahl) in allen ihren Theilen. Man verglich zugleich die Beere dieser Pflanze mit dem Erisapfel, und die darum stehenden Blätter mit dem trojanischen Prinzen Paris und den drei Göttinnen Juno, Minerva und Venus.

Wegen Solanum s. den Artikel Bittersüss.

Eisenhart.
(Eisenkraut.)
Herba Verbenae.
Verbena officinalis L.
Diandria Monogynia. — Verbenaceae.

Ein- bis zweijährige Pflanze mit aufrechtem, 45—60 Centim. hohem und höherem, ästigem, 4kantigem, gefurchtem, an den Kanten steifborstigem Stengel, ähnlichen aufrechten, gegenüberstehenden Aesten und Zweigen, gegenüber stehenden, sitzenden, z. Th. fast leierförmig gefiedert-getheilten oder tief 3spaltigen (mit zwei kleinen abstehenden Seitenlappen und grösserem länglichem Mittellappen), eingeschnitten gesägten, gegen die Basis keilförmig sich verschmälernden rauhen, matten, dunkelgraugrünen, etwas runzelig-aderigen Blättern. Die Blüthen bilden am Ende der Stengel dünne, fadenförmige, 5 bis mehr Centim. lange Aehren, die fast in Rispen stehen, aus kleinen, fast sitzenden, blass-rothen Blümchen bestehen. — Ueberall an Wegen, in Hecken, auf Schutthaufen etc.

Gebräuchliche Theile. Das Kraut; es ist trocken graugrün, rauh und runzelig, ohne Geruch, von schwach herbem bitterlichem Geschmack.

Wesentliche Bestandtheile. Bitterstoff, eisengrünender Gerbstoff. Ist näher zu untersuchen.

Anwendung. Ehemals innerlich im Aufguss, auch äusserlich.

Geschichtliches. Eine schon von den Alten als Medikament benutzte Pflanze (war der Isis geweihet), namentlich gegen Fieber, Schwächen, Kopfweh etc. Dioskorides erwähnt 2 Arten Περιστερεων, von denen eine (ὕπτιος) obige Verbena die andere (ὀρθός) aber Lycopus exaltatus L. ist.

Verbena kommt von *verbum* (Wort); man schwor nämlich bei diesem Kraut, gebrauchte es auch bei Opfern. Nach Plinius lag davon jederzeit ein Bündel auf dem Altare des Jupiter; bei feierlichen Gesandtschaften wurden Zweige der Verbena von einem Priester (Verbenarius) als Zeichen friedlicher Gesinnung voran getragen.

Eisenhut.

(Mönchskappe, Narrenkappe, Sturmhut, Fuchswurzel, Teufelswurzel, Wolfswurzel, Würgling, Ziegentod.)

Radix und *Herba Aconiti.*

Aconitum Napellus L.

(Aconitum pyramidale W. u. GR., *A. variabile* HAYNE.)

Aconitum Cammarum L.

(Aconitum intermedium DC., *A. medium* SCHRAD., *A. neomontanum* WILLD., *A. Stoerkeanum* RCHB., *A. variegatum.)*

Polyandria Trigynia. — *Ranunculeae.*

Aconitum Napellus, rübenförmiger Eisenhut, ist eine perennirende Pflanze mit knolliger oder spindeliger Wurzel, oft von der Grösse und Gestalt der Steckrüben, mit langen, dicken fleischigen Fasern, aussen dunkelbraun oder hell gelbbraun, innen weisslich, fleischig, riecht frisch widerlich, schmeckt bitter, dann brennend beissend, sehr lange anhaltend. Bei der schon in den Stengel geschossenen Pflanze sind gewöhnlich zwei Wurzelknollen vorhanden, wovon der ältere die Pflanze trägt, während ein seitlicher jüngerer seltener im nächsten Jahre einen Stengel treibt. Der Stengel ist ganz gerade, meist einfach, 0,4—1,2 Meter hoch, glatt oder oben mit ganz kurzen weichen, abwärts gerichteten Haaren besetzt. Die abwechselnd stehenden Blätter sind sämmtlich gestielt, die untersten am längsten; meist sind sie tief, selbst bis auf den Grund in fünf, die oberen in drei Segmente gespalten, die weit von einander abstehend, zum Theil 24 Millim. breite und grössere Zwischenräume zwischen sich lassen; gegen die Basis hin werden sie sehr schmal, oft kaum 2 Millim. breit und weitern sich allmählich keilförmig. Die Segmente sind in der Regel wieder bis auf die Mitte in 2—3 Abschnitte getheilt, gezähnt, spitz, von Längsfurchen durchzogen. Oben sind die Blätter hochgrün, unten blasser, auf beiden Seiten mehr oder weniger stark glänzend, etwas steif und von sparrigem Ansehn. Die Blumen stehen am Ende des Stengels in dichten, bis 10 Centim. langen, einfachen, ganz geraden, aufrechten, steifen, ährenartigen Trauben, z. Th. jedoch entspringen in Gärten auch unter der Endtraube mehrere kleinere gerade aufwärts gerichtete Nebentrauben. Die Blumenstielchen stehen aufwärts gegen die Spindel gerichtet, und kürzer als die Blumen, glatt oder gleich dem obern Theile des Stengels kurz behaart. Die ansehnlichen schönen dunkel violettblauen, glatten oder zart behaarten Blumen haben einen niedrigen, 6—8 Millim. hohen, fast halbkugeligen, nicht stark zusammengedrückten, offenen oder geschlossenen Helm mit kurzer, stumpfer, gerade ausgehender Spitze. Die beiden Seitenblättchen sind rundlich zusammengeneigt, innen behaart, die zwei untersten oval-länglich, herabgezogen. Die zwei grösseren Blumenblätter oder Nektarien sind etwas zurückgebeugt, haben einen kegelförmigen Sporn und ausgerandete Lippe. Die 3—5 Kapseln stehen ausgebreitet von einander ab. Tritt in zahlreichen Varietäten auf. — Auf höheren Gebirgen und Alpen im mittleren Europa, aber auch in Dänemark, Schweden, Sibirien etc. wird auch angebaut und als Zierpflanze in Gärten gezogen.

Aconitum Cammarum L., krebsscheerenförmiger Eisenhut; unterscheidet sich von der vorigen Art durch folgende Merkmale. Die Blätter sind meistens nur in 3 Hauptabschnitte getheilt, deren Segmente eingeschnitten-vieltheilig; die Blumen bilden in der Regel eine Rispe, der Helm ist länglich, geschlossen und endigt mit einem kurzen Schnabel. Die Lippe der beiden Nektarien ist aufgerollt, und endlich, worauf am meisten Werth gelegt wird, die jungen Früchte sind meist nicht wie bei der vorigen Art ausgebreitet, sondern krebsscheerenförmig gegeneinander hin gekrümmt oder gebogen. Bildet gleichfalls zahlreiche Varietäten. — Standort wie oben.

Gebräuchliche Theile. Von beiden beschriebenen Arten nebst ihren Varietäten: Die Wurzel und das Kraut, eigentlich nur letzteres, da die Wurzel nicht als solche (wenigstens bei uns), medicinisch angewandt wird, sondern nur das hauptsächlichste Material zur Alkaloid-Fabrikation liefert.

Das Kraut, resp. die Blätter müssen zu Anfang der Blüthezeit oder kurz vorher, wenn die Pflanze hoch in den Stengel geschossen ist, gesammelt werden. Getrocknet sind sie blassgrün, auf der oberen Seite dunkler, z. Th. etwas bräunlich, mit im Sonnenschein schimmernden Pünktchen. Frisch haben sie, zumal beim Zerreiben, einen etwas widerlichen Geruch, und schmecken anfangs schwach bitterlich krautartig, erregen aber bald ein anhaltendes, oft mehrere Stunden dauerndes heftiges Brennen. Die trockenen Blätter schmecken ähnlich, anfangs bitterlich, später aber stellt sich das Brennen nicht minder heftig ein. Sie wirken sehr giftig.

Wesentliche Bestandtheile. Mehrere Alkaloide, Aconitsäure, einen grünender Gerbstoff. Die Entdeckung des ersten Alkaloids (Aconitin) im Jahre 1832 verdankt man GEIGER und HESSE; sie schieden es aus dem Kraute. Bei der Untersuchung der Wurzel stiess man aber noch auf mehrere andere, vom Aconitin abweichende Basen, worüber jedoch noch manche Zweifel und Widersprüche obwalten. So stellte SCHROFF ein Napellin auf, SMITH beschrieb ein Aconellin, welches aber JELLETT für identisch mit dem Narkotin des Opiums erklärt, während HÜBSCHMANN vom Napellin behauptet, es stimme mit seinem Acolyctin (s. weiter unten Aconitum Lycoctonum) überein. GROVES bekam aus der Napellus-Wurzel neben Aconitin auch Atesin (s. weiter unten Aconitum heterophyllum). Nach BECKETT und WRIGHT enthält die Wurzel ausser mehreren amorphen Basen ein Gemenge von wenigstens 2 Alkaloiden, die leicht krystallisirbare Salze bilden — kurz, die Chemiker haben da noch ein grosses Feld der Thätigkeit vor sich, um die bestehenden Lücken auszufüllen und völlige Klarheit zu erzielen.

Verwechselungen. 1. Mit den Blättern des Delphinium intermedium, sie sind minder tief eingeschnitten und unten behaart. 2. Mit den Blättern des gelbblühenden Aconitum Lycoctonum, sind ebenfalls behaart und gewimpert.

Anwendung. In Substanz, als Tinktur, Extrakt.

Geschichtliches. Siehe weiter unten.

———————

Ausser den beiden abgehandelten, bei uns allein officinellen Eisenhut-Arten sind noch mehrere andere Arten hier kurz zu erwähnen, da einige von ihnen früher im Gebrauche waren, und andere erst in neuerer Zeit theils medicinisch, theils chemisch nähere Beachtung gefunden haben.

Aconitum Anthora L., Gichtheil, heilsame Wolfswurzel. Perennirende Pflanze mit etwa fingerdicker, runder oder eckiger, spindelförmiger, in einen langen dünnen Schwanz übergehender, aussen dunkelbrauner, innen weisser Wurzel. Der Stengel ist gegen 60 Centim. hoch, aufrecht, abwechselnd mit vieltheiligen Blättern besetzt, deren Segmente schmal linienförmig sind. Am Ende des Stengels stehen in Trauben die ansehnlichen blassgelben, aussen behaarten Blumen mit rundlich kegelförmigem Helme. Der Sporn des Honiggefässes ist zurückgebogen, die Lippen verkehrt-herzförmig. Aus den 5 behaarten Stempeln entwickeln sich ebensoviele Balgkapseln. — Auf hohen Gebirgen in Oesterreich, der Schweiz und in Sibirien.

Gebräuchliche Theile. Ehemals die Wurzel und die Blüthen, Radix und Flores Anthorae, Aconiti salutiferi.

Wesentliche Bestandtheile.?

Anwendung. Die Wurzel, auch arabischer Zittwer genannt, von nicht unangenehmem Geruch und bitterscharfem, hinterher süsslichem Geschmack, hielt man für ein Gegengift der übrigen Eisenhut-Arten, sowie des Gifthahnenfusses (Ranunculus Thora); sie scheint aber ebenfalls scharfe giftige Eigenschaften zu besitzen. Sonst diente sie auch als Wurmmittel.

Aconitum ferox WALL., Nepal'scher Gift-Eisenhut, perennirende Pflanze mit schwärzlichen Wurzelknollen, 60—90 Centim. hohem, oben weichhaarigem, etwas ästigem Stengel. Die Blätter sind vielfach eingeschnitten mit länglichen Segmenten, unten weich behaart. Die grossen blauen, aussen grau weichhaarigen Blumen stehen in schlanken Trauben, jede hinterlässt gewöhnlich 5 zottige Balgkapseln. In ihrem Vaterlande heisst die Pflanze Bikh oder Bisch und gehört, zumal ihre Wurzel zu den heftigsten bis jetzt bekannten Giften. — Auf dem Himalaya.

Gebräuchlicher Theil. Die Wurzel, resp. die Wurzelknollen. Sie sind höchstens etwa 75 Millim. lang, 30 Millim. dick, manchen Stücken der sogen. stenglichen Jalapenwurzel sehr ähnlich, aber die Unterschiede doch wiederum bedeutend genug, um bald zu erkennen, ob man diese Giftwurzel oder die Jalape vor sich hat.

Wesentliche Bestandtheile. Nach GROVES ein krystallinisches Alkaloid, von ihm Pseudaconitin genannt. Nach BECKETT und A. WRIGHT sind darin auch amorphe und schwer krystallisirende Alkaloide enthalten, die aber noch der genaueren Untersuchung harren.

Anwendung. In Ostindien zur Tödtung der Raubthiere, aber auch von den einheimischen Aerzten gegen chronischen Rheumatismus.

Diese Wurzel hat dadurch eine traurige Berühmtheit erlangt, dass im J. 1866 eine Ladung davon unter der Bezeichnung Jalapenwurzel von Kalkutta nach Konstantinopel gelangte, hier als Jalape in den Apotheken dispensirt wurde, und dadurch zahlreiche tödtliche Vergiftungen veranlasste.

In England bildet sie ein Hauptmaterial zur Fabrikation des Aconitins; dieses ist aber dann natürlich nicht das Aconitin unserer Aconita, sondern Pseudaconitin.

Aconitum heterophyllum WALL., perennirende Pflanze, 30—90 Centim. hoch, mit herzförmig zugespitzten oder herzförmig nicht deutlich 5 lappigen, oder auch buchtig gerippten lederartigen Blättern, traubig-rispiger Blüthe, grossen, gelben purpurn geaderten oder ganz blauen Kronblättern. — Im westlichen Himalaya.

Die Wurzel, bis jetzt nur als Handelswaare in den indischen Bazars zu finden, bildet eiförmig längliche Knollen, am oberen Theile fast immer etwas platt gedrückt, nach unten meist kegelförmig, nur selten spitz zulaufend, dicht mit Narben von Nebenwurzeln besetzt. Aussen ist sie hellgelblichgrau, stellenweise fast weiss, mit vielen Längsrunzeln und am oberen Ende (doch nur bei einzelnen Stücken) mit 2—5 Querrunzeln versehen. An einzelnen findet sich eine furchen- oder rinnenförmige Vertiefung, die der ganzen Wurzel entlang läuft. Die Knollen sind 1,8—7,5 Centim. lang, im grössten Durchmesser 6 Millim. und

2,2 Centim. dick und von 0,45 bis 4,9 Grm. schwer. Bruch fast eben, innen rein weiss. Geschmack mehlig, etwas schleimig und rein bitter ohne beissenden oder kratzenden Nachgeschmack. Unter der Lupe erscheint der weisse Querschnitt als ein fast gleichartiges Gewebe, durchsetzt mit 3—7 etwas gelblichen, unregelmässig zerstreuten Gefässsträngen, die ein scheinbar grosses Mark einschliessen.

BROUGHTON erhielt daraus ein Alkaloid, welches er nach dem einheimischen Namen der Wurzel (Atees, Atis oder Utees) Atesin nannte. v. WASOWIZ fand darin: Fett, Aconitsäure, Gerbstoff, Rohrzucker, Schleim, Pektin, Stärkmehl, Atesin und noch ein zweites, nicht krystallisirbares Alkaloid.

Die Wurzel dient den Eingebornen gegen Wechselfieber, ist nicht giftig und auch das Atesin hat sich als nicht giftig erwiesen.

Aconitum japonicum. Es giebt davon 2 Unterarten, die HORTULAN'sche und die THUNBERG'sche, doch sprechen neuere Forschungen sich dahin aus, dass die Mutterpflanze dieser Droge *A. Fischeri* RCHB. ist. Die Wurzel der letzteren ist länglich, rübenförmig, auch eiförmig von 15—52 Centim. Länge, 9—14 Centim. Dicke und 0,5—3,5 Grm. schwer, von körnigem Bruche, innen rein weiss, geruchlos, Geschmack anfangs mehlig, süsslich bitter, bald aber brennend scharf beissend und kratzend.

PAUL und KINGZETT erhielten daraus neben Aconitin noch ein zweites, nicht näher bezeichnetes Alkaloid.

Aconitum Lycoctonum L., Wolfs-Eisenhut, gelbe Wolfswurzel. Perennirende Pflanze mit grosser, knollig-ästiger, faseriger, schwarzbrauner Wurzel, 60 Centim. hohem und höherem, aufrechtem, oben ästigem fein behaartem Stengel, der abwechselnd mit langgestielten, handförmig 3,5—7 theiligen, etwas behaarten Blättern besetzt ist, deren Einschnitte keilartig-lanzettförmig, meist 3spaltig, eingeschnitten und gezähnt sind. Die blassgelben zottigen Blumen stehen am Ende des Stengels und der Zweige in Trauben, ihr Helm* ist cylindrisch verlängert, zusammengedrückt, stumpf, vorn mit langem Schnabel versehen; die Nektarien sind klein, der Sporn hakenförmig gebogen, die Lippe vorgezogen und stumpf. Auf hohen Gebirgen in mehreren Gegenden Deutschlands und dem übrigen nördlichen Europa.

Gebräuchliche Theile. Die Wurzel und das Kraut, Radix und Herba Aconiti lutei oder Lycoctoni.

Wesentliche Bestandtheile. Nach HÜBSCHMANN enthält die Wurzel kein Aconitin, sondern zwei andere Alkaloide, die er mit Acolyctin und Lycoctonin bezeichnet hat.

Anwendung. Veraltet.

Aconitum pyrenaicum L., pyrenäischer Eisenhut. Perennirende Pflanze mit runder ästiger Wurzel, aufrechtem, behaartem, einfachem oder etwas ästigem Stengel. Die nierenförmigen Blätter sind handartig eingeschnitten, mehr oder weniger behaart und bewimpert. Die blassgelben mit drüsigen Haaren bedeckten Blumen stehen in Trauben, der Schnabel des Helmes ist zurückgeschlagen, die Kapseln glatt. — Auf den Pyrenäen, in Kärnthen, Italien.

Gebräuchlicher Theil. Nach HOLL wird in Italien als Aconitum napellus diese Species benutzt.

Wesentliche Bestandtheile.? Bedarf näherer Untersuchung.

Geschichtliches. Nach Theophrast hat das Aconitum seinen Namen von der Stadt *Akonis* im Lande der Mariandyner. Nach Anderen ist er von ihm abgeleitet, weil diese Pflanzen gern auf felsigen Gebirgen wüchsen. Die Geschichte derselben reicht schon in die Mythe zurück, denn Medea habe daraus sich Gift bereitet; ferner soll man im Alterthum, wie mit dem Schierling, mit dem Akonit Verbrecher hingerichtet, und die Gallier ihre Pfeile damit vergiftet haben. Dioskorides führt mehrere Akonita an, die aber mehreren Gattungen angehören, und wovon allerdings eine ('Ετερον ἀκονιτον) auf unsere jetzigen Eisenhut-Arten zu beziehen ist. Sibthorp fand A. Napellus in Lakonien, und Pouqueville behauptet, nirgend sei der Eisenhut gefährlicher als in Morea. Avicenna führt unter dem Namen *Bisch* eine Giftpflanze an, welche vielleicht das oben erwähnte A. ferox ist. Jedenfalls kann man annehmen, dass die alten Griechen, Römer und Araber die Akonita als Giftpflanzen kannten, wenn auch nicht benutzten. Ihre speciellere Kenntniss gehört jedoch späteren Zeiten an, und erst Hieronymus Tragus lieferte bessere Abbildungen von A. Lycoctonum und Cammarum; am lehrreichsten beschrieb sie Clusius im 16. Jahrh. und Reichenbach in diesem Jahrh. Sehr berühmt wurden die Versuche, welche Matthiolus (im 16. Jahrh.) in Rom und Prag an Verbrechern mit diesen Giftpflanzen anstellte, und noch immer scheuten sich die Aerzte nicht ohne guten Grund vor ihrem inneren Gebrauche. Tragus, der schon auf die Schärfe der Samen aufmerksam machte, spricht nur von ihrer Anwendung zur Vertreibung des Kopfungeziefers. Später benutzte man die Akoniten theils innerlich, theils äusserlich bei der Pest, bei Convulsionen, Wechselfieber, aber erst Stoerk in Wien führte sie 1762 in die neuere Praxis ein.

Eiskraut.
(Eisartige oder krystallene Zaserblume, Mittagsblume.)
Herba Mesembrianthemi crystallini.
Mesembrianthemum crystallinum L.
Icosandria Pentagynia. — *Mesembrianthemeae.*

Ein- oder zweijährige Pflanze mit dünner gelblicher, ästig-faseriger Wurzel, sehr ästigem, verworren ausgebreitetem, 30—45 Centim. langem, meist niederliegendem, federkiel- bis fingerdickem Stengel. Die Blätter sind ganz flach, ovalförmig, wellenförmig, klein, etwas dick, weich, saftig, abwechselnd stehend, und durch dem Stengel dicht mit krystallhellen Bläschen bedeckt, was der Pflanze das Ansehen giebt, als ob sie mit Eis überzogen wäre. Die Blumen entspringen aus den Blattwinkeln und sind weiss oder röthlich; ihre zahlreichen schmalen, bandförmigen, ziemlich kleinen Blättchen sind nur zur Mittagszeit flach ausgebreitet, die übrige Zeit des Tages und die Nacht hindurch geschlossen. — Am Kap, auf den kanarischen Inseln und in Griechenland einheimisch, bei uns in Gärten gezogen.

Gebräuchlicher Theil. Das Kraut oder vielmehr die ganze oberirdische Pflanze im frischen Zustande; riecht nicht, schmeckt unangenehm wässerig-salzig. Wesentliche Bestandtheile. Völcker fand in dem Safte: Albumin, Oxalsäure, Chlornatrium, Kali, Magnesia und Schwefelsäure.

Anwendung. Der ausgepresste Saft wurde 1785 von Lieb als Arzneimittel empfohlen; er wirkt diuretisch, und man verwendet ihn gegen Wassersucht, Leberleiden etc. Auf den kanarischen Inseln wird nach v. Buch die Pflanze gesammelt und auf Soda verarbeitet (jetzt wohl kaum mehr lohnend).

Berger, Pharmakognosie.

Mesembrianthemum ist zus. aus μεσημβρια (Mittag, μεσος ήμερα) und ἄνθεμον (Blume), die Blume öffnet sich nämlich erst Mittags oder überhaupt bei hellem Wetter. LINNÉ schreibt Mesembryanthemum und leitet ab von μεσος (mitten), ἐμβρυον (Keim, Embryo) und ἄνθεμον, indem er damit sagen will, die Pflanze sei durch ihre sonderbare fleischige Beschaffenheit einem Embryo, in dessen Mitte eine Blume stehe, ähnlich. Die zuerst angegebene Schreibart und Etymologie dürfte aber jedenfalls vorzuziehen sein.

Elemi.
Resina Elemi.

Als Elemi bezeichnet man eine Anzahl von harzigen Drogen, die sich im Allgemeinen durch folgende Merkmale charakterisiren.

Mehr oder weniger grünlich-gelbe, durchscheinende, anfangs weiche, nach längerer Zeit ziemlich spröde, aber leicht in der Hand erweichende, und dann klebende, fettglänzende, deutlich krystallinische Massen von eigenthümlichem Geruche nach Terpenthin, Dill und Fenchel, balsamischem bitterm Geschmacke, im Dunkeln phosphorescirend, schwerer als Wasser, theilweise löslich in kaltem Alkohol, völlig löslich in kochendem Alkohol, sowie in Aether und Chloroform, ganz oder grösstentheils in Petroleumäther.

Da über die Abstammung der verschiedenen Sorten bis jetzt entweder nur sehr unsichere oder gar keine Nachrichten vorliegen, so ziehen wir vor, auf die Beschreibung der angeblichen Gewächse, die aber sämmtlich wohl zur Familie der Burseraceen gehören, ganz zu verzichten, und nur die einzelnen Sorten einer näheren Betrachtung zu unterziehen.

I.
Afrikanisches Elemi.
Aus dem Somalilande. Bei uns jetzt unbekannt.

II.
Amerikanisches Elemi.
a) Brasilianisches; ist salbenartig weich, schmutzig gelblichweiss, erhärtet langsam zu einer blassgelben Masse und riecht stark.

b) Westindisches; feste dunkel citrongelbe, etwas grünlich scheinende wachsglänzende, durch Rindenstücke verunreinigte Stücke.

III.
Ostindisches Elemi.
Keilförmige, ½—1 Kilogrm. schwere, in Palmblätter eingehüllte Kuchen, weisslichgelb ins Grünliche, spröde, durch Rindenstücke stark verunreinigt.

IV.
Philippinisches oder Manila-Elemi.
Trockene, aussen blass citronengelbe und klare, innen fast milchweisse und opake, durchscheinende, im Bruche matte Stücke von starkem Geruche.

Hierher gehört nach FLÜCKIGER auch das sogen. Arbol-a-Brea-Harz, weich, graugrün, klebrig, von starkem angenehmem Geruche, früher von BONASTRE und von BAUP untersucht.

Wesentliche Bestandtheile. Aetherisches Oel und Harze. Das ewe

...che E. enthält nach BONASTRE in 100: 60 in Weingeist leicht lösliches Harz, ... krystallisirbares schwerlösliches Harz (Amyrin, Elemin), 12¼ ätherisches Oel. Das ätherische Oel wurde auch von DEVILLE untersucht.

Das Manila-Elemi enthält nach FLÜCKIGER ebenfalls ätherisches Oel, ein amorphes Harz, ein krystallinisches Harz (Bryoïdin), welches das BAUP'sche ... des Arbol-a-Brea-Harzes im reinsten Zustande repräsentirt, ferner einen ... Bitterstoff. In dem amorphen Harztheile befindet sich noch eine gut krystallisirende Harzsäure (Elemisäure).

Verfälschungen. Fichtenharze, welche theils oder ganz als Elemi ausge-... werden, lassen sich leicht durch ihre leichte und vollständige Löslichkeit ... kaltem Weingeist erkennen.

Anwendung. Fast nur noch zu Pflastern und Salben.

Geschichtliches. Ob die alten griechischen und römischen Aerzte das ... kannten und benutzten, dürfte schwer zu entscheiden sein. Im bejahenden ... erhielten sie es zunächst aus Aethiopien oder dem Somalilande; diese Sorte ... wir aber, wie oben bemerkt, nicht mehr. Sollte dasselbe vielleicht der ... eines Eleagnus gewesen sein? (S. den Artikel Oelbaum, wilder.)

Der Name Elemi wird für indischen Ursprungs gehalten.

Arbol-a-Brea ist spanisch und heisst: Baum mit Theer, d. h. ein Baum, welcher Harz von Theer-Konsistenz liefert.

Elephantenläuse, ostindische.
(Ostindische Anakardien, Herzfrüchte, Tintebaum.)
Anacardia orientalia.
Semecarpus Anacardium L.
Pentandria Trigynia. — *Anacardieae.*

Hoher Baum mit graubrauner Rinde, in deren Spalten sich ein weiches ... Harz absetzt. Die fusslangen Blätter stehen abwechselnd, sind fast herz-... länglich, etwas stumpf und rauh. Die kleinen blass gelblichgrünen Blumen ... am Ende der Zweige kurz gestielt und büschelförmig in Rispen. Die ... Nüsse sitzen auf dem verdickten gelben, birnförmigen, fleischigen ...boden. — In Ost-Indien einheimisch.

Gebräuchlicher Theil. Die Früchte; sie kommen in den Handel als ...-18 Millim. lange, fast ebenso breite, und 4—6 Millim. dicke, plattgedrückte, ...ge, dunkelbraune, glatte glänzende Nüsse, welche auf einem 6—16 Millim. ... und 4—6 Millim. dicken, runzeligen, dunkelgrauen Stiele sitzen. Die äussere ... der Nüsse ist dick und hart, fast holzig; sie schliesst einen schwarzen, ... scharfen ätzenden Saft in einem lockeren Zellgewebe ein, dann folgt eine ..., dünne, braunröthliche Schale, welche einen weissen öligen milden süss-... Kern einschliesst.

Wesentliche Bestandtheile. Nach VIEIRA DE MATTOS in dem Frucht-... Gerbstoff, Gallussäure, Gummiharz, Farbstoff und eine stark blasen-... Substanz. STADELER schied dann aus dem schwarzen dicken Safte des ...gehäuses die scharfe Materie als eine gelbe ölartige Flüssigkeit (Cardol) ... ausserdem eine eigenthümliche fette krystallinische Säure (Anacardsäure).

Anwendung. Der schwarze Saft und das daraus dargestellte Cardol als ...ziehendes Mittel. Im Volke hängt man die ganze Frucht als Amulet gegen

Zahnweh, Herzleiden etc. an. In Indien dient der Saft als unauslöschliche Tinte zum Zeichnen auf Leinwand, Seide und Baumwolle.

Geschichtliches. SPRENGEL glaubte in den ostindischen Anakardien die Goldeichel (Chrysobalanos) des GALEN gefunden zu haben; sicher ist, dass PAULUS VON AEGINA die Frucht schon kannte, sowie AVICENNA und andere arabische Aerzte. Eine kurze Nachricht von dem Baume, der sie liefert, nebst einer Abbildung der Frucht gab zuerst GARCIAS AB HORTO, die LINNÉ irrig auf Avicenna tomentosa deutete.

Semecarpus ist zus. aus σημειον (Zeichen, Merkzeichen) und καρπος (Frucht), weil man mit dem Safte der Frucht Gewebe dauerhaft einmerken kann.

Anacardium ist zus. aus ανα (ähnlich) und καρδια (Herz), weil die Frucht einem vertrockneten Herzen gleicht.

Elephantenläuse, westindische.
(Westindische Anakardien, Kaschunüsse.)
Anacardia occidentalia.
Anacardium occidentale L.
Enneandria Monogynia. — Anacardieae.

5—8 Meter hoher Baum mit oft knotigem krummem Stamm, aus welchem eine Art Gummi schwitzt; die grossen Blätter stehen abwechselnd, sind verkehrt eiförmig, länglich, ganzrandig, lederartig, glänzend und gerippt. Die kleinen rothen wohlriechenden Blumen bilden gedrängte Rispen; sie hinterlassen nierenförmige Nüsse, welche auf einem grossen fleischigen birnförmigen, roth und gelb gefärbten Fruchtboden befestigt sind. — In Süd-Amerika und West-Indien.

Gebräuchlicher Theil. Die Früchte; nierenförmige, braune, glänzende harte Nüsse, etwa 25 Millim. und darüber lang, 18 Millim. breit und 12 Millim. dick oder auch kleiner. Gleich den orientalischen enthalten sie zwischen zwei Schichten einen schwarzen, sehr ätzenden Saft, der auf der Haut sogleich Entzündung und Blasen hervorruft. Die innere Schale schliesst auch hier einen öligen süssen essbaren Kern ein.

Wesentliche Bestandtheile. Aehnlich wie die orientalischen; nach STENHOUSE: viel Gerbstoff, ein krystallisirbares Fett und ein scharfer Stoff.

Anwendung. Wie die ostindischen. Auch zum Wegbeitzen der Warzen, Hühneraugen, Sommersprossen. Der fleischige Fruchtboden ist essbar, und schmeckt süsslichsauer, weinartig.

Geschichtliches. Eine der ersten Nachrichten von der westindischen Anakardiennuss gab der Karmelitermönch THEVET, und CLUSIUS lieferte eine Abbildung und Beschreibung des Baumes. Die Frucht stand schon bei den Indianern in Gebrauch gegen Ausschläge aller Art.

Die aus dem Stamme fliessende gummöse Substanz, Akaju-Gummi genannt, bildet unregelmässige, ziemlich grosse, oft noch mit der daransitzenden Baumrinde versehene, harte, aussen gestreifte, innen mit Luftblasen und Rissen durchzogene, ganz oder halb durchscheinende, gegen das Licht gehalten irisirende gelbliche oder gelbe geruchlose Gummistücke, die beim Kauen stark an den Zähnen hängen, sich schwer auflösen und ein weisses Pulver geben. Es enthält nach H. TROMMSDORFF in 100: 76,8 Gummi, 4,8 Bassorin und 16,4 Wasser; die Lösung in Wasser wird weder durch Borax, noch durch schwefelsaures Eisenoxyd verändert. Mit diesem Gummi bestrichene Bücher sollen von den Termiten nicht angefressen werden. (S. auch den Artikel Mahagonibaum, amerikanischer.)

Elsholtzie.

Herba Elsholtziae.

Elsholtzia cristata WILLD.

(Hyssopus ocimifolius LAM.)

Didynamia Gymnospermia. — Labiatae.

Einjährige Pflanze mit ästigem, 30—45 Centim. hohem Stengel, gestielten, eirunden, kahlen Blättern; Blüthen in Aehren an der Spitze des Stengels und der Aeste, aus halb stengelumfassenden Quirlen bestehend. Mit Ausnahme der Blätter, ist die ganze Pflanze mit langen, gegliederten Haaren bekleidet. — In Sibirien, Taurien, am Baikalsee; bei uns in Gärten.

Gebräuchlicher Theil. Das Kraut; es riecht angenehm rosenartig.

Wesentliche Bestandtheile. Nach SCHRADER: ätherisches Oel, schwerer als Wasser, Bitterstoff, Harz etc.

Anwendung.?

Elsholtzia ist benannt nach I. S. ELSHOLTZ, geb. 1623 zu Frankfurt a. O., Arzt, starb 1688 in Berlin, schrieb Botanisches.

Wegen Hyssopus s. den Artikel Hyssop.

Engelsüss.

(Korallenwurzel, Kropfwurzel, gemeiner Tüpfelfarn.)

Radix (Rhizoma) Polypodii, Filiculae dulcis.

Polypodium vulgare L.

Cryptogamia Filices. — Polypodieae.

Der Mittelstock, mit Unrecht als eine Wurzel betrachtet, liegt horizontal in der Erde, ist von abwechselnd und entfernt stehenden, stumpfen, zahnförmigen Ansätzen (den Stellen, wo die Wedel abfallen) gleichsam gegliedert, mit häutigen röthlichbraunen Schuppen bekleidet und mit zahlreichen schwarzbraunen Fasern besetzt. Aus ihm kommen mehrere einfache, 15—30 Centim. lange, mit einem langen, glatten Stiele versehene Wedel hervor. Das Blatt ist glatt, mit länglich-lanzettlichen, fein gesägten Abschnitten. Die runden Fruchthäufchen stehen in zwei Reihen auf der Rückseite dieser Blattabschnitte, sind bei der Reife braun und oft so genähert, dass sie sich berühren. — Sehr verbreitet auf der Erde, an Baumstümpfen und an Felsen in bergigen, waldigen Gegenden.

Gebräuchlicher Theil. Der Wurzelstock; getrocknet und von den Schuppen befreit, ist er etwa federkieldick, aussen blass rothbraun, innen etwas grünlich, leicht brüchig, markig, riecht eigenthümlich nach ranzigem Olivenöl und schmeckt erst süsslich, dann unangenehm, scharf und bitter.

Wesentliche Bestandtheile. Fettes Oel, eisengrünender Gerbstoff, ein süsser Stoff, welcher der Sarkokolla ähnlich sich verhält, Harz, Stärkmehl.

Anwendung. Ziemlich obsolet.

Geschichtliches. Die Pflanze war schon bei den Alten bekannt und von ihnen benutzt.

Polypodium ist zus. aus πολυς (viel) und ποδιον, πους (Fuss), in Bezug auf die zahlreichen Wurzelstöcke (Reste der alljährig absterbenden Wedel).

Engelwurzel, edle.

(Edle oder zahme Angelika, Brustwurzel, Erzengelwurzel, Gartenangelika,
Heiligegeistwurzel, Luftwurzel, Wasserangelika, Zahnwurzel.)

Radix Angelicae sativae.

Archangelica officinalis Hoffm.

(Angelica Archangelica L., *A. officinalis* Mönch, *A. sativa* Miller,
Selinum Archangelica Lk.)

Pentandria Digynia. — *Umbelliferae.*

Zweijährige, durch Kultur perennirende Pflanze mit 1,2—1,5 Meter hohem,
unten daumendickem und dickerm, oben ästigem, gefurchtem, hohlem, rothbraunem
Stengel; die unteren Blätter sind dreizählig, mehrfach zusammengesetzt, dick gestielt, ausgebreitet; an den oberen Theilen des Stengels sind sie weniger zusammengesetzt und selbst nur einfach dreizählig, mit weiten häutigen bauchigen Scheiden
versehen; die speciellen Blattstiele tragen eiförmige oder oval-lanzettliche, ziemlich
grosse, fast herzförmige, gelappte, scharf gesägte, glatte Blättchen, wovon das
äusserste gewöhnlich dreitheilig ist. Die Blumen bilden am Ende des Stengels
und der Zweige grosse, sehr gedrängte und fast kugelförmig gewölbte Dolden,
deren allgemeine Hülle aus wenigen häutigen, hohlen, bald abfallenden, deren
besondere aus mehreren borstenartigen, zurückgeschlagenen Blättchen besteht.
Die grünlich-gelben Blumen hinterlassen ovale, 4—6 Millim. lange, 3 Millim.
breite, flache, blass bräunliche Früchte. — Vorzugsweise in den nördlichen
Ländern, im nördlichen Deutschland, in Thüringen, Sachsen, etc. einheimisch,
in Thüringen und Sachsen auch angebauet.

Gebräuchlicher Theil. Die Wurzel, früher auch die jungen Zweige,
das Kraut und der Same. Sie muss von starken Pflanzen im Frühjahre des zweiten
Jahres gesammelt werden; ist spindelförmig, ästig, die Hauptwurzel mit starken
Fasern ringsum besetzt, oben 2½—4 Centim. dick, 30—45 Centim. lang, innen
weiss, mit einem gelblichen Milchsafte versehen, der an der Luft zu einem gelbrothen, dem Opopanax ähnlichen Gummiharze erstarrt. Trocken besteht sie aus
einem etwa 2½ Centim. dicken, cylindrischen Kopfe, der etwa 2½—4 Centim.
lang, unbefasert, runzelig geringelt, graubraun ist, und nach unten sich in etwa
federkieldicke, auch dickere und dünnere zahlreiche Aeste und Fasern zertheilt,
welche gewöhnlich etwas gewunden, 15—20 Centim. lang, stark der Länge nach
gerunzelt und gefurcht sind. Im Innern ist die trockene Wurzel schmutzigweiss,
porös, mit dunkleren, oft gelblichröthlichen und harzigen Punkten versehen, sie
riecht stark und eigenthümlich angenehm aromatisch, schmeckt, zumal frisch,
oft anfangs süsslich, dann beissend aromatisch und nicht unangenehm bitter.

Der Same riecht und schmeckt fast ebenso, das Kraut hingegen ist fast ohne
Geruch und Geschmack.

Wesentliche Bestandtheile. Die Wurzel ist von John, Buchholz und
Brandes, Hopff und Reinsch, Buchner untersucht; letzterer fand: zweierlei
ätherisches Oel, eine flüchtige krystallinische Säure (Angelikasäure), einen
anderen krystallinischen Stoff (Angelicin), eine besondere Wachsart (Angelika-
wachs), Bitterstoff, Gerbstoff, Zucker, Stärkmehl, Pektin. Aus jener Angelikasäure schieden Meyer und Zenner auch Baldriansäure. Das Angelicin ist
nach C. Brimmer identisch mit dem Hydrocarotin, und der krystallinische Zucker
ist Rohrzucker.

Verwechselung mit der Wurzel der Angelica sylvestris giebt sich leicht dadurch zu erkennen, dass diese viel dünner, weniger ästig, mehr dünnfaserig grau ist und schwächer riecht (s. d. folg. Artikel).

Anwendung. In Substanz, Aufguss, als Tinktur etc. In nordischen Ländern wird die Pflanze auf verschiedene Weise zubereitet, als Speise genossen.

Geschichtliches. Die Angelika wurde bereits im 14. Jahrhundert von den Mönchen kultivirt; sie galt damals für ein Hauptmittel gegen die Pest, man gab vor, es sei ein Engel auf der Erde erschienen, der die Menschen mit diesem köstlichen Arzneimittel bekannt gemacht habe, und benannten sie dem entsprechend. Die alten deutschen Aerzte und Botaniker glaubten in ihr eine der Doldenpflanzen des DIOSKORIDES zu besitzen; man hielt sie für Panax Heracleum, selbst für das Silphium, am meisten aber, wie aus den Schriften des AMATUS LUSITANUS und VALERIUS CORDUS erhellt, für das Smyrnion der alten Griechen — alles indess irrige Annahmen. Eine gewisse Celebrität erwarben sich im 16. Jahrhundert die Angelikawurzeln, welche in den Gärten der Mönchsklöster zu Freiburg im Breisgau gezogen wurden; sonst bekam man sie damals aus Pommern und Norwegen. Jetzt wird die thüringische und sächsische Wurzel am meisten geschätzt. Wie KAMERARIUS berichtet, setzte man dem Theriak statt Kostus die Angelika zu.

Engelwurzel, wilde.

(Wilde, kleine oder Wasser-Angelika.)

Radix Angelicae sylvestris.

Angelica sylvestris L.

(*Imperatoria sylvestris* DC., *Selinum pubescens* MÖNCH, *S. sylvestre* CRTZ.)

Pentandria Digynia. — Umbelliferae.

Perennirende Pflanze, deren Stengel 1—1½ Meter hoch, glatt, mit weisslichem Reif bedeckt, hohl und oben ästig ist; die unteren Blätter sind gestielt, gross, ausgebreitet, dreifach gefiedert, die oberen mit aufgeblasenen Scheidewänden versehen; die Blättchen gross, oval-länglich, zugespitzt, scharf gesägt, an der Basis z. Th. zweilappig, glatt oder unten etwas behaart, die Endblättchen gestielt, ganz oder dreispaltig. Die grossen dichten gewölbten Dolden am Ende des Stengels und der Zweige haben Hüllen wie die Archangelica. Blümchen grün oder röthlich weiss, selten ganz weiss. — Häufig auf feuchten Wiesen, an Gräben, Wegen, am Rande der Wälder.

Gebräuchlicher Theil. Die Wurzel; von zwei- und mehrjährigen Pflanzen im Frühjahr oder Spätherbst zu sammeln, ist daumendick und dicker, lang, faserig, aussen weisslich, innen weiss, milchend. Trocken grau, mit geschweiftem kurzem Kopfe und strohhalm- oder federkieldicken Fasern, die nicht so zahlreich und kleiner sind als die der Archangelica, aber z. Th. stark mit feinen weisslichen Fäserchen besetzt; innen weisslich, porös, mit rothgelben Harzpunkten. Riecht wie die Archangelica, nur schwächer und angenehmer, schmeckt beissend aromatisch, wenig bitter.

Wesentliche Bestandtheile. Aetherisches Oel etc. Eine nähere Untersuchung fehlt.

Anwendung. Jetzt nur noch in der Thierheilkunde; sie verdient aber mehr Aufmerksamkeit.

Wegen Imperatoria s. den Artikel Meisterwurzel.

Wegen Selinum s. den Artikel Haarstrang, bergliebender.

Enkacienrinde.

Cortex Encaciae.

Die Stammpflanze dieser 1827 nach Deutschland gekommenen, aber nicht im Drogenhandel erschienenen Rinde ist bisher gänzlich unbekannt geblieben. Sie soll in Brasilien einheimisch sein, und den Euphorbiaceen oder Apocyneen angehören.

Diese Rinde erscheint nach der Beschreibung von MARTINY in flachen und gerollten Stücken von etwa 10 Centim. Länge, 4 Centim. Breite und 6 Millim. Dicke, ist sehr schwer, gar nicht holzig, sehr hart und spröde, ganz dicht und wie aus vertrocknetem Safte selbst bestehend. Oberhaut, Rinden- und Bastschicht sind unversehrt vorhanden und deutlich zu erkennen. Die Oberhaut hat an den erhabensten Stellen eine Dicke von höchstens 2 Millim., an glatten, weniger aufgesprungenen Stellen beträgt sie aber noch nicht 1 Millim., ist, wie die ganze Rinde, sehr saftreich, und sitzt fest auf der Rindenschicht, von der sie nur durch einen gelblichen, dünnen, concentrisch verlaufenden Streifen getrennt ist. Ihre Oberfläche ist rauh, mit vielen ungleichen Längsrunzeln, und hin und wieder auch mit Querrissen versehen, auch mit vielen runden oder länglich-runden, korkig-schwammigen, hellbraunen Auswüchsen besetzt. Die unversehrte Oberhaut hat eine dunklere, schmutzigbraune Farbe, welche bald mehr grünlich, bald mehr gelblich oder weisslich durch den Thallus unerkennbarer Flechten erscheint. An verriebenen oder abgesprungenen Stellen der Oberhaut zeigt sich mit glänzender brauner Farbe ein vertrockneter, die ganze Oberhaut durchsetzender Pflanzensaft. Die Rindenschicht begreift fast die ganze übrige Dicke der Rinde, denn der Bast ist nur sehr dünn; sie besteht aus einer äusserst harten, festen und spröden Masse, welche das Ansehen hat, als ob ihr, die an Farbe gelblichbraun erscheint, hellgelbliche runde Körnchen eingemengt wären. Letztere ragen an den Querbruchstellen hervor, sind an den Querschnittflächen auch deutlich als hellere Punkte zu erkennen, erscheinen an den Längsschnittflächen als hellere Längsfasern und sind wahrscheinlich starke Saftgänge. Die innere Fläche der Rinde ist mit dicht aneinander liegenden länglichen, kleinen Erhabenheiten versehen, mit der äusserst zarten Basthaut überzogen, braun wie Kakaomasse, von Pflanzensaft bedeckt und dadurch an erhabenen Stellen, sowie da, wo man ein wenig reibt, stark glänzend. An einigen, wahrscheinlich durch das Trocknen entstandenen Zerklüftungen zeigt sich eine dicke Lage vertrockneten rothbraunen Pflanzensaftes. Der Querbruch ist eben und körnig. — Die Rinde riecht schwach, widrig, etwas harzig, schmeckt süsslich adstringirend, hinterher lange anhaltend schwach, wirkt emetisch und purgirend.

Wesentliche Bestandtheile. Nach BUCHNER: Harz, eisenbläuender Gerbstoff. Verdient nähere Untersuchung.

Anwendung. In der Heimath als Brechmittel und gegen die Folgen des Bisses giftiger Schlangen.

Der Name der Rinde ist brasilianisch.

Enzian, gelber oder rother.

(Bitterwurzel, Fieberwurzel, Hochwurzel, Zinzallwurzel.)

Radix Gentianae rubrae.

Gentiana lutea L.

Pentandria Monogynia. — Gentianaceae.

Perennirende 70—90 Centim. hohe Pflanze mit einfachem, dickem Stengel, gegenüberstehenden Blättern, die unteren z. Th. 24 Centim. lang und 6—8 Centim. breit, in einen kurzen Blattstiel herablaufend, die oberen sitzend, an der Basis z. Th. verwachsen, fast herzförmig, alle glatt, der Länge nach mit stark vortretenden Rippen gezeichnet, ganzrandig, oben hellgrün, unten blasser. Die Blumen sitzen in achselständigen Quirlen büschelartig, von eirunden Nebenblättern umgeben; der scheidenartige Kelch ist 2—3zähnig, durchscheinend, häutig, die Krone tief 5—6spaltig, sternförmig ausgebreitet, gelb. — Auf den Alpen und Voralpen der Schweiz und des übrigen mittleren Europa, auch hie und da in Deutschland.

Gebräuchlicher Theil. Die Wurzel; sie ist cylindrisch, oben oft daumendick und dicker, meist ästig, 0,6—1,2 Meter lang, aussen geringelt, dunkel- oder hellbraun, schrumpft durch Trocknen stark zusammen, und bildet neben den, möglich am Kopfe dicht gedrängten, feinen Querringen, an den dünnern Theilen viele unordentliche, nicht selten schief laufende Längsrunzeln; innen ist sie orangegelb bis hellgelb. Auf dem Querschnitte bemerkt man drei Abtheilungen; die äusserste bildet die oft 2 Millim. dicke, schwammige, z. Th. grobporöse Rinde, auf welche ein dichter, dünner, dunkelfarbiger Ring folgt, welcher das etwas lockere, fleischige, gegen die Mitte lockerer werdende Mark einschliesst. Die ganze Wurzel ist, wenn nicht scharf getrocknet, zähe, biegsam, fleischig, völlig trocken spröde, leicht pulverisirbar, das Pulver bräunlichgelb. Sie riecht frisch etwas widerlich scharf, durch Trocknen vergeht der Geruch z. Th. und ist noch schwach gewürzhaft; der Geschmack sehr anhaltend rein und stark bitter, anfangs mit etwas Süss vermischt.

Wesentliche Bestandtheile: Nach CAVENTOU und HENRY ein flüchtiges, riechendes Princip, gelber, krystallinischer Bitterstoff (Gentianin), fixes, grünes Oel, fieberartige Materie, Schleimzucker, Gummi etc. Der gelbe, krystallinische erwies sich, nach den Erfahrungen von H. TROMMSDORFF und LECONTE, in reinem Zustande als geschmacklos, bekam daher den Namen Gentisin. Den Bitterstoff der Wurzel erhielt später KROMAYER rein in farblosen Nadeln, nannte ihn Gentipikrin und zeigte, dass er ein Glykosid ist. PATCH wollte in der Wurzel Gerbstoff gefunden haben; MAISCH stellte dessen Anwesenheit aber in Abrede, und F. VILLE erklärte die eisengrünende Reaction als vom Gentisin herrührend.

Verwechselungen, Verfälschungen. Was Verwechselungen mit den Wurzeln anderer Arten der Gattung Gentiana betrifft, so steht fest, dass die Wurzelgräber sich keineswegs auf G. lutea beschränken, sondern je nachdem diese zu spärlich vorhanden ist, und die eine oder andere Art sich ihnen reichlich darbietet, auch von diesen die Enzianwurzel einsammeln, ja oft, bei gänzlichem Fehlen der lutea, lediglich die anderen Arten herhalten müssen, und es deshalb nicht überraschen kann, wenn in manchen Apotheken gar keine Wurzeln der G. lutea, sondern nur solche von anderen Arten angetroffen werden. Diese letzteren sind vorzüglich: G. asclepiadea, bavarica, pannonica, Pneumonanthe, punctata, *purpurea*. Keine Frage, dass diess Verwechselungen sind, aber zum Glück so harmloser Natur, dass sie gar kein Bedenken hervorrufen, denn die wesentlichen Bestandtheile aller dieser Wurzelarten dürften qualitativ und selbst vielleicht quantitativ übereinstimmen. Ich glaube daher die Beschreibung der Wurzeln aller dieser andern Arten, und um so mehr der botanischen Unterscheidungs-merkmale ihrer Muttergewächse selbst übergehen, und als wesentliches Erkennungs-merkmal einer guten Enzianwurzel bloss den oben angegebenen Geruch und Geschmack hervorheben zu dürfen. Will man indessen doch eine Auswahl treffen, so wäre nur zu berücksichtigen, dass die dicken, aussen dunkelbraunen, innen hoch orangegelben Stücke die kräftigsten sind.

Dahingegen ist besonderes Augenmerk auf die Beimengung anderer, nicht der Gattung Gentiana angehörigen Wurzeln zu richten, und zwar um so mehr als diese zu den giftigen gehören. Aus Unachtsamkeit kann nämlich beim Graben des Enzians der Wurzelstock des Veratrum album darunter gemengt werden, da beide Pflanzen (G. lutea und V. album), ehe sie in Stengel geschossen sind, und zu welcher Zeit die Wurzel gesammelt werden muss, sich ähnlich sehen. Der Unterschied beider Drogen ist übrigens ein sehr grosser (siehe Nieswurzel weisse). Auch sollen schon Belladonnawurzeln darunter vorgekommen sein, die aber gleichfalls sehr abweichen (s. Tollkirsche).

Anwendung. In Substanz, Aufguss, Absud, als Extrakt, Tinktur. Die frische Wurzel häufig zur Darstellung eines Branntweins durch Gährung und Destillation, da die Wurzel reich an Zucker ist.

Geschichtliches. Der Enzian der Alten war jedenfalls eine Pflanze der höchsten Gebirge; ob aber unsere G. lutea darunter zu verstehen ist, bezweifelt SPRENGEL, und DIERBACH sagt, damit übereinstimmend, dass HERAKLIDES sich des kretischen Enzians bediente, die G. lutea aber in Kreta nicht wächst. Wir können, auf FRAAS gestützt, hinzufügen, dass in ganz Griechenland G. lutea nicht vor-kommt, dass es aber wohl zulässig ist, wenn Fr. die Γεντιανή des DIOSKORIDES auf. G. lutea bezieht, da Letzterer die Wurzel vermuthlich aus Illyrien erhielt. Die Alten hatten schon ein wässeriges Extrakt der Wurzel im Gebrauch. CLEVS ABASCANTUS benutzte die Gentiana gegen Auszehrung; ORIGENES gab den frisch gepressten Saft gegen Blutspeien; COELIUS AURELIANUS gegen Spuhlwürmer, auch diente sie gegen Gicht, Wechselfieber etc.

Gentiana hat, wie DIOSKORIDES berichtet, ihren Namen von dem illyrischen Fürsten GENTIUS bekommen, der, nach PLINIUS Angabe, den gelben Enzian gegen die Pest empfahl.

Enzian, gemeiner.
(Blauer Wiesenenzian, blauer Tarent, Lungenblume.)
(Radix, Herba und *Flores Pneumonanthes Antirrhini coerulei.)*
Gentiana Pneumonanthe L.
Pentandria Monogynia. — *Gentianaceae.*

Perennirende, 15—45 Centim, hohe oder auch höhere Pflanze mit aufrechtem, einfachem, vierseitigem, stark beblättertem Stengel, gegenüberstehenden, schmalen linienförmigen oder linien-lanzettlichen, am Rande umgebogenen, stumpfen Blättern, einzelnen, gegenüber stehenden, achsel- und endständigen grossen, gestielten, unten schmaleren, oben glockenförmig erweiterten, 5 spaltigen, blauen Blumen. — Auf feuchten Wiesen und Weiden.

Gebräuchliche Theile Wurzel, Kraut und Blumen, sämmtlich bitter schmeckend.

Wesentliche Bestandtheile. Bitterstoff. Nicht näher untersucht.

Anwendung. Obsolet.

Von den bei uns einheimischen Arten mögen hier nur noch ganz kurz Gentiana acaulis, amarella, asclepiadea, campestris, cruciata und verna genannt werden, welche, mit Ausnahme der verna, sämmtlich ebenfalls bitter schmecken, ehemals officinell waren, von denen aber bis jetzt keine genauer untersucht worden ist. Was G. cruciata betrifft, so tauchte sie vor 40 Jahren für kurze Zeit wieder auf, indem sie (von dem Lehrer LALIC in Ungarn) als ein Specificum gegen Wasserscheu ausposaunt wurde, doch, wie fast vorauszusehen, ohne nachhaltigen Erfolg.

Enzian, ostindischer.

Stipites Chiraytae, Chirettae.

Gentiana Chirayta RXB.

(Ophelia Chirata GRIESEB.)

Pentandria Monogynia. — Gentianaceae.

Perennirende Pflanze mit 0,6—1,2 Meter hohem, ästigem, knotigem, blass braunem, glattem Stengel, lanzettlichen, mit 3—5 Nerven durchzogenen, z. Th. stengelumfassenden Blättern. Die kleinen, gelben Blumen stehen büschelig auf kurzen Stielen in den Blattwinkeln, und bilden eine grosse, pyramidenförmige Rispe. Kelch 4spaltig ausgebreitet, Krone 4theilig radförmig, die Staubgefässe kurzig gestaltet. — In Ost-Indien.

Gebräuchlicher Theil. Die Stengel nebst den Resten des Wurzelhalses; es sind gegen 15 Centim. lange, federkieldicke Stengelfragmente, aussen röthlich, innen mit einem weissen Marke angefüllt, von sehr bitterem Geschmack.

Wesentliche Bestandtheile. Wohl derselbe Bitterstoff, wie im Enzian; die vorhandenen Analysen von BOUTRON-CHARLARD, BOISSEL u. LASSAIGNE befriedigen nicht. Was später HÖHN als eigenthümliche Säure (Opheliasäure) und als eigenthümlichen Bitterstoff (Chiratin) bezeichnet hat, bedarf wohl auch noch gründlicherer Prüfung.

Anwendung. In Ost-Indien hochgeschätztes Arzneimittel, das aber in Europa keinen bleibenden Eingang gefunden hat.

Geschichtliches. Diese Droge kam im vorigen Jahrhundert unter dem Namen Calamus verus nach Europa, ist aber keine der Kalmus-Arten der alten griechischen und römischen Aerzte (man sehe darüber den Artikel Drachenblut), und man kann allenfalls zugeben, dass sie der Calamus der Araber sein möchte, wie ihn PROSPER ALPIN beschreibt. Die Pflanze selbst wurde durch LECHENAULT im Jahre 1822 bekannt.

Chirayta ist ein indischer Name.

Ophelia von ὄφελος (nützlich), in Bezug auf die Heilkräfte der Pflanze.

Epheu.

Lignum, Folia, Baccae und *Gummi-Resina Hederae arboreae.*

Hedera Helix L.

Pentandria Monogynia. — Araliaceae.

Strauch- oder baumartiges Klettergewächs, dessen runder Stamm oft 10 Centim. und darüber im Durchmesser hat und an der Seite, mit welcher er auf den Gegenständen, die er überzieht, anliegt, mit einer Menge zahlreicher wurzelähnlicher Wärzchen besetzt ist, durch deren Hülfe er sich fest anheftet. Die Blätter stehen abwechselnd, sind langgestielt, ganzrandig, lederartig, immergrün, auf der oberen Seite dunkler, glänzend, auf der unteren blasser, glanzlos, geadert, kahl und nur die Blattstiele z. Th. etwas filzig; die unteren Blätter drei- bis fünflappig, die der blühenden Zweige eiförmig und ungetheilt. Die Blumen grünlichweiss, die Früchte sind schwarze, rundliche, erbsengrosse Beeren, welche erst im nächsten Frühjahre reifen. In kälteren Gegenden kommt der Epheu nicht zur Blüthe und hat nur gelappte Blätter. — In den meisten europäischen Ländern in Wäldern, an Bäumen, Felsen und alten Mauern wildwachsend.

Gebräuchliche Theile. Das Holz mit der Rinde, die Blätter, Beeren und das aus dem Stamme und Zweigen fliessende Gummiharz.

Das Holz ist sehr porös, riecht schwach aromatisch und schmeckt ähnlich. Die Rinde aussen grau, innen weissgelblich, mit röthlichen Flecken (die von den ausschwitzenden harzigen und gummigen Theilen herrühren), schmeckt herb und zusammenziehend.

Die Blätter riechen namentlich frisch balsamisch-harzig, und schmecken widerlich, harzig, kratzend.

Die Früchte schmecken säuerlich, harzig, reizend.

Das Gummiharz, welches von selbst oder nach gemachten Einschnitten, jedoch nur in wärmeren Ländern, zum Ausflusse gelangt (ausnahmsweise jedoch an sehr dicken Stämmen auch im südlichen Deutschland), erscheint im Handel als grössere oder kleinere unregelmässige rauhe Körner, aber auch als grössere oft faustgrosse Klumpen von dunkelbraungelber, z. Th. ins Orange übergehender Farbe, aus mehr oder weniger glänzenden, auch matten Theilen zusammengesetzt. Kleinere Stücke sind durchsichtig, fast granatroth oder kaum durchscheinend, spröde und leicht zerreiblich, als Pulver lebhaft orangegelb. Es riecht, namentlich in der Wärme und angezündet eigenthümlich, nicht unangenehm balsamisch, der Geschmack ist schwach bitterlich reizend.

Wesentliche Bestandtheile. Das Holz und noch mehr die Rinde sind von dem aromatischen Harze durchdrungen, beide aber bis jetzt nicht näher untersucht.

Aus den Blättern erhielt L. VERNET ein in farblosen seidenglänzenden Nadeln krystallisirendes, schwach süss schmeckendes Glykosid.

Von der Frucht sind die Samen (deren jede 5 enthält) wiederholt analysirt. CHEVALIER und VANDAMME wollen darin ein bitteres Alkaloid gefunden haben, ihre Angabe bedarf aber noch der Bestätigung. Nach POSSELT enthält der Same Proteïnsubstanz, eine besondere krystallinische bitter schmeckende Säure (Hederinsäure), eisengrünende Gerbsäure, Zucker, Pektin, Fett.

Das Gummiharz enthält ätherisches Oel, Harz, Gummi, ist aber häufig so stark von holzigen Fragmenten durchsetzt, dass PELLETIER in einer Sorte 70 % davon fand, während das Harz 27 und das Gummi 7 % betrug.

Anwendung. Ehedem fertigte man aus dem Holze Fontanellkügelchen, auch Becher, aus denen man bei Entzündungen trinken liess. Die Blätter dienten innerlich gegen Lungenleiden, äusserlich zu Umschlägen; das Gummiharz innerlich und zum Räuchern; die Beeren als Brech- und Purgirmittel.

Geschichtliches. Schon in den hippokratischen Schriften kommen die Wurzel, die Blätter und deren Saft, sowie die Beeren des Epheu, dort Kissos genannt, als innerliches und äusserliches Arzneimittel vor. Unter dem Namen

Helix versteht DIOSKORIDES die sterile Form des Gewächses mit lappigen Blättern; er benutzte auch die Blumen und das Gummiharz. Letzteres wandte A. TRALLIANUS in Salbenform gegen Gichtknoten an. Nach innerem Gebrauche des Epheu will man im Alterthum Anfälle von Irrsinn beobachtet haben.

Hedera von ἕδρα (Sitz), ἕδειν (sitzen), in Bezug auf das Festhalten der Pflanze an Mauern etc.

Helix von ἕλιξ (Windung), in Bezug auf das Wachsthum des Stammes.

Epheugurke.

Semen Nandirobae.

Feuillea cordifolia L.

Dioecia Pentandria — Cucurbitaceae.

Zweijährige hochrankende, wie Epheu kletternde Pflanze mit herzförmigen, schwach gelappten, etwas gesägten Blättern, in Trauben stehenden kleinen blassgelben Blumen und grossen ovalkugeligen, kürbissartigen Früchten mit 3 Fächern, jedes mit 4 Samen. — In Westindien und Südamerika einheimisch.

Gebräuchlicher Theil. Der Same; er ist etwa 5 Centim. breit, flach scheibenförmig, am Rande dünn, die Schale braungelb, ziemlich dick und lederartig, der Kern gelblich und bitter.

Wesentliche Bestandtheile. Nach DRAPIEZ: Fett, Schleim, Stärkmehl, Harz etc. Das daraus durch Pressen erhaltene Fett, Sekueöl genannt, ist nach Wicht weiss und hart wie Talg; HANAUSEK dagegen beschreibt es als schmutzig gelbweiss, butterartig weich, bei 21° schmelzend und dabei wie Butterschmalz riechend.

Anwendung. Der Same in der Heimath als allgemeines Gegengift; er erregt Brechen und Purgiren. Das Fett dient dort als Einreibemittel gegen Gliederschmerzen und zum Brennen.

Nandiroba und Sekue sind amerikanische Namen.

Feuillea ist benannt nach dem Franziskaner LOUIS FEUILLÉE, geb. 1660 zu Mana in der Provençe, der den Orient, Westindien und Südamerika bereiste, astronomische und botanische Schriften herausgab und 1732 starb.

Erbse.

Semen Pisi sativi.

Pisum sativum L.

Diadelphia Decandria. — Papilionaceae.

Einjährige Pflanze mit 30—90 Centim. hohem und höherem, schwachem, ästigem, rankendem Stengel, abwechselnden, gefiederten, aus 2—3 Paaren länglicher, glatter, stachel-spitziger Blättchen bestehenden Blättern; der allgemeine Stiel ist rund, glatt und endigt in eine dreispaltige, gabelförmige Ranke, an der Basis ist er mit einem grossen abgerundeten, gekerbten Afterblatte besetzt. Aus den Blattwinkeln kommen die Blumenstiele, welche 2, 3 oder mehrere grosse weisse, blassrothe oder violette Blumen tragen. Die Hülse ist 5—7 Centim. lang, cylindrisch, aufgetrieben oder zusammengedrückt und enthält mehrere kugelige Samen. — Hie und da in Europa wild wachsend und häufig kultivirt.

Gebräuchlicher Theil. Der Same.

Wesentliche Bestandtheile. Nach den Analysen von EINHOF, BRACONNOT, EINGAULT, HORSFORD, KROCKER im Mittel in 100: 43 Stärkmehl, 27 Legumin, 31 Fett, 2,3 Zucker, 5,8 Gummi, 4,6 Pektin. KNOP fand das Fett phosphorhaltig.

Anwendung. Als Mehl zu Umschlägen. Die Hülsen, unreifen und reifen Samen sind bekannte, sehr nährende Gemüse.

Geschichtliches. Eine schon in alten Zeiten diätetisch und medicinisch benutzte Pflanze.

Pisum, Πίσον, celtisch *pis*. Nach THEOPHRAST von πτισσειν (enthülsen) angeblich nach der Stadt Pisa, die aber vielleicht eher von dem daselbst betriebenen Erbsenbau ihren Namen bekam.

Erdbeere.
Radix, Herba und *Fructus Fragariae*.
Fragaria vesca L.
Icosandria Polygynia. — Rosaceae.

Perennirende Pflanze mit federkieldicker oder dickerer, cylindrischer, schief laufender, mit Schuppen bedeckter, befaserter Wurzel, aus der dünne, oft mehrere Fuss lange, fadenförmige Sprösslinge entspringen, welche auf der Erde fortlaufen und in einiger Entfernung wurzelnd neue Pflanzen treiben. Die Wurzelblätter stehen im Kreise auf langen Stielen, ihre dreizähligen Blättchen sind eiförmig, gross und stumpf gesägt, die seitenständigen an der Basis ungleich, alle mit dicht anliegenden, besonders unten seidenartig glänzenden Haaren versehen. Der Stengel ist aufrecht, finger- bis handhoch, unten einfach, blattlos, an der Verästelung mit 1 oder mehreren den Wurzelblättern ähnlichen oder kleineren einzelnen oder gepaarten Blättchen besetzt, an deren Stelle sich auch oft nur kleine halbscheidige, dreispaltige Afterblättchen befinden. Die weissen Blumen bilden eine Art ästiger, aufrechter oder etwas überhängender Afterdolde. Die Früchte sind falsche Beeren. — Häufig in Wäldern, Gebüschen, auf sonnigen Hügeln und wird in Gärten kultivirt, wodurch mancherlei Formen und Arten mit Früchten entstanden sind.

Gebräuchliche Theile. Die Wurzel, das Kraut und die Früchte.

Die Wurzel besteht aus einem cylindrischen, meist gekrümmten, 5—7 Centim. langen und etwa federkieldicken, aussen mit hell gelbbräunlichen Schuppen bedeckten Stock, der unten mit langen dünnen, z. Th. strohhalmdicken, fadenförmigen ästigen braunen Fasern besetzt ist; innen ist er hell bräunlichroth, fleischig, mit ungleich dickem, weissem holzigem Ringe. Die Wurzel der Gartenbeere ist meist dicker, oft fingerdick, und z. Th. kurz, wie abgebissen, ziemlich höckerig, schuppig, stark mit Fasern besetzt, viel dunkler braun. Sie ist geruchlos, schmeckt ziemlich herb.

Das Kraut, ist ebenfalls geruchlos, schmeckt herbe, aber zugleich schleimig und schwach bitterlich.

Die Früchte haben einen eigenthümlichen lieblich aromatischen Geruch und angenehm süsssäuerlichen Obstgeschmack.

Wesentliche Bestandtheile. Wurzel und Kraut enthalten eisenbläuenden Gerbstoff, sind aber nicht näher untersucht. In den Früchten fand SCHWARZ Spuren eines flüchtigen Oeles, Citronensäure, Aepfelsäure (diese beiden Säuren hatte schon SCHEELE nachgewiesen), Pektin, Schleimzucker, rothen Farbstoff, wachsartiges Fett, fettes trocknendes Oel, eisenbläuenden Gerbstoff, Proteïnsubstanz. Das hier aufgeführte flüchtige Oel ist wahrscheinlich eine organische saure Aetherverbindung, wie die künstlichen Fruchtessenzen. Der rothe Farb-

und stimmt seinem ganzen Verhalten nach mit der Cissotannsäure des wilden Weinstocks *(Vitis hederacea)* überein.

Anwendung. Wurzel und Blätter im Aufguss; die Blätter sollen, ganz jung gesammelt und rasch getrocknet, ein gutes Surrogat des chinesischen Thees sein. Die Früchte wurden als Heilmittel des Podagra von LINNÉ aus eigener Erfahrung empfohlen.

Geschichtliches. OVID, VIRGIL und PLINIUS erwähnen schon die Erdbeeren unter dem Namen *Fraga*, allein erst APULEJUS spricht ausführlicher von ihren Heilkräften. NIKOLAUS ALEXANDRINUS, dessen Antidotarium fast das einzige Apothekerbuch war, dessen man sich im Mittelalter bediente, erwähnt die Erdbeeren in einer Komposition, die er Potio sacra tussientibus überschreibt, und sie Schwindsüchtigen und überhaupt allen Personen mit schwacher Brust empfiehlt.

Fragaria kommt von *fragrare* (duften), in Bezug auf die Frucht.

Erdeichel.
(Ackernuss, knollige Platterbse.)
Glandes terrestres.
Lathyrus tuberosus L.
Diadelphia Decandria. — Papilionaceae.

Perennirende Pflanze mit 60—90 Centim. hohem, aufrechtem, aufsteigendem oder niederliegendem, kantigem, glattem ästigem Stengel. Die rankenden Blattstiele tragen 2 eiförmige, zugespitzte, stachelspitzige, glatte Blätter, zu denen noch halbpfeilförmige Afterblättchen kommen. Die achselständigen Blumenstiele tragen mehrere schön purpurrothe oder rosenrothe wohlriechende Blumen. Die Hülsen sind glatt, zusammengedrückt und enthalten rundliche Samen. Zum Theil häufig, besonders in gebirgigen Gegenden, auf Aeckern.

Gebräuchlicher Theil. Die Wurzel; sie ist knollig, aussen schwarz, innen weiss, schmeckt süsslich, mehlig und herbe.

Wesentliche Bestandtheile. Nach BRACONNOT in 100: 17 Stärkmehl, 6 krystallisirbarer Zucker, 3 stickstoffhaltige Materie, 3 Eiweiss, Fett, Wachs, etc.

Anwendung. Als Arzneimittel obsolet. In einigen Gegenden geniesst man die Wurzel wie Kartoffeln zubereitet.

Geschichtliches. Die Pflanze war schon den Alten bekannt und von ihnen benutzt; THEOPHRAST nennt sie 'Αραχωδης, PLINIUS *Aracidna, Arachos* und *Arachoides.*

Lathyrus ist zus. aus λα (sehr) und θουρος (heftig, reizend); die Pflanze galt früher als Aphrodisiacum.

Lathyrus angustifolius enthält nach REINSCH im Samen: einen amorphen Bitterstoff, Stärkmehl, Leim, Eiweiss, Gummi, Fett, Harz, Wachs.

Erdnuss.
(Unterirdische Erdeichel, Erdpistacie.)
Semen Archidis hypogaeae.
Arachis hypogaea L.
Diadelphia Decandria. — Caesalpiniaceae.

Einjährige Pflanze mit auf der Erde liegendem, röthlichem, rauhem, knotigem, gegen 20—25 Centim. langem Stengel, zweipaarig gefiederten Blättern mit verkehrt eiförmigen, eingedrückten, fast glatten Blättchen, lanzettlichen, stachelspitzigen,

aderigen Blattansätzen, einblüthigen Blumenstielen, gelben Blumen. Die Fruchtknoten dringen nach dem Abblühen in die Erde und reifen darin. Die Hülse
ist rund, höckerig, lederartig, zweisamig. — In den Tropenländern einheimisch
und daselbst auch viel angebauet.

Gebräuchlicher Theil. Der Same, resp. das daraus gepresste Oel,
wovon derselbe etwa die Hälfte seines Gewichtes enthält. Dasselbe ist blass-
grünlich, trocknet nicht, gesteht bei — 3° und steht an Güte dem Olivenöle gleich.

Wesentliche Bestandtheile. Der Same ist noch nicht näher untersucht. Die
fetten Säuren des Oeles sind nach CALDWELL Arachinsäure, Palmitinsäure und
Hypogäsäure, keine Stearinsäure.

Anwendung: Als Speiseöl, zu Seifen.

Geschichtliches. Bei den alten Griechen hiess diese Pflanze Ἀραχίδνα,
bei den Römern *Arachidna* oder *Aracidna*, mithin ganz ähnlich wie die Erdeichel.

Unter dem (wahrscheinlich ursprünglich ägyptischen) Namen Arachidna beschreibt PLINIUS eine ägyptische Pflanze, welche weder Blatt noch Stengel habe,
und nur aus Wurzel bestehe. Diess passt insofern auf unsere Pflanze, als der
Fruchtknoten den oben erwähnten Entwicklungsprocess in der Erde durchmacht,
so dass die Frucht von einem Unkundigen leicht für ein wurzelartiges Gebilde
gehalten werden kann. Der Speciesname hypogaea (zus. aus ὑπο, unter und γῆ,
Erde) deutet diese Eigenthümlichkeit der Pflanze noch näher an. Der Name
Arachidna und die Beschaffenheit der Pflanze leiten auch auf die Vermuthung
hin, dass derselbe zusammengesetzt sei aus ἀραχος (eine Art Wicke) und ἴδνον
(Trüffel), d. h. eine wickenartige Pflanze mit trüffelähnlichen Knollen. Wäre die
(ebenfalls vorkommende) Schreibweise Arachnida richtig, so könnte man von
ἀραχνη (Spinne) ableiten, und den Namen auf die netzartige Oberfläche der
Frucht beziehen.

Erdrauch.
(Feldraute, Grindkraut, Taubenkörbel.)
Herba Fumariae.
Fumaria officinalis L.
Diadelphia Hexandria. — Fumariaceae.

Einjährige zierliche Pflanze mit dünner, gelblichbrauner, wenig befaserter
Wurzel, zartem, hand- bis fusshohem und höherem, ganz glattem, aufrechtem oder
theilweise niederliegendem, vierseitigem, ausgebreitet ästigem Stengel. Die Blätter
stehen abwechselnd, sind dreifach zusammengesetzt, unregelmässig gefiedert, hellgrün, unten blasser, nicht selten mehr oder weniger graugrün, die einzelnen
Blättchen schmal, keilförmig, zwei- oder dreispaltig, mit linien-lanzettförmigen,
oben schmäleren, stumpfen Einschnitten. Die Blumen stehen am Ende der
Stengel und Zweige, sowie den Blättern gegenüber in kleinen, einfachen, aufrechten, lockeren Trauben, sind kurzgestielt, klein, 6—8 Millim. lang, blassroth,
an der Spitze purpurn, auch braun oder grünlich, zuweilen weisslich. Die Frucht
ist kugelig, etwas über hirsekorngross, und enthält einen schwarzen glänzenden
harten Samen. — Auf Aeckern, in Gärten und Weinbergen durch fast ganz
Europa einheimisch.

Gebräuchlicher Theil. Das Kraut; es riecht frisch beim Zerreiben
widerlich, fast narkotisch, schmeckt salzig bitter, etwas scharf.

Wesentliche Bestandtheile. Eigenthümliche krystallinische Säure (Fumarsäure), von WINCKLER darin entdeckt; eigenthümliches bitteres krystalli-

Alkaloïd (Fumarin), von Peschier, dann von Hannon angedeutet, aber erst von Preuss bestimmt charakterisirt.

Anwendung. Meist als frisch gepresster Saft zu den Frühjahrskuren, dann als Extrakt.

Geschichtliches. Den Erdrauch der alten Aerzte bezog man gewöhnlich auf Fumaria parviflora, weil diese Art in Griechenland wie in Italien sehr gemein ist, Dierbach erklärt sich jedoch damit nicht einverstanden. Der Name Fumaria ist, wie Dioskorides sagt, von dem scharfen Safte abzuleiten, welcher, gleich dem Rauche *(Fumus)*, den Augen Thränen entlockt. Diese Schärfe findet sich nicht in der F. parviflora, wohl aber in der F. media, sowie in der F. capreolata. Letztere Art ist nach Fraas das Ἰσόπυρον des Dioskorides, und Καπνος des Diosk, *Altera capnos* des Plinius ist nach Fr. unsere F. officinalis.

Erdscheibe.
(Saubrot, Schweinebrot, Waldrübe.)
Radix (Rhizoma oder *Tuber) Cyclaminis.*
Cyclamen europaeum L.
Pentandria Monogynia. — Primulaceae.

Perennirende Pflanze mit lang gestielten, herzförmig-kreisförmigen, etwas stumpfen, gezähnten, aderigen, oben dunkelgrünen und weiss gefleckten, glänzenden, unten purpurrothen Blättern, einblüthigem, 15 Centim. hohem, aufrechtem, oben gebogenem Schafte; Blume hängend, rosenroth, wohlriechend. Nach dem Verblühen liegt der Blumenstiel schraubenförmig gewunden auf der Erde. — Im südlichen Europa, auch hie und da in Deutschland an schattigen und waldigen Orten.

Gebräuchlicher Theil. Der Wurzelstock, im Herbst zu sammeln. Es ist ein dicker runder plattgedrückter kuchenförmiger Knollen, aussen braun, ringsum mit langen Fasern besetzt, innen weiss. Geruchlos, frisch brennend scharf schmeckend, heftig purgirend; beim Trocknen verliert sich die Schärfe, ebenso durch Kochen und Braten, und dann schmeckt er süsslich und ist unschädlich.

Wesentliche Bestandtheile. Nach Saladin: brennend scharfer Stoff (Artanitin, Cyclamin), Stärkmehl, Gummi etc. Nach Mutschler ist das Cyclamin ein krystallinisches Glykosid, identisch mit dem Primulin, und beide wahrscheinlich identisch mit dem Saponin. De Luca machte die interessante Beobachtung, dass das Cyclamin bei längerem Stehen unter Wasser sich in zwei süsse Produkte spaltet, nämlich in Glykose und Mannit. Von diesen beiden ist der Mannit bekanntlich ein krystallinischer Körper, und da nach De Luca das Cyclamin zu den amorphen Substanzen gehört, so vermuthet der Verfasser, dass, wo unter den Eigenschaften desselben krystallinische Form angegeben ist, man ein Gemenge von Cyclamin und Mannit, also theilweise zersetztes C. unter Händen gehabt hat.

Anwendung. Der Saft des frischen Wurzelknollens früher als Purgans. Schon auf den Unterleib gelegt, soll er so wirken und die Würmer vertreiben. Der getrocknete Knollen wirkt viel schwächer.

Geschichtliches. Die Erdscheibe gehört zu den ältesten Arzneimitteln, doch war die Pflanze, welche die alten Griechen Κυκλάμινος oder Κυκλάμις nannten und benutzten nach Fraas nicht C. europaeum, sondern C. graecum Lk., welches im Lande am verbreitetsten ist. DIOSKORIDES unterscheidet aber noch eine andere Κυκλαμινος, welche Lonicera Periclymenum ist.

Cyclamen kommt von κυκλος (Scheibe, Kreis), und bezieht sich auf die Form des Wurzelknollens.

Erle.
(Eller.)
Cortex und *Folia Alni.*
Alnus glutinosa GÄRTN.
(Betula Alnus L.)
Monoecia Tetrandria. — *Betulaceae.*

18—24—30 Meter hoher Baum mit aschgrauer rissiger Rinde, röthlichem Holz und abstehenden, gedrehten, kahlen Aesten. Die Blätter sind zugerundet, stumpf, oft eingedrückt, schmierig, dunkelgrün und glänzend, auf der Unterfläche blasser mit parallelen Linien. Die Stiele der Kätzchen sind etwas scharf, stehen an der Spitze in Trauben; die männlichen Kätzchen sind verlängert, walzenförmig und hängend, ihre Schuppen in der Mitte violettbraun nnd die 5 Nebenschuppen purpurroth; die weiblichen sind etwas aufrecht, eirund und stumpf, ihre violet-braunen Schuppen enthalten 2 vorstehende purpurrothe Griffel. Die Fruchtzapfen sind graubraun, hartschuppig, öffnen sich, werden schwarzbraun, und bleiben lange hängen. Der kleine eckige Same ist braun und nussartig. Variirt mit buchtigen, eingeschnittenen oder lappigen Blättern. — Auf nassen Plätzen, Moor-boden, an Flussufern.

Gebräuchliche Theile. Die Rinde und die Blätter.

Die Rinde (von den jungen Aesten) bildet gerollte oder rinnenförmige Rinde-stücke von 1 Millim. Dicke, mit einer graubräunlichen Oberhaut, innen orange-gelb. Ihr Geschmack ist herbe, wenig bitter.

Die Blätter schmecken ähnlich.

Wesentliche Bestandtheile. In der Rinde: Gerbstoff. Nach STENHOUSE wird derselbe von essigsaurem Eisenoxyd bläulich-purpurroth, von Eisenoxydul-salzen dunkel olivengrün, auch von Leim, nicht aber von Brechweinstein gefällt. Nach DREYKORN und REICHARDT spaltet sich dieser Gerbstoff durch Säuren in Zucker und einen eigenthümlichen rothen Farbstoff (Erlenroth), der aber auch schon im Holze selbst auftritt.

Die Blätter enthalten nach C. SPRENGEL ebenfalls viel eisengrünenden Gerb-stoff, dann viel Gummi, etwas Bitterstoff etc.

Anwendung. Obsolet.

Geschichtliches. Unsere Erle ist die Κληθρα der Griechen und *Alnus* der Römer.

Alnus ist zus. aus dem celtischen *al* (bei) und *lan* (Ufer), in Bezug auf den nassen Standort, welchen der Baum liebt.

Esche, gemeine oder hohe.
(Wundholzbaum.)
Cortex, Folia und *Fructus Fraxini; Lingua avis.*
Fraxinus excelsior L.
Polygamia Dioecia. — *Oleaceae.*

Hoher schöner Baum mit gefiederten glatten, dunkelgrünen sechspaarigen Blättern, deren Blättchen kurz gestielt, lanzettlich zugespitzt, an der Basis keiförmig, am Rande gesägt sind. Die Blumen kommen an den jungen Zweigen aus schwarzen Knospen noch vor den Blättern, sind schwarzroth, und bilden schlaffe vielblüthige Rispen, die sich gegen die Fruchtreife bedeutend vergrössern, und überhängen. Die kurzen Staubfäden haben dunkelblutrothe Beutel. Die Frucht ist eine einsamige zungenförmige (daher der Name Vogelzunge) Flügelfrucht. — Im südlichen und mittleren Europa, sowie im nördlichen Asien wild wachsend, bei uns theils verwildert und häufig kultivirt.

Gebräuchliche Theile. Die Rinde, Blätter und Frucht.

Die Rinde ist aussen aschgrau, rissig, innen weissgelblich, leicht zerbrechlich, und schmeckt stark bitter, etwas zusammenziehend.

Die Blätter schmecken ebenfalls zusammenziehend bitter.

Die Frucht (der sog. Same) ist etwa 36 Millim. lang, 6 Millim. breit, gelb oder bräunlich und schliesst einen länglichen Samen ein, der mehr als die Flügelhaut zusammenziehend bitter und zugleich scharf schmeckt.

Wesentliche Bestandtheile. In der Rinde: eisengrünender Gerbstoff; eigenthümlicher krystallinischer glycosidischer Bitterstoff (Fraxinin), zuerst von KELLER beobachtet, dann von SALM-HORSTMAR näher studirt; Mannit.

Die Blätter enthalten gleichfalls Gerbstoff und Bitterstoff; dann nach MOUCHON auch Mannit und eine widrig schmeckende krystallinische Substanz (Fraxinit), welche der Träger der purgirenden Wirkung der Blätter ist, und auch wohl in der Manna dieselbe Rolle spielt. FRÈRE und GAROT fanden die Blätter auch reich an äpfelsaurem Kalk. Endlich ist noch der Analyse der Blätter von GINTL zu erwähnen, wonach als Bestandtheile noch Inosit und Quercitrin hinzukommen, während das Fraxinin ihm entging.

Die Frucht enthält nach KELLER: ein grünes wanzenartigriechendes ätherischfettes Oel, scharfes Harz, Gummi, viel Schleim, Bitterstoff und eisengrünenden Gerbstoff.

Anwendung. Nur noch selten in der Heilkunde. Auf dem Baume halten sich häufig die Kanthariden auf.

Geschichtliches. THEOPHRAST nannte die gemeine Esche Βουμελια, die Mannaesche μελια. Die Eschenarten, zumal die des südlichen Europas, wurden schon sehr früh als Arzneimittel benutzt; den hippokratischen Schriften zufolge räucherte man mit dem Holze bei Frauenkrankheiten. Die Früchte wurden als Diuretikum gerühmt. Die Rinde ist eins der ältesten China-Surrogate; man hatte anfangs so viel Vertrauen zu ihr, dass man sie China europaea nannte.

Fraxinus kommt von φραξις (Trennung, separatio), entweder weil das Holz sich leicht spalten lässt oder weil dasselbe (wie in Süd-Europa) zu Umzäunungen dient.

Eschscholzie.
Radix und Herba Eschscholziae.
Eschscholzia californica CHAM.
Polyandria Monogynia. — Papavereae.

Perennirende Pflanze vom Habitus des Schöllkrauts, mit abwechselnden, vieltheiligen Blättern; Blüthen einzeln, den Blättern gegenüber, gelb, vierblättrig, die Petala rundlich; Kapsel schotenförmig, zehnrippig, zehnstreifig, zweiklappig, Samen klein, kugelrund. — Auf trocknen, sandigen Plätzen in der Umgebung von San Francisco in Californien.

Gebräuchliche Theile. Die Wurzel und das Kraut.

14*

Wesentliche Bestandtheile. In der Wurzel nach WALZ: Drei Alkaloide, von denen eins hochrothe Salze, das zweite weisse Salze giebt und das dritte mit Schwefelsäure violett wird; bitterer, rothbrauner Farbstoff, brauner Farbstoff, eigenthümliche Säure, Citronensäure, Aepfelsäure, Schleim, Harz, Gummi, Eiweiss, Zucker. Das Kraut enthält nach W. dieselben Bestandtheile, aber statt der beiden erst genannten Alkaloide, ein weisses in Aether lösliches.

Anwendung. ?

Eschscholzia ist benannt nach J. FR. ESCHSCHOLZ, geb. 1793 zu Dorpat, Begleiter KOTZEBUE's als Arzt auf dessen Entdeckungsreisen 1815—18, dann 1823—26 Prof. der Medicin in Dorpat, starb 1831.

Esdragon.
(Dragun-Beifuss, Kaisersalat.)
Herba c. Floribus (Summitates) Dracunculi.
Artemisia Dracunculus L.
(Oligosporus condimentarius CASS.)
Syngenesia Superflua. — *Compositae.*

Perennirende Pflanze mit kriechender, ästiger, faseriger Wurzel, aus der mehrere 60—90 Centim. hohe, aufrechte, ästige, oben kantige, blassgrüne, glatte Stengel mit ähnlichen abwechselnden aufrechten Zweigen hervorwachsen; die Blätter sind abwechselnd, sitzend, 25—50 Millim. lang, schmal lanzettlich, ganzrandig, mit wenig verdicktem Rande, hochgrün, oben fein geadert, etwas schlaff, zart, den Leinblättern ähnlich. Die Blumen bilden beblätterte, traubenartige Rispen zu 2 auf kurzen Stielchen nickend, klein, etwa hirsegross, oval, rostfarben, mit grüner, etwas weichhaariger oder glatter Hülle, deren oberste Schuppen am Rande weisslich, durchscheinend, trocken sind; die flache Blumenscheibe kaum über die Hülle hervorragend. — Im südlichen Europa, Russland, Tartarei, bei uns in Gärten.

Gebräuchlicher Theil. Das blühende Kraut; Blätter und Blumen riechen stark und angenehm aromatisch, auch nach dem Trocknen, schmecken beissend aromatisch, kaum bitterlich.

Wesentliche Bestandtheile. Aetherisches Oel, Bitterstoff, eisengrünenden Gerbstoff. Das Oel stimmt nach GERHARDT und LAURENT fast ganz mit dem Anisöl überein.

Anwendung. Früher gegen Skorbut, Wassersucht u. s. w. Der Hausverbrauch als Würze an Speisen; durch Extraktion mit Essig erhält man den Esdragonessig.

Geschichtliches. In den Schriften der älteren Griechen und Römer kommt diese Pflanze nicht vor, wohl aber in den späteren, wo sie mit Pyrethrum bezeichnet wird, und dann freilich nicht auf das Πύρεθρον des Dioskorides (Anthemis Pyrethrum) bezogen werden darf.

Wegen Artemisia s. den Artikel Beifuss.

Dracunculus ist das Dimin. von *draco*, δράκων (Schlange), und deutet auf die schlangenartig gewundene Wurzel. Davon aber ganz verschieden ist die TOURNEFORT'sche Gattung Dracunculus, denn diese gehört zu den Aroideen, ist das Δρακόντιον des HIPPOKRATES, die Δρακόντια μεγάλη des DIOSKORIDES u. A., und auch nach δράκων benannt, bezieht sich aber auf den gleich der Schlangenhaut verschiedenartig gefleckten Stengel.

Oligosporus ist zus. aus ὀλίγος (wenig) und σπορα (Same); die Blüthen der Scheibe sind zwar zwitterig, aber unfruchtbar, nur die (weiblichen) Strahlenblüthen hinterlassen Achenien.

Esenbeckienrinde.

Cortex Esenbeckiae febrifugae, Angusturae brasiliensis.
Esenbeckia febrifuga MART.
(Evodia febrifuga ST. HIL.)
Pentandria Monogynia. — Diosmaceae.

Ansehnlicher hoher Baum, dessen junge Zweige röthlich und weich behaart sind. Die Blätter stehen einander gegenüber, sind lang gestielt, dreizählig, länglich-lanzettlich, ganzrandig, durchsichtig punktirt, die seitlichen kürzer als das Endblättchen, und in der Nähe der Blumen sind die Blätter einfach. Die sehr kleinen Blüthen bilden eine 10—12 Centim. lange Rispe, deren Aeste mit Deckblättchen besetzt und weich behaart sind; die Blumenblätter sind weiss und drüsig punktirt. — In der brasil. Provinz Minas Geraës einheimisch.

Gebräuchlicher Theil. Die Rinde; 5—150 Centim. lange Stücke, 12—14 Millim. breit und 1—2 Millim. dick, aussen schmutzig weiss, beim Abreiben braune Flecken zeigend, hie und da mit einer dicken schwammigen Substanz versehen. Die untere Seite ist glatt, kaffeebraun, welche Farbe auch die innere Rindensubstanz besitzt, welche sehr stark und unangenehm bitter schmeckt.

Wesentliche Bestandtheile. BUCHNER fand darin ein eigenthümliches bitteres Alkaloid (Esenbeckin,) WINCKLER noch zwei bittere, aber nicht alkalische Materien, und Chinovasäure.

Anwendung. In Brasilien gegen Fieber; bei uns hat die Rinde keinen Eingang in die Medicin gefunden.

Esenbeckia nach den Gebrüdern NEES VON ESENBECK, zwei berühmten Botanikern, benannt.

Evodia ist zus. aus εὖ (gut) und ὀδμή (Geruch) in Bezug auf den angenehmen Geruch gewisser Theile der Pflanze.

Evodia glauca, ein in Japan einheimischer Baum mit hellgelber, etwas ins Grüne spielender Rinde, welche eine korkartige Epidermis hat, leicht zerbrechlich, weich ist, sich in Lamellen abschälen lässt, stark bitter schmeckt, beim Kauen viel Schleim entwickelt, und nach G. MARTIN viel Berberin enthält; wird dort medicinisch und als Farbholz benützt.

Eukalyptusöl.

Oleum Eucalypti,
Eucalyptus Globulus LABILL.
Icosandria Monogynia. — Myrteae.

Ansehnlicher, eine Höhe von 60 Meter erreichender Baum mit gegenständigen, stehenden, länglichen, länglich-eiförmigen, oder eilanzettförmigen, spitzen, am Grunde schwach herz-förmigen, ganzrandigen, kahlen, besonders unterseits blaugrünen, federnervigen mit stark hervortretenden Mittelnerven, krautartigen, getrocknet etwas lederartigen, durchscheinend punktirten, meist 8—12 Centim. langen und 4—6 Centim. breiten Blättern. — In Vandiemensland (Nord-Australien) und andern Districkten Australiens einheimisch, in mehreren andern wärmeren Ländern angebaut.

Gebräuchlicher Theil. Die Blätter, resp. das daraus destillirte ätherische Oel, wozu aber auch die Blätter anderer Arten der Gattung Eucalyptus (E. amygdalina, corymbosa, fissilis, Goniocalyx, longifolia, obliqua, odorata, oleosa, rostrata, Sideroxylon, viminalis), welche im Allgemeinen (wegen eines aus ihren Stämmen schwitzenden adstringirenden Saftes) Gummibäume heissen, verwendet werden.

Diese Oele, zuerst 1854 von Ferd. von Müller in Melbourne, dann dort auch 1864 von Johnson und weiterhin besonders von J. Bosisto in grossem Maassstabe fabricirt, besitzen im Allgemeinen einen Geruch, der an Citronen, Terpenthin, Minze und Kampher erinnert, haben ein spec. Gewicht von 0,881—0,940, sieden bei 131—199° und sind sämmtlich Gemische mehrerer näherer Bestandtheile.

Wesentliche Bestandtheile. Speciell untersucht wurde das Oel des E. Globulus von Cloëz. Die Ausbeute betrug 6% der Blätter. Es enthält etwa zur Hälfte einen bei 175° siedenden Antheil, während der höher siedende Antheil ein Gemenge mehrerer Körper ist. Jener, vom Verfasser Eucalyptol genannt, liefert mit wasserfreier Phosphorsäure erhitzt einen Kohlenwasserstoff (Eucalypten).

Das eigenthümliche graugrüne Ansehn der Blätter wird nach Schunck nicht durch eine besondere Modifikation des Blattgrünes, sondern durch eine Fettschicht bedingt, nach deren Entfernung durch Aether die Blätter die gewöhnliche grüne Farbe zeigen.

Anwendung. Besonders gegen Wechselfieber, wozu theils die Oele selbst, theils die Blätter in Form eines Aufgusses oder einer Tinktur dienen.

Eucalyptus ist zus aus εὖ (schön) und χαλυπτος (bedeckt); der Kelch ist vor dem Aufbrechen der Blüthe mit einem Deckel versehen, der später abfällt.

———————

Aus den Blättern der Eucalyptus dumosa schwitzt in Australien eine neue Art Manna, dort Lerp genannt; sie sieht wie Schneeflocken aus, fühlt sich wie Wolle an, schmeckt rein süss, und zeigt sich bei näherer Betrachtung als zahlreiche enge konische Kelche, die äusserlich mit einer Anzahl nach verschiedenen Richtungen laufender Haare bedeckt sind. Anderson fand sie in 100 zusammengesetzt aus: 49,06 unkrystallisirbarem Zucker mit etwas Harz, 5,77 Gummi, 4,29 Stärkmehl, 13,80 Inulin, 12,04 Cellulose, 13,01 Wasser.

———————

Euphorbium.

Gummi-Resina Euphorbium.

Euphorbia resinifera Berg.*)

Dodecandria Trigynia. — Euphorbiaceae.

Cactusähnlicher, fleischiger, sparrig verästelter, kantiger, an den Kanten statt der Blätter mit einer Reihe von gepaarten steifen Stacheln versehener, milchender

———————

*) Früher glaubte man, dass die in den Felsspalten auf den kanarischen Inseln einheimische E. canariensis L. und die in trocknen sandigen Gegenden Nord-Afrikas, insbesondere Aethiopiens wachsende E. officinarum L. die officinelle Droge lieferten, bis Berg die Unrichtigkeit dieser

Strauch mit 4kantigen Aesten, ziemlich lang gestielten, meist 3-, selten 6—7köpfigen Trugdolden, welche im Bau und Blüthe mit dem der einheimischen Wolfsmilch-arten ziemlich übereinstimmen. — Im Atlasgebirge einheimisch.

Gebräuchlicher Theil. Der durch gemachte Einschnitte ausfliessende und erhärtende Milchsaft, auf Grund der drei älteren Analysen von Braconnot Brandes und Pelletier, welche 14—19⅔ Wachs gefunden hatten, von Dierbach als Wachsharz bezeichnet. Da aber in der neuesten, jedenfalls zuverlässigeren Analyse von Flückiger kein Wachs, dagen 18⅔ Gummi (bassorinartiges) vor-kommen, so muss die seitherige Bezeichnung Gummiharz aufrecht erhalten bleiben.

Das Euphorbium erscheint als rundlich dreieckige hohle Stücke, die aus einer Basis mit zwei Aesten bestehen, und den Ueberzug eines Stachelpaares aus-machen, welchen sie stalaktitenartig umhüllen, von denen auch oft Reste darin sich noch vorfinden, daher sie gewöhnlich drei Oeffnungen haben, eine z. Th. grosse an der Basis und zwei an den Enden der Aeste; doch findet sich dort nach statt zwei Oeffnungen eine fortlaufende Rinne mit unregelmässig einge-bogenen Rändern. Die Dicke der Stücke beträgt 3—6 Millim., auch mehr, die Länge und Breite ⅔ Millim. bis 24 Millim., oft sind es aber nur unregelmässige kleinere Bruchstücke oder, je nach den Pflanzen, von denen sie kommen, ab-weichend gestaltete Körner. Die Farbe ist aussen graugelblich, mehr oder weniger ins Röthliche oder Braune, theils dunkler graubraun, matt, etwas bestäubt, ziemlich brüchig, leicht zerbrechlich. Das Pulver ist weiss, geruchlos und anfangs geschmacklos, worauf ein sehr heftiges, lange anhaltendes Brennen im Munde folgt. Der Staub in die Nase und an das Gesicht gebracht, erregt das heftigste Niesen, Entzündung und Anschwellung des Gesichts. Innerlich bewirkt es hef-tiges Brechen, Purgiren, Entzündung der Eingeweide und selbst den Tod. In der Wärme schmilzt es unter Aufblähen unvollkommen, unter Verbreitung eines nicht unangenehmen Geruchs; angezündet brennt es mit heller Flamme. Wein-geist, sowie Wasser lösen es theilweise.

Wesentliche Bestandtheile. Nach Flückiger in 100: 38 amorphes scharfes Harz, 22 krystallinisches mildes Harz (Euphorbon), 18 Gummi (bassorin-artiges), 12 äpfelsaure Salze, 10 mineralische Stoffe.

Anwendung. Früher innerlich als Drastikum, jetzt nur noch äusserlich als hautreizendes Mittel.

Geschichtliches. Das Euphorbium ist ein altes Arzneimittel, das schon Dioskorides 'Ευφορβιον nannte, und dessen vorsichtige Einsammlung beschrieb. Es wurde viel und selbst innerlich gebraucht; Caelius Aurelianus empfahl es bei Wassersucht, Archigenes als Blasenpflaster, Alexander Trallianus gegen das Ausfallen der Haare, Scribonius Largus als Niesmittel gegen Kopfweh u. s. w. Euphorbia ist, wie Plinius berichtet, nach Euphorbos, dem Leibarzte des Königs Juba von Mauritanien (um 54 v. Chr.) benannt. Die Ableitung von εὖ (gut) und φορβή (Nahrung) ist nur etwa in Bezug auf den Namen des Arztes als eines Mannes, der heilsame Dinge verordnet) zulässig, denn die Euphorbien sind meist scharf und ungeniessbar.

Euphorbia Tiracalli, ein bis 3 Meter hoher stacheloser Strauch mit fadenförmigen, dichten, ausgebreitet verworrenen Zweigen, kleinen, linien-lanzett-lichen nachwies und die im Atlas einheimische Stammpflanze der gebräuchlichen Droge unter gleichem Namen trennte.

lichen, dicken Blättern, und gelben Blumen; in Ost-Indien und auf den Molukken einheimisch; enthält ebenfalls einen scharfen Milchsaft, der dort äusserliches Volksmittel ist.

Faam oder Faham.
(Wohlriechende Luftblume.)
Folia Angraeci. Thea de Bourbon.
Angraecum fragrans Du P. Th.
(Aërobium fragrans Spr.)
Gynandria Monandria. — Orchideae.

Parasitische Pflanze mit abwechselnden 8—15 Centim. langen, gegen 12 Millim. breiten, rinnenförmigen, an der Spitze zweilappigen, stumpfen, ganzrandigen, drei- rippigen, lederartigen Blättern, einblüthigen Stielen mit ausgebreiteter zurückge- krümmter Krone, deren 3 obere Blätter helmförmig; Lippe ungetheilt, spatel- förmig, Sporn dünn hängend, Pollenmasse wachsartig. — Auf den Maskarenen einheimisch.

Gebräuchlicher Theil. Die Blätter; sie besitzen einen den Tonka- bohnen ähnlichen angenehmen Geruch.

Wesentlicher Bestandtheil. Nach Gobley: Kumarin.

Anwendung. In der Heimath als Thee.

Faam und Angraecum sind ost-afrikanische Namen.

Aërobium ist zus. aus ἀηρ (Luft) und βιεῖν (leben), d. h. ein Parasit, der lange ohne andere Nahrung als die Luft leben kann.

Färberginster.
Herba und *Flores Genistae tinctoriae.*
Genista tinctoria L.
Diadelphia Decandria. — Papilionaceae.

30—60 Centim. hoher Strauch oder Staude mit an der Basis, z. Th. auch oben ästigem, aufrechtem oder aufsteigendem, holzigem Stengel, zerstreuten, kantig gestreiften, fast glatten, grünen, mehr krautartigen Zweigen, abwechseln- den, z. Th. ziemlich dicht stehenden, sitzenden, schmal lanzettlichen, spitzen, bis 36 Millim. langen und 4 Millim. breiten, ganzrandigen, glatten oder sehr kurz und zart behaarten, gewimperten, hochgrünen, glänzenden, etwas steifen Blättern. Die Blumen stehen einzeln in Achseln an der Spitze der Zweige, und bilden ziemlich gedrängte, beblätterte, schön goldgelbe Trauben. Die Hülse ist etwa 25 Millim. lang und enthält mehrere eiförmig-rundliche, grünlich-gelbe glatte Samen. — In grasigen Waldungen und Gebüschen, auf trocknen Wiesen und Wäldern.

Gebräuchliche Theile. Das Kraut mit den Blumen; ehemals auch der Same. Die Pflanze verbreitet beim Zerreiben einen etwas scharfen, kressen- artigen Geruch; das Kraut schmeckt fade krautartig und entwickelt beim Kauen viel Schleim, später etwas Schärfe; die Blumen schmecken ähnlich, etwas bitter- lich. Der hirsegrosse Same ist geruchlos, schmeckt ekelhaft bitter und wirkt purgirend.

Wesentliche Bestandtheile. In den Blumen nach Cadet de Gassicourt: gelber Farbstoff, Fett, eine antiskorbutische Materie, festes ätherisches Oel, Zucker, Wachs, Gerbstoff, Schleim etc. Die übrigen Pflanzentheile sind nicht näher untersucht.

Verwechselung mit dem Besenginster ist bei Vergleichung der beiden Beschreibungen leicht zu vermeiden.

Anwendung. Als Absud in starken Dosen gegen Hundswuth; die Samen gab man als Purgans. Hauptverbrauch zum Gelb- und Grünfärben, und zur Bereitung des Schüttgelbs.

Geschichtliches. Bei den griechischen Schriftstellern kommt diese Pflanze nicht vor, (sie ist auch im jetzigen Griechenland nicht einheimisch), wohl aber bei den römischen als *Genista*, ist vielleicht auch das *Lutum* des PLINIUS. 1813 empfahl MAROCHETTI sie gegen Hundswuth.

Wegen Genista s. den Artikel Besenginster.

Färberknöterich.
Polygonum tinctorium LOUR.
Octandria Trigynia. — Polygoneae.

Perennirende Pflanze mit oval zugespitzten glatten saftigen Blättern, abgestutzten gewimperten Tuten (ochreae), und in langen ruthenförmigen Aehren stehenden rothen Blumen. — In China einheimisch, dort und in mehreren andern Ländern angebaut.

Gebräuchlich. Die ganze Pflanze.

Wesentlicher Bestandtheil. Gleichwie in den Indigofera-Arten eine durch geeignete Behandlung in den blauen Indigo-Farbstoff übergehende Substanz (s. Indigopflanze.)

Anwendung. Zur Gewinnung des Indigo.

Wegen Polygonum s. den Artikel Buchweizen.

Färberröthe.
(Färberwurzel, Grapp, Krapp.)
Radix Rubiae tinctorum.
Rubia tinctorum L.
Tetrandria Monogynia. — Rubiaceae.

Perennirende Pflanze mit 0,6—1,2 Meter hohem, 4kantigem, an den Kanten stacheligem Stengel, der quirlartig mit 4—6 lanzettlichen, am Rande und Kiel mit kleinen Stacheln versehenen Blättern besetzt ist. Die Blumen stehen in ausgebreiteten unterbrochenen Rispen, die Blümchen sind klein, blassgelb, die Früchte anfangs röthlich und gleichen bei der Reife schwarzen trockenen Beeren. — In Kleinasien, der Krim, am Kaukasus und im südlichen Europa einheimisch; schon seit Jahrhunderten in Deutschland, Frankreich und Holland kultivirt, wo die Pflanze auch verwildert auftritt.

Gebräuchlicher Theil. Die Wurzel; sie ist cylindrisch, federkieldick und dicker, ästig, aussen mit einer dunkelbraunen, leicht ablösbaren Rinde bedeckt, der darunter liegende Theil ist frisch gelb, wird aber durch Liegen an der Luft und beim Trocknen bräunlich roth und schliesst einen braunen Kern ein, oft fehlt dieser, und die Wurzel ist dann hohl. Riecht schwach dumpfig, schmeckt anfangs süsslich, dann etwas adstringirend, reizend, bitter.

Wesentliche Bestandtheile. An der Untersuchung dieser Wurzel hat auch eine grosse Anzahl von Chemikern betheiligt, namentlich BERZELIUS, BUCHOLZ, COLIN, DEBUS, DÖBEREINER, HIGGIN, JOHN, KUHLMANN, ROBIQUET, ROCHLEDER, RUNGE,

SCHIEL, SCHIFFERT, SCHÜTZENBERGER, SCHUNCK, STRECKER, WOLFF. Ihre Ergebnisse weichen meist sehr von einander ab, widersprechen sich auch wohl, und es hält vorläufig z. Th. schwer zu entscheiden, was Wahrheit und was Irrthum ist. Als nähere Bestandtheile sind nach und nach aufgeführt worden:

a) Farbstoffe oder Farbstoffgebende: Alizarin (rother Farbstoff), Chlorogenin, gelbe Farbstoffe, orangerother Farbstoff, Purpurin, Lizarinsäure, Oxylizarinsäure, Ruberythrinsäure (ein Glykosid, aus welchem, nebst einem andern noch nicht isolirten Glykoside, die beiden Hauptfarbestoffe Alizarin und Purpurin erst hervorgehen), Rubiaceensäure, Rubiacin, Rubiadin, Rubian, Rubichlorsäure, Rubiretin, Verantin, Xanthin; worüber nähere Information aus den chemischen Lehrbüchern zu erholen ist.

b) Viel Zucker, ein stickstoffhaltiges Ferment (Erythrozym), Pektin, Citronensäure, eisengrünender Gerbstoff, Fett etc.

Anwendung. Als Absud; bei anhaltender, innerlicher Anwendung färben sich die Knochen roth. Der Hauptverbrauch zum Rothfärben. Früher gehörte die Wurzel zu den 5 kleinen eröffnenden (Radices 5 aperientes minores).

Geschichtliches. Von der Färberröthe — Ἐρευθόδανον HIPPOKR., Σπαρτὴ ἐρυθρόδανον DIOSK. etc. — benutzten die alten griechischen Aerzte nicht nur die Wurzel, sondern auch die Blätter, sowie den ausgepressten Saft der Pflanze und selbst den Samen, diesen speciell gegen Milzkrankheiten.

Alizarin ist von *ali-zari*, womit man im Oriente die Wurzel der Pflanze bezeichnet, abgeleitet.

Das Wort Krapp ist wahrscheinlich ebenfalls orientalischen Ursprungs.

Färberscharte.
(Färbedistel, Gilbkraut, blaue Scharte.)
Radix und *Herba Serratulae.*
Serratula tinctoria L.
Syngenesia Aequalis. — *Compositae.*

Perennirende Pflanze mit etwa fingerdicker, kurzer, stark befaserter, aussen brauner, innen weisser Wurzel, aber mit den borstigen Blattresten besetzt. 0,6—1,2 Meter hohem, aufrechtem, oben ästigem, glattem und gestreiftem, steifem Stengel. Die unteren Blätter sind lang gestielt, die oberen z. Th. sitzend, länglich, eilanzettlich, sehr verschieden; oft an derselben Pflanze theils ungetheilt und scharf gesägt, theils mehr oder weniger eingeschnitten, leierförmig gefiedert getheilt, alle oben glatt und hochgrün, unten blasser mit ganz kurzen zerstreuten Härchen besetzt. Die Blumen bilden am Ende der Stengel und Zweige fast gleichhohe Doldentrauben, die mittelmässig grossen Köpfe oval-länglich, mit dachziegelförmig dicht anliegenden kleinen eiförmigen, waffenlosen, z. Th. violetten Schuppen; die violettrothen, selten weisslichen Krönchen röhrig-trichterförmig und bilden eine kleine, etwas vorstehende Scheibe. — Durch ganz Deutschland und das übrige Europa auf feuchten und trockenen gebirgigen Wiesen.

Gebräuchliche Theile. Die Wurzel und das Kraut; erstere schmeckt unangenehm bitter, etwas aromatisch, letzteres etwas bitter und herbe, schleimig.

Wesentliche Bestandtheile. Bitterstoff, eisengrünender Gerbstoff, gelber Farbstoff, Schleim. Nicht näher untersucht.

Anwendung. Ehemals innerlich und äusserlich. In der Technik zum Gelbfärben.

Geschichtliches. Die Pflanze ist als Arzneimittel schon lange im Gebrauche gewesen, jedoch meist nur als sogen. Wundkraut. Man unterschied noch eine Serratula major, worunter Betonica officinalis, und eine S. minor, worunter Teucrium Chamaedrys verstanden wurde

Serratula von *serrula*, Dimin. von *serra* (Säge), in Bezug auf die stark gesägten Blätter.

Farn, männlicher.

(Johannishand, Johanniswurzel.)

Radix (Rhizoma) Filicis maris.

Aspidium Filix mas W.

(*Nephrodium Filix mas* R., *Polypodium Filix mas* L.)

Cryptogamia Filices. — *Polypodieae.*

Perennirende Pflanze mit fast horizontal im Boden liegendem Wurzelstock, der an alten Exemplaren 30 Centim. und darüber lang und an 5 Centim. dick ist; er besteht grösstentheils aus den in schiefer Richtung spiralig oder dicht übereinander liegenden Blattstielbasen (der bleibenden verdickten Basis der abgefallenen Blattstiele), welche den eigentlichen Stock verhüllen. Diese Blattstielbasen sind aussen grünlichschwarz und mit rostfarbigen Schuppen bekleidet, innen fleischig, grünlichweiss. Die Wurzelfasern kommen zerstreut zwischen diesen Blattansätzen hervor. Die aus der Spitze sich entwickelnden Wedel sind 45—60 Centim. und darüber lang; der Blattstiel mit rostfarbigen Spreublättchen bekleidet; das Blatt ist doppelt gefiedert zerschnitten, doch so, dass die Abschnitte der zweiten Ordnung (die sekundären) noch mit Blattsubstanz an der Mittelrippe herablaufen. Die Abschnitte sind länglich, stumpf, an der Spitze gezähnelt. Die runden Fruchthaufen stehen in zwei Reihen zu 8—10 beisammen und sind bei der Reife von schöner rostbrauner Farbe. — In Wäldern, Gebüschen und an schattigen Gräben durch ganz Deutschland sehr verbreitet.

Gebräuchlicher Theil. Der Wurzelstock, welcher für den medicinischen Gebrauch in den Monaten Juli, August und September und zwar jedes Jahr frisch gesammelt werden muss. Man entfernt die Wurzelfasern, sowie die älteren marklosen, z. Th. angefaulten Blattstielreste und trocknet sie bei gewöhnlicher Temperatur oder in nur sehr gelinder Wärme, wobei die Stücke aussen eine braune, ins Röthliche neigende Farbe annehmen. Der Geruch ist eigenthümlich unangenehm, der Geschmack kratzend, adstringirend und bitterlich.

Wesentliche Bestandtheile. Nach den Analysen von GEBHARDT, MORIN, NEES v. ESENBECK, PESCHIER, BUCHNER, GEIGER, WACKENRODER, BOCK, LUCK, TROMMSDORFF, GRABOWSKI, MALIN: ätherisches Oel, fettes Oel, eisengrünender Gerbstoff in zwei Modificationen (Pteritannsäure und Tannaspidsäure), eigenthümliche Fettsäure (Filixsäure, Filicin), kratzendes Harz, Stärkmehl, Zucker, Gummi, Pektin, grüner Farbstoff.

Verwechselungen. Aus obiger Beschreibung, namentlich des oberirdischen Theiles, ist nicht schwer zu erkennen, ob man die echte Pflanze vor sich hat oder nicht. Da aber doch beim Einsammeln Verwechselungen, auch wohl ähnliche, vorgekommen sind, so folgt hier eine kurze Charakteristik derjenigen Farne, welche zu solchen Verwechselungen möglicherweise Anlass geben können. Zunächst der sogen. weibliche Farn, Aspidium Filix femina. Kommt in mehreren Gegenden noch häufiger vor, als der männliche. Sein Wurzelstock liegt schief aufsteigend, nicht horizontal in der Erde, ist viel kürzer und wird

beim Trocknen ganz schwarz, nicht braun.   Die Wedel sind vollkommen doppelt-
fiederspaltig, die primären Abschnitte gefiedert zertheilt und die sekundären mit
ungleichen, mehr oder minder spitzen Zähnchen besetzt.   Der Blattstiel ist glatt,
die Fruchthäufchen sind mehr oval als rund, der Schleier öffnet sich an der
inneren Seite und zieht sich gegen den Rand zurück, während der Schleier
dort sich, ringsum abgelöst, nach einer Seite zurückzieht. — Bock fand übrigens
in diesem Wurzelstocke so ziemlich dieselben Bestandtheile wie in dem von
Filix mas, dann in dem Wedel: Spur ätherisches Oel, Gerbstoff, Wachs, eigenthümlichen Schleim, Albumin, Pektin.

Die zweite, aber nicht so häufig vorkommende Art ist Aspidium dilatatum.
Der Wurzelstock liegt ebenfalls horizontal in der Erde, und wird beim Trocknen
röthlich braun wie der von Filix mas.   Die Blattstiele sind ebenfalls mit Spreublättchen besetzt.   Die Wedel sind aber doppeltgefiedert-zerschnitten, die Fiederblättchen gefiedert-zertheilt, und die Zähne dieser Abschnitte endigen in eine
feine haarförmige Spitze.

Ein dritte, dem Filix mas einigermaassen ähnliche, aber noch seltenere und
deshalb noch weniger zu berücksichtigende Art ist Aspidium cristatum.   Die
primären Abschnitte der Wedel sind am Grunde herzförmig, gegen die Spitze zu
stark verschmälert und gefiedert zerschnitten, mit stumpfen, aber scharf gesägten
Abschnitten.

Anwendung.   Gegen Würmer, besonders gegen den Bandwurm, und gehört zu den wirksamsten Mitteln dagegen. — Ganz ebenbürtig damit hat sich das
in Nordamerika vorkommende Aspidium marginale erwiesen.

Geschichtliches.   Der männliche Farn ist ein uraltes Wurmmittel, πτερ
des Dioskorides, Pteris, filicis genus des Plinius.

Aspidium von ἀσπιδιον, Dimin. von ἀσπις (Schild), wegen der schildförmigen Hülle
auf den Fruchthaufen.

Nephrodium von νεφρος (Niere), in Bezug auf die Form der Fruchthaufen.

Wegen Polypodium s. den Artikel Engelsüss.

Wegen Filix s. den Artikel Adlerfarn.

Fasel, ägyptische.
(Lablab.)
Semen Lablab.
Dolichos Lablab L.
(Lablab vulgare Savi.)
Diadelphia Decandria. — Papilionaceae.

Einjährige Pflanze mit windendem Stengel, dreizähligen Blättern, horizontal
stehenden Afterblättchen, zu quirlförmigen Trauben vereinigten, verschiedenfarbigen
Blumen.   Die Hülse ist oval, säbelförmig gekrümmt, mit rauhem Rücken, meist
violett, die Samen eiförmig, schwarz, mit weisser, schwieliger Keimwarze. — In
Ostindien und Aegypten einheimisch.

Gebräuchlicher Theil.   Der Same.

Wesentliche Bestandtheile.? Nicht untersucht.

Anwendung.   Mit Safran gekocht gegen Brustkrankheiten.   Der Same ist
in Aegypten eine beliebte Speise.

Fasel ist das verdeutschte *Phaseolus.*

Lablab ist ein ostindischer Name.

Dolichos von δολιχος (lang). Δολιχος der Alten ist unsere Phaseolus vulgaris, die wegen ihres langen, kletternden Stengels jenen Namen erhielt. Unsere Dolichos nähert sich im Wuchse der Gattung Phaseolus, auch sind die Hülsen, wie bei dieser, ziemlich lang, was gleichfalls zu der Benennung Anlass gab.

Fasel, juckende.

(Juckbohne, juckende Schlingbohne.)
Setae oder *Lanugo Siliquae hirsutae.*
Stizolobium pruriens PERS.
(Dolichos pruriens L., *Mucuna pruriens* DC.)
Stizolobium urens PERS.
(Dolichos urens L., *Mucuna urens* DC.)
Diadelphia Decandria. — Papilionaceae.

Stizolobium pruriens, Strauch mit windendem Stengel, der bis auf die höchsten Bäume steigt, dreizähligen Blättern, aus grossen, oval-länglichen, unten rauhhaarigen Blättchen bestehend. Die Blumen, deren immer 3 beisammen stehen, bilden grosse, hängende Trauben, sind roth und weiss. Die Hülse ist 7—10 Centim. lang, fast wie ein S gebogen, zusammengedrückt, etwas höckerig, mit einer auf beiden Seiten in der Mitte vorspringenden Rippe, dunkelbraun und dicht mit braunrothen, steifen, 4—6 Millim. langen, leicht abwischbaren Haaren besetzt, welche fein und lang zugespitzt, an der oberen Hälfte mit Widerhaken versehen und mit einer braunrothen Flüssigkeit angefüllt sind. Die Samen haben die Gestalt und Grösse kleiner Bohnen, sind glänzend, braun und schwarz gefleckt, mit vorspringender weisser Nabelwulst. — In Ost- und West-Indien.

Stizolobium urens, dem vorigen ähnlicher windender Strauch mit unten filzig glänzenden Blättern, sehr langen Blumentrauben, und grossen, breiten, schräg gefurchten Hülsen. — In West-Indien und Süd-Amerika.

Gebräuchlicher Theil. Von beiden Arten die Haare oder Borsten der Hülsen; sie verursachen auf der Haut sehr heftiges, lange anhaltendes Brennen und Jucken mit Entzündung. Durch Wasser wird der Schmerz noch vermehrt, als Linderungsmittel dienen Oel oder auch ein Brei von Reis mit Asche.

Wesentliche Bestandtheile. Eine nähere chemische Untersuchung fehlt. Der von TH. MARTIUS in den Haaren gefundene eisengrünende Gerbstoff hat natürlich mit deren Wirkung auf die Haut nichts gemein.

Anwendung. Mit Honig zur Latwerge gemacht gegen Würmer.
Stizolobium ist zusammengesetzt aus στιζειν (stechen, brennen) und λοβος (Hülse).
Mucuna ist ein brasilianischer Name.

Faulbaum.

Schwarze Erle, Hundsbaum, Schiessbeere, Spillbaum, glatter Wegdorn, Zapfenholz).
Cortex und *Baccae Frangulae, Alni nigrae.*
Rhamnus Frangula L.
Pentandria Monogynia. — Rhamneae.

Ein 2—4 Meter hoher dornenloser Strauch, der bisweilen auch zu einem 4 Meter hohen Baume heranwächst; die Rinde ist hell oder dunkel graubräunlich, n. Th. mit weisslichen Punkten gefleckt, glatt und glanzlos, an jungen Zweigen grünlich und mit kurzen röthlichen Härchen besetzt. Die Blätter stehen abwechselnd, sind gestielt, 5—7 Centim. lang, oval-länglich, spitz, stark geadert, ganzrandig, die jüngeren fein behaart, die älteren glatt und glänzend. Die kleinen weisslichgrünen Zwitterblüthen stehen in den Blattwinkeln, hängen etwas über und enthalten in der Regel 5 Staubfäden, womit auch die Zahl der Blumenblätter und Kelchabschnitte übereinstimmt. Die Früchte sind fast erbsengrosse, sehr lange rothe, dann dunkelbraune, fast schwarze Beeren. — Häufig in feuchten Gebüschen, in Wäldern, an Bächen.

Gebräuchliche Theile. Die Rinde und die Beeren. Die Rinde ist mehr oder weniger zusammengerollt, dünn, kaum $\frac{1}{2}$ Millim. dick, aussen matt grau oder graubraun, mit kleinen weissen, oft quergestreckten Punkten (Korkwarzen) versehen, im Alter wenig rissig. Sie ist von einer sehr dünnen, innen purpurrothen Oberhaut bedeckt, welche sich für sich oder mit einem Theile der grünen Mittelrinde leicht trennt, innen bräunlichgelb, auf der Unterfläche geglättet, mehr oder weniger dunkelbraun, selten orangegelb oder braunroth, im Bruche kurzfaserig, mit citronengelben Fasern; im Wasser aufgeweicht theilt sie demselben eine goldgelbe Farbe mit. Auf dem Querschnitte zeigt sich eine derbe rothe Oberhaut, eine grüne oder grüngelbe Mittelrinde und ein gelber Bast. Frisch hat die Rinde einen widerlichen Geruch (daher der Name Faulbaum) und einen ekelhaft bitterlichen Geschmack.

Die Beeren schmecken fade süsslich, und wirken gleich der Rinde heftig purgirend und emetisch.

Wesentliche Bestandtheile. Die Rinde (Stammrinde) ist wiederholt und eingehend untersucht worden, nämlich von GERBER, BINSWANGER, BUCHNER, CASSELMANN, KUBLY, FAUST, LIEBERMANN und WALDSTEIN. Ihre Ergebnisse sind: als wirksamer Bestandtheil ein Schwefel und Stickstoff enthaltendes Glykosid, welches der Catharcinsäure der Sennesblätter sehr ähnlich ist (KUBLY); ein gelbes, krystallinisches, geruch- und geschmackloses Glykosid (Rhamnoxanthin nach BUCHNER, Frangulin nach CASSELMANN), das auch in der Rhabarberwurzel vorkommende Emodin (LIEBERMANN und WALDSTEIN), eisengrünender Gerbstoff, mehrere Harze, Zucker, Spur ätherischen Oeles etc. Im wässerigen Destillate nach GERBER auch Blausäure. KUBLY's Avornin ist nach FAUST unreines Rhamnoxanthin. Wie die meisten Baumrinden enthält auch die Faulbaumrinde oxalsauren Kalk (FLÜCKIGER).

Die Wurzelrinde zeigt sich nach BINSWANGER von der Stammrinde hauptsächlich darin verschieden, dass sie mehr Rhamnoxanthin und mehr Gerbstoff enthält.

Die reifen Beeren enthalten nach BINSWANGER einen violetten, durch Säuren roth, durch Alkalien grün werdenden Farbstoff, Bitterstoff, eisengrünenden Gerbstoff, Zucker, Pektin etc., nach ENZ auch Rhamnoxanthin. — Der Same enthält nach BINSWANGER 25$\frac{3}{4}$ fettes nicht trocknendes Oel, harzigen, bitter-kratzenden Stoff, Rhamnoxanthin, eisengrünenden Gerbstoff, Zucker etc.

Verwechselungen (der Stammrinde). 1. Mit der Rinde von Rhamnus cathartica; diese ist aussen glatt und stark glänzend, eben, mit einer grau oder rothbraunen Oberhaut versehen, welche kleine, blassere, ein wenig horizontal gestreckte Korkwarzen zeigt, sich häufig ringförmig löst und zurückrollt, und beim Schälen der Rinde sich freiwillig von den inneren Rindenschichten trennt. Die Mittelrinde ist dünn, gesättigt- und reingrün, auf der Oberfläche gleichfalls mit Korkwarzen versehen, leicht vom Baste trennbar. Der gelbe, biegsame, auf beiden Flächen gestreifte, sehr faserige Bast erscheint auf dem Querschnitte unter der Lupe wie ein Netz, dessen Maschen von Bastparenchym gebildet werden, während die Lücken von Bastbündeln ausgefüllt sind. 2. Mit der Rinde von Prunus Padus; sie hat weder die weissen Korkwarzen, noch den aussen dunkelbraunen Bast, im Querbruch zeigen sich weisse, haarförmige Bastzellen. 3. Mit der Rinde von Alnus glutinosa; sie hat zwar eine orangegelbe Unterfläche, aber die zerstreuten weissen Korkwarzen sind rundlich, nicht quer gestreckt, und der Bruch ist gar nicht faserig.

Anwendung. Die Rinde ist als Arzneimittel neuerlich wieder zu Ansehn gelangt.

Geschichtliches. Im Mittelalter wurde die Rinde in die Heilkunde eingeführt, hauptsächlich als Surrogat der damals sehr theuren Rhabarber, weshalb sie auch Fehr unter dem Namen Rhabarbarum Plebejorum anführt.

Wegen Alnus s. den Artikel Erle.

Wegen Rhamnus s. den Artikel Brustbeere, rothe.

Feige.

Caricae. Fici.
Ficus Carica L.
Polygamia Trioecia. — Moreae.

Sehr ästiger Baum mit weit kriechender ästiger Wurzel, die nach allen Seiten junge Pflanzen treibt; aufrechtem, oft gekrümmtem Stamme mit grüner, glatter Rinde; in heissen Ländern einen ansehnlichen Baum bildend, bei uns meist sehr buschig bleibend; mit biegsamen, kurz behaarten Zweigen, die einen angenehm aromatisch riechenden, scharfen, bittern Milchsaft enthalten. Die Blätter stehen abwechselnd, sind lang gestielt, gross, z. Th. handgross und darüber, die unteren z. Th. ungetheilt, oval, die meisten 3—5 lappig, mit stumpfen Lappen, am Rande stumpf ausgeschweift gezähnt, oben hochgrün, scharf, unten kurz weichhaarig, steif, auch milchend. Die fast das ganze Jahr erscheinenden Blumenböden (Früchte) stehen einzeln oder zu zwei achselig, am Ende der Zweige z. Th. gehäuft auf kurzen Stielen, aufrecht und abwärts gekrümmt, und haben die Gestalt und Grösse einer Birne; unreif sind sie grün, milchend, beim Reifen braun, roth, violett, gelb, weisslich u. s. w.; der Länge nach leicht gefurcht und stumpf gerippt, glatt, die Mündung oben mit kleinen Schuppen geschlossen; weichfleischig, mit häufig rothem und violettem Fleische, in der Mitte hohl, der innere Raum mit sehr kleinen, weisslichen, weiblichen Blumen, beim Reifen mit kleinen, länglich-runden, stachelspitzigen, weissen Samen (oder steinfruchtartigen Achenien) bedeckt. Bei dem wilden Feigenbaume sitzen im Innern in der Nähe jener mit Schuppen geschlossenen Oeffnung einige männliche Blüthen, welche der kultivirten Pflanze fehlen; mithin bedarf die letztere der Mitwirkung des ersteren zur Erzielung fruchtbarer Samen und damit zugleich besserer Früchte*). — Einheimisch in Klein-Asien, nördlichem Afrika und südlichem Europa, und häufig kultivirt. Bei uns verträgt der Baum die Winterkälte nicht ohne Schutz.

Gebräuchlicher Theil. Die Früchte oder vielmehr die umgestülpten,

*) Die Vermittelung dieses Befruchtungsaktes geschieht durch ein Insekt, Cynips Psenes, welches die wilde Feige bewohnt und den Pollen der letzteren auf die zahme überträgt. Damit dies um so sicherer erfolgt, hängt man im Oriente die Früchte des wilden Baumes auf die zahmen Bäume, ein Verfahren, welches dort schon von Alters her geschieht, und nach dem Namen des wilden Baumes (Caprificus) Caprifikation heisst.

fleischig gewordenen, im Innern mit den kleinen Achenien ausgekleideten Fruchtböden. Wie sie durch den Handel zu uns gelangen, sind sie von bräunlicher
und gelblicher Farbe, z. Th. mit weissem, mehligem Zucker (der nach und nach
herauskrystallisirt ist) dick bestäubt. Man hat mehrere Sorten, die grossen, süssen
Smyrnaer und Genueser, die kleineren Sicilianer, Dalmatiner, Marseiller. Auf
Schilfseile gereihet haben sie eine platte Scheibenform und heissen Kranzfeigen.
Die dicken, saftigen, durchscheinenden nennt man auch wohl fette Feigen (Caricae
pingues). Sie haben (besonders frisch) einen eigenen angenehmen Geruch und
schmecken sehr süss.

Wesentliche Bestandtheile. Zucker und zwar Traubenzucker, welcher
nach BLEY gegen 60 % beträgt. — Der Milchsaft der unreifen Feigen enthält nach
LANDERER einen scharfen Stoff, der flüchtiger Natur ist, ein brennend scharfes
Harz, Kautschuk etc. Nach BOUCHARDAT ist in dem Milchsafte des Feigen-
baumes dasselbe Verdauungsprinzip (Papayin) enthalten, welches sich in dem
Milchsafte der Carica Papaya (s. Melonenbaum) befindet.

Anwendung. Innerlich sowohl für sich, als mit andern Substanzen im
Absud gegen Brustleiden, äusserlich zur Zeitigung von Geschwüren. In südlichen
Ländern sind sie eins der vorzüglichsten Nahrungsmittel. Die Alten benutzten
auch die unreifen Früchte, die Blätter und Rinde des Baumes als äusserliche
Medikamente.

Geschichtliches. Ein schon seit den ältesten Zeiten diätetisch und
medicinisches im Gebrauche stehendes Gewächs, Συκη, Ficus der Alten.

Ficus ist das veränderte συκον (Feige, Feigwarze); und Carica bezieht sich
auf die feigenreiche Landschaft Karien in Klein-Asien.

Feigwarzenkraut.
(Wildes Löffelkraut, Pappelsalat, Pfennigsalat, kleines Schöllkraut.)
Radix und *Herba Ficariae, Chelidonii minoris.*
Ficaria ranunculoides ROTH.
(*Ficaria verna* HUDS., *Ranunculus Ficaria* L.)
Polyandria Polygynia. — Ranunculeae.

Perennirende Pflanze, deren Wurzel aus einem Büschel kleiner Knollen besteht; der Stengel ist finger- bis handlang und länger, niederliegend, zuletzt aufsteigend, einfach oder wenig ästig, glatt; in gewissen Entfernungen befinden sich
meistens zwei gegenüberstehende, runde, erbsengrosse, zuweilen längliche,
gerstenkornähnliche, weisse Knöllchen innerhalb oder unter den Blattwinkeln.[*]
Die langgestielten Wurzelblätter stehen im Kreise; die des Stengels sind gegenständig oder abwechselnd, alle schwachbuchtig, stumpfeckig, flach ausgebreitet,
rundlich herzförmig, 24—72 Millim. lang, hell glänzend grün, zuweilen an der
Basis braun gefleckt, ganz glatt. Die ansehnlichen, schön goldgelben Blumen
stehen einzeln am Ende der Stengel und Zweige; die drei Kelchblättchen sind
eiförmig, hohl, gelblich, die 8—11 Blumenblätter ragen darüber hinaus. — Häufig
auf feuchten Grasplätzen, Wiesen, in Baumgärten, lichten, nassen Waldungen.

Gebräuchliche Theile. Die Wurzel und das Kraut.
Die Wurzel besteht aus mehreren 12—24 Millim. langen und längeren,
etwa federkieldicken, länglich-keulenförmigen, aussen graulich weissen, fleischig

[*] Sie haben mehrfach Veranlassung zu der Sage vom Getreideregen gegeben.

saftigen Knöllchen, die geruchlos sind und vor der Blüthe sehr scharf schmecken sollen, nach der Blüthe aber nur etwas herbe sind. GRIESSELICH fand die Wurzelknöllchen an der blühenden Pflanze stets geschmacklos, die der nicht blühenden ebenfalls oft fade, nicht selten aber auch sehr scharf und brennend. Die Knöllchen in den Blattwinkeln fand er an blühenden Pflanzen sehr scharf, an nicht blühenden aber fade.

Das Kraut schmeckt herb salzig und nur wenig scharf.

Wesentliche Bestandtheile. Scharfer Stoff, in der Wurzel noch Stärkmehl. Bedarf näherer Untersuchung. Der scharfe Stoff ist, wie bei anderen Ranunkeln, flüchtiger Natur.

Anwendung. Die Wurzel diente früher äusserlich gegen blinde Hämorrhoiden, Feigwarzen (daher der Name Ficaria) und Schrunden. Das frische Kraut gehört zu den Frühlingskuren, gegen Skorbut u. s. w. Die Blumenknospen können wie Kappern benutzt werden.

Geschichtliches. Die Pflanze war den alten griechischen Aerzten wohl bekannt; bei THEOPHRAST hiess sie χελιδόνιον, bei DIOSKORIDES χελιδόνιον το μικρον. Schon DIOSKORIDES verglich die Wurzelknöllchen mit Weizenkörnern, und die Schärfe der Pflanze mit der der Anemonen; man brauchte sie äusserlich bei räudigen Ausschlägen, und den ausgepressten Wurzelsaft mit Honig gegen Stockschnupfen. Unter dem Namen Ficaria liess schon O. BRUNFELS dieselbe abbilden.

Wegen Ranunculus s. den Artikel Hahnenfuss, giftiger.

Wegen Chelidonium s. den Artikel Schöllkraut, grosses.

Feldraute, gelbe.
(Feldrhabarber, Heilblatt, Wasserraute, Wiesenraute.)
Radix, Herba und *Semen (Fructus) Thalictri flavi.*
Thalictrum flavum L.
Polyandria Polygynia. — Ranunculeae.

Perennirende Pflanze mit kriechender, ästiger, aussen brauner, innen gelber Wurzel, 1,2—1,8 Meter hohem, aufrechtem, oben ästigem, gefurchtem und gestreiftem, glattem, gelbgrünem, hohlem Stengel; abwechselnden, ausgebreitet aufrechten, gebogenen, rispenartigen Zweigen; abwechselnden, meist ungestielten, doppelt und dreifach gefiederten Blättern, deren Blättchen klein, lanzettlich, zugespitzt, ganzrandig, ungetheilt, keilförmig, auch zwei- bis dreispaltig, glatt, oben dunkelgrün, unten blasser, bläulich, mit hervorstehenden Adern durchzogen sind, das Endblättchen grösser als die übrigen. Die kleinen, blassgelben Blumen bilden am Ende des Stengels und der Zweige eine grosse, gedrängte Rispe; sie haben 4 kronartige, ovale, hohle Kelchblätter, zahlreiche, lange, gelbe Staubgefässe und 5—10 kleine Pistille. Die Karpidien sind klein, gelb, nackt, oval-rundlich und gefurcht. — An feuchten Orten, auf Wiesen, Weiden, in Hecken und Gebüschen.

Gebräuchliche Theile. Die Wurzel, das Kraut und die Früchte. Die beiden ersteren riechen unangenehm, schmecken eigenthümlich widerlich ämlich, etwas scharf und bitter.

Wesentliche Bestandtheile.? Nicht näher untersucht.

Anwendung. Früher Wurzel und Kraut als Purgans und Diuretikum; der in der Wurzel enthaltene gelbe Farbstoff ertheilt dem Harn und den Fäces eine gelbe Farbe. Den Saft der Blätter und Früchte rühmte man gegen Epilepsie.

Thalictrum, θαλικτρον DIOSKORIDIS, ist abgeleitet von θαλλειν (grünen), in Bezug auf die schöne, grüne Farbe der jungen Sprossen.

Fenchel, gemeiner.

Radix, Herba und *Semen (Fructus) Foeniculi vulgaris.*

Foeniculum vulgare MÉRAT u. LENS.

(Anethum Foeniculum L., *Foeniculum officinale* ALL., *Ligusticum Foeniculum* R.,
Meum Foeniculum SPR.)

Pentandria Digynia. — Umbelliferae.

Perennirende Pflanze mit 1—2 Meter hohem, aufrechtem, grünem, glattem, zart gestreiftem Stengel; die Blätter sind z. Th. gegen 30 Centim. lang, drei- und mehrfach gefiedert, die einzelnen Blättchen und Segmente sehr schmal, fadenartig, selbst borstenförmig, graugrün, lang, sparrig, etwas schlaff, von einer zarten Rinne durchzogen. Die Dolden stehen am Ende des Stengels und der Zweige ohne Hüllen, sind ziemlich gross, flach, vielstrahlig, und haben kleine, goldgelbe Blümchen mit nach innen eingerollten Blättchen. — Im südlichen Europa, am Kaukasus, in England wild wachsend, bei uns häufig kultivirt.

Gebräuchliche Theile. Die Wurzel, das Kraut und die Frucht.

Die Wurzel ist spindelförmig, im Alter ästig, oben finger- bis daumendick und dicker, geringelt, 30—60 Centim. lang, nach unten z. Th. mit Fasern besetzt, sowie von deren Resten warzig; aussen graulich weiss, innen weiss und fleischig. Durch Trocknen schrumpft sie ziemlich zusammen, wird der Länge nach runzelig, innen blassgelblich. Frisch riecht sie eigenthümlich aromatisch, schmeckt aromatisch süss.

Das Kraut riecht und schmeckt ähnlich, aber stärker.

Die Frucht ist oval-länglich, 3 Millim. lang, 1 Millim. breit, braungrünlich, die beiden Karpidien meist getrennt, auf der äussern Seite gewölbt, mit 5 starken vorstehenden, fast gleichgrossen Rippen und ölhaltigen Streifen in den Thälchen, auf der inneren Seite flach, z. Th. etwas gekrümmt. Zwischen den Fingern zerdrückt, geben sie Oel zu erkennen. Sie riechen eigenthümlich angenehm und stark aromatisch süsslich, und schmecken dem entsprechend, dem Anis ähnlich.

Fenchel, römischer.

(Kretischer, Malteser oder süsser Fenchel.)

Semen (Fructus) Foeniculi romani.

Foeniculum officinale MÉRAT u. LENS.

Unterscheidet sich von der vorigen Art dadurch, dass die Wurzel kürzer, auch die Blätter nicht so lang sind, und die Frucht auf einem bleibenden Stielchen steht. — Im südlichen Europa einheimisch und daselbst kultivirt.

Gebräuchlicher Theil. Die Frucht; sie ist noch einmal so lang und dick als die vorige, etwas gekrümmt und mehr hellgrün, riecht und schmeckt auch stärker.

Wesentliche Bestandtheile. In der Wurzel: ätherisches Oel, Zucker, Stärkmehl; eine genauere Untersuchung fehlt, ebenso von dem Kraute und der Frucht, welche neben ätherischem Oel auch ein fettes enthält. Das ätherische Oel verhält sich fast ganz gleich dem Anisöl.

Anwendung. Wurzel, Kraut werden jetzt kaum mehr medicinisch benutzt, um so mehr aber die Frucht und das daraus destillirte Oel. In Süd-Deutschland ist der Verbrauch an Fenchel in und auf Roggen- und Weizenbrot ein sehr bedeutender; sonst dient er in Haushaltungen auch als Gewürz an eingemachte Früchte etc.

Geschichtliches. Gleich dem Anis war auch der Fenchel schon in den ältesten Zeiten gebräuchlich, und kommt als Μαραθρον in den hippokratischen Schriften vor. DIOSKORIDES spricht von einem Gummi oder Gummiharze, welches aus dem Fenchel schwitzt, was jedoch wohl nur in wärmeren Gegenden der Fall ist. Wie wir jetzt die Gurken mit Fenchel einmachen, so setzten ihn die Römer den Oliven zu: auch pflegten sie die jungen Triebe des Fenchels selbst mit Essig und Salz einzumachen.

Als Foeniculum dulce unterscheiden MÉRAT u. LENS noch eine einjährige Pflanze, welche vielleicht nur eine Kulturform der vorigen ist. Der Stengel ist an der Basis stark zusammengedrückt, aber bedeutend dicker, die Blätter kürzer, die Frucht oval-rundlich, noch einmal so gross als die des gemeinen Fenchels, mit starken Rippen, mehr dem Dill ähnlich, schmeckt fein und angenehm. Dient zu Liqueuren, Backwerken, kommt aber nicht in den deutschen Handel. In Italien werden auch die jungen Triebe verspeist. — Nach DIERBACH ist diess der wahre Kümmel (Καρον) der griechischen Aerzte.

Foeniculum von *foenum* (Heu), entweder weil das feingeschlitzte Kraut in Masse Aehnlichkeit mit dem Heu hat, oder weil es ähnlich wie frisches Heu riecht.

Wegen Anethum und Meum s. den Artikel Bärenwurzel.

Wegen Ligusticum s. den Artikel Liebstöckel.

Ferkelkraut.
(Kostenkraut.)
Herba und *Flores Costi vulgaris.*
Hypochaeris maculata L.
Hypochaeris radicata L.
Syngenesia Aequalis. — *Compositae.*

Hypochaeris maculata, das fleckige Ferkel- oder Kostenkraut, ist eine perennirende Pflanze mit senkrechter, ästiger, z. Th. vielköpfiger Wurzel, 0,3 bis 1,2 Meter hohem, einfachem oder oben wenig ästigem, fast blätterlosem, rundem etwas rauhhaarigem, z. Th. geflecktem Stengel. Die Wurzelblätter liegen in einer Rosette, verschmälern sich in einen Stiel, sind länglich, meist stumpf, z. Th. etwas spitz, die 1—2 an der Basis des Stengels zuweilen stehenden Blätter sind sitzend, stengelumfassend, länglich lanzettlich, spitz, alle fast ganzrandig oder buchtig gezähnt, etwas rauhhaarig, hochgrün, saftig, und meist mit braunrothen Flecken gezeichnet. Die Blumenköpfe einzeln auf einem der wenigen abwechselnd stehenden, rauhhaarigen, mit wenigen Schuppen besetzten, nach oben sich verdickenden Stielen, gross, hellgelb, die Hülle eiförmig länglich, etwas rauhhaarig, die zahlreichen Zungenblümchen stark ausgebreitet. — Fast durch ganz Deutschland und das übrige nördliche Europa auf hohen, gebirgigen Wiesen.

Hypochaeris radicata, das wurzelnde Ferkelkraut, eine perennirende, der vorigen ähnliche, aber kleinere Pflanze mit ästigem, glattem, nur an der Basis rauhhaarigem, graugrünem, meist blattlosem Stengel. Die Wurzelblätter liegen im Kreise, sind schrotsägenförmig gezähnt, rauh behaart. Die Blumen stehen am Ende der Stengel und Zweige, gleichen denen der vorigen Art, sind aber kleiner, gelb, sitzen auf schuppigen, verdickten Stielen, und die Blättchen der Hülle sind glatt, nur auf dem Mittelnerv des Rückens etwas borstig. — Haufig auf Wiesen und Weiden.

Gebräuchliche Theile. Das Kraut und die Blumen beider Arten. Beide sind geruchlos und schmecken bitterlich herbe.

Wesentliche Bestandtheile. Nach C. Sprengel: Bitterstoff, eisengrünender Gerbstoff, Schleim, viel Salze.

Anwendung. Ehemals im Aufguss.

Geschichtliches. Im 16. Jahrhundert rühmte man diese Pflanzen als Mittel gegen die Schwindsucht; man liess sie als Gemüse essen, hatte auch einen Syrup und eine Conserve davon.

Hypochaeris ist zus. aus ὑπο (für) und χοιρος (Schwein), also gutes Schweinfutter.

Ferreire.
Ferreira spectabilis Allem.
Diadelphia Decandria. — Papilionaceae.

Stattlicher Baum von 20 Meter Höhe und 1 Meter Dicke, mit dicker rissiger, aussen graubrauner, innen gelber, bitterer Rinde, braungelben, mit linienförmigen röthlichen Flecken durchsetztem, dichtem Holze; unpaarig gefiederten, 6—8jochigen Blättern, länglich-runden, oben fast glatten, unten seidenhaarigen Blättchen; Blüthen in Trauben, klein, gelb, wohlriechend; Hülsen mit gelbrothen Flügel, länglichen, zusammengedrückten, fast nierenförmigen Samen. — In Wäldern der brasilianischen Provinz Rio Janeiro.

Gebräuchlicher Theil. Eine harzähnliche Masse, welche sich zwischen Holz und Rinde, entweder an der Stelle des Splintes oder als den Splint durchsetzend und oft in Mengen von 10—15 Kilogrm. (!) abgelagert findet. Sie ist röthlich, vom Ansehn eines Thones, ohne Geruch und Geschmack, riecht in verschlossenen Gefässen aufbewahrt kothartig.

Wesentliche Bestandtheile. Nach Peckolt: 87 $\frac{0}{0}$ einer weissen pulverigen alkaloidischen Substanz (Angelin), und ausserdem noch 1,3 $\frac{0}{0}$ einer besonderen krystallinischen Säure (Angelinsäure), etwas Harz, Farbstoff, Gummi etc.

Dieses Angelin ist in der Hitze flüchtig, löst sich leicht in Säuren, nicht in Aether, Chloroform, Benzol, Wasser, schwer in Alkohol, leicht in fixen Alkalien. Es scheint nichts anderes als Tyrosin zu sein und den Schlüssel zur Beantwortung der Frage zu geben, warum das Tyrosin von Wittstein im amerikanischen Ratanhia-Extrakte, nicht aber in der Ratanhiawurzel gefunden wurde. Zur Darstellung jenes Extraktes wird man sich nämlich dort nicht mit der Ratanhiawurzel begnügen, sondern auch andere adstringirende Vegetabilien (so die Rinde jener *Ferreira*) verwenden.

Ferreira ist benannt nach Ferreira, Director des botanischen Gartens in Lissabon.

Fettkraut.
Herba Pinguiculae.
Pinguicula vulgaris L.
Diandria Monogynia. Utriculariaceae.

Kleine perennirende Pflanze mit 10—20 Centim. langem einblüthigem Schafte, die Wurzelblätter liegen auf der Erde und bilden eine Rosette, sind dick, fleischig, auf der Oberfläche mit weichen durchsichtigen Borsten besetzt, die einen klebrigen Saft absondern. Die Blumen sind den Veilchen ähnlich, hängend, blauroth. — Meist auf gebirgigen feuchten Mooswiesen, fast durch ganz Deutschland und im übrigen Europa vorkommend.

Gebräuchlicher Theil. Das Kraut; es schmeckt scharf und bitter.

Wesentliche Bestandtheile. Scharfer und bitterer Stoff, Schleim. Nicht näher untersucht.

Anwendung. Ehedem innerlich. Die frischen Blätter werden als Wundkraut aufgelegt. Die Lappländer sollen die Milch warm, wie sie aus dem Euter kommt, durch ein Tuch giessen, auf welches sie Blätter von dieser Pflanze legten; dadurch soll die Milch dick werden, süss bleiben und nie gerinnen. Ein Löffel voll von dieser Milch theile anderer Milch dieselbe Eigenschaft mit.

Das Fettkraut gehört zu den verdächtigen Pflanzen; es wirkt purgirend und soll den Schafen, wenn sie davon fressen, tödtlich sein. Auch soll man damit die Läuse vertreiben können.

Feuerschwamm.
(Zunderpilz.)
Agaricus chirurgorum. Fungus igniarius.
Polyporus fomentarius FR.
(Boletus fomentarius L.)
Cryptogamia Fungi. — *Hymenomycetes.*

Stiellos, halbrund oder kissenförmig oder dreieckig, etwa 30 Centim. lang und halb so breit, oben schmutzig gelbbräunlich und kahl, die auf der unteren Fläche befindlichen Röhren sehr fein, erst weisslich, dann rostfarbig; das Innere ist gelblich, korkartig, aber weich. — An alten Buchen, selten an anderen Bäumen, besonders reichlich in Böhmen und Ungarn, von wo er schon von seiner Oberhaut befreit in den Handel kommt.

Wesentliche Bestandtheile.? Nicht näher untersucht.

Anwendung. Aeusserlich als blutstillendes Mittel.

Polyporus ist zus. aus πολυς (viel) und πορος (Loch), in Bezug auf die zahlreichen feinen cylindrischen Vertiefungen auf der Unterseite des Pilzes.

Boletus von βωλος (Erdkloss), weil der Hut der meisten Arten dieser Gattung kugelig ist und einem Kloss Erde nicht unähnlich sieht.

Fungus ist das veränderte σφογγος (Schwamm).

Wegen Agaricus s. den Artikel Lärchenschwamm.

Fichtenharz.
(Tannenharz, Waldrauch, gemeiner Weihrauch.)
Resina alba. Resina communis nativa. Resina Pini.
Olibanum sylvestre. Thus vulgare.
Pinus Abies L.
(Pinus picea DU ROI, *Abies excelsa* DC.)
Pinus picea L.
(Pinus Abies DU ROI, *Abies pectinata* DC., *A. taxifolia* H. paris.)
Monoecia Monadelphia. — *Abietinae.*

Pinus Abies L., die gemeine Tanne, auch Rothtanne, Schwarztanne, Kiefer genannt. Mit rothbrauner Stammrinde, einzeln zerstreuet gegen 2 Seiten gerichteten, fast 4seitigen, stachelspitzigen Nadelblättern, herabgebogenen cylindrischen Zapfen mit stumpfen, wellenförmigen, ausgerissen-gezähnelten Schuppen. — Allbekannter Waldbaum.

Pinus picea L. die Edeltanne, Weisstanne. Mit grauweisser Stammrinde, zweireihig kammförmig gestellten, meist etwas ausgerandeten, unten weisslichen Nadelblättern, aufrechten Zapfen mit sehr stumpfen, angedrückten Schuppen. — Ebenfalls allbekannter Waldbaum.

Gebräuchlicher Theil. Das entweder von selbst oder durch gemachte Einschnitte in den Stamm ausgeflossene und an der Luft erhärtete Harz. Es erscheint in gelben und weiss gefleckten Körnern und Klumpen, riecht nicht unangenehm harzig, ist mehr oder weniger weich und zähe, schmeckt scharf aromatisch und bitterlich.

Wesentliche Bestandtheile. Aetherisches Oel und Harz.

Anwendung. Zu Pflastern, Salben, zum Räuchern. Zum Auspichen der Biersässer (Brauerpech), und noch zu mancherlei anderen technischen und industriellen Zwecken.

Mit dem Namen Burgundisches Pech bezeichnet man in Frankreich (*Poix de Bourgogne*) sowie in England das geschmolzene und durchgeseihete Harz der Pinus Abies L. Es wird, ausser in Burgund, auch in Baden, Oesterreich und Finnland gewonnen, ist gelbbraun, theils durchscheinend, theils (von einem Rückhalt Wasser) matt, riecht aromatisch, löst sich ziemlich vollständig in Alkohol, Eisessig. Statt dessen wird häufig ein Kunstprodukt in den Handel gebracht, welches glänzender ist, wenig riecht, sich nur theilweise in Alkohol und Eisessig löst und meist viel fettes Oel enthält.

Ueber ein durch Destillation der Zapfen der Weisstanne erhaltenes ätherisches Oel s. d. Artikel Terpenthin, ungarischer. Auch sonst sind die Artikel Terpenthin zu vergleichen.

Pinus Abies L. = Ἐλάτη θήλεια THEOPHR., *Picea* der Römer.

Pinus picea L. = Ἐλάτη οὐρανομήκης HOMER, Ἐλάτη ἄρρην THEOPHR.

Pinus leitet man ab vom celtischen *pin* (ursprünglich: Berg, Fels, also Gebirgsbaum).

Abies, vielleicht das veränderte πίτυς (Fichte, Tanne), was wiederum von πιτύειν (spitzen) herkommt und die spitze, nadelförmige Beschaffenheit der Blätter andeutet. Zulässig sind auch die Ableitungen von ἀεί (immer) und βιεῖν (leben, wegen des stets grünen Ansehens dieser Bäume; oder von abire (fortgehen), d. h. ein Baum, der anderen an Höhe vorausgeht, in derselben Bedeutung wie ἐλάτη; oder von ἄβιος (stark, kräftig). Der griechische Grammatiker HESYCHIUS (im 3. oder 5. Jahrh. n. Chr.) nennt den Baum ἄβιν. Im Celtischen heisst er abetoa, davon das italienische und spanische *abete, abeto*.

Fichtenspargel.
(Ohnblatt.)
Monotropa Hypopitys L.
Decandria Monogynia. — *Monotropaceae.*

Parasitische Pflanze mit 8—15 Centim. hohem und höherem, weisslichem, glänzendem, saftigem Schafte, der, anstatt Blättern, mit weisslichen Schuppen besetzt ist. Die Blumen stehen am Ende in einseitiger, nickender Traube und bestehen aus einem gelblich-weissen 4—5 blättrigen Kelche, ebenso vielen an der

Basis sackförmig höckerigen, saftigen Kronblättern. Die zur Seite stehenden Riemen haben 8, die an der Spitze befindlichen 10 Staubgefässe; sie riechen ähnlich den Schlüsselblumen. Die Frucht ist eine 4—5 fächerige vielsamige Kapsel. — In schattigen Buchen- und Fichtenwäldern auf den Baumwurzeln.

Gebräuchlich. Die ganze Pflanze.

Wesentliche Bestandtheile. Nach REINSCH: ein dem Indigo analoger Stoff. Nach WINCKLER: ein ätherisches Oel, identisch mit dem der Gaultheria procumbens (s. Wintergrün).

Anwendung.?

Monotropa ist zus. aus μονος (allein, einzig) und τρεπειν (wenden); die Blumen rollen sich von einer Seite her auf. Auch ist die Bedeutung von »sonderbar«, in Bezug auf das eigenthümliche Aussehen der Pflanze oder von »für sich lebend« oder »Einsiedlerin«, in Bezug auf ihr einzelnes Vorkommen in Wäldern, hier zulässig.

Fichtensprossen.
(Fichtenknospen.)
Gemmae oder *Turiones Pini.*
Pinus sylvestris L.
Monoecia Monadelphia. — Abietinae.

Die gemeine Fichte, Föhre, Forle, Kiefer oder Kienbaum, hat zu 2 beisammenstehende, steife, unten convexe, 3½—5 Centim. lange Nadelblätter, kurze Scheiden, meist einzelne, eiförmig-kegelförmige herabhängende Zapfen, mit fast rautenförmigen, abgestutzten Schuppen. — Allbekannter Waldbaum.

Gebräuchlicher Theil. Die jungen Schösslinge der Zweige. Es sind 25—50 Millim. lange und 4 Millim. dicke, länglich-cylindrische, aussen mit braunen, lanzettlichen, gewimperten, zarthäutigen Schuppen bedeckte Knospen, welche die jungen Triebe der Zweige einschliessen, z. Th. hohl, locker und zerbrechlich, mehr oder minder harzreich, z. Th. ziemlich damit bedeckt. Riechen nicht unangenehm harzig und schmecken reizend harzig bitter.

Wesentliche Bestandtheile. Aetherisches Oel, Harz, eisengrünender Gerbstoff.

Verwechselung. Mit den Sprossen der Rothtanne (P. Abies); diese sind kleiner und dicker, mehr eiförmig. Ebenso wenig dürfen die schon von ihren Schuppen befreiten, bereits Blätter treibenden jungen Triebe dafür gesammelt werden.

Anwendung. Zur Bereitung einer Tinktur.

Die frischen Nadelblätter der Fichte dienen seit ein paar Decennien auch zur Fabrikation folgender drei Präparate:

a) Waldwolle. Zur Herstellung derselben werden die Nadelblätter in einem Destillirapparate so lange gekocht, bis sie sich zerfasern lassen, zwischen Walzen zermalmt, in einer dem Holländer ähnlichen Vorrichtung gereinigt, ausgewaschen und getrocknet. Sie bilden nun mehr oder weniger feine, weisse oder schwach gefärbte, schwach kiefernadelartig riechende Fäden, dienen zum Ausstopfen von Stühlen, Sophas, Betten, auch zum Einweben in Unterjacken etc.

b) Waldwollöl. Geht bei der vorigen Operation mit Wasser über, ist farblos, dünnflüssig, riecht angenehmer als Terpenthinöl, stimmt aber sonst mit diesem überein.

c) Waldwollextrakt. Wird durch Verdunsten des mit den Nadelblättern

gekochten Wassers erhalten, ist steif, schwarzbraun, schmeckt widrig herbe.
Schnauss fand in 100: 0,36 ätherisches Oel, 11,1 Gummi, 0,36 Fett, 34,0 Gerbsäure, Harz, Zucker und auffälligerweise auch Salicin.

Die gemeine Fichte ist Πίτυς ἀγρία Theophr.

Was sonst noch an näheren Bestandtheilen in den einzelnen Theilen dieses
Baumes ermittelt worden ist, fassen wir in Folgendem zusammen.

Die Rinde enthält nach Braconnot einen durch Alkalien sich röthenden
Farbstoff, eisengrünenden Gerbstoff, süsse Materie, Spuren von Stärkmehl,
Gallertsäure und gallertsauren Kalk. Nach Dumenil in 100: 17 Gallertsäure.
2,4 Gummi, 0,5 Leim, 5,9 Stärkmehl, 7 Bitterstoff, 9 Hartharz, 6 Weichharz,
1,3 Wachs. Den Gehalt an Gerbstoff fand Fr. Müller = 2,66—2,75 %. Staheln
und Hofstetter bezeichneten den Farbstoff mit dem Namen Phlobaphen. Nach
Wittstein enthält die Rinde auch einen besonderen Bitterstoff (Pityxylonsäure),
Ameisensäure, Oxalsäure, während von Stärkmehl keine Spur entdeckt werden
konnte. — In der von der Borke befreiten Rinde fand Kawalier mehrere eigenthümliche farbige Materien, von ihm als Pinicortannsäure, Pinicorretin,
Cortepinitannsäure bezeichnet, und einen Bitterstoff nennt er Pinipikrin.
Die Borke gab: eine wachsartige, mit der Palmitinsäure isomere Säure, Corte-
pinitannsäure, Pinipikrin.

Das Holz enthält nach Wittstein: Pityxylonsäure, Ameisensäure, Spur
Benzoësäure, keine oder nur eine Spur Gerbstoff, kein Stärkmehl. Auch Kawalier
fand keinen Gerbstoff, aber auch kein Pinipikrin.

Die Nadelblätter enthalten nach Kawalier folgende eigenthümliche Materien:
Ceropinsäure (weiss, krystallinisch), Chinovige Säure, Pinipikrin, Oxypini-
tannsäure, Pinitannsäure.

Die Samen liefern durch Pressen ein fettes Oel, das nach Terpenthinöl
riecht und schmeckt, 0,931 spec. Gew. hat und leicht trocknet.

Der Blüthenstaub enthält nach John in 100: 3,75 Harz und Oel, 2 flüchtige
Materie, 5 süsse Materie, 5 scharfe Materie, 5 sauren äpfelsauren Kalk.

Fingerhut, purpurrother.
Herba Digitalis purpureae.
Digitalis purpurea L.
Didynamia Angiospermia. — Scrophulariaceae.

Zweijährige prachtvolle Pflnze mit starker ästig-faseriger weisslicher Wurzel,
0,6—1,8 Meter hohem und höherem, aufrechtem, an der Basis z. Th. gebogenem, starkem, unten oft fingerdickem, einfachem, selten oben ästigem, ungleich stumpf-eckigem, kurz- und zart behaartem, z. Th. violett angelaufenem Stengel,
der abwechselnd mit Blättern besetzt ist. Die unteren Blätter laufen in einen
mehr oder weniger langen, etwas geflügelten, oben rinnenförmigen, dicken,
saftigen, zart behaarten und mit röthlichem Filz bedeckten Blattstiel herab, sind
15—25 Centim. lang und länger, 5—7 Centim. breit, ei-lanzettlich, stumpf gekerbt, mehr oder weniger kurz und zart behaart, oben hochgrün, unten weisslich,
dichter behaart (z. Th. violett angelaufen), mit stark vorstehenden, weisslichen
Nerven und grob netzartig geadert, runzelig, zart anzufühlen; die oberen z. Th.
sitzenden sind kleiner, aber ähnlich beschaffen. Die Blumen bilden am Ende
des Stengels eine grosse, bis 30 Centim. lange, aufrechte, oben etwas nickende

einseitige Traube aus 25—40 Millim. langen, herabhängenden, glockenförmig auf geblasenen, (fingerhutförmigen), an der Basis zusammengezogen röhrigen, ungleich verspaltigen Kronen von schön violettrother Farbe, innen weiss und roth gefleckt und mit langen, weissen, zottigen Haaren versehen. Die Frucht ist eine hellbraune, zart behaarte zweifächerige Kapsel mit vielen kleinen graubraunen Samen. — Durch ganz Deutschland und das übrige gemässigte Europa an gebirgigen, steinigen, waldigen Orten, zwischen Gebüschen, Heiden etc.

Gebräuchlicher Theil. Das Kraut (früher auch die Wurzel und Blumen); es muss im zweiten Jahre, wenn die Pflanze in Stengel geschossen ist, im Anfang der Blüthezeit gesammelt werden und zwar soll man nur die völlig ausgewachsenen dunkelgrünen Blätter auswählen. Es riecht frisch, besonders beim Zerquetschen, widerlich, dieser Geruch vergeht aber beim Trocknen; schmeckt widerlich, etwas scharf, stark und anhaltend bitter, ekelerregend. Die ganze Pflanze wirkt scharf narkotisch diuretisch, schon in kleinen Gaben emetisch und purgirend, in grösseren tödtlich.

Wesentliche Bestandtheile. Nach mehr oder weniger fruchtlosen Versuchen, das wirksame Princip des Fingerhutes zu isoliren, von LE ROYER, LANCELOT, WELDING, RADIG, TROMMSDORFF, A. HENRY, QUEVENNE, gelang es zuerst 1845 HOMOLLE, einen neutralen, stickstofffreien Körper daraus in weisser, krystallinischer Form und von sehr bitterm Geschmacke zu isoliren, der auch eine Zeitlang als einfacher, näherer Bestandtheil, welcher alles medicinisch Wirksame in sich fasse, angesehen wurde. Weitere Forschungen constatirten aber denselben als ein Gemenge. Zunächst nämlich fand WALZ, dass das HOMOLLE'sche Digitalin noch mit zwei anderen Stoffen verunreinigt sei und benannte die 3 Bestandtheile Digitalin, Digitalosin und Digitalacrin. Jedoch selbst diese 3 erwiesen sich z. Th. als Gemenge; das Digitasolin repräsentire im Wesentlichen die Wirkungen der Pflanze, müsse mithin nun Digitalin heissen. Das Digitalin wurde mit Digitaletin bezeichnet und beide als Glykoside erkannt. Das Digitalacrin erwies sich als ein sehr gemengter Körper. Nach ihm beschäftigte sich KOSMANN mit der Reindarstellung eines Digitalins, NATIVELLE erhielt aus der Pflanze 2 krystallisirbare (Digitalin und Digitin) und einen amorphen Körper (Digitalein), von denen der zweite (Digitin) keine Wirksamkeit, und der amorphe die wesentlichen Wirkungen der Pflanze besitzen soll. Die Akten über das wirkliche reine, den medicinischen Werth der Pflanze repräsentirende Digitalin und also noch immer nicht geschlossen.

Sonstige Bestandtheile betreffend, so beschrieb MORIN zwei besondere Säuren, eine flüchtige ölige (Antirrhinsäure) und eine nicht flüchtige krystallinische (Digitalissäure); KOSMANN eine andere ölige Säure (Digitoleïnsäure), sowie eine krystallinische scharfe Materie (Digitaline), WALZ ein Stearopten, welches er als das riechende Princip der Pflanze betrachtet und daher Digitalosmin nennt. Dazu kommen dann noch die allgemein verbreiteten Materien, wie eisengrünender Gerbstoff, Gummi, Zucker etc.

Verwechselungen. 1. Mit Digitalis ambigua SCHK. (D. ochroleuca JACQ.); die Blätter sind schmaler, weniger runzelig, nur unten behaart, und sowie der Stengel etwas klebrig, weichhaarig. 2. Mit Verbascum nigrum; die Blätter sind breiter, meist herzförmig, doppelt gekerbt, ohne geflügelten Blattstiel, oben dunkelgrün, mit sternförmigen Härchen besetzt, unten weisslich filzig, etwas dicklich steif. 3. Mit Verbascum Lychnitis; die meist sitzenden, keilförmig-länglichen oder eiförmig-lanzettlichen Blätter sind unten grauweiss-filzig.

4. Mit Verbascum Thapsus, thapsiforme und phlomoides; diese sind auf beiden Seiten filzig. Alle diese Verbascum-Blätter riechen frisch mehr oder weniger widerlich, trocken nicht mehr, schmecken frisch krautartig, bitterlich herbe, trocken fast gar nicht. 5. Mit Symphytum officinale; sie sind rauh-haarig, geruchlos und schmecken nur schleimig krautartig herbe. 6. Mit Conyza squarrosa; die sehr ähnlichen, ebenso grossen Blätter sind etwas stumpfer, die Zähnchen undeutlicher, kleiner und weitläufiger, z. Th. mehr wellenförmig, auf beiden Seiten mit kurzen abstehenden Haaren besetzt und fühlen sich etwas rauh an; der geflügelte Blattstiel, sowie die Basis des Mittelnervs ist oben flach, weiss, bei Digitalis dagegen rinnenförmig, mit röthlichem Filz bedeckt. 7. Mit Arnica montana; eine solche Verwechselung ist vorgekommen, aber auf den ersten Blick zu erkennen.

Anwendung. Innerlich in Substanz, Aufguss, als Extrakt, Tinktur; als ge-presster Saft innerlich und äusserlich.

Geschichtliches. Weder die Griechen noch die Römer kannten den rothen Fingerhut,*) der Erste, welcher diese wichtige Arzneipflanze unter dem jetzt gebräuchlichen Namen beschrieb, war der deutsche Arzt und Botaniker Leonhard Fuchs († 1565); allein von ihren wahren Heilkräften war er so wenig, wie alle seine Zeitgenossen gehörig unterrichtet. Indessen findet man doch schon frühzeitig die Digitalis in den Pariser Pharmakopöen, sowie in der Würtem-bergischen; ja letztere hatte schon ein Unguentum Digitalis, welches gegen Kropf und skrophulöse Geschwulste, indessen, wie es scheint, nur sparsam im Gebrauche war, sodass auch Murray noch 1776 den Fingerhut ein zweideutiges Mittel nannte, und ihn in die Familie der Solaneen einreihte. Bergius führt in seiner Materia medica (1778) die Digitalis noch nicht auf. Eine feste Stelle in den Officinen erhielt sie erst durch die Erfahrungen des englischen Arztes Withering, welcher im J. 1775 zuerst anfing, sie zu Birmingham als ein Mittel gegen die Wassersucht zu verordnen, doch, wie er naiv genug selbst berichtet, nur solchen Leuten, denen er in seinem Hause guten Rath umsonst ertheilte. Im Juli 1776 wagte er, mit Zustimmung des berühmten Darwin, einer Dame von Stande, an deren Aufkommen man zweifelte, den Fingerhut zu verordnen, und sie wurde gerettet. In demselben Sommer 1776 liess Withering eine Menge Digitalis-blätter trocknen und seine Heilmethode wurde bald so berühmt, dass bereits im Frühjahr 1779 von allen Orten her Wassersüchtige kamen, sich seines Rathes zu bedienen. Um dieselbe Zeit legte Dr. Stokes die Resultate der Versuche Withering's mit dem Fingerhute der medicinischen Gesellschaft in Edinburg vor. 1781 fing endlich auch der bekannte Arzt Hamilton an, Wassersüchtige mit Digitalis zu behandeln, und 1783 wurde die Pflanze in die neue Ausgabe der Edinburger Pharmakopoe aufgenommen. Uebrigens geht aus Withering's Mit-theilungen hervor, dass damals mehrere Menschen an dem unvorsichtigen Ge-brauche des neuen Mittels gestorben sind. In Deutschland wurde sie weit später eingeführt, wie mehrere Umstände beweisen. Dr. Michaelis übersetzte 1786 Withering's Schrift ins Deutsche und dedicirte seine Uebersetzung dem Salomons-Apotheker Gallich in Leipzig, den er in der Vorrede aufforderte, die Digitalis zum Gebrauche in seiner Officin anzuschaffen, woraus folgt, dass man damals

---

*) Den ἐλλέβορος λευκός des Dioskorides hält Sibthorp und mit ihm Fraas für Digitalis ferruginea L.; aber trotzdem meint Fr. doch, die Alten hätten unter ἐλλέβορος λευκός das Vera-trum album verstanden.

die Pflanze noch nicht in Sachsen vorräthig hielt, obgleich bereits 1785 Schiemann in Göttingen eine Dissertation über dieses Mittel geschrieben hatte. Die günstigen Erfahrungen, welche Thilenius mit der Digitalis machte, scheinen wesentlich dazu beigetragen zu haben, dass sie bald in allen deutschen Pharmakopöen eine Stelle erhielt.

Flaschenbaum.

Cortex und *Folia Anonae.*

Anona triloba L.

(Asimina triloba Dun., *Porcelia triloba* Pers.)

Polyandria Polygynia. — Magnoliaceae.

Baum mittlerer Grösse, z. Th. strauchartig, mit abwechselnden, kurz gestielten, verkehrt-eiförmigen, abgebrochen zugespitzten, glatten Blättern und
glänzenden, glockenförmigen, grossen, dichtbehaarten, braunrothen Blumen, bestehend aus einem dreitheiligen Kelche und 6 Kronblättern, deren innere kleiner
sind und fest sitzenden Antheren. Die Früchte bilden 2—3 an einem Stiele befindliche, grosse, rundliche, gelbe, vielsamige Beeren. — In Karolina.

Gebräuchliche Theile. Die Rinde und die Blätter.

Wesentliche Bestandtheile. Untersucht ist von diesem Gewächs nur
das Fruchtfleisch, worin Lassaigne Zucker, Bitterstoff, Schleim, Aepfelsäure
etc. fand.

Anwendung. Rinde und Blätter in Amerika als Medikament. Die Frucht
wird gegessen.

Anona ist vom malaiischen *manoa* abgeleitet; es kommen nämlich auch
Anona-Arten in malaischen Ländern vor.

Asimina ist ein nordamerikanischer Name.

Porcelia nach Anton Porcel, einem spanischen Botaniker, benannt.

Fliegenschwamm.

Agaricus muscarius L.

(Amanita muscaria Fr.)

Cryptogamia Fungi. — Hymenomycetes.

Dieser Pilz ist beim Hervortreten aus der Erde eiförmig und in einer
weissen, fleischigen Hülle eingeschlossen. Vollständig ausgebildet erscheint er
regelmässig, hutförmig, der Strunk weiss, dicht, 2—3 Centim. hoch, am Grunde
verdickt, oberhalb der Mitte mit einem weissen häutigen Ringe versehen; der
Hut scharlachroth, mit gelblichweissen Schuppen, die zuweilen auch fehlen, seine
Unterfläche aus weissen regelmässigen Lamellen bestehend. Schmeckt schwach,
wirkt narkotisch giftig. — Zu Anfang des Herbstes ziemlich häufig in Wäldern,
besonders von Nadelholz.

Wesentliche Bestandtheile. Nach Vauquelin und Bracnnnot folgte
in dem Bemühen, den Giftstoff aufzufinden und zu isoliren, Letellier und erhielt einen extraktartigen Körper, den er Amanitin (auch Agaricin) nannte
und worin sich das Gift befinden sollte. Nicht glücklicher waren die wieder-
holten Bemühungen Apoiger's, der zuerst angab, eine höchst widrig riechende,
aber nicht giftige Pflanzenbase, eine schwer krystallisirbare, sehr giftige Säure und
ein flüchtiges angenehm riechendes Oel gefunden zu haben, während seine zweite

Versuchsreihe nur die Anwesenheit von Bernsteinsäure, Gallussäure und Phosphorsäure constatirten; die BRACONNOT'sche Pilz- und Schwammsäure ist nach ihm
verlarvte Phosphorsäure. BORNTRÄGER gab dann ebenfalls an, der Giftstoff sei
eine Säure, und ausserdem erhielt er noch aus dem Pilze Propionsäure und
Trimethylamin. Endlich gelang es KOPPE und SCHMIEDEBURG darzuthun, dass
der Giftstoff durch eine krystallisirbare Base (Muscarin) repräsentirt wird.
Nach HARTNACK ist diese Base noch von einer anderen, aber nicht giftigen begleitet, die er mit Amanitin bezeichnet. Das salzsaure Muscarin ist zerfliesslich,
das salzsaure Amanitin nicht. Das Muscarin hat die Formel $C_5H_{13}NO_2$, das
Amanitin die Formel $C_5H_{13}NO$; diess ist auch die Formel des Cholins, beide
scheinen daher identisch, doch liefert das Cholin durch Oxydation mit Chrom-
säure Betaïn (= Oxyneurin), während das Amanitin sich dadurch z. Th. in
Muscarin umwandelt. — BOLLEY sowie DESSAIGNES fanden im Fliegenschwamm
auch Fumarsäure.

Anwendung. Mit Milch oder Zuckerwasser übergossen zum Tödten der
Fliegen. Die Kamtschadalen bereiten daraus ein berauschendes Getränk.

Geschichtliches. Der Fliegenschwamm war schon bei den alten Römern
ein Arzneimittel; denn sie nannten ihn Boletus medicatus.

Wegen Agaricus s. d. Artikel Lärchenschwamm.

Amanita von ἀμανῖται (eine Art Erdpilze, Champignons), welche auf dem
Berge *Amanus* zwischen Cilicien und Syrien wuchsen.

Flohknöterich.
(Mildes Flohkraut.)
Herba Persicariae mitis.
Polygonum Persicaria L.
Octandria Trigynia. — Polygoneae.

Einjährige Pflanze mit 30—90 Centim. hohem, an der Basis niederliegendem,
dann aufrechtem, auch eingeknicktem, rundem, gelenkigem, glattem, oft röthlichem, ästigem Stengel, ausgebreiteten Zweigen, abwechselnden kurz gestielten
lanzettlichen, glatten, z. Th. mit einem schwarzen hufeisenförmigen Fleck bezeichneten Blättern, die mit scheidigen, häutigen, ganz kurz gewimperten, den
Stengel fast umgebenden Afterblättchen (Tuten, *Ochreae)* gestützt sind. Die
Blumen stehen am Ende der Zweige auf glatten Stielen in gedrängten, eiförmig-
länglichen, ährenartigen, grünlichen Trauben. — Ueberall an feuchten Orten,
Graben, Löchern, auf Aeckern, in Gärten, auf Schutthaufen.

Gebräuchlicher Theil. Das Kraut; es ist geruchlos, schmeckt schwach
adstringirend salzig (nicht scharf brennend).

Wesentliche Bestandtheile.? Nicht näher untersucht.

Verwechselung. Mit P. lapathifolium; dasselbe ist ebenso gemein, hat
aber lang gewimperte Tuten und drüsige rauhe Kelche.

Anwendung. Veraltet. Das Πολυχαρπον des HIPPOKRATES.

Der Speciesname Persicaria soll andeuten, dass die Blätter denen der
Persica (Amygdalus persica, Pfirsich) in der Form ähnlich sind.

Wegen Polygonum s. d. Artikel Buchweizen.

Flohsame.

Semen Psyllii.

Plantago Cynops L.

Plantago Psyllium L.

Plantago indica L. *(Pl. arenaria* W. u. KIT.)

Tetrandria Monogynia. — *Plantagineae.*

Plantago Cynops, der immergrüne Wegerich (Hundsauge, Hundgesicht, Stauden-Wegerich), ist ein kleines, staudenartiges Gewächs mit handhohem, unten holzigem, oben krautartigem Stengel, gegenüberstehenden, freien, etwa 5 Centim. langen Blättchen. Die eirunden Aehrchen bestehen aus wenigen, aber verhältnissmässig grossen, grünlich-weissen Blumen. Die Nebenblätter sind kreisrund, die oberen zurückgeschlagen, die Kapseln an der Basis im Kreise durchschnitten. — An sonnigen, steinigen, unfruchtbaren Orten in der Nähe des Meeres auf der pyrenäischen Halbinsel, in Italien, dem südlichen Frankreich, in den wärmeren Kantonen der Schweiz.

Plantago Psyllium, der Flohsame-Wegerich (betäubender Wegerich), ist eine kleine einjährige, 15—30 Centim. hohe Pflanze, der Stengel unten braun, oft einfach oder wenig ästig, die Blätter 25—50 Millim. lang, 2—3 Millim. breit, die Blumenstiele meist länger als die Blätter, bilden oben eine Art Doldentraube, die rundlichen Aehren sind 8—12 Millim. lang, die Nebenblätter mit häutigem Rande sind pfriemenförmig zugespitzt, die untersten bilden eine Art Hülle, sind wie die Kelche behaart, die Kronröhren glatt, grünlich-weiss. — Im südlichen Europa und Nord-Afrika.

Plantago indica, der indische Wegerich (Sand-Wegerich), ist der vorigen Art sehr ähnlich, meist haariger, die Blätter mehr graugrün, die Blumenstiele und Aehren länger und gedrungener. — Auf trockenen dürren Sandfeldern, an mehreren Orten Deutschlands, in Ungarn, Frankreich, Schweiz.

Gebräuchlicher Theil Der Same aller 3 Arten; er ist klein, 2 Millim. lang, ⅓ Millim. breit, dunkelbraun, glänzend, auf einer Seite gewölbt, auf der anderen ausgehöhlt, geruchlos, aber sehr schleimig.

Wesentliche Bestandtheile. Nach BRACONNOT in 100: 18,5 Schleim, wovon 14,9 reiner Schleim, 3,0 Gummi und 0,6 essigsaure Salze. Nach SCHMIDT unterscheidet sich dieser Schleim vom Quittenschleim dadurch, dass er weder von Säuren, noch von Alkalien gefällt wird.

Verwechselung. Ausser mit den Samen anderer Plantago-Arten, welche aber meist heller und nicht so glänzend sind, kann der Flohsame leicht mit dem der Aquilegia vulgaris verwechselt werden. Dieser hat dieselbe Grösse, denselben Glanz, ist aber dunkler, fast schwarz, dreikantig, auf einer Seite gewölbt, die beiden anderen Seiten fast flach, mit vorstehenden Rändern eingefasst; die innere, der gewölbten entgegenstehende Seite bildet keine Höhle, sondern eine vorspringende Naht. Er ist geruchlos, schmeckt schwach bitterlich und nicht schleimig.

Anwendung. In der Abkochung, als Schleim, innerlich und äusserlich, doch ist der Gebrauch jetzt sehr beschränkt. 1 Th. Same macht 150 Th. Wasser stark schleimig. Den Schleim benutzt man ferner in der Färberei, Kattundruckerei.

Geschichtliches. Schon die Alten machten Anwendung davon. Pl. Psyllium hält man für das ψύλλιον DIOSK., die *Cynomomia* PLIN.

Plantago ist zus. aus *planta* (Fusssohle) und *agere* (führen), wegen der Aehnlichkeit der an den Boden gedrückten Blätter einiger Arten (besonders Pl. major) mit Fussstapfen.

Cynops, κυνωψ Theophr. ist zus. aus κυων (Hund) und ωψ (Auge), was sich wahrscheinlich auf das Ansehen des Blüthenstandes beziehen soll; die Theophrast'sche Pflanze scheint aber nicht Pl. Cynops, sondern Pl. altissima zu sein.

Psyllium von ψυλλα (Floh), in Bezug auf die Aehnlichkeit des Samens mit Flöhen.

Frauenhaar.
(Venushaar.)
Herba capillorum Veneris.
Adiantum Capillus Veneris L.
Cryptogamia Filices. — Polypodieae.

Der Wurzelstock liegt horizontal in der Erde, ist ästig und mit braunen häutigen Schuppen (Spreublättchen) bedeckt. Aus ihm entwickeln sich mehrere lang gestielte, 15—30 Centim. lange Wedel; der Blattstiel ist dünn, glänzend schwarzbraun oder ins Rothe ziehend, das Blatt unten doppelt, gegen die Spitze hin einfach fiederspaltig, die Abschnitte kurz gestielt, mit keilförmiger Basis, an der Spitze abgerundet und in stumpfe Läppchen gespalten. Die Fruchthäufchen sind linienförmig, kurz, erst weiss, dann blassbraun. — Auf Felsen im südlichen Europa einheimisch.

Gebräuchlicher Theil. Das Kraut; es riecht schwach aromatisch, schmeckt süsslich, etwas zusammenziehend und bitterlich.

Wesentliche Bestandtheile. Eisengrünender Gerbstoff, Zucker, Bitterstoff. Ist nicht näher untersucht.

Anwendung. Bei uns zur Bereitung eines Syrups gegen katarrhalische Affectionen. In Frankreich als Thee zu ähnlichem Zwecke.

Adiantum, Αδιαντον der Alten, ist zus. aus ἀ (nicht) und διαινειν (benetzen) weil es die Feuchtigkeit nicht leicht annimmt (durch Wasser nicht, wie z. B. die Moose, wieder belebt wird).

Frauenhaar, rothes.
(Rother Widerthon, Widertod.)
Herba Adianti rubri.
Asplenium Trichomanes L.
Cryptogamia Filices. — Polypodieae.

Der Wurzelstock ist ein Busch schwarzbrauner Fasern; die zierlichen Wedel bilden einen Rasen, sind 10—15 Centim. lang, der Blattstiel glänzend rothbraun, das Blatt einfach fiederspaltig, mit kleinen rundlichen oder verkehrt eiförmigen sitzenden, am Rande schwach gekerbten Abschnitten. Die Fruchthäufchen sind bei der Reife braun und bedecken die ganze Unterfläche des Laubes. — Sehr gemein an Mauern und Felsen.

Gebräuchlicher Theil. Das Kraut; es schmeckt schwach zusammenziehend.

Wesentliche Bestandtheile. Eisengrünender Gerbstoff. Nicht näher untersucht.

Anwendung. Obsolet.

Asplenium, Ασπληνον der Alten, ist zus. aus ἀ (ohne) und σπλην (Milz), d. h.

ein Kraut, welches die Stiche der Milz lindert, die letztere gleichsam unfühlbar macht; die Alten glaubten sogar, dass der fortgesetzte Genuss dieser Pflanze die Milz gänzlich vertreibe.

Trichomanes, Τριχομανες, ist zus. aus θριξ (Haar) und μανος (dünn, locker), d. h. mit dünnen, zarten Stengeln und Zweigen; ihr Aussehen verleitete wohl zur Anwendung gegen das Ausfallen der Haare (s. PLINIUS, XXVII. 111).

Froschlöffel.
(Wasserwegerich.)
Radix (Rhizoma) und *Herba Plantaginis aquaticae.*
Alisma Plantago L.
Hexandria Hexagynia. — Alismaceae.

Perennirende Pflanze mit rundlichem, knolligem, weissem, stark befasertem Wurzelstock (gewöhnlich stehen mehrere in einem Stocke beisammen), im Kreise stehenden lang gestielten, hellgrünen, grossen, z. Th. bis 20 Centim. langen, dem Breitwegerich ähnlichen Wurzelblättern, 45—60 Centim. hohem und höherem quirlförmig ästigem Schafte, weissen oder blass rosenrothen Blüthen. — Häufig in Bächen, Gräben, stehenden Wässern.

Gebräuchliche Theile. Der Wurzelstock nebst dem Kraute; Geruch frisch ähnlich der Violenwurzel, der aber durch Trocknen verloren geht, Geschmack scharf und widrig, nach dem Trocknen nur noch schwach.

Wesentliche Bestandtheile. Im Wurzelstock nach JUCH: Stärkmehl (20%), ein scharfer und bitterer Stoff (Alismin), ätherisches Oel etc. Verdient genauere Prüfung.

Anwendung. Schon von alten Aerzten benutzt; wurde 1817 von Russland aus als Specificum gegen die Hundswuth empfohlen.

Alisma, Ἄλισμα DIOSK., von ἁλς (Salzigkeit), d. h. salziges Wasser liebend; in Griechenland z. B. findet sich die Pflanze in Meeressümpfen.

Wegen Plantago s. den Artikel Flohsame.

Fünffingerkraut.
(Kriechendes Fingerkraut.)
Radix und *Herba Pentaphylli, Quinquefolii majoris.*
Potentilla reptans L.
Icosandria Polygynia. — Rosaceae.

Perennirende Pflanze mit runder, strohhalm- bis federkieldicker, 15—45 Centim. langer, einfacher oder wenig ästiger, zart befaserter, aussen dunkelbrauner, oben mit dunkelbraunen Blattstielresten schopfartig besetzter, innen weisser, zäher, fleischiger Wurzel, welche mehrere niederliegende, gestreckt-kriechende, fadenförmige, ästig gegliederte, oft braunrothe, zartbehaarte Stengel und wurzelnde Ausläufer treibt. Die Stengel sind weitläufig mit abwechselnden, lang gestielten, gefingerten Blättern besetzt, meistens aus 5 keilförmig-länglichen, scharf gesägten Blättchen bestehend, die hellgrün, unten z. Th. weich behaart, 25—50 Millim. lang, 8—12 Millim. breit sind. An der Basis der Blattstiele befinden sich zwei kleine, ovale, zugespitzte Afterblättchen. Die gelben ansehnlichen Blumen stehen einzeln in den Blattwinkeln auf langen fadenförmigen Stielen aufrecht. — Ueberall an feuchten Orten, Wegen, Gräben.

Gebräuchliche Theile. Die Wurzel und das Kraut; beide schmecken schwach süsslich adstringirend, letzteres zugleich schleimig.

Wesentliche Bestandtheile. Eisengrünender Gerbstoff, Zucker, Schleim. Nicht näher untersucht.

Anwendung. Ehemals gegen Wechselfieber, Durchfälle, äusserlich als Wundkraut.

Potentilla — das Πενταφυλλον, *Quinquefolium* der Alten — kommt von *potentia* (Kraft), d. h. kleines Kraut mit Heilkräften.

Hieran schliesst sich in den meisten Beziehungen, auch in den Bestandtheilen, Potentilla argentea L., das silberweisse Fünffingerkraut, welches früher als Herba Quinquefolii minoris officinell war. GEIGER fand hier, wie bei mehreren anderen Potentilleen (Gänsekraut, Tormentilla etc.), in der Wurzel eisenbläuenden und im Kraute eisengrünenden Gerbstoff.

Fussblatt.
Radix (Rhizoma) Podophylli.
Podophyllum peltatum L.
Polyandria Monogynia. — *Berberideae.*

Perennirende Pflanze mit mehrere Fuss langem horizontal liegendem Wurzelstock, handhohem und höherem Stengel, grossen schildförmigen fussartig gelappten Blättern, grossen weissen glockenförmigen hängenden Blumen einzeln in den Blattwinkeln, mit dreiblättrigem Kelch und neunblättriger Krone, grünlichgelber einfächeriger Beere von der Gestalt und Grösse der Hagebutten und von angenehmem Geschmack. — In Nordamerika einheimisch.

Gebräuchlicher Theil. Der Wurzelstock; erscheint im Handel als etwa 7 Centim. lange, 3—6 Millim. dicke, mit Blattstielresten versehene, stellenweise verdickte Stücke, aussen gelb- oder rothbraun, mit Längsstreifen, innen weiss und mehlig, mit dünner, gelblicher Rinde, fast geruchlos, erst süsslich, dann bitter und schwach schmeckend.

Wesentliche Bestandtheile. Nach LEWIS: zwei Harze, von denen das eine in Aether löslich, und das andere darin unlöslich ist; ferner Stärkmehl und sonstige allgemein verbreitete Materien. Der in Weingeist lösliche Theil des Wurzelstockes, im Wesentlichen aus jenen beiden Harzen bestehend, erhielt den Namen Podophyllin. GUARESCI erklärte das in Aether unlösliche Harz für ein Glykosid. Anders lauten aber die neuesten Untersuchungen von PODWISSOTZKI; nach ihm besteht nämlich das Podophyllin der Hauptsache nach aus einer neutralen weissen krystallinischen, äusserst bitter schmeckenden Materie, welche allein das Wirksame repräsentirt und einem sauren gelben amorphen Harze. Dann wurden darin noch gefunden: ein gelber, krystallinischer, dem Quercetin ähnlicher Körper, eine zweite amorphe Harzsäure von brauner Farbe und zwei fette Substanzen. Der Verf. nennt nun das (bisherige) Podophyllin: Podophyllotoxin, den wirksamen Bestandtheil desselben Pikropodophyllin, das damit verbundene saure Harz: Pikropodophyllinsäure, den dem Quercetin ähnlichen Körper: Podophylloquercetin, und die zweite Harzsäure: Podophyllinsäure.

Anwendung. In Form eines Extrakts und des mit Weingeist bereiteten Harzes.

Podophyllum ist zus. aus πους (Fuss) und φυλλον (Blatt).

Gänsefuss, eichenblättriger.
(Gemeines Traubenkraut.)
Herba Botryos vulgaris.
Chenopodium Botrys L.
Pentandria Digynia. — Chenopodieae.

Einjährige Pflanze etwa 30 Centim. hoch, in allen Theilen weichhaarig, klebrig. Stengel ästig, Blätter abwechselnd, gestielt, buchtig ausgeschnitten und den Eichenblättern ähnlich. Blüthen in kurzen, zusammengesetzten, etwas sparrigen, blattlosen Trauben. Same rund, glänzend, schwarz. — Im südlichen Europa, auch hier und da in Deutschland, in Sibirien, Nord-Amerika, an trocknen sandigen Orten.

Gebräuchlicher Theil. Das Kraut, in der Blüthezeit mit den Spitzen (als Summitates) zu sammeln, ist getrocknet graulich-grün, riecht eigenthümlich widrig aromatisch und schmeckt aromatisch bitterlich.

Wesentliche Bestandtheile. Aetherisches Oel, salpetersaure Salze. Ist näher zu untersuchen.

Verwechselung. Mit Ch. Schraderianum R. u. S., das sich häufig in botanischen Gärten findet; dieses ist aber robuster, hat grössere, mehr aufrechte Zweige, der fruchttragende Kelch eine gezähnelte Mittelrippe und der Geruch ist noch weit widriger.

Anwendung. Selten mehr als Thee. Der Same soll wurmtreibend wirken.

Chenopodium ist zus. aus χην (Gans) und ποδιον, πους (Fuss), wegen der ähnlichen Form der Blätter mehrerer Arten.

Botrys, Βοτρυς der Alten, von βοτρυς (Traube) in Bezug auf den Blüthenstand.

Gänsefuss, gemeiner.
(Guter Heinrich, Hundsmelde, Schmergel, wilder Spinat.)
Radix und *Herba Boni Henrici, Lapathi unctuosi.*
Chenopodium Bonus Henricus L.
(*Blitum Bonus Henricus* MEYER, *Orthospermum Bonus Henricus* KOST.)
Pentandria Digynia. — Chenopodieae.

Perennirende Pflanze mit 15—45 Centim. hohem, dickem, gefurchtem, meist einfachem (auch ästigem) Stengel, grossen abwechselnden, gestielten, nach oben immer kleiner werdenden Blättern, gedrängt stehenden, kleinen grünlichen Blümchen, die sowie die übrigen Theile der Pflanze z. Th. mit einem feinen, leicht abwischbaren weissen Mehle bestreut sind, daher die Pflanze beim An-fühlen zart, gleichsam fettig ist. Die Samen stehen alle aufrecht. — Ueberall an Wegen, in Dörfern, an Häusern, auf Schutthaufen sehr gemein.

Gebräuchliche Theile. Die Wurzel und das Kraut.

Die Wurzel ist spindelförmig, ästig, gelblich, schmeckt scharf und bitter. Das Kraut wird durch Trocknen etwas weisslichgrün, ist geruchlos, schmeckt salzig, schleimig.

Wesentliche Bestandtheile. In der Wurzel: scharfer und bitterer Stoff. Im Kraute: Schleim und Salze. Beide nicht näher untersucht.

Anwendung. Ehemals die Wurzel gegen Lungensucht; das Kraut als Purgans, auch äusserlich auf Wunden; jung als Spinat und die jungen Sprossen als Spargel genossen.

Bonus Henricus: Guter Heinrich, im Gegensatz zum bösen Heinrich (Mercurialis perennis), einem ungeniessbaren Kraute; jenes wurde nämlich ehemals im Frühlinge zur Aushülfe als Nahrung benutzt, bis bessere Gemüse kamen. Wahrscheinlich bezieht sich der Ausdruck auf den guten französischen König Heinrich IV., der unter anderem auch viel für Botanik that, indem er auf seine Kosten junge Botaniker reisen und den botanischen Garten zu Marseille anlegen liess.

Blitum, Βλίτον der Alten (was aber Amarantus Blitum L. ist), abgeleitet von βλητος (niedergeworfen), in Bezug auf den liegenden Stengel dieser Art Amarantus.

Orthospermum ist zus. aus ὀρθος (grade) und σπερμα (Same); der Same steht vertikal.

Wegen Lapathum s. den Artikel Ampfer.

Gänsefuss, hybrider.
(Bastard-Gänsefuss.)
Herba Pedis anserini secundi.
Chenopodium hybridum L.
Pentandria Digynia. — Chenopodieae.

Einjährige Pflanze, 60—90 Centim. hoch, mit ästigem, gefurchtem, kantigem, glattem Stengel, lang gestielten, herzförmig zugespitzten, eckig gezähnten, glatten, dünnhäutigen Blättern, welche Aehnlichkeit mit denen des Stechapfels haben, aber kleiner sind. Die kleinen grünlichen Blüthen stehen in blattlosen, anfangs gedrungenen Trauben, welche später ästige, rispenartige Doldentrauben bilden. Die Samen sind schwarz, grubig und stehen horizontal. — An Mauern, Schutthaufen, in Gärten.

Gebräuchlicher Theil. Das Kraut; es riecht widerlich, fast betäubend, schmeckt widerlich salzig.

Wesentlicher Bestandtheil. Nach Reinsch ein Alkaloid (Chenopodin), welches ein weisses, aus mikroskopischen Nadeln bestehendes, geruch- und geschmackloses, bei 225° sublimirendes Pulver bildet. Dasselbe ist auch im Chenopodium album und wahrscheinlich in noch anderen Arten dieser Gattung enthalten.

Anwendung. Veraltet.

Gänsefuss, stinkender.
(Stinkende Melde.)
Herba Atriplicis foetidae, Vulvariae.
Chenopodium olidum Curtis.
(Chenopodium Vulvaria L.)
Pentandria Digynia. — Chenopodieae.

Einjähriges Kraut mit niederliegendem, auch mehr oder weniger aufrechtem ästigem, 15—30 Centim. langem, weisslich bestäubtem Stengel, gestielten rhombisch-eiförmigen, ganzrandigen, besonders unten weisslich bestäubten, meist kleinen Blättern und achselständigen Blüthen in geknäuelten, nackten Trauben und zusammengesetzten, bestäubten Aehren. Samen schwarz, glänzend punktirt. — Ueberall in Gärten, an Wegen, Mauern, Schutthaufen u. s. w. in Städten, Dörfern wachsend.

Gebräuchlicher Theil. Das Kraut; es riecht höchst widerlich häringsartig, besonders beim Reiben, schmeckt widerlich salzig.

Wesentliche Bestandtheile. Nach CHEVALLIER und LESSAIGNE enthält die Pflanze freies Ammoniak. CREUZBURG fand ausserdem darin: eisengrünenden Gerbstoff, einen eigenthümlichen Riechstoff, Zucker, Gummi, verschiedene Salze etc. Den häringsartig riechenden Stoff erkannte DESSAIGNES als ein flüchtiges Alkaloid, welches er als Propylamin bezeichnete, das aber nach A. W. HOFMANN nicht dieses, sondern das sehr ähnliche und isomere Trimethylamin ist.

Anwendung. In England als Arzneimittel. Die Thierärzte gebrauchen die Pflanze, um die in Geschwüren befindlichen Insekten zu vertilgen.

Atriplex ist zus. aus *a* (sehr) und *triplex* (dreifach), in Bezug auf die vorwaltend dreieckige Form der Blätter. Andere sind der Meinung, das Wort sei das latinisirte 'Ατραφαξις DIOSK. (Atriplex hortensis).

Gänsefuss, wurmtreibender.

Semen Chenopodii anthelminthici.
Chenopodium anthelminthicum L.
Pentandria Digynia. — Chenopodieae.

Strauch von 90 Centim. Höhe, an der Basis fingerdick und roth, die Blätter länglich-lanzettlich, wenig gezähnt, die Blüthen in einfachen blattlosen, unterbrochenen, verlängerten Aehren. — In Nord- und Süd-Amerika einheimisch.

Gebräuchlicher Theil. Der Same, welcher einen widrigen Geruch besitzt.

Wesentliche Bestandtheile. Nach E ENGELHARDT in Baltimore: ein Alkaloid von bitterlich kratzendem Geschmack und von ihm Chenopodin genannt (also wohl zu unterscheiden von dem REINSCH'schen gleichnamigen Alkaloïde des Ch. hybridum etc.), und ein ätherisches Oel, welches der Träger der wurmtreibenden Wirkung ist, auch als amerikanisches Wurmsamenöl im Handel vorkommt.

Anwendung. In Amerika als Anthelminthicum.

Gänsekraut.

(Gänsegarbe, Gänserich, Grensing, Silberkraut.)
Radix und *Herba Anserinae, Argentinae.*
Potentilla anserina L.
Icosandria Polygynia. — Rosaceae.

Perennirende Pflanze mit auf der Erde kriechendem und wurzelndem, 30 Centim. und längerem, dünnem, fadenförmigem, behaartem Stengel. Die Blätter liegen meist ausgestreckt auf der Erde, sind gestielt, unterbrochen gefiedert, die aus der Wurzel kommenden liegen im Kreise, die des Stengels stehen abwechselnd; die einzelnen Blättchen sind ungestielt, länglich oval, scharf fast eingeschnitten gesägt, oben hellgrün, unten weisslich behaart, seidenartig glänzend, 14—36 Millim. lang, untermischt mit kleineren, einige Millim. langen, dreizähligen Blättchen. Die Blattstiele sind weichhaarig, an der Basis mit häutigen Afterblättchen besetzt. Die Blumen stehen achselig, einzeln auf langen fadenförmigen, behaarten Stielen, der Kelch ist filzig und nur halb so gross als die gelbe Krone. — Ueberall an etwas feuchten Orten, Wegen, Gräben, auf niedrigen Weiden.

Gebräuchliche Theile. Die Wurzel und das Kraut.

Die Wurzel besteht aus mehreren, ungefähr strohhalmdicken oder etwas stärkeren, oft über 30 Centim. langen, aussen dunkelbraunen, z. Th. fast schwarzen, runzelig-höckerigen, hin und her gekrümmten Fasern, die innen weiss und markig sind, von ziemlich adstringirend süsslichem Geschmacke, der in dem Kraute weniger bemerkbar, aber zugleich etwas salzig ist.

Wesentliche Bestandtheile. Nach GEIGER in der Wurzel eisenbläuender, in dem Kraute eisengrünender Gerbstoff. Eine nähere Untersuchung fehlt.

Anwendung. Man rühmte die Pflanze, zumal das Kraut bei Blutflüssen, und insbesondere gegen Lungenschwindsucht. Jetzt ist sie ganz obsolet.

Geschichtliches. Sie wurde im Mittelalter als Medikament eingeführt, auch nur sie von den alten Aerzten Potentilla genannt und zwar wegen ihrer grossen Heilkräfte.

Gagel, gemeiner.
Herba Gales, Chamelaeagni, Myrti brabanticae.
Myrica Gale L.
Dioecia Tetrandria. — Myricaceae.

Ein 0,45—1,2 Meter hoher, einer grossen Heidelbeerpflanze ähnlicher Strauch mit kriechender Wurzel, brauner glatter, an den jüngeren Zweigen grün- und röthlich-punktirter behaarter Rinde, abwechselnden kurzgestielten, ei-lanzettlichen, stumpfen, an der Spitze etwas gesägten, oben dunkelgrünen glatten, unten weiss-filzigen und gelb punktirten Blättern mit zurückgeschagenem Rande, etwas steif, und am Ende der jüngeren Zweige seitenständig, in länglichen braunen, lockeren Kätzchen stehenden Blumen mit rundlich zugespitzten, gefranzten Schuppen, beide Geschlechter ohne Krone. Die Früchte sind kleine, schwarzbraune 3zähnige Steinfrüchte, unten mit wachsartigen Körnern besetzt, einen Zapfen bildend. Die ganze Pflanze ist sehr aromatisch. — Auf sumpfigem Moorboden im nördlichen Europa (auch hie und da in Deutschland) und in Nord-Amerika.

Gebräuchlicher Theil. Die beblätterten Zweige.

Wesentliche Bestandtheile. Aetherisches Oel, Wachs, Harz. Nach RABENHORST liefern alle Theile der Pflanze ein balsamisches ätherisches Oel. Die Wurzel enthält nach R.: ätherisches Oel, Wachs, Balsamharz, fettes Oel, eisenbläuenden Gerbstoff, Stärkmehl etc.

Anwendung. Obsolet (mit Unrecht).

Myrica von Μυριχη (die Tamariske der Alten) und dieses von μυρειν (fliessen), weil dieser Strauch überall an dem Ufer der Bäche und Flüsse im südlichen Europa wächst. In Bezug auf unsere Myrica bezeichnet der Name dasselbe wegen des Standortes (s. oben). Uebrigens lässt sich der Name auch auf μυρον (Balsam) zurückführen, wegen des balsamischen Geruchs der Pflanze.

Gale vom celtischen *gal* (Balsam), in derselben Bedeutung.

Gagel, wachstragender.
(Virginischer Wachsbaum.)
Cortex radicis Myricae ceriferae.
Myrica cerifera L.
Dioecia Tetrandria. — Myricaceae.

Strauch oder kleiner Baum mit glänzend braunen, wenig behaarten Zweigen, abwechselnden kurz gestielten, dem gemeinen Gagel ähnlichen, vorn etwas gesagten, oben dunkelgrünen, unten blasseren, auf beiden Seiten glatten, durchsichtig gelb punktirten Blättern, und an den vorjährigen Zweigen stehenden Blumenkätzchen mit zugespitzten Schuppen. Die kugeligen Steinfrüchte sind klein und dicht mit einem weissen wachsartigen Pulver bedeckt. — In Nord-Amerika einheimisch.

Gebräuchlicher Theil. Die Wurzelrinde.

Wesentliche Bestandtheile. Nach HAMBRIGHT: Spur ätherisches Oel, Gerbstoff, scharfes Harz, adstringirendes Harz, Myricinsäure.

Anwendung. In der Heimath als Brechmittel; soll die Ipecacuanha ersetzen.

Die Früchte enthalten nach DANA $32\frac{0}{0}$ Wachs, $45\frac{0}{0}$ Stärkmehl, 5 Harz und 15 einer besondern schwarzen Substanz. Auch JOHN erklärt die Fettsubstanz für Wachs. Nach G. E. MOORE ist dieselbe, wie sie im Handel vorkommt, graugelb bis dunkelgrün (von Chlorophyll herrührend), riecht balsamisch, ist härter und spröder als Bienenwachs, schmilzt bei $47-49°$, hat spec. Gewicht von $1,004-1,006$, verseift sich sehr leicht, und besteht aus $\frac{4}{5}$ Palmitinsäure und $\frac{1}{5}$ Palmitin, verdient mithin vielmehr die Bezeichnung Talg.

Galambutter.
(Sheabutter.)
Butyrum Butyrospermi.
Butyrospermum Parkii.
(Bassia Parkii G. DAN.)
Dodecandria Monogynia. — Sapotaceae.

Milchsaft führender Baum mit abwechselnden, meist büschelig vereinigten verkehrteiförmigen, ganzrandigen, lederartigen Blättern; röhrig glockenförmigen, 6—14 lappigen Blumenkronen. Die Frucht besteht fast ganz aus einem Kerne von der Grösse und Farbe einer Kastanie, und ist innerhalb der Schale mit einer sehr dünnen gelblichen Lage sehr süssen Fleisches bedeckt. — Im mittleren und südlichen Afrika, besonders im Reiche Bambarra einheimisch.

Gebräuchlicher Theil. Das durch Kochen der Früchte mit Wasser erhaltene Fett, wozu aber auch die Früchte anderer, nahe verwandter Bäume, wie Bassia Djave, B. Nunju benutzt werden. Es ist weissgrünlich, schmilzt bei 45°.

Wesentliche Bestandtheile. Nach OUDEMANS in 100: 70 Stearin und 30 Elain.

Anwendung. Besonders zu Seifen als erhärtender Zusatz; verdient aber noch Beachtung zu Pflastern und Salben, da es wenig Neigung zum Verderben hat.

Geschichtliches. Die ersten Mittheilungen über dieses Fett verdankt man MUNGO PARK († 1806), der den Baum im Reiche Bambarra antraf; doch wurde derselbe später reichlich im Gebiete des Niger und Nil, im Lande der Niammis und in Bornu angetroffen, die beiden angeführten Bassia-Arten wachsen im südlichen Afrika. Seit der Londoner Ausstellung 1861 ist die Butter erst allgemein bekannt geworden, und kursirt z. Th. unter dem Namen Palmfett. Galam, Shea etc. sind afrikanische Namen.

Wegen Bassia s. den Artikel Butterbaum.

Galbanum.

(Mutterharz.)

Gummi-Resina Galbanum.

Welche Umbellifere — denn dass es eine solche, und zwar entweder eine Ferula oder eine nahe verwandte Art ist, unterliegt keinem Zweifel — dieses Gummiharz liefert, kann noch immer nicht mit Gewissheit angegeben werden. — Das Vaterland ist Persien; aber auch Arabien und Afrika sollen Galbanum ausführen. Man unterscheidet wesentlich zwei Sorten.

1. Galbanum in Körnern. Es besteht aus linsen- bis erbsengrossen und grösseren, unregelmässigen, häufig länglichen, blassgelben, z. Th. ins Grünliche gehenden oder rothgelben, durchscheinenden, matten oder firnissartig harzglänzenden Körnern, von Wachskonsistenz, die in mittlerer Temperatur weich, knetbar und klebend sind, daher sie meist in grösseren Klumpen zusammenbacken. Eine sogen. trockne Sorte bildet einzelne, aussen gelbliche, innen weissliche Körner.

2. Galbanum in Kuchen. Mehr oder weniger hell- oder dunkelbraune glatte, durchscheinende, zusammengeflossene Massen mit weisslichen, mandelartigen Körnern, z. Th. auch Stielen und Samen untermengt, matt, wachsglänzend bis schwach harzglänzend, auf dem Bruche uneben, flach, muschelig, übrigens auch leicht erweichend.

Der Geruch beider ist eigenthümlich, balsamisch, widerlich, der Geschmack widerlich, scharf, harzig und bitter. Mit Wasser angerieben, entsteht eine weisse Milch. Z. Th. in Weingeist und z. Th. in Wasser löslich.

Wesentliche Bestandtheile. Aetherisches Oel, Harz und Gummi, und zwar nach den Analysen von NEUMANN, FIDDECHOW, MEISSNER und PELLETIER in 100: $3\frac{1}{2}$—6 Oel, 60—67 Harz und 19—22 Gummi. Die weissgelben Körner bestehen ganz aus Gummi. Das ätherische Oel ist leichter als Wasser und wesentlich ein Kohlenwasserstoff.

Weicht man Galbanum einige Stunden in Wasser ein, und setzt dann ein wenig Ammoniak hinzu, so entsteht eine prächtige blaue Fluorescenz, welche durch Säure wieder verschwindet. — Asafoetida verhält sich ähnlich, aber schwächer. Mit Ammoniakum tritt diese Erscheinung kaum spurweise ein.

Anwendung. In Pillen und Mixturen (als Emulsion), als Tinktur, in Pflastern. Früher wurde auch das ätherische Oel, durch Destillation mit Wasser, und ein brenzliches Oel, durch trockene Destillation gewonnen, medicinisch gebraucht.

Geschichtliches. Das Galbanum ist ein sehr altes Arzneimittel, das schon in den hippokratischen Schriften (als χαλβάνη) oft vorkommt. Nach DIOSKORIDES kommt es von einer in Syrien einheimischen Ferula (für F. Ferulago L. gehalten) und wird mit Ammoniakum, nach PLINIUS mit Sagapenum verfälscht. Die Pflanze oder vielmehr der holzige, das Gummiharz ausschwitzende Theil, hiess Metopium, welchen Namen auch eine Salbe trug, die Galbanum enthielt.*) Das Galbanum diente innerlich und äusserlich, und als Rauchwerk wird es selbst schon in den Mosaischen Schriften erwähnt.

Galbanum kommt vom arabischen *halab* oder hebräischen חלב *(chelbe,* Synonym mit χαλα (Milch), auf den Milchsaft deutend, in welcher Form das Galbanum der Pflanze entquillt. Demgemäss und auch dem altgriechischen

---

*) PLINIUS sagt (XV. 7), auch das Mandelöl hiesse bei Einigen Metopium.

Namen χαλβανη, entsprechend, müsste man eigentlich Chalbanum schreiben. — Zwar heisst im Celtischen *galb* oder *galban:* fett, salbenartig, was zu Salben dient; kann also auf den Gebrauch des Milchsaftes bezogen werden.

Galgant, grosser.

Radix (Rhizoma) Galangae majoris.

Alpinia Galanga Sw.

(Maranta Galanga L.)

Monandria Monogynia. — *Zingibereae.*

Perennirende Pflanze mit 1,8—2 Meter hohem Stengel, der an der unteren Hälfte mit glatten Blattscheiden (ohne Blätter) bekleidet ist; an der oberen Hälfte tragen die Scheiden kurz gestielte lanzettliche, auf beiden Seiten glatte, 30—60 Centim. lange und 10—15 Centim. breite Blätter. Die Blüthen bilden an der Spitze dieses Stengels eine lockere Rispe, deren zweitheilige Aeste 2—5 blass gränlich-weisse Blumen tragen. Die Frucht ist eine beerenartige (nicht aufspringende) Kapsel von der Grösse einer kleinen Kirsche, dunkel orangeroth, worin 3—6 Samen. — Auf dem indischen Archipel einheimisch.

Gebräuchlicher Theil. Der Wurzelstock; als Droge erscheint er knollig, rund, ästig, 15—20 Centim. lang, etwa daumendick, aussen braunroth, der Länge nach gestreift mit weisslichen dünnen, 2—6 Millim. abstehenden Querringen, innen heller braunroth, z. Th. graugelblich. Ziemlich hart und zähe. Geruch angenehm aromatisch, Geschmack aromatisch, anhaltend scharf und brennend.

Wesentliche Bestandtheile. Nach BUCHOLZ in 100: 0,5 ätherisches Oel, 5 scharfes Weichharz, 8 Gummi, 40 Bassorin. MORIN fand noch Stärkmehl etc. und BRANDES einen geruch- und geschmacklosen krystallinischen Stoff (Kaempferid genannt, weil man früher die Stammpflanze für eine Kaempferia hielt). Nach L. JAHNS ist dieses K. ein Gemenge, aus dem es gelang, wenigstens 3 wohl charakterisirte Substanzen zu scheiden. Sie sind sämmtlich gelb, krystallinisch, geruch- und geschmacklos, in Wasser fast unlöslich, in Weingeist, Aether löslich, stickstofffrei, nicht glykosidischer Natur, und werden von ihm mit Alpinin, Galangin und Kaempferid bezeichnet. Dieses Kaempferid schmilzt bei 221—222°, das Galangin bei 214—215°, das Alpinin bei 172—174°. Rauchende Schwefelsäure löst das K. und das A. mit grüner, das G. mit gelber Farbe. Selbstverständlich repräsentiren auch diese drei Produkte nicht das Wirksame der Galanga.

Verwechselungen. Unter der Galanga soll zuweilen ein ihm sehr ähnlicher Wurzelstock vorkommen, dessen Mutterpflanze *Alpinia nutans* R. ist, der sich aber leicht an seiner fast völligen Geschmacklosigkeit erkennen lässt. Verwechselung mit langer und runder Cyperwurzel ist bei der totalen äusseren Verschiedenheit fast undenkbar.

Anwendung. Mit Ausnahme Russlands hat ihr Gebrauch in Europa fast ganz aufgehört. Dort dient sie häufig zur Bereitung eines Liqueurs und in der Thierheilkunde.

Galgant, kleiner.

Radix (Rhizoma) Galangae minoris.

Alpinia officinarum HANCE.

Wurzelstock lang, kriechend, cylindrisch 12—18 Millim. dick, rothbraun, sehr glatt, mit grossen blassern faserigen Schuppen bekleidet, welche später abfallen und unregelmässige buchtige, weissliche Ringe hinterlassen; Stengel 70—100 Centim. hoch, Blätter zweireihig, langscheidig, lederartig, glatt, glänzend schmal lanzettlich, 25—35 Centim. lang, 20—24 Millim. breit, Blüthen weiss. — Auf der chinesischen Insel Hainan und wahrscheinlich auch im südlichen China, wo sie des Handels wegen viel kultivirt wird.

Gebräuchlicher Theil. Der Wurzelstock; es sind cylindrische, 5 Centim. lange, 6—14 Millim. dicke, knieförmig gebogene, mit 1—2 starken, gewöhnlich aber kurz abgeschnittenen Aesten versehene, quergeringelte, an dem einen Ende napfförmig erweiterte, an dem andern verschmälerte Stücke. Aussen sind sie eben, der Länge nach gestreift und rothbraun, innen sehr fasrig und cimmtfarbig. Im Querschnitt unterscheidet man zwei durch die Kernscheide getrennte Schichten, beide umschliessen im Parenchym Oeldrüsen, und zerstreute Gefässbündel. Es giebt 2 Sorten; die eine ist aussen dunkel braunroth, innen hell cimmtfarben, etwa 8 Millim. dick, die peripherische Schicht 6 Millim. dick und enthält neben den Oeldrüsen im Parenchym viel Stärkmehl, die andere Sorte ist aussen blass-gelblich, innen dunkelbraun, der centrale Kern 3 Millim. dick, dieser enthält kein Stärkmehl. Beider Geruch stark aromatisch, Geschmack aromatisch und sehr erwärmend, ähnlich wie Ingber und Pfeffer, deutlich kampherartig, brennend.

Wesentliche Bestandtheile. s. oben. Ob die Analytiker den grossen oder kleinen oder beide Arten Galgante benutzt haben, wissen wir nicht.

Anwendung. s. gleichfalls oben.

Geschichtliches. Ob schon die Alten den Galgant kannten, ist sehr fraglich; einige vermuthen, der Cyperus babylonicus des PLINIUS (XXI. 72) sei unser Galgant, was sich aber bei dem Mangel aller näheren Beschreibung nicht entscheiden lässt. Mit Bestimmtheit wird er erst von dem arabischen Geographen IBN KHURDADBAH im 9. Jahrhundert als ein Produkt desselben Landes, welches Moschus, Kampfer und Aloëholz ausführt, erwähnt. Die arabischen und neueren griechischen Aerzte machten bald medicinischen Gebrauch davon, im 12. Jahrh. gelangte er auch zur Kenntniss des nördlichen Europa, die Aebtissin HILDEGARD nahm ihn unter dem Namen Galan in ihr Kräuterbuch auf und rühmte seine Heilkräfte. Im 13. Jahrh. gelangte der Galgant nebst anderen morgenländischen Specereien über Aden, das rothe Meer, Egypten und Akka in Syrien nach den Häfen des mittelländischen Meeres. GARCIAS AB HORTO erwähnte 1563 zuerst zweier Arten Galgant, des grossen und kleinen; man hielt sie für von Einer Pflanze stammend, nur mit dem Unterschiede, dass jener der dicke, dieser der dünnere Theil des Wurzelstockes sei, bis endlich 1870 HENRY FLETCHER HANCE diesen Irrthum durch Entdeckung der Stammpflanze des kleinen berichtigte.

Galanga ist ein orientalisches Wort, im Malabarischen *Kelenga*, im Arabischen *Kullendjan*, im Malaiischen *languas*, was alles die Pflanze oder ihre Wurzel bezeichnet.

Alpinia ist benannt nach PROSPER ALPIN, geb. 1553 zu Marostika im Venetianischen, Prof. der Botanik in Padua, † 1617.

Maranta ist nach BERTHOL. MARANTA, venetianischem Arzt, † 1754, benannt.

Galläpfel, aleppische.

(Türkische Galläpfel.)

Gallae aleppicae, nigrae, turcicae.

Quercus infectoria Oliv.

Monoecia Polyandria. — Cupuliferae.

Kleiner strauchartiger Baum mit gestielten, oval-länglichen, stumpfen, am Rande mit grossen breiten stumpfen, in ein feines Stachelspitzchen auslaufenden Zähnen versehenen, glatten, blassgrünen, 5 Centim. langen und $2\frac{1}{2}$ Centim. breiten Blättern, an der Spitze der jungen Zweige kurz gestielten oder sonst sitzenden weiblichen Blüthen, $3\frac{1}{2}$ Centim. langen, glatten, mit einem feinen Spitzchen versehenen Früchten, die Fruchthülle mit sehr kleinen und dicht über einander liegenden und verwachsenen Schuppen bedeckt. — Auf Bergen durch ganz Klein-Asien ziemlich häufig.

Gebräuchlicher Theil. Die Galläpfel, d. i. die auf den jungen Zweigen durch den Stich eines Insekts *(Cynips gallae tinctoriae)* entstandenen Auswüchse, daran mit einer Art kurzen Stiels befestigt. Sie sind kugelig, 12—18 Millim. dick, dunkel graugrün ins Bläuliche, z. Th. ins Braune, beim Benetzen fast schwarz, mehr oder weniger mit kleinen schuppig-warzigen, rauhen, z. Th. fast stechenden Erhöhungen besetzt, und sich in einen kurzen Stiel verschmälernd, meist ohne Loch, ziemlich gewichtig, hart; im Innern dicht, hellgrau bräunlich oder braun ins Gelbe, meist verschiedenfarbig, mehr oder weniger schimmernd, und im Mittelpunkte eine oft sehr kleine, z. Th. auch beträchtliche Höhle bildend, worin im letzten Falle die vertrocknete Puppe sich findet. Geruchlos, Geschmack äusserst herbe adstringirend widerlich.

Ausser dieser besten Sorte (den sogen. schwarzen Galläpfeln) unterscheidet man, von demselben Gewächse kommend, als zweite Sorte noch die sogen. weissen Galläpfel, ebenso geformt und gross, oft noch grösser, hellgrau oder grau ins Gelbliche oder Grünliche, z. Th. fast glatt oder nur runzelig, überhaupt wenige warzige Erhabenheiten zeigend, häufig mit einem etwa stecknadelkopfgrossen oder grösseren runden Loche durchbohrt, leichter als die vorhergehende Sorte, im Innern graugelblich oder orangegelb und braun; die Masse ist minder dicht und matter, in der Mitte eine beträchtliche Höhle zeigend, die zu dem Ausgange führt, durch welchen das Insekt entwichen ist. Sie schmecken fast ebenso herbe als die vorigen.

Wesentliche Bestandtheile. Die Galläpfel sind wiederholt (von Kunse-Müller, Deyeux, H. Davy, Trommsdorff, Braconnot, Buchner, Guibourt) analysirt und ihr Gehalt an dem Hauptbestandtheil — der eisenbläuenden Gerbsäure — bis zu 70 % gefunden worden. Die übrigen Bestandtheile betreffend, so fand Guibourt in 100: 2 Gallussäure, 2 Ellagsäure und Luteogallussäure, 2,5 braunen Extraktivstoff, 2,5 Gummi, 2 Stärkmehl, 0,7 Chlorophyll und ätherisches Oel, 1,3 Zucker, Albumin und Salze.

Anwendung. Selten innerlich in Substanz oder als Absud, z. B. im Falle von Vergiftungen mit Alkaloiden, Antimonpräparaten. Aeusserlich zu Umschlägen, Waschungen, Injektionen oder mit Fett als Salbe. Die Tinktur als Reagens. Ferner zur Bereitung des reinen Gerbstoffs, der Gallussäure, der Schreibtinte, in der Färberei, Gerberei.

Hieran schliessen wir gleich sämmtliche übrige Galläpfel und galläpfel-artigen Auswüchse der Eichenarten, welche weniger medicinisches, dafür

aber um so mehr industrielles Interesse haben, übrigens sämmtlich im Gehalt
an Gerbstoff sich nicht über 30 $\frac{0}{0}$ erheben.

1. Deutsche Galläpfel, von den Zweigen unserer beiden Eichenarten
(Q. Robur und Q. pedunculata), sind frisch schön roth, aber sehr locker, schwammig
schrumpfen beim Trocknen stark ein, werden durchs Alter an den Bäumen oft
dunkelbraun, höckerig und voll Löcher. Die böhmischen G. stimmen damit
wesentlich überein. Die auf den Blättern dieser Eichen ebenfalls vorkommenden
G. sind weit weniger adstringirend.

2. Französische Galläpfel, von Quercus Ilex L. sind rund, hart, ziemlich
leicht, weiss röthlich, glatt. Dahin gehören auch die burgundischen von
Q. Cerris L.

3. Griechische Galläpfel, von Q. Cerris L., sind aussen braun, eben
oder runzelig, nicht stachelig.

4. Istrianische Galläpfel, von Roder näher untersucht, enthalten 24 $\frac{0}{0}$ Gerbstoff. —

Im Gehalte damit nahezu übereinstimmend sind die Galläpfel von Bassorah,
welche von Quercus tinctoria W. kommen und durch den Stich der Cynips insana
Ell. entstehen. Sie wechseln in der Grösse von der einer Haselnuss bis zu der
eines kleinen Apfels, sind kugelrund, solange sie noch am Baume sitzen bis
purpurroth und mit einer honigartigen Substanz überzogen, getrocknet rothbraun
und firnissglänzend oder matt. Am oberen Ende tragen sie einen kleinen, stumpfen
Höcker; etwas oberhalb des Aequators befinden sich annähernd im Kreise geordnet 6—8 linsengrosse, seichte Vertiefungen, aus deren Mitte je ein kurzer
konischer Höcker hervorsteht. Jeder Apfel enthält ein scharfrandiges, fast
3 Millim. weites Flugloch. Das Innere zeigt ein schwammiges, mit dem Fingernagel leicht eindrückbares, ziemlich homogenes, nur andeutungsweise gegen die
Mitte zu stachliges Gewebe von rhabarbergelber Farbe. Das Flugloch mündet
in eine central gelagerte, von derber Membran ausgekleidete, kleine, erbsengrosse
Höhle (J. Möller). Sie enthalten nach Bley in 100: 26,0 Gerbsäure, 1,6 Gallussäure, 0,6 fettes Oel, 3,4 Harz, 2,0 Extrakt mit Salzen, 8,4 Flechtenstärkmehl
mit geringen Antheilen gewöhnlicher Stärke und Albumin. Lambert meint, diese
Galläpfel seien nichts anderes, als die durch ältere Schriftsteller so berühmt gewordenen Sodomsäpfel. In neuester Zeit kommen sie unter dem Namen Rove*)
in grob gemahlenem Zustande aus der Levante in den Handel.

5. Italienische Galläpfel, von Q. Cerris L., ähnlich den kleinen
griechischen.

6. Ungarische Galläpfel, angeblich von Q. austriaca Willd., sind theils
2 Centim. dick, sehr leicht, kantig rund, mit Warzen besetzt, aussen blassbräunlich, glänzend, innen dunkelbraun, korkig; theils 1½ Centim. dick, dunkelbraun
warzig und runzelig.

7. Knoppern oder Valonien**), entstehen durch den Stich der Cynips
Quercus calycis in den Kelch verschiedener Eichenarten, besonders Q. Aegilops,
kommen aus Ungarn, Griechenland und Klein-Asien. Unförmliche Gebilde von
der Grösse einer Haselnuss bis einer Wallnuss, stark gefurcht, mit ungleichen
Erhabenheiten und Höckern, von graubrauner Farbe; von der Seite des Kelches
ausgehend, welcher oft noch mit der Eichel daran hängt, oder der ganze Kelch

---

*) Wahrscheinlich abgeleitet von *Rovere*, womit man in Italien die Steineiche bezeichnet.
**) Name der Galläpfel in der Levante.

st, bevor sich die Eichel gebildet hat, auf die Art gebildet, dass er nach allen Richtungen sparrig abstehende, ungleich lange Schuppen und Fortsätze hat. Im Innern ist die Masse (besonders der letzteren Art) ziemlich dicht, hellgrau, in verschiedene Zellen abgetheilt, oder locker, löcherig und braun. Ihr Gerbstoff ist zwar eisenbläuender, jedoch nach STENHOUSE nicht ganz identisch mit dem der Galläpfel, und er liefert bei der Spaltung durch Säuren wohl Zucker, aber keine Gallussäure. F. LOEWE indessen erklärt ihren Gerbstoff ganz übereinstimmend mit dem der Galläpfel.

Wegen Quercus s. den Artikel Eiche.

Galläpfel, chinesische.
Gallae chinenses.
Rhus semialata MURRAY, *Var.* β *Osbeckii.*
Pentandria Trigynia. — Anacardieae.

Strauch oder Baum mit unpaarig gefiederten, 5—7 jochigen Blättern, Blättchen eiförmig, zugespitzt, gesägt, unten filzig; Blüthen in Rispen, polygamisch; Steinfrüchte eirundlich, oft wollfilzig, mit glattem oder gestreiftem Kern. — In China und Japan einheimisch.

Gebräuchlicher Theil. Die Galläpfel, d. i. die durch den Stich eines Insekts aus der Familie der *Aphiden* in die Blätter und Zweige des oben genannten Gewächses entstandenen Auswüchse. Es sind blasenförmige, graue, feinzottig behaarte und daher sammetartig sich anfühlende, mit Höckern und Zacken versehene, 2½—5 Centim. und darüber lange, 1—3 Centim. dicke, hohle, in der Substanz etwa 1 Millim. dicke, fast hornartig durchscheinende, spröde Gebilde von äusserst adstringirendem Geschmack.

Wesentliche Bestandtheile. Nach BLEY in 100: 69 eisenbläuende Gerbsäure, 4 Gallussäure, 3 Fett nebst Albumin und Harz, 8 Stärkmehl. Analysen sind auch von STEIN und L. A. BUCHNER angestellt worden. Dass diese Gerbsäure nicht bloss in ihren Eigenschaften, sondern auch in ihrer elementaren Zusammensetzung mit der der Eichen-Galläpfel übereinstimmt, zeigte WITTSTEIN und bestätigte STENHOUSE.

Anwendung. Wie die Eichen-Galläpfel.

Unter dem Namen Binsengallen findet sich nach HARTWICH seit einiger Zeit eine Sorte chinesischer Galläpfel im Handel, welche eine abweichende Gestalt haben, über deren Abstammung jedoch noch nichts bekannt ist. Sie haben höchstens die Grösse einer mässigen Pflaume und zeigen nur die eigenthümliche, so charakteristische Zackenbildung, sind aber sonst immer an der Spitze umgebogen. Die Behaarung ist eine sehr spärliche, die Haare gleichen übrigens denen der gewöhnlichen chinesischen Galläpfel völlig. Auch die übrigen anatomischen resp. histologischen Verhältnisse stimmen überein. Gerbsäuregehalt 72½.

Wegen Rhus s. den Artikel Sumach.

Galläpfel, japanische.
Sie wurden auf der Pariser Ausstellung 1878 als von derselben Pflanze abstammend bezeichnet, welche die chinesischen Galläpfel liefert. Während aber nach SCHENK die Zellen der echten chinesischen Galläpfel verkleistertes Stärk-

mehl enthalten, was wahrscheinlich macht, dass sie gedörrt worden sind, enthalten obige japanische G. unveränderte Stärkekörner. Ausserdem charakterisiren sie sich wie folgt.

Es sind einfache oder verästelte, mit zahlreichen stumpfen Höckern besetzte, kurz gestielte Blasen. Einige gleichen in ihren Umrissen mehr einer Knopper, andere ähneln einem Korallenstock, die grössten überschreiten nicht 5 Centim. Länge und 3 Centim. Breite. Ihre Wand ist spröde hornartig, etwas über 1 Millim. dick, innen fein gewulstet, aussen von einem dichten, sammtartigen, hellbraunen Filze bedeckt. Die Oberhaut besteht aus gleichmässig und wenig verdickten, nahezu quadratischen Zellen, zwischen denen in grosser Anzahl die an ihrer Basis etwas kolbigen, fein zugespitzten Haare eingepflanzt sind. Die Haare sind stets einfach, derbwandig, gefächert, am Grunde 0,015 Millim. breit, meist 0,25 Millim. lang. Nicht selten sind sie sichelförmig oder hakig gekrümmt.

Der Gehalt an eisenbläuender Gerbsäure beträgt 60 %.

Als Birngalläpfel — sogen. wegen ihrer vorherrschenden Form — unterscheidet man noch eine Varietät der chinesischen oder japanischen Waare, welche sehr wenig behaart und stets unverzweigt ist.

Gamander, edler.
(Bathengel-Gamander, Gamanderlein.)
Herba Chamaedryos, Trixaginis.
Teucrium Chamaedrys L.
Didynamia Gymnospermia. — Labiatae.

Kleines zierliches staudenartiges Pflänzchen mit 15—30 Centim. langen, anfangs niederliegenden, dann aufsteigenden, unten rundlichen, holzigen, oben 4kantigen, krautartigen, behaarten, wenig ästigen Stengeln; gegenüber stehenden, oval-keilförmigen, stumpfen, gekerbt eingeschnittenen, gegen die Basis ganzrandigen, sich in einen kurzen Stiel verschmälernden, oben dunkelgrün glänzenden, unten blasseren, mehr oder weniger zart behaarten, 25—50 Millim. langen, 6—8 Millim. breiten, etwas steifen Blättern. Die Blüthen achselständig in 2 bis 5blumigen, gegen eine Seite geneigten Quirlen, die Kelche zart behaart, die Kronen noch einmal so gross, auch grösser als der Kelch, heller oder dunkler bräunlich roth, auch weisslich. — Besonders im südlichen Deutschland, der Schweiz, Frankreich, dem übrigen Europa und mittleren Asien an trockenen, sonnigen Hügeln, z. Th. sehr häufig.

Gebräuchlicher Theil. Das Kraut oder vielmehr die blühende Pflanze hat trocken ein gelblich-grünes Ansehen, ist zerbrechlich, riecht angenehm balsamisch aromatisch, andauernd, schmeckt aromatisch, gelinde herbe, sehr bitter, lange anhaltend. —

Wesentliche Bestandtheile. Aetherisches Oel, Bitterstoff, eisengrünender Gerbstoff. Die Analyse von FLEUROT verdient Wiederholung.

Anwendung. In Substanz, Aufguss; selten mehr, aber sehr mit Unrecht.

Geschichtliches. Sehr alte Arzneipflanze, galt besonders bei Milzkrankheiten, wie ANDROMACHUS, CAELIUS AURELIANUS u. A. rühmend hervorhoben. Die χαμαίδρυς des DIOSKORIDES ist indessen nach FRAAS Teucrium lucidum L.

Wegen Teucrium s. d. Artikel Amberkraut.

Chamaedrys ist zus. aus γαμαι (niedrig) und ὄρυς (Eiche), d. h. ein Strauch mit Blättern ähnlich denen der Eiche.

Gamander ist das veränderte Chamaedrys.

Gamander, knoblauchduftender.
(Lachenknoblauch, Wasser-Bathengel, Wasser-Knoblauch.)
Herba Scordii.
Teucrium Scordium L.
Didynamia Gymnospermia. — Labiatae.

Dem Teucrium Chamaedrys ähnliche perennirende Pflanze mit kriechender, gegliederter faseriger Wurzel, die Stengel dünner als die jener Art, am Grunde liegend, mit Ausläufern versehen, dann aufsteigend, 30—45 Centim. lang, ästig, weichbehaart; die sitzenden Blätter sind meist etwas länger und im Verhältniss schmaler, auf beiden Seiten mehr oder weniger zart behaart, etwas runzelig und matt, z. Th. graugrün, weit dünner und zarter. Die Blüthen stehen längs den Stengeln in mehr entfernten, 2—4blüthigen halben Quirlen, sind blass roth, auch weisslich, kleiner. — Fast durch ganz Deutschland, das übrige Europa und mittlere Asien, auf feuchten, sumpfigen Wiesen.

Gebräuchlicher Theil. Das blühende Kraut; es hat trocken ein dunkel graugrünes Ansehen, ist zart, zieht gern Feuchtigkeit an, riecht stark und dauernd gewürzhaft, knoblauchartig, schmeckt eigenthümlich aromatisch, etwas salzig, gelinde herbe und dann anhaltend stark bitter.

Wesentliche Bestandtheile. Aetherisches Oel, Bitterstoff, eisengrünender Gerbstoff. Winckler's Analyse verdient Wiederholung.

Verwechselung mit Teucrium Chamaedrys erkennt man leicht bei Vergleichung der beiden Beschreibungen.

Anwendung. Ehemals in Substanz und Aufguss. Die Milch der Kühe, welche das Kraut fressen, erhält einen starken Knoblauchgeruch.

Geschichtliches. Ebenfalls eine sehr alte Arzneipflanze, das Σκορδιον der Griechen und die zweite Art *Scordioides* des Plinius. Am wirksamsten sollte das aus Kreta und vom Pontus sein. Die Einführung dieses Gewächses wird dem König Mithridates Eupator (123—64 v. Chr.) zugeschrieben; mit eigener Hand schrieb er nach dem Zeugniss des Plinius den Namen (Σκορδιον) an und benutzte es als gutwidriges Medikament, wie es denn auch ein vorzüglicher Bestandtheil des Theriaks war.

Scordium von σκορδιον, σκοροδον (Knoblauch).

Gamander, traubiger.
Herba Botryos chamaedryoidis.
Teucrium Botrys L.
Didynamia Gymnospermia. — Labiatae.

Einjährige Pflanze mit aufrechtem, handhohem bis fusshohem, sehr ästigem Stengel, armförmig verworrenen Zweigen, gestielten, behaarten, vielspaltigen Blättern, aus parallelen, linienförmigen, stumpfen, gezähnten Lappen bestehend; sie sind dunkelgrün und etwas klebend. Die Blüthen stehen in halben Quirlen, haben glockenförmige behaarte Kelche und hellrothe, mit dunkleren Punkten bestreute Kronen. — Auf sonnigen Aeckern.

Gebräuchlicher Theil. Das Kraut; es ist aromatisch bitter.

Wesentliche Bestandtheile. Aetherisches Oel, Bitterstoff. Nicht näher untersucht.

Anwendung. Ehemals; verdient neuerdings Beachtung.

Gamander, wilder.
(Waldsalbei.)
Herba Scorodoniae, Salviae sylvestris.
Teucrium Scorodonia L.
Didynamia Gymnospermia. — Labiatae.

Perennirende Pflanze mit 30—60 Centim. hohem und höherem, aufrechtem, ästigem, zottigem Stengel, gestielten, ziemlich grossen, 5—7 Centim. langen, herzförmig-länglichen, gekerbten oder stumpf gesägten (die obersten kleinsten ganzrandig), dunkelgrünen, runzeligen, mehr oder weniger kurz behaarten Blättern, am Ende der Zweige, sowie achselig in langen einseitigen Trauben stehenden, ansehnlichen, gelbweissen Blüthen mit rothen Staubgefässen. — Häufig in trockenen Wäldern und Gebüschen, zwischen Haiden.

Gebräuchlicher Theil. Das Kraut; es riecht widerlich gewürzhaft knoblauchartig, bleibend, schmeckt stark bitter und etwas herbe, aromatisch.

Wesentliche Bestandtheile. Aetherisches Oel, Bitterstoff, eisengrünenden Gerbstoff. Nicht näher untersucht.

Anwendung. Veraltet; verdient mehr Beachtung.

Wegen Salvia s. d. Artikel Salbei.

Garuleumwurzel.
Radix Garulei.
Garuleum bipinnatum LESS.
(Osteospermum bipinnatum THUNB.)
Syngenesia Superflua. — Compositae.

Staude mit abwechselnden, doppelt fiederspaltigen Blättern, deren Lappen linien-borstenartig eingeschnitten oder ganzrandig sind; Blüthenköpfe strahlig mit 2reihigen Hüllschuppen, Strahl blau, Scheibe gelb; Achenien ohne Pappus. — Am Cap.

Gebräuchlicher Theil. Die Wurzel; strohhalm- bis kleinfingerdicke Stücke, deren dickere ziemlich cylindrisch, ungleich wellenförmig gebogen und mit wenigen dünnen Aesten versehen sind. Sie haben eine sehr dicke Rinde, bestehend aus einer starken Lage längsrunzeliger, schmutzig gelbbrauner, weich korkiger Borke und einer darunter liegenden gelblichen Schicht, welche den sehr festen, dichten, harten, in der Peripherie gelben und nach der Mitte zu grau braunen Holzkörper einschliesst. Die Wurzel ist geruchlos, schmeckt schwach bitterlich und reizend.

Wesentliche Bestandtheile.? Nicht näher untersucht.

Anwendung. In der Heimath äusserlich gegen Schlangenbiss.

Garuleum ist das korrumpirte *coeruleum,* der Blüthenstrahl ist nämlich blau. Osteospermum ist zus. aus ὄστεον (Knochen) und σπερμα (Same); die Achenien sind knochenhart.

Gauchheil, ackerliebendes.
(Rother Hühnerdarm, rothe Miere.)
Herba Anagallides.
Anagallis arvensis L.
(Anagallis phoenicea LAM.)
Pentandria Monogynia. — Primulaceae.

Einjähriges Pflänzchen mit dünnen, glatten, 4kantigen, ästigen, finger- bis handlangen, meist niederliegenden Stengeln, gegenüberstehenden Zweigen und Blättern; die Blätter sitzend, glatt, ganzrandig, dreinervig auf der unteren Seite schwarz punktirt, die Blumenstiele einzeln, achselständig, einblumig, länger als die Blätter, blühend aufrecht, nachher zurückgebogen. Blumen mennigroth. — Häufig auf Aeckern, in Weinbergen, Gärten etc.

Gebräuchlicher Theil. Das blühende Kraut dieser und der bis auf die Farbe der Blumen ganz damit übereinstimmenden *A. coerulea.* Trocken ist es graugrün, geruchlos, schmeckt bitterlich, etwas scharf.

Wesentliche Bestandtheile. Bitterstoff, eisengrünender Gerbstoff, scharfer Stoff. Nicht näher untersucht.

Verwechselung. Mit Alsine media; diese ist viel zarter, hat einen runden, auf einer Seite behaarten Stengel, dünnere nicht getüpfelte Blätter und weisse Blumen. Die *Cerastium*-Arten haben ähnliche unterscheidende Merkmale.

Anwendung. Ehedem frisch (als ausgepresster Saft) und trocken im Aufguss.

Geschichtliches. Eine uralte Arzneipflanze — 'Αναγαλλις HIPPOKR., DIOSK., Ασεραφος THEOPHR., *Corchorus* PLIN.

Anagallis von ανα\γελαειν (lachen); sie wurde nämlich früher für ein Mittel zur Erregung von Munterkeit gehalten. Man leitet auch wohl ab von ανα (hinauf, zurück) und γαλλος (Entmannter), d. h. Mittel zur Herstellung des männlichen Zeugungsvermögens, wozu dieses Kraut früher ebenfalls diente.

Geduld-Ampfer.
(Gemüse-Ampfer, englischer Spinat, ewiger Spinat.)
Radix und *Herba Lapathi hortensis, Patientiae.*
Rumex Patientia L.
Hexandria Trigynia. — Polygoneae.

Perennirende Pflanze mit dicker, spindelig-ästiger, fusslanger und längerer, gelber, fleischiger Wurzel, deren Kern mit einem breiten strahlenförmig gestreiften Ringe umgeben ist. Sie treibt einen, auch mehrere 0,9—1,2, in Gärten bis 2 Meter hohe, oben ästige Stengel, die unten oft daumendick, gefurcht, grün und oft roth angelaufen sind. Die Wurzel- und Stengelblätter sind gestielt, oft fusslang, breit, nach oben werden sie allmählich kürzer gestielt, scheidig und kleiner, schmal, am Rande wellenförmig, auf dem Rücken mit kleinen mehligen Punkten bestreut, die obersten sind lanzettlich oder linien-lanzettlich. Die Blüthen stehen am Ende in mit häutigen, durchwachsenen, schief abgestutzten Nebenblättchen umgebenen, aus halben Quirlen bestehenden Trauben; die Blümchen sind grünlich, mit runden rothen Körnchen. — Im südlichen Europa und Orient an nassen Stellen, auch hier und da in Deutschland verwildert und bei uns in Gärten ge-

Gebräuchliche Theile. Die Wurzel und das Kraut.

Die Wurzel, auch wohl Mönchs-Rhabarber genannt, sieht getrocknet und mundirt der echten Rhabarberwurzel täuschend ähnlich, zeigt sich auch im Bruche schön netzartig gelb und roth geadert und gefleckt auf weissem Grunde, ganz wie jene. Ihr Geruch ist allerdings mehr nach Rumex, der Geschmack ebenfalls wie echte Rhabarber, obwohl manche Stücke etwas stechend reizend schmecken. Das Pulver ist lebhaft hochgelb ins Rothbraune; färbt den Speichel gelb.

Das Kraut schmeckt säuerlich süss.

Wesentliche Bestandtheile. In der Wurzel nach GEIGER: Rumicin (ein noch unreiner Körper), Gerbstoff, oxalsaurer Kalk etc. Im Kraute: oxalsaure Salze, Zucker (ist nicht näher untersucht).

Anwendung. Die Wurzel früher in Abkochung als blutreinigendes und gelinde abführendes Mittel, auch äusserlich als Breiumschlag bei Krätze. Als Surrogat der echten Rhabarber empfiehlt sie sich nach GEIGER weit besser als alle übrigen Rheum- und Rumex-Arten.

Das Kraut früher zu den Frühlingskuren; es wirkt antiskorbutisch. In mehreren Gegenden verspeist man es als Salat.

Geschichtliches. Diese Pflanze ist das Λαπαθον κηπαιον, *Lapathum hortense* oder *Rumex sativus* der Alten. Das Kraut gebrauchten sie als eröffnendes Mittel, die Wurzel diente später als Surrogat der Rhabarber. O. BRUNFELS beschrieb sie als Rhabarbarum. MATTHIOLUS nannte sie Hippolapathum hortense oder Rhabarbarum Monachorum. LOBELIUS gedenkt ihrer unter dem Namen Rha Monachorum und auch FUCHSIUS nannte sie der Mönche falsche Rhabarber.

Wegen Rumex und Lapathum s. den Artikel Ampfer, stumpfblättriger.

Der Name Patientia (Geduld) bezieht sich auf die Langsamkeit der medicinischen Wirkung.

Geisbart, knolliger.

(Filipendelwedel, knollige Spierstaude, rother Steinbrech.)
Radix, Herba und *Flores Filipendulae, Saxifragae rubrae.*
Spiraea Filipendula L.
Icosandria Pentagynia — Spiraeaceae.

Perennirende Pflanze mit 30—60 Centim. hohem, einfachem, geradem, kantig gefurchtem, oft röthlichem, geflecktem, glattem Stengel, unterbrochen gefiederten Blättern, die den Schafgarbenblättern ähneln. Die Wurzelblätter stehen im Kreise ausgebreitet, sind gestielt, die einzelnen Blättchen abwechselnd und gegenüber, die kleinsten stehen an der Basis, sind z. Th. nur 2 Millim. lang, nach vorn zu werden sie immer grösser, so dass die grössten länglichen 12—24 Millim. lang, stark eingeschnitten gezähnt, durch kleine, 2—6 Millim. lange, 3—5 spaltige getrennt werden; gegen die Spitze des Blattes werden die Blättchen wieder kleiner, alle sind glatt oder zuweilen in der Jugend mit kurzen Härchen besetzt. Die Stengelblätter sind ungestielt, sonst den Wurzelblättern ähnlich, mit stengelumfassenden, rundlichen, eingeschnitten gezähnten Afterblättern versehen. Die Blüthen stehen am Ende des Stengels in ansehnlichen, zierlichen einseitigen Afterdolden, deren weisse oder blassröthliche, kurzgestielte Blümchen nach innen gerichtet sind. — Auf trocknen und feuchten sonnigen Wiesen, in lichten Waldungen.

Gebräuchliche Theile. Die Wurzel, das Kraut und die Blumen.

Die Wurzel besteht aus länglichrunden kreiselförmigen, haselnussgrossen bis 7 Centim. langen und 12 Millim dicken Knollen, welche mittelst fadenförmigen bis strohhalmdicken und dickern Fasern an ihren Fäden aneinanderhängen; aussen sind sie dunkelbraun, innen blassröthlich, frisch fleischig, von angenehm orange-artigem Geruche, zumal im Herbste (wo man sie ausgraben muss), und von schwach süsslichem, bitterlich herbem Geschmack; durch Trocknen werden sie runzelig, hart und dicht.

Das Kraut riecht beim Zerreiben angenehm und schmeckt herbe. Auch die Blüthen riechen angenehm.

Wesentliche Bestandtheile. In der Wurzel: ätherisches Oel, eisenbläuender Gerbstoff, Zucker, Stärkmehl. In dem Kraute: ätherisches Oel, Gerbstoff. In den Blüthen: ätherisches Oel. Keiner dieser Theile ist näher untersucht.

Anwendung: Ehedem die Wurzel als Diuretikum, gegen Epilepsie. Kraut und Blüthen als Thee.

Spiraea von σπειρα (Spirale), in Bezug auf die spiralig gewundenen Kapseln einer ihrer Arten, nämlich der Sp. Ulmaria. Die Σπιραια des Theophrast, welche nicht genau bekannt ist (angeblich Ligustrum vulgare oder Viburnum Lantana), war eine von den zu Kränzen benutzten Pflanzen, und trägt in ihrem Namen diese Anwendung (σπειρα heisst auch Band, Seil).

Wegen Saxifraga s. den Artikel Bibernelle, gemeine.

Geisbart, waldliebender.

(Waldbocksbart.)

Radix, Herba und *Flores Barbae caprinae sylvestris.*

Spiraea Aruncus L.

Icosandria Pentagynia. — Spiraeaceae.

Perennirende 1,2—1,8 Meter hohe Pflanze mit steifem, aufrechtem, kantig gefurchtem, glattem, unten etwas holzigem Stengel; die Blätter stehen ab-wechselnd, sind gestielt, die untersten sehr gross, oft über 30 Centim. in der Ausbreitung, vielfach zusammengesetzt, 2—3 fach gefiedert. Die Blättchen stehen einander gegenüber, theils gestielt, theils sitzend, das letzte ungepaarte ist länger gestielt als die übrigen, alle etwa 5—7 Centim. lang, eiförmig, lang und stechend zugespitzt, scharf und doppelt gesägt, glatt. Die Blüthen stehen in den Blatt-winkeln und an der Spitze der Stengel in grossen, rispenartig zusammengesetzten, fadenförmigen Aehren; die Blümchen sind klein, gelblichweiss, männliche und weibliche ganz getrennt auf besonderen Pflanzen. — In verschiedenen Gegenden Deutschlands und des übrigen Europa, in Japan und Nord-Amerika an gebirgigen feuchten Orten.

Gebräuchliche Theile. Die Wurzel, das Kraut und die Blumen.

Die Wurzel besteht aus einem dicken holzigen, aussen rothbraunen, innen weiss- und weichmarkigen Stocke, der mit langen strohhalm- bis federkieldicken, zähen, gebogenen Fasern besetzt ist, die aus etwa ½—¾ Millim. dicker fleischig-markiger Rinde bestehen, von starkem, aber nicht unangenehm herbem Geschmack, während der holzige Kern fast geschmacklos ist.

Das Kraut schmeckt ebenfalls herbe; es riecht, wie die Blumen, im frischen Zustande angenehm.

258

Geisbart.

Wesentliche Bestandtheile. Aetherisches Oel, eisengrünender Gerbstoff, in der Wurzel auch Stärkmehl. Näher untersucht ist kein Theil.
Anwendung. Früher als stärkende und diaphoretische Mittel.
Aruncus von ἐρυγγος (Ziegenbart), in Bezug auf das Ansehen der Rispe.

Geisbart, wiesenliebender.

(Herrgottsbärtlein, Johanneswedel, Krampfkraut, Mählkraut, Medesüss, Sumpfspiraea, Ulmenspiraea, Wiesenbocksbart, Wiesenkönigin, Wurmkraut.)
Radix, Herba und *Flores Ulmariae, Barbae caprinae, Reginae prati.*
Spiraea Ulmaria L.
Icosandria Pentagynia. — *Spiraeaceae.*

Perennirende Pflanze mit 0,6—1,2 Meter hohem und höherem, aufrechtem, kantigem glattem Stengel, abwechselnden, gestielten, unterbrochen gefiederten Blättern; dieselben sind gross, z. Th. 30 Centim. lang, die einzelnen Blättchen sitzend, die grösseren oval-länglich, 5—7 Centim. lang, eingeschnitten gesägt, das äusserste grösste ist 3lappig, zwischen jedem Blätterpaare sitzen 3 bei weitem kleinere Paare, von denen das mittlere grösste nicht viel mehr als 2 Millim. lang ist. Bisweilen sind die Blätter auf beiden Seiten glatt oder unten weissgrau behaart. Die Blüthen stehen am Ende des Stengels in ansehnlichen sprossenden Doldentrauben, sodass die mittleren sitzend und die umgebenden auf verlängerten Stielen stehen. Die Blümchen sind klein, weiss mit 5spaltigem zurückgeschlagenem Kelche. — Häufig auf feuchten Wiesen, in Gebüschen, an Bächen.

Gebräuchliche Theile. Die Wurzel, das Kraut und die Blumen.
Die Wurzel ist ungleich, etwa fingerdick, aussen dunkelbraun, fast schwarz, höckerig, geringelt, auf der unteren Seite mit strohhalmdicken, langen, ästigen Fasern besetzt, innen gelb oder braun, locker, schwammig, porös; sie riecht schwach aromatisch und schmeckt herb bitterlich.
Das Kraut riecht ebenfalls schwach, wie Poterium Sanguisorba und schmeckt ziemlich herbe.
Die Blumen riechen angenehm, orangen- und bittermandelartig.
Wesentliche Bestandtheile. In der Wurzel: ätherisches Oel, eisengrünender Gerbstoff. (Nicht näher untersucht.) Im Kraute: ätherisches Oel, eisengrünender Gerbstoff; nach Buchner auch Salicin.
In den Blüthen. a) In den Knospen nach Buchner: Salicin, welches die Quelle der in den Blüthen auftretenden salicyligen Säure ist, ferner eisenbläuender Gerbstoff, muthmasslich Citronensäure, gelber Farbstoff, Harz, Gummi etc. b) In den entwickelten Blüthen nach Pagenstecher: ein gelber krystallinischer Farbstoff (Spiraein) und ein ätherisches Oel, das aber nach P. nicht fertig gebildet in den Blüthen enthalten ist, sondern erst durch Mitwirkung des Wassers (gleichwie das Bittermandelöl, Senföl) entsteht. Es ist in rohem Zustande noch schwerer als Wasser, riecht wie die Blüthen, siedet schon bei 85° und ist ein Gemisch von zwei bis drei Stoffen, von denen der eine als salicylige Säure bezeichnet worden. Mit den chemischen Verhältnissen dieser Säure haben sich ausser Pagenstecher, besonders Löwig, Weidmann, Piria, Dumas, Ettling, Heerlein beschäftigt. Die Blüthen enthalten auch Salicylsäure.
Anwendung. Die Wurzel kam ehedem zu einem Bruchpflaster, sie ist, sowie Kraut und Blüthen, als Arzneimittel obsolet geworden.
Geschichtliches. Die Spiräen gehören zu denjenigen Pflanzen, welche

erst in späteren Zeiten in die Medicin eingeführt worden sind. Sp. Ulmaria führt C. Gesner unter dem Namen Ulmaria an, weil er ihre Blätter denen der Ulme ähnlich fand, wozu jedoch viel Einbildungskraft gehört. Dodonaeus beschrieb sie als Regina prati. Die Thierärzte besonders benutzten sie bei Pferden.

Geisblatt.

(Jelängerjelieber, Waldlilie, Waldwinde, Zaunlilie.)
Cortex, Folia, Flores und *Baccae Caprifolii italici* und *germanici.*
Lonicera Caprifolium L.
Lonicera Periclymenum L.
Pentandria Monogynia. — Loniceraceae.

Lonicera Caprifolium, das italienische Geisblatt, ist ein kletternder und windender Strauch mit rundem, glattem Stengel, länglichen, wenig spitzen, oberhalb glänzenden, unten glatten Blättern, deren oberste verwachsen sind; kopfförmig-quirlförmigen, kurz und weich behaarten, aussen röthlichen, innen weisslichen, zuletzt gelblichen, sehr wohlriechenden Blüthen und braunrothen Beeren. — Im südlichen Europa einheimisch, in vielen Gegenden Deutschlands verwildert und häufig in Gartenanlagen gezogen.

Lonicera Periclymenum, das deutsche Geisblatt, unterscheidet sich nur dadurch, dass die Blätter länglich-stumpf, auf beiden Seiten glatt und sämmtlich getrennt, die Blumenköpfe eiförmig, die Blumen meist blasser, gelblich-weiss sind. — Häufig an sonnigen Hügeln, in Hecken und Gebüschen.

Gebräuchliche Theile. Die Rinde, Blätter, Blumen und Beeren beider Arten.

Die Rinde ist glatt, aussen mit einer dünnen, braunen, leicht ablösbaren Oberhaut versehen, unter welcher die blassgrüne, dünne, zähe, eigentliche Rinde. Sie riecht widerlich und schmeckt bitter.

Die Blätter riechen ähnlich und schmecken etwas herbe salzig bitterlich. Die Blumen zeichnen sich durch ihren höchst angenehmen Geruch aus. Die Beeren sind fast erbsengross und schmecken widerlich bitter.

Wesentliche Bestandtheile. Aetherisches Oel, Bitterstoff, Gerbstoff. Näher untersucht ist bis jetzt kein Theil.

Anwendung. Früher die Rinde innerlich als schweisstreibend. Die Blätter sollen stark harntreibend sein und zwar so sehr, dass oft Blut mit abgeht, was auch Galen anführt. Auch die Beeren sollen harntreibend, sowie purgirend sein; sie sind jedenfalls, wie die Heckenkirschen, verdächtig.

Geschichtliches. Beide Pflanzen gehören zu den sehr alten Arzneimitteln. Die erste ist das Περιχλυμενον, und die zweite Κυχλαμινος ἑτερα des Dioskorides.

Periclymenum ist zus. aus περι (um, herum) und χλυζειν (umranken), in Bezug auf das rankende, windende Wachsthum.

Wegen Lonicera s. den Artikel Dierville.

Geisraute.
(Fleckenkraut, Geisklee, Pockenraute.)
Herba Galegae, Rutae caprariae.
Galega officinalis L.
Diadelphia Decandria. — Papilionaceae.

Perennirende Pflanze mit starker ästiger befaserter weisser Wurzel, welche mehrere aufrechte, 0,9—1,2 Meter hohe, ästige glatte Stengel treibt; die Wurzel-blätter stehen im Kreise, die des Stengels abwechselnd, alle sind ungleich ge-fiedert, 15—20 Centim. lang und länger, glatt, aus 13—15 25—50 Millim. langen und 2—6 Millim. breiten, lanzettlichen, ganzrandigen, stachelspitzigen, glatten, hochgrünen, schief parallel geaderten Blättchen bestehend. Die Blüthen stehen achselig, etwas zur Seite der Blätter und am Ende der Stengel und Zweige auf langen glatten Stielen aufrecht in Trauben, die Kronen violettblau oder weisslich. — Im südlichen Europa und selbst in einigen Gegenden Deutschlands auf feuchten Wiesen, an Gräben und Bächen wild.

Gebräuchlicher Theil. Das Kraut; es ist an sich geruchlos, entwickelt aber beim Zerreiben einen widerlichen Geruch, und schmeckt unangenehm bitter-lich, etwas herbe; färbt den Speichel stark gelbgrün.

Wesentliche Bestandtheile. Bitterstoff, eisengrünender Gerbstoff. Nicht näher untersucht.

Anwendung. Ehedem gegen bösartige Fieber, Pest, Schlangenbiss. In Italien isst man die Blätter als Salat.

Geschichtliches. Die Pflanze wurde erst im 16. Jahrhundert von MATTHIOLUS in den Arzneischatz eingeführt, der nebst dem von DODONAEUS angeführten BAPTISTA SARDUS ihr ausserordentliche Heilkräfte zutraute, die aber, wie es scheint, später nicht bewährt gefunden sind.

Galega ist nach RUELLE das veränderte lateinische *Glaux*, griechisch Γλαυξ, und soll andeuten, dass die Pflanze mit Γλαυξ des DIOSKORIDES einige Aehnlichkeit hat; letztere ist aber die *Crucifere Senebiera Coronopus* POIR. Der Name bezieht sich auf das graugrünliche (γλαυκος) Ansehn der Blätter. Wegen *Ruta* s. den Artikel Raute.

Gelbbeeren*).
Fructus Gardeniae.
Gardenia florida L.
Pentandria Monogynia. — Rubiaceae.

Hoher Strauch oder Baum ohne Dornen, Blätter elliptisch, an beiden Enden spitz; Blüthen einzeln, fast gipfelständig, sitzend, weiss, wohlriechend; Beere von der Grösse eines Taubeneies, orangegelb, kantig, an der Basis 3—5 fächerig, an der Spitze einfächerig. — In China einheimisch, im südlichen Asien, in Japan, am Kap kultivirt.

Gebräuchlicher Theil. Die Früchte; sie sind länglich, stumpfvierseitig, sechsflügelig, unten in einen Stiel verschmälert, vom Kelche gekrönt, 3—4½ Centim. lang, 10—12 Millim. dick, braunröthlich, mit dünnem Fruchtgehäuse, meist zwei gegenständigen gabelseitigen Samenträgern und zahlreichen, dicht zusammenge-schichteten, fast purpurrothen, flachen, feingrubigen Samen.

*) z. Th. s. den Artikel Kreuzdorn, färbender.

Wesentliche Bestandtheile. Ein Farbstoff, welcher nach ROCHLEDER mit dem des Safrans übereinstimmt.

Anwendung. In China und Japan zum Gelbfärben der Seide.

Wegen Gardenia s. d. Artikel Dikamale.

Gelbblume.

Radix Chloranthi.

Chloranthus officinalis BL.

Diandria Trigynia. — Pipereae.

Halbstrauch mit knotig gefiederten glatten Zweigen. Die immergrünen Blätter stehen gegenständig auf kurzen, am Grunde verwachsenen und mit 2 kleinen innerhalb stehenden Nebenblättchen versehenen Blattstielen; sie sind oval-länglich, lang zugespitzt, am Rande etwas gesägt, glatt. Die Blüthen bilden endständige oder blattwinkelständige, armförmig ästige Aehren, an denen die aussen gewölbten fleischigen, zuerst weissen, dann gelben Antheren sitzen, welche den Fruchtknoten bedecken und aus 3 verwachsenen Antheren bestehen, von denen die obere 2, die seitlichen jede nur 1 Fach mit Pollen enthält. Die Frucht ist eine kleine ovale Steinfrucht, welche unter einer fleischigen Hülle einen Steinkern mit dünner zerbrechlicher Schale birgt. — In feuchten Wäldern des westlichen Java.

Gebräuchlicher Theil. Die Wurzel, welche stark aromatisch kampherartig schmeckt.

Wesentliche Bestandtheile.? Nicht untersucht.

Anwendung. Hat nach BLUME auf Java gegen die bösartigen Fieber daselbst gute Dienste, wie die amerikanische Serpentaria, geleistet.

Chloranthus ist zus. aus χλωρος (gelblich) und ανθος (Blume); da keine Blumenblätter vorhanden sind, so bezieht sich der Name auf die Farbe der Antheren.

Gelbholz.

Lignum citrinum.

Morus tinctoria JACQ.

(Maclura tinctoria DON.)

Monoecia Tetrandria. — Moreae.

Baum mit bald ganzen, bald gelappten Blättern, und mit Dornen, welche einzeln oder zu 2 in den Blattwinkeln stehen. — In Süd-Amerika und West-Indien.

Gebräuchlicher Theil. Das Holz; erscheint in grossen schweren, aussen braunen, innen bräunlich-gelben, theilweise vom Splinte befreiten Blöcken. Es ist von sehr engen, linienförmigen, genäherten Markstrahlen durchschnitten und besteht aus zahlreichen, geschlängelten, hornartigen, dunkeln Prosenchymschichten, welche parallel mit der Rinde verlaufen und mit breiteren Lagen eines gelben Holzparenchyms wechseln. In diesem stehen weitere und engere, mit einem grossentheils, schlaffen Parenchym ausgefüllte Gefässe, die nur in den äusseren Splintschichten leer sind; Jahresringe sind nicht wahrzunehmen. Es ist geruchlos und schmeckt schwach bitterlich.

Wesentliche Bestandtheile. Nach R. WAGNER: zwei gelbe krystallinische Farbstoffe (Morin und Moringerbsäure), die im ganz reinen und frischen Zustande weiss sind, aber an der Luft bald eine gelbe Farbe annehmen.

Anwendung. In der Färberei.

Morus von Μορεα (Maulbeerbaum), μορον (Maulbeere), ἀμαυρος (schwarz), celtisch *mor* (schwarz), in Bezug auf die Farbe der Frucht von *Morus nigra*.

Maclura ist benannt nach dem nordamerikanischen Naturforscher W. MACLURE, † 1840 in Mexiko.

Als Gelbholz wird auch Xanthoxylon fraxineum WILLD. (Dioecia Pentandria. — Xanthoxyleae) bezeichnet, in dessen Rinde O. WITTE einen harzähnlichen krystallinischen Bitterstoff (Xanthoxyloïn) fand.

Mit letzterem Körper ist nicht zu verwechseln das von STENHOUSE aus der Frucht des Xanthoxylon piperitum D. C., dem sogen. japanischen Pfeffer, erhaltene Xanthoxylin, eine krystallinische aromatische harzartige Substanz.

Das in der Rinde des Xanthoxylon caribaeum LAM. (X. Clava Herculis L.), von CHEVALLIER und PELETAN gefundene Xanthopikrit hat sich später als identisch mit dem Berberin erwiesen.

Gemswurzel.
(Kraftwurzel, Schwindelwurzel.)
Radix Doronici.
Doronicum Pardalianches L.
Syngenesia Superflua. — Compositae.

Perennirende Pflanze mit horizontal kriechender, cylindrischer, federkieldicker oder dickerer, gegliederter, im Ursprunge sich in einen kleinen Knollen verdickender, weisser und grünlicher, besonders unten mit weissen Fasern besetzter fleischig-saftiger Wurzel; 45—90 Centim. hohem und höherem, aufrechtem, oben etwas ästigem, gestreiftem, rauhhaarigem Stengel; ziemlich grossen, lang gestielten, herzförmig-stumpfen, theils etwas wellenförmig stumpf gezähnten, theils fast ganzrandigen Wurzelblättern, ähnlichen unteren Stengelblättern, die Blattstiele dieser sich an der Basis blattartig erweiternd, stengelumfassend, die oberen sitzend, stengelumfassend, spitzer, die mittleren z. Th. geöhrt; alle kurz- und etwas rauhhaarig, wollig. Die Blumen einzeln am Ende der Stengel und Zweige aufrecht, gross, 3—5 Centim. breit, schön gelb, mit vielblüthigem ausgebreitetem Strahl; Achenien ohne Pappus. — Hier und da in Deutschland, der Schweiz und dem übrigen mittleren Europa auf hohen Gebirgen.

Gebräuchlicher Theil. Die Wurzel; sie riecht etwas reizend aromatisch und schmeckt süss, dann widerlich krautartig bitterlich und etwas scharf. Das Kraut schmeckt schärfer als die Wurzel; letztere hielt man für giftig, und glaubte in ihr das Κολχικον der Alten erkannt zu haben, was aber beides irrig ist.

Wesentliche Bestandtheile. Aetherisches Oel, scharfer und bitterer Stoff, Inulin. Nicht näher untersucht.

Anwendung. Veraltet.

Doronicum, nach VAILLANT vom arabischen *doronigi*. LINNÉ leitete irrigerweise ab von δῶρον (Geschenk) und νικη (Sieg), weil die Pflanze früher zur Tödtung (Vergiftung) wilder Thiere gebraucht worden wäre, was sich aber schon a priori von dieser nicht sagen lässt, sondern auf ein Aconitum, womit man das D. Pardalianches verwechselte, passt.

Pardalianches ist zus. aus παρδος (Parder) und ἀγχειν (würgen). Siehe das soeben Gesagte.

Georgine.
(Dahlie.)
Tubera Dahliae.
Georgina variabilis WILLD.
(Dahlia variabilis DESF.)
Syngenesia Superflua. — *Compositae.*

Perennirende prächtige Pflanze mit mehrknolliger Wurzel, 1,2 — 2,4 Meter hohem, aufrechtem, glattem, ästigem, z. Th. bräunlich bereiftem, auch mehr oder weniger rauhhaarigem und purpurrothem, dickem, steifem Stengel, gegenüberstehenden Zweigen, gegenüberstehenden, etwas herablaufenden, unpaarig gefiederten, auch dreizähligen und einfachen Blättern, ziemlich grossen, eiförmig-länglichen, spitzen, stumpf gezähnten, glatten oder mehr oder weniger rauhen, steifen Blättchen und am Ende der Stengel und Zweige auf ziemlich langen Stielen stehenden nickenden, grossen, gegen 7 Centim. breiten Blumen mit gelber Scheibe und mannigfaltig, schön purpurn, scharlachroth, rosenroth, violett, gelb, weiss etc. gefarbtem Strahl. — In Mexiko einheimisch, bei uns in Gärten als Zierpflanze kultivirt.

Gebräuchlicher Theil. Die Wurzelknollen; sie sind meist länglich, an beiden Enden dünner, oft spannenlang, ihrer Form nach mit den Erdäpfeln oder Topinamburs übereinstimmend, schmecken auch gekocht etwas aromatisch, aber nicht angenehm.

Wesentliche Bestandtheile. Nach PAYEN: ätherisches Oel, von starkem zwiebelähnlichem Geruch und süsslichem, etwas scharfem Geschmack; dann Inulin (Dahlin), Bitterstoff. Eine genauere Untersuchung fehlt.

Anwendung. In Mexiko als Schweiss und Harn befördernd, gegen Kolik, Blähungen etc. Eine Abkochung der Knollen (und Stengel) hat DR. NAUCHE in Paris gegen skrophulöse Lungenschwindsucht empfohlen. — Der Farbstoff der violetten Varietät der Blumen eignet sich als empfindliches Reagens auf Säuren und Alkalien, durch erstere roth, durch letztere grün werdend.

Geschichtliches. Die Georgine ist erst 1789 aus Mexiko zu uns gekommen, zuerst nach Spanien, und wurde von da rasch über ganz Europa verbreitet.

Georgina ist benannt nach I. G. GEORGI, Petersburger Akademiker, der in der zweiten Hälfte des vorigen Jahrh. ausgedehnte wissenschaftliche Reisen im russischen Reiche machte.

Dahlia nach ANDR. DAHL, Botaniker in Abo, † 1789.

Gerste.
Semen (Fructus) Hordei.
Hordeum distichon.
Hordeum hexastichon.
Hordeum vulgare L.
Triandria Digynia. — *Gramineae.*

Einjährige 0,6 — 1,2 Meter hohe Gräser, welche 5 — 10 Centim. lange, mit langen, starken, rauhen Grannen versehene Aehren tragen und auch hinsichtlich der Frucht ganz übereinstimmen. — Angeblich wild in Palästina (Nisa am Jordan) und Syrien, und in allen Ländern der gemässigten Zone viel angebaut.

Gebräuchlicher Theil. Die Frucht, von den Blumenspelzen fest umschlossen.

Wesentliche Bestandtheile. Nach LERMER in 100: 55 Stärkmehl, 13 Kleber, 6,5 Gummi, 2,5 fettes, nicht trocknendes Oel nebst eisengrünendem Gerbstoff und Bitterstoff. Das von PROUST aufgestellte Hordein ist nach BRACONNOT und GUIBOURT nur ein Gemenge von Stärkmehl, Kleber und Hülse. LINTNER fand auch Cholesterin.

Anwendung. Roh als Abkochung (Gerstentrank), ebenso geschält (sogen. Gerstengraupen, Hordeum excorticatum) und durch Keimen verändert (sogen. Malz), letzteres auch zu Bädern. In der Form von Mehl nebst anderen Ingredienzien zu Umschlägen, sowie zu präparirtem Gerstenmehl. Ferner in der Hauswirthschaft zu Brot, in der Industrie zu Bier, Branntwein; dann als Viehfutter. Geröstet als Kaffesurrogat.

Geschichtliches. Die Gerste kommt als Κριθη schon im HOMER vor und wird unter gleichem Namen auch in den hippokratischen Schriften besprochen.

Hordeum von *hordus* (schwer), weil das daraus bereitete Brot sehr schwer und fest ist.

Getah-Lahoe.

Succus Fici ceriferae.

Ficus cerifera BLUME.

Polygamia Trioecia. — Urticaceae.

Baum mit lang gestielten, fast herzförmig-eiförmigen, zugespitzten, oben ausgeschweift gezähnten oder sägeartig gezähnten, lederartigen, dreinervigen und beiderseits 4—5 rippigen Blättern; einzeln oder gehäuft stehenden, sitzenden oder gestielten, birnförmigen oder kugeligen Fruchtböden. — In der Provinz Palembang auf Sumatra einheimisch.

Gebräuchlicher Theil. Der an der Luft erhärtete Milchsaft des Baumstammes. Die Substanz hat im Aeussern einige Aehnlichkeit mit roher Gutta Percha, ist aussen schwärzlich grün, innen zart rosaroth, leichter als Wasser, sehr porös, zerbricht leicht, lässt sich zu Pulver zerreiben, klebt dann aber, in Folge der dabei eintretenden Wärme, wieder zusammen, kann wie Bienenwachs geknetet werden, wird bei 35° klebrig und elastisch, bei 45—50° syrupartig, bei 75° ganz dünn und erstarrt beim Erkalten wieder zu einer festen, braunen, wachsähnlichen Masse; unlöslich in kaltem Alkohol, löslich in heissem bis auf eine zähe, der Gutta Percha ähnliche Masse, leicht und völlig löslich in Aether, Chloroform, Benzol, Terpenthinöl.

Wesentliche Bestandtheile. Seiner chemischen Natur nach kann die Substanz in der Hauptsache als Pflanzenwachs betrachtet werden.

Anwendung. Zur Kerzenfabrikation empfohlen.

Getah und Lahoe sind malaiische Namen.

Wegen Ficus s. den Artikel Feige.

Gichtrose.

(Königsblume, Pfingstrose.)

Radix, Flores und *Semen Paeoniae.*

Paeonia officinalis L.

(Paeonia corallina MILL.)

Polyandria Digynia. — Ranunculeae.

Perennirende Pflanze mit 30—60 Centim. hohem, dickem, ästig ausgebreitetem Stengel. Die Blätter sind doppelt dreizählig oder überhaupt unregelmässig zusammengesetzt, gross, von fester Textur, von zahlreichen starken Gefässbündeln durchzogen, schön grün, unten blasser oder graugrün, glatt oder doch nur sparsam, zumal dem Laufe der Rippen entlang mit Härchen besetzt. Der Hauptblattstiel ist dreitheilig, während die seitlichen öfters fünf Blättchen tragen. Diese sind länglich, oval oder lanzettlich, die beiden unteren sitzend, meist ganz, seltener zweilappig; das äusserste ist gestielt. Die Blumenblätter meist tief roth, umgekehrt eiförmig; die Narben purpurfarbig, die wolligen Balgkapseln enthalten in zwei Reihen die zuerst korallenrothen, dann glänzend schwarzen Samen. Sehr häufig kommen die Blumen gefüllt vor. — Im südlichen Europa einheimisch, bei uns häufige Zierpflanze in Gärten.

Gebräuchliche Theile. Die Wurzel, Blumen und Samen.

Die Wurzel, im Herbste zu graben, besteht aus einem finger- bis daumendicken oder dickern, etwa 12 Centim. langen, oft tief in die Erde gehenden mehrköpfigen Stocke, der nach allen Richtungen cylindrisch-spindelförmige oder länglichrunde, 2,5—15 Centim. lange und 12—24 Millim. dicke Knollen treibt, die sich in federkieldicke Fäden verschmälern und aneinander hängen. Sie ist aussen gelbbraun oder rothbraun, glatt, innen weiss, saftig, fleischig; durch Liegen an der Luft wird sie leicht röthlichbraun ins Violette, der Querschnitt der über 1 Millim. dicken festen Rinde ist mehr graulich. Durch Trocknen schrumpft sie ein, wird aussen dunkelbraun, zart runzelig, innen graulichweiss, hart und brüchig. Sie riecht frisch stark und eigenthümlich widerlich, fast rübenartig, schmeckt unangenehm, anfangs süsslich, dann bitter und etwas scharf. Das gewöhnlich vorgenommene Schälen ist unzweckmässig, da die Rinde am wirksamsten ist und die inneren Theile vor dem Insecktenfrasse schützt.

Die Blumenblätter, gewöhnlich von der gefüllten Varietät gesammelt, riechen frisch widerlich, der Wurzel ähnlich, doch schwächer, getrocknet nicht mehr, schmecken herbe adstringirend süsslich, krautartig und färben den Speichel violett.

Der Same ist oval, fast erbsengross, die harte glatte glänzend schwarze Schale ziemlich hart und schliesst einen weissen öligen Kern ein. Frisch riecht er ebenfalls widrig, trocken nicht mehr und schmeckt milde ölig,

Wesentliche Bestandtheile. WIGGERS erhielt aus der frischen Wurzel durch Destillation mit Wasser ein nach bittern Mandeln riechendes Destillat und Spuren eines ebenso riechenden ätherischen Oeles. MORIN fand in der getrockneten Wurzel: Riechstoff, 14⅞ Stärkmehl, eisenbläuenden Gerbstoff, Zucker, oxalsauren Kalk. Die geschälte und getrocknete Herbstwurzel (völlig ausgewachsen) lieferte nach G. JOHANNSON: 14,50⅞ Stärkmehl, 4,45 Zucker, 3,98 Proteinstoffe. — In der jungen nicht ausgewachsenen ungeschälten getrockneten Sommerwurzel von Paeonia peregrina fand K. MANDELIN: 25,65⅞ Stärkmehl, 4,84 Zucker, 9,69 Proteinstoffe. Es wurde darin auch ein, übrigens leicht zersetzbares Alkaloid beobachtet, das jedoch in keinen Beziehungen zu den Alkaloiden der Aconita und des Delphinium steht.

In den Blumenblättern befindet sich, wie in der Wurzel, eisenbläuender Gerbstoff.

Der Same enthält nach L. STAHRE 23 $\frac{8}{9}$ fettes Oel, 11 $\frac{0}{8}$ Proteïnkörper, Stärkmehl, eisengrünenden Gerbstoff.

Anwendung. Die medicinische Benutzung der drei Pflanzentheile hat fast ganz aufgehört. Die Wurzel galt früher als Antiepilepticum. Die Blumen kommen der schönen Farbe wegen noch zu Räucherspecies. Der Same, welcher Brechen erregen soll, wird von abergläubischen Leuten auf Fäden gereiht und Kindern in einer Schnur um den Hals gehängt, um ihnen das Zahnen zu erleichtern.

Geschichtliches. Nach PLINIUS ist PAEON der Entdecker (der medicinischen Kräfte) der Gichtrose, welcher damit den PLUTO heilte; PAEON ist aber ziemlich gleichbedeutend mit Apollo oder Aesculap. Diese Pflanze, schon bei THEOPHRAST als Παιωνια bezeichnet, und ihre verwandten Arten hiessen auch Dactyli idaei, und dienten zu allerhand Wunderkuren, wozu man auch noch den Gebrauch der Samen rechnen muss.

Die Wurzel der Paeonia Mutan, von japanischen Aerzten häufig angewandt, enthält nach JAGI einen eigenthümlichen Bestandtheil, welcher in weissen glänzenden Nadeln krystallisirt, beim Erwärmen aromatisch riecht, bei 45° schmilzt, in höherer Temperatur sublimirt, sich nicht in Wasser, leicht in Weingeist und Aether löst und eine der Caprinsäure nahe stehende Fettsäure ist.

Gilbwurzel, kanadische.
Radix (Rhizoma) Hydrastidis canadensis.
Hydrastis canadensis L.
Polyandria Polygynia. — Ranunculeae.

Perennirende Pflanze mit niedrigem Stengel, an dessen Spitze 2 rund herzförmige Blätter und eine grünlichweisse Blume stehen, welcher eine karmoisinrothe Frucht von 12 und mehr ein- bis zweisamigen Beeren folgt. — Einheimisch in Kanada und in der nordamerikanischen Union westlich vom Missisippi

Gebräuchlicher Theil. Der Wurzelstock mit den Wurzelfasern; er ist 3—5 Centim. lang, 6 Millim. dick, liegt schief, hat mehrere kurze Zweige, ist etwas geringelt, der Länge nach gerunzelt, unten mit 7—10 Centim. langen Fasern besetzt, enthält einen 3- bis 4kantigen Holzkern und eine dicke hellgelbe Rinde. Aussen graubraun ins Gelbe, hart, auf dem Bruche wachsartig, hellroth bis braungelb; die Rinde hat etwa $\frac{1}{8}$ von der Dicke des Rhizoms. Geruch schwach, Geschmack rein bitter.

Wesentliche Bestandtheile. A. B. DURAND fand 1851, ausser ätherischem Oel, Stärkmehl, Zucker, Gummi, Fett und Harz, einen gelben krystallinischen Farbstoff und ein weisses Alkaloid (Hydrastin). MAHLA zeigte 1862, dass der gelbe Farbstoff Berberin ist. 1873 bekam A. K. HALE aus der Wurzel noch ein drittes Alkaloid (Xanthopuccin), ebenfalls gelb und krystallinisch, welches 1875 J. C. BURT genauer untersuchte.

Anwendung. In Nord-Amerika gegen Wechselfieber.

Hydrastis soll nach einer Amerikanerin benannt sein.

Gillenie, dreiblätterige.
(Dreiblätterige Spierstaude.)
Radix Gilleniae trifoliatae.
Gillenia trifoliata Mönch.
(Spiraea trifoliata L.)
Icosandria Pentagynia. — Spiraeaceae.

Perennirende Pflanze mit etwa 60 Centim. hohem aufrechtem, kantig gestreiftem, oben astigem Stengel, abwechselnden, sehr kurz gestielten, 3zähligen Blättern, deren Blättchen lanzettlich, scharf doppelt gezähnt, oben dunkel-, unten graugün, etwas behaart und mit linienförmigen, ganzrandigen Afterblättern versehen sind. Die ansehnlichen Blumen stehen an der Spitze des Stengels und der Zweige in Rispen; der Kelch ist röthlich, die Krone weiss, 3 mal so lang. — In Nord-Amerika einheimisch.

Gebräuchlicher Theil. Die Wurzel; sie ist ästig faserig, gekrümmt, hie und da eingeschnürt gegliedert, kaum federkieldick, aussen gelblich, innen weiss, mit holzigem Kerne; getrocknet rothgrau, der innere Rindentheil weiss, etwas schwammig, sehr bitter.

Wesentliche Bestandtheile. Nach Ch. Shreeve: Bitterstoff, Farbstoffe, Stärkmehl, Harz, Gummi, Wachs, Fett. Der Bitterstoff soll alkaloidischer Natur sein, W. B. Stanhope erhielt ihn später reiner als weisses Pulver und nannte ihn Gillenin.

Anwendung. Eberle rühmt die Wurzel als Emetikum, setzt sie aber der Ipekakuanha nach; Bigelow und Baum halten sie jedoch für sehr unsicher in ihrer Wirkung.

Gillenin ist benannt nach Arn. Gillenius, Arzt, schrieb: Hortus, Cassel 1627. Wegen Spiraea s. den Artikel Geisbart, knolliger.

Gingkofrucht.
Fructus Gingko.
Salisburia adiantifolia Sw.
(Gingko biloba Thnbg.)
Dioecia Polyandria. — Taxeae.

Hoher 25—30 Meter erreichender Baum; Aeste quirlförmig, abstehend, die sekundären hängend; Aestchen abwechselnd, kurz, hökerförmig, an der Spitze die Blätter tragend; Blätter zu 3—5, quirlig, sparrig, lederartig, breit fast rhombischfächerförmig, in den Blattstiel verlaufend, oben grün, unten blaugrün; Blüthen diöcisch, männliche Kätzchen an der Spitze der Zweige, weibliche Blüthen auf einfachen, büschelig vereinigten Stielen; Frucht steinfruchtartig, kugelig, Perikarp knochenhart, Samen mit dünner Schale. — In China und Japan einheimisch, daselbst auch kultivirt.

Gebräuchlicher Theil. Die Frucht; sie gleicht im Ansehn sehr den Renekloden (Reine Claude), hat eine citronengelbe, ziemlich resistente häutige Schale, und weisses, lehr weiches Fruchtfleisch, das äusserst durchdringend nach Buttersäure riecht, und schon bei sehr gelindem Drucke ein ölartiges sehr sauer reagirendes Liquidum ausfliessen lässt.

Wesentliche Bestandtheile. Nach V. Schwarzenbach enthält das Fruchtfleisch 75 $\frac{0}{0}$ Wasser, und 25 $\frac{0}{0}$ Trockensubstanz, wovon 1 Unorganisches. In diesem Fleische fanden sich: viel Buttersäure, eine eigenthümliche krystallinische

Fettsäure (Gingkosäure). Gummi, Zucker, Gerbstoff, Citronensäure, Pektin, Chlorophyll. CHEVREUL und CLOEZ haben den Buttersäure-Gehalt bestättigt. Die früher von PESCHIER aufgestellte Gingkosäure scheint nur unreine Essigsäure zu sein.

Anwendung.?

Geschichtliches. Die erste Kunde von diesem Baume gab KÄMPFER, der ihn in Japan sah. Ohne Zweifel kam er durch die Holländer und zwar zwischen den Jahren 1727—1737 nach Europa. LINNÉ beschrieb ihn 1771 als Gingko biloba, und 25 Jahre später erhielt er durch den Engländer SMITH den Namen Salisburia adiantifolia.

Gingko ist der japanische Name des Gewächses.

Salisburia ist benannt nach RICH. ANT. SALISBURY, einem englischen Botaniker, am Ende des vorigen Jahrhunderts.

Ginseng, amerikanischer.
(Fünfblätterige Kraftwurzel.)
Radix Ginseng americana.
Panax quinquefolius L.
Polygamia Dioecia. — Araliaceae.

Diese Pflanze ist der chinesischen sehr ähnlich, und unterscheidet sich von ihr besonders durch die dünnere Wurzel, sowie durch die Form der Blätter, welche, wie überhaupt die ganze Pflanze, glatt sind. An der Spitze des Stengels befinden sich gewöhnlich 3 Blattstiele, deren jeder 5 fast ungestielte, eiförmige, spitze, sägeartig gezähnte Blättchen trägt. Kelchzähne und Blumenblätter sind stumpf. — In den nordamerikanischen Bergwäldern von Kanada bis Florida.

Gebräuchlicher Theil. Die Wurzel; sie ist der einzige im Handel verbreitete Ginseng, frisch fingerdick, aussen graubraun, 50—75 Millim. lang, fast cylindrisch, innen gelblich punktirt. Durch Trocknen schrumpft sie ein, so dass sie ungefähr federkieldick oder etwas dicker, runzelig, nach oben geringelt ist und unten häufig in zwei gabelförmige, 6—8 Millim. lange Spitzen sich endigt. Frisch hat sie einen starken aromatischen Geruch, der durch Trocknen zum Theil vergeht; der Geschmack ist anfangs süsslich, dem Süssholz ähnlich, dann reizend, aromatisch bitterlich.

Bisweilen fand man diese Wurzel der Senega und Serpentaria beigemengt, woraus sie GÖPPERT aussuchte und folgendermaassen beschrieb. Es sind 50—60 Millim. lange, oberhalb 12—24 Millim. breite, nach unten verschmälerte, somit rübenartige, meist gerade, nur zuweilen gegen die Spitze gekrümmte, knorrige Wurzeln, sehr ausgezeichnet durch die sonst parallel laufenden Querrunzeln; äusserlich sind sie gelblichweiss, der Petersilienwurzel nicht unähnlich, innerhalb weiss, mit deutlichem gelblichem schwach glänzendem Harzringe, hornartig, hart und spröde, aber undurchsichtig, völlig geruchlos und von süsslich bitterm schwach aromatischem Geschmacke.

Wesentliche Bestandtheile. RAFINESQUE fand darin eine kampherähnliche, Panacin genannte Substanz, ätherisches Oel, Zucker, Schleim, Harz. GARRIGUES schied daraus einen dem Glycyrrhizin ähnlich, aber dabei auch bitter schmeckenden Körper, der sich nach Art der Glykoside verhielt, und von ihm den Namen Panaquilon bekam.

Anwendung. In Amerika als Surrogat des Süssholzes.

Geschichtliches. Im Jahre 1704 schickte SARRASIN diese Wurzel aus Kanada an den Minister FAGON nach Paris; später fand sie auch der Missionär LAFITEAU in Pennsylvanien und anderswo in Nord-Amerika. Vom Jahre 1718 an führten die Jesuiten einen gewinnreichen Handel mit dem Ginseng nach China, der vielleicht noch immer nicht ganz aufgehört hat.

Panax ist zus. aus παν (ganz, alles) und ἄκος (Heilmittel) d. h. ein Mittel gegen alle Krankheiten, Universalmittel. Panax, Panace oder πανακες der römischen und griechischen Schriftsteller ist aber nicht der LINNÉ'ische Panax, sondern man verstand darunter mehrere andere Gewächse, wohl meist aus der Familie der Umbelliferen. PLINIUS führt 4 Arten an, die asklepische, heraklische, chironische und centaurische.

Ginseng, chinesischer.

(Japanischer Ginseng, wahre Kraftwurz.)

Radix Gingeng.

Panax Schin-seng NEES.

(Panax Pseudo-Ginseng WILL.)

Polygamia Dioecia. — Araliaceae.

Perennirende Pflanze, deren Wurzel aus 3—5 zu einem Büschel vereinigten fingerdicken Knollen besteht, die 50—75 Millim. lang, glatt, quer und parallel schwach gerunzelt, in einem dicken wurzelartigen Faden verdünnt, gelblichgrau, innen mehr gelb, saftig, geruchlos sind, und äusserst schwach, schleimig, kaum gewürzhaft schmecken. Der Stengel ist aufrecht, einfach, schlank, unten feder-kiel- bis fingerdick, 30—60 Centim. hoch, am Ende etwas behaart, blassgelb, an einer Seite oft etwas purpurfarben. Am Ende des Stengels stehen quirlartig drei bis vier fingerförmige Blätter, deren 3—5 Blättchen ungleich, die mittleren grösser, die seitlichen kleiner, alle lanzettlich, zugespitzt, gestielt an beiden Enden sehr verschmälert, doppelt und fein gesägt, zuweilen eingeschnitten, an den Venen wie an der Mittelrippe oben mit weissen Borsten besetzt sind. An der Spitze des Stengels steht die kugelige Dolde, 20—30 kleine Zwitterblüthen tragend; ihre Hülle besteht aus einigen grünen Borsten, die Blumenblätter sind lanzettlich, spitz, weissgrünlich. Die Früchte sind runde, glänzend scharlachrothe, von den Kelchzähnen gekrönte Beeren von der Grösse einer kleinen Kirsche; sie ent-halten ein weiches, weisslichgelbes Fleisch, und in jedem der 2—3 Fächer einen eiformigen, auf dem Rücken höckerigen Samen, dessen äussere Decke krustig, zerbrechlich, blassgrüngelb, die innere sehr zart ist. — In China, Japan, in der Tartarei, in Korea und in Nepal einheimisch.

Gebräuchlicher Theil. Den glaubwürdigsten Nachrichten zu Folge ist diess die Pflanze, von der die in den dortigen Ländern so sehr geschätzte und im Preise weit über dem Gelde stehende Ginsengwurzel kommt, welcher man die wunderbarsten arzeneilichen Kräfte zuschreibt. Diese Panacee kommt als Handelsartikel nie zu uns, gehört daher zu den grössten Seltenheiten. Stücke davon, welche in die Hände von Europäern gelangt sind, waren etwa 24 Millim. lang, federkieldick, röthlich, hart wie Salep, fast durchsichtig, längsrunzelig, auf dem Bruche glatt und glänzend, geruchlos, von süsslich scharfem süssholzähn-lichem Geschmacke und zergingen bei längerem Kauen ganz im Munde.

Wesentliche Bestandtheile. Wahrscheinlich Schleim, Stärkmehl und Zucker. Eine nähere Untersuchung fehlt.

Anwendung. Nach VON SIEBOLD lassen die chinesischen und japanischen Aerzte selten einen Kranken sterben, ohne ihm noch zuletzt diese Arznei gereicht zu haben.

Glaskraut.
(Krugkraut, Mauerkraut, Peterskraut, Tag und Nacht, Wandkraut).
Herba Parietariae, Helxines.
Parietaria officinalis L.
Polygamia Monoecia. — Urticaceae.

Perennirende Pflanze mit ästig-faseriger holziger Wurzel, die mehrere 30 bis 60 Centim. hohe und höhere, aufrechte, einfache oder wenig- und kurzästige, zart behaarte, gestreifte, z. Th. röthlich angelaufene, zerbrechliche Stengel treibt, abwechselnd mit z. Th. lang gestielten, 2—10 Centim. langen, eilanzettlichen, meist lang zugespitzten, ganzrandigen, auf beiden Seiten fast gleichfarbig hochgrünen, kurz behaarten, zarten, doch beim Befühlen etwas scharfen und rauschenden, äusserst fein durchsichtig punktirten Blättern besetzt. Die Blüthen sitzen in den Blattachseln in kleinen gabelig getheilten, fast quirlartigen Knäueln, sind unansehnlich grau grünlich, die untersten weiblich, die mittleren zwitterig, die obersten männlich. Die Frucht ist eine vom bleibenden Kelche eingeschlossene, schwarze, glänzende Karyopse. — An Mauern, auf Schutthaufen, in Hecken, an Wegen.

Die eben beschriebene Pflanze nannten MERTENS und KOCH auch P. erecta und unterschieden davon als P. diffusa eine Varietät mit meist kleinerem, liegendem oder aufsteigendem, sehr ausgebreitetem ästigem, dunkelrothem Stengel, weit kleineren 12—36 Millim. langen, etwas stumpfen und im Verhältniss breiteren, eiförmigen, höher dunkelgrünen und zarteren Blättern, kleinerem weniger getheiltem Blumenknäuel mit herablaufenden Nebenblättchen.

Gebräuchlicher Theil. Das Kraut; es wird beim Trocknen ganz dünn, durchscheinend, fühlt sich ziemlich scharf an, ist geruchlos, schmeckt krautartig, etwas salzig und herbe, auch bitterlich.

Wesentliche Bestandtheile. Bitterstoff, Gerbstoff. Eine nähere Untersuchung fehlt.

Anwendung. Fast obsolet. Früher als harntreibend verordnet. Die Blätter hie und da zum Reinigen von Glas- und anderen Waaren, daher der Name Glaskraut.

Geschichtliches. Ein altes Arzneimittel, kommt unter verschiedenen Namen in den Klassikern vor, als: Παρθενον, Ἑλξίνη, Περδίκιον, *Vitrago, Muralis, Urceolaris.* Parietaria von *paries* (Wand, Mauer), in Bezug auf den Standort.

Glasschmalz.
(Meersalzkraut, Seekrappe.)
Herba Salicorniae.
Salicornia herbacea L.
Pentandria Digynia. — Chenopodieae.

Einjährige 15—30 Centim. hohe saftige Pflanze von etwas bräunlicher Farbe mit gegenüberstehenden ausgebreiteten Zweigen ohne Blätter, dichten gestielten, gegenüberstehenden Blumenähren und kleinen gelben Blumen. — Am Meeresstrande, Salzquellen und Salinen.

Gebräuchlich. Die ganze Pflanze; sie ist geruchlos, schmeckt aber scharf salzig.

Wesentliche Bestandtheile. Natronsalze.

Anwendung. Nur frisch und zwar innerlich als Antiskorbutikum. In einigen Gegenden wird die Pflanze als Salat genossen. Wie die Salsola-Arten an der Küste des mittelländischen Meeres zur Sodagewinnung.

Salicornia von *salicot* oder *salicor*, dem alten Namen dieser Pflanze in Languedok; hat als Stammwort *sal* (Salz). Die letzten Sylben lassen sich auch von *ternu* (Horn) ableiten, denn die Zweige stehen spitz hervor wie Hörner.

Der Name Glasschmalz soll andeuten, dass die Pflanze resp. deren Asche wegen ihres Reichthums an Alkalisalzen zur Glasbereitung sich eignet.

Gliedpilz.

(Hexenei, Schelmenei.)

Phallus impudicus L.

Cryptogamia Fungi. — Hymenomycetes.

Ein vor der völligen Ausbildung weisser, die Gestalt und Grösse eines Hühner-eis zeigender Pilz, der rasch einen 10—15 Centim. hohen, dicken, weissen, gegen die Basis aufgetriebenen, porösen, schwammigen Strunk treibt, an dessen Spitze ein kleiner, kugelförmiger, am Rande freier Hut mit zellig-netzartig gefalteter Oberfläche und offenem Scheitel, mit besonderem Rande steht, und oben aus der Oeffnung einen zähen grünen Schleim absondert, der sehr bald dünnflüssig wird und eine Menge runder Sporidien enthält. Er verbreitet dabei einen äusserst widrigen Geruch und wird schnell von Insekten grösstentheils verzehrt, worauf dann der Hut weiss und trocken erscheint. — In lichten Waldungen.

Gebräuchlich. Der ganze Pilz.

Wesentliche Bestandtheile. Nach BRACONNOT: fettes Oel, festes Fett, Zucker (Mannit), Fungin, Mukus, Eiweiss, Essigsäure etc.

Anwendung. Früher als Stimulans, auch gegen Gicht; ferner als Zauber-mittel.

Phallus, φαλλος (männliches Glied), wegen der ähnlichen Form dieses Pilzes.

Gnadenkraut.

Gottesgnadenkraut, wilder oder weisser Aurin, Hecken-Hyssop, Gichtkraut, Purgirkraut.)

Herba Gratiolae.

Gratiola officinalis L.

Diandria Monogynia. — Scrophulariaceae.

Perennirende Pflanze mit weisser, etwa federkieldicker, kriechender, gelenki-ger, quirlförmig befaserter Wurzel, 15—45 Centim. hohem, einfachem, stumpf-vierkantigem, gegliedertem markigem Stengel, gegenüberstehenden, ins Kreuz ge-stellten ungestielten glatten, 3—5 Centim. langen, 8—12 Millim. breiten, blass-grünen Blättern, achselständigen lang gestielten weisslich-röthlichen, dunkler ge-streiften Blüthen. — In mehreren Gegenden Deutschlands, Frankreichs, Spaniens auf feuchten Wiesen, in Gräben, an Flussufern.

Gebräuchlicher Theil. Das Kraut oder vielmehr der ganze oberirdische Theil der Pflanze; früher auch die Wurzel; geruchlos, sehr bitter.

Wesentliche Bestandtheile. Nach VAUQUELIN und E. MARCHAND unter-suchte WALZ das Kraut und fand: eine flüchtige, der Baldriansäure ähnliche saure nebst drei den Bestandtheilen des rothen Fingerhutes entsprechende Sub-

stanzen, Gratiolin, Gratiosolin und Gratiolacrin. Das Gratiolin ist ein
weisses, bitter schmeckendes, krystallisirbares Pulver; das Gratiosolin ein in
Wasser leicht löslicher Bitterstoff; das Gratiolacrin ein bei 68° schmelzbarer
rothbrauner harziger scharfer Stoff.

Verwechselungen. 1. Mit Scutellaria galericulata; deren Blätter
sind kurz gestielt, fast herzförmig, ein wenig rauh und viel dunkler grün, die
Blumen sitzen zu 2 auf kurzen Stielen, einer Seite zugekehrt, sind helmförmig
gebogen, blau, schmecken schwach bitterlich salzig. 2. Mit Veronica scutel-
lata; die Blätter sind linien-lanzettlich, meist länger als bei Gratiola, dunkler
grün, schmecken schwach zusammenziehend; der Blüthenstand ist eine ausgebreitete Traube. 3. Mit Veronica Anagallis; sie ist in allen Theilen viel
grösser, die Blumen 7—10 Centim. lang und bis 2½ Centim. und mehr breit,
schmeckt salzig zusammenziehend; der Blüthenstand ähnlich dem vorigen. 4. Mit
Veronica Chamaedrys; der Stengel ist viel dünner, rund, zweireihig behaart,
die Blätter meist sitzend, viel breiter, herzförmig, eiförmig, eingeschnitten, gesägt,
mehr oder weniger, besonders unten, behaart. 5. Mit Galeopsis Ladannm; der
Stengel hat gegenüberstehende Aeste, die gegenüberstehenden Blätter sind linien-
lanzettlich, weichhaarig und schmecken kaum bitter.

Als charakteristische und leicht zu unterscheidende Merkmale der Gratiola sind
festzuhalten: Dass die Blätter blassgrün, unbehaart, stiellos sind, sehr bitter
schmecken, und dass die Frucht eine kleine rundliche Kapsel ist, welche auf einem
etwa 25 Millim. langen, dünnen gekrümmten Stiele sitzt.

Anwendung. Innerlich meist als Extrakt, aber in kleinen Gaben, wegen
der drastisch-purgirenden, frisch auch brechenerregenden Wirkung; äusserlich
frisch aufgelegt gegen Gicht, Geschwulst, alte Schäden.

Geschichtliches. Die griechischen und römischen Aerzte erwähnen in
ihren Schriften der Gratiola nicht. Lobelius beschrieb sie als Gratia Dei;
Valerius Cordus nannte sie Limnesium; Matthiolus und Dodonaeus bildeten
sie unter dem Namen Gratiola ab, und ihre Angaben über die grossen Heilkräfte,
die man als eine Gnade Gottes anzusehen habe, trugen besonders zur Aufnahme
in die Materia medica bei.

Goldhaar.

(Goldener Widerthon, Widertod, gelbes Venushaar, Jungfernhaar.)
Herba Adianti aurei, Polytrichi. Muscus capillaris major.
Polytrichum commune L.
Cryptogamia Musci. — Bryeae.

Stengel einfach, mit dem Fruchtstiele 15—30 Centim. lang; die Blätter linien-
lanzettlich, im feuchten Zustande abstehend, mit einer starken Mittelrippe versehen, am Rande und auf der Mittelrippe gesägt. Die Kapsel sitzt gerade, aufrecht auf einem starken, purpurnen Stiele, ist 4kantig, mit einem rundlichen,
gesonderten Ansatze versehen; der Deckel flach gewölbt, mit einer sehr kurzen
geraden Spitze und mit einer braunen haarigen Mütze bedeckt. Die Blättchen am
Grunde des Fruchtstiels verlaufen in eine weisse haarförmige Spitze. Nachdem
Mütze und Deckel abgefallen sind, zeigt der offene Rand der Kapsel 64 Zähnchen.

In Wäldern durch ganz Europa, oft grosse Rasen bildend.

Gebräuchlich. Die ganze Pflanze; sie hat weder Geruch noch bemerkens-
werthen Geschmack.

Wesentliche Bestandtheile. Nach REINSCH in der sehr ähnlichen Art P. formosum: Fettes Oel, ein krystallinischer Stoff, Spur Gerbstoff, Harze etc.

Anwendung. Früher gegen Drüsenkrankheiten. Von abergläubischen Leuten gegen vermeintliche Verzauberung des Viehs.

Polytrichum ist zus. aus πολύς (viel) und θρίξ (Haar), in Bezug auf die haarige Mütze der Kapsel, oder auch die zahlreichen haarförmigen Blätter, womit der Stengel besetzt ist.

Muscus von μόσχος (junger Sprössling), um auf das Zarte dieser Pflanze hinzudeuten.

Wegen Adiantum s. den Artikel Frauenhaar.

Goldlack.
(Handblume, gelbe Viole, Lackviole, gelbe Levkoje.)
Herba, Flores und *Semen Cheiri.*
Cheiranthus Cheiri L.
Tetradynamia Siliquosa. — *Cruciferae.*

Perennirende, selbst strauchartige Pflanze mit aufrechtem, ästigem, 0,6—1,2 Meter hohem, unten rundem, glattem, z. Th. holzigem, oben meist krautartigem, kantig gefurchtem, glattem oder mit anliegenden zarten Haaren bedecktem Stengel. Die Blätter stehen abwechselnd oder zerstreut, stiellos oder verschmälern sich in einen Blattstiel, sind lanzettlich, in der Jugend z. Th. weisslich, später hochgrün, ganzrandig, etwas steif. Die Blumen stehen in gedrängten oder lockeren, aufrechten, steifen Endtrauben, sind ansehnlich, blass- bis dunkelgelb, selbst rothbraun und erscheinen in mancherlei Nüancen, grösser oder kleiner, halb oder ganz gefüllt u. s. w. Die Schoten stehen aufrecht auf kurzen steifen vierkantigen Stielen, sind zusammengedrückt, 2—4 Millim. breit, 25—50 Millim. lang, stumpf, mit zweispaltiger Narbe und enthalten hirsekorngrosse, oval-rundliche, flach gedrückte, hellbraune Samen mit kleinem häutigem Rande. — Auf alten Mauern, kommen, besonders im Rheinthal wild vorkommend und häufig in Gärten und Töpfen gezogen.

Gebräuchliche Theile. Das Kraut, die Blumen und Samen.

Das Kraut riecht beim Zerreiben kressenartig und schmeckt scharf.

Die Blumen haben einen starken, eigenthümlich angenehmen Geruch, der auch bei vorsichtig schnellem Trocknen nicht vergeht, schmecken stark bitter, zugleich etwas scharf kressenartig und färben den Speichel gelb.

Der Same riecht beim Zerreiben ebenfalls kressenartig, schmeckt scharf und zugleich sehr bitter.

Wesentliche Bestandtheile. Schwefelhaltiges ätherisches Oel (resp. die beim Zusammentreffen mit Wasser dasselbe bildende Substanz), eisengrünender Gerbstoff; in den Blumen noch gelber Farbstoff.

Anwendung. Veraltet, obwohl gewiss mit Unrecht.

Geschichtliches. Die Hippokratiker bedienten sich der Wurzel und des Samens, des letzteren zum Räuchern. DIOSKORIDES begreift unter seinem Leucojum offenbar nicht nur Cheiranthus Cheiri, sondern auch Cheiranthus incanus L., die bekannte Winter-Levkoje, die mit zahlreichen Varietäten bei uns kultivirt wird, und wovon die weissblumige Spielart als das wahre Leucojum, Λευκόϊον des THEOPHRAST, anzusehen sein dürfte. Uebrigens bemerkt DIOSKORIDES, dass vor zugsweise die Form mit gelben Blumen und diese selbst, also von Ch. Cheiri, zum medicinischen Gebrauche sich eigneten.

Cheiranthus ist zus. aus χειρ (Hand) und ἀνθος (Blüthe), d. h. eine Pflanze, welche man ihrer schönen, angenehm riechenden Blumen wegen gern in der Hand hält.

Cheiri ist das arabische Kheyri (eine Pflanze mit rothen, wohlriechenden Blumen).

Goldruthe.
(Gülden Wundkraut, Heidnisch Wundkraut.)
Herba cum Floribus Virgae aureae, Consolidae saracenicae.
Solidago virgaurea L.
Syngenesia Superflua. — Compositae.

Perennirende Pflanze mit 0,6—1,2 Meter hohem, rundem, gestreiftem, unten glattem, oben mehr oder weniger kurz behaartem, meist unten purpurviolett angelaufenem, steifem, unten sonst holzigem Stengel, aufwärts stehenden Zweigen, abwechselnden, unten in einen Stiel sich verschmälernden, oben sitzenden, 5 bis 12 Centim. langen, 12—24 Millim. breiten, länglich-lanzettlichen, zugespitzten, unten weitläufig gesägten, oben z. Th. ganzrandigen, auf beiden Seiten kurz und zart behaarten, z. Th. fast glatten, am Rande rauhen, oben hochgrünen, unten wenig blassern, fein netzartig geaderten Blättern. Die Blumen stehen am oberen Theile des Stengels in Achseln in kurzen, 2½—7 Centim. langen, vielblüthigen, goldgelben Trauben und bilden eine schöne dichtgedrängte, schlanke, längliche, beblätterte Rispe von 6—8 Millim. grossen gelben Blumen mit länglicher Hülle, 8—10 Strahlenblümchen, kleinen länglichen mit haarförmigem Pappus gekrönten Achenien. — Häufig an sonnigen trockenen Orten, auf Hügeln, am Rande der Wälder, an Wegen etc.

Gebräuchliche Theile. Das Kraut mit den Blüthen; beide riechen frisch eigenthümlich angenehm aromatisch, auch trocken obwohl schwächer, schmecken schwach salzig, dann widerlich scharf beissend, eigenthümlich reizend bitterlich und herbe.

Wesentliche Bestandtheile. Aetherisches Oel, eisengrünender Gerbstoff, scharfer und bitterer Stoff. Verdient gründlichere Untersuchung.

Verwechselung. Mit Senecio saracenicus; dessen Blätter sind viel stärker knorpelig gezähnt, schmecken nur bitterlich herbe, nicht beissend scharf, die Blumen bilden eine Doldentraube, sind noch einmal so gross.

Anwendung. Als Diuretikum gegen Nierensteine. Aeusserlich auf Wunden.

Geschichtliches. Die Pflanze war den alten griechischen und römischen Aerzten unbekannt (in Griechenland kommt sie gar nicht vor); aber schon im Mittelalter gebrauchte man sie gegen Steinbeschwerden, wozu sie namentlich Arnold de Villanova (gegen Ende des 13. Jahrh.) empfahl.

Solidago ist zus. aus *solidus* (fest) und *agere* (tragen), in Bezug auf die Wunden heilende Kraft. Das »Heidnisch« soll andeuten, dass die Kenntniss der Pflanze oder ihrer Heilkräfte von den Heiden (Saracenen oder Türken) zu uns gelangt ist.

Granatbaum.

Cortex ligni, Flores, Cortex fructus Granati oder *Psidii;*
Flores Balaustii; Malicorium.
Punica Granatum L.
Icosandria Monogynia. — *Granateae.*

Strauch oder mässig hoher Baum mit dornigen Zweigen und graubrauner Rinde. Die Blätter sind gestielt, lanzettlich, ganzrandig, wellenförmig, hellgrün, glänzend, stehen einzeln oder einige vereint, zumal in den Blattwinkeln. Die Blumen sind schön granatroth mit glänzendem dickem fleischig-lederartigem schön dunkel scharlachrothem Kelche. Seltener ist die Krone weiss, mit blassgelbem oder roth punktirtem Kelche, am seltensten Kelch und Krone gelblich. Häufig sind die Blumen auch gefüllt. Die Frucht hat die Gestalt und Grösse eines Apfels, ist mit dem erhärteten Kelche gekrönt, aussen roth, innen gelb. Es giebt mancherlei Varietäten von Granatfrüchten, auch hat man süsse nnd saure u. s. w. — Im nördlichen Afrika, von Klein-Asien bis nach Ostindien, sowie im südlichen Europa einheimisch, bei uns häufig als Zierpflanze kultivirt.

Gebräuchliche Theile. Die Rinde der Wurzel und des Stammes, die Blüthen und die Fruchtschalen.

Die Wurzelrinde kommt in rinnenförmigen, z. Th. gebogenen, 5—15 Centim. langen, 12—24 Millim. breiten und ½—2 Millim. dicken Stücken vor, die aussen uneben, höckerig, graugelb, schmutzig dunkelgrün gefleckt, innen splitterig, graugelblich, mehr oder weniger schmutzig grün, z. Th. noch mit blassgelbem Holze besetzt sind. Im Bruche ist sie uneben, blassgelb; sie riecht schwach widerlich und schmeckt herb unangenehm bitterlich, beim Kauen den Speichel gelb färbend. Bisweilen sind auch federkieldicke Wurzelfasern untergemengt.

Die Stammrinde zeigt sich im Ganzen wenig verschieden von der Wurzelrinde, doch haben die Markstrahlen auf dem Querschnitte nach der Peripherie hin sehr bald, d. h. in einiger Entfernung vom Cambium, gestreckte Form, während diese Form bei der Wurzelrinde quadratisch ist.

Die Blüthen, gewöhnlich gefüllt und sammt dem Kelche in den Handel gebracht, sind geruchlos, schmecken aber sehr herbe und färben den Speichel violett.

Die Fruchtschalen kommen in gebogenen, oft den vierten Theil der Fruchtrinde bildenden, oft zerbrochenen, 1—2 Millim. dicken Stücken vor; aussen sind sie heller oder dunkler braun oder auch gelbröthlich, z. Th. ziemlich glatt oder von feinen Warzen rauh, innen gelb, uneben uud die Eindrücke des Fleisches noch sichtbar, dabei hart, zerbrechlich, wie die Blumen geruchlos, aber von sehr herbem Geschmacke. — Die Samen sind länglich, höckerig-spitzig, frisch roth und schmecken herbe säuerlich.

Wesentliche Bestandtheile. Allgemein und reichlich in den genannten Theilen des Gewächses verbreitet ist eisenbläuender Gerbstoff. Die Rinde (ob die der Wurzel oder die des Stammes oder ein Gemenge beider als Untersuchungsobjekt diente, ist nicht immer sicher dargethan) wurde wiederholt analysirt, nämlich von WACKENRODER, MITOUART, CENEDELLA, LANDERER, LATOUR DE TRIE, RHIGINI, REMBOLD, und als Bestandtheile, ausser Gerbstoff, angegeben: Gallussäure, Stärkmehl, Harz, Wachs, Zucker, Gummi, Mannit, Granatin, Punicin. CENEDELLA's Granatin ist Mannit. LANDERER's Granatin als scharfe krystallinische Substanz beschrieben, bedarf noch näherer Prüfung; ebenso

Rhigini's ölig-harziges Punicin. Die neueste und wichtigste Untersuchung ist die von Tanret und dadurch zugleich derjenige Bestandtheil eruirt worden, dem die Rinde ihre wurmtreibende Kraft verdankt; er befindet sich sowohl in der Stammes-, als auch in der Wurzelrinde, mithin verdient die eine Art Rinde vor der anderen keineswegs den Vorzug. Der neue Körper ist ein Alkaloïd (zu 0,4—2,0 Procent in der trockenen Rinde enthalten), farblos oder gelblich, ölig, riecht schwach betäubend, aromatisch, schmeckt bitter und aromatisch, siedet bei 180°, hat ein spec. Gewicht von 0,990, löst sich in Wasser, Weingeist, Aether, Chloroform, wird mit Schwefelsäure und chromsaurem Kali tief grün u. s. w. Tanret nennt dieses Alkaloïd Pelletierin, welchen Namen aber Falk verwirft, (denn es giebt schon eine Pflanze Namens *Pelletiera*, *Primulaceae* und das, was etwa Besonderes darin gefunden werde, könne man Pelletierin nennen) und dafür den Namen Punicin vorschlägt. Tanret entdeckte später noch 3 Alkaloïde in dem Gewächse, und unterscheidet nun:

alle 4 flüchtig
{
ein rechts drehendes flüssiges Alkaloïd besonders in der Wurzel,
„ links „ „ „ „ im Stamm,
„ inaktives festes Alkaloïd,
„ amorphes inaktives Alkaloïd.
}

Ihre Namen und sonstigen Merkmale lauten:

Methylpelletierin = $C_{18}H_{34}N_2O_2$, flüssig, rotirt + 22° nach rechts, siedet bei 215°, löst sich in 25 Th. Wasser.

Pseudopelletierin = $C_{18}H_{30}N_2O_2$, krystallinisch, rotirt nicht.

Pelletierin = $C_{16}H_{30}N_2O_2$, flüssig, 0,988 spec. Gew., rotirt bis 30° nach links, siedet bei 195° C., wobei es sich aber z. Th. zersetzt; siedet bei sehr niedrigem Drucke schon bei 125°, löst sich in 20 Th. Wasser.

Isopelletierin = isomer mit dem vorigen = $C_{16}H_{30}N_2O_2$, flüssig, rotirt nicht, hat dasselbe spec. Gewicht, dieselbe Löslichkeit in Wasser und denselben Siedepunkt.

Nach Rembold ist die Gerbsäure der Rinde ein eigenthümliches Glykosid, welches sich in nicht krystallisirbaren Zucker und Ellagsäure spaltet.

Die Fruchtschalen enthalten nach Stenhouse ebenfalls eine besondere Art Gerbsäure, denn sie liefert Zucker, aber keine Gallussäure, ganz so wie dies auch der Verf. von der Gerbsäure der Knoppern und Myrobalanen fand.

Verwechselungen oder Verfälschungen der Rinde. 1. Mit der Wurzelrinde des Buchsbaums; diese ist hellgelb, etwas schwammig, schmeckt sehr bitter, aber nicht adstringirend. 2. Mit der der Berberitze; diese ist zäher, mehr biegsam, färbt, wie die Granatrinde, den Speichel gelb, schmeckt aber gleichfalls bitter und nicht adstringirend.

Anwendung. Der medicinisch wichtigste Theil des Gewächses ist gegenwärtig die Rinde, welche, wie schon oben bemerkt, von der Wurzel und vom Stamm gesammelt werden kann, da sie gleiche Wirksamkeit (zur Abtreibung des Bandwurms) besitzen. Die Blüthen kommen noch hier und da zu Gurgelspecies. Die Fruchtschalen werden zum Gerben benutzt, namentlich im Orient zur Bereitung des Saffians.

Geschichtliches. Die Granate, Σιδη oder Ροιγ des Theophrast, Ροιγ des Dioskorides, Ροδιγ der Neugriechen, gehört zu den ältesten und beliebtesten Arzneigewächsen. Die Römer bezogen die besten Granaten aus Karthago, und nannten deshalb diese Früchte punische Aepfel. Die Blätter dienten äusserlich zu Umschlägen, auch hatte man die Gewohnheit, beblätterte Granatzweige in die

Krankenzimmer zu streuen. In den hippokratischen Schriften kommt schon ein Extrakt der Frucht gegen Augenübel vor. Die Blumen *(Cytini)* sowie die Schalen *(Sidia)* und die Wurzeln wurden häufig gegen den Bandwurm benutzt. Die Blumen der wilden Granate hiessen *Balaustia*, und DIOSKORIDES erwähnt mehrere Varietäten derselben. Einen Roob der Frucht rühmen ASKLEPIADES und SCRIBONIUS LARGUS bei Diarrhoe, und THEOPHRAST kannte schon kernlose Granaten.

Grieswurzel.

Radix Pareirae bravae.

Chondodendron tomentosum Bz. PAV.

(Botryopsis platyphylla MIERS, *Cocculus Chondodendron* DC.)

Dioecia Hexandria. — Menispermeae.

Klimmender Strauch mit an der Basis herzförmigen, leicht gekerbten, unterhalb filzigen Blättern; Blüthen diöcisch; beerenartige Steinfrüchte zu 1—6 beisammen, oft schief nierenförmig, etwas zusammengedrückt, 1 samig. — In Brasilien und Peru einheimisch.

Gebräuchlicher Theil. Die Wurzel; sie ist lang, holzig, oft in dünne Aeste getheilt, und kommt meist in 2—4, seltener 6—8 Centim. dicken Stücken in den Handel. Sie ist gedreht, aussen schwärzlich braun oder fast schwarz, innen hell gelblichbraun und hat Längswurzeln, Querrisse, Einschnürungen oder Erhabenheiten. Auf dem Querschnitt bemerkt man eine Centralsäule, zusammengesetzt aus Keilen, die von der gewöhnlichen Achse divergiren, um welche herum nur wenige concentrische Ringe folgen, welche von keilförmigen, oft unregelmässigen, zerstreuten Strahlen durchschnitten sind. Obgleich die Wurzel hart ist, erscheint sie doch auf einen Schnitt mit dem Messer mehr wachsartig, als holzig und faserig. Sie ist geruchlos und schmeckt rein bitter, doch nicht anhaltend*).

Wesentliche Bestandtheile. Bitterstoff. Eine nähere Untersuchung fehlt noch.

Verwechselung. Die darunter zuweilen vorkommenden Stammstücke derselben Art sehen anders aus, schmecken auch nur schwach bitter, unangenehm süss.

---

*) Nach HANBURY ist die oben beschriebene Wurzel die allein echte *Pareira brava*. Früher leitete man sie von *Cissampelos Pareira* L. ab, einer in Jamaika wachsenden *Menispermea*, von welcher Wurzeln und Stammstücke gleichfalls in den Handel kamen, nachdem die echte Grieswurzel daraus verschwunden war. Die Wurzel dieser Art zeigt im Querschnitt die vom Centrum ausgehenden, zahlreichen, sternförmig gestalteten Markstrahlen ohne die für die echte Droge charakteristischen concentrischen Zonen. — Auch diese ist jetzt selten geworden, und im Handel werden meist Wurzeln anderer Menispermeen dafür substituirt. Diese bestehen aus schweren, holzigen, gedrehten Stamm- und Wurzelstöcken von 10—15 Centim., oft aber auch von 30—40 Centim. Länge und 3—10 Centim. Dicke, mit dünner, harter dunkelbrauner Rinde. Sie sind cylindrisch, etwas kantig oder auch mehr oder weniger flach und zeigen im Querschnitt 10—20 schmale concentrische oder öfters excentrische Zonen, welche durch eine Parenchymschicht von einander getrennt sind.

PENTULLE fand in dieser Wurzel neben Weichharz, Stärkmehl etc. eine bittere, gelbe, extraktive Substanz, welch' letztere WIGGERS rein darstellte, als ein Alkaloid (gelblich, pulverig amorph) erkannte und Cissampelin oder Pelosin nannte. Dasselbe ist aber identisch mit dem Buxin (s. Buchsbaum).

Anwendung. Ehemals gegen Krankheiten der Harnwerkzeuge, Gries und Harnstein, gegen Gelbsucht.

Geschichtliches. MARKGRAF und PISO erwähnen zuerst die Pareira brava als Mittel, das die Indianer und später die Portugiesen gegen Blasenstein gebrauchten. Durch den französischen Gesandten AMELOT kam die Droge 1688 nach Paris, wo besonders HELVETIUS ihre Heilkräfte untersuchte und rühmte. In Deutschland ist sie seit 1719 zumal durch LOCHNER bekannter geworden.

Pareira brava ist portugiesisch und bedeutet wilder Weinstock, etwa in demselben Sinne wie Cissampelos (d. h. die Pflanze ist schlingend wie Epheu und Weinstock und trägt auch, wie diese beiden, Beeren).

Chondodendron ist zus. aus Χονδρος (Knoten) und δενδρον (Baum); die Zweige sind überall mit Knoten bedeckt.

Wegen Cocculus s. den Artikel Kokkelskörner.

Grindelienkraut.
Herba Grindeliae.
Grindelia robusta NUTT.
Syngenesia superflua. — *Compositae.*

Schlanke perennirende Staude vom Ansehn einer kleinen Sonnenblume, 30—90 Centim. hoch, mit hellgelben 25—75 Millim. breiten Blumenköpfchen. Die Blätter sind breit spatelförmig oder lanzettlich, an trockenen Plätzen steif und starr, an feuchten saftig und fleischig. Die ganze Pflanze fühlt sich harzartig klebrig an. — An der Küste des stillen Oceans, in Nord-Amerika und weiter im Innern.

Gebräuchlicher Theil. Das Kraut; es riecht balsamisch und schmeckt stechend aromatisch und bitter.

Wesentliche Bestandtheile. Aetherisches Oel, Harz. Genauere Untersuchung fehlt noch.

Anwendung. Schon 60—80 Jahre vor der Okkupation Kaliforniens durch die nordamerikanische Union hatten die dortigen Grindelien die Aufmerksamkeit der Jesuiten-Missionäre auf sich gelenkt. Es geht nämlich aus ihren zahlreichen Beobachtungen hervor, dass diese Pflanzen und namentlich Gr. robusta eine specifische Heilwirkung bei Vergiftung durch die dortige Rhus Toxicodendron besitzt.

Grindelia ist benannt nach D. H. v. GRINDEL, Prof. der Chemie und Pharmacie in Dorpat, dann Arzt in Riga, † 1836; schrieb auch Botanisches.

Guajakbaum.
(Pockenholzbaum, Franzosenholzbaum.)
Cortex, Lignum und *Resina Guajaci, Lignum Vitae.*
Guajacum officinale L.
Decandria Monogynia. — *Zygophylleae.*

Ziemlich hoher Baum mit gabelförmig getheilten, ausgebreiteten, gleichsam gegliederten Aesten. Die Blätter stehen einander gegenüber, sind paarig gefiedert, jeder Stiel trägt 4—6 gegen 24—36 Millim. lange ganzrandige, verkehrt-eiförmige, stumpfe, blassgrüne, glatte Blättchen, wovon die gegen die Basis des Stiels stehenden etwas kleiner sind als die übrigen. Die Blumen sind klein, blau, stehen am Ende der Zweige zu 8—10 auf langen Stielen in doldenähnlichen

Büscheln. Die Frucht ist eine zusammengedrückte, verkehrt-herzförmige, bräunliche Kapsel. — In Jamaika und andern westindischen Inseln einheimisch.

Gebräuchliche Theile. Die Rinde, das Holz und das Harz.

Die Rinde kommt in grossen hand- oder fusslangen, bis 15 Centim. breiten flachen oder gebogenen, 4—6 Millim. dicken Stücken vor. Aussen ist sie uneben, rauh, rissig, dunkel graubraun ins Bläuliche, mit gelben Flecken; die innere oder Bastseite ist glatt, gelblichgrau, die Bruchflächen hellbraun. Leicht lässt sie sich in mehrere Schichten oder Lagen spalten, zumal wenn es jüngere Stücke sind, indem mit dem Alter die Schichten fester verwachsen. Auf der Bastseite finden sich oft zahlreiche sehr kleine, krystallinische Punkte, die bald für Benzoësäure, bald für Harz, bald für Gyps gehalten wurden, aber hemitropische Formen des oxalsauren Kalkes sind. Die Rinde riecht, besonders beim Reiben und Erwärmen angenehm aromatisch, und schmeckt starkreizend und kratzend.

Das Holz kommt in grossen, dicken, oft mehrere Centner schweren Stücken und Scheiten vor, gewöhnlich aber geraspelt. Es ist hart, dicht, schwer und sinkt in Wasser unter. Je nach dem Alter des Baumes, oder je nachdem es vom Stamme oder den Aesten herrührt, oder je nachdem es mehr aus den jüngeren (äussern) oder älteren (inneren) Schichten des Holzes besteht, erscheint es verschieden. Das Beste, den inneren Kern oder die centralen Holzschichten älterer Bäume ausmachend, ist dunkel grünlichbraun, schwach fettglänzend und sehr dicht. Die Fasern laufen in verschiedener Richtung der Länge nach, z. Th. in Strahlen auseinander, sind nicht zähe, aber sehr hart, daher bricht das Holz beim Spalten sehr uneben splitterig. Diesen inneren Theil umgiebt, z. Th. scharf begrenzt eine hellgelbliche, mehr oder weniger ins Blassbräunliche gehende, matte, der Splintconsistenz sich nähernde Schicht, welche specifisch leichter ist und selbst eine Zeitlang auf dem Wasser schwimmt. Sonst ist die Structur der der Centralschicht ähnlich, nur sind die Fasern etwas zäher und nicht so brüchig. An sich ist das Holz geruchlos, aber beim Erwärmen riecht es angenehm gewürzhaft, sein Geschmack ist eigenthümlich reizend bitterlich.

Das Harz. Man unterscheidet zwei, auch auf verschiedene Weise gewonnene Sorten.

1. Harz in Thränen. Es quillt theils freiwillig, theils aus in den Stamm gemachten Einschnitten, bildet kugelrunde oder längliche, tropfenförmige, aussen schwach bestäubte und deshalb schmutzig grünlich erscheinende Stücke, die innen schwach muscheligen, stark glänzenden Bruch zeigen; in dünnen Schichten bemerkt man eine gelbliche, schwach grünliche, zuweilen etwas röthlichbraun gefärbte Zeichnung. Frisch riecht es schwach harzartig, der Benzoë sich nähernd, und schmeckt nicht besonders kratzend scharf, auch klebt es nur schwach an den Zähnen. Durch die Wärme der Hand wird es nicht weich, verbreitet jedoch auf einem heissen Bleche einen eigenthümlichen balsamischen an Vanille erinnernden Geruch. In Wasser sinkt es unter.

2. Harz in Massen, die gewöhnliche Handelssorte, über dessen Gewinnung Wiggers Folgendes angiebt. Man sägt den Stamm und die grösseren Aeste in etwa 1 Meter lange Stücke, macht mit einem Bohrer der Länge nach ein Loch in jedes und legt dann das eine Ende des Stückes so über ein Feuer, dass in eine untergestellte Kalebasse das durch das Loch herausrinnende Harz fliessen kann, während dann das Holz nach und nach verbrennt. Auch wird das Harz erhalten, wenn man Spähne und Sägemehl von dem Holze mit Wasser und Kochsalz kocht, und das oben sich sammelnde Harz abschäumt.

Es kommt in den Handel als grosse unförmliche, oft mit Theilen der Rinde und des Holzes durchsetzte Stücke, die zuweilen aus vielen Partikeln zusammengeflossen zu sein scheinen; ist sehr brüchig, aussen dunkelbraun oder gelbbraungrünlich, auf dem Bruche uneben, glänzend, mehr bläulichgrün, bräunlich und weiss gefleckt, gegen das Licht gehalten halb durchsichtig und nicht selten von Rissen oder kleinen Höhlen durchzogen. Das Pulver ist graulichweiss, nimmt aber später eine grünliche Farbe an, ebenso das Pulver, mit welchem die Stücke im Handel schon bestäubt vorkommen. Die übrigen Eigenschaften stimmen mit denen der vorigen Sorte überein, nur bringt es beim Kauen im Schlunde eine unangenehme lange ausdauernde kratzende Empfindung hervor.

Besonders charakteristisch für das Guajakharz ist seine grosse Neigung, sich durch Licht und Luft grün oder blau zu färben.

Wesentliche Bestandtheile. TROMMSDORFF erhielt aus der Rinde 2,3% eines eigenthümlichen, vom Guajakharz verschiedenen, Hartharzes, dann bitterkratzenden Stoff, Farbstoff etc. Das Holz gab ihm 1% desselben eigenthümlichen Hartharzes und 26% Guajakharz (von welchem in der Rinde nichts gefunden wurde).

Das die gewöhnliche Handelswaare bildende Harz enthält gewöhnlich bis zu 20% Fremdartiges, meist aus Holzfragmenten bestehend. Das reine Harz löst sich ziemlich leicht und ganz vollständig in Alkohol, in Aether zu $\frac{9}{10}$, während $\frac{1}{10}$ ein rothbraunes geruch- und geschmackloses Pulver bildet. Die 90% sind nach HADELICH im Wesentlichen 3 saure Harze, von ihm Guajaksäure (4), Guajakharzsäure (10) und Guajakonsäure (70) genannt, während der Rest (6) aus einem gelben Farbstoff, Gummi und Mineralkörper besteht. Was LANDERER aus einer Guajaktinktur herauskrystallisiren sah und als Guajacin bezeichnet, ist wahrscheinlich eines jener sauren Harze. Was sich sonst noch über das Verhalten des Guajakharzes sagen liesse, gehört in das Gebiet der Chemie.

Verfälschungen des Harzes. Ein Zusatz von Kolophonium wird erkannt, wenn man die weingeistige Lösung mit Aetzkalilauge versetzt; dadurch scheidet sich sowohl das Guajakharz, als auch das Kolophonium anfänglich aus, bei weiterem Zusatz der Lauge löst sich das Guajakharz leicht wieder auf, während die entstandene Kolophoniumseife ungelöst bleibt. Nach HIRSCHSOHN eignet sich zur Entdeckung des Kolophons oder anderer etwa als Verfälschung angewandter Harze, z. B. Dammar, auch der Petroleumäther, in welchem sich Kolophon und Dammar leicht lösen, der aber vom Guajakharz nur 2—3% aufnimmt. Das sogen. peruanische Guajakharz, dessen Abstammung noch unbekannt ist, besitzt einen melilotenartigen Geruch, und giebt nach HIRSCHSOHN an Petroleumäther 42% ab.

Anwendung. Rinde und Holz als Absud oder Extrakt. Das Harz als Pulver, Tinktur, Seife. Ausserdem wird das Holz zu dauerhaften Geräthschaften benutzt.

Geschichtliches. Das Guakholz kam nach DELGADO bereits 1508, also 16 Jahre nach der Entdeckung Amerika's, nach Spanien. In Deutschland schrieb zuerst NIKOLAUS POLL im Jahre 1517 über dessen Heilkraft, ihm folgte 1518 LEONHARD SCHMAUS und 1519 ULRICH VON HUTTEN, dessen mehrfach aufgelegte Schrift (De morbo gallico et medicina guajaci) sehr zur Verbreitung der neuen Droge beitrug, die übrigens anfangs sehr theuer war, indem noch MASSA im Jahre 1555 11 Dukaten für 1 Pfund bezahlte. MONARDES, der das Holz Guajacan oder Lignum indicum nennt, giebt die Art und Weise, wie es gegen die Syphilis angewandt

..., genau an. ANTON MUSA BRASAVOLA, dessen Pharmakognosie 1545 in Venedig
... kam, beschrieb schon drei Sorten des Holzes. Das Harz wurde viel später
... zwar, wie es scheint, zuerst von englischen Aerzten benutzt.

Der Name Guajacum ist amerikanischen Ursprungs.

Guako.

Stipites und *Folia Guako.*

Mikania Guako HUMB. u. BL.

Syngenesia Aequalis. — Compositae.

Perennirende krautartige Pflanze mit gegen 9 Meter hohem kletterndem Stengel
cylindrischen, gefurchten, rauhhaarigen Zweigen, gestielten, eiförmigen, etwas zugespitzten, an der Basis verschmälerten, hie und da gezähnten, netzartig geaderten,
oben etwas rauh anzufühlenden, unten mit steifen Haaren besetzten und blau gefleckten Blättern. Die Blumen stehen an der Seite der jüngeren Aeste in Doldentrauben, so zwar, dass 3 sitzende Blumenköpfchen beisammen sind. Die linienförmigen Nebenblätter sind kürzer als die Hülle, die Blattschuppen der letztern
schmal, länglich, stumpf, weich behaart, die Kronen schmutzigweiss, die Achenien
glatt mit röthlichem Pappus. — Am Magdalenenstrome in Kolumbien.

Gebräuchliche Theile. Die beblätterten Stengel; sie erscheinen im
Handel als etwa 45 Centim. lange Bündel, welche aus dünnen Stengeln von 8 Millim.
Durchmesser bis zu den dünnsten Fasern von brauner Farbe bestehen, und an
denen auch zahlreiche Blätter sich befinden, welche aber durch das Verpacken
so gelitten haben, dass ihre ursprüngliche Form nicht wohl ermittelt werden kann.
Nur soviel lässt sich noch wahrnehmen, das sie oval, am Rande gezähnt, gestielt
und unten mit stark hervortretenden Gefässbündeln versehen sind. Der Geruch
ist nicht unangenehm narkotisch, der Geschmack, zumal der Blätter, bitter.

Ausser dieser ächten Waare giebt es im Handel noch 3 Sorten Guako, die
davon aber so abweichen, dass sie nicht auf die obige Mutterpflanze bezogen
und daher hier übergangen werden können; es sind nämlich mehrere Arten der
Gattung Aristolochia.

Wesentliche Bestandtheile. Nach FAURÉ ein eigenthümliches Harz
von sehr bitterem Geschmack (Guacin), Gerbstoff etc. Bedarf genauerer Untersuchung.

Anwendung. In Amerika gegen Schlangenbiss. Bei uns empfahl man die
Pflanze gegen die Cholera. Jetzt ist sie wieder in Vergessenheit gerathen; sie
tauchte jedoch ganz neuerdings unter dem Namen Kondurango (s. d. Artikel)
in Form klein geschnittener Stengel auf.

Mikania ist benannt nach I. C. MIKAN, Professor der Botanik in Prag, bereiste Brasilien, † 1844.

Guako von *guako* (Name einer Falkenart in Süd-Amerika, welche sich vorzüglich von Schlangen nährt und deren Geschrei mit dem Worte guaco oder
Huaco Aehnlichkeit hat); die Pflanze heisst nämlich dort Vejuco del Guaco (Nahrung
des Guaco), ist eines der berühmtesten Mittel gegen Schlangenbiss, und so nannte
man denn das Kraut ebenso wie jenen Vogel, entweder weil es wie dieser die
Schlangen unschädlich macht, oder weil man glaubt, derselbe fresse das Kraut,
damit ihm der Genuss der Schlangen nicht schade.

Guarana.

Pasta Guarana.
Paullinia sorbilis L.
Octandria Trigynia. — *Sapindeae.*

Strauch mit ungleich gefiederten fusslangen Blättern, weissen Blumen und erbsengrossen, dreieckig-länglichen, braunen glänzenden beerenartigen Früchten. In Brasilien einheimisch.

Gebräuchlicher Theil. Der Same, oder vielmehr die daraus von den Indianern bereitete Pasta. Die Bereitung geschieht, indem man den Samen zerquetscht, theilweise röstet, mit Wasser zu Kuchen anknetet und die Masse in der Sonne oder in künstlicher Wärme trocknet. Sie kommt in den Handel als 300—500 Grm. schwere Stücke von schwärzlicher oder graubrauner Farbe, riecht eigenthümlich, fast wie altes saures Brot und schmeckt adstringirend bitterlich.

Wesentliche Bestandtheile. Mit der chemischen Untersuchung haben sich CADET, TH. MARTIUS, TROMMSDORFF, BERTHEMOT, und DESCHASTELUS beschäftigt. MARTIUS entdeckte darin eine eigenthümliche krystallinische Substanz (Guaranin), welche sich aber später als Kaffeïn (Theeïn) auswies. Ausserdem wurden noch daraus erhalten: eisengrünender Gerbstoff, fettes Oel, Harz, Gummi, Stärkmehl. Den Gehalt an Kaffeïn fand STENHOUSE zu 5,07, PECKOLT zu 4,28, TROMMSDORFF zu 4,0, DRAGENDORFF aber nur zu 1,56 und WÜRTHNER zu 1,1⅞. Das Fabrikat kommt also von sehr ungleicher Beschaffenheit vor.

Anwendung. In einzelnen Distrikten Brasiliens als Genussmittel und in ganz Brasilien häufig als Medikament. Als letzteres hat es auch schon bei uns Eingang gefunden.

Guarana ist ein südamerikanisches Wort.

Paullinia benannt nach SIMON PAULLI, Arzt und Botaniker, geb. 1608 in Rostok, † 1680 in Aarhaus.

Günsel, ackerliebender.

(Feldcypresse, Schlagkraut.)
Herba Chamaepityos, Ivae arthriticae.
Ajuga Chamaepitys SCHREB.
(*Teucrium Chamaepitys* L.)
Didynamia Gymnospermia. — *Labiatae.*

Einjähriges Pflänzchen mit anfangs aufrechtem, dann meist niederliegendem, finger- bis fusslangem, unten ästigem, sparrigem, behaartem, oft röthlichem Stengel; die unteren Blätter gestielt, lanzettlich, ungetheilt, die oberen sitzend, auch dreispaltig, mit linienförmigen ganzrandigen Lappen, alle behaart und etwas klebend wie die ganze Pflanze. Die achselständigen Blüthen sind fast ungestielt, klein, gelb mit purpurnen Punkten im Schlunde. — Fast durch ganz Deutschland und das übrige mittlere und südliche Europa, Kleinasien, das nördliche Afrika und Nord-Amerika auf Sandfeldern, in Weinbergen.

Gebräuchlicher Theil. Das Kraut, oder vielmehr die ganze blühende Pflanze; es sieht trocken graugrün aus, während die untermengten Blumen gelb geblieben sind, wird leicht schwarz, riecht stark, eigenthümlich balsamisch aromatisch, fichten- und rosmarinähnlich, hält sich lange; schmeckt aromatisch und stark balsamisch bitter, lange anhaltend.

Wesentliche Bestandtheile. Aetherisches Oel, Bitterstoff, eisengrünender Gerbstoff. Ist näher zu untersuchen.

Anwendung. Ehedem gegen gichtische Affektionen, Schlagfluss.

Geschichtliches. Die Alten benutzten mehrere Arten Chamaepitys; χαμαιτυς Diosk. ohne näheres Attribut passt am besten auf Ajuga Iva L.; χαμαι-πιτυς βοτανον (τριτη) auf Ajuga Chamaepitys und A. Chia L.; χαμαιπιτυς ετερα da-gegen ist Passerina hirsuta (Thymeleae).

Ajuga (Abiga bei den Römern) von *abigere* (austreiben) wegen ihrer Wirkung auf den Foetus und bezieht sich speciell auf Ajuga Iva.

Iva hat dieselbe Ableitung.

Chamaepitys ist zus. aus χαμαι (niedrig) und πιτυς (Fichte), d h. ein niedriges Pflänzchen vom Ansehn und balsamischen Geruch der Fichte.

Wegen Teucrium s. den Artikel Amberkraut.

Günsel, bisamduftender.

Herba Ivae moschatae.

Ajuga Iva SCHREB.

Didynamia Gymnospermia. — Labiatae.

Kleines einjähriges Pflänzchen mit linienförmigen, vorn etwas gezähnten oder ganzrandigen, weisslich-zottigen Blättern, und einzelnen achselständigen, stehenden schönen rothen Blumen. — In der Schweiz, dem südlichen Europa und nördlichen Afrika.

Gebräuchlicher Theil. Das Kraut; es riecht schwach bisamartig, schmeckt bitterlich.

Wesentliche Bestandtheile.? Nicht näher untersucht.

Anwendung. Ist in Frankreich officinell.

Geschichtliches. S. den vorigen Artikel.

Günsel, kriechender.

(Goldener Günsel, Wiesengünsel, Zapfenkraut.)

Herba Bugulae, Consolidae mediae.

Ajuga reptans L.

Didynamia Gymnospermia. — Labiatae.

Perennirende Pflanze mit weisser fasriger Wurzel; Stengel aufrecht, hand-hoch und höher, nicht ästig, an den Kanten röthlich, gegliedert, zumal zwischen den Blättern etwas behaart, zart und saftig. Zwischen der Wurzelspitze und der Basis des Stengels kommen beblätterte Ausläufer hervor, die auf der Erde liegen, und an ihren Gliedern späterhin kleine Wurzelfasern bekommen. Die Wurzel-blätter stehen im Kreise, sind umgekehrt eiförmig und verlaufen in einen Stiel, sind stumpf gekerbt; die zunächst an den Blumen befindlichen (d. i. die Neben-blätter) sind rundlich, stumpf, ganzrandig, am Rande gewimpert und röthlich, alle auf beiden Seiten etwas behaart und an der Basis gewimpert. Die Blumen stehen in Quirlen, die unteren entfernter, die oberen näher. Die Kelche sind aussgrünlich, unten glatt, kantig, die Segmente oval und am Rande gewimpert. Die Kronen sind etwa 12 Millim. lang, blau, die Röhre etwas gekrümmt, die obere Lippe von dunkler blauen Venen durchzogen. Variirt mit fleischfarbigen und weissen Blumen. — Sehr gemein durch fast ganz Europa auf feuchten Wiesen und in Wäldern.

Gebräuchlicher Theil. Das Kraut; es ist fast geruchlos, schmeckt etwas herbe, bitterlich, salzig.

Wesentliche Bestandtheile. Eisengrünender Gerbstoff, Bitterstoff. Nicht näher untersucht.

Verwechselung mit der, übrigens weit selteneren *A. pyramidalis* ist leicht zu vermeiden, denn diese hat keine Ausläufer, zottig behaarte Stengel, Blätter und Nebenblätter, nur halb so grosse Blumen, ausgeschweift gekerbte Nebenblätter, von denen die oberen noch einmal so lang sind als die Blumenquirle.

Anwendung. Ehedem in Lungen- und Leberkrankheiten, sowie als Wund-mittel sehr im Ansehn.

Geschichtliches. Diese Pflanze ist durchgängig die Consolida media oder Gülden Günsel der alten deutschen Botaniker, somit die wahre officinelle Pflanze, nicht die viel später eingeschobene A. pyramidalis.

Bugula oder Bujula ist das veränderte *Ajuga*. Wohl zunächst von *bugle*, dem französischen Namen der Ajuga, hergenommen.

Consolida bezieht sich auf das Consolidiren (Zusammenheilen) von Wunden.

Gummi.

(Arabisches und senegalisches Gummi.)
Gummi arabicum, senegalense.
Acacia Verek GUILL. u. PERROTT.*)
(Acacia senegalensis AIT., *Mimosa senegalensis* LAM.)
Monadelphia Polyandria. — Mimosaceae.

$4\frac{1}{2}$— 6 Meter hoher, meist etwas krumm gewachsener Baum mit grauer Rinde und weissem hartem Holze, hat doppelt-gefiederte Blätter, von denen die partiellen 5paarig, die anderen vielpaarig sind, und aus linienförmigen, äussert schmalen, glatten Blättchen bestehen. An Stelle der Afterblätter stehen 3 Dornen, wovon der mittlere umgebogen ist; sie sind schwärzlich, glänzend und 4 Millim. lang. Die kleinen weissen Blumen stehen in den Blattwinkeln in cylindrischen, 7 Centim. langen Aehren. Die Hülsen sind dünn, elliptisch, an beiden Enden spitz, gelb, 9 Centim. lang, 16—18 Millim. breit und behaart. — Kommt sowohl im östlichen Afrika, von Sudan bis Nubien, als auch im westlichen vom rechten Ufer des Senegal bis in die Oasen der Wüste Sahara vor.

Gebräuchlicher Theil. Das aus der Rinde schwitzende und an der Luft erhärtete Gummi, wovon das aus Ost-Afrika kommende gewöhnlich arabisches, das aus West-Afrika kommende Senegal-Gummi genannt wird.

Hinsichtlich der Entstehung des Gummi spricht sich Dr. A. CARRÉ folgen-dermaassen aus. Es wird in der Cambialregion in Form einer dünnen Schicht zwischen Holz und Rinde ausgeschieden, wobei die letztere sich erst hebt, dann berstet, um das G. durch die so entstandenen Risse an die Oberfläche treten zu lassen. In der Bildungsschicht selbst aber finden sich 2 Lagen, die eine aus Holzgefässen bestehend und den rohen Nahrungssaft führend, die andere aus Zellgewebe gebildet und mit assimilirtem Safte gefüllt. Der Verfasser glaubt nun bemerkt zu haben, dass das G. ein Produkt der erstgenannten dieser beiden Schichten ist. Den Beweis dafür erblickt er in dem Umstande, dass auf dem

*) Andere, bis in die neueste Zeit noch als Mutterpflanzen des Gummi aufgeführte Arten der Gattung Acacia liefern, wie sorgfältige Forschungen ergeben haben, entweder kein Gummi oder kein handelsfähiges; nämlich die Arten *Acacia Adansonii, arabica, Ehrenbergiana, gummifera, leucophloea, nilotica, Seyal, tortilis, vera.* Auch sind arabisches und senegalisches Gummi einerlei Herkunft und wesentlich einerlei Beschaffenheit.

Niveau der Basis der Gummiausschwitzungen die äussersten Holzgefässbündel sich aufzulösen und in einer Erosionsarbeit begriffen zu sein scheinen, sowie ferner darin, dass die im G. sich befindenden Mineralsubstanzen diejenigen des rohen Saftes sind. Diesen Anschauungen CARRÉ's schliesst sich LOUVET, ein anderer Beobachter, vollständig an.

Ueber die Einsammlungsweise berichten GUILLEMIN und DUVERGIER: besonderer Einschnitte in die Bäume bedarf es nicht; es tritt nämlich während der Regenzeit von Juli bis October das Maximum der Vollsaftigkeit und damit auch die Bildung von Gummi in (unter) der Rinde ein, die hierauf folgenden heftigen trockenen und heissen Winde machen der Auflockerung ein Ende und führen durch das plötzliche Austrocknen zahlreiche Risse herbei, durch welche während der Monate October und November in Folge des fortschreitenden kräftigen Einschrumpfens der Rinde das Gummi um so reichlicher, je stärker und anhaltender der austrocknende Ostwind seinen Einfluss dabei ausübt, herausgedrängt wird, dessen Einsammlung dann im December geschieht, worauf, wenn im Januar und Februar die Seewinde durch reichlichen Thau und mitunter auch wohl Regen eine zweite Ausscheidung von Gummi hervorgebracht haben, im März eine zweite, aber viel geringere Ernte erfolgt. — Nach LOUVET beginnt die Absonderung des Gummi erst nach dem 7. oder 8. Lebensjahre der Bäume, und etwa 30 Jahre alte Bäume sind am ergiebigsten.

Die allgemeinen Eigenschaften des Gummi sind: Farblose, gelbliche bis bräunliche, durchsichtige, glasglänzende, spröde, geruchlose, fade und schleimig schmeckende Stücke theils von eckiger, leicht zerbrechlicher Beschaffenheit, theils mehr oder weniger abgerundet und von festerer Kohärenz, leicht löslich in Wasser zu einer schleimigen, sauer reagirenden Flüssigkeit, unlöslich in Weingeist und Aether, in der Hitze sich aufblähend, verkohlend und nach dem Verbrennen etwa $3\frac{1}{8}$ Asche hinterlassend.

Wesentliche Bestandtheile. Nach NEUBAUER ist das Gummi das saure Kali-, Kalk- und Magnesiasalz einer eigenthümlichen Säure (Gummisäure, Arabinsäure).

Anwendung. In der Medicin besonders als einhüllendes Mittel, um in Wasser schwer oder unlösliche Substanzen behufs innerlichen Gebrauchs in eine passend einzunehmende Form zu bringen. Weit grösser aber ist seine Benutzung als Klebmittel, zum Appretiren der Gewebe etc.

Geschichtliches. Die griechischen und römischen Schriftsteller erwähnen besonders 2 Acacien, wovon die eine, durch wohlriechende Blumen ausgezeichnet — Ἀκανθος λευκη THEOPHR., ἑτερα Ἀκακια DIOSK. — Acacia farnesiana; die andere — Ἀκανθος αἰγυπτιη HIPPOKR., Ἀκανθος μελαινα THEOPHR., Ἀκακια ἐν Αἰγυπτῳ DIOSK. — Acacia vera W. sein dürfte. Die Wurzel, Blätter, Blumen und Früchte wurden innerlich und äusserlich, hauptsächlich als adstringirende Mittel angewendet, und aus den Blumen der weissen Art eine wohlriechende Salbe bereitet. Das Extract der Rinde und der unreifen Früchte, unserem Katechu ähnlich, war früher als Succus Acaciae verae officinell. Aber auch das Gummi hatte vielfältige, innerliche und äusserliche Verwendung. Nach STRABO kam es besonders aus der Umgegend der ägyptischen Stadt Acanthus, heisst daher in den alten Schriften, z. B. bei CORNELIUS CELSUS, Gummi acanthinum; doch hiess es auch alexandrinum. Erst EBN SERAPION, der gegen das Ende des 11. Jahrh. lebte, spricht von Gummi arabicum, ein Ausdruck, der noch jetzt gebräuchlich ist, obgleich Arabien dasselbe nicht oder doch nur zum kleinsten

Theile liefert. Das sogen. Senegal-Gummi befindet sich nach GOLBERG erst seit dem Anfange des 17. Jahrh. im Handel.

An das Gummi reihen wir kurz noch einige ähnliche Drogen, welche besondere Namen führen und z. Th. von jenen mehr oder weniger abweichen.

Australisches Gummi, von Acacia decurrens WILLD. u. a. Arten, besteht aus kleinen, häufig noch von Rindenstücken begleiteten, bräunlich rothen oder schwarzbraunen flachen oder thränenförmigen, durchsichtigen glänzenden Stücken.

Barbarisches Gummi, angeblich von Acacia gummifera WILLD., aus Mogador in Marokko, ist nicht ganz durchsichtig, matt grünlich, vom Staube befreit glänzend, in Wasser nicht ganz löslich.

Bassoragummi, auch Hogggummi, Kuteragummi genannt, nach ROYLE von Cochlospermum Gossypium DC., nach Anderen von Acacia leucophloea WILLD. in Ostindien, ist weiss oder gelblich, mehlig, nicht so klar als das echte G., weniger trübe als Traganth, quillt im Wasser zu einer durchsichtigen Gallerte an, enthält viel Bassorin.

Brasilgummi, grosse, unförmliche, rauhe, braune, durchscheinende Stücke.

Chagualgummi kommt aus Chile als Exsudat der Bromeliacee Pourretia (Puya) lanuginosa RUIZ und PAVON, ist nach PRIBRAM äusserlich dem Senegal-Gummi ähnlich, schmeckt schwach säuerlich, löst sich zu $\frac{3}{4}$ in Wasser als ein sehr dicker Schleim, und dieser lösliche Theil unterscheidet sich von dem arabischen Gummi darin, dass er durch kieselsaures Kali nicht gefällt, durch Bleizucker gefällt und durch Boraxlösung nicht verdickt wird.

Embavigummi kommt nach JOBST über Kairo aus dem Distrikte Jaube in Arabien, und ist nichts anderes als eine sehr kleinstückige Sorte echten Gummis.

Galamgummi, nach GUIBOURT von Acacia vera, bildet farblose, gelbliche oder bloss bräunliche, mehr eckige als rundliche, sehr glänzende, doch zuweilen mit einer matten dünnen Rinde versehene Stücke.

Geddagummi, nach Gedda oder Dschedda, der Hafenstadt von Mekka am rothen Meere benannt, angeblich von Acacia gummifera oder gar von einer Rosacee, ist in Wasser nicht ganz löslich.

Kapgummi, von Acacia horrida WILLD., besteht aus glänzenden, durchsichtigen, meist aus mehreren zusammengeschlossenen und von Rindenstücken verunreinigten, gelblichen oder röthlichen Stücken.

Kirschgummi, aus Kirschbäumen und anderen Drupaceen-Arten (Aprikosen-, Pfirsich-, Mandel- und Pflaumenbäumen) quellend, ist weiss, gelblich bis röthlich-braun, giebt an Wasser nur etwa die Hälfte Lösliches ab, der unlösliche Theil ist eine Art Bassorin und hat den Namen Cerasin erhalten.

Mesquitegummi, von Prosopis dulcis, einer Mimosee in Ober-Texas und Neu-Mexiko, bildet blassgelbe bis dunkel bernsteingelbe, leicht zerbrechliche, in Wasser völlig lösliche Stücke. Kam erst 1854 durch den Militairarzt SCHEMARD nach Europa.

Ostindisches Gummi, von Feronia elephantum CORR., einer Aurantiee, bildet grosse, meist aus mehreren zusammengeflossene, sehr durchsichtige, gelbe bis braunrothe Stücke.

Torgummi, nach dem arabischen Seehafen Tor am rothen Meere benannt, ist ganz klar, gelbröthlich-braun, löst sich vollständig in Wasser. —

Wegen Acacia s. den Artikel Akacie, wohlriechende.

Mimosa von μυειν (eine Bewegung machen), in Bezug auf die Reizbarkeit der Blätter mehrerer Arten, welche bei der Berührung zusammenklappen.

Gummigutt.

Gutti, Gummi-Resina Guttae, Cambogiae oder *Gambiae*.

Garcinia Morella DESR.

Cambogia Gutta L., *Garcinia elliptica* WALL., *G. Gutta* WIGHT, *G. pictoria* ROXB.,
Hebradendron cambogioides GRAH., *Mangostana Morella* GÄRTN.)

Polyandria Monogynia oder *Monoecia Monadelphia*. — *Clusiaceae.*

Mässig hoher Baum mit gegenüberstehenden, gestielten, umgekehrt eiförmigen, elliptischen, kurz zugespitzten, lederartigen, glatten, glänzenden, oben dunkelgrünen, unten blassen Blättern, deren Adern im frischen Zustande nicht bemerkbar, zumal oben, im getrockneten Zustande aber auf beiden Seiten erscheinen. Die Blumen sind (meist) getrennten Geschlechts; die männlichen klein, 16—18 Millim. lang, in den Blattwinkeln gehäuft und auf einblumigen kurzen Stielen, die 4 Blumenblätter weissgelblich, gegen die Basis röthlich. Die weibliche Blume ist noch unbekannt. Die Frucht ist eine Beere von der Grösse einer Kirsche, röthlichbraun, mit süsser, vierfaseriger Pulpa, jedes Fach mit einem Samen. — In Hinterindien (Camboge), Siam, Cochinchina, Ceilon einheimisch, auf Singapore kultivirt.

Gebräuchlicher Theil. Der aus in die Rinde gemachten Einschnitten fliessende Saft, welcher in Bambusröhren aufgefangen und nach dem Erhärten entweder darin oder nach Entfernung der Hülle versendet wird. Früher wurden mehrere, als von verschiedenen Pflanzen-Arten gesammelte Sorten Gummigut unterschieden, was sich aber nach der Untersuchung von HANBURY als irrig erwiesen hat. Nach ihm giebt es, wenigstens gegenwärtig, nur eine in den Handel gelangende Art Gummigutt, nämlich das von Siam und von dieser zwei Sorten.

1. Gummigutt in Röhren, das entweder noch in den Bambusröhren steckt oder davon befreit ist, dann als cylindrische Stücke von 2—8 Millim. Dicke, aussen schmutzig grünlichgelb bestäubt, von den Eindrücken des Bambusrohres gestreift erscheint, und häufig noch die festen derben Knoten des Grases oder Splitter desselben enthält. Die Cylinder sind oft wie Wachsstöcke umeinander gewunden, nicht selten zu unregelmässigen Massen zusammengeflossen, und dann häufig in breite Blätter gewickelt. Die Qualität ist sehr verschieden; die bessere Waare leicht zerbrechlich, auf dem Bruche flach- und grossmuschelig, glatt, wachsglänzend, orangegelb, an den Kanten und in dünnen Splittern durchscheinend, geruchlos, doch reizt der Staub zum Niesen, anfangs geschmacklos, dann scharf und kratzend, als Pulver gelb. Mit Wasser angerieben giebt es eine feine citronengelbe Emulsion. Weingeist, sowie Aether lösen aus dem Gummigutt das Harz leicht mit intensiv gelber Farbe und hinterlassen das Gummi. Alkalien lösen es vollständig mit dunkelrother Farbe. Die geringeren Qualitäten sind härter, mehr erdig, bräunlich graugelb, matt, geben keine so zarte Emulsion und enthalten auch etwas Stärkmehl.

2. Gummigut in Kuchen. Es bildet 1½—2 Kilogr. schwere Massen, welche nicht die Eindrücke des Bambusrohres zeigen, im Uebrigen aber den schlechten Sorten des Röhren-Gutti gleich kommen, und wegen des Stärkegehaltes mit Wasser eine Emulsion geben, die durch Jod dunkelgrün wird.

Wesentliche Bestandtheile. Harz und Gummi, und zwar enthalten nach CHRISTISON die bessern Sorten 64—74⅞ Harz und 20—24⅞ Gummi; der Harzgehalt in den ordinäreren Sorten variirt von 5—22⅞.

Verwechselungen. Nach CHRISTISON liefert Garcinia Cambogia, ein in Malabar und Travankor einheimischer Baum, ebenfalls ein gelbes Gummiharz, das aber nur langsam erhärtet, mit Wasser keine Emulsion giebt und ätherisches Oel enthält. Ein anderes Gummiharz aus der Guttifere Xanthochymus pictorius Roxb. (X. tinctorius D. C.) gewonnen, ist nach Christison ziemlich hart, durchscheinend graugrünlich oder gelbgrünlich, und giebt ebenfalls mit Wasser keine Emulsion. Das Akaroidharz von der neuseeländischen Liliacee Xanthorrhoea hastilis hat eine dem Gummigutt ähnliche Farbe, emulsionirt sich aber gleichfalls nicht mit Wasser

Anwendung. In kleineren Gaben (wegen seiner drastischen Wirkung) als Purgans, namentlich zur Abtreibung des Bandwurmes. Es ist auch ein Bestandtheil der berüchtigten Morisonischen Pillen. Sonst dient es noch als schöne Malerfarbe.

Geschichtliches. Ein Reisender, der im Jahre 1295 China besuchte, erwähnt schon das Gummigutt unter dem einheimischen Namen Kinang-hoang, und bemerkt dabei, dass die Weiber das Sammeln und den Handel damit besorgen. Den Baum nennen die Siamesen Rong, die Portugiesen Rom. Die erste genauere Nachricht von dem Gummigutt gab Clusius, der dasselbe 1603 aus China erhalten hatte. Es fand bald Eingang in die Heilkunde, denn bereits 1614 schrieb Michael Reuden in Leipzig eine Epistola de novo Gummi purgante, wovon 1625 eine zweite Auflage in Leyden erschien; darauf folgte I. P. Lattich's Discurs. theoret. pract. de Gummi Gatta sive Laxativo indico Frankofurt. 1626. Horstius nahm schon 1651 das neue Mittel in seine Pharmacopoea catholica auf. Dale erwähnt es in seiner Pharmakologie unter dem Namen Gutta Gamba, Gutta Germandra und Gutta Jemou. Auch unter dem Namen Chrysopum oder Scammonium orientale kommt es bisweilen vor.

Garcinia ist benannt nach L. Garcin, der im 18. Jahrhundert lange in Indien reiste und besonders Pflanzen sammelte.

Hebradendron zus. aus ἑβραῖος (hebräisch) und δενδρον (Baum); die Antheren springen durch einen genabelten Deckel rund herum ab, welches seltsame Verhältniss Graham mit der Beschneidung der Juden verglich.

Mangostana ist der Name des Baumes bei den Malaien.

Morella von μορον (Maulbeere), die Frucht sieht einer Maulbeere ähnlich, doch bezieht sich der Name auf eine von Loureiro so benannte Saliceen-Gattung.

Gundelrebe.

(Gundermann, Donnerrebe, Erdepheu.)

Herba Hederae terrestris.

Glechoma hederacea L.

Didynamia Gymnospermia. — Labiatae.

Perennirende Pflanze mit kriechender Wurzel, niederliegendem, kriechendem, wurzelndem, ästigem, hand- bis fusslangem und längerem Stengel, aufrechten, die Blumen tragenden Zweigen, gestielten, 12—24 Millim. breiten, auch breiteren, nierenförmigen, gekerbten, mehr oder weniger kurz- und etwas rauh behaarten, oben hochgrünen, unten etwas helleren und fein getüpfelten Blättern. Die Blumen stehen achselig zu 2—5 in Quirlen, mit meist gegen eine Seite gekehrten, ziemlich langröhrigen, violetten oder purpurnen, innen weiss gefleckten, selten weisslichen Blumen. Die 4 Staubbeutel bilden zwei übereinander stehende Andreaskreuze. — Häufig an Wegen, in Hecken, an Mauern, auf Wiesen.

Gebräuchlicher Theil. Das blühende Kraut; es hat frisch einen schwachen eigenthümlich aromatisch widerlichen Geruch, der durch Trocknen nicht vergeht, schmeckt krautartig, ziemlich bitter, etwas herbe und kratzend.

Wesentliche Bestandtheile. Nach ENZ: ätherisches Oel, Fett, scharfe und bittere Materie, eisengrünender Gerbstoff, Harz, Gummi, Zucker etc.

Anwendung. Im Aufguss, früher häufig bei Lungenkrankheiten, Fiebern, auch äusserlich zu Bädern, als Wundmittel.

Geschichtliches. Die alten deutschen Aerzte und Botaniker hielten die Gundelrebe für den χαμαικισσος des DIOSKORIDES, und führten sie deshalb in die Officinen ein. Indessen irrten sie darin, denn die DIOSKORID'ische Pflanze ist Antirrhinum Asarina.

Glechoma ist abgeleitet von Γληχων (Polei, Mentha Pulegium), und diess von γλυκυς (suss, angenehm), in Bezug auf den Geruch der Pflanze; dieser ist aber bei Glechoma nur schwach und auch keineswegs dem Polei ähnlich angenehm.

Wegen Hedera s. den Artikel Epheu.

Gurgunbalsam.
(Holzöl.)
Balsamum Dipterocarpi.
Dipterocarpus laevis HAMILT.
Polyandria Monogynia. — Dipterocarpeae.

Hoher dicker und starker Baum mit zusammengedrückten zweischneidigen Zweigen. Die Blätter sind oval-länglich, spitz, an der Basis abgestutzt, auf beiden Seiten glänzend und nebst den Blattstielen unbehaart. Die grossen weissröthlichen, hängende Trauben bildenden Blüthen haben einen unregelmässig fünfspaltigen bleibenden Kelch, wovon 3 Segmente zahnförmig, die beiden andern flügelartig verlängert sind. Die Krone besteht aus 5 Blättern von etwas dicker Consistenz. Die Frucht ist eine eiförmige weich behaarte spitze Nuss mit grossen pyramidalen Samen. — In Indien, besonders Hinterindien, Cochinchina einheimisch.

Gebräuchlicher Theil. Der nach gemachtem Einschnitt in den Stamm der genannten und noch anderer Arten von Dipterocarpus und dann daneben angezündetem Feuer hervorquellende Balsam. Er ist dunkelbraun, nach dem Absetzen klar, etwas dicker als Baumöl, von 0,964 spec. Gewicht, riecht und schmeckt wie Kopaivabalsam, doch etwas milder und löst sich in 2 Theilen absolutem Weingeist. Auf 130° erhitzt, wird er trübe und ganz dick, nicht mehr fliessend, nach dem Erkalten noch steifer, aber durch schwaches Erwärmen und Umrühren erlangt er den früheren Flüssigkeitszustand wieder. Eine andere Sorte, etwas dicker, im durchfallenden Lichte roth, im auffallenden olivengrün, von 0,970 spec. Gew., roch etwas theerartig, löste sich in Weingeist nicht klar, gab mit Schwefelkohlenstoff eine dunkelrothgelbe Gallerte, mit concentrirter Schwefelsäure eine schöne rothe dicke Flüssigkeit.

Wesentliche Bestandtheile. Nach CH. LOWE in 100: 65 ätherisches Oel, dass sich wie das Kopaivaöl verhielt, 34 Harz, 1 Essigsäure. WERNER erhielt aus 20§ ätherisches Oel, übrigens von derselben Beschaffenheit wie jenes. Das Harz lieferte eine eigenthümliche krystallinische Harzsäure (Gurgunsäure). FLÜCKIGER's Untersuchung des Harzes stimmt damit nicht überein; er bekam ein krystallisirbares, aber nicht als Säure und auch sonst noch abweichend sich verhaltendes Harz. Hieraus folgt, dass der Gurgunbalsam ein Produkt von un-

WIGGERS, Pharmakognosie.

gleicher Constitution ist. Eine dem Gurgunbalsam eigenthümliche Reaction ist nach FLÜCKIGER folgende. Man löst 1 Tropfen des Balsams in 20 Tropfen Schwefelkohlenstoff, setzt dazu 1 Tropfen einer vorher erkalteten Mischung von concentrirter Schwefelsäure und Salpetersäure und rührt um, worauf das Gemisch violett wird.

Nach HIRSCHSOHN unterscheidet sich der echte Gurgunbalsam von dem Kopaivabalsam

1. durch die eben erwähnte FLÜCKIGER'sche Reaction;
2. durch unvollständige Lösung in Aether (Kopaivabalsam löst sich völlig klar);
3. durch Nichtgetrübtwerden mittelst alkoholischer Bleizuckerlösung (Kopaivabalsam trübt sich dadurch, diese Trübung verschwindet aber in der Wärme).

Anwendung. Als Surrogat des Kopaivabalsam.

Gurgun ist ein indisches Wort.

Dipterocarpus ist zus. aus δις (doppelt), πτερον (Flügel) und καρπος (Frucht), die Frucht ist von der Röhre des Kelches eingeschlossen, und von dessen Abschnitten, deren zwei flügelartig sind, gekrönt.

Gurke, gemeine.
(Gartengurke, Kukumer.)
Fructus und *Semen Cucumeris.*
Cucumis sativus L.
Monoecia Syngenesia. — Cucurbitaceae.

Einjährige der Melone sehr ähnliche Pflanze, unterscheidet sich von dieser durch die zugespitzten Lappen der etwas weniger rauhen hochgrünen Blätter, und die mehr in die Länge gezogenen meist kleineren, mehr oder weniger mit rauhen Warzen besetzten Früchte, deren Fleisch stets weiss und wässerig ist. Unreif sind sie grün, beim Reifen werden sie gelb, z. Th. ins Weisse, Rothe und Braune. Es giebt mehrere Varietäten. — In Ostindien einheimisch, bei uns in Gärten gezogen.

Gebräuchlicher Theil. Die Frucht, resp. deren frisch gepresster Saft und der Same. Der Saft hat einen schwachen, nicht unangenehmen Geruch und faden wässerigen, süsslich salzigen, etwas herben Geschmack. Der Same ist dem Melonensamen sehr ähnlich, nur etwas kleiner und schmaler.

Wesentliche Bestandtheile. In dem Safte nach A. STRAUSS: 90 § Wasser, Eiweiss, Zucker, ätherisches Oel, verschiedene Salze. Der Same ist nicht näher untersucht; in dem gekeimten fanden E. SCHULZE und J. BARBIERI Glutaminsäure, Asparaginsäure und Tyrosin. Der gegohrene Saft der eingemachten Gurke enthält nach MARCHAND Milchsäure und Buttersäure.

Anwendung. Der Saft als kühlendes Mittel bei Lungensucht; äusserlich als Kosmetikum für die Haut; der Same als Emulsion zu den *Semina quatuor frigida majora*; in neuerer Zeit mit Erfolg gegen Würmer. — Die unreife Frucht als Salat, ferner eingemacht mit Salz, Essig etc.

Geschichtliches. HIPPOKRATES, THEOPHRAST und DIOSKORIDES erwähnen der Gurke unter dem Namen Σικυος, PLINIUS, VARRO, VIRGIL als Cucumis. SPRENGEL's Annahme, dass des DIOSK. Κολοκυνθα die Gurke sei, hat FRAAS widerlegt. Das Einmachen der Gurken ist auch schon sehr alt, indem bereits ARNALDUS davon spricht.

Cucumis kommt von *cucuma* (ein ausgehöhltes, bauchiges Gefäss), in Bezug auf die Form der Frucht.

Gurke, bittere.
Fructus Cucumeris amarissimi.
Cucumis amarissimus SCHRAD.
(C. laciniosa ECKL.)
Monoecia Syngenesia. — *Cucurbitaceae.*

Einjährige Pflanze, die gleichsam eine Mittelform zwischen der Koloquinte und der Wassermelone ausmacht. Von der Koloquinte unterscheidet sie sich durch den Habitus, indem sie in allen Theilen grösser und auf der Oberfläche überall mit weichen, wolligen Haaren besetzt ist; die Stengel sind dicker, die Frucht doppelt und dreifach oder noch grösser, mehr oder weniger kugelförmig, elliptisch, die Rinde nicht so zähe und dauerhaft, das Fleisch weiss, je nach den Jahrgängen mehr oder weniger bitter, immer aber weit weniger als bei der Koloquinte; der Same doppelt so gross, zusammengedrückt, an der Spitze von zwei kleinen Furchen durchzogen, der Rand dicker, die Farbe blassgelb und braun, bunt gezeichnet. Mit der Wassermelone kommt sie in Habitus, Form und Ueberzug der Blätter überein, aber der Mittellappen ist mehr hervorgezogen und zugespitzt, der Geruch, zumal der jüngeren Blätter etwas bisamartig; Frucht und Same kleiner. — Im südlichen Afrika einheimisch.

Gebräuchlicher Theil. Die Frucht. NEES VON ESENBECK empfiehlt nämlich dieselbe als Ersatz der Koloquinte, da die Pflanze unser Klima im Freien verträgt.

Wesentliche Bestandtheile. Wohl derselbe Bitterstoff wie in der Koloquinte.

Anwendung. Bis jetzt noch nicht.

Gutta Percha.
(Gutta Gettania, G. Taban, G. Tuban etc.)

Ueber die Quellen der verschiedenen, auf der Malayischen Halbinsel (Hinterindiens) gewonnenen Arten von Gutta hat MURTON, Vorsteher des botanischen Gartens auf Singapore, auf einer Expedition nach Perak genaue Erkundigungen eingezogen und darüber folgenden Bericht abgestattet.

Darnach gelangen dort fünf Sorten in den Handel: Gutta Soosoo, G. Taban, G. Rambong, G. Singgarip und G. Putih Sundek.

1 Gutta Soosoo. Es war dem Verfasser unmöglich, Exemplare des Muttergewächses zu bekommen, und das Einzige, was er darüber in Erfahrung bringen konnte, bestand darin, dass der Baum, ausgenommen im Innern von Perak, total vernichtet ist. Die Waare besitzt ein festeres Gefüge als G. Taban, und enthält ein wenig Oel. Auch in Borneo giebt es eine G. Soosoo, die aber eine Art Kautschuk ist.

2 Gutta Taban ist die des Handels und das Produkt eines schon 1837 von W. HOOKER unter dem Namen *Isonandra Gutta* (Sapotaceae) beschriebenen Baumes, welchen die Botaniker aber jetzt *Dichopsis Gutta* BENTH. nennen. Es scheint, dass es davon in Perak zwei Spielarten giebt, die im allgemeinen Habitus zwar übereinstimmen, von denen aber die eine weisse und die andere rothe Blüthen trägt. Die Malayen nennen dieselbe Ngiato putih und Ngiato merah, aber die Edukte beider heissen bei ihnen G. Taban.

Zur Gewinnung des Milchsaftes fällt man den Baum 1,5 bis 1,8 Meter über

dem Boden und löst in Zwischenräumen von 12—15 Centim. die Rinde ab, worauf
der Ausfluss beginnt und eine Stunde anhält. Den Saft erhitzt man eine Stunde
lang, weil er sonst zu einer spröden, unbrauchbaren Masse eintrocknet. Wie viel
ein Baum zu liefern vermag, konnte MURTON nicht genau erfahren. Der Aussage
eines dortigen Kaufmanns zu Folge soll ein starker Baum 40 Catties (ostindisches
Handelsgewicht à = etwa 700 Grm.) geben, was M. für übertrieben hält, und bei
weiterer Nachfrage setzte man die Ausbeute auf 5—15 Catties, keinenfalls steige
sie auf 20 C. Auf besondere Jahreszeiten scheint das Anzapfen der Bäume nicht
beschränkt zu sein, aber zur Zeit der Regenperiode enthält der Saft mehr Wasser
als sonst und bedarf zur Austreibung desselben eines längeren Kochens.

3. Gutta Rambong. Nähert sich mehr dem Kautschuk und kommt von
einem Baum, den M. gleichfalls nicht Gelegenheit hatte zu sehen. Zu ihrer Gewinnung dient nicht der Stamm, sondern die Wurzel, und geschieht deren An-
zapfung 10—12 mal im Jahre. Der Saft unterliegt keiner weiteren Behandlung
als dass man ihn von selbst eintrocknen lässt. Im Handel erscheint er dann in
Form unregelmässiger Streifen von rothbrauner Farbe. Da die Waare viel
Aehnlichkeit mit dem Kautschuk von Assam hat und dieses von *Ficus elastica*
kommt, so vermuthet M., die Quelle der G. Rambong möchte derselbe Baum
sein. Unterstützt wird diese Annahme noch dadurch, dass die Beschreibung,
welche die Eingeborenen von dem Baume machen, ganz auf *Ficus elastica* passt.

4. Gutta Singgarip. Stimmt in jeder Beziehung mit der G. Soosoo der
Insel Borneo überein. Die Mutterpflanze ist ein grosser, holziger Kletterstrauch
mit bis zu 15—20 Centim. dickem Stamm. Es giebt davon zwei Varietäten, von
denen die eine mit sehr dunkel gefärbter Aussenrinde, auf welcher sich helle
Warzen befinden, und die auf der inneren Fläche roth aussieht, bekleidet ist,
während die andere eine aussen hell korkfarbige, längsfurchige, innen hellgelbe
Rinde hat. Ferner ist die Frucht der einen apfelförmig, die der andern birnförmig, beide aber essbar und sehr beliebt. Allem Anschein nach ist diese
Pflanze eine Art der Gattung *Willoughbeia* (Apocyneae). Das Edukt der dunkel-
rindigen Varietät wird für das beste gehalten; zu seiner Gewinnung dient der
Stamm. Jedes Exemplar liefert 5—10 Catties. Der Saft sieht frisch etwa wie
sauer gewordene Milch aus; zu seiner Gerinnung setzt man Salz oder Salzwasser
zu. In dem Zustande, wie diese Gutta aus den ersten Händen kommt, ist sie
eine weiche, schwammige und sehr feuchte Masse.

5. Gutta Putih oder Sundek. Kommt wie No. 2 von einer *Dichopsis* und
wird auch ebenso gewonnen. Sie ist weisser und schwammiger als G. Taban,
und hat kaum den dritten Theil des Wassers der letztern.

Eine sogen. Gutta Akolian soll in Java und Sumatra von *Isonandra
Matleyana* gewonnen werden.

Wie man aus Vorstehendem ersieht, bedürfen diese Naturprodukte in Bezug
auf Herkunft, Gewinnung u. s. w. noch mancher Aufklärung.

Allgemeine Eigenschaften der Gutta Percha. Es sind meist mehrere
Kgrm. schwere, trockene, harte, lederartig zähe Brote von blätterigem Gefüge,
schmutzig röthlichweissscheckiger Farbe, schwachem, an Leder erinnerndem Geruche, leichter als Wasser, bei 43° etwas erweichend, bei 65° so erweichend,
dass die Masse in jede beliebige Form gebracht werden kann, und beim Erkalten
kehrt die frühere Härte und Steifheit wieder zurück. In höherer Temperatur
verhält sie sich wie das gewöhnliche Kautschuk; das Destillat enthält über 50 [?]
eines flüssigen Kohlenwasserstoffes. Wasser, Weingeist und Aether wirken

wenig ein; Terpenthinöl, Steinkohlenöl, Kautschuköl, Schwefelkohlenstoff, Chloroform lösen vollständig und hinterlassen beim Verdunsten das Gelöste wieder mit den vorigen Eigenschaften.

Wesentliche Bestandtheile. Chemische Untersuchungen der Gutta Percha haben angestellt: ADRIANI, ARPPE, MACLAGAN, PAYEN, SOUBEIRAN u. A. Wasser entzieht ihr nur Spuren einer organischen Säure und etwas Extraktivstoff; dann Alkohol von 0,823 ein geruchloses Harz; hierauf Aether ebenfalls ein Harz, durch diese 3 Behandlungen verliert sie aber nur wenig an Gewicht und stellt man einen Kohlenwasserstoff $= C_6H_{10}$ dar. Nach PAYEN entzieht kochender absoluter Alkohol oder kalter Aether der Droge $14-16\frac{0}{0}$ und diese sind ein amorphes Harz (Fluavil, $4-6\frac{0}{0}$) und ein krystallinisches Harz (Alban oder Krystalban, $8-10\frac{0}{0}$) Der Rest (ca. $75-85\frac{0}{0}$), die reine Gutta, ist weiss, undurchsichtig oder halbdurchscheinend, bei $+10$ bis $30°$ biegsam, zähe, wenig elastisch; wird über $50°$ weich und klebrig, bei $100°$ teigig, dann flüssig, löst sich wenig in kaltem, mehr in heissem Benzol, Terpenthinöl, leicht in Chloroform und Schwefelkohlenstoff.

Anwendung. Aehnlich wie Kautschuk, vor dem sie aber noch den Vorzug hat, in der Wärme in jede beliebige Form gebracht zu werden, die sie auch beim Erkalten beibehält. — Bezüglich des Vulkanisirens s. den Artikel Kautschuk.

Isonandra ist zus. aus ἴσος (gleich) und ἀνήρ (Mann, Staubgefäss); die Fäden aller 12 Staubgefässe haben gleiche Länge.

Willoughbeia ist benannt nach FR. WILLOUGHBY, geb. 1635 zu Middleton, Naturforscher, gest. 1672; schrieb über Saftbewegung.

Sämmtliche obige Drogennamen sind malayisch.

Balata heisst ein Ersatz für Gutta Percha, welcher von dem sogen. Sternapfelbaum (Sapota Mülleri BLUME) an den Ufern des Orinoko und Amazonas gewonnen wird. Jeder Baum liefert jährlich nur $\frac{1}{4}$ bis $\frac{1}{2}$ Kgrm. Ist geschmacklos, riecht wie Gutta Percha, wird bei $50°$ plastisch, schmilzt bei $150°$, löst sich theilweise in Alkohol, Aether, völlig in warmem Terpenthinöl, Benzol, Schwefelkohlenstoff; Aetzalkalien und conc. Salzsäure wirken nicht ein, conc. Salpetersäure und Schwefelsäure aber heftig.

Gyrophore.
Gyrophora pustulata ACH.
(Lichen pustulatus L., Umbilicaria pustulata HOFFM.)
Cryptogamia Lichenes. — Parmeliaceae.

Thallus blattartig, lederartig-knorpelig, schildförmig, einblättrig, unten frei. Das Apothecium fast schüsselförmig, angewachsen, festsitzend, mit einer schwarzen, knorpelartigen Haut bekleidet, welche ein weisses, ziemlich dichtes Parenchym umschliesst, mit warziger oder rundlicher, kreisförmig gestalteter und gerandeter Scheibe. Die Merkmale der Art bestehen in dem graulich-braunen, blätterartigen, warzigen Thallus, der vielfach unregelmässig blasig aufgetrieben, gleichsam mit Pocken besetzt ist, und überdem viel kohlschwarzen Keimstaub, nur selten aber Scheinfrüchte trägt. — In Gebirgen sehr verbreitet.

Gebräuchlicher Theil. Die ganze Flechte.

Wesentliche Bestandtheile. Nach STENHOUSE: eine eigenthümliche weisse, krystallinische, geruch- und geschmacklose Säure (Gyrophorsäure).

Anwendung. In der Färberei.

Wegen Lichen s. den Artikel Becherflechte.

Gyrophora ist zus. aus γυρος (Kreis) und Φερειν (tragen); in Bezug auf die Form des Apothecium.

Umbilicaria von *umbilicus* (Nabel); der Thallus ist auf dem Körper, welcher ihn trägt, durch einen nabelförmigen Mittelpunkt befestigt.

Haarstrang, bergliebender.

(Augenwurzel, kleine Bergpetersilie, Grundheil, Hirschpeterlein, Vielgut.)

Radix, Herba und *Semen (Fructus) Oreoselini, Apii montani.*

Peucedanum Oreoselinum MÖNCH.

(Athamanta Oreoselinum L., *Oreoselinum legitimum* M. v. BIEB., *Selinum Oreoselinum* SCOP.)

Pentandria Digynia. — Umbelliferae.

Perennirende Pflanze mit 60—90 Centim. hohem, glattem, gestreiftem, oben ausgebreitet ästigem Stengel. Die Wurzelblätter sind gross, gestielt, mehrfach zusammengesetzt, ihre Blättchen etwas von einander entfernt stehend, eiförmig, mehrfach und mehr oder weniger tief eingeschnitten, oft etwas abwärts gerichtet, glänzend, die Segmente breiter oder schmaler, stumpf oder spitz, mit weisslichen Punkten an den Zähnen, die Spindelglieder geknickt und bogenförmig; die Stengelblätter sind minder zusammengesetzt, kommen aber sonst mit den unteren überein. Die grossen flach ausgebreiteten Dolden stehen am Ende des Stengels, haben vielblättrige, allgemeine und besondere Hüllen, gleichförmige weisse, anfangs z. Th. röthliche Blümchen und hinterlassen flach eirunde, etwa 4 Millim. lange und 6 Millim. breite hellbraune Früchte. — Ziemlich häufig an trocknen, sandigen, etwas grasigen Plätzen, in Waldungen, zumal auf Gebirgen.

Gebräuchliche Theile. Die Wurzel, das Kraut und die Frucht.

Die Wurzel, von kräftigen Pflanzen im Frühjahr zu sammeln, ist spindelförmig, z. Th. etwas ästig, fasrig, oben finger- bis daumendick, 20—30 Centim. lang und länger, z. Th. mehrköpfig, und mit einem ablösbaren Schopfe von bräunlichen Fasern (die an der trocknen Wurzel häufig fehlen) besetzt. Frisch ist sie aussen weisslichgelb, auch etwas graubraun, innen weisslich, trocken gleich der Pimpinelle oben geringelt, nach unten der Länge nach und theilweise schief gerunzelt. Riecht und schmeckt aromatisch, pomeranzen- und petersilienartig.

Das Kraut besitzt den Geruch und Geschmack der Wurzel.

Die Frucht schmeckt scharf brennend gewürzhaft und bitter.

Wesentliche Bestandtheile. In allen Theilen ätherisches Oel. In der Wurzel und den halbreifen Samen fand WINCKLER ein krystallinisches bitterkratzendes Glykosid. (Athamantin). Das Kraut liefert durch Destillation ein wachholderähnlich riechendes Oel, das wesentlich ein Kohlenwasserstoff ist.

Verwechselungen. Die sehr ähnliche Wurzel der *Pimpinella Saxifraga* schmeckt nicht bitter. Die ähnlichen Blätter des *Silaus pratensis* haben keine geknickten Spindelglieder und lanzettliche Lappen.

Anwendung. Obsolet.

Geschichtliches. Die Pflanze wurde in den Arzneischatz eingeführt, weil man sie für das Ὀρεοσελινον des DIOSKORIDES hielt, worin man aber irrte, denn dieses ist *Seseli annuum* L. Die alten deutschen Aerzte schätzten sie sehr hoch, wie schon der Name *Polychrestum* andeutet, unter dem sie VALERIUS CORDUS aufführt, und wovon das deutsche Vielgut eine Uebersetzung ist. Obgleich in neuern Zeiten MURRAY, SPRENGEL und GEIGER auf dieses kräftige vaterländische Gewächs aufmerksam machten, so ist dasselbe doch bis jetzt unbeachtet geblieben.

Peucedanum ist zus. aus πευχη (Fichte) und δανος (niedrig), also kleine Fichte; man gewann in früheren Zeiten daraus (resp. aus dem nahestehenden Peucedanum officinale, worauf sich das Πευχεδανον der Alten speciell bezieht) ein Balsamharz, von starkem, einigermaassen an Fichtenharz oder Terpenthin erinnerndem Geruche (DIOSK. III. 76). Ohne Zweifel veranlassten auch die schmalen, linienförmigen Blätter, welche man mit denen der Fichte verglich, zu obiger Benennung.

Oreoselinum zus. aus ὁρος (Berg) und σηλινον (Eppich, Petersilie), in Bezug auf den Standort.

Wegen Athamanta s. den Artikel Bärenwurzel.

Wegen Apium s. den Artikel Petersilie.

Selinum von σεληνη (Mond), in Bezug auf die Form der Frucht; oder auch von σελας (Glanz), in Bezug auf die Blätter.

Haarstrang, officineller.
(Himmeldill, Rossfenchel, Saufenchel, Schwefelwurzel.)
Radix Peucedani, Foeniculi porcini.
Peucedanum officinale L.
(Selinum Peucedanum WIGG.)
Pentandria Digynia. — Umbelliferae.

Perennirende Pflanze mit 0,6—1,2 Meter hohem, aufrechtem, gestreiftem, glattem Stengel, grossen, mehrfach zusammengesetzten, zuletzt in drei 3—7 Centim. lange, linienförmige, glatt, blassgelblich-grüne Blättchen oder Lappen getheilte Blätter. Die am Ende der Zweige stehenden Dolden sind gross, flach, nicht gedrungen; die wenigen Blättchen der allgemeinen Hülle hinfällig, die der besondern Hüllen sind zahlreich, klein, pfriemförmig. Die Blumen klein, blassgelb, die Früchte oval-länglich, an der Spitze ausgerandet, flach gedrückt, breit gerandet, gelb oder braun. — Auf Wiesen und in Wäldern des südlichen und mittleren Europa.

Gebräuchlicher Theil. Die Wurzel, von kräftigen mehrjährigen Pflanzen im Frühjahr zu sammeln; ist cylindrisch, ästig, oben oft 5 Centim. dick, mehrköpfig, mit braunen Fasern besetzt (die vor dem Trocknen abgeschnitten werden), 30—60 Centim. lang, aussen schwarzbraun, geringelt, innen blassgelb; die dickeren älteren Stücke sind z. Th. höher gelb gefärbt, im frischen Zustande fleischig, milchend; getrocknet leicht, locker, mehr oder weniger porös, mit etwas höher gelben glänzenden Harzpunkten untermengt. Die Wurzel riecht im frischen Zustande heftig, widerlich, gleichsam schwefelartig, ranzig, was sich durch Trocknen theilweise verliert; der Geschmack ist scharf widerlich, gleichsam salzig bitter.

Wesentliche Bestandtheile. Nach SCHLATTER: ätherisches Oel, eigenthümlicher krystallinischer brennend kratzend schmeckender Stoff (Peucedanin), Stärkmehl, Harz, Gummi etc. Nach WAGNER ist das Peucedanin identisch mit dem in der Meisterwurzel vorkommenden Imperatorin.

Anwendung. Ziemlich obsolet; höchstens noch in der Thierheilkunde.

Geschichtliches etc. s. den vorigen Artikel.

Haarstrang, starrer.

(Grosse Bergpetersilie, Hirschwurzel.)

Radix und *Semen (Fructus), Cervariae nigrae, Gentianae nigrae.*

Peucedanum Cervaria CUSS.

(*Athamanta Cervaria* L., *Cervaria glauca* GAUD., *C. rigida* MÖNCH, *C. Rivini* GÄRTN.,
Ligusticum Cervaria SPR., *Selinum Cervaria* CRTZ.)

Pentandria Digynia. — *Umbelliferae.*

Perennirende Pflanze mit 0,6—1,2 Meter hohem, starkem, aufrechtem, gefurchtem und gestreiftem, glattem, oben ästigem Stengel. Wurzelblätter zahlreich,
gestielt, gross, dreifach gefiedert, die Blättchen steif, fast lederartig, unten netzartig
geadert, glatt, glänzend, eiförmig, stachelspitzig gezähnt; die Stengelblätter sind
nur wenige und diese wieder zusammengesetzt, z. Th. viel kleiner, ungestielt, mit
häutigen Scheiden. Die grossen flachen, vielstrahligen Dolden stehen am Ende
des Stengels, haben vielblätterige allgemeine und besondere Hüllen, deren lanzettliche Blättchen an den ersten zurückgeschlagen sind. Die Blüthen röthlichweiss
oder weiss, die Früchte länglich-oval, zusammengedrückt, gelbbraun. — Auf
sonnigen, grasigen Hügeln, an Wegen, in Weinbergen.

Gebräuchliche Theile. Die Wurzel und die Früchte.

Die Wurzel, von kräftigen, starken Pflanzen im Frühjahre zu sammeln, ist
spindelförmig, oben finger- oder daumdick, 20—30 Centim. lang, schwärzlich
dunkelgraubraun, mit einem, selten mehreren kurzen Wurzelköpfen, an denen
dunkelbraune, steife, sparrige, starke, schweinsborstenähnliche Fasern sitzen; der
Wurzelhals ist geringelt, nach unten die Wurzel im getrockneten Zustande der
Länge nach gerunzelt, hie und da mit Warzen besetzt, innen schmutzig weiss oder
gelblich, von orangefarbigen Harztheilen durchdrungen; sie riecht und schmeckt
stark aromatisch harzig.

Die Früchte besitzen denselben Geruch und Geschmack.

Wesentliche Bestandtheile. Aetherisches Oel, Harz. Nicht näher untersucht.

Verwechselung mit der Bärenwurzel ist bei Vergleichung beider Beschreibungen leicht zu erkennen.

Anwendung. Nur noch in der Thierheilkunde. Soll stark auf den Harn
wirken und wurde früher in der Wassersucht gerühmt.

Sie ist nach SPRENGEL der zweite Δαυχος des DIOSKORIDES (s. auch den
Artikel Ammei, grosser).

Der Name Hirschwurzel bezieht sich auf die, nach Art der Hirschgeweihe,
sparrig stehenden steifen Wurzelfasern.

Wegen Ligusticum s. den Artikel Liebstöckel.

Habichtskraut.

(Mausöhrchen, Nagelkraut.)

Radix und *Herba Pilosellae, Auriculae muris.*

Hieracium Pilosella L.

Syngenesia Aequalis. — *Compositae.*

Perennirende Pflanze mit dünner, horizontal laufender, stark befaserter,
brauner Wurzel, die mehrere im Kreise liegende 3—5 Centim. lange, gestielte,
verkehrt eiförmige, längliche, stumpfe, ganzrandige, mit zerstreuten langen Haaren
besetzte und gewimperte, oben hochgrüne, unten weissfilzige Blätter, und faden-

förmige lang behaarte Ausläufer treibt, die mit ähnlichen abwechselnd sitzenden Blättern versehen sind. Die Blumenköpfchen stehen einzeln auf einem 15—30 Centim. hohen, aufrechten dünnen, abstehenden Schafte, sind bis 25 Millim. breit, hellgelb, und ihre Hülle besteht aus dachziegelig geordneten, mit schwärzlichen Haaren besetzten Blattschuppen. Die Zungenblümchen sind an der Spitze 5zähnig, die oberen ganz gelb, die äusseren randständigen unten purpurroth gestreift. Die kleinen braunen Achenien tragen einen langen haarigen, ausgebreiteten Pappus. — Häufig an trockenen grasigen sandigen Orten, am Rande der Wälder, auf Dämmen etc.

Gebräuchliche Theile. Die Wurzel und das Kraut; beide sind geruchlos, die Wurzel schmeckt ziemlich rein und stark bitter, das Kraut weniger, zugleich herbe.

Wesentliche Bestandtheile. Bitterstoff, eisengrünender Gerbstoff. Die beiden vorhandenen Analysen, nämlich der Wurzel von SCHRADER und des Krautes von C. SPRENGEL, sind werthlos.

Verwechselung mit *Hieracium dubium* und *H. Auricula* erkennt man daran, dass diese beiden kleinere Blumenköpfe haben, und dass dann mehrere auf einem gemeinschaftlichen Stiele oder Schafte stehen.

Anwendung. Ehemals gegen Wechselfieber.

Geschichtliches. Die alten griechischen und römischen Aerzte scheinen diese Pflanze nicht benutzt zu haben; wohl aber gebrauchte man sie im Mittelalter, und bereits spricht die Aebtissin HILDEGARD davon. Die deutschen Aerzte des 16. Jahrh. verordneten sie gegen das Quartanfieber als ausgepressten Saft.

Hieracium kommt von ἱεραξ (Habicht); man ersann nämlich die Fabel, dieser Vogel schärfe mit dem Safte des Krautes seine Sehkraft. Die Alten unterschieden 2 Arten ἱερακιον, ein kleines und ein grosses, beide gleichfalls Syngenesisten, aber das erstere ist Scorzonera resedifolia L., und das letztere Tragopogon picroides L.

Hafer.
Semen (Fructus) Avenae.
Avena sativa L.
Triandria Digynia. — Gramineae.

Einjährige Pflanze mit faseriger Wurzel, welche 0,6—1,0 Meter hohe, aufrechte, gestreifte, glatte Halme treibt; die Blattscheiden sind glatt, gestreift und bekleiden fast den ganzen Halm; die Blätter am Rande und auf beiden Seiten scharf. Die Rispe ist sparrig ausgebreitet, 15—20 Centim. lang; ihre Aeste entspringen gewöhnlich zu 5—6 aus dem untern Knoten der Spindel *(rachis)*, sind wieder ästig und abwechselnd nach einer Seite gerichtet; die Aehrchen hängend, zweiblüthig, mit sehr kleinem Ansatz eines dritten Blüthchens. Die Klappen sind lang zugespitzt und länger als die Blüthchen; die Spelzen blattartig, die untere mit einer auf dem Rücken entspringenden gedrehten Granne versehen. Die Frucht ist länglich, fast stielrund, auf dem Bauche mit einer Furche versehen und von den Spelzen fast eingeschlossen, aber frei. — In den kälteren Gegenden Europa's, selbst in der arktischen und subarktischen Zone häufig kultivirt; die ursprüngliche Heimath ist noch unbekannt.

Gebräuchlicher Theil. Die Frucht.

Wesentliche Bestandtheile. Durchschnittlich in 100: 44 Stärkmehl, 14 Kleber, 3 Gummi, 5 Zucker, 5 Fett, 3 Mineralstoffe.

I. B. Norton erhielt aus dem Hafer eine eigenthümliche, in Wasser leicht lösliche, in der Hitze nicht koagulirbare Proteïnsubstanz (Avenin). Journet fand in der Fruchtschale einen angenehm aromatischen, der Vanille ähnlich riechenden, harzähnlichen Stoff; und G. Serullas giebt an, aus einem Bestandtheile des Hafers, den er Aveniin nennt und der vielleicht mit dem Avenin identisch ist, das Vanille-Aroma erzeugen zu können.

Anwendung. Roh, meist aber geschält (als sogen. Hafergrütze, Haferkern, *Avena excorticata*) in Abkochungen verwendet. Das Mehl dient zu Umschlägen, in ärmeren Distrikten zum Brotbacken. Der meiste Hafer wird aber von den Pferden konsumirt. Geröstet bildet er eins der vielen Kaffee-Surrogate.

Den Hafer nannten die Griechen Βρομος, die Römer schon *Avena*. Das erste Wort steht jedenfalls in nahem Zusammenhange mit βρωμα (Nahrung).

Ueber das Stammwort von Avena sind die Meinungen getheilt. Man leitet nämlich ab vom celtischen *aten* oder *etan* (essen); die Celten lernten den Hafer erst durch die Germanen kennen, daher man auch auf *advena* (Fremdling) verfallen ist. Andere Ableitungen sind: von *avère*, ἀημαι, αὐειν (wehen, wegwehen), weil die Pflanze vom Winde leicht bewegt wird; oder von *avère* (gesund sein), weil der Hafer eine gesunde Speise ist; oder von *avère* (nach etwas begierig sein), weil er vom Vieh gern gefressen wird.

Hahnenfuss, giftiger.
(Böser Ranunkel, Froscheppich.)
Herba Ranunculi palustris.
Ranunculus sceleratus L.
Polyandria Polygynia. — Ranunculeae.

Einjährige Pflanze mit 0,30—0,60 Meter hohem und höherem, aufrechtem, astigem Stengel; die unteren Blätter sind handartig getheilt und am Rande eingeschnitten gekerbt, die oberen dreitheilig mit linienförmigen Segmenten. Die kleinen zahlreichen gelben Blümchen haben einen zurückgeschlagenen Kelch, und hinterlassen die Früchtchen zu einem länglich-eiförmigen Köpfchen vereinigt. — In Gräben, Sümpfen, an den Ufern der Flüsse und Teiche.

Gebräuchlicher Theil. Das Kraut, welches einen sehr scharfen Geschmack besitzt. Die Wurzel soll fast gar nicht scharf sein, dagegen die Theile je weiter nach oben an der Pflanze schärfer werden. Die Fruchtknoten sollen am schärfsten sein. Beim Zerquetschen und Kochen des Krauts erhebt sich ein scharfer stechender Dunst und durch Destilliren mit Wasser erhält man ein sehr scharfes Destillat, welches nach einiger Zeit scharfe kampherartige Krystalle ablagert.

Wesentliche Bestandtheile. Scharfes ätherisches Oel. Hiervon gab schon 1785 Tilebein Nachricht; genauer wurde es 1860 von Erdmann untersucht. Dieses Oel verliert aber bald seine Schärfe, indem es sich in Anemonin und Anemonsäure umwandelt, von denen das erstere nur wenig scharf, die letztere ganz geschmacklos ist.

Anwendung. Ehedem frisch als blasenziehendes Mittel. Beim Trocknen des Krauts geht die Schärfe verloren, was also nach Erdmann weniger auf einer Verflüchtigung des Oeles, als vielmehr auf einer Zersetzung desselben beruht.

Ranunculus von *rana* (Frosch), d. h. kleine Pflanze, welche in Gemeinschaft von Fröschen in Sümpfen vorkommt; die meisten Arten lieben nassen Standort.

Hahnenfuss, kugeliger.
(Trollblume.)
Flores Trollii.
Trollius europaeus L.
Polyandria Polygynia. — Ranunculeae.

Perennirende Pflanze mit aufrechtem, meist einfachem, glattem, meist fusshohem und höherem Stengel; die Wurzelblätter sind langgestielt, handförmig fünftheilig, die Segmente dreispaltig eingeschnitten gezähnt und glatt, die Stengelblätter stehen abwechselnd ohne Stiel. Die schöne grosse kugelige goldgelbe Blume aufrecht am Ende des Stengels, hat 12—15 in drei Reihen stehende, ver. kehrt eiförmige, gefärbte Kelchblätter (nach L. Blumenblätter), und 9—10 gestielte, flache, linienförmige, gekrümmte, an der Basis durchbohrte Nektarien. Die Früchte bilden viele, in ein Köpfchen vereinigte, kleine, eiförmige, spitze, einwärts gekrümmte, vielsamige Balgkapseln. — Hie und da auf Bergwiesen und Alpen.

Gebräuchlicher Theil. Die Blumen.
Wesentliche Bestandtheile. ?
Anwendung. Ehemals gegen Skorbut.

Von der Wurzel wird angegeben, sie sei mit der schwarzen Nieswurzel verwechselt; sie ist aber braun, dünnfaseriger, der Kopf kürzer als der des Helleborus, stärker mit kürzeren, mehr verästelten Fasern besetzt, im trockenen Zustande geruchlos und fast geschmacklos.

Trollius vom altdeutschen *trol* oder *trolen* (d. i. etwas Rundes, Kugeliges), in Bezug auf die fast kugelige Form der Blumenkrone. Der Name wurde dieser Pflanze zuerst von C. GESNER gegeben.

Hahnenfuss, scharfer.
(Gemeiner Wiesenranunkel, Kleine Schmalzblume.)
Herba Ranunculi pratensis.
Ranunculis acris L.
Polyandria Polygynia. — Ranunculae.

Perennirende Pflanze; Stengel 30—60 Centim. hoch und höher, ästig, gestreift; Wurzelblätter handartig getheilt, ihre Segmente fast rhombisch, scharf eingeschnitten, gezähnt, die Stengelblätter kleiner und die obersten dreitheilig mit schmal linienförmigen Abschnitten; die glänzend gelben Blumen stehen am Ende der Zweige auf runden (nicht gefurchten) Stielen, und hinterlassen auf nacktem Fruchtboden die linsenartig zusammengedrückten, geränderten Früchtchen, mit einem kleinen, etwas gekrümmten Schnabel versehen. — Sehr gemein auf Wiesen.

Gebräuchlicher Theil. Das Kraut; es schmeckt sehr scharf.
Wesentlicher Bestandtheil. Flüchtiges, scharfes Oel. Bedarf näherer Untersuchung.
Anwendung. Veraltet.
Wegen Verwechselung der Wurzel mit der des officinellen Baldrians s. d.

Hahnenkamm.

(Ackerrodel, Wiesenklapper, Wiesenrodel.)

Herba Cristae galli.

Rhinanthus Crista galli L.

(Alectorolophus Crista galli M. R.)

Didynamia Angiospermia. — Scrophulariaceae.

Einjährige Pflanze mit kleiner, ästig-faseriger, weisslicher Wurzel, handhohem bis 60 Centim. hohem, aufrechtem, einfachem oder ästigem glattem, z. Th. roth geflecktem, auch etwas behaartem, 4kantigem Stengel und ähnlichen gegenüberstehenden aufrechten Zweigen; gegenüber stehenden, sitzenden, lanzettlichen, gesägten, glatten oder kurz und zart behaarten Blättern, mit schief und parallel laufenden Nerven und unten sehr zierlich fein geadert. Die oberen blüthenständigen Blätter sind breiter, eiförmig, z. Th. fast herzförmig-länglich zugespitzt. Die Blüthen stehen einzeln achselig gegenüber, gegen die Spitze der Stengel sehr genähert und bilden einseitige beblätterte Aehren. Der grosse aufgeblasene Kelch ist rundlich zusammengedrückt, 4spaltig, blass gelbgrünlich, netzartig geadert, glatt oder zottig behaart, stehenbleibend; die gelbe Blumenkrone zweilippig, meist länger als der Kelch. — Häufig auf Wiesen, Aeckern in Waldungen.

Gebräuchlicher Theil. Das Kraut; es ist geruchlos, schmeckt fade krautartig salzig, schwach herbe und bitterlich.

Wesentliche Bestandtheile. Bitterstoff, eisengrünender Gerbstoff. Ist nicht näher untersucht. Der Same enthält nach H. Ludwig 8% eines fetten, grünlichen, thranartig riechenden Oeles, Zucker und einen farblosen krystallinischen bitterlich-süss schmeckenden Körper von glykosidartiger Natur (Rhinanthin), der durch Säuren sich in Zucker und ein schwarzbraunes Produkt (Rhinanthogenin) spaltet.

Anwendung. Veraltet. — Wenn der Same unter das Getreide, obschon nur zu 1—2% gelangt, so ertheilt er, gleichwie der des Wachtelweizens (s. d.) dem daraus gebackenen Brote eine violettschwarze Farbe; es bekommt dadurch zwar keine schädlichen Eigenschaften, aber ein widerliches Ansehn. Die Ursache der Schwärzung liegt in der oben angeführten Zersetzung des Rhinanthins und in dem daraus hervorgehenden Rhinanthogenin.

Rhinanthus ist zus. aus ῥιν (Nase) und ἄνθος (Blume) in Bezug auf die Gestalt der Blumenkrone.

Alectorolophus ist zus. aus ἀλέκτωρ (Hahn) und λοφος (Busch, Kamm) in Bezug auf die Form der Bracteen oder der dicht an einander stehenden Blumen. *Crista galli* des Plinius ist Alectorolophus alpinus L.

Hanf.

Herba, Summitates und *Semen (Fructus) Cannabis.*

Cannabis sativa L.

Dioecia Pentandria. — Cannabineae.

Einjährige Pflanze mit faseriger Wurzel, senkrechtem, ästigem (kultivirt und dicht gedrängt stehend gewöhnlich einfachem) 0,6—2,0 Meter hohem, kurz rauhhaarigem, steifem Stengel, gegenüber stehenden, gestielten, gefingerten, 7—9 zähligen dunkelgrünen (bei der männlichen Pflanze helleren) Blättern, die Blättchen schmal lanzettlich zugespitzt, gesägt, rauh und nervig, die mittleren länger als die seitlichen. Die männlichen Blüthen bilden oben am Stengel am Ende und blattachselständig einfache und zusammengesetzte, lockere, hängende Trauben, aus kleinen grünlich-weissen Blüthen bestehend. Die weiblichen sind am Ende des Stengels gehäuft, sitzend, und bilden aufrechte, z. Th. unterbrochene beblätterte Aehren. Die Frucht ist vom bleibenden, an einer Seite klaffenden Kelche umschlossen. Die ganze Pflanze hat einen widerlichen betäubenden Geruch. — Einheimisch in Persien und Ostindien; kommt jetzt auch häufig in Europa wild vor und wird viel angebaut.

Gebräuchliche Theile. Das Kraut, die blühenden Spitzen *(Summitates)* und die Frucht.

Das Kraut riecht frisch sehr stark, unangenehm, betäubend.

Die blühenden Spitzen (einer Varietät der weiblichen Pflanze) oder vielmehr der harzige Saft derselben, den man im Oriente sammelt, mit Sand und Wasser zu einer Pasta zusammenknetet und trocknet. Dieses Fabrikat, gewöhnlich Haschisch, bei den indischen Eingebornen Churrus und Nascha, bei den Persern Bang und Gunjah genannt, bildet so wie es auf den Märkten der Städte Central-Asiens verkauft wird, 12—36 Centim. lange, 12—24 Centim. breite und 2—6 Centim. dicke Tafeln von aussen dunkelbrauner, innen grünlicher oder bräunlicher Farbe und fester Consistenz.

Die Frucht ist etwa 3 Millim. lang, eiförmig rundlich, etwas zusammengedrückt, grau, glänzend, schliesst unter einer zerbrechlichen, in 2 Hälften theilbaren Schale einen öligen Kern ein, der geruchlos ist und widerlich ölig süsslich schmeckt.

Wesentliche Bestandtheile. Ueber die im Kraute enthaltenen sind die bisherigen Untersuchungen von Kane, Schlesinger, Tscheppe ziemlich werthlos, mit Ausnahme eines zuerst von Bohlig durch Destillation mit Wasser erhaltenen, stark riechenden, schwach narkotisch wirkenden Oeles, welches später Valente noch näher geprüft hat.

Die blühenden Spitzen der weiblichen Pflanze und das daraus bereitete Haschisch betreffend, so herrscht nach den übereinstimmenden Versuchen von Peltz und Preobraschensky zwischen demselben und dem Tabak eine grosse Uebereinstimmung, denn auch dort ist der wesentliche Bestandtheil das giftige Alkaloid Nikotin. Ausserdem sind darin harzige und andere Materien von untergeordnetem Range enthalten. Das Alkaloid wurde sowohl aus der Pflanze selbst, als auch aus dem Haschisch dargestellt. Eine Prüfung des europäischen und indischen Hanfs auf Nikotin von Seezen fiel indessen verneinend aus, auch erhielten Siebold und Bradbury aus dem indischen Hanf kein Nikotin, sondern ein eigenthümliches flüchtiges Alkaloid (Cannabinin).

Die Frucht enthält 20—25% fettes, nicht trocknendes Oel, und die sonstigen allgemeinen Bestandtheile der Samen.

Anwendung. Der Hanf ist eine uralte Arzneipflanze und diente schon in den frühesten Zeiten als Berauschungsmittel; letztere Rolle spielt er noch jetzt im ausgedehntesten Grade im ganzen Oriente und im türkischen Reiche. — Bei uns hat nur noch der Same medicinische Bedeutung und wird als Emulsion, im Aufguss und Absud verordnet. Er dient ferner als Vogelfutter, das daraus gepresste Oel von grünlichgelber Farbe und meist unangenehmem Geruche zum Brennen, mit Kali zur Bereitung der Schmierseife.

Den grössten Nutzen gewährt die Pflanze durch den zähen Bast der Stengel, der zu dauerhafter Leinwand, Bindfaden etc. verarbeitet wird.

Cannabis, Κανναβις, von καννα (Rohr, Stengel), in Bezug auf den schlanken, rohrartig leichten Stengel. Arabisch *Kaneb*. — Die Schreibart καιναβος mehrerer älterer Autoren lässt sich ableiten von χαιναβος (zus. aus χαειν: giessen oder was sich ergiesst und αναβαινειν: emporwachsen), weil die Pflanze um Quellen üppig emporwächst.

Hanf, neuseeländischer.

Herba Phormii.

Phormium tenax FORST.

(Chlamydia tenacissima GÄRTN. *Lachenalia ramosa* LAM.)

Hexandria Monogynia. — *Lilieae.*

Perennirende Pflanze, stengellos, rasenförmig; Wurzel knollig-fleischig; Wurzelblätter zweireihig, lederartig, fest, linien-lanzettlich, spitz, fein gestreift, gekielt; Schaft oben rispig verästelt, Aeste 2—3 blüthig; Blüthen gestielt, schmutzig safrangelb, auch rein gelb und roth, an der Basis grünlich. — Auf Neu-Seeland und Norfolk einheimisch.

Gebräuchlicher Theil. Die Blätter, resp. die zähe Faser derselben und des Schaftes.

Wesentliche Bestandtheile. Nach HENRY: Bitterstoff, Wachs, Harz, Gummi etc.

Zwischen den scheidenartigen Blättern schwitzt eine gummiartige Materie aus, welche nach ZELLER dem Kirschgummi in ihren Eigenschaften ähnelt.

Anwendung. Die äusserst zähe Faser, gleich wie Hanf, zu Geweben, Stricken etc.

Phormium kommt von Φορμος (geflochtener Korb, Matte), in Bezug auf die Anwendung.

Chlamydia von χλαμυς (Kleid), ebenfalls in Bezug auf die Anwendung.

Lachenalia nach WERNER DE LACHENAL, Prof. der Botanik in Basel, † 1800.

Haselstrauch.

Nuclei Avellanae.

Corylus Avellana L.

Monoecia Polyandria. — *Cupuliferae.*

Hoher Strauch mit abwechselnden Aesten, wovon die jüngeren behaart und scharf sind. Die abwechselnden, etwas kurz gestielten Blätter sind ungleich sägezähnig, runzelig, am Rande und in den Aderwinkeln behaart. Die männlichen Kätzchen stehen auf ästigen Stielen, hängen herab, sind vielblüthig und gelblich, jede röthliche, eckige Schuppe enthält 6—9 Staubgefässe. Die weiblichen Blüthen stehen zu 3—4 und mehreren beisammen in einer Knospe, jede hat 2 schöne, hochrothe Griffel mit pfriemenförmigen, umgebogenen Narben. Der anfangs kleine Kelch erweitert sich mit der Zeit und umfasst eine harte Nuss. — In Wäldern.

Gebräuchlicher Theil. Die Fruchtkerne, resp. das fette Oel derselben. Dasselbe ist geruchlos, von sehr angenehmem, mildem Geschmack, 0,924 spec. Gew., erstarrt erst bei — 18°, und gehört zu den nicht trocknenden Oelen.

Wesentliche Bestandtheile. Glyceride fester und flüssiger Fettsäuren. Der die Nuss umschliessende, unten fleischige, oben lappig zerschlitzte Kelch verdankt seinen sauren Geschmack nach JAHN der Gegenwart freier Aepfelsäure.

Der Pollen (Blüthenstaub) enthält nach STOLTZE in 100: einen Riechstoff, 21 Extractivstoff, 24 Schleim, 5 Harz, 14 Kleber etc.

In der Rinde findet sich viel eisenbläuender Gerbstoff.

Anwendung. Das fette Oel gehört zu den feinsten Speiseölen. — Die Rinde würde sich sehr gut in der Rothgerberei benutzen lassen.

Geschichtliches. Die Haselnüsse kommen bei HIPPOKRATES als ϑασιαι καρυα, bei THEOPHRAST als ἡρακλεωτικη καρυα und bei den Römern als Nuces ponticae vor.

Corylus von κορυς (Helm, Haube); die Frucht ist, wie mit einer Haube, zur Hälfte bedeckt.

Avellana nach Avellino, einer süditalischen Stadt benannt.

Haselwurzel.
(Haselkraut, wilde Narde.)
Radix (Rhizoma) cum Herba Asari.
Asarum europaeum L.
Dodecandria Monogynia. — Aristolochiaceae

Perennirendes, fast stielloses Gewächs mit kriechender, gekrümmter, faden-förmiger, gegliederter, 4seitiger, graubrauner, faseriger Wurzel; die zwei Wurzel-blätter haben einen kurzen, gemeinschaftlichen Stengel, sind langgestielt, rundlich nierenförmig, 4—5 Centim. breit, ganzrandig, etwas steif, fast lederartig, oben dunkelgrün glänzend, unten blasser, zierlich fein netzartig geadert, die jüngeren besonders unten mit weichen Haaren besetzt. Die Blume entspringt aus dem Winkel der Blätter, ist kurz gestielt; der aussen zottige, grünrothe, innen dunkel purpurrothe Kelch ist gross, lederartig. — In gebirgigen, schattigen Wäldern, Gebüschen, Haselsträuchern durch ganz Deutschland und das übrige, mehr nörd-liche Europa.

Gebräuchliche Theile. Die Wurzel mit dem Kraute, mithin die ganze Pflanze. Die Wurzel soll im August am wirksamsten sein, und müsste daher in diesem Monate gesammelt werden; gewöhnlich geschieht diess mit den Blättern, was aber zum innerlichen Gebrauche für Menschen getadelt wird. Trocken ist sie 4kantig, eingeschrumpft, strohhalmdick oder dünner, selten dicker, der Länge nach zart gestreift, nach unten sparsam mit fadenförmigen Fasern besetzt und hie und da durch abgebrochene oder abgestorbene Fasern und Stengel knotig, heller oder dunkler grau, z. Th. mehr oder weniger in's Braune, ziemlich leicht brüchig, innen weisslich, besonders an den Knoten, oder hellbräunlich, mit markigem Kern. Riecht stark und eigenthümlich, nicht unangenehm aromatisch, kampher-pfefferartig (bei der frischen Wurzel ist der Geruch widerlicher, zugleich baldrianähnlich), der Staub erregt heftiges Niesen; schmeckt selbst trocken, scharf aromatisch beissend, eine Zeit lang Betäubung auf der Zunge hinterlassend, wirkt emetisch und purgirend.

Die Blätter sind, trocken, ebenfalls ziemlich eingeschrumpft, dunkelgraugrün, unten blasser, etwas steif, doch nicht lederartig, durchscheinend, riechen und schmecken der Wurzel ähnlich, doch weit schwächer, zugleich bitterlich.

Beide verlieren durch Alter ihre Kräfte nicht leicht.

Wesentliche Bestandtheile. In der Wurzel nach LASSAIGNE u. FENEULLE: festes ätherisches Oel (Asarin, Asaron, Haselwurzkampher), scharfes, fettes Oel, eine gelbe, dem Cytisin ähnliche Substanz, Stärkmehl, eisengrünender Gerbstoff, Schleim etc. Mit dem Asarin beschäftigten sich dann auch GRÄGER, BLANCHIT, SELL, SCHMIDT. GRÄGER unterscheidet noch ein Asarit, das geruch- und geschmacklos ist. BLANCHIT und SELL erhielten auch ein flüssiges, ätherisches Oel, welches gelblich, dicklich, leichter als Wasser, vom Geruch des Baldrianöles, und brennend scharf schmeckt.

Verwechselungen und Verfälschungen. Mit dem Märzveilchen; dieses hat gekerbte, mehr vorstehend geaderte, nicht lederartige Blätter, eine cylindrische Wurzel und beide Theile sind geruchlos. Von andern Wurzeln, als Baldrian, Erdbeere, Schwalbenwurzel unterscheidet sich die Haselwurzel ebenfalls leicht durch die (a. a. O.) angegebenen Merkmale.

Anwendung. In Substanz, Aufguss, doch fast nur noch in der Thierheilkunde. Ist u. a. Bestandtheil des Schneeberger Schnupftabaks. Nach BICHAT gebrauchen gemeine Leute in Frankreich die frische Wurzel als Brechmittel nach übermässigem Weingenuss, sie heisst daher dort *Racine de cabaret*. In Deutschland giebt man sie nebst den Blättern den Schweinen, wenn sie sich überfressen haben.

Geschichtliches. Das Asarum gehörte zu den berühmtesten Arzneimitteln der griechischen Aerzte; man schätzte besonders das von Pontus, aus Phrygien, Illyrien und von den vestinischen Gebirgen (die Vestiner wohnten um den Fluss Aternus bis an das adriatische Meer); man benutzte auch den Samen und hatte einen Wein aus A. bereitet. Es machte einen Bestandtheil der berühmten Composition des JULIUS BASSUS gegen die Kolik aus, diente als Diuretikum, und wurde selbst gegen Gelbsucht gerühmt.

Asarum kommt von ἄσαρος (Teppich), weil die Pflanze den Boden teppichartig bedeckt. PLINIUS lässt das Wort zusammengesetzt sein aus ἀ (nicht) und σαρουν (zieren) oder σειρα (Band), weil die Blüthen desselben nicht zu Kränzen genommen werden durften. Wegen der emetischen Wirkung der Wurzel leitet man auch wohl von ἀσασθαι (Ekel erregen) ab.

Asarum canadense, in Nord-Amerika, China und Japan einheimisch, mit einzeln stehenden, herzförmigen, lederartigen, glatten Blättern und fast glockenförmigem Kelche, hat eine fast schwarze Wurzel, in welcher B. POWER ein wohlriechendes, ätherisches Oel, Stärkmehl, Gummi, Harz, Fett, gelben Farbstoff, Zucker und eine alkaloidartige Substanz fand. Diese Wurzel schmeckt nicht scharf, wirkt nicht emetisch und verdient nur deshalb Beachtung, weil mit ihr die Radix Serpentariae verfälscht wird.

Hauhechel.
(Harnkraut, Hechelkraut, Katzenkraut, Katzenspeer, Ochsenkurre, Pflugsterz, Stachelkraut, Weiberkrieg.)

Radix und *Herba Ononidis, Restae bovis, Remorae aratri.*

Ononis spinosa L.

Ononis repens L.

(*O. arvensis* LAM., *O. procurrens* WALLR.)

Ononis hircina JACQ.

(*O. altissima* LAM., *O. foetens* ALL.)

Diadelphia Decandria. — Papilionaceae.

Ononis spinosa ist eine perennirende Pflanze mit tief und weit fortlaufender, vielköpfiger Wurzel, die mehrere 45 Centim. hohe und höhere aufrechte, mehr ästige, runde, mehr oder weniger weichhaarige, meist purpurviolett angelaufen unten z. Th. federkieldicke, steife, sonst holzige Stengel treibt, die mit kleinen gestielten, unten dreizähligen, oben einfachen, oval-länglichen, gesägten, gegen die Basis mehr oder weniger ganzrandigen, z. Th. fast glatten oder mehr oder weniger zottig behaarten, dunkelgrünen Blättern besetzt sind; der Blattstiel ist mit einem rundlich eiförmigen Afterblättchen gleichsam geflügelt. 2½—5 Centim. lange gerade steife Dornen stehen achselig zwischen den Blättern und Zweigen. Die Blumen einzeln, gepaart oder zu drei in den Blattwinkeln am obern Theile der Zweige. Der Kelch ist drüsig behaart, mehr oder minder klebrig, die Krone mittelmässig gross, schön purpurviolett, mit blasserer Schattirung, auch fleischfarbig oder weisslich. Die Hülse klein, kürzer als der Kelch, und enthält 3—4 braungelbliche, gefleckte, glatte, runde Samen. — Häufig auf Aeckern, Weiden an sandigen Orten.

Ononis repens unterscheidet sich von der vorigen Art durch ihre spindelförmige, weit umherkriechende Wurzel, durch ihre niederliegenden Stengel, die an der Basis nicht selten Wurzeln schlagen und nur kurze, aufsteigende, mit wenig Dornen versehene Zweige haben. Die Pflanze ist mehr grünlich und besonders dadurch ausgezeichnet, dass sie sonst an allen Theilen mit zahlreichen drüsigen Haaren besetzt ist, die einen eigenen fast orangeartigen Geruch verbreiten. Die Blätter sind mehr zugerundet, die Afterblättchen oval, stumpf, die Segmente des Kelches länger als die Hülse (dort kürzer), die Samen braunröthlich. Variirt ganz dornenlos. — Derselbe Standort.

Ononis hircina unterscheidet sich leicht durch aufrechte, stets dornenlose Stengel und Aeste, die, sowie die Blumenstiele, mit zottigen, klebrig-drüsigen Haaren besetzt sind, durch längere, spitzere, drüsenlose Blätter und gepaarte, an der Spitze dicht gedrängte Trauben bildende Blumen. Die Hülsen sind kürzer als der Kelch und enthalten rauhanzufühlende höckerige Samen von hell kastanienbrauner Farbe. — Ebenfalls derselbe Standort.

Gebräuchliche Theile. Von allen drei Arten die Wurzel und das Kraut.

Die Wurzel ist federkiel- bis kleinfingerdick und darüber, oft bis 1 Meter lang, mehr oder weniger ästig, aussen graubraun, uneben, trocken runzelig, innen weisslich, sehr dicht, holzig und sehr zähe (die von O. hircina ist kleiner, hellroth und von sehr lockrer fasriger Textur). Geruchlos, etwas widerlich herbe, süsslich holzig und reizend schmeckend.

Das Kraut riecht, zumal von O. repens, Var. inermis, widerlich, fast bocksartig, was durch Trocknen vergeht, schmeckt fade, krautartig, etwas herbe.

Wesentliche Bestandtheile. In der Wurzel nach REINSCH: Spur ätherischen Oels, mehrere Harze, Stärkmehl, bittersüsser Stoff (Ononid), krystallinischer schwach süsslicher Stoff (Ononin). Nach HLASIWETZ ist das Ononin ein Glykosid; nach ihm enthält die Wurzel auch einen krystallinischen wachsartigen Körper (Onocerin).

Das Kraut enthält eisengrünenden Gerbstoff, ist aber nicht näher untersucht.

Anwendung. Die Wurzel in Substanz, Absud; sie gehört zu den Radices aperientes minores. Das Kraut ist obsolet geworden.

Geschichtliches. Die 'Ονωνίς oder 'Ανωνίς der Alten ist Ononis antiquorum L., eine südeuropäische Art, deren hin- und hergebogene, ganz kahle Aeste, mit ansehnlich langen, gepaarten, steifen Dornen besetzt, und die Blätter wie die Blumen viel kleiner sind, als die unsrer O. Nach DIOSKORIDES diente

die Wurzelrinde gegen Steinbeschwerden und als Diuretikum, ähnlich wie unsere
O. noch jetzt. Die jungen Blätter verspeist man mit Salz eingemacht.

Ononis von ὄνος (Esel); sie ist, wie PLINIUS sich ausdrückt, *asinorum delectatio.*

Hauswurzel.
(Dachlauch, Dachwurzel, Donnerkraut.)
Herba Sempervivi, Sedi majoris.
Sempervivum tectorum L.
Dodecandria Dodecagynia. — Crassulaceae.

Perennirende Pflanze mit dickem kurzem cylindrischem Wurzelstocke, der
nach allen Seiten spindelförmig ästige, faserige, weisse Aeste und starke strohhalmdicke und dickere, braune, glatte Ausläufer treibt; gewöhnlich sind diese
Theile von abgestorbenen faulenden Blättern umhüllt. Oben steht eine dichte
zierliche Rosette von 12—50 Millim. langen und längern dicken, fleischig-saftigen,
auf einer Seite flachen, auf der andern etwas convexen, glatten, lanzettlichen,
hellgrünen, an der Spitze braunrothen Blättern mit zart gewimpertem Rande und
kurzer weicher Stachelspitze. Die Ausläufer haben an ihrer Spitze ähnliche kleinere
Rosetten, sie treiben später Wurzel und so bildet sich bald ein dichter gewölbter
Rasen von grössern und kleinern Rosetten. Der Blüthenstengel entspringt aus
dem ältesten, ist 30—45 Centim. hoch, aufrecht, oben ästig und ausgebreitet und
ganz mit röthlichen, blattartigen Schuppen besetzt. Die ziemlich grossen Blumen
stehen am Ende der Zweige nach innen in einseitigen Aehren, so dass das Ganze
eine Art Doldentraube bildet. Der Kelch und die gewimperte purpurrothe
Krone sind sternförmig ausgebreitet. — Durch ganz Deutschland und das übrige
Europa auf Mauern und Dächern in Dörfern; auf Felsen.

Gebräuchlicher Theil. Die frischen Blätter; sie sind geruchlos,
schmecken kühlend, herbe säuerlich, schwach salzig. Die Wurzel schmeckt ziemlich bitter und etwas scharf.

Wesentliche Bestandtheile. Nach VAUQUELIN saurer äpfelsaurer Kalk.
Verdient genauere Untersuchung.

Anwendung. Der Saft als kühlendes Mittel innerlich und äusserlich, zumal als Reinigungs- und Schönheitsmittel für die Haut, gegen Sommersprossen etc.

Geschichtliches. Die alten griechischen und römischen Aerzte benutzten
schon mehrere Arten von Sempervivum (und Sedum) namentlich Sempervivum
arboreum L., welches sie Ἀείζωον μέγα nannten. Ihr Ἀείζωον ohne nähere Beziehung kann sowohl auf unser Sempervivum, wie auch auf Sedum amplexicaule Dc. bezogen werden. Nach CAELIUS AURELIANUS diente der Saft zu
Klystieren bei Durchfällen; und zu Umschlägen benutzte er die Pflanze bei
Blutungen. DIOSKORIDES rühmt das Mittel noch in vielen andern Krankheiten.

Sempervivum soll wie Ἀείζωον das beständige Grünbleiben der Pflanze bezeichnen.

Wegen Sedum s. den Artikel Steinkraut.

Heckenkirsche.

(Heckengeisblatt, Hundskirsche.)

Baccae Xylostei.

Lonicera Xylosteum L.

Pentandria Monogynia. — Loniceraceae.

1,2–2,4 Meter hoher Strauch mit aufrechten Stengeln, grauer Rinde, eiförmigen, gestielten, ganzrandigen, aderigen, kurzbehaarten, etwas graugrünen Blättern, einzelnen, achseligen, gegenüberstehenden, zweiblüthigen Blumenstielen, blassgelben Blumen, und kleinen rothen Beeren. — In den meisten Gegenden Deutschlands an waldigen Orten, in Gebüschen, Hecken.

Gebräuchlicher Theil. Die Beeren; sie schmecken ekelhaft bitter, und erregen selbst in kleinen Gaben Brechen und Purgiren. Auch sind schon Vergiftungsfälle dadurch veranlasst worden.

Wesentliche Bestandtheile. Nach Hübschmann ein eigenthümlicher krystallinischer indifferenter, giftig wirkender Bitterstoff (Xylosteïn). Enz fand dann noch: eisengrünenden Gerbstoff, Fett, organische Säuren, Wachs, scharfe Materie, Zucker etc.

Anwendung. Obsolet.

Wegen Lonicera s. den Artikel Dierville.

Xylosteum ist zus. aus ξύλον (Holz) und ὀστέον (Knochen); das Holz ist sehr hart.

Hedwigie.

Balsamum und *Resina Hedwigiae.*

Hedwigia balsamifera Sw.

(*Bursera balsamifera* Pers.)

Octandria Monogynia. — Burseraceae.

9–12 Meter hoher Baum mit gefiederten, glatten, ganzrandigen Blättern, in Trauben stehenden weisslichen Blumen, aus einem vierzähnigen Kelch und vierspaltiger Blumenkrone bestehend. Die Frucht ist birnförmig, im reifen Zustande schwärzlich. — In Süd-Amerika und West-Indien einheimisch.

Gebräuchlicher Theil. Der aus der verwundeten Rinde fliessende Balsam, welcher mit der Zeit fest und harzig erhärtet. Frisch ist er wenig gefärbt, nach dem Eintrocknen röthlich, riecht nicht unangenehm terpenthinartig, schmeckt scharf und bitter.

Wesentliche Bestandtheile. Nach Bonastre: ätherisches Oel, Harze und Bitterstoff.

Anwendung. Zum Räuchern.

Man hat diesem Balsam auch die (sonderbaren) Namen Bergzuckerbalsam oder Schweinsbalsam gegeben. Aber nach Martius soll sich der letztere Name auf ein fettes Oel beziehen, das durch Pressen der Samen der Bursera gummifera gewonnen wird; es sei schmutzig gelb und besitze den balsamischen Geruch der Frucht.

Hedwigia ist benannt nach R. A. Hedwig, geb. 1772 in Chemnitz, Arzt und Naturforscher, st. 1806. — Dessen Vater J. Hedwig war der berühmte Bryologe, geb. 1730 zu Kronstadt in Siebenbürgen, st. 1799 in Leipzig als Prof. der Medicin und Botanik.

Bursera nach Joach. Burser, geb. zu Kamenz gegen Ende des 16. Jahrhunderts, Arzt, st. 1649 zu Sarö auf Seeland.

Heidekraut.

Herba Ericae.

Erica vulgaris L.

(Calluna vulgaris SALISB.)

Octandria Monogynia. — Ericaceae.

30—90 Centim. hoher, sehr ästiger Strauch mit kleinen dicklichen, linienförmig dreikantigen, pfeilförmigen, immergrünen, vierzeilig um den Stengel sitzenden Blättchen, Blümchen am Ende in zierlichen, etwas einseitigen Trauben, mit von 4 Brakteen umgebenen viertheiligem Kelch und vierspaltiger glockenförmiger bleibender Krone von schön violettrother, auch purpurrother, blassrother oder weisser Farbe. Die Frucht ist eine zweifächerige Kapsel. — Durch ganz Deutschland und das übrige Europa sehr verbreitet, besonders auf sandigem Boden.

Gebräuchlicher Theil. Das blühende Kraut; es schmeckt bitterlich herbe.

Wesentliche Bestandtheile. Nach BLEY: eisengrünender Gerbstoff, rother Farbstoff, Fumarsäure, Flechtenstärkmehl, Zucker, Gummi etc. ROCHLEDER bezeichnete den Gerbstoff als Callutannsäure, fand ausserdem noch Spuren ätherischen Oels, Citronensäure und einen besonderen Körper (Ericolin), der durch Erwärmen mit einer Säure in ein Harz und ein ätherisches Oel (Ericinol) zerfällt. — Die Blumen sind reich an Zucker, werden daher von den Bienen viel besucht.

Anwendung. Veraltet. Unter 'Ερειχη verstanden die alten Griechen Erica arborea L.

Erica kommt von ἐρειχειν (brechen), weil diese Pflanzen leicht zu brechen sind und — wohl dieses Umstandes wegen — früher als Mittel zur Zerkleinerung und Abtreibung der Blasensteine galten.

Calluna von χαλλυνειν (reinigen), in Bezug auf die Anwendung dieses Strauches zu Besen.

Heidelbeere.

(Bickbeere, Blaubeere, Pickelbeere, Paudelbeere, Rossbeere, Schwarzbeere.)

(Baccae Myrtilli.)

Vaccinium Myrtillus L.

Octandria Monogynia. — Ericaceae.

30—45 Centim. hoher sparriger Strauch mit kurz gestielten, ovalen, stachelspitzigen, fein gesägten, dünnen, glatten Blättern, die spät oft roth werden, rundlichen, bauchigen, blassrothen Blumen, schwarzblauen, runden, erbsengrossen Beeren. — Häufig in gebirgigen Waldungen, zwischen Heiden u. s. w.

Gebräuchlicher Theil. Die Beeren; sie haben einen sauer-süssen, etwas herben Geschmack.

Wesentliche Bestandtheile. Nach SCHEELE: Aepfelsäure und Citronensäure; dann noch Zucker, Pektin, Farbstoff. — Die Pflanze ist reich an eisenbläuendem Gerbstoff; nach SIEBERT und ZWENGER enthält sie auch nicht wenig Chinasäure.

Anwendung. Früher gegen Durchfälle. Beliebtes Obst, roh und gekocht. Zum Färben des Weines. Der Strauch hat sich als vorzügliches Gerbemittel bewährt.

Geschichtliches. Aller Wahrscheinlichkeit nach bezieht sich (nach FRAAS) des THEOPHRAST Ἄμπελος παρα Ἴδης auf unsere Heidelbeere.

Das Vaccinium der römischen Schriftsteller (Ovid, Plinius, Virgil) scheint das veränderte griechische Ὑάκινθος (unser Delphinium peregrinum L.) zu sein, und die Uebertragung des alt-lateinischen Namens auf unser Vaccinium gründet sich nur auf die Angabe Virgil's etc., dass die Frucht schwarz sei. Bekanntlich haben aber nicht alle Arten der Gattung Vaccinium schwarze Beeren. Das Vaccinium heisst bei den Römern auch Buccinius, was vielleicht durch fehlerhafte Abschreibung entstanden ist und ursprünglich Baccinus (Beerenstrauch) lauten soll.

Myrtillus ist das Dimin. von *Myrtus*; Blätter und Früchte ähneln denen der Myrte.

Hennastrauch.

(Alhenna, wahre Alkanna, weisse Lawsonia, indisches Mundholz.)

Radix Alkannae verae.

Lawsonia alba Lam.

Octandria Monogynia. — Lythreae.

2,5—3,5 Meter hoher Strauch, dessen jüngere Zweige wehrlos, die älteren aber nicht selten dornig sind. Die Blätter oval, an beiden Enden schmaler, am Rande ganz, glatt, fast sitzend. Die weissen oder gelblichen wohlriechenden Blumen stehen zur Seite und an den Enden der Zweige in Rispen. Die Frucht ist eine beerenartige runde, erbsengrosse, viersamige Kapsel mit zahlreichen eckigen Samen. — In Ost-Indien, Arabien, Persien, Aegypten etc. einheimisch und kultivirt.

Gebräuchlicher Theil. Die Wurzel; sie besteht aus einem dicken, kurzen Wurzelkopfe, an dem viele übereinander liegende, dunkelbraunrothe Lamellen sich befinden; ist dunkelbraunroth und schmeckt schwach adstringirend.

Wesentliche Bestandtheile. Farbstoff, Gerbstoff. Ist näher zu untersuchen.

Anwendung. Nicht bei uns. Die Wurzel dient zum Gelbfärben. Die Blätter bilden im Oriente einen wichtigen Handelsartikel, denn man färbt dort mit ihnen die Nägel, Haare und selbst die Schweife der Pferde roth, auch das Saffianleder.

Geschichtliches. Die Henna ist seit den ältesten Zeiten bekannt und im Gebrauch, wird auch schon in der Bibel erwähnt; bei Alhenna und Alkanna ist nur noch der arabische Artikel vorgesetzt. Die griechischen Aerzte nannten sie Κύπρος (Cyprus in Aegypto bei Plinius) und Dioskorides rühmte besonders die aus Askalon und Kanopus kommende Droge; sie benutzten die Blätter und Blumen, zumal als Adstringens. Bei den römischen Aerzten, namentlich bei Cornelius Celsus kommt die Pflanze unter dem Namen Ligustrum vor, und daher erklärt sich der Irrthum der alten deutschen Botaniker, unser Ligustrum vulgare (das vielleicht Theophrast's Σπίραια ist) für den Κύπρος zu halten.

Lawsonia ist benannt nach I. Lawson, englischem Arzt, der zu Anfang des 17. Jahrhunderts lebte, auch Carolina bereiste.

Herbstzeitlose.
(Wiesensafran.)
Radix (Bulbus, Rhizoma), Flores und *Semen Colchici.*
Colchicum autumnale L.
Hexandria Trigynia. — Melanthaceae.

Perennirende Pflanze mit dichter, ei-herzförmiger Zwiebel, welche im August bis October eine ansehnliche, violett röthliche, trichterförmige, sich in eine 7—10 Centim. lange, dünne, dreiseitige Röhre endigende 6theilige Blume treibt, der 3 bis zur Hälfte verwachsene, schwammige, etwas aufgeblasene, weisslich einfächerige Kapseln folgen, die sich aber erst im nächsten Frühjahre, von 6—8 Millim. breiten, glänzenden, grünen, saftigen Blättern umschlossen, über die Erde erheben. — Häufig auf Wiesen fast durch ganz Deutschland und das übrige, vorzüglich südliche Europa.

Gebräuchliche Theile. Die Zwiebelwurzel, Blumen und Samen.

Die Zwiebelwurzel. Sie muss im Juli und August, kurz vor dem Blühen, wo sie völlig ausgebildet ist und ihre höchste Wirksamkeit erreicht hat, gesammelt, und zwar müssen die alten abgestorbenen weggeworfen werden. Nach dem Blühen und im Frühjahre ist sie unwirksam, denn die ältere ist im Absterben und die jüngere noch nicht ausgebildet.

Sie ist fast herz-eiförmig, auf einer Seite flach, mit einer rinnenförmigen Vertiefung in der Mitte, worin die Blumenscheiden und Blattanfänge liegen. Auf der andern Seite gewölbt, ebenfalls mit einer Vertiefung in der Mitte, öfter mehr unregelmässig gestaltet; von der Grösse einer Kastanie (mit der sie auch in der Gestalt etwas Aehnlichkeit hat) und darüber; zuweilen $3\frac{1}{2}$ Centim. lang und breit. Vollkommen ausgebildet und wenn sie am wirksamsten (Ende Juli bis Anfang August), ist sie aber mehr rund, birnförmig; und quer durchschnitten bildet sie fast kreisrunde Scheiben. Die Eindrücke auf beiden Seiten zeigen an, dass sie schon geschwunden und weniger wirksam ist; die Querscheiben sind dann mehr geigenförmig. Sie ist mit einer gelben oder bräunlichen Haut überzogen. Meist sitzen 2 Zwiebeln beisammen, von denen die eine eingeschrumpft, runzelig, die abgestorbene ausmacht. Die andere ist fest, innen weiss, dicht, fleischig und taugt allein zum medicinischen Gebrauche. (Zu anderer Zeit ist sie auch mit Wurzelbrut umgeben.) Sie hat frisch einen widerlichen rettigartigen Geruch, der aber durch Trocknen vergeht, süsslichen, dann bitterlich scharfen kratzenden Geschmack. Beim Trocknen schrumpft sie etwas zusammen, wird aussen runzelig, braun; innen bleibt sie weiss und dicht, und behält ihren ursprünglichen Geschmack.

Die Blumen schmecken stark bitter.

Der Same, völlig reif (im Mai und Juni) einzusammeln, ist verkehrteiförmig, fast rund, 1—2 Millim. lang, dunkelbraun, sehr fein grubig-punktirt, wenig runzelig, matt, aussen mit einer starken Raphe versehen, die frisch weiss, fleischig und sehr gross ist, beim Trocknen jedoch sehr zusammenschrumpft. Innen weiss, hart, zähe und schwer zu pulvern; geruchlos, sehr bitter und widrig kratzend von Geschmack.

Wesentliche Bestandtheile. In der Zwiebelwurzel nach PELLETIER und CAVENTOU ein bitterscharfer Körper, welchen sie für Veratrin hielten, der aber von GEIGER und HESSE als eigenthümlich erkannt und daher Colchicin genannt wurde. Als sonstige Bestandtheile sind von den genannten Chemikern, sowie von STOLTZE, ASCHOFF, BACMEISTER, G. BLEY, COMAR gefunden: Stärkmehl (in der frischen Zwiebel über 20 %), Zucker, Harze, Fett etc.

Die Blüthen enthalten nach Geiger und Hesse, Reithner, Aschoff, G. Bley ebenfalls Colchicin; ausserdem nach Reithner noch: eisengrünende Gerbsäure (in den Antheren auch eisenbläuende), Zucker, Fett, Harz, Wachs, Gummi.

Der Same enthält gleichfalls und zwar am reichlichsten Colchicin, wie aus den Untersuchungen von Geiger und Hesse, Aschoff, G. Bley, Hübschmann u. A. hervorgeht. G. Bley fand ausserdem noch darin: Zucker, Albumin, Fett, Harz etc. — In den Blättern ist nach Bley ebenfalls Colchicin enthalten.

Geiger und Hesse erhielten das Colchicin krystallinisch, dagegen Reithner, Aschoff, Bley, Hübschmann nur amorph. Oberlin bekam beim Behandeln des amorphen Colchicins mit Säuren ein krystallinisches Produkt, das er Colchicein nannte, und aus den dann folgenden Untersuchungen von Hübler ging hervor, dass das Colchicin, obwohl stickstoffhaltig, kein Alkaloid sondern ein indifferenter Körper ist, der durch Säuren, ohne seine Zusammensetzung zu ändern, in einen krystallinischen, sich wie eine Säure verhaltenden, übergeht. Beide, das amorphe Colchicin und das krystallinische Colchicein, sind starke Gifte. — Auf das, was in neuester Zeit I. Hertel über die Herbstzeitlose in chemischer Beziehung publicirt hat, kann hier nur verwiesen werden.

Anwendung. Die der Zwiebel hat fast ganz, und die der Blumen ganz aufgehört, so dass eigentlich nur noch der Same von arzneilichem Interesse ist. Die gewöhnlichste Gebrauchsform ist die mit Weingeist oder Wein bereitete Tinktur, dann ein Essig.

Geschichtliches. Die Herbstzeitlose wurde schon von den alten Aerzten medicinisch verordnet, kam dann in Vergessenheit, und erst im vorigen Jahr-. hundert wieder in Aufnahme. Das Κολχικον der Alten wird gewöhnlich auf unser C. autumnale bezogen, Fraas neigt sich jedoch mehr dem C. variegatum L. zu.

Colchicum ist benannt nach Kolchis in Kleinasien am schwarzen Meere, wo nach Dioskorides die von ihm gemeinte Pflanze häufig vorkommt.

Hermodakteln.
Hermodactyli.
Colchicum variegatum L.
Hexandria Trigynia. — Melanthaceae.

Eine unserer Herbstzeitlose ähnliche Pflanze mit lanzettlich-wellenförmigen Blättern und buntwürfelig gefleckter Blume, die ebenfalls im Herbste erscheint. — In Portugal, Sicilien, Kreta, Klein-Asien einheimisch.

Gebräuchlicher Theil. Die Zwiebelwurzel; sie ist flach herzförmig, oft rinnenförmig ausgehöhlt, auf der andern Seite gewölbt, 12—24 Millim. lang, etwa ebenso breit, gleicht überhaupt in der Gestalt der Herbstzeitlosenzwiebel sehr. Im Handel kommt sie von der äusseren Haut befreit vor, ist aussen schmutzig gelb oder bräunlich, innen weiss, leicht zerbrechlich, mehlig, meist ohne Geruch und Geschmack; an einzelnen Stücken bemerkt man aber doch nach einiger Zeit einen anhaltend kratzenden Geschmack.

Wesentliche Bestandtheile. Lecanu fand nur Stärkmehl und sonstige indifferente Stoffe, woraus wohl folgt, dass zur Untersuchung nur alte verlegene Waare gedient hat.

Anwendung: Obsolet. Man s. übrigens den vorigen Artikel.

Der Name Hermodaktyli (Merkursfinger) bezieht sich auf die (mitunter fingerförmige) Gestalt der Zwiebel.

Himbeere.

Baccae Rubi idaei.

Rubus idaeus L.

Icosandria Polygynia. — *Rosaceae.*

0,9—1,5 Meter hoher und höherer Strauch mit aufrechten, dünnen, rundlich-kantigen Zweigen, die mit kleinen aufrechten Stacheln besetzt sind. Die Blätter stehen abwechselnd, sind lang gestielt, unpaarig gefiedert, aus 5—7 Blättchen bestehend, die der oberen Zweige dreizählig. Die einzelnen Blättchen oval, zu-gespitzt, die seitwärts stehenden sitzend, das am Ende befindliche gestielt, grösser als die übrigen, alle gesättigt grün, und blasser und meist mit weisslichem Filz bedeckt, der Blattstiel behaart, oben von einer Furche durchzogen, mit kleinen Stacheln versehen und an der Basis mit 2 kleinen schmalen pfriemenförmigen Afterblättchen besetzt. Die ansehnlichen weissen Blumen entspringen aus den Blattwinkeln auf stachligem Stiele, dessen Aeste meist 3—5 Blumen tragen. Die zusammengesetzten rothen saftigen Beeren sind fast halbkugelig, unten ausge-höhlt und bestehen aus kleinen rundlichen zusammenhängenden, mit weisslichen Härchen besetzten Beerchen, deren jedes einen länglichen, weissen, harten Kern einschliesst. — Durch ganz Deutschland häufig in Gebüschen, Hecken, lichten rauhen Waldungen, zumal im Gebirge; auch häufig in Gärten gezogen, wo die Pflanze mit weissen und gelben Früchten variirt.

Gebräuchlicher Theil: Die Früchte (früher auch die Blätter). Sie haben einen lieblichen Geruch und sehr angenehmen süss-säuerlichen Geschmack; die wilden sind aromatischer als die in Gärten gezogenen. — Die Blätter sind geruchlos und schmecken herbe.

Wesentliche Bestandtheile. Eigenthümliches Aroma (die Aetherverbindung einer Fettsäure), Zucker, Gummi, Schleim, Pektin, Farbstoff, Pflanzensäuren (nach Scheele und Bley Aepfelsäure und Citronensäure). Seyffert fand in den Wald-himbeeren 2,80 % Zucker, in den Gartenhimbeeren 4,45 %. — Die Blätter ent-halten eisengrünenden Gerbstoff.

Anwendung. Roh und auf mancherlei Weise zubereitet, meist als Syrup. Die Blätter dienten als Thee, zu Gurgelwasser, äusserlich als Wundmittel.

Geschichtliches. Dierbach behauptete, unsere Himbeere könne in den Schriften der Griechen und Römer, sowie der Araber kaum mit Sicherheit nach-gewiesen werden; Fraas, der gründliche Kenner der klassischen Flora, zeigte jedoch, dass Βατος ὀρθοφυης Theophr., Βατος ἰδαια Diosk. und *Rubus* Plin. sich sämmtlich auf Rubus idaeus beziehen. — Den so beliebten Himbeersyrup lehrte zuerst C. Gesner bereiten und verwenden. Bei Valerius Cordus kommt eine Komposition Diamorion vor, welche Himbeer- und Erdbeersaft enthält.

Wegen Rubus s. den Artikel Brombeere, blaue.

Himbeere ist abgeleitet von *Him* oder *Hain*, und bezieht sich auf den Standort.

Himmelschlüssel.

(Frühlings-Schlüsselblume, Primel.)

Radix, Herba und *Flores Primulae veris, Paralyseos.*

Primula officinalis JACQ.

(Primula veris W.)

Pentandria Monogynia. — Primulaceae.

Perennirende Pflanze mit im Kreise stehenden, gestielten, gekerbt gezähnelten runzeligen, unterhalb haarigen, weisslichen Wurzelblättern, 10—30 Centim. hohem rundem, mit kurzen Haaren bedecktem Blumenschafte, abwärts geneigten hochgelben Blumen mit fast halbkugelförmig ausgehöhltem Saume, am Schlunde mit 5 safrangelben Flecken gezeichnet. — Häufig auf etwas trockenen, besonders gebirgig und waldigen Wiesen.

Gebräuchlicher Theil. Die Wurzel, das Kraut und die Blüthen.

Die Wurzel besteht aus einer federkieldicken und dickeren Pfahlwurzel von schuppig höckeriger Oberfläche, frisch hellgrau, innen weissgelblich mit vielen weisslichen starken Fasern besetzt. Sie riecht angenehm anisartig, schmeckt reizend bitterlich.

Das Kraut ist geruchlos und schmeckt schwach bitterlich.

Die Blumen haben frisch einen angenehmen honigartigen Geruch, der aber durch Trocknen grösstentheils verloren geht; beim Trocknen geht ihre gelbe Farbe auf feuchtem Lager leicht in eine grüne über.

Wesentliche Bestandtheile. In der Wurzel nach HÜNEFELD: ätherisches Oel mit einem Stearopten (Primelkampher), eisengrünender Gerbstoff, ein scharfer, kratzender Bitterstoff, ein krystallinischer geruch- und geschmackloser Körper (Primulin). Nach MUTSCHLER ist das Primulin identisch mit dem Cyclamin (s. Erdscheibe).

Kraut und Blumen sind nicht näher untersucht.

Verwechselung. Mit den Blumen der *Primula elatior* JACQ.; diese sind grösser, der Saum der Krone flach ausgebreitet, die Farbe blasser, auch mangelt der angenehme Geruch.

Anwendung. Die Blumen hie und da noch als Thee. Wurzel, Kraut und Blumen ehemals häufig gegen Kopfweh, Schwindel. Das Pulver der Wurzel erregt Niesen. HÜNEFELD empfahl dieselbe als Surrogat der Senega.

Geschichtliches. Die Pflanze kommt schon in den nordischen Sagen vor. Im Mittelalter empfahl sie die Aebtissin HILDEGARD unter dem Namen Himmelschlüssel gegen Melancholie. — Was die vermuthete, aber jedenfalls irrige Beziehung zu dem *Dodekatheon* der Alten betrifft, so sei hier kurz erwähnt, dass mit letzterem Namen (zus. aus δωδεκα: zwölf und θεος: Gott) eine Pflanze bezeichnet wurde, welche die Herrlichkeit der zwölf (grossen) Gottheiten darstellte oder (wie sich PLINIUS ausdrückt) als das Sinnbild der Majestät aller Götter betrachtet ward. Welche Pflanze PLINIUS damit meinte, wissen wir nicht (vielleicht *Lilium Martagon)*, in keinem Falle kann sie die von LINNÉ so benannte Primulacee sein, denn diese kommt nur in Virginien vor. L. wollte mit obigem Namen bloss andeuten, dass der Schaft in der Regel 12 Blüthen trägt.

Wegen Primula s. den Artikel Aurikel.

Hirschpilz.
(Hirschbrunst, Hirschtrüffel.)
Boletus cervinus.
Lycoperdon cervinum L.
(Elaphomyces granulatus Fr.)
Cryptogamia Fungi. — Gasteromycetes.

Kugeliger oder von oben etwas eingedrückter Pilz von der Grösse einer kleinen Wallnuss und kleiner; besteht aus einer harten, über 2 Millim. dicken, aussen schmutzig-gelblichen oder bräunlichen, mit kleinen stumpfen Warzen besetzten (die auch zuweilen ganz fehlen), nicht aufspringenden Hülle; anfangs im Innern weich und weiss, enthält er im reifen Zustande eine staubige, dunkel violette, fast schwarze Sporenmasse. Riecht frisch angenehm, trocken nicht mehr, schmeckt fade und bitterlich. — In Waldungen, nahe unter der Oberfläche der Erde.

Gebräuchlich. Der ganze Pilz.

Wesentliche Bestandtheile. Biltz fand in der äusseren Haut: einen gelben Bitterstoff; in der harten Schale selbst: Fett, Albumin, Mannit, Schleimgummi etc.; in den Sporen (Keimkörnern): einen Riechstoff, Harze, Schleimzucker, Inulin etc. Das Keimkörnernetz (in welchem die Keimkörner liegen), gab Mannit, aber kein Inulin.

Anwendung. Gilt beim Volke als erregendes Mittel, namentlich als Aphrodisiacum.

Wegen Boletus s. den Artikel Feuerschwamm.

Wegen Lycoperdon s. den Artikel Bovist.

Elaphomyces ist zus. aus ἔλαφος (Hirsch) und μυκης (Pilz); soll von den Hirschen zur Brunstzeit aufgesucht werden.

Hirschzunge.
Herba Scolopendrii, Linguae cervinae.
Scolopendrium officinarum W.
(Asplenium Scolopendrium L.)
Cryptogamia Filices. — Polypodieae.

Der Wurzelstock ist mit Spreublättchen und Blattstielbasen besetzt. Die Wedel sind ungetheilt; der Stiel ist kurz, mit Spreublättchen versehen, das Blatt am Grunde etwas herzförmig, länglich, fast zungenförmig, ganzrandig, glatt und schön grün, etwa 30 Centim. lang. Die Fruchthaufen sitzen linienförmig an den Seitennerven der Unterfläche. Es giebt eine Spielart mit an der Spitze eingeschnittenem Blatte. — An Felsen und Mauern, auch in Brunnen hie und da in Deutschland und im südlichen Europa in der Bergregion.

Gebräuchlicher Theil. Der Wedel; riecht frisch farnkrautartig, schmeckt unbedeutend.

Wesentliche Bestandtheile. Eisengrünender Gerbstoff. Nicht näher untersucht.

Anwendung. Früher; wurde neuerdings wieder als Thee gegen Brustkrankheiten empfohlen.

Scolopendrium, das Σκολοπενδριον der Alten (φυλλιτις des Dioskorides) hat seinen Namen nach den aus den Fruchthaufen bestehenden braunen Streifen auf der Unterseite des Blattes bekommen, denn sie sehen aus wie ein Skolopender.

Wegen Asplenium s. den Artikel Frauenhaar, rothes.

Hirse.

Semen (Fructus) Milii.
Panicum miliaceum L.
Triandria Digynia. — Gramineae.

Einjähriges Gras, 60—90 Centim. hoch, mit rauhhaarigen Blattscheiden, breit-lanzettlichen, behaarten Blättern, grosser, oft gegen 30 Centim. langer, schlaffer hängender Rispe, die mehr oder minder ausgebreitet oder zusammengezogen ist. — Ursprünglich in Ostindien einheimisch, wird häufig in Europa, auch in Deutschland angebaut.

Gebräuchlicher Theil. Die Frucht; es sind kleine, eiförmige, glatte, glänzende Körner von weisser, gelber oder schwärzlicher Farbe. Gewöhnlich kommen sie geschält (von den erhärteten Blüthenspelzen befreit) vor als rundliche Körner von blassgelber Farbe, geruchlos, von mehlig süsslichem Geschmacke.

Wesentliche Bestandtheile. Nach ZENNECK in 100: 54 Stärkmehl, 6 Kleber, 5 Zucker, 6 Gummi, 4 Oel, 4 Mineralstoffe etc.

Anwendung. Die Abkochung und der Brei (Hirsebrei) wurde gegen Diarrhoe verordnet. Häufig als Speise in mancherlei Form; auch als Futter für junges Geflügel.

Geschichtliches. Eine schon in alten Zeiten bekannte und benutzte Gras-art, Κεγχρον oder Κεγχρος der Griechen, *Milium* der Römer.

Milium leitet FESTUS ab von *mille* (tausend), weil die Rispe eine sehr grosse Anzahl von Körnern trägt. Da die Hirse, wie PLINIUS sagt, ein sehr süsses Brot giebt, so steht daz Wort auch vielleicht mit *mel* (Honig) im Zusammenhange.

Wegen Panicum s. den Artikel Bluthirse.

Hirtentasche.

(Gänsekresse, Säckelkraut, Täschelkraut.)
Herba Bursae pastoris L.
Capsella Bursa pastoris MÖNCH.
(Iberis Bursa pastoris CRTZ., *Nasturtium Bursa pastoris* ROTH, *Thlaspi Bursa pastoris* L.)
Tetradynamia Siliculosa. — Cruciferae.

Einjährige Pflanze mit kleiner weisser, ästig fasriger Wurzel, aus der mehrere 0,30 bis 0,60 Meter hohe, aufrechte oder an der Basis gekrümmte, z. Th. fast einfache, häufiger mehr oder minder ausgebreitet ästige, gewöhnlich etwas be-haarte, z. Th. aber auch fast glatte Stengel kommen. Die gestielten, auf der Erde im Kreise liegenden Wurzelblätter sind bald mehr oder weniger schrot-sägenförmig oder fiederig getheilt, bald ungetheilt, eiförmig, mehr oder weniger gezahnt; die sitzenden, stengelumfassenden oberen Blätter sind mehr oder minder eingeschnitten, fiederig getheilt, auch ungetheilt und gezähnt, die obersten häufig ganzrandig; alle mehr oder minder behaart, z. Th. fast glatt, heller oder dunkler grün. Die kleinen weissen Blumen bilden am Ende der Stengel und Zweige Afterdolden, die sich später mit den Früchten traubenartig verlängern. Die zierlichen dreieckigen, verkehrt herzförmigen (taschenähnlichen), ausge-randeten 4—6 Millim. langen Schötchen sitzen auf fast horizontal abstehenden, 8—10 Millim. langen Stielchen. Die Pflanze variirt sehr. — Sehr gemein an Wegen, auf Aeckern u. s. w.

Gebräuchlicher Theil. Das Kraut; es hat frisch einen schwachen, etwas widerlichen, kressenartigen Geruch, der durch Trocknen zum Theil vergeht, und schmeckt krautartig, später etwas scharf und ekelhaft bitter. Das von trocknen sonnigen Standorten ist schärfer.

Wesentlicher Bestandtheil. Schwefelhaltiges ätherisches Oel, resp. diejenige Verbindung, welche durch Einwirkung von Wasser jenes Oel liefert. Analysen des Krautes haben angestellt LAPPERT, PLESS, MAURACH und DAUBRAWA. Nach PLESS stimmt das durch Destillation des Samens mit Wasser erhaltene Oel ganz mit dem Senföle überein (während Thlaspi arvense ein Gemisch von Senföl und Knoblauchöl liefert). Als nennenswerthe Bestandtheile des Krautes führt DAUBRAWA noch an: eisengrünender Gerbstoff, Saponin, Aepfelsäure, Citronensäure, Weinsteinsäure.

Anwendung. Frisch wie Kresse gegen Blutflüsse, als Pulver und im Aufguss gegen Wechselfieber. Dr. G. L. TUCKEY in Chikago lenkt auf diese ziemlich in Vergessenheit gekommene Pflanze wieder die Aufmerksamkeit; sie habe sich als Tinktur sehr heilsam bei Haematurie und verschiedenen anderen Harnkrankheiten erwiesen.

Geschichtliches. Die Pflanze kommt schon als θλασπι bei DIOSKORIDES vor.

Iberis von *Iberien* (Spanien); die meisten Arten kommen in warmen trocknen Ländern vor.

Thlaspi von θλαειν (zerquetschen) in Bezug auf die platt gedrückte Form der Schoten und Samen.

Wegen Nasturtium s. d. Artikel Brunnenkresse.

Hohlzahn, gelber grossblühender.
(Weisse, zottige Kornwuth.)
Herba Galeopsidis grandiflorae.
Galeopsis ochroleuca LAM.
(*G. grandiflora* EHRH., *G. villosa* HUDS.)
Didynamia Gymnospermia. — Labiatae.

Einjährige Pflanze mit kleiner, ästig faseriger Wurzel, 30—45 Centim. hohem, aufrechtem, meist ästigem, mit weichen, kurzen Haaren dicht besetztem, z. Th. röthlich gefärbtem Stengel; die meist ziemlich langen Glieder sind oberhalb der Blätter und Zweige nur wenig aufgetrieben oder fast gleich; die Zweige ausgebreitet aufsteigend; die Blätter mit 8—12 Millim. langen, haarigen Stielen, breit lanzettlich oder eilanzettlich, 2½—5 Centim. lang, an der Basis ganzrandig, der übrige Rand etwas stumpf gesägt, dicht mit anliegenden kurzen, zarten, silberglänzenden Haaren bedeckt, von blassgelblich-grüner, unten mehr weisslicher Farbe, sich zart anfühlend. Die Blüthen stehen in Achseln am Ende der Stengel und Zweige, aber in 2—3 z. Th. ziemlich genäherten 6—10blüthigen Quirlen, von kleinen, lanzettlichen, behaarten, stachelspitzigen Nebenblättern gestützt. Kelch kurz, gelblich-grün, drüsig behaart, mit kurzen, steifen, an der Spitze weisslichen, stechenden Zähnen, die Krone ansehnlich, 3—4mal so lang als der Kelch (3 Centim. lang), aussen behaart, blassgelb, z. Th. fast weiss, zuweilen roth, an der Basis der Unterlippe zwei hohle, stumpfe Zähne mit einem kleinen violetten Fleckchen. — In mehreren Gegenden Deutschlands (Rheingegend, Westphalen) und dem übrigen südlichen Europa auf sandigem Boden, Aeckern, unter dem Getreide oft in grosser Menge.

Gebräuchlicher Theil. Das Kraut, Blankenheimer Thee, LIEBER'sche Auszehrungskräuter. Es wird die ganze oberirdische Pflanze zur Zeit des Blühens eingesammelt. Ihr Geruch ist schwach, aber eigenthümlich balsamisch, der Geschmack fade, salzig bitterlich.

Wesentliche Bestandtheile. Nach GEIGER: Bitterstoff, eisengrünender Gerbstoff, Harze, Zucker, Gummi, Fett, Wachs etc.

Verwechselungen. 1. Mit Galeopsis Ladanum L.; sie hat mehr armförmig ausgebreitete Zweige, weit schmalere, linien-lanzettliche, mattere, mehr dunkelgraugrüne, nicht gelbliche Blätter, viel kleinere, etwa doppelt so grosse Kronen als der Kelch, welche purpurroth sind. 2. Mit G. versicolor CURT. (G. cannabina ROTH); die meist grössere Pflanze hat mehr den Habitus der folgenden Art, ist rauhhaariger, die Gelenke der Stengel sind oberhalb der Blätter stark angeschwollen, die Quirle stehen an der Spitze der Stengel und Zweige sehr genähert, die obersten berühren sich zum Theil, die Kelche haben längere, stärkere Stacheln, die Kronen sind fast noch grösser als die der echten Pflanze, weisslich, z. Th. auch blassgelb, mit grössern, rothen Flecken auf der Unterlippe, oder häufig weiss und roth variegirt. 3. Mit G. Tetrabit; der Stengel ist dick, ästig, sehr rauhhaarig, mit abwärts stehenden, steifen Haaren besetzt, die Gelenke sind am obern Ende stark aufgetrieben, die Blätter 5 bis 10 Centim. lang, 20—40 Millim. breit, rauhhaarig, die Blumen purpurn oder weisslich. 4. Mit Stachys annua; die gelbgrünen Blätter sind fast unbedeckt, statt, die gelblichen Blumen kaum halb so gross.

Anwendung. Als Thee gegen Lungenkrankheiten.

Geschichtliches. Nach den historischen Forschungen des Medicinalraths Dr. GÜNTHER in Köln bedienten sich schon die älteren Aerzte dieser Pflanze in Lungenkrankheiten; GERARD habe sie zur Heilung der Wunden gerühmt, PAUL HERMANN daraus einen Syrup gegen Heiserkeit bereitet und CAESALPIN die Pflanze gegen Tertianfieber empfohlen. Die erste Nachricht, welche aus neuerer Zeit von ihr vorhanden ist, gab 1792 der Stiftsvikar MARTENSTOCK in seiner Flora von Bonn, wo er berichtet, dass die Pflanze in Köln einen sehr grossen Ruf habe, und bei beginnender Schwindsucht unter dem Namen Sideritis arvensis stark gebraucht, anfänglich theuer bezahlt und meistens von Blankenheim bezogen worden sei. M. misskannte jedoch die Pflanze, denn er beschrieb sie irrig unter dem Namen Sideritis hirsuta, wie diess der Apotheker SEHLMEYER in Köln nachwies. Nach dem Berichte des Dr. LEJEUNE in Verviers ist Galeopsis ochroleuca in den Ardennen unter dem Namen Ganot bekannt und wird dort, zumal in der Umgegend von Malmedy, schon lange Zeit als Heilmittel benutzt, namentlich ist die Pflanze ein Bestandtheil des sehr verbreiteten Brusttranks der Demoiselle LOUVET in Malmedy. Dr. LEJEUNE stellte in den Jahren 1811—1812 Heilversuche mit der Galeopsis an, die ihre medicinischen Tugenden bestättigten, und um diese Zeit wurde auch in HUFELAND's Journal auf die Pflanze aufmerksam gemacht. In den oberen Rheingegenden wurde die Galeopsis ungefähr seit 1807 unter dem Namen LIEBER'sche Auszehrungskräuter verbreitet; sie heissen so nach dem Regierungsrath LIEBER zu Kamberg (im Nassauischen), der mit seinem Geheimmittel einen einträglichen Handel trieb, das Päckchen à 24 Loth für 3 Gulden verkaufte und soviel absetzte, dass er, öffentlichen Nachrichten zu Folge, die Pflanze in Quantitäten von 40 Centnern bezog. Der Apotheker WOLF zu Limburg an der Lahn, welcher in Erfahrung gebracht hatte, dass LIEBER seine Kräuter zu Blankenheim an der Eifel sammeln liess, reiste selbst dahin und fand bald, dass es die Galeopsis ochroleuca sei, worüber er 1811 und 1812 mehrere Aufsätze im Allgemeinen Anzeiger der Deutschen drucken liess, auch die Pflanze an WILLDENOW in Berlin schickte, welcher seine Beobachtung bestättigte. Die preussische Regierung erliess im Aachener Amtsblatte 1824 eine Anzeige, worin gesagt wird, was die LIEBER'schen Kräuter seien, und dass man in den Apotheken das Pfund für 8 Groschen haben könne. Die sicherste Auskunft über die Natur dieser Kräuter verdankt man übrigens dem vormaligen Apotheker STEIN in Frankfurt a. M., der aus der von LIEBER selbst bezogenen verkleinerten Pflanze Samen auslas und und daraus die Galeopsis ochroleuca erzog.

Galeopsis, zus. aus γαλη (Wiesel, Katze) und ὀφις (Gestalt, Ansehn), soll sich auf die eigenthümliche Gestalt der Blumenkrone beziehen, welche mit dem aufgesperrten Rachen eines solchen Thieres Aehnlichkeit hat. Noch einleuchtender erscheint die Bedeutung von Galeopsis, wenn man die beiden ersten Sylben das lateinische *galea* (Helm) repräsentiren lässt, denn die Oberlippe ist entschieden helmförmig.

Hollunder, gemeiner.
(Alhorn, schwarzer Beerenstrauch, Flieder, Holder.)
(Cortex, Folia, Flores, Baccae Sambuci; Grana Actes.)
Sambucus nigra L.
Pentandria Trigynia. — Loniceraceae.

Grosser Strauch, der sich aber mitunter zu einem 6—9 Meter hohen und 0,30 Meter dicken Stamm auswächst; die jüngeren Aeste und Zweige oder Triebe sind grün, später weisslich-grau oder braun, mit Wärzchen besetzt; unter der dünnen Oberhaut sitzt die grüne Rinde. Das weisse, leichte Holz schliesst ein lockeres, weisses, elastisches Mark ein. Die Blätter stehen gegenüber, sind gestielt, gefiedert, aus 3—7 Blättchen bestehend, ohne Afterblätter, die einzelnen Fiedern länglich-lanzettlich, fein gesägt, auf beiden Seiten glatt. Die Blumen stehen am Ende der Zweige in grossen, flachen, dichten Trugdolden, die meist in 5 Hauptäste vertheilt sind, die Blümchen klein, blassgelblich-weiss, leicht abfallend. Die reifen Früchte fast erbsengross, kugelig, schwarz mit purpurnem Safte. Variirt mit grünen und weissen Beeren, gefleckten und geschlitzten Blättern. — Häufig bei uns in Gebüschen, an Wegen, in Hecken.

Gebräuchliche Theile. Die Rinde, Blätter, Blumen und Beeren.

Die Rinde, nämlich die von der Oberhaut befreite, grüne, von starken Zweigen im Frühjahre zu sammeln, riecht frisch sehr widerlich, schmeckt süsslich herbe, etwas salzig, widerlich. Wirkt heftig purgirend.

Die Blätter riechen und schmecken frisch wie die Rinde und wirken ebenso.

Die Blumen riechen frisch stark, eigenthümlich, etwas widrig, gleichsam betäubend; die trocknen, schön gelb aussehenden, riechen angenehmer.

Die Beeren, getrocknet Grana Actes genannt, riechen eigenthümlich, etwas widerlich, schmecken süsslich säuerlich, bitterlich.

Wesentliche Bestandtheile. In der Rinde ist eisenbläuender Gerbstoff, und nach KRÄMER eine eigenthümliche flüchtige Säure enthalten, welche aber wahrscheinlich nichts als Baldriansäure ist. — Die Rinde der Wurzel enthält nach F. SIMON als wirksamen (Brechen und Purgiren erregenden) Bestandtheil ein Weichharz.

Die Blätter enthalten ebenfalls Baldriansäure, sind aber nicht genauer untersucht.

In den Blumen fand ELIASON ein festes, ätherisches, durchdringend stark riechendes Oel, Gerbstoff, Schleim, Harz, Eiweiss.

Die Beeren enthalten nach SCHEELE Aepfelsäure, Zucker, Gummi. Ausserdem fand ENZ noch darin: ätherisches Oel, Essigsäure, Baldriansäure, eisengrünende Gerbsäure, Weinsteinsäure, Bitterstoff, Wachs, Harz.

Verwechselungen. 1. Mit den Blüthen von Sambucus Ebulus; diese sind röthlich-weiss und stehen in 3 strahligen Trugdolden. 2. Mit den Blüthen von Sambucus racemosa; sind blassgrün und stehen in Trauben. 3. Mit den Beeren von Sambucus Ebulus; sie riechen widriger, schmecken bitterer und unangenehmer.

Anwendung. Rinde und Blätter selten mehr. Die Blumen als Thee, zu Umschlägen, Bähungen. Die Beeren zur Darstellung eines eingedickten Muses (Rob Sambuci), welches theils medicinisch, theils diätetisch gebraucht wird. — Der Wurzelsaft wurde neuerdings wieder gegen Wassersucht empfohlen.

Geschichtliches. Dem Hollunder, sowohl dem gemeinen als auch dem kleinen (s. den folgenden Artikel) schrieben die alten griechischen und römischen Aerzte gleiche Heilkräfte zu; einen Absud der Blätter zum Ausführen des Schleimes und der Galle, einen Absud der Wurzel gegen Wassersucht. Der gemeine hiess bei ihnen 'Ακτη, 'Αχεα, 'Ακτιε, 'Ακτεος und 'Ακταια, der kleine χαμαιακτη.

Sambucus von σαμβυκη (ein dreieckiges Saiteninstrument), welches aus dem Holze dieses Baumes gemacht worden sein soll. — Σαμβυξ oder σανδυξ bedeutet eine rothe Farbe, und lässt sich auf den dunkelrothen Saft der Frucht beziehen.

Hollunder von hohl, wegen der Marklosigkeit des Stammes und der ältern Aeste.

An alten Hollunderbäumen sitzt häufig ein Pilz,

Hollunderschwamm,

Fungus Sambuci, auch Judasohr, *Auricula Judae* genannt.
Im System:

Exidia Auricula Judae FR.
(Tremella Auricula L.)
Cryptogamia Fungi. — Hymenomycetes.

Im frischen, feuchten Zustande eine halbrunde oder ohrförmige, weiche, fleischige, biegsame Masse von 25—50 Millim. Durchmesser, auf der obern Seite glatt und glänzend braun, mit vorspringenden Falten, auf der untern Seite mit einem sehr zarten, blassgrauen Filze bedeckt, der aber zuweilen fehlt. Im trocknen Zustande zieht sich der Pilz stark zusammen, wird oben schwarz und spröde.

Ueber seine chemischen Bestandtheile ist nichts bekannt.

Diesem Pilze sind oft stark getrocknete und halb verkohlte Exemplare des *Polyporus versicolor* FR. oder *P. zonatus* FR. und andere Arten untergeschoben, die sich aber leicht daran erkennen lassen, dass sie in Wasser nicht wieder weich werden.

Wegen seiner Eigenschaft, viel Wasser einzusaugen und dasselbe lange in sich zu halten, dient er noch hie und da als Volksmittel zum Ueberschlagen von Augenwasser.

Exidia kommt von ἐξιδιειν (ausschwitzen); die Sporidien, anfangs in Schläuchen eingeschlossen, schwitzen später elastisch heraus.

Tremella von *tremere*, τρεμειν (zittern); diese Pilzarten bilden frisch meist eine zitternde Gallerte.

Hollunder, kleiner.
(Gemeiner Attich.)
Radix, Cortex, Folia, Flores und *Baccae Ebuli.*
Sambucus Ebulus L.
Pentandria Trigynia. — *Loniceraceae.*

Perennirende Pflanze mit sehr weit kriechender wuchernder Wurzel, 0,6 bis 1,2 Meter hohem und höherem, oft fingerdickem, aufrechtem, oben ästigem, grünem krautartigem Stengel; die gegenüber stehenden Blätter sind gefiedert, grösser als bei der vorigen Pflanze, bestehen aus 5—9 lanzettlichen, gesägten, an der Basis drüsigen, glatten Blättchen, zu denen an der Basis des allgemeinen Blattstiels ähnliche, aber kleinere, eiförmige oder oval-herzförmige, gesägte After-blätter kommen. Die Blumen stehen in Afterdolden, die Blümchen sind grösser als die der vorigen Pflanze, röthlich weiss, mit rothen Antheren. Die Beeren ebenfalls schwarz. Das ganze Gewächs riecht stark und widerlich. — Durch ganz Deutschland an Wegen, Waldrändern, auf feuchten Aeckern, an Gräben.

Gebräuchliche Theile. Die Wurzel, innere Stengelrinde, Blätter, Blumen und Beeren.

Die Wurzel, im Frühjahr oder Spätherbst zu sammeln, ist frisch etwa fingerdick, cylindrisch, sehr lang, ästig, weiss, fleischig; im trockenen Zustande zeigt sie eine etwa ⅔ Millim. dicke, fest anliegende, runzelige, faserige, hellbräun-lich-graue Rinde, die innere Substanz ist weisslich, porös, oft etwas hohl, riecht frisch sehr widerlich, fast käseartig, schmeckt widerlich bitter und scharf; ge-trocknet ist sie geruchlos und ihre Rinde schmeckt etwas herbe. Das Innere ist fast ohne Geschmack.

Die innere Stengelrinde riecht frisch wie die Wurzelrinde stark widerlich und wirkt wie diese stark purgirend.

Die Blätter stimmen in Geruch und Wirkung mit jener überein.

Die Blumen riechen ebenso.

Die Beeren schmecken bitterlich süss und schwach säuerlich.

Wesentliche Bestandtheile. In der Wurzel nach Enz: Spuren ätherischen Oeles, Baldriansäure, Essigsäure, Weinsteinsäure, eisengrünende Gerbsäure, Fett, Harz, Saponin, scharfe und bittere Materie, Zucker, Eiweiss, Gummi, Stärkmehl.

Stengelrinde, Blätter und Blumen enthalten als Geruchsprincip jedenfalls auch ätherisches Oel und Baldriansäure, sind aber nicht näher untersucht.

Die Beeren enthalten nach Enz: dessgleichen ätherisches Oel und Baldrian-säure, ferner: Essigsäure, Aepfelsäure, Weinsteinsäure, eisengrünende Gerbsäure, Fett, Wachs, scharfen Stoff, bitteren Stoff, Zucker, Gummi, Schleim etc.

Anwendung. Ehedem die Wurzel, Stengelrinde und Blätter als Purgans und Emeticum, die Blumen als Thee, die Beeren zur Bereitung eines Muses (Roob Ebuli). Enz empfiehlt den Beerensaft zur Bereitung einer Tinte.

Geschichtliches. S. den vorigen Artikel.

Ebulus ist vielleicht zus. aus εὖ (gut) und βουλή (Rath); die Pflanze galt früher als Mittel gegen allerlei Uebel (s. PLIN. XXIV. 35. XXVI. 73).

Attich ist das veränderte ἀκτεα.

Hollunder, spanischer.

(Spanischer Flieder, Flötenrohr, Lilak, Weinblume.)
Cortex, Fructus und *Semen Syringae* oder *Lilac.*
Syringa vulgaris L.
Diandria Monogynia. — Oleaceae.

Ansehnlicher Strauch oder kleiner Baum mit gegenüber stehenden, ziemlich grossen, oval-herzförmigen, glatten Blättern, angenehm duftenden Blumen am Ende der Zweige in grossen Rispen, weiss, blau oder röthlich. — In Persien einheimisch, jetzt im südlichen Europa und selbst hie und da in Deutschland verwildert; viel in Gärten und Anlagen gezogen.

Gebräuchliche Theile. Die Rinde, Früchte und Samen.

Die Rinde ist sehr fein gerunzelt, mit ganz kleinen Tuberkeln besetzt, frisch grau braun-grünlich, trocken braun, frisch innen weisslich, getrocknet gelblich und glatt. Sie riecht nicht, schmeckt aber bitter, etwas scharf und zusammenziehend.

Die Früchte, im unreifen Zustande zu sammeln, sind länglich, zugespitzt, zusammengedrückt, kaum 25 Millim. lang, blassgrün und glatt, in jedem der beiden Fächer befinden sich 2 längliche, mit einem häutigen Rande eingefasste Samen; geruchlos, sehr bitter.

Wesentliche Bestandtheile. Nach mehreren, theils unvollständigen, theils sich widersprechenden Analysen, nämlich der Rinde und Früchte von Ber-nays und von Meillet, wobei B. als Syringin einen süsslich, kratzend und bitterlich schmeckenden und M. als Lilacin einen rein bitterschmeckenden Stoff aufgestellt hatte, wovon aber bezüglich dieses Syringins Ludwig nachwies, dass es nur unreiner Mannit sei; dann der Blätter von Braconnot und von du Menil, der Früchte von Petrot und Robinet; zeigte Kromayer, dass die Syringa, ausser Mannit, noch zwei eigenthümliche Stoffe enthält, einen geschmacklosen krystallinischen, den er Syringin und einen bittern, amorphen, den er Syringopikrin nennt. Das Syringin findet sich nur in der Rinde und noch spurweise in den Knospen, fehlt aber gänzlich in den Blättern und halbreifen Früchten, während das Syringopikrin in allen diesen Theilen vorkommt, am reichsten jedoch in der Rinde. — In den Früchten fand Payr noch eine eigenthümliche pektinartige Materie. Den Riechstoff der Blüthen erhielt Favrot durch Extraction mit Aether u. s. w. als ein gelbes Oel.

Anwendung. Früher gegen Hypochondrie; auch als Chinasurrogat empfohlen.

Geschichtliches. Dieser Zierstrauch ist erst seit 1562 in Deutschland bekannt, zu welcher Zeit ihn der österreichische Gesandte Augerius Busbecq aus Konstantinopel mitbrachte. Matthiolus liess ihn zuerst unter dem Namen Lilak abbilden. Clusius, C. Gesner u. A. bezeichneten ihn als Syringa; auch glaubte man damals (irrig), dass er in Portugal einheimisch sei, wie denn Lobelius, Taber-naemontanus u. A. ihn Syringa lusitanica nannten.

Syringa ist abgeleitet von συριγξ (Röhre, Pfeife); das Holz dient (in der Türkei) zu Pfeifenröhren.

Lilak heisst der Strauch in Persien.

___

Hollunder, wasserliebender.
(Hirschholder, Schneeball, Schwelkenbaum.)
Cortex, Flores, Baccae Opuli, Sambuci aquaticae.
Viburnum Opulus L.
Pentandria Trigynia. — Loniceraceae.

1,2—1,8 Meter hoher Strauch mit Zweigen, welche in der Jugend grün und gestreift sind, gegenüberstehenden, gestielten, rundlich-ovalen, dreilappigen, unten glatten, dreinervigen Blättern, glatten, an der Spitze drüsigen Blattstielen und am Ende der Zweige in flachen, strahlenförmigen Afterdolden stehenden Blumen. Die Blumen des Strahls sind gross, flach, weiss, unfruchtbar, die innern viel kleiner, glockenförmig, gelblichweiss, fruchtbare Zwitter. Variirt durch Kultur leicht und bildet anfangs grüne, dann weisse, in dichten kugelförmigen Afterdolden stehende unfruchtbare Blumen. Die Blumen sind wohlriechend, die Beeren rund und roth. — Häufig an feuchten Orten, in Gebüschen, an Wegen; die gefüllte Varietät meist in Gärten gezogen.

Gebräuchliche Theile. Die Rinde, Blumen und Beeren.

Wesentliche Bestandtheile. In der Rinde nach KRÄMER: eisenbläuender Gerbstoff, eigenthümlicher Bitterstoff, (Viburnin), eine flüchtige Säure (die nach v. MORO Baldriansäure ist), Gummi etc. Die Beeren enthalten nach CHEVREUL ebenfalls Baldriansäure; ihr rother Farbstoff eignet sich nach LEO zum Färben.

Anwendung. Veraltet. Die Beeren, welche bitter und zusammenziehend schmecken, sollen emetisch wirken.

Viburnum (unter diesem Namen schon bei den römischen Schriftstellern vorkommend) ist abgeleitet von *viere* (binden, flechten); mehrere Arten haben lange und biegsame Zweige.

Opulus von *populus* (Pappel); in Bezug auf die Aehnlichkeit der Blätter mit denen der Pappel. Die Römer schrieben oft *opulus* statt *populus*.

Viburnum Lantana L., der wollige Schlingbaum, hat stark adstringirend schmeckende Blätter. Die schwarzen mehligen (nicht saftigen) Beeren schmecken widerlich süsslich, schleimig und enthalten nach ENZ: eisengrünende Gerbsäure, Baldriansäure, Essigsäure, Weinsteinsäure, Bitterstoff, scharfen und kratzenden Stoff, rothen Farbstoff, Zucker, Gummi, Fett, Wachs, Harz.

Lantana von *lentare* (biegen); die biegsamen Zweige dienen zum Binden und zu Flechtwerken.

Viburnum prunifolium, der amerikanische Schneeball, enthält nach VAN ALLEN in der Wurzelrinde: Viburnin, ein ebenfalls bitteres Harz, Baldriansäure, eisengrünende Gerbsäure, Oxalsäure, Citronensäure, Aepfelsäure. Sie wird in der Heimath medicinisch angewandt.

Hopfen.
(Hopfenzapfen, Hopfenkätzchen.)
Strobili (Amenta, Coni) Lupuli.
Humulus Lupulus L.
Diœcia Pentandria. — Cannabineae.

Perennirende krautartige, rankende Pflanze mit links sich windendem, rauhem, kantig gestreiftem, ziemlich dickem, zähem, unten fast holzigem und sehr hoch steigendem Stengel; gegenüberstehenden, lang gestielten, grossen, herzförmigen, 3—5 lappigen, auch ungetheilten, gesägten, oben rauhen, hochgrünen, unten lasseren, fast glatten, nur an den Rippen und Stielen scharfen Blättern. Die lamen stehen den Blattachseln gegenüber, die männlichen in zusammengesetzten, ausgebreitet ästigen, fast hängenden Trauben, sind klein, weisslich; die weiblichen in gestielten, kleinen, rundlichen Köpfchen, die sich nach dem Verblühen in längende, 2½—7 Centim. lange, eiförmige oder länglich eiförmige, stumpfe, grünlich-gelbe, beim Reifen hellbraun werdende, lockere Zapfen verwandeln. — Wächst wild in Hecken, an Wegen (doch ist diess gewöhnlich die männliche Pflanze) und wird häufig kultivirt.

Gebräuchlicher Theil. Die samenlosen Fruchtzapfen der weiblichen Pflanze, welche allein kultivirt wird. Es sind leichte lockere kätzchenartige Gebilde, und bestehen aus dünnen, durchscheinenden, nervigen, biegsamen Schuppen, welche an der hohlen Basis mit gelben, mit der Zeit schön orangegelb werdenden, glänzenden körnigen Drüsen, dem sogenannten Hopfenstaube oder Lupulin (circa 10⅔ vom Gewichte der Zapfen) besetzt sind und beim Drücken in der Hand stark kleben. Der Hopfen riecht eigenthümlich, stark aromatisch, in Masse fast betäubend, schmeckt beissend aromatisch, zugleich sehr bitter und adstringirend. Träger des Geruchs und Geschmacks sind besonders die gelben Drüsen (das Lupulin), doch zeigen auch die davon befreiten Schuppen noch Aroma und Bitterkeit. Die Drüsen werden durch die Wärme der Hand weich, klebend, sind sehr entzündlich und brennen mit heller Flamme.

Wesentliche Bestandtheile. In den jungen grünen Sprossen fand Leroy: Asparagin, ätherisches Oel, Harz, Zucker etc. — Die weiblichen Blüthen sammt den daran hängenden gelben Drüsen sind wiederholt chemisch untersucht worden, nämlich von Brandenburg, Yves, Chevallier, Payen, Lermer, R. Wagner, Personne, Griessmayer, C. Etti, Issleib, und als wichtigste Stoffe erwiesen sich dabei ätherisches Oel, Bitterstoff, Gerbstoff und mehrere Alkaloide.

Das ätherische Oel, zuerst als schwefelhaltig angegeben, ist nach Wagner schwefelfrei. Neben diesem Oele fand Personne im Destillate auch Baldriansäure.

Der Bitterstoff (Hopfenbitter) wurde zuerst von Lermer rein krystallinisch dargestellt und seinem Verhalten nach unter die Säuren gereiht.

Der Gerbstoff gehört zu den eisengrünenden, wird aber nach Etti vom Leim nicht niedergeschlagen.

Was die Alkaloide betrifft, so bekam zuerst Lermer ein solches in kleinen, rundigen Krystallen, jedoch so wenig, dass eine genauere Ermittelung seiner sonstigen Eigenschaften unterbleiben musste. Dann kündigte Personne einen stickstoffhaltigen Bitterstoff von alkaloïdischen Eigenschaften an, den er Lupuline nannte. Hierauf erhielt Griessmayer bei der Untersuchung des Hopfens ein flüchtiges, flüssiges, penetrant, fast wie Coniin riechendes, alkalisch und widrig, sehr bitter schmeckendes Alkaloid, dem er den Namen Lupulin gab (welchen wir uns aber, zur Vermeidung von Verwechselungen, in Humulin umzuwandeln erlauben); und aus mehreren Hopfensorten noch ein zweites flüchtiges und flüssiges Alkaloid, das sich indessen nicht als eigenthümlich, sondern als Trimethylamin herausstellte.

Verwechselt kann der Hopfen nicht wohl mit einer andern Pflanze werden; allein ist nur darauf zu sehen, ob er frisch ist, d. h. durch Alter noch nicht sein Aroma verloren hat, worüber schon der Geruch entscheidet. Zur besseren Konservirung des Hopfens pflegt man ihn zu schwefeln, d. h. der Einwirkung von schwefligsauren Dämpfen auszusetzen und in feste Ballen zu verpacken, was ein durchaus unbedenkliches Verfahren ist. Wer jedoch daran Anstoss nehmen sollte, kann sich leicht auf folgende Weise darüber, ob ein Hopfen geschwefelt ist, Gewissheit verschaffen.

Man übergiesst in einem Cylinderglase 20 Grm. des fraglichen Hopfens mit 100 Grm. Wasser, lässt 1 Tag bei gewöhnlicher Temperatur einwirken, seiht durch, presst aus, setzt zu der Flüssigkeit in einem Glaskolben ein ihr gleiches Gewicht reine Salzsäure von 1,120 spec. Gewicht, dann noch 5 Grm. reines Zink, und leitet das sich nun entwickelnde Wasserstoffgas in eine Auflösung von 1 Th. Bleizucker in 30 Th. Wasser. Bleibt nach längerem Durchströmen des Gases die Flüssigkeit vollkommen klar, frei von schwärzlichen Flocken und auch die innere Wand der Röhre, soweit sie in der Bleilösung steckt, frei von schwärzlichen Anfluge, so war der Hopfen nicht geschwefelt gewesen, während solche schwärzliche Ausscheidungen die Schwefelung sicher constatiren.

Anwendung der Drüsen in Substanz, der ganzen Fruchtzapfen im Aufguss und Absud, namentlich als Diuretikum. Die Benutzung als Würze und Conservirungsmittel des Bieres ist bekannt.

Die Wurzel der Pflanze, welche dick, ästig, sehr lang, aussen mit dunkelbrauner, leicht ablösbarer Rinde bedeckt, innen weisslich zähe ist, ziemlich herbe und bitter schmeckt und viel Stärkmehl enthält, empfahl man früher als Surrogat der Sarsaparille.

Die jungen grünen Sprossen werden als Gemüse wie Spargel oder Salat genossen.

Geschichtliches. Der Hopfen ist schon sehr lange bekannt und als Arzneimittel im Gebrauche.

Humulus ist das Dimin. von *humus* (Erde), d. h. ein Gewächs, welches auf der Erde hinkriecht (wenn es nicht gestützt wird), also wesentlich gleichbedeutend mit (dem ebenfalls von *humus* abgeleiteten) *humilis*.

Lupulus ist das Dimin. von *lupus* (Wolf), weil die Pflanze sich um andere z. B. Weiden herumschlingt und ihnen dadurch schädlich wird. Plinius nennt den Hopfen daher schon Weidenwolf *(Lupus salictarius)*.

Hornklee.
(Gehörnter Schotenklee.)
Herba und *Flores Loti sylvestris, Trifolii corniculati.*
Lotus corniculatus L.
Diadelphia Decandria. — Papilionaceae.

Perennirendes Pflänzchen mit langer, dünner, ästig faseriger Wurzel, aus der meistens mehrere, 15—30 Centim. lange und längere, niederliegende und aufsteigende, dünne, glatte oder mehr oder weniger zottige, ästige Stengel kommen, die abwechselnd mit gestielten, dreizähligen, kleinen Blättern, aus eiförmigen, glatten oder mehr oder weniger zottig behaarten, ganzrandigen, zarten Blättchen bestehend, besetzt sind; an der Basis des Blattstiels stehen zwei ähnliche, etwas breitere Afterblättchen. Die Blumen stehen achselig auf langen nackten Stielen und bilden 5 —12blüthige, niedergedrückte, doldenartige Köpfchen aus hochgelben, etwa 4 Centim. langen und längeren Blumen. Die Hülsen sind cylindrisch, dünn, höckerig, glatt, einfächerig, vielsamig, die Samen nierenförmig, braun gefleckt. Die Pflanze variirt nach dem Standorte in der Grösse, Richtung der Stengel, Bedeckung u. s. w. — Auf Wiesen, Weiden, Aeckern.

Gebräuchliche Theile. Das Kraut und die Blumen.

Das Kraut ist geruchlos, schmeckt krautartig, etwas salzig und herbe.

Die Blumen riechen frisch angenehm honigartig, trocken nicht mehr, werden beim Trocknen gewöhnlich blaugrün, schmecken süsslich und bitterlich.

Wesentliche Bestandtheile. Gerbstoff, Zucker, Schleim. Ist näher zu prüfen.

Anwendung. Ehemals wie Steinklee.

Lotus, Λωτος, Collectivname für »Futterklee«, wozu auch unsere Pflanze gehört. S. den Artikel, Brustbeeren, rothe, und Dattelpflaume.

Hornstrauch, blumiger.

Cortex radicis Corni floridae.

Cornus florida L.

Tetandria Monogynia. — Corneae.

Mässig hoher Baum mit kurz gestielten, entgegengesetzten, elliptischen, ungezähnten, unterhalb graugrünen Blättern, kleinen gelbgrünen Blumen und schöner weisser grosser, aus verkehrt-herzförmigen Blättchen bestehender Blumenhülle. Die Früchte sind scharlachroth, viel kleiner als die Kornelkirschen und sehr bitter. — In Nord-Amerika einheimisch, bei uns in Anlagen gezogen.

Gebräuchlicher Theil. Die Wurzelrinde; sie ist frisch röthlichgrau, recht aromatisch, schmeckt mehr scharf als bitter; trocken fast geruchlos, bitter, herbe.

Wesentliche Bestandtheile. CARPENTER wollte darin ein Alkaloid gefunden haben, das er Cornin nannte, GEIGER wies aber nach, dass dieser Stoff ein eher zu den Säuren gehörender krystallinischer Bitterstoff ist, gab ihm daher den Namen Corninsäure. Ausserdem enthält die Rinde noch: eisenbläuenden Gerbstoff, Stärkmehl, Fett, Harz etc.

Anwendung. In Amerika als Fiebermittel.

Cornus von *cornu* (Horn), wegen der Härte und Zähigkeit des Holzes.

Hornstrauch, gelber.

(Dürlitze, rother Hartriegel, Judenkirsche, Kornelkirsche.)

Fructus Corni.

Cornus mascula L.

Tetrandria Monogynia. — Corneae.

Strauch oder kleiner Baum mit gegenüberstehenden, länglichen, spitzen, oberigen, rauhen, kurz gestielten Blättern. Die schön hochgelben Blumen erscheinen schon im März vor den Blättern, von gefärbten Hüllen umgeben in fast blattständigen sitzenden Dolden am Ende der Zweige. Die Frucht ist eine längliche, etwa 2½ Centim. lange rothe Steinfrucht von der Gestalt einer Olive. — Auf sonnigen Hügeln, Bergen und in Wäldern, im Oriente, auch hie und da bei uns wild und in Gärten gezogen.

Gebräuchlicher Theil. Die Früchte; sie schmecken säuerlich süss, etwas herbe.

Wesentliche Bestandtheile. Zucker, Pflanzensäuren. Nicht näher untersucht.

Anwendung. Gegen Durchfälle, Ruhr; frisch und eingemacht genossen.

Die Blätter wurden als Thee empfohlen. Das harte dauerhafte Holz dient zu Tischler- und Drechslerarbeit.

Die Stammrinde enthält nach TROMMSDORFF eisenbläuenden Gerbstoff, Schleim, Pektin, Harze etc.

Geschichtliches. Schon die alten griechischen Aerzte rühmten die Früchte gegen Bauchflüsse und die beim Verbrennen des Holzes ausschwitzende Flüssigkeit wendeten sie gegen räudige Ausschläge an. Der Strauch hiess bei ihnen Κρανια, Κρανεια ἀρρην und Κρανεια τανυφλοιος, bei den Römern *Cornus* und *Cornucerasum*; während *Cornus sanguinea* als Θηλυκρανεια, *Cornus femina* bezeichnet wurde.

Huflattich.
(Brandlattich, Brustlattich, Eselshuf, Rosshuf.)
Radix, *Herba* und *Flores Farfarae*, *Tussilaginis*.
Tussilago Farfara L.
Syngenesia Superflua. — *Compositae.*

Perennirende Pflanze mit gerade absteigender, dünner, cylindrischer, befaserter Wurzel und weit kriechenden, dünnen Sprossen; treibt schon vom Februar bis April meist mehrere finger- bis handlange und längere, ganz gerade, mit blattartigen, lanzettlichen, zuletzt bräunlich gefärbten Schuppen besetzte Schäfte, welche am Ende ein mittelmässig grosses, anfangs aufrechtes, dann überhängendes Blumenköpfchen tragen; die mittleren Zwitterblumen, etwa 20, sind röhrig-trichterförmig, die weiblichen Randblumen, mehrere hundert, sind sehr schmal zungenförmig. Die Achenien länglich rund, gestreift, mit sitzendem Pappus. Die langgestielten Wurzelblätter erscheinen nach den Blumen, sind z. Th. handgross und grösser, häufig auch kleiner, rundlich herzförmig, scharfeckig, gezähnt, oben hochgrün, glatt, unten weissfilzig, etwas dicklich, fleischig. — Häufig auf thonigen, etwas feuchten Aeckern, an Wegen, auf feuchten Wiesen, an Gräben.

Gebräuchliche Theile. Die Wurzel, Blätter und Blumen.

Die Wurzel, im Spätherbst oder gleich nach dem Winter einzusammeln, ist frisch etwa federkieldick, cylindrisch, ästig, hin und her gebogen, weisslich, fleischig; schrumpft durch Trocknen zusammen, wird runzelig, aussen gelbbräunlich, oben z. Th. violett, höckerig, innen weiss, leicht brüchig, markig, geruchlos, von süsslich schleimigem, etwas bitterlich-herbem Geschmack.

Die Blätter sind ebenfalls geruchlos, schmecken salzig krautartig, etwas schleimig, schwach herbe bitterlich.

Die Blumen, vor dem völligen Entfalten zu sammeln und schnell zu trocknen, riechen frisch etwas süsslich, sind trocken geruchlos und schmecken den Blättern ähnlich.

Wesentliche Bestandtheile. In allen dreien: Schleim, eisengrünender Gerbstoff, Bitterstoff und Salze. Näher untersucht sind sie nicht.

Verwechselung der Blätter mit denen der folgenden Art ist leicht aus der Vergleichung beider Beschreibungen zu erkennen.

Anwendung. Meist in Aufguss und Absud gegen Brustleiden; die frischen Blätter äusserlich bei Entzündungen aufgelegt. Die jungen Blätter eignen sich zu Gemüse.

Geschichtliches. Der Huflattich war schon den alten hippokratischen Aerzten bekannt — sie nannten ihn Βηχιον — und wurde von ihnen namentlich die Wurzel bei auszehrenden Krankheiten benutzt. Bei trockenem Husten und Engtrasigkeit liess man die Blätter rauchen, und zwar schon zu einer Zeit, wo das Tabakrauchen in Europa noch ganz unbekannt war.

Tussilago ist zus. aus *tussis* (Husten) und *agere* (führen), d. h. eine Pflanze, welche Husten vertreibende (wegführende) Kräfte enthält.

Farfara ist zus. aus *far* (Getreide, Getreidemehl) und *ferere* (tragen), also gleichsam: mehltragende Pflanze, in Bezug auf den auf der Unterseite der Blätter befindlichen weissen Filz. Wohl aus gleichem Grunde nennt PLAUTUS in seinem Lustspiele »Poenulus« den weissen Pappelbaum: Farfarus.

Huflattich, grossblättriger.

(Neunkraft, Pestilenzwurzel, Pestwurzel, Wasserklette.)

Radix Petasitidis.

Petasites vulgaris DESF.

(Petasites officinalis MÖNCH, Tussilago Petasites L.)

Syngenesia Superflua. — Compositae.

Perennirende Pflanze mit dicker cylindrischer, horizontal kriechender und sprossender, mit starken Fasern besetzter Wurzel, die der vorhergehenden Art ähnliche, aber meist weit grössere, bis 45 Centim. und darüber im Durchmesser haltende langgestielte Blätter treibt, welche jedoch nicht eckig, sondern mehr abgerundet, buchtig, ungleich gezähnt sind. Der Ausschnitt an der Basis ist mehr ausgerundet, die Lappen nähern sich mehr und decken sich zum Theil, die Oberfläche ist matter dunkelgrün, etwas runzelig, die Unterfläche mehr grau. Die schon im März und April mit den Blättern zugleich sich entwickelnden Blumen stehen auf einem ähnlichen, mit röthlichen lanzettlichen blattartigen Schuppen besetzten, etwa 30 Centim. hohen Schafte und bilden anfangs einen dicht gedrängten eiförmigen Strauss von zierlichen blass pupurrothen Scheibenblümchen mit ähnlichen Schuppen untermengt, der sich während und nach dem Verblühen stark verlängert und lockerer wird. Die Blümchen variiren nach dem Standorte; theils sind es grösstentheils Zwitterblumen oder es sind grösstentheils weibliche Blümchen. Letztere Varietät unterschied LINNÉ als T. hybrida. — Auf nassen Wiesen, an Gräben und Bächen, z. Th. häufig.

Gebräuchlicher Theil. Die Wurzel; sie ist cylindrisch, ästig, oben fast knollig, bis 25 Millim. und darüber dick. Die cylindrischen Aeste und Sprossen z. Th. 60—90 Centim. lang; frisch aussen gelblich grauweiss, trocken grau, runzelig, innen weiss, fleischig, trocken brüchig, markig. Riecht eigenthümlich aromatisch, etwas scharf, schmeckt schwach süsslich, dann aromatisch-bitterlich, etwas herbe.

Wesentliche Bestandtheile. Nach REINSCH: ätherisches Oel, eigenthümliches Harz (Petasit), eigenthümliche krystallisirbare Harzsäure (Resinapitsäure), eisengrünende Gerbsäure, Traubenzucker, Mannit, Inulin, viel Pektin, Gummi, Schleim etc.

Anwendung. Früher in Substanz und Aufguss gegen die verschiedensten Krankheiten, auch Pest; äusserlich (auch die frischen Blätter, welche widerlich aromatisch riechen und aromatisch herbe schmecken) auf bösartige Geschwüre und selbst Pestbeulen.

Geschichtliches. Schon die alten griechischen Aerzte gebrauchten und nannten die Pflanze wegen ihrer grossen rundlichen Blätter Πεταϭιτης (von πεταϭϙϛ Sonnenhut). Im Mittelalter hielt man sie auf Grund ihrer ausgezeichneten diaphoretischen Wirkung für ein Hauptmedicament gegen die Pest.

Humirie.

Cortex und *Balsamum Humiriae.*

Humiria balsamifera AUBL.

(Myrodendron amplexicaule WILLD.)

Polyadelphia Polyandria. — *Tiliaceae.*

Hoher Baum mit dicker braunrother Rinde, oval-länglichen, etwas gekerbten, den Stiel halb umfassenden und mit den mittleren Nerven herablaufenden Blättern, kleinen weissen Blumen an der Spitze der Zweige in Afterdolden, welche länger als die Blätter sind, mit schalenförmigem 5 spaltigem Kelche, 5 Blumenblättern und 20 Staubfäden, bis zur Hälfte in eine leicht in mehrere Bündel sich trennende Röhre verwachsen. Der Fruchtknoten ist von 10 fleischigen zweispaltigen, ringförmig zusammenhängenden Schüppchen umgeben, der Griffel zottig, die Frucht eine 4—5 fächerige Steinfrucht. — In Guiana einheimisch.

Gebräuchliche Theile. Die Rinde und der durch Einschnitte in die Rinde ausfliessende Balsam.

Die Rinde; es sind etwa 30 Centim. lange, 4 Centim. breite und 8 Millim. dicke Stücke mit 4 Millim. dicker Borke. Die Oberfläche ist ungleich zerrissen, an erhabenen Stellen schwarzglänzend, an vertieften von Flechten schmutzig-aschgrau, die Grundfarbe dunkelbraun. Die Borke besteht aus mehreren Schichten von mattbrauner Farbe, ist stellenweise von Balsam durchtränkt, dadurch glänzend, stark und angenehm darnach riechend, dunkelbraun, fast schwarz. Geschmack schwach aromatisch, etwas zusammenziehend.

Der Balsam ist dick, roth, riecht sehr stark und angenehm und ähnelt dem Perubalsam.

Wesentliche Bestandtheile. Aetherisches Oel, Harz. Nicht näher untersucht.

Anwendung. In der Heimath innerlich und äusserlich. Die Rinde zu Fackeln.

Daran schliesst sich die in Brasilien einheimische *Humiria floribunda* MART. ein Baum mit graubrauner, rissiger, innen rothbrauner Rinde, verkehrt eiförmigen oder fast ovalen, ganzrandigen, stumpfen oder nur wenig an der Spitze ausgerandeten, an der Basis in den kurzen Stiel verlaufenden Blättern. Die kleinen weissen Blumen stehen in dichten achsel- und endständigen Afterdolden, ihre Stiele sind gleich den Zweigen fast zweischneidig, mit kleinen dreieckigen, spitzen, konkaven Deckblättchen besetzt. Die Blumenblätter länglich-lanzettlich und die Staubfäden, sowie der Griffel mit weichen Haaren besetzt. Die ovale Steinfrucht, anfangs dunkel purpurroth, wird später schwarz, ihr Fleisch ist dünn, röthlich, süss und essbar, die davon umgebene Nuss gelblich-rostbraun, oval, zugespitzt und in dieser kleine Samen.

In Pará heisst der Baum Umiri; der aus dem Stamme quellende Balsam ist blassgelb, riecht stark und angenehm und kann nach MARTIUS wie der Kopaivabalsam benutzt werden.

Humiria ist abgeleitet von *humiri,* dem Namen des Baums in Guiana.

Hundsflechte.

Lichen cinereus terrestris, L. caninus. Herbae Hepaticae saxatilis.

Peltigera canina ACH., FR.

Cryptogamia Lichenes. — Parmeliaceae.

Das Lager (der Thallus) ist häutig, oben filzig, aschgrau oder braun, unten weiss, mit Fasern besetzt. Die Fruchtbehälter (Apothecien) sitzen an den aufsteigenden Randlappen, sind rundlich, rothbraun, mit sehr schwachem Rande, zuletzt an den Seiten zurückgerollt. — Ueberall zwischen Moos auf der Erde.

Gebräuchlich. Die ganze Flechte; sie schmeckt schwach bitter, etwas salzig.

Wesentliche Bestandtheile. Bitterstoff, Salze. Genauere Untersuchung fehlt.

Anwendung. Obsolet.

Peltigera ist zus. aus *pelta* (kleiner Schild) und *gerere* (tragen) in Bezug auf die Form der Fruchtlager.

Wegen Lichen s. den Artikel Becherflechte.

Hundskohl, hanfartiger.

(Amerikanischer Hanf.)

Radix Apocyni cannabini.

Apocynum cannabinum L.

Pentandria Monogynia. — Apocyneae.

Perennirende Pflanze mit gleich der Quecke kriechender Wurzel, etwa 90 Centim. hohem, braunem, oben behaartem Stengel, eiförmigen, zugespitzten, unten behaarten Blättern, in Rispen stehenden, grünlichweissen Blumen, und ungewöhnlich langen und dünnen Balgkapseln. Die ganze Pflanze ist von einem schwachen Milchsafte durchdrungen. — In Virginien und andern Theilen Nord-Amerika's.

Gebräuchlicher Theil. Die Wurzel; sie ist kriechend, oft gewunden und besteht aus zwei deutlichen Schichten, der innere holzige Theil ist weissgelb, geruchlos, aber stark bitter, der äussere oder die Rindenschicht braun oder röthlich, stärkemehlreich, riecht unangenehm und schmeckt noch bitterer.

Wesentliche Bestandtheile. Nach GRISCON; besonderer, emetisch und purgirend wirkender Bitterstoff (Apocynin), Stärkmehl, Gerbstoff, Gummi.

Anwendung. In Nord-Amerika als Emetikum wie die Ipekakuanha, und als Diuretikum. Aus dem Baste der Stengel fertigt man ein feines seidenartiges Zeug, und die Samenwolle dient zum Ausstopfen der Polster. — Ganz ähnliche Beschaffenheit und Anwendung haben *A. androsaemifolium* und *A. venetum*, ebenfalls perennirende Pflanzen, diese auf den Inseln des adriatischen Meeres in Italien und Sibirien, jene gleichfalls in Nord-Amerika einheimisch.

Apocynum ist zus. aus ἀπο (von, weg) und κυων (Hund), d. h. eine Pflanze, von der man die Hunde fern halten soll, weil ihr Saft sie tödtet — was übrigens auch für alle übrigen Thiere gelten dürfte.

Hundspetersilie.

(Gartengleisse, kleiner oder Gartenschierling, Hundsdill, Glanzpetersilie, Katzen-
petersilie, Krötenpeterlein, tolle Petersilie.)

Radix und *Herba Cynapii, Cicutariae Apii folio, Cicutae minoris.*

Aethusa Cynapium L.

Pentandria Digynia. — Umbelliferae.

Ein- bis zweijährige Pflanze mit meist dünner, spindelförmiger, weisslicher,
jener der Petersilie ähnlicher, aber fast geruchloser Wurzel. Der Stengel wird
0,3—1,2 Meter hoch, erreicht aber zumal zwischen dem Getreide oft nur eine
Höhe von 5—7 Centim., ist aufrecht, ästig, rund, gestreift, glatt, mattgrün, mit
einem leicht abzuwischenden bläulichen Reife überzogen, und oft braun gefleckt.
Die Blätter sind doppelt und dreifach gefiedert, die untern gestielt, die obern
sitzend; die Blättchen klein, eiförmig, 2—3spaltig, die untern weniger eingeschnitten, ihre Segmente linienförmig, mit sehr kleiner Stachelspitze, oben dunkelgrün, unten heller, stark glänzend, glatt; fast geruchlos, doch beim Reiben etwas
widerlich lauchartig riechend. Die Dolden stehen einem Blatte gegenüber oder
an der Spitze der Zweige auf langen Stielen, ohne allgemeine Hülle; die besonderen Hüllchen bestehen aus 3—5 langen, dünnen, linienförmigen, herabhängenden Blättchen, welche die Döldchen halb umgeben. Die Blümchen sind
weiss, die am Rande der Dolden grösser als die übrigen; sie hinterlassen etwa
3 Millim. lange und 1½ Millim. dicke, scharf gerippte, grünliche oder blassgelbe,
fast geruchlose Früchte von fadem süsslichem Geschmacke. Die früher allgemein verbreitete Meinung, dass diese Pflanze giftige Eigenschaften
besitze, hat in jüngster Zeit HARLAY widerlegt. — In Gärten, Weinbergen,
auf Aeckern, an Wegen.

Gebräuchliche Theile. Die Wurzel und das Kraut.

Wesentliche Bestandtheile. Nach FICINUS ein krystallinisches Alkaloid
(Cynapin), dessen Existenz jedoch noch zweifelhaft ist.

Verwechselungen. 1. Mit der Petersilie; von dieser unterscheidet sich
die Hundspetersilie durch ihren geringen und abweichenden Geruch, durch die
dunkler grüne Farbe und den Glanz auf der Unterseite der Blätter; durch die
dünnen (meist) einjährigen Wurzeln und den bläulich bereiften Stengel. 2. Mit
dem Schierling; von diesem unterscheiden sich die Blätter der Hundspetersilie
durch die kleinern schmälern Blättchen, die langen, linienförmigen Segmente
derselben, durch die Geruchlosigkeit im trockenen Zustande u. s. w. (S. auch den
Artikel Schierling).

Anwendung. Obsolet. Früher diente das Kraut zu beruhigenden Umschlägen, und der ausgepresste Saft stand in Ungarn als Diuretikum gegen Nieren-
gries im Gebrauch.

Aethusa von αἴθων (schimmernd), in Bezug auf die unterseitsglänzenden
Blätter.

Cynapium ist zus. aus κυων (Hund) und ἀπιον (Eppich), in Bezug auf die
früher behauptete Giftigkeit der Pflanze.

Hundsruthe, rothe.

(Malteser Schwamm.)

Fungus melitensis.

Cynomorium coccineum L.

Monoecia Monandria. — Balanophoraceae.

Schmarotzergewächs mit fleischigem, keulenförmigem, fast wie ein Pilz aussehendem, etwa 30 Centim. hohem Stengel, am Grunde mit Schuppen, oben mit Blüthen besetzt und von hochrother Farbe, mit blutrothem Safte; getrocknet etwa fingerdicke, aussen braun bestaubte, innen rothbraune Stücke; geruchlos, von herbem salzigem Geschmacke. — In der Nähe des mittelländischen Meeres auf den Wurzeln mehrerer strauchartiger Pflanzen.

Gebräuchlich. Das ganze Gewächs.

Wesentliche Bestandtheile. Eisenbläuender Gerbstoff, Salze. Genauere Untersuchung fehlt.

Anwendung. Früher gegen Blutflüsse.

Cynomorium ist zus. aus χυων (Hund) und μοριον (männliches Glied), in Bezug auf die ähnliche Gestalt.

Hundswinde, indische.

Radix Nannari, Sarsaparrillae indicae.

Hemidesmus indicus R. Br.

(Periploca indica L.)

Pentandria Digynia. — Asclepiadeae.

Kletternder, schlanker Strauch mit zahlreichen langen, schlanken Wurzelfasern, rundlichen, etwas rauhen, aschgrauen Stengeln, oval-länglichen, stumpfen, stachelspitzigen, lederartigen, kurzgestielten, oben hellgrünen, unten aschgrauen Blättern, Blumen in kleinen Dolden, grün, innen purpurroth. — Auf Ceilon und der ostindischen Halbinsel.

Gebräuchlicher Theil. Die Wurzel; sie besteht aus etwas hin und her gekrümmten, dünnen, fast faserigen, bis 6 Millim. dicken Wurzeln, von brauner Farbe, mit unregelmässigen, ziemlich starken Längswurzeln und tiefen, bis auf den holzigen Kern gehenden Querrissen, welche etwas weit geöffnet und wie aufgesprungen erscheinen. Die Oberhaut ist dünn, braun, schwer ablösbar, riecht angenehm aromatisch, schmeckt ebenso und süsslich. Die darunter liegende Schicht ist fest, gelbgrau, harzig, fast hornartig, doch leicht schneidbar, schwer vom holzigen Kern ablösbar, schmeckt stärker als die Oberhaut, sehr angenehm, etwas ähnlich dem Sassafras. Der holzige Kern ist hellfarbig, ziemlich dick, in der Mitte dicht, nach der Peripherie hin fein porös, beim Durchschneiden einen braunen Rand zeigend und holzig schmeckend.

Wesentliche Bestandtheile. Nach Garden: eine krystallinische flüchtige Säure. Ist näher zu untersuchen.

Anwendung. Nach Angabe englischer Aerzte besitzt diese Wurzel die medicinischen Kräfte der amerikanischen Sarsaparrille.

Nannari ist ein indisches Wort.

Wegen Sarsaparrille s. diesen Artikel.

Hemidesmus ist zus. aus ημι (halb) und δεσμος (Bund, Bündel, Band); die Staubfäden sind nur an der Basis verbunden, oben hingegen frei.

Periploca ist zus. aus περι (um) und πλεχειν (schlingen), in Bezug auf die Art des Wachsthums.

Hundszahn, sprossender.

(Sprossendes oder wucherndes Fingergras.)

Radix (Rhizoma) Cynodontis.

Cynodon Dactylon RICH.

(Dactylon officinale VILL., *Digitaria stolonifera* SCHRAD., *Panicum Dactylon* L., *Paspalum umbellatum* LAM.)

Triandria Digynia. — *Gramineae.*

Perennirende Pflanze mit gleich der Quecke weit umherkriechenden Sprossen; die aus diesen zahlreich hervorkommenden Halme sind glatt, 15—45 Centim. hoch, mit graugrünen, am Rande rauhen, linienförmigen, etwas starren Blättern besetzt. Statt des Blatthäutchens eine Reihe langer Haare. An der Spitze des Halmes stehen zu 4—7 vereint die sehr schmalen, linienförmigen, violettröthlichen Aehren, an welchen die kleinen Blümchen zwei dichte Reihen bilden. — An Wegen, auf trockenen Hügeln und Sandfeldern im warmen Europa gemein, in Deutschland weniger häufig.

Gebräuchlicher Theil. Die Wurzelsprossen; sie haben viel Aehnlichkeit mit dem unserer gemeinen Quecke, sind jedoch stärker, fast federkieldick.

Wesentliche Bestandtheile. Wohl dieselben wie die der Quecke. SEMMOLA will darin einen eigenthümlichen krystallinischen Stoff (Cynodin) gefunden haben.

Anwendung. Im südlichen Europa wie die Quecke.

Geschichtliches. Die Pflanze ist die 'Αγρωστις der Griechen und *Agrostis* der Römer.

Cynodon ist zus. aus κυων (Hund) und όδους (Zahn), in Bezug auf die spitz gezähnten Spelzen.

Paspalum von πασπαλος (Hirse nach HIPPOKRATES), und dieses zus. aus παι (ganz) und παλη (Mehl) d. h. eine Pflanze, welche mehlreiche Körner trägt. Die Gattung Paspalum steht der Gattung Milium nahe.

Wegen Panicum s. den Artikel Bluthirse.

Hundezahn, zwiebeliger.

Radix (Bulbus) Dentis canis.

Erythronium Dens canis L.

Hexandria Monogynia. — *Lilieae.*

Perennirende Pflanze mit dünner länglicher, knolliger, fleischiger Zwiebel, welche mit einigen trockenen Häuten umgeben ist, oben in 3—4 Zähne gespalten, die sich mit Hundszähnen vergleichen lassen; 7—15 Centim. langem, rundem, purpurrothem Stengel, an der Basis mit 2 elliptischlänglichen, glatten, oben oft braun und grün gefleckten Blättern besetzt und am Ende eine hängende, blättrige, glockenförmige, rothe Blume mit zurückgeschlagenen Rändern tragend. — Im südlichen Europa, auch Deutschland (Oesterreich) und in Sibirien zu Hause.

Gebräuchlicher Theil. Die Zwiebel; getrocknet bildet sie längliche, nach unten in eine Spitze auslaufende, nach oben abgerundete, meist etwas gebogene Massen, welche auf dem Querschnitte fast stielrund erscheinen, etwa 4 Centim. lang sind und in der Mitte 0,5 Centim. im Durchmesser haben. Ziemlich hart, rein weiss, mehlig, und erinnern wohl einigermaassen an einen mit der Wurzel versehenen Zahn.

Wesentliche Bestandtheile. Nach DRAGENDORFF in 100: 51,2 Stärkemehl, 14,3 Zucker, 1,0 Harz, 12,3 Gummi und Dextrin.

Anwendung. In Sibirien (wo die Zwiebel *Kandyk* heisst) gegen Eingeweidewürmer, Kolik; sogar gegen Epilepsie empfohlen und als Aphrodisiakum. Ist ferner ein Nahrungsmittel aller Völker Sibiriens im ersten Frühjahre.

Erythronium von ἐρυθρος (roth), in Bezug auf die Farbe des Stengels und der Blumen.

Hundszunge.
(Liebäuglein, Venusfinger.)
Radix und *Herba Cynoglossi.*
Cynoglossum officinale L.
Pentandria Monogynia. — *Boragineae.*

Zweijährige Pflanze mit aufrechtem ästigen, 45—90 Centim. hohem, weichfilzigem Stengel, ganzrandigen, grauweisslichen, weichhaarigen Blättern, von denen die unteren länglich, an beiden Enden schmäler, lang gestielt, die obersten sitzend und fast oval sind. Die Blüthen stehen am Ende des Stengels und der Zweige in einseitigen, anfangs zurückgerollten, später sehr verlängerten Trauben. Die Blumen sind klein, blutroth, mit dunkleren Adern durchzogen, zuletzt violett. Die Früchte rauh, kurz und weichstachelig, plattgedrückt, und hängen zur Seite am Griffel. — An Wegen, in Hecken, auf Schutthaufen, an steinigen Orten.

Gebräuchliche Theile. — Die Wurzel und das Kraut.

Die Wurzel; im zweiten Frühjahr zu sammeln, ist einfach oder ästig, oben etwa fingerdick, aussen schwärzlichroth oder braun, glatt, innen weisslich, fleischig oder holzig, im Querschnitt zeigt sich ein grosser Kern. Frisch riecht sie widerlich, mäuseartig, narkotisch, trocken nicht mehr. Der Geschmack ist widrig, schleimig.

Das weissgraue filzige Kraut riecht und schmeckt ähnlich.

Wesentliche Bestandtheile. In der Wurzel nach CENEDELLA: ein Riechstoff, Gerbstoff, Schleim etc. Bedarf genauerer Untersuchung. Das Kraut ist noch nicht untersucht.

Anwendung. Ehedem gegen Husten, Durchfall, und äusserlich bei Geschwulsten. Frisch soll die Pflanze Ungeziefer, selbst Mäuse und Ratten vertreiben.

Geschichtliches. Das Κυνογλωσσον des DIOSKORIDES hat viel breitere Blätter und passt mehr auf die Bedeutung des Namens als unsere Pflanze; nach FRAAS ist es Cynoglossum pictum AIT. Die alten Aerzte bedienten sich einer mit den Blättern bereiteten Salbe bei Verbrennungen und gegen das Ausfallen der Haare. Als Brustmittel kommt es in den Schriften des ALEXANDER TRALLIANUS vor.

Hypocist.
Succus Hypocistidis.
Cytinus Hypocistis L.
Gynandria Dodecandria. — *Cytineae.*

Einjährige Schmarotzerpflanze, besteht aus einem etwa 7 Centim. dicken, fleischigen, mit Schuppen bedeckten, aussen gelblichen oder röthlichen Stengel ohne Blätter, mit gelben in Büscheln stehenden Blumen, und lederartigen 8fächeri-

gen vielsamigen Beeren. — Im südlichen Europa auf der Wurzel verschiedener
Cistus-Arten.

Gebräuchlicher Theil. Der eingedickte Saft der Pflanze, später nur
der Beeren. Er besteht aus etwa 250 Grm. wiegenden runden Kuchen von
schwarzer oder schwarzrother Farbe, im Bruche glänzend, undurchsichtig, etwas
zähe, von sehr zusammenziehendem Geschmack, in Wasser und Weingeist sich
trübe lösend.

Wesentliche Bestandtheile. Gerbstoff. Nicht näher untersucht.

Anwendung. Ehemals gegen Blutflüsse, Diarrhoe.

Geschichtliches. Dieses Präparat gehörte zu den schon in dem hippokratischen Zeitalter benutzten Arzneimitteln, und scheint den alten Aerzten das
gewesen zu sein, was den heutigen das Kino, Ratanhiaextrakt und ähnliche Ad-
stringentia. Schon Dioskorides vergleicht dasselbe mit dem Lycium, (dem Safte
der Beeren von Rhamnus infectoria) und erkannte somit seine wahren Eigenschaften richtig.

Cytinus von Κυτινος (Granatblüthe); der fleischige Kelch des C. sieht dem
der Granatblüthe ähnlich.

Hyssop, officineller.
(Isop, Ysop.)
Herba Hyssopi.
Hyssopus officinalis L.
Didynamia Gymnospermia. — Labiatae.

30—60 Centim. hoher Strauch oder Staude, deren holzig-ästige Wurzel entweder mehrere aufrechte einfache oder wenig ästige 4kantige Stengel treibt, oder
es bilden sich z. Th. daumendicke runde glatte holzige Stämmchen, die sich in
ausgebreitete Aeste und gerade, aufrechte, 4kantige sehr kurz behaarte Zweige
vertheilen; letztere sind ziemlich dicht mit gegenüberstehenden, sitzenden, schmal
lanzettlichen, ganzrandigen, stumpfen, $2\frac{1}{2}$—4 Centim. langen Blättern besetzt,
aus deren Winkeln zwei kleinere ähnliche entspringen; alle sind unbehaart, hochgrün, auf beiden Seiten grubig punktirt, etwas steif. Die Blumen stehen an den
Enden der Zweige in dichten Büscheln und bilden unterbrochene, einseitige beblätterte Aehren von blauen, seltener rothen oder weissen rachenförmigen Kronen
mit eingebogenem Schlunde und gradeaus stehenden Lippen. — Im südlichen
Europa, hie und da in Deutschland, und in Sicilien, bei uns in Gärten als
Einfassung.

Gebräuchlicher Theil. Das Kraut; es sieht trocken meist etwas graugrün
aus, riecht stark, eigenthümlich angenehm aromatisch, dauernd, schmeckt aromatisch
kampherartig, bitterlich.

Wesentliche Bestandtheile. Nach Herberger; eisenbläuender und eisengrünender Gerbstoff, ätherisches Oel, ein besonderer Stoff (Hyssopin), Fett, Harz,
Zucker etc. Das Hyssopin ist nach Trommsdorff nichts als unreiner Gyps. Das
ätherische Oel, leichter als Wasser, ist nach Stenhouse ein Gemenge.

Verwechselung. Mit Satureja hortensis; die sehr ähnlichen Blätter sind
mehr oder weniger mit kleinen gekrümmten, weissen, unter der Lupe gegliedert
erscheinenden Haaren besetzt und gewimpert, riechen und schmecken sehr abweichend.

Anwendung. Im Aufguss als Thee; auch äusserlich zu Umschlägen.

Geschichtliches. Υσσωπος der alten griechischen und römischen Aerzte ist nicht unser Isop (der in Griechenland, Kleinasien und Syrien auch gar nicht vorkommt), sondern nach SPRENGEL, welchem FRAAS beipflichtet, Origanum smyrnaeum oder syriacum L. Der Hyssop der Israeliten dagegen, wohl der älteste bekannte, schon in der Bibel vorkommende, dessen Stamm das hebräische אזוב (esob) oder arabische azzof ist und das ein heiliges Kraut bedeutet, soll nach LYNGBYE Thymbra spicata L., nach C. BAUHIN der schmalblättrige Rosmarin, nach HASSELQUIST aber sogar Gymnostomum truncatum HEDW. sein. — Die jetzt gebräuchliche Pflanze dieses Namens scheint MATTHIOLUS in die Officinen eingeführt zu haben; sie war jedoch schon lange vorher bekannt, und wurde zumal von den Mönchen gezogen; daher sie den Namen Kloster-Hyssop trug.

Jaborandi.
(Yaborandi, Yaguarandy.)
Folia Jaborandi.
Pilocarpus pennatifolius LAM.
Decandria Monogynia. — Rutaceae.

1 Meter hoher Strauch mit circa 8 Millim. dicken, dicht beblätterten Zweigen, die Rinde graubräunlich, längsstreifig, von einfachen Haaren rauh, brüchig, leicht abschälbar, das Holz gelblich-weiss, im Bruche kurzfaserig. Die Blätter unpaarig gefiedert, meist 4—5jochig, 30—40 Centim. lang, das unterste Joch etwa 14 Centim. von der Spindelbasis entfernt, die untersten Joche mit ½ Centim. langem, etwas angeschwollenem Stiel, die oberen fast sitzend, das Endblättchen mit 2 bis 3 Centim. langem Stiele, die einzelnen Joche etwa 3 Centim. von einander entfernt. Die Blattspindel ist braun, längsfurchig. Die Blättchen sind selbst an ein und derselben Spindel verschieden gestaltet, im Allgemeinen eirund-lanzettlich (aber auch eirund bis umgekehrt herzförmig), ganzrandig, fast stets mit ausgerandeter Spitze und ungleicher Basis, bräunlich-grün, lederartig wie die Pomeranzenblätter, fiedernervig, die Nerven, besonders der Mittelnerv, mehr auf der Unterseite vortretend, meist 8—10 stärkere Fiedernerven, am Blattrande (wie bei den Pomeranzenblättern) anastomisirend und dadurch eine wellenförmige Randlinie bildend. Sie gehen im Winkel von 60° vom Hauptnerven ab. Gegen das Licht gehalten, zeigen sie deutlich durchscheinende Punkte (Oelbehälter). Die Unterseite mancher Blättchen von einfachen Haaren rauh anzufühlen. (Nach HOLMES soll die ganze Pflanze glatt sein). Blüthenstand eine Traube, die Spindel 20 Centim. lang, die einzelnen Blüthenstiele 1 Centim. lang. Die Frucht hat 5 Carpellen, ist hellbraun, lederartig, springt 5klappig auf mit schwarzen nierenförmigen Samen. Geruch der Droge mehr oder weniger aromatisch; Geschmack aromatisch und bitter, Speichel erregend. — In Brasilien.

Gebräuchlicher Theil. Die Blätter dieser und noch ein oder mehrerer anderer Arten derselben Gattung (P. Selloanus).

Wesentliche Bestandtheile. Nach GERRARD, HARDY, KINGZETT u. A. ein eigenthümliches krystallinisches Alkaloid (Pilocarpin), welches dem Nicotin sehr ähnlich wirkt; dann nach E. HARTNACK und H. MEYER noch ein zweites, aber amorphes Alkaloid (Jaborin), das in seiner Wirkung mit dem Atropin übereinstimmt.

Verwechselung s. unten am Schlusse.

Anwendung. Als Schweisstreibendes Mittel, und Speichelfluss erregend. Soll nach L. RINGER in London sich auch als Gegengift der Belladonna bewährt haben.

Geschichtliches. Nach SCHELENZ ist der Name der Droge schon 100 Jahre lang in Deutschland bekannt, wenn er auch damals etwas anderes bezeichnete. A. CONRADUS ERNSTINGIUS (Ernsting) erwähnt nämlich in seinem Nucleus totius medicinae (Lemgo 1770) eines Gewächses unter dem Namen Jaborandi oder Yaborandi (brasilianisch) oder Mandragora, deren arabischer Name Yabora sei. Dass aber damit unsere Jaborandi nicht gemeint ist, folgt daraus, dass er hinzufügt: das Gewächse stehet in Spanien, Kreta, Gallia, Galiläa, und hat die bei einiger Phantasie menschenähnlich zu nennende Gestalt der Wurzel, von welcher Moses in 1. Buche, 30 Kap., 14—16. Vers spricht (sie wird dort *Dudaim* genannt).

In GEIGER's pharm. Botanik (2. Auflage von NEES-DIERBACH 1839) heisst es pag. 282 wörtlich: »Unter dem Namen Radix Jaborandi oder Jambarandy kommt aus Brasilien eine Pfefferart, die an ihrer verdickten Basis dünne Wurzelfasern hat. Der Stengel ist glatt, gestreift, knotig, von der Dicke einer starken Feder und ohne Geruch und Geschmack. Die Wurzelfasern hingegen schmecken aromatisch scharf, bertramähnlich. Die Mutterpflanze ist wohl ohne Zweifel die Jaborandi des MARCGRAF und PISO (um d. Mitte des 17. Jahrh.), die nach einigen Autoren zu Piper reticulatum L. gehört; auch erkennt man an den Stengeln die zusammengedrückten Aeste, welche bei dieser Art angegeben sind.

Weitere Aufklärung über diese Wurzel giebt GARCKE in der 5. Auflage der BERG'schen Pharmakognosie, pag. 90, in folgender Weise. »*Radix Jaborandi* von *Ottonia Anisum* SPR., einer in Brasilien einheimischen Piperacee. Die Droge besteht aus dem horizontalen, mit wenigen langen, etwa 2 Millim, dicken, auseinanderstrebenden, holzigen Wurzeln besetzten Wurzelstock, der noch von dicht beisammenstehenden, etwa 15 Centim. langen, 3—4 Millim. dicken, knotigen Stengelresten begleitet ist. Der Wurzelstock wird durch die sehr genäherten, knotig verdickten Stengelbasen gebildet, ist etwa 1 Centim. dick, holzig, braun. Auf dem Querschnitte zeigt er eine sehr dünne, braune, mit Harzzellen versehene Rinde; ein starkes, blassbräunliches, fächerig-strahliges Holz, mit linienförmigen, dunkleren, dicht hornartigen, mit helleren Gefässsporen versehenen Gefässbündeln und keilförmigen, blassbraunen, markigen Markstrahlen; ein blassbraunes, im Umfange wenige kleine, von einem grösseren Kanale begleitete Gefässbündel enthaltendes Mark. Die Stengel sind stielrund, gestreift, mit 1—2, 6—9 Centim. langen, durch verdickte Knoten getrennten Stengelgliedern. Die Wurzeln haben gleichfalls eine dünne Rinde, einen schmalen, braunen, hornartigen Holzring ohne Markstrahlen und bräunliches amylumhaltiges Mark. Näher chemisch untersucht ist diese Wurzel bis jetzt nicht.« —

Eine neue Aera für Jaborandi begann im Jahre 1873. Im November dieses Jahres schickte nämlich Dr. S. CONTINHO in Pernambuko an RABUTEAU in Paris eine Quantität Blätter einer brasilianischen Pflanze, deren er sich in seiner Praxis als Sudorifikum bedient hatte. Diese Blätter waren länglichoval, 8—12 Centim. lang, 2—4 Centim. breit, fiedernervig, ganzrandig. RABUTEAU bestättigte die angegebene Wirkung. Es dauerte jedoch nicht lange, dass sich die Spekulation dieses neu aufgetauchten Heilmittels in ungerechtfertigter Weise bemächtigte, denn es erschienen im Handel unter obigem Namen bald verschiedene Drogen. Mehrseitige Prüfungen (von BAILLON, HOLMES, SCHELENZ) ergaben dann, dass man 3 Arten Jaborandi unterscheiden müsse: 1. Pilocarpus pennatifolius; 2. P. Selloanus und 3. eine Piperart, aber nicht Piper reticulatum, sondern eine neue Art, von BAILLON als Piper Jaborandi bezeichnet.

Während nun Pilocarpus pennatifolius die eigentlich zunächst nur zu beachtenden Arzneipflanze, welche auch die beiden oben genannten Alkaloide enthält, und P. Selloanus etwa noch als solche zulässig erscheinen könnte, müsste doch Piper Jaborandi jedenfalls ausgeschlossen werden, und lassen wir die Beschreibung dieser letztern Droge, wie sie SCHELENZ gegeben, desshalb hier folgen.

Das Blatt scheint ebenfalls gefiedert zu sein, muthmaasslich mit 5 Jochen. Die Blättchen sind kurz gestielt, mit 2 Millim. langen Stielen, breit lanzettlich, 10—15 Centim. lang, 3—4 Centim. breit, beiderseits zugespitzt, ziemlich symmetrisch, von, den Blättern des Pilocarpus ähnlicher Nervatur, aber grün, von dünner Textur, Oeldrüsen nur mittelst der Lupe sichtbar. Spindel bräunlichgrün, dünn, längsstreifig, hohl. Geruch ähnlich wie Matiko, Geschmack eigenthümlich adstringirend, scharf kampherartig, reichlich Speichelfluss erregend.

Pilocarpus ist zus. aus πιλος (Hut, Kugel) und καρπος (Frucht); die Frucht ist 1—5knöpfig, die Knöpfe sind zweiklappig, das Endokarpium ist knorplig, löst sich ab und springt in 2 Lappen auf. Alles dieses passt nur z. Th. auf die oben gegebene Diagnose.

Jakobskraut.
(Grosses Kreuzkraut.)
Herba und *Flores Jacobaeae.*
Senecio Jacobaeus L.
Syngenesia Superflua. — Compositae.

Perennirende Pflanze mit 45—90 Centim. hohem, aufrechtem, ästigem, gestreiftem, theils glattem, theils grünem, theils etwas wolligem und röthlich angelaufenem Stengel. Die Wurzelblätter sind z. Th. fast ungetheilt, stumpf eiförmig oder leierförmig gefiedert, die oberen fiederig getheilt, mit flachen, etwas breiten, oft buchtig gezähnten Lappen, alle glatt, hochgrün, oder unten an der Basis und den Nerven zart behaart. Die Blüthen am Ende der Stengel und Zweige in flachen, ausgebreiteten Doldentrauben, ziemlich gross, schön hochgelb, mit langem ausgebreitetem Strahle, der allgemeine Kelch bald mehr cylindrisch, bald mehr halbkugelig, die Achenien theils rauhhaarig, theils glatt. Variirt sehr nach dem Standorte in der Bedeckung, Zertheilung der Blätter etc. — Auf trocknen und feuchten Wiesen, an Sümpfen, Ackerrändern, Wegen.

Gebräuchliche Theile. Das Kraut und die Blumen; schmecken scharf und bitterlich.

Wesentliche Bestandtheile. Nicht untersucht.

Verwechselung. Mit Senecio erucaefolius; diese Pflanze sieht mehr grau aus, hat feiner zertheilte Blätter, schmalere, am Rande umgerollte Lappen, blassere Blumen, und zottig behaarte Kelche.

Anwendung. Obsolet.

Senecio von *senex* (alt, Greis); die Blüthenköpfe der meisten Arten sind kahl (strahlenlos), oder die nach dem Abblühen erscheinenden Fruchtböden sind kahl, wie das Haupt eines Greises.

Jacobaeus ist nach St. JACOBUS benannt; die Pflanze blühet etwa um Jakobi (Ende Juli).

Jalape, knollige.
Radix Jalapae tuberosae, Mechoacannae nigrae.
Ipomoea Schiedeana ZUCC.
(*Jpomoea Jalapa* NUTT., *Convolvulus Jalapa* SCHIEDE, *C. officinalis* G. PELLET.
C. purga WEND.)
Pentandria Monogynia. — Convolvuleae.

Perennirende Pflanze mit bald länglichen, bald runden, frisch immer weiss
lichen, einen klebrigen scharfen Saft enthaltenden Wurzelknollen, 1,8—2,4 Meter
hohem, wie die ganze Pflanze unbehaartem windendem Stengel, lang gestielten
herzförmigen, zugespitzten, 5—8 Centim. langen, auf der unteren Seite oft röthlichen Blättern, 1—2-blumigen Stielen, ovalen abgerundeten, gefärbten Kelch-
zipfeln, granatrother Krone mit einem blasseren 5 strabligen Sterne und flach
tellerförmig ausgebreitetem Saume. — In Mexiko am östlichen Abhange der
Anden in Wäldern; jetzt auch in Ost-Indien und Jamaika angebaut.

Gebräuchlicher Theil. Die Wurzel; sie kommt zu uns in 2—4 Theile
getheilt, oder in Scheiben geschnitten, in nuss- bis faustgrossen Stücken, z. Th.
auch ganz oder nur eingeschnitten. Die äussere Fläche ist runzelig, rauh, dunkel
graubraun, mehr oder minder hell oder dunkel, auf der Schnittfläche meist heller,
in concentrische Lagen abgetheilt, innen fast gleichfarbig mit der Aussenfläche.
Sie ist ziemlich hart, etwas zähe, doch im ganz trocknen Zustande spröde, von
glänzend harzigem ebenem Bruche, oder matt und hell, etwas schwer pulverisirbar, Pulver bräunlich. Geruch schwach aber widerlich, Geschmack anfangs süsslich, ekelhaft, dann anhaltend kratzend.

Wesentliche Bestandtheile. Harz (12—16 und mehr $\frac{0}{0}$). GUIBOURT fand
ausserdem in 100: 19 Zucker, 10 Gummi, 18 Stärkmehl etc. Das sogen. Jalapin
ist nach KAISER nichts weiter als der in Aether unlösliche Theil des Harzes,
welcher $\frac{8}{9}$ desselben beträgt, während das andere $\frac{1}{9}$ ein Weichharz ist.

Verfälschungen. 1. Mit der spindelförmigen Jalape (s. den folgenden
Artikel). 2. Mit der Wurzel der Mirabilis Jalapa; diese ist fast cylindrisch,
2½—5 Centim. dick, in Scheiben von 5—10 Centim. Breite geschnitten, schmutzig
grau, aussen dunkler, innen heller; der Querschnitt zeigt eine grosse Anzahl
concentrischer, sehr dichter und hervorstehender Ringe, sie ist hart, fest, schwer
riecht schwach und widerlich, schmeckt süsslich, dann herbe. 3. Mit der Wurzel
der Zaunrübe; kommt ebenfalls in Scheiben geschnitten vor, ist weiss, durch
Alter grau werdend, leicht, locker und schwammig, leicht zerbrechlich, nicht
harzig im Bruche; geruchlos, sehr bitter. 4. Mit dem knolligen Wurzelstock einer
Monocotyledone, vielleicht einer Art Smilax; die Aussenfläche ist graubraun
oder schwärzlich, tief gerunzelt, das Innere zeigt concentrische Streifen und
Strahlen von grosser Regelmässigkeit, hat eine rosenrothe oder fleischrothe Farbe,
die Textur der Chinawurzel, übrigens etwas schwammig und geschmacklos; giebt
ein rothes Dekokt, enthält kein Stärkmehl. 5. Mit der Wurzel von Aconitum
ferox; s. den Artikel Eisenhut. 6. Mit gedörrten Birnen (Hutzeln); schon im
Aeussern, dann im Innern (an den vorhandenen Kernen) erkennbar. — Es sind
noch verschiedene andere Wurzelgebilde unter der echten Jalape gefunden oder
statt ihr in den Handel gelangt, doch durchgängig so abweichend davon, dass
sie keiner besonderen Beschreibung bedürfen.

Das Harz ist ebenfalls verschiedenen Fälschungen ausgesetzt. Seine wesentlichen Merkmale sind: fast völlige (zu $\frac{8}{9}$) Unlöslichkeit in Aether, völlige Un-

löslichkeit in Terpenthinöl, Leichtlöslichkeit in Weingeist und Alkalien. Dagegen löst Aether das Harz der spindelförmigen Jalape vollständig; Terpenthinöl löst das Guajakharz und Kolophonium, und Kalilauge im Ueberschuss das letztere nicht. Dass Lärchenschwammharz ihm substituirt werde, ist ein Irrthum, denn dasselbe käme theurer zu stehen.

Anwendung. Als Purgans in Form von Pulver, Pillen, Tinktur etc. Ist ein Drastikum und der Gebrauch erfordert Vorsicht.

Geschichtliches. Nach C. BAUHIN wurde die Jalape zuerst 1609 unter dem Namen Bryonia Mechoacanna nigricans in England eingeführt; auch JAKOB VON BRUNN nennt dieselbe Mechoacanna nigra und bemerkt, sie habe ihren Namen von den Marseillern nach dem mexikanischen Bezugsorte Jalapa erhalten (die Schreibart Jalappe ist falsch). In Deutschland kam sie bald nachher (1634) in Aufnahme.

Wegen Ipomoea s. den Artikel Batate.

Wegen Mechoacanna s. diesen Artikel.

Jalape, spindelförmige.
(Leichte oder faserige Jalape, Jalapenstengel.)
Radix Jalapae fusiformis, fibrosae; Stipites Jalapae.
Ipomoea orizabensis PELLET.
Pentandria Monogynia. — Convolvuleae.

Perennirende Pflanze mit dicker spindelförmiger, bis zu 50 Centim. langer, unten verästelter, aussen gelber, innen schmutzig weisser, und gleich den verwandten Arten an einem milchartigen Safte reichen Wurzel. Alle Theile des Gewächses sind mit feinen, weichen Haaren besetzt. Der Stengel ist cylindrisch, grün, ziemlich stark, wenig gewunden und kann selbst ohne Stütze sich aufrecht erhalten. Die Blätter sind sehr gross, zugerundet, tief herzförmig ausgeschnitten, kurz zugespitzt, auf der unteren Seite, zumal an den Adern, fein behaart, die Blattstiele so lang als die Blume und gleichfalls haarig. Die Blumenstiele dünn und tragen 1, selten 2 Blumen. Die Krone glockenförmig, gesättigter und dunkler purpurroth als die der knolligen Jalape, ihr Saum steht nur etwas weniger offen. — In der Umgebung der mexikanischen Stadt Orizaba.

Gebräuchlicher Theil. Die Wurzel; im Handel trifft man sie als 5—7 Centim. breite Scheiben, in 5—15 und mehr Centim. langen, 3—5 Centim. dicken braunen runzeligen cylindrischen Stücken von faseriger Struktur, aussen oft deutliche harzige Sekretionen zeigend.

Wesentliche Bestandtheile. Harz (8—12 $\frac{0}{0}$ und selbst mehr) und die übrigen Bestandtheile der knolligen Jalape. Dieses Harz löst sich aber vollständig in Aether.

Anwendung. Wie die knollige Jalape und ihr Harz, und ebenso wirkend.

Geschichtliches. Diese Droge ist erst seit etwa 50 Jahren bekannt geworden und zwar durch den Apotheker LEDANOIS in Mexiko.

Japantalg.

(Japanisches Wachs.)

Cera japonica; Sevum japonicum.

Rhus chinensis MILLER.

Rhus succedanea L.

Rhus vernicifera DC.

Pentandria Trigynia. — Anacardieae.

Rhus chinensis MILL., Baum dessen junge Aeste mit brauner weicher Wolle bedeckt sind; mit unpaarig gefiederten, 3—4jochigen Blättern, Blattstiele häutig und wie die Zweiglein filzig-haarig, die Blättchen eiförmig, stumpf gesägt, das unpaare Blatt herzförmig, in sehr scharfe Spitze auslaufend. — In China einheimisch.

Rhus succedanea, Baum von 9 Meter Höhe, Stamm kurz, bis zu 1 Meter im Umfange, Rinde grau, Holz gelb, einen hellen, an der Luft sich schwärzenden Saft führend. Verästelung nicht reich. Blätter schön grün, im Herbste roth, 15—20 Centim. lang, unpaarig gefiedert, mit runden nackten Blattstielen. Blättchen zu 4—6 Paar, kahl, ziemlich zart, ganzrandig, breit lanzettlich, mit etwas ungleicher Basis und vorgezogener Spitze, 5—7 Centim. lang, $1\frac{1}{2}$—$2\frac{1}{2}$ Centim. breit, auf jeder Seite 15—25 Nerven; die jungen Blätter in braunen Filz gehüllt. Blüthen gelbgrün, in den Achseln in Rispen. Frucht eine Steinfrucht, 7 Millim. lang, 5 Millim. breit, 5 Millim. hoch, gelbgrünbraun, glänzend. Steinkern rothbraun. — In Japan einheimisch.

Rhus vernicifera Dc., $10\frac{1}{2}$—$12\frac{1}{2}$ Meter hoch. Rinde grau, Holz grüngelb. Die Blätter werden im Herbste nicht roth, sind 30 Centim. lang, unpaarig gefiedert; Blattstiel auf der untern Seite dicht filzig behaart, Blättchen 4—5 Paar, die seitlichen kurz gestielt, das Endblättchen lang gestielt, alle ganzrandig, die oberen elliptisch, das unterste Paar mehr eiförmig, alle kurz zugespitzt und an der Basis ungleich. Obere Seite kahl, untere behaart. Blüthen und Früchte wie bei der vorigen Art. — Ebenfalls in Japan einheimisch.

Gebräuchlicher Theil. Das in dem fleischigen Theile der Früchte dieser drei Arten befindliche Fett. Ueber die Gewinnung desselben in China, welches aus dem Innern kommt, und in Canton zum Export gelangt,[*)] wissen wir nichts Näheres, wohl aber über das in Japan beobachtete Verfahren. Dort lässt man nach einem Berichte von GRIBBLE die Früchte erst längere Zeit lagern, trennt sie dann durch leichtes Dreschen von den Stielen, zerquetscht sie zwischen den Fingern, um das Fleisch von den ein anderes Fett (gelbgrün, etwas heller als Lorbeerfett, bei 30° schmelzbar) enthaltenden Samen zu befreien, dämpft hierauf das Fleisch in einem Siebe über einem Kessel mit heissem Wasser und bringt es noch heiss unter die Presse. Das ablaufende Fett, welches grün aussieht, bekommt durch Bleichen das Aussehen der Handelswaare.

Die chinesische Waare, noch wenig bei uns bekannt, ist ziemlich unrein, schmutzig chokoladenbraun, und schmilzt schon bei 35°.

Die japanische Waare hingegen ist blassgelb, schmilzt erst bei 52°, die Brote sind mit einem weissen Hauche überzogen, übrigens ohne Geruch und Geschmack, in heissem Weingeist löslich, durch Kalilauge leicht verseifbar.

Wesentliche Bestandtheile. Die leichte Verseifbarkeit dieses Fettes ent-

---

[*)] Nicht zu verwechseln mit einem andern Pflanzentalg, welches die Stillingia sebifera (Euphorbiaceae) in der Provinz Canton liefert, und das bei 37—45° schmilzt.

fernt dasselbe von den eigentlichen Wachsarten, reiht es zu den Talgarten; es ist daher unrichtig ihm den Namen Wachs zu geben.*) Sein wesentlicher Bestandtheil ist Palmitin (palmitinsaures Glyceryloxyd), dann enthält es noch eine andere feste Fettsäure mit höherem Schmelzpunkt als die Stearinsäure und ein wenig einer öligen Säure, beide gleichfalls an Glyceryloxyd gebunden.

Anwendung. Wie das Wachs zu Pflastern, Salben, zu Kerzen etc.

Wegen Rhus s. den Artikel Sumach.

Jasmin, edler.

Flores Jasmini.
Jasminum Sambaek VAHL.
Jasminum officinale L.
Jasminum grandiflorum L.
Diandria Monogynia. — Jasmineae.

Jasminum Sambak, der arabische Jasmin (Sambak, Nachtblume), ist ein Strauch mit $4\frac{1}{2}$—6 Meter langen, dünnen rebenartigen, windenden Stengeln, immergrünen glatten Blättern, von denen die unteren herzförmig, stumpf, die oberen oval und mehr zugespitzt sind, oft stehen ihrer 3 auf kurzen Stielen beisammen. Die Blumen am Ende der Zweige in flachen meist dreiblumigen Sträussen, schneeweissen fein duftenden Kronen, die nach dem Abfallen purpurroth werden. Die Früchte sind glänzend schwarze Beeren. — In Ost-Indien einheimisch, daselbst und überhaupt im Oriente seit den ältesten Zeiten kultivirt.

Jasminum officinale. Der officinelle Jasmin, ist ein ähnlicher schlanker, $2\frac{1}{2}$—$3\frac{1}{2}$ Meter hoher sehr ästiger Strauch mit glatten und gestreiften Zweigen, unpaar gefiederten Blättern aus 7 gestielten eiförmigen Blättchen, von denen das vorderste immer viel grösser ist als die übrigen, weissen langgestielten wohlriechenden Blumen in Büscheln oder Doldentrauben. Die Früchte kommen bei uns nicht zur Reife. — Stammt aus dem südlichen Asien, ist aber jetzt durch Kultur so verbreitet, dass er in den wärmeren europäischen Ländern bis zur südlichen Schweiz hin verwildert vorkommt.

Jasminum grandiflorum, der grossblumige Jasmin, ist ein nur 60 bis 90 Centim. hohes Bäumchen mit länglichen stumpfen gleichgrossen Blattfiedern, deren 3 vorderste gewöhnlich zusammenhängen. Die wohlriechenden Blumen sind innen weiss, aussen röthlich, und stehen zu 3—5 an der Spitze der Zweige. — Ebenfalls in Ost-Indien einheimisch, und im südlichen Europa kultivirt.

Gebräuchlicher Theil. Die Blumen aller drei Arten, aus denen das Jasminöl in der Weise bereitet wird, dass man mit Behenöl getränkte Baumwolle mit den frischen Blumen schichtet, nach einiger Zeit die Blumen durch frische ersetzt, und dass so oft wiederholt, bis das Oel gehörig parfümirt ist.

Wesentliche Bestandtheile. Aetherisches Oel, welches man jedoch, gleichwie die übrigen Bestandtheile, im reinen Zustande nicht näher kennt.

*) Ebenso ist das sogen. Myricawachs, wie aus dem Artikel »Gagel, wachstragender« zu ersehen, kein Wachs sondern ein Talg; dagegen sind z. B. das Karnaubawachs der Karnauba- palme, Copernicia cerifera (Schmelzpunkt 84⁰), das Pelawachs, auf Fraxinus chinensis durch ein Insekt erzeugt (Schmelzpunkt 82⁰), und das Palmwachs von Ceroxylon Andicola (Schmelzpunkt über 100⁰) keine Talg-, sondern Wachsarten.

Anwendung. Als Haaröl, zu Pommade; früher gegen Krämpfe und Lähmung der Glieder.

Geschichtliches. Das Jasminöl war schon in alten Zeiten bekannt, nicht aber die Pflanzen, welche zu seiner Bereitung dienen. Im 16. Jahrhundert zu den Zeiten des MATTHIOLUS wurde Jasminum officinale noch nicht lange in Italien kultivirt, und J. Sambak kam erst 1699 aus Goa nach Florenz in die Gärten des Grossherzogs von Toskana.

Jasminum vom arabischen *jasmin*, dem Namen des Gewächses in jenem Lande.

Sambak von *zanbac*, dem Namen der Lilie oder einer analogen Pflanze im Persischen (nach FORSKOHL: Iris Sisyrinchium); die Krone ist nämlich rein weiss und von ähnlichem Geruche wie die weisse Lilie.

Jasmin, gelber.

Radix (Rhizoma) Gelsemii sempervirentis.

Gelsemium sempervirens PERS.

(Anonymus sempervirens WALL., *Bignonia sempervirens* L. *Gelsemium lucidum* POIR., *G. nitidum* MICH., *G. sempervirens* AIT., *Lisianthus sempervirens* MILL.

Pentandria Monogynia. — *Loganiaceae.*

Hoher klimmender Strauch mit entgegengesetzten, eilanzettlichen, ganzrandigen, glatten und lederartigen Blättern, einzelnen achselständigen, hellgelben, sehr wohlriechenden Blumen, und zweifächeriger Frucht, jedes Fach mit 4—6 Samen. — In Nord-Amerika, namentlich Virginien, Florida, Alabama.

Gebräuchlicher Theil. Der Wurzelstock; er kommt im Handel unter zwei Formen vor. Die eine bildet kleine, in eine kompacte Masse zusammengepresste Fragmente, die andere 5—7 Centim. lange, 8—20 Millim. dicke Stücke mit untermengten blassbräunlichen Fasern. Was man Wurzel nennt, ist ein unterirdischer Stengel mit anhängenden Theilen der Wurzel und auch wohl des oberirdischen Stengels, letzterer leicht kenntlich an seiner purpurrothen Farbe.

Die wirkliche Wurzel ist hart, holzig, etwas hin und her gebogen, wenig verästelt, bräunlich, glatt. Auf dem Durchschnitt bemerkt man eine äusserst dünne, aus 2 Schichten bestehende Epidermis. Der übrige holzige Theil ist blassgelb. Sie riecht angenehm, etwa wie Senega und grüner Thee, und schmeckt bitter.

Der unterirdische Stengel unterscheidet sich von der Wurzel zunächst durch das Vorhandensein einer centralen Höhlung, welche das Mark einschliesst; äusserlich ist er runzelig, innen braun.

Welcher der beiden Theile medicinisch den Vorzug verdient, ist noch nicht entschieden.

Wesentliche Bestandtheile. WORMLEY wollte eine besondere Säure (Gelsemiumsäure) gefunden haben, welche aber nach ROBBINS nichts als Aesculin ist. FREDIGKE erhielt ein Alkaloïd (Gelsemin), als weisses nicht krystallinisches, stark bitteres, flüchtiges Pulver; es wirkt sehr giftig, dient aber auch als nervenberuhigendes Mittel bei Fiebern.

Anwendung. Seit einigen Jahren in Nord-Amerika. Man gab der Droge dort den Namen »elektrisches Fiebermittel« wegen ihrer angeblich wunderbaren Wirkungen in einem Falle von Gallenfieber.

Anonymus von ἀνώνυμος (ohne Namen). Hiermit bezeichnete WALTER in seiner Flora caroliniana diese und mehrere andere Gattungen, offenbar um anzudeuten, dass sie neu seien (noch keinen Namen hätten).

Wegen Bignonia s. diesen Artikel.

Gelsemium ist der ältere Name des Jasminum, und dieses vom arabischen jasmin abgeleitet.

Lisianthus ist zus. aus λις (glatt) und ἄνθος (Blume), Blätter und Blumen sind unbehaart.

Jasmin, wilder.
(Pfeifenstrauch.)
Flores Philadelphi, Syringae albae, Jasmini sylvestris.
Philadelphus coronarius L.
Icosandria Monogynia. — Philadelpheae.

Schöner 1,2—2,4 Meter hoher Strauch mit gegenüberstehenden, aufrechten Zweigen, gegenüberstehenden, gestielten, ovallänglichen, zugespitzten, gezähnten, runzeligadrigen, auf beiden Seiten mit zerstreuten kurzen Härchen besetzten oder glatten Blättern, und am Ende der Zweige zwischen den Blättern in 5—9 blüthigen Büscheln stehenden, mässig grossen, weissen, wohlriechenden Blumen mit 4spaltigem Kelch und einer gleichen Zahl noch einmal so grosser Blumenblätter. Die Frucht ist eine 4—5fächerige Kapsel. — Im südlichen Europa einheimisch, bei uns häufig in Anlagen.

Gebräuchlicher Theil. Die Blumen; ihren angenehm jasminartigen Geruch verlieren sie beim Trocknen.

Wesentliche Bestandtheile. Aetherisches Oel, Fett etc. Nach L. A. BUCHNER lässt sich durch Destillation mit Wasser das ätherische Oel nicht gewinnen, wohl aber durch Extraction mit Aether und Verdunsten des letztern, vermengt mit Fett und Salzen.

Anwendung. Frisch oder damit behandeltes fettes Oel als Parfüm.

Philadelphus ist benannt nach dem ägyptischen Könige PTOLEMAEUS PHILADELPHUS im 3. Jahrh. v. Chr., der das Studium der Naturgeschichte mit Liebe und Eifer betrieb; der Beiname Philadelphus (zus. aus φιλη: Liebe und ἀδελφος: Bruder, ἀδελφη: Schwester) wurde ihm gegeben, weil er seine Schwester (ARSINOE) zur Frau genommen hatte. Der Name soll zugleich andeuten, dass die Zweige dieses Gewächses sich gleichsam geschwisterlich umfassen.

Wegen Syringa s. den Artikel Hollunder, spanischer.

Ignatiusbaum, bitterer.
(Bitterer Fiebernussbaum).
Semina (Fabae) Ignatii.
Ignatia amara L. FIL.
(Strychnos Ignatii Bergius).
Pentandria Monogynia. — Apocyneae.

Grosser Strauch oder mittelmässiger sehr ästiger Baum mit langen glatten Aesten und rankenden Ausläufern, entgegenstehenden, eiförmigen, spitzen ganzrandigen glatten geäderten spannenlangen Blättern, Blumen in den Blattwinkeln zu 4, weiss, wohlriechend. Die Frucht wurde bisher als von der Gestalt einer Birne mit bitterm Mark und gegen 20 Samen beschrieben: jüngst erhielten aber

Flückiger und A. Meyer von Manila aus zuverlässiger Hand mehrere noch nicht ganz ausgereifte Früchte von nahezu kugeliger Form, 25—29 Centim. Umfang und nur 10—12 Samen enthaltend. Die Aussenfläche war glänzend grün, die Fruchtschale 6 Millim. dick, zur Hälfte aus der äussern grauen, derb holzigen Schicht und der innern, zähen, grünlichen Hälfte bestehend. Von derselben gleichen Farbe und fleischigen Beschaffenheit war das Fruchtmus, welches sich stellenweise durch Hohlräume von der Fruchtschale getrennt zeigte. Ueber den Geschmack des Markes äussern sich die Verf. nicht. — Auf den Philippinischen Inseln.

Gebräuchlicher Theil. Die Samen oder Bohnen; sie sind stumpf oder ungleich drei- bis mehrkantig, auf einer Seite gewölbt, auf der andern mehr flach und kantig, etwas platt, von der Grösse einer Muskatnuss, auch kleiner; aussen grau, mehr oder weniger dunkler oder heller, z. Th. ins Röthliche, sehr fein concentrisch gestreift, matt, oft mit einem hellgrauen oder bläulichen Ueberzuge gleichsam bestäubt, zuweilen auch hier und da mit einem hellen Filze bedeckt; innen weisslich, hellgrau oder ganz dunkel; die helleren sind gegen das Licht gehalten durchscheinend, sehr hart, hornartig, fast noch schwieriger zu pulvern als die Krähenaugen. Geruchlos, von äusserst bitterm, ekelhaftem Geschmack, noch giftiger als die Krähenaugen.

Wesentliche Bestandtheile. Strychnin ($1\frac{1}{2}\frac{9}{9}$), welches, nebst ein wenig Brucin, Pelletier und Caventou in diesen Bohnen entdeckten, und die nach ihnen darin von einer besonderen Säure (Igasursäure) gebunden sein sollten. Diese Säure erklärte Winckler für Gallussäure, Corriol für Milchsäure, was aber beides nach Marsson sowie nach Höhn irrig ist; Letzterer bekam nur Reaktionen auf eisengrünende Gerbsäure. Nach Jori enthalten die Bohnen, ausser den beiden genannten Alkaloiden und Gerbsäure noch viel Stärkmehl, Gummi, Bassorin, Fett, Harz etc.

Anwendung. Ehemals gegen Fieber angepriesen, in neuerer Zeit auch gegen Lähmungen, Epilepsie.

Geschichtliches. Camelli suchte nachzuweisen, dass diese Bohnen den Arabern bekannt gewesen und die wahren Brechnüsse des Serapio seien. Das ist jedoch sehr zweifelhaft, gewiss aber dass sie gegen Ende des 17. Jahrhunderts von portugiesischen oder spanischen Jesuiten zuerst nach Europa gebracht und ihrem Patron Ignatius Loyola zu Ehren benannt wurden. In Deutschland machte zuerst Dr. Bohnius 1698 auf sie aufmerksam.

Strychnos von Στρυχνος, Στρυφνος, womit die Alten mehrere Arten Solanum oder überhaupt aus der Familie der Solaneen wegen ihrer narkotischen Wirkungen (von στρεφειν: umdrehen, umreissen) bezeichneten, so die Atropa Belladonna, Datura Stramonium, Physalis somnifera, Solanum Dulcamara, Solanum nigrum. Unsere Gattung Strychnos gehört zwar nicht zu den Solaneen, aber ebenfalls zu den Narkoticis.

Indigoferapflanzen.
Pigmentum indicum.
Indigofera tinctoria. L.
Indigofera Anil L.
Indigofera argentea L.
Diadelphia Decandria. — *Papilionaceae.*

Indigofera tinctoria, ist eine 0,6—1,5 Meter hohe Staude mit zahlreichen Aesten und Zweigen. Die Blätter sind gefiedert, die einzelnen Blättchen eiförmig.

vom abgestutzt und ausgerandet, am Grunde keilförmig verschmälert, gewöhnlich 9—15, ausgezeichnet durch blaugrüne Farbe. Die Blumen stehen in aufrechten Trauben, welche kürzer sind als die Blätter, ihr Fähnchen und Schiffchen gelblich weiss ins Grüne, die Flügel aber roth. Die Frucht ist eine 3—5 Centim. lange, etwas gekrümmte, braune Hülse mit 8—10 Samen. — In Ost-Indien einheimisch, dort sowie in West-Indien und Süd-Amerika kultivirt.

Indigofera Anil, mit der vorigen Art fast ganz übereinstimmend, hat länglich-lanzettliche, etwas stumpfe, unten weissgrau rauhhaarige Blättchen, Hülse mit 2 hervorstehenden kallösen Näthen. — In Ost- und auch West-Indien einheimisch und dort kultivirt.

Indigofera argentea, hat Zweige mit weissem silberglänzendem Ueberzuge, viel breitere Blättchen, purpurröthliche Blumen, Hülsen mit 2—4 Samen. — In Aegypten, Arabien und Ost-Indien einheimisch, und daselbst kultivirt.

Gebräuchlicher Theil Der aus diesen, sowie aus anderen verwandten Arten, aber auch noch aus mehreren Gewächsen anderer Familien (Isatis tinctoria, Nerium tinctorium, Polygonum tinctorium etc.) dargestellte blaue Farbstoff. Die Pflanzen enthalten diesen Farbstoff nicht schon fertig gebildet und frei, sondern nach SCHUNCK in Form eines in Wasser leicht löslichen Glykosids (Indikan), welches in Folge einer Art Gährung in Zucker und farblosen Indigo zerfällt, welcher letzterer dann rasch durch den oxydirenden Einfluss der atmosphärischen Luft blau und unlöslich in Wasser wird. Zur Gewinnung des blauen Indigo bringt man die frischen Pflanzen in ein Bassin, beschwert sie mit Brettern, übergiesst sie mit Wasser und überlässt sie der Gährung, welche sich bald durch Entwickelung von Kohlensäure zu erkennen giebt. Zugleich sammelt sich auf der Oberfläche ein reichlicher Schaum, und sobald dieser eine röthliche Farbe angenommen hat (nach 12—15 Stunden), lässt man die gelbliche Flüssigkeit in ein anderes Bassin ab, und setzt sie 1—2 Stunden lang mittelst Schaufeln in Bewegung, worauf sich der Farbstoff blau ablagert, was mitunter durch einen Zusatz von Kalkwasser befördert wird. Nun sammelt man den Brei, presst ihn, schneidet die Pasta in Stücke und lässt sie vollständig austrocknen.

Man unterscheidet im Handel mehrere Sorten und zwar nach der Herkunft, so ostindischen, brasilianischen, Guatemala- u. s. w. Indigo. Im Allgemeinen besteht er aus lockeren, leichten, lose zusammenhängenden, 5—7 Centim. dicken Würfeln oder Bruchstücken. Seine Güte hängt zunächst von der schönen feurigen dunkelblauen Farbe ab; mit dem Fingernagel gerieben, muss er einen kupferrothen Glanz annehmen, auch muss er auf dem Wasser schwimmen, nicht matt und schimmlich sein. Beim raschen Erhitzen entwickelt er purpurfarbige Dämpfe, die sich in der Kälte zu tiefblauen Nadeln (welche der reine Farbstoff sind) verdichten. Wasser, Weingeist, Aether, verdünnte Säuren und Alkalien entziehen dem Indigo wenig oder nichts; in rauchender Schwefelsäure muss er sich vollständig zu einer schwarzblauen Flüssigkeit lösen.

Wesentliche Bestandtheile. Ausser dem Blau, einer stickstoffhaltigen Verbindung, enthält der käufliche Indigo, noch eine leimartige, braune und rothe Substanz und Mineralstoffe. Der Gehalt an reinem blauem Farbstoff beträgt durchschnittlich 50%.

Verfälschungen. 1. Mit Lackmus; dieser wird durch Säuren sofort roth und löst sich schon in Wasser mit blauer Farbe. 2. Mit Berlinerblau; und durch Alkalien sofort zersetzt und braun, dessen kupferrother Glanz vergeht auch durch Reiben mit dem Fingernagel.

Anwendung. Innerlich gegen Epilepsie empfohlen. Fast aller Indigo dient aber zum Färben.

Geschichtliches. Der Indigo ist ein sehr altes Arzneimittel, dessen schon DIOSKORIDES als ʼІνδιχον (die Römer PLINIUS, VITRUV als *Indicum*) erwähnt, und von der äusseren Anwendung gegen Geschwüre und Entzündungen spricht; allein die wahre Natur dieses Farbstoffs blieb ihm unbekannt, da er ihn unter den fossilen Produkten aufzählt, eine Ansicht die sich sehr lange erhielt, indem noch eine Urkunde vom Jahr 1705 existirt, vermöge welcher den Bergleuten im Fürstenthum Halberstadt erlaubt wurde, auf Indigo zu bauen. Im 13. Jahrhundert gab MARKO POLO Nachricht von der Bereitungsart, die er selbst mit ansah, und im 16. Jahrh. lieferte GARCIAS AB HORTO eine freilich sehr unvollständige Beschreibung der Pflanze, die vielleicht CLUSIUS zuerst in Europa zog. Prof. v. STAHLY empfahl den Indigo zuerst innerlich gegen Epilepsie.

Ingber.
Radix (Rhizoma) Zingiberis.
Amomum Zingiber L.
(Zingiber officinale ROSC.).
Monandria Monogynia. — Zingibereae.

Perennirende Pflanze, aus deren kriechendem Wurzelstocke jährlich 60—90 Centim. hohe krautartige glatte Stengel aufsteigen, die mit schmalen, linienlanzettlichen, lang zugespitzten glatten Blättern besetzt sind. Die Blüthen kommen später aus einem besonderen Schafte hervor, der etwa 30 Centim. hoch, stumpfe gelbe und blassgrüne scheidenartige Deckblättchen und eine gelbliche Blume mit rothgelb und braun gefärbter Lippe trägt. — In Ost-Indien einheimisch, auch dort sowie in China und in West-Indien angebaut und verwildert.

Gebräuchlicher Theil. Der Wurzelstock; er ist handförmig verästelt (Ingberklauen), knollig, etwas plattgedrückt, gegliedert, 3½—5 Centim. lang und breit, 12—18 Millim. dick, aussen runzelig, weissgrau ins Gelbliche, mit dunklern Theilen untermengt, innen hellbraun, z. Th. ins Röthliche oder Weissgraue und ins Gelbliche, mehr oder minder harzig glänzend, mässig hart, ziemlich leicht pulverisirbar, giebt ein gelblich-weisses Pulver. Die aus Jamaika kommende Waare ist dort durch Einlegen in Kalkmilch (mit einem kleinen Zusatze von Chlorkalk) oder in schwefelige Säure einer Art Bleichung unterworfen worden, sieht aussen ganz weiss, innen ebenfalls weiss oder gelblich weiss aus, wird dieses Ansehens wegen höher geschätzt und bezahlt und heisst jamaikanischer oder weisser Ingber zum Unterschiede von der naturellen Droge, welche daher auch wohl schwarzer oder gemeiner Ingber genannt wird. Beide Sorten riechen angenehm aromatisch, schmecken brennend scharf gewürzhaft.

Wesentliche Bestandtheile. Nach BUCHOLZ 1,5 % ätherisches Oel, dann Weichharz, Stärkmehl, Bassorin, Gummi, Bitterstoff etc. Das Oel, scharf brennend schmeckend, leichter als Wasser, ist nach PAPOUSEK ein Gemenge. Eine von THOMSON angeblich erhaltene eigenthümliche krystallinische Säure (Ingbersäure) ist noch problematisch. Die neueste Analyse des Ingbers ist von TRESH; er fand in allen Sorten neben ätherischem Oel, weichem rothem Fett, krystallinischem Fett, zwei Harzsäuren, einem neutralem Harz, Gummi und Stärkmehl, noch eine eigenthümliche, äusserst scharf und schwach bitter schmeckende, geruchlose, gelbe sirupdicke Substanz von 1,09 spec. Gew., die 0,60—1,45 % beträgt und von ihm den Namen Gingerol (vom englischen *ginger:* Ingber) bekommen hat. Der grössere Theil des ätherischen Oels gehört zu den Kohlenwasserstoffen.

Anwendung. In Substanz, als Tinktur. Häufig als Küchengewürz. — Frisch in Zuckersyrup eingemacht *(Conditum Zingiberis)* kommt der Ingber aus Ost- und West-Indien in Porzellankrüge eingeschlossen als mehr rundliche, oft faustgrosse, hellbraungelbliche, sehr gewürzhaft und süss schmeckende Knollen zu uns.

Geschichtliches. Der Ingber war schon in alten Zeiten als Gewürz und Medikament bekannt; Ζιγγιβερις der Griechen, *Zingiber* der Römer. Er heisst im Arabischen *zindschabil* (die Wurzel von Zindschi, Indien). Der Name kann auch zurückgeführt werden auf das ostindische *sringavera* (hornförmig) wegen der Gestalt und zähen Beschaffenheit der Wurzel, oder auf die Berge des Landes *Gingi* (westlich von Pondicheri), wo die Pflanze wild wächst.

Amomum ist zus. aus ἀ (ohne) und μωμος (Tadel) d. h. ein untadelhaftes, edles Gewürz. Vielleicht entlehnten die Griechen den Namen auch unmittelbar von dem arabischen *hamama.*

Insektenpulver, persisches.
Flores Pyrethri rosei und *carnei.*
Pyrethrum roseum M. B.
Pyrethrum carneum M. B.
Syngenesia Superflua. — *Compositae.*

Pyrethrum roseum ist eine perennirende Pflanze mit einfachem, bis 45 Centim. hohem, glattem, gestreiftem, einköpfigem Stengel. Das 4—5 Centim. breite strahlige Blüthenköpfchen trägt auf dem etwas gewölbten, nackten, festen und feingrubigen Blüthenboden etwa 20—30 weibliche Strahlenblüthen, zahlreiche zwitterige Scheibenblüthen, und ist umgeben von einem dachziegelförmigen Hüllkelch, dessen stumpfe gekielte Brakteen sich am Rande und oben in einen trockenhäutigen dunkelbraunen Saum erweitern. Die Zunge der Strahlenblüthen ist rosenroth, bis 8 Millim. lang und 3 Millim. breit; die Scheibenblüthen sind gelb, 3 Millim. lang. — Im südöstlichen Kaukasus einheimisch.

Pyrethrum carneum hat einen mehr gefurchten Stengel, die Blätter sind dreifach fiederspaltig und mit breitern Fiederstücken versehen, die Brakteen des Hüllkelches blassbraun gerandet, die Zungenblüthen blasser, auf der Oberfläche mehr sammtartig, die Scheibenblüthen 4 Millim. lang. — Ebendaselbst zu Hause.

Gebräuchlicher Theil. Die Blüthen beider Arten im fein zerkleinerten Zustande, wo sie ein grünlich-gelbes, stark aromatisch, fast betäubend riechendes Pulver darstellen.

Wesentliche Bestandtheile. HELLER u. KLETZINSKY wollten die Wirksamkeit, ausser in dem ätherischen Oele, auch noch in einem Gehalte an Santonin gefunden haben; letzteres ist aber nach HANAMANN nicht darin enthalten. ROTHER will in dem Pulver drei verschiedene Säuren (Persiceïn, Persiretin und Persicin genannt), BELLESME eine sehr giftig wirkende Substanz gefunden haben.

Als dalmatinisches Insektenpulver kommen die gepulverten Blüthen des Pyrethrum cinerariaefolium in den Handel.

Wegen Pyrethum s. den Artikel Bertram.

Johannisbeere, rothe.

Baccae Ribis rubri.

Ribes rubrum L.

Pentandria Monogynia. — Grossulariaceae.

1,2—2 Meter hoher Strauch mit glatten Aesten, brauner, an den jüngeren Zweigen z. Th. weisslicher Rinde von herbem Geschmacke und eigenem Geruche Die Blätter stehen abwechselnd, sind langgestielt, meist 5 lappig, die Lappen stumpf, in der Jugend, zumal auf der unteren Seite, fein behaart. Die Blumen trauben mit ihren gelblichen Blumen stehen anfangs aufrecht, und hängen später herab. Die Frucht ist roth, selten fleischfarbig oder gelblich. — Im nördlichen und mittleren Europa wild vorkommend, und häufig in Gärten kultivirt.

Gebräuchlicher Theil. Die Früchte (Beeren); sie riechen schwach säuerlich und schmecken angenehm süsslich sauer, kühlend.

Wesentliche Bestandtheile. Citronensäure, Aepfelsäure, Zucker, Pektin. Der Same ist reich an Gerbstoff. — Der Farbstoff der roth gewordenen Blätter des Strauches ist nach BERZELIUS dem der schwarzen Johannisbeere ähnlich, nur dunkler roth, mehr blutroth, und seine Verbindungen grün oder gelb. — Die Wurzelrinde enthält nach ENZ eine eigenthümliche eisenbläuende Gerbsäure, einen dem Phlorrhizin ähnlichen Bitterstoff, viel Gyps, rothen Farbstoff, u. s. w.

Anwendung. Der Saft dient frisch zur Bereitung eines Gelee, und nach der Gährung zur Bereitung eines Sirups.

Geschichtliches. Die Johannistraube hielt man früher für identisch mit dem Ribes der Araber, aber FUCHS, MATTHIOLUS u. A. zeigten das Irrige dieser Annahme, und RAUWOLF wies zuerst auf diejenige Pflanze als die arabische hin, welche jetzt nach LINNÉ Rheum Ribes heisst.

Johannisbeere, schwarze.

(Ahlbeere, Gichtbeere, Pfefferbeere.)

Stipites, Folia und *Baccae Ribis nigri.*

Ribes nigrum L.

Pentandria Monogynia. — Grossulariaceae.

1,2—2 Meter hoher Strauch mit glatter, dunkelbrauner, an den dünneren Zweigen z. Th. weisslicher Rinde, die meistens etwas dicker als bei der vorigen Art ist. Die Blätter sind lang gestielt, etwas grösser, meist fünflappig, die Lappen spitzer, mehr sägeartig eingeschnitten, auf der untern Seite mit feinen harzigen Punkten besetzt, die jedoch bei älteren Blättern sparsamer sind, die röthlichen, innen behaarten Blumen stehen in hängenden Trauben. Die Beeren sind schwarz. Alle Theile der Pflanze riechen widerlich wanzenartig. — Ebenfalls im nördlichen und mittleren Europa wild vorkommend, und häufig in Gärten kultivirt.

Gebräuchliche Theile. Die Stengel, Blätter und Früchte.

Die Stengel werden im Herbste von den jüngeren Zweigen gesammelt; sie riechen am stärksten wanzenartig, schmecken etwas widerlich adstringirend.

Die Blätter schmecken herb-säuerlich.

Die Beeren schmecken eigenthümlich balsamisch-säuerlich.

Wesentliche Bestandtheile. In allen Theilen ein besonderer flüchtiger, wanzenartig riechender Stoff, dessen Natur noch nicht erforscht ist. In den Stengeln und Blättern ausserdem eisenbläuender Gerbstoff. In den Beeren Citronensäure, Aepfelsäure, Zucker, Pektin und dunkelvioletter Farbstoff; letzterer ist nach BERZELIUS kein durch Säuren geröthetes Blau, sondern ursprünglich roth, und seine Verbindungen sind grün oder blau.

Anwendung. Früher Stengel und Blätter als Thee, und die Beeren zur Darstellung eines Sirups.

Geschichtliches. Einer der Ersten, welche auf die Heilkräfte des schwarzen Johannisstrauches aufmerksam machten, war der Arzt PETER FORESTUS, welcher gleich GALEN um der Arzneipflanzen willen Griechenland bereiste und in Alkmar 1597 starb. Mit Unrecht wird jetzt gar kein Gebrauch mehr davon gemacht.

Johannisbrot.
(Karoba, Bocksdorn.)
Siliqua dulcis.
Ceratonia Siliqua L.
Polygamia Trioecia. — *Caesalpiniaceae.*

Mittelgrosser Baum mit brauner Rinde, paarig gefiederten, immergrünen Blättern, die einzelnen Blättchen oval, ganzrandig, lederartig; Blüthen an den nackten Aesten in kleinen purpurrothen Trauben. Die Frucht ist eine flach gedrückte Hülse. — Im südlichen Europa, Orient, und überhaupt in den Ländern am mittelländischen Meere einheimisch.

Gebräuchlicher Theil. Die Frucht; sie ist 10—25 Centim. lang, 18—24 Millim. breit und 3—5 Millim. dick, flach, doch bilden die Ränder einen mehr oder weniger erhabenen Wulst; mehr oder weniger einwärts gekrümmt, mit einer starken lederartigen, kastanienbraunen Haut bedeckt, welche ein hellbraunes, weiches, süsses Mark einschliesst, zwischen denen die eiförmig platten, braunen glänzenden, sehr herben, hornartigen Samen, von einer weisslichen Haut lose umhüllt, sitzen.

Wesentliche Bestandtheile. Nach REINSCH in dem Marke: Zucker (41 $\frac{0}{0}$), Gummi, Pektin, Gerbstoff, Fett, Stärkmehl; in den Kernen: Schleim (44 $\frac{0}{0}$ in der äusseren Haut), Stärkmehl, Gerbstoff, Zucker, Fett etc. REDTENBACHER fand in dem Marke auch freie Buttersäure.

Anwendung. Im Absud unter Theespecies. Ist in südlichen Ländern Speise für Menschen und Vieh. Die Samen dienten früher als Gewicht*), das noch bei den Goldarbeitern wenigstens als Name (Karat) erhalten hat.

Geschichtliches. Der Baum heisst bei THEOPHRAST Κερωνια, bei DIOSKO-RIDES Κερατια und die Hülse Κερατια (von Κερας Horn, wegen ihrer Gestalt), bei PLINIUS, COLUMELLA: *Siliqua graeca.* Der jetzt gebräuchliche Name Siliqua dulcis scheint zuerst bei PROSPER ALPIN vorzukommen. Die Araber nennen die Frucht Karob. ARETAEUS rühmt das Dekokt derselben gegen Blutspeien, und ALEXANDER TRALLIANUS gab die Vorschrift zu einem daraus bereiteten Roob. Der deutsche Name Johannisbrot rührt von der Tradition her, dass diese Frucht JOHANNES dem Täufer in der Wüste zur Nahrung gedient habe.

*) Wie der Afrikareisende Dr. NACHTIGAL berichtet, gebraucht man noch jetzt in Fezzan für kleinere Gewichtseinheiten die Johannisbrotsamen, sowie Getreidekörner.

Johanniskraut.

(Hartheu, Hasenkraut, Hexenkraut, Johannisblut, Teufelsflucht.)
Herba cum Floribus, oder *Summitates Hyperici*.
Hypericum perforatum L.
Polyadelphia Polyandria. — Hypericeae.

Perennirende Pflanze mit kriechender ästiger Wurzel, die mehrere 0,3—0,6 Meter hohe und höhere, aufrechte, oben zweischneidige, sehr ästige, steife, glatte Stengel treibt, mit gegenüberstehenden aufrechten Zweigen. Die ebenfalls gegenüber stehenden Blätter sind ungestielt, 12—36 Millim. lang, 4—8 Millim. breit, ganzrandig, hochgrün, glatt, am Rande schwarz punktirt und gegen das Licht gehalten mit zahlreichen, sehr kleinen, durchsichtigen, punktförmigen Stellen versehen. Am Ende des Stengels und der Zweige stehen die ansehnlichen hochgelben Blumen in kleinen kurzgestielen Doldentrauben, welche vereint ein rispenartiges Ansehn haben. Die Abschnitte des Kelches sind spitz, ganzrandig und viel kürzer als die länglich stumpfen, auf einer Seite fein gekerbten, am Rande schwarz punktirten Kronblätter. Die Kapsel ist dreikantig und mit einem braunrothen harzigen Ueberzuge bedeckt. — Häufig an Wegen, Zäunen, Ackerrändern u.s.w.

Gebräuchlicher Theil. Das blühende Kraut; es riecht eigenthümlich balsamisch, etwas ähnlich dem Fichtenharz, schmeckt bitterlich harzig, etwas herbe.

Wesentliche Bestandtheile. Nach BUCHNER: eigenthümlicher, rother harziger Farbstoff, ätherisches Oel, eisengrünender Gerbstoff, etc. Nach CL. MARQUART ist der rothe Farbstoff, dessen Sitz die schwarzen Drüsen der Stengel- und Blumenblätter sind, eine Verbindung von Anthoxanthin mit harzig gewordenem Anthocyan.

Verwechselungen mit Hypericum quadrangulare und H. tetrapterum sind leicht kenntlich daran, dass das erste einen 4kantigen und das zweite einen 4flügeligen Stengel hat. Solche Verwechselungen dürften aber, bei der sonstigen Uebereinstimmung der drei Arten, kaum zu beanstanden sein.

Anwendung. Ziemlich obsolet, höchstens hält man noch ein durch Kochen des Krauts mit Baumöl bereitetes Oleum Hyperici vorräthig, und zwar als Wundmittel.

Geschichtliches. Die Hyperica sind alte Arzneimittel; die Hippokratiker scheinen sich aber besonders des H. crispum, das sie speciell Ὑπερικον nannten, bedient zu haben. Das Hyperikum des DIOSKORIDES ist nach SPRENGEL H. barbatum JACQ. Unser gemeines H. nennt DIOSKORIDES Ἄσχυρον, wie VALERIUS CORDUS, DODONAEUS, SIBTHORP und FRAAS übereinstimmend annehmen; und das H. perfoliatum heisst bei ihm Ἀνδροσαιμον.

Hypericum ist zusammengesetzt aus ὑπο (unter, zwischen) oder ὑπερ (über) und ἐριχη, ἐρειχη (Heide), weil es zwischen der Heide wächst und sich über dieselbe erhebt. — Eine andere, zulässige Etymologie ist von ὑπερ (über) und εἰκων (Bild, Vorstellung), d. h. eine Pflanze mit ausserordentlichen Heilkräften (nach der Meinung der alten Aerzte).

Jonquille.

Flores Jonquillae.
Narcissus Jonquilla L.
Hexandria Monogynia. — Amaryllideae.

Perennirende Pflanze mit länglicher brauner Zwiebel, welche runde binsenförmige Blätter treibt. Der 30 Centim. hohe Schaft trägt 2—6 gelbe, wohlriechende Blüthen in einer Scheide. Das halbkugelförmige Honiggefäss ist am Rande gekerbt und kürzer als die Kronblätter. — Im südlichen Europa und in der Levante einheimisch und kultivirt.

Gebräuchlicher Theil. Die Blumen.

Wesentliche Bestandtheile. Aetherisches Oel. Nach ROBIQUET lässt sich dasselbe nicht auf gewöhnliche Weise (durch Destillation mit Wasser), sondern nur durch Ausziehen mit Aether und Verdunsten des letzteren gewinnen, vermengt mit Fett.

Anwendung. Sehr geschätztes Parfüm.

Narcissus von ναρχη (Erstarrung, Lähmung, Kopfweh), in Bezug auf die Wirkung mehrerer Arten. Die Dichter fabelten, der schöne Jüngling NARCISSUS habe sich beim Anblick seines Bildes in einer Quelle in sich selbst verliebt, sei in Sehnsucht darnach verschmachtet, und an der Stelle, wo er dahingeschwunden, die weisse Narcisse *(N. poeticus)* entsprosst.

Jonquilla von *Juncus,* d. h. eine Narcisse mit runden cylindrischen Blättern, wie sie die meisten Juncus-Arten haben.

Joyote.
Semen Thevetiae.
Thevetia Iccotli DC.
'(Cerbera thevetioides H. B.)
Pentandria Monogynia. — Apocyneae.

Eleganter Baum, dessen Zweige mit grünlichsilbergrauer, runzeliger Oberhaut bedeckt sind. Blätter sitzend, zugespitzt, oben dunkelgrün, unten heller, feinhaarig und mit etwas vorspringenden Queradern, Rand ungezähnt, umgebogen, 14 Centim. lang, 7 Millim. breit. Blüthenstand trugdoldig, Kelche 5 theilig, Krone gelb, präsentirtellerförmig. 2 Ovarien. Steinfrucht ei- bis kugelförmig, grün, in der Mitte mit einem grossen Kamm, Mesokarp milchstrotzend. — In den leuchten heissen Distrikten der mexikanischen Cordillere einheimisch.

Gebräuchlicher Theil. Der Same; er ist äusserst scharf und wirkt giftig.

Wesentliche Bestandtheile. Nach HERRERA fettes Oel und ein krystallinisches Glykosid (Thevetosin), beide krampferregend und tödtlich wirkend.

Anwendung. HERRERA lenkt die Aufmerksamkeit der Aerzte wieder auf diesen Baum, besonders dessen Samen, indem er dabei bemerkt, dass die alten Mexikaner den Milchsaft, welchen der Baum reichlich liefert, zum Heilen der Taubheit und der Hautkrankheiten, die Blätter gegen Zahnweh und Geschwulste, und den Samen mit Fett vermischt gegen Hämorrhoiden gebrauchten.

Joyote und Iccotli sind mexikanische Namen.

Thevetia ist benannt nach A. THEVET, geb. 1502, franz. Mönch, Reisender in Brasilien, starb 1590.

Cerbera nach CERBERUS, dem dreiköpfigen Hunde der Unterwelt, dessen Biss giftig war, benannt; die Früchte dieser Gattung sind schnell tödtende Gifte.

Thevetia neriifolia JUSS, in Ost- und West-Indien einheimisch, enthält dasselbe Glykosid, es wurde von BLAS als Thevetin bezeichnet, aber von CERVA mit dem Thevetosin übereinstimmend gefunden. — Ausserdem enthalten nach I. W. WARDEN Frucht und Rinde ein dem Indikan analoges amorphes Glykosid

(Pseudindikan), das beim Zersetzen mit Säuren einen blauen, jedoch in Alkohol leicht löslichen Farbstoff liefert. — Das fette Oel des Samens, darin über 50% betragend, ist nach DE VRIJ milde, dem Mandelöle ähnlich, während der Genuss des Samens selbst, gleichwie der des Samens der ersteren Specis, tödtlich wirkt. Die Natur des Giftstoffes ist aber noch nicht ermittelt, denn sowie das Oel, besitzen auch das Thevetin und das Pseudindikan keine giftigen Eigenschaften.

Isländische Flechte.
(Isländisches Moos.)
Lichen islandicus, Muscus islandicus.
Cetraria islandica ACH.
(Lichen islandicus L.)
Cryptogamia Lichenes. — Cetrariaceae.

Der Thallus ist aufrecht, gefaltet und unregelmässig geschlitzt; an den unfruchtbaren Exemplaren sind die Lappen schmal und am Rande gewimpert, an den fruchtbaren viel breiter und abgerundet. Sonst ist die Flechte glatt, mit Vertiefungen, graulich weiss, ins Olivgrüne oder Braune übergehend; an der Basis zeichnet sie sich durch blutrothe Flecken aus. Die Apothecien sitzen an dem Ende der stumpfen Lappen so an, dass der Umfang kaum frei ist, sind flach, schildförmig, kastanienbraun, mit kaum verdicktem Rande. Ihre untere Seite ist aus der Substanz des Thallus gebildet. Im trockenen Zustande ist die Flechte spröde, im feuchten biegsam und mehr grün. — Wächst an trocknen, bergigen Orten in den nördlichen Ländern Europas ziemlich häufig (allerdings auch in Island) und bildet dann kleine Rasen.

Gebräuchlich. Die ganze Pflanze; sie ist geruchlos, schmeckt bitter und schleimig.

Wesentliche Bestandtheile. Analysen der isländischen Flechte sind angestellt von PFAFF, BERZELIUS, HERBERGER, KNOP und SCHNEDERMANN u. A. Nach den beiden letztgenannten Chemikern enthält sie in 100: 70 besondere Stärkeart (Flechtenstärke, Lichenin), 16,7 Zellsubstanz, 2,0 besonderen krystallinischen Bitterstoff (Cetrarsäure, in nicht ganz reinem Zustande Cetrarin oder Flechtenbitter genannt), 0,9 besonderes Fett (Lichesterinsäure) 8 Zucker, Gummi, Fumarsäure (früher für eigenthümlich gehalten und Flechtensäure genannt.) Nach Th. BERG besteht die Stärke dieser Flechte aus 2 isomeren Kohlehydraten, von denen das eine durch Jod blau wird, das andere nicht.

Anwendung. Sehr wichtiges Arzneimittel in Brustkrankheiten. Im hohen Norden dient die Flechte als Nahrungsmittel für Menschen und Thiere.

Cetraria ist abgeleitet von *cetra* (Lederschild), in Bezug auf die flache Gestalt und lederartige Konsistenz.

Wegen Lichen s. d. Artikel Becherflechte.

Judenkirsche.
(Gemeine Schlutte.)
Baccae Alkekengi.
Physalis Alkekengi. L.
Pentandria Monogynia. — Solaneae.

Perennirende Pflanze mit einfachem oder wenig ästigem, aufrechten, 30 bis 60 Centim. hohem Stengel, lang gestielten eiförmig-spitzigen, fast ganzrandigen, weichhaarigen Blättern, einzelnen gestielten schmutzig weissen kleinen Blumen, und runden rothen kirschgrossen Beeren, die von dem grossen aufgeblasenen rothen, netzartig geaderten, häutigen Kelche umgeben sind. — In vielen Gegenden Deutschlands und des übrigen Europa's an steinigen Orten, in Gebüschen, an Wegen, in Weinbergen etc.

Gebräuchlicher Theil. Die Frucht; sie ist sehr saftig, schmeckt säuerlich süss, etwas bitter. (Sehr bitter schmeckt der Kelch.) Getrocknet erscheint sie sehr zusammengeschrumpft und braunroth.

Wesentliche Bestandtheile. Zucker, Bitterstoff. Die Frucht ist nicht näher untersucht. Nach CHAUTARD und DESSAIGNES enthalten alle Theile der Pflanze, insbesondere die Blätter und der aufgeblasene Kelch, einen eigenthümlichen harzartigen Bitterstoff (Physalin).

Anwendung. Ehemals als Diuretikum und schmerzstillendes Mittel.

Geschichtliches. War schon den alten griechischen Aerzten bekannt und hiess bei ihnen Στρύχνον ἁλικαχαβον (während ihre Στρύχνος ὑπνωτικος Physalis somnifera L. ist); sie gebrauchten die Früchte vorzugsweise gegen die Gelbsucht.

Der Name Judenkirsche bezieht sich auf das häufige Vorkommen im ehemaligen jüdischen Lande (Palästina).

Alkekengi heisst die Pflanze in Arabien.

Physalis von φυσαλις (Blase), die Form des Kelches andeutend.

Jungfern-Akacie.
Cortex Barbatimao.
Acacia virginalis POHL.
(Inga cochliocarpus MART., Mimosa cochliocarpus GOM., M. virginalis ARRUDA.)
Monadelphia Polyandria. — Mimosaceae.

Baum mittlerer Grösse mit dicker rissiger, aussen röthlichgrauer, innen schwarzrother sehr faseriger Rinde; die Blätter sind doppelt gefiedert, die Fiedern dreipaarig mit gleicher Zahl glatter, oval lanzettlicher, zugespitzter Blättchen. Die Blumen stehen in einzelnen oder gepaarten Köpfchen auf langen aufrechten Stielen, jedes Blümchen hat 20 und mehr verwachsene Staubfäden. Die Hülsen sind spiralig gewunden und enthalten viele glänzende, halb weisse und halb schwarzgraue Samen. — In Brasilien.

Gebräuchlicher Theil. Die Rinde; es sind wenig gebogene, nie gerollte Stücke von röthlicher Farbe. Man bemerkt daran einzelne Fasern, sowie dunklere Flecken mit schwachem Harzglanz. Im Innern ist diese Rinde, welche grösstentheils aus Bast besteht, heller von Farbe; der Bast sehr zähe und grobfaserig, häufig sind die Fasern wellenförmig aneinander gereiht. Bruch faserig. Geschmack stark adstringirend, süss, schleimig.

Wesentliche Bestandtheile. Eisengrünender Gerbstoff, Schleim.

Geschichtliches, Anwendung, s. den folgenden Artikel.

Barbatimao vom spanischen barbato (Bart), wegen der fein faserigen Textur der Rinde.

Inga ist ein südamerikanischer Name.

Wegen Acacia s. den Artikel Akacie.

Wegen Mimosa s. den Artikel Gummi.

Jurema-Akacie.

Cortex adstringens brasiliensis.

Acacia Jurema MART.

Monadelphia Polyandria. — *Mimosaceae.*

Mit dem vorigen wesentlich übereinstimmender Baum Brasiliens.

Gebräuchlicher Theil. Die Rinde; man erhält sie im Handel in etwa 30 Centim., selten doppelt so langen, 2—5 Centim. breiten und 2—8 Millim. dicken Stücken, die meist gerade, selten gekrümmt sind, theils gerollt, theils mehr oder weniger rinnenförmig und flach. Der äussere oder Parenchymtheil ist rauh, sehr uneben, höckerig, runzelig, rissig, graubraun, stellenweise mit weisser oder weissgrauer Krustenflechte, sowie mit Resten einer dicht anliegenden, aber weissen, hin und wieder gelbröthlichen, unten schwarzen Laubflechte bedeckt. Der innere fibröse, mit dem Baste verwachsene Theil ist dunkel rothbraun, aussen ziemlich glatt, auf der inneren Seite z. Th. heller rothbraun und faserig, doch stellenweise ziemlich eben, hier und da mit weisslichen Holzsplittern besetzt. Der Bruch der jüngern Rinde ist eben und matt glänzend, der älteren dickeren uneben faserig, in leicht trennbaren fibrösen Lamellen. Geschmack stark adstringirend, wenig bitterlich.

Wesentliche Bestandtheile. Nach TROMMSDORFF: Eisengrün und grauschwarz färbender Gerbstoff.

Verwechselungen und Verfälschungen. Mit der sehr ähnlichen, aber fast nur aus Bast bestehenden Cortex Barbatimao, deren Merkmale in dem vorigen Artikel zu vergleichen sind. Dann auch mit ganz abweichenden Rinden, welche unter gleichem Namen im Handel kursiren, darunter namentlich eine mehr bitter als adstringirend schmeckende, welche Aehnlichkeit mit gerollter rother China hat und von Buena hexandra stammen soll. Ferner Cortex Chinae californiae von Buena obtusifolia u. a. Rinden. Alle diese holzigen Rinden unterscheiden sich nach LUKANUS von der echten dadurch, dass ein Infusum der letztern bei der Fällung durch Bleizucker und auch durch Leimlösung vollständig entfärbt wird, was bei jenen nicht der Fall ist.

Anwendung. Diese beiden Rinden (von Acacia virginalis und A. Jurema) standen in Folge der von den Aerzten MERREM, GÜNTHER etc. gerühmten Eigenschaften in hohem Ansehn; jetzt aber werden sie bei uns kaum mehr beachtet. In Brasilien dienen sie zum Gerben; seltsamerweise aber auch als Mittel *ad restituendam virginitatem*, und darauf bezieht sich der Name der einen Droge.

Geschichtliches. Die Rinde der Acacia virginalis kannte schon Piso unter dem Namen Aborematimo. In Deutschland machte zuerst 1818 der Drogist SCHIMMELBUSCH auf diese gerbstoffreichen Rinden aufmerksam; die Barbatimao ist erst seit 1827 bei uns bekannt, und 2 Jahre später wurde noch eine andere Rinde als Cortex Jurema eingeführt. Ueberhaupt aber herrscht über die Abstammung und die Diagnose dieser Rinden noch immer viel Wirrwarr.

Jurubeba.

Baccae Solani paniculati.

Solanum paniculatum L.

(*S. toxicarium* DUNAL.)

Pentandria Monogynia. — *Solaneae.*

2½—3 Meter hoher Strauch mit schwarz-purpurnen, pulverig filzigen, hier und da stacheligen Zweigen; Blätter einzeln oder zu 2, fast ganzrandig, eckig buchtig, ist lappig, ausgewachsen oben tief grün und ziemlich glatt, jung auf beiden Seiten grau filzig, spitz, stachellos oder mit in einen Stachel auslaufendem Mittel-nerv; Blüthen in Doldentrauben mit sternförmiger violetter, aussen filziger Krone; Frucht eine 6—8 Millim. dicke kugelige Beere. — In Brasilien einheimisch.

Gebräuchlicher Theil. Die Beeren.

Wesentliche Bestandtheile. Nach F. V. GREENE ein eigenthümliches bitteres Alkaloid, das kein Solanin, dessen Reindarstellung aber noch nicht ge-lungen ist.

Anwendung. Der Saft der Beeren in Brasilien gegen Leiden der Leber, Milz, gegen Blasenkatarrh, Hautkrankheiten, Wassersucht. Die Eingeborenen Guianas bedienen sich der Pflanze als Gift.

Jurubeba ist der Name des Gewächses in Brasilien und zus. aus *juia* (Beere) und *beba* (weich).

Wegen Solanum s. den Artikel Bittersüss.

Iwarankusa.
(Enskus, Vetiver.)
Radix Iwarancusae, Vetiveriae.
Anatherum muricatum P. B.
(*Andropogon muricatus* RETZ, *Agrostis verticillata* LAM., *Phalaris Zizanoides* L., *Vetiveria odorata* P. TH., *V. odoratissima* BORY.)
Triandria Digynia. — Gramineae.

Aufrechter 60—90 Centim. hoher Halm von der Dicke einer starken Feder, einfach, kahl, sehr steif und innen mit Mark erfüllt. Blätter schmal, keilförmig steif, an den Rändern und am Kiel sehr rauh, die oberen noch über 30 Centim. lang. Die aufrechte, steife, 30 Centim. lange Rispe besteht aus zahlreichen, wirtelförmig gestellten, nach oben anliegenden, unten abstehenden, 7—10 Centim. langen, gestielten, nur selten ästigen Aehren. — Einheimisch in Ost-Indien, und angeblich auf Reunion und Mauritius angebaut.

Gebräuchlicher Theil. Die Wurzel; sie erscheint im Handel als ziem-lich lange, dünne, unregelmässig hin und her gebogene, blass gelblich-weisse Fasern von kaum 2 Millim. Dicke, gegen die Spitze hin mit fast haarförmigen Fasern besetzt. Nur selten findet sich ein kurzer, etwas geringelter Wurzelstock, von dem die Fasern ausgehen. Die Oberhaut der Fasern sehr dünn, blass bräun-lich, grösstentheils abgerieben. Auf dem Querschnitte erkennt man eine sehr dickere, aus grossen Zellen gebildete Rinde und einen dichten zähen holzigen Kern, in dessen Peripherie sich zuweilen ein Kreis von Poren befindet. Mitunter ist die Rinde ganz abgelöst, und bloss noch der holzige Theil vorhanden. Sie riecht schwach, aber befeuchtet stark, eigenthümlich aromatisch, fast myrrhenartig, schmeckt bitterlich gewürzhaft.

Wesentliche Bestandtheile. Die Wurzel ist untersucht von VAUQUELIN, HENRY, GEIGER und CAP; man fand: ein gewürzhaftes ätherisches Oel, ein scharf, und geschmackloses Harz, Bitterstoff, viel Stärkmehl, Farbstoff etc. Nach Cap ist das Oel theils leichter, theils schwerer als Wasser.

Anwendung. Bei uns — erst seit etwa 60 Jahren bekannt — fast nur als Parfüm unter Wäsche etc. In Indien dient sie als schweisstreibendes Mittel. Enskus, Iwarankusa und Vetiver sind Namen indischen Ursprungs. Iwarankusa ist nach JONES das veränderte *Djauerankusa* des Sanskrit, was sich auf die Heilkraft der Wurzel gegen Wechselfieber bezieht und wörtlich ›Fieberhaken‹ bedeutet, womit auf den eisernen Haken gedeutet wird, mit den man die Elephanten leitet.

Vetiver ist das veränderte *Vittie Vayr*, womit die Tamulen die Wurzel bezeichnen.

Anatherum ist zus. aus ἄνευ (ohne) und ἀθηρ (Granne); die obere der beiden in den Aehrchen sitzenden Blumen ist ungegrannt.

Andropogon ist zus. aus ἀνηρ (Mann) und πωγων (Bart), in Bezug auf die um die Kelchspelzen herumstehenden Haare.

Agrostis von ἀγρος (Acker), in Bezug auf den vorherrschenden Standort.

Phalaris von φαλος, φαληρος (glänzend, weiss), in Bezug auf die glänzend weissen Aehren und die glänzenden Samen (Früchte).

Kaapebawurzel.
Radix Caapebae, Periparobae.
Pothomorphe umbellata MIG.
(Piper umbellatum L.)
Diandria Trigynia — Pipereae.

Strauch mit streifig behaarten braunen Zweigen; Blätter lang gestielt, rundlich nierenförmig, an der Spitze kurz zugespitzt, oben und unten an den Nerven schwach behaart, häutig, fast durchscheinend, oft durchsichtig drüsig; Blüthen zwitterig oder eingeschlechtig, in achselständigen oder doldenartig gestellten Kätzchen, Antheren gegliedert. — Im südlichen Brasilien einheimisch.

Gebräuchlicher Theil. Die Wurzel. Die Handelswaare besteht aus einem schräge aufsteigenden, knolligen, 18 Millim. dicken, durch braunen Wurzelstock, mit 14 Millim. dicken, knotigen Stengelresten und 2—6 Millim. dicken, braunen, holzigen Wurzeln. Die Wurzeln zeigen auf dem Querschnitt eine sehr dünne, mit einem Kranze rother Oeldrüsen versehene Rinde; ein aus zahlreichen, strichförmigen, hornartigen, bräunlichen, porösen Gefässbündeln und wenig schmaleren, weissen Markstrahlen bestehendes Holz, und ein mit rothen Oeldrüsen versehenes, gefässloses Mark.

Eine als Caapeba bezeichnete Wurzel liefert auch *Cissampelos Caapeba* L., eine in Süd-Amerika vorkommende Schlingpflanze aus der Familie der Menispermeen, mit rundlich-herzförmigen, stumpfen, 7 nervigen, unten weichhaarigen Blättern, und weiblichen Blüthentrauben, die so lang als die Blattstiele sind. Die Wurzel ist federkiel- bis fingerdick, gestreift, gekrümmt, knotig, dunkelgrau, schmeckt salzig bitter.

Wesentliche Bestandtheile.? Keine der beiden Wurzeln ist bis jetzt näher untersucht.

Anwendung. Nur in der Heimath.

Caapeba und Periparoba sind brasilianische Namen.

Pothomorphe ist zus. aus *Pothos* und μορφη (Gestalt); hat Aehnlichkeit mit dem Pothos L., einer Aroidee, welche auf der Insel Ceilon *potha* heisst. Damit nicht zu verwechseln ist Ποθος des THEOPHRAST, welcher zwei Arten der Gattung Silene (S. Sibthorpiana und S. Otites) begreift, über dessen Etymologie sich aber nichts Sicheres angeben lässt.

Kadeöl.

Oleum cadinum.

Juniperus Lycia L. *(J. phoenicea).*

Juniperus Oxycedrus L.

Dioecia Monadelphia. — Cupressinae.

Juniperus Lycia, der lycische, phönicische oder Kade-Wachholder, ist ein 1,2—1,8 Meter hoher Strauch mit rauher röthlicher Rinde, dicht dreizeilig dachziegelförmig angedrückten, sehr kleinen, etwas stumpfen Blättern, an den Spitzen der Zweige stehenden Blumen und erbsengrossen kugeligen gelben und braunrothen Beeren. — Im südlichen Europa und Klein-Asien.

Juniperus Oxycedrus, der Cedern- oder spanische Wachholder, ist ein grosser Strauch oder Baum mit braunrother oder braungelber Rinde und erhabenen Streifen, ziemlich grossen, z. Th. 18 Millim. langen steifen stechenden breiten, zu 3 stehenden Nadelblättern, und fast haselnussgrossen röthlich-braunen Beeren. — Ebendaselbst einheimisch.

Gebräuchlicher Theil. Das Holz beider Arten oder vielmehr das durch trockne Destillation daraus erhaltene Oel. Es ist dunkelbraun, dickflüssig, riecht wachholderähnlich und brenzlich.

Wesentliche Bestandtheile. ? Nicht näher untersucht.

Anwendung. Früher als Einreibemittel, gegen Hautausschläge, Taubheit etc.; gegen die Räude der Schafe.

Das Wort Kade ist auf *Ceder*, *Cedrus*, Κεδρος zurückzuführen, und dieses kommt von χεειν, χαιειν (brennen, räuchern), wegen der Anwendung des balsamischen Holzes zum Räuchern.

Juniperus vom celtischen *jeneprus* (rauh, stachelig), in Bezug auf die meist stachelspitzigen Blätter. — Eine nicht minder zulässige Ableitung ist die von *juvenis* (jung, jugendlich) und *parere* (gebären, hervorbringen), weil diese Gattung stets neue Zweige und Blätter treibt, also stets ein grünes (jugendliches) Ansehn hat; oder weil, während ältere Früchte reifen, schon wieder jüngere zum Vorschein kommen.

Anhangsweise erwähnen wir hier noch Juniperus virginiana, den virginischen Wachholder oder die rothe virginische Ceder, einen hohen nordamerikanischen Baum, weil dessen grüne Zweige mit den Zweigen der Sabina verwechselt werden, und das braune wohlriechende Holz zur Einfassung der Bleistifte dient.

Kaffeebaum.

Semina (Fabae) Coffeae.

Coffea arabica L.

Pentandria Monogynia. — Rubiaceae.

6—9 Meter hoher immergrüner Baum mit länglich-eiförmigen, zugespitzten, glänzenden, ganzrandigen, kurz gestielten Blättern, Blüthen zu 4—5 beisammen in den Blattwinkeln auf kurzen Stielen, klein, weiss, präsentirtellerförmig, von angenehmem Geruch. Frucht beerenartig, fleischig, von der Grösse einer Kirsche, erst grün, dann roth und zuletzt violett, mit gelblichem süssschmeckendem Mark und 2 Samen. — Im östlichen Afrika und in Arabien einheimisch; dort, dann auf den ost- und westindischen Inseln, in Mittel- und Süd-Amerika viel angebaut, wobei man aber das Gewächs nur zur Höhe eines mässigen 1,2—1,8 Meter hohen Strauchs gelangen lässt.

Gebräuchlicher Theil. Die Samen (Bohnen); sie kommen im Handel gewöhnlich von dem sie locker umgebenden papierartigen Häutchen befreit vor, sind oval, auf einer Seite platt mit einer Längsfurche, auf der anderen gewölbt, von verschiedener Länge, die kleinsten (Mokka-Kaffee) 6 Millim. lang und 4 Millim. breit, die grössten (westindische Sorten) bis 10 Millim. lang und 5 Millim. breit, glatt. Farbe verschieden, durchschnittlich hellgelbgrau, bald mehr ins Grüne gehend, bald mehr ins Braune. Man benennt sie nach den Ländern, aus denen sie kommen, und schätzt den Mokka am höchsten. Der Kaffee hat einen schwachen, eigenthümlichen Geruch und süsslichen, etwas herben Geschmack, ohne merkliche Bitterkeit.

Wesentliche Bestandtheile. Von den zahlreichen Analytikern der Kaffeebohnen verdienen besonders hervorgehoben zu werden: SCHRADER, SEGUIN, PFAFF, BRUGNATELLI, CADET, CHENEVIX, BOUTRON, ROBIQUET, RUNGE, ROCHLEDER, PAYEN. Danach enthalten die Bohnen durchschnittlich in 100: 1,0 eigenthümliches flüchtiges Alkaloid (Kaffeïn, 1820 von RUNGE entdeckt), 10 Proteinsubstanz, 12 öliges Fett, 15 Zucker, und Gummi, 3—5 eigenthümliche eisengrünende Gerbsäure (Kaffeegerbsäure, Chlorogensäure), 3,5 Mineralstoffe, ferner Chinasäure, Spuren ätherischen Oeles.

Nach PECKOLT findet sich auch in dem Fruchtfleisch und der Samendecke etwas Kaffeïn. Nach STENHOUSE enthalten die getrockneten Blätter sogar mehr Kaffeïn als die Bohnen, nämlich 1,15—1,25 $\frac{0}{0}$.

Verunreinigungen und Verfälschungen. Die Kaffeebohne unterscheidet sich in ihrem Aeussern so entschieden von anderen Samen, dass sie damit nicht verwechselt werden kann. Den geringen Sorten und dem havarirten (d. h. durch Stranden von Schiffen mit dem Seewasser in Berührung gekommenen) Kaffee sucht man nicht selten durch künstliche Färbung das Ansehn der besseren Sorten zu ertheilen, und verfährt dabei auf verschiedene Weise. Eine dieser Methoden besteht darin, dass man zu den Bohnen in einem Fasse eine Anzahl Bleikugeln giebt und hierauf das Fass eine Zeit lang hin und her rollt, wodurch sich von dem Metalle soviel abreibt und an die Bohnen hängt, als zur Färbung erforderlich ist. Das blosse Auge lässt eine derartige Färbung nicht leicht erkennen, eine scharfe Lupe eher darauf aufmerksam machen; um aber ganz sicher zu gehen, lege man die verdächtigen Bohnen in verdünnte Salpetersäure (1,10 spec. Gew.), giesse nach einstündiger Einwirkung ab, verdünne dieselbe noch mit der dreifachen Menge Wasser und setze Schwefelwasserstoff hinzu, wodurch das Blei schwarz niedergeschlagen wird.

Ein anderes Mittel zur Färbung der Kaffeebohnen ist ein grünes Pulver, welches aus Berlinerblau, chromsaurem Bleioxyd, Thon und Gyps besteht. Man greift also hier zu einem ähnlichen Mittel, dessen sich die Chinesen schon seit langer Zeit zur Färbung des Thees bedienen, nur mit dem Unterschiede, dass das Gelb in der zu letzterem Zwecke dienenden Mischung nicht chromsaures Bleioxyd, sondern Kurkuma ist. An dem Thee lassen sich die einzelnen Gemengtheile der farbigen Composition (Berlinerblau — mitunter durch Indigo vertreten — Kurkuma und Gyps) mit der schwächsten Vergrösserung eines Mikroskops, ja selbst mit einer scharfen Lupe sehr deutlich erkennen. — Es fällt daher auch nicht schwer, schon allein durch das bewaffnete Auge zu entscheiden, ob an den Kaffeebohnen ein ähnliches Gemisch haftet. Zur genaueren Prüfung auf dessen Natur übergiesst man eine grössere Menge solcher Bohnen mit warmem destillirtem Wasser, nimmt dieselben nach ein paar Stunden wieder heraus, und lässt das Wasser sich klären. Bei Gegenwart von Gyps wird dieses Wasser durch Chlorbaryum und oxalsaures Ammoniak stark getrübt. In dem Absatze giebt sich das Berlinerblau dadurch zu erkennen, dass seine Farbe durch Kalilauge sofort in Braun übergeht. Erfolgt dieser Farbenwechsel nicht, so hat man kein Berliner-blau sondern Indigo vor sich, und dann wird die Farbe durch Salpetersäure zer-stört. Bei der Behandlung mit Kalilauge wird auch das chromsaure Bleioxyd mehr oder weniger angegriffen, indem es sich zum Theil oder ganz löst, während Kurkuma nur eine braune Farbe annimmt. Eine weitere Probe, angestellt durch Betupfen des Absatzes mit Schwefelammonium, lässt, wenn Schwärzung erfolgt, über die Gegenwart des Chromgelbes keinen Zweifel.

Eine noch andere Art, den Kaffee zu färben, besteht im Benetzen mit einer Auflösung von Kupfervitriol, wodurch er ein bläulich-grünes Ansehn bekommt. So behandelte Bohnen nehmen beim Befeuchten mit einer Auflösung von Kaliumeisencyanür eine rothbraune Farbe an.

Man hat aber auch schon Kaffeebohnen aus Mehlteig nachgeahmt, und zwar ziemlich täuschend; diese besitzen jedoch scharfe Ränder (nicht abgerundete wie die echten Bohnen), und lassen sich leicht zu einem gelblich-grauen Pulver zerreiben. Beim Kochen mit Wasser geben sie eine kleisterartige, durch Jod tief blau werdende Masse.

Anwendung. Als Arzneimittel selten; GRINDEL der zuerst (1809) den Kaffee zu diesem Zwecke vorschlug, rühmt den Absud der rohen Bohnen gegen Wechselfieber statt China. Der ausgedehnteste Gebrauch wird aber vom Kaffee im gerösteten Zustande gemacht. Bei der Röstung verliert er 15—20$\frac{0}{0}$ am Gewichte, nimmt aber an Volumen zu, und diese Anschwellung beträgt fast die Hälfte, so dass 100 Vol. nach dem Brennen etwa 150 Vol. sind. Durch das Rösten (Brennen) erleiden sämmtliche Bestandtheile verschiedene Veränderungen, und vom Kaffeeïn entweicht ungefähr die Hälfte. Ausser als Diätetikum leistet das Kaffeegetränk auch bei Diarrhöen und bei Vergiftungen mit Opium und sonstigen Narkoticis gute Dienste.

Geschichtliches. Handschriftlichen Nachrichten zufolge, welche sich in der Pariser Bibliothek befinden, unterliegt es keinem Zweifel, dass die Sitte des Kaffeetrinkens seit undenklichen Zeiten im Oriente besteht, und namentlich im Jahre 875 n. Chr. in Persien schon gewöhnlich war. Weit später scheint dieser Gebrauch auch auf die Osmanen übergegangen zu sein. Nach dem Verfasser einer türkischen Geographie soll im Jahre 1258 das Kaffeetrinken durch den in die Gebirge von Ousab exilirten Scheikh OMAR erfunden worden sein, und ABD-ALKADER giebt an, dass DHABHANI MUFTI in Aden den Gebrauch des Kaffees in Jemen erst im 15. Jahrhundert eingeführt, und solchen bei einer Reise nach Persien kennen gelernt habe. Im Jahre 1517 soll Sultan SELIM nach der Eroberung von Aegypten Kaffee nach Konstantinopel gebracht haben, und bereits 1554 hatte man in dieser Stadt Kaffeehäuser. Der erste Deutsche, welcher von dieser Sitte Nachricht gab, scheint der Augsburger Arzt LEONHARD RAUWOLF zu sein, welcher 1573 Kaffeehäuser in Aleppo antraf. Er drückt sich darüber folgendermaassen aus: »Under anderen habens ein gut Getränk, welliches sie hoch halten, Chaube von jenen genannt, das ist gar nahe wie Dinten so schwarz, und in Gebresten sonderlich des Magens gar dienstlich« u. s. w. Die Kaffeebohnen, Bunned ge-nannt, beschreibt er recht gut und meint, sie möchten wohl Buncho des AVICENNA und Bunca des RHASES sein, welche Ansicht auch spätere Gelehrte theilten. In einem 1615 von PETER DE LA VALLE, einem Venetianer, von Konstantinopel aus datirtem Briefe benachrichtigt der Schreiber seinen Correspondenten, dass er die Absicht habe, den damals in Italien noch unbekannten Kaffee einzuführen, was er jedoch erst 30 Jahre später ausführte, nämlich 1645 das erste Kaffeehaus in Venedig errichtete. Das erste Kaffeehaus in London gründete 1652 der Grieche PASQUA. 1659 hatte man solche in Marseille, 1672 in Paris. Deutschland kam bald nach, denn 1679 entstand ein solches durch einen englischen Kaufmann in Hamburg, und ein Jahrhundert später war der Kaffee bereits Volksgetränk geworden. — Anfänglich stand der Kaffee in hohem Preise, indem das Pfund mit 140 Franks bezahlt wurde. In der letzten Hälfte des 17. Jahrhunderts fand er auch Aufnahme in die Materia medica.

Den Kaffeebaum selbst beschrieb zuerst 1591 PROSPER ALPIN, er sah ein Exemplar desselben in dem Garten eines Türken in Kairo; die beigefügte Abbildung enthält aber nur einen beblätterten Ast ohne Blume und Frucht. JUSSIEU gab erst 1713 unter dem Namen Jasminum arabicum ein genügendes Bild des Gewächses. 1690 brachte VAN HOORN auf Veranlassung des Amsterdamer Bürgermeisters N. WITSEN Kaffeepflanzen aus Arabien nach Java, und aus den dortigen Plantagen kamen 1710 lebende Exemplare nach Amsterdam u. a. Städte. Auch in Surinam legten um jene Zeit die Holländer Kaffee-Pflanzungen an, ihnen folgten die Franzosen 1720 in Martinique und 1722 in Cayenne u. s. w.

Coffea kommt nach RITTER nicht, wie man meist annimmt, von einem arabischen Worte, sondern von Kaffa, dem Namen einer ost-afrikanischen Landschaft zwischen dem 3. u. 6.° n. Br., wo der Baum massenhaft wild wächst.

Kageneckie.
Folia Kageneckiae.
Kageneckia oblonga RUIZ u. PAV.
Icosandria Pentagynia. — Rosaceae.

Baum mit gestielten länglichen oder umgekehrt eiförmigen, gesägten Blättern, deren Sägezähne an der Spitze drüsig sind; diese Spitze fällt gewöhnlich ab, weshalb die Blätter stumpf erscheinen. Uebrigens sind sie lederartig, steif, glatt, unten blasser und fast graugrün, an der Basis schmäler, die starke Mittelrippe sehr hervorstehend, $2\frac{1}{2}$—7 Centim. lang, und von zahlreichen sehr ästigen Adern durchzogen. Die Blattstiele kaum 6 Millim. lang, der Rand an beiden Seiten hervorstehend und gezähnt. Die Blumen stehen einzeln an der Spitze der Zweige, sind 8 Millim. lang, kantig und fein behaart. Die Frucht besteht aus 5, denen der Gichtrose ähnlichen Balgkapseln. — In Chile einheimisch.

Gebräuchlicher Theil. Die Blätter; sie schmecken sehr bitter.
Wesentliche Bestandtheile. Bitterstoff. Nicht näher untersucht.
Anwendung. Gegen Wechselfieber.

Kageneckia ist benannt nach Graf F. v. KAGENECK, österreichischem Gesandten in Madrid.

Kajeputbaum.
Oleum Cajeput.
Melaleuca Leucadendron L.
Melaleuca trinervis Hamilt.
(Melaleuca minor Smith.)
Polyadelphia Polyandria. — Myrteae.

Melaleuca Leucadendron, der schmalblättrige molukkische Kajeputbaum, ist mannsdick und dicker, hat eine weiche, fast fingerdicke Rinde, die aus zahlreichen sehr feinen Häuten besteht wie bei der Birke; sie lassen sich leicht trennen, zerreissen aber leicht. Der untere Theil des Stammes ist stets schwärzlich, wie verbrannt, und Rumph glaubt in der That, dass diese Farbe von dem sengenden Einflusse der Sonnenstrahlen herrühre, indem die Rinde so leicht wie Zunder Feuer fange, aber nicht mit Flamme brenne, sondern nur so lange glimme, bis der Baum wie verbrannt aussehe. Der Stamm hat nur wenige und gekrümmte Aeste, die eine spärliche und eben nicht zierliche Krone bilden. Die Blätter zeichnen sich durch ihre eigenthümliche Bildung aus; im Ganzen sehen sie den Weidenblättern ähnlich, sind aber am Ende hobelförmig gekrümmt, 15—20 Centim. lang, 25 Millim. breit, fest und glatt, blass- oder graugrün, trocken und brüchig, von 9—10 hervorstehenden Venen durchzogen. Sie haben einen starken, etwas aromatischen und zugleich säuerlichen Geruch, einen harzigen, etwas zusammenziehenden Geschmack, ungefähr wie die Myrtenblätter. Die Blumen stehen auf 150 Millim. langen Stielen ährenartig beisammen, sind weiss und riechen stark, etwas säuerlich, nicht angenehm. Die Früchte sind etwa von der Grösse des Korianders, oben offen, schwarzgrau, enthalten einen spreuartigen, etwas gekrümmten, blassbraunen Samen, riechen harzig, myrtenähnlich, schmecken adstringirend, nach dem Trocknen nur fade. — Auf allen Inseln des molukkischen Archipels.

Melaleuca trinervis, der amboinische oder kleine Kajeputbaum, gleicht im Aeusseren ganz dem vorigen, ist jedoch in allen Theilen kleiner, und wächst selbst strauchartig. Die ebenfalls unten schwarzen Stämme erreichen kaum die Dicke eines Schenkels und sind auf ähnliche Weise wie die vorigen mit einer vielschichtigen Rinde überzogen, aber die Schichten dünner, mehr runzelig und gelappt. Die Blätter gleichen denen der vorigen Art, sind aber um die Hälfte kleiner, 7—10 Centim. lang, kaum fingerbreit und wenig umgebogen, von 3 Rippen durchzogen, mehr krautartig, nicht so blassgrün, und riechen angenehm kardamomartig. Auch die Früchte sind im Geruch und Geschmack aromatischer. — Auf Amboina.

Gebräuchlicher Theil. Das aus den Blättern und den Früchten beider Bäume in den Heimatländern gewonnene ätherische Oel. Es ist meist grün, riecht eigenthümlich kampher- und terpenthinartig, ist leichter als Wasser, reagirt säuerlich, und enthält häufig eine kleine Menge (etwa $\frac{1}{2000}$) Kupfer, das aus den Destillations- oder Aufbewahrungs-Geräthschaften hineingelangt ist. Dieser Kupfergehalt ist aber keineswegs, wie man früher geglaubt hat, die Ursache der grünen Farbe, sondern dieser beruht auf einem grünen Harze, welches beim Rektificiren des Oeles (nebst dem Kupfer) zurückbleibt.

Wesentliche Bestandtheile. Das Kajeputöl ist, wie die meisten ätherischen Oele, ein Gemisch von wenigstens zwei verschiedenen Verbindungen, die sich durch fraktionirte Destillation trennen lassen, und von denen wenigstens eine Sauerstoff enthält.

Prüfung. Verfälschungen. Das Kupfer erkennt man leicht, wenn man das Oel mit seinem gleichen Volum Kaliumeisencyanür-Lösung eine Zeit lang schüttelt und diese dabei eine röthliche Trübung erleidet. Nachgekünstelte Oele sind schon mehrfach beobachtet worden; so berichtete ERDMANN von einem solchen, welches 20% Chloroform, 10% Harz und mehrere ätherische Oele, worunter Rosmarinöl, enthielt. Da das echte Oel erst bei 175° siedet, auch andere ätherische erst weit über 100° sieden, das Chloroform dagegen schon bei 62°, so lässt sich letzteres schon im Wasserbade abdestilliren und erkennen. — Sollte ein Oel untergeschoben sein, das durch Destillation von Terpenthinöl, Lavendelöl und Rosmarinöl über Cardamom und Kampher bereitet, und mit Chlorophyll gefärbt ist, so wird dasselbe mit Jod verpuffen, während Jod sich im reinen Oele ruhig löst.

Anwendung. Für den medicinischen Gebrauch darf nur kupferfreies Oel genommen werden. Zur Entfernung des Kupfers kann man das Oel entweder rektificiren oder mit Thierkohle eine Zeitlang in Berührung lassen und dann abfiltriren.

Geschichtliches. Nach RUMPH († 1706) war das Kajeputöl in Ost-Indien schon lange im Gebrauche, ehe es nach Europa gelangte. 1717 erwähnt es LOCHER und 1719 hatte man es schon in einer Leipziger Apotheke. Die Kunst, das Oel durch Destillation zu gewinnen (selbstverständlich in der indischen Heimath), schreibt man einem (holländischen) Theologen WITTNEBEN zu, weshalb es auch anfangs Oleum Wittnebianum genannt wurde. THUNBERG gab 1782 einige Nachrichten darüber, sowie über die Gewinnungsart desselben.

Melaleuca zus. aus μελας (schwarz) und λευκος (weiss); der Stamm ist, wie oben angegeben, schwarz, Aeste und Blätter, wenn auch nicht gerade weiss, doch im Gegensatz dazu sehr hellfarbig.

Melaleuca paraguayensis BONPL., ein am Flusse Corrientes an der Grenze von Paraguay und der brasilianischen Provinz Matto Grosso vorkommender 4—5 Meter hoher, schwarzrindiger, in seinen botanischen Merkmalen mit der Melaleuca der Molukken übereinstimmender Baum, der nach BONPLAND auch ein ähnliches ätherisches Oel enthält, wurde von Letzterem dort in ausgedehnter Weise mit Erfolg bei Rheumatismus und anderen Krankheiten angewendet.

Kaiserkrone.

Radix (Bulbus) Coronae imperialis.
Fritillaria imperialis L.
Hexandria Monogynia. — Lilieae.

Prachtvolles Zwiebelgewächs mit 60—90 Centim. hohem Stengel, lanzettlichen Blättern, am Ende des Stengels zahlreich in einem Kreise stehenden, herabhängenden, grossen 6-blättrigen, glockenförmigen, graulichrothen oder gelben, innen gefleckten Blumen; über den Blumen steht ein dichter Schopf von grünen Blättern. — In Persien einheimisch.

Gebräuchlicher Theil. Die Zwiebel; sie ist gelb, gross, rund, dickschalig, von üblem Geruche, scharfem Geschmack. Soll giftig wirken. — Der in den Blumen abgesonderte Honig erregt Brechen.

Wesentliche Bestandtheile. BASSET fand in der frischen Zwiebel 23½ Stärkemehl und 5% auflösliche Substanz. Ueber den scharfen Stoff ist nichts Näheres bekannt.

Anwendung. Obsolet.

Geschichtliches. Die Alten kannten und gebrauchten eine Fritillaria, welche Theophrast Λείριον πορφυρούν, Dioskorides Σατύριον ἐρυθρόνιον nennt, die aber Fr. pyrenaica Sibth. ist.

Fritillaria von *fritillus* (Becherchen zum Würfelspiel), in Bezug auf die Form der Blumenkrone.

Kakao.

Fabae oder *Semina Cacao.*

Theobroma Cacao L.

(Cacao sativa Lam.)

Polyadelphia Pentandria. — Büttneriaceae.

3,6—6 Meter hoher, ziemlich dicker, schöner Baum mit brauner, glatter Rinde, ovallänglichen, zugespitzten, ganzrandigen glatten, gestielten, grossen 20 bis 30 Centim. langen und über 5 Centim. breiten, in der Jugend rosenrothen, später dunkelgrünen, aderrippigen Blättern, mit zwei kleinen linienförmigen, abfallenden Afterblättchen. Die Blumen stehen in den Blattwinkeln mehr oder weniger gehäuft auf einblüthigen, fadenförmigen Stielen, haben rosenrothe Kelche und gelbe Blumenblätter. Die Frucht ist ovallänglich, gegen die Basis etwas schmäler, 10—13 Centim. lang und 5—6 Centim. dick, von 10 Furchen durchzogen, glatt, schmutzig citronengelb, bisweilen glänzend scharlachroth. Unter ihrer holziglederartigen Rinde befindet sich ein weissliches, etwas süsses Mark, in welchem die grossen zahlreichen mandelartigen Samen in Querreihen übereinanderliegen. Die äussere Samenhaut ist rindenartig, von Pergamentdicke, zerbrechlich, die innere fein und dünn, im frischen Zustande weich und dringt zwischen die Falten der innern Kernsubstanz ein. Diese besteht, da das Eiweiss ganz mangelt, nur aus dem ölreichen Embryo, dessen Kotyledonen dick, runzelig und gelappt sind, und in dem stumpfen Ende das cylindrische Würzelchen einschliessen. — In den feuchten Niederungen des tropischen Amerika einheimisch, daselbst, sowie auf den Antillen und auf den Molukken kultivirt.

Gebräuchlicher Theil. Der Same, der aber nicht allein von der obengenannten, sondern auch von mehreren andern Arten der Gattung Theobroma gesammelt wird. Er ist im Allgemeinen eiförmig, etwas plattgedrückt, braun, von Gestalt und Grösse den Mandeln ähnlich, schliesst in einer dünnen, etwas brüchigen Rinde einen braunen, fettglänzenden, trocknen, brüchigen, durch zarte Häutchen getrennten und darum leicht in kleine eckige Stückchen zerfallenden öligen Kern ein. Im Handel finden sich mehrere Sorten, die man auf nachstehende Weise unterscheiden kann.

A. Erdkakao oder gerotteter Kakao, d. h. solcher, der vor dem Trocknen einer Art Gährung unterworfen ist. Zu diesem Behuf werden die aus dem Fruchtmarke genommenen Samen entweder in Haufen aufgeschichtet oder in Fässer verpackt oder in die Erde vergraben und erst nach überstandener Gährung (nach etwa einer Woche) getrocknet. Durch diese Behandlung erhalten die Samen eine braune Farbe, verlieren z. Th. ihren bitteren, herben Geschmack, die Keimkraft wird zerstört, die innere Kernsubstanz mehr verdichtet, und den eingegraben gewesenen haftet dann ein erdiger Ueberzug an. Dahin gehören:

1. Mexikanischer oder Sokonutzko; kleine stark convexe Bohnen von feinem Aroma, sehr mildem Geschmack und einer dem Goldlack ähnlichen Farbe.

2. Esmeraldas (aus Ekuador); noch kleiner und etwas dunkler, sonst jenem

ähnlich. 3. Guatemala; sehr gross, stark konvex, an der Spitze stark verschmälert, sehr milde und aromatisch. 4. Karakas; blassbräunlich mit grauem erdigem Ueberzuge, konvex, von mildem, angenehmem Geschmacke. 5. Guayaquil (aus Ekuador) platt, fast keil-eiförmig, braunroth, runzelig von 2—3 Centim. Länge. 6. Berbice; klein, aussen grau, innen rothbraun. 7. Surinam und Essequebo; ziemlich gross, fast dicht, mit einem schmutzig grauen lehmigen Ueberzuge versehen, innen dunkel röthlichbraun.

B) Sonnenkakao oder ungerotteter Kakao, d. h. solcher, der gleich getrocknet und dann von den Musresten durch Reiben befreit ist. Der so behandelte Kakao hat im Allgemeinen eine schön bräunlichrothe, ebene Schale, deren Gefässbündel deutlich hervortreten, und einen schwarzbraunen, ins Röthliche spielenden Embryo, aber einen herben bitteren Geschmack. Dahin gehören:

1. Brasilianischer (Para, Bahia, Maranhon); glatt, keileiförmig, an dem einen Rande fast gerade, an dem andern sehr konvex, schön braunroth. 2. Cayenne; aussen graubraun, innen blauroth. 3. Antillen-Kakao, und zwar Trinidad gross, sehr breit, platt, fast schwarzbraun; Martinique länglich, schmaler, platt, fast braunröthlich; St. Domingo klein, platt, schmal, dunkel braunviolett.

Alle Kakaobohnen sind fast geruchlos; beim Stossen, mehr noch beim Erwärmen verbreiten sie aber einen angenehmen gewürzhaften Geruch. Der Geschmack ist angenehm, milde, aromatisch, bitterlich, ölig.

Wesentliche Bestandtheile. Der ältesten Analyse (von LAMPADIUS) zufolge wurden in 100 Gewichtstheilen Bohnen gefunden 87,8 Kern und 12,2 Schale; in 100 Kern: 53,10 Fett, 16,70 Proteïnsubstanz, 10,91 Stärkmehl, 7,75 Schleim, 2,01 rother Farbstoff, 0,9 Faser, 5,20 Wasser. Destillation mit Wasser lieferte ein aromatisches Destillat, aber ohne Abscheidung von ätherischem Oel. Die mineralischen Bestandtheile der Kerne betrugen 2⅔. 1841 entdeckte WOSKRESENSKY im Kakao eine eigenthümliche, schwache, sublimirbare Base (Theobromin). A. MITCHERLICH erhielt aus dem Guayaquil-Kakao: 45—49⅔ Fett, 14—18 Stärkmehl, 1,5 Theobromin, 3,5 Asche. TREUMANN bekam aus der Schale 0,3 Theobromin; PIERS TROJANOWSKY hingegen, als Ergebniss der Untersuchung von mehr als 30 Sorten, aus der Schale 0,8—4,5⅔ und aus dem Kerne 1,2—4,6⅔ Theobromin. Der Aschengehalt des Kernes betrug nach E. HEINTZ aus der Sorte Karakas 2,6—4, Guajaquil 0,8—3, Surinam 1,8, und Trinidad 2,5—2,8⅔. Die Schale gab 8,5—18,5⅔ Asche, letztere vom besten Karakas. Die Asche des Kernes ist nach HEINTZ weiss bis hellgrau, und löst sich leicht und vollständig in Salzsäure; die Asche der Schale ist gelb bis braun und hinterlässt einen in Salzsäure unlöslichen kieseligen Rückstand. Der Fettgehalt des Kernes schwankt von 38—51⅔; das Fett schmilzt bei 32—33° C., und KINGZETT fand darin zwei neue Fettsäuren, von denen eine der Laurinsäure sich nähert, während die andere, vom Verfasser Theobrominsäure genannt, der Melissinsäure am nächsten steht.

Anwendung. Nur selten als Arzneimittel, und fast nur auf das Fett, Butyrum Cacao, beschränkt. Am allergewöhnlichsten dient der Kakao zur Bereitung der Chokolade, deren es bekanntlich eine grosse Zahl von Sorten gibt.

Geschichtliches*). Als amerikanisches Gewächs konnte der Kakaobaum und was damit zusammenhängt den Europäern natürlich erst mit der Entdeckung Amerika's bekannt werden. Aber diese Kunde reicht doch immerhin schon sehr

---

*) Einem längeren Aufsatze von FRISTÄDT auszugsweise entnommen.

weit zurück, denn FERDINAND KORTEZ traf, 27 Jahre nach der Entdeckung dieses Erdtheiles, als er 1519 erobernd nach Mexiko vordrang, den Kakao dort im allgemeinen Gebrauche, und schildert in seinem ersten Briefe an Kaiser Karl V die Kakaoplantagen, die Samen und ihre Anwendung, so dass also der Kakao als Gegenstand der Geschichte der Bromatologie in Europa in dasselbe Jahr wie die erste Eroberung Mexiko's durch Europäer fällt.

In Mexiko jedoch datirt der Gebrauch des Kakao noch um wenigstens tausend Jahre weiter zurück. Die vor den Azteken in Mexiko wohnenden Tolteken hatten sich nämlich desselben schon Jahrhunderte lang bedient, als sie 1325 von jenen besiegt und unterdrückt wurden. Der Kakao spielte aber eine doppelte Rolle bei diesen Altmexikanern, er war nämlich nicht bloss Nahrungsmittel, sondern auch Werthmesser, ihre einzige Münze, in welcher auch die Provinzen der Regierung ihre Steuern bezahlten, in Folge dessen dieselbe so bedeutende Kakaolager besass, dass KORTEZ bei MONTEZUMA ein solches von 2½ Millionen Pfund antraf. Der Gebrauch der Kakaomünze war aber so eingewurzelt, dass er sich theilweise in spätern Jahrhunderten erhielt, und noch von HUMBOLDT in Kostarika angetroffen wurde. Unter solchen Verhältnissen war natürlich der Kakaobaum eines der vorzüglichsten Kulturgewächse der Azteken, weit allgemeiner als in späterer Zeit, wo der Anbau in Mexiko abnahm und in manche andere Theile von Amerika überging. Einen bestimmenden Einfluss auf den Habitus des Lebens konnte der Kakaobaum indessen nicht haben, da er nicht ohne den Schutz anderer, höherer, schattengebender Baumschläge gedeihet.

Von höherem Werthe war aber der Kakao den Altmexikanern als Nahrungs- und Genussmittel. Sein Gebrauch erstreckte sich auf alle Volksklassen; die Zubereitung wich jedoch von der jetzigen ab. Zucker kannte man damals noch nicht und statt dessen bediente man sich hie und da des Honigs. Die gerösteten, abgeschälten und gestossenen Bohnen wurden einfach mit Wasser gekocht, von den Armen mit Maismehl gemischt, stark gewürzt, im besten Falle mit Vanille, und zu einer schäumenden Masse von Honigkonsistenz verarbeitet, welche kalt, (nach TORQUEMADA geschah auch die Bereitung kalt, nicht warm, was erst die Spanier einführten), am Hofe aus goldenen Gefässen mit goldenen Löffeln, verzehrt wurde. Das war das Präparat, welches die Azteken Chocolatl (von *choco* schäumen und *atl* Wasser) nannten, während die Bohne Kakoohatl hiess.

Dass ein für die Azteken so wichtiger Artikel alsbald die Aufmerksamkeit der Spanier auf sich zog, war natürlich. Das günstige Urtheil über die Chokolade, welches sowohl KORTEZ wie einer seiner Begleiter, der in einer besondern Schrift erklärt, dass dieselbe jede andere Nahrung auf längeren anstrengenden Reisen ersetzen könne, verschafften dem Kakao von Anfang an ein gewisses Renommé nicht nur im spanischen Amerika, sondern auch in Spanien selbst, wo er zum ersten Male 1520, jedoch nur in Form fertiger Kuchen, Eingang fand. Doch blieb die Kenntnis über Chokolade während des 16. Jahrh. fast ganz auf Spanien und dessen Kolonien beschränkt. Die erste dem Verfasser bekannte und für jenes Jahrhundert isolirt stehende Notiz darüber ausserhalb Spanien ist eine von einem recht kleinen, vermuthlich überhaupt dem ältesten Holzschnitte des Baumes begleitete Relation in G. BENZONI's La historia del monde nuovo, Venedig 1665, worin aber ein ganz unvortheilhaftes Urtheil über den Chokoladentrank gefällt wird, welchen B. bei einem längern Besuche Amerika's kennen lernte, und den er nur dann zu geniessen sich zwingen konnte, wenn der Wein vollständig fehlte. Diese ungünstige Meinung theilt von Spaniern Pater ACOSTA, der 1584

u. A. bemerkt, dass schon das äussere Ansehn vom Genusse abschrecke, obwohl man sich desselben in Amerika bediene, ungeachtet man Herzbeschwerden davon bekomme.« Hierzu kommt, dass CLUSIUS, der erste Botaniker von Bedeutung, welcher des Kakaobaumes erwähnt, BENZONI's Aeusserung »der Kakao passe eher für Schweine als für Menschen«, fast mit denselben Worten wiederholte, so dass es nicht zu verwundern ist, wenn die Chokolade noch im Anfange des 17. Jahrh. ausser Spanien ziemlich unberücksichtigt blieb.

Um diese Zeit (1606) kehrte der Italiener F. CARLETTI von einer ausgedehnten Reise, wobei er auch West-Indien besucht hatte, in seine Vaterstadt Florenz zurück, brachte Kakao nebst der Kunst der Chokoladebereitung mit, und durch ihn wurde Italien das Land, von welchem aus später diess Getränk in die Länder des mittleren und nördlichen Europa verbreitet ward. Nach Frankreich gelangte die Chokolade allerdings wohl direkt aus Spanien, zunächst 1615 durch die Gemahlin LUDWIG XIII, dann 1660 durch die Gemahlin LUDWIG XIV, und ging von da rasch in die Bevölkerung über.

Nach England gelangte sie später, 1667 wurde daselbst das erste Chokoladehaus eröffnet; noch später 1679 nach Deutschland durch die Empfehlung des bekannten BONTEKOE, Leibarzt des Kurfürsten FRIEDRICH WILHELM von Brandenburg. Von da an begann der Kakao auch in therapeutischer Beziehung Aufmerksamkeit zu erregen, und fand Eingang in die Pharmakopöen. Von Zeit zu Zeit tauchten aber noch immer Streitschriften über den Werth oder Unwerth der Chokolade auf; und während Einige, im Einklange mit BENZONI, ACOSTA, CLUSIUS, den Stab darüber brachen, stellten Andere sie über Nektar und Ambrosia, und zu diesen Lobrednern dürfte auch LINNÉ gehört haben, denn er verewigte seine Sympathie dafür in dem Gattungsnamen Theobroma (Götterspeise).

Kaktus, warziger.

Succus Mammillariae.

Mammillaria cirrhifera L.

Icosandria Monogynia. — Cacteae.

Der Milchsaft dieses Gewächses hat nach I. A. BUCHNER nichts Scharfes, schmeckt im Gegentheil milde und angenehm, und enthält wesentlich Wachs, ausserdem etwas Gummi etc.

Der wässerige Saft der Mammillaria pusilla gab: rothen, durch Alkalien gelb werdenden Farbstoff, Eiweiss, Schleim, viel saures Kalkmalat, Kalkacetat und Kalkoxalat.

Fast ganz analog fand BUCHNER die Säfte von Cactus flagelliformis, Phyllanthus und speciosus zusammengesetzt.

Die Blumen dieser Arten enthalten nach BUCHNER auch viel krystallisirbaren Zucker.

Ueber den Farbstoff der rothen Blüthen dieser Arten haben BUCHNER und VOGET Versuche angestellt.

Cactus, Κακτος der Alten *(Cactus Opuntia* oder *Cynara Scolymos)* von κακ??, PASS. κακουσθαι (böse behandeln, verletzen), wegen der Stacheln an der Pflanze. Eben denselben Sinn hat καιειν (brennen), χαζειν (zurückweichen, d. h. vor den Stacheln.)

Kalabarbohne.

Semen (Faba) Physostigmatis.

Physostigma venenosum BALF.

Diadelphia Decandria. — Papilionaceae.

Hoher windender Kletterstrauch mit glatten, krautartigen, glänzenden drei-zähligen Blättern, deren Seitenblättchen ungleichseitig sind, und deren schmalste Seite nach dem Mittelblättchen gerichtet ist; die einzelnen Blättchen sehen denen unserer Vicebohne sehr ähnlich, und sind nur mehr zugespitzt. Blumen purpur-roth. Die Hülsen sind 14—18 Centim. lang und enthalten 2—3 Samen. — An der Westküste Afrika's in Alt-Kalabar einheimisch.

Gebräuchlicher Theil. Der Same (die Bohne); er ist dunkel chokoladen-braun, fast etwas ins Purpurne übergehend, gegen den Rand meist etwas heller, 3 Centim. lang, 2 Centim. breit, auf der Oberfläche etwas glänzend, körnig-rauh, läng-lich oder ein wenig nierenförmig, flach gedrückt, an der einen Längsseite gerade oder schwach gekrümmt, an der andern gewölbt und daselbst mit einem langen, 2 bis 3 Millim. breiten, tieffurchigen, schwarzen Nabel versehen, welcher von einer feinen, er-habenen, röthlichen Naht, der Raphe, der ganzen Länge nach durchzogen ist. Die Samenschale ist hart, dünn, zerbrechlich, besteht aus einer äusseren, ringsum gleich dicken Schicht, einer mittleren, röthlichen, schwammigen, ungleich dickeren, und einer innern dünnhäutigen, braunrothen, und umschliesst zwei länglichrunde, dicke, weisse, zerbrechliche Samenlappen mit gekrümmtem Würzelchen. Sie sind ohne Geruch und fast ohne Geschmack, aber sehr giftig.

Wesentliche Bestandtheile. JOBST und HESSE erhielten aus dem Samen ein giftiges amorphes Alkaloid, welches sie Physostigmin nannten. VEE bekam dasselbe krystallisirt und gab ihm den Namen Eserin (nach *Esere*, dem Namen der Bohne im Heimathlande.) HARTNACK fand dann noch ein zweites Alkaloid (Calabarin), das Tetanus erregend wirkt, nicht wie das Eserin (Physostigmin) Pupille verengernd. Ferner enthält der Same nach HESSE eine dem Cholesterin ähnliche Substanz, daher von ihm Phytostearin genannt; nach CHRISTISON viel Stärkmehl, Legumin und 1,3 ⅔ mildes fettes Oel.

Verwechselungen. 1. Mit dem Samen einer anderen Art der Gattung Physostigma, welche fast total mit der oben beschriebenen übereinstimmt, aber von WELWITCH als Mucuna cylindrosperma bezeichnet wird. Dieser Same ist länger, fast cylindrisch, mehr oder weniger rothbraun, der Nabel überzieht die Oberfläche der Länge nach nicht vollständig von einem Ende zum andern, der-gestalt, dass etwa das letzte Sechstel bis zum andern Ende nabelfrei ist. Dieser Same ist noch giftiger. 2. Mit dem Samen der Entada scandens, einer Mimosee; er ist kreisrund, 2½—5 Centim. breit, 8 Millim. dick. 3. Mit dem Samen einer andern Art Mucuna, der aber ebenfalls kreisrund ist.

Anwendung. Als Pupille verengerndes Mittel. In Kalabar zu sogen. Gottes-urtheilen.

Physostigma ist zus. aus φυσα (Blase) und στιγμα (Narbe); die Narbe ist blasig aufgetrieben.

Mucuna ist ein brasilianischer Name; es kommen nämlich Arten dieser Gattung auch in Brasilien vor.

Entada ist ein malabarischer Name.

Kalagualawurzel.
Radix (Rhizoma) Calagualae.
Polypodium Calaguala RUITZ.
Cryptogamia Filices. — Polypodieae.

Wurzelstock kriechend, gebogen und schuppig, dem des Engelsüss ähnlich. Die Wedel mit dem 5—7 Centim. langen Stiele 20—30 Centim. lang, das Blatt ungetheilt, lanzettlich, schmal, mit nach unten gebogenen Rändern, 6—14 Millim. breit. Die Fruchthaufen sind von der Mitte bis zur Spitze in Reihen und zwar in Quincunx geordnet. — Einheimisch in Peru, Brasilien und nach BLUME auch in Java.

Gebräuchlicher Theil. Der Wurzelstock; er erscheint im Handel in fingerlangen oder kürzeren, geraden oder gebogenen, etwas zusammengedrückten, mit stumpfen zahnförmigen Ansätzen und starken Längsfurchen versehenen Stücken, aussen dunkel kastanienbraun, innen lichter, röthlichbraun, zuweilen ist noch die Basis des Blattstiels vorhanden. Ohne Geruch und Geschmack: wahrscheinlich in Folge des Alters, denn die frische Wurzel schmeckt nach RUITZ bittersüss.

Wesentliche Bestandtheile. Nach VANQUELIN: Gummi, rothes, scharfes und bitteres Harz, viel Zucker, Stärkmehl etc.

Anwendung. Veraltet.

Kalaguala ist der peruanische Name der Pflanze.

Wegen Polypodium s. den Artikel Engelsüss.

Kalmie.
Folia Kalmiae.
Kalmia latifolia L.
Decandria Monogynia. — Ericaceae.

0,6—2,4 Meter hoher, schöner immergrüner Strauch mit braunen Zweigen, abwechselnden oder zu dreien stehenden, lang gestielten, länglichen, spitzigen, ganzrandigen, glatten, oben dunkelgrünen, unten blassgrünen, glänzenden Blättern, und am Ende der Zweige in klebrigen Doldentrauben stehenden, schönen rothen, später immer blasser werdenden Blumen, deren Krone präsentirtellerförmig, innen mit 10 Grübchen, welche die Staubbeutel enthalten, aussen mit ebenso vielen Höckern versehen sind. — In Nordamerika einheimisch, bei uns als Zierpflanze gezogen.

Gebräuchlicher Theil. Die Blätter; sie schmecken schwach, etwas adstringirend und sind giftig.

Wesentliche Bestandtheile.? Nicht näher untersucht.

Anwendung. In der Heimath gegen Diarrhoe, äusserlich gegen Herpes etc. Kalmia ist benannt nach PETER KALM, geb. 1715 zu Osterbotten in Schweden, Schüler LINNE's, bereiste 1748—51 Nord-Afrika, † 1779 als Professor der Botanik zu Abo.

Kalmus, echter.
Radix (Rhizoma) Calami aromatici, Acori veri.
Acorus Calamus L.
Hexandria Monogynia. — Aroideae.

Perennirende Pflanze mit horizontal kriechendem Wurzelstock, 0,9 bis 1,2 Meter langen und 12—18 Millim. breiten, glatten, glänzenden, fast schwer förmigen, am Grunde scheidenartigen Blättern. Der Blüthenschaft fast von der Länge der Blätter, nach unten auf einer Seite rinnenförmig, auf der andern zugeschärft, oberhalb des Kolbens in eine blattartige Spitze auslaufend. Der seitlich und schief abstehende Kolben ist etwa 7 Centim. lang und dicht mit kleinen fast eingesenkten Blüthen bedeckt. Die Staubfäden sind kaum länger als die gelben Antheren mit abstehenden Fächern. — In Sümpfen und langsam fliessenden Wässern durch ganz Deutschland und die angrenzenden Länder.

Gebräuchlicher Theil. Der Wurzelstock, im Frühjahre oder Spätherbst einzusammeln und rasch zu trocknen. Er ist daumendick und dicker, etwas flachgedrückt, sehr lang, mit schief übereinander liegenden, 12—36 Millim. entfernten scheidenförmigen Absätzen geringelt, ästig, aussen hellbräunlich ins Grüne und Röthliche, bald mehr oder weniger blass, sonst weiss oder dunkler. Nach unten mit vielen weisslichen Fasern und schwärzlichen Punkten (von abgestorbenen Fasern) besetzt. Innen weiss, schwammig-fleischig, weich und biegsam. Durch Trocknen zusammenschrumpfend und aussen dunkler werdend. Wird gewöhnlich vor dem Trocknen geschält (was aber unnöthig ist), und erscheint dann weiss-graulich, z. Th. mehr oder weniger ins Braune (bei langsamem Trocknen aussen braun); ziemlich brüchig, leicht pulverisirbar, Pulver grauweiss. Riecht (wie die ganze Pflanze) stark gewürzhaft, nach dem Trocknen angenehmer als frisch, schmeckt scharf, beissend gewürzhaft, dann bitter.

Wesentliche Bestandtheile. Nach TROMMSDORFF: ätherisches Oel ($\frac{1}{10}$%) scharfes Weichharz, besonderes Satzmehl, Bitterstoff. FAUST erhielt aus der Wurzel ein stickstoffhaltiges, harzartiges, bitter aromatisches Glykosid (Acorin).

Verwechselung mit der folgenden Droge, s. die dort angegebenen Merkmale.

Anwendung. Innerlich in Substanz oder häufiger in Aufguss, äusserlich zu Bädern.

Geschichtliches. Nach DIERBACH ist der Kalmus ursprünglich keine deutsche, sondern asiatische Pflanze, erst im 16. Jahrhundert in die deutschen Gärten gelangt und von da an verwildert. Doch kannten ihn schon die Alten, und THEOPHRAST führt ihn als Καλαμος, DIOSKORIDES u. A. als Αχορος auf.

Acorus ist zus. aus ά (wider) und χορη (Augapfel), weil man bei Augenübeln Gebrauch davon machte.

Kalmus, unechter.

Radix (Rhizoma) Acori vulgaris s. *palustris, Pseudacori.*
Iris Pseudacorus L.
Triandria Monogynia. — Irideae.

Die gelbe Schwertlilie oder der Wasserschwertel ist perennirend, 0,6 bis 1,2 Meter hoch, der Stengel ästig, vielblumig, die schwertförmigen Blätter so lang als der Stengel, gestreift, scheidig, die bartlosen Blumen gelb, die grösseren Lappen mit einem dunkelgelben Fleck bezeichnet. — Häufig in Gräben, Sümpfen, auf nassen Wiesen.

Gebräuchlicher Theil. Der Wurzelstock; er läuft wie der des echten Kalmus, horizontal, ist cylindrisch, gegliedert, etwa 25 Millim. dick, die Glieder rundlich, z. Th. ästig, mit ringförmigen Runzeln bedeckt und mit Schuppen, sowie hohlen Punkten besetzt, aus denen Fasern hervorkommen. Frisch aussen bräunlich, innen hellroth, fleischig, durch Trocknen stark einschrumpfend, runzelig und dunkelgrau werdend. Geruchlos, stark zusammenziehend, nicht aromatisch schmeckend.

Wesentliche Bestandtheile. Gerbstoff. Nicht näher untersucht.

Anwendung. Nur noch in der Thierheilkunde. Zum Gerben und Schwarzfärben brauchbar. Der Same, worin BOUILLON-LAGRANGE Gerbstoff, dann Harz und Schleim fand, ist als Kaffe-Surrogat empfohlen worden.

Altes Arzneimittel, schon von den Griechen wegen des Farbenspiels der Blumen Ἶρις genannt. Doch bezeichneten sie diese Pflanze auch mit Ξυρίς (von ξυρόν: Scheermesser), wegen der schwertförmigen Blätter.

Kamala.

(Waras, Wurrus.)

Glandulae Rottlerae.

Rottlera tinctoria RXB.

(Mallotus philippensis MÜLL. ARGOV.)

Dioecia Polyandria. — Euphorbiaceae.

Baum, dessen jüngere Zweige sowie die Blattstiele, Blätter, Blüthenstände und Früchte mit Drüsen und kurzen sternförmig gestellten Haaren rostig-filzig überzogen sind; Blüthen in achsel- und gipfelständigen Aehren; Kapseln niedergedrückt, dreiknöpfig, dreisamig, 6 Millim. breit. — In Ost-Indien, Ceilon, Java, auf den Philippinen, in Ost-Australien einheimisch.

Gebräuchlicher Theil. Die Drüsen, vermengt mit den Haaren der Frucht. Es ist ein feines, leicht bewegliches ziegelrothes Pulver ohne Geruch und Geschmack, und erscheint unter dem Mikroskope als rundliche, zuweilen fast nierenförmige, feinwarzige Körner, die vom Wasser wenig angegriffen werden, aber an Alkalien, Weingeist, Aether über ¾ ihres Gewichts als rothen harzigen Farbstoff abgeben.

Wesentliche Bestandtheile. Nach ANDERSON in 100: 78,19 rothes Harz, 7,34 Eiweiss, 7,14 Cellulose, Spuren eines flüchtigen Oeles und 3,84 Mineralstoffe. Aus dem rothen Harze erhielt A. noch einen gelben krystallinischen Körper (Rottlerin). Letzteren wieder zu erhalten, gelang LEUBE nicht, dagegen schied er das Harz in ein in Weingeist leicht lösliches und ein darin schwer lösliches, und fand ausserdem noch: Citronensäure, eisengrünende Gerbsäure, Oxalsäure, Stärkmehl, Gummi.

Verunreinigungen und Verfälschungen. Die Droge enthält häufig viel Sand beigemengt, 25 und mehr Procent; auch wohl rothen Bolus, selbst gepulverte Saflorblumen. Die Mineralstoffe weisen sich beim Einäschern aus, und den Saflor erkennt man leicht unter der Lupe an der abweichenden Form.

Anwendung. Als sehr wirksames Bandwurmmittel. Im Gebrauch ist die Droge schon länger in Italien zum Rothfärben der Seide.

Kamala, Waras und Wurrus sind ostindische Namen.

Rottlera ist benannt nach ROTTLER, einem dänischen Missionar auf Tranquebar, der dort Reisen im botanischen Interesse machte.

Mallotus ist abgeleitet von μαλλωτός (langwollig); die Früchte sind meist mit langen weichen Stacheln besetzt.

Kameelheu.

(Kameelstroh, wohlriechende Binse.)
Herba Schoenanthi.
Andropogon Schoenanthus L.
Triandria Digynia. — Gramineae.

Perennirende, etwa 30 Centim. hohe Pflanze mit handgrossen starken Blättern, welche an der Spitze in einen Stachel auslaufen, rostfarbig werdender langer Rispe und weichhaariger Spindel. — In Arabien und Ost-Indien einheimisch.

Gebräuchlich. Die ganze Pflanze; sie kommt in spannlangen, steifen, strohgelben Halmen mit steifen Blättern besetzt (selten mit den Blüthen) in Bündel gebunden zu uns, hat einen angenehmen aromatischen Geruch und aromatisch-beissenden, etwas bitterlichen Geschmack, ähnlich dem kretischen Dost, besonders der etwas knollige holzige Wurzelstock.

Wesentliche Bestandtheile. Aetherisches Oel. (Ist nicht näher untersucht.)

Anwendung. Ehedem im Aufguss und Absud als magenstärkendes Mittel u. s. w., wie der Kalmus. Im Oriente bereitet man daraus ein ätherisches Oel, welches hellblau ist, der Melisse und Citrone ähnlich riecht, und als Zusatz zu Speisen und Getränken dient.

Wegen Andropogon s. den Artikel Iwarankusa.

Schoenanthus ist zus. aus σχοινος (Binse) und ανθος (Blume); der Blüthenstand ähnelt dem der Binse.

Kamellie.

Semen Camelliae.
Camellia japonica L.
Monadelphia Polyandria. — Ternströmiaceae.

Immergrüner, 1—3 Meter hoher Strauch mit aufrechten, von bräunlicher, später grauer Rinde bedeckten Aesten und Zweigen, abwechselnden, ovalen, scharf gesagten, schön dunkelgrünen, glänzenden Blättern, ziemlich grossen, schön hellrothen, ungestielten, einzeln oder zu zwei und mehreren in den Blattwinkeln oder an der Spitze der Aeste beisammenstehenden Blüthen. Variirt mit weissen, gefleckten und gefüllten Blumen. — In Japan einheimisch und bei uns als Zierpflanze in Gewächshäusern gezogen.

Gebräuchlicher Theil. Der Same.

Wesentliche Bestandtheile. Nach KATZUJAMA ein eigenthümlicher krystallinischer, zu den Glykosiden gehörender Bitterstoff (Camellin); ferner ein fettes Oel, von dicker Konsistenz und unangehm kratzendem Geschmack.

Anwendung. Den Samen hält man in Japan für giftig. Das Oel diente dort früher zum Einreiben der Kriegsschwerdter.

Camellia ist benannt nach G. J. CAMELLUS, einem mährischen Jesuiten im 17. Jahrhundert, der Reisen in Asien machte, und u. a. eine Geschichte der Pflanzen der Insel Luçon schrieb.

Kamille, edle.

(Römische Kamille, *Romai.*)
Flores Chamomillae romanae, Chamaemeli nobilis.
Anthemis nobilis L.
Syngenesia Superflua. — *Compositae.*

Perennirende Pflanze mit schief laufender befaserter Wurzel, die mehrere anfangs niederliegende und z. Th. wurzelnde, dann aufsteigende, runde, dicke Rasen bildende Stengel treibt, welche unten kahl, nach oben dicht mit abwechselnden, doppelt gefiederten, sehr fein zertheilten, fast glatten oder zart behaarten und etwas graugrünen Blättern besetzt sind, deren Lappen dünn, pfriemförmig und sehr kurz sind. Die Blumen stehen einzeln am Ende der Stengel und Zweige auf rundem weichhaarigem Stengel, der gemeinen Kamille ähnlich, aber noch einmal so gross und darüber, besonders die gewölbte Scheibe und der kegelförmige Fruchtboden dicht mit nachenförmigen, doppelt gesägten Spreublättchen besetzt. Variirt mit mehr oder weniger gefüllten Blumen. — Im südlichen Europa, auch in England einheimisch, bei uns in Gärten und auf Feldern gezogen.

Gebräuchlicher Theil. Die Blumen; sie werden gewöhnlich von der halb- oder ganz gefüllten Varietät gesammelt in den Handel gebracht, und bestehen, oberflächlich betrachtet, nur aus einem dicht gedrängten Köpfchen weisser Zungenblümchen. Ihr Geruch ist stark und angenehm aromatisch, dem der gemeinen Kamille ähnlich, aber feiner, der Geschmack aromatisch und bitter, bitterer als von letzterer.

Wesentliche Bestandtheile. Aetherisches Oel, Bitterstoff etc. Nur das ätherische Oel ist genauer untersucht; es besitzt nach GERHARDT eine grünliche Farbe (ist aber auch schon blau, grünlich weiss und bräunlich gelb erhalten worden, wahrscheinlich Folge des Einflusses des Standorts), riecht angenehm, reagirt sauer und ist ein Gemisch von einem Kohlenwasserstoff und einem sauerstoffhaltigen Oele, welches als der Aldehyd der Angelikasäure betrachtet werden kann. Die saure Reaktion rührt von anhängender Angelikasäure her. Nach SCHINDLER enthalten die Blumen eine der Baldriansäure ähnliche oder damit identische Säure.

Verwechslung. Mit den gefüllten Blumen von Pyrethrum Parthenium, diese sind kleiner, der Fruchtboden ist nackt und der Geruch widrig.

Anwendung. Besonders als Thee, jedoch weniger bei uns als z. B. in England, wo die gemeine Kamille gar nicht benutzt wird.

Geschichtliches. In den alten Klassikern lässt sich die römische Kamille nicht mit Sicherheit nachweisen. Im 16. Jahrhundert war sie in den deutschen Apotheken noch selten: nach C. GESNER kam sie aus Spanien, auch hatte man sie schon früh in England in Gebrauch. CAMERARIUS fand sie wild in Italien und beschrieb sie unter dem Namen Chamaemelum odoratum italicum; die gefüllte erhielt er von Dr. BRANCION in Mecheln. HIERON. TRAJUS, der sie für das wahre Παρθένιον des DIOSKORIDES hielt (das aber *Pyrethrum Parthenium* ist), scheint den noch immer gebräuchlichen Namen Chamomilla nobilis eingeführt zu haben. Als römische Kamille beschreibt sie zuerst CAMERARIUS, und zwar weil er die Pflanze um Tibur in der Nähe von Rom, zumal in der Villa Adriani in Menge sah; er besorgte auch schon eine recht gute Abbildung der gefüllten Form, während TRAJUS eine Halbgefüllte abbilden liess.

Wegen Anthemis s. den Artikel Bertram.

Kamille, gemeine.

(Feldkamille.)

Flores Chamomillae vulgaris.

Matricaria Chamomilla L.

Syngenesia Superflua. — Compositae.

Einjährige Pflanze mit fasriger Wurzel, die meist mehrere 30—60 Centim. hohe und höhere; aufrechte, auch mehr oder weniger liegend aufsteigende, meist sehr ästige, zart gefurchte, glatte oder etwas zottig behaarte, dünne Stengel treibt, deren Aeste sich wieder z. Th. fast doldentraubenartig verzweigen. Die Blätter sitzen abwechselnd, sind 3—5 Centim. lang und länger, die untersten z. Th. dreifach gefiedert-getheilt, die oberen doppelt- und einfach-gefiedert, alle hochgrün, glatt oder mit einzelnen zerstreuten kurzen Haaren besetzt, die Lappen sehr schmal linienförmig. Die Blumen stehen am Ende der Stengel und Zweige einzeln auf 2—7 Centim. langen fadenförmigen, gefurchten, glatten Stielen aufrecht, meist ziemlich zahlreich, z. Th. fast doldentraubenartig, die Köpfchen sind nicht gross, mit ausgebreitetem Strahle 18 Millim. breit, bald grösser, bald kleiner, der allgemeine Kelch ist nackt, die länglich-stumpfen Blättchen weisslich, häutig, durchscheinend, in der Mitte grün. Die hochgelbe, 4—6 Millim. breite Scheibe ist anfangs fast flach, so lang als der Kelch, dann verlängert sie sich, wird gewölbt und zuletzt fast stumpf kegelförmig. Der anfangs ausgebreitete weisse Strahl schlägt sich später zurück. Der Fruchtboden ist kegelförmig, nackt und hohl. Die Achenien ohne Pappus. — Durch fast ganz Deutschland und den grössten Theil des übrigen Europa auf Aeckern, in Weinbergen, auf Schutthaufen u. s. w.

Gebräuchlicher Theil. Die Blumen, früher auch das Kraut. Sie riechen, auch nach dem Trocknen, eigenthümlich aromatisch, in Masse den Kopf einnehmend, schmecken stark, nicht angenehm aromatisch und bitter. Das Kraut riecht und schmeckt ähnlich, aber schwächer.

Wesentliche Bestandtheile. Nach DAMOUR und HERBERGER: ätherisches Oel, Bitterstoff, eisengrünender Gerbstoff, Zucker, Gummi, Wachs, Fett, Harz etc. Das ätherische Oel ist blau, dicklich, wird bei 0° fest, scheidet aber kein Stearopten ab, und ist nach den Untersuchungen von BORNTRÄGER, GERHARDT und CAHOURS, Buzio, KACHLER ein Gemisch mehrerer Verbindungen. Seine saure Reaktion rührt nach KACHLER von Propionsäure her. Im Alter wird es schmutzig grün.

Verwechselungen. 1. Mit Chrysanthemum (Pyrethrum) inodorum; die Blumen sind geruchlos, meist etwas grösser, z. Th. noch einmal so gross, die Kelchschuppen braun berandet, die Scheibe flacher, der Fruchtboden stumpf, nicht hohl. 2. Mit Anthemis arvensis; die Blumen sind fast geruchlos, meist etwas grösser, die Scheibe flacher und später mehr kugelig gewölbt, der Fruchtboden mit Spreublättchen besetzt*). 3. Mit Anthemis Cotula; die Blumen riechen stark und widerlich, sind ebenfalls meist etwas grösser und der Fruchtboden ebenfalls spreuig**). — Verwechslungen mit den Blumen des Pyrethrum Parthenium und des Chrysanthemum Leucanthemum sind kaum denkbar, wie aus den Beschreibungen a. a. O. hervorgeht.

---

*) PATTONE will in dieser Pflanze eine besondere krystallinische organische Base (Anthewin) und eine besondere krystallinische organische Säure (Anthemissäure) gefunden haben.

**) Bestandtheile nach WARNER: Oxalsäure, Baldriansäure, eisengrünende Gerbsäure, scharfes Weichharz, Bitterstoff, ätherisches Oel. Die frisch zerquetschte Pflanze zieht auf der Haut Blasen.

Anwendung. Meist als Thee, auch zu Kräuterkissen.

Geschichtliches. HIPPOKRATES bezeichnete unsere Kamille mit Ἐυανθεμις, DIOSKORIDES mit Ἄνθεμις, sowie mit χαμαιμηλον. Bei THEOPHRAST kommt sie nicht vor. Zu allen Zeiten war diese Blume ein beliebtes Arzneimittel. CAMERARIUS kannte auch schon das blaue ätherisehe Oel und rühmte es gegen Kolik.

Matricaria kommt von *mater*, μητηρ (Mutter), in Bezug auf ihre Anwendung gegen weibliche Krankheiten, besonders die der Gebärmutter.

Chamomilla ist das veränderte χαμαιμηλον, zus. aus χαμαι (niedrig) und μηλον (Apfel) d. h. kleine runde Blüthenknöpfe, welche wie Aepfel riechen.

Kampher, gewöhnlicher (chinesischer u. japanischer).
Camphora.
Laurus Camphora L.
(Camphora officinalis, Cinnamomum Camphora NEES, Persea Camphora SPR.)
Enneandria Monogynia. — Laureae.

Ansehnlicher schöner immergrüner Baum von der Gestalt und Grösse einer Linde. Die Wurzel riecht sehr stark nach Sassafras. Das Holz ist weiss und röthlich marmorirt, riecht durchdringend kampherartig, ebenso die abwechselnden, gestielten, 7 Centim. langen und 2½ Centim. breiten, glatten, glänzenden lederartigen Blätter. Die in lang gestielten Rispen achselständigen Blümchen sind klein, weissgelblich. Die Frucht von der Grösse einer Erbse ist dunkelroth, riecht und schmeckt nach Kampher und Cimmt. — In China, Japan, Formosa einheimisch.

Gebräuchliche Theile. Das feste und flüssige ätherische Oel.

Das feste Oel oder das Stearopten des ätherischen Oeles (der Kampher), welcher, in der Heimath durch Destillation des Holzes mit Wasser gewonnen, in kleinen schmutziggrauen Körnern in den Handel gelangt, die in Europa durch eine zweite Sublimation gereinigt werden. Er erscheint dann in weissen durchscheinenden, hexagonal-krystallinischen, runden, scheibenförmigen, konkav-konvexen, etwa pfundschweren Massen, riecht durchdringend stark eigenthümlich, schmeckt ebenso, verflüchtigt sich schon bei gewöhnlicher Temperatur, hat ein spec. Gewicht von 0,988—0,998, bei 0° = 1,000, schmilzt bei 175°, siedet bei 204° und sublimirt unzersetzt, löst sich in etwa 1000 Theilen Wasser, sehr leicht in Weingeist, Aether, Holzgeist, Oelen etc. und ist nach der Formel $C_{10}H_{16}O$ zusammengesetzt.

Das flüchtige Oel oder das Elaeopten (Kampheröl) wird bei der Darstellung des Roh-Kamphers zugleich mit gewonnen, ist dunkel weingelb, hat ein spec. Gew. von 0,945, setzt in der Kälte und bei freiwilliger Verdunstung noch viel Kampher ab. Durch wiederholtes Abdestilliren erhält man ein von Kampher freies Destillat = $C_{20}H_{32}O$, wasserhell, stark lichtbrechend, dünnflüssig, nach Kampher und Kajeputöl riechend, von 0,91 spec. Gew., hinterlässt beim freiwilligen Verdunsten an der Luft Harz, aber keinen Kampher.

Anwendung. Bei uns bis jetzt nur der feste Kampher, und zwar innerlich und äusserlich. In die Kleidungsstücke gelegt oder diese mit der weingeistigen Lösung getränkt zur Abhaltung von Ungeziefer.

Geschichtliches. s. weiter unten.

Kampher, malaiischer.

(Kampher von Baros*), Borneo, Sumatra.)

Camphora malaiensis.

Dryobalanops aromatica GÄRTN.

(*Dipterocarpus aromatica* BL., *Dryobalanops Camphora* COLEBR., *Pterygium teres* CORR., *Shorea camphorifera* ROXB.)

Polyandria Monogynia. — Dipterocarpeae.

Sehr ansehnlicher, 30 Meter und höherer Baum, dessen Stamm einen Umfang von 1,8—2 Meter hat, dessen Rinde schön, röthlich ist und von alten Bäumen in grossen Stücken abfällt. Die oberen Blätter stehen abwechselnd, die unteren gegenüber; alle sind elliptisch, steif, glatt, vorn schmaler und stumpf, ganzrandig, stark fiedernervig, 7—17 Centim. lang, 25—50 Millim. breit, kurz gestielt und riechen kampherartig. Die gepaarten pfriemenförmigen Afterblättchen fallen leicht ab. Die Frucht ist eine einfächrige dreiklappige holzige faserige Nuss. — In Borneo und Sumatra einheimisch.

Gebräuchliche Theile. Das feste und flüssige ätherische Oel.

Das feste Oel oder das Stearopten des ätherischen Oeles (der Kampher) findet sich in den älteren Stämmen ausgeschieden, und wird einfach dadurch gewonnen, dass man den Baum fällt, den Stamm in kleinere Scheite spaltet und die von der Holzfaser eingeschlossene Substanz herauskratzt. Sie besteht aus kleinen, weissen, durchscheinenden, zerreiblichen, rhomboëdrischen Krystallen, riecht wie der gewöhnliche Kampher, aber zugleich auch pfefferartig, sinkt im Wasser von gewöhnlicher Temperatur unter, verhält sich gegen Lösungsmittel wie der gewöhnliche Kampher, schmilzt aber erst bei 198°, siedet bei 212° und ist nach der Formel $C_{10}H_{18}O$ zusammengesetzt. Durch Destillation mit wasserfreier Phosphorsäure geht ein bei 160° siedender Kohlenwasserstoff $= C_{10}H_{16}$ über, der den Namen Borneen bekommen hat und mit dem flüssigen Oele übereinstimmt.

Das flüssige Oel oder das Elaeopten (Kampheröl) $= C_{10}H_{16}$, fliesst aus in der Nähe der Wurzel in die Stammrinde gemachten Einschnitten, ist frisch farblos und dünn, riecht ähnlich dem Kajeputöle, verändert sich leicht an der Luft, wird gelb, braun und geht in den festen Kampher über. Durch Behandeln mit Salpetersäure entsteht daraus gewöhnlicher oder Laurineen - Kampher ($C_{10}H_{16}O$).

Anwendung. Beide Edukte kommen nur als Seltenheit zu uns, aber bei den Eingeborenen der beiden grossen Sundischen Inseln und andern asiatischen Völkern spielen sie als Arzneimittel und zu anderen Zwecken eine bedeutende Rolle.

Geschichtliches. Allgemein stimmen die Geschichtsforscher darin überein, dass der zuerst in die Medicin eingeführte Kampher nicht der jetzt gebräuchliche Laurineen-Kampher (aus China und Japan), sondern der Dipterocarpeen-Kampher (aus Borneo und Sumatra) sei. Einer der Ersten, die diesen anführen, ist der griechische Arzt AETIUS von Amida in Mesopotanien, der im 6. Jahrh. n. Chr. als Leibarzt am Hofe zu Konstantinopel lebte. Er gab die Vorschrift zu einem Acopon viride, das, bei gichtischen und rheumatischen Beschwerden äusserlich angewendet, sehr geschätzt war, und nebst dem Kampher noch Opopanax, Terpen-

*) Stadt auf Sumatra. — Das Synonym Borneol habe ich oben weggelassen, denn es ist, weil die Substanz, auf die es sich beziehen soll, nicht flüssig sondern fest, unpassend.

thin, Grünspan, Ladanum, Salmiak, Kolophonium, Wachs etc. enthielt, und wohl dieselben Dienste leisten mochte, wie unser heutiger Opodeldok. Sodann erwähnt er noch eine andere Composition als Oleum Salca, die er ein kostbares Präparat nennt, das bei Schwerhörigkeit diente, und noch Opobalsam, Aloëholz, Moschus etc. enthielt. Dass der Kampher damals selten war, erkennt man aus der Bemerkung, er sei zuzusetzen, wenn man ihn haben könne. ACTUARIUS, ein anderer griechischer Arzt, giebt die Vorschrift zu einem Pastillus contra diabetem, wozu nebst vielen andern Dingen auch Kampher, Drachenblut, indische Rhabarber etc. kamen. Viel benutzten die Araber den Kampher, und namentlich giebt MESUE die Vorschrift zur Bereitung der Trochisci Caphurae, die lange Zeit in nervösen, zumal galligen und gastrischen Fiebern benutzt wurden. Noch im 16. Jahrh. wurde, wie man aus den Schriften des AMATUS LUSITANUS ersieht, der Kampher nur von den Portugiesen aus Borneo eingeführt, doch erwähnt er noch eine zweite sehr weisse Sorte, welche die Spanier Alcamphora nannten. Den sumatraischen Kampherbaum erwähnt schon SYMEON SETH, der im 11. Jahrh. lebte; er nennt ihn einen grossen indischen Baum mit schwammigem Holze, in dessen Schatten wohl hundert Menschen Platz hätten. MARKO POLO, der im 13. Jahrh. das südliche Asien bereiste, sah den Baum im Königreich Tanfur (Sumatra), und bemerkt dass man da den Kampher so theuer wie das Gold verkaufe. Es verräth daher nur allzu grossen patriotischen Eifer, wenn Prof. DE VRIESE in Leyden (s. HOOKERS Journ. of Botany. — Daraus in Pharm. Journ. and Transact 1852. XII. pag. 22) sagt: »Ueber den Kampherbaum von Sumatra besitzen wir von älteren und neueren Schriftstellern die verschiedensten Nachrichten; einige derselben sind völlig unrichtig, andere ungenau und nur wenige wahr. Zuerst geschieht desselben Erwähnung gegen Ende des 16. Jahrh., und zwar von Seite der Holländer. Was uns MICH. BERNH. VALENTYN, der seine Mittheilungen von ARENT SYLVIUS erhielt, im Jahr 1680 über diesen Baum erzählt, ist in mancher Hinsicht merkwürdig und beweist, wie sehr damals der Baum der Aufmerksamkeit werth gehalten wurde u. s. w.«

Wann der Laurineen-Kampher eingeführt wurde, ist nicht leicht zu bestimmen; doch bemerkt schon CAESALPIN († 1603) im Widerspruche mit den Angaben des AMATUS LUSITANUS, dass nur jener (der chinesische oder japanische) nicht der von Borneo in den Handel kamen, und erinnert auch noch, dass eine geringere Sorte zum Räuchern in den Kirchen diene.

Camphora von καφουρα, arabisch *kafur;* die Araber brachten nämlich den Kampher zuerst nach Europa.

Wegen Cinnamomum s. den Artikel Cimmtblüthe.

Wegen Laurus und Persea s. den Artikel Avokatbaum.

Dryobalanops ist zus. aus δρυς (Eiche), βαλανος (Eichel) und ώψ (Gesicht, Ansehn, Aehnlichkeit); die Kapsel steckt, wie die Eichelfrucht, halb in einem kegelartigen Becher, ist holzig, faserig, einsamig, aber dreiklappig.

Wegen Dipterocarpus s. den Artikel Gurgunbalsam.

Pterygium bezieht sich auf die flügelartigen Kelchabschnitte.

Wegen Shorea s. den Artikel Dammar.

Kampherkraut.

Herba Camphorosmae monspeliacae.

Camphorosma monspeliaca L.

Tetrandria Monogynia. — Chenopodieae.

Perennirende Pflanze mit dicker etwas holziger ästiger Wurzel, welche etwa 30 Centim. lange, auf der Erde liegende, beblätterte, ausdauernde Zweige treibt, von welchen gerade, weichhaarige Stengel aufschiessen, die rauhhaarige, pfriemförmige Blätter und Nebenblätter, achselständige, knaulartige, sehr haarige Blüthenähren tragen. — Im südlichen Europa und Asien.

Gebräuchlicher Theil. Das Kraut, oder vielmehr dasselbe mit den blumentragenden Spitzen. Es hat einen starken aromatischen kampherartigen Geruch und scharfen gewürzhaften Geschmack.

Wesentliche Bestandtheile. Aetherisches Oel. Nicht näher untersucht.

Verwechselung. Mit Camphorosma monspeliaca POLLICH (Chenopodium arenarium FL. WETT., Kochia arenaria ROTH, Salsola arenaria W. u. K., Willemetia arenaria MAERKLIN), einem einjährigen, zarten, geruchlosen Pflänzchen mit aufsteigendem Stengel, pfriemförmigen, mit langen, weissen durchsichtigen Haaren besetzten Blättern.

Anwendung. Als Thee, doch selten mehr. Wurde im Anfange des 18. Jahrhunderts von BURLET als Arzneipflanze empfohlen.

Kanariengras.

Semen (Fructus) canariense.

Phalaris canariensis L.

Triandria Digynia. — Gramineae.

Einjährige zierliche Pflanze mit 60—90 Centim. hohem aufrechtem oder aufsteigendem Halme, grossen schilfartigen, lineallanzettlichen zugespitzten scharfen Blättern, grossen Blatthäutchen und eirunder dichtgedrängter ährenartiger Rispe von weisslicher Farbe. Die einzelnen Blüthen sind auf beiden Seiten mit zwei grünen Streifen versehen. — Ursprünglich wild auf den kanarischen Inseln, jetzt auch im südlichen Europa, hie und da in Deutschland, und wird an mehreren Orten angebaut.

Gebräuchlicher Theil. Die Frucht; sie ist plattgedrückt, eiförmig, glänzend, hellgelbgrau, etwa 4 Millim. lang, 1½ Millim. breit und 1 Meter dick, und schliesst einen bräunlichen mehligen Kern ein.

Wesentliche Bestandtheile. Nach HANAMANN in 100: 54 Stärkmehl, 18 Proteinkörper, 5 Fett, 5 Harz und Extraktivstoff, 2½ Dextrin und Zucker.

Anwendung. Ehemals gegen Krankheiten der Harnwerkzeuge. An einigen Orten wird das Mehl unter Weizen zu Brot verbacken. — Beliebtes Futter für Kanarienvögel.

Wegen Phalaris s. den Artikel Iwarankusa.

Kapper, deutsche.

(Grosse Butterblume, Kuhblume, Schmalzblume, Sumpfdotterblume.)

Herba und *Flores Calthae palustris, Populaginis.*

Caltha palustris L.

Polyandria Polygynia. — *Ranunculeae.*

Perennirende Pflanze mit faseriger weisslicher Wurzel, 15—30 Centim. langem und längerem aufsteigendem, fast einfachem, glattem Stengel. Die Blätter sind nieren- oder herzförmig, rundlich gekerbt, glatt, glänzend, die unteren gestielt, die oberen fast sitzend. Am Ende der Zweige stehen die grossen gelben ranunkel-ähnlichen Blumen mit 5 blättrigem blumenblattähnlichem Kelch ohne Krone. Die Früchte bilden viele vereinigte, rundliche, zugespitzte, vielsamige Balgkapseln. —

Ueberall auf feuchten Wiesen, an kleinen Bächen und Quellen.

Gebräuchliche Theile. Das Kraut und die Blumen. Die ganze Pflanze ist scharf und giftig.

Wesentliche Bestandtheile. ? Ist noch nicht chemisch untersucht.

Anwendung. Veraltet. Die Blumenknospen sollen mit Essig wie Kappern eingemacht werden; diess mag vielleicht ebenfalls in früheren Zeiten geschehen sein.

Caltha von χαλαθος (Korb), in Bezug auf die Form der Blumenkrone.

Kapper, dornige.

Cortex radicis Capparidis.

Capparis spinosa L.

Polyandria Monogynia. — *Capparideae.*

Strauch mit niedrigem Stengel, der in viele, theilweise niederliegende, 60 bis 90 Centim. lange glatte Aeste getheilt ist. Die Blätter stehen abwechselnd, sind gestielt, rundlich, ganzrandig, glatt, etwas dick und fleischig, zuweilen röthlich; an der Basis des Blattstieles stehen statt der Afterblätter einige kurze, gebogene Dornen. Die Blumen stehen einzeln zwischen den Blattwinkeln auf langen Stielen, sind gross, schön, weiss oder röthlichweiss, denen des Mohns ähnlich, mit langen purpurrothen Staubfäden. Die birnförmigen Früchte haben die Grösse der Pflaumen. Im südlichen Europa und nördlichen Afrika auf Felsen und alten Mauern.

Gebräuchlicher Theil. Die Wurzelrinde; sie kommt in unregelmässig gewundenen rinnenförmigen oder gerollten Stücken vor, von 5—7 Centim. Länge, bis 25 Millim. Dicke, aussen gelblich grauröthlich, etwas ungleich geringelt, mehr oder weniger runzelig, die dünneren Stücke z. Th. fast eben, innen weisslich und glatt. Die Rinde ist hart, brüchig, rauh anzufühlen, eben und matt auf dem Bruche, geruchlos, von etwas herbem, bitterlichem, kratzendem Geschmacke.

Wesentliche Bestandtheile. Bitterer, kratzender Stoff, Stärkmehl. Bedarf näherer Untersuchung.

Anwendung. Früher bei Schwäche und Verstopfung der Eingeweide, gegen Kröpfe. Die Blumenknospen kommen mit Essig und Salz als Kappern in den Handel, und dienen als beliebte Würze zu Speisen. HLASIWETZ und ROCHLEDER fanden darin Rutinsäure; auf den Kelchblättern bemerkt man dieselbe in kleinen wachsartigen Punkten ausgeschieden.

Geschichtliches. Der Wurzelrinde dieses Strauches, Καππαρις des THEO-PHRAST und DIOSKORIDES, wird schon in den hippokratischen Schriften gedacht, sie war durch das ganze Alterthum ein Hauptmittel bei Milzkrankheiten, auch die frischen Blätter waren im Gebrauche. Ferner war das Einnehmen der Blumenknospen schon sehr früh üblich, und sie machten bei den Griechen und Römern einen Handelsartikel aus, der sich bis auf unsere Zeiten erhalten hat.

Capparis vom arabischen *Kabar*.

Karaibablätter.

(Karoba, Karobba).

Folia Carobae.

Jacaranda procera JUSS.

(I. Caroba D. C.)

Didynamia Angiospermia. — Bignoniaceae.

9—12 Meter hoher Baum mit aussen dunkelrother, innen gelblichweisser Wurzel, zahlreichen Aesten, schönen dunkelgrünen lanzettlichen Blättern, rothen und weissen Blüthen in schönen Afterdolden von angenehmem honigähnlichem Geruche, holzigen, zweifächerigen Kapseln mit mehreren geflügelten Samen. — In Brasilien und Guiana einheimisch.

Gebräuchlicher Theil. Die Blätter dieser und anderer Arten derselben Gattung. Sie sind noch theilweise mit den Stengeln gemischt, 7—10 Centim. lang, unpaarig doppeltgefiedert, mit derber Blattspindel, dünnen Spindelästen und elliptischen, spitzen oder stumpfen, kahlen oder behaarten, ganzrandigen, aderiggerippten Blättchen. Riechen schwach dumpfig und schmecken bitterlich.

Wesentliche Bestandtheile. Nach BUCHNER: Bitterstoff, eisengrünender Gerbstoff. Eine spätere Analyse von ZAREMBA giebt, neben allgemein verbreiteten Pflanzenstoffen, noch Harze und besondere krystallinische Materien an. Die Angabe von ROCHFONTAINE und DE FREITAS, dass die Blätter ein Alkaloid enthielten, fand HESSE nicht bestättigt; er bekam nur etwas Harz und bezeichnet den Geschmack der Blätter als aromatisch. PECKOLT, der sich ebenfalls mit der chemischen Analyse dieser Droge beschäftigt hat, bezeichnet eine besondere krystallinische bitter schmeckende Materie derselben mit Carobin, spricht sich aber über ihre eigentliche Natur nicht entscheidend aus.

Anwendung. In Brasilien als Surrogat der Sarsaparrilla. Seit 1828 in Deutschland bekannt, aber bis jetzt hier kaum beachtet. Anfänglich behauptete man, die Blätter stammten von demselben Baum, welcher die Pereirorinde liefert.

Jacaranda ist der Name des Baumes in Brasilien.

Karaiba, Karoba, Karobba kommt vom spanischen *algarobba* und diess vom arabischen *karob*, was beides unser Johannisbrot bezeichnet und sich auf die Schotenform der Frucht bezieht. S. auch den Artikel Johannisbrot.

Karanna.

Resina Karanna.

Bursera acuminata WILLD.

Hexandria Monogynia. — Burseraceae.

Grosser Baum mit ungleich gefiederten Blättern, deren Blättchen länglich, nach unten verschmälert, vorn scharf zugespitzt sind. Die Blumen bilden Trauben. Die Früchte sind unbekannt. — In West-Indien einheimisch.

Eine am Orinoko wachsende Icica-Art (I. Karanna Hb. B. Kth.) soll ebenfalls Karanna liefern.

Gebräuchlicher Theil. Das aus dem Stamm fliessende Harz; man erhält es als mit Rohrblättern umwickelte Stücke, die aussen schwärzlichgrau, innen dunkelbraun, ziemlich glänzend, nur in dünnen Fragmenten durchscheinend, ziemlich spröde, leicht schmelzbar sind. Der Geruch ist bei gewöhnlicher Temperatur schwach, in der Wärme unangenehm balsamisch, der Geschmack bitterlich harzig. Hat im Aeussern viel Aehnlichkeit mit dem Guajakharze, löst sich leicht in Weingeist und Aether.

Wesentliche Bestandtheile. Aetherisches Oel und Harz. Das ätherische Oel wurde von Deville näher untersucht und mit dem Terpenthinöl nahezu übereinstimmend gefunden.

Anwendung. Obsolet.

Wegen Bursera s. d. Artikel Hedwigia.

Icica und Karanna sind südamerikanische Namen.

Ueber eine von obiger Droge abweichende Sorte Karanna machte vor mehreren Jahren I. Maisch Mittheilung. Sie war ihm aus Panama unter dem Namen *Karanna hediende* in einer Kalebasse zugekommen, hatte die Konsistenz eines weichen Peches, war aber weniger zähe, an der Oberfläche schwärzlich braungrün, im Innern schmutzig graubraun mit einem Stich in's Grüne und untermischt mit Streifen und Flecken von einer pulverig und braunroth aussehenden Substanz, an der Luft rasch dunkler und dabei zuerst leberfarbig, dann dunkelbraungrün werdend. Im Innern ist die Masse völlig undurchsichtig, aber an der Luft wird sie zugleich mit ihrer Farbenveränderung in dünnen Schichten durchsichtig, welche dann, wenn nahezu oder völlig trocken geworden, braunroth oder röthlich erscheinen. Der Geruch dieser Harzmasse ist anfänglich etwas dem Ammoniakum, aber dann sogleich der Myrrhe in hohem Grade ähnlich, wiewohl etwas kräftiger, auch ihr Geschmack ähnelt der Myrrhe, ist jedoch viel gewürzhafter und weniger bitter. Beim Kauen zeigt sie ein Knistern zwischen den Zähnen, was von einer eigenthümlichen erdigen Substanz herrührt, die man in durchsichtigen Splittern auch unter dem Mikroskope erkennen kann.

Alkohol löst 75 $\frac{0}{0}$ mit gelbbrauner Farbe auf; das nicht Gelöste besteht aus Bruchstücken von Rinden, Blättern und erdiger Materie. Gummi ist nicht dabei. Auch Aether, Chloroform und Terpenthinöl lösen das Harz vollständig, Alkalien dasselbe jedoch nur theilweise.

Aus diesen Verhältnissen folgert Maisch einerseits, dass diese Karanna von einer in Panama einheimischen Burseracee stammt, welche noch zu erforschen sei, und andererseits dass sie mit keiner der für Karanna vorliegenden Beschreibungen übereinstimmt (welche demnach von lauter untergeschobenen Drogen gemacht zu sein scheinen, wenn wir die von M. charakterisirte als die wahre und ursprüngliche anerkennen).

Von der *Bursera gummifera* (die bisher als die Mutterpflanze der Karanna galt) glaubt M. vielmehr einen dem venetianischen Terpenthin ähnlichen sehr klebenden Balsam, welcher in Panama gewonnen wird und dort *Cative de Mangle* heisst, ableiten zu können.

Schliesslich noch die Notiz, dass unter dem Namen Archipin Martiny von Schaffner in Mexiko ein Gummiharz erhielt, welches von *Bursera gummifera* stammen soll. Es besteht aus wallnussgrossen und grösseren tropfsteinförmigen

Stücken, giebt mit Wasser eine milchweisse Emulsion, die geruchlos und fast geschmacklos, hinterher kratzend ist. Es wird dort gegen Wassersucht in Emulsion auch als Tinktur, zu Balsamen und Pflastern verwendet.

Karapa.

(Kundah, Tallikoonah.)

Cortex und Oleum Carapae.

Carapa guianensis AUBL.

Persoonia Guareoides WILLD., Xylocarpus Carapa SPR.

Octandria Monogynia. — Meliaceae.

Baum, dessen Blätter an der Spitze der Zweige stehen; sie sind abwechselnd, paarig gefiedert, oft über 30 Centim. lang und aus 3—12 Paaren gegenüberstehender, länglicher, glatter Blättchen zusammengesetzt. Die Blumen bilden am Ende der Zweige mehrere gestielte Trauben, die viel kürzer als die Blätter sind. Der Kelch ist vierlappig, lederartig, die Krone vierblättrig, weiss, etwas ins Purpurne übergehend, und riecht angenehm jasminartig. Die Frucht ist eine vierklappige Kapsel 25—50 Millim. dick, rostbraun, kugelig, und hat in jedem Fache 2—4 Samen. — In Guiana und Domingo einheimisch.

Gebräuchliche Theile. Die Rinde und das Samenöl.

Die Rinde ist dick, aussen grau, runzelig, hie und da mit grünem Moos besetzt, innen dunkelbraun, auf dem Bruch eben, harzig, z. Th. von anhängendem Holze splitterig, schmeckt bitter chinaartig.

Das Samenöl ist ungefärbt, durch kaltes Pressen gewonnen bei + 4° fest, schmilzt bei + 10°, durch heisses Pressen gewonnen aber erst bei 40—50° schmelzbar, in beiden Fällen von bitterm Geschmack.

Wesentliche Bestandtheile. Die Rinde enthält nach PETROZ und ROBINET ein dem Chinin ähnliches bitteres Alkaloid (Carapin); auch wollen sie darin Chinasäure, Chinaroth u. s. w. gefunden haben.

Das Samenöl verdankt seinen bitteren Geschmack nach CADET einem dem Strychnin (?) ähnlichen Alkaloide, das nach BOULLAY dem Oele mittelst Schwefelsäure entzogen werden könne.

Anwendung. MELLE rühmt die Rinde gegen Wechselfieber. Das Oel wirkt innerlich als kräftiges Wurmmittel. Die Indianer versetzen es mit Orlean und bestreichen sich damit den Leib zum Schutze gegen Insektenstiche.

Carapa ist ein südamerikanisches Wort.

Persoonia ist benannt nach CHR. H. PERSOON, geb. am Cap von holländischen Eltern, Arzt und Botaniker, starb 1836 in Paris.

Xylocarpus ist zus. aus ξύλον (Holz) und χαρπος (Frucht); die Kapsel ist holzig.

Kardamom.

Fructus und Semen Cardamomi.

Amomum repens L.

(Alpinia Cardamomum RXB., Elettaria Cardamomum WHITE.)

Monandria Monogynia. — Zingiberaceae.

Perennirende Pflanze mit knolligem, von zahlreichen starken Fasern besetztem Wurzelstocke, aus dem sich 1,8—2,7 Meter hohe Stengel mit grossen 30 bis 60 Centim. langen Blättern erheben. Der Schaft liegt horizontal, trägt schlaffe abwechselnde Nebenblätter und grünlich-weisse Blumen mit grosser purpurvioletter Lippe. — In Malabar einheimisch, und dort auch viel kultivirt.

Gebräuchlicher Theil. Die Frucht, gewöhnlich (zum Uuterschiede von andern Sorten, s. unten) kleiner oder Malabar-Kardamom genannt. Sie ist eine stumpf dreikantige, 12 Millim. lange und 6 Millim. dicke, hell graugelbliche, der Länge nach gestreifte Kapsel mit dünner lederartiger Schale, worin eckige, rauhe, etwa 1½ Millim. dicke, mehr oder weniger dunkel oder hellbraunröthliche, am Scheitel schief abgestutzte, am Nabel vertiefte, auf der Bauchfläche mit einer rinnenförmigen Nabellinie versehene, quergerunzelte Samen liegen. Sie riechen stark und angenehm, schmecken brennend gewürzhaft.

Wesentliche Bestandtheile. Nach TROMMSDORFF in 100: 4,6 äthensches Oel, 10,4 fettes Oel, 3 Stärkmehl etc. Das ätherische Oel ist leichter als Wasser, der Träger des Geruchs und Geschmacks, und im Wesentlichen ein Kohlenwasserstoff.

Anwendung. In Substanz; meist aber als Küchengewürz.

An diese wichtigste oder Hauptsorte schliessen sich noch folgende, welche ihr aber an Güte nachstehen und nur noch theilweise im Handel vorkommen.

Grosser Kardamom, von Amomum angustifolium Sonnerat in Madagaskar. Kapsel 5 Centim. lang, von der Gestalt einer Feige mit nabelförmiger Erhöhung, oben grau und roth gestreift; die Samen eckig von der Grösse des Korianders. Geruch und Geschmack aromatisch kampherartig.

Langer Kardamom, von Elettaria media LK. in Ceilon. Kapsel an beiden Enden zugespitzt, 2½—3½ Centim. lang, 6—8 Millim. dick, graubraun, z Th. ins Violette, die Samen sehr ähnlich denen des kleinen K. aber meist mehr länglich, braun, nicht ins Röthliche, durch Liegen an der Luft heller werdend. Geruch und Geschmack ähnlich aromatisch.

Mittlerer Kardamom, von Elettaria Cardamomum medium DIERB., auf Koromandel und in den Gebirgen von Silhet einheimisch. Kapsel braun, lederartig, gerippt, 24 Millim. lang und 12 Millim. dick, hie und da mit Resten eines häutigen Randes an den Kanten versehen. Samen rundlich, minder eckig als die des kleinen K., schmutzig braun, schmecken stark aromatisch, aber minder angenehm als die der übrigen Sorten.

Runder Kardamom, von Amomum Cardamomom L. in Sumatra und Java. Kapsel von der Grösse einer kleinen Schwarzkirsche, rundlich-eiförmig, mit 3 gewölbten abgerundeten Seiten, schmutzig weiss mit braunroth gemischt, Samen braun, eckig, innen weiss, etwas grösser als die des kleinen K.

Noch zwei Sorten, welche als Nepalkardamom und Bengal-Kardamom unterschieden worden waren, haben sich identisch erwiesen, und ist als ihre Stammpflanze Amomum subulatum RXB. ermittelt.

Geschichtliches. Dieses Gewürz war schon den Alten bekannt und kommt in ihren Schriften unter demselben Namen, welchen dasselbe noch heute trägt, vor.

Cardamomum ist zus. aus καρδια (Herz) und αμωμον, also: Herzstärkendes Amomum.

Wegen Amomum s. d. Artikel Ingber.

Wegen Alpinia s. d. Artikel Galgant.

Elettaria ist einer ostindischen Sprache entnommen.

Kardendistel, zahme.

(Weberdistel. Weberkarde.)

Radix Dipsaci sativi, Cardui fullonum, C. Veneris.

Dipsacus fullonum MILL.

Tetrandria Monogynia. — *Dipsaceae.*

Zweijährige Pflanze mit 1,5—1,8 Meter hohem, starkem, scharf gefurchtem, kurzstacheligem Stengel, glatten, nur auf der Mittelrippe unten etwas stacheligen, ungleich eingeschnittenen, gesägten oder gekerbten Blättern. Am oberen Theile des Stengels stehen die Blätter gegeneinander über, und sind so miteinander verwachsen, dass sich eine Höhlung bildet, in der sich bei Regenwetter Wasser ansammeln kann, daher die Karde auch Durstpflanze (von διψος: Durst) genannt wird. An der Spitze des Stengels stehen die grossen länglichen Blumenköpfe mit ihren meist blassröthlichen Kronen, die etwas länger sind, als die steifen, hakenförmigen Spreublättchen des Fruchtbodens. — Im südlichen Europa wild, bei uns häufig angebaut.

Gebräuchlicher Theil. Die Wurzel; sie ist nicht sehr lang, weiss, glatt, zäg, und schmeckt sehr bitter.

Wesentliche Bestandtheile? Nicht untersucht.

Anwendung. Ehemals als Absud gegen Schrunden der Haut, oder als Pulver mit Honig gegen Lungenschwindsucht. Das in den Höhlungen der Blätter sich ansammelnde Wasser wurde als Augenwasser gebraucht. Auch von den Blumen und Blättern machte man früher Gebrauch. Der eigentliche Nutzen der Pflanze ist aber die Anwendung der erhärteten Blumenköpfe zum Kratzen und Kardätschen der Tücher.

Dipsacus sylvestris, gemeine Karde, die bei uns einheimische Art, hat einen etwas schwächeren Stengel, rauhere, z. Th. mehr stachelig spitzere Blätter, auf- und einwärts gebogene Hüllblättchen, und gerade anstehende dünne borstenförmige, nicht gekrümmte Spreublättchen des Fruchtbodens, welche länger als die Blumenkrone sind.

Geschichtliches. Schon die alten Aerzte machten von der Karde Gebrauch, und besonders wurde die Wurzel äusserlich angewendet. Auch spricht DIOSKORIDES von einem Insekt, welches man in den Blumenköpfen findet, und das, als Amulet getragen, Quartanfieber heilen soll. Διψακος des DIOSK., *Labrum Veneris* oder *Erysisceptrum* des PLINIUS bezieht sich aber nicht auf die erst beschriebene Art, sondern auf die gemeine Karde.

Kardobenedikt.

(Bernhardinerkraut, Bitterdistel, Spinnendistel.)

Herba und *Semen (Fructus) Cardui benedicti.*

Cnicus benedictus GÄRTN.

(*Centaurea benedicta* L., *Calcitrapa lanuginosa* LAM.)

Syngenesia Frustranea. — *Compositae.*

Einjährige Pflanze mit spindelförmig-ästiger, befaserter weisslicher Wurzel, aufrechten, z. Th. auch niederliegenden, ausgebreitet ästigen, 45—60 Centim. langen, gefurcht kantigen, rauhhaarigen, meist roth angelaufenen saftigen Stengeln und Zweigen. Die Blätter stehen abwechselnd, sind 5—7 Centim. lang, 12—14 Millim. breit, stiellos, auf einer Seite etwas herablaufend, länglich, spitz, ungetheilt, und mehr oder weniger buchtig, ungleich kurz und weichdornig gezähnt, auf beiden Seiten kurzwollig, etwas rauh, hochgrün, weitläufig netzartig geadert. Die Blumenköpfe stehen einzeln am Ende der Stengel und Zweige, sind von mehreren grossen blattartigen, z. Th. fast herzförmigen Bracteen umgeben, die meist länger als die gelben Blumenköpfe, am Rande dornig gezähnt, und mittelst spinngewebeartiger Haare mit der Hülle verbunden sind. Diese ist oval bauchig, kompakt, aus dicht anliegenden grünen Schuppen bestehend, in lange, starke, abstehende, röthliche Dornen endigend, wovon die äussersten oft einfach, die inneren aber an der Basis mit kleineren Dornen versehen sind. Die Scheibe der Köpfchen besteht aus nicht zahlreichen, etwas hervorragenden, gleich langen, röhrig-trichterförmigen gelben Blümchen, wovon die mittleren fruchtbare Zwitter und 5 spaltig, die des Randes z. Th. geschlechtslos und 3 spaltig sind. — In Spanien und Griechenland wild, bei uns in Gärten gezogen.

Gebräuchliche Theile. Das Kraut und die Frucht.

Das Kraut; es muss kurz vor Entwicklung der Blumen, von den Stengeln befreit, gesammelt werden. Frisch ist es hochgrün, etwas klebrig, nicht stechend, trocken mehr graulich-grün, z. Th. ins Gelbliche, mehr oder weniger kurzwollig. Frisch riecht es etwas widrig, trocken nicht mehr, schmeckt stark und anhaltend bitter.

Die Frucht ist länglich rund, etwas gekrümmt, 4—5 Millim. lang, 1½ Millim. dick, graubraun, der Länge nach gestreift, an der Basis schief abgestutzt wie ausgebissen, mit einem gezähnten Ringe und einer doppelten Reihe stehen bleibender steifer Borsten gekrönt, jede Reihe aus 10 bestehend, die äusseren länger als die Frucht, aufrecht ausgebreitet, die innern kaum 2 Millim. lang. Schliesst einen öligen Kern ein und schmeckt bitter ölig.

Wesentliche Bestandtheile. Im Kraute: Bitterstoff, eisengrünender Gerbstoff. Der Bitterstoff, von MORIN noch unrein, von NATIYELLE rein und krystallisirt erhalten (Cnicin), ist nach SCRIBE auch in allen übrigen Distelarten zugegen.

In der Frucht: fettes Oel und wohl derselbe Bitterstoff. Nicht näher untersucht.

Verwechselungen des Krautes. Mit Cirsium oleraceum; dessen Blätter sind aber glatt und schmecken kaum bitter. Noch weniger ist an eine Verwechslung mit Cirsium lanceolatum oder Silybum marianum zu denken.

Anwendung. Das Kraut im Aufguss, Absud, meist als Extrakt. — Der Same ist obsolet; die Landleute verlangen ihn noch, wie den Samen der Mariendistel, gegen Seitenstechen, daher der Name Stechkörner.

Geschichtliches. Die Alten kannten und gebrauchten schon den Kardobenedikt; er kommt bei ihnen unter der Bezeichnung ἑτέρα κνηκος vor (Κνηκος oder Κνικος ohne nähere Bezeichnung ist Carthamus tinctorius, und ihr ἀγρια κνηκος ist Serratula attica FR.) Die Einführung des Kardobenedikts in die Officinen geschah, weil man ihn für Ἀτρακτυλις der Alten hielt, deren Blätter und Samen gegen Skorpionstich dienten, die jedoch Carthamus lanatus L. ist. Im Mittelalter galt der Kardobenedikt für ein Hauptmittel gegen Lungengeschwüre, auch gegen die Pest und andere Krankheiten.

Cnicus kommt von κνιζειν (jucken, verletzen), in Bezug auf die stachelige Beschaffenheit.

Carduus kommt von *arduus* (stachelig).

Centaurea, κενταυρειον abgeleitet vom Centaur (κενταυρος, zus. aus κεντειν stechen und ταυρος: Stier, also: Stierstecher, d. h. Stierhirten zu Pferde, welche mit

Füsen bewaffnet sind, um die Heerde im Zaum zu halten; nicht, wie die Dichter sagen, halb Pferd, halb Mensch) CHIRON, welcher den medicinischen Gebrauch des Krautes zuerst lehrte oder vielmehr zuerst an sich selbst erprobte, indem er damit eine Wunde, die er sich an seinem Fusse mit einem Pfeile des HERKULES zugezogen hatte, heilte. Welche Pflanze aber die von CHIRON angewandte war, wissen wir nicht genau; man vermuthet Inula Helenium, Ferula Opopanax oder Chironia (Erythraea) Centaurium. Nur die letztere Pflanze wird in den alten Schriften speciell als Κενταυριον bezeichnet.

Calcitrapa ist zus. aus *calx* (Ferse) und *trapa* (Falle, Schlinge), in Bezug auf den stacheligen Kelch (besonders bei Centaurea calcitrapa), der einer Kriegsmaschine gleicht, welche zum Aufhalten der Reiterei diente.

Karragaheen.

(Krauser Knorpeltang, irländisches Moos, Perlmoos.)

Lichen Carragaheen.

Chondrus crispus GREV.

(Sphaerococcus crispus AG.)

Cryptogamia Algae. — *Florideae.*

Aus einer scheibenförmigen Erweiterung (falsche Wurzel, Haftorgan) steigt diese Alge zu 5—30 Centim. Höhe auf, die Aeste theilen sich wiederholt und sind an der Spitze zweispaltig. Die Früchte sind in die Mitte des Lagers eingesenkt, bilden auf der oberen Seite eine Erhabenheit und unten eine Vertiefung. Die Substanz selbst ist knorpelig, biegsam oder fast hornartig, von Farbe mehr oder weniger violett oder roth, die aber durch Austrocknen an der Sonne ins Gelblichweisse übergeht. Bildet viele Spielarten; die Aeste sind nämlich bald kurz und breit, bald lang und schmal und mit zarten Franzen gewimpert, bald ist die Verästelung sehr stark, bald schwach. Geruch schwach seeartig, Geschmack wenig vorstechend, aber stark schleimig. — In der Nordsee und besonders an den brittischen Küsten.

Gebräuchlich. Die ganze Alge.

Wesentliche Bestandtheile. Eigenthümliche Pflanzengallerte, nach BLONDEAU stark stickstoffhaltig, leimähnlich, aber durch Gerbsäure nicht fällbar, und vom Verf. Goëmin genannt (von *Goëmon*, dem Namen der Algen in Nordfrankreich). Nach A. H. CHURCH enthält die Droge im lufttrockenen Zustande in 100: 55,54 Schleim, 9,38 albuminöse Materie, 2,15 Cellulose, 14,15 Mineralstoffe und 18,78 Wasser. Die Asche gab 2,64 ‰ Schwefel (als Schwefelsäure), während die lufttrockene Alge nicht weniger als 6,41 ‰ Schwefel lieferte. Also enthält sie den Schwefel nur z. Th. als Sulfate. Nach SARPHATI enthält die Alge auch Jod, nach GROSSE auch Brom.

Anwendung. In wässriger Abkochung als leicht verdauliches Nahrungsmittel für Kranke. Den armen Küstenbewohnern Irlands dient die Alge schon lange als Nahrungsmittel.

Carragaheen ist der in der irländischen Volkssprache aus Corigeen entstandene Name dieser Alge, und dieses zus. aus κορυζα (Schleim) und γιγνομαι (entstehen), also: Schleim erzeugend.

Wegen Lichen s. den Artikel Becherflechte.

Chondrus von χονδρος (Knorpel), in Bezug auf die knorpelig-zähe Consistenz der Alge.

Wegen Sphaerococcus s. den Artikel Ceilonmoos.

Kartoffel.
(Erdapfel, Grundbirne, knolliger Nachtschatten.)
Tubera Solani tuberosi.
Solanum tuberosum L.
Pentandria Monogynia. — *Solaneae.*

Einjährige Pflanze, etwa 30—90 Centim. hoch, mit sehr ästigem Stengel; die Blätter sind behaart, tief eingeschnitten, gefiedert, so zwar, dass immer grössere Segmente mit kleineren abwechseln; die Blättchen oval herzförmig, spitz, ungleichseitig. Die Blumen stehen in aufrechten vielblüthigen Doldentrauben, die Blüthenstielchen sind gegliedert, die Krone fünfeckig, weiss, violett, röthlich, blau. Die Früchte sind hängende Beeren von der Grösse der Kirschen, anfangs grün, dann schwarzroth, seltener weiss und gestreift. — Ursprünglich in Süd-Amerika (Chili, Peru) einheimisch, und von da durch Kultur weit verbreitet.

Gebräuchlicher Theil. Die Wurzelknollen, welche an den unterirdischen, weit sich verbreitenden dünnen Ausläufern hängen und durch Kultur in Gestalt, Grösse, Farbe (weiss, gelb, roth, violett) variiren. Reif und gehörig ausgewachsen sind sie innen weiss oder gelb, nicht fleckig und übelriechend, und beim Kochen in Wasser müssen sie locker, mehlig, nicht speckig oder kleisterartig werden.

Wesentliche Bestandtheile. Stärkmehl ($14-24\frac{0}{0}$). Als sonstige besonderen Bestandtheile sind noch zu nennen: Asparagin, Solanin, welches letztere auch in allen übrigen Theilen der Pflanze in kleiner, in den Keimen jedoch in grösserer Menge vorhanden ist. Tyrosin nach BORODIN, BARBIERI und SCHULZE. Leucin nach BARBIERI und SCHULZE. Als organische Säure enthalten die Kartoffeln nach ILISCH nur Aepfelsäure. Der Wassergehalt beträgt durchschnittlich $\frac{2}{3}$ ihres Gewichtes.

Anwendung. Selten als Medikament, doch hat man sie mit gutem Erfolge gegen Skorbut und Wechselfieber (im letzteren Falle mit Chinin) verordnet. Auch das Extrakt aus den Stengeln und Blättern hat man gegen Husten und Krämpfe mit Erfolg gegeben; es wirkt dem Opium ähnlich. — Man bereitet daraus ein sehr reines Stärkmehl (s. weiter unten), inländische Sago, Stärkezucker. Ferner wird aus ihnen, nachdem sie in Dampf gekocht und mit Hefe in Gährung versetzt worden sind, durch Destillation Weingeist (Kartoffelbranntwein) bereitet. — Die Kartoffeln sind, gehörig reif und gut zubereitet, völlig unschädlich und sehr nahrhaft, aber unreif und roh können sie schädlich wirken, weshalb man sich mit denselben vorsehen muss.

Das Kartoffelstärkmehl erhält man durch Zerreiben der rohen Knollen, Kneten des Breies auf Sieben unter beständigem Zufluss von Wasser, Waschen des aus dem Wasser abgesetzten Pulvers mit Wasser und Trocknen desselben. Es ist ein weisses glänzendes, zartes, beim Drücken knirschendes Pulver. Unter dem Mikroskope betrachtet, erscheint es als wasserhelle, ziemlich gleichförmige, vorherrschend eiförmige, birnförmige, flach elliptische, muschelförmige oder augerundete, aus einer grösseren Anzahl geschlossener Schalen, welche im Innern eine Höhlung einschliessen, zusammengesetzte und mit einem excentrisch meist am schmaleren Ende gelegenen Kerne versehene Kügelchen von verschiedener Grösse, welche zwischen 0,06 und 0,10 Millim. variirt. Diesen Dimensionen zufolge, hat das Kartoffelstärkmehl unter allen Stärkearten die grössten Kügelchen. setzt man nämlich ihre Grösse = 1, so beträgt die der Pfeilwurzel (Arrowroot) ohngefähr = $\frac{14}{15}$, die der Bohnen und der Sagopalme = $\frac{8}{15}$, die der Linse = $\frac{1}{1}$

die der Erbsen und des Weizens = $\frac{5}{18}$, die des Mais und der Jatropha (Cassava) = $\frac{1}{14}$ und die des Reis = $\frac{1}{18}$. — Es ist geruch- und geschmacklos, unlöslich in kaltem Wasser, Weingeist und Aether. Bei gewöhnlicher Temperatur getrocknet enthält es noch 18$\frac{9}{10}$ Wasser, welche bei 100° entweichen. Beim Erhitzen auf 150—200° wird es ohne Gewichtsverlust bernsteingelb und löst sich dann grösstentheils in kaltem Wasser zu einer schleimigen Flüssigkeit auf. Das so veränderte Stärkmehl heisst Stärkegummi, lässt sich aber nicht wie das gewöhnliche Gummi in Zucker überführen. Erhitzt man es rasch, ohne es vorher bei 100° getrocknet zu haben, so schmilzt es; in noch höherer Temperatur wird es verkohlt und verbrennt schliesslich mit Hinterlassung von kaum $\frac{1}{2}\frac{9}{10}$ Asche. — Erwärmt man 1 Theil Stärkmehl mit 15—20 Theilen Wasser, so verwandelt es sich bei etwa 80° in eine dicke, durchscheinende, gelatinöse Masse, den Kleister, und erhitzt man diesen nach Zusatz von etwas Salzsäure zum Kochen, so entwickelt sich ein sehr stechender Geruch nach Ameisensäure, der auch nach dem Erkalten und noch nach 24 Stunden deutlich wahrnehmbar ist. Verdünnt man den salzsauren Kleister mit Wasser, so setzt die Flüssigkeit nur wenig flockige Substanz ab. — Mit Jod nimmt das Stärkmehl (nicht bloss das der Kartoffeln, sondern jede Art) eine tief blaue Farbe an.

Geschichtliches. PETER CIECA erwähnt in seiner Chronik von Peru, die zu Sevilla 1553 herauskam, zuerst die Kartoffel, als eine Knollenpflanze, welche die Bewohner nebst dem Welschkorne besassen und mit dem Namen Papas bezeichneten. Auch LOPEZ VON GOMARA gedenkt ihrer in seiner 1554 zu Antwerpen erschienenen Geschichte von Amerika. 1557 gab CARDAN Nachricht von Trüffeln aus Peru, die man Papas nenne, im Lande selbst aber mit Cinnos bezeichne. Kolonisten, welche 1584 nach Virginien kamen, fanden die Kartoffeln daselbst, und Schiffe, welche 1586 aus der Bay von Albemale zurückkehrten, brachten sie nach Irland, wonach die Angabe, dass FRANZ DRAKE die Kartoffeln zuerst nach Europa gebracht hätte, zu berichtigen ist. Nach einer anderen Angabe brachte sie in dem gedachten Jahre WALTER RALEIGH aus Carolina unter dem Namen Openawk nach England. 1588 bekam CLUSIUS, damals in Wien lebend, 2 Kartoffeln von PHILIPP VON SIVRY, Herrn VON WALLENHEIM, Präfekt der Stadt Mons im Hennegau. SIVRY hatte das Gewächs von einem Verwandten des päpstlichen Legaten in Belgien unter dem Namen Taratouffli bekommen. CLUSIUS lieferte die erste Abbildung der Pflanze unter dem Namen Arachidna Theophrasti*), forte Papas Peruanorum; es war eine rothe runde Sorte. 1616 wurden die Kartoffeln noch als eine Seltenheit an der königl. Tafel zu Paris verspeist. In Schottland führte 1728 ein Tagelöhner, THOMAS PRENTICE, die Kultur der Kartoffel ein, in Würtemberg 1710 der Waldenser SEIGNORET, in Sachsen 1717 der Generallieutenant VON MILTKAN, 1726 kamen sie nach Schweden u. s. w.

Der Name Kartoffel ist italienischen Ursprungs; die ersten Kartoffeln gelangten nämlich über Italien nach Deutschland, dort hiessen sie wegen ihrer äusseren Aehnlichkeit mit den Trüffeln (ital.: *tartufo*, *tartufolo*) zuerst *tartufi bianchi* (weisse Trüffeln), und erst später kam die Bezeichnung *pomi di terra* (Erdäpfel) auf.

Wegen Solanum s. den Artikel Bittersüss.

---

*) Bekanntlich Arachis hypogaea, die Erdnuss.

Kaskarillrinde.
(Kaskarillkroton.)
Cortex Cascarillae.
Croton Eleutheria Sw.
(Clutia Eleutheria L.)
Monoecia Monadelphia — Euphorbiaceae.

Grosser baumartiger Strauch, der abwechselnd mit gestielten, ovalen, oben von sternförmigen kleinen Borsten und besonders auf der untern Seite von kleinen runden, eingeschnittenen, silberweissen, glänzenden Schuppen bedeckten Blättern besetzt ist. Die kleinen weissen Blumen stehen am Ende der Zweige und in den Blattwinkeln, und bilden kleine, aufrechte, zusammengesetzte, ährenförmige sparrige Trauben. Die Frucht ist erbsengross, rundlich, dreifurchig, und mit feinen Warzen oder Schuppen besetzt. — Auf den westindischen Inseln einheimisch.

Gebräuchlicher Theil. Die Rinde; sie hat, oberflächlich betrachtet, Aehnlichkeit mit der grauen China, ist aber doch leicht von derselben zu unterscheiden. Die Stücke sind meistens kürzer abgebrochen, 3—8 Centim., selten 12—18 Centim. lang, von 4—16 Millim. Durchmesser und ½—2 Millim. Dicke, selten dicker; wie die China einfach, übereinander und doppelt gerollt (geschlossen), doch kommen auch rinnenförmige, z. Th. fast flache, aufwärts gebogene, dünne Stücke vor. Die äussere Fläche ist meist uneben, durch Längsrunzeln und Querrisschen der Oberhaut, welche grau, mehr oder weniger weiss oder auch dunkler, bald gelbbräunlich, oder bei jüngeren dunkel schmutziggrün und häufig mit Flechten besetzt ist, wodurch sie verschiedenartig weiss und schwarz gefleckt und z. Th. zierlich gezeichnet aussieht. Die Oberhaut hängt häufig sehr fest an der Rinde, aber nicht selten findet man diese auch ganz davon befreit, besonders an dünneren und mehr flachen Stücken; in diesem Falle erscheint die äussere Fläche mehr glatt, hell- oder dunkelbraun, auch rostfarbig, immer mit Grau vermischt, und gleichsam bestäubt. Die Bastseite ist fast immer eben und glatt, dunkelbraun oder auch heller braunröthlich und ebenfalls bestäubt. Die Rinde ist ziemlich dicht, hart und spröde, leicht brüchig, auf dem Bruche eben, nicht splitterig oder faserig, matt oder nur schwach harzglänzend, von schwach aromatischem Geruche; beim Reiben, Erwärmen und Anzünden entwickelt sich aber ein starker, angenehm aromatischer, dem Moschus ähnlicher Geruch; der Geschmack ist stark, etwas widerlich aromatisch, beissend, bitter.

Wesentliche Bestandtheile. Nach den Untersuchungen von Cadet, Caventou, Boehmer, Trommsdorff und Duval enthält die Rinde; ätherisches Oel, Bitterstoff (Cascarillin), eigenthümlichen Gerbstoff, Stärkmehl, Harz, rothen Farbstoff etc. Das ätherische Oel, leichter als Wasser, ist nach Voelcker ein Gemisch mehrerer Oele. Den Bitterstoff stellte zuerst Duval in reinem weissen krystallinischem Zustande dar.

Verfälschung. Eine in London aufgetauchte falsche Kaskarillrinde charakterisirt sich wie folgt: Die äussere Rindenschicht löst sich leicht ab und hat eine falbe, rothbraune, nicht weisse Farbe; die Innenfläche der Rinde ist nicht glatt, wie bei der echten, sondern von einer Menge dichter, gerade verlaufender Erhabenheiten gestreift, von röthlicher Farbe. Geschmack nicht aromatisch, sondern adstringirend und fast ohne Bitterkeit, die Tinktur wird durch Eisenchlorid fast schwarz, während die der echten Rinde dadurch nur wenig braun gefärbt wird. Die Rinde soll von Croton lucidum abstammen.

Bezüglich einer Verwechslung mit der Kopalche-Rinde vergl. man die Beschreibung derselben a. a. O.

Anwendung. In Substanz, Aufguss, Absud, als Extrakt, Tinktur.

Geschichtliches. Diese Rinde kam gegen Ende des 17. Jahrhunderts nach Europa, und wurde sogar eine Zeit lang für eine Art Chinarinde gehalten und Cortex peruvianus spurius oder griseus genannt. Auf ihre Heilkräfte machte zuerst STISSER in Braunschweig 1690 aufmerksam, dem APINUS in Nürnberg 1697, und BÖHMER in Halle 1738 folgten.

Kaskarilla ist das Diminutiv des spanischen *cascara* (Rinde), und wurde diese Rinde deshalb so benannt, weil man sie für ein Analogon der Chinarinde (welche bei den Spaniern speciell Cascarilla heisst) hielt.

Croton kommt von χροτων (Holzbock, Hundelaus), wegen der Aehnlichkeit des Samens mit diesem Insekte. χροτων der Alten ist Ricinus communis.

Clutia ist benannt nach THEOD. AUGER CLUYT (lat.: Clutius), Apotheker in Leyden in der Mitte des 16. Jahrhunderts, Botaniker.

Eleutheria nach *Eleuthera*, eine der Bahama-Inseln, wo das Gewächs häufig vorkommt.

Kassie, röhrenförmige.

Cassia fistula.

Bactyrilobium Fistula WILLD.

(*Cassia Fistula* L., *Cathartocarpus Fistula* PERS.)

Decandria Monogynia. — Caesalpiniaceae.

Grosser schöner Baum, unserm Wallnussbaum im Aeussern ähnlich; die grossen über 30 Centim. langen Blätter sind paarig gefiedert, die ovalen, lang zugespitzten Blättchen 7—12 Centim. lang. Die Blumen stehen an den Enden der Zweige in den Blattwinkeln und bilden lange hängende Trauben von ansehnlichen gelben Blumen, ähnlich denen des Bohnenbaumes. — In Aegypten, Ost-Indien, Cochin-china einheimisch, und in West-Indien und Süd-Amerika kultivirt.

Gebräuchlicher Theil. Die Früchte; es sind cylindrische, theils gerade, meist etwas gekrümmte, z. Th. Sförmig gebogene, 30—60 Centim. lange, 12 bis 14 Millim. dicke, dunkelbraune, z. Th. fast schwarze, glatte, nicht aufspringende Gliederhülsen: auf beiden Seiten ist ein ebener Längsstreifen, der die Naht an-zeigt, sonst ist die Oberfläche meist mit undeutlichen, ringsumlaufenden, ganz ge-ringen Eindrücken versehen, oft aber auch ungleich in der Dicke, an manchen Stellen stark eingezogen. Die Schale ist hart, holzig, sie besteht aus einer dünnen festen, braunen Oberhaut und der darunter liegenden festen, hellbraunen, holzi-gen, ½—1 Millim. dicken Rinde. Im Innern ist die Hülse durch steife hellbraune Querwände von der Dicke eines Kartenblattes in zahlreiche 2—4 Millim. breite Querfächer abgetheilt, welche grösstentheils mit einem dunkeln, bisweilen grünlich-braunen, fast schwarzen, extraktartig zähen süssen Marke erfüllt sind, das allein den gebräuchlichen Theil ausmacht, und einen rundlich plattgedrückten erbsen-grossen, hellgelbbraunen, glänzenden, sehr harten Kern einschliessen.

Wesentliche Bestandtheile. Nach VAUQUELIN in 100 der ganzen Hülse: 15 Zucker, nebst Gummi, Pektin etc.; die Schalen betragen 35 %, die Querwände 7¼, die Samen 13⅘. In 100 Th. Mark einer ostindischen Sorte fand HENRY 69 Zucker, 4 Gerbstoff, 3 Gummi, einer afrikanischen Sorte 61 Zucker, 13 Gerb-stoff, 7 Gummi.

Verwechselungen. 1. Mit der Frucht der Cassia bacillaris L. fil, eines in Surinam einheimischen Baumes; sie ist dünner, kaum 12 Millim. dick, 30 bis 45 Centim. lang, aussen heller braun, mit fahlem, sehr herbe schmeckendem Marke erfüllt. 2. Mit der Frucht von C. brasiliana LAM. (C. grandis L. fil., C. mollis VAHL.); sie ist fast 60 Centim lang, gegen 7 Centim. dick, säbelförmig gekrümmt, braun, zusammengedrückt, rauh, und ihr Mark ebenfalls sehr gerbstoffreich.

Anwendung. Das Mark als Bestandtheil von Latwergen. In Indien werden die jungen unreifen Früchte mit Zucker eingemacht und als Abführmittel gebraucht. Die Rinde des Baumes ist sehr adstringirend und wird wie die der C. brasiliana zum Gerben benutzt.

Geschichtliches. Die Röhrencassia scheint ungefähr gleichzeitig mit der Tamarinde (im 13. Jahrh.) in die Officinen eingeführt worden zu sein. Bei AKTUARIUS kommt sie als Cassia nigra, aber bei MESUE schon als Cassia fistula vor. Die alten deutschen Aerzte pflegten das Fruchtmark auch Flos Cassiae oder Cassia extracta zu nennen.

Bactyrilobium ist zus. aus βαχτηριον, Dimin. von βαχτρον (Stab) und λοβος (Hülse); die lange dünne Frucht gleicht einem Stabe.

Wegen Cassia s. d. Artikel Cimmtblüthe.

Cathartocarpus ist zus. aus καθαρτης (reinigend) und καρπος (Frucht); das Fruchtmark besitzt purgirende Wirkung.

Kassie, westindische.
Cortex Fedegoso.
Cassia occidentalis St. HIL.
Decandria Monogynia. — Caesalpiniaceae.

Strauch mit 5 paarig gefiederten Blättern, oval-lanzettlichen, am Rande rauhen, gewimperten Blättchen, deren äussere grösser sind. Die Blüthen stehen am Ende der Zweige in schlaffen Trauben mit gelben fleckenlosen Kronen. Die ganze Pflanze riecht widrig opiumartig. — In West-Indien, Süd-Amerika und sonst auch in allen übrigen Tropenländern vorkommend.

Gebräuchlicher Theil. Die Rinde; sie ist gerollt, 12—24 Millim. breit, ziemlich dick, aussen grau, meist rauh, runzelig gefurcht mit Querrissen, gleich der der grauen China, innen hochgelb, faserig, zerbrechlich; geruchlos, von schwach bitterm widrigem Geschmack.

Wesentliche Bestandtheile. Nach HENRY: bitteres Harz, gelber Farbstoff etc.

Anwendung. In Brasilien als Fiebermittel, Diuretikum, gegen Wassersucht etc.

Der Same, welcher als Surrogat für Kaffee benutzt wird und den Namen Negerkaffee führt, enthält Fett, Zucker, Gummi, Gerbstoff, Chrysophansäure und einen als »Achrosin« bezeichneten, braunen, mit Weingeist ausziehbaren Körper, der Stickstoff und Schwefel enthält, und abführend wirkt. Durch das Rösten wird dieser Körper zerstört.

Fedegoso ist portugiesisch und bedeutet: Gut für alles.

Kastanie, essbare.
(Marone.)
Fructus Castaneae.
Fagus Castanea L.
(Castanea vesca GÄRTN.)
Monoecia Polyandria. — *Cupuliferae.*

Schöner grosser und dicker Baum mit graubrauner Rinde, ausgebreiteten Aesten, abwechselnden, kurzgestielten, ziemlich grossen, glänzenden, glatten, schief parallel gerippten Blättern; am Ende der Zweige in langen, cylindrischen Kätzchen rispenartig ausgebreitet stehenden, lockern weissen männlichen Blumen, und einzelnen zu mehreren unter den männlichen stehenden weiblichen Blumen. Die Frucht ist eine vom verhärteten Kelche gebildete, grosse kugelige, sehr dornige falsche Kapsel, welche 2—3 (selten 1) 18—24 Millim. dicke und dickere, meist auf einer (und zwei) Seiten flache, auf der andern gewölbte, fast halbkugelig-herzförmige, kurz zugespitzte, braune, glänzende, an der Spitze seidenartig behaarte Nüsse einschliesst, die unter einer zähen lederartigen, auf der innern Seite braunfilzigen Haut einen dichten weissen, mit einem bräunlichen Häutchen bedeckten Kern einschliessen. — Im südlichen Europa und Nord-Amerika einheimisch.

Gebräuchlicher Theil. Die Fruchtkerne; sie schmecken roh süsslich erdig; durch Kochen und Braten erhalten sie aber einen sehr angenehm süssen oligmehligen Geschmack.

Wesentliche Bestandtheile. Nach E DIETERICH in 100: 30 Stärkmehl. 3½ Proteïnsubstanz, 2 Fett, ½ Zucker, ferner Gummi, Bitterstoff, Harz, eisengrünender Gerbstoff, Aepfelsäure, Citronensäure, Milchsäure. Der Wassergehalt beträgt fast 50 %.

Anwendung. Das rohe Mehl gegen Diarrhoe empfohlen. Sonst ein beliebtes Nahrungsmittel.

Geschichtliches. Die essbaren Kastanien wurden schon von den Alten arzneilich benutzt, sie hiessen bei ihnen meist Διος βαλανοι.

Kastanie ist abgeleitet von Καςτανα, einer Stadt am Peneus im alten Thessalien, wo der Baum häufig wild wächst.

Marone heisst die Kastanie im Italienischen.

Wegen Fagus s. den Artikel Buche.

Katalpaschoten.
Siliquae Catalpae.
Bignonia Catalpa L.
(Catalpa syringaefolia SIMS.)
Diandria Monogynia. — *Bignoniaceae.*

Schöner 9—12 Meter hoher Baum mit ansehnlichen grossen herzförmigen gestielten Blättern, oben glatt, unten mit feinen weichen Haaren besetzt. Die Blüthen bilden grosse, ansehnliche, ausgebreitete Rispen, die Kronen sind gross, glockenförmig, etwas ähnlich den Fingerhutblüthen, aussen weiss, innen schön purpurn und gelb gezeichnet. — In Nord-Amerika (Karolina), Japan einheimisch, bei uns Ziergewächs.

Gebräuchlicher Theil. Die Schoten; sie sind 15—30 Centim. lang, etwa fingerdick, cylindrisch oder kaum merklich kantig; nach unten etwa

dünner, schwärzlich braun, öffnen sich in 2 Längenlinien, und enthalten zahlreiche dachziegelartig geschichtete Samen mit häutigem Rande, der am Ende in
lange seidenartige Haare übergeht; riechen kaum, schmecken aber (besonders die
Schalen) scharf bitterlich.

Wesentliche Bestandtheile. Nach Grossot in dem Samen 10⅔ einer
butterartigen Substanz von röthlich-brauner Farbe, eigenthümlichem Geruche und
der Kakaobutter ähnlichem Geschmacke.

Anwendung. In Italien als Absud gegen chronische Engbrüstigkeit. Die
Wurzel soll sich bei Augenkrankheiten bewährt haben, aber giftige Eigenschaften
besitzen.

Wegen Bignonia s. den Artikel Bignonie.

Katalpa ist der Name des Baumes bei den Indianern in Karolina.

Katechu.
(Catechu, Terra japonica.)
I.
Akazien-Katechu oder Kutsch.
Acacia Catechu WILLD.
(Mimosa Catechu L. fil.)
Polygamia Monoecia. — Mimosaceae.

Hoher Baum mit vieltheiligen ausgebreiteten Aesten, rissiger, rothbrauner,
stark adstringirender und etwas bitterer Rinde; die Blätter sind doppelt gefiedert,
z. Th. 30 Centim. lang, und bestehen aus 40—50 Paaren kleiner, gegen 4 Millim.
langer, weich behaarter, linienförmiger Blättchen. An Stelle der Afterblätter befinden sich gepaarte, hakenförmige kleine Dornen. Der Blattstiel ist unter den
untersten Blättchen und zwischen dem obersten Fiederpaare mit einer Drüse besetzt. Die Blumen bilden zu 2—3 in den Blattwinkeln stehende, kurz gestielte,
cylindrische, 5 Centim. lange dünne gelbe Aehren, manchen männlichen Weiden-
blüthen ähnlich. Die Hülsen sind gerade, flach, gegen 7 Centim. lang und enthalten 5—6 Samen. — In Ost-Indien einheimisch und kultivirt.

Gebräuchlicher Theil. Das aus den Blättern, unreifen Früchten und
dem Holze durch Auskochen mit Wasser und Eindicken erhaltene Extrakt,
wovon es zwei Hauptsorten giebt.

1. Katechu von Bombay; es bildet glatte unregelmässige, etwa 7 Centim.
breite und 12—24 Millim. dicke Kuchen und Bruchstücke, ist aussen uneben,
rauh, mit Resten von Pflanzenfasern, Sameneindrücken, selbst Kohlenstückchen,
von Farbe dunkel- oder hellröthlich-braun, matt oder wenig glänzend, fest und
spröde, auf dem Bruche chokoladenfarben, glanzlos mit aussen dunklerer Einfassung. Oft zeigen sich mehrere parallele Schichten. Diese Sorte war früher
allein im Handel.

2. Katechu von Bengalen. Länglich-runde, wenig glatte Stücke von etwa
7 Centim. Länge, 5 Centim. Breite und 3 Centim. Dicke, aussen sehr rauh, erdig
anzufühlen, schmutzig graubraun, auf dem Bruche kastanienbraun. Sehr ausgezeichnet ist diese Sorte dadurch, dass auf dem Bruche parallele, durch hellere
Striche gesonderte oder marmorirte, schwach glänzende Schichten bemerkbar sind.

Beide Sorten sind geruchlos, schmecken sehr herbe adstringirend, schwach
bitterlich, hinterher etwas süsslich. In Wasser z. Th. löslich mit braunrother
Farbe.

II.
Gambir-Katechu.
Uncaria Gambir Rxl.
(Nauclea Gambir Hunter.)
Pentandria Monogynia. — *Rubiaceae.*

Hoher kletternder Strauch mit zahlreichen ausgebreitrten Aesten, eiförmigen spitzen glatten kurzgestielten, 10—12 Centim. langen, 7 Centim. breiten Blättern mit Stielen, welche abfallende Afterblättchen tragen. In den Blattachseln stehen einfache zurückgekrümmte Ranken. Die Blumenstiele stehen einander gegenüber in den Winkeln der Blätter, sind länger als diese, und tragen an der Spitze eine Menge kopfförmig zusammenstehender rother wohlriechender Blümchen. — Im ganzen südlichen Asien wild, und mehrfach angebaut.

Gebräuchlicher Theil. Das durch Auskochen der Blätter mit Wasser und Eindicken erhaltene Extract. Es bildet kleine vierkantige Stücke, schwimmt anfangs auf dem Wasser, sinkt aber später, wenn die Stücke Wasser eingesogen haben, unter, ist aussen gelbbräunlich, innen heller gelblich oder cimmtfarbig, geruchlos, schmeckt zusammenziehend, etwas bitter, hinterher süsslich.

Wesentliche Bestandtheile. In beiden Sorten eigenthümlicher, eisengrünender Gerbstoff, (Katechugerbsäure, 30—50 %) und eigenthümliche krystallinische Säure (Katechin, Katechusäure, Tanningensäure), welche aber nach Etti sich wie eine Verbindung von Brenzkatechusäure und Phloroglucin verhält.

Wegen einer angeblichen III. Art Katechu (Palmen-Katechu) s. den Artikel Arckanuss.

Anwendung. In der Medicin; noch mehr in der Färberei und Gerberei.

Geschichtliches. Man hat das Katechu in dem Λυxιον des Dioskorides wieder erkennen wollen, eine Ansicht der schon Clusius widersprach. (Jenes Lycium ist der Saft der Beeren von Rhamnus infectoria). Die älteste Nachricht über Katechu dürfte wohl im 16. Jahrhundert durch Garcias ab Horto gegeben sein, zu welcher Zeit auch die Portugiesen diese Droge nach Europa brachten. Katechu ist zus. aus den indischen Worten *kate* (Name des betreffenden Baumes) und *chu* (Saft).

Gambir ist ebenfalls ein ostindisches Wort.

Uncaria von *uncus* (Haken), in Bezug auf die zurückgekrümmten Ranken.

Nauclea ist das kontrahirte *naucella* oder *naucula (navicella, navicula)*, Dimin. von *navis*, ναυς (Schiff oder was eine ähnliche Form hat, daher: *naucum*, die Schale der Steinfrucht, z. B. bei der Mandel, Wallnuss die Fleischhaut der Frucht), in Bezug auf die Frucht, welche ebenfalls eine Steinfrucht, aber nur klein ist.

Wegen Acacia s. den Artikel Akazie.

Wegen Mimosa s. den Artikel Gummi.

Katesbaearinde.
(Dornige Chinarinde.)
Cortex Catesbaeae spinosae.
Catesbaea spinosa L.
(Catesbaea longiflora Sw.)
Tetrandria Monogynia. — *Rubiaceae.*

Dorniger 3,5—4,5 Meter hoher Strauch mit kleinen, ovalen, büschelig stehenden Blättern, gelblichen, hängenden, 12—15 Centim. langen Blumen mit trichterförmiger sehr langer Krone, in deren Röhre sich die Staubfäden befinden. Die Steinfrüchte sind gelb, gleichen in Gestalt und Grösse den Hühnereiern, und enthalten ein angenehm säuerlich riechendes Fleisch. — Auf Domingo und den Bahamainseln einheimisch.

Gebräuchlicher Theil. Die Rinde; sie ist grau und besitzt ganz den Geschmack der braunen Chinarinde.

Wesentliche Bestandtheile.? Nicht näher untersucht.

Anwendung. Wie die Chinarinde als Fiebermittel empfohlen, aber in neuerer Zeit ganz verschollen.

Catesbaea ist benannt nach MARC CATESBY, geb. 1679 zu London, starb daselbst 1749, machte seit 1712 elf Jahre lang Entdeckungsreisen in Virginien, Karolina, Florida und den Bahamainseln.

Katzenminze.
(Mariennessel, Steinminze.)
Herba Nepetae, Catariae.
Nepeta Cataria L.
Didynamia Gymnospermia. — *Labiatae.*

Perennirende Pflanze mit 60—90 Centim. hohem, ästigem, mehr oder weniger weisslich behaartem, z. Th. jedoch ziemlich grünem dicklichem Stengel, ähnlichen aufrechten Zweigen, meist langgestielten, ansehnlichen, 5—7 Centim. langen, 12—24 Millim. breiten, herzförmigen, stumpfen oder spitzen, grob gesägten, auf beiden Seiten kurz- und zartbehaarten, oben meist hochgrünen, unten mehr oder weniger weisslichen, z. Th. filzigen Blättern. Die Blumen stehen am Ende der Stengel und Zweige in meist ziemlich gedrängten, gabelförmigen Afterdolden oder Quirlen, und bilden ährenartige, meist gegen eine Seite gekehrte Trauben mit kleinen lanzettlichen Nebenblättern untermengt. Die gestreiften Kelche sind weisslich zart behaart, die Kronen klein, weisslich, innen roth punktirt oder röthlich. — An Wegen, Wiesenrändern, auf Schutthaufen durch ganz Deutschland, jedoch nicht allzu häufig, vorkommend.

Gebräuchlicher Theil. Das Kraut; es hat einen starken eigenthümlichen, etwas widrigen, minzenartigen Geruch und scharf aromatischen, bitterlich kampherartigen Geschmack. (Der Geruch lockt die Katzen herbei, welche sich auf dem Kraute wälzen und es verunreinigen.)

Wesentliche Bestandtheile. Aetherisches Oel, eisengrünender Gerbstoff. Nicht näher untersucht.

Anwendung. Ehemals im Aufguss, äusserlich zu Bädern.

Geschichtliches. Ob die alten griechischen und römischen Aerzte diese Pflanze gekannt haben, ist ungewiss, aber bereits im Mittelalter war sie wohl bekannt; DODONAEUS erwähnt ihrer unter dem Namen Herba Catariae, LOBELIUS nannte sie Mentha Cataria, aber erst VALERIUS CORDUS führte sie als eine Art von Nepeta auf. Bei TABERNAEMONTANUS heisst sie Mentha felina. Man schätzte sie als ein Mittel gegen Menostasie, Hysterie und ähnliche Beschwerden.

Nepeta ist nach der etrurischen Stadt Nepe (Nepet oder Nepete, jetzt *Nepi*) benannt, wo die Pflanze häufig vorkommt.

Kautschuk.
(Elastisches Harz, Federharz, Lederharz.)

Gummi elasticum, Resina elastica.

1. *Castilloa elastica* CAV.

Urticaceae. — In Central-Amerika.

2. *Ficus elastica* ROXB.

Urticaceae. — In Ost-Indien.

3. *Hevea guianensis* AUBL.

(Jatropha elastica L. fil. *Siphonia Cahachu* RICH., *S. elastica* PERS.)

Euphorbiaceae. — In Brasilien und Guiana.

4. *Hevea brasiliensis.*

(Siphonia brasiliensis WILLD.

Euphorbiaceae. — In Brasilien (Para).

5. *Landolphia florida* BENTH.

Apocyneae. — In West-Afrika (Angola).

6. *Urceola elastica* ROXB.

Apocyneae. — In Sumatra, Ost-Indien.

7. *Urostigma elasticum* MIQ.

(Angeblich identisch mit No. 2.)

Urticaceae. — In Ost-Indien.

8. *Vahea gummifera* LAM.

Apocyneae. — In Madagaskar.

Alle diese Gewächse (wozu nach neuestem Berichte von MARKHAM auch die im Amazonenstromgebiete vorkommende Euphorbiacee *Manihot Glaziovii* gehört) meist hohe stattliche Bäume, einige auch baumartige Schlingpflanzen, liefern von selbst und noch mehr durch gemachte Einschnitte in den Stamm einen Milchsaft, der getrocknet das im Handel vorkommende Kautschuk darstellt. Es gibt zwar noch zahlreiche Gewächse aus den verschiedensten Familien, die sich ebenso verhalten; doch sind es besonders die oben genannten 8 Arten, welche in den verschiedenen Ländern, wo dieselben massenweise vorkommen, zur Gewinnung des Milchsaftes im Grossen benutzt werden. Und wenn auch noch andere Arten entweder bereits zu dieser Gewinnung herangezogen sind oder dazu in Aussicht stehen (z. B. Arten der Euphorbiacea Excoecaria), so gehören sie doch fast durchgängig einer der oben genannten 3 Familien (Apocyneae, Euphorbiaceae, Urticaceae) an.

Der flüssige Milchsaft, in neuerer Zeit ebenfalls Handelsartikel geworden, kommt aus Amerika in Flaschen von Kautschuk oder Kupfer, ist blassgelb dicklich, rahmähnlich, riecht säuerlich und faulig, hat ein spec. Gew. von 1,011, scheidet in der Ruhe das Kautschuk in Form kleiner Kügelchen oben ab, während darunter eine klare braune Flüssigkeit steht, gerinnt in der Hitze oder durch Vermischen mit Weingeist.

Zum Zweck der Trocknung, also zur Herstellung des Kautschuks als Handelsartikel, überstrich man (früher mehr als jetzt) in den Heimathländern mit dem frischen Milchsafte aus Thon geformte Figuren (Flaschen, Thiere u. s. w.), liess dann in künstlicher Wärme trocknen und klopfte den Thon wieder heraus. Jetzt hat man diese Spielerei fast ganz aufgehoben, und lässt den Milchsaft, welcher bald nach dem Verlassen der Pflanze dick wird, in Gestalt von Platten verschiedener Dicke und Ausdehnung trocknen. Die dunkle Farbe der Waare ist Folge der Einwirkung der Luft, und nicht, wie man früher vermuthete, des

Rauches, obgleich das Trocknen mit Unterstützung künstlicher Wärme dadurch geschieht, dass man die mit dem Milchsafte überzogenen Figuren und die fast trocknen Platten in den Rauch von brennendem Holze etc. hängt.

Schon die äusseren Merkmale, namentlich sein hoher Grad von Elasticität, sind so specifisch, dass das Kautschuk mit keiner andern bekannten Substanz verwechselt werden kann. Was seine sonstigen Eigenschaften betrifft, so ist es aussen mehr oder weniger bräunlich, gegen das Innere hin heller, im Kerne meist fast weiss, geruch- und geschmacklos, von 0,925 spec. Gew., in der Kälte hart, aber nicht spröde, in der Wärme sehr dehnbar, bei 120° schmelzbar, bleibt, nachdem es geschmolzen, in der Kälte schmierig und trocknet nur in ganz dünnen Schichten nach sehr langer Zeit wieder ein. Noch stärker erhitzt, entbindet es einen übelriechenden entzündlichen Dampf, ein brenzliches Oel geht über, und im Rückstande bleibt eine glänzende Kohle, welche beim Verbrennen an der Luft nur wenig (etwa $\frac{1}{2}\frac{0}{0}$ vom Gewichte der Waare) Asche hinterlässt. Es ist in Wasser und Weingeist unlöslich; weingeistfreier Aether sowie ätherische Oele lösen es, jedoch nur in geringer Menge, auf, während der grössere Theil in einem aufgequollenen Zustande verbleibt. In Alkalien und verdünnten Säuren ist es ebenfalls unlöslich. Völlig löslich und mit Beibehaltung seiner Eigenschaften ist es in Chloroform, Schwefelkohlenstoff, sowie in dem oben erwähnten brenzlichen Kautschuköle. Mit conc. Schwefelsäure, sowie mit rauchender Salpetersäure erhält man schmierige Solutionen.

Mit den Namen Dapicho oder Zapis bezeichnet man dasjenige Kautschuk, welches in Süd-Amerika aus den Wurzeln von Siphonia elastica und andern Milchgewächsen in den sumpfigen Boden geflossen und daselbst zu schmutzig weissen, schwammigen, elastischen Massen erhärtet ist. Es wird über Feuer zu schwarzem Kautschuk umgearbeitet und zu Flaschenstöpseln verwendet.

Wesentliche Bestandtheile. Der frische Milchsaft der Hevea guianensis (Siphonia elastica) enthält nach FARADEY in 100: 31,70 Kautschuk, 1,9 Eiweiss mit einer Spur Wachs, 7,13 eigenthümliche stickstoffhaltige Materie. 2,9 einer andern Substanz, 56,37 Wasser und etwas freie Säure. ADRIANI fand in dem Milchsafte von Urostigma elasticum kaum 10$\frac{0}{0}$ Kautschuk, 82,30 Wasser etc. Die reine Kautschuk-Materie, welche man aus dem Milchsafte entweder durch Erhitzen oder durch Zusatz von Weingeist, und Waschen des Ausgeschiedenen mit Wasser erhalten kann, ist milchweiss, nach dem Trocknen farblos durchsichtig und vollkommen elastisch. Ihrer Zusammensetzung nach ist sie ein Kohlenwasserstoff von der Formel C_4H_7.

Das käufliche Kautschuk schied PAVEN durch Behandeln mit verschiedenen Lösungsmitteln in mehrere Substanzen, von denen aber keine die Elasticität und Ausdehnbarkeit der Rohwaare besitzt.

Anwendung. Früher fast nur zum Ausmachen der Bleistiftstriche; aber seit etwa 50 Jahren hat man seine vorzüglichen Eigenschaften besser zu würdigen gelernt, und seine Benutzung zu Röhren, Riemen, wasserdichten Geschirren, Kleidern etc. ist ein so ausgedehnter geworden, dass ein plötzlicher Mangel daran viele Werkstätten in die grösste Verlegenheit setzen, ja selbst brach legen würde. Der immer mehr zunehmende Konsum dieses Artikels hat daher schon den Gedanken angeregt, durch künstlichen Anbau der die ergiebigste Ausbeute versprechenden Arten einem etwaigen Ausgehen vorzubeugen; und in der That ist Castilloa elastica und Hevea brasiliensis für Ostindien bereits in Aussicht genommen. Da alle Kautschukbäume tropische Gewächse sind, so kann an eine

Kultur von keinem derselben in gemässigten oder gar kalten Distrikten gedacht werden.

Das sogenannte Vulkanisiren des Kautschuks und der Gutta Percha, welches darin besteht, dass man ihnen in der Wärme Schwefel einknetet oder letzteren mit Hülfe von Auflösungsmitteln (Schwefelkohlenstoff, Chlorschwefel) einführt, hat zum Zwecke, jene Drogen haltbarer, noch elastischer und dehnbarer zu machen. Doch werden dieselben nach längerer oder kürzerer Zeit dadurch mürbe und zerreiblich. ADRIANI fand in vulkanisirtem Kautschuk 11, in vulkanisirter Gutta Percha 8⅔ Schwefel, Vulkanisirtes K. löst sich nicht mehr in Chloroform.

Geschichtliches. Noch fast bis gegen die Mitte des 18. Jahrhunderts traf man bei uns das Kautschuk nur als Seltenheit in Museen an, und über seinen Ursprung wusste man nichts, bis' DE LA CONDAMINE bei seiner Rückkehr aus dem südlichen Amerika 1736 der Pariser Akademie einige Mittheilungen machte, denen er 1751 noch einige darauf bezügliche Versuche hinzufügte. Die Portugiesen brachten es zuerst aus Brasilien, und Lissaboner Handelshäuser verkauften es unter dem Namen Bocacho. Vom Dapicho gab zuerst HUMBOLDT 1801 Nachricht.

Kautschuk ist ein indianisch-südamerikanisches Wort.

Castilloa ist nach dem spanischen Botaniker CASTILLEJO benannt.

Wegen Ficus s. den Artikel Feige.

Hevea von *hewe*, dem Namen des Baumes in Guiana.

Landolfia nach LANDOLPHE, Schiffskapitain und Kommandant der Expedition nach Oware in Japan (1787); förderte die Untersuchungen PALISOT DE BEAUVAIS' daselbst.

Urceola von *urceolus*, Dimin. von *urceus* (Krug), in Bezug auf die Form der Blumenkrone.

Urostigma ist zus. aus οὐρα (Schwanz) und στιγμα (Narbe), in Bezug auf den Anhängsel der Narbe.

Vahea von *vahe*, dem Namen des Baumes auf Madagaskar.

Kawa-Pfeffer.
(Awa-Pfeffer.)
Radix Piperis methystici.
Piper methysticum FORST.
Diandria Trigynia. — Pipereae.

Etwa 2 Meter hoher Strauch mit 12—24 Centim. langen und beinahe ebenso breiten Blättern, welche herzförmig und kurz zugespitzt sind. — Auf den Südsee-inseln einheimisch.

Gebräuchlicher Theil. Die Wurzel; sie wird 1—2 Kgr., ausnahmsweise aber selbst 10 Kgr. schwer, wovon beim Trocknen etwa die Hälfte verloren geht, ist aussen graubraun, innen gelblich-weiss, schwammig, im Centrum saftig und wird von anastomosirenden Gefässbündeln durchzogen. Ihr Geruch erinnert an die Blüthen der Syringa vulgaris und zugleich an die der Spiraea Ulmaria; der Geschmack ist schwach stechend, wenig bitter und adstringend, wobei die Speichel-Sekretion vermehrt wird.

Wesentliche Bestandtheile. Nach GOBLEY in 100 der lufttrocknen Wurzel: 1) Stärkmehl, 1 eigenthümlicher krystallinischer, geruch- und geschmackloser

Körper (Kawahin oder Methysticin), 2 scharfes Harz, 3 gummige und extraktige Materie, 4 Mineralstoffe.

Anwendung. Als Aufguss und Tinktur gegen Gonorrhoe. — Ferner bei den meisten Südseebewohnern zur Bereitung eines Getränkes, welches einfach durch Zerkauen der Wurzel und Durchseihen gewonnen wird und Kawa oder auch (bei den Vitis) Yankona heisst. Es ist mithin ein reiner wässriger Auszug, kein gegohrenes Getränk, berauscht auch nicht, und daher der der Pflanze von FORSTER gegebene Speciesname methysticum (berauschend) ein irrthümlicher.

Wegen Piper s. den Artikel Betelpfeffer.

Kelchblume.
(Gewürzstrauch.)
Cortex Calycanthi.
Calycanthus floridus L.
Icosandria Polygynia. — Nyctagineae.

$1\frac{1}{2}$—$3\frac{1}{2}$ Meter hoher Strauch mit gegenüberstehenden, ausgebreiteten Zweigen, wovon die älteren rund, die jüngeren stumpf vierkantig, mit graubrauner glatter Rinde, die jüngsten Zweige zart behaart sind. Die Blätter stehen ebenfalls einander gegenüber, sind kurz gestielt, rundlich oder länglich-oval, ganzrandig, oben glänzend grün, sehr kurz und rauh behaart, unten weisslich, zottig filzig und runzelig. Die ansehnlichen dunkel rothbraunen Blumen stehen einzeln auf kurzen Stielen; die Hülle der Genitalien besteht aus mehreren Reihen dachziegelförmig übereinander liegender, schmallinien- und lanzettförmiger, nach vorn sparrig ausgebreiteter Blättchen von lederartiger Konsistenz. Die Staubgefässe stehen in vierfacher Reihe, die untersten sind unausgebildet, die zweifächrigen Antheren stehen zur Seite. Die Früchte bilden viele mit dem Griffel gekrönte, vom beerenartigen Kelche umgebene Karyopsen, die bei uns seltner zur Reife kommen. — In Karolina einheimisch.

Gebräuchlicher Theil. Die Rinde; sie riecht, gleichwie die Wurzel stark gewürzhaft, kampherartig, welcher Geruch auch durch Trocknen nicht vergeht. Auch die Blumen riechen angenehm gewürzhaft, ananasartig.

Wesentliche Bestandtheile. Nach J. MÜLLER: brennend aromatisches ätherisches Oel.

Anwendung. Von C. G. GMELIN als Arzneimittel vorgeschlagen.

Calycanthus ist zus. aus καλυξ (Kelch) und ἄνθος (Blume), weil der Kelch blumenkronenartig gefärbt ist.

Kermesbeere.
(Amerikanischer Nachtschatten, indischer Spinat.)
Herba und *Baccae Phytolaccae, Solani racemosi.*
Phytolacca decandra L.
Decandria Decagynia. — Phytolaccaceae.

Perennirende Pflanze mit spindelförmiger dicker Wurzel, 2,4—3,0 Meter hohem, aufrechtem, ästigem, rothem, dickem, fleischigem Stengel, zerstreut stehenden 20—25 Centim. langen, ei-lanzettlichen, ganzrandigen, schön grünen (im Herbste rothen) und glatten Blättern; Blüthen am Ende der Zweige, den Blättern gegenüber, gestielt, in 7—14 Centim. langen Trauben mit weissen oder röthlichen ausgehöhlten Kelchblättchen; die Krone fehlt. Die stehen bleibenden Kelchblättchen verwandeln sich mit den flachgedrückten, gefurchten Fruchtknoten in anfangs grüne, dann dunkelrothe, platt gedrückte, etwa erbsengrosse sehr saftige Beeren. — In Nord-Amerika und im südlichen Europa einheimisch, bei uns in Gärten als Zierpflanze.

Gebräuchliche Theile. Das Kraut und die Beeren. Das Kraut schmeckt im ausgewachsenen Zustande scharf und wirkt (gleichwie die Wurzel und die unreifen Beeren) brechenerregend und heftig purgirend. Die reifen Beeren schmecken sehr süss, und besitzen ebenfalls purgirende Eigenschaften, doch in weit minderm Grade.

Wesentliche Bestandtheile. Nach einigen Versuchen von BRACONNOT mit den reifen Beeren, die aber kein bemerkenswerthes Resultat lieferten, untersuchte BOUDARD die Stengel, Blätter und Beeren und schied daraus den scharfen purgirenden Stoff, als eine ölig-harzige Substanz (Phytoleïn); derselbe scheint sich jedoch erst gleichzeitig mit dem rothen Farbstoff der Beeren zu erzeugen, denn solange man noch keinen rothen Farbstoff in denselben bemerkt, schmeckt die Pflanze auch nicht scharf. Nach LANDERER geht die heftige Wirkung der Pflanze durch Kochen verloren. E. CLAASSEN fand in dem Samen einen eigenthümlichen krystallinischen indifferenten stickstofffreien, geruch- und geschmacklosen Körper (Phytolaccin). Eine jüngst von W. CRAMER ausgeführte Analyse der reifen Beeren lieferte als Bestandtheile nur allgemein verbreitete wie Zucker, Gummi, Aepfelsäure, Farbstoff; und dasselbe gilt von der W. F. PAPE'schen Analyse der Wurzel, worin gefunden wurde: Zucker, Gummi, Stärkmehl, eisenbläuender Gerbstoff, fettes Oel, Harz.

Anwendung. Das Kraut früher innerlich und äusserlich gegen Krebsgeschwüre. Die jungen Sprossen, welche unschädlich sind, werden als Gemüse genossen.

Den Saft der Beeren empfahl ZOLLIKOFER gegen chronische Rheumatismen. Er war ein Bestandtheil des Balsamum tranquillans. Den Saft der reifen Beeren verkauft man, nachdem er mit Zucker eingekocht ist, statt des echten (durch Aufkochen der Grana Kermes mit Zuckersaft bereiteten) Sirupus oder Succus Alkermes zum Färben von Konditorwaaren und sonstigen Backwerken, was, die Richtigkeit der oben angegebenen Beobachtung LANDERER's vorausgesetzt, auch ganz unbedenklich ist. Im Süden soll mit dem Safte auch der Wein gefärbt werden.

Geschichtliches. Diese schon in alten Zeiten als Arzneimittel benutzte Pflanze — FRAAS hält sie für die Οἰνανθη des THEOPHRAST, während die Οἰνανθη des DIOSKORIDES eher auf Spiraea Filipendula passt — wurde in der Mitte des vorigen Jahrhunderts besonders durch COLDENIUS wieder empfohlen, und neuerlich durch ZOLLIKOFER (s. oben).

Der Name Phytolacca deutet auf die schöne rothe Farbe der Beeren.

Wegen Solanum s. den Artikel Bittersüss.

Kermeswurzel.

Radix Phytolaccae drasticae.

Phytolacca drastica PÖPP.

Decandria Decagynia. — *Phytolaccaceae.*

60—90 Centim. hoher aufrechter sparriger Halbstrauch, dessen oberirdischer Theil mit der riesengrossen Wurzel in keinem Verhältniss steht. Die Blätter sind grösser und fleischiger als die der Ph. decandra, länglich elliptisch zugespitzt, in eine feine Stachelspitze sich endigend und in den Blattstiel verlaufend. Die Blumen stehen in einer langen Aehre. — In den chilenischen Anden, unfern der Schneegrenze.

Gebräuchlicher Theil. Die Wurzel; sie ist frisch mehr kegel- als rübenförmig, nicht selten 60 Centim. lang und am obern Ende 30 Centim. dick. Getrocknet ist sie etwas zusammengedrückt, 30 Centim lang, oben 20 Centim. breit, halbkugelig abgerundet, nach unten allmählich verdünnt, in eine kurze mehrspaltige Spitze auslaufend, ohne deutliche Wurzelfasern, jedoch mit einigen Narben versehen, die auf das Vorhandensein jener im jungen Zustande schliessen lassen. Epidermis sehr ungleich, etwas runzelig, undeutlich geringelt, überall von kleinen ovalen schwammigen Warzen der innern Rinde durchbrochen, schmutzig braun, mit vielen dunkleren oder helleren, bisweilen ganz weissen Flecken. Substanz fest und ohne Höhlung, aus holzigen Fasern bestehend, gegen die Mitte weicher und halb verfaultem Holze nicht unähnlich, mit sehr vielen feinen, gegen den Umkreis weniger zahlreichen Poren. Farbe des mit harzigen glänzenden Flecken versehenen Querdurchschnitts gelblich, abwechselnd mit concentrischen kastanienbraunen Ringen, von welchen der äusserste am dunkelsten ist. Geruch kaum bemerklich. Geschmack bitterlich.

Wesentliche Bestandtheile. Nach C. Reichel: $6\frac{2}{3}$ Harz, $3\frac{1}{3}$ rother Farbstoff, und sonstige indifferente Substanzen, aus denen die Wirkung nicht erschlossen werden kann, daher eine neue Untersuchung nothwendig ist.

Anwendung. Bei den Eingeborenen als drastisches Purgans, schon in der Gabe von $\frac{1}{2}$ Grm.

Keuschbaum.
(Abrahamstrauch, Keuschlamm, Mönchspfeffer, gemeine Müllen, Schafmüllen.)
Semen Agni casti.
Vitex Agnus castus L.
Didynamia Angiospermia. — Verbenaceae.

Schöner 2—4 Meter hoher Strauch mit geradem aufrechtem Stamm, gegenüberstehenden, aufrechten, graubraunen, oben grünen, fein weisslich behaarten Zweigen; gegenüberstehenden, gestielten, gefingerten Blättern, aus 5—7 (auch 3) lanzettlichen, meist ganzrandigen, kurz und weich behaarten, unten graugrünen Blättchen bestehend, die mittleren grösser als die seitlichen; am Ende der Zweige in dichten Quirlen rispenartig in langen nackten Aehren stehenden, kleinen weissen oder violetten, auch röthlichen wohlriechenden Blumen. Die Frucht ist eine kugelige, 4fächrige, 4samige Steinfrucht. — Im südlichen Europa, bei uns in Gärten.

Gebräuchlicher Theil. Der Samen; er hat die Grösse des Hanfsamens, ist rund, wollig, braunschwarz, riecht beim Zerreiben gewürzhaft, etwas betäubend, und schmeckt anfangs bitter, dann scharf, gewürzhaft, pfefferartig. Aehnlich riechen und schmecken die Blätter.

Wesentliche Bestandtheile. Landerer fand darin einen eigenthümlichen Bitterstoff (Castin), eine flüchtige scharfe Materie, fettes Oel, viel freie Säure.

Anwendung. Ehemals gegen viele Krankheiten. Nach Landerer soll das ätherische Extrakt der Frucht den Kopaivabalsam an Wirksamkeit noch übertreffen. Der Same kann statt Pfeffer und Piment als Gewürz benutzt werden.

Geschichtliches. Gleich der Verbena wurde auch diese Pflanze im Alterthum sehr hoch gehalten. Sie hiess Λυγος, 'Αγνος, Ισος und 'Ουσος. PAUSANIAS erwähnt eines Tempels des Aeskulap, in welchem die Statue desselben von dem Holze des Vitex gefertigt war, um dadurch die grossen Heilkräfte der Pflanze anzudeuten, von denen DIOSKORIDES, PLINIUS und andere sehr umständlich handeln. Mit dem Holze brannten die Wundärzte Hühneraugen aus, und schon THEOPHRAST sagt, dass es sich dazu »wegen seiner milden Hitze« am besten eigne.

Vitex kommt von *viere* (binden, flechten); die Zweige dienen zu Körben und die Blätter haben einige Aehnlichkeit mit den Weidenblättern, in beiden Fällen also ist Vitex eine der Weide (welche früher auch Vitilia hiess) analoge Pflanze.

Kichererbse.
(Rothkicher, deutsche oder französische Kaffeebohne.)
Cicer arietinum L.
Diadelphia Decandria. — Papilionaceae.

Einjährige Pflanze mit aufrechtem ästigem, 30—60 Centim. hohem, zart behaartem Stengel, abwechselnden, unpaarig gefiederten, drüsig behaarten Blättern, aus 15—17 ovalen, gesägten Blättchen bestehend, und einzelnen, auf achseligen, später knieförmig zurückgebogenen Stielchen stehenden kleinen violettrothen oder weisslichen Blüthen, 18 Millim. langen Hülsen, fast rautenförmig aufgeblasen, mit rauhen Haaren und Drüsen besetzt und 2 Samen enthaltend. — Im südlichen Europa auf Feldern wachsend, hie und da angebaut.

Gebräuchlicher Theil. Der Same; er ist erbsengross, rundlich, etwas höckerig, mit einer kurzen, zusammengedrückten, etwas gebogenen Spitze, unter welcher eine kleine Vertiefung liegt, ungefähr von der Gestalt eines Widderkopfes, dunkelbraunroth oder weisslich; unter der dünnen Schale liegt ein harter, weisslicher, mehliger Kern ohne Geruch und von mehligem, bitterlichem Geschmacke.

Wesentliche Bestandtheile. Der Same ist nicht untersucht. Aus den Haaren des Stengels, der Blätter und Hülsen schwitzt ein klebriger saurer Saft, der nach DEVEUX Oxalsäure, nach DISPAN eine eigenthümliche Säure (Kichererbsensäure), nach VAUQUELIN Oxalsäure, Aepfelsäure und Essigsäure, nach DULONG aber nur Aepfelsäure und Essigsäure enthält.

Anwendung. Ehemals das Samenmehl zu erweichenden Umschlägen. Im südlichen Europa ist der Same ein beliebtes Nahrungsmittel. Geröstet dient er als Kaffeesurrogat.

Geschichtliches. Die Kichererbse kommt in den Schriften der Alten unter verschiedenen Namen vor, als 'Ερεβινθος, 'Οροβιαιος; Κριος, *Cicer;* während GALEN's 'Οροβαιος eher auf ήμερος 'Ερεβινθος DIOSK. = *Pisum sativum* geht.

Cicer kommt vom hebräischen כבר *(kikar:* rundlich), in Bezug auf die Form der Samen.

Kienrusspilz.
(Lohblume.)
Aethalium septicum Fr.
(Mucor septicus L.)
Cryptogamia Fungi. — Gasteromycetes.

Schmutzig gelbe bis braune, schaumig-flockige, flach ausgebreitete Masse, die sich in feuchter Lohe, an feuchtem Holz, an Mistbeeten oft sehr rasch entwickelt.

Wesentliche Bestandtheile. Nach WITTSTEIN: dem Walrath ähnliches Fett, eigenthümliche stickstoffhaltige Materie, Weichharz, Eiweiss etc. Eine neuere Untersuchung jenes Fettes unternahmen REINKE und RODEWALD; sie gaben ihm den Namen Paracholesterin.

Anwendung. Bis jetzt keine.

Aethalium von αἴθαλος (Russ), in Bezug auf die Farbe und lockere Beschaffenheit dieses Pilzes.

Mucor von *mucere* (schimmelig sein), und dieses vom celtischen *mucr* (feucht), denn die erste Bedingung des Schimmelns ist Feuchtigkeit.

Kino.
I.
Afrikanisches Kino.
Drepanocarpus senegalensis NEES.
(Pterocarpus erinaceus LAM., *Pt. senegalensis* HOOK.)
Diadelphia Decandria. — Papilionaceae.

Mässig hoher Baum mit ausgebreiteten Aesten, gefiederten, aus 3—4 Paaren bestehenden Blättern, deren Blättchen abwechselnd stehen, sehr kurz gestielt, oval oder eiförmig, etwas stumpf, ganzrandig, kahl, oben glänzend grün sind. Die Blüthen bilden am Ende der Zweige kleine Rispen mit kurzen, etwas gekrümmten Stielen, kleinen Deckblättchen, gelben Kronen. Die kleinen Hülsen sind schneckenförmig gekrümmt, fast kreisrund. — Im westlichen Afrika am Senegal.

Gebräuchlicher Theil. Der aus der eingeschnittenen Rinde fliessende und eingetrocknete Saft. Erscheint als sehr kleine längliche Körner oder Tropfen, sieht in Masse schwarz aus, in dünnen Lagen gegen das Licht gehalten durchsichtig rubinroth; schmeckt sehr adstringirend, löst sich in kaltem Wasser nur theilweise unter Zurücklassung einer elastisch zähen Masse, mehr in heissem, und diese dunkelrothe Lösung wird beim Erkalten sehr trübe.

Soll dermalen im Handel nicht mehr vorkommen.

II.
Amerikanisches Kino.
(Westindisches Kino.)
Coccoloba uvifera L.
Octandria Trigynia. — Polygoneae.

Die Seetraube ist ein schöner grosser Baum mit sehr grossen glänzenden dicken, roth geaderten Blättern, mit scheidenartigen Afterblättern besetzt. Die sehr kleinen weisslichen Blumen bilden gegen 30 Centim. lange Trauben. Die beerenartigen Kapseln sind roth, von der Grösse einer kleinen Kirsche und säuerlich süssem Geschmacke. — In Westindien (Jamaika) und Süd-Amerika.

Gebräuchlicher Theil. Der aus dem Stamm von selbst fliessende und an der Luft erhärtete Saft; kastanienbraune, im Kleinen röthlich durchscheinende, harzige, blasige, zwischen den Zähnen knirschende Stücke, geruchlos, von stark zusammenziehendem Geschmacke, löst sich in Aether zu $\frac{1}{5}$, in Weingeist zu $\frac{2}{3}$, in Wasser zu weniger als $\frac{1}{5}$.

Kommt jetzt ebenfalls kaum mehr im Handel vor.

III.

Australisches Kino.

Eucalyptus resinifera SMITH.

(Metrosideros gummifera GÄRTN.)

Icosandria Monogynia. — *Myrteae.*

Hoher starker Baum mit jährlich sich abschälender Rinde. Die Blätter stehen abwechselnd, sind linienlanzettlich, glatt, dunkelgrün, dick, netzartig geadert, mit randständigen Nerven. Die Blumen stehen gegen die Spitze der Zweige seitlich in dicht gedrängten Dolden; die Kelche sind abgestutzt und anfangs von dem Saume gleich einer Mütze bedeckt, die später abfällt; die innere Seite der Kelche hat eine korollinische Textur, die Krone selbst fehlt. Die Kapsel ist rundlich dreiseitig und enthält viele spreuartige braunrothe Samen. — In Australien.

Gebräuchlicher Theil. Der aus der verwundeten Rinde fliessende und an der Luft erhärtete Saft. Es sind unregelmässige schwarzbraunrothe, mit glasartig rubinroth durchscheinenden Thränen vermischte Stücke von adstringirendem und bitterlichem Geschmacke, quillt in Wasser und Weingeist gallertartig auf, und giebt eine trübe rothe Lösung.

Derselbe Baum schwitzt auch in grosser Menge eine der Manna ähnliche Substanz aus.

IV.

Ostindisches Kino.

Butea frondosa RXB.

(Erythrina monosperma LAM.)

Diadelphia Decandria. — *Papilionaceae.*

Mässig hoher immergrüner Baum mit gewöhnlich etwas krummem Stamm, ausgebreiteten Aesten, aschgrauer schwammiger, innen mit rothem Safte erfüllter Rinde; abwechselnden gestielten dreizähligen, 20—40 Centim. langen, rundlichen, vorn eingedrückten, ganzrandigen, glänzend grünen, unten etwas behaarten Blättern. Die Blumen bilden prachtvolle Trauben, deren dunkel orangerothe Kronen mit silberfarbigem Haarüberzug schön schattirt sind. Die Hülse ist 15 Centim. lang, 5 Centim. breit, flach, behaart, und hat an der Spitze einen bis 3 Centim. langen, flachen, elliptischen, braunen, glatten Samen. — Auf der Küste Koromandel.

Gebräuchlicher Theil. Der aus der verwundeten Rinde fliessende und an der Luft eingetrocknete Saft. Rubinrothe leicht zerbrechliche Stücke von rein zusammenziehendem Geschmack, in Wasser zu einer dunkelrothen klaren Flüssigkeit löslich, in Weingeist nur theilweise löslich.

Nach ROXBURGH liefert dieser Baum auch eine Art Gummilack.

Als Malabar-Kino unterscheidet man eine zweite ostindische Sorte Kino, deren Stammpflanze *Pterocarpus Marsupium* MART. ist.

Wesentlicher Bestandtheil sämmtlicher Kino-Sorten ist ein eigenthüm-licher eisengrünender Gerbstoff (Kinogerbsäure); er beträgt bis zu 75%, die Untersuchungen darüber sind aber sonst noch voller Widersprüche und Unsicher-heiten. Nach Büchner enthält das Kino auch Katechin und nach Eisfeldt, Flückiger und Wiesner selbst Brenzkatechin. Etti erhielt aus dem Malabar-Kino durch Extraktion mit Aether eine eigenthümliche weisse krystallinische Sub-stanz (Kinoïn), welche durch Leim nicht fällbar ist, durch Eisenchlorid roth wird, sich wenig in Wasser, leicht in Weingeist, etwas weniger leicht in Aether löst.

Anwendung. In Substanz, Mixturen etc., als Tinktur.

Geschichtliches. Nach der gewöhnlichen Annahme ist Moor der erste Europäer, welcher das Kino kannte und darüber in seinem Berichte von einer Reise nach dem Innern Afrika's Nachricht giebt. Der englische Arzt Fothergill machte 1757 auf die medicinischen Eigenschaften desselben aufmerksam, bemerkt aber dabei, dass ein Kollege Namens Aldfield ihn davon unterrichtet habe. Die Mutterpflanze erkannte zuerst Mungo Park († 1806) als eine Art Pterocar-pus, was natürlich nur für die afrikanische Droge gilt.

Das Wort Kino wird für indischen Ursprungs gehalten.

Drepanocarpus ist zus. aus δρεπανον (Sichel) und χαρπος (Frucht), in Bezug auf die Form der Hülse.

Wegen Pterocarpus s. den Artikel Drachenblut.

Coccoloba ist zus. aus χοχχος (Beere) und λοβος (Lappen, Hülse); die Frucht ist dreikantig, schwammig, von dem beerenartigen Perigon bedeckt und z. Th. damit verwachsen.

Wegen Eucalyptus s. diesen Artikel.

Metrosideros zus. aus μητρα (Kern des Holzes) und σιδηρος (Eisen); das Kern-holz ist sehr hart.

Butea nach John Stuart, Graf v. Bute, geb. in Schottland zu Anfang des 18. Jahrhunderts, schrieb Botanisches.

Kirsche.

Fructus Cerasi, Cerasa acida und *dulcia.*

Prunus avium L.

(Cerasus avium Mönch., *C. dulcis* Gärtn.)

Prunus Cerasus L.

(Cerasus acida Gärtn., *Prunus acida* Ehrh.)

Icosandria Monogynia. — Amygdaleae.

Prunus avium, der süsse oder Vogelkirschbaum, hat eine glänzende asch-graue und glatte Rinde, oval-längliche, zugespitzte, tief und ungleich am Rande gesägte, auf der untern Seite heller grüne und namentlich an den Adern mehr oder weniger behaarte Blätter. An den Blattstielen und an den untersten Zähnen des Blattes selbst befinden sich oft Drüsen. Die Blumen erscheinen kurz vor oder zugleich mit den Blättern, sind weiss und stehen in einfachen sitzenden Dolden an den zweijährigen Zweigen. Die Frucht ist kugelig, fleischig, glatt und wie bei allen Kirschen ohne jenen Staub oder Reif, der die Pflaumen charak-terisirt. Die Waldkirschen sind klein, mehr oder weniger schwarzroth, süss. — Kommt in Deutschlands Wäldern wild vor, und wird häufig kultivirt.

Prunus Cerasus, der saure oder Weichselkirschbaum, erreicht, im Ver-gleiche zu der vorigen Art, stets nur eine mässige Höhe, und hat das Eigene, dass seine Wurzeln sich weit unter der Erde ausbreiten; die untersten Zweige der Krone sind flach ausgebreitet, die Blätter gesägt, glänzend, in der Jugend auf der unteren Seite behaart, eiförmig oder länglich, an den untersten Sägezähnen, sowie am Blattstiele drüsig. Nie hängen die Blätter, wie bei den Süsskirschen herab, sondern stehen horizontal oder nach oben gerichtet. Die Blumen erscheinen etwas vor den Blättern, sind weiss, stehen in gewöhnlich kurz gestielten Dolden, die Kronblätter sind ziemlich rund, etwas gekrümmt und schaumlöffelförmig, die Hülle der Dolde ist einwärts gebogen. — Ursprünglich in Klein-Asien einheimisch, findet sich aber jetzt im südlichen Europa und auch in Deutschland in Wäldern, zwischen Hecken und Gebüschen verwildert, und wird gleich der vorigen Art in zahlreichen Varietäten kultivirt.

Gebräuchlicher Theil. Die Früchte beider Arten.

Wesentliche Bestandtheile. Zucker, Pflanzensäuren, Gummi, Pektin etc., bei den dunkeln Sorten auch rother Farbstoff.

Anwendung. Roh und auf mancherlei Weise zubereitet als diätetisches Mittel; zu verschiedenen Präparaten. Die kleinen Waldkirschen zur Bereitung eines Branntweins (Kirschgeist, Kirschwasser). Die Fruchtstiele enthalten Gerbstoff, die Fruchtkerne enthalten ein mildes fettes Oel (33⅝), welches dem Mandelöle ähnlich ist und erst bei — 28° erstarrt; ferner einen amygdalinartigen Körper, vermöge dessen sie durch Destillation mit Wasser ein blausäurehaltiges Destillat liefern. Aus Stamm und Aesten schwitzt eine Art Gummi (Kirschgummi, s. den Artikel Gummi). Das Holz zu Möbeln. Die innere Stammrinde wurde als Fiebermittel angerühmt. Die Wurzelrinde enthält Phlorrhizin.

Geschichtliches. Schon lange vor den Römern kultivirten die Griechen den Kirschbaum, wie u. a. aus den Schriften des ATHENAEUS erhellt; den süssen nannten sie Κερασος, Κερασια, den sauren Λαχαρτη oder Λαχαθη. PLINIUS bemerkt, dass die Kirschen (Cerasa) vor dem Siege des LUCULLUS über MITHRIDATES unbekannt in Italien gewesen seien, und dieser Feldherr habe sie zuerst im Jahre 684 nach Roms Erbauung (68 v. Chr.) aus dem Pontus (von Cerasunt) gebracht, was alles sich doch wohl nur auf die edlen Sorten beziehen kann, denn in Italien wuchs damals gewiss schon der Kirschbaum wild. Bei dem Triumphzuge des LUCULLUS wurde ein grünender Kirschbaum mit reifen Früchten auf einem besondern Wagen gefahren. Den alten Aerzten dienten die Kirschen hauptsächlich als diätetische Mittel; ALEXANDER TRALLIANUS empfiehlt sie besonders bei Leberkrankheiten, und auch bei Auszehrung gestattete er ihren Genuss.

Wegen Prunus s. den Artikel Aprikose.

Kirschlorbeer.
(Lorbeerkirsche.)
Folia Lauro-Cerasi.
Prunus Lauro-Cerasus L.
(Cerasus Lauro-Cerasus LOIS., *Padus Lauro-Cerasus* MILL.)
Icosandria Monogynia. — *Amygdaleae.*

Strauch oder mittelmässiger Baum von 3½—5½ Meter Höhe mit dunkelbrauner Rinde, abwechselnden gestielten, ovallänglichen, 10—15 Centim. langen, und 2½—5 Centim. breiten, oben dunkelgrünen, unten hellgrünen, glänzenden, glatten Blättern, deren Rand hie und da mit kleinen Sägezähnen besetzt und theilweise umgebogen ist; sie sind immer grün, dick, lederartig, den Lorbeerblättern ähnlich, mit stark vorstehender Mittelrippe und flachen ästigen Adern. An der Basis 2—4 Millim. entfernt, steht, gewöhnlich in ungleicher Höhe, auf beiden Seiten der Mittelrippe auf der Blattsubstanz ein kleiner weisslicher oder brauner Punkt, etwas eingedrückt. Die Blumen stehen an den äusseren Zweigen in den Blattwinkeln in aufrechten kleinen einfachen Trauben mit schmutzig weisser Krone. Die Früchte sind schwarz und von der Gestalt und Grösse mittelmässiger Kirschen. — An der südlichen Küste des schwarzen Meeres, am Kaukasus, in Persien, bei uns hie und in Anlagen, hält aber unsern Winter nicht leicht aus.

Gebräuchlicher Theil. Die Blätter; sie sind im völlig ausgebildeten Zustande zu sammeln, haben dann, besonders beim Zerreiben, einen sehr starken, bittermandelähnlichen Geruch und bittern aromatischen Geschmack. Durch Trocknen geht der Geruch verloren, aber der bittere Geschmack bleibt. Giftig.

Wesentliche Bestandtheile. Nach WINCKLER: eisengrünender Gerbstoff, Bitterstoff und ein dem Amygdalin der bittern Mandeln analoger oder damit identischer Körper, der durch den Einfluss von Wasser (und unter Konkurrenz der eiweissartigen Materie der Blätter) blausäurehaltigen Benzoylwasserstoff (ätherisches Kirschlorbeeröl) liefert. Dieses Amygdalin konnte aber weder von WINCKLER, noch von LEHMANN krystallisirt (wie das der bittern Mandeln) erhalten werden, und L. erklärt diess damit, dasselbe sei eine Verbindung von Amygdalin mit einer besondern Säure (Amygdalinsäure.)

Nach W. VOCK hat das ätherische Kirschlorbeeröl ein spec. Gewicht von 1,072 und sein Gehalt an Blausäure beträgt 6,134 $\frac{0}{0}$.

Die Fruchtkerne enthalten nach WINCKLER gleichfalls Amygdalin, und nach BUCHNER liefert auch die Baumrinde ein blausäurehaltiges Destillat.

Verwechselungen. 1. Mit den Blättern von Prunus lusitanica; diese sind stumpf gesägt und ohne Drüsen. 2. Mit denen des Lorbeers; sie sind ganzrandig, ebenfalls drüsenlos und riechen ganz anders.

Anwendung. Frisch im Aufguss; meist aber zur Bereitung eines destillirten Wassers. Die Früchte schmecken süss und sind essbar.

Geschichtliches. PETER BELON entdeckte den Kirschlorbeerbaum 1546 und bezeichnete ihn schon mit Lauro-Cerasus, aber auch mit Cerasus Trapezuntina. Der deutsche Gesandte am türkischen Hofe, DAVID UNGNAD, schickte im Jahre 1576 lebende Exemplare davon an den Botaniker CLUSIUS in Wien, durch den die Pflanze in viele deutsche Gärten kam, und zum ersten Male im Mai 1583 im Garten des Dr. AICHHOLZ blühete. Auf die giftige Wirkung des destillirten Wassers wurde man schon früh anfmerksam, zumal als 1728 zwei Frauen in Dublin daran starben. Bald wurde es auch auf verbrecherische Weise gebraucht. Im Jahre 1781 vergiftete der englische Kapitain DONELLAN, einer reichen Erbschaft wegen, einen Verwandten mit Aqua Lauro-Cerasi, welche er der Arznei beimischte, und woran der noch jugendliche Kranke binnen einer Viertelstunde starb. Im Jahre 1783 vergiftete sich der berüchtigte PRICE, welcher aus Queck-silber Gold zu machen vorgegeben hatte, mit Kirschlorbeerwasser. Als Arzneimittel rühmte es zuerst ein englischer Arzt 1773, der anonym schrieb, und erst lange nachher wurde es, besonders durch THILENIUS, in Deutschland officinell.

Padus ist $\Pi\alpha\delta$oς des THEOPHRAST, dieser aber Prunus Mahaleb L. Ob Padus vielleicht mit dem Flusse Padus (Po) im Zusammenhange steht?

Klatschrose.

(Feldmohn, Klapperrose, rothe Kornrose, Kornmohn, wilder Mohn.)

Flores und *Capsulae (Capita) Rhoeados, Papaveris Rhoeados* oder *erratici.*

Papaver Rhoeas L.

Polyandria Monogynia. — Papavereae.

Einjährige Pflanze mit dünner faseriger Wurzel, 30—60 Centim. hohem, aufrechtem, dünnem, ästigem, rundem, mit ganz abstehenden steifen Härchen besetztem Stengel. Die Blätter stehen abwechselnd, sind theils ungetheilt, gesägt, meistens fiederartig getheilt, zuweilen doppelt zusammengesetzt, rauhhaarig. Die ansehnlichen Blumen stehen am Ende des Stengels und der Zweige auf langen, mit abstehenden Haaren besetzten Stielen; vor dem Aufblühen hängend, richten sie sich später auf. Der aus zwei hohlen eiförmigen Blättchen bestehende grüne haarige Kelch fällt beim Oeffnen der Krone ab. Die vier Blumenblätter sind rundlich, ungetheilt, ausgebreitet, schön blutroth, mit schwarzem Fleck an der Basis. Die grosse schildförmige, gekerbte, 10—15strahlige Narbe sitzt auf dem rundlichen glatten Fruchtknoten. — Die Pflanze ist, wie es scheint, aus dem Oriente mit den Cerealien nach Europa gekommen, da sie lediglich nur zwischen dem Getreide wächst.

Gebräuchliche Theile. Die Blumenblätter und die unreifen Kapseln.

Die Blumenblätter sind zart, fühlen sich gleichsam fettig an, werden beim Trocknen violett roth, schrumpfen sehr ein, und werden ganz dünnhäutig, durchscheinend. Frisch riechen sie etwas unangenehm opiumartig, nach dem Trocknen nicht mehr, und schmecken etwas bitterlich schleimig.

Die unreifen Kapseln riechen frisch stark opiumartig und geben beim Ritzen eine weisse bitterscharfe Milch.

Wesentliche Bestandtheile. Die Blumenblätter sind zuerst von RIFFARD untersucht worden; er fand darin 40⅝ rothen Farbstoff, 20 Gummi, 12 gelbes Fett, 28 Faser. BEETZ und LUDEWIG fanden ausserdem noch: Eiweiss, Gerbstoff, Stärkmehl, Wachs, Harz etc. Nach L. MEIER ist weder Gerbstoff, noch Gallussäure, noch Aepfelsäure darin; dagegen führt er zwei neue darin gefundene Säuren auf, Klatschrosensäure und Rhoeadinsäure genannt, beide roth, amorph u. s. w. O. HESSE traf in den Blumenblättern und allen übrigen Theilen der Pflanze ein eigenthümliches weisses krystallinisches, nicht giftiges, geschmackloses Alkaloid (Rhoeadin), welches sich in verdünnter Salz- oder Schwefelsäure mit purpurrother Farbe löst, und dabei sich in ein neues farbloses Alkaloid (Rhoeageoin) und einen rothen Farbstoff zerlegt.

Die unreifen Kapseln sollen nach SELMI ein dem Morphin ähnliches Alkaloid enthalten. O. HESSE, der den Milchsaft aus solchen Kapseln untersuchte, fand, dass derselbe mit Eisenchlorid tief roth wurde, was auf Mekonsäure deutet, aber kein Morphin oder etwas Aehnliches, wohl aber 2,1⅝ Rhoeadin, und Spuren anderer, z. Th. krystallinischer Alkaloide, die noch näherer Untersuchung bedürfen. Das Rhoeadin ist, wie das Morphin, fast unlöslich in Aether.

Verwechselungen. 1. Mit Papaver dubium. Diese Pflanze hat meist doppelt fiedrig gespaltene Blätter mit, sowie am Stengel, abstehenden Haaren; am sehr langen Blumenstiele liegen aber die steifen Härchen dicht an, und die Blumenblätter sind etwas heller. Von der Pflanze getrennt, möchten sie jedoch kaum von denen des P. Rhoeas zu unterscheiden sein. Die Kapseln sind mehr länglich, glatt. 2. Mit P. Argemone; ist meist kleiner, der Stengel z. Th. nur handhoch, auch die Blumen sind kleiner und mehr schmutzig roth; die Kapseln länglich keulenförmig, fast fünfkantig und mit steifen Borsten besetzt.

Anwendung. Die Blumen als Thee, zur Bereitung einer Tinktur und eines Sirups. Sie dienen auch zum Färben von Wein, Liqueur etc. Der Gebrauch der Kapseln hat aufgehört.

Geschichtliches. Nach DIOSKORIDES ist der griechische Name 'Ροιας von dem schnellen Abfallen der Blumenblätter entlehnt. Dem Gewächse (wozu wohl auch P. dubium gezählt werden muss) schrieb man starke narkotische Kräfte zu; und besonders warnt GALEN vor dem Samen, was jedenfalls arge Uebertreibungen sind.

Papaver von *papa* (Kinderbrei), weil man früher den Saft der Pflanze den Speisen der Kinder beimischte, um sie einzuschläfern; die letzte Silbe ist vielleicht das abgekürzte *verum*, d. h. echtes, untrügliches Schlafmittel. (!)

Klette.
Radix Bardanae, Lappae majoris.
Arctium Lappa L.
Syngenesia Aequalis. — Compositae.

Zweijährige Pflanze mit ziemlich dicker und langer, spindelförmig-cylindrischer, mehr oder weniger ästiger Wurzel; 0,6—1,2 Meter hohem und höherem, aufrechtem, sehr ästigem, dickem, steifem, gefurcht-gestreiftem, mehr oder weniger kurzwolligem Stengel; abwechselnden aufrechten ähnlichen Zweigen, sehr grossen langestielten, oft 30 Centim. langen und längeren, breiten, herzförmigen, stumpfen, kurz stachelspitzigen Wurzelblättern, abwechselnden ähnlichen Stengelblättern, nach oben zu immer kürzer gestielt und kleiner, z. Theil eiförmig werdend; die grösseren am Rande mehr oder weniger buchtig und z. Th. wellenförmig gezähnt, die obersten z. Th. ganzrandig, alle oben hoch- oder dunkelgrün, kurz behaart, unten weisslich-filzig, aderig, fühlen sich etwas rauh und klebrig an, sind dicklich, steif. Die Blüthenköpfe an der Spitze der Stengel und Zweige, auch achselständig, einzeln oder zu 2—3 und mehr, z. Th. knäulartig auf kurzen filzigen Stielchen, kugelig; die grannenartigen und aufwärts hakenartig gebogenen Hüllschuppen sparrig abstehend. Die Blümchen bilden einen kleinen flachen Kopf von schönen rothen, röhrig-trichterförmigen Krönchen mit etwas vorstehenden dunkelvioletten Staubgefässen und blassrother zweitheiliger Narbe. Die Achenien länglich, flach, kantig, nach oben breiter, gegen 4 Millim. lang, und mit einem kurzen, leicht abfallenden, steifen Haarbüschel gekrönt. — Häufig an Wegen, in Hecken, auf Schutthaufen.

Die Pflanze variirt sehr nach dem Standorte, und man unterscheidet mehrere Formen selbst als Arten.

1. Arctium tomentosum SCHK. (A. Bardana W., Lappa tomentosa LAM.); Die Hüllschuppen sind mit einem weissen spinngewebeartigen Gewebe zierlich durchzogen.

2. Arctium majus SCHK. (Lappa major GÄRTN.); die Pflanze ist oft sehr gross, z. Th. 3 Meter, die Stengelblätter sind grösser und stumpfer, aber auch meist heller grün, z. Th. ins Gelbe; die Blumenköpfe stehen auf etwas längeren Stielen, sind grösser, ungefähr eine Wallnuss gross, die Hüllschuppen stehen sehr sparrig auseinander, sind aber nackt.

3. Arctium minus SCHK. (Lappa minor DC.); die Blumenköpfe stehen mehr traubig und knäuelartig gehäuft auf kurzen Stielen, und haben die Grösse mittelmässiger Kirschen.

Gebräuchlicher Theil. Die Wurzel, früher auch Kraut und Samen. Sie muss im Herbste von der jährigen Pflanze oder im zweiten Frühjahre gesammelt werden, nicht wenn sie in Stengel geschossen ist. Sie ist finger- bis daumendick oder dicker, 30 Centim. und darüber lang, einfach oder ästig, aussen dunkelgraubraun, innen weisslich, fleischig, wird durch Trocknen ziemlich runzelig, mehr schmutziggrau, innen weissgrau, mit weissem lockerm schwammigem häutigem Kerne, daher die der Länge nach gespaltenen trocknen Stücke meist immer einen weissen schwammigen Kern zeigen. Uebrigens leicht und trocken, brüchig, riecht frisch widerlich scharf, fast narkotisch wie unreife Mohnköpfe, trocken fast geruchlos, entwickelt aber beim Reiben oder Infundiren denselben nur schwächeren Geruch, schmeckt frisch süsslich schleimig bitterlich.

Das Kraut riecht frisch beim Zerreiben noch widerlicher als die Wurzel, schmeckt sehr widerlich, salzig, bitter und herbe. Der Same schmeckt ziemlich bitter, scharf und ölig.

Wesentliche Bestandtheile. Inulin, Schleim, Zucker, Bitterstoff, eisengrünender Gerbstoff.

Anwendung. Im Aufguss, Absud, als Extrakt. Gilt im Publikum als ein den Haarwuchs vorzüglich beförderndes Mittel.

Geschichtliches. Die Klette kommt schon mehrfach bei den alten Griechen und Römern vor; dort als 'Απαρινη, 'Αρτιον, 'Αρκτεον, Προσωπις, Προσωπιον, hier als *Personata*. 'Αρκτειον des DIOSKORIDES ist jedoch Verbascum limnense. Die Wurzel gab man gegen Blutspeien und Eiterauswurf; die Blätter dienten zur Heilung alter Geschwüre, auch pflegte man zu den Zeiten des APULEJUS Fieberkranke in Klettenblätter einzuwickeln, um die Hitze zu mässigen.

Arctium 'Αρκτιον ist abgeleitet von άρκτος (Bär), wegen der borstigen, dem rauhen Felle eines Bären gleichenden Blumenköpfe.

Bardana vom italienischen *barda* (Pferdedecke), um die ansehnliche Grösse der Blätter zu bezeichnen. — Nach einer anderen Angabe hätten die Barden (die Sänger der alten Celten) sich mit den grossen Blättern das Gesicht verhüllt, um von den Zuhörern nicht gekannt zu werden.

Lappa wird abgeleitet vom celtischen *llap* (Hand), in Bezug auf die Haken der Kelchschuppen, die sich an alles anhängen.

Knoblauch.

Radix (Bulbus) Allii.

Allium sativum L.

Hexandria Monogynia. — Asphodeleae.

Perennirende Pflanze mit 60—90 Centim. hohem, rundem, unten dickem, nach oben ziemlich schlank werdendem, bis zur Hälfte belaubtem Stengel; vor dem Blühen zusammengerollt und mit abwärts stehendem Blüthenkopfe, der in eine Scheide mit sehr langem Schnabel eingeschlossen ist, beim Blühen aufrecht. Die Blumen bilden eine Dolde, die ziemlich langen Blumenstiele entspringen aus einem dichten Kopfe von kleinen Zwiebelchen, und tragen kleine weissliche, mit braunen Linien durchzogene Blumen. — Im südlichen Europa einheimisch, wird häufig durch ganz Europa angebaut, und findet sich auch in Deutschland an mehreren Orten verwildert.

Gebräuchlicher Theil. Die Zwiebel; sie ist mässig gross, rundlich, aus mehreren kleinen, eckigen, oben einwärts gebogenen Zwiebelchen zusammengesetzt und mit einer weisslichen und röthlichen, aus mehreren papierartigen Lamellen bestehenden Haut lose umgeben. Auch jedes Zwiebelchen hat einen dünnen weisslichen Ueberzug. Der Geruch ist eigenthümlich, stark aromatisch, widerlich, dem Stinkasant ähnlich, der Geschmack eigenthümlich süsslich und scharf.

Wesentliche Bestandtheile. Scharfes schwefelhaltiges schweres ätherisches Oel, Zucker, Schleim.

Anwendung. In Substanz, ganz oder klein geschnitten, mit Milch gegen Würmer; äusserlich als röthendes Mittel auf der Haut; der ausgepresste Saft innerlich und äusserlich. Sein häufiger Genuss als Gemüse und Würze an Speisen ist bekannt.

Geschichliches. Die Benutzung des Knoblauchs als Medikament und Nahrungsmittel reicht in die ältesten Zeiten zurück. Die Hauptnahrung der Arbeiter an den ägyptischen Pyramiden sollen Knoblauch und andere Zwiebeln gewesen sein.

Wegen Allium s. den Artikel Allermannsharnisch, langer.

Knoblauchkraut.
(Knoblauch-Hederich.)
Herba und *Semen Alliariae.*
Erysimum Alliaria L.
(Alliaria officinalis ANDRZ.)
Tetradynamia Siliquosa. — Cruciferae.

Zweijährige Pflanze mit spindelig-cylindrischer, befaserter, weisser Wurzel und 30—60 Centim. hohem, aufrechtem, einfachem oder oben wenig ästigem, unten zart behaartem, oben glattem, rundem, gestreiftem, etwas ästigem, hohlem Stengel. Die Blätter sind gestielt, ziemlich gross, herzförmig, ungleich buchtig gezähnt, glatt, dünn und zart. Die kleinen weissen Blumen stehen am Ende des Stengels in allmählich sich verlängernden Doldentrauben, die Schoten sind dünn, linienförmig vierkantig, gegliedert, 36—48 Millim. lang, glatt und enthalten läng-liche 2—3 Millim. lange, an einem oder beiden Enden schief abgestutzte, dunkel-braun glänzende Samen. — Häufig an schattigen Orten, Zäunen, Gebüschen.

Gebräuchliche Theile. Das Kraut und der Samen.

Das Kraut riecht beim Zerreiben knoblauchartig und schmeckt kressenartig. Der Same desgleichen, schmeckt aber noch schärfer.

Wesentliche Bestandtheile. RAYBAUD erhielt durch Destillation der frischen Pflanze ein grünliches, ätherisches, auf dem Wasser schwimmendes Oel. Nach WERTHEIM hingegen scheint das Oel des Krautes mit dem Senföl übereinzustimmen; von dem Oele der Wurzel wies er diess bestimmt nach. PLESS bekam aus dem Samen von sonnigem Standorte reines Senföl, sonst ein Gemisch von Senföl und Knoblauchöl.

Anwendung. Ehedem das Kraut und dessen Saft äusserlich gegen alte Geschwüre; der Same als wurm- und harntreibendes Mittel. In manchen Gegenden wird das Kraut gegessen oder den Speisen als Knoblauch zugesetzt.

Wegen Erysimum s. den Artikel Barbarakraut.

Königsfarn.
(Traubenfarn.)
Radix (Rhizoma) Osmundae regalis.
Osmunda regalis L.
Cryptogamia Filices. — Osmundaceae.

Der kurze dicke Wurzelstock treibt sehr zahlreiche ästige Fasern, die einen dicken Schopf bilden. Die Wedel sind 1,2—1,5 Meter hoch, doppelt fiedertheilig, die secundären Abschnitte kurz gestielt, länglich, stumpf, an der Spitze etwas gesägt. Die Spitze des Wedels bildet eine grosse ästige, aus unzähligen kleinen dicht beisammenstehenden, gelblich-braunen Kapseln bestehende Fruchttrispe. — In schattigen feuchten Torfmooren Deutschlands und der angrenzenden Länder.

Gebräuchlicher Theil. Der Wurzelstock.

Wesentliche Bestandtheile. Gerbstoff. Bedarf näherer Untersuchung,

Anwendung. Früher schrieb man dem hellern (oberen) Theile des Wurzelstockes und den traubenartig zusammengerollten Fruchtwedeln adstringirende und wurmtreibende Kräfte zu.

Osmunda von Osmunder (Beiname der skandinavischen Gottheit Thor, bedeutet: Kraft), in Bezug auf die angeblichen kräftigen Eigenschaften der Pflanze. — Angeblich zus. aus *os* (Mund) und *mundare* (reinigen), d. h. was den Mund reinigt.

Körbel, gemeiner.
Herba und *Semen (Fructus) Cerefolii, Chaerophylli.*
Anthriscus Cerefolium HOFFM.
(*Cerefolium sativum* BESS. *Chaerophyllum sativum* C. BAUH., *Scandix Cerefolium* L.)
Pentandria Digynia. — Umbelliferae.

Einjährige Pflanze mit dünner spindelförmiger weisser Wurzel, 30—60 Centim. hohem und höherem, gestreiftem, ästigem Stengel, dreifach zusammengesetzten Blättern, deren Blättchen eiförmig, fiederartig getheilt sind, mit stumpfen Segmenten, hellgrün, zart, zuweilen kraus (gefüllter Körbel), unten mit wenigen zerstreuten Härchen besetzt. Die Blumen stehen am Ende des Stengels und der Zweige in kurzgestielten oder sitzenden, 4—6 strahligen Dolden, deren Döldchen auf einer Seite 2—3 linien-lanzettliche, gewimperte Hüllblättchen haben. Die kleinen weissen Blümchen hinterlassen dünne, schmal pfriemförmige, 6—8 Millim. lange, ¼ Millim. dicke, dunkelbraune, glatte, von einer starken Furche auf einer Seite durchzogene Früchte. — Im südlichen Europa einheimisch, bei uns in Gärten gezogen und verwildert.

Gebräuchliche Theile. Das Kraut und die Früchte.

Das Kraut riecht stark, angenehm, gewürzhaft, anisähnlich und schmeckt ähnlich, durch Trocknen geht aber beides grösstentheils verloren.

Die frischen Früchte riechen und schmecken ähnlich.

Wesentliche Bestandtheile. Aetherisches Oel. In den Früchten wies GUTZKIT Aethylalkohol und Methylalkohol nach.

Anwendung. Das Kraut frisch innerlich und äusserlich. In der Küche als Gewürz. Die Früchte werden nicht mehr gebraucht.

Geschichtliches. Ob die Alten diese Pflanze benutzt und wie sie dieselbe genannt haben, ist zweifelhaft; am wahrscheinlichsten ist sie das Chaerophyllum des COLUMELLA. RUELLIUS empfahl besonders sitzenden Gelehrten den fleissigen

Gebrauch des Körbels. AEMILIUS MACER und die Salernitaner hielten ihn für ein gutes Mittel bei Krebsgeschwüren.

Anthriscus ist zus. aus ἀνθος (Blüthe) und ρυχος (Hecke, Zaun), in Bezug auf den gewöhnlichen Standort.

Cerefolium ist das veränderte *Chaerophyllum*, wegen der grossen Aehnlichkeit beider Gattungen. Man kann es auch als das Blatt der Ceres, der Schutzpatronin der Speisetische, deuten, weil diese Pflanze zu Speisen verwendet wird.

Chaerophyllum ist zus. aus χαιρειν *(gaudere*, sich freuen) und φυλλον (Blatt), d. h. blattreich, mit schönen, grossen, z. Th. auch wohlriechenden Blättern.

Scandix, Σχανδιξ von σχεειν (stechen), in Bezug auf die Rauhigkeit der Früchte einiger Arten.

Körbel, spanischer.

(Aniskörbel, Myrrhenkörbel, wohlriechende Süssdolde.)
Herba Myrrhidis, Cicutariae odoratae, Cerefolii hispanici.
Myrrhis odorata SCOP.
(Chaerophyllum odoratum LAM., *Scandix odorata* L.)
Pentandria Digynia. — Umbelliferae.

Perennirende Pflanze mit dicker, ästiger, vielköpfiger, brauner Wurzel, aufrechtem, 0,6—1,2 Meter hohem, rundem, gestreiftem, hohlem, ästigem, vorzüglich an den Gelenken behaartem Stengel; grossen, breiten, hellgrünen, dreifachzusammengesetzten, mit weichen Härchen und zottigen Blattstielen versehenen Blättern, die an den oberen breit scheidenartig den Stengel umfassen, und aus oval-lanzettlichen, gefiedert-getheilten und gesägten Blättchen bestehen. Am Ende der Zweige stehen grosse vielstrahlige Dolden, deren Döldchen mit lanzettlichen, zurückgeschlagenen, gewimperten Hüllblättchen versehen sind. Die Blümchen sind weiss, ungleich, die am Rande grösser als die inneren, oft unfruchtbaren; die ersteren hinterlassen 12—18 Millim. lange, dicke, länglich-linienförmige, zugespitzte, glatte, glänzende, dunkelbraune Früchte. Alle Theile dieser Pflanze, zumal die Blätter haben einen starken aromatischen, anisartigen Geruch und süssen anisartigen Geschmack. — Im Oriente, südlichen und mittleren Europa auf Gebirgen, Voralpen etc.: bei uns oft in Gärten kultivirt.

Gebräuchlicher Theil. Das Kraut.

Wesentliche Bestandtheile. Aetherisches Oel. Nicht näher untersucht.

Anwendung. Frisch zu den Frühjahrskuren, der Saft als Brustmittel. Die Blätter gegen Engbrüstigkeit als Tabak geraucht. Hier und da auch als Küchengewächs.

Geschichtliches. Die Pflanze hiess bei den Alten ebenfalls *Myrrhis*, Μυρρις, und wurde arzneilich oft verordnet, auch die Wurzel, welche u. a. gegen ansteckende Krankheiten schützen sollte.

Myrrhis von μυρρινη (Myrte), um damit das Aroma der Pflanze anzudeuten.

Körbel, wilder.

(Eselspetersilie, wilder Kälberkropf, Kuhpetersilie, Tollkörbel.)
Herba Chaerophylli sylvestris, Cicutariae.
Anthriscus sylvestris HOFFM.
(Anthriscus elatior BESS. *Chaerophyllum sylvestre* L.)
Pentandria Digynia. — Umbelliferae.

Perennirende Pflanze mit spindelförmig-ästiger, aussen blassgelblicher, innen weisslicher Wurzel, 0,6—1,2 Meter hohem, aufrechtem, ästigem, stark gefurchtem gestreiftem, grünem, oft an den Gelenken röthlichem, unten behaartem, oben kahlem, röhrigem Stengel. Die Blätter sind drei- und mehrfach gefiedert, glänzend grün, unten mit zerstreuten weisslichen Haaren besetzt; die Blättchen und deren längliche Segmente endigen mit einem feinen weissen Stachelspitzchen. Die Wurzelblätter sind gestielt, die oberen haben häutige, am Rande gewimperte, auf den Adern kurz und wenig behaarte, grüne, bisweilen röthliche Scheiden. Die Blumen bilden anfangs nickende, später aufrechte, ziemlich grosse, flache Dolden, denen meistens die allgemeine Hülle fehlt oder nur aus wenigen Blättchen besteht; die besondere Hülle besteht aus 5—6 konkaven, länglich zugespitzten, gewimperten, nach dem Verblühen zurückgeschlagenen Blättchen. Die weissen Blümchen hinterlassen länglich-lanzettliche, 4—6 Millim. lange, schwarzbraune, glänzende Früchte, deren gefurchter Schnabel etwa $\frac{1}{4}$ so lang als der übrige Theil ist. Die Pflanze variirt nach dem Standorte in der Zertheilung und Bedeckung der Blätter und des Stengels; bald sind diese glatt, bald nebst den Früchten mehr oder weniger behaart. — Allgemein verbreitet auf Wiesen und andern Grasplätzen.

Gebräuchlicher Theil. Das Kraut; es hat frisch, zumal beim Zerquetschen und welkend einen stinkenden Geruch, und schmeckt scharf salzig, bitterlich.

Wesentliche Bestandtheile. BRACONNOT giebt saure äpfelsaure und saure phosphorsaure Salze an. POLSTORFF erhielt ein flüchtiges krystallinisches Alkaloid (Chaerophyllin), welches giftig wirkt.

Anwendung. Innerlich und äusserlich, jedoch jetzt kaum mehr.

Geschichtliches. Bei den Alten kommt der wilde Körbel nicht vor. Im 16. Jahrhundert beschrieb ihn TRAGUS, und zwar schon unter diesem Namen. C. GESNER nannte ihn Cicutaria, und bemerkte dabei, es sei ein schädliches Gewächs, das oft aus Unwissenheit mit dem Schierling verwechselt werde. Die erste gute Abbildung lieferte CLUSIUS unter dem Namen Cicutaria pannonica; in Wien, fügt er hinzu, bringt man im Frühjahr die saftigen Wurzeln mit den jungen Blättern auf den Markt, man kocht sie dort als Gemüse mit Oel und Salz, davon räth er aber ab, denn nach seiner Erfahrung zieht der Genuss Kopfweh und Schwere im Körper nach sich. Als Herba Cicutariae nahm LINNÉ die Pflanze in seine Materia medica auf, und bemerkt ihre Anwendung gegen den Brand, giebt aber nicht viel darauf. Im Jahre 1811 wurde sie wieder von OSBECK empfohlen.

Kohl.
(Gemeiner oder Gemüsekohl, Gartenkohl, Kraut.)
Folia Brassicae capitatae.
Brassica oleracea L.
Tetradynamia Siliquosa. — *Cruciferae.*

Zweijährige Pflanze mit cylindrischer, fleischiger Wurzel, walzenförmigem, hand- bis fusshohem, narbigem Stengel, glatten, graugrünen, am Rande ausgeschweiften oder buchtigen, verschieden gestalteten, nicht selten leierförmigen Blättern, grossen gelben Blumen in Trauben; die Kelchblätter aufrecht und angedrückt. Schote linienförmig mit kurzem stumpfem Schnabel und dunkelbraunen kugeligen Samen. — Wächst an den europäischen Seeküsten wild, und wird viel angebaut.

Von den zahlreichen durch Kultur entstandenen Spielarten nennen wir hier nur Blaukohl (Blaukraut, Rothkraut), Blumenkohl (Karfiol), Braunkohl, Grünkohl, Weisskopfkohl, Kohlrabe über der Erde, Savoyerkohl (Wirsing), Staudenkohl, Winterkohl.

Gebräuchlicher Theil. Die Blätter der weissen und rothen Spielarten.

Wesentliche Bestandtheile. Schleim, Salze, organische Säuren, Pektin, Gummi, Albumin etc.

Anwendung. Frisch auf Geschwüre, wunde Stellen. Der Küchengebrauch der verschiedenen Kohlarten, theils frisch, theils eingemacht, ist allbekannt. Das Sauerkraut, d. i. das zerschnittene und mit Salz eingemachte Weisskraut, welches bald in eine eigene Art Gährung übergeht, wobei sich viel Milchsäure erzeugt, wird als Antiskorbuticum verordnet.

Geschichtliches. Schon in den frühesten Zeiten diente der Kohl — Καυλιον des ARISTOTELES, Ραφανος (nicht Ραφανις) des THEOPHRAST, Κραμβη ημερο; des DIOSKORIDES, *Crambe* des PLINIUS — als Arzneimittel, und scheint man von seinen medicinischen Kräften übertriebene Vorstellungen gehabt zu haben. PLINIUS kennt schon 6 Abarten, auch den Blaukohl, Weisskopfkohl, Blumenkohl[*] und Wirsing. Blaukohl war den Alten noch unbekannt, ebenso die Kohlraben, welche vielleicht zuerst von JULIUS CAESAR SCALIGER aus Verona im 16. Jahrhundert erwähnt werden. Nach AMATUS LUSITANUS stammen sie aus Syrien.

Brassica von βραξειν (kochen) also Kochkraut, Speisekraut.

Koka.
Folia Cocae.
Erythroxylum Coca LAM.
Decandria Trigynia. — Erythroxyleae.

Strauch mit von kleinen Schuppen besetzten Zweigen, Blättern von der Grösse unserer Kirschbaumblätter, eiförmig, blassgrün, zart; Blümchen zu 2—3 beisammen, gelbgrünlich mit Nebenblättchen an der Basis der Blumenstielchen; eiförmigen, etwas zugespitzten Steinfrüchten, die in röthlichem Fleische einen eckigen Samen enthalten. — In Peru einheimisch, dort sowie in Chili, Bolivia und andern südamerikanischen Distrikten angebaut.

Gebräuchlicher Theil. Die Blätter; sie haben einen feinen ätherischen Geruch, einen angenehm bitterlichen und zusammenziehenden Geschmack.

Wesentliche Bestandtheile. WACKENRODER fand darin vorzüglich einen grünenden Gerbstoff, GAEDEKE einen dem Theeïn ähnlichen krystallinischen Stoff (Erythroxylin). PIZZI zu La Paz in Bolivien wollte dann eine krystallinische Base aus den Blättern dargestellt haben, die aber WÖHLER als Gyps erkannte. Hierauf unterwarf unter WÖHLER's Leitung NIEMANN die Blätter einer gründlichen Untersuchung und bekam ein eigenthümliches krystallinisches bitterlich schmeckendes Alkaloid (Cocain), daneben noch ein Pflanzenwachs, und ermittelte auch die Eigenschaften und Zusammensetzung der Gerbsäure der Blätter. LOSSEN, der nach NIEMANN's Tode die Untersuchung fortsetzte, erhielt beim Erhitzen des

---

[*] Es könnte allerdings noch fraglich sein, ob das was PLINIUS im 35. Kap. des XX. Buches *Cyma* nennt, als die lieblichste Kohlart bezeichnet, aber in gewohnter Weise ganz dürftig oder vielmehr gar nicht beschreibt, wirklich der Blumenkohl ist. DIERBACH behauptet, der Blumenkohl sei erst im 16. Jahrhundert nach Europa gekommen, und zwar aus der Levante; lange habe man die Samen dazu aus Cypern, Kreta etc. jährlich verschrieben, bis man allmählich dahin gelangt sei, ihn selbst diesseits der Alpen zu kultiviren.

Cocaïns mit überschüssiger Salzsäure eine neue organische Basis (Ecgonin) unter gleichzeitigem Auftreten von Benzoësäure und Methylalkohol. Das Ecgonin ist ebenfalls krystallinisch und schmeckt süsslich bitter. Endlich entdeckte LOSSEN in den Blättern noch eine zweite Base, die aber flüchtig und flüssig ist, ähnlich wie Trimethylamin riecht, nicht bitter schmeckt und den Namen Hygrin erhält.

Anwendung. Die Coca ist in Süd-Amerika schon lange in Verbindung mit Kalk oder Asche ein allgemeines Kaumittel, und hat in letzter Zeit auch in Europa Eingang gefunden, obschon nicht zum Kauen, sondern zu verschiedenen medicinischen Zwecken.

Erythroxylon ist zus. aus ἐρυθρός (roth) und ξύλον (Holz), d. h. holzige Gewächse mit rothem Fruchtsafte.

Kokkelskörner.
(Fischkörner, Läusekörner.)
Cocculi indici, levantici oder *piscatorii.*
Anamirta Cocculus WIGHT u. ARN.
(*Anamirta racemosa* COLEBR., *Cocculus suberosus* DC., *Menispermum Cocculus* L.
Menispermum heteroclitum et monadelphum ROXB.)
Dioecia Dodecandria. — Menispermeae.

Schlingstrauch mit korkartiger Rinde; grossen, breiten, eiförmigen, an der Basis abgestutzten oder mehr oder weniger herzförmig ausgeschnittenen, etwas spitzen, fast lederartigen Blättern; die jüngeren sind mehr herzförmig und zugerundet, dünner, oft mehr oder weniger weich behaart. Die Blumen bilden an den Seiten der Stengel oder in den Blattwinkeln zusammengesetzte Trauben; an jedem der einzelnen Blumenstielchen befinden sich drei Nebenblättchen. Die Kronen sind klein, weiss und riechen stark. Die beerenartigen Steinfrüchte, deren oft 200—300 an einer Traube beisammenhängen, sind purpurroth. — In Malabar, Ceilon, Java und Amboina einheimisch.

Gebräuchlicher Theil. Die getrockneten Früchte; sie sind von der Grösse einer Erbse bis zu der einer Lorbeere, fast kugelig-nierenförmig, gegen eine Seite sich verschmälernd in einen etwas vorspringenden und eingedrückten Rand, an einem Ende des Vorsprunges die Narbe zeigend, wo sie schief an dem Stiele sassen, der auch bisweilen noch theilweise vorhanden ist. Aussen sind sie dunkel graubraun, z. Th. schwärzlich oder röthlich, oder mehr aschgrau, gleichsam bestaubt, runzelig und rauh. Unter einer dünnen runzeligen Haut liegt eine blassbräunliche, ebenfalls dünne zerbrechliche Kernschale, welche an der Basis einen doppelten hohlen Vorsprung bildet, wodurch der den öligen Kern einschliessende Raum eine halbmondförmige Gestalt erhält. Die Frucht ist geruchlos, ihre Haut und Kernschale auch geschmacklos, aber der ölige Kern schmeckt äusserst widrig bitter, sehr anhaltend und wirkt giftig.

Wesentliche Bestandtheile. Der wichtigste Bestandtheil ist der von BOULLAY 1819 in den Kernen entdeckte bittere krystallinische stickstofffreie Bitterstoff (Pikrotoxin, Cocculin); ausserdem fand sich noch in den Kernen: Fett, Harz, Wachs, Stärkmehl etc. Der Bitterstoff beträgt kaum $\frac{1}{2}\%$, das Fett 18$\%$. In letzterem wollte FRANCIS eine besondere Fettart (Stearophanin) entdeckt haben, die sich aber als Stearin erwies. Nach CROWDER schmilzt das Fett bei 22 bis 25° und enthält 2 feste Fettsäuren, Stearinsäure (= a-Bassiasäure) und eine

mit der b-Bassiasäure übereinstimmende, die flüssige Fettsäure ist Elainsäure, und
somit das ganze Fett identisch mit dem Bassiafett.

Die Fruchtschale enthält nach PELLETIER und COUERBE: zwei krystallinische
geschmacklose Basen (Menispermin und Peramenispermin) eine gelbe,
ebenfalls alkaloidische Materie, ein eigenthümliches braunes amorphes Fett
(Unterpikrotoxinsäure genannt), Stärkmehl, Harz, Wachs, Gummi etc.

Neueren Beobachtungen von L. BARTH und M. KRETSCHY zufolge wäre das
Pikrotoxin kein einfacher, sondern ein komplexer Körper, und zwar aus dreien
bestehend, von denen sie den einen ($32\frac{0}{0}$) als Pikrotoxinin, den zweiten ($66\frac{0}{0}$) als
Pikrotin, und den dritten ($2\frac{0}{0}$) als Anamirtin bezeichnen; letzteres sei nicht giftig.
Dagegen halten E. PATERNO sowie E. SCHMIDT daran fest, dass die Kerne ur-
sprünglich nur Pikrotoxin enthalten, welches aber leicht (z. B. schon bei der
Darstellung) in mehrere Produkte zerfalle.

Anwendung.   Die Frucht selbst wird als Arzneimittel nicht gebraucht,
wohl aber das daraus dargestellte Pikrotoxin. Das Pulver der Körner dient zur
Tödtung des Ungeziefers.   Missbräuchlich betäubt man damit, durch Hinein-
werfen ins Wasser, die Fische, um sie leichter fangen zu können, und in England macht man damit, wie behauptet wird, hie und da die Biere berauschender.

Geschichtliches.   Die Kokkelskörner waren bereits den Arabern bekannt
und werden namentlich von AVICENNA und SERAPION angeführt. Schon früh fanden
sie auch Eingang in die Apotheken, wo sie zuerst Baccae cotulae Elephantinae
hiessen, weil man glaubte, dass sie von den Elephanten gern gefressen würden.
Auch unter dem Namen Gallae orientales wurden sie verkauft. CONDRONCHUS
nannte sie Baccae orientales und piscatoriae; er schrieb eine eigene Abhandlung
über die Art und Weise, wie man damit die Fische fängt. In Form von Ueber-
schlägen rühmte man sie ehedem auch gegen Gicht und Podagra.

Anamirta ist wahrscheinlich ein indischer Name; COLEBROOKE, der ihn zum
ersten Male angewendet hat, giebt keinen Aufschluss darüber.

Cocculus von κοκκος (Beere) in Bezug auf die Frucht.

Menispermum zus. aus μηνις (Halbmond) und σπερμα (Sonne), in Bezug auf
die Form der Frucht.

Kokosnuss.
Oleum Nucis Cocos.
Cocos nucifera L.
Monoecia Hexandria. — Palmae.

Eine der höchsten Palmen, denn ihr Stamm erreicht eine Höhe von
20—30 Meter und eine Dicke von 30—60 Centim.; an der Spitze befinden sich
$3\frac{1}{2}$—5 Meter lange gefiederte Blätter mit 0,9—1,2 Meter langen Fiedern. Die
Blüthen entspringen achselständig aus grossen einblättrigen, zugespitzten, sich
nach unten öffnenden Scheiden; der Kolben ist ährenartig zusammengesetzt, an
der Basis jeder Aehre stehen 1—2 weibliche Blüthen, die übrigen sind männlich.
Die Früchte von der Grösse eines Kindskopfs bis Mannskopfs, oval, stumpf
dreikantig, aussen graubraun, glatt, mit trockner, sehr fester, zäher, faseriger,
dicker Haut, unter welcher eine dicke, sehr harte holzige Kernschale liegt, die
an der Basis drei ungleiche, mit einer schwarzen Haut geschlossene Löcher hat
und eine süssliche wasserhelle (also mit Unrecht milchähnlich genannte) Flüssigkeit einschliesst, welche nach und nach zu einem weissen, ziemlich festen oligen

angenehm mandelartig schmeckenden Kern eintrocknet. — In den Tropen der alten und neuen Welt, besonders in der Nähe des Meeresstrandes, einheimisch.

Gebräuchlicher Theil. Das aus dem (fest gewordenen) Fruchtkerne durch Kochen mit Wasser, sowie auch Pressen gewonnene specifisch riechende Fett, wohl zu unterscheiden von dem afrikanischen Palmfett, gewöhnlich Oel genannt, obwohl es bei gewöhnlicher Temperatur eine butterartige Consistenz besitzt, und erst bei 20 bis 22° flüssig wird.

Wesentliche Bestandtheile. Festes und flüssiges Glycerid der Elainsäure und einer festen Fettsäure, welche von Brandes für eigenthümlich gehalten und Cocinsäure genannt wurde, aber nach Görgey identisch mit der Laurostearinsäure ist. Der eigenthümliche, fast käseartige Geruch des Kokosfettes rührt nach Fehling von Capronsäure und Caprylsäure her. Görgey fand auch Caprinsäure, und machte die Gegenwart von Myristinsäure und Palmitinsäure wahrscheinlich. Oudemans bestätigte alle genannten 6 Fettsäuren, die Nichtexistenz der Cocinsäure, und nach ihm fehlt Elainsäure ganz. Den frischen, noch flüssigen Inhalt der Nuss fand Buchner in 100 zusammengesetzt aus: 47 Fett, 4,3 käseartigem Eiweissstoff nebst viel phosphorsaurem Kalk, 4,3 Schleimzucker, 1,1 Gummi, 8,6 Faser und 31,8 Wasser. Der bereits zu einem Kern eingetrocknete Inhalt enthält nach Bizio 71⅝ Fett.

Die harte Schale der Kokosnuss enthält nach Brandes einen eigenthümlichen braunen harzartigen Stoff (Nucin).

Anwendung. Das Fett diente früher zu Salben und Pflastern, jetzt nur noch zu Seife, welche bei gewissen rheumatischen Affektionen äusserlich verordnet wird. — Die Kokospalme gewährt aber in allen ihren Theilen den Bewohnern der Tropen den mannigfaltigsten Nutzen; der bitter und zusammenziehend schmeckende Wurzelstock dient gegen Diarrhoe, Ruhr; der aus den Kolben der noch uneröffneten Blumen nach dem Abschneiden der Spitze laufende süsse Saft (Toddy) giebt ein kühlendes Getränk, frisch abgedampft Zucker, und durch Gährung einen Wein, mit Zusatz von Reis und Sirup vergohren und destillirt Arak. Der Inhalt der frischen Frucht bildet ebenfalls ein kühlendes Getränk; der festgewordene Kern ein angenehmes und kräftiges Nahrungsmittel. Das Fett dient zum Verspeisen, Brennen; die faserige Fruchthülle zu Stricken, Matten; die Nussschale zu Trinkgeschirren und allerlei Geräthschaften; die Blätter zum Dachdecken, Flechtwerk; die jungen Blätter als Gemüse.

Cocos von κοκκος (Beere, Frucht überhaupt), κουκι (die Kokospalme und deren Frucht).

Kolanüsse.

(Gurunüsse.)

Nuces Sterculiae.

Sterculia acuminata Pal. de B.

(Cola acuminata Schott und Endl.)

Monadelphia Dodecandria. — Büttneriaceae.

Baum mittlerer Grösse mit langestielten, ovalen zugespitzten Blättern, und gelben fünfblättrigen Blumen mit sechstheiligem Kelche. Die Frucht ist eine in fünf oval-nierenförmige Fächer eingetheilte Nuss; in jedem Fache befindet sich ein Same von der Form einer Kastanie und fleischiger Consistenz, mit rothbrauner Epidermis und dunkel violettem Parenchym. — Im mittleren Afrika sowie in Guiana und Venezuela einheimisch.

Gebräuchlicher Theil. Die Nüsse, resp. Samen. Sie sind roth bis braun, stellenweise mit schwärzlichen verschwommenen Flecken, von 1—2½ Centim. Längsdurchmesser und 0,5 bis 2 Centim. Breitendurchmesser, auf der Schnittfläche lichtgelb, riechen schwach muskatartig, schmecken milde aromatisch.

Wesentliche Bestandtheile. W. J. Daniell fand darin Theein, und nach einer vollständigen Analyse von Attfield enthalten sie in 100: 2,13 Theein, 42,50 Stärkmehl, 20,0 Cellulose, 10,67 Gummi, Zucker, 6,33 Proteïnsubstanz, 1,52 Fett und flüchtiges Oel.

Anwendung. Sie dienen in Sierra Leone statt der kursirenden Münze, wie einst in Mexiko die Kakaobohnen. Die Eingeborenen und selbst die dort angesiedelten Europäer benutzen sie als Kaumittel; sie verleihen dem Munde eine angenehme Schärfe, die selbst den unangenehmen Geschmack schlechter Getränke versteckt, erhalten munter, conserviren Zähne und Zahnfleisch, und bilden dort ein unentbehrliches Genussmittel. Geröstet geben sie den Kaffee von Sudan. Der Arillus dient zur Bereitung einer schwarzen Farbe.

Sterculia nach Sterculius (römische Gottheit der Abtritte, Erfinder des Düngers, von *stercus*: Excremente), einige Arten haben sehr übelriechende Blüthen oder Früchte.

Cola ist ein afrikanischer Name.

Kollinsonie.
Radix und *Herba Collinsoniae.*
Collinsonia canadensis L.
Diandria Monogynia. — Labiatae.

Perennirende, 60—90 Centim. hohe verzweigte Pflanze mit grossen gestielten, ei- oder herzförmigen, stark gerippten Blättern, Blüthen in Trauben mit gegenüberstehenden ansehnlichen gelben wohlriechenden Blumen. — In NordAmerika einheimisch.

Gebräuchliche Theile. Die Wurzel und das Kraut; beide riechen widerlich, schmecken unangenehm bitter, scharf salzig. Ebenso schmecken auch die Blüthen.

Wesentliche Bestandtheile. Aetherisches Oel, Bitterstoff. Bedarf näherer Untersuchung.

Anwendung. In Nord-Amerika das Kraut zu Umschlägen, dessen Abkochung gegen Schlangenbiss. Die Wurzel hat nach Hooker diuretische und tonische Eigenschaften, und soll sich in der Wassersucht trefflich bewähren.

Geschichtliches. Peter Collinson, ein englischer Naturforscher, brachte die Pflanze 1735 nach England, und Linné nahm sie in seine Materia medica als ein Mittel bei Colica lochialis auf.

Koloquinte.
(Koloquintenapfel, Purgirgurke.)
Colocynthides. Poma und *Semina Colocynthidis.*
Cucumis Colocynthis L.
Monoecia Syngenesia. — Cucurbitaceae.

Einjährige Pflanze mit dicker fleischiger Wurzel, die mehrere niederliegende, rankende, rauhe, dünne Stengel treibt, mit abwechselnden, langgestielten, herz

förmigen, stumpf zugespitzten und stumpf buchtig gezähnt-gelappten, fast dreilappigen rauhen Blättern besetzt, denen gegenüber spiralig gewundene Ranken
entspringen. Die Blumen stehen einzeln auf kurzen Stielen, sind kleiner als die
der Gartengurke, die Kronen gelb mit grünen Nerven. Die schönen hochgelben
kugeligen Früchte haben die Gestalt und Grösse einer Orange; die Schale ist
glatt, dünn, aber hart, fast lederartig und schliesst ein weisses, lockeres, trocknes
Mark mit vielen Samen ein. — Durch fast ganz Afrika, in der Levante, Ost-
Indien, Japan einheimisch (in Ost-Indien nach BERGIUS perennirend); im südlichen Europa, besonders Spanien, angebaut.

Gebräuchliche Theile. Die Früchte nebst den Samen. Wir erhalten
dieselben im Handel geschält und getrocknet, in weissen 2—7 Centim. dicken,
etwas eingeschrumpft höckerigen leichten Kugeln, die ein sehr lockeres, schwammig-
poröses, elastisch-zähes, weisses oder gelblich-weisses Mark einschliessen, mit
vielen Samen, welche in doppelten Reihen die äussere Peripherie ausfüllen. Sie
sind geruchlos; das Mark schmeckt aber höchst durchdringend widerlich bitter,
wirkt drastisch purgirend. Die Samen sind kleiner als die Gurkenkerne, mehr
stumpf-eiförmig, mit abgerundetem, nicht scharfem Rande, weisslich, glatt; die
Schale viel dicker, weit weniger bitter als das Mark.

Wesentliche Bestandtheile. Das Mark enthält nach MEISSNER in 100:
1,4 Bitterstoff (Colocynthin), 13 Harz, 4 fettes Oel, dann noch gummöse,
extraktive Bestandtheile. Der Bitterstoff ist mehr harziger Natur, aber löslich in
Wasser, wurde später von BASTICK, sowie von WALZ rein dargestellt. W. fand
noch eine fein krystallinische geschmacklose Materie (Colocynthitin). — Der
Same enthält nach FLÜCKIGER viel Schleim, wenig Schleimzucker, 6⅔ Proteïnstoffe,
16⅔ fettes, dickes, mildes, trocknendes Oel.

Anwendung. Das Mark in Substanz, als Pulver, zu welchem Zwecke es
mit Traganth angestossen und nach dem Trocknen gepulvert werden muss; auch
in Absud. Es wird in Indien von Büffeln ohne Nachtheil gefressen, und nach
E. VOGEL dient es den Straussen in der Sahara ebenfalls als Nahrung. — Der
Same wird nicht medicinisch benutzt, aber die afrikanischen Völker entziehen
ihm durch Wasser erst das Bittere, und geniessen ihn dann getrocknet und zerrieben als angenehmes, besonders auf Reisen sehr bequemes Nahrungsmittel.

Geschichtliches. Die Koloquinte gehört zu den ältesten Medikamenten.
Zu den Zeiten des ANDROMACHUS (unter NERO) pflegte man einen Koloquintenapfel mit Wein zu füllen und diesen dann erwärmt als Abführmittel zu trinken.
Das Mark war Hauptbestandtheil der im Alterthume so berühmten Hiera Archi-
genis, deren Composition AETIUS mittheilt. Gegen halbseitiges Kopfweh rühmte
schon ALEXANDER TRALLIANUS die Koloquinte, und neuere Aerzte bestätigten
ihre Wirksamkeit gegen dieses hartnäckige Uebel.

Wegen Cucumis s. den Artikel Gurke.

Colocynthis, Κολοκυνθίς DIOSK. ist zus. aus κολον (Eingeweide) und κινεειν
(bewegen), wegen der drastischen Wirkung. Κολοκυνθα DIOSK. und Κολοκυντα
THEOPHR. sind aber eine essbare Art, nämlich Cucurbita Pepo L.

Kolumbowurzel.
(Kalumbwurzel, Ruhrwurzel.)
Radix Kolumbo oder *Kalumbo.*
Cocculus palmatus Dc.
(*Chasmanthera Calumba* BAILL., *Jatrorrhiza Calumba* MIERS, *Menispermum Calumba* A. BERR., *M. hirsutum* COMMERS., *M. palmatum* LAM.)
Dioecia Hexandria. — *Menispermeae.*

Perennirende Pflanze mit starker, dicker, bräunlich gelber Wurzel mit mehreren rübenförmigen Aesten, krautartigem, kletterndem, windendem, cylindrischem, gestreiftem, mit rothbraunen Haaren besetztem, an der männlichen Pflanze einfachem, an der weiblichen ästigem Stengel. Die Blätter stehen zerstreut, sind langgestielt, fast handförmig ausgeschnitten, mit starken rothbraunen Haaren besetzt, ganzrandig, mit zugespitzten Segmenten, die vollständig entwickelten bis eine Spanne breit. Die männliche Pflanze hat zusammengesetzte Blumentrauben, die weibliche einfache, beide mit grünen an der Spitze etwas gekrümmten Kronblättern. Die Früchte sind von der Grösse einer Haselnuss, länglich rund, dicht mit langen schwarzdrüsigen Haaren besetzt, jede mit 1 fast nierenförmigem Samen, der von einer dünnen, schwarzen, quergestreiften Haut umgeben ist. — Auf der Ostküste von Afrika von Oibo bis Mozambique einheimisch, auf Mauritius, den Sechellen und in Ost-Indien angebaut.

Gebräuchlicher Theil. Die Wurzel; sie erscheint im Handel als Scheiben von 25—50 Millim. und darüber im Durchmesser, und 2—8 Millim. Dicke und dicker. Sie sind selten kreisrund, sondern meist etwas in die Länge gezogen, oder schwach abgerundet, ausgeschweift, oft gebogen. Nicht selten findet man auch fingerdicke, 25—50 Millim. lange, cylindrische, spindelförmige, bisweilen der Länge nach gespaltene Stücke. Die Rinde derselben ist dunkel graubraun, theils ins Röthliche gehend oder schmutzig grün, sehr stark und unordentlich runzelig, z. Th. der Länge nach gefurcht, dünn und fest anhängend, die übrige Substanz blassgraugelblich, ins Grünliche ziehend; unter dem dünnen Oberhäutchen erscheint die Rinde gelblichgrün. Die Fläche der Scheibe ist mehr oder weniger rauh, uneben, gegen die Mitte vertieft. Man bemerkt an ihr 3 Abtheilungen. Die innere Rindenschicht ist 2—4 Millim. breit, blass grünlich gelb, und wird durch einen nur haar- oder fadendicken, dunkelbraunen Ring begrenzt, welcher den blässeren hell graugelblichen Kern einschliesst. Dieser Ring ist mit vielen ähnlich gefärbten, fast parallel laufenden Strichen durchschnitten. Gegen den Mittelpunkt ist der Kern äusserlich häufig dunkler grau, untermengt mit vielen holzartigen Saftröhren. Die Farbe ist nach dem Alter bald mehr oder weniger grau, bald bräunlich. Die Wurzel ist ziemlich leicht, aber fest, etwas klingend, von markiger Beschaffenheit, im Bruche matt und oft dunkler gefärbt; bei einem scharfen Messerschnitte zeigt sich eine schwach glänzende, hier und da von kleinen Höhlen durchbrochene Fläche. Das Pulver ist hell gelblichgrau ins Grünliche. Geruch schwach widerlich und nur bei bedeutenden Massen oder im Aufgusse wahrnehmbar; Geschmack stark und anhaltend bitter, und schleimig.

Wesentliche Bestandtheile. BUCHNER fand einen eigenthümlichen Bitterstoff (Columbin), den WITTSTOCK in farblosen Krystallen rein darstellte und LIEBIG analysirte; er ist stickstofffrei, mithin kein Alkaloid, und beträgt etwa 1 %. Ausserdem fand BUCHNER 30—35 % Stärkmehl, einen gelben harzigen Körper, Gummi etc. Diesen gelben Körper erkannte BÖDEKER als Berberin; ausserdem erhielt er noch eine eigenthümliche Säure (Columbosäure) als blassgelbes amorphes Pulver, das ebenfalls, jedoch nur schwach bitter schmeckt.

Verfälschungen. 1. Mit gelbgefärbter Zaunrübenwurzel; diese ist gleichförmig gelb, mehr locker und auch sonst abweichend (s. Zaunrübe). 2. Mit der sogen. amerikanischen Columbowurzel, die aber kein Stärkmehl enthält, also mit Jodtinktur befeuchtet nicht blau wird (s. den folgenden Artikel). Noch andere falsche Wurzeln sind aufgetaucht, aber aus der Vergleichung mit obiger Charakteristik ebenfalls leicht zu erkennen; so die Wurzel (auch das Holz) der in Ceilon einheimischen Menispermee *Coscinium fenestratum* COLEBR., die ebenfalls Berberin enthält.

Anwendung. In Substanz, als Absud, Extrakt.

Geschichtliches. Die Kolumbowurzel wird zuerst von FRANZ REDI 1675 als Arzneimittel erwähnt; später rühmte sie J. C. SEMMEDUS gegen mehrere Krankheiten, allein erst durch den englischen Arzt PERCIVAL wurde sie allgemeiner bekannt und gegen Ende des vorigen Jahrhunderts fast überall in die deutschen Pharmakopöen aufgenommen. Die erste Nachricht von der Pflanze selbst gab PH. COMMERSON (†1773), der sie in einem Garten auf Mauritius sah. In Mozambique heisst die Wurzel Kalumb; es kommt also der Name nicht von der Stadt Kolumbo auf Ceilon, wie öfters irrig angegeben worden ist.

Wegen Cocculus und Menispermum s. den Artikel Kokkelskörner.

Chasmanthera ist zus. aus χασμη (weite Oeffnung) und ἀνθηρα (Staubbeutel); letztere stehen weit offen.

Jatrorrhiza ist zus. aus ἰατρικος (heilkräftig) und ῥιζα (Wurzel).

Coscinium von κοςκινιον, Dimin. von κοςκινον (Sieb); die fast blattartigen Cotyledonen sind siebartig durchlöchert, und darauf deutet auch fenestratum.

Kolumbowurzel, falsche.

Radix Fraserae.
Frasera Walteri MICH.
(Frasera carolinensis WALT.)
Tetrandria Monogynia. — Gentianaceae.

Zweijährige Pflanze mit gelblicher knolliger Wurzel, 0,9—1,8 Meter hohem Stengel, gegenüber oder in Quirlen stehenden oval-länglichen Blättern, gelblich grauen, bisweilen röthlichen büschelförmig stehenden Blumen. — In mehreren Staaten der nordamerikanischen Union einheimisch.

Gebräuchlicher Theil. Die Wurzel; sie kommt im Handel in ähnlichen Scheiben und Stücken vor, wie die Kolumbowurzel, hat aber ein mehr fahles oder schmutzigorangegelbes Ansehn; die Rinde der Scheiben ist der Quere nach zart gestreift, geringelt, etwas heller bräunlichgrau, aber, wie die ganze Wurzel, ohne Spur von dem Grünlichen der Kolumbo. Die dünneren Scheiben gleichen sehr der Enzianwurzel. Die Fläche der Scheibe fast gleichförmig gefärbt, und meist in 2 Schichten getrennt, wovon die innere vertieft ist, aber durch keinen dunkelbraunen, mit Querstreifen durchzogenen Ring getrennt. Die Substanz fast korkartig, doch härter und spröder, im Bruche gleichfarbig, matt. Sie riecht schwach nach Enzian und Liebstöckel, schmeckt ziemlich bitter, doch weniger stark als Kolumbo, wird durch Jod nur braun (nicht blau wie diese).

Wesentliche Bestandtheile. Nach KENNEDY dieselben, wie die der Enzianwurzel, also Gentisin und Gentipikrin, aber im umgekehrten Verhältniss, d. h. die falsche Kolumbo ist reicher an Gentisin und ärmer an Gentipikrin, als der Enzian.

Anwendung. In Nord-Amerika als tonisches und fieberwidriges Mittel.

Geschichtliches. Die Droge ist schon seit Anfang dieses Jahrhunderts bei uns bekannt, denn STOLTZE beschrieb sie 1800, und sie wurde wiederholt der echten Kolumbo beigemengt gefunden, ja selbst einzig statt dieser in den Handel gebracht. Jetzt scheint sie bei uns ziemlich verschollen zu sein.

Frasera ist benannt nach JOHN FRASER, der 1789 und 90 über nordamerikanische Pflanzen schrieb.

Kondurango.
Cortex Condurango.
Gonolobus Condurango TRIANA.
Pentandria Digynia. — Asclepiadeae.

Strauch mit gefurchter Zweigrinde, Blattstiele und Blumenstiele mit grauem Filz überzogen, Blätter herzförmig, breit spiessförmig, oben fein behaart, unten grau filzig-weich, von der Basis an 5 nervig, Balgkapseln eiförmig-länglich, bauchig, vierflügelig, glatt. — In Süd-Amerika.

Gebräuchlicher Theil. Die Rinde. Was ich mir unter diesem Namen verschaffen konnte, besteht aus bis 10 Centim. langen, 2—20 Millim. im Durchmesser haltenden, theils rinnenförmigen, theils beinahe oder ganz geschlossenen graubräunlichen, bis 2 Millim. dicken, spröden Bruchstücken, deren äussere die Epidermis repräsentirende Fläche höckerig und rauh, deren innere etwas heller faserig; ist spröde, völlig geruch- und geschmacklos; also wenn echt eine ganz verlegene oder — was ja auch nicht zu den Unmöglichkeiten gehört — eine zwar nicht verlegene, aber medicinisch ganz entbehrliche Waare.

Wesentliche Bestandtheile. Nach G. VULPIUS eisengrünender Gerbstoff, zwei besondere Harze, harzartiger krystallinischer Bitterstoff, Stärkmehl, Zucker, Albumin, Oxalsäure, Weinsteinsäure.

Anwendung. Von Amerika aus als souveränes Mittel gegen Krebs angepriesen.

Kondurango, ein amerikanisches Wort, soll soviel bedeuten, als: Weinstock der Kondore.

Gonolobus ist zus. aus γωνος (Ecke, Winkel) und λοβος (Hülse); die Frucht ist kantig und rippig.

Konohorie.
Cortex antifebrilis Novae Andalusiae.
Conohoria Cuspa KUNTH.
(Alsodea Cuspa SPR.)
Pentandria Monogynia. — Violaceae.

Sehr hoher Baum mit gabelig zertheilten Aesten, die sich in viele kleine weit auseinander stehende Zweige zertheilen; letztere sind rund, etwas glatt, aschgrau, in der Jugend etwas zusammengedrückt. Die Blätter stehen an den Zweigen zerstreut, die beiden obersten einander gegenüber, sind gestielt, elliptisch oder länglich stumpf, ganzrandig, schön netzartig geadert, oben schön glänzend grün, unten blass und mit sehr feinen Punkten besetzt. Die Blumen stehen von Deckblättern begleitet in Trauben, haben 5 glockenförmige Kronblätter. — In Kumana.

Gebräuchlicher Theil. Die Rinde; sie ist sehr dünn, blassgelb, schmeckt bitterer als Chinarinde.

Wesentliche Bestandtheile? Noch nicht untersucht.

Anwendung. Seit Ende des vorigen Jahrhunderts bekannt und als Fiebermittel berühmt, jedoch bis jetzt noch kaum zu uns gelangt.

Conohoria ist ein Name guianischen Ursprungs; ebenso Cuspa.

Alsodea von ἀλσωδης (waldig, buschig); wächst in Wäldern.

Kopaivabalsam.

Balsamum Copaivae.

Copaifera Jacquini DESF.

(C. officinalis.)

C. guianensis DESF.

C. Langsdorfii DESF.

C. coriacea MART.

Decandria Monogynia. — Caesalpiniaceae.

Copaifera Jacquini ist ein schöner hoher Baum mit 2—5 paarig gefiederten Blättern, deren Blättchen gekrümmt eiförmig, ungleichseitig, stumpf zugespitzt, durchsichtig punktirt, 5 Centim. lang, 2½ Centim. breit, oben glänzend, unten blasser sind. Die Blumen in sparrigen Rispen in den Blattwinkeln, klein, weiss. Hülsen 25 Millim. lang, umgekehrt schief eiförmig, kurz stachelspitzig mit einem braunen Samen, die über die Hälfte mit einer weisslichen fleischigen Decke umgeben ist. — Auf dem Continente des tropischen Amerika und auf den westindischen Inseln.

Copaifera guianensis DESF., dem vorigen sehr verwandter Baum mit 3—4 paarig gefiederten Blättern, die einzelnen Blättchen gleichseitig, lang zugespitzt, durchscheinend punktirt, die unteren eirund, die oberen länglich. Blüthen in Aehren oder zusammengesetzten Rispen, viel kürzer als die Blätter. Frucht unbekannt — In Guiana, und im nördlichen Brasilien.

Copaifera Langsdorfii DESF., Blätter 3—5 paarig gefiedert, Blättchen gleichseitig, stumpf, durchscheinend punktirt, die untern eirund, die oberen mehr elliptisch, Blatt- und Blumenstiele mehr oder weniger weich behaart. — Provinz San Paulo in Brasilien.

Capaifera coriacea. 2—3 paarig gefiederte Blätter, Blättchen elliptisch, gleichseitig, ausgerandet, nicht punktirt, Blatt- und Blumenstiele fast kahl. — Provinz Bahia in Brasilien.

Es ist, wie BAILLON bemerkt, noch nicht so sehr lange her, dass man glaubte, aller im Handel befindliche Kopaivabalsam komme von C. officinalis, einer Species, deren geographische Verbreitung man viel zu ausgedehnt annahm, die aber nur auf Trinidad, in Venezuela, Columbia und in dem ganz südlichen und westlichen Theile Nord-Amerika's wild vorkommt. Sie wird in mehreren tropischen Ländern der alten und neuen Welt, namentlich auf Martinique kultivirt, und man sieht sie zuweilen schön entwickelt in unsern Treibhäusern, wo sie auch zum Blühen gelangt. Sie ist ein Baum von mittlerer Grösse, mit festem Holze, welches ebenso wie das sogen. Purpurholz von C. pubiflora und C. bracteata industriell angewandt wird. Ihr Saft heisst in Venezuela Takamahaka, in Neu Granada (Kolumbien) Aceita de Canime, bei den Eingeborenen Kapivi, Kupayba und Kopaiba. In der alten englischen Pharmakopoe hiess er Bals. Capivi. Man vermuthet, dass LINNÉ unter dem Namen C. officinalis mehrere Arten zusammen geworfen hat. DESFONTAINES bezeichnete die Pflanze der Antillen, Kolumbia's und Venezuela's mit C. Jacquini, und KUNTH und HUMBOLDT beschränkten auf letztere den Namen C. officinalis.

C. pubiflora BENTH. wurde zuerst im englischen Guiana und zwar von SCHOM-BURGK gefunden. Man gewinnt von ihr Balsam und sie scheint der C. officinalis sehr nahe zu stehen. BENTHAM hielt sie aber später nur für eine Abart von C. Martii HEYNE.

Den Namen C. rigida (mit steifen lederartigen Blättern) gab BENTHAM einer Species in den brasilianischen Provinzen Piauhy und Goyaz, einem kleinen Baum, von welchem man ebenfalls Balsam gewinnt.

C. Martii kommt im nördlichen Brasilien und im englischen Guiana vor und liefert Balsam.

C. Langsdorfii ist die bekannteste von den brasilianischen Balsam liefernden Arten.

C. guianensis hielt man lange für die Mutterpflanze des aus Cayenne kommenden Balsams; sie wächst aber auch im nördlichen Brasilien.

C. oblongifolia MART. und C. multipiga HAYNE sind ebenfalls brasilianische Arten.

Gebräuchlicher Theil. Der aus diesen (und vielleicht auch noch anderen) Arten der Gattung Copaifera fliessende Balsam. Nach KARSTENS Beobachtung enthalten diese Bäume harzführende Gänge, welche oft mehr als zollbreit sind und die ganze Länge des Stammes durchziehen; die Wände des benachbarten Parenchyms würden verflüssigt und dadurch entstehe das Oelharz (der Balsam).

Nur wenige Reisende haben über die Gewinnung des Balsams Näheres berichtet. Bekannt ist bloss, dass man, etwa 60 Centim. vom Boden entfernt, aus dem Stamme bis in dessen Mitte hinein ein keilförmiges Stück herausschneidet. Die Rinde selbst enthält nämlich keinen Balsam, und erst wenn die Axt beim Eindringen in das Holz (welches bis auf 15—20 Centim. weiss, weiter nach innen aber mehr oder weniger purpurroth ist) das Centrum (in etwa 30 Centim. Tiefe) erreicht hat, erscheint der B. und zwar in Form eines von Hunderten perlartiger Blasen erfüllten Stromes. Minutenlang hört wohl der Strom auf, dann entsteht ein gurgelndes Geräusch, der Ausfluss beginnt wieder, und oft kann man binnen einer Minute ½ Liter voll auffangen. Wenn nichts mehr läuft, verstopft man die Oeffnung mit Wachs (oder Thon), und wenn man nach einigen Tagen diess entfernt, erneuert sich der Ausfluss und zwar ebenfalls reichlich. Ein kräftiger Baum liefert bis zu 40 Liter. Die Anhäufung des B. in seinen natürlichen Behältern scheint mitunter so zuzunehmen, dass der Stamm dem Drucke nicht mehr widerstehen kann und berstet. SPRUCE vergleicht das dadurch verursachte Geräusch mit dem Knalle eines Kanonenschusses*). Die Indianer sammeln den B. an den Ufern des Orinoko und seiner oberen Zuflüsse und bringen ihn nach der Stadt Bolivar (Angustura). Ein Theil davon gelangt über Trinidad nach Europa. Anderweitige reichliche Erndten geschehen an den Ufern der Zuflüsse des Kariquiari und Rio Negro und gelangen nach Para, ferner an den nördlichen Zuflüssen des Amazonenstromes. Auch Venezuela liefert B., er heisst dort Aceyte, während den Namen Balsamo dort das Sassafrasöl führt; die Sorte Marakaibo ist ebenfalls eine venezuelische.

*) Aehnliches berichtet man von den alten Bäumen der Dryobalanops aromatica auf Borneo in Folge ihres grossen Gehalts an Kampheröl.

In Indien erhält man durch Einschnitte in eine der Copaifera ähnliche Pflanze, nämlich Hardwickia pinnata, einen Balsam. Dort hat man angefangen, die wichtigsten Arten der C. anzubauen; aber man wird lange warten müssen, denn sie müssen erst eine gewisse Höhe und Stärke erreicht haben, ehe das Anzapfen Erfolg hat.

In Afrika vorkommende Arten der C. heissen Gorskia; sie scheinen aber bis jetzt nicht medicinisch benutzt zu werden. Guibourtia copallina, welche den Kopal von Sierra Leone liefern soll, wird von BENTHAM zur Gattung C. gerechnet.

Die allgemeinen Eigenschaften des Kopaivabalsams sind: Er ist blassgelb, mehr oder weniger sirupdick, klar, hat ein spec. Gewicht von 0,915—0,995, im Mittel 0,955, riecht eigenthümlich schwach balsamisch, schmeckt brennend und bitter, reagirt sauer, fluorescirt schwach, löst sich vollständig in starkem Weingeist, Aether, Oelen, meist klar in Ammoniakliquor und in Kalilauge, hinterlässt beim Verdunsten in der Wärme ein sprödes pulverisirbares Harz, erhärtet mit $\frac{1}{2}$ Magnesia oder Kalk zu einer festen Pasta. Nicht klar in Weingeist, Ammoniak und Kalilauge löslich ist der dünnflüssige Parabalsam mit 82 $\frac{0}{0}$ ätherischen Oels.

Wesentliche Bestandtheile. Aetherisches Oel und Harz; letzteres fast total ein sich als schwache Säure verhaltendes krystallinisches Harz (Kopaivasäure) nebst ein wenig (etwa 2 $\frac{0}{0}$ des Balsams betragendes) Weichharz. Das Verhältniss von Oel und Harz wechselt bedeutend und hängt davon die verschiedene Consistenz des B. ab; im dünnsten wurden 82 $\frac{0}{0}$ Oel und 18 Harz, im dicksten 35 $\frac{0}{0}$ Oel und 65 $\frac{0}{0}$ Harz gefunden. Das ätherische Oel wasserhell, dünnflüssig, hat ein spec. Gew. von 0,88—0,91, siedet bei 245°, ist der Träger des Geruchs, des brennenden und z. Th. auch des bittern Geschmacks des B., während das Harz nicht riecht, nicht brennend und nur bitter schmeckt.

Verfälschungen. 1. Mit Gurgunbalsam. Man schüttelt nach HAGER mit dem Vierfachen Petroleumäther, worin sich der reine Kopaivabalsam völlig lösen muss, während bei Gegenwart von Gurgunbalsam ein voluminöser Absatz entsteht. Benzol kann bei dieser Probe den Petroleumäther nicht ersetzen, weil es auch den Gurgunbalsam löst. 2. Mit Terpenthin. Man erhitzt den B. in einer Retorte; da das Terpenthinöl schon bei 160° siedet, so geht es zuerst über und ist dann leicht an seinem eigenthümlichen Geruche zu erkennen. 3. Mit Ricinusöl und anderen fetten Oelen. Der reine Balsam hinterlässt in der Wärme ein sprödes Harz; schon bei Gegenwart von 1 $\frac{0}{0}$ fettem Oel im Balsam lässt es sich nicht mehr pulverisiren, und bei 3 $\frac{0}{0}$ erscheint es schmierig. Die Natur des fetten Oeles verräth sich dann durch den Geruch. 4. Mit Colophonium, was besonders bei dünnerm Balsam vorkommt. Man schüttelt nach GROTE mit Petroleumäther, stellt in die Ruhe und findet dann das ausgeschiedene Colophon an den Wänden des Glases haften.

Geschichtliches. Der Kopaivabalsam wurde zuerst wahrscheinlich nicht von Arten des centralen Amerika, sondern von brasilianischen, insbesondere von C. Langsdorfii gewonnen, und es ist daher möglich, dass LINNÉ vorzugsweise dieser letzteren den Namen C. officinales gegeben hat. In der That ist eine der ersten über diesen Gegenstand erschienenen Schriften die eines portugiesischen Mönches, welcher sich von 1570—1600 in Brasilien aufhielt. Er erwähnt darin unter andern eines grossen Baumes, Namens Kupayba, aus dessen eingeschnittenem Stamm ein fettes Oel in reichlicher Menge fliesse, welches als Arzneimittel sehr in Ansehn stehe. P. ACUGNA, welcher 1638 den Amazonenstrom hinauffuhr und in dieser Richtung bis Quito vordrang, spricht ebenfalls schon von einem Oele Kopaiba, als ein wundenheilendes Mittel. Ferner MARCGRAF und PISO 1649 in ihrer Naturgeschichte Brasiliens. In die Londoner Pharmakopoe von 1677 war es schon aufgenommen, und zwar, wie oben bemerkt, als Balsamum Capivi. Im Jahre 1767 entdeckte JACQUIN die nach ihm benannte Art und später sind die meisten übrigen Arten, zumal die brasilianischen durch MARTIUS bekannt geworden. Nach MARTIUS (der 1816—20 dort verweilte) bereiste LANGSDORF (1825—29) Brasilien, und machte sich ebenfalls um die Kenntniss der Pflanzenwelt dieses Reiches verdient.

Kopal.
I.
Afrikanischer Kopal.
Resina Copal africanum.
Hymenaea verrucosa GÄRTN.
Trachylobium Petersianum KLOTZSCH.
Decandria Monogynia. — Caesalpiniaceae.

Hymenaea verrucosa. Baum mit lederartigen, zweizähligen, aderigen, an der Basis ungleichen Blättern, Blüthen in Rispen, braunen, holzigen, vielsamigen, aussen warzigen Hülsen. — Im östlichen Afrika und Madagaskar.

Trachylobium Petersianum. Aehnlicher Baum in derselben Heimath.

Gebräuchlicher Theil. Das aus dem Stamme fliessende und an der Luft erhärtete Harz, von obigen beiden, vielleicht aber auch noch von anderen Arten der genannten Gattungen erhalten, bildet zwei verschiedene Sorten. Ganz andern Ursprungs ist eine dritte Sorte.

1. Ostafrikanischer Kopal, irrigerweise (weil häufig erst auf dem Umwege über Ostindien zu uns gelangend) ostindischer genannt, denn er wird von Madagaskar, Mozambique und Zanquebar ausgeführt. Die härteste und beste Sorte; findet sich meist in flachen, 3—8 Millim. starken, seltener in tropfsteinartigen oder kugeligen Stücken von verschiedener Grösse und Farbe, und ist auf der ganzen Oberfläche mit kleinen, $\frac{2}{3}$—1 Millim. breiten, regelmässig und gedrängt stehenden Warzen bedeckt, so dass er dadurch chagrinirt erscheint. Diese Warzen sind weder Eindrücke von Sand, da sie hervortreten, noch durch eine Form eingepresst, da sie sich sowohl an den sehr unebenen Rändern wie auch in den zufälligen Vertiefungen finden, sondern können nur dadurch entstanden sein, dass beim Erstarren des Harzes die eingeschlossene flüssige Masse in Form von kleinen Tropfen hervortrat und so erhärtete. Das Austrocknen fand in freier Luft statt, denn Sand, Erde und andere Unreinigkeiten, wie sie die Kruste des Harzes verunreinigen müssten, wenn dasselbe aus der Wurzel unter der Erde hervorgeflossen wäre, sind in dieser sehr reinen, klaren und durchsichtigen Sorte nicht zugegen. Die durch gegenseitiges Reiben auf dem Transporte meist bestaubte Oberfläche wird durch Waschen mit Potaschenlösung entfernt.

2. Westafrikanischer Kopal. Von Sierra Leone und Guinea ausgeführt, bildet mehr oder weniger unregelmässig kugelige, oder durch kugelige Auswüchse unförmliche, zuweilen bedeutend grosse, blassgelbliche Stücke, die mit einer zarten weisslichen Rinde bedeckt sind. Diese Rinde, welche durch den Einfluss des Wassers auf den Kopal entstanden, also ein Hydrat ist, löst sich sehr leicht bei der Behandlung mit Potaschenlösung, und es hinterbleibt ein wasserhelles nur innen zuweilen von wenig eingeschlossenem Wasser etwas trübes Harz.

3. Südafrikanischer Kopal, von JURITZ in Kapstadt an MARTINY gesandt, ist der Ausfluss der Composita *Euryopsis multifidus* Dc. Dieses Harz besteht aus unregelmässig konvex-konkaven Stücken von etwa 2,5 Centim. Durchmesser, aussen mit einer dünnen, gelbbraunen, matten Kruste versehen, im Innern aber rein glasartig durchsichtig, von schönem Glanze und goldgelber bis bräunlichgelber, etwas in's Orange ziehender, leuchtender Farbe. Es ist sehr hart und zwar wie ein mittelharter Kopal, giebt ein goldgelbes Pulver, hat weder Geruch noch Geschmack, wird in der Wärme nicht weich, schmilzt erst bei starker Hitze und verbreitet dabei einen kopalähnlichen Geruch. Weingeist nimmt nur wenig davon auf, färbt sich aber gelb, und der Rest wird auch vom Terpenthinöl nur partiell gelöst. Nach HIRSCHSOHN giebt Chloroform eine fast vollständige Lösung. Salzsaurer Alkohol färbt das Harz prachtvoll roth violett, Brom erst grün, dann blau.

II.
Amerikanischer Kopal.
Resina Copal americanum.
Hymenaea Curbaril SPIX. u. MART.
(*Hymenaea stilbocarpa* HAYNE.)
Decandria Monogynia. — *Caesalpiniaceae.*

Starker Stamm mit hartem Holze und röthlicher Rinde, gepaarten Blättern, ovallänglichen, ungleichseitigen, lang zugespitzten, an der Basis gleichförmigen, gegen 75 Millim. langen, durchsichtig punktirten Blättchen. Die Blumen stehen am Ende der Zweige in Rispen und sind roth und gelb gestreift. Die Hülsen hart, holzig, 150 Millim. lang, 50 Millim. breit, länglich zusammengedrückt, glänzend rothbraun und enthalten die Samen in einem gelblichen süssmehligen Marke. — In Süd-Amerika und Westindien.

Gebräuchlicher Theil. Das aus dem Stamm fliessende und an der Luft erhärtete Harz. Doch liefern dasselbe auch noch mehrere andere verwandte Bäume, welche als Hymenaea Martiana, H. Sellowiana, Trachylobium-Arten etc. bezeichnet werden. Man unterscheidet ebenfalls zwei Hauptsorten:

1. Brasilianischer Kopal. Besteht aus oft sehr grossen, runden, gewöhnlich wegen geringerer Härte aussen weissbestäubten, helleren oder dunkleren Stücken, die innen von eingeschlossenem Wasser trübe Stellen enthalten.

2. Westindischer Kopal. Bildet mehr oder weniger plankonvexe, jedoch auch kugelige, meist sehr grosse, wasserklare, fast farblose oder blassgelbliche, im Bruche glasglänzende Stücke, die auf der Oberfläche durch eine häufig Sand enthaltende Kruste trübe und runzelig erscheinen, aber durch Abschälen von derselben befreit, als geschälter K. in den Handel kommen.

Im Allgemeinen sind die Kopale farblose oder gelb gefärbte, harte, im Bruche muschelige, glasglänzende. geruch- und geschmacklose Harze von 1,045 bis 1,130 spec. Gewicht, schmelzbar unter einer gewissen Zersetzung ohne besondern Geruch, in höherer Temperatur ein ätherisches Oel und Wasser, aber keine Säure (keine Bernsteinsäure, wie der ähnliche Bernstein) liefernd. Sie lösen sich stets nur partiell in Alkohol, nach längerem Liegen an der Luft leichter, noch leichter nach dem Schmelzen oder durch Mitwirkung von Kampher; schwellen in Aether auf und lösen sich dann vollständig, auch in ätzenden Alkalien, reichlich in Chloroform, langsam in Benzol und Ricinusöl, partiell in Schwefelkohlenstoff und in ätherischen Oelen.

Wesentliche Bestandtheile. Durch verschiedene Lösungsmittel hat man den Kopal in 5 Harze zerlegt, die sämmtlich die Natur schwacher Säuren zeigen.

Prüfung. E. HIRSCHSOHN prüfte 85 Kopalsorten mit Lösungsmitteln und fand, dass Petroleumäther 4—70$\frac{0}{0}$, absoluter und 95$\frac{0}{0}$ Weingeist 25—99$\frac{0}{0}$, Chloroform 40—100$\frac{0}{0}$ auflöste. Die geistigen Auszüge der ächten Kopale werden nach ihm durch Eisenchlorid gefällt, die der unächten, z. B. Dammarharze, nicht. Bernstein giebt an Petroleumäther nur 2$\frac{0}{0}$ ab, und auch dieser Auszug erleidet durch Eisenchlorid keine Veränderung.

Anwendung. Sie beschränkt sich auf die Bereitung von Firniss.

Geschichtliches. Ob die Kopale schon in alten Zeiten bekannt waren, ist noch zweifelhaft. Den westindischen K. beschrieb zuerst MONARDES († 1577) auch suchte er schon zwischen Anime und K. zu unterscheiden. Nach Piso nennen die Indianer jede harzige riechende Substanz Kopal; was er in Brasilien sah und als Anime beschrieb, war nichts als K., denn er sagt, das Harz senke sich durch die Gefässe des Baumes in die Erde und werde an der Wurzel ausgegraben (mit andern Worten: es tropft aus dem Stamm und sammelt sich am Fusse desselben, also da wo die Wurzel anfängt); auch bereite man Firniss daraus. Die Indianer benutzten den K. bei ihrem Gottesdienst als Rauchwerk, bewillkommten auch die ersten Spanier, welche nach Westindien kamen, als Ehrenbezeugung mit Kopalrauch, eine Höflichkeit, die ihnen bekanntlich schlecht belohnt wurde.

Das Wort Kopal ist indianischen Ursprungs.

Hymenaea von ὑμεναιος (Hochzeitsgenius); die paarweise stehenden Blätter des Gewächses nähern sich einander in der Nacht.

Trachylobium zus. aus τραχυς (rauh) und λοβος (Hülse); die Oberfläche der Frucht ist höckerig rauh.

Euryopsis zus. aus ἑυρον (weit, breit) und ωψ (Auge, Gesicht); hat grosse gelbe Blumen.

An die Kopale schliessen sich folgende drei Harze, über deren Abstammung wir noch keine Aufklärung haben, und worüber wir auch sonst nur unsichere und abweichende Nachrichten besitzen.

Kikekunemalo. Nach MURRAY war SCHENDO VON DER BECK (1757) einer der Ersten, welcher dieses Harz und zwar als weissen Kopal erwähnt. SPIELMANN beschreibt es als gelblich, halbdurchsichtig, aussen mit einer sehr dünnen schwärzlichen Rinde bedeckt. BÜCHNER und SEELMATTER sagen, es habe eine grünliche Farbe, sei mehr trübe als durchsichtig, im äussern Ansehen dem Guajakharz ähnlich und sehr spröde; der Geruch balsamisch, etwas widrig, auf Kohlen rieche es stark und nicht unangenehm; der Geschmack harzig nnd etwas scharf; mit Wasser destillirt gebe es ein weisses ätherisches Oel. MURRAY beschreibt es als eine trübe Masse, in welche durchsichtige weisse oder gelbliche Stücke eingebettet sind, und welcher Reste von Rinde oder Holz anhängen; er fand den Geruch ebenfalls schwach balsamisch, und den Geschmack harzig und etwas scharf.

Look wurde von BÜCHNER und SEELMATTER irrig für ein Gummiharz gehalten, das aus Japan stamme. SPIELMANN dagegen sagt, es komme aus Afrika. GUIBOURT identificirt es mit seinem weichen indischen Kopal, was jedoch nicht zutrifft. Es sind nämlich Stücke, welche grossentheils eine matte, graulich- oder bräunlich-gelbe harzige Kruste haben, nirgends aber, wie der Kopal, warzige Erhabenheiten zeigen. Das Innere ist hoch weingelb, krystallinisch, glänzend und durchsichtig. Es ist so hart wie der härteste Kopal, auf dem Bruche wie Glas. Erweicht und schmilzt erst bei starker Hitze, bräunt sich dabei, und riecht weihrauchartig, scharf und reizend. In der Kälte ist es jedoch ohne Geruch und Geschmack. Weingeist nimmt nur einen Theil auf, und vom Rückstande Terpenthinöl auch nur einen Theil.

Olampi kommt aus Amerika in kleinen blassgelben, auf dem Bruche durchsichtig glänzenden Stücken, ist hart, spröde, erweicht nicht zwischen den Zähnen. Wird theils für Anime, sicherer aber für Kopal gehalten. Virey meinte sogar, es sei ein Exsudat von Anacardium occidentale, also eine Art Acaju-Gummi — jedenfalls eine ganz irrige Ansicht.

Kopalcherinde.
Cortex Copalche.
Croton Pseudo-China Schlcht.
(Croton niveus Jacq.)
Monoecia Monadelphia. — Euphorbiaceae.

Kleiner Baum mit abstehenden, blass aschgrauen Aesten; Blätter oval, an der Basis etwas herzförmig ausgeschnitten, schwach zugespitzt, fast ganzrandig und unten gleich den jüngsten Zweigen mit silberweiss glänzenden Schuppen überzogen, lang gestielt. Die Blumen stehen an den Spitzen der Zweige, sowie in den Blattwinkeln in 24—36 Millim. langen Trauben, die Kelchabschnitte oval, mit rostbraunen Schuppen besetzt, die Kronen weiss, aussen silberglänzend, am Rande gewimpert. Die rundlichen schuppigen Springfrüchte enthalten schwarz und gelb gefleckte Samen. — In Mexiko.

Gebräuchlicher Theil. Die Rinde; sie kommt im Handel vor als etwa 10 Centim. lange, federkieldicke, um ihre Achse gerollte, wie auch als 30 bis 36 Centim. lange, bis 2½ Centim. breite, umgebogene, meist geschlossene Stücke vor, je nachdem sie von älteren oder jüngeren Zweigen stammt. Die Oberfläche bildet eine aschgrau, weisslich oder zuweilen gelblich gefleckte Korkschicht, welche jedoch leicht abspringt und häufig fehlt. Die ziemlich tiefen Längsfurchen, sowie die zahlreichen kurzen eigenthümlichen Querrunzeln sind sehr charakteristisch für die Rinde. Der Bast ist fasrig, rothbraun, und auf der innern Seite schmutzig braunroth, mit eigenthümlichen schwärzlichen Punkten gefleckt, welche oft sparsam zerstreut, zuweilen sehr dicht beisammen stehen und der Rinde ein eigenthümliches Aussehn verleihen. Der Bruch ist schwach fasrig, feinkörnig, ohne Glanz. Geruch und Geschmack ähneln der Kaskarilla, ersterer ist jedoch schärfer und letzterer bitterer.

Wesentliche Bestandtheile. Die Rinde ist von Mercadieu, Brandes, John, Howard und von Mauch untersucht worden; letzterer fand in 100: 4,15 in Aether lösliches Harz, 3,27 in Weingeist lösliches Harz, 1,5—2,0 eigenthümlichen harzigen Bitterstoff (Copalchin), 0,15 ätherisches Oel, 3,5 Proteïnsubstanz und Oxalsäure. Das von Howard gefundene Alkaloid ist nach Mauch Chinin, aber nur dadurch erhalten, dass der von H. untersuchten Rinde Chinarinde beigemengt war.

Anwendung. In Mexiko dient die Rinde als Surrogat der China; bei uns hat sie sich als solche nicht bewährt, und wäre eher der Kaskarille an die Seite zu stellen.

Geschichtliches. Die Rinde kam zuerst 1817 als Kascarille de Trinidad von Kuba nach Europa, und 1827 eine grössere Quantität unter Bezeichnung einer Chinasorte. Jetzt ist sie ziemlich verschollen.

Copalche ist ein mexikanischer Name.

Wegen Croton s. den Artikel Kaskarille.

Kopfblume.
Cortex Cephalanthi.
Cephalanthus occidentalis L.
Tetrandria Monogynia. — Dipsaceae.

1,8—2 Meter hoher ästiger Strauch mit ungestielten, lichtgrünen, ovalen, ganzrandigen, im Herbste roth werdenden Blättern, weissen, wohlriechenden, in einem kugelrunden Kopfe stehenden Blumen mit kugelrundem zottigem Fruchtboden, dreifächriger Kapsel, jedes Fach mit einem langen pyramidenförmigen Samen. — In Nord-Amerika einheimisch, und bei uns in Anlagen kultivirt.

Gebräuchlicher Theil. Die Rinde; sie ist von jungen Aesten sehr dünn, die Epidermis aussen hellröthlich-braun, hie und da gleichsam hellgrau angeflogen, innen hellgrün, sehr leicht von der Rindensubstanz trennbar; diese hat eine grünlich-gelbe Farbe, welche bei der glatten, zarten Bastschicht noch mehr in's Gelbliche oder auch in's Hellbraune geht. Sehr faserig, die Epidermis der Rinde älterer Aeste häufig sehr zerrissen, bräunlich-grau und röthlichbraun gefleckt, ihre Rindensubstanz neigt sich in's Fleischfarbige und die Bastfläche ist bräunlich-gelb. Geruchlos, von bitterm etwas schleimigem Geschmack.

Wesentliche Bestandtheile. Bitterstoff, Schleim. Nicht näher untersucht.

Anwendung. In der Heimath als Diaphoretikum, Purgans und gegen Wechselfieber.

Cephalanthus ist zus. aus κεφαλη (Kopf) und ἀνθος (Blume), in Bezug auf die Form des Blüthenstandes.

Koptis.
(Chynlen, Honglane, Mahmiran, Meriman, Mishmee, Soulin, Teeta.)
Radix Coptidis.
Coptis Teeta WALL.
Polyandria Polygynia. — Ranunculeae.

Perennirende Pflanze mit etwas fleischiger, vielköpfiger, faseriger, innen goldgelber Wurzel; die Blätter sind langgestielt, dreilappig, mit wieder eingeschnittenen Segmenten und sehr scharf borstenförmig zugespitzten Sägezähnen. Der nackte, aufrechte, etwas gestreifte Blumenstiel trägt 2—3 weissliche Blumen mit länglich-lanzettlichen, 2½ Centim. langen Kelchblättchen und dreimal kleineren zungenförmigen Kronblättern. — In Ost-Indien und China einheimisch.

Gebräuchlicher Theil. Die Wurzel; sie kommt in den Handel in etwa 30 Grm. haltenden Körbchen aus dünnen Streifen spanischen Rohrs mit offenen Maschen geflochten, worin 2½—7 Centim. lange Stücke liegen, welche fast cylindrisch, uneben, scharf, mehr oder weniger gekrümmt, von grünlich-brauner Farbe und so dick oder dicker als eine Rabenfeder sind. Sie lassen sich leicht brechen, haben zuweilen an einem Ende einige Fasern, eine gelbe Farbe, schmecken anhaltend und rein bitter, wenig aromatisch und färben den Speichel gelb.

Wesentliche Bestandtheile. Nach MAHLA und PERRINS: Berberin.

Anwendung. In China und Ost-Indien als kräftiges Magenmittel.

Coptis von κόπτειν (zerhauen); die Blätter sind vielfach zerschnitten. Die übrigen Namen sind chinesisch und ostindisch.

Koriander.

(Koliander, Schwindelkraut, Wanzendill.)

Semen (Fructus) Coriandri.

Coriandrum sativum L.

Pentandria Digynia. — Umbelliferae.

Einjährige Pflanze mit 45—60 Centim. hohem, aufrechtem, glattem, oben ästigem Stengel. Die unteren Blätter sind gefiedert, ihre Blättchen ziemlich breit, rundlich, eingeschnitten und gesägt und fallen bald ab; die oberen doppelt gefiedert, mit eiförmigen, dreispaltig eingeschnittenen Blättchen, deren oberste Segmente linienförmig, schmal, stumpf, alle hellgrün, zart und glatt. Die Dolden stehen am Ende der Zweige auf langen Stielen, sind wenig strahlig, die allgemeine Hülle fehlt oder besteht nur aus einem einzelnen Blättchen, die besondere umgiebt mit 3 linienförmigen Blättchen die eine Seite der Döldchen. Die Blumen sind weiss oder röthlich, und die am Rande stehenden grösser als die centralen. Die ganze Pflanze riecht widerlich wanzenartig. — Im Oriente, südlichen Europa einheimisch, bei uns angebaut.

Gebräuchlicher Theil. Die Früchte; sie sind kugelig, fast so gross als weisser Pfeffer, fein gerippt, blass graulich-gelb, die beiden Hälften schliessen fest aneinander, und sind getrennt innen hohl. Frisch riechen sie widerlich, nach dem Trocknen angenehm gewürzhaft, und ähnlich ist der Geschmack.

Wesentliche Bestandtheile. Nach TROMMSDORFF in 100: 0,47 ätherisches Oel, 13,0 fettes Oel etc. Das ätherische Oel, leichter als Wasser, von 0,871 spec. Gew., hat nach KAWALIER die Zusammensetzung des Borneo-Kamphers.

Anwendung. In Substanz, Aufguss, als ätherisches Oel; meist als Gewürz. Soll in grösserer Menge Schwindel hervorrufen.

Geschichtliches. Schon die Alten benutzten den Koriander mehr als Gewürz, wie als Medikament; in letzterer Beziehung sprechen ARCHIGENES, SCRIBONIUS LARGUS, ALEXANDER TRALLIANUS davon.

Coriandrum ist zus. aus κόρις (Wanze) und άννον oder άννησον (Anis), in Bezug auf Geruch und Ansehn.

Kork.

(Korkrinde.)

Suber, Cortex Suberis.

Quercus Suber L.

Monoecia Polyandria. — Cupuliferae.

Die Korkeiche ist ein ansehnlicher, 9—12 Meter hoher, sehr ästiger immergrüner Baum, der aber durch öfteres Schälen seiner Rinde nicht selten ein krüppelhaftes Ansehn hat, mit aussen grauer, innen rostfarbiger Rinde, bei den jungen Bäumen und Zweigen glatt, bei den älteren schwammig, rissig, sich von selbst ablösend und durch junge ersetzt werdend. Die Blätter sind klein, wellenförmig, stumpf zugespitzt, oben hell blaugrün glänzend, unten weiss filzig, mit kurzen wolligen Stielen und erhabener Mittelrippe. Die Früchte (Eicheln) sind etwa 25 Millim. lang und haben einen dünnen Kelch. — Im südlichen Europa und nördlichen Afrika (besonders Algier) einheimisch.

Gebräuchlicher Theil. Die Rinde (der Kork). Der Kork ist das dick aufgetriebene, zellige Gewebe des unter der Oberhaut liegenden Rindentheils[*] und erneuert sich, dem Baume entnommen (was alle 6—8 Jahr geschieht), immer wieder, wenn man die Vorsicht beobachtet, das darunter liegende Kambium nicht zu verletzen, widrigenfalls unter Ausscheidung einer rothen Jauche die fernere Korkbildung aufhört. Die abgeschälte Rinde legt man in Wasser und beschwert sie mit Gewichten, damit sie flach wird, und lässt sie dann trocknen, was über Feuer geschieht und der diesem unmittelbar ausgesetzten Fläche häufig ein schwarzes Ansehn giebt.

Wesentliche Bestandtheile. Ausser dem organisirten Zellgewebe, woraus die Rinde im Wesentlichen besteht und das man, von allen anderen Materien befreit, als Korkstoff oder Suberin bezeichnet, enthält sie nach Chevreul noch: eisenbläuenden Gerbstoff, ein wohlriechendes Oel, Wachs (Cerin), Harz, rothen und gelben Farbstoff, eine stickstoffhaltige Materie, Gallussäure und Kalksalze.

Anwendung. Allgemein bekannt. Die beim Schneiden der Korkstöpsel sich ergebenden Abfälle werden gepulvert und mit Oelfirniss als Bindemittel zu wasserdichten Teppichen etc. verarbeitet; neuestens fabricirt man auch Leucht gas daraus.

Geschichtliches. Die Alten kannten und benutzten schon den Kork; er hiess bei ihnen φελλος oder φελλοδρυς.

Wegen Quercus s. den Artikel Eiche.

Suber kommt von *sub* (unter), oder *suere* (nähen, d. h. als Sohle unter die Schuhe heften), weil man die Rinde schon in alten Zeiten zu Winterschuhen be nutzte (Plinius XVI. 13) damit der Fuss trocken bleiben sollte.

Kornblume.
(Blaue Flockenblume.)
Flores Cyani.
Centaurea Cyanus L.
Syngenesia Frustranea. — Compositae.

Einjährige, 45—90 Centim. hohe Pflanze mit aufrechtem, ästigem, 5 kantig gefurchtem, etwas wollig-filzigem, steifem Stengel, abwechselnden aufrecht ausgebreiteten Zweigen und abwechselnden linienförmigen sitzenden, ganz randigen, unten etwas wolligen nervenlosen Blättern, von denen die untersten an der Basis fiedertheilig sind. Die Blumenköpfe stehen einzeln am Ende der Stengel und Zweige auf gefurchten Stielen aufrecht, sind ansehnlich, schön himmelblau (κυανος), der allgemeine Kelch eiförmig, die kleinen fest anliegenden Schuppen grün, weichhaarig, mit hellbraunem, etwas zurückgekrümmten gewimpertem Rande; die inneren Blümchen klein mit vorstehenden Staubgefässen, die unfruchtbaren Blüthen des Strahls viel grösser, mit gekrümmter Röhre, sich

---

[*] Eine ähnliche Korkbildung findet auch bei Ulmus suberosa und Acer campestre statt, jedoch nur an den Aesten und in weit geringerem Grade.

trichterförmig erweiternd, mit ungleichem mehrspaltigem Rande. Die Achenien mit kurzem borstigem Pappus. Variirt mit weissen, rothen etc. Blüthen. — Häufig auf Feldern, zwischem dem Getreide; als Zierpflanze in Gärten.

Gebräuchlicher Theil. Die Blumen, nämlich die blauen Kronen des Strahles. Nach dem Trocknen müssen sie vor dem Lichte geschützt (im Dunkeln) aufbewahrt werden, weil sie sonst ausbleichen. Sie haben keinen Geruch, schmecken süsslich, etwas salzig reizend.

Wesentliche Bestandtheile. Blauer Farbstoff, eisengrünender Gerbstoff. Nicht näher untersucht.

Anwendung. Früher im Aufguss als Diuretikum, auch als Augenmittel. Gegenwärtig dienen sie nur dazu, um verschiedenen Species (Räucherpulver) ein schönes Ansehn zu geben. Das bitter schmeckende Kraut und die noch bitterern Früchtchen dürften mehr Beachtung verdienen.

Geschichtliches. Die Pflanze ist ein altes Arzneimittel. Im 16. Jahrhundert diente der Absud der Blumen gegen Herzklopfen, und ein mit Bier bereiteter Auszug gegen Harnleiden und Gelbsucht.

Wegen Centaurea s. den Artikel Kardobenedikt.

Kornrade.
(Ackerkümmel, Kornnelke, Kornröschen.)
Radix, Herba und *Semen Githaginis, Nigellastri, Lolii officinarum.*
Agrostemma Githago L.
(*Githago segetum* DESF., *Lychnis Agrostemma* SPR., *Lychnis Githago* LAM.)
Decandria Pentagynia. — Caryophylleae.

Einjährige Pflanze mit einfacher spindelförmiger, fasriger, weisslicher Wurzel, 0,60—0,90 Meter hohem, einfachem oder oben gabelig ästigem Stengel, der gleich den übrigen Theilen der Pflanze mit mehr oder weniger rauhen Haaren besetzt ist. Die Blätter sind linien-lanzettlich, fast grasartig, gegenüberstehend und an der Basis verwachsen. Die ansehnlichen violettrothen (selten weissen) Blumen stehen auf langen steifen Stielen: ihr Kelch ist weisslich behaart, und die sehr langen, linienförmigen spitzen Segmente reichen über die Krone hinaus. Die Frucht ist eine ovale, vom lederartigen Kelche umgebene, zehnrippige, fünfklappige Kapsel. — Häufig zwischen dem Getreide wachsend.

Gebräuchliche Theile. Die Wurzel, das Kraut und der Same. Wurzel und Kraut schmecken bitterlich.

Der Same ist ziemlich gross, nierenförmig, gestreift, eckig, rauh, schwarz, geruchlos und schmeckt bitter kratzend.

Wesentliche Bestandtheile. Bitterstoff in der Wurzel und dem Kraute (eine nähere Untersuchung fehlt). Der Same sollte nach H. SCHULZE ein eigenthümliches Alkaloid (Agrostemmin) und nach SCHARLING noch einen andern eigenthümlichen Körper (Githagin) enthalten. BUSSY erklärte aber letzteren für Saponin, was CRAWFURD bestätigte. Die Darstellung des Agrostemmins wollte CRAWFURD in keiner Weise gelingen, und als sonstige Bestandtheile des Samens fand er 5,2% fettes nicht trocknendes Oel, 7,5 Zucker, 5,5 Gummi, 46 Stärkmehl. Der Gehalt an Saponin beträgt 1⅜, und ihm verdankt der Same seine schädliche Wirkung.

Etwaige Verwechslung des Samens mit dem Schwarzkümmel könnte nur auf grober Unkenntniss beruhen.

WITTSTEIN, Pharmakognosie.

Anwendung. Ehedem gab man die Wurzel gegen Blutflüsse und anden Krankheiten. PAULI und SENNERT wollen Wunderkuren damit verrichtet haben In ähnlichen Fällen, auch bei Hautkrankheiten, Geschwüren benutzte man da Kraut, den Samen in der Gelbsucht, als harntreibendes Mittel, gegen Spulwürmer Dem Mehle ertheilt der Same eine bläuliche Farbe, und wenn er in grössere Menge zugegen ist, schädliche Wirkungen.

Geschichtliches. Die Einführung der Kornrade in die Officinen wurde durch die Meinung veranlasst, dass die Pflanze entweder das Melanthion der alten griechischen, oder auch das Lolium der alten römischen Aerzte sei; ein Irrthum, der heut zu Tage keiner Widerlegung bedarf. Selbst der Name Githago, der, wie es scheint, bei TRAGUS († 1553) zuerst vorkommt, deutete auf die (allerdings sehr entfernte) Aehnlichkeit des Samens mit dem der Nigella sativa, die auch Gith hiess. C. BAUHIN nannte die Pflanze Lychnis segetum, und dieser sehr bezeichnende Name hätte der Priorität nach beibehalten werden sollen, oder die noch ältere Benennung Lychnis arvensis, welche in den Schriften des TABERNAEMONTANUS vorkommt.

Agrostemma zus. aus ἀγρός (Acker) und στεμμα (Kranz), also Schmuck der Aecker, auf die schönen Blumen und den Standort deutend.

Wegen Lolium s. den Artikel Taumellolch.

Lychnis von λυχνος (Lampe). PLINIUS spricht (XXV. 74) von einer Pflanze, welche eine Art Phlomis sei und Lychnitis oder Thryallis heisse, deren dicke, fette Blätter zu Lampendochten dienen. Diese Pflanze ist Verbascum limnense. Was hingegen Pl. an andern Stellen (XXI. 10. 39 u. 98) Lychnis (λυχνίς) nannte, ist unsere Agrostemma, und diese scheint ihren Namen den schönen rothen (gleichsam leuchtenden) Blumen zu verdanken.

Kostus arabischer.
Radix (Rhizoma) Costi.
Costus arabicus L.
(Costus speciosus SM.)
Monandria Monogynia. — Cannaceae.

Prachtvolle perennirende Pflanze mit horizontal unter der Erde laufendem Wurzelstocke, 0,30—1,20 Meter hohem und höherem Stengel, 15—35 Centim. langen zugespitzten Blättern, Blüthen in grosser elliptischer Aehre mit zahlreichen zugespitzten rothen Nebenblättern und 7 Centim. langer rother Blumenkrone. — In Ostindien einheimisch.

Gebräuchlicher Theil. Der Wurzelstock oder dessen Rinde. Man hat zweierlei Arten, süssen und bittern Kostus (Costus dulcis, C. amarus), deren Unterschiede bloss durch das Alter bedingt zu sein scheinen. Der Wurzelstock ist fingerdick und dicker, 5—15 Centim. lang, aussen rauh, ungleich, der Länge nach gestreift oder gefurcht, grauröthlich oder dunkelbraun, innen heller oder dunkler gelblich grau, z. Th. in's Röthliche, locker, zellig. Zuweilen kommt nur der äussere braunrothe, z. Th. mehrere Millim. dicke rindenartige Theil (Costus corticosus) vor. Der Geruch ist angenehm aromatisch, ähnlich der Violenwurzel, der Geschmack aromatisch, z. Th. mehr oder weniger bitter.

Wesentliche Bestandtheile. Aetherisches Oel. Nicht näher untersucht.

Verwechslung und Verfälschung. Der (echte) Kostus kommt jetzt kaum mehr im Handel vor, und was man unter diesem Namen antrifft, ist in der Regel entweder weisser Cimmt oder Winterrinde (s. diese beiden Artikel).

Anwendung. Obsolet.

Geschichtliches. Den Kostus, (Κοστος, arabisch: *Koost)* kannten schon die alten Griechen und Römer. DIOSKORIDES unterschied 3 Sorten, arabischen, indischen und syrischen, von denen der erstere, durch weisse Farbe und lieblichen Geruch ausgezeichnet, für den besten galt. Aber schon damals kam die Droge verfälscht vor, und namentlich wurde ihr die Wurzel einer Alantart untergeschoben. Letztere ist vielleicht dieselbe, von welcher GUIBOURT meint, dass sie der echte Kostus sei. Wir wollen das, was dieser Pharmakognost darüber sagt, hier anschliessen, jedoch keineswegs als ein entscheidendes Votum, sondern nur als Beitrag zu den verschiedenen Angaben über die Abstammung des K.

»Die Kostuswurzel stammt von einer bis jetzt nicht näher bekannten Pflanze, welche in den an Persien grenzenden ostindischen Provinzen wächst; sie gehört ihrer Struktur gemäss in die Familie der Compositae und ist zumal den Arten der Gattung Carolina verwandt. Sie bildet Stücke von der Grösse eines kleinen Fingers bis zu 5 Centim. im Durchmesser, aussen grau, innen weisslich, riecht ähnlich der Violenwurzel, aber zugleich etwas bockartig, schmeckt ziemlich stark bitter und scharf. Selten ist die Wurzel ganz, gewöhnlich in unregelmässige Stücke zerbrochen, die innen eben so grau als aussen sind; auf dem Bruche bemerkt man zahlreiche Zellen, die eine rothe durchscheinende, wahrscheinlich gummiharzige Substanz enthalten, in der man mit der Lupe zahlreiche Poren bemerkt, zumal wenn man zuvor die sie bedeckende lösliche Materie mit Wasser und Weingeist abgewaschen hat. Diesen Charakter hat sie mit der Turbithwurzel gemein, auch wurde ungeachtet des abweichenden Geruches in Frankreich nicht selten der Kostus als Turbith verkauft. Ein Hauptmerkmal zur Erkennung des K. ist der Umstand, dass die meisten Stücke an einer Seite halb offen und dabei oft bis zum Mittelpunkte zernagt sind. Jene Stücke, an welchen sich diess nicht vorfindet, sind wenigstens an einer Seite eingedrückt, und diess leitete auf die Spur, dass die Wurzel von einer Carlina stamme, da man im Handel Stücke der Eberwurzel findet, welche dem K. so ähnlich sind, als ob sie von einem und demselben Gewächse gekommen wären.«

Damit stimmt nun FALCONNER in der Hauptsache allerdings überein, indem er um Kaschmir eine distelartige Syngenesiste fand, deren Wurzel ihm der Kostus der Alten zu sein scheint, und die er als neu, zu Ehren des indischen Generalgouverneurs AUCKLAND, Aucklandia Costus nannte.

Um die Verwirrung noch zu vermehren, hat GUIBOURT auch die Belahé-Rinde unter dem Namen Costus amarus beschrieben. Siehe den Artikel Belahé-Rinde.

Kotorinde.
Cortex Koto.

Eine Baumrinde aus Bolivien, seit 1874 in Europa eingeführt, deren Stammpflanze noch unbekannt ist. Angeblich von einer Cinchonee; aber die physikalischen, chemischen und medicinischen Eigenschaften weisen eher auf eine Lauree oder Terebinthacee hin.

Die Rinde besteht aus 20—30 Centim langen, auch kürzern, unregelmässig zerbrochenen, flachen oder kaum gewölbten Stücken, welche verschieden dick

sind und innerhalb 8—14 Millim. Durchmesser variiren. Die Farbe ist röthlich
braun, auf der Splintseite meist dunkler braun. Schon mit blossem Auge erkennt man auf dem Querschnitte zahlreiche eingestreute goldgelbe Punkte und
kleine Inselchen (Sklerenchym- und Bastzellengruppen). Ferner ergiebt das
mikroskopische Studium eine ungleichartige Beschaffenheit des Rindendurchschnittes;
man bemerkt eine äussere, körnige, an Kakaomasse erinnernde, ziemlich eben
brechende Aussenrinde und eine grobfaserige, splitterig und uneben zackig
brechende zähere Innenrinde. Die Aussenseite ist ziemlich eben, ohne jede
Borken- und Korkbildung, erinnert etwas an die Rinde mässig dicker Buchen-
äste und lässt an einzelnen Stellen noch die abgestorbene Epidermis wahrnehmen.
Der Geruch der Rinde ist sehr aromatisch, an Kardamom, Kampher und Kajeputöl erinnernd, hin und wieder mit schwacher Andeutung an Cimmt. Der
Geschmack aromatisch beissend, theils an Pfeffer, theils an Kampher und Kajeputöl erinnernd, schwach bitter; weder schleimig noch adstringirend.

Wesentliche Bestandtheile. Nach WITTSTEIN: ätherisches Oel, blassgelb, von stark aromatischem Geruche und beissend pfefferartig aromatischem
Geschmacke, leichter als Wasser; ein flüchtiges häringsartig und urinös riechendes, also dem Propylamin oder Trimethylamin ähnliches Alkaloid; ein aromatisch riechendes, beissend schmeckendes Weichharz; ein geruch- und geschmackloses Hartharz. Als Nebenbestandtheile, meist nur in geringer Menge vorkommend
und für die medicinische Benutzung der Rinde jedenfalls bedeutungslos, wurden
gefunden: Stärkmehl, Gummi, Zucker, Oxalsäure, eisengrünende Gerbsäure,
Ameisensäure, Buttersäure, Essigsäure. J. JOBST bekam noch einen gelbweissen,
krystallinischen, indifferenten, stickstofffreien Körper (Cotoïn), welcher den
beissenden Geschmack der Rinde in hohem Grade besitzt, und der eigentliche
Träger der Wirksamkeit der Rinde ist. Ausserdem wurden von JOBST und
O. HESSE noch zwei krystallinische Materien gefunden und resp. Dikotoïn und
Piperonylsäure genannt.

Anwendung. Gegen Diarrhöen aller Art, am besten als Tinktur.

Später tauchte unter demselben Namen noch eine andere Rinde auf, welche
von JOBST und HESSE, zum Unterschiede von der ersten,

Parakotorinde

benannt wurde. Sie bildet Stücke bis zu 0,7 Meter Länge, 4—7 Centim. Breite
und 12—18 Millim. Dicke. Der Bruch ist ganz gleich dem der ersten Rinde,
ebenso die Farbe; doch bemerkt man nicht selten auf der Aussenseite die
weissliche, tief längsgefurchte Borke. Sie riecht bedeutend schwächer als die
erste, angenehm und ähnlich der Muskatnuss, und schmeckt schwach. Wirkung
ähnlich.

Sie enthält, ausser ätherischem Oel, folgende krystallinische Körper: Para-
kotoïn, welches im Wirkungswerthe gleich nach dem Kotoïn folgt; Oxyleu-
kotin, Leukotin, Hydrokotoïn, Dibenzoylhydrokoton, Cotonetin,
Piperonylsäure.

Krähenaugen.

(Brechnüsse.)

Nuces vomicae.

Strychnos Nux vomica L.

Pentandria Monogynia. — Apocyneae.

Ansehnlicher Baum mit grauen sehr glatten Aesten, gestielten eiförmigen, von 3 Hauptnerven durchzogenen, ganzrandigen, fast lederartigen Blättern, kleinen weisslichen Blumen am Ende der Zweige in Doldentrauben, rundlichen, glatten, gelben bis braunrothen Früchten vom Ansehn und der Grösse einer Orange, innen mit schleimigem (ganz unschädlichem) Marke erfüllt, worin die Samen zerstreut liegen. — Auf der Küste von Koromandel.

Gebräuchlicher Theil. Die Samen; es sind flache, kreisrunde, scheibenartige Gebilde von 18 Millim. Durchmesser und 2—3 Millim. Dicke, aussen hellgrau ins Gelbliche, seidenglänzend, mit einem sehr dicht anliegenden, concentrisch zusammenlaufenden, kurzhaarigen Ueberzuge bedeckt, und deshalb sich sanft anfühlend; der Rand ist etwas dicker als die Mitte; im Mittelpunkte haben sie auf der einen Seite eine kleine Vertiefung, auf der andern eine kleine Erhabenheit, nicht selten sind sie etwas gebogen. Der innere Kern besteht aus 2 leicht trennbaren Hälften, ist weisslich, sehr hart, hornartig zähe. Fast geruchlos, Geschmack äusserst widerlich bitter. Giftig.

Wesentliche Bestandtheile. Nach PELLETIER u. CAVENTOU: Die Alkaloide Strychnin und Brucin, Fett, gelber Farbstoff, Gummi, Bassorin und Igasursäure (s. den Artikel Ignatiusbaum). DENOIX fand noch ein drittes Alkaloid (Igasurin). SCHÜTZENBERGER stellte dann nicht weniger als 10 Modifikationen des Igasurins auf, aber nach JÖRGENSEN erwies sich das Igasurin überhaupt als nicht existirend, resp. als identisch mit dem Brucin.

Verfälschung. Da die Samen schwierig und wegen des giftigen Staubes auch gefährlich zu stossen sind, so bezieht man sie häufig gepulvert, und das hat sich die Afterindustrie, gleichwie bei den Gewürzen, zu Nutzen gemacht, um das Pulver mit andern, werthlosen Substanzen, oft in bedeutendem Grade zu verfälschen. Ja selbst gestossenes Kochsalz hat man schon darunter gemengt gefunden, was sich allerdings durch den Geschmack sofort erkennen lässt. Man hat sich daher beim Einkauf von Pulver nur an solide Quellen, wie z. B. Gehe u. Comp. in Dresden, zu wenden.

Anwendung. In Substanz, doch mehr als Extrakt und Tinktur. Zu Darstellung der Alkaloide. Als Gift für Ungeziefer.

Die Rinde des Baumes hat als sogen. falsche Angustura eine traurige Berühmtheit erlangt, worüber das Nähere in dem betreffenden Artikel mitgetheilt ist.

Geschichtliches. Die Krähenaugen wurden zuerst durch die Araber in die Medicin eingeführt. Im 16. Jahrhundert galten sie für ein wichtiges Mittel gegen die Pest und andere typhöse Krankheiten; sie machten einen Bestandtheil des Electuarium de ovo (in der alten Brandenburger Pharmakopoe) aus. C. GESNER wollte in der Paris quadrifolia ein sicheres Antidot der Nux vomica gefunden haben.

Wegen Strychnos s. den Artikel Ignatiusbaum.

Krähenaugenbaum, chinaartiger.
Cortex Strychni Pseudo-Chinae.   Quina de Campo.
Strychnos Pseudo-China St. Hil.
Pentandria Monogynia. — Apocyneae.

Kleiner krüppeliger Baum mit korkartiger weicher ockergelber Rinde, eiförmigen, spitzen, an den ältern Bäumen stumpfen, von 5 Hauptnerven durchzogenen, oben fast glatten, unten mit röthlichen dichten Haaren besetzten, mit
weichbehaarten Stielen versehenen Blättern.   Die Blüthen stehen in den Blattwinkeln als dichte ästige Trauben oder Rispen, sind grünlich-weiss, innen flockig
behaart, und riechen der Syringa ähnlich.   Die Früchte sind kugelrunde, gelbe,
glänzende Beeren, welche in einem süsslichen Marke 1—4 scheibenförmige Samen
enthalten. — In Brasilien.

Gebräuchlicher Theil.   Die Rinde; sie bildet flache und gerollte Stücke
mit dicker korkartiger Oberhaut, welche gelbgrau bis röthlich ist und sich stück-
weise ablöst.   Darunter ein körniges, nicht fasriges Gewebe, sehr dünn, ockergelb, sehr bitter, prickelnd und adstringirend.

Wesentliche Bestandtheile.   Nach Vauquelin: Bitterstoff, Harz, Gummietc.
aber kein Strychnin oder sonst giftiger Körper.

Anwendung.   Gegen Wechselfieber; in der Wirkung mit Enzian, Bitterklee
und Quassia verwandt.

Krähenaugenbaum, schlangenwidriger.
(Schlangenholz.)
Lignum colubrinum.
Strychnos colubrina L.
Pentandria Monogynia. — Apocyneae.

Dicker Baum mit zahlreichen langen rankenden Aesten, die zu den höchsten
Bäumen hinaufreichen und sich da mittelst eigener holziger, spiralig gewundener
Ranken, welche aus den Ueberbleibseln der Blumenstiele entstehen, festhalten.
Die Blätter sind oval-länglich, von 3 Hauptnerven und vielen parallelen Adern
durchzogen, glatt.   Die Blumen stehen in Doldentrauben, die Stiele sind weich
behaart, ebenso der Kelch, der zugleich mit klebrigen Drüsen besetzt ist.   Die
Krone gelbgrün, die Frucht oft so gross wie eine Orange, gelb und braunroth,
mit gallertartigem Mark und Samen wie die Krähenaugen. — In Ost-Indien einheimisch.

Gebräuchlicher Theil.   Das Holz; es hat die Farbe des Eichenholzes,
unterscheidet sich aber von diesem, sowie von jedem anderen, durch seinen
regelmässig wellenförmigen Längenbruch, und durch weisse seidenartig glänzende
Fasern, die ziemlich mit den anderen Holzfasern vermischt sind.   Diess ist das
Wurzelholz.   Das Stammholz kommt ebenfalls im Handel vor, hat aber ge-
radere Fasern, und ist weniger geschätzt.   Riecht nicht, schmeckt aber sehr
bitter und wirkt giftig.

Wesentliche Bestandtheile.   Nach Pelletier und Caventou, Strychnin
und Brucin, dann etwas Fett, Wachs etc.

Anwendung.   Ehedem gegen Schlangenbiss, auch gegen Würmer und Fieber.
N. Grew behauptete, es komme in der Wirkung der Chinarinde gleich.

Geschichtliches.   Das Schlangenholz wurde durch die Araber eingeführt.

Kranichschnabel, wohlriechender.

Oleum Pelargonii, Palmae rosae.

Pelargonium odoratissimum AIT.

(Geranium odoratissimum L.)

Monadelphia Heptandria. — Geranieae.

Perennirende krautartige Pflanze, die einen kleinen runden Busch von kurzen, dicken, gabelig ästigen Stengeln bildet, welche mit gegenüberstehenden gestielten, rundlich-herzförmigen, etwas eckig gekerbten, reich behaarten, zarten, gelblich-grünen Blättern besetzt sind. Die Blumen entspringen büschelweise aus den Zweigwinkeln, bilden vier- bis fünfblüthige Dolden, und riechen stark aromatisch, etwas moschusartig. — Am Kap einheimisch.

Gebräuchlicher Theil. Das aus den Blumen dieser und einiger nahe verwandten Arten *(P. roseum, capitatum* etc.) durch Destillation mit Wasser erhaltene ätherische Oel. Dasselbe ist dünnflüssig und besitzt einen dem Rosenöle sehr ähnlichen Geruch.

Wesentliche Bestandtheile. Eine Säure (Pelargonsäure) und ein indifferentes Oel.

Anwendung. Als Parfum, sowie zum Verfälschen des Rosenöles.

Pelargonium von πελαργος (Storch), in Bezug auf die langschnabeligen Früchte.

Geranium von γερανος (Kranich), in derselben Bedeutung.

Da unter dem Namen Geraniumöl mehrere von *Andropogon-* und *Pelargonium-*Arten stammende ätherische Oele in den Handel kommen, welche wegen ihres rosenähnlichen Geruchs vielfach als billiges Surrogat für Rosenöl, sowie auch zur Verfälschung desselben verwendet werden, so lassen wir zur Vervollständigung des obigen Artikels das, was GINTL darüber in KARMARSCH' Wörterbuche zusammengestellt hat, hier gleich nachfolgen.

Das echte Geranium- oder Rosenblattgeraniumöl, auch französisches Geranium- oder Palmarosaöl, stammt von *Pelargonium Radula,* aus dessen Blättern und Blüthen es durch Destillation mit Wasser gewonnen wird. Es ist farblos, mitunter auch grünlich oder gelblich, selbst bräunlich, und namentlich das letztere am geschätztesten. Es siedet bei 216—220° und erstarrt bei 16°. Sein Geruch ist angenehm, dem Rosenöle ähnlich: es polarisirt rechts. — Dieses, sowie das als Algierisches Rosenöl bezeichnete, aus den Blättern und Blüthen des *P. roseum* und *P. adoratissimum,* ursprünglich im Oriente einheimischen, gegenwärtig aber auch mehrfach in Frankreich u. a. a. O. kultivirten Pflanzen gewonnene Oel, welches dem französischen sehr ähnlich ist, aber links polarisirt, werden häufig zur Verfälschung des Rosenöls verwendet, selbst aber auch mit dem Oele von *Andropogon-*Arten (Grasöl) verfälscht.

Grasöl oder türkisches Geraniumöl ist das ätherische Oel von *Andropogon Pachnodes,* einer in Ost-Indien, Persien und Arabien einheimischen Graminee; gelblich, dünnflüssig, von angenehm gewürzhaftem Geruche, erstarrt nicht leicht, und kommt vorzüglich über Smyrna und Bombay in den Handel. Es wird angeblich in Mekka gewonnen.

Das Palmarosaöl enthält Pelargonsäure $= C_9H_{18}O_4$, eine farblose, ölige Flüssigkeit, erstarrt in niederer Temperatur, schmilzt bei 10°, siedet bei 260°, gehört zur Reihe der Fettsäuren. Von weiteren Bestandtheilen ist zu nennen das Geraniol $= C_{10}H_{18}O$, dem Borneocampher isomer, eine farblose, angenehm riechende, bei 232° siedende Flüssigkeit, die beim Erhitzen mit Zinkchlorid

Geranién = $C_{10}H_{16}$ als farblose, nach Möhren riechende Flüssigkeit liefert, welche bei 163° siedet. —

Nach GUIBOURT kann man durch Jod, salpeterige Säure und Schwefelsäure das Rosenöl, das franz. Geraniumöl und das türkische Geraniumöl (Grasöl, Roséöl) unterscheiden. Man setzt unter eine Glasglocke eine Schale mit Jod und um diese herum Uhrgläser, welche 1—2 Tropfen jener Oele enthalten. Das echte Rosenöl behält seine Farbe, während die beiden anderen sich bräunen, und zwar das Geraniumöl weit intensiver als das Grasöl. Bringt man statt Jod Kupferspähne mit Salpetersäure übergossen, unter die Glocke, so füllt sich diese bald mit rothen Dämpfen, welche von den Oelen absorbirt werden und das Geraniumöl apfelgrün, das Grasöl und das Rosenöl, und zwar ersteres schneller, dunkelgelb färben. Wenn man 1—2 Tropfen dieser Oele mit ebenso viel conc. Schwefelsäure mischt, so färben sie sich braun; das Rosenöl behält dabei seinen lieblichen Geruch, das Geraniumöl riecht stark und widrig, und das Grasöl nimmt einen starken fettartigen Geruch an.

Krebsdistel.
(Eselsdistel, Frauendistel, Krampfdistel.)
Radix, Herba und *Semen (Fructus) Acanthii, Cardui tomentosi, Spinae albae.*
Onopordon Acanthium L.
Syngenesia Aequalis. — Compositae.

Zweijährige Pflanze und eine der grössten deutschen Distelarten, stark bewaffnet. Der 0,9—1,8 Meter hohe und höhere, dicke, ästige Stengel ist weiss filzig, von den herablaufenden Blättern breit geflügelt und sehr dornig; die abwechselnd sitzenden herablaufenden Blätter sind eiförmig, spitz, buchtig gezähnt, die unteren 30—45 Centim. lang und über 15 Centim. breit, die oberen schmaler, z. Th. lanzettlich, ganz ungetheilt, alle am Rande mit starken Dornen besetzt, mehr oder weniger weissgrau filzig, steif, fleischig. Die Blüthen stehen am Ende der Stengel und Zweige auf geflügelten dornigen Stielen aufrecht, die kugelige Hülle ist 25—50 Millim. breit, ihre weit abstehenden Schuppen endigen in starke, an der Spitze gelbe Dornen. Die gedrängt stehenden purpurrothen, selten weissen Blümchen bilden eine im Verhältniss zur Hülle kleine Scheibe von gleichen röhrigen Blümchen mit vorstehenden Staubgefässen. — Häufig an Wegen, in Hecken, auf Schutthaufen.

Gebräuchliche Theile. Die Wurzel, das Kraut und die Frucht. Die Wurzel ist fingerdick, fusslang und länger, spindelförmig, faserig, aussen gelblich, innen weiss, geruchlos, und schmeckt salzig bitterlich. Das Kraut schmeckt weit bitterer und widerlich krautartig, etwas herbe. Die Frucht schmeckt milde ölig.

Wesentliche Bestandtheile. Bitterstoff, eisengrünender Gerbstoff. Im Samen mildes Oel. Nicht näher untersucht.

Anwendung. Früher die Wurzel als magenstärkendes, diuretisches Mittel gegen anfangende Gonorrhoe. Der ausgepresste Saft des Krautes gegen Gesichtskrebs angerühmt; die Frucht liefert ein Viertel ihres Gewichts mildes fettes Oel, das erst bei sehr starker Kälte erstarrt; die Wurzeln und jungen Sprossen werden in mehreren Ländern als Gemüse, ebenso die Blumenböden wie Artischoke genossen. Die Blätter dienen zum Laben der Milch.

Geschichtliches. Man hält die Pflanze, wie das im südlichen Europa ein heimische *O. virens* DC., für das Ἀχάνθιον des DIOSKORIDES (welches bei den Alten auch unter dem Namen Ἄχανος, Ὑνόπυξος und Ὀνογυρος vorkommt), von dem ein Absud der Blätter und Wurzel gegen Starrkrampf empfohlen wurde. Die Anwendung gegen Krebsschäden gehört vorzugsweise dem 18. Jahrhundert an, und ging besonders von BORELLUS, STAHL, MOEHRING, GOELIKE aus.

Onopordon ist zus. aus ὄνος (Esel) und πορδον (Furz), wegen der angeblichen Wirkung auf die Esel, denen diese Distel ein beliebtes Futter ist (s. auch PLIN. XXVII. 87).

Kresse, bittere.
(Bitteres Schaumkraut.)
Herba Cardamines amarae, Nasturtii majoris amari.
Cardamine amara L.
Tetradynamia Siliquosa. — Cruciferae.

Perennirende Pflanze mit kriechender gegliederter Wurzel, welche Ausläufer und gerade-aufrechte, fusshohe und höhere, meist einfache, glatte, etwas kantige Stengel treibt. Die Wurzelblätter stehen im Kreise, ihre Blättchen sind rundlich, ausgeschweift eckig, öfters grösser als die der Brunnenkresse, und die oberen des Stengels oval-länglich. Die Blumen bilden ausgebreitet lockere Doldentrauben, die sich allmählich verlängern, und nie so gedrängt und von Blättern umgeben sind, wie bei der Brunnenkresse; die Kronen sind viel grösser, milchweiss, durchscheinend geadert. Die Schoten stehen aufrecht ausgebreitet und sind viel länger als die der Brunnenkresse, denen der *Cardamine pratensis* ähnlich. — An Bächen. auf sehr feuchten sumpfigen Wiesen, schattigen bewässerten Waldplätzen.

Gebräuchlicher Theil. Das Kraut; es ist der Brunnenkresse im Geruch und Geschmack ähnlich, nur schwächer, etwas bitterlich und nicht so salzig.

Wesentliche Bestandtheile. WINCKLER fand darin Gerbstoff und, wie im schwarzen Senf (und den meisten übrigen Cruciferen), eine Substanz, welche durch Einwirkung von Senfemulsin (Myrosin) scharfes ätherisches Oel giebt.

Anwendung. Ziemlich veraltet.

Cardamine von χαρδαμον DIOSK. *(Erucaria alleppica* G.), und dieses zus. aus χαρδια (Herz) und δαμαειν (bändigen), in Bezug auf die Wirkung.

Wegen Nasturtium s. den Artikel Brunnenkresse.

Kresse, indianische.
(Kapuzinerkresse, spanische Kresse, gelber Rittersporn.)
Herba und *Flores Nasturtii indici, Cardamines majoris.*
Tropaeolum majus L.
Octandria Monogynia. — Tropaeoleae.

Einjährige Pflanze mit rankendem und windendem Stengel, abwechselnden Blättern auf langen dünnen Stielen, die in der Mitte des Blattrückens befestigt, scheibenrund, am Rande etwas ausgeschweift und nur ganz undeutlich gelappt, glatt und graugrün sind. Die ansehnlich grossen schönen Blumen mehr oder weniger dunkel orangegelb, seltener braun; auch der Kelch ist gefärbt und endigt in einen langen Sporn. Die Frucht rundlich-nierenförmig, dicht fleischig, schmutzig gelb, runzelig. — In Peru einheimisch, bei uns häufig als Zierpflanze gehalten.

Gebräuchliche Theile. Kraut und Blumen, die aber auch von dem

Tropaeolum minus, einer sehr ähnlichen, nur in allen Theilen kleineren Art gesammelt werden können. Die Blätter schmecken angenehm scharf kressenartig. Die Blumen riechen frisch stark und angenehm, schmecken angenehm scharf.

Wesentliche Bestandtheile. MÜLLER analysirte die ganze Pflanze und erhielt: scharfes ätherisches Oel, fettes Oel, eine eigenthümliche krystallinische Säure (Tropaeolsäure), Harze, Stärkmehl, eisengrünenden Gerbstoff etc. Destillation des Samens mit Wasser liefert ein gelbes, schweres, schwefelhaltiges, bei 120—130° siedendes Oel, welches auf der Haut noch schärfer reitzt als Senföl. Aus dem Kraute bekommt man ein ätherisches Oel, das nach A. W. HOFMANN dem grössten Theile nach erst bei 226° siedet und aus C_8H_7N besteht, also frei von Schwefel und Sauerstoff ist.

Anwendung. Ehemals gebrauchte man Blätter und Blumen frisch gegen Skorbut. Man verspeist sie auch roh. Die Blumenknospen, sowie die noch unreifen Früchte werden in Essig eingemacht, und wie Kappern verwendet.

Geschichtliches. Das kleine Tropaeolum wurde schon 1580 von DODONAEUS beschrieben; das grosse brachte BEVERNING 1684 nach Europa, beide haben aber als Arzneimittel wenig Beachtung gefunden.

Tropaeolum von τροπαιον (Siegeszeichen, Trophäe); das Blatt ist schildförmig und die Blume helmartig.

Kresse, wiesenliebende.
(Fleischblume, Gauchblume, Kukkuksblume, Wiesenkardamine, Wiesenschaumkraut.)
Herba und *Flores Cardamines, Cuculi, Nasturtii pratensis.*
Cardamine pratensis L.
Tetradynamia Siliquosa. — Cruciferae.

Perennirende Pflanze mit schiefer, höckeriger, stark befaserter Wurzel, 30 bis 45 Centim. hohem aufrechtem, einfachem oder wenig ästigem, rundem, dünnem, steifem, glattem Stengel. Die lang gestielten gefiederten Wurzelblätter stehen im Kreise und bestehen aus rundlichen, z. Th. eckigen, gezähnten Blättchen. Die abwechselnden gefiederten Stengelblätter sind kurz gestielt, ihre unteren Blättchen elliptisch, die oberen schmal lanzettlich oder linienförmig, ganzrandig, alle glatt. Die Blumen stehen am Ende der Stengel in allmählich sich verlängernden Doldentrauben, die Kronen ansehnlich, schön violettroth oder weisslich, netzartig geadert. Die Schoten linienförmig, lang, dünn, glatt; ihre Klappen rollen sich beim Aufspringen spiralig. — Sehr häufig auf Wiesen, waldigen Grasplätzen.

Gebräuchliche Theile. Kraut und Blumen; beide haben beim Zerreiben einen scharfen, der Brunnenkresse ähnlichen Geruch, und scharfen, zugleich bitteren, doch mildern Geschmack.

Wesentliche Bestandtheile. VOGEL erhielt durch Destillation des blühenden Krautes mit Wasser ein dem des Löffelkrautes sehr ähnliches ätherisches Oel.

Anwendung. Wie die Brunnenkresse; auch gab man das Pulver der Blumen gegen Krämpfe, Epilepsie. VOGEL empfiehlt die Pflanze als Surrogat des Löffelkrautes.

Geschichtliches. Ob die alten Aerzte unsere Wiesenkresse benutzt haben, dürfte schwer zu entscheiden sein. Was DIOSKORIDES als Καρδαμον bezeichnet, und gewöhnlich für Lepidium sativum gehalten wird, ist nach FRAAS Erucaria aleppica. — Noch im 16. Jahrhundert war Cardamine pratensis in den Officinen nicht gebräuchlich, wie L. FUCHS ausdrücklich bemerkt; allein DODONAEUS wusste

schon, dass sie in ihren Eigenschaften mit dem Nasturtium aquaticum übereinstimmt, was später von DALE und Anderen wiederholt wurde. In Deutschland
ist die Wiesenkresse als Arzneipflanze 1774 durch GREDING bekannter geworden,
der als Arzt zu Waldheim in Sachsen lebte; 1785 schrieb HAGEN in Königsberg
und 1793 NAGEL in Frankfurt a. O. eine Abhandlung über die Cardamine.

Kresse, zahme.
(Gartenkresse.)
Herba und *Semen Nasturtii hortensis.*
Lepidium sativum L.
Tetradynamia Siliculosa. — Cruciferae.

Einjährige Pflanze mit dünner, spindelförmiger, befaserter, weisser, zäher
Wurzel, 30—60 Centim. hohem, aufrechtem, ästigem, glattem, weiss bereiftem,
steifem Stengel. Die Blätter stehen abwechselnd, sind glatt, hochgrün, die
unteren gestielt, gefiedert oder fiederspaltig, nach oben z. Th. dreilappig, die
obersten ungetheilt, sitzend; Einschnitte und Segmente schmal, linien-lanzettlich,
stumpf, zuweilen wieder eingeschnitten, ganzrändig. Die Blumen stehen am Ende
der Stengel und Zweige, sind klein, weiss. Die etwas über linsengrossen, oval-
rundlichen, zusammengedrückten, ausgerandeten Schötchen sind weisslich bereift,
und enthalten 2 oval zugespitzte, hellbraune, glatte Samen. — In Persien, Syrien
und Aegypten einheimisch, bei uns in Gärten gezogen.

Gebräuchliche Theile. Das frische Kraut und der Same. Beide verbreiten, besonders beim Zerreiben einen starken, angenehmen, flüchtig reitzenden
Geruch, und schmecken scharf beissend, bitter süsslich. Durch Trocknen verliert
das Kraut seine Schärfe.

Wesentliche Bestandtheile. Scharfes schwefelhaltiges ätherisches Oel
(resp. der dasselbe mittelst Einwirkung von Wasser liefernde Körper), dann noch
ein nicht schwefelhaltiges Oel, welches nach A. W. HOFMANN wesentlich identisch
ist mit dem der indianischen Kresse. HEYER fand in dem Samen auch viel
Schleim und ein langsam trocknendes fettes Oel. Nach LEROUX enthalten alle
Arten der Gattung Lepidium eine sehr bittere Substanz, welche antifebrilische
Eigenschaften besitzt.

Anwendung. Das Kraut dient frisch gegen Skorbut und als Diuretikum. Der
Same kann wie Senf benutzt werden.

Geschichtliches. Schon HIPPOKRATES und seine Schüler benutzten die
Kresse — Λεπίδιον — als Arzneimittel; JULIUS POLLUX lobt die melesische als die
vorzüglichste, DIOSKORIDES und PLINIUS die babylonische. Kresse setzte man
nach SCRIBONIUS LARGUS den Sinapismen zu und legte sie auch auf die Bisswunden
von tollen Hunden. COELIUS AURELIANUS empfiehlt gegen Spulwürmer bei Kindern
gerösteten Kressensamen, und ALEXANDER TRALLIANUS rühmt die Pflanze selbst
gegen den Bandwurm. Nach RUFUS und AETIUS wurde der Same auch als
Brechmittel gebraucht.

Lepidium von λεπίς (Schuppe), in Bezug auf die Form der Schötchen; man
wandte auch die Pflanze gegen schuppige Haut an, wozu wohl die Form der
Schötchen Anlass gab.

Kreuzblume, bittere.

(Hergottsbärtlein, Himmelfahrtsblümlein, Kranzwurzel, Kreuzwurzel, Milchblume,
Mutterblume, Natterblümlein, Ramselblume.)

Herba cum radice Polygalae amarae.

Polygala amara L., JACQ.

(*P. amarella* CRANZ, *P. amara*, var. *alpestris* HEYNE.)

Diadelphia Octandria. — Polygalaceae.

Perennirendes Pflänzchen, dessen Wurzel etwa 8 Centim. lang, $\frac{2}{3}$ Millim.
dick, bei älteren Exemplaren stärker, an der Basis höckerig, etwas hin und her
gebogen, erst gegen die Spitze verästelt, und mit einer graubraunen Rinde bedeckt ist, die sich leicht von dem gelblichen Holzkerne trennt. Die grund-
ständigen Blätter sind rosetteförmig gestellt, spatelförmig oder verkehrt eiförmig,
vorn abgerundet, bis 3 Centim. lang und $1\frac{1}{2}$ Centim. breit, weit grösser als die
Stengelblätter, ziemlich dick, ganzrandig, glatt, einnervig, mit wenig hervortretenden, zarten, netzadrigen Seitennerven. Die Wurzel treibt mehrere meist
8—10 Centim. lange, glatte, bald ganz aufrechte, bald mehr oder weniger liegende
und ästige Stengel. Die Stengelblätter stehen abwechselnd, sind lanzettlich, bis
$1\frac{1}{2}$ Centim. lang und 2 Millim. breit. Die kleinen blauen, röthlichen oder weissen,
lippenförmigen, an der Unterlippe kammartig ausgeschnittenen und von zwei
grossen, ebenso gefärbten Kelchflügeln umschlossenen Blumen bilden kleine endständige Trauben. Die Kapsel ist verkehrt herzförmig. — In bergigen Gras-
gegenden, Gebüschen und auf sandigen Hügeln, aber auch auf sumpfigen und
feuchten Wiesen vorkommend.

Gebräuchlicher Theil. Die ganze Pflanze mit der Wurzel, zur Blüthezeit gesammelt. Sie ist geruchlos, schmeckt aber stark und anhaltend, etwas
reizend bitter.

Wesentliche Bestandtheile. Nach GEHLEN enthält die Wurzel: bitteres
Weichharz, besonderes Harz (Senegin), süsslich kratzende Materie etc. P. vulgaris soll nach ihm dieselben Bestandtheile haben. PESCHIER will in der Pflanze
eine eigenthümliche Säure (Polygalasäure) gefunden haben, die aber TROMMS-
DORFF für nicht wesentlich verschieden von der Aepfelsäure hält. Diese Säure
ist nicht zu verwechseln mit der QUEVENNE'schen Polygalasäure aus der Senega-
wurzel, welche mit dem Senegin übereinstimmt. Uebrigens stimmt wiederum das
Senegin nach BOLLEY überein mit dem Saponin. REINSCH untersuchte dann die
ganze Pflanze in frischem Zustande und fand im Wesentlichen: Spuren ätherischen
Oeles, einen krystallinischen, aber mit Wachs und Chlorophyll verunreinigten Bitterstoff (Polygalamarin) und einen in Wasser und Weingeist löslichen Bitterstoff.

Verwechselungen. Abgesehen von der Verwechselung mit Polygonum
aviculare, welches aber leicht daran zu erkennen, dass der Stengel knotig ist,
die Blätter häutige Blattscheiden haben, die kleinen Blümchen aus den Blattwinkeln kommen, und die Pflanze kaum bemerkbar zusammenziehend schmeckt
— sind hier vor allem die zahlreichen anderen Arten und Unterarten der Gattung
Polygala zu nennen, nämlich alpestris, austriaca, buxifolia, calcarea,
comosa, serpyllacea, uliginosa, vulgaris etc., mit denen P. amara verwechselt
werden kann, auch z. Th. schon verwechselt worden ist, ja von denen sogar
die eine oder andere (bewusst oder unbewusst) medicinische Verwendung und
selbst Eingang in Pharmakopöen gefunden hat.

Es wäre eine theils undankbare, theils nur schwierig auszuführende Arbeit,
genau zu ermitteln, was davon für den Arzneischatz zu recipiren und was auszu-

scheiden ist Wir schliessen uns vielmehr dem Ausspruche GEIGER's an, nur die stark bitter schmeckenden Formen zu sammeln, dagegen die schwach bitteren oder fast geschmacklosen in jedem Falle zu verwerfen, und wollen nicht unterlassen, in Uebereinstimmung damit erläuternd auch noch das hinzufügen, was BERG-GARCKE darüber sagen.

»KOCH erklärt sich dahin, dass P. amara JACQ., bei welcher die Adern an den Seitennerven der Kelchflügel nur wenig verzweigt sind, sehr bitter schmeckt, wogegen P. calcarea, bei der diese Adern netzförmig anastomosiren, fast geschmacklos sei. Da aber auch eine geschmacklose Polygala mit wenig verzweigten Adern an den Seitennerven der Kelchflügel vorkommt, so scheint mehr als die botanische Verschiedenheit die Beobachtung von EBERMAIER, dass diese Pflanze, die auf trocknem bergigem Standorte ausnehmend bitter ist, auf feuchten Wiesen einen grossen Theil ihrer Bitterkeit einbüsse und nur einen schwachen, erdbeerartigen, etwas widrigen Gechmack besitze, Rücksicht zu verdienen. Hiermit stimmen auch sehr gut die Angaben von REICHENBACH, KUNZE, BERNHARDI und BESSER überein, dass P. uliginosa und austriaca, Formen der P. amara, die auf sumpfigem Boden wachsen, in allen ihren Theilen fast ganz geschmacklos sind, und die Beobachtung ·DIERBACH's, dass diese Form in einigen Jahrgängen bitter schmecke, in anderen fast geschmacklos sei. Da also die medicinische Wirksamkeit mehr vom Standorte als von der Form abhängig ist, so muss die Pflanze von bergigen und trocknen Standorten gesammelt werden, und ist ohne Rücksicht auf die Form jede schwach bittere oder geschmacklose P. amara zu verwerfen und nur die stark bitter schmeckenden anzuwenden.«

Anwendung. Meist im Absud, auch als Extrakt, besonders gegen Lungenübel.

Geschichtliches. DIOSKORIDES erwähnt eine Polygala, aber so kurz und undeutlich, dass es unmöglich ist zu unterscheiden, was er darunter versteht. SIBTHORP und FRAAS wollen indessen in diesem Πολυγαλον und in der Polygala des PLINIUS P. venulosa erkennen. Auch war in früheren Zeiten keine Art der jetzigen Gattung P. allgemein officinell, und erst die Einführung der Senega machte die Aerzte auf die einheimischen Arten aufmerksam. Die wahre P. amara kommt zuerst bei C. GESNER 1595 vor; er nannte sie Amarella und spricht von ihren purgirenden Kräften, die er an sich selbst probirt habe.

Polygala ist zus. aus πολυς (viel) und γαλα (Milch), weil mehrere Arten die Sekretion der Milch bei Kühen etc. befördern sollen.

Kreuzdorn.
(Amselbeerdorn, Hirschdorn, Hundebaumholz, Hundsbeere, Purgirwegdorn, Wachenbeere.)
Cortex und *Baccae Rhamni catharticae, Spinae cervinae* oder *domesticae.*
Rhamnus cathartica L.
Pentandria Monogynia. — Rhamneae.

Strauch oder kleiner Baum von 1,5—3 Meter Höhe, mit glatten, sparrigen Aesten, die (zumal die älteren) in einen Dorn auslaufen. Die Blätter stehen büschelweise und gegeneinander über, sind gestielt, oval-rundlich, fein gekerbt; von zahlreichen Nerven durchzogen, glatt, zuweilen auch unten fein behaart. Die kleinen gehäuft in den Blattwinkeln stehenden Blumen sind gewöhnlich zweihäusig, der Kelch und die grünlich gefärbte Krone meist vierspaltig, mit ebenso viel Staubfäden. Die Frucht ist erbsengross, beerenförmig, anfangs grün, zuletzt ganz schwarz mit 4 braunen Samen. — An Feldgebüschen, am Saume der Wälder durch den mittleren Theil von Europa wild, doch nicht sehr gemein vorkommend.

Gebräuchlicher Theil. Die Rinde und die Frucht.

Die Rinde, von den jüngern Zweigen zu sammeln, ist aussen graubraun, glatt, trocken etwas runzlig, innen gelbgrün, riecht frisch etwas widerlich und schmeckt unangenehm bitterlich. Wirkt emetisch und purgirend.

Die glatten glänzenden Beeren schrumpfen durch Trocknen sehr ein, so dass man die vierfächrige Struktur leicht erkennt, haben dann eine dunkelbraune, mehr oder weniger ins Grünliche gehende Farbe, und sind mit einem dünnen fadenförmigen, 6—8 Millim. langen, gekrümmten Stielchen versehen, welches oben noch mit dem schildförmigen Restchen des Kelches gekrönt ist; beim Biegen bricht es leicht mit diesem Kelchtheile ab. Frisch haben die Beeren ein gelbgrünes Fleisch, trocken sind sie innen braun, färben aber beim Kauen den Speichel grünlich, schmecken anfangs süsslich, hinterher aber ekelhaft bitter, und wirken purgirend.

Wesentliche Bestandtheile. In der Rinde (Stammrinde) nach BINS-WANGER: Rhamnoxanthin (s. Faulbaum), Fett, in Alkohol schwer löslicher Bitterstoff (Rhamnus-Bitter), amorphes Harz, eisengrünender Gerbstoff, Zucker etc. Die Wurzelrinde lieferte dieselben Stoffe.

Aus den unreifen Beeren erhielt FLEURY einen in blassgelben blumenkohlartigen Massen krystallisirenden Körper von wenig hervorstechendem, dem Mehlteig ähnlichem Geschmack, Rhamnin genannt. WINCKLER bekam aus den unreifen Beeren neben diesem Rhamnin auch den purgirenden Stoff (Cathartin, Rhamno-Cathartin), und zwar als ein goldgelbes, aloëartig bitter schmeckendes Pulver. Reife Beeren lieferten wohl Cathartin, aber kein Rhamnin, weshalb W. vermuthet, dass das Rhamnin beim Reifen der Beeren in Cathartin und Zucker zerfalle. Auch BINSWANGER gelang es nicht, aus reifen Beeren Rhamnin zu erhalten, wohl aber, wie WINCKLER, Cathartin, und ausserdem noch: violetten, durch Säuren roth, durch Alkalien grün werdenden Farbstoff, eisengrünenden Gerbstoff, Zucker, Pektin, Albumin. Die überreifen Beeren enthielten fast gar kein Cathartin, auch den Gerbstoff nicht mehr. Der Same enthält nach BINSWANGER dieselben Bestandtheile wie der des Faulbaumes (s. d.)

Verwechselungen mit den Beeren des Faulbaumes und der Rainweide sind leicht zu vermeiden (s. diese beiden Artikel).

Anwendung. Früher gab man die Beeren frisch und getrocknet als Abführmittel, ebenso die Rinde als Cathartico-Emeticum, bei Wassersucht, Podagra etc. Jetzt dienen sie nur noch zu einem Sirup. Aus den fast reifen bereitet man das Saftgrün; die überreifen geben eine rothe Farbe. Die Rinde dient zum Gelb- und Braunfärben.

Geschichtliches. Der Kreuzdorn wurde in die Medicin eingeführt, weil man ihn für eine der von DIOSKORIDES beschriebenen Rhamnus-Arten hielt, was sich aber später als ein Irrthum ergab. Die erste bessere Beschreibung dieses Bäumchens lieferte HIERONYMUS TRAGUS, und VALERIUS CORDUS spricht schon von der Bereitung des Saftgrüns mit Alaun.

Wegen Rhamnus s. den Artikel Brustbeere, rothe.

Kreuzdorn, färbender.

Grana Lycii, Grana Avenionensia, Graines d'Avignon.

Rhamnus infectoria L.

Pentandria Monogynia. — Rhamneae.

Kleiner sehr sparriger Strauch mit dornigen, hin und her gebogenen, niederliegenden Zweigen. Die Blätter stehen büschelweise vereint, sind oval-lanzettlich, ganz glatt, stark geadert; die grüngelben Blumen ganz getrennten Geschlechts, haben einen 4spaltigen Kelch und die weiblichen auch eine 4blättrige Krone, und hinterlassen eine beerenförmige ganz schwarze Frucht. — Im südlichen Europa einheimisch.

Gebräuchlicher Theil. Die Früchte (Gelbbeeren)*); sie haben getrocknet die Grösse eines Pfefferkorns, sind 3—4kantig, schmutzig dunkelgrüngelblich und von bitterem herbem Geschmacke.

Davon kaum verschieden sind die Früchte der in Ungarn vorkommenden *Rhamnus tinctoria* L.

Desgleichen die Früchte von *Rhamnus amygdalina, oleoides* und *saxatilis,* welche nach dem Namen ihres Vaterlandes griechische, persische, spanische, türkische Beeren genannt werden.

Wesentliche Bestandtheile. Mehrere Farbstoffe, welche ihrer chemischen Natur nach Glykoside sind. KANE bezeichnete den in unreifen Beeren von ihm gefundenen als Chrysorhamnin, den der reifen als Xanthorhamnin. Was dann PREISSER Rhamnin nannte, stimmt wesentlich mit dem Chrysorhamnin, und sein Rhamnein mit dem Xanthorhamnin überein. GELLATLY stellte das Chrysorhamnin wieder in Frage. Das Rhamnin von LEFORT kommt nach LIEBERMANN und O. HÖRMANN gar nicht präformirt in den Beeren vor.

Anwendung. Ehemals als Purgans; jetzt nur noch zum Gelbfärben.

Geschichtliches. Rhamnus infectoria hiess bei den Alten Λυχιον, *Lycium,* weil sie einen daraus bereiteten eingedickten Saft, wozu die Beeren und selbst die Wurzel benutzt wurden, aus Lycien (und Kappadocien) erhielten; derselbe spielte als äusserliches und innerliches Medikament eine grosse Rolle, diente aber auch zum Gelbfärben der Haare. PLINIUS nennt die Pflanze *Lonchitis.*

Kreuzkraut, gemeines.

(Gemeiner Baldgreis, Goldkraut, Grimmenkraut, Speikreuzkraut, gelbes Vogelkraut.)

Herba und *Flores Senecionis, Erigerontis.*

Senecio vulgaris L.

Syngenesia Superflua — Compositae.

Einjährige Pflanze mit hand- bis fusshohem und höherem, einfachem oder astigem, glattem oder mit zerstreuten zottigen Haaren besetztem, eckigem, röhrigem, saftigem Stengel, der abwechselnd mit unten sich in einen Stiel verschmälernden, oben sitzenden, halb stengelumfassenden, gefiedert-getheilten, buchtig gezähnten, glatten oder mit weniger zerstreuten Haaren besetzten, hochgrünen, saftigen Blättern besetzt ist. Die Blüthen am Ende des Stengels und der Zweige sind kurzgestielte, z. Th. fast knauelartig gedrängte kleine Doldentrauben, oder sitzen mehr einzeln auf längern Stielen, sind klein, die äusseren und inneren Schuppen

*) z. Th., s. den Artikel Gelbbeeren.

des allgemeinen Kelches an der Spitze schwarz gefleckt, die Blümchen ohne Strahl, gelb, so lang als der Kelch. Die Achenien haben einen langen haarigen Pappus. — Ueberall auf Aeckern, Schutthaufen, Mauern, in Gärten, oft als lästiges Unkraut.

Gebräuchliche Theile. Das Kraut mit den Blumen; es riecht zerrieben eigenthümlich, schwach unangenehm, und schmeckt widerlich krautartig, etwas salzig bitterlich, hinterher scharf; wirkt emetisch.

Wesentliche Bestandtheile. Kratzend scharfer Saft, eisengrünender Gerbstoff. Nicht näher untersucht.

Anwendung. Früher als ausgepresster Saft gegen Konvulsionen, auch als Brechmittel, bei Leberkrankheiten, Blutspeien; äusserlich auf Geschwüre.

Geschichtliches. Schon die Alten machten medicinischen Gebrauch davon; es hiess bei den Römern ebenfalls *Senecio*, bei den Griechen Ἠριγερων. Wegen der Anwendung gegen Kolik und Bauchgrimmen hiess die Pflanze früher auch Herba torminalis.

Wegen Senecio s. den Artikel Jakobskraut.

Wegen Erigeron s. den Artikel Berufkraut, kanadisches.

Kronwicke, bunte.
(Peltsche.)
Herba Coronillae.
Coronilla varia L.
Diadelphia Decandria. — *Papilionaceae.*

Einjährige Pflanze mit kriechender, ästiger, aussen hellbrauner, runzeliger, innen weisser, etwas schwammig fleischiger und zäher Wurzel, die mehrere 60—90 Centim. lange und längere, niederliegende und aufsteigende, gefurchte, kantige, glatte oder mit zerstreuten, kurzen, rauhen Härchen besetzte Stengel treibt, welche abwechselnd mit 5—7 Centim. langen, gefiederten Blättern, aus kleinen, verkehrt oval-spatelförmigen, ganzrandigen, stachelspitzigen, glatten Blättchen bestehend, besetzt sind; der allgemeine Blattstiel ist mit zerstreuten kurzen steifen Härchen versehen. Die Blumen stehen auf langen, gefurcht kantigen, kurzborstigen Stielen achselig, in vielblüthigen Dolden; die Kronen sind ansehnlich, schön purpurn, rosenroth und weiss gezeichnet, zuweilen weisslich. Die Gliederhülsen sind gerade, cylindrisch, stumpf und glatt. — Häufig an Wegen, auf Feldern, in Weinbergen, auf Wiesen und Weiden.

Gebräuchlicher Theil. Das Kraut; es ist geruchlos, schmeckt ziemlich bitter und etwas salzig. Auch die Wurzel schmeckt bitter.

Wesentliche Bestandtheile. Nach PESCHIER und JACQUEMIN: besonderer Bitterstoff (Cytisin). Ausserdem eisengrünender Gerbstoff. Beides auch in den Blumen.

Anwendung. Als Diuretikum. Soll angeblich auch giftig wirken, dem aber von Dr. LEJEUNE widersprochen wird.

Geschichtliches. Die Alten kannten und benutzten den Samen einer andern Coronilla, nämlich C. securidaca L., welche das Ἡδύσαρον des DIOSKORIDES und vielleicht auch Πελεκινος des THEOPHRAST ist; PLINIUS nennt sie schon *Securidaca*.

Coronilla von *corona* (Krone, Kranz), wegen der schönen kronenartig gestellten Blumen.

Der alte Name Securidaca bezieht sich auf die Hülse, welche die Form eines Beils *(securis)* hat.

Kronwicke, schöne.
(Skorpions-Kronwicke, Skorpions-Senna.)
Folia Coluteae scorpioidis
Coronilla Emerus L.
Diadelphia Decandria. — Papilionaceae.

Schöner 0,9—1,8 Meter hoher Strauch mit glatten kantigen Zweigen, abwechselnden gefiederten Blättern, aus 7—9 verkehrt eiförmig-keilförmigen, mehr oder weniger ausgerandeten, ungezähnten, glatten, oben hochgrünen, unten graugrünen Blättchen bestehend. Die Blumen entspringen achselständig auf langen einzelnen aufrechten Stielen und bilden wenigstrahlige Dolden. Der Kelch 5zähnig, die zwei oberen Zähne verwachsen; die Krone gelb mit aussen schön purpurroth gestreiftem und geflecktem Fähnchen, das gleich den Flügeln und dem Schiffchen mit weit aus dem Kelche hervorstehendem Nagel versehen ist. Die Frucht ist eine dünne lange cylindrisch-pfriemförmige (skorpionschwanzförmige) etwas gegliederte, vielsamige Hülse. — Im südlichen Deutschland und Europa einheimisch, bei uns in Anlagen als Zierpflanze.

Gebräuchlicher Theil. Die Blätter; sie sind geruchlos, schmecken etwas widerlich bitter.

Wesentliche Bestandtheile. ? Nicht näher untersucht.

Anwendung. Hie und da als Purgans wie die Sennesblätter.

Emerus von ἥμερος (angenehm, schön).

Krossopteryxrinde.
Cortex Crossopterygis febrifugae.
Crossopteryx febrifuga BENTH.
(Cr. Kotschyana FENZL., *Rondeletia febrifuga* AFZEL.)
Pentandria Monogynia. — Rubiaceae.

Strauch oder Baum mit mehr oder weniger gestielten oder sitzenden Blättern, Blüthen einzeln in Achseln oder zu endständigen Rispen vereinigt mit bleibendem Kelch, kugelrunder Fruchtkapsel mit vielen kleinen Samen. — Im Sudan und in Abessinien einheimisch.

Gebräuchlicher Theil. Die Rinde; sie schmeckt stark bitter, aber wegen Mangels authentischer Exemplare muss ich auf nähere Beschreibung verzichten.

Wesentliche Bestandtheile. Nach O. HESSE ein eigenthümliches Alkaloid (Crossopterin), amorph, stark bitter, leicht löslich in Weingeist und Aether,

Anwendung. In der Heimath wie Chinarinde gegen Fieber.

Crossopteryx ist zus. aus κροσσος (Franze) und πτερυξ (Flügel); der Same hat einen gefranzten häutigen Fortsatz.

Rondeletia ist benannt nach G. RONDELET, geb. 1507 zu Montpellier, 1543 daselbst Prof. der Medicin und 1556 Kanzler, † 1566 zu Realmont bei Alby.

Kroton, färbender.
(Lackmuskraut, Tournesol.)
Bezetta coerulea.
Crozophora tinctoria AD. JUSS.
(Croton tinctorium L.)
Monoecia Monadelphia, — Euphorbiaceae.

Einjährige Pflanze mit fusshohem haarigem und weissem Stengel, oval-rautenförmigen, ausgeschweiften, unten getheilten, auf beiden Seiten weissen Blättern,

Blüthen an der Spitze der Zweige in kurzen ährenartigen Trauben mit kleinen Blüthen, deren männliche weisse, an der Spitze gelbliche, aussen schuppige, und deren weibliche grünliche Petala haben; die Früchte hängen herab und sind mit kleinen Schuppen und rauhen Haaren besetzt. — An sandigen Orten der Küste des mittelländischen Meeres wild, in Frankreich angebaut.

Gebräuchlicher Theil. Die mit dieser Pflanze gefärbten Leinwandläppchen (Schminkläppchen). Die Bereitung geschieht (in Languedok) dadurch, dass man Leinwandstreifen in den Saft der Pflanze taucht, und dann in Kufen legt, worin sich mit Urin befeuchteter Kalk befindet, wodurch die anfangs grüne Farbe der Streifen in Blau übergeht.

Wesentliche Bestandtheile. Es bildet sich, wie bei der Bereitung des Lackmus aus Flechten, durch die angegebene Behandlung ein oder mehrfaches Produkt, welches sich mit dem bei der Fäulniss des Urins auftretenden Ammoniak verbindend, eine blaue Farbe annimmt. Ueber die Natur dieses oder dieser Produkte fehlt es noch an der nöthigen Aufklärung.

Anwendung. Ehedem hielt man diese Lappen in den Apotheken. Jetzt dienen sie fast nur noch in Holland zur äussern Färbung des Käses.

Geschichtliches. Die meisten Autoren deuten diese Pflanze als das Ἡλιοτρόπιον (μεγα oder μικρον) der Alten, und ist davon der moderne Name Tournesol (Sonenwende) abgeleitet. FRAAS erhebt gegen diese Deutung Zweifel und bezieht die Pflanze der Alten auf Heliotropium supinum L. Erwägt man aber, dass die Alten ihre Pflanze als Purgirmittel, Blätter und Samen gegen Würmer, den Samen auch gegen Tertianfieber, und den scharfen Saft der Pflanze zur Vertilgung der Warzen gebrauchten, so wird man wiederum bedenklich, denn solche Eigenschaften sind eher von einer Euphorbiacee, als von einer Boraginee zu erwarten.

Was sich noch hie und da in den Apotheken als Bezetta rubra (rothe Schminkläppchen) findet, besteht in Leinwand, welche mit einem Absud der Kochenille oder des Fernambukholzes getränkt sind.

Bezetta ist das Diminutiv vom spanischen bezo (Lippe), und bezieht sich auf die Anwendung der rothen Lappen zum Schminken und Färben der Lippen.

Crozophora ist zus. aus κροσσαι (Hervorragungen) und φερειν (tragen); die Frucht ist höckerig. Oder von χρωζειν (färben) wegen der Anwendung der Pflanze.

Wegen Croton s. den Artikel Kaskarille.

Kroton, purgirender.
(Granatillkroton, Tiglibaum.)
Grana Tiglii, Tilli.

Croton Tiglium LAM.
Croton Pavana HAMILT.
Monoecia Monadelphia. — *Euphorbiaceae.*

Croton Tiglium ist ein Baum mittlerer Grösse mit runden glatten an der Spitze gefurchten Aesten, abwechselnden, gestielten, oval länglichen, zugespitzten, vorn mit drüsigen Sägezähnen besetzten, glänzenden, 5 rippigen und mit sternförmigen, bei der Reife verschwindenden Haaren besetzten Blättern. Der Blattstiel ist fast 5seitig, von einer Rinne durchzogen, an der Spitze gekrümmt und gleichfalls mit gestirnten Haaren besetzt; am Grunde desselben befinden sich 2 sehr kleine aufrechte, pfriemförmige Afterblättchen. Am Rande des Blattstiels, etwas über dem Ende stehen 2 Drüsen. Die Blüthen an der Spitze der Zweige in aufrechten einfachen Trauben, sind klein, grün, fast immer zu 3 beisammen und behaart. Die Kapsel von der Grösse einer Muskatnuss, weich, dreiseitig, sechsfurchig, dreifächrig. Die Samen füllen die Fächer aus. — In Ost-Indien, Cochinchina und auf den Molukken.

Croton Pavana, Baum mit glänzenden, grünen unbehaarten Zweigen, gestielten abwechselnden, eiförmigen, glatten, zugespitzten, gesägten, dreirippigen Blättern. Auf jeder Seite des Blattes befindet sich am Rande in der Nähe des Blattstiels eine Drüse, die Afterblätter sind borstenförmig. Die Blumentrauben stehen an der Spitze der Zweige, die Blumen sind klein. Die Frucht ist dreiseitig, kreiselförmig, eingedrückt, punktirt, borstig, aufgeblasen, so gross wie eine Haselnuss, nur kürzer und dicker, blassgrün; die Samen füllen die Fächer nicht aus. — In Ava und im nordwestlichen Bengalen.

Gebräuchlicher Theil. Der Same beider Arten; er ist von der Grösse einer kleinen Bohne, doch mehr gewölbt, 3—8 Millim. lang, 4—5 Millim. breit, oval-länglich, an beiden Enden stumpf, auf einer Seite etwas flacher als auf der andern; beide sind durch eine wenig vorspringende Naht verbunden. Ebenso zeigt sich auf der Mitte der oberen und unteren Hälfte der Schale eine Längslinie, die aber kaum vorspringt, und wodurch der Same z. Th. eine stumpf 4kantige Gestalt erhält. Farbe schmutzig graubraun, mit dunkleren Flecken, z. Th. fast schwarz oder hell bräunlichroth ins Gelbliche, mit schwärzlichen Flecken, matt, gleichsam bestäubt oder nur wenig fettschimmernd, Unter der dünnen zerbrechlichen Schale liegt der weissliche oder gelbliche ölige Kern. Der Same ist geruchlos, entwickelt aber beim Erwärmen einen scharfen, die Augen angreifenden Dunst, der selbst Anschwellen des Gesichts veranlasst. Die Schale ist ohne alle Schärfe; der Kern schmeckt anfangs milde ölig, dann aber höchst scharf kratzend, brennend, sehr lange anhaltend, wirkt heftig purgirend, selbst giftig.

Wesentliche Bestandtheile. Das durch Pressen oder Extraktion mit Lösungsmitteln aus den Samen erhaltene fette Oel, von dem die Kerne etwa 35% enthalten, gehört zu den nicht trocknenden Oelen und ist der Träger der wirksamen Bestandtheile des Samens, welche als scharfer und als purgirender zu unterscheiden sind. Der scharfe Bestandtheil wurde von SCHLIPPE isolirt, Crotonol genannt, und bildet eine terpenthindicke, gelbe harzige Masse von sehr schwachem Geruche, die im hohen Grade hautröthend, aber nicht purgirend wirkt. Den purgirenden Bestandtheil des Oeles dagegen rein abzuscheiden, ist bis jetzt noch nicht gelungen. — Die als Glyceride vorhandenen fixen Fettsäuren sind nach SCHLIPPE Stearinsäure, Palmitinsäure, Myristinsäure, Laurinsäure und Elainsäure. Von flüchtigen Säuren fanden GEUTHER und FRÖHLICH: Tiglinsäure (eigenthümlich, krystallinisch), Baldriansäure, Buttersäure und Essigsäure. Was BRANDES Crotonin nannte, ist nach WEPPEN fettsaure Magnesia, und nach GEUTHER und FRÖHLICH existirt auch dessen Crotonsäure nicht.

Anwendung. Ehedem in Substanz, jetzt fast nur noch das daraus gewonnene fette Oel als Drastikum und Rubefaciens. — Das weissliche leichte Holz des Baumes schmeckt nicht minder brennend und beissend und wirkt wie der Same. Die Wurzel gebraucht man auf Amboina gegen Wassersucht.

Geschichtliches. Der Same wurde zuerst von den Arabern angewendet und scheint spät nach Europa gekommen zu sein. Das Holz erwähnt schon

der portugisische Wundarzt CHRISTOPHORUS DA COSTA in seinem 1578 zu Burgos
gedruckten Werke über Arzneidrogen; den Samen beschrieb JOH. BAUHIN unter
dem Namen Pinei nuclei Moluccani sive purgatorii; der Ausdruck Grana Tigli
von τιλος: Durchfall) kommt später vor. Die Pflanzen selbst lernte man erst
durch RHEEDE und RUMPH kennen und letzterer bemerkt, dass die Wundärzte in
Indien aus dem Samen ein Oel pressen, wovon ein Tropfen in Kanarienwein genommen ein gewöhnliches Purgirmittel ausmache.

Kryptokaryarinde.
Cortex Cryptocaryae.
Cryptocarya pretiosa MART.
(Mespilodaphne pretiosa N. und M.)
Enneandria Monogynia. — Laureae.

Baum mit an ältern Aesten aschgrauer und durch viele Längs- und Querrisse
würfelförmig getheilter Rinde, braunem, angenehm nach Cimmt und Orangeblüthen
riechendem Baste; abwechselnden kurz gestielten, länglichen, oben und unten zugespitzten, glatten, glänzenden, fiedernervigen Blättern, sehr kurzen Blüthenstielen,
6theiliger Blüthenhülle mit einer kreiselförmigen Röhre, weiss, drüsig punktirt,
6—7 Millim. im Durchmesser, die Abschnitte des Saums eiförmig und stumpf.
Die 6 äussern Staubgefässe haben 4 übereinandergestellte Fächer; die 3 innern
sind etwas länger, und die fast vierseitige Anthere hat auf jeder Seite 4 Fächer.
Die Staminodien der vierten Ordnung bestehen aus einem dicken Stiele mit einem
eilanzettlichen Köpfchen. Der Fruchtknoten ist verkehrt eiförmig und in der
Röhre der Blüthenhülle verborgen; der Griffel sehr kurz, die Narbe verdickt.
Die junge unreife Frucht ist kugelrund, erbsengross, von der stehenbleibenden
Blüthenhülle umgeben und von ihren Abschnitten gekrönt, einer kleinen Mispel
ähnlich; ausgewachsen erscheint sie durch Verlängerung der Röhre und durch
das Abfallen ihres Saumes birnförmig, und hat dann ganz das Ansehn einer
Feige. — Im Innern der brasilianischen Provinz Para am Rio negro.

Gebräuchlicher Theil. Die Rinde; sie bildet etwa 15 Centim. lange,
2½—5 Centim. breite, flache und 2—4 Millim. dicke Stücke, ihre Oberfläche ist
gewöhnlich noch mit einer Epidermis versehen, ohne Risse, von blassbrauner
Farbe, doch diese oft durch zarte weissliche Flechtenlager verändert, oder es
kommen auch kleine runde Warzen auf der Oberfläche vor. Die innere Seite
ist ziemlich dunkelbraun. Der Bast grob und stark, daher im Bruche sehr dick-
faserig. Der Längsschnitt zeigt abwechselnde Streifen von heller und dunkler
Farbe. Geruch angenehm aromatisch, Geschmack aromatisch und etwas scharf.

Wesentliche Bestandtheile. Nach BUCHNER, ein schweres ätherisches,
dem Cimmtöle ähnliches Oel. Von sonstigen Bestandtheilen ist nichts angegeben.

Anwendung. MARTIUS nennt diese Rinde Casca pretiosa (köstliche Rinde),
um damit anzudeuten, dass sie in Brasilien in hohem Ansehn steht. Bei uns hat
sie seit ihrem Bekanntwerden (1829) keinen Eingang gefunden.

Cryptocarya ist zus. aus κρυπτος (verborgen) und καρυον (Kern); die Frucht
steckt in der beerenartigen geschlossenen Röhre der Blüthenhülle.

Mespilodaphne ist zus. aus Mespilus und δαφνη (Lorbeer); hat Beeren ähnlich
der Mispel.

Kubebe.
(Schwanzpfeffer.)

Cubebae. Piper caudatum.

Piper Cubeba L.

(Cubeba officinalis Miq.*)*

Diandria Trigynia. — *Pipereae.*

Kleiner Strauch mit gegliedertem, windendem Stengel, auf 8—16 Millim. langen behaarten Stielen stehenden Blättern, die unten herzförmig, mehr nach oben eiförmig, spitz, aderig sind; die männlichen Kätzchen sehr kurz gestielt, schlank, die weiblichen länger gestielt und sich durch die auf 6—8 Millim. langen Stielchen hervortretenden runden Fruchtknoten auszeichnend. — In Ost-Indien und auf den Maskarenen einheimisch.

Gebräuchlicher Theil. Die unreifen Früchte; sie haben die Grösse Farbe und das übrige Aussehen wie der gemeine schwarze Pfeffer, nur ist die Farbe z. Th. heller braun, auch sind sie mit einem 4—6 Millim. langen steck-nadeldicken steifen Stielchen versehen, welches aus dem Kerne entspringt und sich deshalb beim Biegen nicht mit der Oberhaut ablöst, sondern abbricht. Geruch angenehm, stark aromatisch, Geschmack scharf, pfeffer- und zugleich kampherartig.

Wesentliche Bestandtheile. Nach vorausgegangenen Analysen von Trommsdorff, Vauquelin, Monheim, Soubeiran und Capitaine, Bernatzick etc. untersuchte E. A. Schmidt die Kubeben und fand in 100: 14,2 ätherisches Oel mit einem sich erst aus älterm Oele scheidenden Stearopten (Kubebenkampher), 2,5 eines indifferenten farblosen krystallinischen, an sich geruch- und geschmack-losen, aber in weingeistiger Lösung bitter schmeckenden Körpers (Cubebin), 6,9 braunen Farbstoff, 8,2 Gummi, 2 Stärkmehl, 2,7 Eiweiss, 4,2 Extraktivstoff, 1 saures Harz, 2,5 indifferentes Harz, 1,2 grünes fettes Oel.

Verwechslungen und Verfälschungen. Die entfernt ähnlich aussehende Frucht von Myrtus Pimenta (Semen Amomi) und der noch ähnlichere schwarze Pfeffer geben sich schon durch den Mangel des Stielchens zu erkennen; auch hat die erst genannte Frucht 2 Samen, die Kubebe (und der Pfeffer) nur 1. Die Beeren des Kreuzdorns, welche untermengt sein könnten, sind runzeliger, dunkel grünlichbraun, haben 4 Samen, keinen Geruch, einen widrig bittern Ge-schmack, und ihr Stiel löst sich leicht von der Oberfläche ab.

Eine neue Sorte Kubeben, als Beisorte bezeichnet, hat die Grösse des Semen Amomi, weniger tiefe und weniger regelmässige Runzeln als die echte Droge, etwas abgeplattete Stiele, riecht weniger angenehm, schmeckt mehr aro-matisch süsslich und ist nach Pas die reife Frucht von Piper Cubeba, während Groenuvegen vermuthet, sie gehöre dem Piper anisatum an.

Die Frucht des Piper Clusii, der sogen. Aschanti-Pfeffer von West-Afrika, riecht und schmeckt mehr wie Pfeffer, enthält auch nach Stenhouse Piperin, kein Cubebin.

Sogenannte afrikanische Kubeben, vom Cap und der Insel Mauritius, sind der echten Kubebe zwar etwas ähnlich, bestehen aber aus einer beim Trocknen aufspringenden Kapsel mit nierenförmigen, blauschwarzen, harten Samen von aromatisch stechendem Geschmacke und kommen nach Archer von Toddalia lanceolata Lam.

Anwendung. Innerlich in Substanz.

Das Wort Kubeba ist arabisch oder indisch; ebenso das Wort Piper. Wegen Toddalia s. den Artikel Lopezwurzel.

Küchenschelle.

(Beisswurzel, Graues Bergmännchen, Bockskraut, Hackelkraut, Kuhschelle, Mutterblume, Osterblume, Ritzwurzel, Schalottenblume, Schlafkraut, Weinkraut, Windblume.)

Herba Pulsatillae, Venti, Nolae culinariae.

Pulsatilla vulgaris MILL.

(Anemone Pulsatilla L., *A. acutifolia* und *tenuifolia* SCHLEICH.)

Pulsatilla pratensis MILL.

(Anemone pratensis L.)

Pulsatilla Halleri PRSL.

(Anemone Hackelii POHL, *A. patens* HOPP., *Pulsatilla hybrida* MIK.)

Pulsatilla patens L.

(Anemone patens L., *A. Wolfgangiana* BESS.)

Polyandria Polygynia. — Ranunculeae.

Pulsatilla vulgaris, die gemeine Küchenschelle, ist eine perennirende Pflanze mit starker spindelförmig-cylindrischer, etwas ästiger, holziger, schwarzbrauner, schopfiger Wurzel, aus welcher unmittelbar die Blätter kommen, welche sich erst nach der Blüthezeit vollständig ausbilden. Sie sind zwei- bis dreifach, aber unregelmässig zusammengesetzt, in feine linienförmige, mehr oder weniger scharf zugespitzte Segmente zerschnitten, und wie die übrigen Theile der Pflanze dicht und lang zottig. Der schon früh sich entwickelnde blumentragende, fast aufrechte Schaft ist mit hüllenartigen feinzertheilten Blättern versehen, welche den aus der Wurzel kommenden sehr ähnlich sehen. Der schöne, kronenartige, glockenförmige Kelch ist anfangs schön violett, wird aber später bläulich; an der Spitze sind seine Blätter ausgebreitet und etwas zurückgebogen, mehr oder weniger zugespitzt. Die Früchtchen haben einen langen, rothen, weiss federartig behaarten Anhängsel. — Durch ganz Europa, in Sibirien und im Kaukasus auf trocknen sonnigen Hügeln, am Rande der Fichtenwälder.

Pulsatilla pratensis, die Wiesen- oder hängende, schwarze Küchenschelle, unterscheidet sich von der vorigen durch weit kleinere, hängende, schwarzviolette Blumen, deren Blätter beständig die Glockenform behalten, aber an der Spitze umgerollt sind. — Aehnlich aber weniger verbreitet.

Pulsatilla Halleri; stimmt fast ganz mit der vorigen überein, die Blume steht aber etwas aufrecht und ist dunkelviolett. — Besonders um Wien und Prag wachsend, und dürfte, wie DIERBACH vermuthet, diejenige Art sein, mit welcher STÖRCK in Wien seine Heilversuche anstellte.

Pulsatilla patens; ihre Wurzelblätter erscheinen spät, zu dreien verbunden, mit fast dreitheiligen Blättchen, deren Segmente schmal, aber nach vorn breiter, zwei- und dreitheilig gezähnt sind. Die Blumen gross, aufrecht, gewöhnlich purpurviolett mit abstehenden Blättern. — Auf sonnigen Hügeln und Heideplätzen in Preussen, Schlesien, der Lausitz und Böhmen; ehemals auch um München und zwar massenweise, aber hier durch den Ackerbau grösstentheils ausgerottet.

Gebräuchlicher Theil. Das Kraut von der einen oder andern der vier beschriebenen Arten, zu denen auch wohl noch die bei Triest und im südlichen

Tyrol vorkommende Anemone montana oder intermedia HOPPE zu zählen sein dürfte. Frisch hat es an sich wenig Geruch, aber beim Zerreiben entwickelt sich ein höchst scharfer, stechender, die Augen zu Thränen reizender Dunst, und der Geschmack ist ein brennend scharfer. Durch Trocknen geht diese flüchtige Schärfe grösstentheils verloren, und die Blätter schmecken dann nur noch herbe und bitterlich, kaum mehr scharf. ·

Wesentliche Bestandtheile. Neben eisengrünendem Gerbstoff und einem noch nicht genauer gekannten Bitterstoffe ist hier besonders der scharfe flüchtige Stoff (Anemon, Anemonin, Anemonenkampher, Pulsatillenkampher genannt) hervorzuheben, welcher 1771 von STOERCK, 1779 von HEYER entdeckt, dann von VAUQUELIN, ROBERT, SCHWARZ, LOEWIG, WEIDMANN, FEHLING näher untersucht wurde. Er scheidet sich aus dem über das Kraut abgezogenen Wasser neben einer hellgelben pulverförmigen, geruch- und geschmacklosen Substanz (Anemonsäure) in weissen, krystallinischen Blättchen und Nadeln aus.

Anwendung. Frisch als gepresster Saft innerlich und äusserlich gegen den Staar, dann im Aufguss, als destillirtes Wasser, Extrakt.

Geschichtliches. Die alten griechischen und römischen Aerzte scheinen die Küchenschelle nicht benutzt zu haben. Einige Autoren bezogen dieselbe auf jene Anemone des PLINIUS, welche auch Limonia hiess; DALECHAMP glaubte in ihr den Samolus des PLINIUS zu finden. FRAAS fasst das, was HIPPOKRATES als Ἀνεμώνη, THEOPHRAST als Ἀνεμώνη λειμωνία, DIOSKORIDES als Ἀνεμώνη ἥμερος und PLINIUS als Anemone herba venti bezeichnet, unter Anemone coronaria L. zusammen. Den alten deutschen Botanikern war indessen unsere Küchenschelle wohl bekannt, und sie wird namentlich schon von O. BRUNFELS angeführt; RUELLIUS berichtet, dass man damit Eier färben könne; TRAGUS wollte sie wegen ihrer Schärfe nur äusserlich bei schlimmen Geschwüren angewendet wissen, sowie die Wurzel als Niesemittel. Die Schärfe der Aqua destillata war ihm schon bekannt, sie diente bereits im 16. Jahrh. in Preussen gegen Tertianfieber, auch hatte man sonst einen Sirup davon.

In Bezug auf die Bedeutung des Gattungsnamens Pulsatilla sagt C. BAUHIN P. nominatur, quod seminum tremuli pappi levissimo flatu huc atque illuc agitentur, unde et Herba Venti dicitur. In meinem ethymologisch-botanischen Handwörterbuche ist unter »Pulsatilla« pag. 741 angegeben:

»Von pulsare (stossen, schlagen, nämlich vom Winde); die Pflanze wächst nämlich auf kahlen Anhöhen, wo ihre langen Samenschwänze durch den Wind fast beständig in Bewegung gehalten werden. Dann bezieht sich auch der Name auf die glockenähnliche Gestalt der Blume (pulsatilla: kleine Glocke).«

Wegen Anemone s. den Artikel Leberblume, blaue.

Kümmel, gemeiner.
(Feldkümmel.)
Semen (Fructus) Carvi.
Carum Carvi L.
(Aegopodium Carum WM.; *Apium Carvi* CRTZ.; *Bunium Carvi* M. v. B., *Ligusticum Carvi* ROTH, *Seseli Carvi* SCOP.)
Pentandria Digynia. — Umbelliferae.

Zweijährige Pflanze mit etwa 10—15 Centim. langer, spindelförmiger, oben fingerdicker, unten ästiger und befaserter, geringelter, aussen gelblich-weisser, innen

heller Wurzel; 30—90 Centim. hohem, ästigem, tief gefurchtem, glattem Stengel;
länglichen, doppelt gefiederten Blättern, die Blättchen gefiedert getheilt, ihre Segmente linienförmig, glatt, etwas graulich-grün, mit einem weisslichen oder röthlichen Stachelspitzchen.   Die mittelgrossen, vielstrahligen Dolden tragen zahlreiche
gleichförmige weisse Blümchen.   Die allgemeine Hülle fehlt ganz oder besteht
aus 1—2 verkümmerten Blättchen; auch die kleinen Döldchen haben meist keine
Hüllen. — Ueberall auf Wiesen im mittleren und nördlichen Europa einheimisch,
und viel angebaut.

Gebäuchlicher Theil.   Die Frucht; sie ist 3—4 Millim. lang, gewöhnlich in 2 Hälften getrennt, etwas einwärts gebogen, graubraun, mit etwas helleren
vorstehenden Rippen, riecht eigenthümlich, stark gewürzhaft, schmeckt stark aromatisch bitterlich.

Wesentliche Bestandtheile.   Nach TROMMSDORFF in 100: 0,44 ätherisches
Oel, 8 eisengrünender Gerbstoff, 7 Chlorophyll, 4 Schleim, ferner etwas Wachs,
Harz etc.   Das ätherische Oel besteht nach VOELCKEL aus einem Kohlenwasserstoff (Carven) und einem sauerstoffhaltigen Antheile (Carvol), das über Kümmel
destillirte Wasser enthält nach KRÄMER Ameisensäure und Essigsäure.

Anwendung.   In Substanz, Aufguss.   Der Kümmel gehörte früher zu den
Semina quatuor calida majora.   Sein Hauptverbrauch ist als Gewürz, zur Gewinnung des ätherischen Oeles und dieses zur Bereitung eines Liqueurs (Kümmel-
branntwein).

Geschichtliches.   Unser gemeiner Kümmel wird gewöhnlich für denjenigen
Samen gehalten, welchen DIOSKORIDES Καρος, PLINIUS u. A. *Careum* nannte; allein
es ist diess nichts weniger als wahrscheinlich, denn die Griechen erhielten den
Καρος aus Karien in Kleinasien, wo unser Kümmel nicht vorkommt und PLINIUS
nennt den Kümmel ein fremdes Gewächs.   Er ist auch in der That eine mehr
nordische Pflanze; erst im Mittelalter wurde man auf ihn anfmerksam, hielt ihn
für den Καρος der Alten und benannte ihn darnach.

Carum bezieht sich also, wie bemerkt, auf die vermeintliche Identität mit
dem Καρος der Alten, der von seiner Herkunft diesen Namen erhielt.   Der Speciesname Carvi ist nur das veränderte Carum.

Aegopodium ist zus. aus αἴξ (Ziege) und πους (Fuss), in Bezug auf die Aehnlichkeit einzelner Blätter mit der gespaltenen Klaue der Ziege.

Wegen Apium s. den Artikel Petersilie.

Wegen Bunium s. den Artikel Ammei, kretischer.

Wegen Ligusticum s. den Artikel Liebstöckel.

Wegen Seseli s. den Artikel Sesel.

Kümmel, römischer.
(Haferkümmel, Kreuzkümmel, Mohrenkümmel, Mutterkümmel.)
Semen (Fructus) Cumini, Cymini.
Cuminum Cyminum L.
Pentandria Digynia. — *Umbelliferae.*

Einjährige zarte Pflanze mit dünnem, gabelig-ästigem, 15—30 Centim. hohem,
unten glattem, oben etwas rauhhaarigem Stengel und meist doppelt dreigetheilten,
glatten Blättern, deren Blättchen oval-lanzettlich eingeschnitten, fiederspaltig, die
obersten zart, linienförmig, ziemlich lang und fast so fein wie Dillblätter sind

Die lang gestielten, kleinen, 4—5 strahligen Dolden haben weisse oder röthliche Blumen. — In Oberägypten und Aethiopien einheimisch, im südlichen Europa angebaut.

Gebräuchlicher Theil. Die Frucht; sie ist 5 Millim. lang, 1½ Millim. dick, eiförmig, an beiden Enden verschmälert, rund, graugelblichbraun, gerippt, die braunen Thälchen mit leicht abwischbaren Härchen besetzt. Der Geruch ist stark, etwas unangenehm aromatisch, der Geschmack dem des deutschen Kümmels ähnlich, doch schärfer und widerlicher.

Wesentliche Bestandtheile. Nach BLEY in 100: 0,24 ätherisches Oel, 7 Chlorophyll, 8 fettes Oel, 16 Gummi, Harze, Wachs u. s. w. Gleichwie das ätherische Oel des gemeinen Kümmels ist nach GERHARDT und CAHOURS das des römischen Kümmels ein Gemisch von einem Kohlenwasserstoff (Cymen) und einem sauerstoffhaltigen Antheile (Cuminol); beim Stehen des Oeles an der Luft entsteht durch Oxydation des Cuminols eine eigenthümliche Säure (Cuminsäure.)

Anwendung. In Substanz und im Aufguss, sowie zur Gewinnung des ätherischen Oeles.

Geschichtliches. Der römische Kümmel gehört zu den ältesten, als Arzneimittel und Küchengewürz viel angewandten Gewächsen. Durch anhaltenden Gebrauch desselben soll man sich eine blasse Gesichtsfarbe zuziehen; dies benutzten, wie PLINIUS berichtet, die Anhänger des PORCIUS LATRO, um sich den Schein zu geben, als hätten sie durch angestrengtes Studium ein kränkliches Aussehen bekommen. HERAKLIDES von Tarent gebrauchte ihn als Niesemittel. Nach MOSCHION machten die römischen Weiber Umschläge von Cuminum über die Brüste, um beim Entwöhnen der Kinder die Milchsekretion zu hemmen. Gegen Blähungen liess ALEXANDER TRALLIANUS den Samen mit Brot verbacken.

Cuminum = Κυμινον DIOSK., THEOPHR., arabisch Kamun, hebräisch כמן (Kammon). DIOSKORIDES unterschied noch 2 Arten Κυμινον, nämlich ἄγριον (Lagoecia cuminoides L., ebenfalls Umbellifere) und ein anderes ἄγριον (Nigella aristata SM.)

Kümmel, schwarzer.

(Schwarzer oder römischer Koriander, Nardensame.)

Semen Nigellae, Melanthii.

Nigella sativa L.

Polyandria Pentagynia. — Ranunculeae.

Einjährige Pflanze mit dünner, spindelförmiger, faseriger Wurzel, fusshohem und höherem, aufrechtem, einfachem oder ästigem, mit feinen Härchen besetztem Stengel. Die abwechselnden Blätter sind doppelt- oder dreifach gefiedert, und ihre Blättchen in schmale, linien-lanzettliche, behaarte und gewimperte Segmente geschnitten. An der Spitze des Stengels stehen einzeln die weissen, bläulichen oder blassgelblichen, an der Spitze grünlichen Blumen (ohne Hüllen) mit zahlreichen, in 8 Reihen stehenden Staubgefässen; auch kommen sie öfters gefüllt in den Gärten vor. Die 5 verwachsenen Früchte bilden eine rundliche, weichstachelige, mit dem Griffel gekrönte, scheinbar 5fächerige Kapsel. — Im Oriente und südlichen Europa einheimisch, bei uns auf Aeckern, sowie als Zierpflanze in Gärten gezogen.

Gebräuchlicher Theil. Der Same; er ist etwa 2 Millim. lang, 1 Millim. breit, eiförmig, dreikantig, z. Th. unregelmässig vierkantig, etwas platt, mit 2 bis 3 flachen und einer gewölbten Seite und scharfen vorspringenden Rändern, rau und runzelig, fein netzartig geadert, schwarz und matt. Es giebt auch eine hellbraune Varietät. Der innere Kern ist weiss, ölig, was zumal beim Zerdrücken bemerkt wird, wobei auch ein starker, angenehm muskatartiger Geruch hervor tritt. Der Geschmack ist scharf aromatisch.

Wesentliche Bestandtheile. REINSCH erhielt aus 100: 0,8 ätherische Oel, 3½ fettes Oel, 1,2 eigenthümlichen Bitterstoff (Nigellin), 29 einer braunen ulminartigen Substanz (Spermin), auch etwas Harz, Schleim, Schillerstoff. Im Gehalt an fettem Oel hat sich R. jedenfalls geirrt; FLÜCKÜGER bekam durch Ex traction mittelst Aether 35,6%; GREENISCH sogar 37%, ferner 1,64 ätherisches Oel 1,41 [einer glykosidartigen, als Melanthin bezeichneten Substanz, welche dem Helleborin nahe steht, und nach G. ist REINSCH's Nigellin ein noch unreiner Körper.

Verwechselungen. 1. Mit dem Samen der Nigella arvensis und N. damascena; beide sind etwas kleiner, nicht so scharfkantig und alle Seiten gewölbt, sodass sie fast stielrund aussehen; ferner riecht der Same der letzteren Art beim Zerdrücken angenehm erdbeerartig. 2. Mit dem Samen des Stech apfels und der Kornrade; beide sind geruchlos und nierenförmig.

Anwendung. Ehedem als Pulver und im Aufguss gegen verschiedene Uebel. Die Landleute brauchen den schwarzen Kümmel noch gegen Thierkrankheiten, und in der Schnupftabakfabrikation dient er als Parfüm.

Geschichtliches. Unter dem Namen Μελανθιον trifft man den schwarzen Kümmel wiederholt in den hippokratischen Schriften; und wurde derjenige von der Insel Cypern besonders geschätzt. PLINIUS nennt ihn Git oder Gith, und im Propheten Jesaias (XXVIII, 25) soll mit Kezach derselbe gemeint sein. Nach DIOSKORIDES ist der Schwarzkümmel, selbst äusserlich angewendet, ein Mittel gegen Spulwürmer; doch liess ihn GALEN zu diesem Zwecke auch innerlich nehmen. Nach PLINIUS kann man mit dem Rauche Schlangen vertreiben, welche Operation jetzt noch von den Bauern in den Viehställen ausgeübt wird, aber nicht um Schlangen, sondern um Gespenster zu vertreiben.

Nigella ist einfach von niger (schwarz), in Bezug auf die Farbe des Samens, hergeleitet.

Kürbis.
Semen Cucurbitae.
Cucurbita Lagenaria L.
(Cucurbita leucantha DUCH., Lagenaria vulgaris SAR.)
Cucurbita Pepo DUCH.
Monoecia Syngenesia. — Cucurbitaceae.

Cucurbita Lagenaria, Flaschenkürbis, Keulenkürbis, Herkuleskeule, Kala basse, ist eine einjährige Pflanze mit langem kriechendem und kletterndem, ästigem, etwas dickem, rauhem, saftigem Stengel, abwechselnden, gestielten, grossen, breit herzförmigen, dreilappig-stumpfeckigen, gezähnten, weichhaarigen, klebrigen, an der Basis mit 2 Drüsen besetzten Blättern, achselständigen, gehäuf

ten, weiss und grün geaderten, sehr langröhrigen Blumen, sehr grossen länglich-
runden, flaschenförmigen, glatten, grünen, bei der Reife gelben, innen weissen,
saftigen, fleischigen Früchten von 30—90 Centim. Länge. Die ganze Pflanze
riecht moschusartig. — Im südlichen Asien einheimisch, und viel in wärmern
Ländern, seltener bei uns kultivirt.

Cucurbita Pepo, gemeiner Garten- oder Feldkürbis, Pepone, unterscheidet
sich von der vorigen Art dadurch, dass die Blätter herzförmig, stumpf, 5 lappig,
die Blumen hochgelb, kurz, die Früchte rundlich, eingedrückt oder mehr länglich, kopfgross bis gegen 45 Centim. und mehr im Durchmesser sind. — Vorkommen wie dort.

Gebräuchlicher Theil. Der Same beider Arten; er ist platt, etwa
18 Millim. lang, 6 Millim. breit, der von der ersten Art linienförmig, grau, zwei-
furchig, an beiden Enden stumpf, mit eingedrückter Spitze; der von der zweiten
Art verkehrt eiförmig, weiss; beide mit verdicktem Rande, unter einer etwas
dicken Schale einen öligen milden Kern einschliessend.

Wesentlicher Bestandtheil. Fettes Oel. DORNER und WOLKOWITSCH
wollten darin ein besonderes Glykosid gefunden haben, was jedoch N. KOPYLOW
in Abrede stellt. Das Oel besteht aus den Glyceriden der Palmitinsäure, Myristin-
säure und Elainsäure, enthält aber auch etwas freie Fettsäure.

Anwendung. In Emulsionen. Gehört zu den Semina quatuor frigida majora. Dr. BRÖKING in San Remo (im Genuesischen) empfahl den Samen gegen
Bandwurm; dort ist der Same schon lange unter dem Volke als Wurmmittel im
Gebrauche, wird theils als solcher gekaut und verschluckt, theils mit Zucker
und Wasser vorher zur Pasta angestossen. — Das Fleisch der Früchte ist essbar,
das des Flaschenkürbis aber bitter. Die harte holzige Schale des Flaschenkürbis
benutzt man zu Trinkgeschirren und anderen Geräthschaften.

Geschichtliches. Der Flaschenkürbis kann in den Schriften der alten
Griechen und Römer nicht mit Sicherheit nachgewiesen werden, aber im Mittelalter war er in Europa schon allgemein verbreitet, indem KARL DER GROSSE
verlangte, dass die Pächter seiner Landgüter ihm diese Pflanze in den Gärten
zögen. HIERONYMUS TRAGUS gab eine der ersten besseren Abbildungen und Beschreibung der Kalabasse.

Cucurbita Pepo ist nicht Πεπων des DIOSKORIDES (worunter dieser die Melone
verstand), sondern die Κολοχυντη THEOPHR., Κολοχυνθη DIOSK. und *Cucurbita* der
Römer.

Cucurbita ist zus. aus *Cucumis* und *orbis* (Kreis, Rundung) wegen der kugeligen Form der Frucht.

Pepo von πεπων (reif, mürbe).

Kalabasse ist das spanische *Calabaza* (Kürbis).

Kugelblume, gemeine.
Folia Globulariae.
Globularia vulgaris L.
Tetrandria Monogynia. — *Globulariaceae.*

Perennirendes Pflänzchen von 5—16 Centim. Höhe, mit in einer Rosette
ausgebreitet auf der Erde liegenden, gestielten, an der Spitze ausgerandeten, oft
dreizähnigen, etwas dicken, glatten, nervigen Wurzelblättern, viel kleineren un-

gestielten Stengelblättern, an der Spitze des Stengels befindlichen ansehnlich-kugeligen, violett-blauen, selten weissen zusammengesetzten Blumen, ein dichtes Köpfchen bildend. — Im südlichen Europa, der Schweiz, auch hie und da in Deutschland auf trockenen sonnigen Hügeln, trockenen gebirgigen Wiesen, Heiden.

Gebräuchlicher Theil. Die Blätter; sie schmecken bitter und werden beim Trocknen leicht schwarz.

Wesentlicher Bestandtheil. Bitterstoff. Nicht untersucht.

Verwechselung. Mit Jasione montana; diese hat einen weit höheren ästigen, rauhen Stengel und blaue Blumenköpfe mit zusammengewachsenen Antheren.

Anwendung. Ehemals im Absude gegen Syphilis. Jetzt nur noch als Wundkraut.

Geschichtliches. Eine schon lange als Arzneimittel gebrauchte Pflanze, die, wie es scheint, zuerst von Clusius mit dem Namen Globularia bezeichnet wurde. Die alten deutschen Botaniker kannten die Pflanze auch unter dem Namen blaue Maassliebe oder Bellis perennis, und sie waren es, welche ihre Heilkräfte zuerst prüften.

Kugelblume, strauchartige.
Folia Alypi.
Globularia Alypum L.
Tetrandria Monogynia. — Globulariaceae.

Ein 60 Centim. hoher Strauch mit immergrünen, lanzettlichen, dreizähnigen, der Myrte ähnlichen Blättern, und blassblauen, der Scabiosa ähnlichen Blumen. — Im südlichen Europa am Meeresufer.

Gebräuchlicher Theil. Die Blätter; sie haben einen starken, an La-biaten erinnernden Geruch, schmecken sehr bitter und wirken drastisch purgirend.

Wesentliche Bestandtheile. Nach Walz: ätherisches Oel, eisengrünen-der Gerbstoff, gelber Farbestoff, andere allgemein verbreitete Materien, und ein eigenthümlicher Bitterstoff (Alypin oder Globularin).

Anwendung. Vormals in Frankreich als Purgans. — In Spanien von den Empirikern gegen Syphilis mit Erfolg angewendet. Tauchte vor zwanzig und einigen Jahren wieder im Handel auf als Sené sauvage (wilde Senna).

Geschichtliches. Die Pflanze wurde in die Medicin eingeführt, weil man in ihr das 'Aλυπον des Dioskorides wieder erkannte. Sie war besonders zur Austreibung der Galle im Gebrauch, und namentlich benutzte sie Alexander Trallianus, der sich auch der Samen bediente, vielfach. Lobelius, Bauhin und Andere hatten übertriebene Vorstellungen von ihrer drastischen Purgirkraft, daher sie dieselbe auch als Frutex oder Herba terribilis beschrieben, was schon Clusius widerlegte, und auch Loiseleur Deslongchamps fand in ihr ein mildes und sehr schätzbares Purgirmittel, wie denn auch die heutigen Griechen auf Zante die Pflanze mit dem Namen Senna bezeichnen, deren Stelle sie wohl vertreten kann.

Merat und Lens halten das Alypum für das Calcifragum des Plinius, sowie für den weissen Turbith der alten Officinen.

Alypum ist zus. aus à (ohne) und λυπη (Schmerz), d. h. eine Pflanze, welche Krankheiten heilt.

Kuhbaum.

Lac arboris potabile.
Brosimum galactodendron S. Lind.
(Galactodendron utile Humb.)
Monoecia Tetrandria. — Artocarpeae.

15—20 Meter hoher Baum mit länglichen, abwechselnden, in eine lederartige Spitze endigenden Blättern, achseligen Blüthenständen, Fruchtboden kugelig, schuppig, rundum mit männlichen Blüthen besetzt, an der Spitze mit 1—2 weiblichen Blüthen; Beere etwas trocken, aus dem mit dem Pericarp zusammengewachsenen Fruchtboden bestehend und mit schildartigen bleibenden Schuppen bedeckt; Samen fast kugelig. — In Venezuela, ausserdem aber auch sonst zwischen den Wendekreisen sehr verbreitet.

Gebräuchlicher Theil. Der durch Einschnitte in den Stamm hervorquellende Milchsaft; derselbe ist dicker als Kuhmilch, von sehr angenehmem mildem Geschmack, reagirt schwach sauer, verändert sich aber beim Stehen an der Luft bald und setzt ein voluminöses Gerinnsel ab.

Wesentliche Bestandtheile. Nach Boussingault in 100: 35,2 Wachs und verseifbare Materien, 2,8 süsse und ähnliche Substanzen, 1,7 Kaseïn, Albumin, 0,5 Mineralstoffe mit Phosphaten, 1,8 nicht näher bestimmte Materien, 58 Wasser. Unstreitig nähert sich also diese Milch vermöge ihrer allgemeinen Konstitution der Kuhmilch in der Weise, dass sie Fett, Zucker, Kaseïn, Albumin und Phosphate enthält. Aber die Mengenverhältnisse weichen sehr davon ab; die Summe der fixen Materien ist 3 mal grösser als in der Kuhmilch. Auch dürfte eine Vergleichung mit dem Kuhmilchrahm von Interesse sein. So z. B. fand Jeannier in 100 Th. süssen Rahms: 34,3 Butter, 4,0 Milchzucker, 3,5 Kaseïn und Phosphate, 58,2 Wasser. Die Butter beträgt mithin im Rahm so viel, wie das Fett überhaupt in jener Baummilch.

Anwendung. In der Heimath, wie bei uns die Milch, zum Kaffee, zur Chocolade etc.

Ein anderer Kuhbaum ist der *Hya Hya* der Eingeborenen in Demarara, *Tabernaemontana utilis* W. Arn., Apocyneae.

Es ist ein 9—12 Meter hoher Baum, mit grauer etwas rauher, 6 Millim. dicker Rinde, gegenüberstehenden, länglich zugespitzten, ganzrandigen, etwas lederartigen, flachen, geaderten Blättern, gestielten Blüthen in den Achseln der Aeste als Doldentrauben, mit gewimpertem Kelch, rundlicher sehr kurzer Krone. Der Milchsaft dieses Baumes ist dünner als der obige, die Untersuchung desselben von Heintz aber sehr unvollständig.

Brosimum von βρωσιμος (essbar); die Frucht wird in Amerika gegessen. Tabernaemontana ist benannt nach Jac. Theod. Tabernaemontanus (so genannt nach seinem Geburtsorte Bergzabern in der Pfalz), Botaniker und Arzt, † 1590. Schrieb: Kräuterbuch mit künstlichen Figuren.

Kulilawan, echter.

(Bittercimmt.)
Cortex Culilawan, caryophylloides.
Cinnamomum Culilawan Nees.
(Laurus Culilawan L.)
Enneandria Monogynia. — Laureae.

Hoher dicker Baum mit grauer, innen dunkelcimmtfarbiger Rinde, glatten jungen Zweigen, gegenüber und kreuzweise auf 12 Millim. langen glatten Stielen

stehenden immergrünen, glatten, eiförmig-länglichen, lederartigen, unten graugrünen Blättern mit Seitennerven, die an der Basis mit dem Hauptnerven zu-
sammenfliessen und gegen die Spitze hin verschwinden, wo der Mittelnerv sich
in zarte Nerven verästelt. Sie riechen stark nach Nelken und Thymian. Die
Früchte ähneln denen des Lorbeers. — Auf den Molukken einheimisch.

Gebräuchlicher Theil. Die Rinde; es sind meist ganz flache oder nur
wenig gebogene, 25—35 Millim. breite, 5—10 Centim. lange, 2—4 Millim. dicke,
zuweilen auch (bei dünneren Exemplaren) mehr gerollte Stücke, wovon die Oberhaut grösstentheils nebst einem Theile der Borke abgeschabt ist, besteht mithin
vorzüglich aus Bast; hie und da bemerkt man aber noch Reste der hellgrau-
bräunlichen, weichen, sich zart anfühlenden, schwammigen Bedeckung. Die abgeschabte Fläche ist dunkel cimmtfarbig, matt, die Unterfläche ebenso, eben,
wenig faserig, aber aus zarten, gleichlaufenden Längsfasern bestehend, ziemlich
hart. Geruch angenehm, nelkenartig oder zwischen Nelken und Sassafras stehend,
Geschmack angenehm, stark aromatisch, nelkenartig.

Wesentliche Bestandtheile. Aetherisches Oel, Bitterstoff. Das Oel ist
schwerer als Wasser, riecht nach Kajeput- und Nelkenöl.

Verwechselung. Eine sehr ähnliche Rinde, innen braunroth, stark nach
Nelken riechend und schmeckend, wird von *Cinnamomum (caryophylloides) rubrum*
BL. abgeleitet, und hat auch die gleiche Heimath.

Anwendung. Fast ganz obsolet.

Geschichtliches. Mit dieser Rinde machte zuerst RUMPF 1680 bekannt.
Culilawan ist zus. aus dem malaiischen *culit* (Bast) und *lawang* (Gewürznelke).
Wegen Cinnamomum s. den Artikel Cimmtblüthe.

Kulilawan, papuanischer.

Cortex Culilawan papuanus.
Cinnamomum xanthoneuron BL.
Enneandria Monogynia. — Laureae.

Baum mit fast gegenständigen, länglich-lanzettlichen Blättern, in eine lange,
aber etwas stumpfe Spitze verlaufend; die 3 Nerven sind an der Spitze des
Blattes kurz vereinigt, und die seitlichen verzweigen sich oberhalb der Mitte; auf
der unteren Seite sind die Blätter mit einem zarten graulichen Filze bekleidet
und zeigen ein deutliches Adernetz; riechen stark kampherartig. — Auf den
papuanischen und molukkischen Inseln.

Gebräuchlicher Theil. Die Rinde; sie ist der echten ausserordentlich
ähnlich, und würde sehr schwer zu unterscheiden sein, wenn sie nicht grösstentheils noch mit der ganzen Borke und Epidermis versehen vorkäme. Dadurch
erscheint die Oberfläche der äusseren Seite mehr uneben, etwas warzig oder mit
schwachen Querrissen bezeichnet. Die Farbe mehr blass grünlich-grau mit
helleren und dunkleren, mehr braunen Flecken gemischt. Die innere Fläche ist
mit der der echten sehr übereinstimmend. Auf dem frischen Längsschnitte zeigt
sich die Borke von viel dunklerer Farbe als der Bast, und mit helleren Streifen
versehen. Geruch und Geschmack wie die echte.

Wesentliche Bestandtheile. Wie dort.

Anwendung. Wie dort.

Kurare.

(Urari, Wurali.)

Extractum toxiferum americanum.

Strychnos guianensis Mart.

Pentandria Monogynia. — Apocyneae.

2—3 Meter hoher Strauch mit sehr langen Aesten, die sich über die Bäume hinausbreiten; die Blätter gegenüberstehend, rundlich, ganzrandig, oben blassgrün, unten weissgrau. Blümchen in Doldentrauben in den Blattwinkeln. Die Früchte sind gelbliche Kapseln. — An den Flussufern in Guiana.

Gebräuchlicher Theil. Die Rinde oder vielmehr das daraus von den Indianern in Südamerika bereitete Extrakt, welches ihnen als Pfeilgift dient. Hierbei muss aber gleich hervorgehoben werden, dass jene Rinde keineswegs das einzige Material dazu ist, sondern dass noch verschiedene andere giftige oder scharfe Gewächse verwendet werden, worüber jedoch die Nachrichten sehr mangelhaft sind, weil die Indianer von der Bereitung jeden Fremden möglichst fern zu halten suchen. — Nach Schomburgk wäre Strychnos toxifera das Hauptmaterial zur Bereitung des Giftes bei den Indianern am Orinoko. — Dr. Jobert war Augenzeuge der Bereitung bei den Tekunas zu Calderao in Brasilien; es wurden dazu hauptsächlich eine rankende Strychnee und eine rankende Menispermee genommen und ausserdem noch, aber mehr nebensächlich, eine Aroidee, eine Amarantacee und 3 Piperaceen. — Nach Crevaux benutzen die Eingebornen in Guiana zur Bereitung ihres Pfeilgiftes eine grosse Anzahl von Rinden und Blättern, die meisten derselben sind aber für diesen Zweck ganz werthlos, und die allein wirksame Pflanze sei eine neue Art, Strychnos Castelneaeana.

Jüngst hat nun Planchon alle bis jetzt über das Kurare bekannt gewordenen Nachrichten einer sorgfältigen Prüfung unterzogen und ist zu folgenden Ergebnissen gelangt.

Man kann genau 4 Regionen bezeichnen, wo Kurare bereitet wird, und für jede eine Strychnos-Art nennen, welche als Basis der Bereitung dient. Sie sind von Westen nach Osten fortschreitend:

1. Die Region des oberen Amazonas oder der Strychnos Castelnaeana. Sie ist zugleich die grösste, denn sie umfasst den Solimoens, Javari, Iça, Yapura, und liefert das Kurare der Tikunas, Pebas, Yaguas und Oregones.

2. Die Region des oberen Orinoko bis zum Rio negro. Dort findet sich Strychnos Gubleri, das Material zum Kurare der Moquiritaras und Piaroas. Dazu gehört der von Humboldt und Bonpland 1800 besuchte Distrikt.

3. Die Region des englischen Guiana oder der Strychnos toxifera Schomb., incl. Str. Schomburgkii Kl. und Str. cogens Benth., woher das Kurare der Macusis, Orekunas und Wapisianas kommt.

4. Die Region des oberen französischen Guiana (oberen Paru) oder der Strychnos Crevauxii, welche das Kurare der Trios und Rukonyennes liefert.

Das Pfeilgift ist so, wie es zu uns gelangt, eine schwarzbraune, harzig zusammenhängende Masse, die aber ganz spröde, leicht zu zerbröckeln, und zerrieben graubraun aussieht. Der Geruch schwach, eigenthümlich aromatisch, fast an das frische Kraut der Artemisia Abrotanum erinnernd: der Geschmack anfangs fast aloeartig, dann aber fast wie unreife Orangen, etwas aromatisch.

Wesentliche Bestandtheile. Boussingault und Roulin fanden darin ein eigenthümliches Alkaloid (Curarin), das aber erst von Preyer in reinem krystal linischem Zustande erhalten wurde. Wittstein sowie Oberndörffer bekamen Reak tionen auf Strychnin und Brucin.

Anwendung. In neuerer Zeit in der medicinischen Praxis.

Kurare ist der Name dieses Pfeilgifts bei den Indianern am oberen Orinoko; Urari bei den Juris am Rio Stupura und Rio negro; Wurali bei den Indianern in Surinam.

Wegen Strychnos s. den Artikel Ignatiusbaum.

Kurkuma.
(Gelbwurzel, gelber Ingber, Turmerik.)
Radix (Rhizoma) Curcumae longae und *rotundae*
Curcuma longa L.
(Amomum Curcuma Jacq.)
Monandria Monogynia. — Zingibereae.

Perennirende Pflanze mit 45 Centim. langen, glatten, lang zugespitzten Wurzel blättern, aus deren Mitte der Schaft mit 15 Centim. langen Aehren entspringt, mit weiss und purpurroth gefärbten Nebenblättern und weissgelben Blumen. — In Ostindien einheimisch.

Gebräuchlicher Theil. Der Wurzelstock, von dem es zwei Varietäten giebt, eine lange und eine kurze oder runde. Die lange ist 5—7 Centim. lang, von der Dicke eines kleinen Fingers oder dünner, mehr oder weniger gekrümmt, höckerig, etwas runzelig, hie und da mit kleinen Fortsätzen versehen. Die runde ist knollig, etwa 3 Centim. lang, $1\frac{1}{2}$—2 Centim. dick, runzelig, geringelt, an einem Ende zugespitzt oder mit einem länglichen Fortsatze von der Gestalt der langen versehen, deshalb beide wohl von ein und derselben Pflanze ab stammen. Aussen sind sie graugelb, innen hochgelb, mehr oder weniger dunkel ins Braune, ziemlich hart, schwer zu zerstossen, geben ein hochgelbes Pulver, Geruch aromatisch, dem Ingber ähnlich, Geschmack scharf aromatisch, den Speichel stark gelb färbend.

Wesentliche Bestandtheile. Nach Pelletier und Vogel: ätherisches Oel ($1\frac{0}{0}$), eigenthümliches gelbes Harz (Curcumin), gelber Extraktivstoff, Stärk mehl. Daube erhielt das Curcumin krystallinisch. I. Cooke will auch ? Alka loide darin beobachtet haben, worüber jedoch nichts weiter verlautet hat.

Anwendung. Innerlich als Pulver, jedoch jetzt kaum mehr. Ausserdem zum Färben von Salben. In der Chemie als Reagens auf Alkalien. Hie und da in der Küche als Gewürz.

Geschichtliches. Die Kurkuma ist seit den ältesten Zeiten als Gewürz und Arzneimittel bekannt; bei Dioskorides heisst sie Κυπερις ινδικη, bei Plinius, Apicius: *Cyperis, herba indica.*

Curcuma von *Kurkum,* dem indischen Namen der Droge; chaldäisch. כרכם *(Kurkam).*

Wegen Amomum s. den Artikel Ingber.